KB030661

체크업

기계설계 산업기사

필기

북스케치
합격을 스케치하다

| 머리말 |

이 수험서는 기계설계산업기사를 준비하는 학생들을 위해 산업인력관리공단의 새로운 출제기준에 맞게 집필하였다.

기계설계산기사 자격 준비를 위해

제1편 : 기계제도
제2편 : 기계요소설계
제3편 : 기계재료 및 측정
제4편 : 기계제작법
제5편 : 최근 기출문제

이렇게 총 5편으로 정리하였고 각 과목별 문제는 산업기사 시험에 출제되었던 문제들로 구성하였다.

암기 과목 중 출제빈도가 높은 문제는 합격KEY 표시를 하였다.

5과목을 한 권으로 묶어 놓았기 때문에 책의 분량을 고려하여 출제기준에 들어가지 않는 내용은 과감히 삭제하였으며, 부족한 내용은 문제풀이의 해설로 보충하였다. 학교에서 배운 모든 내용을 총정리 할 수 있을 뿐만 아니라 기계설계산업기사 자격취득을 꼭 할 수 있으리라 확신한다.

교재에 대한 모든 평가는 독자 여러분이 해 주리라 믿고, 부족하거나 잘못된 부분을 지적해주면 언제라도 수정, 보완할 것이다.

끝으로 본 교재를 집필하는데 많은 도움을 주신 국제기계학원 직원 분들께 감사를 드리며 본 교재의 출간을 위해 협조를 아끼지 않은 스터디채널과 도서출판 북스케치 임직원 여러분에게 진심으로 감사를 드린다.

저자 **정영식**

| 출제기준 |

1. 필기

직무분야	기계	중직무분야	기계제작	자격종목	기계설계산업기사	적용기간	2022. 1. 1 ~ 2024.12.31
•직무내용 : 산업체에서 제품개발, 설계, 생산기술 부문의 기술자들이 치공구를 포함한 기계의 부품도, 조립도 등을 설계하며, 연구, 생산관리, 품질관리 및 설비관리 등을 수행하는 직무이다.							
필기검정방법	객관식	문제수	60	시험시간	1시간 30분		

필기과목명	문제수	주요항목	세부항목	세세항목
기계제도	20	1. 도면분석	1. 도면 분석	1. 도면(설계) 양식과 규격 2. 설계사양서 3. 표준부품 4. 산업표준(KS, ISO)
			2. 요소부품 투상	1. 투상법 2. 조립도 3. 부품도
		2. 도면검토	1. 주요치수 및 공차 검토	1. 치수기입 2. 치수공차 3. 기하공차 4. 끼워맞춤 5. 표면거칠기 6. 표준부품의 호환성
			2. 도면해독 검토	1. 작업방법 2. 작업설비 3. 재료선정 및 중량 산출 4. 부품별 기능파악
		3. 2D도면작업	1. 작업환경설정	1. 사용자 환경 설정 2. 선의 종류와 용도 3. 도면 출력 양식
			2. 도면작성	1. 좌표계 2. 도면작성 3. 형상 비교 · 검토
		4. 형상모델링 작업	1. 모델링 작업 준비	1. 사용자 환경 설정
			2. 모델링 작업	1. 스케치 작업 2. 모델링 작업 3. 모델링 편집 4. 좌표계의 종류 및 특성
		5. 형상모델링 검토	1. 모델링 분석	1. 모델링 분석 2. 모델링 보정
			2. 모델링 데이터 출력	1. 3D-2D 데이터변환 2. 도면 출력 양식
기계요소 설계	20	1. 체결요소 설계	1. 요구기능 파악 및 선정	1. 나사 2. 키 3. 핀 4. 리벳 5. 용접 6. 볼트 · 너트 7. 와셔 8. 코터
			2. 체결요소 설계	1. 자립조건 2. 체결요소 풀림방지 3. 체결요소의 강도, 강성, 피로, 부식방지 4. 표면처리 방법
		2. 동력전달요소 설계	1. 요구기능 파악 및 선정	1. 축 2. 축이음 3. 베어링 4. 마찰차 5. 기어 6. 캠 7. 벨트 8. 로프 9. 체인 10. 브레이크 등
			2. 동력전달요소 설계	1. 동력전달요소 설계 2. 동력전달 사양설정 3. 동력전달 구현방법 4. 동력전달력 계산
		3. 치공구요소 설계	1. 요구기능 파악	1. 치공구의 기능과 특성 2. 공정별 가공 공정 이해
			2. 치공구요소 선정	1. 치공구의 종류 2. 치공구의 사용법 3. 공작물의 위치결정 4. 공작물 클램핑 5. 치공구 작업안전
			3. 치공구요소 설계	1. 고정구(Fixture)설계 2. 지그(Jig)설계
기계재료 및 측정	20	1. 요소부품 재질선정	1. 요소부품 재료 파악	1. 철강재료 2. 비철재료 3. 비금속재료
			2. 최적요소부품 재질 선정	1. 재질의 파악 2. 재질 적합성 검토 3. 재료의 특성 4. 재료의 원가
			3. 요소부품 공정 검토	1. 공작기계의 종류 및 용도 2. 선반가공 3. 밀링가공 4. 기타 절삭가공 5. 기계가공 관련 안전수칙
			4. 열처리 방법 결정	1. 강의 열처리 2. 표면처리
		2. 기본 측정기 사용	1. 작업계획 파악	1. 도면해독
			2. 측정기 선정	1. 측정기 종류 2. 측정 보조기구 선정
			3. 기본측정기 사용	1. 측정기 사용방법 2. 측정기 영점조정 3. 측정 오차 4. 측정기 측정값 읽기

2. 실기

직무분야	기계	중직무분야	기계제작	자격종목	기계설계산업기사	적용기간	2022. 1. 1 ~ 2024.12.31

• 직무내용 : 산업체에서 제품개발, 설계, 생산기술 부문의 기술자들이 치공구를 포함한 기계의 부품도, 조립도 등을 설계하며, 연구, 생산관리, 품질관리 및 설비관리 등을 수행하는 직무이다.

• 수행준거 :
1. 기 작성된 조립도 및 부품도에서 표준부품을 파악하여 설계 규격을 준비하고, 투상도법으로부터 입체 형상을 구현하여 조립부분의 형상을 분석할 수 있다.
2. 요소부품의 기능에 최적한 형상, 치수 및 주요 공차를 파악하고, 조립도와 부품도에서 설계방법, 재질, 작업설비 및 방법을 결정할 수 있다.
3. CAD 프로그램을 활용하여 제도 규칙에 따른 2D 도면을 작성하고, 확인하여 가공 및 제작에 필요한 2D도면 정보를 도출할 수 있다.
4. 단순형상과 복잡형상의 모델링 데이터를 생성하기 위해 모델링 작업을 수행할 수 있다.
5. 설계도면에 준하여 모델링을 분석하고 모델링 데이터를 출력할 수 있다.
6. 각 기계 구성품의 체결을 목적으로 강도, 강성, 경제성, 수명을 고려하여 체결요소를 설계할 수 있다.
7. 치공구 구성에 필요한 치공구 요소의 요구기능을 파악하고 선정하여 설계할 수 있다.
8. 동력전달시스템에서 요구되는 동력전달요소의 구조와 기능을 파악하여 설계할 수 있다.
9. 요소부품의 요구기능과 특성을 고려하여 재질을 검토하고 결정할 수 있다.
10. 기계가공 전후의 결과를 기본측정기를 이용하여 정량적으로 나타낼 수 있다.

실기검정방법	작업형	시험시간	5시간 30분 정도

실기과목명	주요항목	세부항목	세세항목
기계설계 실무	1. 도면분석	1. 도면 분석하기	1. 작업 요구사항에 적합한 설계 자료를 수집하고 도면을 준비할 수 있다. 2. 설계사양서 및 관련 도면을 파악하여 전체기능과 작동원리를 검토할 수 있다. 3. 해당도면의 개정, 설계 변경사항을 확인할 수 있다. 4. 조립도 및 부품도에서 표준부품을 파악하여 설계 규격 및 설계 공식을 준비할 수 있다.
		2. 요소부품 투상하기	1. KS 및 ISO 제도통칙에서 투상도법을 확인할 수 있다. 2. 조립도 및 부품도를 파악하여 각각의 요소부품의 품명과 재질을 확인할 수 있다. 3. 조립도 및 부품도를 파악하여 2D 부품도에서 입체 형상을 구현할 수 있다. 4. 도면에서 표준부품과 호환성을 파악하여 조립부분의 형상을 검토할 수 있다.
	2. 도면검토	1. 주요치수 및 공차 검토하기	1. KS 및 ISO 제도통칙에서 치수기입방법 및 공차를 확인할 수 있다. 2. 조립도에서 요소부품들의 조립관계를 파악하고 주요 치수 및 공차를 검토할 수 있다. 3. 요소부품의 가공정밀도를 파악하고 표면거칠기 및 공차를 검토할 수 있다. 4. 도면에서 요소부품과 표준부품의 호환성을 파악하고 표준부품의 편람을 참조하여 공차를 결정할 수 있다.
		2. 도면해독 검토하기	1. 조립도에서 요소부품의 주요 기능을 파악하고 특이사항을 정의하여 설계방법을 결정 할 수 있다. 2. 조립도 및 부품도에서 품명, 설계계산, 제작을 고려하여 재질을 결정할 수 있다. 3. 도면을 파악하여 개략적인 설계시간을 산정하고 예상되는 작업방법을 검토할 수 있다. 4. 요소부품의 가공정밀도와 열처리를 고려하여 작업 설비 및 방법을 결정할 수 있다.
	3. 2D도면작업	1. 작업환경 설정하기	1. 보조 명령어를 이용하여 CAD 프로그램을 사용자 환경에 맞게 설정할 수 있다. 2. 도면작도에 필요한 부가 명령을 설정할 수 있다. 3. 도면영역의 크기를 설정하고 작도를 제한할 수 있다.

			4. 선의 종류와 용도에 따라 도면층을 설정할 수 있다. 5. 작업 환경에 적합한 템플릿을 제작하여 도면의 양식을 균일화 시킬 수 있다.
		2. 도면작성하기	1. 정확한 치수로 작도하기 위하여 좌표계를 활용할 수 있다. 2. 도면요소를 선택하여 작도, 지우기, 복구를 수행할 수 있다. 3. 도형작도 명령을 이용하여 여러 가지 도면요소들을 작도 및 수정할 수 있다. 4. 도면요소를 복사, 이동, 스케일, 다중 배열 등 편집하고 변환할 수 있다. 5. 선분을 분할하고 도면요소를 조회하여 활용할 수 있다. 6. 자주 사용되는 도면요소를 블록화하여 사용할 수 있다. 7. 관련 산업표준을 준수하여 도면을 작도할 수 있다. 8. 요구되는 형상에 대하여 파악하고, 이를 2D CAD 프로그램의 기능을 이용하여 작도할 수 있다. 9. 요구되는 형상과 비교 · 검토하여 오류를 확인하고, 발견되는 오류를 즉시 수정할 수 있다.
	4. 형상모델링 작업	1. 모델링 작업 준비하기	1. 모델링 데이터 생성에 필요한 정보를 정의하여 수집할 수 있다. 2. 모델링 프로그램의 환경을 효율적으로 설정할 수 있다. 3. 모델트리 구성을 결정하여 모델링 작업시간을 단축할 수 있다. 4. 단순형상과 복잡형상을 확인하기 위해 모델링 데이터의 오류여부를 확인할 수 있다.
		2. 모델링 작업하기	1. 모델링 명령어를 사용하여 요구되는 형상을 완벽하게 구현할 수 있다. 2. 모델링의 수정 및 편집을 용이하게 할 수 있다. 3. 관련 산업표준을 준수하여 모델링할 수 있다. 4. 영역, 길이, 각도, 공차, 지시 등 모델링에 관련된 추가적인 정보를 도출하고 생성할 수 있다.
	5. 형상모델링 검토	1. 모델링 분석하기	1. 도면과 모델링을 비교 · 검토하여 모델링의 오류 발생 정보를 최소화하고, 오류 발생 시 수정할 수 있다. 2. 제작상의 문제점 및 핵심부를 검토하여 오류 발생 시 관계부서와 협의하여 모델링 데이터를 수정할 수 있다. 3. 제작성을 고려하여 모델링 작업의 결과물을 수정 · 보정할 수 있다. 4. 부품 간 상호 결합상태를 검증할 수 있다.
		2. 모델링 데이터 출력하기	1. 작업 표준서에 의하여 요구되는 2D 데이터 형식의 파일로 저장하거나 출력할 수 있다. 2. 작업 표준서에 의하여 요구되는 3D 모델링 데이터 형식의 파일로 저장하거나 출력할 수 있다. 3. 출력된 모델링 데이터에 요구되는 소요자재목록, 부품목록 등의 정보를 산출할 수 있다.
	6. 체결요소 설계	1. 요구기능 파악하기	1. 기계 구성품의 체결 요구 기능을 파악하여 문서로 작성할 수 있다. 2. 요구 기능의 적합성을 판단할 수 있다. 3. 요구 기능 미 충족시 대응 방안을 수립할 수 있다.
		2. 체결요소 선정하기	1. 기계 시스템의 운동관계, 설치환경 및 유지보수 조건에 부합하는 방식의 체결요소를 선정할 수 있다. 2. 선정된 체결 방식에 따른 필요 목록을 작성할 수 있다. 3. 선정된 체결 방식에 관한 자료를 정리하여 체결요소 설계에 반영하기 위한 준비 자료를 작성할 수 있다.
		3. 체결요소 설계하기	1. 자립조건을 만족하는 체결요소의 풀림방지 방안을 고려하여 설계할 수 있다. 2. 체결요소의 강도를 고려하여 설계할 수 있다. 3. 체결요소의 강도, 강성, 피로, 부식방지 등을 고려하여 설계할 수 있다.
	7. 치공구요소	1. 요구기능	1. 사용 기계와 부품의 요구 정밀도를 파악하고 확인할 수 있다.

	설계	파악하기	2. 부품의 생산수량과 치공구의 요구 수명을 파악하고 확인할 수 있다. 3. 치공구의 사용법과 기능을 파악할 수 있다. 4. 요구기능을 파악하여 문서로 작성할 수 있다.
		2. 치공구요소 선정하기	1. 요구되는 가공 정밀도에 적합한 치공구요소를 선정할 수 있다. 2. 치공구 수명에 적합한 치공구요소의 재질을 선정할 수 있다. 3. 생산성 향상에 적합한 치공구요소를 선정할 수 있다. 4. 가공품의 품질 확보와 유지에 적합한 치공구요소를 선정할 수 있다. 5. 생산량에 적합한 방식의 치공구요소를 선정할 수 있다. 6. 안전한 작업방식의 치공구요소를 선정할 수 있다.
		3. 치공구요소 설계하기	1. 변형을 고려한 형상과 크기를 설계할 수 있다. 2. 가공정밀도, 열처리 및 공차 등을 종합적으로 고려하여 설계할 수 있다. 3. 작업시 안전성을 고려하여 설계할 수 있다. 4. 설계도면을 종합적으로 검토하여 문제점을 개선할 수 있다.
	8. 동력전달요소 설계	1. 요구기능 파악하기	1. 동력전달요소설계에 요구되는 특성 및 기구적 동작에 관한 내용을 분석할 수 있다. 2. 동력전달시스템에서 요구되는 동력전달요소를 파악하여 사용용도와 목적을 작성할 수 있다. 3. 시스템이 사용되는 장소와 요구되는 기구적 조건을 분석할 수 있다.
		2. 동력전달요소 선정하기	1. 시스템에 포함되는 동력전달요소를 파악하여 기능별로 분류할 수 있다. 2. 시스템도면을 확인하여 용도에 맞는 동력전달요소의 크기와 형태를 구성할 수 있나. 3. 기능별 분류와 상호연결을 고려하여 기능별 연결방법과 요소를 선정할 수 있다. 4. 요소부품에 따라 단면계수, 강도, 강성 등을 고려하여 재질을 선정할 수 있다.
		3. 동력전달요소 설계하기	1. 시스템 기능을 고려하여 동력전달요소를 설계할 수 있다. 2. 목적과 용도에 따른 동력전달 사양을 설정하고 구현방법을 작성할 수 있다. 3. 동력의 입출력을 정의하고 동력전달요소를 구성할 수 있다. 4. 동력전달요소 기능에 맞는 부품의 형상과 크기를 결정할 수 있다.
	9. 요소부품재질 선정	1. 요소부품 재료 파악하기	1. 요소부품별 요구기능과 특성을 파악할 수 있다. 2. 재료 별로 재질의 종류를 검토할 수 있다. 3. 재료조달의 난이도에 따른 재료의 종류를 파악할 수 있다.
		2. 최적요소부품 재질 선정하기	1. 용도에 따른 재료의 종류 및 재질을 파악할 수 있다. 2. 설계사양서의 요구사항에 관한 재질 적합성을 검토할 수 있다. 3. 설계계산서와의 적합성을 검토할 수 있다. 4. 요구사항에 맞는 요소부품의 재질을 선정할 수 있다.
		3. 요소부품 공정 검토하기	1. 요소부품의 가공공정을 검토할 수 있다. 2. 재료조달의 방법을 검토할 수 있다. 3. 요소부품 재료의 제조공정을 검토할 수 있다.
		4. 열처리 방법 결정하기	1. 요구조건에 부합하는 열처리 방법을 확인할 수 있다. 2. 요구되는 강도와 열처리 방법의 적합성을 검토할 수 있다. 3. 요소부품의 열처리방법을 결정할 수 있다.

| 차례 |

part 1 기계제도 15

part 2 기계요소설계 143

part 4 기계제작법 372

part 5 연도별 기출문제 467

기계설계 산업기사 필기

part 1
기계제도

Chapter 1

기계제도 일반

기계제도(Technical Drawing for Mechanical Engineering ; KS B 0001)라 함은 제도통칙(KS A 0005)을 기본으로 기계공업 분야에서 사용하는 부품도 및 조립도의 제도에 대하여 주로 규정한다. 기계제도에 있어서 다음의 몇 가지 사항을 고려하여야 한다.

1-1 기계제도 일반

① 도형의 크기와 대상물의 크기 사이에는 올바른 비례관계를 보유하도록 그린다. 다만, 잘못 볼 염려가 없다고 생각되는 도면은 일부 또는 전부에 대하여 비례관계를 지키지 않아도 좋다.
(※ 단, 아래 3가지는 비례척을 지키지 않아도 된다.)

[예외 1] 일부의 도형이 그 치수 수치에 비례하지 않을 때는 치수 숫자의 아래쪽에 굵은 실선을 긋는다.

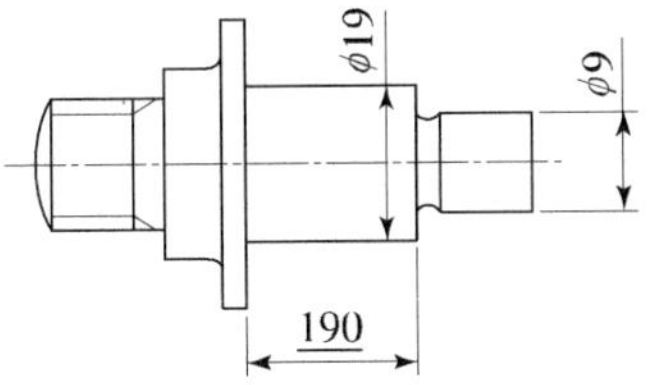

[예외 2] 일부를 절단 생략한 때, 즉 중간단을 생략할 때는 파단선으로 그리고, 파단선은 가는 실선으로 표시한다.

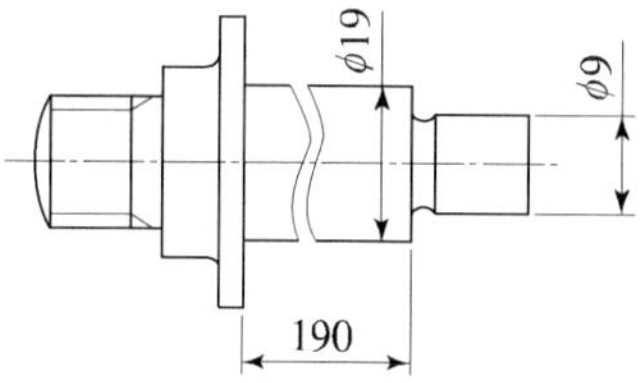

[예외 3] 프리핸드법으로 스케치할 때는 척도를 기입하는 난에 N.S.(None Scale) 축척 없음을 기입한다.

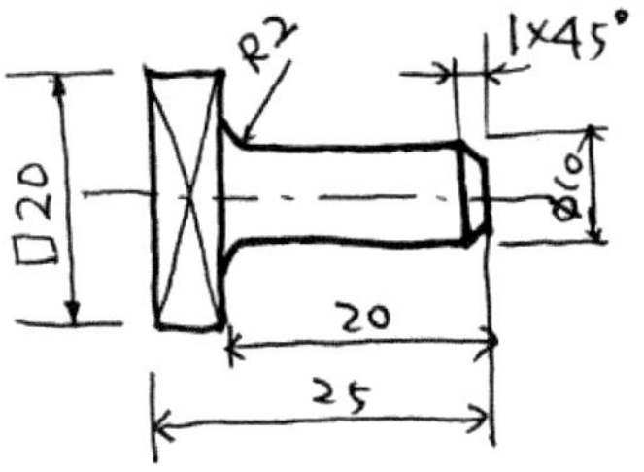

② 선과 선 사이의 간격은 서로 근접하여 그리는 선의 선 간격(중심거리)은 선 굵기의 3배 이상으로 하고, 선과 선의 간격은 0.7mm 이상으로 하는 것이 좋다. 밀접한 교차선의 경우는 선 간격을 선 굵기의 4배 이상으로 긋는다. 또한, 많은 선이 1점에 집중할 경우에는 복잡하지 않은 한, 선 간격이 선 굵기의 약 3배 되는 위치에서 선을 정지하고 점의 주위를 비우는 것이 좋다.

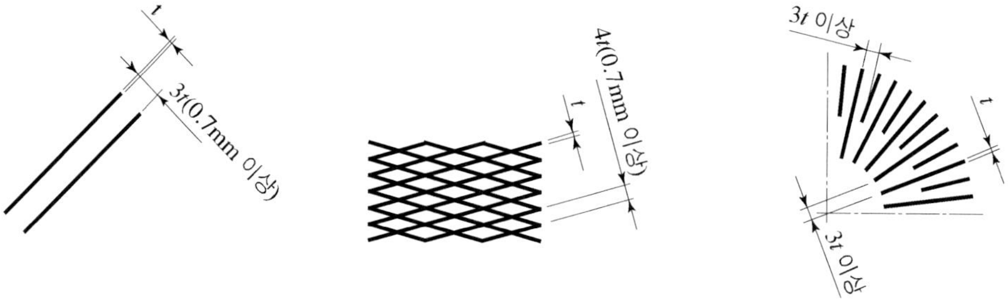

③ 투명한 재료로 만들어질 대상물 혹은 부분은 투상도에서는 전부 불투명한 것으로 간주하여 그린다.

④ 치수에는 특별한 것(참고 치수, 이론적으로 정확한 치수 등)을 제외하고 직접 또는 일괄하여 치수의 허용한계(치수공차)를 지시한다.

⑤ 기능상의 요구, 호환성, 제작기술 수준 등을 기본으로 불가결의 경우만 기하공차의 도시방법(KS B0608)에 따라 기하공차를 지시한다.

⑥ 표면의 결에 관한 지시를 필요로 하는 경우, 표면의 결 도시방법(KS B 0617)에 따라 지시한다.

1-2 도면의 분류

(1) 용도에 따른 분류

- 계획도
  - 기본설계도 : 제작도를 작성하기 전에 필요한 기본적인 설계를 나타낸 도면
  - 실시계획도 : 토목, 건축 부분에서 건축물의 설계를 나타낸 계획도
- 제작도
  - 공정도 : 제조 공정의 도중상태, 또는 일련의 공정전체를 나타낸 제작도로 공작공정도, 검사도, 설치도가 포함된다.
  - 시공도 : 건축 분야에서 현장시공을 대상으로 해서 그린 제작도이다.
  - 상세도 : 부품의 형태, 구조 또는 조립, 결합의 상세함을 나타낸 제작도로서 일반적으로 큰 척도로 그린다.
- 주문도 : 주문하는 사람이 주문하는 물건의 크기, 형태, 정밀도, 정보 등의 주문내용을 나타낸 도면으로, 주문서에 첨부한다.
- 견적도 : 견적 의뢰를 받은 사람이 의뢰 받은 물건의 견적내용을 나타낸 도면으로, 견적서에 첨부한다.
- 승인용 도면 : 주문자 또는 기타 관계자의 승인을 얻기 위한 도면
- 승인도 : 주문자 또는 기타 관계자의 승인을 얻은 도면이다.
- 설명도 : 사용자에게 물품의 구조, 기능, 성능 등을 설명하기 위한 도면으로, 주로 카탈로그에 사용된다.

(2) 내용에 따른 분류

- 부품도 : 부품에 대하여 최종 완성상태에서 구비해야 할 사항을 완전히 나타내기 위하여 필요한 모든 정보를 기록한 도면이다.
- 조립도
  - 총조립도 : 대상물의 전체의 조립상태를 나타낸 조립도
  - 부분조립도 : 대상물 일부분의 조립상태를 나타낸 조립도
- 기초도 : 기계나 구조물을 설치하기 위한 기초를 나타낸 도면
- 배치도 : 지역 내의 건물 위치나 공장 내부에 기계 등의 설치 위치의 상세한 정보를 나타낸 도면
- 배근도 : 철근의 치수와 배치를 나타낸 도면(건축, 토목부분)
- 장치도 : 장치공업에서 각 장치의 배치, 공정의 관계 등을 나타낸 도면
- 스케치도 : 기계나 장치 등의 실체를 보고 프리핸드(freehand)로 그린 도면

(3) 표현형식에 따른 분류

- 외관도 : 대상물의 외형 및 최소한의 필요한 치수를 나타낸 도면
- 선도
  - 계통도 : 급수, 배수, 전력 등의 계통을 나타낸 도면 (전기접속도, 배선도, 배관도)
  - 구조선도 : 기계, 교량 등의 골조를 나타내고, 구조 계산에 사용하는 도면
- 전개도 : 대상물을 구성하는 면을 평면으로 전개한 도면이다.
- 곡면선도 : 선체, 자동차 차체 등의 복잡한 곡면을 여러 개의 선으로 나타낸 도면
- 입체도 : 축측투상도, 사투상도 또는 투시투상법에 의해서 입체적으로 표현한 그림을 총칭하는 도면

1-3 도면의 크기 및 양식

도면은 아래의 그림처럼 긴 쪽을 좌우 방향으로 놓고 사용한다. 다만 A4는 짧은 쪽을 좌우 방향으로 사용하여도 좋다. 또한 용지 크기에 따라 0.5mm 이상의 윤곽선을 사용하여도 좋다. 도면을 접을 경우에는 A4의 크기로 접되, 도면 우측 하단부에 있는 표제란이 겉으로 나오게 접는다. 원도는 접지 않는 것이 보통이고, 말아서 보관하는 경우는 그 안지름을 40mm 이상으로 한다.

A열 크기 (단위 : mm)

호칭	치수 a×b	c	d (최소)	
			철하지 않을 때	철할 때
A0	841×1189	20	20	25
A1	594×841			
A2	420×594	10	10	
A3	297×420			
A4	210×297			

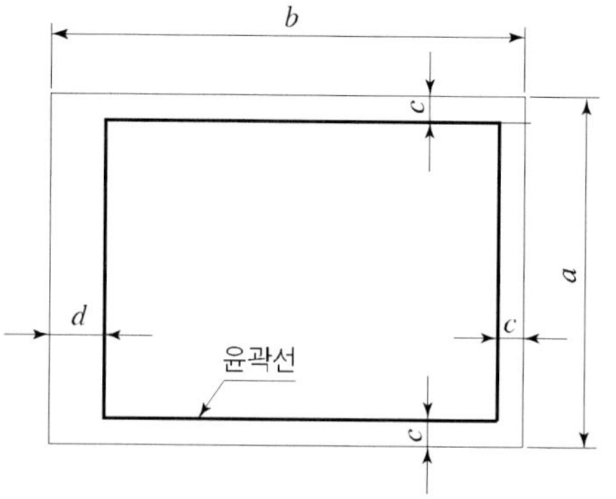

[A0~A3의 경우]

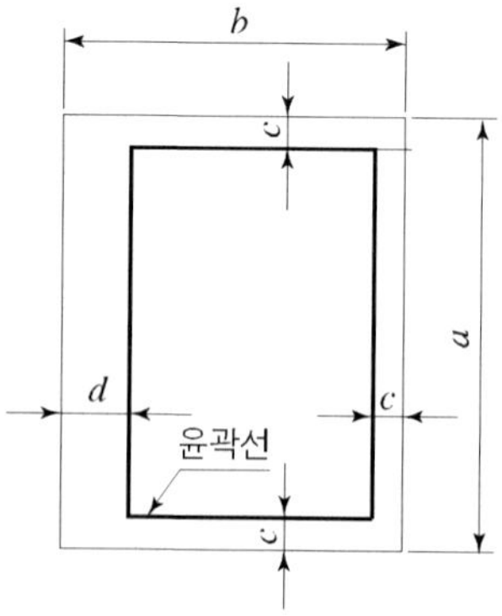

[A4의 경우]

① 도면에 설치하는 양식에 관한 사항

도면에 반드시 설치하는 사항은 "윤곽선, 표제란, 중심마크"이고, 도면에 설치하는 것이 바람직한 사항은 "비교 눈금, 도면의 구역을 표시하는 구분선 · 구분기호, 재단마크"가 있다.

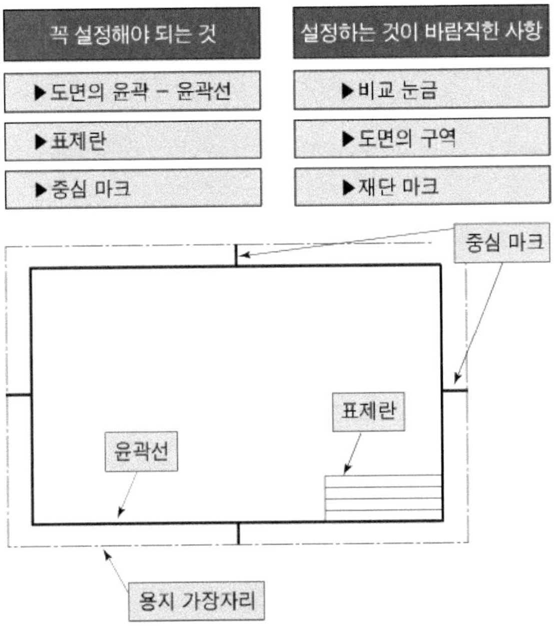

② 윤곽선 = 테두리선

도면에 담아 넣는 내용을 기재하는 영역을 명확히 하고, 또 용지의 가장자리에서 생기는 손상으로 기재사항을 해치지 않도록 그리는 테두리선을 말한다. 도면의 윤곽에 사용하는 윤곽선은 굵기 0.5mm 이상의 실선으로 한다.

③ 표제란

도면에는 다음에 예시하는 바와 같이 도면의 관리상 필요한 사항과 도면의 내용에 관한 정형적인 사항 등을 모아서 기입하기 위하여 표제란을 설치한다. 용지를 아래 표에 나타내는 방향으로 놓은 상태에서 표제란을 도면 윤곽선의 오른편 아래 구석의 안쪽(윤곽선을 사용하지 않는 경우에는 이에 해당하는 위치)에 설치하고, 이것을 도면의 정위치로 한다.

[표제란 위치]

용지 크기의 호칭	좌우 방향으로 놓는 변	용지의 형식	표제란의 위치
A0~A4	긴 변	X형	오른편 아래 구석
A4	짧은 변	Y형	

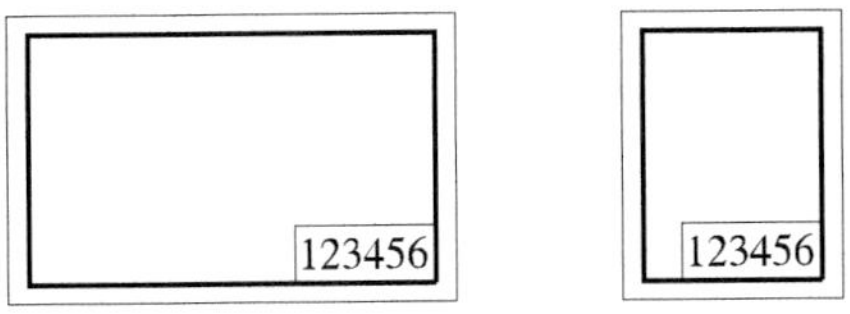

[X형] [Y형]

④ 중심 마크

도면의 마이크로 필름 촬영, 복사 등의 편의를 위하여 도면에 중심 마크를 설치한다. 중심 마크의 모양 및 크기는 윤곽선으로부터 용지의 가장자리에 이르는 굵기 0.5mm의 수직선으로 한다. 도면의 4변 각 중앙에 표시하며, 그 허용차는 ±0.5mm로 한다.

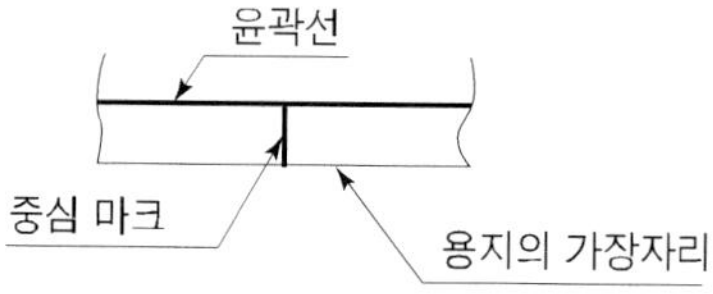

⑤ 비교 눈금

도면의 축소 또는 확대 복사의 작업 및 이들의 복사 도면을 취급할 때의 편의를 위하여 도면에 비교 눈금을 마련하는 것이 바람직하다.

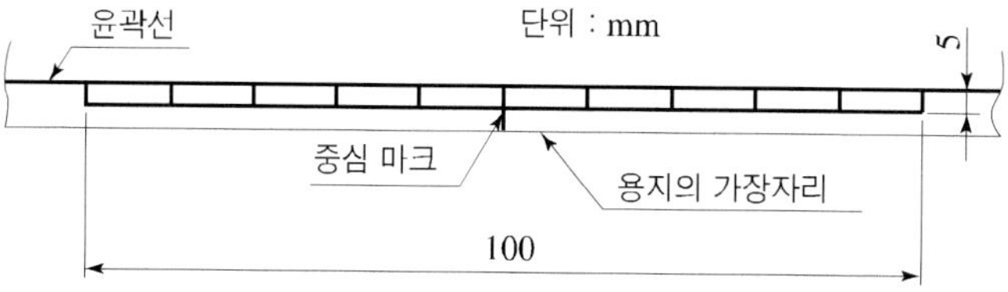

⑥ 도면의 구역

도면 중 특정 부분의 위치를 지시하는 편의를 위하여 도면의 구역을 표시하는 것이 좋다.

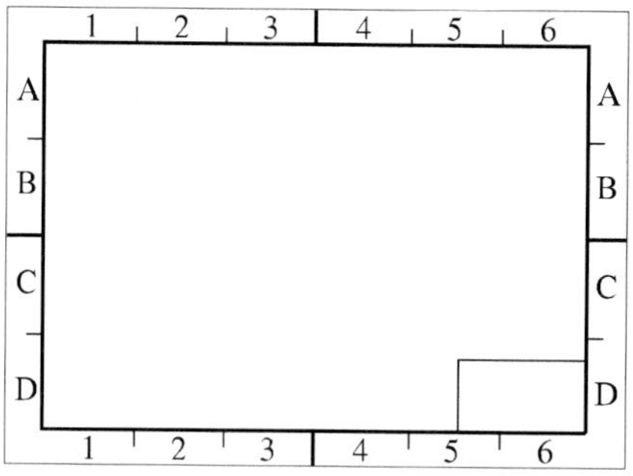

⑦ 재단 마크

복사한 도면을 재단하는 경우의 편의를 위하여 원도에 재단 마크를 마련하는 것이 바람직하다. 재단 마크의 모양, 크기 및 위치는 아래 그림과 같이 하여 용지의 네 구석에 설치한다.

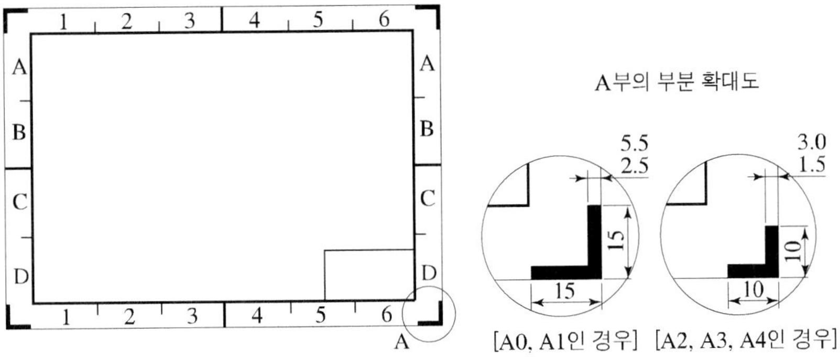

1-4 척 도

척도(scale)는 도면의 표제란에 기입하여야 하며, 같은 도면에 다른 척도를 사용할 경우에는 필요에 따라 그 그림 부근에 기입한다. 다만 이들 척도의 표시를 잘못 볼 염려가 없는 경우에는 기입하지 않아도 좋다. 맞는 비례관계가 없을 경우에는 "비례척이 아님"이라고 적절한 곳에 기입한다.

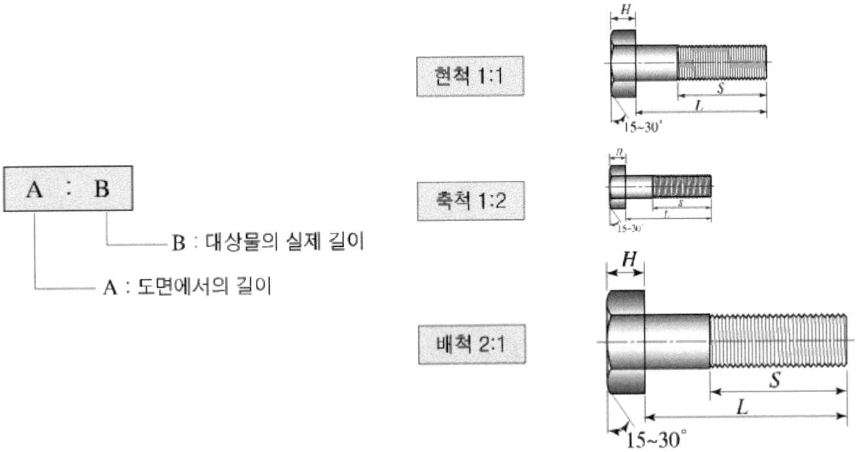

척도의 종류	난	값
축척	1	1 : 2, 1 : 5, 1 : 10, 1 : 20, 1 : 50, 1 : 100, 1 : 200
	2	1 : $\sqrt{2}$, 1 : 2.5, 1 : 2$\sqrt{2}$, 1 : 3, 1 : 4, 1 : 5$\sqrt{2}$, 1 : 25, 1 : 250
현척		1 : 1
배척	1	2 : 1, 5 : 1, 10 : 1, 20 : 1, 50 : 1
	2	$\sqrt{2}$: 1, 2.5$\sqrt{2}$: 1, 100 : 1

비고 : 1 난의 척도를 우선으로 사용할 것

1-5 선의 종류와 굵기

선의 굵기는 0.18, 0.25, 0.35, 0.5, 0.7 및 1mm를 사용하며, 그 용도는 다음과 같다. 만일 도면에서 서로 다른 2종류 이상의 선이 같은 장소에 겹치게 될 경우에는 다음의 순위에 따라 우선되는 종류의 선으로 그린다.

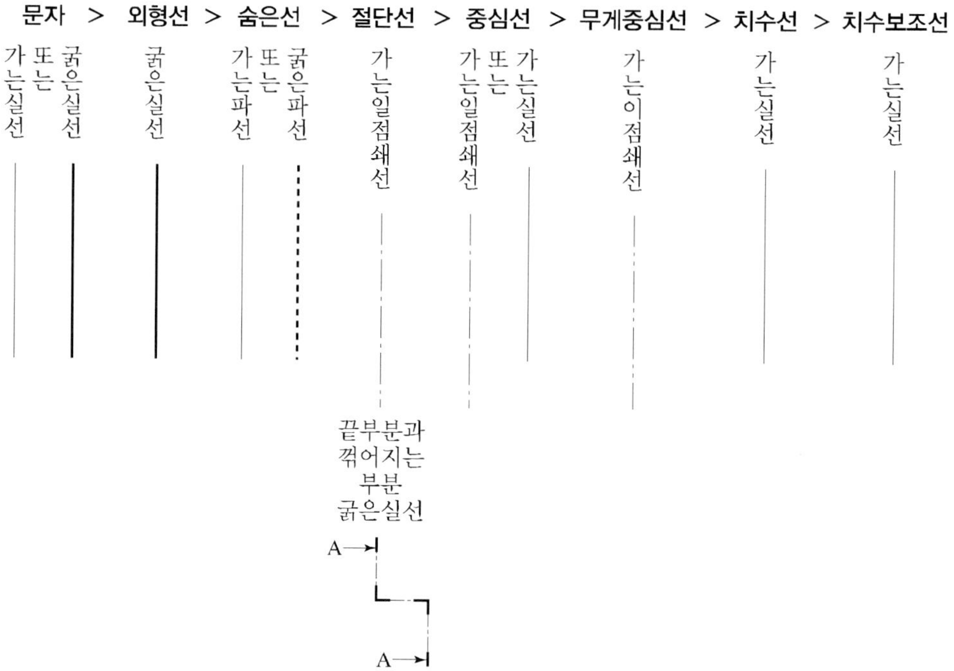

[선의 종류]

굵기의 비	명 칭	선의 종류	
가는 선	치수선, 치수보조선 지시선, 회전단면선 중심선, 수준면선	가는 실선	
	숨은선	파선	
	중심선, 기준선, 피치선	1점 쇄선	
	가상선, 무게중심선	2점 쇄선	
	파단선	가는 실선	
	절단선	1점 쇄선	
	해칭선	가는 실선	

굵기의 비	명 칭	선의 종류	
굵은 선	외형선	굵은 실선	
	특수 지정선	굵은 1점 쇄선	
아주 굵은 선	특수한 용도의 선	아주 굵은 실선	

1-6 글자와 문장

글자는 명백히 쓰고 글자체는 고딕체로 하여 수직 혹은 15° 경사지게 씀을 원칙으로 한다. 국문 글자와 아라비아 숫자, 영문의 크기는 2.24, 3.15, 4.5, 6.3 및 9mm의 5종류로 하는데 다만, 특히 필요한 경우는 이에 따르지 않아도 좋다. 문장은 왼편에서 가로쓰기를 원칙으로 한다.

① 한자 : 3.15, 4.5, 9, 12.5, 18mm

② 한글, 숫자, 영자 : 2.24, 3.15, 4.5, 6.3, 9mm

선 굵기의 종류	비율
가는 선	1
굵은 선	2
아주 굵은 선	4

Chapter 2 투상법과 단면 처리

2-1 투상법의 종류

[투상법의 종류]

종류	사용하는 그림의 종류	특징	주된 용도
정투상	정투상도	1각법과 3각법이 있다. 모양을 엄밀, 정확하게 표시할 수 있다.	일반 도면
등각투상	등각투상도(30°)	하나의 그림으로 정육면체의 세 면을 같은 정도로 표시할 수 있다.	설명용 도면
사투상	캐비닛도(60°) 카발리에도(45°)	하나의 그림으로 정육면체의 세 면 중의 한 면만을 중심적으로 엄밀, 정확하게 표시할 수 있다.	

참고 **등각도 · 카발리에도** : 하나의 그림에 의해 대상물을 알기 쉽게 도시하는 설명용 등의 그림에는 등각도 · 카발리에도를 사용한다.

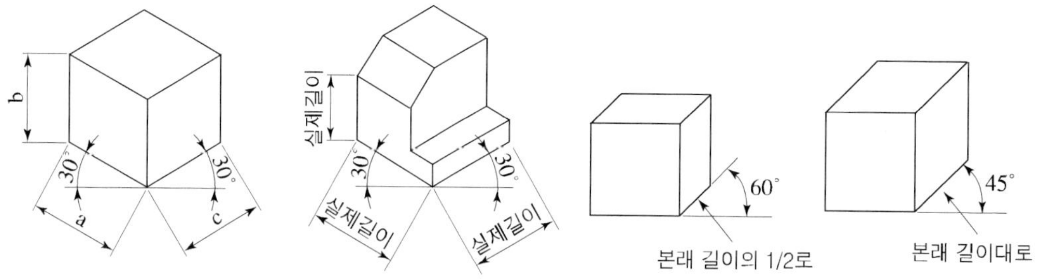

[등각투상도] [캐비닛도] [카발리에도]

(1) 정투상법 – 1각법과 3각법의 비교

투상법은 제3각법에 따르는 것을 원칙으로 하며, 다만 필요한 경우 제1각법에 따를 수도 있다. 또한 투상법은 표제란 혹은 그 근처에 투상법의 기호를 나타낸다.

① **제1각법의 원리** : 물체를 제1면각 내에 놓고 투상하는 방법이다.
즉 사람 눈 → 물체 → 투상면

㉠ 물체를 제1면 각 공간에 놓고 각 면을 투상면으로 생각한다.
㉡ 투상면에 직각인 방향으로 본 물체의 모양을 물체의 건너편에 있는 투상면에 그린다.
㉢ 정면도를 중심으로 하여 아래쪽에 평면도, 왼쪽에 우측면도가 배열된다.
㉣ 투상도가 물체를 보는 방향과 반대방향에 위치한다.(그림자를 그리는 것과 같다)

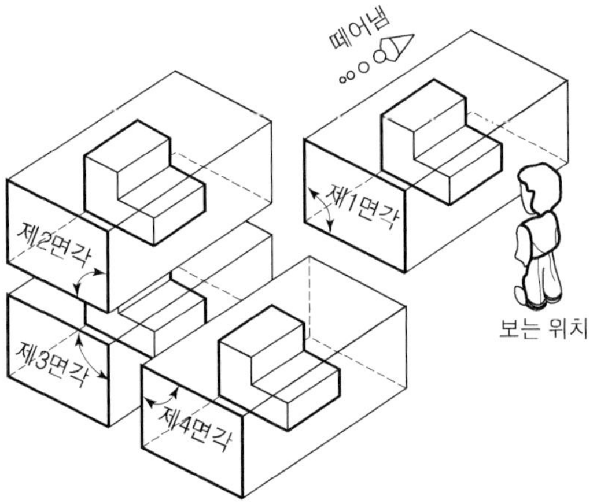

② **제3각법의 원리** : 물체를 제3면각 내에 놓고 투상한다. 즉, 사람 눈 → 투상면 → 물체

㉠ 물체를 제 3면각 공간에 놓고 각 면을 투상면으로 생각한다.
㉡ 투상면에 직각인 방향으로 본 물체의 모양을 각각의 투상면에 그린다.
㉢ 정면도를 중심으로 하여 위쪽에 평면도, 오른쪽에 우측면도가 배열된다.
㉣ 물체의 보이는 모양을 그대로 투상면에 나타낸다.

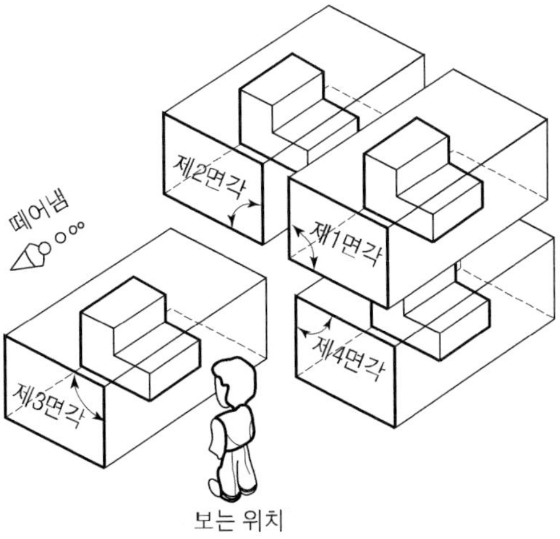

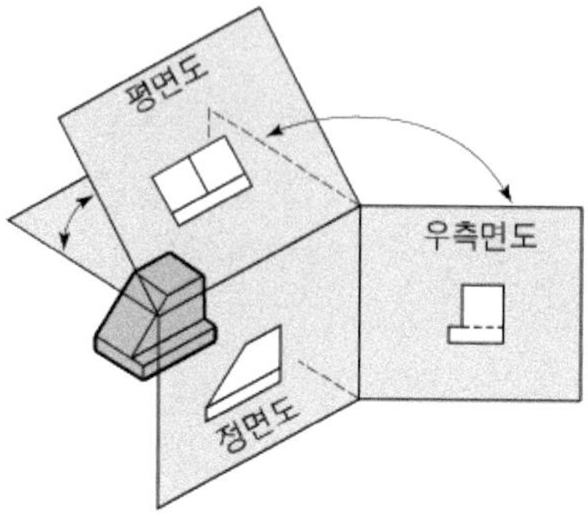

[3각법]

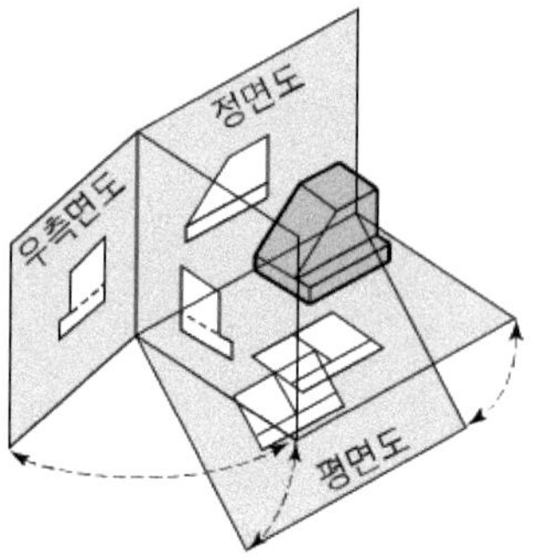

[1각법]

제3각법		제1각법
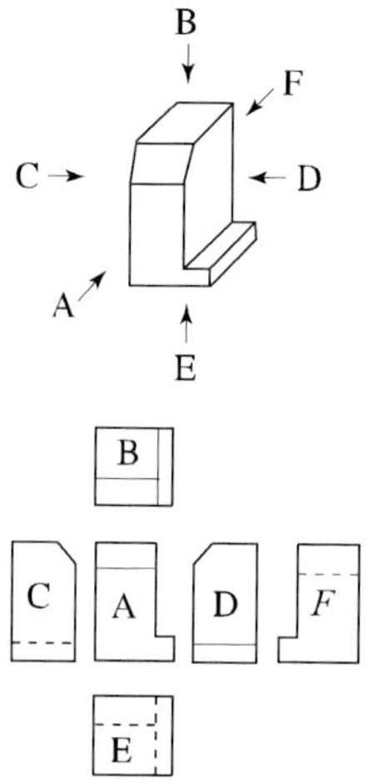	[호칭] A : 정면도 B : 평면도 C : 좌측면도 D : 우측면도 E : 저면도 F : 배면도	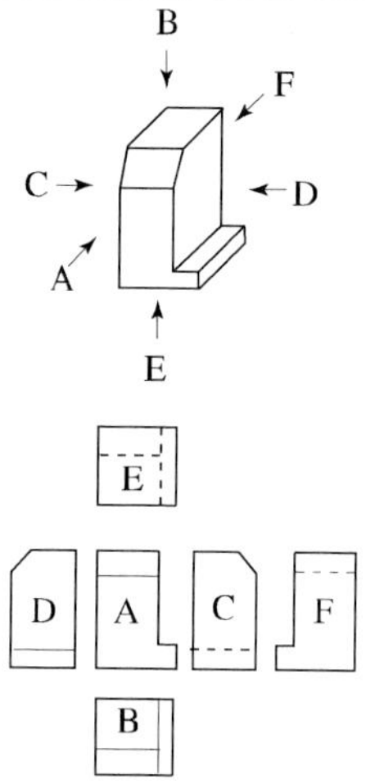
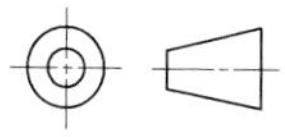	[투상법의 기호]	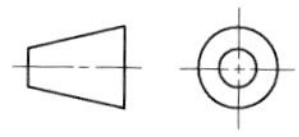

(2) 보조투상도

경사면부가 있는 대상물에서 그 경사면의 실형을 표시할 필요가 있는 경우에 보조투상도로 표시한다.

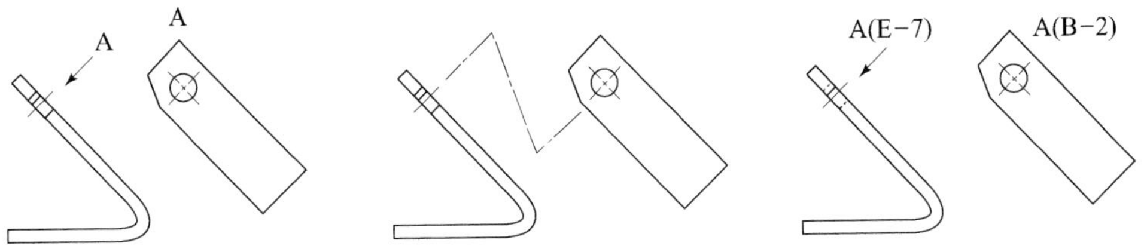

(a) 화살표와 영자 대문자 (b) 구부린 중심선에 연결 (c) 도면 구역의 구분기호

(3) 회전투상도

투상면이 어느 각도를 가지고 있기 때문에 그 실형을 표시하지 못할 때에는 그 부분을 회전해서 그 실형을 도시할 수 있다. 또한, 잘못 볼 우려가 있을 경우에는 작도에 사용한 선을 남긴다.

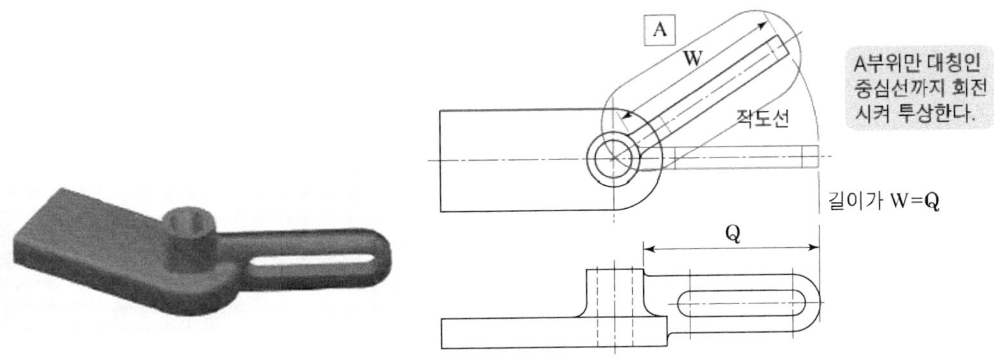

(4) 국부투상도

물품의 수평 또는 수직면의 부분적인 형만으로 만족할 때는 그 필요 부분만을 부분투상도로 하여 나타낸다.
그림에서 ⓐ부분만을 투상하여 나타내었다.

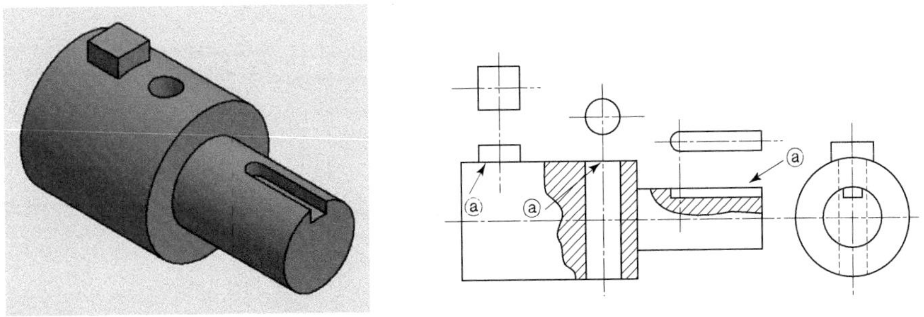

(5) 부분투상도

투상도의 일부를 나타낸 그림

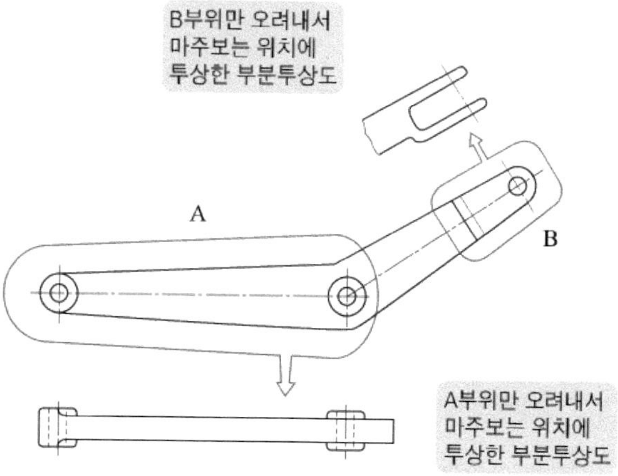

2-2 도형의 표시 방법

① 주 투상도에는 대상물의 모양 · 기능을 가장 명확하게 표시하는 면을 그린다. 또한, 대상물을 도시하는 상태는 도면의 목적에 따라 다음 어느 것인가에 따른다.
   ㉠ 조립도 등 주로 기능을 표시하는 도면에서는 대상물을 사용하는 상태
   ㉡ 부품도 등 가공하기 위한 도면에서는 가공에 있어서 도면을 가장 많이 이용하는 공정에서 대상물을 놓은 상태
   ㉢ 특별한 이유가 없는 경우 대상물을 가로길이로 놓은 상태
② 주 투상도를 보충하는 다른 투상도는 되도록 적게 하고 주 투상도만으로 표시할 수 있는 것에 대하여는 다른 투상도는 그리지 않는다.
③ 서로 관련되는 그림의 배치는 되도록 숨은선을 쓰지 않도록 한다. 다만, 비교 대조하기 불편할 경우에는 예외로 한다.

2-3 도의 선택

① 물체의 특징이 가장 잘 나타나는 방향을 정면도로 선택할 것
② 숨은선이 적은 도(圖)를 선택할 것
③ 정면도를 중심으로 위쪽에 평면도, 우측에 우측면도를 선택할 것
④ 정면도와 평면도 또는 정면도와 측면도는 형상을 이해하기 쉬운 도를 선택할 것

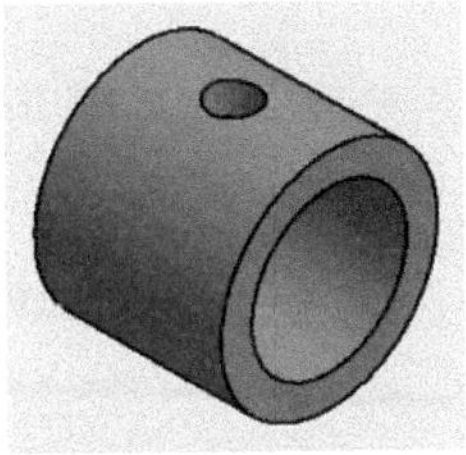
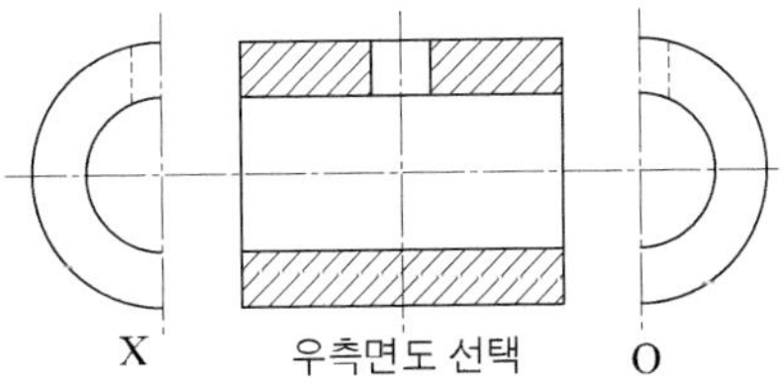

3각법으로 작도한다고 하여 무조건 정면도, 측면도, 평면도(3면도)를 모두 그려야 되는 것이 아니라 형상에 따라 필요한 투상도만 그려서 이해하는 데 어려움에 없다면 보조투상도(측면도, 평면도 등)를 생략할 수 있다.

① **3면도 선택** : 평면도, 측면도를 생략하였을 경우 그 형상을 이해할 수 없는 경우
② **2면도 선택** : 평면도 혹은 측면도 중에서 하나를 생략해도 무방한 경우로 이때는 정면도의 폭과 높이 중에서 큰 쪽을 선택하는 것이 형상의 이해에 도움이 된다.
③ **1면도 선택** : 정면도만 작성하여 형상을 이해하는데 어려움이 없을 경우 평면도와 측면도를 생략할 수 있다.

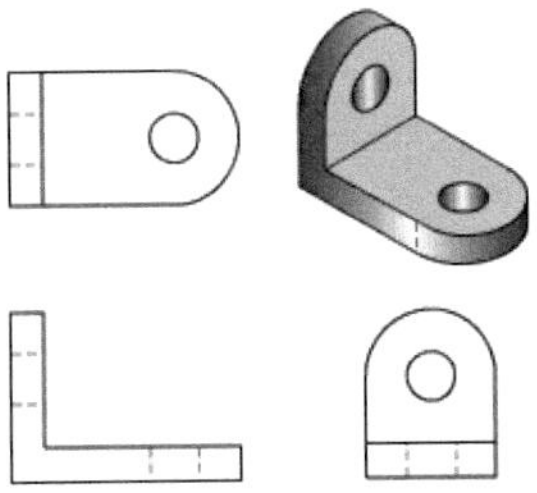

[3면도]

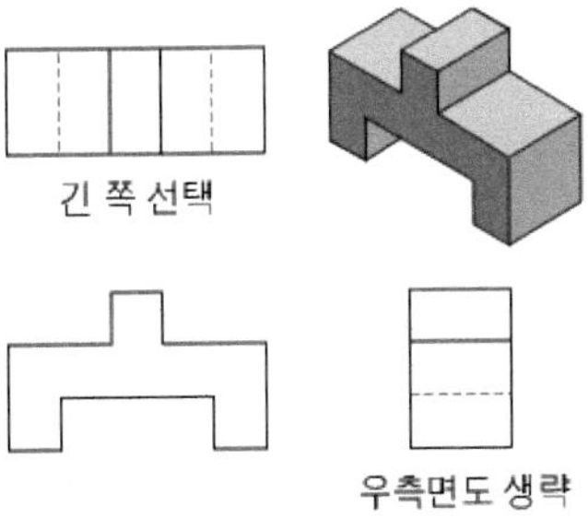

[2면도]

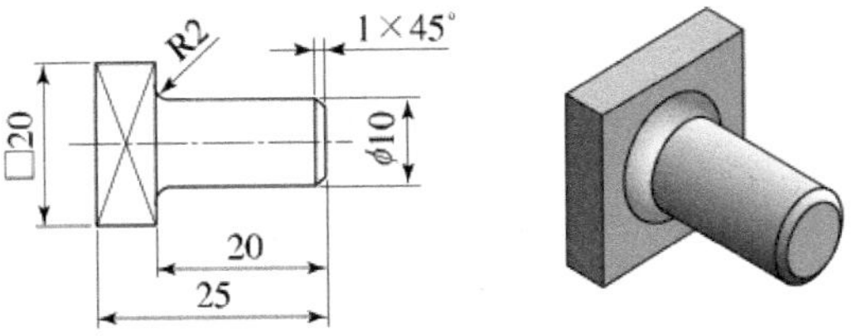

[1면도]

2-4 단면도 표시 방법

가려져 보이지 않는 부분을 알기 쉽게 나타내기 위해 단면도로 도시할 수 있다. 단면도의 도형은 절단면을 사용하여 대상물을 절단하였다고 가정하고 절단면의 앞부분을 제외하고 그린다. 잘린 면은 45° 가는 실선으로 해칭한다.

(1) 온단면도(전단면도)

원칙으로 대상물의 기본적인 모양을 가장 좋게 표시할 수 있도록 절단면을 정하여 그린다. 제품의 1/2을 단면 처리하여 나타내는 단면도이다.

[전단면도=온단면도]

(2) 한쪽 단면도(반단면도)

대칭형의 대상물을 외형도의 절반과 온단면도의 절반을 조합하여 표시할 수 있다. 즉 상하 좌우 대칭인 대상물의 1/4을 제거하여 단면을 나타내는 것으로 중심선을 기준으로 외형과 단면을 동시에 나타내는 것을 한쪽 단면도라 한다.

① 대칭축을 기준으로 위쪽과 우측을 단면으로 표시하는 것이 좋다.
② 외형을 나타내는 부분의 숨은선은 생략한다.
③ 중심선과 겹치므로 절단 표시는 하지 않아도 된다.

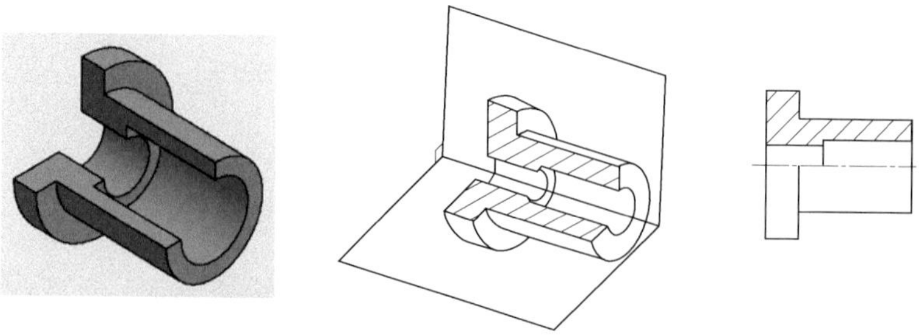

[반단면도=한쪽 단면도]

(3) 부분단면도

단면을 필요로 하는 일부분만 파단선으로 잘라 내어 작도하는 방법이다.

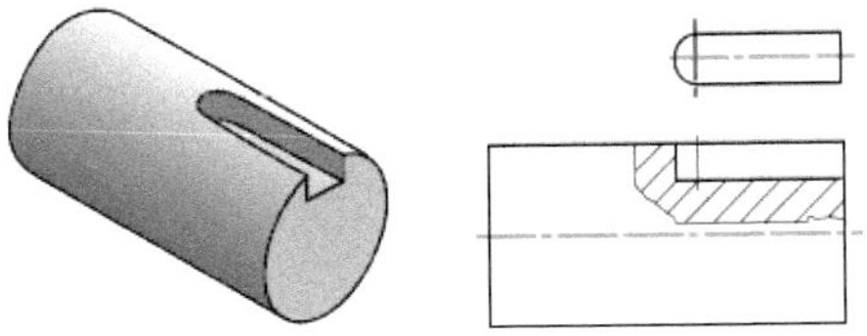

[부분단면도]

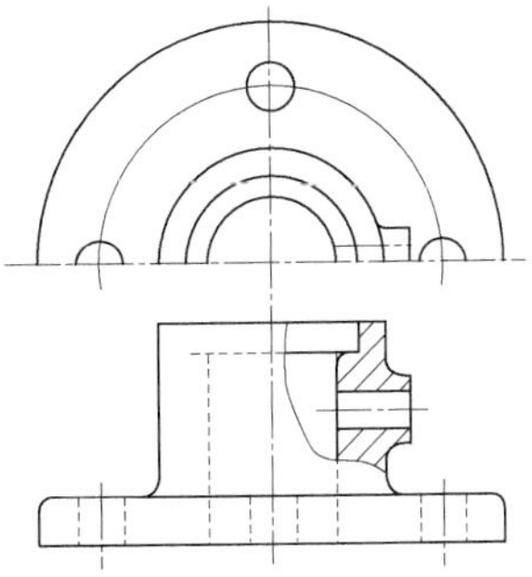

(4) 회전도시 단면도

핸들이나 바퀴 등의 암 및 림(rim), 리브, 훅(hook), 축, 구조물의 부재 등의 절단면은 다음에 따라 90° 회전하여 표시하여도 좋다.

① 절단할 곳의 전후를 끊어서 그 사이에 외형선으로 그린다.
② 도형 내의 절단한 곳에 겹쳐서 가는 실선으로 그린다.
③ 절단선의 연장선 위에 외형선으로 그린다. 절단선 위에 단면을 나타내기가 곤란할 경우 그 옆자리에 단면의 기호를 적고 그린다.

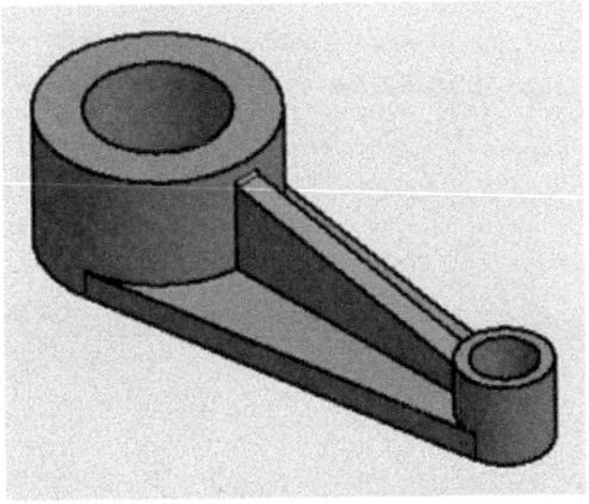

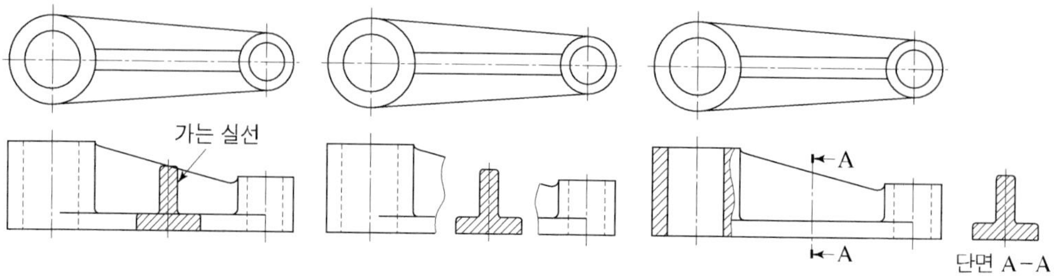

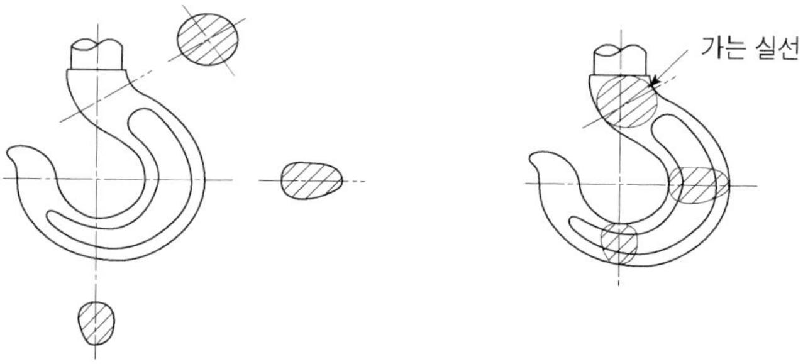

(5) 조합에 의한 단면도

2개 이상의 면으로 절단한 단면을 말한다. 구부러진 관 등의 단면을 표시하는 경우에는 그 구부러진 중심선에 따라 절단하고 그대로 투상할 수 있다.

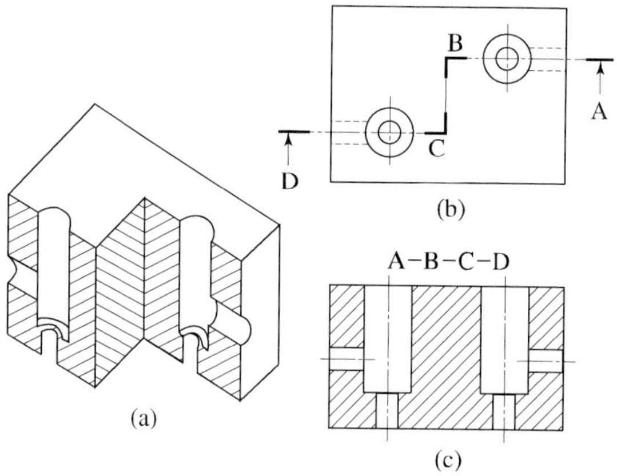

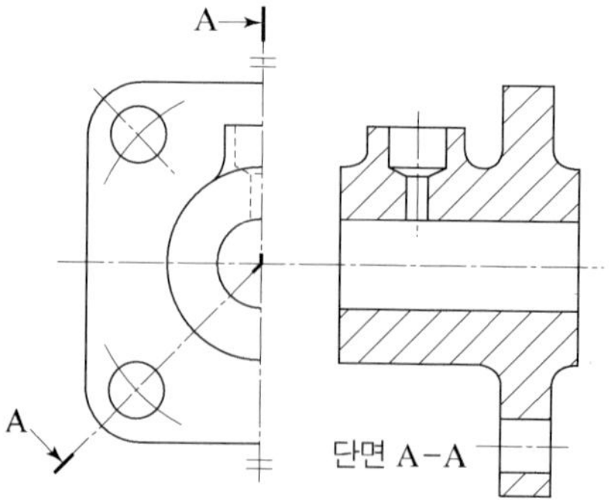

(6) 다수의 단면도에 의한 도시

복잡한 모양의 대상물을 표시하는 경우, 필요에 따라 다수의 단면도를 그려도 좋다. 일련의 단면도는 치수의 기입과 도면의 이해에 편리하도록 투상의 방향을 맞추어서 그리는 것이 좋다. 이 경우, 절단선의 연장선상 또는 주 중심선상에 배치하는 것이 좋다. 대상물의 모양이 서서히 변화하는 경우 다수의 단면에 의해 표시할 수 있다.

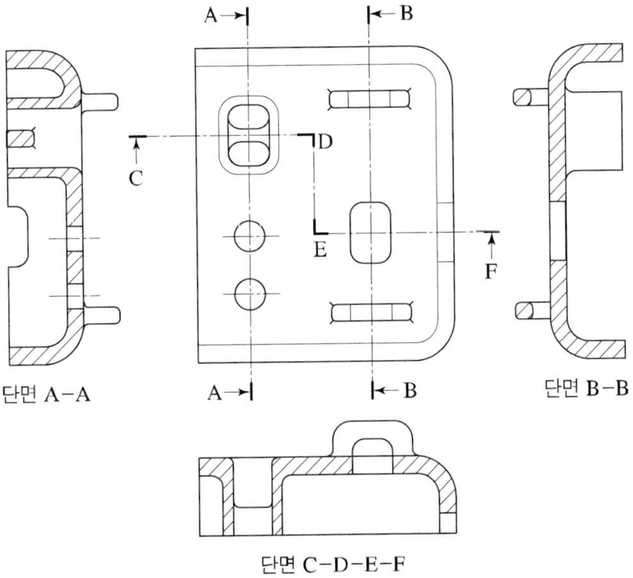

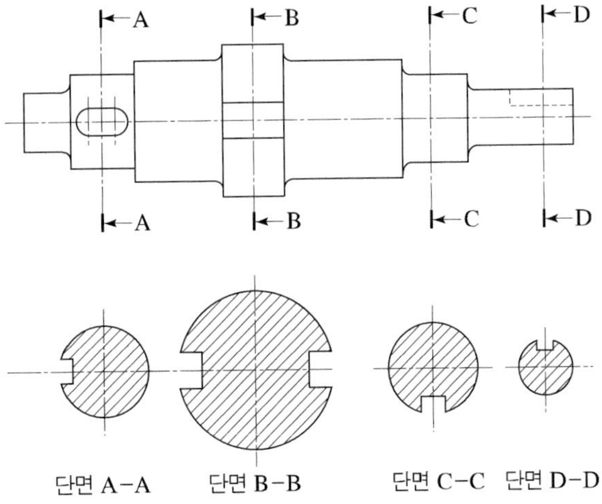

(7) 단면하지 않는 부분

리브, 기어의 이, 축, 핀, 볼트, 너트, 와셔, 작은 나사, 리벳, 키, 강구, 원통 롤러, 기어 및 벨트 풀리의 암 등은 단면하여도 해칭하지 않는다.

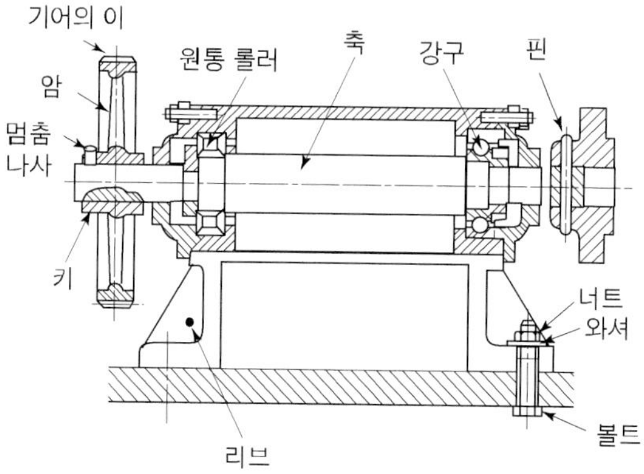

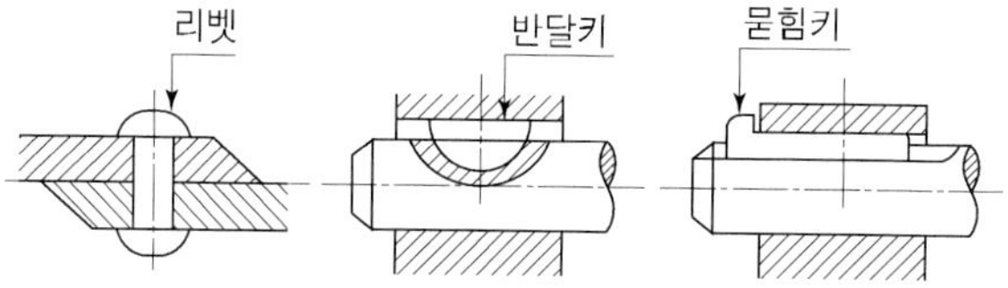

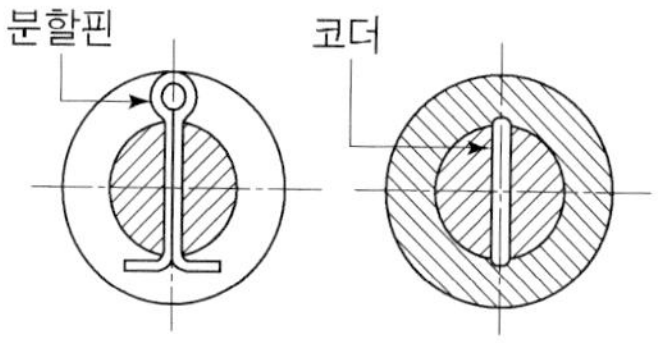

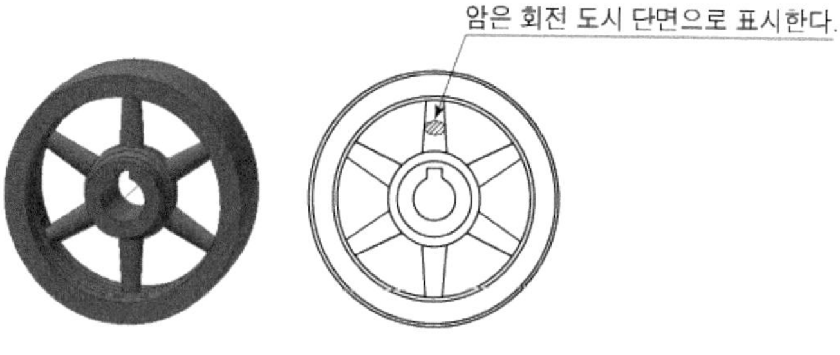

(8) 얇은 두께 부분의 단면도 : 아주 굵은 실선으로 표시한다.

개스킷, 박판, 형강 등에서 절단면이 얇은 경우에는 다음과 같이 한다.

① 절단면을 검게 칠한다.

② 실제 치수와 관계없이 한 개의 아주 굵은 실선으로 표시한다. 이때 이들 단면이 인접해

있을 경우 0.7mm 이상 간격을 둔다.

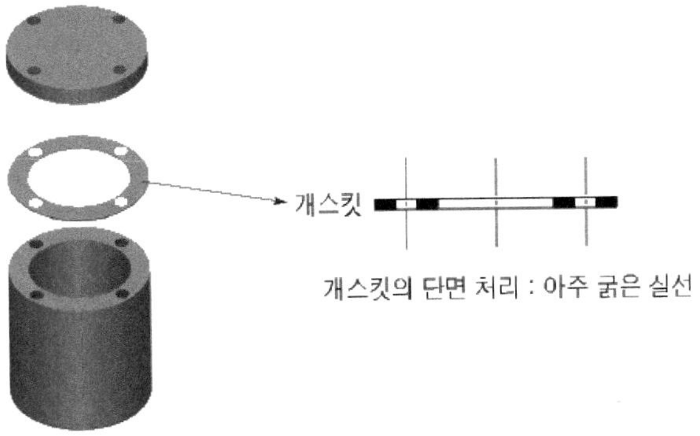

2-5 도형의 간략화 및 특수한 도시법

(1) 대칭 도형의 생략

대칭 중심선의 한쪽 도형만을 그리고, 그 대칭 중심선의 양끝 부분에 짧은 2개의 나란한 가는 실선을 그린다. 이를 대칭 도시기호라 한다. 또는 대칭 중심선의 한쪽의 도형을 대칭 중심선을 조금 넘은 부분까지 그릴 수도 있다. 이때에는 대칭 도시기호를 생략한다.

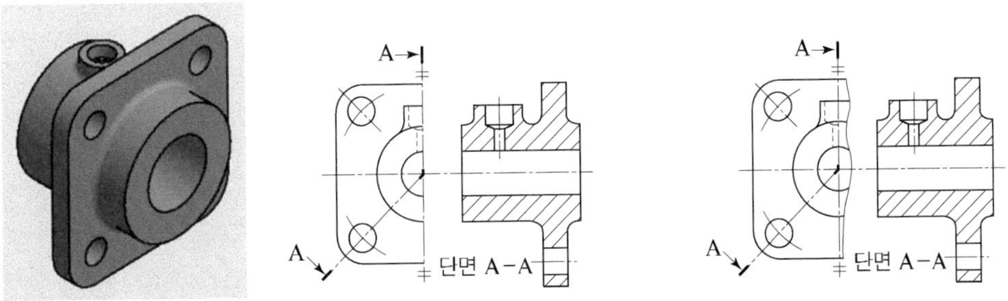

(2) 반복 도형의 생략

같은 종류나 모양의 것들이 다수 줄지어 있는 경우, 주요 부분만 표시하고 나머지는 중심선의 교차점으로 표시할 수 있다. 치수 기입에 의해 교점의 위치가 명확할 경우에는 피치선과 교차되는 중심선을 생략하여도 좋다. 또, 이 경우에는 반복부분의 수를 치수 기입 또는 주기에 의하여 지시하여야 한다. 실형 대신 그림기호로 나타내는 경우는 그림기호를 피치선과 중심선의 교점에 기입하고 그 뜻을 지시선을 사용하여 기술하거나 알기 쉬운 위치에 기술한다.

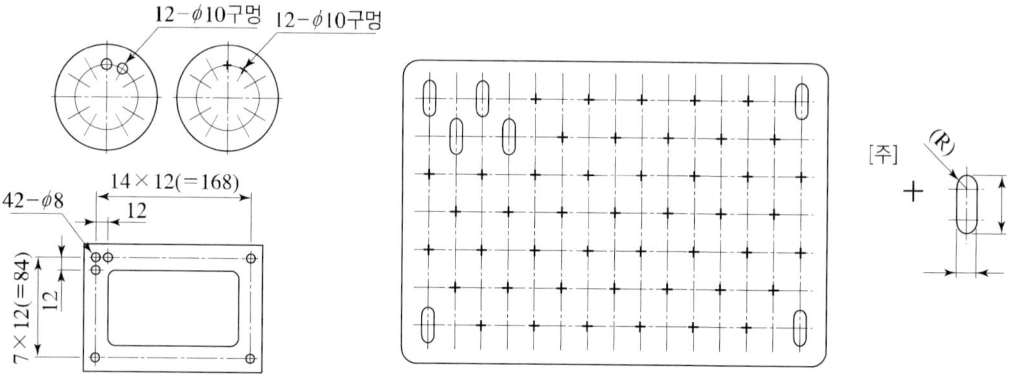

(3) 중간부분의 생략에 의한 도형의 단축

동일 단면형의 부분(축, 막대, 관, 형강), 같은 모양이 규칙적으로 줄진 부분(래크, 공작기계의 어미나사, 교량의 난간, 사다리), 또는 긴 테이퍼 등의 부분(테이퍼 축)은 지면을 생략하기 위하여 중간부분을 잘라내서 그 긴요한 부분만을 가까이 하여 도시할 수가 있다. 이 경우, 잘라낸 끝부분은 파단선으로 나타낸다. 또한, 요점만을 도시하는 경우, 혼동될 염려가 없을 경우는 파단선을 생략하여도 좋다. 긴 테이퍼 부분, 또는 기울기 부분을 잘라낸 도시에서는 경사가 완만한 것은 실제의 각도로 도시하지 않아도 좋다.

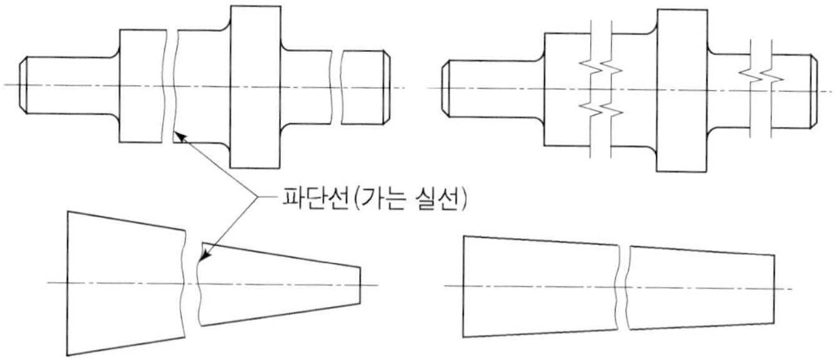

[경사가 급한 경우] **[경사가 완만한 경우]**

(4) 특수한 가공부분의 표시

대상물의 면의 일부분에 특수한 가공을 하는 경우, 그 범위를 외형선에 평행하게 약간 떼어서 그은 굵은 1점 쇄선으로 나타낼 수 있다. 또, 도형 중 특정 범위를 지시할 필요가 있을 경우, 그 범위를 굵은 1점 쇄선으로 둘러싼다. 또한, 이들의 경우 특수한 가공에 관한 필요사항을 지시한다.

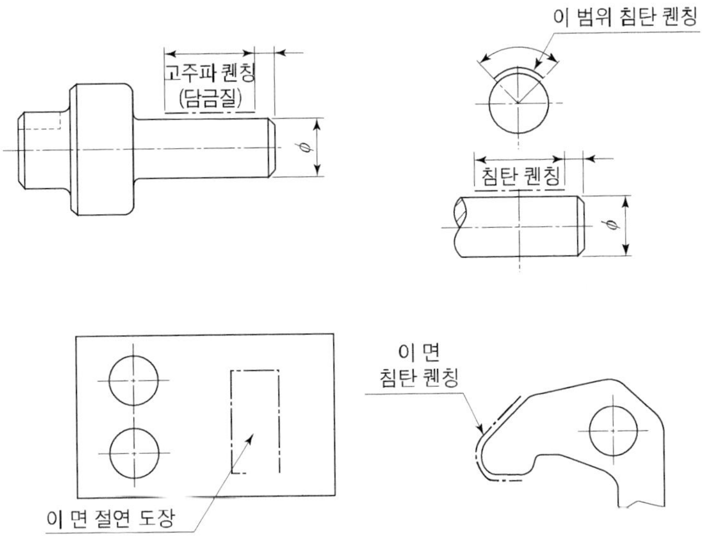

(5) 무늬 등의 표시

널링가공 부분, 철망, 줄무늬가 있는 강판 등의 특징을 외형의 일부분에 그려서 표시하는 경우에는 다음과 같이 한다.

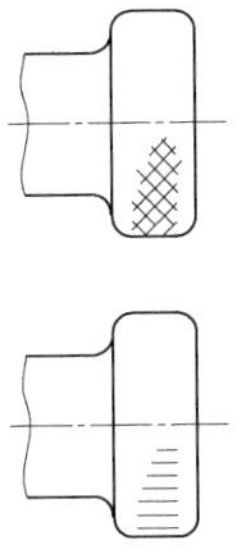
[널링가공한 부분의 보기]

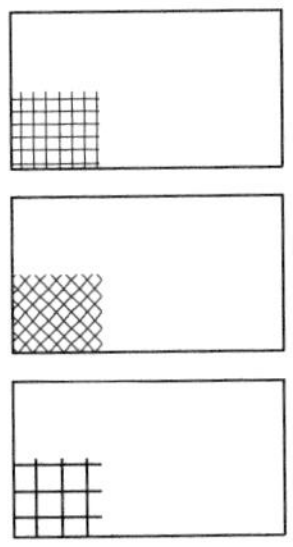
[철망의 보기]

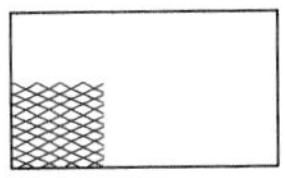
[줄무늬 강판의 보기]

또, 비금속 재료를 특별히 나타낼 필요가 있을 경우, 원칙으로 아래 표와 같은 표시 방법에 의하든지, 해당 규격의 표시 방법에 따른다. 이 경우에도 부품도에는 별도로 재질을 글자로 기입한다. 겉모양을 나타낼 경우나 단면을 할 경우에도 이에 따르는 것이 좋다.

재질	유리	목재	콘크리트	액체
그림	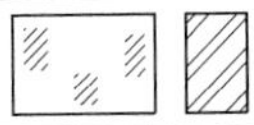	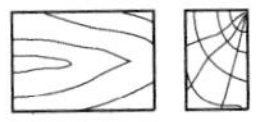	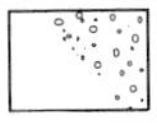	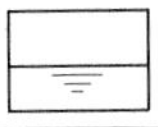

(6) 특별한 도시방법

① 간명한 도시

숨은선은 그것이 없어도 이해할 수 있는 경우에는 생략하여도 좋다. 보충한 투상도에 보이는 부분을 전부 그려 도면이 도리어 알기 어렵게 될 경우에는 요점 투상도로 표시하는 것이 좋다.

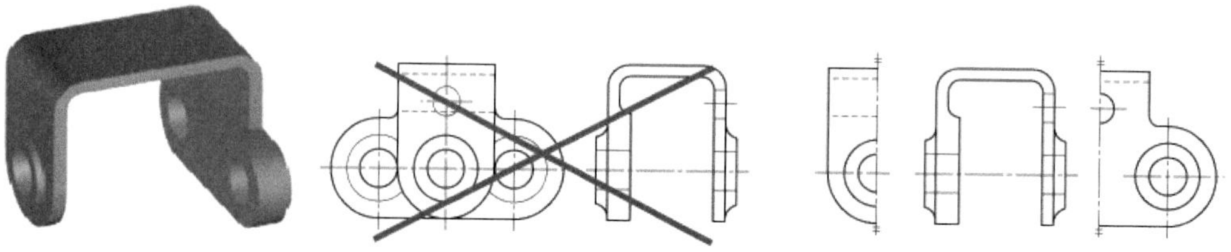

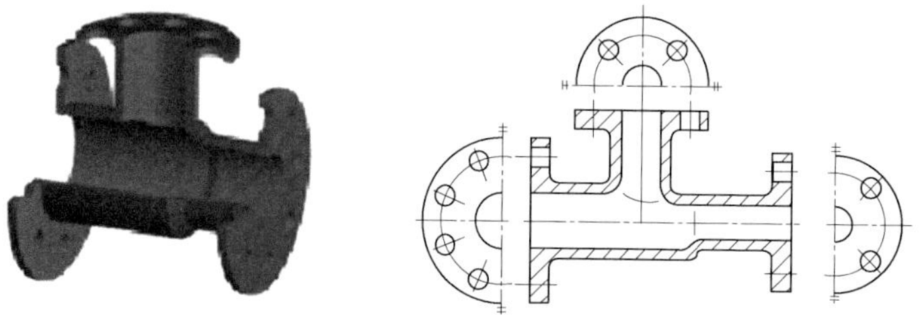

절단면의 앞쪽에 보이는 선은 그것이 없어도 이해할 수 있는 경우에는 생략하여도 좋다.

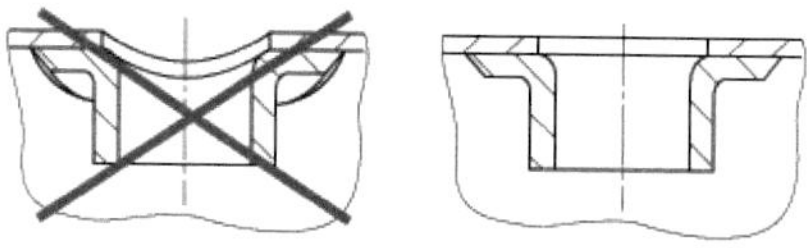

일부분에 특정한 모양을 가진 것은 되도록 그 부분이 그림의 위쪽에 나타나도록 그리는 것이 좋다.
(예 : 키홈이 있는 보스 구멍, 벽에 구멍 또는 홈이 있는 관이나 실린더, 쪼개짐을 가진 링 등)

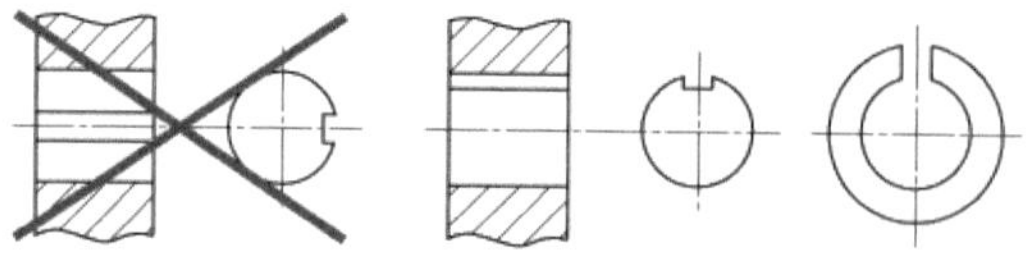

피치원 위에 배치하는 구멍 등은 측면의 투상도(단면도도 포함)에서는 피치원이 만드는 원통을 표시하는 가는 1점 쇄선과 그 한쪽에만 1개의 구멍을 도시(투상관계에 불구

하고)하고 다른 구멍의 도시를 생략할 수가 있다.

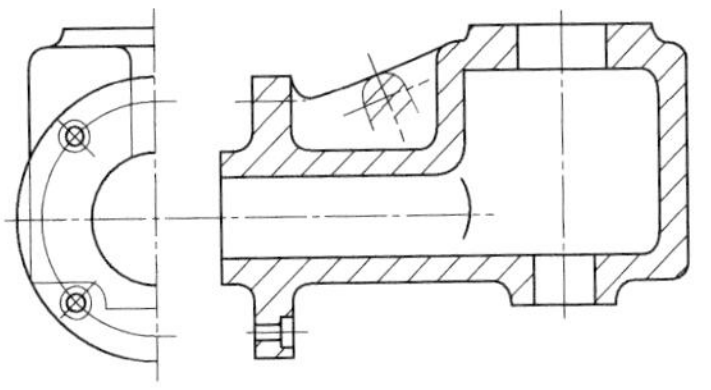

② 2개의 면이 교차하는 부분의 표시

2면이 교차하는 부분의 둥글기를 나타낼 경우 2면의 둥글기가 없다고 가정했을 때의 교차하는 선의 위치에 굵은 실선으로 아래 왼쪽과 같이 그린다.

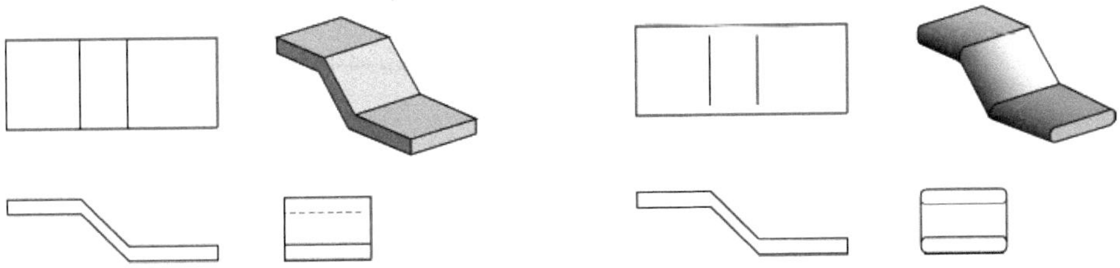

리브(riv) 등을 표시하는 선의 끝부분은 직선 그대로 멈추게 한다. 또한 관련있는 둥글기의 반지름이 현저하게 다를 경우에는 끝부분을 안쪽 혹은 바깥쪽으로 구부려서 멈추게 해도 좋다.

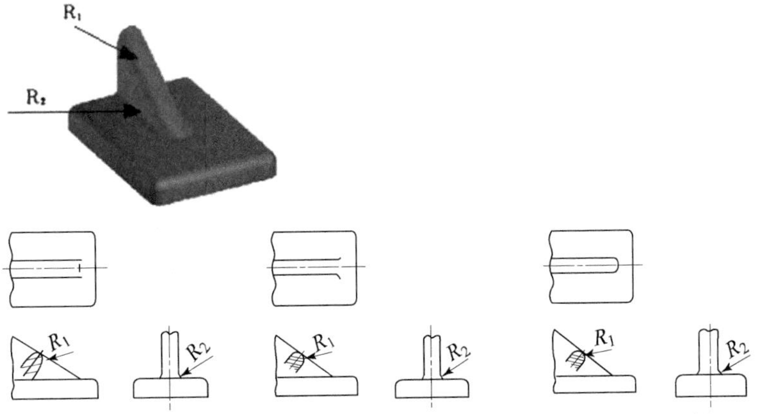

(a) $R_1=R_2$인 경우　(b) $R_1<R_2$인 경우　(c) $R_1>R_2$인 경우

곡면 상호 또는 곡면과 평면이 교차하는 부분의 선은 직선으로 표시하든지, 올바른 투상에 가깝게 한 원호로 표시한다.

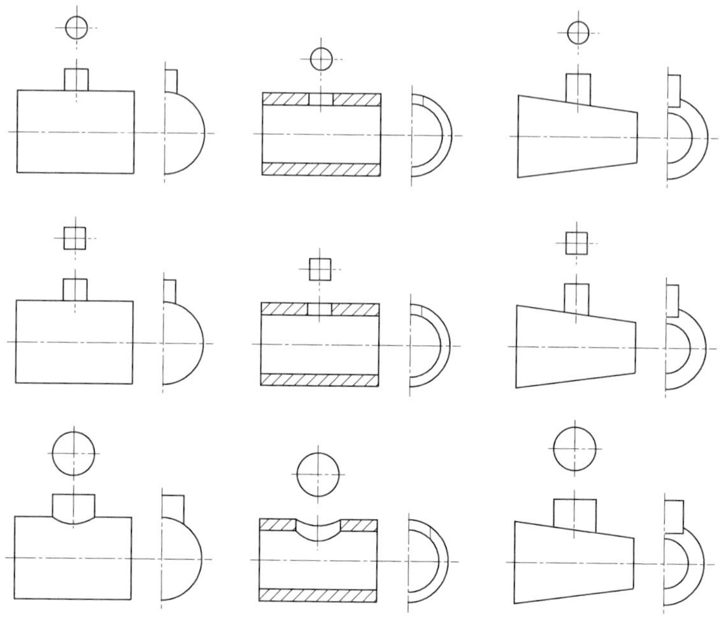

③ 평면의 도시

도형 내의 특정한 부분이 평면이란 것을 표시할 필요가 있을 경우 가는 실선의 대각선을 기입한다.

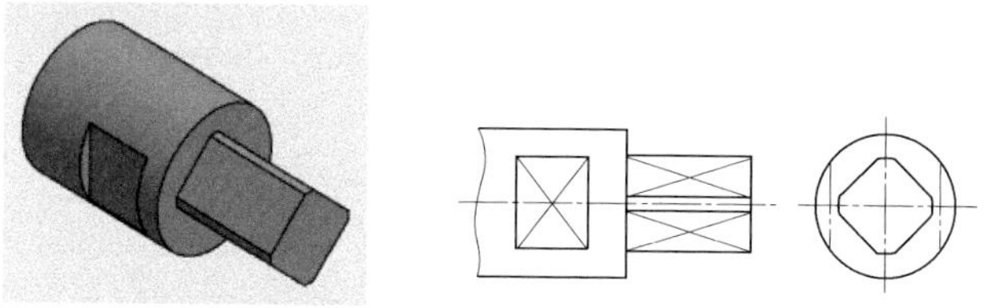

④ 가공 전 또는 후의 모양 도시

가공 전의 모양을 표시하는 경우에는 가는 2점 쇄선으로 도시한다. 가공 후의 모양, 조립 후의 모양을 표시하는 경우에도 가는 2점 쇄선으로 도시한다.

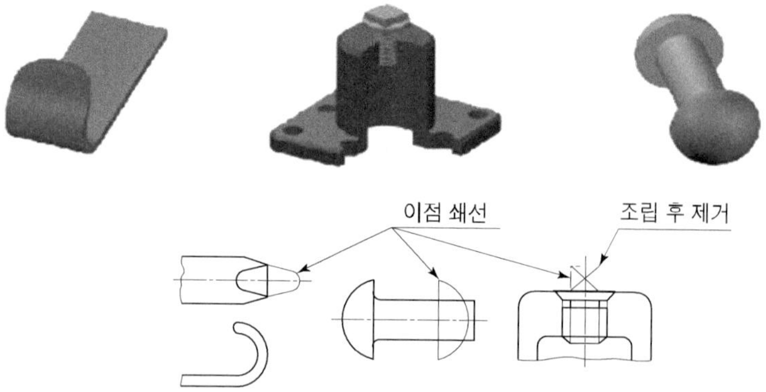

⑤ 가공에 사용하는 공구 · 지그 등의 모양 도시

가공에 사용하는 공구 · 지그(jig) 등의 모양을 참고로 하여 도시할 필요가 있을 경우, 가는 2점 쇄선으로 도시한다.

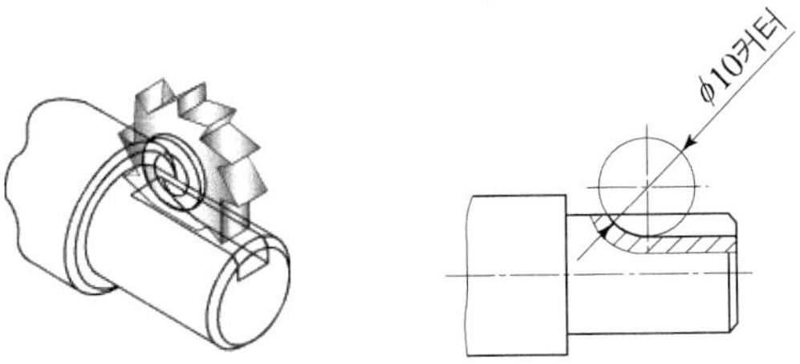

⑥ 절단면의 앞쪽에 있는 부분의 도시

절단면의 앞쪽에 있는 부분을 참고로 하여 도시할 필요가 있을 경우, 가는 2점 쇄선으로 도시한다.

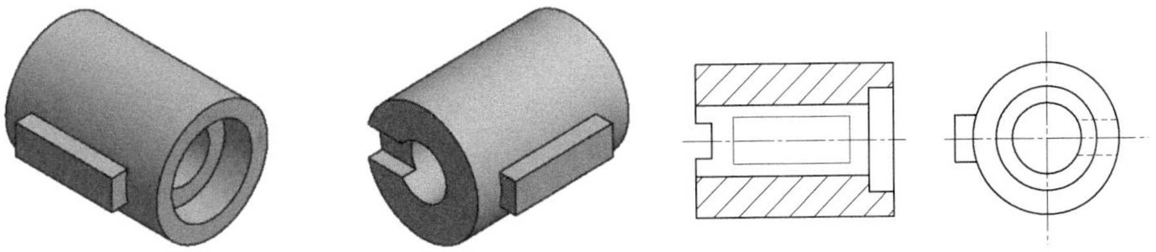

⑦ 인접부분의 도시

대상물에 인접하는 부분을 참고로 하여 도시할 필요가 있을 경우, 가는 2점 쇄선으로 도시한다. 대상물의 도형은 인접부분에 숨겨지더라도 숨은선으로 하면 안 된다. 단면도에 있어서의 인접부분에는 해칭을 하지 않는다.

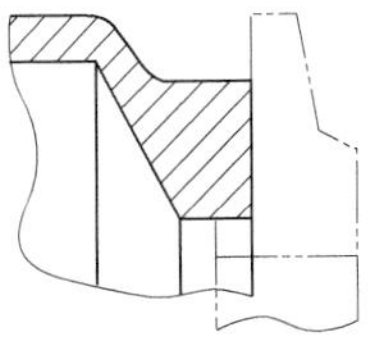

(7) 전개도

전개도는 대상물을 구성하는 면을 평면 위에 전개한 그림을 말한다. 연통이나 각종 용기와 같이 판재를 구부려서 만들거나 면으로 구성되는 대상물이 전개된 모양을 나타낼 필요가 있을 때에 사용된다.

① 평행선을 이용한 전개도법

평행선을 이용한 전개도법은 주로 각기둥이나 원기둥을 전개하는 데에 이용되는 것으로, 모서리나 중심축에 평행선을 그어 전개하는 방법이다.

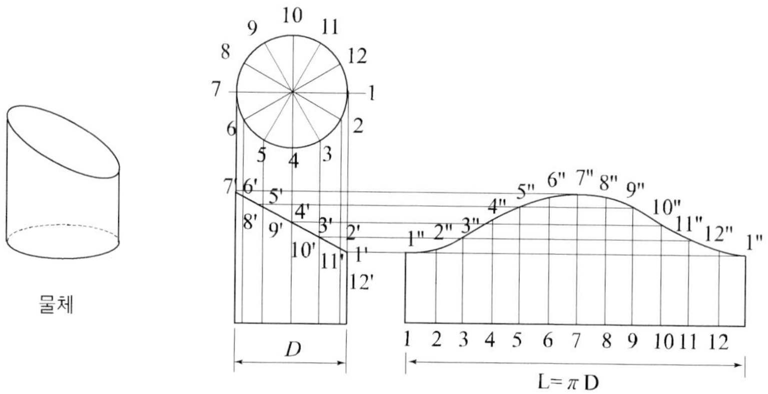

② 방사선을 이용한 전개도법

방사선을 이용한 전개도법은 각뿔이나 원뿔의 전개에 이용되는 것으로, 꼭짓점을 중심으로 하여 방사형으로 전개시키는 방법이다.

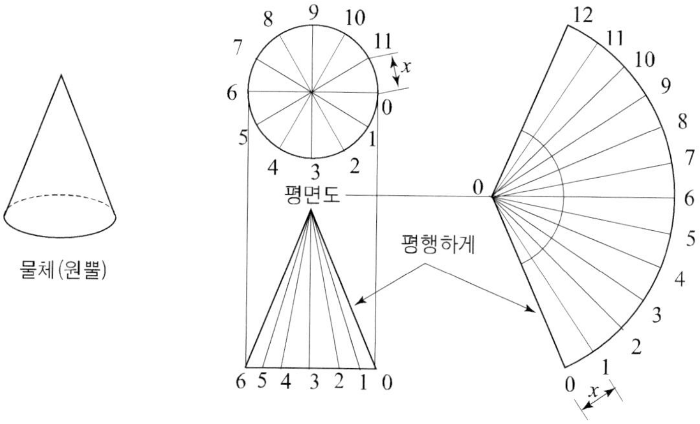

③ 삼각형을 이용한 전개도법

삼각형을 이용한 전개도법은 입체의 표면을 여러 개의 삼각형으로 나누어 전개하는 방법으로, 꼭짓점이 너무 멀리 떨어져 있어서 방사선 전개법을 이용하기 어려운 원뿔이나 편심 원뿔, 각뿔 등의 전개도에 많이 이용된다.

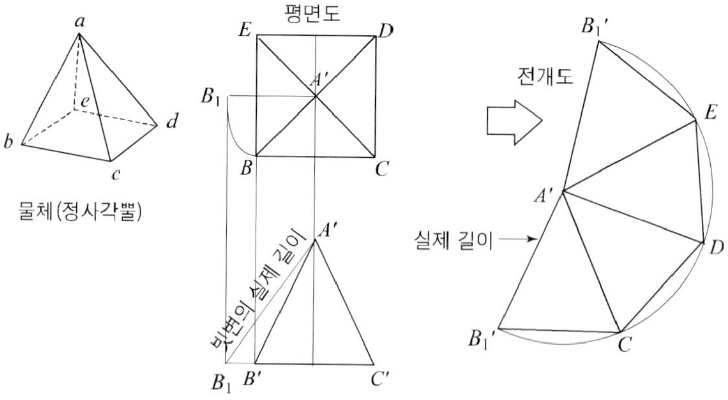

(8) 스케치(sketch)

스케치란 이미 만들어진 기계를 참고로 하여 같은 기계를 다시 제작하거나 파손부분을 제작 · 수리 또는 개조할 때, 그 기계 전체 또는 일부분을 제도하기 위하여 실물의 모양을 프리핸드(free hand)로 그려 여기에 치수, 재질, 가공방법, 끼워맞춤 등의 필요한 사항을 기입한 도면을 말한다.

참고하세요 **스케치도를 사용하는 경우**

① 도면이 없는 부품과 똑같은 제품을 제작하고자 할 때(같은 기계를 다시 제작할 때)
② 도면이 없는 부품이 파손 및 마모되어 수리 제작할 때
③ 기계의 일부를 개조할 때
④ 실물을 모델로 하여 신제품을 제작할 때
⑤ 복잡한 기계나 특수한 형상의 설명 또는 계획과 고안을 명시할 때

① **프리핸드법** : 프리핸드로 스케치할 때에는 정투상도, 등각투상도, 캐비닛도(사투상도), 투시도로 그린다.

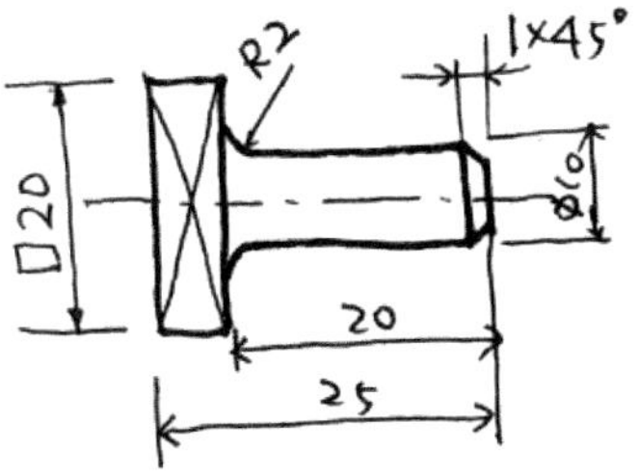

② **프린트법** : 스케치할 물체의 표면에 기름이나 광명단을 얇게 칠하고 그 위에 종이를 대고 눌러서 실제의 모양을 뜨는 방법이다. 직접법과 간접법이 있다.

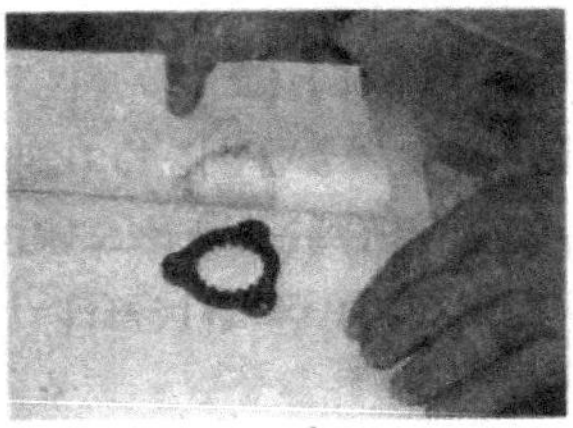

[직접법]

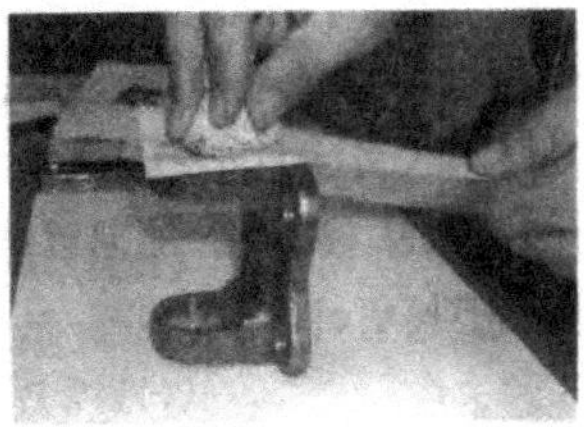

[간접법]

③ **모양뜨기 방법** : 종이 위에 물체를 놓고 그 둘레를 연필로 모양을 뜨는 직접 모양뜨기 방법과 부품의 곡면에 따라 납선(연선)을 대고 그것을 연필로 모양을 뜨는 간접 모양뜨기 방법이 있다.

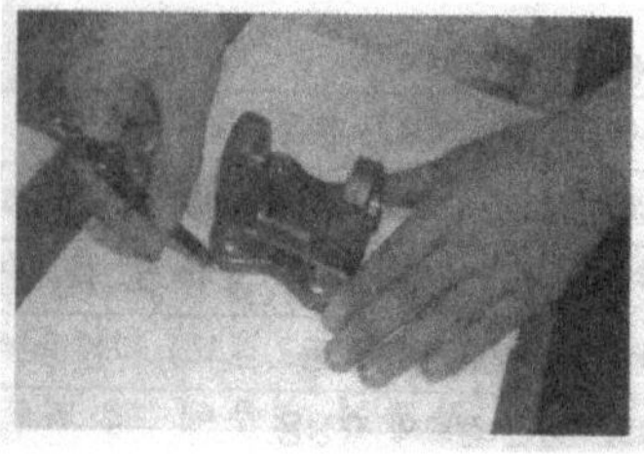

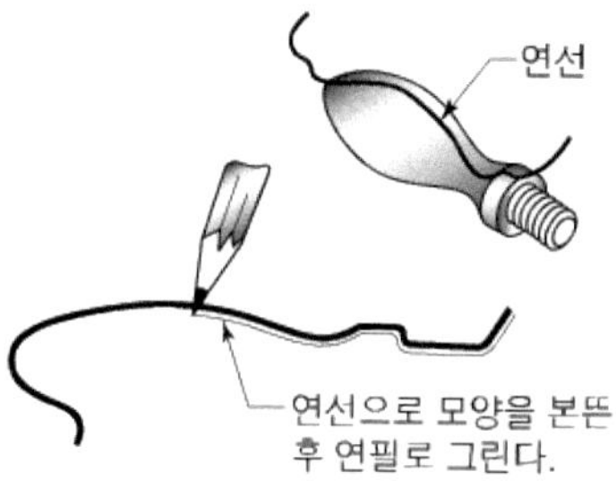

④ **사진 촬영법** : 복잡한 기계의 조립상태는 미리 사진을 찍어 두는 방법이다.

Chapter 3

치수기입법

(1) 치수 기입의 원칙

① 대상물의 기능 · 제작 · 조립 등을 고려하여 필요하다고 생각되는 치수를 명료하게 도면에 지시한다.
② 치수는 대상물의 크기, 자세 및 위치를 가장 명확하게 표시하는 데 필요하고 충분한 것을 기입한다.
③ 도면에 나타내는 치수는 특별히 명시하지 않는 한, 그 도면에 도시한 대상물의 다듬질 치수를 표시한다.
④ 치수에는 기능상(호환성 포함) 필요한 경우 KS A 0108에 따라 치수의 허용한계를 지시한다. 다만, 이론적으로 정확한 치수는 제외한다.
⑤ 치수는 되도록 주 투상도(정면도)에 집중한다.
⑥ 치수는 중복 기입을 피한다.
⑦ 치수는 되도록 계산해서 구할 필요가 없도록 기입한다.
⑧ 치수는 필요에 따라 기준으로 하는 점, 선 또는 면을 기준으로 하여 기입한다.
⑨ 관련되는 치수는 되도록 한곳에 모아서 기입한다.
⑩ 치수는 되도록 공정마다 배열을 분리하여 기입한다.
⑪ 치수 중 참고치수에 대하여는 치수 수치에 괄호를 붙인다.

다음은 치수를 나타내는 수치(이하, 치수라 함)에 부가하여 그 수치의 의미를 명확하게 하기 위하여 사용하는 치수 보조 기호이다.

구 분	기 호	읽 기	사 용 법
지름	ϕ	파이	지름 치수의 치수 수치 앞
반지름	R	알	반지름 치수의 치수 수치 앞
구의 지름	Sϕ	에스파이	구의 지름 치수의 치수 수치 앞
구의 반지름	SR	에스알	구의 반지름 치수의 치수 수치 앞
정사각형의 변	□	사각	정사각형의 한 변 치수의 치수 수치 앞

구 분	기 호	읽 기	사 용 법
판의 두께 원호의 길이 45° 모떼기	t ⌒ C	티이 원호 씨	판 두께의 치수 수치 앞 원호의 길이 치수의 치수 수치 앞 45° 모떼기 치수의 치수 수치 앞
이론적으로 정확한 치수	□	테두리	이론적으로 정확한 치수의 치수 수치를 둘러쌈
참고 치수	( )	괄호	참고 치수의 치수 수치(치수 보조 기호를 포함)를 둘러쌈

비고 : 구의 지름(Sϕ)은 ISO/R 129에는 규정되어 있지 않다.

(2) 치수 수치의 표시 방법

① 길이의 치수 수치는 원칙으로 mm의 단위로 기입하고 단위기호는 붙이지 않는다.

② 각도의 치수 수치는 일반적으로 도의 단위로 기입하고, 필요한 경우에는 분 및 초를 병용할 수 있다. 도, 분, 초를 표시하는 데에는 숫자의 오른쪽 어깨에 °, ', "를 기입한다.

[보기] 90°, 22.5°, 6°21'5"(또는 6°21'05"), 8°0'12"(또는 8°00'12"), 3'21"

각도의 치수 수치를 라디안(radian)의 단위로 기입하는 경우에는 그 단위기호 rad를 기입한다.

[보기] 0 : 52rad, $\frac{\pi}{3}$rad

③ 치수 수치의 소수점은 아래쪽의 점으로 하고 숫자 사이를 적당히 떼어서 그 중간에 약간 크게 쓴다. 또, 치수 수치의 자릿수가 많은 경우, 3자리마다 숫자의 사이를 적당히 띄우고 콤마(comma; ,)는 찍지 않는다.

[보기] 123.25, 12.00, 22 320

(3) 치수선, 치수 보조선

① 치수선, 치수 보조선에는 KS A 0109(제도에 사용하는 선)에 규정하는 가는 실선을 사용한다.

② 치수선은 원칙적으로 치수 보조선을 사용하여 기입한다. 다만, 치수 보조선을 끌어내면 그림이 혼동될 경우에는 이에 따르지 않아도 좋다.

③ 치수선은 원칙적으로 지시하는 길이 또는 각도를 측정하는 방향으로 평행하게 긋는다.

④ 치수선 또는 그 연장선 끝에는 화살표, 사선 또는 검정 동그라미(이하, 총칭할 때에는 단말 기호라 함)를 붙여 그린다. 한 도면 안에서는 이 세 가지를 혼용해서는 안 된다. 단, 좁은 지역을 치수 기입할 경우 혼용 가능하다.

참고 화살표는 원칙적으로 치수선 쪽에서 바깥쪽으로 향하여 붙인다. 다만, 화살표를 기입할 여지가 없을 경우에는 치수선을 연장하여 치수선을 끼고 안쪽으로 향하여 화살표를 기입하여도 좋다.

⑤ 사선은 치수 보조선을 지나 왼쪽 아래에서 오른쪽 위로 향하여 약 45° 교차하는 짧은 선으로 한다.

⑥ 검정 동그라미는 치수선의 끝을 중심으로 하여 빈틈없이 칠한 작은 원으로 한다.

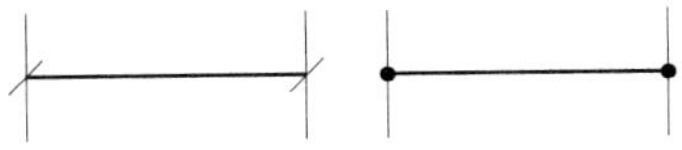

(4) 치수 기입 방법의 일반 형식

① 치수는 치수선, 치수 보조선, 치수 보조 기호 등을 사용하여 치수 수치에 따라 나타낸다.

② 치수선은 원칙으로 지시하는 길이 또는 각도를 측정하는 방향에 평행하게 긋고, 선의 양끝에는 끝부분 기호를 붙인다.

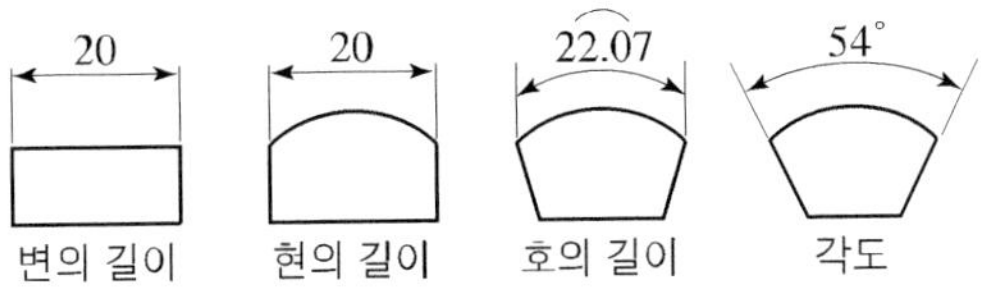

③ 치수선은 원칙적으로 치수 보조선을 사용하여 기입한다. 다만, 치수 보조선을 빼내는 것이 오히려 그림을 이해하기 쉬울 경우는 이것에 따르지 않아도 좋다.

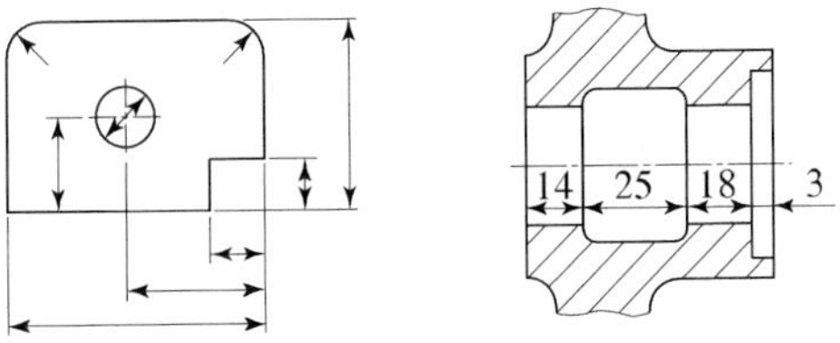

④ 치수 보조선은 지시하는 치수의 끝에 닿는 도형상의 점 또는 선의 중심을 통과하고 치수선에 직각이 되게 그어서 치수선을 약간 지날 때까지 연장한다. 다만, 치수 보조선과 도형 사이를 약간 떼어 놓아도 좋다. 치수 보조선이 외형선과 근접하므로 선의 구별이 어려울 때는 치수선에 대하여 적당한 각도를 가진 서로 평행한 치수 보조선을 그을 수 있다. 이 각도는 되도록 60°가 좋다.

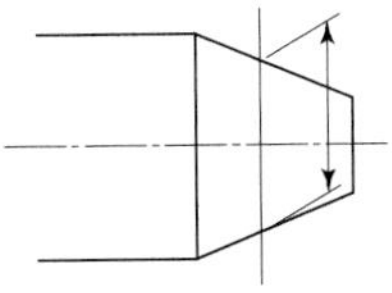

⑤ 각도를 기입하는 치수선은 그 각을 구성하는 두 변 또는 연장선 사이에 원호로 나타낸다.

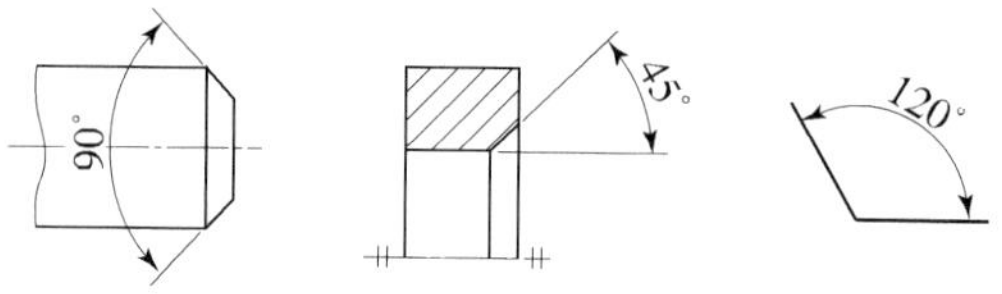

⑥ 치수 수치를 기입하는 위치 및 방향은 특별히 정한 누진 치수 기입법의 경우를 제외하고는 다음 중 한 방법을 따른다. 일반적으로 방법 1을 사용한다. 또한, 이 두 개의 방법은 같은 도면 내에서는 혼용하면 안 된다. 또 일련의 도면에 있어서도 혼용하지 않는 것이 좋다.

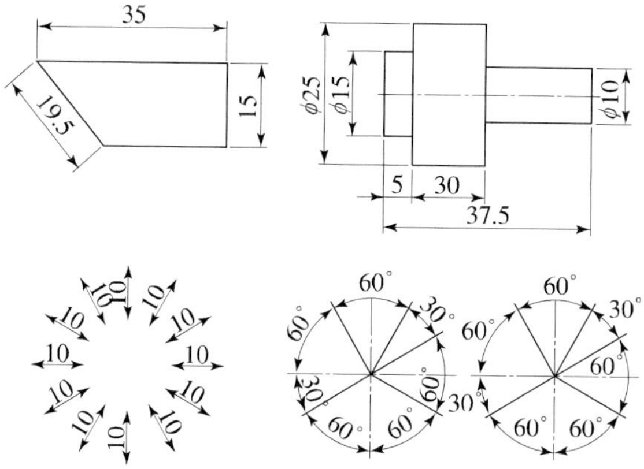

[길이 치수의 경우] [각도 치수의 경우]

㉠ 방법 1

치수 수치는 수평 방향의 치수선에 대하여는 도면의 밑변으로부터, 수직 방향의 치수선에 대하여는 도면의 우변으로부터 읽도록 쓴다. 경사 방향의 치수선에 대해서도 이에 준해서 쓴다. 치수 수치는 치수선을 중단하지 않고 이에 연하여 그 위쪽으로 약간 띄어서 기입한다. 이 경우, 치수선의 거의 중앙에 쓰는 것이 좋다.

치수선에 대하여 좌상(左上)에서 우하(右下)로 약 30° 이하의 각도를 이루는 방향에는 치수선의 기입을 피한다. 다만, 도형의 관계로 기입하지 않으면 안될 경우에는 그 장소에 따라 혼동하지 않도록 기입한다.

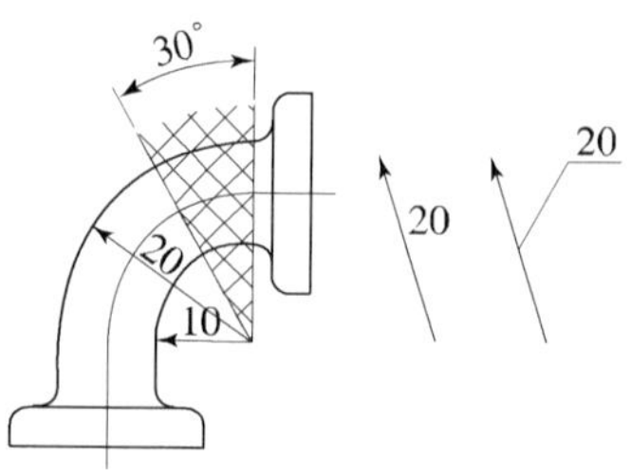

ⓛ 방법 2

치수 수치는 도면의 밑변에서 읽을 수 있도록 쓴다. 수평 방향 이외 방향의 치수선은 치수 수치를 끼우기 위하여 중단하고, 그 위치는 치수선의 거의 중앙으로 하는 것이 좋다.

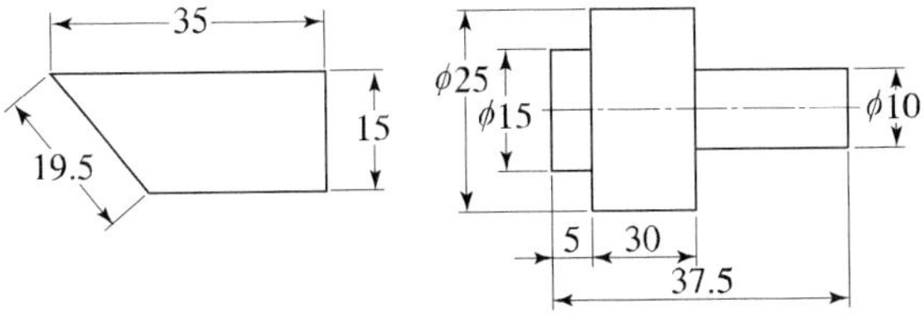

[길이 치수의 경우]

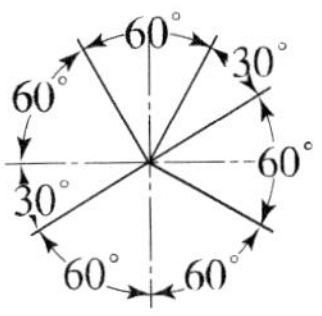

[각도 치수의 경우]

⑦ 좁은 곳에서의 치수 기입은 부분 확대도를 그려서 기입하든지 또는 다음 중 어느 것을 사용하여도 좋다.

㉠ 지시선을 치수선에서 경사 방향으로 끌어내고 원칙적으로 그 끝을 수평으로 구부리고 그 위쪽에 치수 수치를 기입한다. 이 경우, 지시선을 끌어내는 쪽 끝에는 아무것도 붙이지 않는다.

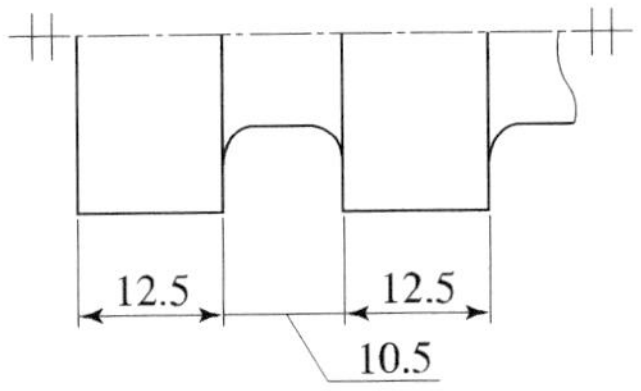

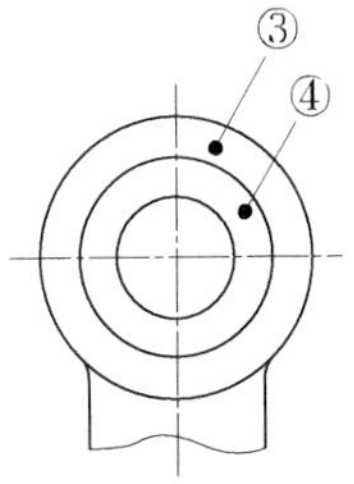

[보기] 가공방법, 부품의 번호 등을 기입하기 위하여 사용하는 지시선은 원칙적으로 경사 방향으로 끌어낸다. 이 경우, 지시선 모양을 표시하는 선으로부터 끌어내는 경우에는 화살표를 하고, 모양을 표시하는 선의 안쪽에서 끌어내는 경우에는 검고 둥근 점을 끌어낸 곳에 붙인다. 또한, 주기 등을 기입하는 경우에는 원칙적으로 그 끝을 수평으로 구부려 그 위쪽에 쓴다.

㉡ 치수선을 연장하여 그 위쪽(방법 1의 경우) 또는 그 바깥쪽(방법 2의 경우)에 기입하여도 좋다.

㉢ 치수 보조선의 간격이 좁아서 화살표를 기입할 여지가 없을 경우에는 화살표 대신 검고 둥근 점 또는 경사선을 사용하여도 좋다.

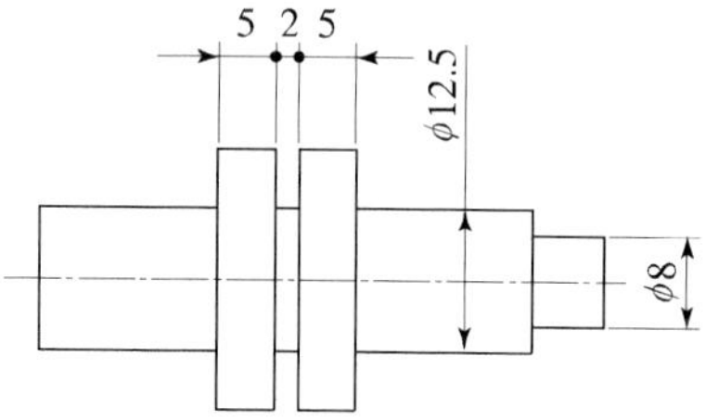

[방법 1의 경우]

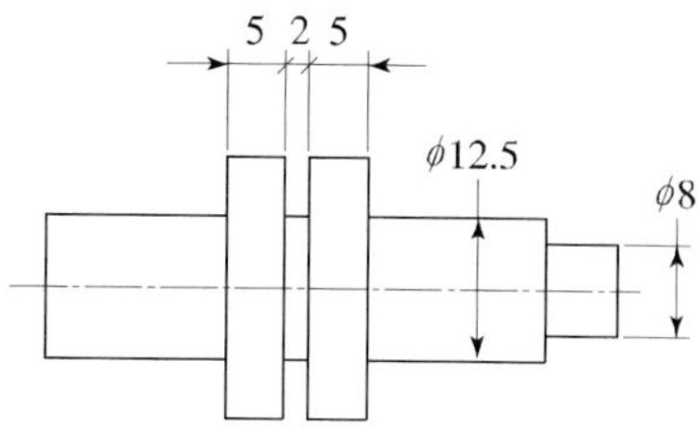

[방법 2의 경우]

(5) 치수의 배치

① 직렬 치수 기입법

직렬로 나란히 연결된 개개의 치수에 주어진 치수 공차가 누적되어도 좋은 경우에 사용한다.

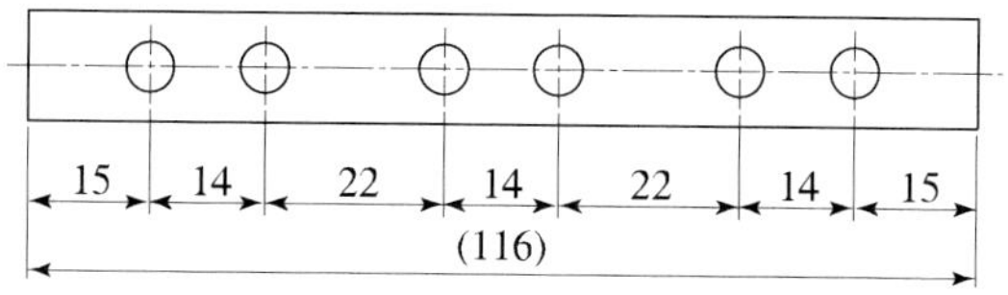

② 병렬 치수 기입법

이 방법에 따르면 병렬로 기입하는 개개의 치수 공차는 다른 치수의 공차에는 영향을 주지 않는다. 이 경우, 공통 쪽의 치수 보조선의 위치는 기능 · 가공 등의 조건을 고려하여 적절히 선택한다.

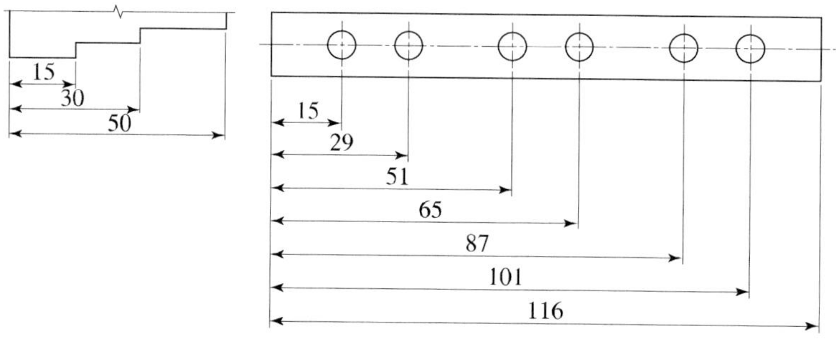

③ 누진 치수 기입법

이 방법에 따르면 치수 공차에 관하여 병렬 치수 기입법과 완전히 동등한 의미를 가지면서, 한 개의 연속된 치수선으로 간편하게 표시된다. 이 경우, 치수 기점의 위치는 기점 기호(○)로 나타내고, 치수선의 다른 끝은 화살표로 나타낸다. 치수 수치는 치수 보조선에 나란히 기입하든지, 화살표 가까운 곳의 치수선 위쪽에 쓴다.

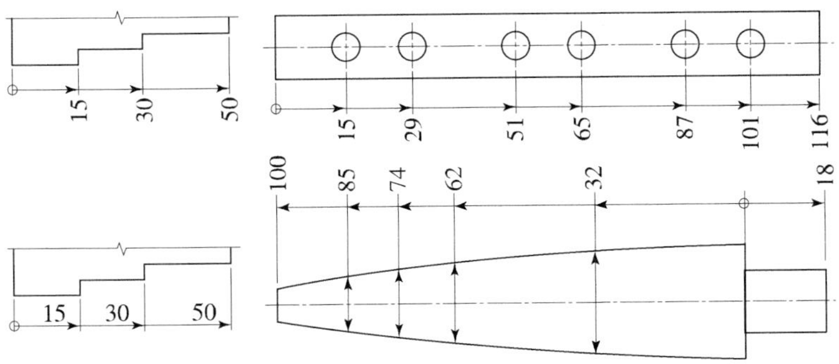

④ 좌표 치수 기입법

구멍의 위치나 크기 등의 치수는 좌표를 사용하여 표로 하여도 좋다. 이 경우, 표에 나타낸 X, Y 또는 β의 수치는 기점에서의 치수이다. 기점은 보기를 들면 기준 구멍, 대상물의 한 구석 등 기능 또는 가공의 조건을 고려하여 적절하게 선택한다.

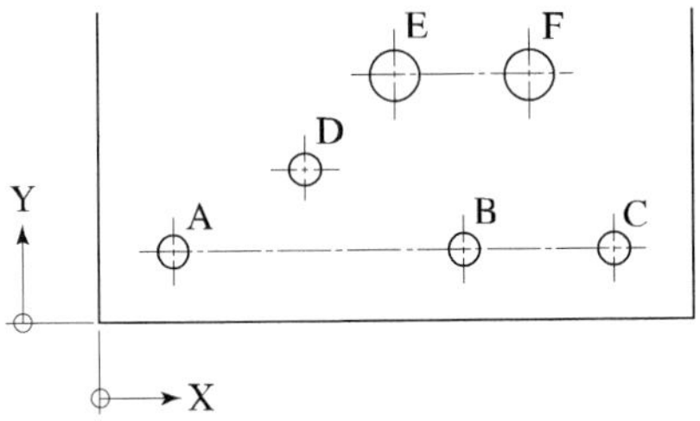

	X	Y	ϕ
A	20	20	13.5
B	140	20	13.5
C	200	20	13.5
D	60	60	13.5
E	100	90	26
F	180	90	26

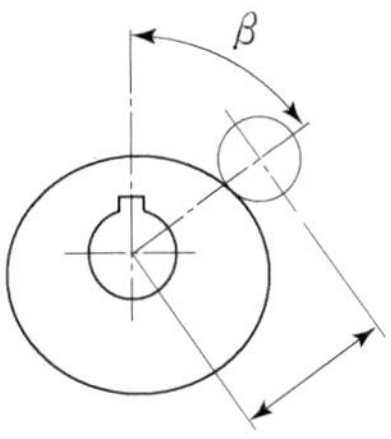

β	0°	20°	40°	60°	80°	100°	120°~210°	230°	260°	280°	300°	320°	340°
α	50	52.7	57	63.5	70	74.5	76	75	70	65	59.5	55	52

(6) 지름의 표시 방법

① 대상으로 하는 부분의 단면이 원형인 경우, 그 모양을 도면에 표시하지 않고 원형인 것을 나타내는 경우에는 지름의 기호를 치수 수치의 앞에 치수 숫자와 같은 크기로 기입하여 표시한다. 원형의 그림에 지름의 치수를 기입할 때는, 치수 수치의 앞에 지름의 기호 ϕ는 기입하지 않는다. 다만, 원형의 일부를 그리지 않은 도형에서 치수선의 끝부분 기호가 한쪽만 있는 경우는 반지름의 치수와 혼동되지 않도록 지름의 치수 수치 앞에 ϕ를 기입한다.

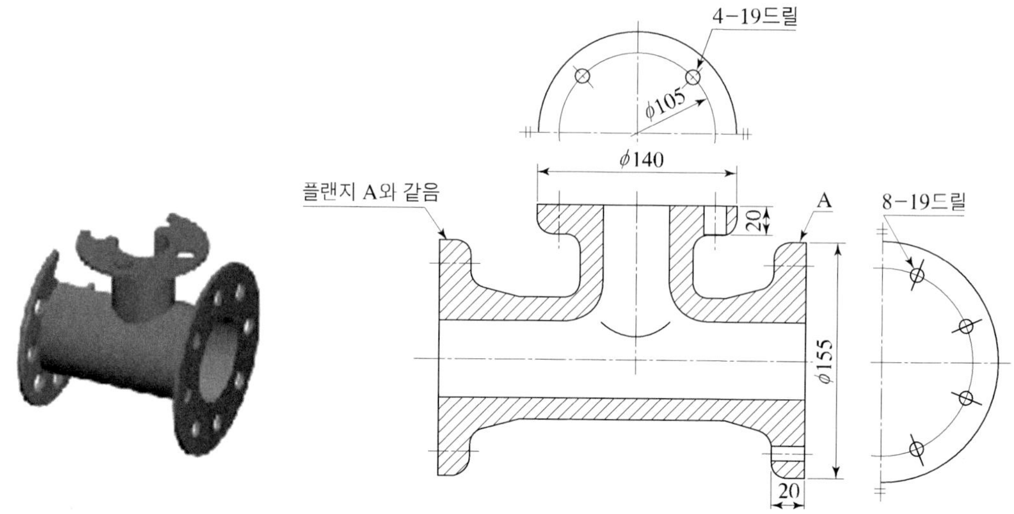

② 지름이 다른 지름에 연속되어 있고, 그 치수 수치를 기입할 여지가 없을 때는 한쪽에 써야 할 치수선의 연장선과 화살표를 그리고, 지름의 기호 ϕ와 치수 수치를 기입한다.

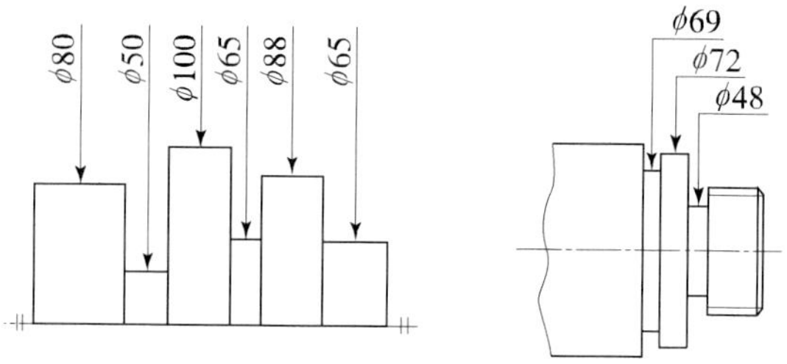

(7) 반지름의 표시 방법

① 반지름의 치수는 반지름의 기호 R을 치수 수치 앞에 치수 숫자와 같은 크기로 기입하여 표시한다. 다만, 반지름을 나타내는 치수선을 원호의 중심까지 긋는 경우에는 이 기호를 생략하여도 좋다.

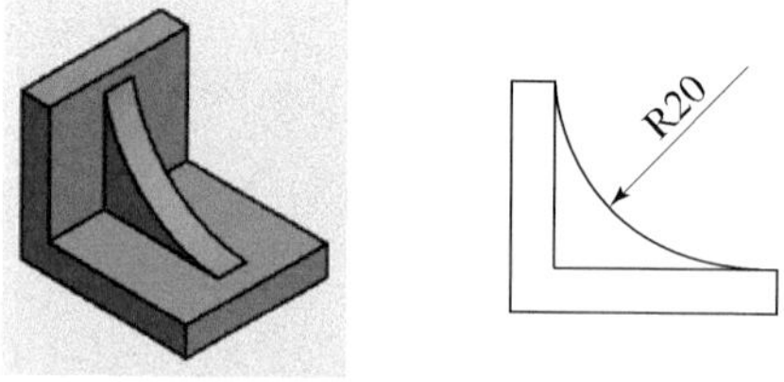

② 원호의 반지름을 표시하는 치수선에는 원호 쪽에만 화살표를 붙이고 중심 쪽에는 붙이지 않는다. 또한 화살표나 치수 수치를 기입할 여지가 없을 때는 아래 그림과 같이 한다.

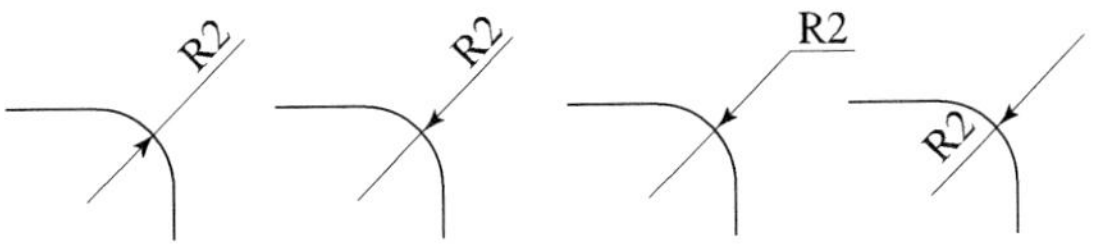

③ 반지름 치수를 지시하기 위하여 원호의 중심위치를 표시할 필요가 있을 경우에는 +자 또는 검고 둥근 점으로 그 위치를 나타낸다.

④ 원호의 반지름이 커서 그 중심위치를 나타낼 필요가 있을 경우, 지면 등의 제약이 있을 때는 그 반지름의 치수선을 구부리더라도 좋다. 이 경우, 치수선의 화살표가 붙은 부분은 정확한 중심위치로 향하여야 한다.

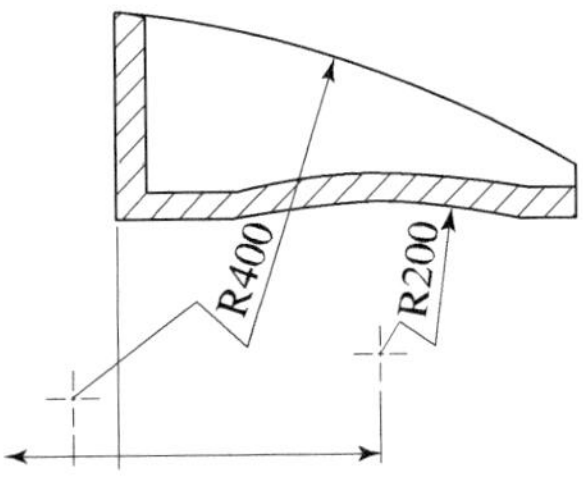

⑤ 동일 중심을 가진 반지름은 길이 치수와 같이 누진 치수 기입법을 사용해서 표시할 수 있다.

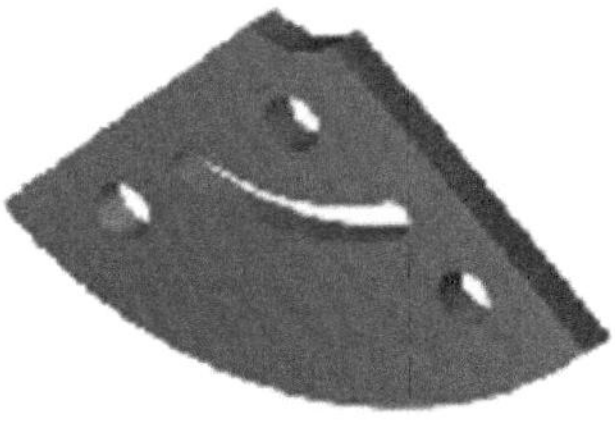

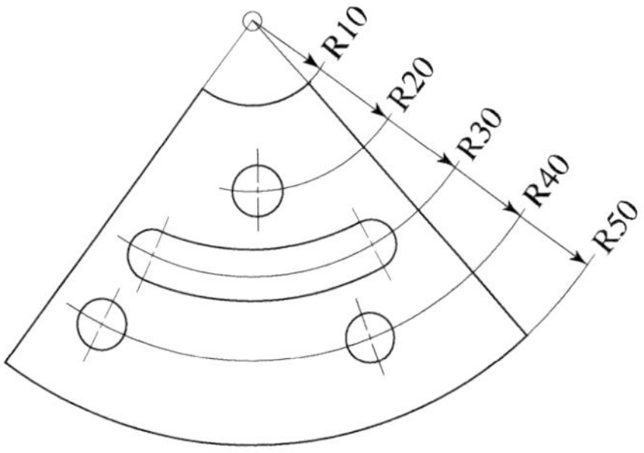

⑥ 실형을 나타내지 않는 투상도에 실제의 반지름 또는 전개한 상태의 반지름을 지시하는 경우에는 치수 수치의 앞에 "실R" 또는 "전개R"의 글자 기호를 기입한다.

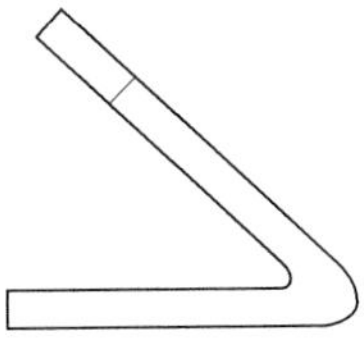

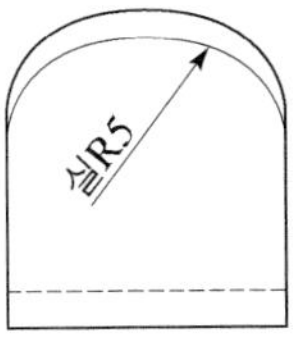

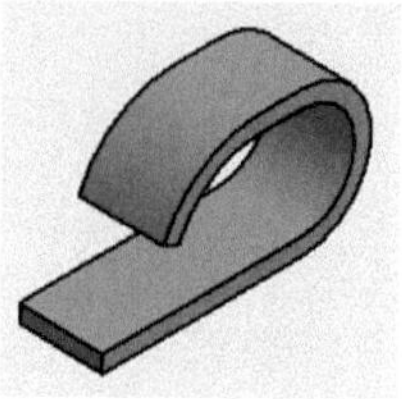

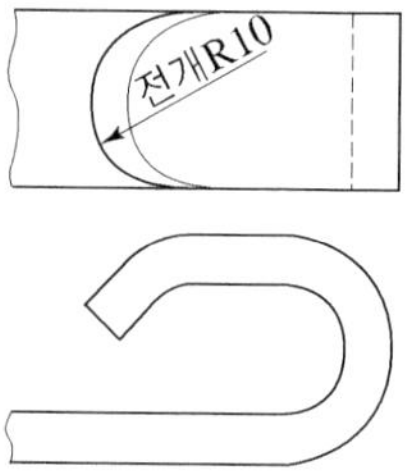

(8) 구의 지름 또는 반지름 표시 방법

구의 지름 또는 반지름의 치수는 그 치수 수치의 앞에 치수 숫자와 같은 크기로 구의 기호 Sϕ 또는 SR을 기입하여 표시한다.

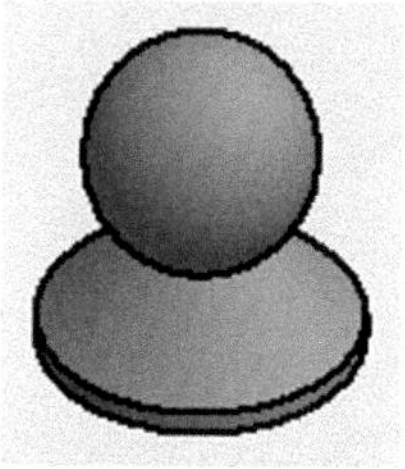

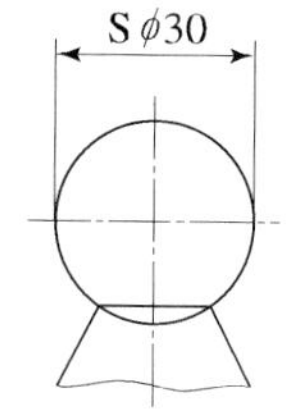

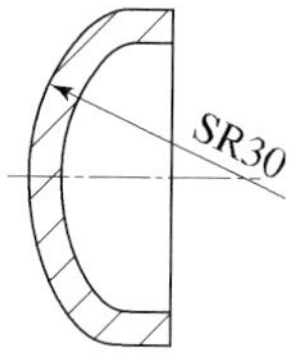

(9) 정사각형의 변의 표시 방법

대상으로 하는 부분의 단면이 정사각형일 때, 그 모양을 그림에 표시하지 않고 정사각형임을 표시하는 경우에는 그 변의 길이를 표시하는 치수 수치 앞에 치수 숫자와 같은 크기로 정사각형의 일변이라는 것을 나타내는 기호 □(정사각형)을 기입한다.

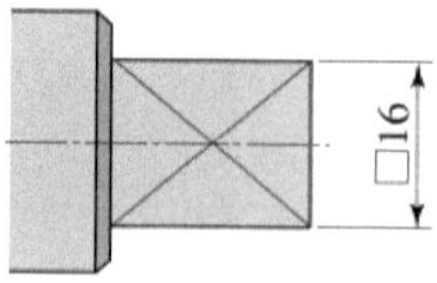

참고 위 그림은 한 변의 길이가 16mm인 정사각형임을 의미한다.

(10) 두께의 표시 방법

판의 주 투상도에 그 두께의 치수를 표시하는 경우에는, 그 도면의 부근 또는 그림 중 보기 쉬운 위치에 두께를 표시하는 치수 수치의 앞에 치수 숫자와 같은 크기로 두께를 나타내는 기호 t를 기입한다.

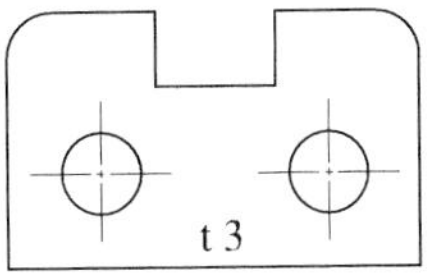

(11) 현 · 원호의 길이 표시 방법

① 현의 길이 표시 방법
현의 길이는 원칙적으로 현에 직각으로 치수 보조선을 긋고, 현에 평행한 치수선을 사용하여 표시한다.

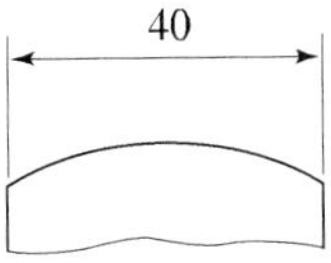

② 원호의 길이 표시 방법
현의 경우와 같은 치수 보조선을 긋고 그 원호와 동심의 원호를 치수선으로 하고, 치수 수치의 위에 원호 길이의 기호를 붙인다. 원호를 구성하는 각도가 클 때나 연속적으로 원호의 치수를 기입할 때는 원호의 중심으로부터 방사형으로 그린 치수 보조선에 치수선을 맞추어도 좋다.

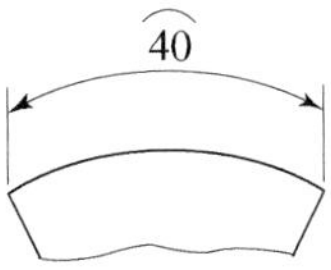

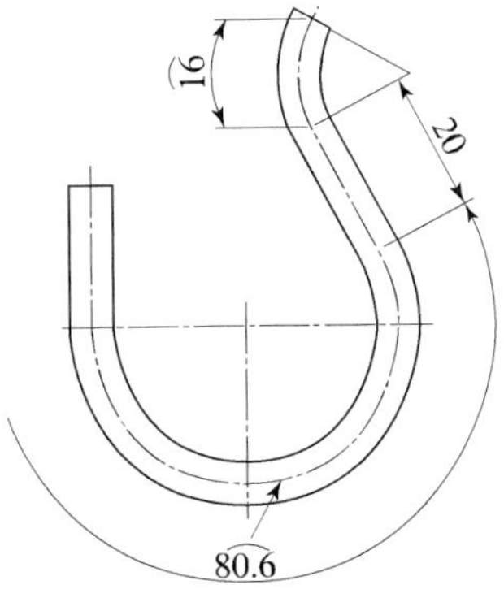

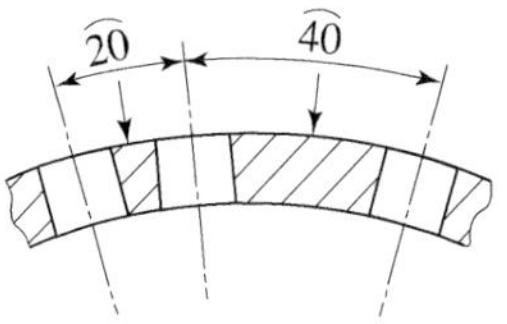

이 경우, 두 개 이상의 동심 원호 중 한 개의 원호의 길이를 명시할 필요가 있을 때에는 다음 중 하나를 따른다.

㉠ 원호의 치수 수치에 대하여 지시선을 긋고 끌어낸 원호 쪽에 화살표를 그린다.

㉡ 원호 길이의 치수 수치 뒤에 원호의 반지름을 괄호에 넣어서 나타낸다. 이 경우에는 원호 길이의 기호를 붙이지 않는다.

(12) 곡선의 표시 방법

① 원호로 구성되는 곡선의 치수는 일반적으로는 이들 원호의 반지름과 그 중심 또는 원호의 접선 위치로 표시한다.

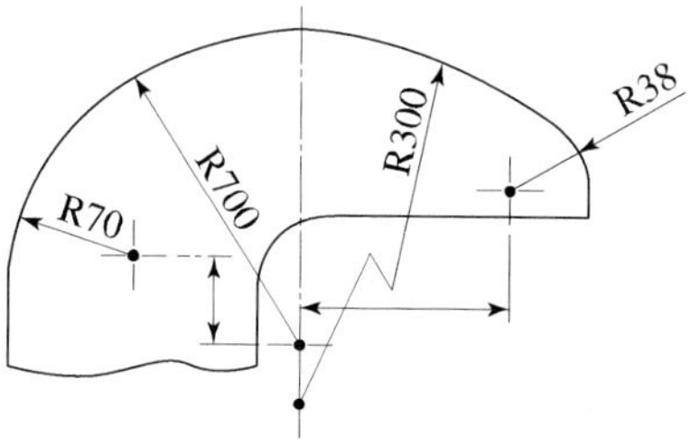

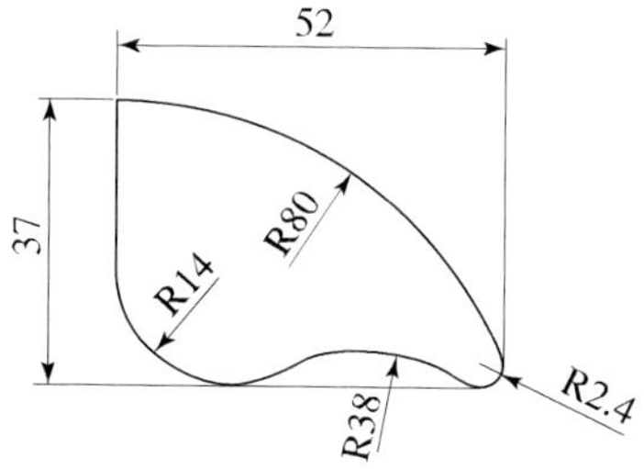

② 원호로 구성되지 않은 곡선의 치수는 곡선상 임의의 점의 좌표 치수로 표시한다. 이 방법은 원호로 구성되는 곡선의 경우에도 필요하면 사용하여도 좋다.

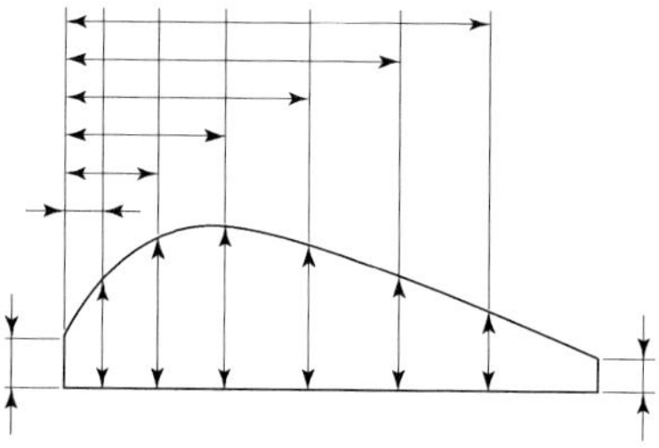

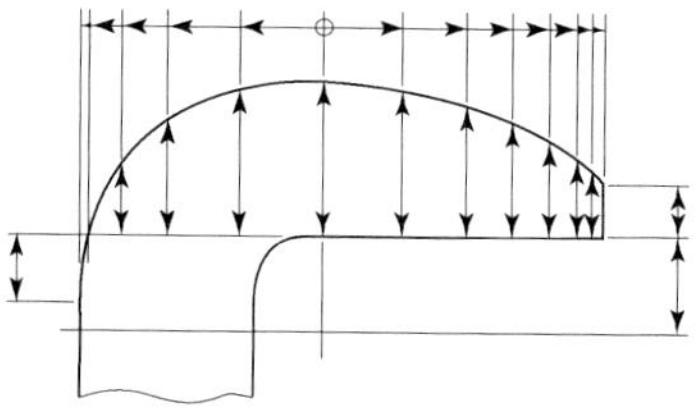

(13) 모떼기의 표시 방법

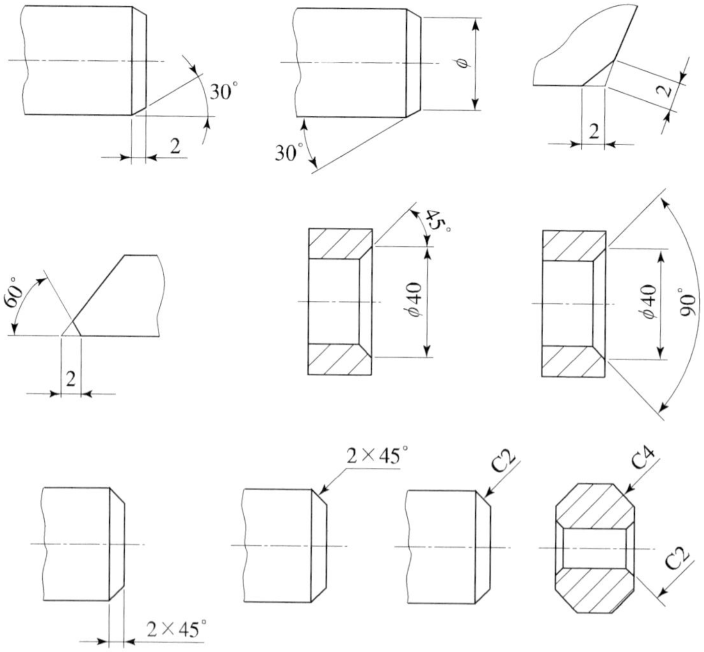

일반적인 모떼기(chamfer)는 보통 치수 기입 방법에 따라 표시한다. 45° 모떼기의 경우에는 모떼기의 치수 수치×45° 또는 기호 C를 치수 수치 앞에 치수 숫자와 같은 크기로 기입하여 표시한다.

(14) 구멍의 표시 방법

① 드릴 구멍, 펀칭 구멍, 코어 구멍 등 구멍의 가공 방법에 의한 구별을 나타낼 필요가 있을 경우, 원칙적으로 공구의 호칭 치수 또는 기준 치수를 나타내고, 그 뒤에 가공 방법의 구별을 가공 방법 용어를 규정하고 있는 한국산업규격에 따라 지시한다. 다만, 표에 표시한 것에 대하여는 이 표의 간략 지시에 따를 수 있다.

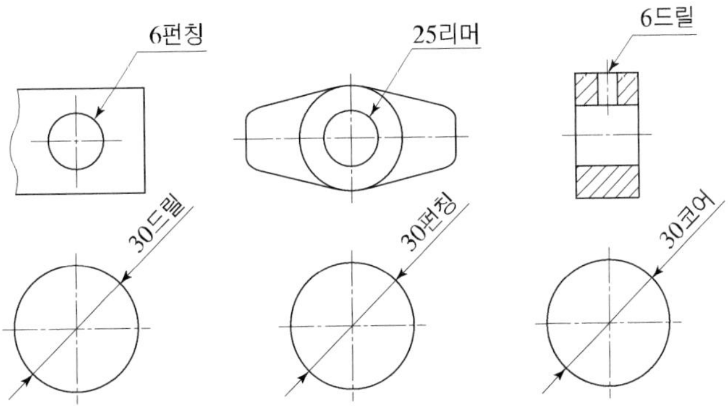

가공 방법	간략 지시
주조한 대로	코 어
프레스 펀칭	펀 칭
드릴로 구멍 뚫기	드 릴
리머 다듬질	리 머

② 1군의 동일 치수 볼트 구멍, 작은 나사 구멍, 핀 구멍, 리벳 구멍 등의 치수 표시는 구멍으로부터 지시선을 끌어내어 그 총수를 나타내는 숫자 다음에 짧은 선을 끼워서 구멍의 치수를 기입한다. 이 경우, 구멍의 총수는 같은 개소의 1군의 구멍 총수(보기를 들면 양쪽 플랜지를 가진 관이음이면 한쪽 플랜지에 대해서의 총수)를 기입한다.

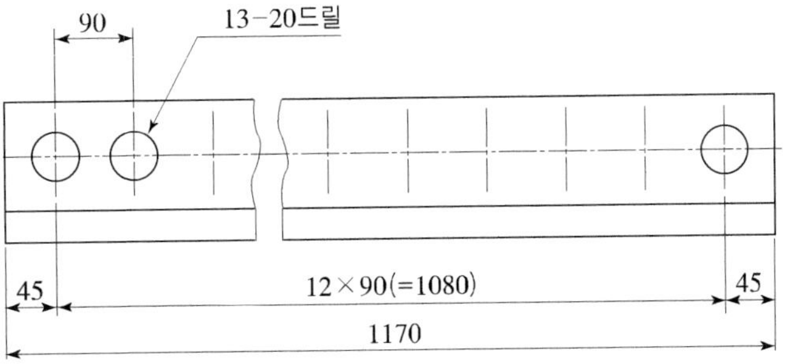

③ 구멍의 깊이를 지시할 때는 구멍의 지름을 나타내는 치수 다음에 "깊이"라 쓰고, 그 수치를 기입한다. 또한 구멍의 깊이란 드릴 앞 끝의 원추부, 리머 앞 끝의 모떼기부 등을 포함하지 않는 원통부의 깊이를 말한다.

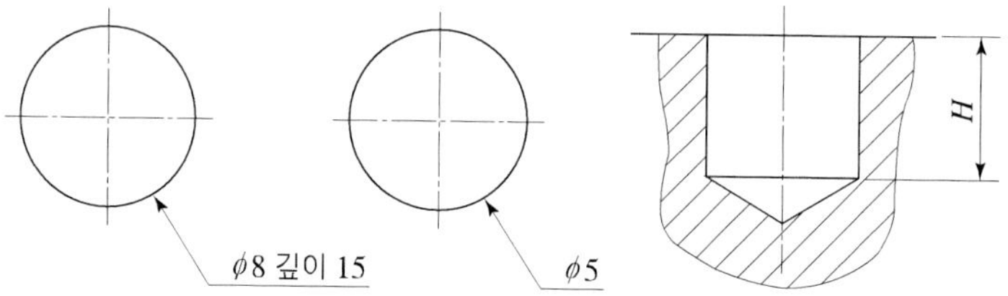

④ 자리파기의 표시 방법은 자리파기의 지름을 나타내는 치수 다음에 "자리파기"라고 쓴다. 자리파기를 표시하는 도형은 그리지 않는다.

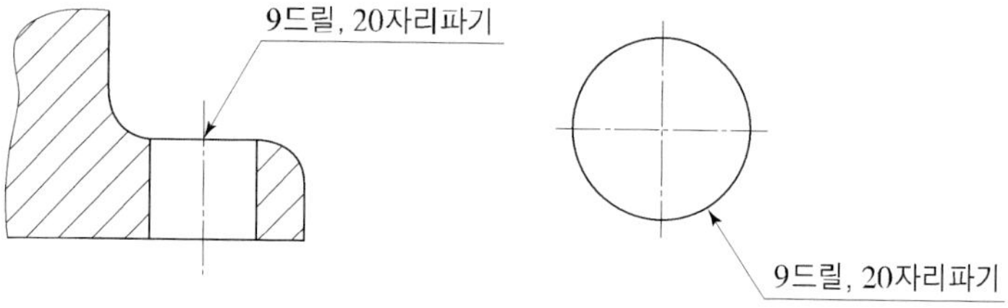

참고하세요

자리파기란 볼트, 너트 등의 자리를 좋게 하기 위한 것이며, 일반적으로 흑피를 깎는 정도로 한다. 따라서, 자리파기의 깊이는 지시하지 않는다.

⑤ 볼트 머리를 잠기게 하는 경우에 사용하는 깊은 자리파기의 표시 방법은 깊은 자리파기의 지름을 나타내는 치수 다음에 "깊은 자리파기"라고 쓴다. 다음에 "깊음"이라고 쓰고 그 수치를 기입한다. 다만, 깊은 자리파기의 아래 위치를 반대쪽 면으로부터 치수를 지시할 필요가 있을 때는 치수선을 사용하여 표시한다.

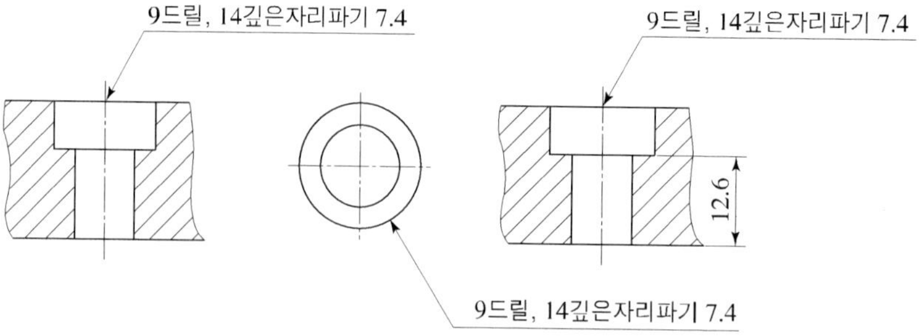

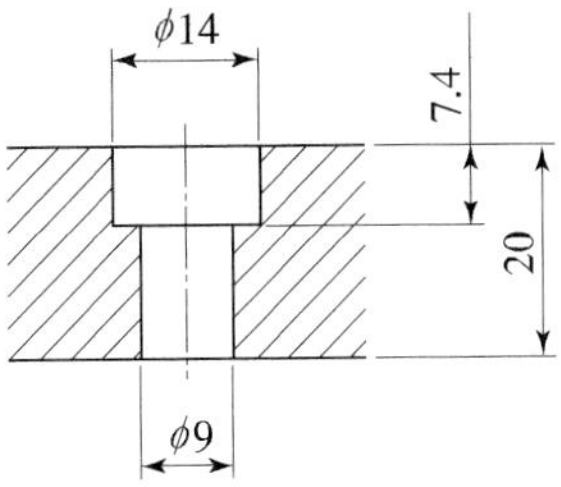

⑥ 긴 원의 구멍은 구멍의 기능 또는 가공 방법에 따라 치수의 기입 방법을 다음 방법 중에서 지시한다.

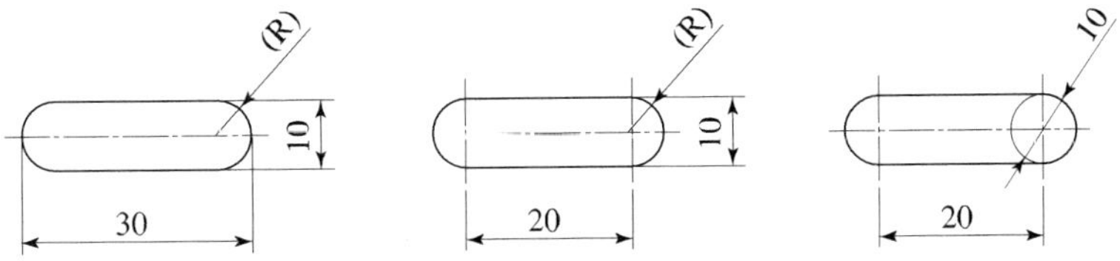

⑦ 경사진 구멍의 깊이는 구멍 중심선상의 깊이로 표시하든지 그것에 따를 수 없는 경우는 치수선을 사용하여 표시한다.

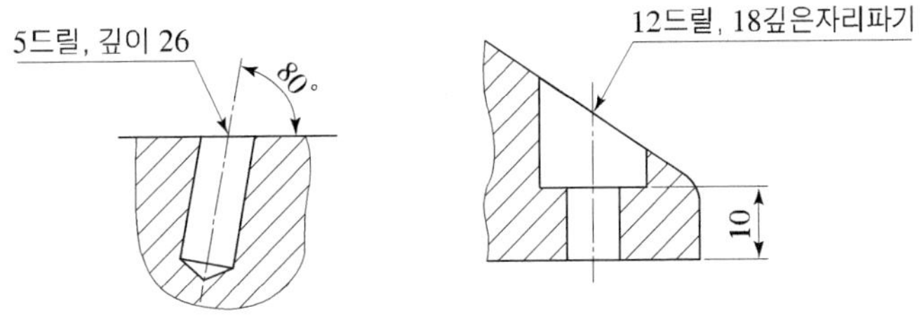

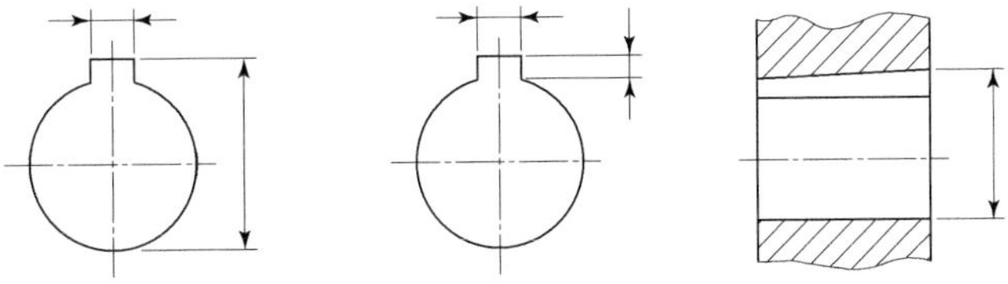

(15) 키 홈의 표시 방법

① 축의 키 홈의 표시 방법

축의 키 홈의 치수는 키 홈의 너비, 깊이, 길이, 위치 및 끝부를 표시하는 치수에 따른다. 또한, 키 홈의 끝부를 밀링 커터 등에 의하여 절삭하는 경우에는 기준 위치에서 공구 중심까지의 거리와 공구의 지름을 표시한다. 키 홈의 깊이는 키 홈과 반대쪽의 축 지름면으로부터 키 홈의 바닥까지의 치수로 표시한다. 다만, 특히 필요한 경우에는 키 홈의 중심면 위에서의 축 지름면으로부터 키 홈의 바닥까지의 치수(절삭깊이)로 표시하여도 좋다.

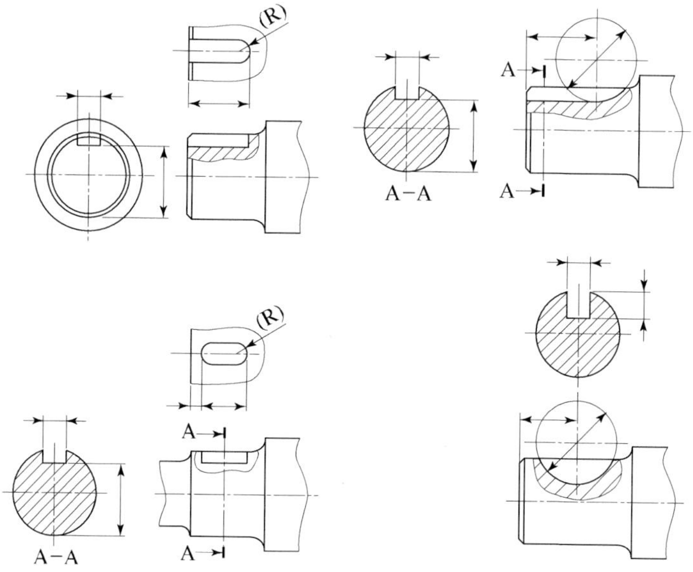

② 구멍의 키 홈의 표시 방법

구멍의 키 홈의 치수는 키 홈의 너비 및 깊이를 표시하는 치수에 따른다. 키 홈의 깊이는 키 홈과 반대쪽의 구멍 지름면으로부터 키 홈의 바닥까지의 치수로 표시한다. 다만, 특히 필요한 경우에는 키 홈의 중심면상에서의 구멍 지름면으로부터 키 홈의 바닥까지의 치수로 표시하여도 좋다. 경사 키용의 보스의 키 홈의 깊이는 키 홈의 깊은 쪽에서 표시한다.

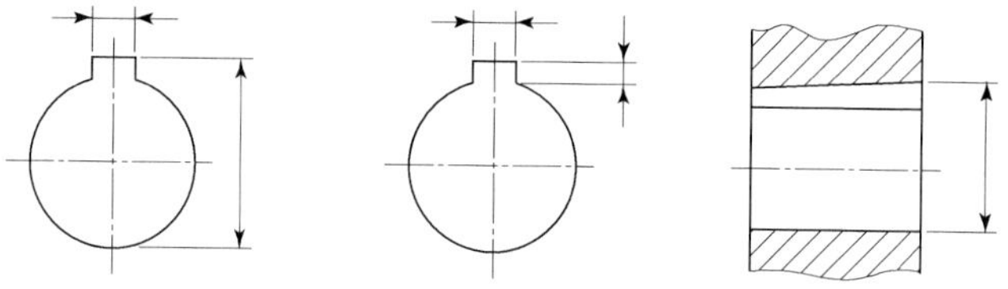

(16) 테이퍼 · 기울기의 표시 방법

테이퍼는 원칙적으로 중심선에 연하여 기입하고, 기울기는 원칙적으로 변에 연하여 기입한다. 다만 테이퍼 또는 기울기의 정도와 방향을 특별히 명확하게 나타낼 필요가 있을 경우에는 별도로 도시한다. 또 특별한 경우에는 경사면에서 지시선으로 끌어내어 기입할 수 있다.

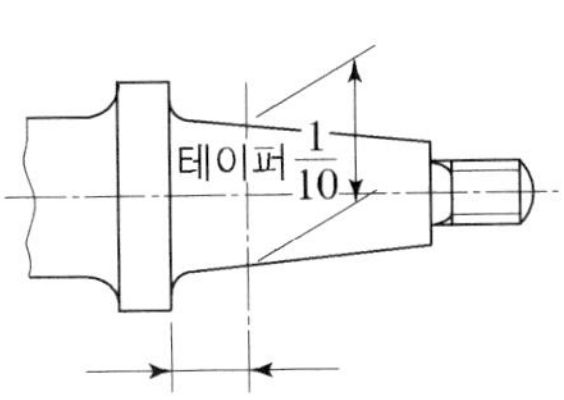

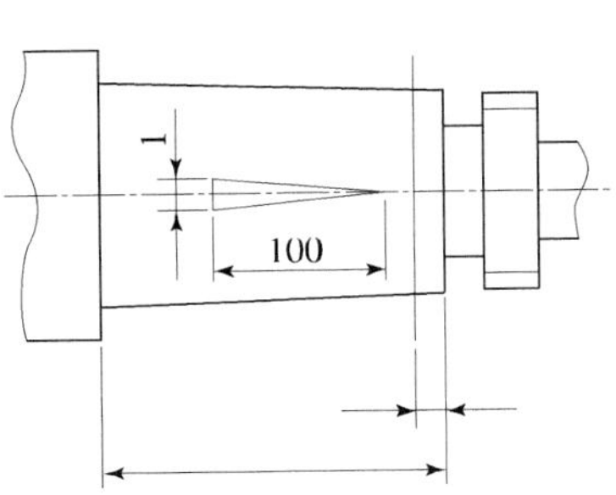

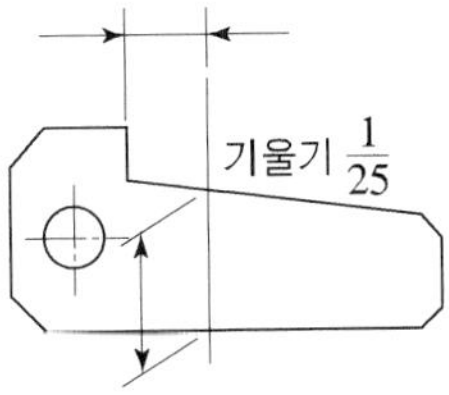

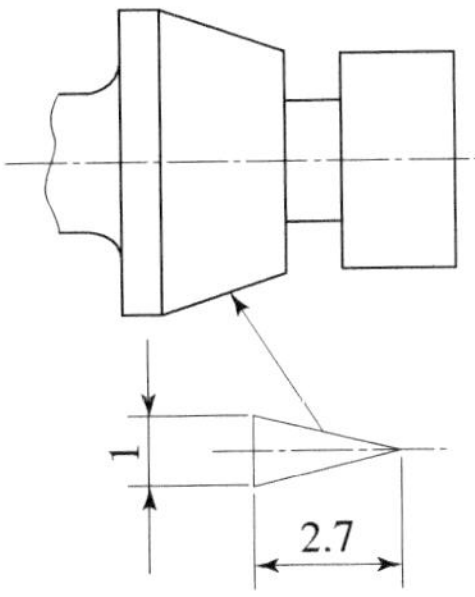

(17) 얇은 두께 부분의 표시 방법

얇은 두께 부분의 단면을 아주 굵은 선으로 그린 도형에 치수를 기입하는 경우에는 단면을 표시한 극히 굵은 선에 연하여 짧고 가는 실선을 긋고, 여기에 치수선의 끝부분 기호를 댄다. 이 경우, 가는 실선을 그려준 쪽까지의 치수를 의미한다.

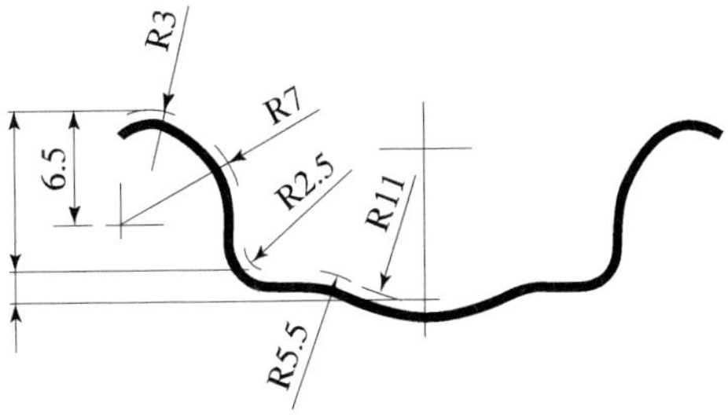

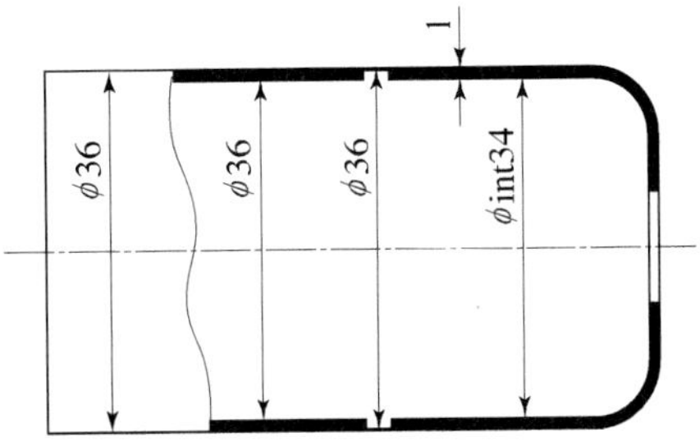

참고하세요

ISO 6414(technical drawings for glassware)에서는 다음과 같이 규정하고 있다.

① 용기 모양의 대상물에서 아주 굵은 선에 직접 기호를 대었을 경우에는 그 바깥쪽까지의 치수를 말한다.

② 오해할 우려가 있을 경우에는 화살표의 끝을 명확하게 나타낸다.

③ 안쪽을 나타내는 치수에는 치수 수치 앞에 "int"를 부기한다.

(18) 강 구조물 등의 치수 표시

① 강 구조물 등의 구조 선도에서 절점 사이에 치수를 표시하는 경우에는 그 치수를 부재를 나타내는 선에 연하여 직접 기입한다. 절점이란, 구조 선도에 있어서 부재의 무게 중심선의 교점을 말한다.

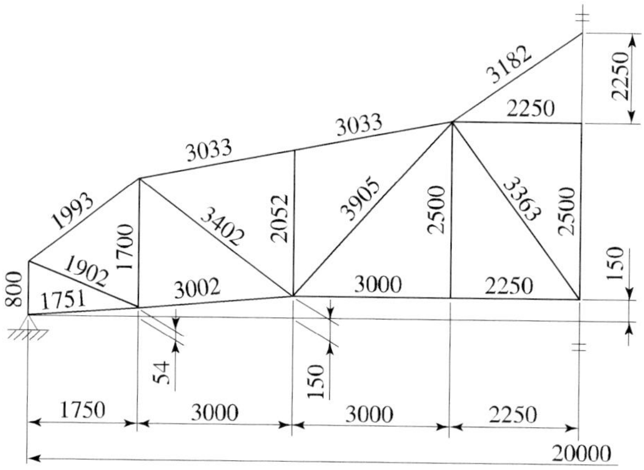

② 형강, 강관, 각강 등의 치수는 아래의 표시 방법에 의하여 각각 도형에 연하여 기입할 수 있다. 이 경우, 치수는 필요가 없으면 생략하여도 좋다. 또한 부등변형강 등을 지시하는 경우에는 그 변이 어떻게 놓았는가를 명확히 하기 위하여 그림에 나타난 변의 치수를 기입한다.
아래 그림의 L은 길이를 나타낸다.

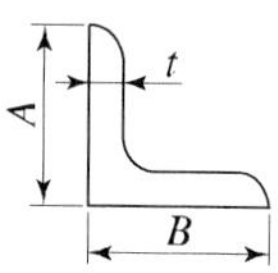

종류 : 등변 ㄱ형강
표시방법 : ∟$A \times B \times t - L$

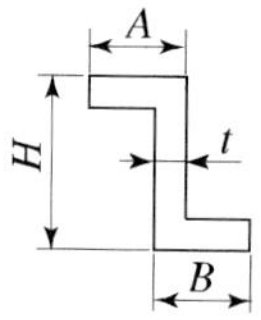

종류 : 경 Z형강
표시방법 : ㄱ$H \times A \times B \times t - L$

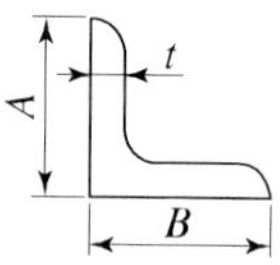

종류 : 부등변 ㄱ형강
표시방법 : ∟$A \times B \times t - L$

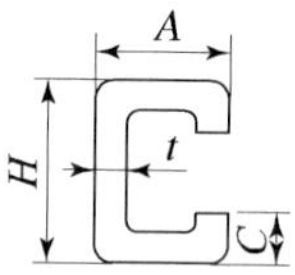

종류 : 립ㄷ형강
표시방법 : ㄷ$H \times A \times C \times t - L$

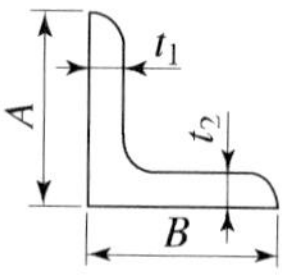

종류 : 부등변부등두께 ㄱ형강
표시방법 : ∟$A \times B \times t_1 \times t_2 - L$

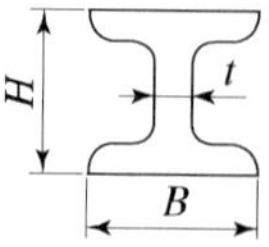

종류 : I 형강
표시방법 : I $H \times B \times t - L$

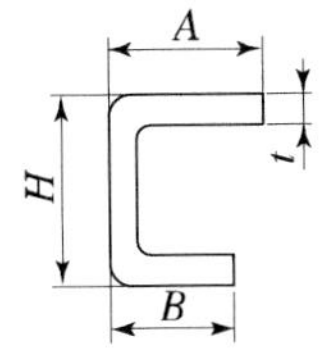

종류 : 경 ㄷ형강
표시방법 : ㄷ$H \times A \times B \times t - L$

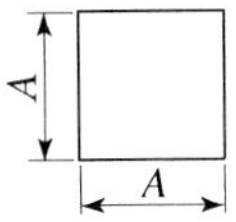

종류 : 각강
표시방법 : □$A - L$

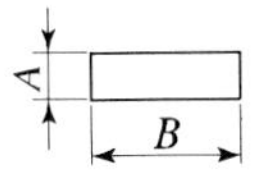

종류 : 평강
표시방법 : ㅁ$B \times A - L$

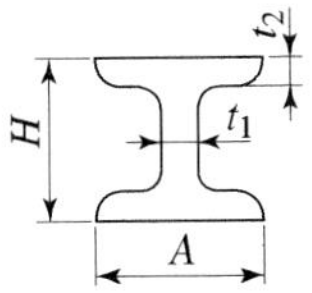

종류 : H형강
표시방법 : H $H \times A \times t_1 \times t_2 - L$

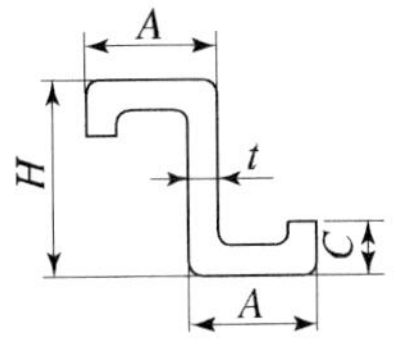

종류 : 립 Z형강
표시방법 : 乁$H \times A \times C \times t - L$

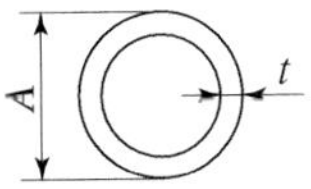

종류 : 강관
표시방법 : $\phi A \times t - L$

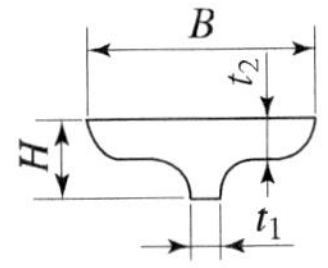

종류 : T형강
표시방법 : T $B \times H \times t_1 \times t_2 - L$

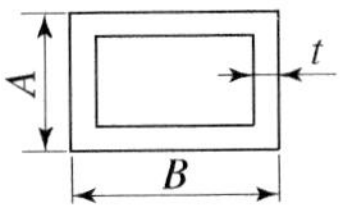

종류 : 각강관
표시방법 : ㅁ $A \times B \times t - L$

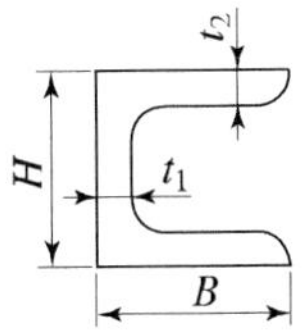

종류 : ㄷ형강
표시방법 : ㄷ$H \times B \times t_1 \times t_2 - L$

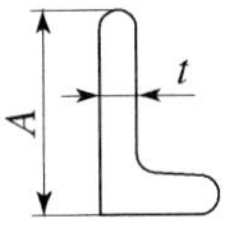

종류 : 구평형강
표시방법 : J $H \times B \times t - L$

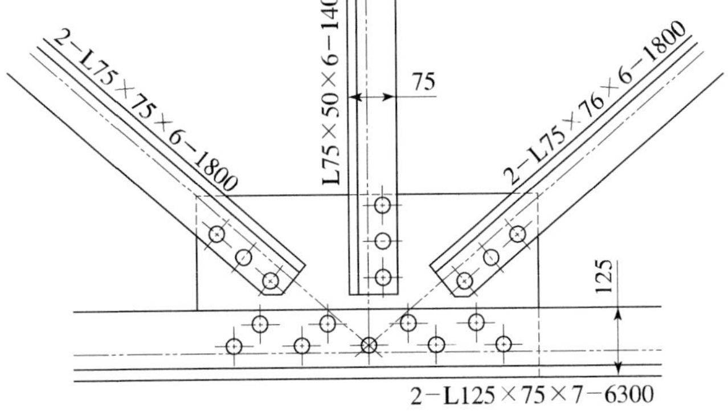

(19) 기타 일반 주의사항

① 치수 수치는 다음 사항을 고려하여 기입한다.
치수 수치를 나타내는 일련의 치수 숫자는 도면에 그린 선에 의하여 분할되지 않는 위치에 쓰는 것이 좋다. 치수 숫자는 선에 겹쳐서 기입하면 안 된다. 다만, 할 수 없는 경우에는 치수 숫자와 겹쳐지는 선의 부분을 중단하여 치수 수치를 기입한다. 단, 치수는 치수선과 교차되는 장소에 기입하면 안 된다.

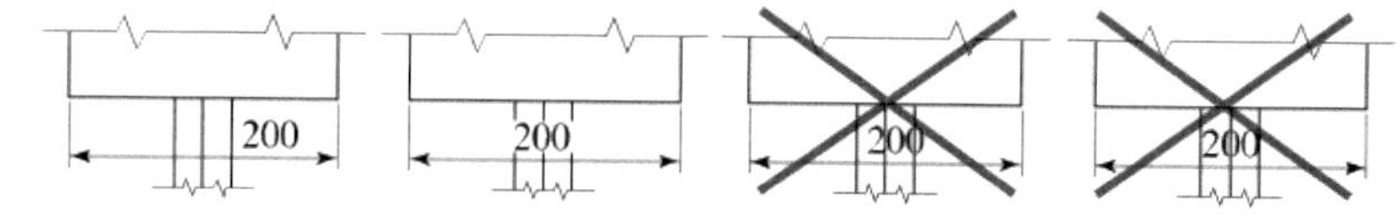

[좋은 보기]　[선을 중단한 보기]　[좋지 못한 보기]　[나쁜 보기]

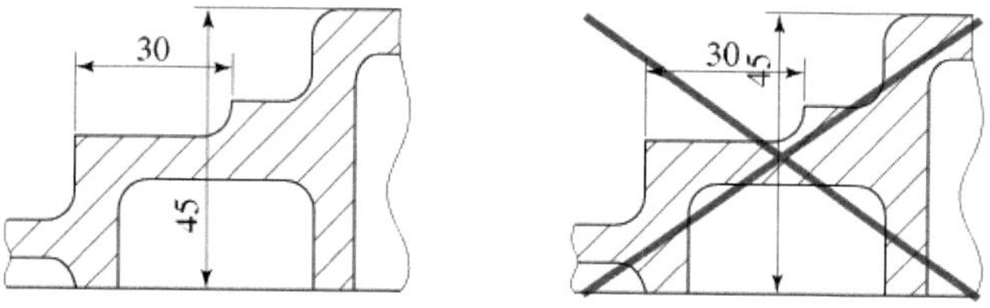

② 치수선이 인접해서 연속하는 경우에는 치수선은 동일 직선상에 가지런히 기입하는 것이 좋다.

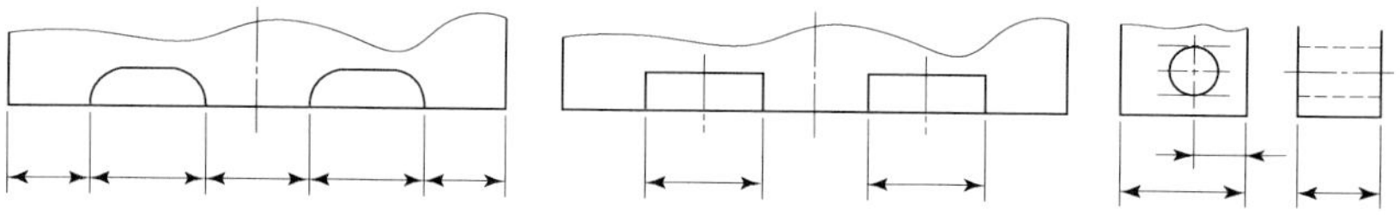

③ 치수 보조선을 긋고 기입하는 지름의 치수가 대칭 중심선의 방향에 몇 개 늘어선 경우에는 각 치수선은 되도록 같은 간격으로 긋고 작은 치수를 안쪽에, 큰 치수를 바깥쪽으로 치수 수치를 가지런하게 기입한다. 다만, 지면의 형편으로 치수선의 간격이 좁은 경우에는 치수 수치를 대칭 중심선의 양쪽에 교대로 써도 좋다.

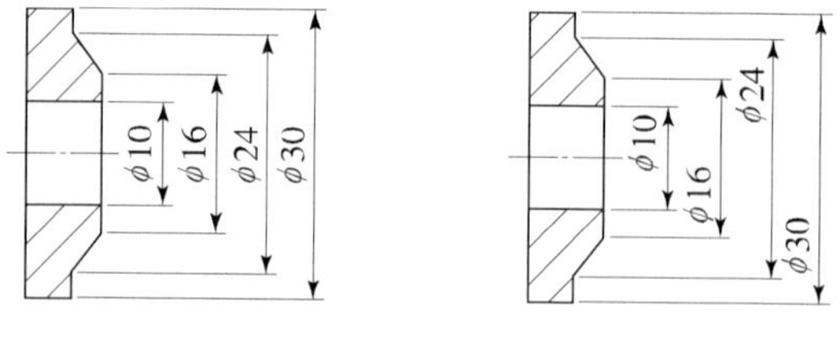

④ 치수선이 길어서, 그 중앙에 치수 수치를 기입하면 알기 어렵게 될 경우에는 어느 것이나 한쪽의 끝부분 기호 가까이 치우쳐서 기입할 수 있다.

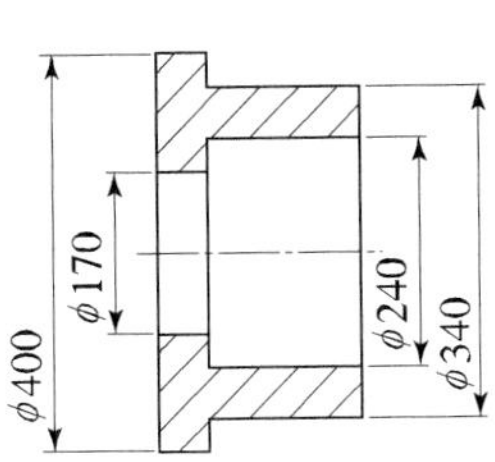

⑤ 대칭의 도형에서 대칭 중심선의 한쪽만을 표시한 그림에서는 치수선을 원칙으로 그 중심선을 넘어서 적당히 연장한다. 이 경우 연장한 치수선 끝에는 끝부분 기호를 붙이지 않는다. 다만, 오해할 염려가 없는 경우에는 치수선은 중심선을 넘지 않아도 좋다. 대칭의 도형으로 다수의 지름 치수를 기입할 때는 길이를 더 짧게 하여 여러 단으로 분리하여 기입할 수 있다.

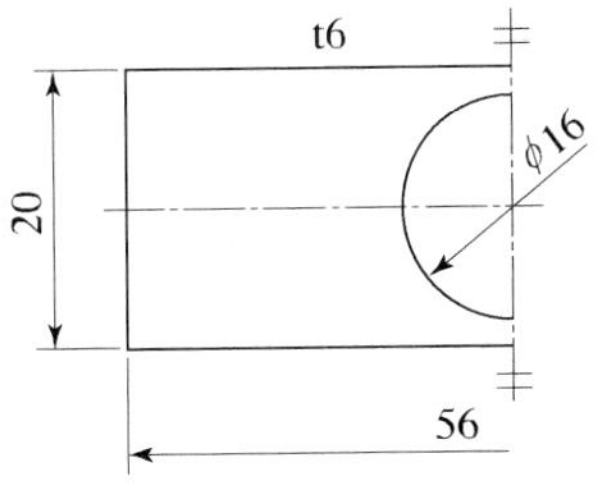

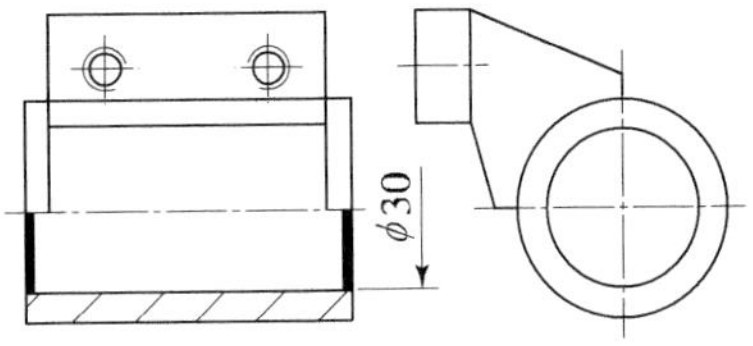

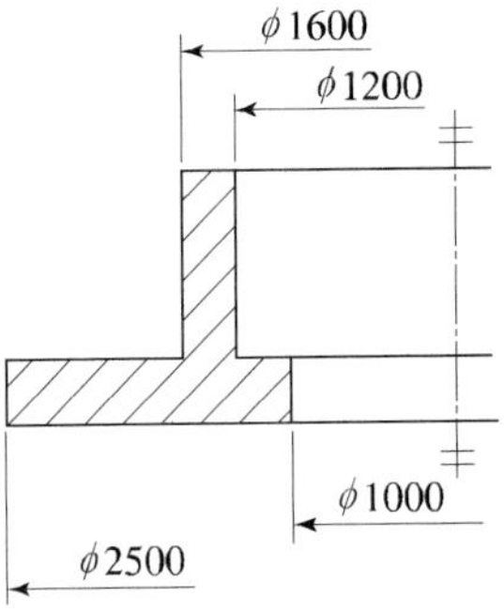

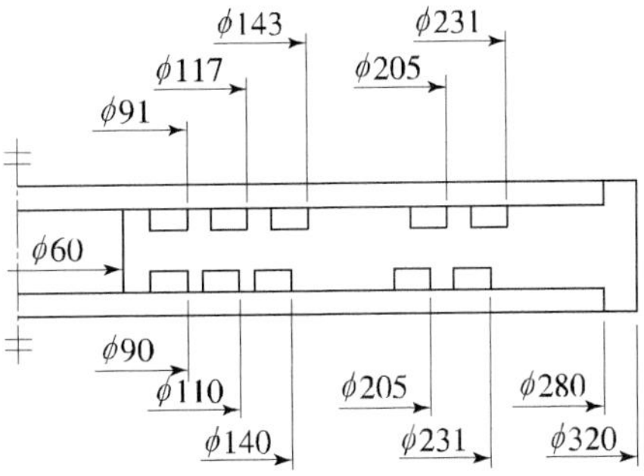

⑥ 치수 수치 대신 글자 기호를 써도 좋다. 그 수치를 별도로 표시한다.

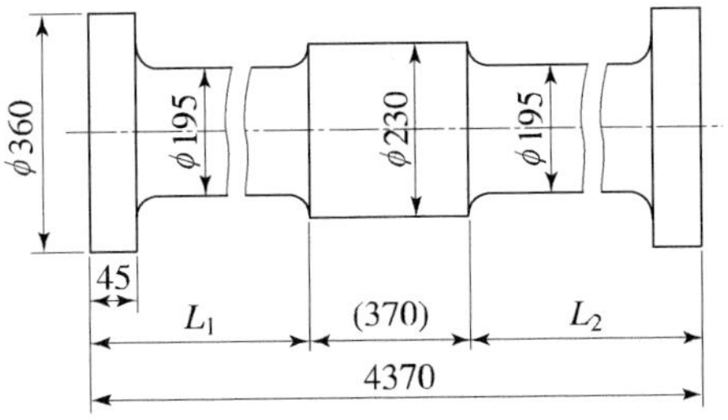

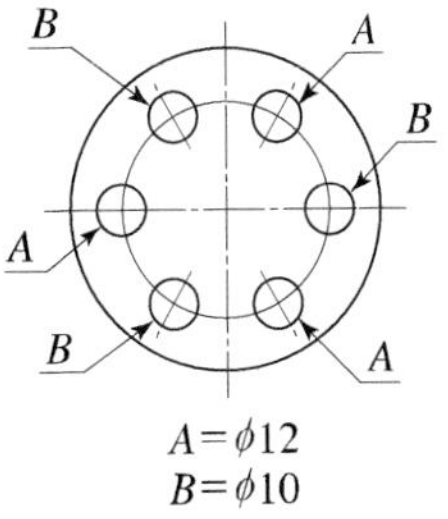

기호 \ 품번	1	2	3
L_1	1915	2500	3115
L_2	2085	1500	885

⑦ 서로 경사진 두 개의 면 사이에 둥글기(fillet) 또는 모떼기(chamfer)가 되어 있을 때, 두 면의 교차되는 위치를 나타낼 때는 둥글기 또는 모떼기를 하기 이전의 모양을 가는 실선으로 표시하고, 그 교점에서 치수 보조선을 끌어낸다. 또 이 경우, 교점을 명확하게 나타낼 필요가 있을 경우는 각각의 선을 서로 교차시키든지 또는 교점에 검고 둥근 점을 붙인다.

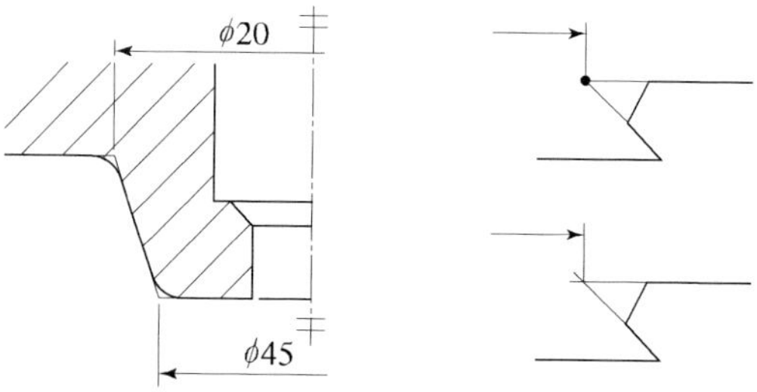

⑧ 원호 부분의 치수는 원호가 180°까지는 원칙적으로 반지름으로 표시하고, 그것을 넘을 경우에는 원칙적으로 지름으로 표시한다. 다만, 180° 이내라도 기능상 또는 가공상 특히 지름의 치수를 필요로 하는 것에 대하여는 지름의 치수를 기입한다.

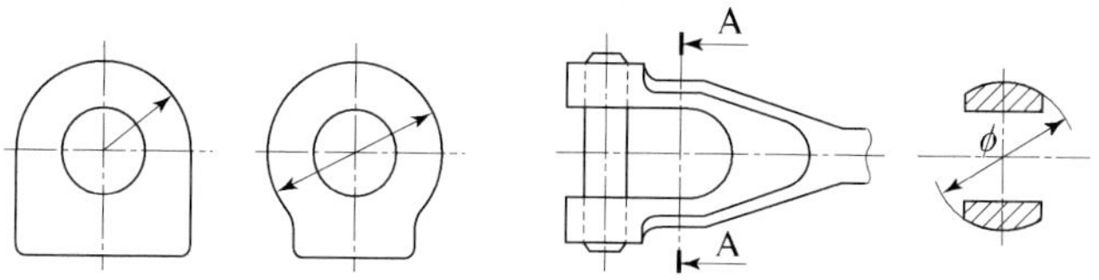

⑨ 반지름의 치수가 다른 곳에 지시한 치수에 따라 자연히 결정될 때에는 반지름의 치수선과 반지름의 기호로 원호인 것을 나타내고, 치수 수치는 기입하지 않는다.

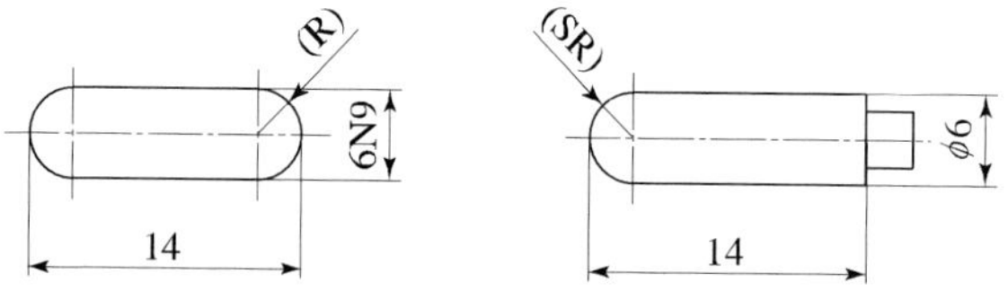

⑩ 키 홈이 단면에 나타나 있는 보스의 안지름 치수를 기입하는 경우 아래 그림에 따른다.

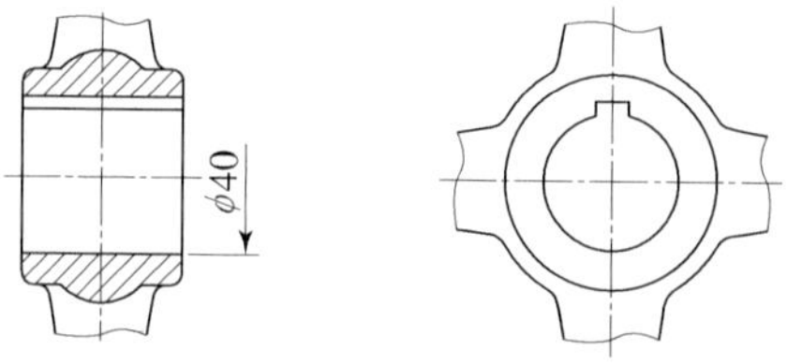

⑪ 가공 또는 조립할 때 기준으로 할 곳이 있는 경우에는 치수는 그 곳을 기준으로 하여 기입한다. 특히 그 곳을 나타낼 필요가 있을 경우에는 그 취지를 기입한다.

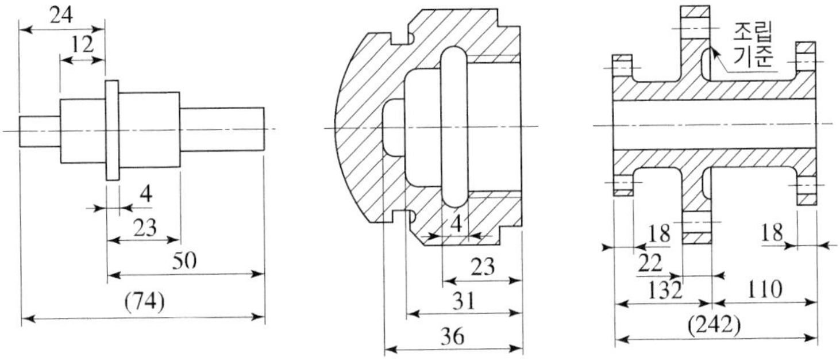

⑫ 공정을 달리하는 부분의 치수는 그 배열을 나누어서 기입하는 것이 좋다.

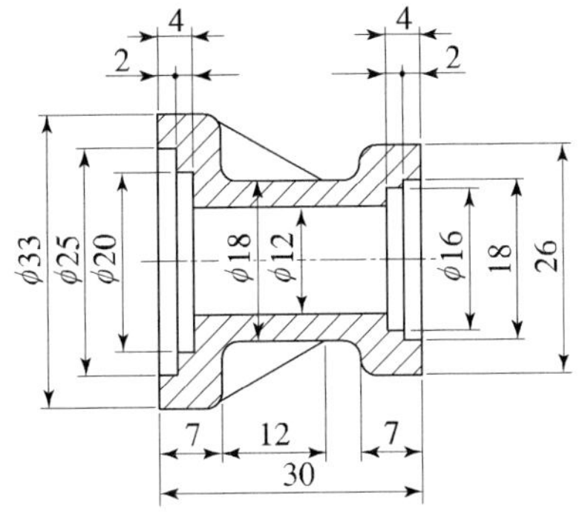

⑬ 서로 상호 관련되는 치수는 한곳에 모아서 기입한다. 보기를 들면 플랜지의 경우 볼트 구멍의 피치원 지름과 구멍의 배치는 피치원이 그려져 있는 쪽 그림에 모아서 기입하는 것이 좋다.

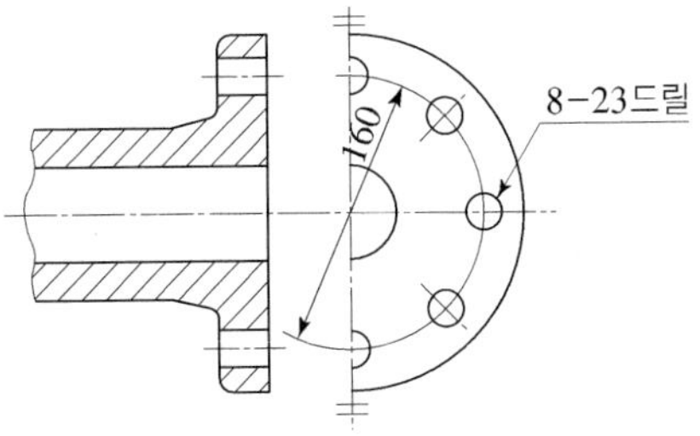

⑭ T형 관이음, 밸브 몸통, 콕 등의 플랜지와 같이 한 개의 물품에 똑같은 치수 부분이 두 개 이상 있는 경우에는 치수는 그 중 한 곳에만 기입하는 것이 좋다. 이 경우, 명확한 때를 제외하고 치수를 기입하지 않는 부분에 동일 치수인 것을 주기한다.

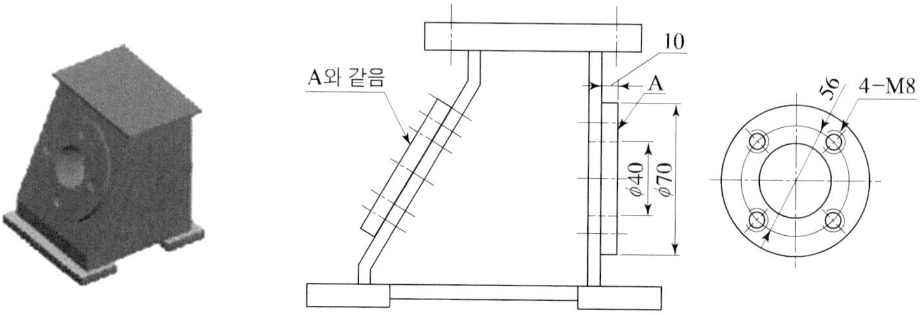

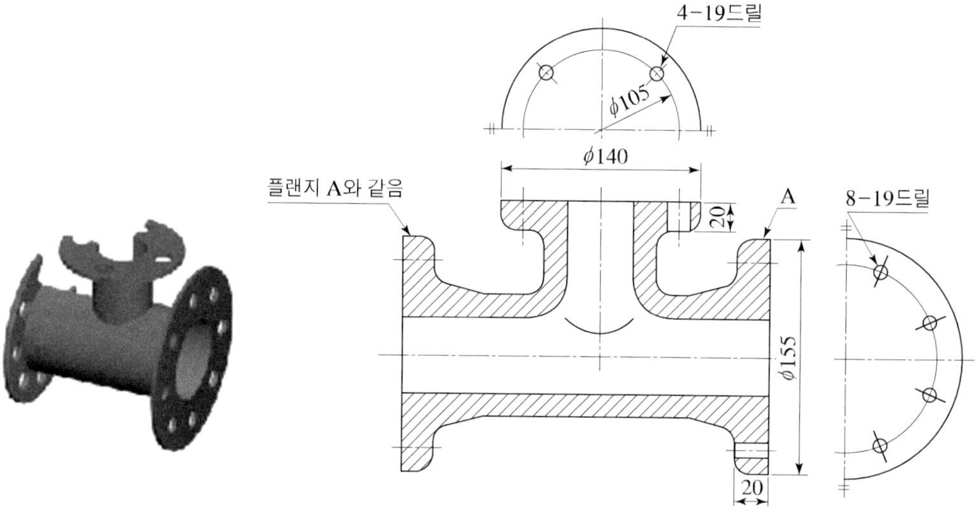

(20) 이론적으로 정확한 치수의 표시 방법

기하공차 중 윤곽도 공차, 자세 공차 또는 위치 공차를 지정하기 위하여 사용하는 이론적으로 정확한 치수는 그 치수 수치를 테두리로 둘러싸서 표시한다. 그 상세한 사용 방법은 KS 0608(기하공차의 도시 방법)에 따른다.

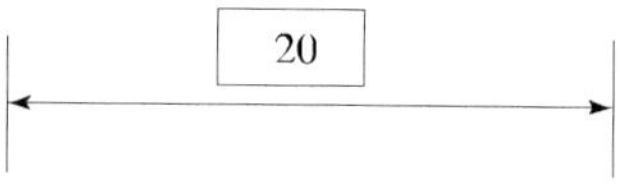

(21) 부품번호

① 부품번호는 원칙적으로 아라비아 숫자를 사용한다. 또 조립도 속의 부품에 대하여 별도로 제작도가 있는 경우는 부품번호 대신 그 도면번호를 기입하여도 좋다.

② 부품번호는 다음 중 한 방법에 따른다.

㉠ 조립 순서에 따른다.

㉡ 구성 부품의 중요도에 따른다.(보기 : 부분 조립품, 주요 부품, 작은 부품, 기타 부

품의 순서)

③ 부품 번호를 도면에 기입하는 방법은 다음에 따른다.

㉠ 부품번호는 명확히 구별되는 글자로 쓰거나 원 속에 글자를 쓴다.

㉡ 부품번호는 대상으로 하는 도형에 지시선으로 연결하여 기입하면 된다.

㉢ 도면을 보기 쉽게 하기 위하여 부품번호를 세로 또는 가로로 나란히 기입하는 것이 좋다.

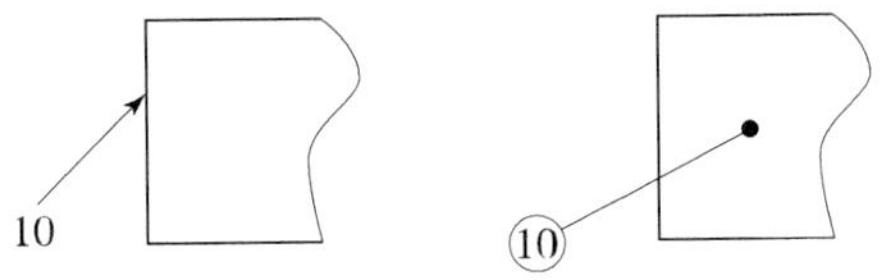

(22) 도면의 변경

출도 후에 도면의 내용을 변경하였을 때는, 변경한 곳에 적당한 기호를 부기하고, 변경 전의 도형, 치수 등은 적당히 보존한다. 이 경우 변경 연월일, 이유 등을 명기한다.

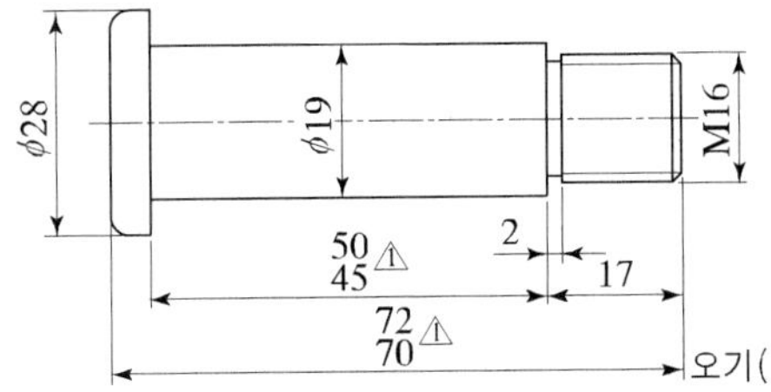

참고하세요 치수 문자의 높이

치수 숫자는 원도뿐만 아니라 복사한 도면 또는 마이크로 필름으로부터 재생한 도면이라도 완전히 읽을 수 있도록 충분한 크기로 기입한다. ISO 6428(technical drawings–requirements for microcopying)에 규정하고 있는 문자의 최소 높이를 참고로 표에 표시한다.

	A0	A1	A2	A3	A4
서체 A(h=15d)	5.0	5.0	3.5	3.5	3.5
서체 B(h=10d)	3.5	3.5	2.5	2.5	2.5

Chapter 4 치수공차 및 끼워맞춤

특정 물품 제작 시, 예를 들어 지름 45mm를 정확히 45.000mm로 정확히 만들기는 불가능하므로 약간의 오차가 발생할 수밖에 없다. 또 물품의 치수는 미세하게 오차가 존재하더라도 전혀 지장이 없는 경우가 많다. 따라서 가공치수의 상 · 하한값의 범위, 즉 치수공차를 지정하여 제품의 호환성을 좋게 하는 것이 치수공차와 끼워맞춤의 목적이다. KS B 0401에서는 기준치수가 3150mm 이하 형체의 치수공차 및 끼워맞춤 방식에 대하여 규정한다.

(1) 용어의 뜻

① **기준치수**(basic size)
허용한계 치수의 기준이 되는 치수. 도면상에서는 구멍, 축 등의 호칭치수와 같다.

② **실치수**(actual size)
부품의 어떤 부분에 대하여 실제로 측정한 치수

③ **허용한계 치수**(limit size)
실치수가 그 사이에 들어가도록 정한 치수로서, 허용되는 극한치수로서 대, 소 두 개의 허용되는 치수의 한계를 표시한 치수

④ **최대 허용치수**(maximum limit size)
실치수에 대하여 허용되는 최대 치수

⑤ **최소 허용치수**(minimum limit size)
실치수에 대하여 허용되는 최소 치수

⑥ **치수공차=공차**(tolerance)
최대 허용치수와 최소 허용치수의 차. 즉 위치수 허용차와 아래치수 허용차의 차로서 일반적으로 공차라고도 한다.

⑦ **치수 허용차**(deviation)
허용한계 치수에서 기준치수를 뺀 값. 허용차라고도 한다.

⑧ **위치수 허용차**(upper deviation)

⑨ **아래치수 허용차**(lower deviation)

⑩ **기준선**(zero line)

허용한계 치수와 끼워맞춤을 도시할 때 치수 허용차의 기준이 되는 선은 허용차가 0인 직선으로 기준치수를 나타내는 데에 사용한다.

⑪ **틈새**

구멍의 치수가 축의 치수보다 클 때의 치수의 차

최소 틈새 : 헐거운 끼워맞춤 또는 중간 끼워맞춤에서 구멍의 최대 허용치수에서 축의 최소 허용치수를 뺀 값

⑫ **죔새** : 구멍의 치수가 축의 치수보다 작을 때의 치수의 차

최대 죔새 : 억지 끼워맞춤 또는 중간 끼워맞춤에서 조립하기 전에 축의 최대 허용치수에서 구멍의 최소 허용치수를 뺀 값

최소 죔새 : 억지 끼워맞춤에서 조립하기 전에 축의 최소 허용치수에서 구멍의 최대 허용치수를 뺀 값

⑬ **헐거운 끼워맞춤** : 항상 틈새가 생기는 끼워맞춤

구멍의 최소 치수가 축의 최대 치수보다 큰 경우의 끼워맞춤으로 미끄럼운동이나 회전운동이 필요한 기계부품 조립에 적용한다.

⑭ **억지 끼워맞춤** : 항상 죔새가 생기는 끼워맞춤

⑮ **중간 끼워맞춤** : 틈새가 생기는 것도 있고, 죔새가 생기는 것도 있는 끼워맞춤

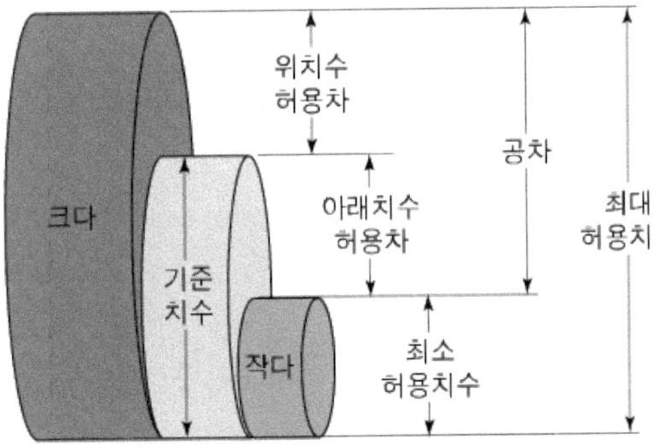

예제 4-1

$30^{+0.05}_{-0.02}$ 에서 최대 허용치수와 최소 허용치수는?

풀이 & 답

① 최대 허용치수 = 기준치수 + 위치수 허용차 = 30 + 0.05 = 30.05mm

② 최소 허용치수 = 기준치수 + 아래치수 허용차 = 30 + (−0.02) = 29.98mm

③ 치수공차 = 최대 허용치수 − 최소 허용치수 = 30.05 − 29.98 = 0.07mm

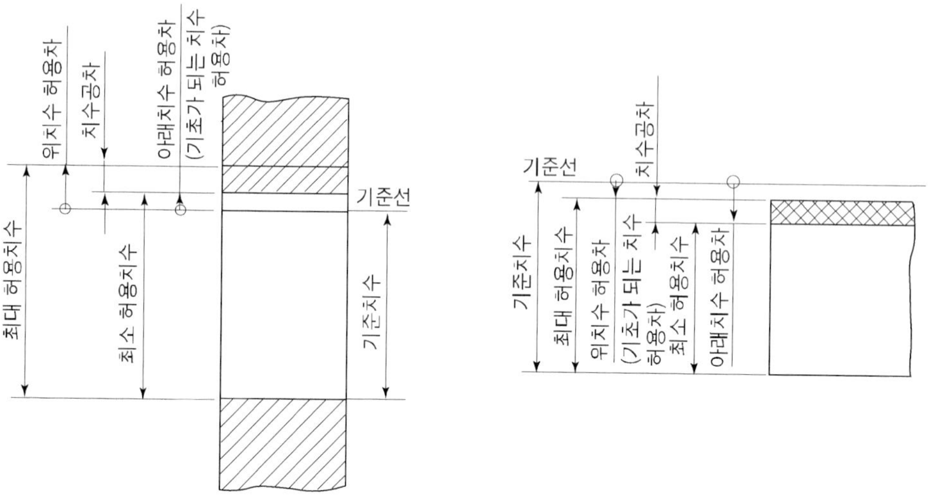

(a) 구멍(내측 형체) (b) 축(외측 형체)

[치수공차의 용어]

$10^{+0.2}_{-0.2}$	
기준치수(basic size)	10
위치수 허용차(upper deviation)=윗공차	+0.2
아래치수 허용차(lower deviation)=아래공차	−0.2
최대 허용치수(maximum limit size)	10.2
최소 허용치수(minimum limit size)	9.8
치수공차=공차(tolerance)	0.4

(2) IT 기본공차와 치수공차 기입법

① **공차 등급** : 공차 등급은 IT 기호의 등급을 나타내는 숫자를 붙여서 나타낸다.

② **공차역의 위치** : 구멍의 공차역의 위치는 A부터 ZC까지의 대문자 기호로, 축의 공차역의 위치는 a부터 zc까지의 소문자 기호로 나타낸다. 다만, 혼동을 피하기 위해 다음 문자는 사용하지 않는다.

I, L, O, Q, W, I, l, o, q, w

③ **공차역 클래스** : 공차역 위치의 기호에 공차 등급을 나타내는 숫자를 계속하여 표시한다. 그 예로, 구멍의 경우 H7, 축의 경우 h7로 표시하면 이때 7의 의미는 IT 기본공차에서 7등급이라는 뜻이다.

④ **치수 허용한계의 표시** : 치수의 허용한계는 공차역 클래스의 기호(이하 치수공차 기호라 함) 또는 치수 허용차의 값을 기준치수에 계속하여 표시한다.

※ 보기 : ⌀ $30H7$, $80js$, $15100g6$, $100^{-0.013}_{-0.034}$

⑤ 끼워맞춤의 표시 : 끼워맞춤은 구멍과 축의 공통 기준치수에 구멍의 치수공차 기호와 축의 치수공차 기호를 계속하여 표시한다.

※ 보기 : $52H7$, $52H7-g6$ 또는 $52\dfrac{H7}{g6}$

[온도조건 및 기본공차]

① 온도조건 : 치수공차 및 끼워맞춤에서의 치수는 온도 20℃일 때의 것으로 한다.

② 기본공차 : 국제표준화기구(ISO) 공차 방식에 따라 IT01～IT18까지 20등급으로 구분하여 KS B0401에 규정되어 있다.

치수의 구분 [mm]		IT 01 (01급)	IT 0 (0급)	IT 1 (1급)	IT 2 (2급)	IT 3 (3급)	IT 4 (4급)	IT 5 (5급)	IT 6 (6급)	IT 7 (7급)	IT 8 (8급)	IT 9 (9급)	IT 10 (10급)	IT 11 (11급)	IT 12 (12급)	IT 13 (13급)	IT 14 (14급)	IT 15 (15급)	IT 16 (16급)	IT 17 (17급)	IT 18 (18급)
초과	이하	기본공차의 수치[μm]													기본공차의 수치[mm]						
–	3	0.3	0.5	0.8	1.2	2	3	4	6	10	14	25	40	60	0.1	0.14	0.25	0.46	0.60	1.00	1.40
3	6	0.4	0.6	1	1.5	2.5	4	5	8	12	18	30	48	75	0.12	0.18	0.30	0.48	0.75	1.20	1.80
6	10	0.4	0.6	1	1.5	2.5	4	6	9	15	22	36	58	90	0.15	0.22	0.36	0.54	0.90	1.50	2.20
10	18	0.5	0.8	1.2	2	3	5	8	11	18	27	43	70	11013	0.18	0.27	0.43	0.70	1.10	1.80	2.70
18	30	0.6	1	1.5	2.5	4	6	9	13	21	33	52	84	0	0.21	0.33	0.52	0.84	1.30	2.10	3.30
30	50	0.6	1	1.5	2.5	4	7	11	16	25	39	62	100	16019	0.25	0.39	0.62	1.00	1.60	2.50	3.90
50	80	0.8	1.2	2	3	5	8	13	19	30	46	74	120	0	0.30	0.46	0.70	1.20	1.90	3.00	4.60
80	120	1	1.5	2.5	4	6	10	15	22	35	54	87	140	220	0.35	0.54	0.87	1.40	2.20	3.50	5.40
120	180	1.2	2	3.5	5	8	12	18	25	40	63	100	160	250	0.40	0.63	1.00	1.60	2.50	4.00	6.30
180	250	2	3	45	6	10	14	20	29	46	72	115	185	290	0.46	0.72	1.10	1.85	2.90	4.60	7.20
250	315	2.5	4	6	8	12	16	23	32	52	81	130	210	320	0.52	0.81	1.30	2.10	3.20	5.20	8.10
315	400	3	5	7	9	13	18	25	36	57	89	140	230	360	0.57	0.89	1.40	2.30	3.60	5.70	8.90
400	500	4	6	8	10	15	20	27	40	63	97	155	250	400	0.63	0.97	1.55	2.50	4.00	6.30	9.70

[주] 공차등급 IT14, IT18은 기준치수 1mm 이하에는 적용하지 않는다.

용도	구멍	축
게이지 제작 공차	IT01～IT5	IT01～IT4
끼워맞춤 공차	IT6～IT10	IT5～IT9
끼워맞춤 이외의 공차	IT11～IT18	IT10～IT18

(3) 구멍 기준식과 축 기준식 끼워맞춤

20mm의 구멍과 20mm의 축이 있다고 하자. 구멍에 축을 넣었을 때, 과연 들어갈 것인가를 고려해 볼 때 정확히 확신하기 어려울 것이다. 따라서 다음과 같이 구멍을 기준으로, 혹은 축을 기준으로 상대하는 축 혹은 구멍의 지름을 적당히 크게, 혹은 작게 제작하여 그 끼워맞춤을 적용시킬 수 있다.

① 구멍 기준식 끼워맞춤

IT 공차 6급에서 10급까지 5등급으로 구분되어 있으며, H6, H7, H8, H10으로 표시한다. 구멍 기준식은 대문자로 그 등급 앞에 쓴다.

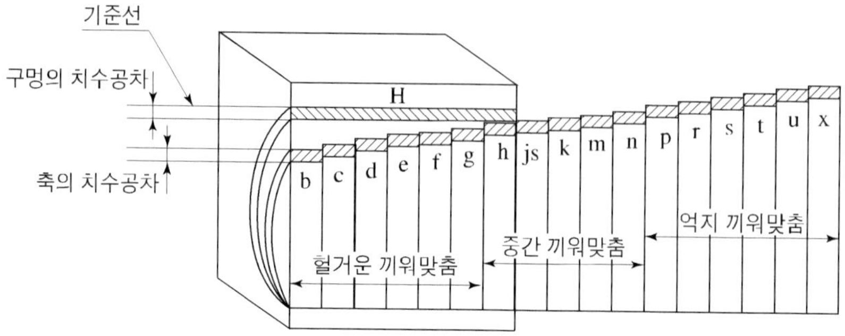

[상용하는 구멍 기준 끼워맞춤]

기준 구멍	축의 공차역 클래스(축의 종류와 등급)																
	헐거운 끼워맞춤						중간 끼워맞춤				억지 끼워맞춤						
H6						g6	h5	js5	k5	m5							
					f6	g6	h6	js6	k6	m6	n6	p6					
H7					f6	g6	h6	js6	k6	m6	n6	p6	r6	s6	t6	u6	x6
				e7	f7		h7	js7									
					f7		h7										
H8				e8	f8		h8										
			d9	e9													
H9			d9	e9			h8										
		c9	d9	e9			h9										
H10	b9	c9	d9														

중간 끼워맞춤 및 억지 끼워맞춤에서는 기능을 확보하기 위하여 선택조합을 하는 것이 많다.

[상용하는 축 기준 끼워맞춤]

기준 축	구멍의 공차역 클래스(축의 종류와 등급)																
	헐거운 끼워맞춤						중간 끼워맞춤				억지 끼워맞춤						
h5							H6	JS6	K6	M6	N6	P6					
h6					F6	G6	H6	JS6	K6	M6	N6	P6					
					F7	G7	H7	JS7	K7	M6	N7	P7	R7	S7	T7	U7	X7
h7				E7	F7		H7										
					F8		H8										
h8				E8	F8		H9										
			D9	E8			H9										
h9			D8	E8			H8										
		C9	D9	E9			H9										
	B10	C10	D10														

중간 끼워맞춤 및 억지 끼워맞춤에서는 기능을 확보하기 위하여 선택조합을 하는 것이 많다.

② 축 기준식 끼워맞춤

IT 공차 5등급에서 9등급까지 5등급으로 구분되어 있으며, h5, h6, h7, h8, h9로 표시한다. 축 기준식은 소문자로 그 등급 앞에 쓴다.

③ 구멍기호와 축기호 및 상호관계

치수 허용차에 따른 구멍과 축의 종류 및 표시는 KS에서 각 등급마다 그에 대한 아래, 위치수 허용차가 있다. 구멍은 최소 치수가 기준치수와 일치하는 것을 H라 하고, G, F, E, D, C, B와 같이 알파벳 역순으로 지름이 작아진다. 한편 축은 최대 치수가 기준치수와 일치하는 것을 h라 하고 구멍의 경우와 반대로 j, k, m, n, p, r, s와 같이 알파벳 순서에 따라 지름이 커진다.

구멍기호	여기서 최소 허용치수가 기준치수와 일치함. 점점 지름이 커진다. ↓ 점점 지름이 작아진다. ◀────────── A B C D E F G H J K M N P R S T U X

축기호	여기서 최소 허용치수가 기준치수와 일치함. 점점 지름이 작아진다. ↓ 점점 지름이 커진다. ◀────────── a b c d e f g h j k m n p r s t u x

④ 끼워맞춤 기입법

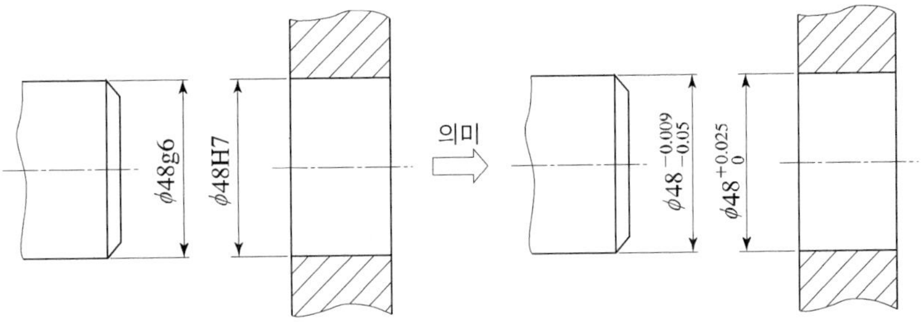

기준치수는 오른쪽에 구멍과 축기호를 표시하고 치수 숫자와 같은 크기로 쓴다. 같은 기준치수에 구멍과 축의 조립도에 끼워맞춤의 종류와 등급을 병기할 경우, ⌀ $12H7/h6$이나 ⌀ $12\frac{H7}{h6}$와 같이 기입한다.

※ 구멍 기준식 끼워맞춤 : H6~H10(아래치수 허용차가 0인 H기호 구멍)

※ 축 기준식 끼워맞춤 : h5~h9(위치수 허용차가 0인 h기호 축)

⑤ 치수공차 기입 방법

기준치수 다음에 위치수 허용차와 아래치수 허용차를 기준치수보다 작게 쓴다. 치수 허용차가 0일 때에는 +, −를 붙이지 않고 중앙에 쓴다. 위, 아래 치수 허용차가 같을 때에는 ±기호를 사용하여 허용차 치수 하나만 기입한다.

⑥ IT 기본공차

같은 구분에 속하는 치수에 대해서는 일정한 값의 공차를 주고 정밀성의 정도(IT 등급)에 따라 몇 종류의 공차를 정하고 있다. 이것을 IT 기본공차(IT 또는 ISO tolerance)라고 한다, 이것은 공차의 대소에 따라 01급 0급, 1급, 2급, ...18급까지 20등급으로 나누고 있다. 이들을 용도별로 분류하면 다음과 같다.

㉠ IT 01~IT 4 : 주로 게이지류에 사용

㉡ IT 5~IT 10 : 주로 끼워맞춤 부분에 사용

㉢ IT 11~IT 18 : 주로 끼워맞춤이 필요 없는 경우에 사용

(4) 끼워맞춤

① 헐거운 끼워맞춤

㉠ 틈새 : 구멍의 치수가 축의 치수보다 클 때의 치수차(헐거운 끼워맞춤)

㉡ 죔새 : 구멍의 치수가 축의 치수보다 작을 때의 치수차(억지 끼워맞춤)

[예제] 헐거운 끼워맞춤

구멍의 치수 $\phi 10^{+0.4}_{+0.2}$		축의 치수 $\phi 10^{-0.1}_{-0.3}$	
구멍의 최대 허용치수	10.4	축의 최대 허용치수	9.9
구멍의 최소 허용치수	10.2	축의 최소 허용치수	9.7
최대 틈새	구멍의 최대 허용치수－축의 최소 허용치수=10.4−9.7=0.7		
최소 틈새	구멍의 최소 허용치수－축의 최대 허용치수=10.2−9.9=0.3		

구멍의 최소 치수가 축의 최대 치수보다 큰 경우의 끼워맞춤으로 미끄럼운동이나 회전운동이 필요한 기계부품 조립에 적용한다.

[예] 구멍의 공차는 $40^{+0.025}_{0}$ $\frac{40.025}{40.000}$

축의 공차는 $40^{-0.009}_{-0.025}$ $\frac{39.991}{39.975}$

∴ 최대 틈새＝구멍의 최대 허용치수－축의 최소 허용치수

최소 틈새＝구멍의 최소 허용치수－축의 최대 허용치수

② 중간 끼워맞춤(정밀 끼워맞춤)

[예제] 중간 끼워맞춤

구멍의 치수 $\phi 10^{+0.4}_{-0.1}$		축의 치수 $\phi 10^{+0.2}_{-0.3}$	
구멍의 최대 허용치수	10.4	축의 최대 허용치수	10.2
구멍의 최소 허용치수	9.9	축의 최소 허용치수	9.7
최대 틈새	구멍의 최대 허용치수－축의 최소 허용치수=10.4−9.7=0.7		
최소 틈새	발생되지 않는다.		
최대 죔새	축의 최대 허용치수－구멍의 최소 허용치수=10.2−9.9=0.3		
최소 죔새	발생되지 않는다.		

구멍과 축의 실제 치수에 따라 죔새와 틈새가 생기는 끼워맞춤으로 베어링 조립에 주로 쓰인다.

[예] 구멍의 공차는 $40^{+0.025}_{0}$ $\frac{40.025}{40.000}$

축의 공차는 $40^{+0.033}_{+0.017}$ $\frac{40.033}{40.017}$

∴ 최대 틈새＝구멍의 최대 허용치수－축의 최소 허용치수

최대 죔새＝축의 최대 허용치수－구멍의 최소 허용치수

③ 억지 끼워맞춤

[예제] 억지 끼워맞춤

<table>
<tr><th colspan="2">축의 치수 $\phi 10^{+0.4}_{+0.2}$</th><th colspan="2">구멍의 치수 $\phi 10^{-0.1}_{-0.3}$</th></tr>
<tr><td>축의 최대 허용치수</td><td>10.4</td><td>구멍의 최대 허용치수</td><td>9.9</td></tr>
<tr><td>축의 최소 허용치수</td><td>10.2</td><td>구멍의 최소 허용치수</td><td>9.7</td></tr>
<tr><td>최대 죔새</td><td colspan="3">축의 최대 허용치수－구멍의 최소 허용치수=10.4−9.7=0.7</td></tr>
<tr><td>최소 틈새</td><td colspan="3">축의 최소 허용치수－구멍의 최대 허용치수=10.2−9.9=0.3</td></tr>
</table>

구멍의 최대 치수가 축의 최소 치수보다 작은 경우이며 항상 죔새가 생기는 끼워맞춤으로 동력전달장치의 분해조립의 반영구적인 곳에 적용된다.

[예] 축의 공차 h□는 $40^{+0.025}_{0}$ $\frac{40.025}{40.000}$

구멍의 공차 G□는 $40^{-0.009}_{-0.025}$ $\frac{39.991}{39.975}$

∴ 최대 죔새＝축의 최대 허용치수－구멍의 최소 허용치수

최소 죔새＝축의 최소 허용치수－구멍의 최대 허용치수

Chapter 5

표면 거칠기(KS B 0161)

이 규격은 공업제품의 표면 거칠기를 표시하는 중심선 평균 거칠기(R_a), 최대 높이(R_{max}) 및 10점 평균 거칠기(R_z)의 정의와 표시에 대하여 규정한다. 참고로, 국제적으로는 중심선 평균 거칠기에 의한 표시법의 사용빈도가 높으므로 우리나라에서도 중심선 평균 거칠기에 의한 표시법을 사용하는 것이 좋다.

(1) 용 어

① 표면 거칠기

대상물의 표면(이하 대상면이라 함)에서 임의대로 채취한 각 부분의 R_a, R_{max} 또는 R_z 각각의 산술 평균값을 의미한다.

② 단면곡선

피측정면에 직각인 평면에서 피측정면을 절단하였을 경우, 그 단면에 나타나는 윤곽을 말한다. 이 절단은 특별히 지정이 없는 한 표면 거칠기가 가장 크게 나타나는 방향으로 자른다. 그 예로, 방향성이 있는 피측정면에서는 그 방향에 직각으로 자른다.

③ 단면곡선의 기준길이

단면곡선의 일정 길이를 취한 부분의 길이(이하 기준길이라 함)

④ 거칠기 곡선과 컷오프값

단면곡선에서 소정의 파장보다 긴 표면 기본 성분을 컷오프한 곡선을 거칠기 곡선이라 하고 이 소정의 파장을 컷오프값이라 한다.

⑤ 단면곡선 또는 거칠기

곡선의 평균선 단면곡선 또는 거칠기 곡선의 채취부분에서 피측정면의 기하학적 모양을 갖는 직선 또는 곡선으로서, 또한 그 선에서 단면곡선 또는 거칠기 곡선까지의 편차의 제곱 합이 최소가 되도록 설정한 선

⑥ 거칠기 곡선의 중심선

거칠기 곡선의 평균선에 평행한 직선을 그었을 경우, 이 직선과 거칠기 곡선으로 둘러

싸인 면적이 이 직선의 양쪽에서 같게 되는 직선(이하 중심선이라 함)

⑦ **단면곡선의 산**

단면곡선을 평균선으로 절단하였을 경우, 그들의 교차점이 인접하는 두 점을 연결하는 단면곡선 중 평균선에 대해 실체가 돌출되어 있는 부분

⑧ **단면곡선의 골**

단면곡선을 평균선으로 절단하였을 경우, 그들의 교차점이 인접하는 두 점을 연결하는 단면곡선 중 평균선에 대하여 실체가 움푹 들어간 부분

⑨ **봉우리**

단면곡선의 산에 있어서 표고가 가장 높은 곳

⑩ **골밑**

단면곡선의 골에 있어서 표고가 가장 낮은 곳

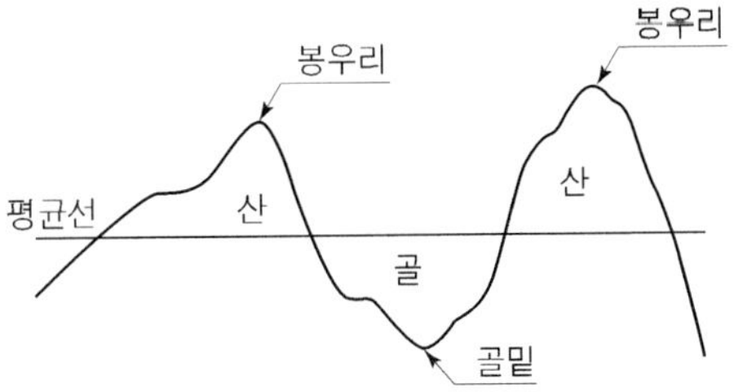

(2) 표면 거칠기의 종류와 표시

① **중심선 평균 거칠기(R_a)의 정의**

거칠기 곡선에서 그 중심선의 방향으로 측정길이 L의 부분을 채취하여 이 채취부분의 중심선을 x축, 세로 배율의 방향을 y축으로 하고, 거칠기 곡선을 $y = f(x)$로 표시하였을 경우, 다음 식에 따라 구해지는 값을 마이크로미터(μm = 0.001mm)로 나타낸 것이다.

$$R_a = \frac{1}{l}\int_0^l |f(x)|\, dx\ [\mu m]$$

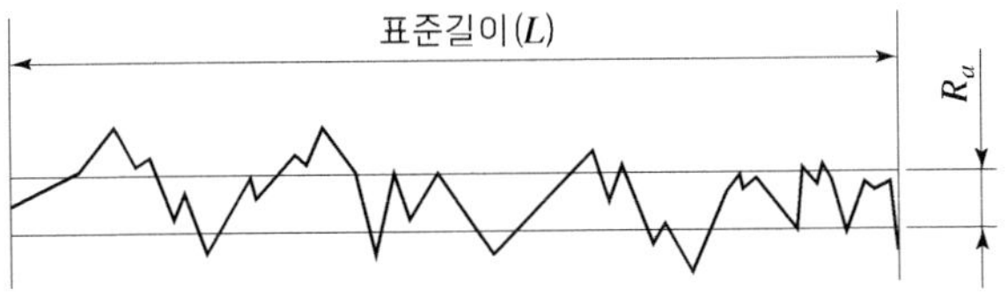

㉠ 중심선 평균 거칠기의 호칭방법

중심선 평균 거칠기 — μm, 컷오프값 — mm, 측정길이 — mm

또는, — $\mu m R_a$, λ_c — mm, L — mm

㉡ 중심선 평균 거칠기 표준수열

0.013	0.05	0.2	0.8	3.2	12.5	50	100
0.025	0.1	0.4	1.6	6.3	25	50	—

㉢ 중심선 평균 거칠기를 구할 때의 컷오프값의 표준값

중심선 평균 거칠기 범위		컷오프값[mm]	표면 거칠기의 표시나 지시를 할 경우 특별히 지정할 필요가 없는 한 이 표의 값을 사용한다.
초과	이하		
–	12.5$\mu m\ R_3$	0.8	

② 최대 높이(R_{max})의 정의

최대높이는 단면곡선에서 기준길이만큼 채취한 부분의 평균선에 평행한 2직선으로 채취부분을 끼울 때, 이 2직선의 간격을 단면곡선의 세로배율 방향으로 측정하여 이 값을 마이크로미터(μm)로 표시한 것을 말한다.

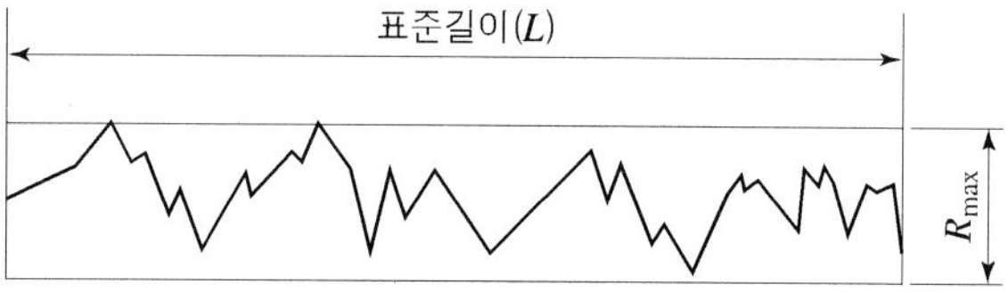

㉠ 최대 높이의 호칭방법

최대 높이 — μm, 기준길이 — mm

또는, — μm R_{max}, L — mm

㉡ 최대 높이 표준수열

0.05	0.2	0.8	3.2	12.5	50	200
0.1	0.4	1.6	6.3	25	100	400

㉢ 최대 높이를 구할 때의 기준길이의 표준값

최대 높이의 범위[$\mu m\ R_{max}$]		기준길이	최대 높이는 먼저 기준길이를 지정한 다음 구하지만, 표면 거칠기의 표시나 지시를 할 경우 불편하므로 특별히 지정할 필요가 없는 한 이 표의 값을 사용한다.
초과	이하		
—	0.8	0.25	
0.8	6.3	0.8	
6.3	25	2.5	
25	100	8	
100	400	25	

③ 10점 평균 거칠기

단면곡선에서 기준길이만큼 채취한 부분에 있어서 평균선에 평행, 또한 단면곡선을 가로지르지 않는 직선에서 세로배율의 방향으로 측정한 가장 높은 곳으로부터 5번째까지 봉우리의 표고 평균값과 가장 깊은 곳으로부터 5번째까지 골밑의 표고 평균값의 차이를 마이크로미터[μm]로 나타낸 것을 말한다.

$$R_z = \frac{(R_1 + R_2 + R_3 + R_4 + R_5) - (+ R_6 + R_7 + R_8 + R_9 + R_{10})}{5}$$

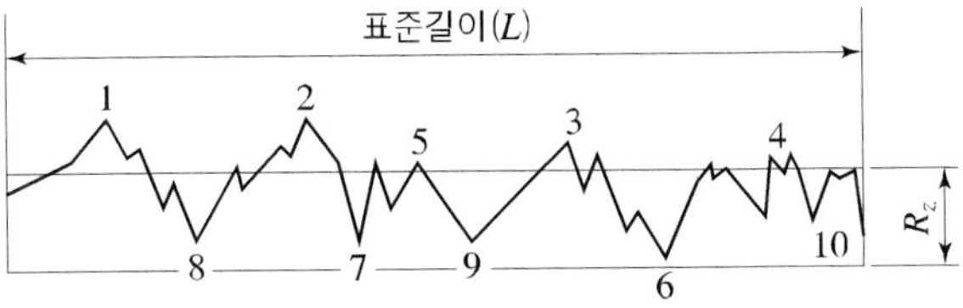

㉠ 10점 평균 거칠기의 호칭방법

10점 평균 거칠기 — μm, 기준길이 — mm 또는, — μm R_z, L — mm

㉡ 10점 평균 거칠기의 표준수열

0.05	0.2	0.8	3.2	12.5	50	200
0.1	0.4	1.6	6.3	25	100	400

㉢ 10점 평균 거칠기를 구할 때의 기준길이의 표준값

10점 평균 거칠기의 범위[μm R_z]		기준길이[mm]	
초과	이하		
—	0.8	0.25	특별히 지정할 필요가 없는 한 이 표의 값을 사용한다.
0.8	6.3	0.8	
6.3	25	2.5	
25	100	8	
100	400	25	

Chapter 6

표면의 결 도시방법(KS B 0671)

공업 분야에서 사용하는 도면에 기호를 써서 표면의 결에 관한 요구사항을 지시하는 방법에 대한 규정이다. 다만, 기어의 치면, 나사의 플랭크 등 특수한 도시방법을 시행하는 부분의 표면의 결에 관한 지시방법은 각각 특정의 기계제도 규격에 따른다.

(1) 용 어

① 표면의 결

주로 기계부품, 구조 부재 등의 표면에 있어서의 표면 거칠기, 제거가공의 필요 여부, 줄무늬 방향, 표면 파상도 등

② 제거가공

기계가공 또는 이에 준하는 방법에 의하여 부품, 부재 등의 표층부를 제거하는 것

③ 줄무늬 방향

제거가공에 의하여 생기는 현저한 줄무늬의 방향

(2) 지시사항

표면의 결에 관한 지시는, 그 대상물의 표면(이하 대상면이라 함), 제거가공의 필요 여부 및 표면 거칠기에 대하여 실시한다. 또한, 기능상 특히 필요한 경우에는 그 대상면의 가공방법, 줄무늬 방향 및 표면 파상도도 지시한다.

(3) 대상면을 지시하는 기호

표면의 결을 도시할 경우, 대상면을 지시하는 기호는 60°로 벌린 길이가 다른 절선으로 한다(이하 면의 지시기호라 함). 면의 지시기호는 지시하는 대상면을 나타내는 선에 바깥쪽에서 붙여서 쓴다.

(4) 제거가공의 지시방법

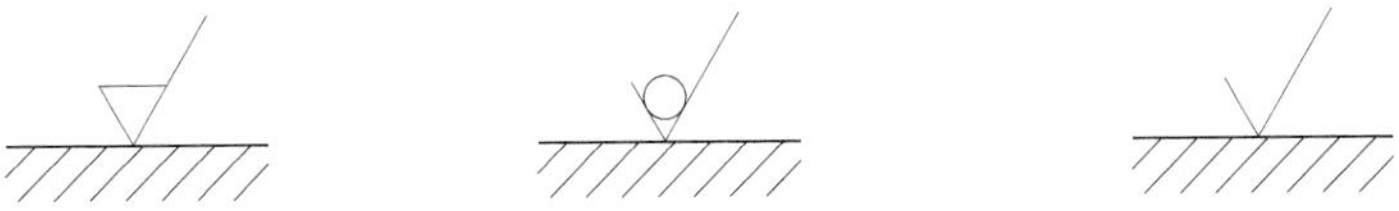

제거가공 허용　　제거가공 허용 않음　　제거가공 여부를 문제 삼지 않음

① 제거가공을 필요로 한다는 것을 지시하는 방법

면의 지시기호의 짧은 쪽의 다리 끝에 가로선을 부가한다.

② 제거가공을 허용하지 않는다는 것을 지시하는 방법

면의 지시기호에 내접하는 원을 부가한다. 또한, 이 기호는 어떤 제작 공정에 있어서, 도면에 있어서 이미 제거가공 또는 다른 방법으로 얻어진 전가공의 상태를 그대로 남겨두는 것만을 지시하기 위하여 사용해도 좋다.

③ 제거가공의 필요 여부를 문제 삼지 않는다는 것을 지시하는 방법

면의 지시기호에 표면 거칠기의 지시값 등을 붙여서 사용한다.

④ 가공방법 등을 기입하기 위한 가로선

특별히 가공방법 등을 지시할 필요가 있을 경우는 면의 지시기호의 긴 쪽 다리에 가로선을 부가한다.

제거가공 필요 여부 문제 삼지 않음　　가공방법 등을 기입하기 위한 가로선

(5) 표면 거칠기의 지시방법(KS B 0617)

표면 거칠기의 지시방법은 지시하는 표면 거칠기의 종류에 따라 다음과 같이 시행한다. 표면 거칠기의 지시값의 단위는 μm, 컷오프값과 기준길이는 mm로 하고, 단위기호의 기입은 생략한다.

① 중심선 평균 거칠기(R_a)로써 지시하는 경우

㉠ 표면 거칠기의 지시값

원칙적으로 KS B 0161(표면 거칠기)에 규정하는 중심선 평균거칠기의 표준수열 중에서 선택하여 지시한다. 다만, 이 경우 KS B 0161에 규정하는 첨자 "a"는 기입하지 않는다. 특히 필요가 있어서, 표준수열에 따를 수 없는 경우에는 표면 거칠기의 허용할 수 있는 최대치를 $R_a \leqq 10$과 같이 지시한다.

㉡ 표면 거칠기의 지시값의 기입 위치

ⓐ 허용할 수 있는 최대치만을 지시하는 경우에는 면의 지시기호의 위쪽에 기입한다.

ⓑ 어느 구간으로 지시하는 경우에는 면의 지시기호의 위쪽에 상한을 위로, 하한을 아래로 나란히 기입한다.

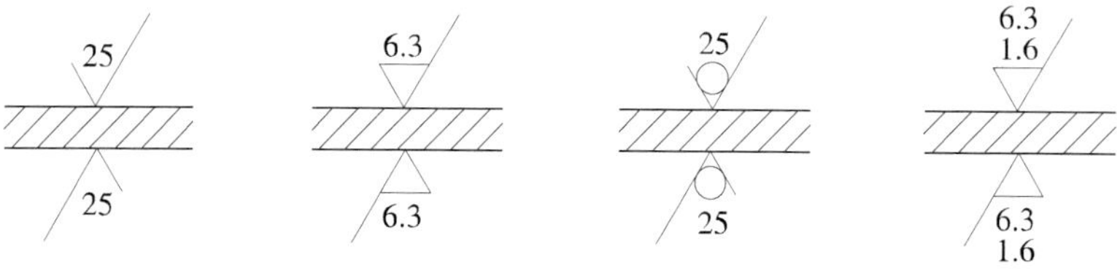

㉢ 컷오프값의 지시방법

표면 거칠기의 지시값에 대한 컷오프값을 지시할 필요가 있는 경우에는 KS B 0161에 규정하는 값에서 선택하여, 면의 지시기호의 긴 쪽 다리에 붙인 가로 선 아래에 표면 거칠기의 지시값에 대응시켜서 기입한다.

25 $\lambda_c 0.8$	25 6.3 $\lambda_c 2.5$	$R_a \leq 10$ $\lambda_c 2.5$
KS B 0161의 표에 따르지 않는 컷오프값을 지시하는 경우	KS B 0161의 표의 어느 것이든 한쪽의 컷오프값이면 된다는 것을 지시하는 경우	KS B 0161의 표에 따르지 않는 경우

[비고] KS B 0161의 표준 수열에, 이에 대응하는 컷오프값의 표준치를 사용할 경우에는 컷오프값의 지시를 생략한다.

[참고] ISO 1302에서는 컷오프값이 아니고 "Sampling length"를 기입하게 되어 있다. 따라서 혼란을 피하기 위해 컷오프값의 앞에 문자 λ_c는 생략하면 안 된다.

② 최대 높이(R_{max}) 또는 10점 평균 거칠기(R_z)로써 지시하는 경우

㉠ 표면 거칠기의 지시값

표면 거칠기의 지시값은 KS B 0161에서 규정하는 최대 높이 또는 10점 평균 거칠기의 표준 수열 중에서 선택하여 지시한다. 특히 필요가 있어서, 표준수열에 따를 수 없는 경우에는 표면 거칠기의 허용할 수 있는 최대치를 $R_{max} \leq 10$ 또는 $R_z \leq 10$과 같이 지시한다.

㉡ 표면 거칠기의 지시값의 기입 위치

표면 거칠기의 지시값은 면의 지시기호의 긴 쪽 다리에 가로 선을 붙여 그 아래쪽에 약호와 함께 기입한다.

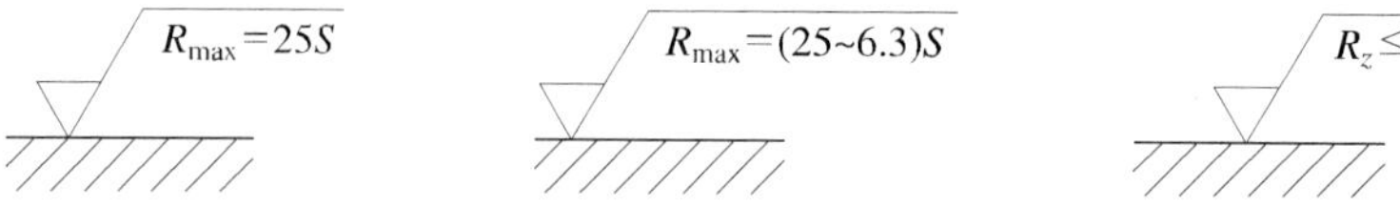

㉢ 기준길이의 지시방법

표면 거칠기의 지시값에 대한 기준길이를 지시할 필요가 있을 경우, KS B 0161의 규정하는 값에서 선택하여 표면 거칠기의 지시값의 아래쪽에 기입한다.

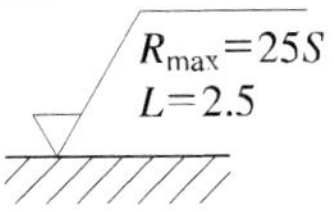	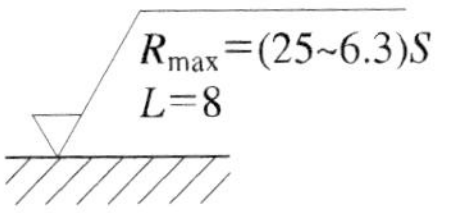	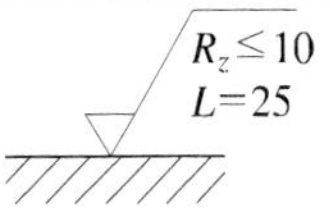
KS B 0161의 따르지 않는 컷오프값을 지시하는 경우	KS B 0161의 어느 것이든 한쪽의 컷오프값이면 된다는 것을 지시하는 경우	KS B 0161에 따르지 않는 경우

(6) 특수한 요구사항의 지시방법

① 가공방법

그 표면의 결을 얻기 위하여 특정한 가공 방법(표면 처리 포함)을 지시할 필요가 있는 경우, 면의 지시기호 긴 쪽 다리에 가로선을 붙여 그 위쪽에 문자 또는 KS B0107(가공방법 기호) 혹은 KS D 0022(전기 도금의 기호에 의한 표시 방법)에 규정하는 기호로 기입한다. 이 방법은 표면 처리에 관한 사항에도 적용할 수 있다. 이 경우, 지시한 표면 거칠기의 값은 표면 처리 후의 값이다. 표면 처리 전과 후의 양쪽 표면 거칠기를 지시할 필요가 있을 경우에는 다음의 보기에 따른다.

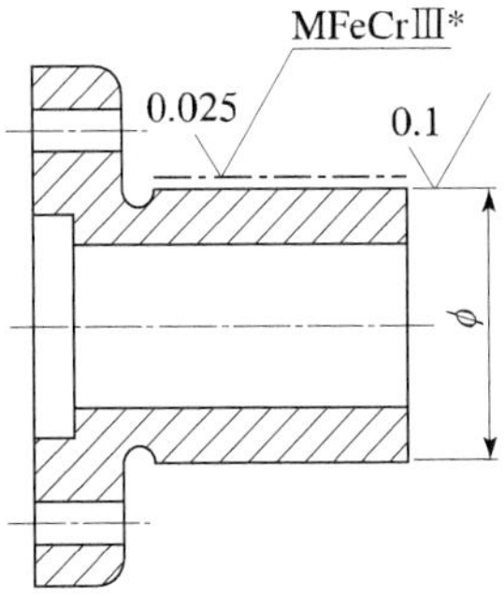

[가공방법 약호]

가공방법	약호 I	약호 II	가공방법	약호 I	약호 II
선반가공	L	선반	호닝가공	GH	호닝
드릴가공	D	드릴	액체호닝가공	SPL	액체호닝
보링머신가공	B	보링	배럴연마가공	SPBR	배럴
밀링가공	M	밀링	버프다듬질	FB	버프
평삭반가공	P	평삭	블라스트다듬질	SB	블라스트
형삭반가공	SH	형삭	래핑다듬질	FL	래핑
브로치가공	BR	브로치	줄다듬질	FF	줄
리머가공	FR	리머	스크레이퍼다듬질	FS	스크레이퍼
연산가공	G	연삭	페이퍼다듬질	FCA	페이퍼
벨트샌딩가공	GB	포연	주조	C	주조

[특수가공 SP(Speccial Processing)]

가공방법	기호	참고
방전가공	SPED	Electric Discharge Machining
전해가공	SPEC	Electro-Chemical Machining
전해연삭	SPEG	Electrolytic Grinding
초음파가공	SPU	Ultrasonnic Machining
전자빔가공	SPEB	Electron Beam Machining
레이저빔가공	SPLB	Laser Beam Machining

② 줄무늬 방향

줄무늬 방향을 지시할 필요가 있을 경우, 아래와 같이 규정하는 기호를 면의 지시기호의 오른쪽에 부기하여 지시한다. 다만, 규정되어 있지 않은 줄무늬 방향을 지시하고자 할 경우, 적당한 주기를 붙여서 지시한다.

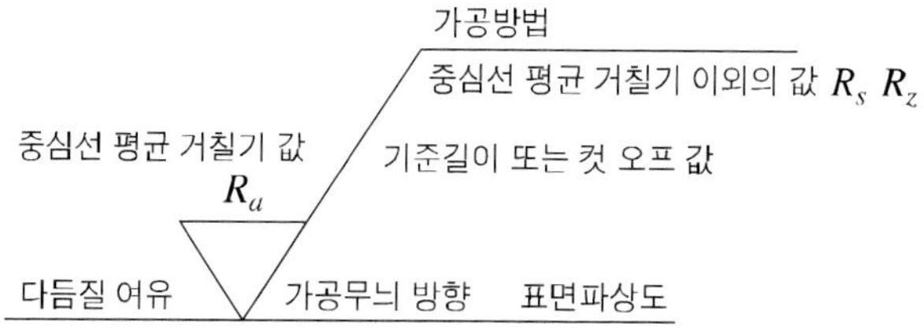

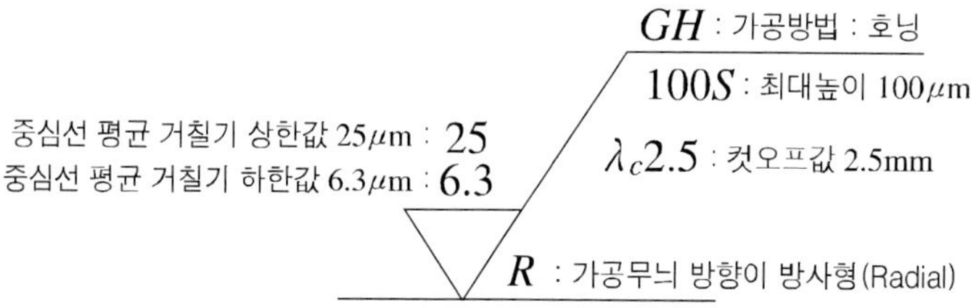

[표면거칠기 예시]

기호	의미	설명도
=	가공에 의한 커터의 줄무늬 방향이 기호를 기입한 그림의 투상면에 평행 보기 : 셰이핑 면	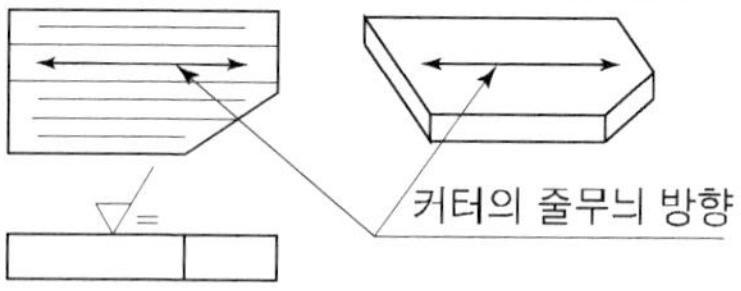
⊥	가공에 의한 커터의 줄무늬 방향이 기호를 기입한 그림의 투상면에 직각 보기 : 셰이핑 면(옆에서 보는 상태), 선삭, 원통 연삭면	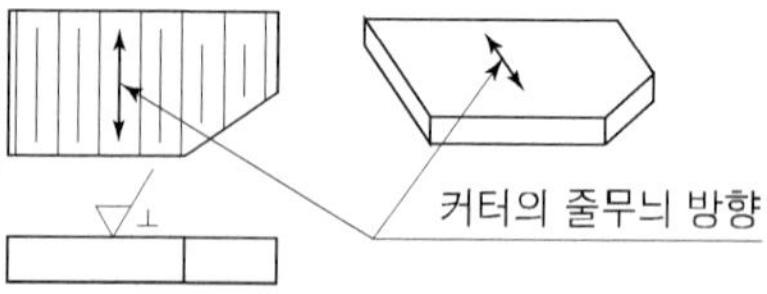

기호	의미	설명도
X	가공에 의한 커터의 줄무늬 방향이 기호를 기입한 그림의 투상면에 경사지고 두 방향으로 교차 보기 : 호닝 다듬질면	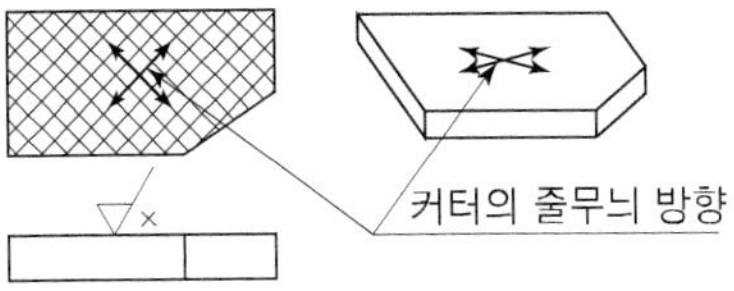
M	가공에 의한 커터의 줄무늬가 여러 방향으로 교차 또는 무방향 보기 : 래핑 다듬질면, 슈퍼 피니싱면, 가로 이송을 준 정면 밀링 또는 엔드 밀 절삭면	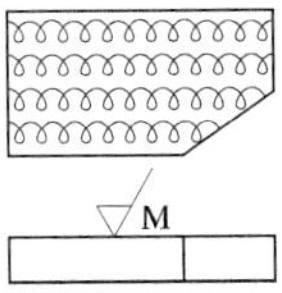
C	가공에 의한 커터의 줄무늬가 기호를 기입한 면의 중심에 대해 대략 동심원 모양 보기 : 끝면 절삭면	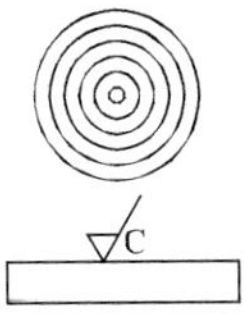
R	가공에 의한 커터의 줄무늬가 기호를 기입한 면의 중심에 대한 대략 레이디얼 모양	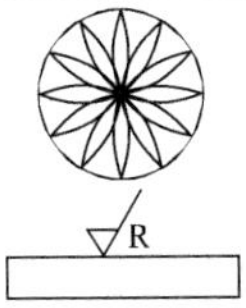

(7) 도면 기입 방법의 기본

① 기호는 그림의 아래쪽 또는 오른쪽부터 읽을 수 있도록 기입한다.

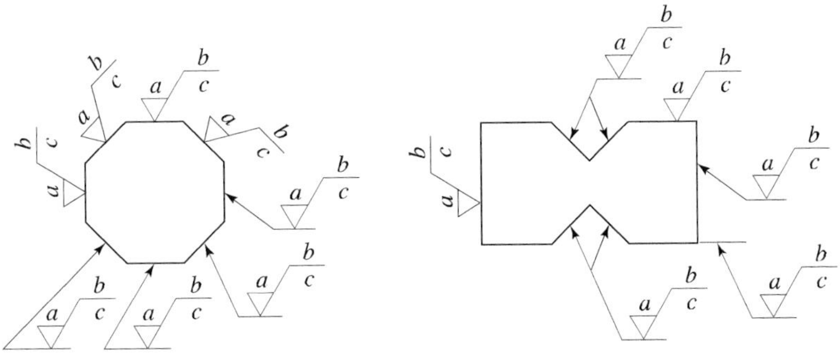

② 중심선 평균 거칠기의 값 a만을 지시하는 경우에는 ①항에 따르지 않아도 좋다.

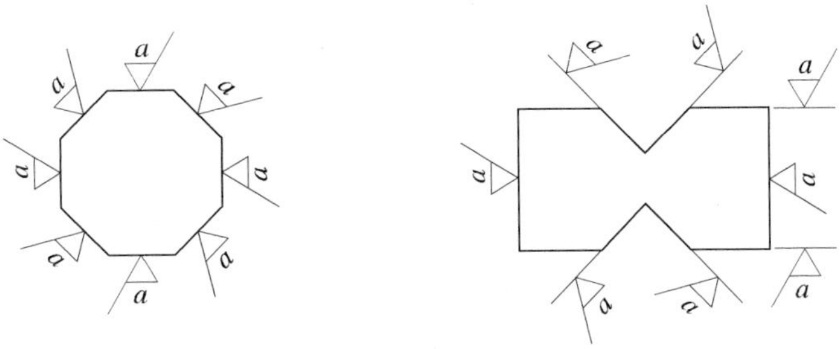

③ 면의 지시기호는 대상면을 나타내는 선, 그 연장선 또는 그로부터의 치수 보조선에 접하여 실체의 바깥쪽에 기입한다.

④ 그림의 형편상 ③항에 따를 수 없는 경우에는 대상면에서 끌어낸 지시선에 기입하여도 좋다.

⑤ 둥글기 부 또는 모떼기 부에 면의 지시기호를 기입하는 경우, 둥글기의 반지름 또는 모떼기를 나타내는 치수선을 연장한 지시선에 기입한다.

⑥ 둥근 구멍의 지름 치수 또는 호칭을 지시선을 사용하여 표시하는 경우, 이 지름 치수 다음에 기입한다.

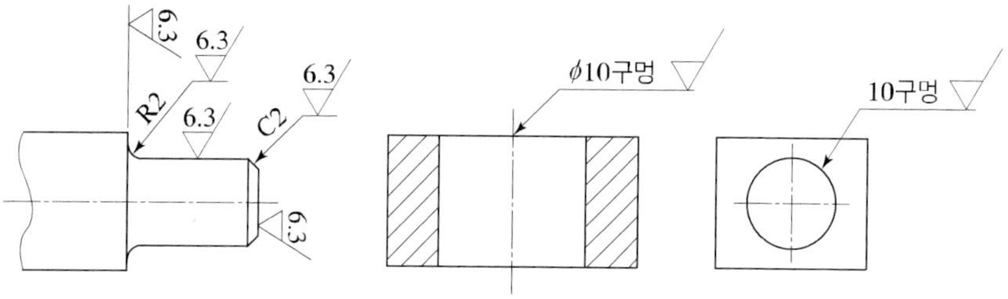

⑦ 표면의 결의 기호는 되도록 치수를 기입한 투상도에 기입하고, 동일한 면에 대하여는 두 곳 이상에는 기입하지 않는다.

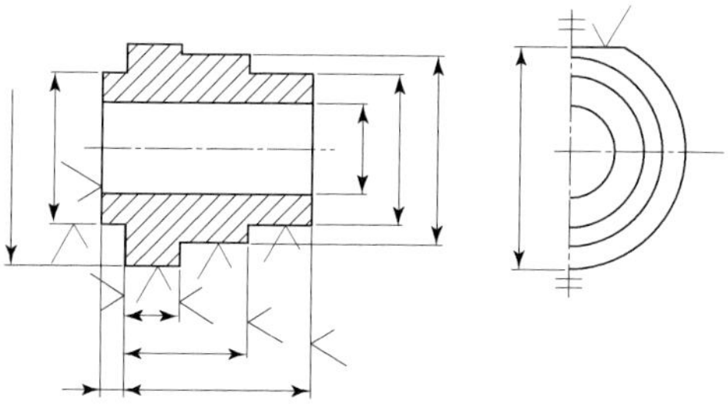

(8) 도면 기입의 간략법

① 부품의 전체 면을 동일한 결로 지정하는 경우, 주투상도, 부품번호 또는 표제란 곁에 기입한다.

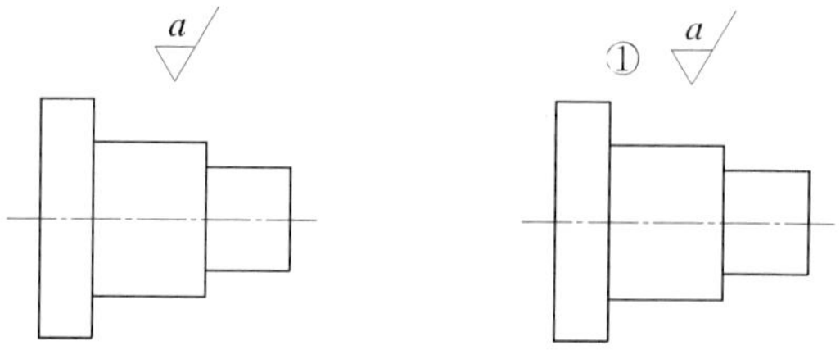

② 한 개의 부품에 있어서 대부분이 동일한 표면의 결이고, 일부분만 다르게 되어 있는 경우, 공통이 아닌 기호를 그림의 이에 해당하는 면 위에 기입함과 동시에, ①항의 공통인 표면의 결의 기호 다음에 묶음표를 붙여서 면의 지시기호만을 기입하든지, 또는 공통이 아닌 기호를 나란히 기입한다.

③ 표면의 결의 기호를 여러 곳에 반복해서 기입하는 경우 또는 기입하는 여지가 한정되어 있는 경우, 대상면에 면의 지시기호와 알파벳 소문자의 부호로 기입하고, 그 뜻을 주 투상도 곁에, 부품번호 곁에, 또는 표제란 곁에 기입한다.

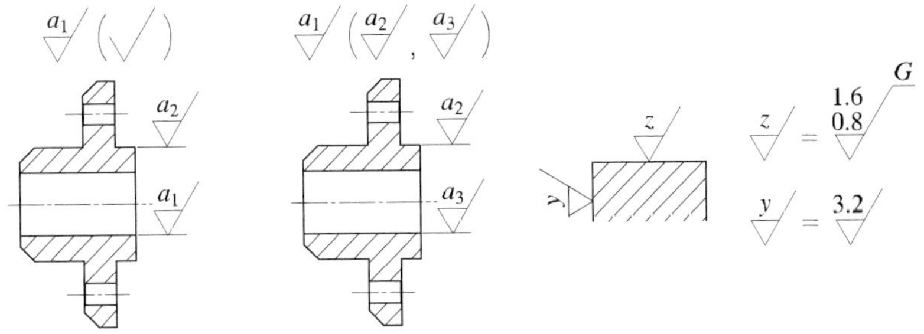

④ 둥글기 부 또는 모떼기 부에 면의 지시기호를 기입하는 경우, 이들 부분에 접속하는 두 개의 면 중 에서 어느 것이든 한쪽의 거친 면과 같으면 되는 경우에는 이 기호는 생략해도 좋다.

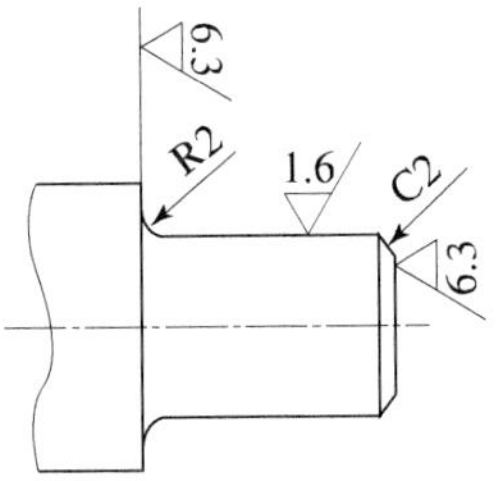

(9) 다듬질 기호

다듬질 기호는 삼각기호(▽) 및 파형기호(~)로 한다. 삼각기호는 제거가공을 하는 면에 사용하고, 파형기호는 제거가공을 하지 않는 면에 사용한다. 다듬질 기호는 ISO 1302 (technical drawings method of indication surface texture on drawings)와는 꼭 맞지 않으므로 되도록 빠른 기간 내에 면의 지시기호로 바꾸는 것이 좋다.

① 다듬질 기호를 사용한 표면 거칠기의 지시

다듬질 기호를 사용하여 거칠기를 지시할 경우, 그 정도를 삼각기호의 수 및 파형기호로 표시하고, 다음 표의 구분에 따른다.

[R_a, R_{max}, R_z의 상대 환산표]

R_a 표면 거칠기	R_{max} 표면 거칠기	R_z 표면 거칠기	표면 거칠기 번호	면의 지시기호 (다듬질 기호)
0.013a	0.05S	0.05z	–	z/▽ (▽▽▽▽)
0.025a	0.1S	0.1z	N1	
0.05a	0.2S	0.2z	N2	
0.1a	0.4S	0.4z	N3	
(0.2a)	(0.8S)	(0.8z)	N4	
0.4a	1.6S	1.6z	N5	y/▽ (▽▽▽)
0.8a	3.2S	3.2z	N6	
(1.6a)	(6.3S)	(6.3z)	N7	
3.2a	12.5S	12.5z	N8	x/▽ (▽▽)
(6.3a)	(25S)	(25z)	N9	
12.5a	50S	50z	N10	w/▽ (▽)
(25a)	(100S)	(100z)	N11	
50a	200S	200z	N12	∅/ (～)
100a	400S	400z	–	

[비고] 1. 다듬질 기호의 삼각은 정삼각형으로 한다.
2. 표의 표준수열 이외의 값을 특히 지시할 필요가 있는 경우, 다듬질 기호에 그 값을 부가한다.
3. 지시하는 표면 거칠기의 범위가 서로 다른 구간에 걸치는 경우, 삼각의 수는 표면 거칠기의 상한에 맞춘다.

(10) 도면 기입 방법

다듬질 기호를 도면에 기입하는 경우는 아래 그림과 같이 기입한다.

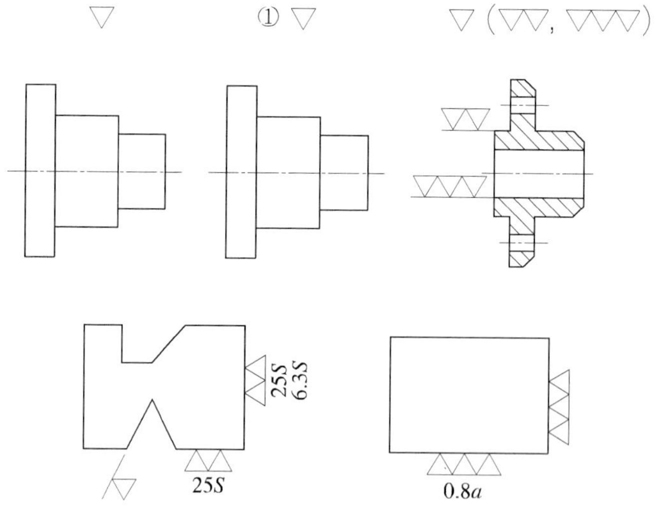

Chapter 7 기하공차의 도시방법

이 규격은 도면에 있어서 대상물의 모양, 위치 및 흔들림의 공차(이하 이들을 총칭하여 기하공차 혹은 공차라 함)의 기호에 의한 표시와 그들의 도시방법에 대해 규정한다. 이 규격은 KS B 0243(기하공차를 위한 데이텀) 및 KS B 0425(기하편차의 정의 및 표시)에 따른다.

① 기하공차
기하편차의 허용값. 기하편차의 정의 및 표시에 대하여는 KS B 0425에 따른다.

② 공차역
기하공차에 의하여 규제되는 형체(이하 공차붙이 형체라 함)에 있어서, 그 형체가 기하학적으로 옳은 모양, 자세 또는 위치로부터 벗어나는 것이 허용하는 영역

(1) 기하공차 지정의 일반사항

도면에 지정하는 대상물의 모양, 자세 및 위치의 편차, 그리고 흔들림의 허용값에 대하여는 원칙적으로 기하공차에 의하여 도시하며, 형체에 지정한 치수의 허용한계는 특별히 지시가 없는 한, 기하공차를 규제하지 않는다.
기하공차는 기능상의 요구, 호환성 등에 의거하여 불가결한 곳에만 지정하여야 하며, 기하공차의 지시가 생산방식, 측정방법 또는 검사방법을 특정한 것에 한정하지 않는다. 다만, 특정한 경우에는 별도로 지시한다.

[기하공차의 종류와 그 기호]

적용하는 형체	공차의 종류		기호
단독 형체	모양 공차	진직도	—
		평면도	▱
		진원도	○
		원통도	⌭
단독 형체 또는 관련 형체		선의 윤곽도	⌒
		면의 윤곽도	⌓
관련 형체	자세 공차	평행도	//
		직각도	⊥
		경사도	∠
	위치 공차	위치도	⌖
		동축도 또는 동심도	◎
		대칭도	⌯
	흔들림 공차	원주 흔들림	↗
		온 흔들림	⌰

부가기호		
표시하는 내용		기호
공차붙이 형체	직접 표시하는 경우	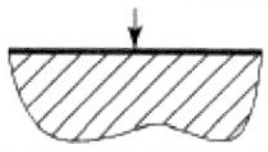
	문자기호에 의해 표시하는 경우	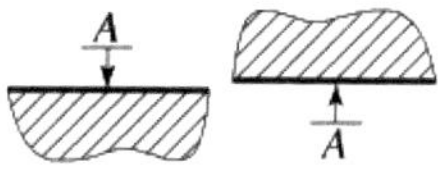
데이텀	직접 표시하는 경우	
	문자기호에 의해 표시하는 경우	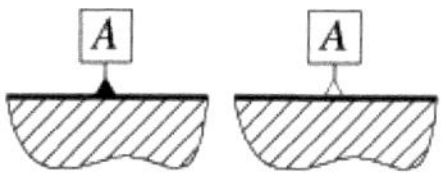
데이텀 타깃 기입틀		$\phi 2$ / A1
이론적으로 정확한 치수		[50]
돌출 공차역		Ⓟ
최대 실체 공차 방식		Ⓜ

(2) 공차역에 관한 일반 사항

① 형체(점, 선, 축선, 면 또는 중심면)에 적용하는 기하공차는 그 형체가 포함되어야 할 공차역을 정한다.

② 공차의 종류와 그 공차값의 지시방법에 의하여 공차역은 다음 표에 나타내는 공차역 중 한 가지로 한다.

공 차 역	공 차 값
원 안의 영역	원의 지름
두 개의 동심원 사이의 영역	동심원의 반지름의 차
두 개의 등간격의 선 또는 두 개의 평행한 직선 사이에 끼인 영역	두 선 또는 두 직선의 간격
구 안의 영역	구의 지름
두 개의 동축의 원통 사이에 끼인 영역	동축 원통의 반지름의 차
원통 안의 영역	원통의 지름
두 개의 등거리의 면 또는 두 개의 평행한 평면 사이에 끼인 영역	두 면 또는 두 평면의 간격
직육면체 안의 영역	직육면체의 각 변의 길이

③ 공차역이 원 또는 원통인 경우에는 공차값 앞에 ∅를 붙이고, 공차역이 구인 경우에는 S∅를 붙여서 나타낸다.

④ 공차붙이 형체에는 기능상의 이유로 두 개 이상의 기하공차를 지정할 수가 있다. (보기 : 평행도를 규제하면 그 공차역 내에서는 선의 경우에는 진직도, 면의 경우에는 평면도도 규제된다.)
반대로 기하공차 중에는 다른 종류의 기하편차를 규제하지 않는 것도 있다. (보기 : 진직도 공차는 평면도를 규제하지 않는다.)

⑤ 공차붙이 형체는 공차역 내에 있어서 어떠한 모양 또는 자세라도 좋다. 다만, 보충의 주기나 더욱 엄격한 공차역의 지정에 의하여 제한이 가해질 때에는 그 제한에 따른다.

⑥ 지정한 공차는 대상으로 있는 형체의 온 길이 또는 온 면에 대하여 적용된다. 다만, 그 공차를 적용하는 범위가 지정되어 있는 경우에는 그것에 따른다.

⑦ 관련 형체에 대하여 지정한 기하공차는 데이텀 형체 자신의 모양 편차를 규정하지 않는다. 따라서, 필요에 따라 데이텀 형체에 대하여 모양 공차를 지시한다.

(3) 공차의 도시방법 일반사항

① 단독 형체에 기하공차를 지시하기 위해서는 공차의 종류와 공차값을 기입한 직사각형의 틀(이하 공차 기입틀이라 함)과 그 형체를 지시선으로 연결해서 도시한다.

② 관련 형체에 기하공차를 지시하기 위해서는 데이텀에 데이텀 삼각 기호(직각 이등변 삼각형으로 함)를 붙이고, 공차 기입틀과 관련시켜서 위의 ①항에 준하여 도시한다.

(4) 공차 기입틀의 표시사항

공차에 대한 표시사항은 공차 기입틀을 두 구획 또는 그 이상으로 구분하여 그 안에 기입한다. 이들 구획에는 다음의 ①~③의 순서로 왼쪽에서 오른쪽으로 기입한다.

① 공차의 종류를 나타내는 기호
② 공차값

③ 데이텀을 지시하는 문자기호

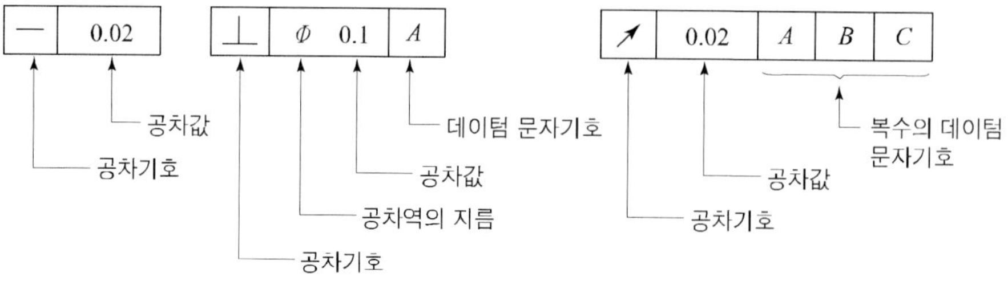

④ "6구멍", "4면"과 같은 공차붙이 형체에 연관시켜서 지시하는 주기는 공차 기입틀 위쪽에 쓴다.

⑤ 한 개의 형체에 두 개 이상의 공차를 지시할 필요가 있을 때에는 공차 기입틀을 상하로 겹쳐서 기입한다.

(a) (b)

(5) 최대 실체 공차방식의 적용을 지시하는 방법

최대 실체 공차방식을 적용하는 것을 지시하기 위해서는 최대 실체 공차방식을 공차의 대상으로 된 형체, 데이텀 형체 또는 그 양자에 적용하는가에 따라 기호 Ⓜ을 기입한다.

① 공차붙이 형체에 적용하는 경우에는 공차값 뒤에 Ⓜ을 기입한다.

② 데이텀 형체에 적용하는 경우에는 데이텀을 나타내는 문자기호 뒤에 Ⓜ을 기입한다.

③ 공차붙이 형체와 그 데이텀 형체의 양자에 적용하는 경우, 공차값 뒤와 데이텀을 나타내는 문자기호 뒤에 Ⓜ을 기입한다.

데이텀이 데이텀을 지시하는 문자기호에 의해 표시되어 있지 않은 경우, 최대 실체 공차방식을 적용하는 것을 지시하기 위해서는 공차 기입들의 세 번째 구획에 기호 Ⓜ을 기입한다.

[비고] 최대 실체 공차방식의 적용에 대해서는 KS B 0242(최대 실체 공차방식)에 따른다.

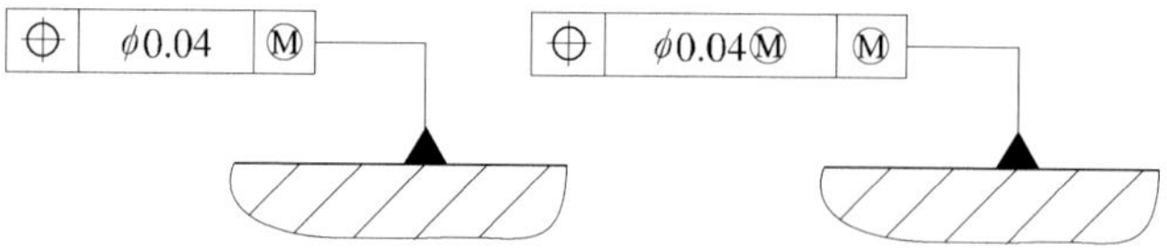

Chapter 8

기계요소의 제도

8-1 나사의 제도

(1) 나사의 표시 방법

① 나사의 종류 기호 및 호칭법

구 분		나사의 종류		나사의 종류를 표시하는 기호	나사의 호칭에 대한 표시 방법의 보기
일반용	ISO 규격에 있는 것	미터 보통나사		M	M 8
		미터 가는나사			M 8×1
		마니추어 나사		S	S 0.5
		유니파이 보통나사		UNC	3/8-16 UNC
		유니파이 가는나사		UNF	No. 8-36 UNF
		미터 사다리꼴 나사		Tr	Tr 10×2
		관용 테이퍼 나사	테이퍼 수나사	R	R 3/4
			테이퍼 암나사	Rc	Rc 3/4
			평행 암나사	Rp	Rp 3/4
		관용 평행나사		G	G 1/2
	ISO 규격에 없는 것	30° 사다리꼴 나사		TM	TM 18
		29° 사다리꼴 나사		TW	TW 20
		관용 테이퍼 나사	테이퍼 나사	PT	PT 7
			평행 암나사	PS	PS 7
		관용 평행나사		PF	PF 7
특수용		후강 전선관 나사		CTG	CTG 19
		박강 전선관 나사		CTG	CTG 19
		자전거 나사	일반용	BC	BC 3/4
			스포크용		BC 2.6
		미싱 나사		SM	SM 1/4, 산 40
		전구 나사		E	E 10
		자동차용 타이어 밸브 나사		TV	TV 8
		자전거용 타이어 밸브 나사		CTV	CTV 8, 산 30

[보기 1] 나사의 표시 방법

나사산의 감긴 방향	나사산의 줄 수	나사의 호칭	나사의 등급	
좌	2줄	M 50×2	6H	: 좌 2줄 미터 가는나사(M 50×2) 암나사 등급6, 공차 위치 H
좌		M 20	6H/6g	: 좌 1줄 미터 보통나사(M 2) 암나사 6H와 수나사 6g의 조합
		No.4-40 UNC	2A	: 우 1줄 유니파이 보통나사(No.4-40 UNC) 2A 급
		G 1/2	A	: 관용 평행 수나사(G 1/2) A급
		Rp 1/2 /R 1/2		: 관용 평행 암나사(Rp 1/2)와 관용 테이퍼 수나사(R 1/2)의 조합

[보기 2] 호칭 지름 40mm, 리드 14mm, 피치가 7mm인 경우, 수나사의 등급이 7e인 경우

나사산의 종류를 표시하는 기호	나사산의 호칭	×	리드	(피치)	-	나사의 등급
Tr	40	×	14	(P 7)	-	7e

단, 미터 사다리꼴 왼나사의 경우 : Tr 40×14 (P7)LH-7e

(2) 나사 도시 방법

① 수나사 제도

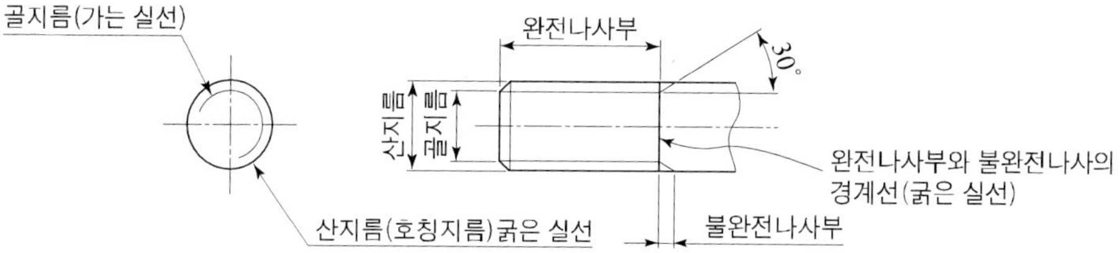

㉠ 수나사의 산지름(바깥지름, 호칭지름)은 굵은 실선으로 그린다.

㉡ 수나사의 골지름은 가는 실선으로 그린다.

㉢ 완전나사부와 불완전나사부의 경계선은 굵은 실선으로 그린다.

㉣ 불완전나사부의 골을 나타내는 선은 축선에 대하여 30°의 가는 실선으로 그리고, 필요에 따라 불완전나사부의 길이를 기입한다.

㉤ 수나사 측면에서 모양을 나타낼 때에는 골지름을 가는 실선으로 약 3/4원으로 그린다.

② 암나사 제도

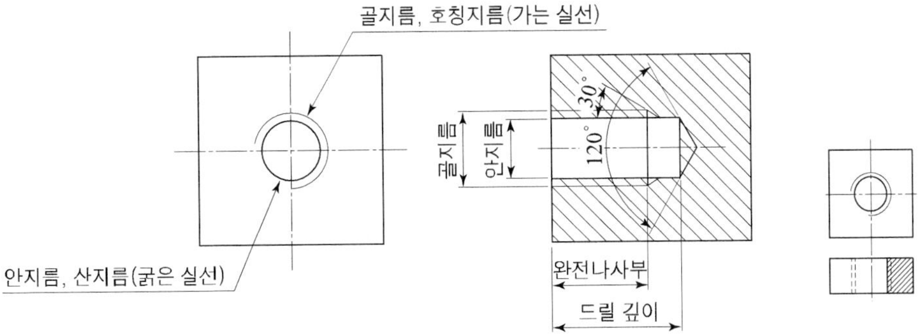

㉠ 암나사의 안지름(산지름)은 굵은 실선으로 그린다.

㉡ 암나사의 골지름(호칭지름)은 가는 실선으로 그린다.

㉢ 완전나사부와 불완전나사부의 경계선은 굵은 실선으로 그린다.

㉣ 불완전나사부의 골을 나타내는 선은 축선에 대하여 30°의 가는 실선으로 그리고, 필요에 따라 불완전나사부의 길이를 기입한다.

㉤ 암나사 측면에서 모양을 나타낼 때에는 골지름을 가는 실선으로 약 3/4원으로 그린다.

㉥ 암나사의 단면 도시에서 드릴 구멍이 나타날 때에는 굵은 실선으로 120°가 되게 그린다.

㉦ 보이지 않는 나사부의 산마루는 보통의 파선으로, 골을 가는 파선으로 그린다.

참고 수나사와 암나사의 결합부의 단면은 수나사를 기준으로 나타낸다.

(3) 6각 볼트의 호칭법

	규격번호	종류	부품 등급	나사의 호칭 ×호칭길이		강도 구분	재료		지정사항
⇒	KS B 1002	6각 볼트	A	M 12×90	–	8.8	MFZn2	–	c

8-2 키(key)의 제도

(1) 키의 호칭 방법

	규격번호 또는 명칭	종류 및 호칭치수×길이		끝 모양의 특별 지정	재료
⇒	KS B 1311	평행키	25×14×19	양끝 둥금	SM 20C
⇒		반달키 B종	5×22		SM 45C
⇒		미끄럼키	36×20×140	양끝 둥금	SM 45C

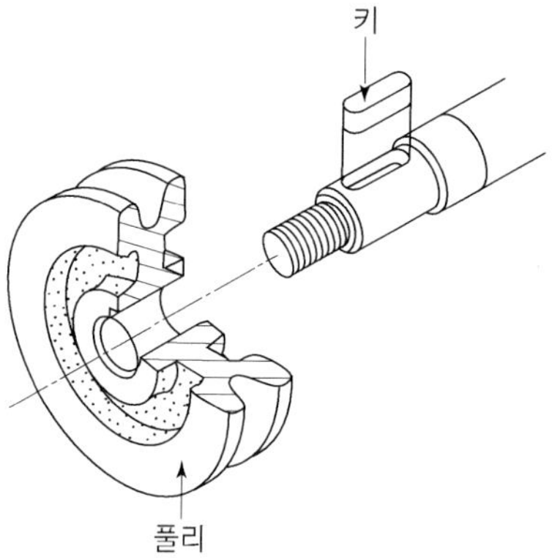

8-3 핀(pin)의 제도

(1) 핀의 호칭 방법

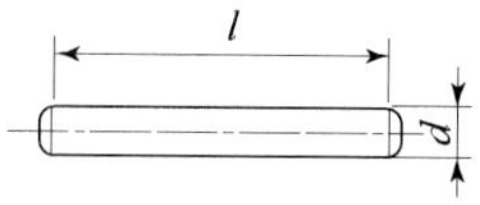

[평행 핀]

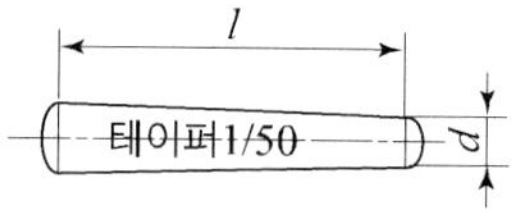

[테이퍼 핀]

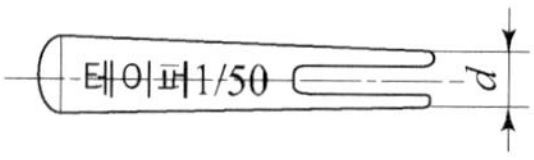

[슬롯 테이퍼 핀]

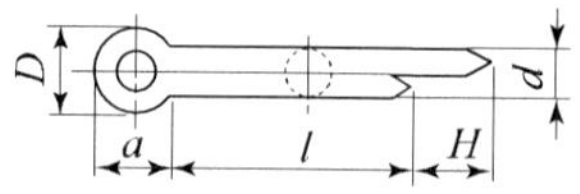

[분할 핀]

명 칭	호칭방법	사 용 예
평행 핀	규격번호 또는 명칭, 종류, 형식, $d \times l$, 재료	KS B 1320m 6A−6×45 SB 41 평행 핀 h 7 B−5×32 SM 45C
테이퍼 핀	명칭, 등급 $d \times l$, 재료	테이퍼 핀 1급 2×10 SM 50C
슬롯 테이퍼 핀	명칭, $d \times l$, 재료, 지정사항	슬롯 테이퍼 핀 6×70 SM 35C 핀 갈라짐의 길이 10
분할 핀	규격 번호 또는 명칭, 호칭 $d \times l$, 재료	분할 핀 3×40 SWRM 12

① 종류는 끼워맞춤 기호에 따른 m6, h7의 두 종류이다.
형식은 끝면의 모양이 납작한 것이 A, 둥근 것이 B이다.

② 등급은 테이퍼의 정밀도 및 다듬질 정도에 따라 1급, 2급의 두 종류가 있다.

③ 분할핀은 짧은 길이 l을 호칭길이로 나타낸다.

8-4 리벳 제도

(1) 리벳의 호칭 방법

	규격번호	종 류	$d \times l$	재 료	지정사항
사용예	KS B 1101	둥근머리 리벳	6×18	MSWR 10	끝붙이
		냉간 냄비머리	3×8	동	
	KS B 1002	둥근머리 리벳	16×40	SV 34	
		열간 접시머리 리벳	20×50	SV 34	
		보일러용 둥근머리 리벳	13×30	SV 41B	

① 리벳의 호칭 길이

접시머리 리벳은 머리부를 포함한 전체 길이로 호칭을 표시하고, 둥근머리 리벳, 납작머리 리벳, 얇은 납작머리 리벳은 머리부를 제외한 길이로 호칭을 나타낸다.

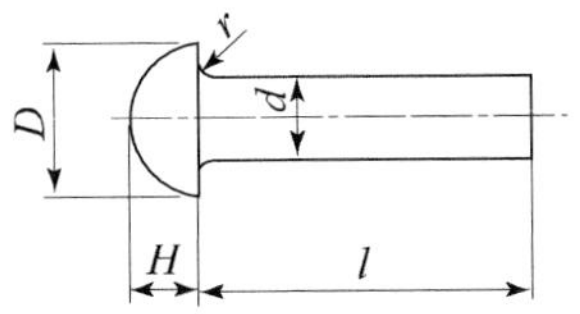

[둥근머리 리벳]

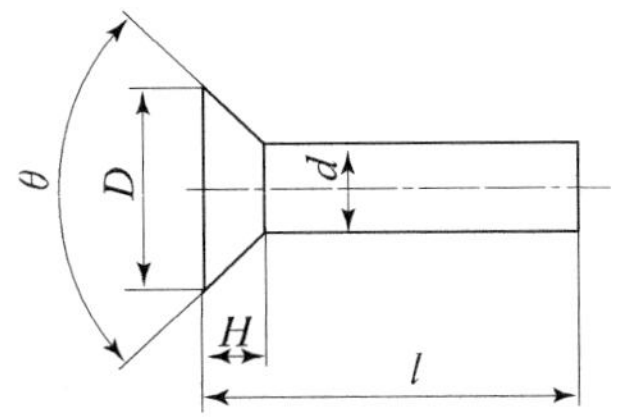

[접시머리 리벳]

② 리벳의 도시기호

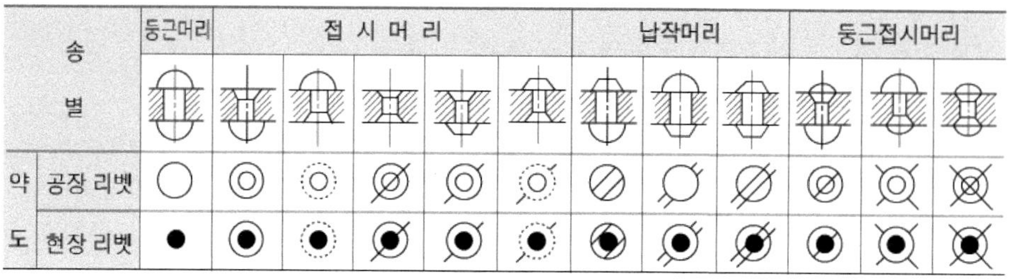

(2) 리벳 이음의 도시 방법

피치의 수 × 피치의 간격 = (합계 치수)

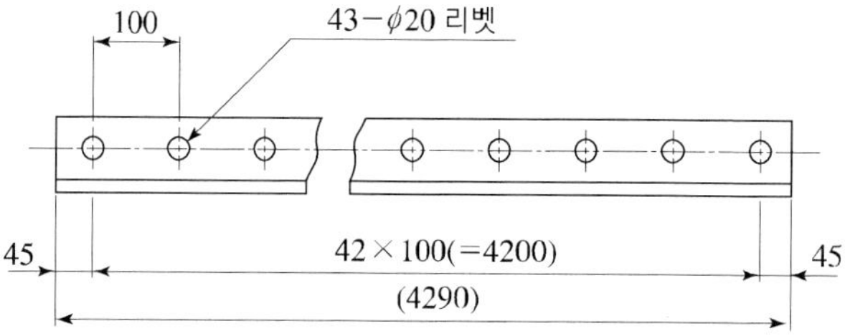

[리벳의 치수 기입]

8-5 용접(welding) 제도

(1) 용접 기호의 도시 방법

용접하는 곳이 화살표쪽 또는 앞쪽일 때	용접하는 곳이 화살표 반대쪽 또는 맞은쪽일 때

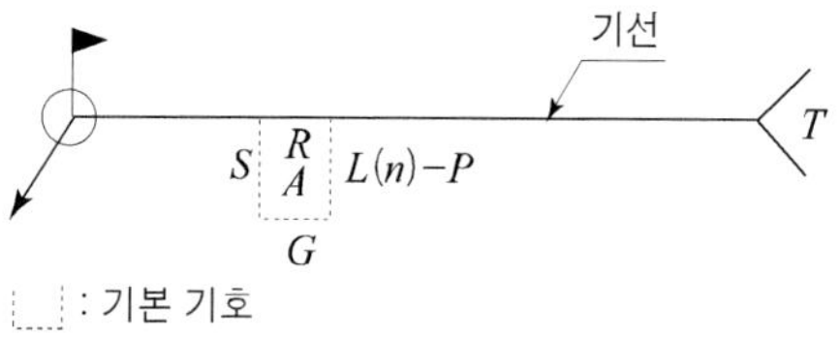

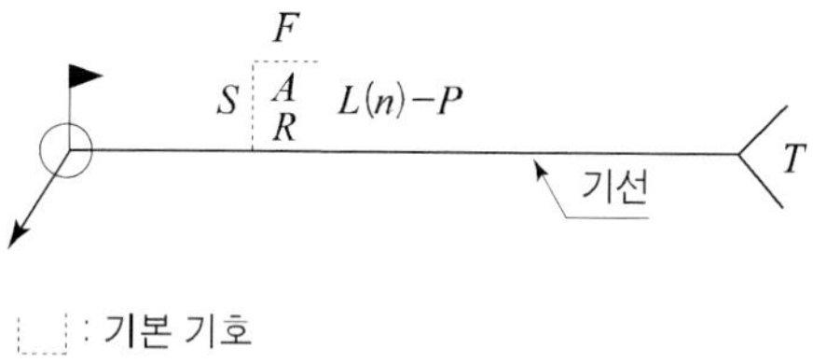

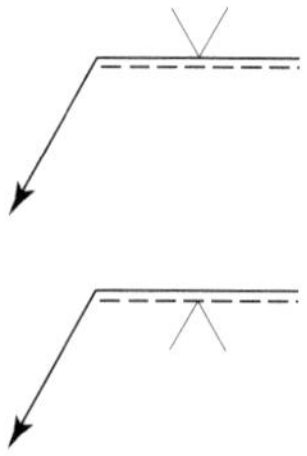

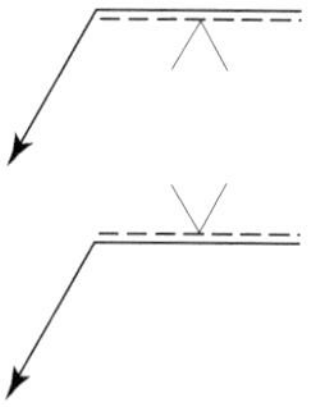

[참고] 양쪽 대칭용접일 경우의 V형 용접
=X용접

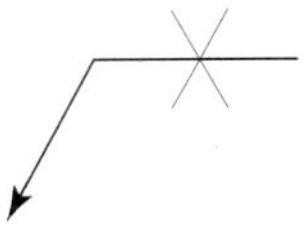

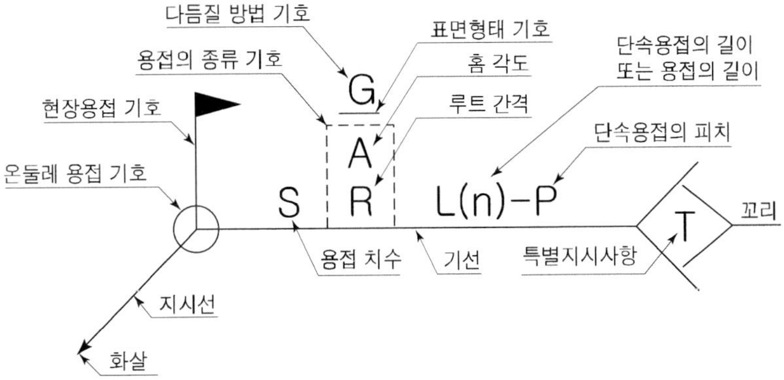

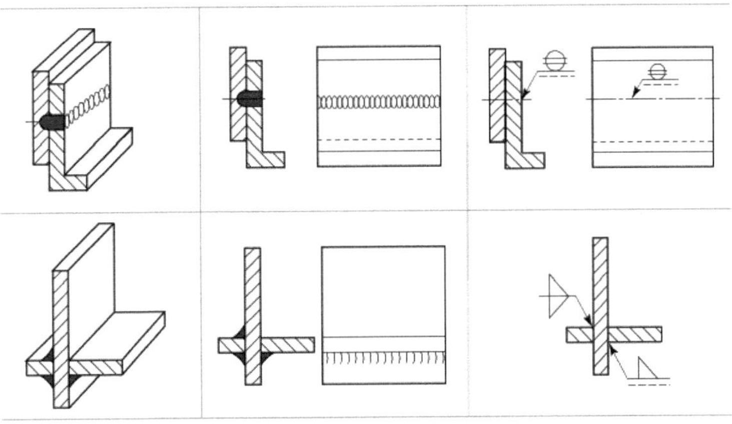

① 용접부의 기본 기호

1	양면 플랜지형 맞대기 이음 용접	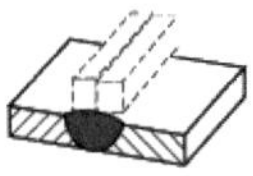	
2	평면형 평행 맞대기 이음 용접		
3	한쪽면 V형 홈 맞대기 이음 용접	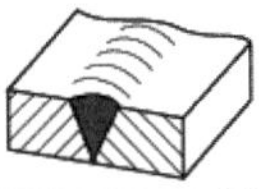	

4	한쪽면 K형 맞대기 이음 용접	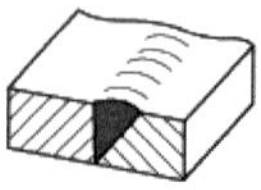	
5	부분 용입 한쪽면 V형 맞대기 이음 용접		
6	부분 용입 한쪽면 K형 맞대기 이음 용접	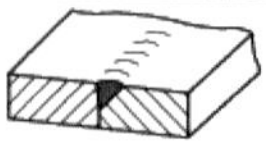	
7	한쪽면 U형 홈 맞대기 이음 용접 (평행면 또는 경사면)		
8	한쪽면 J형 홈 맞대기 이음 용접	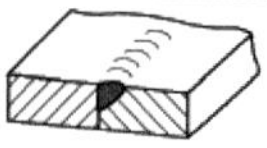	
9	뒷면 용접	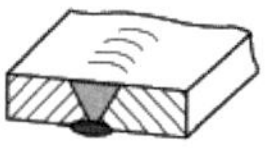	
10	필릿 용접	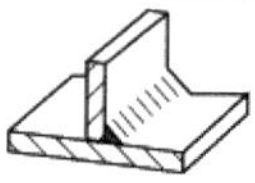	
11	플러그 용접 : 플러그 또는 슬롯 용접	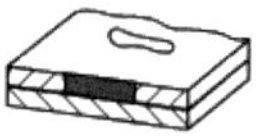	
12	스폿 용접	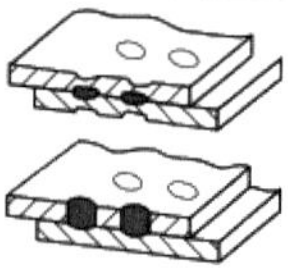	
13	심 용접	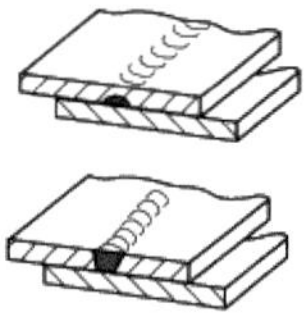	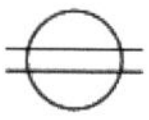
14	급경사면(스팁 플랭크) 한쪽면 V형 홈 맞대기 이음 용접	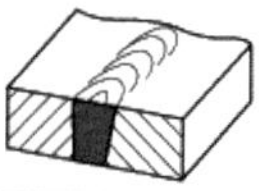	
15	급경사면 한쪽면 K형 홈 맞대기 이음 용접	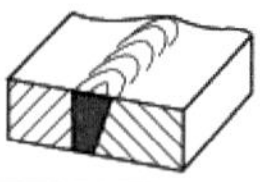	
16	가장자리 용접	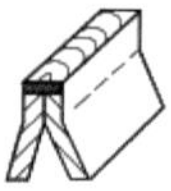	

② 보조 기호

구분		보조 기호	비고
용접부의 표면 모양	평탄 비드	—	비드면이 평판으로 직선 모양으로 나게 한다. 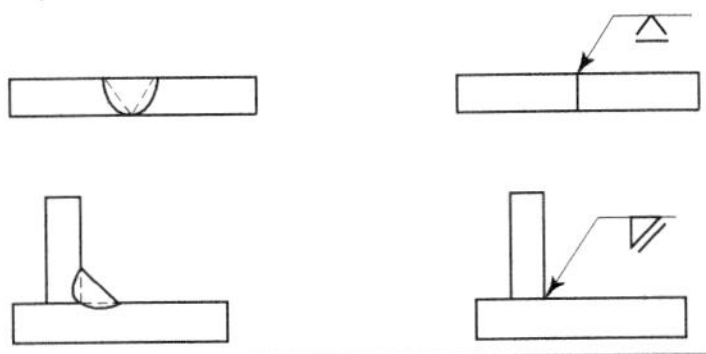
	볼록 비드	⌒	기선의 밖으로 향하여 볼록하게 한다. 
	오목 비드	◡	기선의 밖으로 향하여 오목하게 한다. 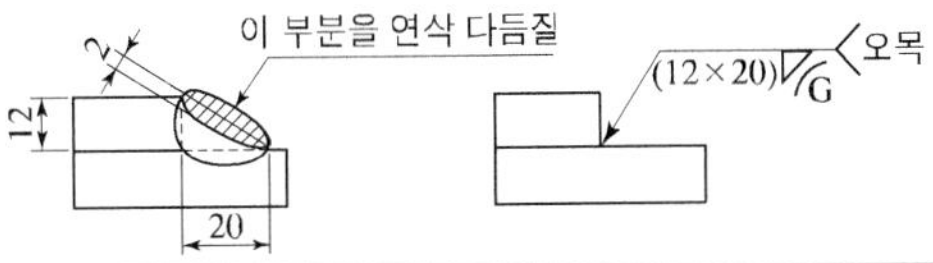
	끝단부를 매끄럽게 함		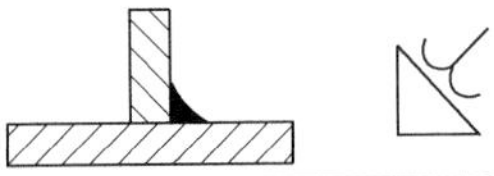
	영구적 이면 판재 사용	M	영구적 이면 판재를 사용하는 용접
	제거 가능한 이면 판재 사용	MR	제거 가능한 이면 판재 사용하여 용접
용접부의 다듬질 방법	치 핑	C	치핑 해머로 치핑 작업을 하여 잔류응력을 제거
	연 삭	G	그라인더 다듬질일 경우
	절 삭	M	기계 다듬질일 경우
	지정 없음	F	다듬질 방법을 지정하지 않을 경우
현장 용접			작업현장에 가서 용접작업을 하여야 된다.
온둘레 용접		○	온둘레 용접이 분명할 때에는 생략해도 좋다.
온둘레 현장 용접			작업현장에 가서 용접될 부분이 전체 용접이 되도록 온둘레 용접을 한다.

필릿 용접의 목 길이 치수 기입 방법	필릿 용접의 목 두께 치수 기입 방법
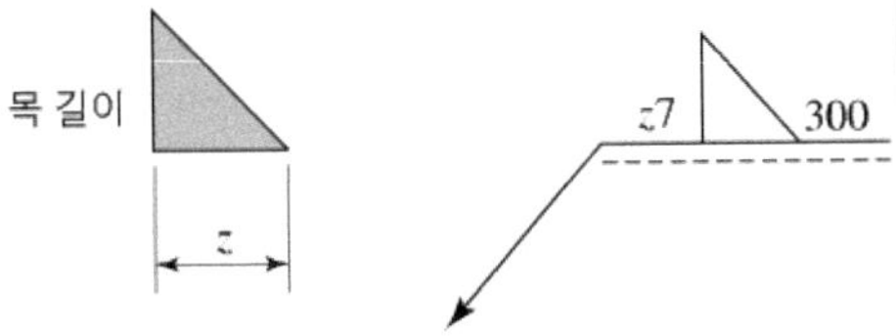 	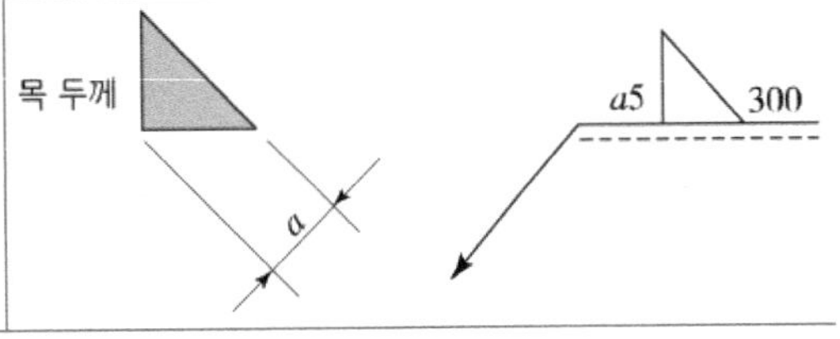

참고하세요 플레어 용접

플레어 L형 용접	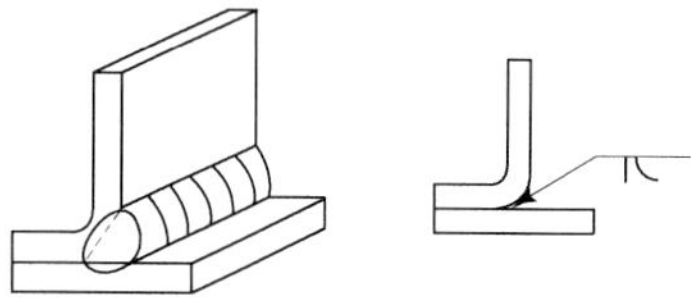		플레어 용접 : 봉강, 철근, 절곡에 의해 모서리가 둥글게 되어 있는 부재를 용접하는 방법이다.
플레어 K형 용접		플레어 K형은 기선에 대칭으로 기호를 기재한다.	
플레어 V형 용접	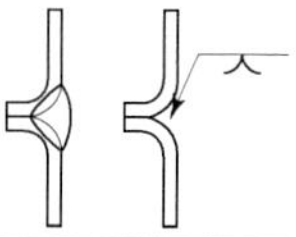		
플레어 X형 용접	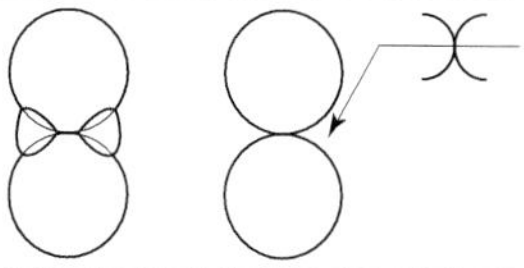	플레어 X형은 기선에 대칭으로 기호를 기재한다.	

(2) 용접 기호 기입 예제

I형 용접	기호	II	얇은 판일 경우가 많음
용접부	실제 모양		도시
화살표 방향 또는 손앞 방향	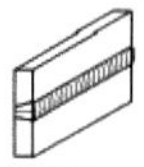		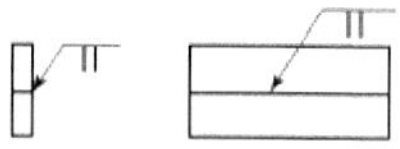
화살표 반대 방향	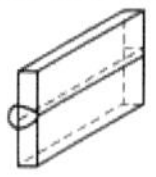		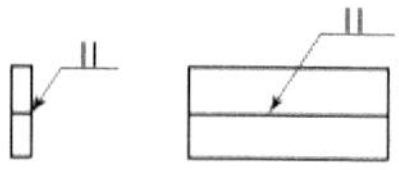
루트 간격 2mm	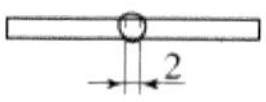		

V형 용접	기호	∨	각도는 90°
용접부	실제 모양		도시
화살표 방향 또는 손앞 방향	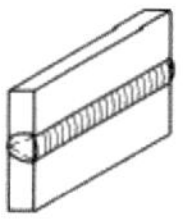		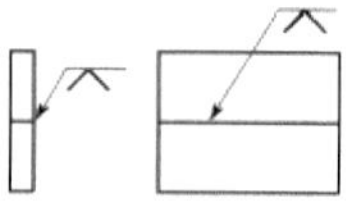
홈 깊이 16mm 홈 각도 60° 루트 간격 2mm	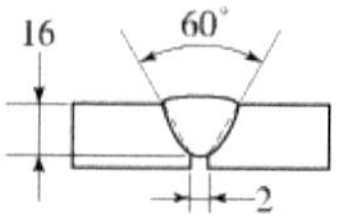		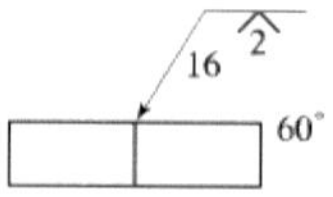

<table>
<tr><th>X형 용접</th><td>기호</td><td>×</td><td>V형 용접이 두 면에 있음</td></tr>
<tr><td>용접부</td><td colspan="2">실제 모양</td><td>도시</td></tr>
<tr><td>홈 깊이
화살표 방향 16mm
화살표 반대 방향 9mm
홈 각도
화살표 방향 60°
화살표 반대 방향 90°
루트 간격 3mm인 때</td><td colspan="2">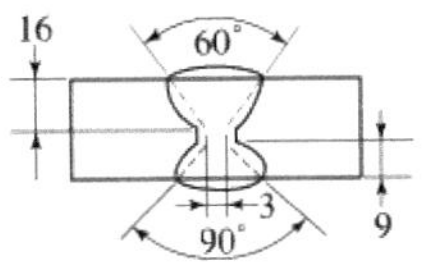
</td><td>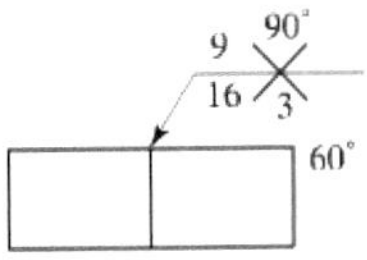
</td></tr>
</table>

(3) 용접주의 비파괴 검사법

<table>
<tr><td rowspan="6">비파괴시험방법</td><td>방사선 투과 시험</td><td>일반
2중벽 촬영</td><td>RT
RT-W</td><td>일반적으로 용접부에 방사선 투과 시험 등 각 시험 방법을 표시할 뿐 내용을 표시하지 않을 경우</td></tr>
<tr><td>초음파 탐상 시험</td><td>일반
수직 탐상
경사각 탐상</td><td>UT
UT-N
UT-A</td><td rowspan="3">각 기호 이외의 시험에 대하여는 필요에 따라 적당한 표시를 할 수 있다.
〈보기〉 누설 시험 LT
변형 특정 시험 ST
육안 시험 VT
어코스틱 에미션 시험 AET
와류 탐상 시험 ET</td></tr>
<tr><td>자기 분말 탐상 시험</td><td>일반
형광 탐상</td><td>MT
MT-F</td></tr>
<tr><td>침투 탐상 시험</td><td>일반
형광 탐상
비형광 탐상</td><td>PT
PT-F
PT-D</td></tr>
<tr><td colspan="2">전체선 시험</td><td>○</td><td rowspan="2">각 시험의 기호 뒤에 붙인다.</td></tr>
<tr><td colspan="2">부분 시험(샘플링 시험)</td><td>△</td></tr>
</table>

8-6 축(shaft) 제도

(1) 축의 도시 방법

① 축은 길이 방향으로 단면 도시를 하지 않는다. 단, 부분단면은 허용한다.
② 긴 축은 중간을 파단하여 짧게 그릴 수 있으며, 실제 치수를 기입한다.
③ 축 끝에는 모따기 및 라운딩을 할 수 있다.
④ 축에 있는 널링(knurling)의 도시는 빗줄인 경우는 축선에 대하여 30°로 엇갈리게 그린다.

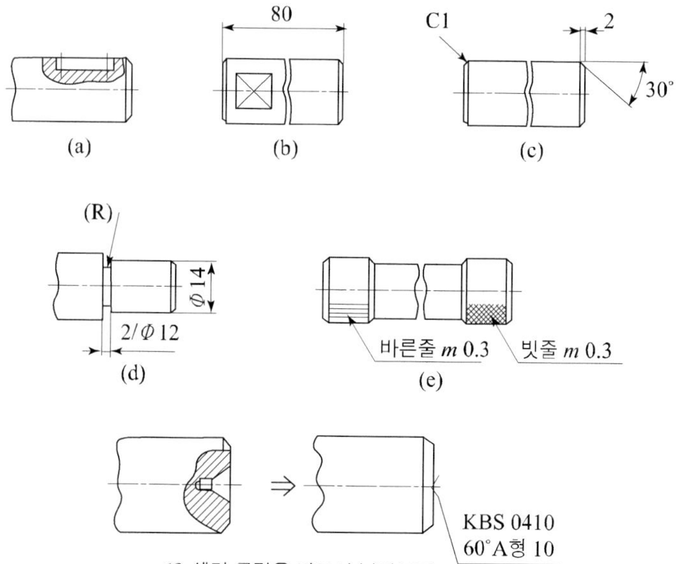

(f) 센터 구멍을 반드시 남겨둔다.

8-7 베어링 제도

(1) 구름 베어링의 호칭법

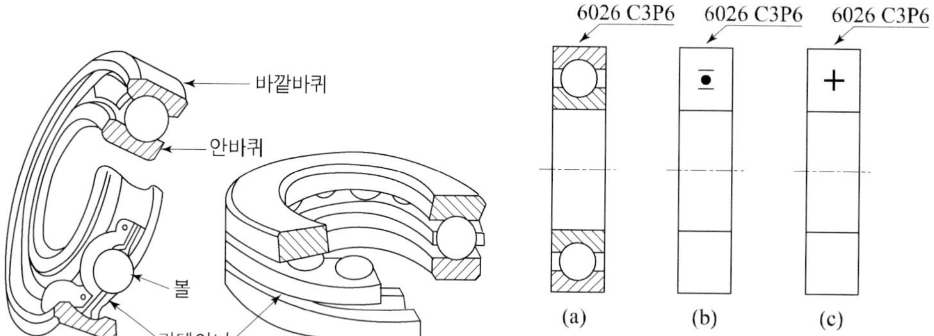

[구름 베어링의 호칭번호 표시 방법]

- 기본 기호 : 베어링 계열번호, 안지름 번호, 접촉각 기호
- 보조 기호 : 리테이너 기호, 실드 기호, 틈새 기호, 등급 기호

① **베어링 계열 기호** : 베어링 계열 기호는 베어링의 형식과 치수 계열을 나타낸다.

㉠ 형식(첫번째 숫자)

1 …… 복식 자동 조심형

2, 3… 복식 자동 조심형(큰 너비)

6 …… 단식 홈형

7 …… 단식 앵귤러 볼형

N …… 원통 롤러형

㉡ 치수 계열(두 번째 숫자) : 폭(높이) 계열과 지름 계열을 조합한 것으로 같은 베어링의 안지름에 대한 폭과 바깥지름과의 계열을 나타낸다.

② **안지름 번호**(세 번째, 네 번째 숫자)

안지름 번호 1에서 9까지는 안지름 번호와 안지름이 같다.

00 …… 안지름 10mm   01 …… 안지름 12mm

02 …… 안지름 15mm   03 …… 안지름 17mm

안지름 20mm 이상 480mm 미만은 안지름을 5로 나눈 수가 안지름 번호(2자리)이다.

③ **호칭 번호의 표시**

㉠ 6008C2P6

60 08 C2 P6

- P6 — 등급 기호
- C2 — 틈새 기호(C2의 틈새)
- 08 — 안지름 번호(베어링 안지름 40mm)
- 60 — 베어링 계열 기호(단식 깊은 홈 볼 베어링, 치수 계열 10)

㉡ 6312ZNR

63 12 Z NR

- NR — 레이스 모양 기호(스냅 링붙이)
- Z — 실드 기호(한쪽 실드)
- 12 — 안지름 번호(베어링 안지름 60mm)
- 63 — 베어링 계열 기호(단식 깊은 홈 볼 베어링, 치수 계열 03)

㉢ NA4916V

NA49 16 V

- V — 리테이너 기호(리테이너 없음)
- 16 — 안지름 번호(베어링 안지름 80mm)
- NA49 — 베어링 계열 기호(니들 롤러 베어링, 치수 계열 49)

(2) 구름 베어링의 약도 도시 기호

구름 베어링	깊은 홈 볼 베어링	앵귤러 볼 베어링	자동 조심 볼 베어링	원통 롤러 베어링				
				NJ	NU	NF	N	NN
호칭 번호 예	6204	7003	1306K	NJ 204	NU 1005	NF 204	N 204	NN 3005

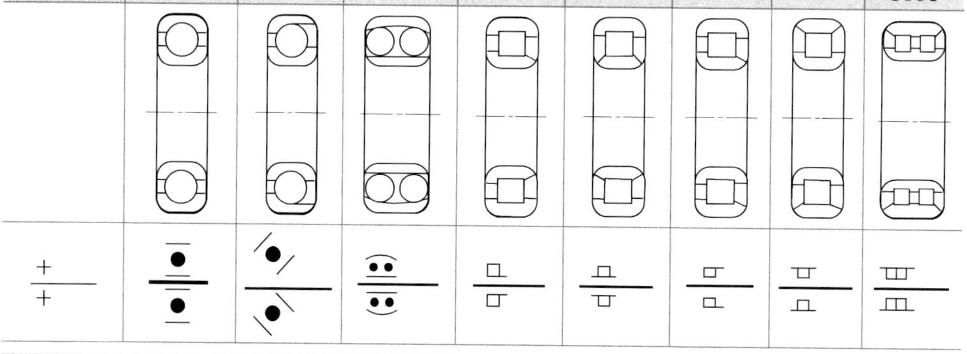

니들 롤러 베어링		테이퍼 롤러 베어링	자동 조심 롤러 베어링	평면자리형 스러스트 베어링		스러스트 자동 조심 롤러 베어링	깊은 홈 볼 베어링
NA	RNA			단식	복식		
NA 4900	RNA 4900	32012	23022	51100	52204	29240	

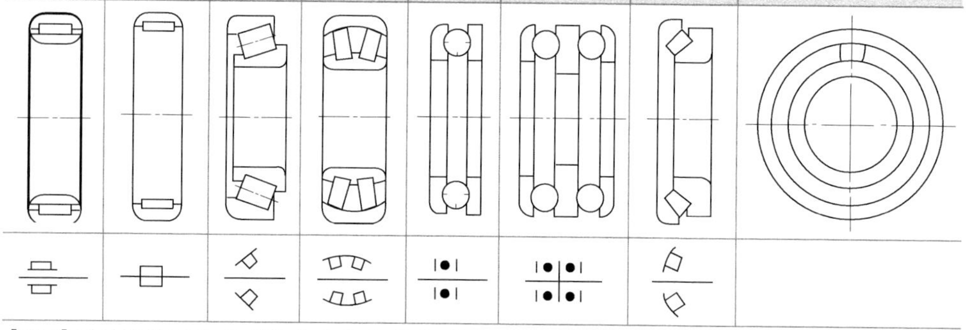

[참고] 베어링의 간략 도시법에서 축은 굵은 실선으로 표시한다.

8-8 기어(치차 : gear) 제도

(1) 기어 제도

① 항목표에는 원칙적으로 이 절삭, 조립, 검사 등에 필요한 사항을 기입한다.

② 재료, 열처리, 경도 등에 관한 사항은 필요에 따라 표의 비고란 또는 그림 속에 적당히 기입한다.

③ 이끝원은 굵은 실선으로 그리고, 피치원은 가는 1점 쇄선으로 그린다.

④ 이뿌리원은 가는 실선으로 그린다.[단, 축에 직각인 방향으로 본 그림(이하 중 투상도라 한다)의 단면으로 도시할 때에는 이뿌리원은 굵은 실선으로 그린다. 또, 베벨 기어와 웜휠에서는 이뿌리원은 생략해도 좋다.]

⑤ 잇줄 방향은 보통 3개의 가는 실선으로 그린다.(단, 외접 헬리컬 기어의 주 투상도를 단면으로 도시할 때에는 잇줄방향 도시는 3개의 가는 2점 쇄선으로 그린다.)

⑥ 맞물리는 한쌍 기어의 도시에서 맞물림의 이끝원은 모두 굵은 실선으로 그리고, 주 투상도를 단면으로 도시할 때에는 맞물림부의 한쪽 이끝원을 표시하는 선은 가는 파선 또는 굵은 파선으로 그린다.

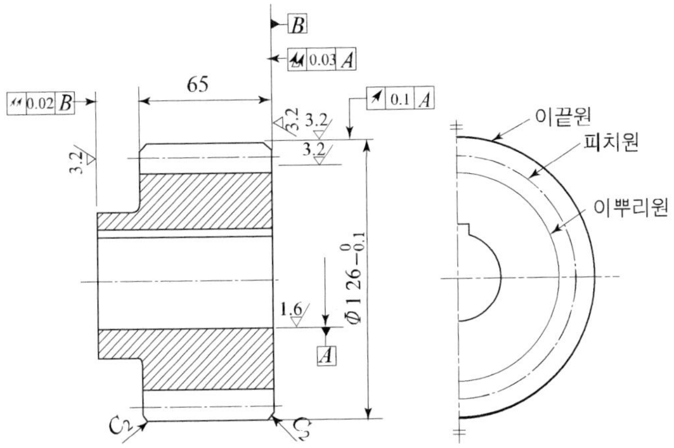

스퍼 기어 요목표		
기어 치형		표 준
공구	치형	보통이
	모듈	3
	압력각	20°
잇수		40
피치원 지름		120
다듬질 방법		호브 절삭

스퍼 기어 (평기어)	
헬리컬 기어	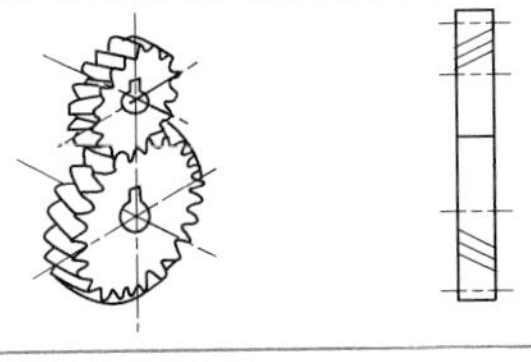
더블 헬리컬 기어	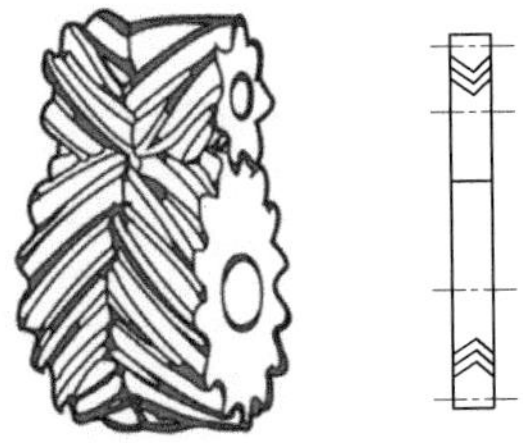

나사 기어	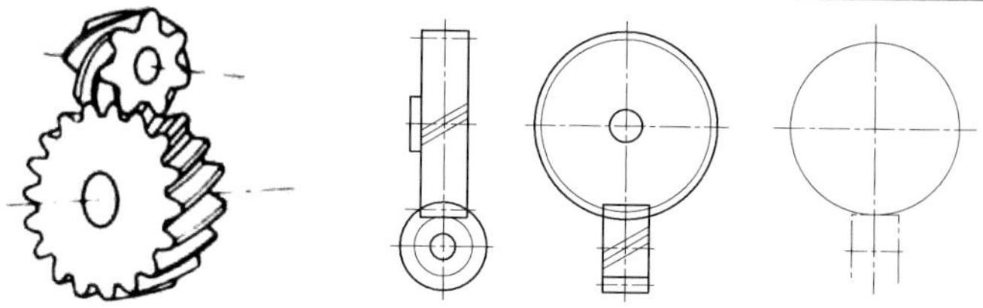
베벨 기어	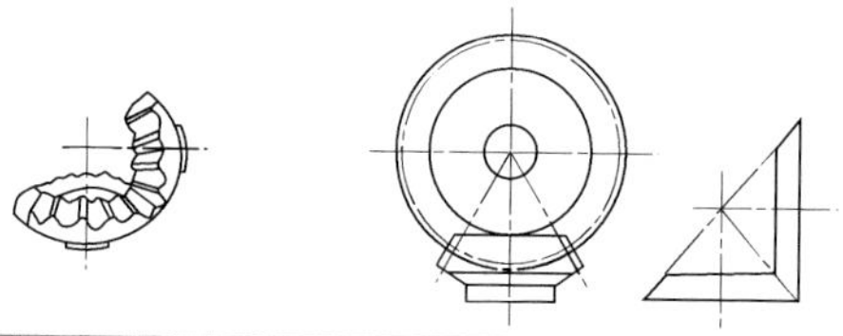
스파이럴 베벨 기어	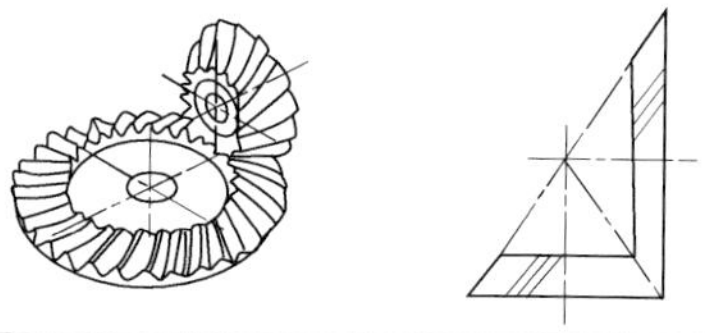
하이포이드 기어	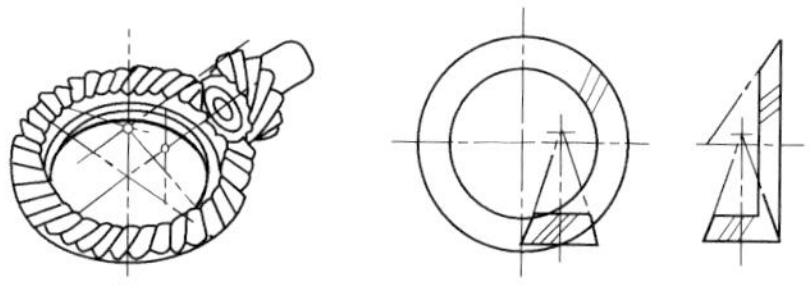

(2) 기어의 이의 크기

① 원주 피치(circular pitch) : p

$$p = \frac{\pi D}{Z}[\mathrm{mm}] \ \text{or} \ P = \pi m$$

여기서, p : 원주 피치, D : 피치원의 지름[mm], Z : 잇수

② 모듈(module) : m

$$m = \frac{D}{Z}$$

③ 지름 피치(diametral pitch) : 인치식 기어의 크기를 나타낸 것으로, 피치원의 지름 1인치에 해당하는 잇수이다.

$$D \cdot p = \frac{Z}{D[\mathrm{inch}]} = \frac{25.4Z}{D[\mathrm{mm}]} = \frac{25.4}{m}[\mathrm{mm}]$$

8-9 평벨트 풀리와 V벨트 풀리의 제도

(1) 평벨트 풀리의 호칭법

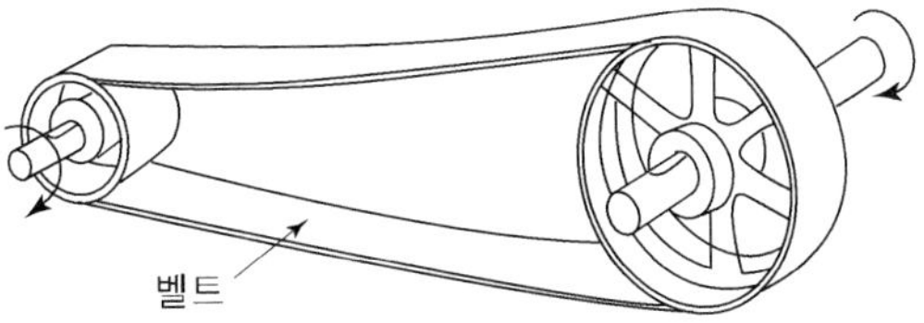

	호 칭	종 류	호칭 지름×호칭 너비	재 질
[예]	평벨트 풀리	일체형	125×25	주 철

(2) 평벨트 풀리의 도시법

① 벨트 풀리는 축 직각 방향의 투상을 정면도로 한다.
② 모양이 대칭형인 벨트 풀리는 그 일부분만을 도시한다.
③ 방사형으로 되어 있는 암(arm)은 수직 중심선 또는 수평 중심선까지 회전하여 투상한다.
④ 암은 길이 방향으로 전단하여 단면을 도시하지 않는다.
⑤ 암의 단면형은 도형의 안이나 밖에 회전단면을 도시한다.
⑥ 암의 테이퍼 부분 치수를 기입할 때 치수 보조선은 경사선(수평과 60° 또는 30°)으로 긋는다.

(3) V벨트 풀리의 호칭법

	규격 번호 또는 명칭	호칭 지름	종 류	보스 위치의 구별
[예]	KS B 1403	250	A 1	Ⅱ
	주철재 V벨트 풀리	250	B 3	Ⅲ 40H8

① V벨트의 종류에는 M형 및 A, B, C, D, E형 등의 6종류가 있으며, M형이 가장 작고, E형이 가장 크다.
② V벨트(고무재질)의 각도와 V벨트 풀리의 각도
V벨트(고무재질)의 각도는 (M, A, B, C, D, E형) 모두 40°이다.

V벨트의 종류	a	b
M	10	5.5
A	12.5	9
B	16.5	11
C	22	14
D	31.5	19
E	38	25.5

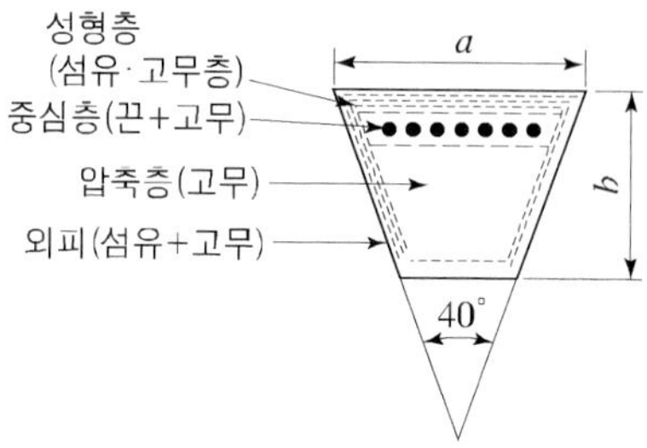

[V벨트 풀리의 v홈각(α)]

V벨트의 종류	호칭 지름	α(°)
M	50 이상 71 이하 71 초과 90 이하 90 초과	34 36 38
A	71 이상 100 이하 100 초과 125 이하 125 초과	34 36 38
B	125 이상 160 이하 160 초과 200 이하 200 초과	34 36 38
C	200 이상 250 이하 250 초과 315 이하 315 초과	34 36 38
D	355 이상 450 이하 450 초과	36 38
E	500 이상 630 이하 630 초과	36 38

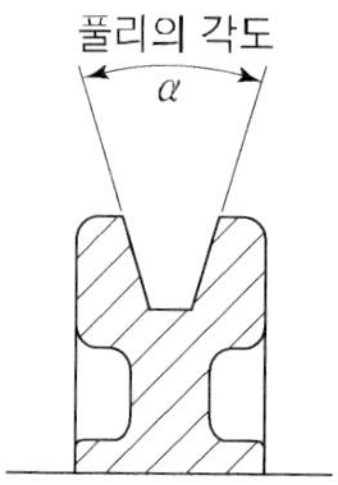

8-10 스프링(spring) 제도

(1) 코일 스프링의 제도

① 스프링은 원칙적으로 무하중인 상태로 그린다. 만약, 하중이 걸린 상태에서 그릴 때에는 선도 또는 그 때의 치수와 하중을 기입한다.

② 하중과 높이(또는 길이) 또는 처짐과의 관계를 표시할 필요가 있을 때에는 선도 또는 항목표에 나타낸다.

③ 특별한 단서가 없는 한 모두 오른쪽 감기로 도시하고, 왼쪽 감기로 도시할 때에는 '감긴 방향 왼쪽'이라고 표시한다.

④ 코일 부분의 중간 부분을 생략할 때에는 생략한 부분을 가는 1점 쇄선으로 표시하거나, 또는 가는 2점 쇄선으로 표시해도 좋다.

⑤ 스프링의 종류와 모양만을 도시할 때에는 재료의 중심선만을 굵은 실선으로 그린다.

⑥ 조립도나 설명도 등에서 코일 스프링은 그 단면만으로 표시하여도 좋다.

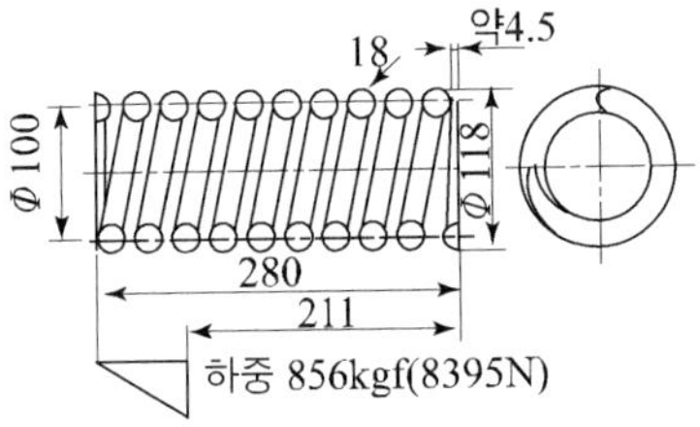

[코일 스프링의 제도]

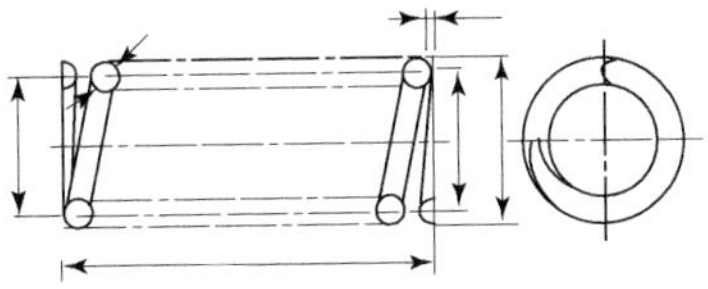

[코일 스프링의 생략도]

[코일 스프링의 모양 도시]

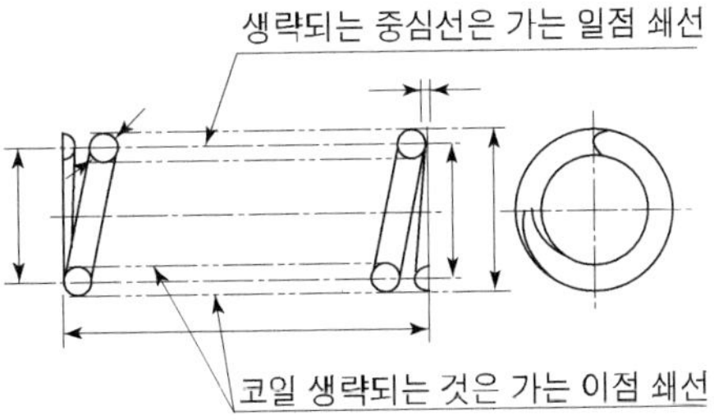

(2) 겹판 스프링의 제도

① 겹판 스프링은 원칙적으로 판이 수평인 상태에서 그린다. 하중이 걸린 상태에서 그릴 때에는 하중을 명기한다.

② 무하중의 상태로 그릴 때에는 가상으로 표시한다.

③ 모양만을 도시할 때에는 스프링의 외형을 실선으로 그린다.

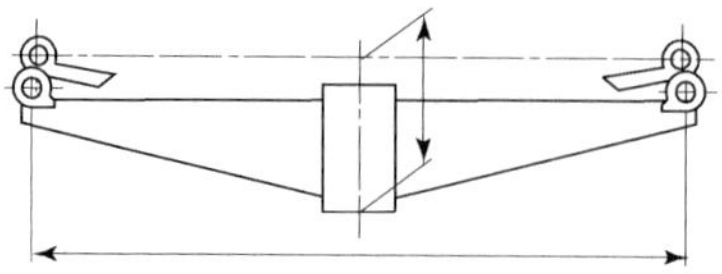

[겹판 스프링의 간략도]

8-11 관계 기계요소 제도

(1) 파이프

① 파이프의 도시 기호 및 방법

일반 광 · 공업에서 사용하는 계획도, 설계도 등의 도면에 배관 및 부속품을 기호로써 나타낸다.

㉠ 파이프는 1줄의 실선으로 표시하고, 같은 도면에서 같은 굵기로 표시한다.

㉡ 유체의 종류와 기호 표시는 공기 : A, 가스 : G, 유류 : O, 수증기 : S, 물 : W, 증기 : V이다.

㉢ 유체의 흐름 방향은 관을 표시하는 실선에 화살표의 방향으로 표시한다.

㉣ 파이프의 접속 및 계기 표시는 다음과 같다.

관의 접속 상태	표시 기호		
접속하지 않을 때		또는	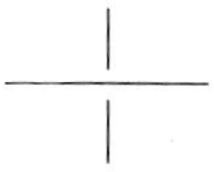
접속 또는 분기할 때		또는	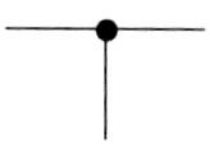

[파이프의 접속 표시]

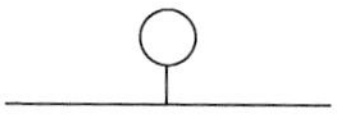

압력계	P
온도계	T
유량계	F

[계기 표시]

② 파이프 이음의 도시 기호

부품 명칭	도시 기호		부품 명칭	도시 기호	
	플랜지 이음	나사 이음		플랜지 이음	나사 이음
엘보			조인트		
45° 엘보			유니언	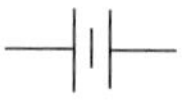	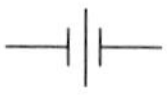
오는 엘보			부시		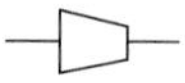
가는 엘보			플러그		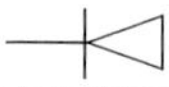

참고하세요

턱걸이 이음

용접 이음

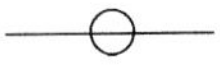
납땜 이음

③ 신축이음의 종류 및 도시 기호

㉠ 루프형

㉡ 벨로즈형

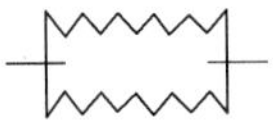

㉢ 스위블형

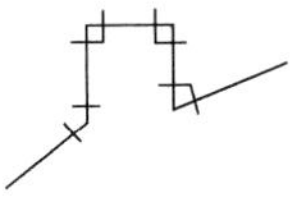

㉣ 슬리브형

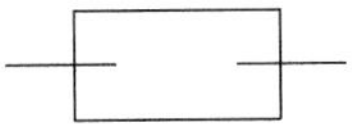

(2) 밸 브

① 밸브의 도시법

명 칭	도시 기호		명 칭	도시 기호	
	플랜지 이음	나사 이음		플랜지 이음	나사 이음
밸브 일반			글로브 밸브		
앵글 밸브			콕		
체크 밸브			전동 슬루스 밸브	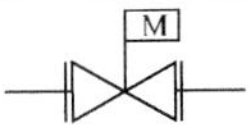	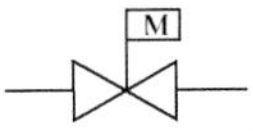
게이트 밸브			슬루스 밸브		
안전 밸브			다이어프램 밸브		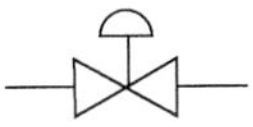

※ 체크 밸브＝역류 방지＝일방향 밸브라고도 한다.

(3) 배관의 높이 표시 방법

① EL(Elevation Line) 표시

배관의 높이를 관의 중심을 기준으로 표시한다.(EL을 먼저 표시하고 뒤에 치수 기입)

㉠ BOP(Botton Of Pipe) 표시 : 서로 지름이 다른 관의 높이를 나타낼 때 적용되는 것으로 관 바깥지름의 밑면까지를 기준으로 하여 표시한다.

㉡ TOP(Top Of Pipe) : 지하의 매설 배관 작업과 같은 시공 시 BOP와 같은 목적으로 사용되나 관 윗면을 기준으로 표시한다.

② GL(Ground Line)

포장된 지표면의 높이를 표시할 때 적용된다.

③ FL(Floor Line)

1층 바닥면을 기준으로 높이를 표시하는 방법이다.

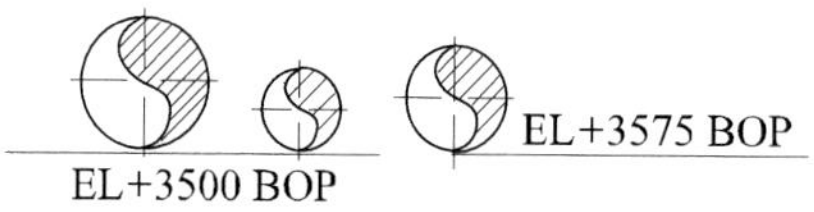

[BOP 표시]

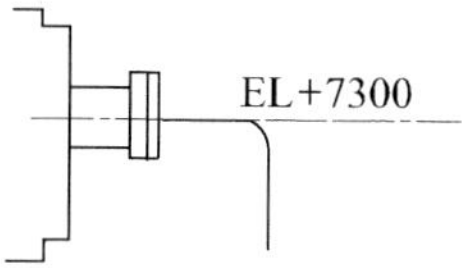

[관의 중심 표시]

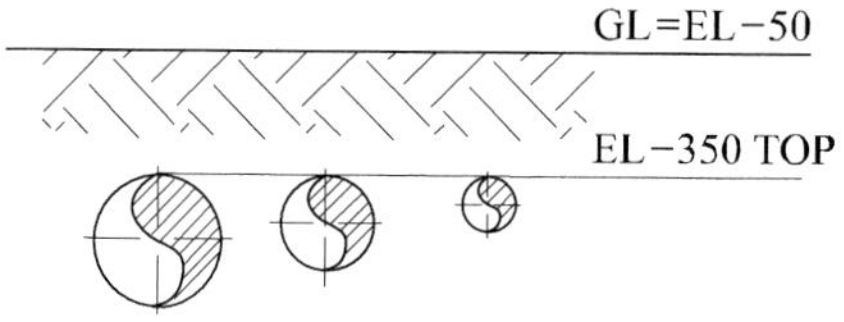

[TOP 표시]

Chapter 9 재질의 선택

1. KS의 분류

KS A : 기본	KS B : 기계	KS C : 전기
KS D : 금속	KS E : 광산	KS F : 토건
KS G : 일용품	KS H : 식료품	KS K : 섬유
KS L : 요업	KS M : 화학	

2. KS 기계 부문의 분류

KS B 0001~0891 : 기계 기본
KS B 1000~2403 : 기계요소
KS B 3001~3402 : 공구
KS B 4001~4606 : 공작기계
KS B 5301~5531 : 특정 계산용 기계기구, 물리기계
KS B 6001~6430 : 일반기계
KS B 7001~7702 : 산업기계
KS B 8001~8591 : 수송기계

3. 각 나라별 공업규격

KS(Korean Industrial Standards) : 한국(1966년 제정)
ISO(International Standard Organization) : 국제표준(1947년 제정)
JIS(Japanese Industrial Standards) : 일본(1952년 제정)
ASA(American Standards Association) : 미국(1918년 제정)
BS(British Standards) : 영국(1901년 제정)
DIN(Deutsche Industric Normen) : 독일(1917년 제정)

(1) 재료 기호의 구성

한국산업규격(KS)의 금속부문(D)에는 재료의 종류별로 화학성분, 기계적 성질 및 용도에 따라 재료 기호를 지정해 놓았다.

① 처음 부분 : 재질을 나타내는 부분

② 중간 부분 : 규격명, 제품명, 형상별 종류나 용도를 나타내는 부분

③ 끝 부분 : 재질의 종류 번호, 최저 인장강도를 숫자나 영문자로 표시

[보기 1] SS 330(일반 구조용 압연강재)

S S 330

- S — 일반 구조용 압연재(general structural rolling plate)
- S — 강(steel)
- 330 — 최저 인장강도(330MPa, 34kgf/mm^2)

[보기 2] SM 20 C(기계 구조용 탄소강재)

S M 20 C

- S — 강철(steel)
- M — 기계 구조용(machine structural use)
- 20 C — 탄소 함량(0.15~0.25%의 중간값)

[처음 부분의 기호]

기호	재질명	영 문	기호	재질명	영 문
Al	알루미늄	aluminium	HBs	고강도 황동	high strength brass
AlB	알루미늄 청동	aluminium bronze	HMn	고망간	high manganese
B	청 동	bronze	PB	인 청동	phosphor bronze
Bs	황 동	brass	S	강	steel
C	구 리	copper	ST	스테인리스강	stainless steel
Cr	크 롬	chromium	WM	화이트 메탈	white metal

[중간 부분의 기호]

기 호	재 질 명	기 호	재 질 명
B	봉(bar)	MC	가단주철품(malleable iron cashing)
C	주조품(castings)	P	판(plate)
CD	구상 흑연주철	PS	일반 구조용 관
CP	냉간 압연강판	PW	피아노선
CS	냉간 압연강대	S	일반 구조용 압연재
DC	다이 캐스팅(die castings)	SW	강선(steel wire)
F	단조품(forgings)	T	관(tube)
HG	고압 가스용기	TC	탄소공구강
HP	열간 압연강판	W	선(wire)
HR	열간 압연	WR	선재(wire rod)
HS	열간 압연강대	WS	용접구조용 압연강
K	공구강		

(2) 시험에 자주 출제되는 기계재료

[스테인리스강(stainless steel)]

성분계	조직	KS 기호	특 징	
			자성	담금질성(열처리성)
Cr계	마텐자이트(13%Cr)	STS410	자성 있음	담금질 경화성 있음
	페라이트(15%Cr)	STS430	자성 있음	담금질 경화성 없음
Cr-Ni계 내식성 가장 우수	오스테나이트 18%Cr-8%Ni	STS304	자성 없음	담금질 경화성 없음

[합금공구강 종류]

절삭공구용	S2종	STS2	탭, 드릴, 커터의 재료
	S21종	STS21	
	S5종	STS5	원형 톱, 띠톱의 재료
	S51종	STS51	
냉간금형용	D1종	STD1	성형틀다이스, 분말성형틀 재료
	D11종	STD11	나사 전조 다이, 프레스 형틀 재료
	D12종	STD12	
열간금형용	F3종	STF3	다이블록(die block), 압출공구 재료
	F4종	STF4	프레스 형틀, 압출공구 재료

[탄소공구강]

탄소공구강	탄소함유량[%]		용도
STC1	1.3~1.5%	과공석강	칼줄
STC2	1.1~1.3%		드릴, 철공용 줄, 소형 펀치, 면도날, 태엽, 쇠톱
STC3	1.0~1.1%		나사 가공 다이스, 쇠톱, 프레스 형틀, 게이지, 끌, 치공구
STC4	0.9~1.0%		태엽, 목공용 드릴, 목공용 띠톱, 펜촉 도끼, 끌, 면도날
STC5	0.8~0.9%		각인, 프레스 형틀, 태엽, 띠톱, 치공구, 원형 톱, 게이지
STC6	0.7~0.8%	아공석강	각인, 원형 톱, 태엽, 프레스 형틀
STC7	0.6~0.7%		각인, 스냅, 프레스 형틀, 나이프

[냉간압연강판, 강대(cold-reduced carbon steel sheets and strip)]

종류의 기호	용 도
SPCC	일반용
SPCD	드로잉용
SPCE	딥드로잉용

[열간압연강판, 강대(hot-reduced carbon steel sheets and strip)]

종류의 기호	용 도
SPHC	일반용
SPHD	드로잉용
SPHE	딥드로잉용

[기계구조용 합금강]

명 칭	KS기호	
크롬강(Cr강)	SCr415	4 : 주요 합금 원소기호 15 : 탄소함유량 평균값 0.15C%
니켈-크롬강(Ni-Cr강)	SNC415	4 : 주요 합금 원소기호 15 : 탄소함유량 평균값 0.15C%
망간강(Mn강)	SMn420	4 : 주요 합금 원소기호 15 : 탄소함유량 평균값 0.20C%
망간-크롬강(Mn-Cr강)	SMnC443	4 : 주요 합금 원소기호 43 : 탄소함유량 평균값 0.43C%
크롬-몰리브덴강(Cr-Mo강)	SCM415	4 : 주요 합금 원소기호 15 : 탄소함유량 평균값 0.15C%
니켈-크롬-몰리브덴강(Ni-Cr-Mo강)	SNCM220	2 : 주요 합금 원소기호 20 : 탄소함유량 평균값 0.20C%

① SM45C(carbon steel for machine structural use) : 기계구조용 탄소강, 탄소함량 0.45%(0.42%~0.48% 탄소함유량)

② SM400A(steel Marine) : 용접구조용 압연강재 인장강(400~510N/mm^2), 즉 최저 인장강도 400N/mm^{2}이다. A, B, C의 순서로 용접성이 좋아진다.

③ SS330 : 일반구조용 압연강재, 최저인장강도 330N/mm^2

④ GC210 : 회주철(보통주철), 최저인장강도 210N/mm^2

⑤ WMC330 : 백심가단주철, 최저인장강도 330N/mm^2

⑥ BMC270 : 흑심가단주철, 최저인장강도 270N/mm^2

⑦ PMC440 : 펄라이트 가단주철, 최저인장강도 440N/mm^2

⑧ GCD400 : 구상흑연주철, 최저인장강도 400N/mm^2

⑨ SC420 : 탄소강 주조품, 최저인장강도 420N/mm^2

⑩ SF340A : 탄소강 단조품, 최저인장강도 340N/mm^2, A(Annealing : 풀림 열처리)

⑪ SPS6 : 스프링 강재 6종

⑫ SKH2 : 고속도강(표준고속도강 SKH2)

⑬ PPS420 : 압력배관용 탄소강관 최저인장강도 410N/mm^2

⑭ SPP15A : 일반 배관용 탄소강관(carbon steel pipes for ordinary piping) 내경이 15mm 배관용 탄소강관

(3) 재료의 중량 계산

설계 완료된 기계 및 기구의 부품에 대하여 중량을 산출하는 것은 각 부품의 정미중량을 알고 조립하여 역학적 강도를 알아보기 위함이고, 가공하기 전 기계부품의 재료에 대하여 원가 계산을 하기 위함이다.

중량 산출에는 도면에 그려진 치수에 대한 정확한 중량을 계산하는 것이 일반적이나 가공업체에서 원가를 산출할 경우에는 부품란에 기재되어 있는 소재의 재질과 치수에 의하여 중량 계산을 한다.

① 중량(무게) 계산

중량(무게) = 비중량 × 체적 = (비중 × 물의 비중량) × 체적

(물의 비중량) $\gamma_w = 1000\dfrac{\text{kgf}}{\text{m}^3}$

② 질량 계산

질량 = 밀도 × 체적 = (비중 × 물의 밀도) × 체적

(물의 밀도) $\gamma_w = 1000\dfrac{\text{kg}}{\text{m}^3}$

예제 9-1

두께 4.5mm인 강판을 사용하여 보기와 같은 물탱크를 만들려고 할 때 필요한 강판의 무게는 약 몇 kgf인가? (단, 강의 비중은 7.85로 계산하고, 탱크는 전체 6면의 두께가 동일함)

㉮ 1238
㉯ 1413
㉰ 1536
㉱ 1628

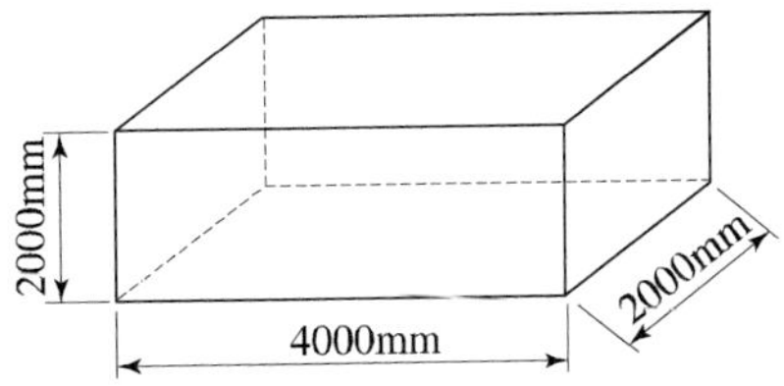

풀이 & 답

(전체 체적) $V = \{(2\text{m} \times 2\text{m}) \times 2\text{개}\} + \{(4\text{m} \times 2\text{m}) \times 4\text{개})\} \times 0.0045\text{m} = 0.18\text{m}^3$

(무게) $W = 7.85 \times 1000\dfrac{\text{kgf}}{\text{m}^3} \times 0.18\text{m}^3 = 1413\text{kgf}$

답 ㉯

Chapter 10 컴퓨터 그래픽의 기초

10-1 좌표계(coordinate)

[종류] 직교 좌표계, 극좌표계, 원통 좌표계, 구면 좌표계, 절대 좌표계, 상대 좌표계(증분 좌표계), 2차원 좌표계, 3차원 좌표계 등

(1) 직교 좌표

서로 수평 수직을 이루는 x, y축이 이루는 평면에서 한 점이 지정되는 평면 좌표계로 (1,1), (4, 7), (10,10) 등과 같이 좌표를 입력하는 방법
3차원에서는 $(x_1, y_1, z_1) = (3,4,5)$로 표현한다.

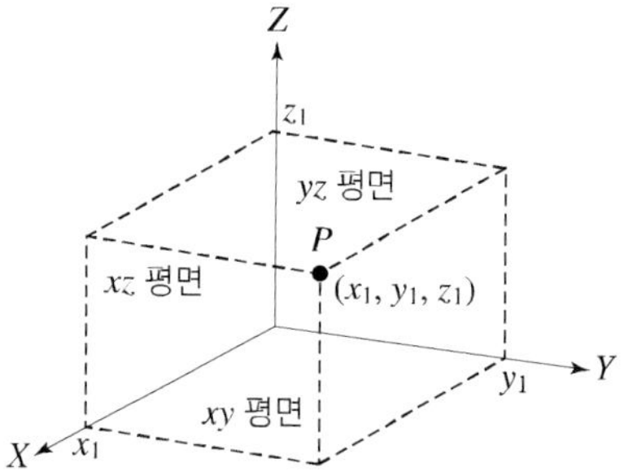

(2) 극좌표

원점(0, 0)을 기준으로 "거리, 각도"로 입력하는 방법

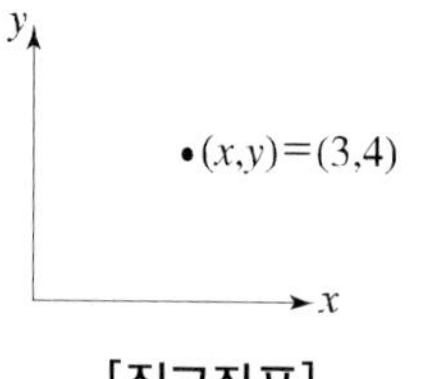

[직교좌표]

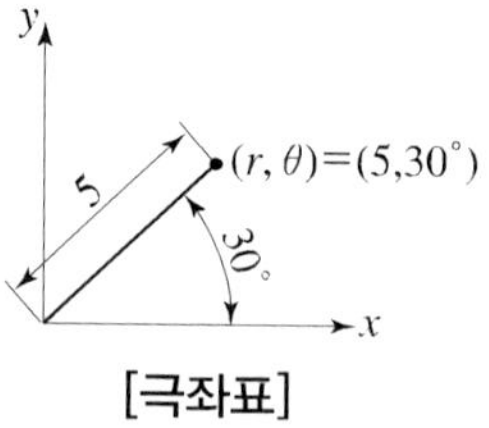

[극좌표]

(3) 원통 좌표계

평면상에 있는 하나의 점을 나타내기 위해 사용한 극좌표계에 공간의 개념을 적용하여 공간상의 한 점을 표기하기 위한 좌표계로, 원통 좌표계의 점 $P(\rho, \varphi, z)$를 직교 좌표로 표기하면 다음과 같다.

직교 좌표계 (x, y, z)
(3,4,8)

➡

원통 좌표계 $P(\rho, \varphi, z)$
(5, 53.13°, 8)

$x = \rho \times \cos\varphi,\ \ y = \rho \times \sin\varphi,\ \ z = z$

$\rho = \sqrt{x^2 + y^2},\ \ \varphi = \tan^{-1}\dfrac{y}{x},\ \ z = z$

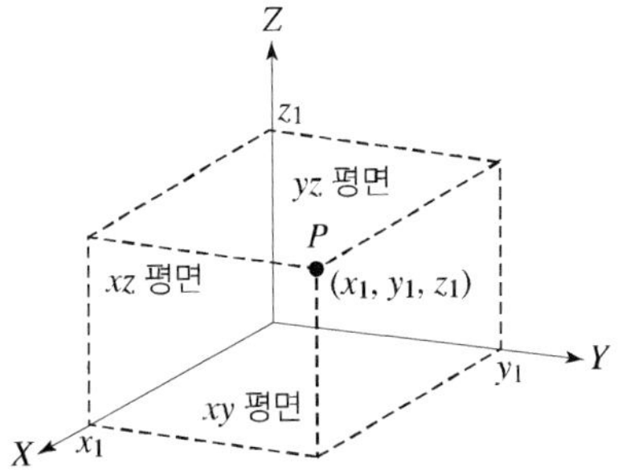

[**직교 좌표계** $P(3,4,8)$]

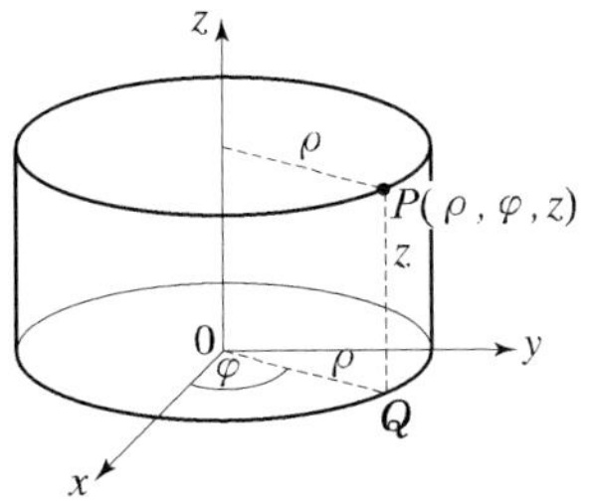

$\rho = \sqrt{3^2 + 4^2} = 5$

$\varphi = \tan^{-1}\dfrac{4}{3} = 53.13°$

$z = 8$

[**원통 좌표계** $P(5, 53.13°, 8)$]

예제 10-1

원통 좌표계에서 표시된 점의 위치가 (r, θ, z)이다. 이 위치를 직교 좌표계로 표시한 결과는 다음 중 어느 것인가?

㉮ $x = r\cos\theta,\ y = r\sin\theta,\ z$
㉯ $x = r\sin\theta,\ y = r\cos\theta,\ z$
㉰ $x = -r\sin2\theta,\ y = r\cos2\theta,\ z$
㉱ $x = r\cos2\theta,\ y = r\sin2\theta,\ z$

답 ㉮

(4) 구면 좌표계

공간상에 구성되어 있는 하나의 점을 표현하는 방법 중의 한 가지로, 해당 점의 좌표를 기준점을 중심으로 구를 그려 표현하는 방법이다. 점 $P(\rho, \phi, \theta)$로 표현된다.

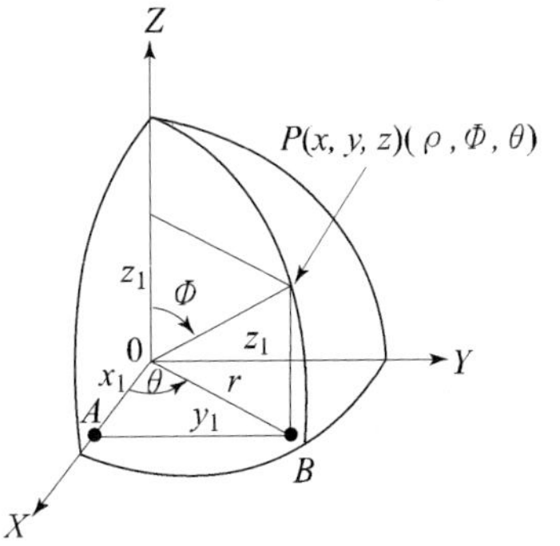

$\rho = \sqrt{x^2 + y^2 + z^2}$

$z = \rho \times \cos\phi$

$y = \rho \times \sin\phi \times \sin\theta$

$x = \rho \times \sin\phi \times \cos\theta$

$\phi = \cos^{-1}\left(\dfrac{z}{\rho}\right)$

$\theta = \tan^{-1}\left(\dfrac{y}{x}\right)$

직교 좌표계 (x, y, z)	원통 좌표계 $P(\rho, \varphi, z)$	구면 좌표계 $P(\rho, \phi, \theta)$
(3,4,8)	(5, 53.13°, 8)	(32.06, 75.55°, 53.13°)

10-2 직선에 관계되는 식

(1) 직선의 방정식

① 점 $P(x_1,\ y_1)$을 지나고 기울기가 m인 직선의 방정식은

$y-y_1=m(x-x_1)$

② 서로 다른 두 점 $A(x_1,\ y_1)$, $B(x_2,\ y_2)$를 지나는 직선의 방정식은

$$y-y_1=\frac{y_2-y_1}{x_2-x_1}(x-x_1)\ \ (x_1 \neq x_2)$$

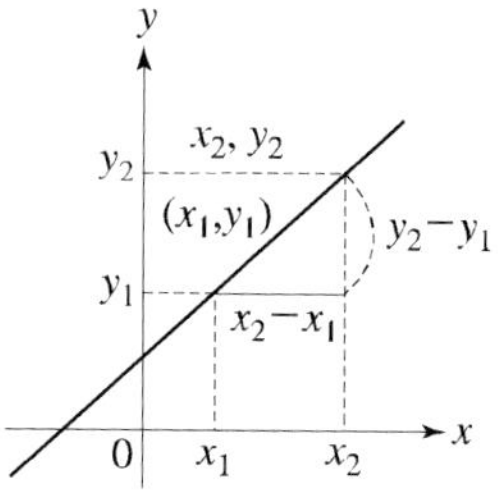

③ x절편이 a이고 y절편이 b인 직선의 방정식은

$$\frac{x}{a}+\frac{y}{b}=1(\text{단, } a \neq 0,\ b \neq 0)$$

(2) 두 직선의 위치관계

구 분	$y=mx+n$ $y=m'+n'$	$ax+by+c=0$ $a'x+b'y+c'=0$	그림
평 행	$m=m',\ n \neq n'$	$\frac{a}{a'}=\frac{b}{b'}\neq\frac{c}{c'}$	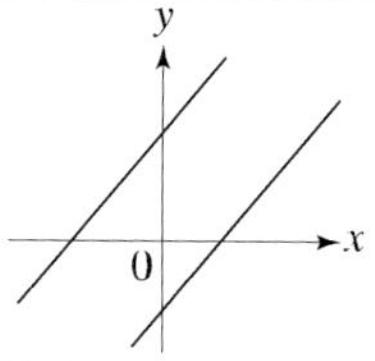
일 치	$m=m',\ n=n'$	$\frac{a}{a'}=\frac{b}{b'}=\frac{c}{c'}$	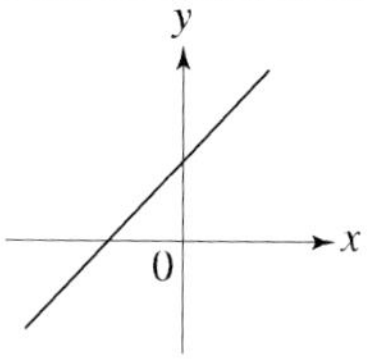
수 직	$mm'=-1$	$aa'+bb'=0$	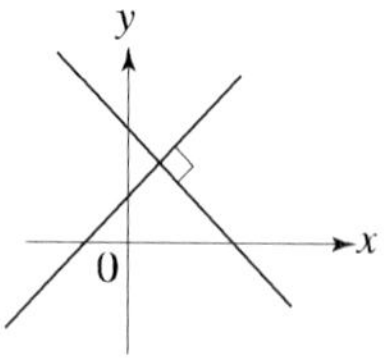
한 점에서 만난다.	$m \neq m'$	$\frac{a}{a'}\neq\frac{b}{b'}$	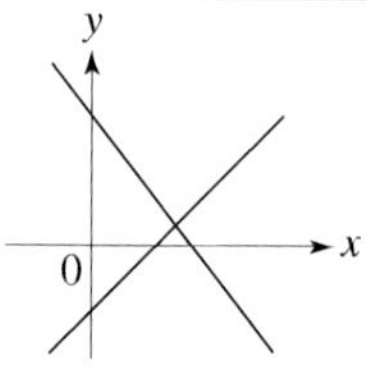

(3) 점과 직선 사이의 거리

점 $(x_1,\ y_1)$과 직선 $ax+by+c=0$사이의 거리는

$$d=\frac{|ax_1+by_1+c|}{\sqrt{a^2+b^2}}$$

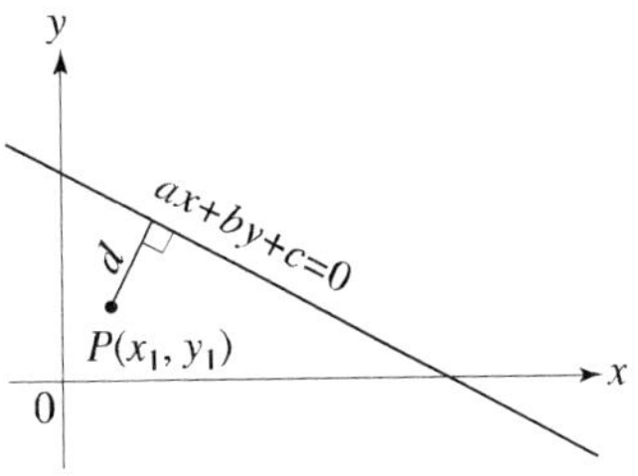

[점과 직선의 거리]

10-3 곡선을 나타내는 방법

곡선
- 원추곡선
  - 원
  - 타원
  - 포물선
  - 쌍곡선
- 자유곡선
  - Ferguson 곡선
  - Coons 곡선
  - Bezier 곡선
  - Spline 곡선
  - B-Spline 곡선
  - NURBS 곡선

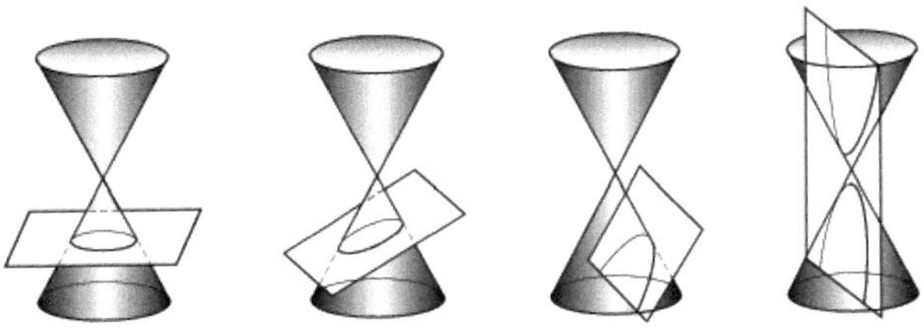

참고하세요 곡선을 나타내는 방법

① 양함수 : $y=f(x)$로 표현한다.
② 음함수 : $f(x,y)=0$로 표현한다.
③ 매개변수 : $x=f$(변수), $y=f$(변수)로 표현한다.

원추곡선 (원뿔곡선)	양함수식	음함수식	매개변수식
원(circle)	$y=\sqrt{r^2-x^2}$	$x^2+y^2-r^2=0$	$x=r\cos\theta$ $y=r\sin\theta$
타원(ellipse)	$y=b\sqrt{1-\frac{x^2}{a^2}}$	$\frac{x^2}{a^2}+\frac{y^2}{b^2}=1$	$x=a\cos\theta$ $y=b\sin\theta$
포물선(parabola)	$y=\sqrt{4px}$	$y^2-4px=0$	$x=p^2\theta$ $y=2p\theta$
쌍곡선(hyperbola)	$y=b\sqrt{\frac{x^2}{a^2}-1}$	$\frac{x^2}{a^2}-\frac{y^2}{b^2}=1$	$x=a\cosh(\theta)$ $y=b\sinh(\theta)$

(1) 원(circle)

① 원의 작성법

㉠ 원의 중심과 반지름값
㉡ 원의 중심과 접할 도형요소
㉢ 두 개의 접할 도형요소와 반지름
㉣ 세 개의 접할 도형요소
㉤ 원의 중심과 두 개의 도형요소 또는 두 개의 점
㉥ 원의 중심점과 반지름과 접할 도형요소
㉦ 두 점 사이의 거리를 지름으로 한 원(2차원 평면 내에 있는 경우)
㉧ 동심원 구성
㉨ 두 점 사이의 거리를 반지름으로 하고 이 두 점의 벡터에 수직한 평면에 원 구성

② 원의 방정식

원추곡선식 $f(x, y) = ax^2 + bxy + cy^2 + dx + ey + g = 0$(2차 곡선으로 나타낸 원추곡선식)에서 $a = c,\ b = 0$을 만족할 때 원의 방정식이 된다.

㉠ 중심이 $(0,0)$, 반지름 길이가 r인 원의 방정식은

$x^2 + y^2 = r^2$

㉡ 중심이 (h, i), 반지름 길이가 r인 원의 방정식은

$(x-h)^2 + (y-i)^2 = r^2$

㉢ 원의 방정식의 일반형

$x^2 + y^2 + Ax + By + C = 0$

중심 : $\left(-\dfrac{A}{2},\ -\dfrac{B}{2}\right)$, 반지름 : $r = \dfrac{\sqrt{A^2 + B^2 - 4C}}{2}$인 원

원 $x^2 + y^2 = r^2$ 위의 점 (x_1, y_1)에서의 접선의 방정식

$x_1 x + y_1 y = x_1^2 + y_1^2$

참고 원의 중심이 원점(0,0)일 때 방정식
(양함수) $y = \sqrt{r^2 - x^2}$
(음함수) $0 = x^2 + y^2 - r^2$
(매개변수 함수) $x = r\cos\theta,\ y = r\sin\theta$

참고하세요 원호의 작성 방법

① 세 점을 지나는 원호
② 시작점, 중심점, [끝점 or 각도 or 현의 길이]
③ 시작점, 끝점, [내부각 or 반지름 or 시작방향]
④ 2점과 발생 위치
⑤ 한 요소의 접선, 한 점, 반지름
⑥ 라운딩

(2) 타원(ellipse)

$f(x,y) = ax^2 + bxy + cy^2 + dx + ey + g = 0$
(2차원으로 나타낸 원추곡선식)에서
$b^2 - 4ac < 0$을 만족할 때 타원의 방정식이 된다.

타원의 방정식의 표준형

$$\frac{x^2}{a^2} + \frac{y^2}{b^2} = 1 \ (a > 0, \ \ b > 0)$$

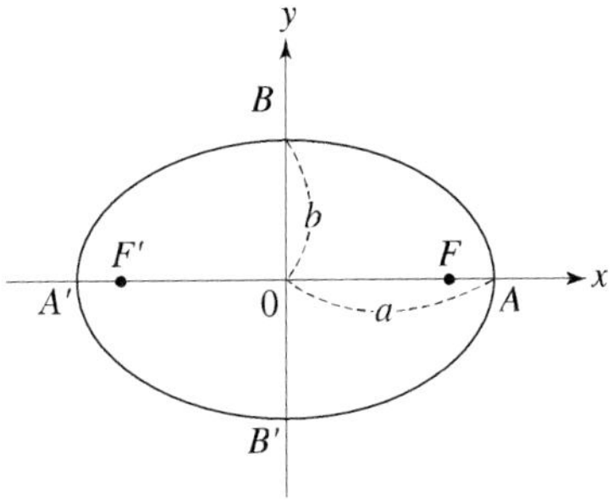

$a > b > O$ 일 때(장축길이 $2a$, 단축길이 $2b$)

[타원의 방정식]

(3) 포물선(parabola)

$f(x,y) = ax^2 + bxy + cy^2 + dx + ey + g = 0$(2차원으로 나타낸 원추곡선식)에서
$b^2 - 4ac = 0$을 만족할 때 포물선의 방정식이 된다.

① 초점을 $(p, 0)$, 준선을 $x = -p$,
축을 x축으로 하는 포물선의 방정식
$y^2 = 4px$

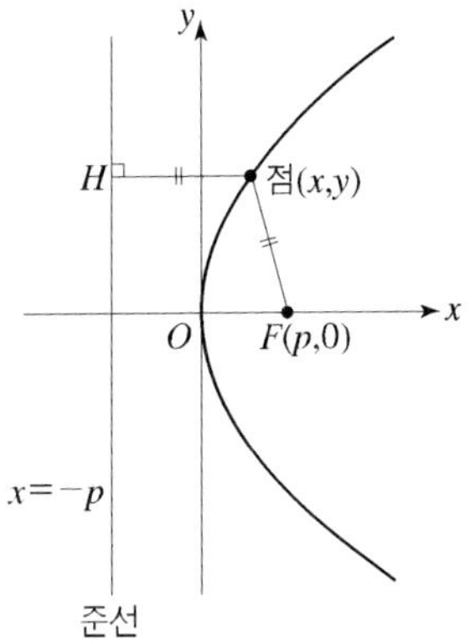

② 초점을 $(0,p)$, 준선을 $y = -p$,
축을 y축으로 하는 포물선의 방정식
$x^2 = 4py$

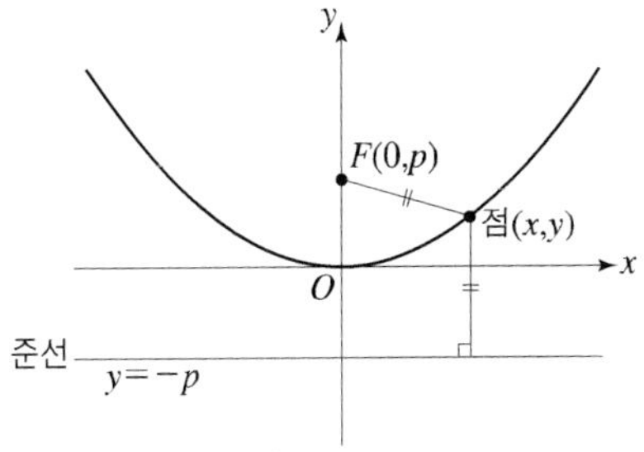

(4) 쌍곡선

① $\dfrac{x^2}{a^2} - \dfrac{y^2}{b^2} = 1$

초점의 좌표 : $F(c, 0)$, $F'(-c, 0)$

꼭짓점의 좌표 : $(a, 0)$, $(-a, 0)$

중심의 좌표 : $O(0, 0)$

거리의 차 : $2a$

주축의 길이 : $2a$

점근선 두 개 : $y = +\dfrac{b}{a}x$, $y = -\dfrac{b}{a}x$

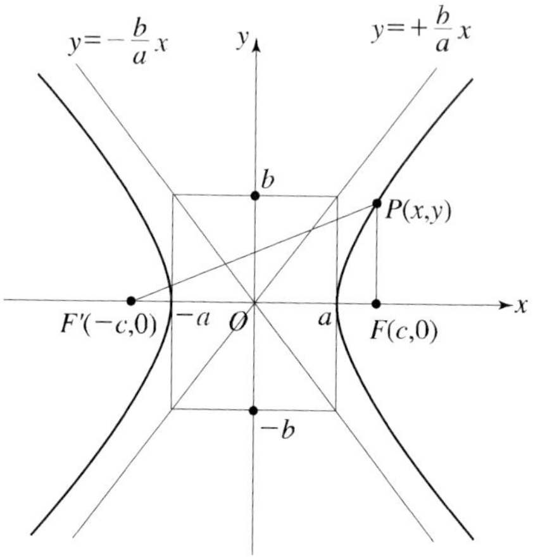

② $\dfrac{x^2}{a^2} - \dfrac{y^2}{b^2} = -1$

초점의 좌표 : $F(0, c)$, $F'(0, -c)$

꼭짓점의 좌표 : $(0, b)$, $(0, -b)$

중심의 좌표 : $O(0, 0)$

거리의 차 : $2b$

주축의 길이 : $2b$

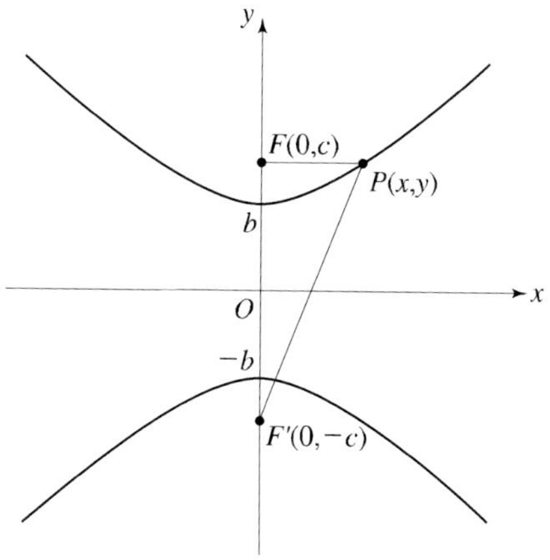

(5) Spline 곡선

퍼거슨 곡선/곡면이나 쿤스의 곡면은 이웃하는 단위곡선/곡면과의 연결성에 문제가 발생하기 쉽다. 이러한 문제점을 해결하기 위하여 스플라인(spline)의 개념을 도입하게 된다. 스플라인은 자동차나 항공기와 같은 자유곡선이나 곡면을 설계할 때 부드러운 곡선을 그리기 위하여 사용되는 도구이다. 곡선이 지나가는 위치를 몇 개로 고정하여 놓으면 나머지 위치에서는 부드러운 곡선으로 연결되게 된다. 부드러운 곡선의 기준은 정해진 점을 지나면서 곡선의 모든 점에서 곡률의 합이 최소가 되도록 한다는 것이다. 곡선의 형상을 변화시켰을 때도 곡선의 식은 위의 기준으로 다시 계산되므로 연결성에는 아무런 문제가 없으며, 곡면은 곡선의 식을 확장하여 간단히 정의한다.

(6) 곡면의 수정 및 보완

① **리메싱(remeshing)** : 종방향의 배열이 맞지 않는 데이터를 오와 열의 배열이 가지런한

형태의 곡면 입력점을 새로이 구해내는 절차를 리메싱(remeshing)이라 한다.

② 스무딩(smoothing = fairness) : 표현된 곡면의 심한 굴곡면을 평활한 곡면으로 재계산하는 것

③ 블렌딩(blending) : 이미 정의된 두 곡면을 매끄럽게 연결하는 것. 또는 떨어져서 구성된 두 곡면의 접선, 법선 벡터를 일치시켜 곡면을 구성한다.

④ 필리팅(filleting) : 연결부위를 일정한 반지름을 갖도록 하는 것

⑤ 스위핑(sweeping) : 하나의 2차원 단면형상(profile)을 입력하고 이를 안내곡선을 따라 이동시켜 입체를 생성, 주로 환기구의 덕트를 모델링할 때 사용되는 곡선이다.

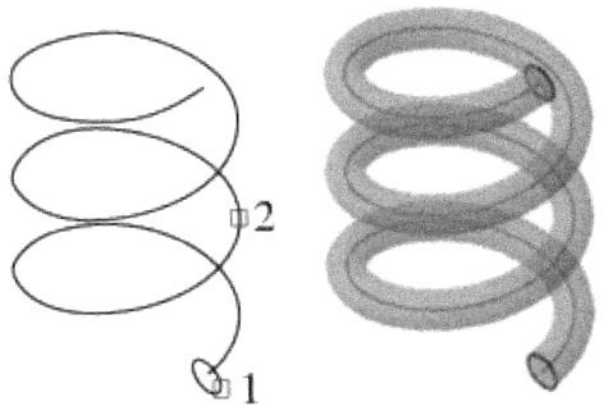

⑥ 스키닝(skinning) : 원하는 경로상에 여러 개의 단면 형상을 위치시키고 이를 덮어 싸는 입체를 형성

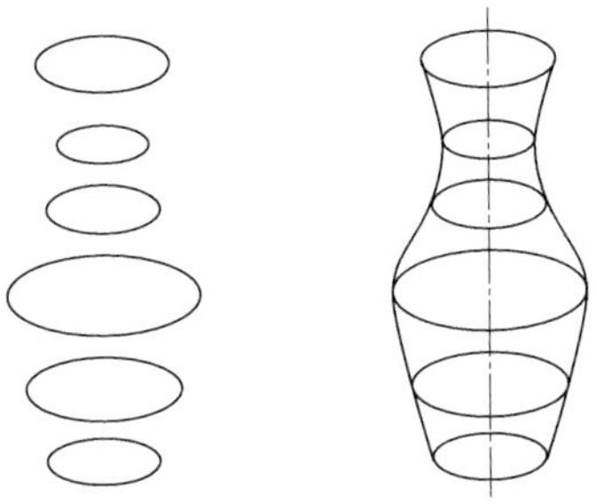

⑦ 리프팅(lifting) : 주어진 물체의 특정면의 전부 또는 일부를 원하는 방향으로 움직여서 물체가 그 방향으로 늘어난 효과를 갖도록 하는 것

⑧ 로프트(loft) : 2개의 경계곡선에 의해 하나의 곡면 구성

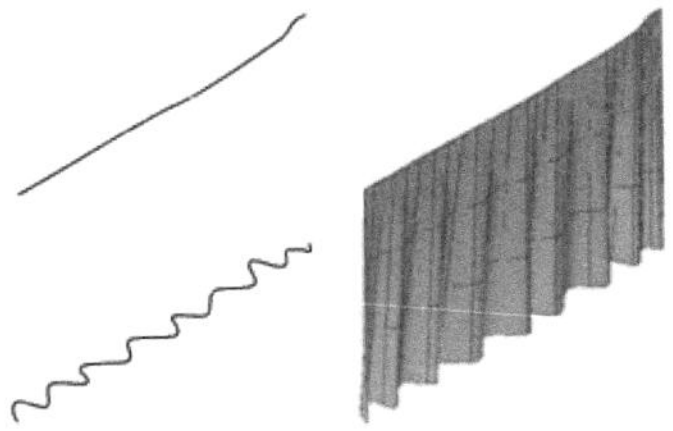

⑨ 트위킹(tweaking) : 곡면 모델링 시스템에 의해 만들어진 곡면을 불러들여 기존 모델의 평면을 바꿀 수 있는 기법.
예를 들어 실린더 형상에 구배(draft angle)를 주어 실린더 곡면을 원추 곡면으로 만들어 주는 방법

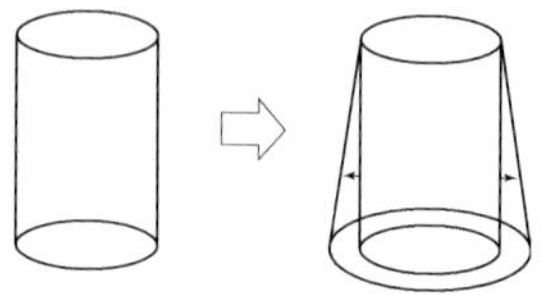

⑩ 셰이딩(shading, 음영 처리) : 3차원 모델링에서 랜더링 과정에서 빛의 거리와 각도에 따라 물체 표면의 조도를 변화시키는 기법
⑪ 피팅(fitting) : 점 데이터로 곡면을 형성할 때 측정오차 등으로 인한 굴곡을 명확하게 하는 것
⑫ 페어링(fairing) : 점 데이터로 곡면을 형성할 때 측정오차 등으로 인한 굴곡이 있는 경우 이를 평활하게 하는 것

(7) 곡면의 작성 방법

① 룰드 곡면(ruled surface) : 2개의 선이나 곡선 지정(가장 간단한 곡면) [용어] 패치(patch) : 분할된 단위곡면 구간
② 회전 곡면(surface of revolution) : 곡선경로와 회전축 지정 [예] 컵, 유리병
③ 경계 곡면(surface of boundary) : 3개의 곡선 지정
④ 테이퍼 곡면(tapered surface) : 어떤 선, 곡선, 원의 요소에 진행 방향과 길이, 각도 지정
⑤ 변형 스위프 곡면 : 원, 다각형 지정하여 이동(sweep)

Chapter 11

모델링과 데이터베이스

11-1 형상 모델링

(1) 2차원, $2\frac{1}{2}$차원 모델링, 3차원 모델링

① 2차원 모델
평면적으로 물체를 나타내며 주로 제도에 의한 도면 작업. 1각법, 3각법(주로 사용, 정면도, 측면도, 평면도, 단면도)

② 2.5차원 모델
㉠ 스위프에 의하여 3차원 모양을 표현한 모양 모델(=2차원 형식에서 3차원처럼 보이게 작도)
㉡ 2D 모델링에서 얻을 수 있는 단순 평면 좌표값에 높이 h에 대한 정보를 가지고 3차원 형태의 모양을 화면에 표시하는 방법이다.

③ 3D 모델링
3D 모델링 기법은 3차원 공간상에 실제로 물체가 존재하는 것처럼 모든 것이 똑같이 구성되어 이를 근거로 모든 정보인 체적, 각 부위별 크기, 무게, 무게 중심, 표면적 등을 산출할 수 있도록 하는 방법이다.

(2) 3차원 형상 모델링

x, y, z의 3차원 좌표값으로 물체의 형상 표현

① 와이어 프레임 모델(wire frame model) : 철사로 3차원 형상을 만드는 것 (edge로 표현)
[특성] ㉠ 데이터 구성이 간단하여 모델 작성이 쉽고 처리 속도가 빠름
㉡ 선 정보이므로 단면도 작성과 숨은선 제거 불가능

㉢ 물리적 성질의 계산이 불가능
㉣ 내부에 관한 정보가 없어 해석용 모델에 사용이 불가능
㉤ 3면 투시도의 작성이 용이

② 서피스 모델(surface model) : 와이어 프레임 모델에 각 면의 데이터를 추가

[특성] ㉠ 단면도 작성 및 숨은선 제거 가능
㉡ 2개 면의 교선을 구할 수 있다.
㉢ NC가공 정보를 얻을 수 있다.
㉣ 와이어 프레임보다 데이터량이 증가한다.
㉤ 물리적 성질을 계산하기 곤란하다.
㉥ 복잡한 형상 표현이 가능하다.
㉦ 유한요소법(FEM)의 적용을 위한 요소 분할이 어렵다.

③ 솔리드 모델(solid model) : 3차원 모델을 완벽하게 표현한 방법

⇒ 오일러 지수=꼭짓점의 수−변의 수−면의 수

[특성] ㉠ 표현력이 크고 응용범위가 가장 넓다.
㉡ 단면도 작성과 숨은선 · 면의 제거 가능
㉢ 물리적 성질의 계산이 가능(체적, 무게중심, 관성 모멘트 등)
㉣ 동작 시뮬레이션, 간섭 체크에 유효
㉤ 데이터의 양이 많고, 데이터 구조가 복잡
㉥ 컴퓨터의 메모리량이 많아야 되고 처리에 시간이 걸림
㉦ FEM을 위한 메시 자동 분할이 가능
㉧ 이동 · 회전 등을 통하여 정확한 형상 파악을 할 수 있다.

구분	와이어 프레임 모델 (wire frame model)	서피스 모델 (surface model)	솔리드 모델 (solid model)
단면 처리	단면 처리 안 된다.	단면 처리 가능하다.	단면 처리 가능하다.
은선 처리	은선 처리 안 된다.	은선 처리 된다.	은선 처리 된다.
실루엣 처리	실루엣 처리 안 된다.	실루엣 처리 된다.	실루엣 처리 된다.
NC 코드 생성	NC 코드 생성할 수 없다.	NC 코드 생성할 수 있다.	NC 코드 생성할 수 있다.
체적 계산	체적 계산 안 된다.	간단한 형상은 할 수 있으나 복잡한 형상은 어렵다.	복잡한 형상도 체적을 계산할 수 있다.
공학적 계산	할 수 없다.	할 수 없다.	무게 계산, 구조 해석(FEM), 관성 모멘트 등 공학적 계산할 수 있다.
데이터 구성	데이터 구성이 간단하여, 모델 작성이 쉽고 처리속도가 빠르다.	와이어프레임 모델과 솔리드 모델의 중간 정도이다.	데이터 구성이 복잡하고 모델 작성이 어렵고 처리속도가 느리다.
복잡한 형상 표현	표현이 어렵다.	복잡한 형상 표현 가능	복잡한 형상 표현 가능

예제 11-1

그림과 같은 사각뿔을 B-Rep 방식으로 솔리드 모델링할 때 성립하는 오일러(Euler)의 관계식으로 옳은 것은? (여기서, V =꼭짓점의 수, F =면의 수, E =모서리의 수이다.)

㉮ $V+F+E=2$
㉯ $V+F-E=2$
㉰ $V-F+E=2$
㉱ $V-F-E=2$

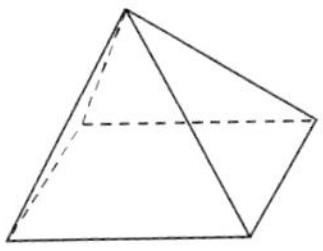

풀이 & 답

오일러식=꼭짓점의 수+면의 수−모서리의 수=5+5−8=2

답 ㉯

참고하세요 CSG(Constructive Solid Geometry) 방식

자유곡면 및 필렛 등의 조작이 용이하지 않다. 데이터량이 적다. 데이터 논리 과정의 조합, 초기 모델의 생성과정이 용이하다.

합집합(A∪B) : 양쪽에 포함되는 부분의 합집합의 입체
교집합(A∩B) : 양쪽에 공통되는 부분의 교집합의 입체
차집합(A−B) : A에서 B부분을 뺀 영역의 입체

복잡한 물체를 단순입체(primitive)의 조합으로 표현하며 불리언 모델(boolean model) 연산자(합, 적, 차)를 사용한다.

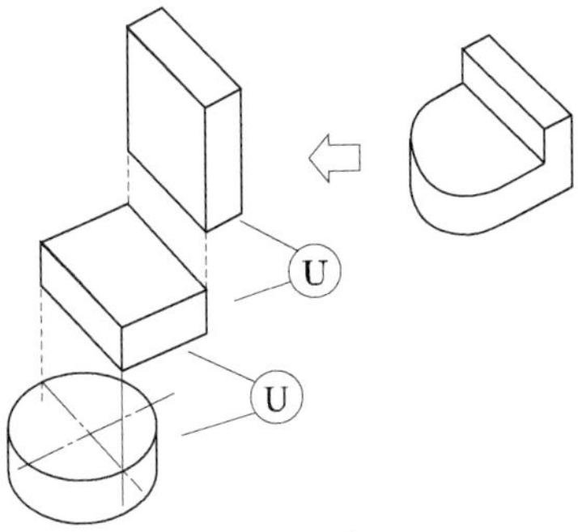

[CSG 방식]

참고하세요 B-Reps(Boundary Representation)

CSG 방식으로 표현하기 어려운 물체 모델링에 사용 ⇒ 입체를 구성하는 면의 접속관계로 입체를 표현하는 방법으로 현실세계에서 존재하지 않는 모델도 있을 수 있다.

- **B-Rep 모델의 기본 요소**
  ① 기하 요소 : 점, 곡선, 곡면
  ② 위상 요소 : 꼭짓점(vertex), 모서리(edge), 면(face)들의 이웃관계를 위상관계(topology)라 한다.

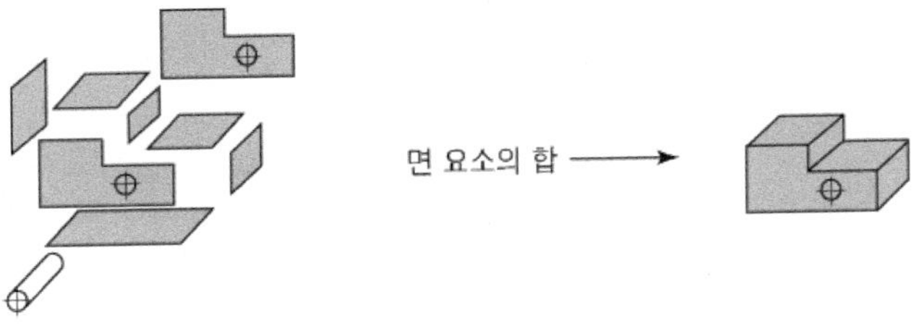

- **특징** : 형상처리가 용이, 3면도, 투시도, 전개도 작성, 표면적 계산, 입체 표면에 있어 메시(mash) 생성이 쉽다. 데이터 입력이 CSG보다 번거롭고 체적 계산이 어렵다. 재형성 시간이 적게 소요된다.
- B-Rep 자료구조

  경계 표현(boundary representation)을 저장하는 자료구조는 가상요소의 연결관계에 따라 구분되며 크게 두 가지 형태로 구분된다.

  ① 반 모서리(half-edge) 자료구조

  면 테이블에서 모서리 리스트의 길이가 유동적인 것을 해결하는 한 가지 방법으로, 각각의 면을 이루고 있는 모서리들을 이중 연결 리스트(doubly linked list)로 저장하는 것을 생각할 수 있다. 모서리의 리스트를 가지고 있는 면의 리스트를 저장하므로 솔리드를 표현하는데 면이 중심 역할을 한다. 연결관계가 반 모서리를 통해 간접적으로 표현된다.

  ② 날개 모서리(winged-edge) 자료구조

  덩어리, 면, 루프, 모서리, 꼭짓점을 사용하며, 가상요소를 사용하지 않는다.

  반 모서리 자료구조와 달리 모서리가 중심 역할을 한다. 각 면에 대한 모서리 리스트는 따로 저장되지 않는데, 그 이유는 그것이 면의 하나의 모서리와 이의 인접 모서리 정보로부터 탐색될 수 있기 때문이다. 따라서 모서리 리스트나 이로부터 파생되는 반 모서리 없이도, 면에 속한 모서리가 일정치 않아 생겼던 문제점이 해결될 수 있다. 반 모서리의 개념이 사용되지 않으므로 꼭짓점, 모서리 및 면간의 연결관계가 직접적으로 표현된다.

  ㉠ 임의의 모서리를 중심으로 하여 각각의 모서리에 이웃하는 모서리들, 그 모서리를 공유하는 두 개의 면, 모서리의 양 끝 꼭짓점을 저장하는 구조이다.

  ㉡ 각각의 면의 경계를 이루는 모서리들은 따로 저장할 필요 없이 각각의 면에 속한 하나의 모서리만 알면 된다.

  ㉢ 면을 이루고 있는 모서리의 개수가 유동적이어도 된다.

구 분			CSG	B-Reps
데이터 특성	데이터 작성		용이	곤란
	데이터 구조		단순	복잡
	데이터 수정		용이	약간 용이
	모델 재생시간		많이 걸린다.	적게 걸린다.
	필요 메모리 영역		용량이 적음	용량이 많음
응용성	3면도, 투시도 작성		곤란	용이
	전개도 작성		곤란	용이
	표면적 계산		곤란	용이
	중량 계산		용이(몬테카를로법)	약간 곤란(적분법)
	유한요소법의 적용	솔리드	용이	곤란
		표면	곤란	용이
	NC 테이프의 작성		비교적 용이	용이

참고하세요 **복합표현(hybrid representation)**

입체 표현들간의 변환으로, 모델링 방법인 CSG와 B-Rep의 조합을 사용한다.

(3) 특징 형상 모델링=피처기반 모델링(feature-based modeling)=3D 부품 모델링

피처 기반 모델링은 모서리만 가지고 있는 와이어 프레임 모델과는 달리 체적이 있기 때문에 솔리드 모델이라 부르며, 대부분의 CAD/CAM 소프트웨어는 솔리드 모델을 피처 베이스 모델 또는 3D 부품 모델링이라고 한다.
피처 베이스는 3D 부품이 모서리, 구멍, 플랜지, 필렛, 보스라는 피처의 조합에 의해 구성되는 것을 의미한다. 피처 베이스 모델을 하기 위해서는 2D 스케치 패널에서 도면대로 그린 후에 부품 피처에서 가능하며, CAD/CAM 소프트웨어마다 약간의 차이점이 있다.

(4) 비례 전개법에 의한 방식

정면도, 측면도(우측면도, 좌측면도), 평면도에 나타난 곡면의 경계곡선들로부터 비례적인 관계를 이용하여 곡면을 모델링하는 방법

(5) 파라메트릭(parametric modeling)

형상 구속 조건과 치수 조건을 이용하여 형태를 모델링하는 방식이다.
파라메트릭 모델링은 완성된 피처 기반 모델에 크기 변화를 주기 위해서는 2D 스케치 패널에서 치수를 변경하는 방법과 파라메트릭 모델링 등이 있다. 파라메트릭 모델링은 KS 규격 제품인 볼트, 핀, 키 등과 같은 제품을 선택하여 사용할 수도 있고 동일한 형상에 변수(parameter)를 적용하여 치수에 맞는 크기와 길이로 만들며, 만들어진 기계요소를 형태에 맞는 모델에 위치해 넣을 수 있다.
파라메트릭 모델링은 피처 모델을 사용할 때에는 쓸 필요가 없으며, 피처 기반의 모델은 그 자신의 독립된 특성을 갖고 있다.

① 치수 사이의 관계는 수학식으로 부여된다.
② 구속조건을 푸는 방법으로 순차적 풀기, 동시 풀기 방법에 따라 결과형상이 달라질 수 있다.
③ 치수 구속조건이란 형태에 부여된 치수값과 이들 치수 사이의 관계다.
④ 형상 구속조건(constraint)과 치수 구속조건을 이용해서 모델링한다.
⑤ 파라메트릭 모델링의 형상요소를 한번 만든 후에는 조건식을 이용하여 수정하는 것이 효과적이다.

(6) 역공학(reverse engineering)

이미 제작된 제품에서 3차원 데이터를 측정한 후 CAD 모델로 만드는 설계작업(주로 제품을 3차원 측정기로 측정하여 좌표값을 캐드상에 입력시켜 도면화시킨다.)

(7) 분해 모델링

솔리드 모델을 정육면체와 같은 간단한 입체(mesh)의 집합으로 대학 근사적으로 표현하는 방법을 분해 모델링이라 한다. 분해하는 방법에 따라 복셀(voxel), 옥트리(octree), 셀(cell) 표현 방법이 있다.
솔리드 모델은 정육면체 같은 간단한 입체의 집합으로 대략 근사적으로 표현될 수 있다. 이런 방식으로 표현된 모델을 분해 모델(decomposition model)이라 한다. 어떤 물체에 대해 많은 분해 모델이 가능하며, 따라서 사용되는 기본 입체 요소의 종류와 이것들이 생성되는 방법에 따라 저장 구조가 구별된다. 여기서는 복셀(voxel) 표현, 옥트리(octree) 표현, 세포 분해(cell) 표현과 같은 전형적인 분해 모델이 있다.

① 복셀(voxel)표현

공간을 삼차원 격자면으로 분해하여, 무수히 많은 정육면체(voxel)의 집합으로 표시하며, 고정된 크기와 해상도에서 유일하고 모호하지 않게 결정된다. 또한, 질량 성질(mass property)의 계산, 집합 연산(boolean operation) 등이 간단하고, 근사적 표현의 한계, 많은 메모리를 필요로 한다.

② 옥트리 표현(octree representation)

각 노드당 최대 8개의 자식을 가질 수 있는 하나의 트리(tree)이며 임의의 형태의 입체를 공간적으로 분할하는데 사용된다.

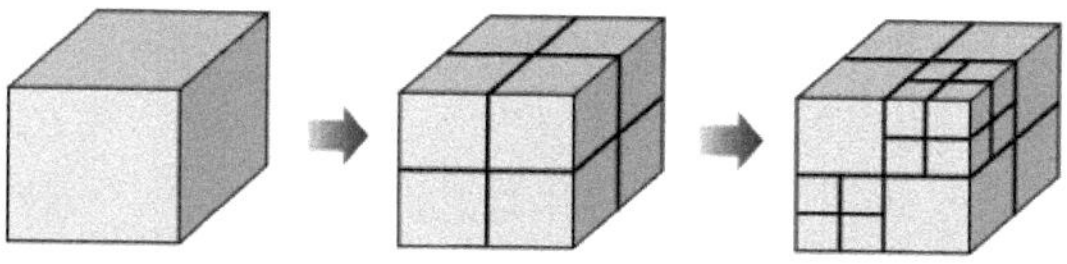

③ 세포 분해(cell decomposition)

셀의 형상에 특별한 제한조건이 부과되지 않으며, B-Rep과 CSG와 비슷하게 같은 물체가 다른 해상도와 다른 타입의 메시(육면체 : hexa hedral, 사면체 : tetra hedral)로 표현

11-2 은선 및 은면을 제거하는 알고리즘

(1) 우선적 그리기(피리어티 필 : priority fill = 화기 알고리즘)

물체의 여러 부분의 깊이를 기준으로 우선 순위 목록을 작성, 관찰자로로부터 표현, 역순으로 그려 나간다.

(2) Z-버퍼 알고리즘

가장 간단한 은면 제거 알고리즘으로 화상에서 화소의 명도를 저장하는 대신에 각 화소의 깊이나 Z좌표값을 저장하는 알고리즘이다.

(3) 광선 추적 알고리즘(Ray tracing)

억지기법(brute-force)에 기초, 간편하고 신뢰성이 높아 많이 사용되는 알고리즘이다. 광원에서 빛이 물체에 반사되고 이것이 관찰자에게 가시화되어 되돌아오도록 한 것으로 빛의 교차점을 찾는 것이 가장 중요한 부분이다.

(4) 후향면(back-face)

이 알고리즘은 물체의 바깥쪽 방향에 있는 법선 벡터가 관찰자 쪽을 향하고 있다면 물체의 면이 가시적이고, 그렇지 않으면 비가시적이라는 기본적인 개념을 이용한다.

(5) 깊이 분류(depth sorting)

이 알고리즘에서는 물체의 면들이 관찰자로부터의 거리로 정렬되며, 가장 거리가 가까운 쪽 면에서부터 가장 먼 쪽 면으로 각각의 색깔로 채워진다.

11-3 음영 기법(shading)=렌더링(rendering)

(1) 단면별 음영 기법(faced shading : lambert)

람베르트 법칙을 이용하는데 이는 완전한 산광기로부터 반사되는 빛의 강도와 입사각도 사이의 관계를 이용하여 음영을 처리하는 기법이다.

(2) 퐁 음영 기법(Phong shading-법선 보간 기법)

다각형 평면에 모든 꼭짓점들을 포함하며, 고러드 음영에서 빛의 세기는 각 꼭짓점에서 계산되고 각 꼭짓점들의 빛의 세기는 면 전체에 걸쳐서 부드럽게 합성하여 음영 처리하는 기법이다.

(3) 고러드 음영 기법(Gouraud shading : smooth shading)

음영의 세기 대신에 법선 벡터를 보간하여 음영을 처리하는 기법이다.

[용어정리]

보간(interpolation)	주어진 점들이 곡면상에 놓이도록 피팅(fitting)하는 것
근사(approximation)	점들이 곡면으로부터 조금 떨어져 있는 것을 허용하는 경우
접근 시간(access time)	기억장치에서 데이터를 꺼내는 데 소요되는 시간으로 대기시간과 전송시간을 합친 시간을 말한다.
포스트 프로세서 (post-processor)	CAM 시스템을 이용하여 NC 데이터(G코드) 생성 시 계산된 공구 경로를 각 기계 컨트롤러에 맞게 NC 데이터를 만들어주는 작업 또는 CAD 시스템으로 만들어진 형상 모델을 바탕으로 NC공작기계의 가공 data를 생성하는 것을 말한다. 설계 해석 프로그램에서는 결과에 따라 응력, 온도 등의 분포도나 변형도를 작성해주는 작업을 포스트 프로세서라 한다.
프리프로세서 (pre-processor)	CAD 시스템으로 구축한 형상 모델에서 설계 해석을 위한 각종 정보를 추출하거나, 추가로 필요로 하는 정보를 입력하고 편집하여 필요한 형식으로 재구성하는 소프트웨어 프로그램이나 처리 절차이다. 예를 들어 CAD 프로그램간의 이동할 수 있도록 하는 데이터 표준 프로그램을 만드는 과정이라 할 수 있다.
스냅(snap)	커서의 움직임을 지정된 간격으로 제한한다.
모눈(grid)	화면 표시 장치에서 도면의 위치를 시각적으로 잘 알아볼 수 있도록 하기 위해 임의의 간격으로 그려주는 보조점
역공학 (reverse engineering)	실물에서 3차원 데이터를 측정하여 CAD 모델로 만드는 작업을 역공학이라 하며, 현재 대학 및 회사에서 설계에 적용하고 있다.
프로토콜(protocol)	컴퓨터간의 정보 교환을 보다 향상시키기 위해 사용하는 네트워크 기술에서의 통신 규약이다.
디더링(dithering)	그래픽에서 요구된 색상의 사용이 불가능할 때 다른 색상들을 섞어서 비슷한 색상을 내기 위해 컴퓨터 프로그램에 의해 시도되는 것
버퍼(buffer)	입 · 출력 장치로부터 입 · 출력되기 위한 자료들을 임시로 저장하기 위한 장소
클리핑(clipping)	화면에 나타난 데이터의 일부분이 스크린에 나타날 때 윈도 밖에 표시되는 데이터를 이 파일에서 제거하는 작업
줌밍(zooming)	화면상의 이미지를 실제 크기에 영향을 끼치지 않고 시각적으로 확대 또는 축소하는 기능
스케일링(scaling)	대상물의 실제 크기를 축소, 확대시키는 실제 치수를 변경하는 기능
패닝(panning)=팬 기능	화면상의 이미지를 실제 크기에 영향을 끼치지 않고 화면상의 도면을 다른 부분으로 이동시켜 주는 기능
그룹 기법(grouping)	지정된 모든 도형 요소를 하나의 단위로 묶어 한 번에 조작할 수 있는 기능
토글(toggle)	명령의 실행 또는 마우스 클릭 시마다 On 또는 Off가 번갈아 나타나는 세팅
LAN(Local Area Network) 근거리 통신망	지역 통신망(LAN : Local Area Network)은 한 건물 내에 있는 사무소, 공장, 대학 캠퍼스와 같은 비교적 규모가 작은 지역내 통신망 시스템이라고 할 수 있다.
BPS(Bit Per Second) ※ 통신속도를 나타내는 단위	초당 비트 수. 1초 동안에 몇 개의 비트를 전송할 수 있는가를 나타내는 단위. 1초간에 1비트를 전송하면 1bps로 표시한다. 이것은 컴퓨터 통신에서 사용되는 용어로 데이터 전송의 빠르기를 평가하는 단위로 사용된다.
MIPS (Million Instructions Per Second) ※ CPU의 처리속도	컴퓨터의 성능을 나타내는 지표가 된다. 어떤 처리장치(processor)의 처리속도가 18.5MIPS라면 1초 동안에 1,850만 개의 명령을 실행할 수 있다는 의미이다. 컴퓨터의 성능을 평가하는 정량적인 평가 단위의 하나로, 단위시간에 처리할 수 있는 명령어 수로 나타내는 단위이다.
DPI(Dots Per Inch) ※ 프린터 출력 밀도 (해상도)	Dots Per Inch의 약자, 프린터의 해상도를 가리키는 단위로 1인치 안에 표시할 수 있는 점의 개수를 뜻한다. 예를 들어 300dpi의 해상도를 가진 프린터란 1인치당 300개의 점을 표시할 수 있다는 뜻이며, 숫자가 높을수록 인쇄상태가 좋다.

cps(character per second) ※ 프린터 출력 속도	1초에 인쇄할 수 있는 문자수
BPI(Byte Per Inch) ※ 자기테이프의 기록 밀도	자기테이프의 기록밀도, 즉 자기테이프 등에 기록하는 데이터의 밀도를 나타내는 데에 사용하는 단위이다. 1인치당 기록되어 있는 문자의 수로 표시하고, 1600BPI, 6250BPI와 같은 식으로 사용되며, 각각 1인치당 1600자, 6250자가 기록되어 있는 것을 나타낸다.
위상(topology)	다양한 기하요소들(various geometric components)간의 연결을 기록한다.
기하(geometry)	매개변수(parameters)를 정의하여, 형상(Shape)을 포함하는 정보 기하요소(geometric components) : 1. surface 2. curves 3. points
오일러(Euler) 작업	자료구조의 모듈화로 면, 모서리, 꼭짓점을 덧붙이거나 지우는 과정을 용이하게 하며, 항상 유효한 물체상태를 보장한다. ※ 오일러 공식(Euler−poincare fomula) : 유효한 물체가 항상 만족하는 식 $V-E+F=2B$ 여기서, V : 꼭짓점(vertices)의 수, E : 모서리(edge)의 수 F : 면(faces)의 수, B : 물체(bodies)의 수
공동(cavity)	서로 연결된 물체 중 하나가 다른 물체들을 포함하면 포함한 물체들을 포함하고 있는 물체의 공동이라 한다.
루프(loop)	구멍이 있는 물체를 위해 면 대신 루프를 사용하며, 구멍이 있는 면은 외부와 내부 경계정보를 제공한다.
분해모델 (decomposition model)	정육면체와 같은 간단한 기본 모델의 집합체로 솔리드를 표현하는 방법
볼록 껍질(convex hull)	조정점들을 다 포함하는 최소의 볼록 다각형

참고하세요 점과 벡터의 차이점

점은 사영공간에 존재하지만, 벡터는 선형공간에 존재한다.
점은 공간에 구속/고정된 것이며, 벡터는 이 점들에 움직임을 추가한 것이다.

참고하세요 Hermite 곡선과 Bezier 곡선의 차이점

Hermite 곡선은 경계조건인 양 끝의 좌표와 미분의 변화로 곡선의 변화를 예측하며, Bezier 곡선은 다각형을 이용하여 곡선의 형상을 결정한다.

참고하세요 Bezier 곡선과 B-spline 곡선의 차이점

Bezier 곡선은 어느 한 일부분을 수정할 경우 곡선 전체의 변화를 가져오므로 전체 수정의 성질을 가지는 반면에, B-spline 곡선은 적용 시 블렌딩 함수를 통하여 차수와 조정점이 무관하도록하여 Bezier 곡선과 달리 국소 수정이 가능하다.

참고하세요 NURBS 곡선과 B-spline 곡선의 차이점

NURBS 곡선은 Non-Uniform Rational B-Spline(비유리 B-spline) 곡선으로, 블렌딩 함수는 B-spline 곡선과 같은 함수를 사용하나, 비균일 매듭을 가지고 있다.

[인터페이스 소프트웨어의 종류]

IGES	IGES(Initial Graphics Exchange Specification)는 여러 종류의 CAD/CAM 시스템에서 사용된 설계와 가공의 정보를 교환하기 위한 표준 데이터 형식이다.(1979년 미국에서 시작하여 ISO의 표준규격으로 제정) 한 개의 IGES 파일은 여섯 개의 섹션으로 구성된다. 그러나 정규 ASCII 코드에서는 다섯 개의 섹션으로 구성된다. [IGES 파일의 구조] 1. 플래그 섹션(flag section)-옵션 ① 압축형 ASCII와 이진형식에서만 사용하는 것으로 데이터의 표현 형식에 따른 선택사항이다. ② 정규 ASCII 형식에서는 사용하지 않는다. 2. 개시섹션(start section) : IGES 파일의 임의의 주석 및 작성자와 작성날짜 등을 기록하는 섹션 3. 글로벌 섹션(global section) : 파일을 만든 시스템 환경에 대한 기록 4. 디렉터리 섹션(directory section) : IGES 파일에서 형상에 대한 속성, 정보의 기록 및 정의된 모든 요소[엔티티(entity)]의 목록을 저장하는 섹션 5. 파라미터 섹션(parameter section) : 2차원, 3차원의 좌표값을 가지고 있는 실제 데이터를 기록하는 섹션 6. 종결 섹션(terminate section)
DXF	DXF(Data Exchange File)는 AutoCAD의 호환성을 위해 AutoDESK 회사에서 만든 데이터 표준 프로그램이다. [DXF 파일의 구성] 1. 헤더 섹션(header section) : 도면에 대한 일반적인 자료와 변수에서 사용된 변수 명과 사용된 값을 수록한 섹션 2. 테이블 센션(table section) : Line Type, Layer, Style, View, HCS, Vport, Dimstyle, Appid(응용부분 테이블) 등이 있는 섹션 3. 블록(block) 섹션 : 도면에서 사용된 블록에 대한 자료를 수록한 블록 정의 부분 4. 엔티티(entitiy) 섹션 : 도면을 구성하는 도형 요소 및 블록의 참고사항 등을 수록 5. END OF FILE : 파일의 종료
STEP	STEP(Standard for the Exchange of Product model data)은 IGES 및 DXF가 ISO(International Standard Organization)에서 인정하는 국제적인 표준규격이 되지 않고 있는 가운데, 각 사설단체 및 CAD/CAM 회사별로 정의한 표준규격이 난립하게 되자 국제 공인 표준규격의 필요성이 점점 증대되었다. 이러한 필요성에 의해서 어떠한 이익집단에도 편중되지 않은 규격이 STEP(Standard for the Exchange of Product model data)이다. 이러한 규격은 1985년에 각 회사별로 구성된 CAD/CAM 시스템의 정보를 도면 데이터뿐만 아니라 제품 데이터도 교환할 수 있도록 한 표준규격이다.
PHIGS	PHIGS(Programmer's Hierachical Interactive Graphics System)는 3차원의 움직이는 물체를 실제와 같이(realtime) 화면에 나타나게 하며 주로 이용되는 산업 분야는 도형 구성 분야, 항공교통망 시뮬레이션, 몰분자 모델링 분야, 건축설계 등 여러 분야에서 활용되고 있다.
GKS	GKS(Graphical Kernal System)은 2차원 그래픽 시스템을 위한 표준규격이다.
STL	STL(Stereo Lithography)은 적층식 쾌속 조형의 표준입력파일 포맷으로 많이 사용되고 있다. 1987년 미국의 3Dsystem사가 Albert Consulting Group에 의뢰하여 만들어진 것으로, 3차원 데이터의 서피스 모델을 삼각형 다면체(facet)로 근사시킨 것으로, 쾌속 조형(PR & M)에 많이 적용하고 있다. ① 물체를 삼각형의 다면체들의 리스트로 표현한다. ② 내부 처리 구조가 다른 CAD/CAM 시스템으로부터 쉽게 변환, 정보를 교환할 수 있는 장점이 있다. ③ 모델링된 곡면을 정확히 다면체로 옮길 수 없다. ④ 오차를 줄이기 위해 보다 정확히 변환시키려면 용량을 많이 차지하는 단점이 있다.

기계설계 산업기사 필기

part 2
기계요소설계

Chapter 1 단위와 기초 이론

1-1 단 위

구분		거리	질량	시간	힘	일	동 력
국제(SI) 단위	MKS 단위계	m	kg	s	$1\mathrm{N}=1\mathrm{kg}\times1\dfrac{\mathrm{m}}{\mathrm{s}^2}$	$1\mathrm{J}=1\mathrm{Nm}$	$1\mathrm{W}=1\dfrac{\mathrm{J}}{\mathrm{s}}=1\dfrac{\mathrm{Nm}}{\mathrm{s}}$ $1\mathrm{kW}=102\dfrac{\mathrm{kgf}\cdot\mathrm{m}}{\mathrm{s}}$
공학 단위	중력 단위계	m cm mm	$\mathrm{kgf}\cdot\mathrm{s}^2/\mathrm{m}$	s min	kgf	$\mathrm{kgf}\times\mathrm{m}$	$1PS=75\dfrac{\mathrm{kgf}\cdot\mathrm{m}}{\mathrm{s}}$

참고 산업기사 필기시험은 SI 단위로 출제됩니다.

예제 1-1

질량 1kg의 물체가 $1\mathrm{m/s^2}$의 가속도로 움직일 수 있도록 가하는 힘은?

㉮ 1[N]　　㉯ 1[dyne]
㉰ 1[kgf]　　㉱ 1[kg]

풀이 & 답

힘 = 질량 × 가속도, $1\mathrm{N}=1\mathrm{kg}\times1\dfrac{\mathrm{m}}{\mathrm{s}^2}$

답 ㉮

예제 1-2

동력의 단위에서 1PS는 약 몇 kW인가?

㉮ 0.735　　㉯ 0.875
㉰ 1.25　　㉱ 1.36

풀이 & 답

$$1\text{PS} = 75\frac{\text{kgf}\cdot\text{m}}{\text{s}} \times \frac{1\text{kW}}{102\frac{\text{kgf}\cdot\text{m}}{\text{s}}} = 0.735\text{kW}$$

답 ㉮

(1) SI 기본 단위(7개)

서로 독립된 차원을 가지는 단위로 정의

양	명칭	기호	양	명칭	기호
길이	미터	m	온도	켈빈	K
질량	킬로그램	kg	몰질량	몰	mol
시간	초	s	광도	칸델라	cd
전류	암페어	A			

예제 1-3

국제단위계(SI)에서 기본 단위에 해당하지 않는 것은?

㉮ 질량[kg]　　㉯ 평면각[rad]
㉰ 전류[A]　　㉱ 광도[cd]

답 ㉯

배수	접두어 약호	배수	접두어 약호
$10^9 = 1000000000$	giga(G)	$10^{-1} = 0.1$	deci(d)
$10^6 = 1000000$	mega(M)	$10^{-2} = 0.01$	centi(c)
$10^3 = 1000$	kilo(k)	$10^{-3} = 0.001$	milli(m)
$10^2 = 100$	hecto(h)	$10^{-6} = 0.000001$	micro(μ)
$10^1 = 10$	deca(D)	$10^{-9} = 0.000000001$	nano(n)

(2) SI 유도 단위 중 고유명칭을 가진 단위(19개)

양	고유명칭	기호	단위	비고
힘	뉴턴	N	$kg \times \frac{m}{s^2}$	힘 = 질량 × 가속도
압력, 응력	파스칼	Pa	$\frac{N}{m^2}$	압력 = $\frac{힘}{면적}$, 응력 = $\frac{하중}{면적}$
에너지, 일량, 열량	줄	J	N × m	일량 = 힘 × 거리
일률, 동력, 전력	와트	W	$\frac{J}{s} = \frac{N \times m}{s}$	동력 = $\frac{일량}{시간} = \frac{힘 \times 거리}{시간}$
주파수	헤르츠	Hz	$\frac{1}{sec}$	주파수 = $\frac{사이클}{초}$
섭씨온도	섭씨	℃	℃	섭씨온도 = 절대온도 − 273.15
전기량, 전하	쿨롬	C	C	(전기량 = 전하) = 전류 × 시간
전압, 전위	볼트	V	V	전압 = $\frac{전력}{전류}$
전기용량	패럿	F	F	전기용량 = $\frac{전하량}{전압}$
전기저항	옴	Ω	Ω	전기저항 = $\frac{전압}{전류}$
전기전도도 (=컨덕턴스)	지멘스	S	$S = \frac{1}{\Omega}$	전기전도도 = $\frac{전류}{전압}$
자속	웨버	Wb	Wb	자속 = 전압 × 시간
자속밀도	테슬라	T	$T = \frac{Wb}{m^2}$	자속밀도 = $\frac{자속}{면적}$
인덕턴스	헨리	H	H	인덕턴스 = $\frac{자속}{전류}$
광속	루멘	lm	lm	
조도	럭스	lx	lx	
방사능	베크렐	Bq	Bq	
흡수선량	그레이	Gy	Gy	
선량당량	시버트	Sv	Sv	

예제 1-4

SI 단위와 기호로 잘못 짝지어진 것은?

㉮ 주파수−헤르츠[Hz]
㉯ 에너지−줄[J]
㉰ 전기량, 전하−와트[W]
㉱ 전기저항−옴[Ω]

풀이 & 답

전기량, 전하는 쿨롬, 단위로는 [C]로 나타낸다.
전력 = 전기동력의 단위는 와트, 단위로는 [W]로 나타낸다.

답 ㉰

예제 1-5

다음 중 동력의 단위에 해당되지 않는 것은?

㉮ erg/s　　㉯ N · m
㉰ PS　　㉱ J/s

풀이 & 답

1N· m = 1J(에너지단위 = 일의 단위)

답 ㉯

1-2 하중(load)

기계, 기계구조물에 가하는 외력이다.

(1) 하중의 단위

국제단위(SI), 중력단위를 사용하고 있다.

• 국제단위(System Internationl) : (힘 = 질량 × 단위가속도)

$$\text{힘} = \text{질량} \times \text{가속도},\ F = m \times a$$

$$1\text{N} = 1\text{kg} \times 1\frac{\text{m}}{\text{s}^2} = 1\frac{\text{kg}\cdot\ \text{m}}{\text{s}^2}$$

• 중력단위(공학단위) : (무게 = 질량 × 중력가속도)

$$\text{무게} = \text{질량} \times \text{중력가속도},\ W = m \times g$$

$$1\text{kgf} = 1\text{kg} \times 9.8\text{m/s}^2 = 9.8\frac{\text{kg}\cdot\ \text{m}}{\text{s}^2} = 9.8\text{N},\ 1\text{kgf} = 9.8\text{N}$$

예제 1-6

질량 1kg의 물체가 1m/s^{2}의 가속도로 움직일 수 있도록 가하는 힘은?

㉮ 1[N]　　㉯ 1[dyne]
㉰ 1[kgf]　　㉱ 1[kg]

답 ㉮

(2) 하중의 종류

① 작용방향에 따른 분류

㉠ 축하중＝수직하중(axial load) : 단면에 수직한 하중(같은 축선 상에 하중이 있어야 한다.)

ⓐ 인장하중 : 재료를 늘리는 하중

ⓑ 압축하중 : 재료를 줄이는 하중

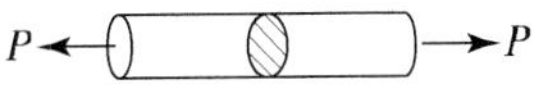

[인장하중]

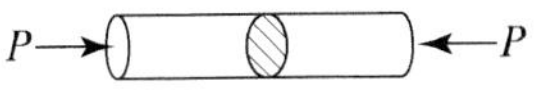

[압축하중]

㉡ 전단하중(shearing load) : 단면에 평행한 하중

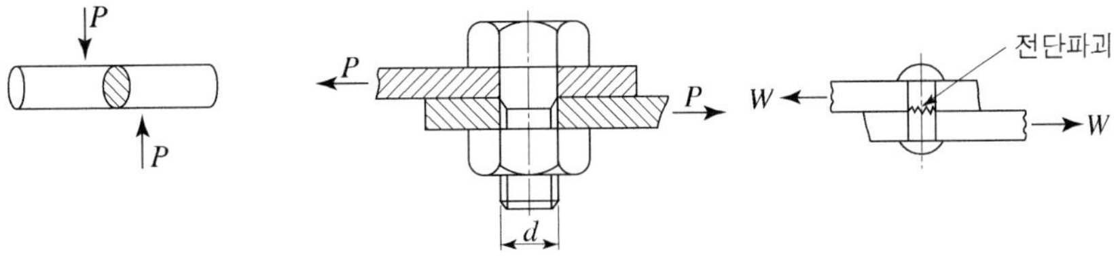

② 작용속도에 따른 분류

㉠ 정하중 : 정지상태에서 가해지는 하중. 시간에 따라 하중의 변화가 발생하지 않는 하중

㉡ 동하중 : 움직이면서 가해지는 하중

ⓐ 반복하중 : 일정한 주기 및 진폭으로 반복하여 계속 작용하는 하중으로 편진하중이다.(압축이든 인장이든 한쪽 하중만 발생한다.)

ⓑ 교번하중 : 인장하중과 압축하중이 교대로 반복하여 작용하는 하중으로 크기와 방향이 동시에 변화하는 하중

ⓒ 충격하중 : 짧은 시간에 순간적으로 작용하는 하중

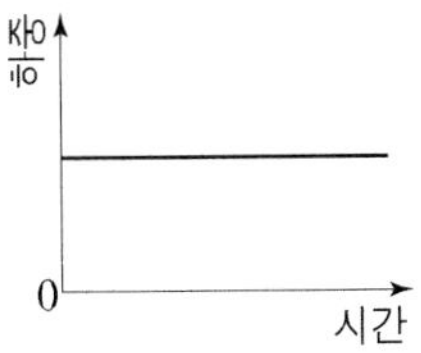

[정하중]

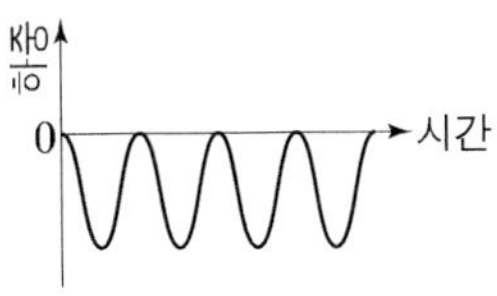

[반복하중]

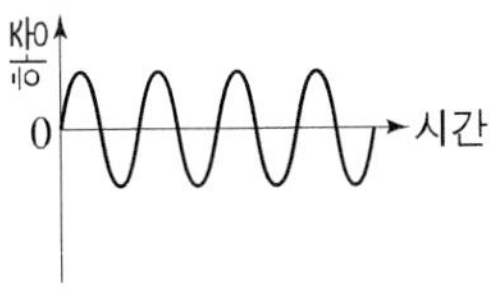

[교번하중]

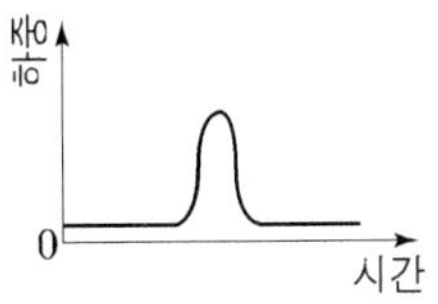

[충격하중]

예제 1-7

하중을 작용방향과 작용시간 등에 따라 분류할 때, 작용방향에 따른 분류에 속하지 않는 것은?

㉮ 압축하중 ㉯ 충격하중
㉰ 인장하중 ㉱ 전단하중

풀이 & 답

충격하중은 속도에 따른 분류이다.

답 ㉯

예제 1-8

계속하여 반복 작용하는 하중으로서 진폭이 일정하고 주기가 규칙적인 하중은?

㉮ 변동하중 ㉯ 반복하중
㉰ 교번하중 ㉱ 충격하중

풀이 & 답

하중의 진폭이 일정하고, 주기가 규칙적인 하중은 반복하중이다.

답 ㉯

예제 1-9

인장하중과 압축하중이 교대로 반복하여 작용하는 하중으로 크기와 방향이 동시에 변화하는 하중은?

㉮ 반복하중 ㉯ 교번하중
㉰ 충격하중 ㉱ 전단하중

풀이 & 답

인장과 압축이 교대로 반복적으로 나타나는 하중은 교번하중이다.

답 ㉯

예제 1-10

일정한 주기 및 진폭으로 반복하여 계속 작용하는 하중으로 편진하중을 의미하는 하중은 다음 중 어느 것인가?

㉮ 반복하중 ㉯ 교번하중
㉰ 충격하중 ㉱ 전단하중

답 ㉮

1-3 응력(stress)

재료에 하중이 가해지면, 그 하중에 대응하는 내부적인 저항력(내력)이 발생하고 내력의 크기를 나타내기 위한 것을 재료역학에서 응력이라 한다.

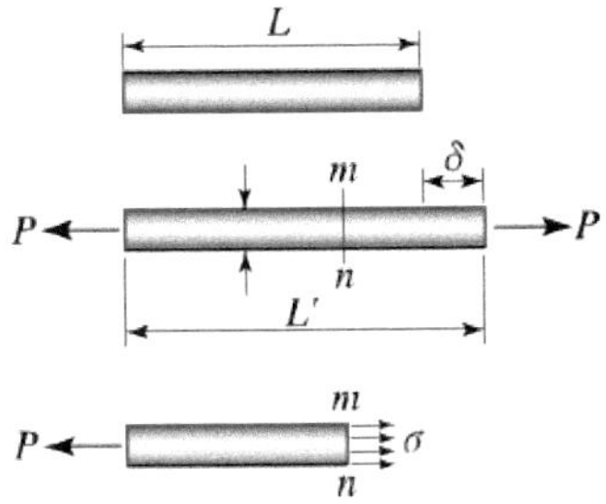

$$응력 = \frac{하중}{단면적},\ \sigma = \frac{F}{A}$$

$$변형률 = \frac{변형량}{원래의\ 길이},\ \epsilon = \frac{(L'-L)}{L} = \frac{\Delta L}{L} = \frac{\delta}{L}$$

※ F와 A의 비 = F대 A의 비 = $\frac{F}{A}$

A에 대한 F의 비 = A에 대한 F = A당 F = $\frac{F}{A}$

※ 응력단위 : kgf/cm^2, kgf/mm^2, N/m^2 = Pa, Psi = Pound per squre inch = lb/in^2

$$1\frac{\mathrm{N}}{\mathrm{mm}^2} = 1\mathrm{MPa}$$

(1) 응력의 종류

① 축응력 = 수직응력 = 법선응력(normal stress) : 축 하중에 의한 하중(같은 선상에 하중이 작용해야 됨.)

㉠ 인장응력 : 인장하중에 의한 응력

㉡ 압축응력 : 압축하중에 의한 응력

② 전단응력 : 전단하중에 의한 응력 : 단면에 평행한 하중에 의해 발생되는 응력

(수직응력은 단면에 항상 수직) (수직응력) $\sigma = \frac{P}{A}$

(전단응력은 단면에 항상 평행) (전단응력) $\tau = \frac{P_s}{A}$

예제 1-11

다음 그림과 같은 사각빔에 100KN의 인장력이 작용하고 있다. 이때 이 부재에 걸리는 응력은 얼마인가?

㉮ 100Pa
㉯ 100kPa
㉰ 100MPa
㉱ 100GPa

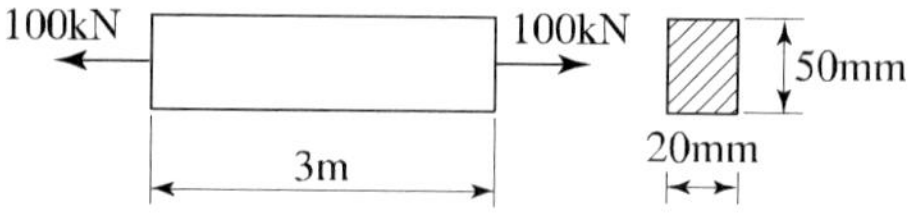

풀이 & 답

$$\sigma_t = \frac{P}{A} = \frac{100 \times 10^3}{20 \times 50} = 100[\mathrm{N/mm^2}] = 100[\mathrm{MPa}]$$

$$\therefore \ \sigma_t = 100\mathrm{MPa}$$

답 ㉰

예제 1-12

그림과 같은 두 개의 판재가 볼트로 체결된 채 500N의 전단력을 받고 있다. 볼트의 중간단면에 작용하는 평균 전단응력은? (단, 볼트의 골지름은 1cm이다.)

㉮ 5.25MPa
㉯ 6.37MPa
㉰ 7.43MPa
㉱ 8.76MPa

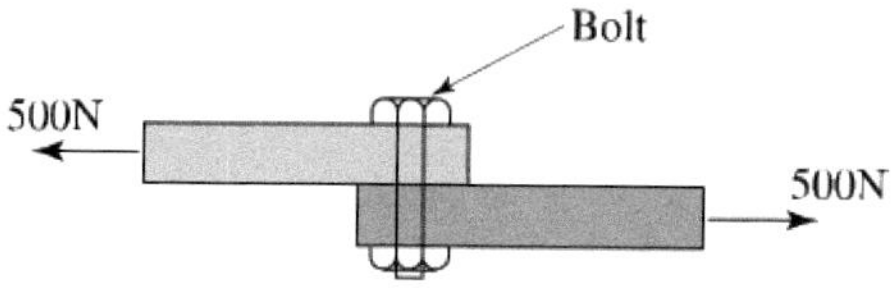

풀이 & 답

$$\tau = \frac{F}{A} = \frac{F}{\frac{\pi}{4}d^2} = \frac{500}{\frac{\pi}{4} \times 10^2} = 6.366\mathrm{MPa}$$

답 ㉯

예제 1-13

M22볼트(골지름 19.294mm)가 그림과 같이 2장의 강판을 고정하고 있다. 체결 볼트의 허용전단응력이 45MPa라 하면 되대 몇 kN까지의 하중을 받을 수 있는가?

㉮ 13.16
㉯ 7.54
㉰ 11.48
㉱ 22.96

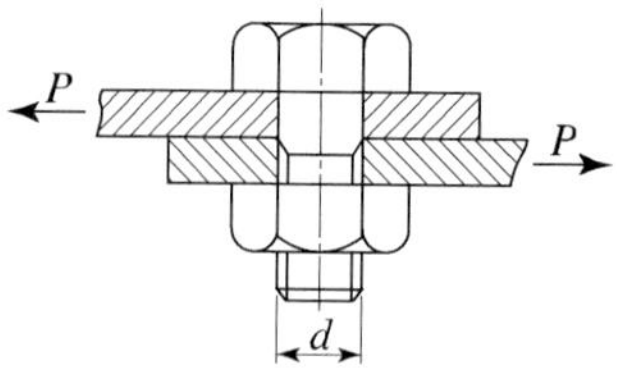

풀이 & 답

(전단응력) $\tau = \dfrac{P}{\dfrac{\pi}{4}d_1^2}$, $45 = \dfrac{P}{\dfrac{\pi}{4}\times 19.294^2}$ 에서

(전단력) $P = 13156.69\text{N} = 13.16\text{kN}$

답 ㉮

예제 1-14

정사각형의 봉에 10kN의 인장하중이 작용할 때 이 사각봉 단면의 한 변의 길이는? (단, 하중은 축 방향으로 작용하며 이때 발생한 인장응력은 100N/cm^2이다.)

㉮ 10cm ㉯ 20cm
㉰ 30cm ㉱ 40cm

풀이 & 답

$\sigma_t = \dfrac{P}{A}$, $100\left[\dfrac{\text{N}}{\text{cm}^2}\right] = \dfrac{10\times 10^3[\text{N}]}{a^2[\text{cm}^2]}$ (정사각형의 한 변의 길이) $a = 10\text{cm}$

답 ㉮

예제 1-15

외경 10mm, 내경 5mm의 속빈 원통이 축방향으로 10KN의 인장하중을 받고 있다. 이때 재료에 발생하는 응력[MPa]은 약 얼마인가?

㉮ 1.69 ㉯ 874.5
㉰ 8.74 ㉱ 169.8

풀이 & 답

(인장응력) $\sigma_t = \dfrac{P}{A} = \dfrac{10\times 10^3}{\dfrac{\pi}{4}\times(10^2-5^2)} = 169.765[\text{N/mm}^2] = 169.8[\text{MPa}]$

답 ㉱

1-4 변형률(strain)

원래의 길이에 대한 변형량

$$\text{변형률} = \frac{\text{변형량}}{\text{원래의 길이}},\ \epsilon = \frac{\Delta l}{l}$$

(1) 변형률의 종류

① 수직하중에 의한 변형률

㉠ 종변형률 = 축방향 변형률 = 세로방향 변형률 = 길이방향 변형률 = 힘이 작용하는 방향의 변형률

㉡ 횡변형률 = 반지름방향 변형률 = 가로방향 변형률 = 힘이 작용하지 않는 방향의 변형률

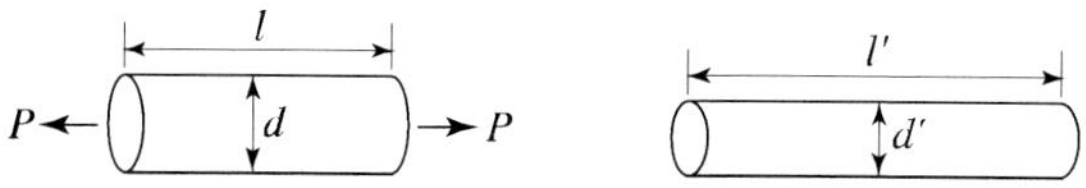

[변형 전] [변형 후]

$$\text{종변형률 } \epsilon = \frac{\Delta l}{l} = \frac{l' - l}{l}$$

$$\text{횡변형률 } \epsilon' = \frac{\Delta d}{d} = \frac{d - d'}{d}$$

여기서, Δl : 길이방향 변형량 = 종변형량

Δd : 직경방향 변형량 = 가로방향 변형량 = 횡변형량

㉢ 변형률의 관계 : 푸아송의 비 μ(Poisson's ratio)

푸아송의 수 m(Poisson's number)

$$(\text{푸아송 비})\ \mu = \frac{\epsilon'}{\epsilon} = \frac{\left(\frac{\Delta d}{d}\right)}{\left(\frac{\Delta l}{l}\right)} = \frac{\Delta d \cdot l}{\Delta l \cdot d} = \frac{1}{m}$$

예제 1-16

단면이 50mm×50mm이고, 길이가 100mm인 탄소강재가 있다. 여기에 10kN의 인장력을 길이 방향으로 주었을 때 0.4mm가 늘어났다면 이때 변형률은 얼마인가?

㉮ 0.0025　　㉯ 0.004
㉰ 0.0125　　㉱ 0.025

풀이 & 답

$$\epsilon = \frac{\Delta l}{l} = \frac{0.4}{100} = 0.004$$

답 ㉯

예제 1-17

높이 50mm의 사각봉이 압축하중을 받아 0.004의 변형률이 생겼다고 하면 이 봉의 높이는 얼마로 되었는가?

㉮ 50.2mm　　㉯ 50mm
㉰ 49.8mm　　㉱ 49.6mm

풀이 & 답

$\epsilon = \frac{\Delta h}{h}$　　(줄어든 높이) $\Delta h = \epsilon \times h = 0.004 \times 50 = 0.2\text{mm}$

(변화 후의 높이) $h' = h - \Delta h = 50 - 0.2 = 49.8\text{mm}$

답 ㉰

참고하세요

크리프(creep) 현상 : 재료에 높은 온도로 큰 하중을 일정하게 작용시키면 응력이 일정해도 시간에 따라 변형률이 증가하는 형상

예제 1-18

길이가 100mm인 봉이 인장응력을 받았을 때 변형률이 1이라면 변형 후의 전체 길이는?

㉮ 50mm　　㉯ 100mm
㉰ 150mm　　㉱ 200mm

답 ㉱

1-5 응력과 변형률의 관계

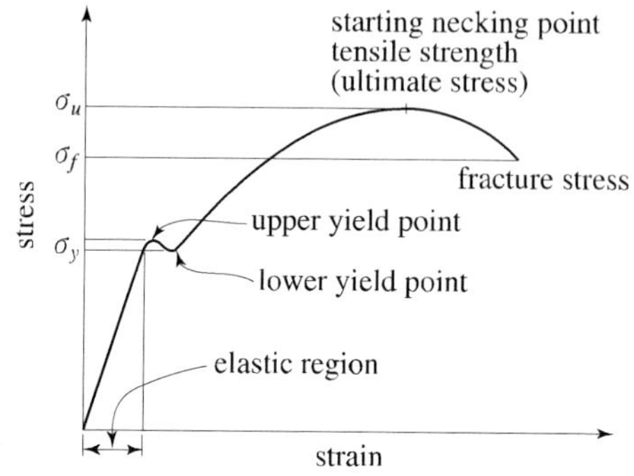

① σ_w : 사용응력(working stress)
사용할 수 있는 응력=영구 변형 없이 구조물을 안전하게 사용할 수 있는 응력

② σ_a : 허용응력(allow stress)
사용응력으로 선정한 안전한 범위의 응력=사용응력의 상한응력

③ σ_u : 극한강도(ultimate stress)=(최대응력)

④ 응력의 관계

$$\sigma_w \leqq \sigma_a = \frac{\sigma_u}{S} \quad \text{여기서, } S \text{ : 안전율}$$

$$\text{사용응력} \le \text{허용응력} = \left(\frac{\text{극한강도}}{\text{안전율}}\right) \le \text{비례한도} \le \text{항복응력} \le \text{극한강도}$$

⑤ 인장강도 $= \dfrac{\text{최대하중}}{\text{최초의 단면적}}$ (인장시험의 최대하중을 최초의 단면적으로 나눈 값)

⑥ 피로한도=피로강도
반복하중이 가해지는 재료의 기준강도로서 피로시험에서 구한다. 피로시험에서 결과는 응력(S)과 반복 횟수(N)와의 관계를 그래프로 표시한다(S-N곡선). 즉, 반복횟수가 계속되어도 응력이 더 이상 낮아지지 않을 때의 응력값을 피로한도=피로강도라 한다.

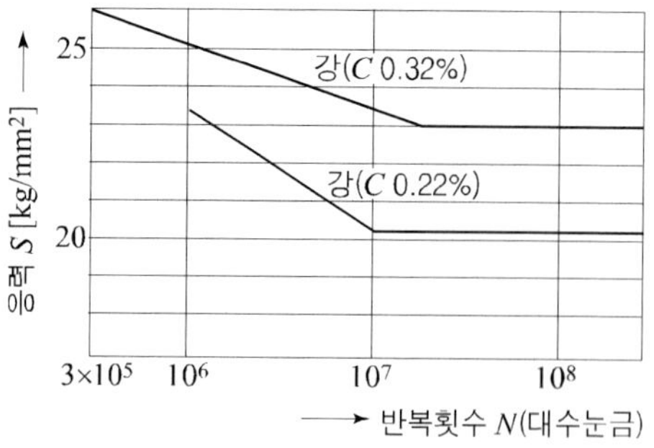

[S-N 곡선]

⑦ Hook's의 법칙≒응력과 변형률의 법칙

㉠ 수직응력을 받는 경우

$$\sigma = E \cdot \ \epsilon = E \times \frac{\Delta l}{l}, \ (\text{수직변형량})\ \Delta l = \frac{\sigma \cdot \ l}{E} = \frac{P \cdot \ l}{A \cdot \ E}$$

여기서, E : 비례계수=종탄성계수=세로탄성계수=영계수(Young's modulus)
=수직탄성계수

예제 1-19

응력–변형률 선도에서 재료가 견딜 수 있는 최대의 응력을 무엇이라 하는가?

㉮ 비례한도 ㉯ 소성변형
㉰ 항복점 ㉱ 극한강도

풀이 & 답

응력과 변형률 선도에서 최대응력을 극한강도, 인장강도라 한다.

답 ㉱

예제 1-20

세로탄성계수[N/mm^2]와 응력[N/mm^2], 세로변형률과의 관계식으로 맞는 것은?

㉮ $\epsilon = E\ \sigma$ ㉯ $E = \frac{\sigma}{\epsilon}$
㉰ $E = \sigma\ \epsilon$ ㉱ $\sigma = \frac{E}{\epsilon}$

답 ㉯

예제 1-21

연강의 응력–변형률 선도에서 후크의 법칙(Hook's law)이 성립하는 구간으로 알맞은 것은?

㉮ 항복점 ㉯ 극한강도
㉰ 비례한도 ㉱ 소성변형

풀이 & 답

후크의 법칙($\sigma = E\epsilon$)은 비례한도 이하에서 만족한다.

답 ㉰

예제 1-22

S–N(응력진폭–반복횟수) 선도에서 응력의 값이 어느 일정한 값에 도달하면 곡선이 수평으로 되어, 이 응력 이하에서는 아무리 반복횟수를 늘려도 파괴되지 않게 한다. 이 응력의 한도값을 무엇이라 하는가?

㉮ 응력한도 ㉯ 반복한도
㉰ 피로한도 ㉱ 수평한도

풀이 & 답

반복하중이 가해지는 재료의 기준강도로서 피로시험에서 구한다.
피로시험에서 결과는 응력(S)과 반복횟수(N)와의 관계의 결과를 그래프로 표시한다(S–N곡선). 즉 반복횟수가 계속되어도 응력이 더 이상 낮아지지 않을 때의 응력값을 피로한도=피로강도라 한다.

답 ㉰

예제 1-23

단면적이 $100mm^2$인 봉에 600kgf의 추를 달았더니 이 봉에 생긴 인장응력이 재료의 허용인장응력에 도달하였다. 이 봉재의 극한강도가 $1200kgf/cm^2$이면 안전율은 얼마인가?

㉮ 2 ㉯ 3
㉰ 4 ㉱ 5

풀이 & 답

$$(\text{안전률})\ S = \frac{\text{극한강도}}{\text{허용응력}} = \frac{1200\text{kgf/cm}^2}{600\text{kgf/cm}^2} = 2$$

답 ㉮

예제 1-24

안전율에 대한 설명으로 틀린 것은?

㉮ 안전율은 항상 1보다 큰 값을 갖는다.
㉯ 재료의 허용응력에 대한 기준강도의 비이다.
㉰ 재료의 허용응력이 기준강도보다 반드시 커야 한다.
㉱ 충격하중은 정하중보다 안전율을 크게 한다.

답 ㉰

1-6 모멘트(moment)

(1) 비틀림모멘트(T)

(비틀림모멘트) $T = F \times R$

여기서, F : 접선력, R : 반지름

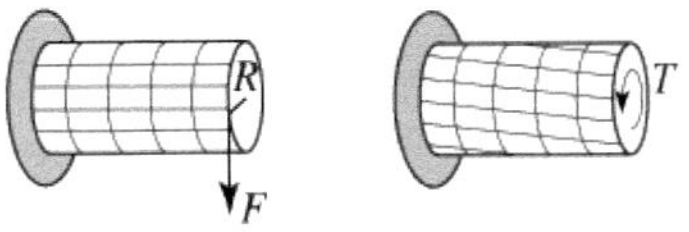

(2) 굽힘모멘트(M)

(굽힘모멘트) $M = F \times L$

여기서, F : 굽힘력, L : 거리

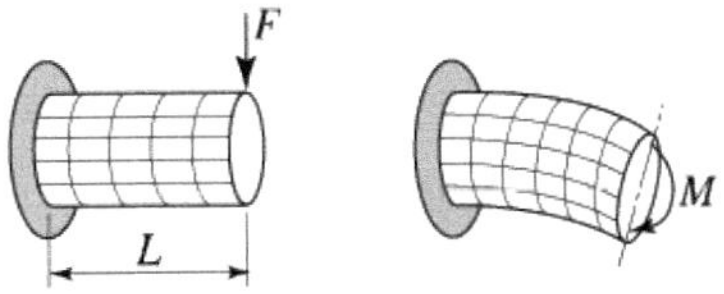

예제 1-25

임의의 점에서 직선거리 L만큼 떨어진 곳에서 힘 F가 수직하게 작용할 때 발생하는 모멘트를 바르게 나타낸 것은?

㉮ $M = F \times L$ ㉯ $M = \dfrac{F}{L}$

㉰ $M = L/F$ ㉱ $M = F + L$

답 ㉮

Chapter 2 나사

2-1 나사의 원리 및 나사의 각부 명칭

나사의 원리 및 구성 : 직각삼각형의 종이 ABC를 원통에 감으면 삼각형의 빗변은 원통면 상에 한 개의 곡선을 만든다. 이 곡선을 나선곡선(helix)이라 하며, 이 나선곡선에 따라 원통면에 홈을 판 것을 나사라 한다.

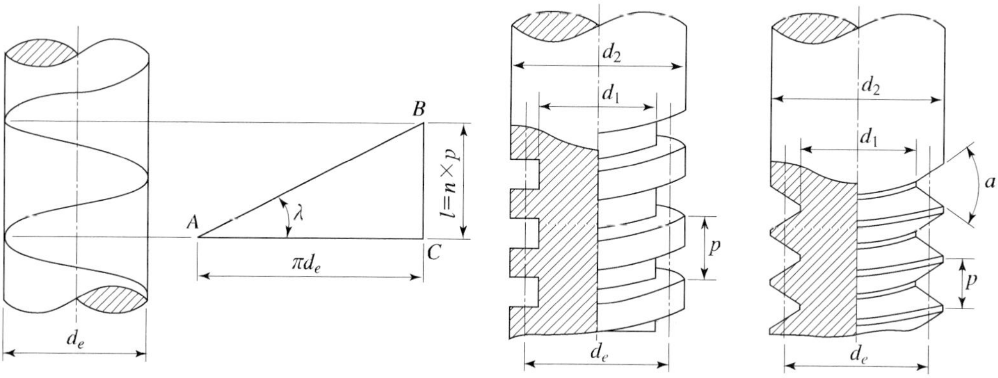

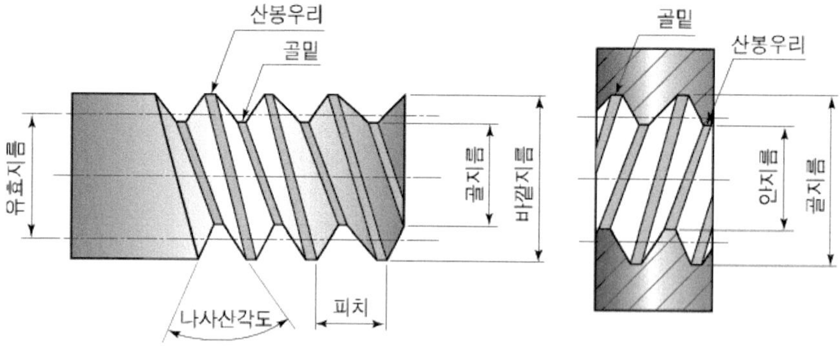

수나사를 기준

d_1 : 골지름 = 안지름 ≒ 내경

d_2 : 바깥지름(= 산지름 = 외경) ⇒ 호칭지름

d_e : 유효직경 = 평균직경

h : 나사산 높이

p : 피치(pitch) = 나사산과 나사산 사이의 거리 또는 골과 골 사이의 거리

l : 리드(lead) : 나사를 1회전시켰을 때 축방향으로 나아가는 거리

$l = n \times p$(여기서, n : 나사의 줄수)

λ : 리드각 = 나선각 = 경사각(helix angle) ⇒ 나사가 회전할 때 나아가는 리드에 의해 생성되는 각

$$\tan\lambda = \frac{l}{\pi d_e} = \frac{n \cdot p}{\pi d_e}$$

α : 나사산의 각도

ρ : 마찰각

$\tan\rho = \mu$ (여기서, μ : 마찰계수로 사각나사의 경우이다.)

예제 2-1

피치가 1mm인 2줄 나사에서 90° 회전시키면 나사가 움직인 거리는 몇 mm인가?

㉮ 4　　㉯ 2

㉰ 1　　㉱ 0.5

풀이 & 답

(리드) l =(줄수)n × (피치)p = 2 × 1 = 2mm

(진행거리) $L = l \times \frac{1}{4} = \frac{2}{4} = 0.5\text{mm}$　　90° 회전은 $\frac{1}{4}$ 회전이다.

답 ㉱

예제 2-2

두 줄 나사를 두 바퀴 돌렸더니 축 방향으로 12mm 이동했다. 이 나사의 피치(p)와 리드(l)는 각각 얼마인가?

㉮ p = 3mm, l = 6mm　　㉯ p = 6mm, l = 3mm

㉰ p = 3mm, l = 3mm　　㉱ p = 6mm, l = 6mm

풀이 & 답

(리드) $l = \frac{\text{진행거리}}{\text{회전}} = \frac{12\text{mm}}{2\text{회전}} = \frac{6\text{mm}}{\text{회전}}$　　(리드) l = (줄수)$n \times p$(피치)

(피치) $p = \frac{(리드)l}{(줄수)n} = \frac{6}{2} = 3\text{mm}$

답 ㉮

예제 2-3

지름 20mm, 피치 2mm인 2줄 나사를 10회전시켰더니 완전하게 체결되었다. 이 나사의 리드(l)와 진행거리(L)는 몇 mm인가?

㉮ l =2mm, L =20mm
㉯ l =3mm, L =30mm
㉰ l =4mm, L =40mm
㉱ l =5mm, L =50mm

풀이 & 답

(리드) $l = (줄수)n \times p(피치) = 2 \times 2 = 4\text{mm}$
(진행거리) $L = (리드)l \times 회전 = 4 \times 10 = 40\text{mm}$

답 ㉰

예제 2-4

암나사와 수나사가 결합되어 있을 때 암나사를 3회전하였더니 축방향으로 15mm, 산수는 6산이 나간다. 이와 같은 나사의 조건은?

㉮ 피치 : 2.5mm, 리드 : 5mm
㉯ 피치 : 2.5mm, 리드 : 2.5mm
㉰ 피치 : 5mm, 리드 : 10mm
㉱ 피치 : 5mm, 리드 : 5mm

풀이 & 답

(리드) $l = \frac{진행거리}{회전} = \frac{15\text{mm}}{3회전} = \frac{5\text{mm}}{회전} = 5\text{mm}$

(피치) $p = \frac{진행거리}{산수} = \frac{15\text{mm}}{6산} = 2.5\text{mm}$

답 ㉮

2-2 나사의 역학

(1) 사각나사에 작용하는 회전력 = 체결력 = 접선력(P)

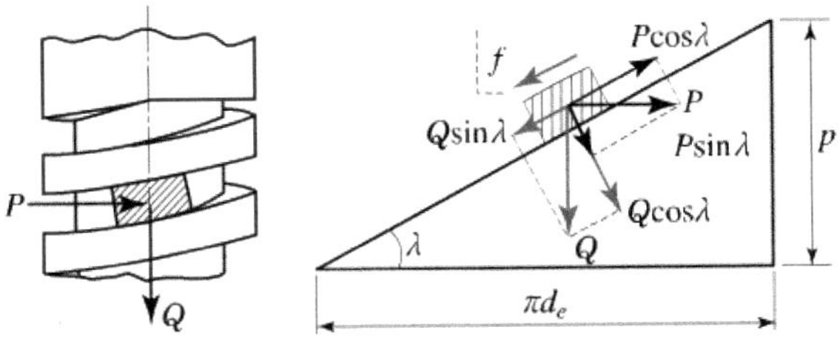

여기서, P : 회전력(= 체결력 = 접선력 = 나사를 감는 힘)
Q : 축방향 하중
μ : 마찰계수($\tan\rho = \mu$)
ρ : 마찰각

경사면에서의 힘의 평형조건, $\Sigma F = 0$;

(마찰력) $f = \mu Q cos\lambda + \mu P\ \sin\lambda$

$P\cos\lambda = \mu Q\cos\lambda + \mu P\sin\lambda + Q\sin\lambda$

$P\cos\lambda - \mu Q\cos\lambda - \mu P\sin\lambda - Q\sin\lambda = 0$

$P(\cos\lambda - \mu\sin\lambda) = Q(\sin\lambda + \mu\cos\lambda)$

$P = Q\left(\dfrac{\sin\lambda + \mu\cos\lambda}{\cos\lambda - \mu\sin\lambda}\right)$ ⇦ 분자, 분모에 $\cos\lambda$를 나누면

$= Q\left(\dfrac{\tan\lambda + \mu}{1 - \mu\tan\lambda}\right) = Q\left(\dfrac{\tan\lambda + \tan\rho}{1 - \tan\rho\tan\lambda}\right)$

위 식에 삼각함수의 합 공식을 적용 : $\tan(\alpha \pm \beta) = \dfrac{\tan\alpha \pm \tan\beta}{1 \mp \tan\alpha\tan\beta}$

∴ (나사의 체결력) $P = Q\tan(\rho + \lambda)$: → 사각나사에서 마찰각, 리드각이 주어진 경우

$P = Q\left(\dfrac{\tan\lambda + \mu}{1 - \mu\tan\lambda}\right)$식에서, $\tan\lambda = \dfrac{p}{\pi d_e}$(1줄 나사의 경우)를 대입하면,

$$P = Q\left(\frac{\dfrac{p}{\pi d_e} + \mu}{1 - \mu \times \dfrac{p}{\pi d_e}}\right) = Q\left(\frac{\mu\pi d_e + p}{\pi d_e - \mu p}\right)$$ ⇦ 분자, 분모에 πd_e를 곱하여 정리하면

(체결력) $P = Q\tan(\lambda + \rho) = Q\left(\dfrac{\tan\lambda + \tan\rho}{1 - \tan\rho\tan\lambda}\right) = Q\left(\dfrac{\mu\pi d_e + p}{\pi d_e - \mu p}\right)$
여기서, Q : 축방향 하중, λ : 나선각, ρ : 마찰각, μ : 마찰계수, d_e : 평균직경, p : 나사의 피치

예제 2-5

4각 나사에서 바깥지름 d_2 =36mm, 피치 p =8mm, 나사산의 높이는 피치의 1/2, 나사면의 마찰계수 μ =0.12이고, 축방향 하중은 30kN이 작용되고 있다. 이 나사의 체결력[N]은 얼마인가?

㉮ 3043　　㉯ 4043
㉰ 5043　　㉱ 6043

풀이 & 답

(체결력) $P=Q\tan(\lambda+\rho) = 30000\times\tan(4.55+6.84)=6043.6124\text{N}=6043.61\text{N}$

$$h=\frac{d_2-d_1}{2}=\frac{p}{2}$$

$$p=d_2-d_1$$

(골지름) $d_1=d_2-p=36-8=28\text{mm}$

(유효지름) $d_e=\frac{d_2+d_1}{2}=\frac{36+28}{2}=32\text{mm}$

(리드각) $\lambda=\tan^{-1}\left(\frac{p}{\pi d_e}\right)=\tan^{-1}\left(\frac{8}{\pi\times 32}\right)=4.54986°=4.55°$

(마찰각) $\rho=\tan^{-1}(\mu)=\tan^{-1}(0.12)=6.84277°=6.84°$

답 ㉱

(2) 나사에 작용하는 토크 T

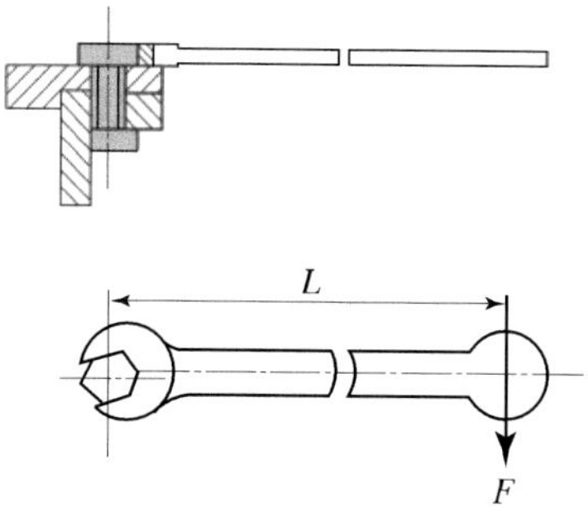

여기서, P : 나사의 체결력
Q : 축방향 하중
F : 레버를 돌리는 힘
L : 레버의 길이
μ : 마찰계수($\tan\rho=\mu$)
ρ : 마찰각
d_e : 유효직경 = 평균직경

$$T = P\times\frac{d_e}{2} = Q\tan(\lambda+\rho)\times\frac{d_e}{2}= Q\left(\frac{\mu\pi d_e + p}{\pi d_e-\mu P}\right)\times\frac{d_e}{2}\quad T=F\times L$$

(토크) $T = P\times\frac{d_e}{2} = Q\times\tan(\lambda+\rho)\times\frac{d_e}{2}=F\times L$

여기서, Q : 축방향 하중, λ : 나선각, ρ : 마찰각, μ : 마찰계수, d_e : 평균직경, p : 나사의 피치
F : 레버를 돌리는 힘, L : 레버의 길이

(3) 나사의 효율

$$\eta=\frac{\text{출력일(小)}}{\text{입력일(大)}}=\frac{Q\text{의 하중을 }p\text{만큼 올리기 위해 한 일}}{\text{나사를 1회전시키기 위해 외력}P\text{가 한 일}}$$

$$=\frac{Q\cdot\ p}{P\ \pi d_e}=\frac{Q\times(\pi d_e\times\tan\lambda)}{Q\tan(\lambda+\rho)\times\pi d_e}=\frac{\tan\lambda}{\tan(\lambda+\rho)}$$ ································· 나사 효율식

(나사의 효율) $\eta=\dfrac{\tan\lambda}{\tan(\lambda+\rho)}$

여기서, λ : 나선각(=리드각=경사각) $\lambda=\tan^{-1}\left(\dfrac{l}{\pi d_e}\right)$

(마찰각) $\eta=\tan^{-1}\mu$ 여기서, μ : 마찰계수

예제 2-6

나사의 효율을 바르게 나타낸 것은?

㉮ 나사의 효율 $=\dfrac{\text{나사의 리드}}{\text{나사의 피치}}$

㉯ 나사의 효율 $=\dfrac{\text{나사의 피치}}{\text{나사의 리드}}$

㉰ 나사의 효율 $=\dfrac{\text{마찰이 없을 때의 체결력}}{\text{마찰이 있을 때의 체결력}}$

㉱ 나사의 효율 $=\dfrac{\text{마찰이 있을 때의 체결력}}{\text{마찰이 없을 때의 체결력}}$

답 ㉰

예제 2-7

사각나사의 나사면의 마찰계수가 0.2로, 나사의 유효지름이 6mm, 피치 0.8mm일 때 나사의 효율은 다음 중 어느 것인가?

㉮ 약 17.3% ㉯ 약 27.3%
㉰ 약 37.3% ㉱ 약 47.3%

풀이 & 답

(마찰각) $\rho=\tan^{-1}\mu=\tan^{-1}0.2=11.309°=11.31°$

(리드각) $\lambda=\tan^{-1}\dfrac{p}{\pi\times d_e}=\tan^{-1}\dfrac{0.8}{\pi\times6}=2.43°=2.43°$

(나사의 효율) $\eta_A = \dfrac{\tan\lambda}{\tan(\lambda+\rho)} = \dfrac{\tan 2.43}{\tan(2.43+11.31)} = 0.173556 = 17.36\%$

답 ㉮

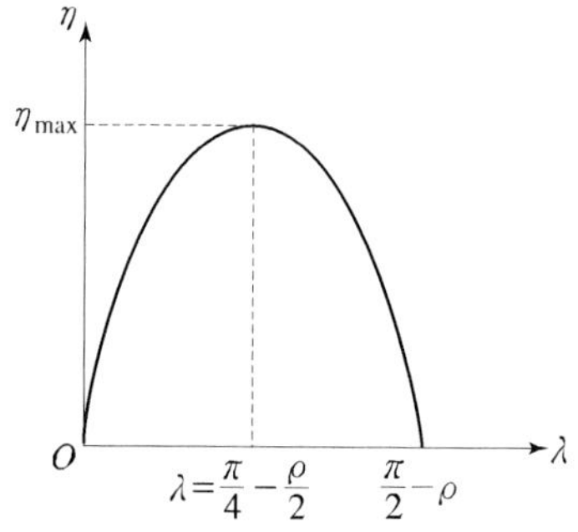

여기서, λ : 리드각
ρ : 마찰각
η : 나사의 효율

(나사의 효율) $\eta = \dfrac{\tan\lambda}{\tan(\lambda+\rho)}$ 은 마찰각 ρ는 마찰계수에 의해 결정되는 재질의 특성값으로 상수 취급할 수 있다. 즉 나사의 효율은 리드각 λ의 함수이다.

$\eta = 0$이 될 때의 $\lambda = 0$ 또는 $\lambda = \dfrac{\pi}{2} - \rho$. 그러므로 η을 최대로 하는 λ은 0과 $\dfrac{\pi}{2} - \rho$의 중간에 존재한다.

- (효율을 최대로 하는 리드각) $\lambda = \dfrac{\pi}{4} - \dfrac{\rho}{2}$ 이다.
  운동전달용 나사는 나사의 효율이 높은 나사가 좋고 체결용 나사는 나사의 효율이 낮은 나사가 좋다.

예제 2-8

이론적으로 사각나사의 효율을 최대로 하는 리드각(λ)은 얼마인가? (단, ρ는 마찰각이다.)

㉮ $\lambda = 180° - \dfrac{\rho}{2}$　　㉯ $\lambda = 90° - \dfrac{\rho}{2}$

㉰ $\lambda = 45° - \dfrac{\rho}{2}$　　㉱ $\lambda = 30° - \dfrac{\rho}{2}$

풀이 & 답

$\lambda = \dfrac{\pi}{4} - \dfrac{\rho}{2} = 45° - \dfrac{\rho}{2}$

답 ㉰

- 나사의 자립조건(self locking condition)
  나사의 자립조건이란 나사가 스스로 풀리지 않을 조건으로 나사를 풀기 위하여 힘을 주어야 하는 경우이다.
  이 조건은 (나사를 풀기 위한 접선방향의 회전력) $P' = Q\tan(\rho - \lambda)$이 0보다 클 때이므로

나사의 자립조건은 $\rho \geq \lambda$

• 자립조건을 만족하기 위한 나사의 효율

$\rho = \lambda$일 때 $\eta = \dfrac{\tan\lambda}{\tan(\lambda+\rho)} = \dfrac{\tan\lambda}{\tan(\lambda+\lambda)} = \dfrac{\tan\lambda(1-\tan^2\lambda)}{2\tan\lambda}$

$= \dfrac{1}{2} - \dfrac{1}{2}\tan^2\lambda = \dfrac{1}{2}(1-\tan^2\lambda)$

$\eta = \dfrac{1}{2}(1-\tan^2\lambda)$에서 η는 $\dfrac{1}{2}$보다 클 수 없다.

자립조건을 만족하기 위한 나사의 효율은 $\eta < 50\%$ 즉, 자립조건을 만족하려면 나사의 효율은 50% 이하가 되어야 된다.

예제 2-9

리드각 λ, 마찰계수 $\mu = \tan\rho$인 나사의 자립(自立)조건을 만족하는 것은? (단, ρ는 마찰각을 의미한다.)

㉮ $\lambda < 2\rho$
㉯ $2\lambda < \rho$
㉰ $\lambda < \rho$
㉱ $\lambda > \rho$

답 ㉰

예제 2-10

다음 (   ) 안에 들어갈 말로 적절한 것은?

나사에서 나사가 저절로 풀리지 않고 체결되어 있는 상태를 자립상태(self-sustenance)라고 한다. 이 자립상태를 유지하기 위한 나사 효율은 (   )이어야 한다.

㉮ 30% 미만
㉯ 30% 이상
㉰ 50% 미만
㉱ 50% 이상

답 ㉰

2-3 나사의 설계

(1) 볼트의 설계

① 축방향 하중만 받는 경우(훅, 아이볼트)

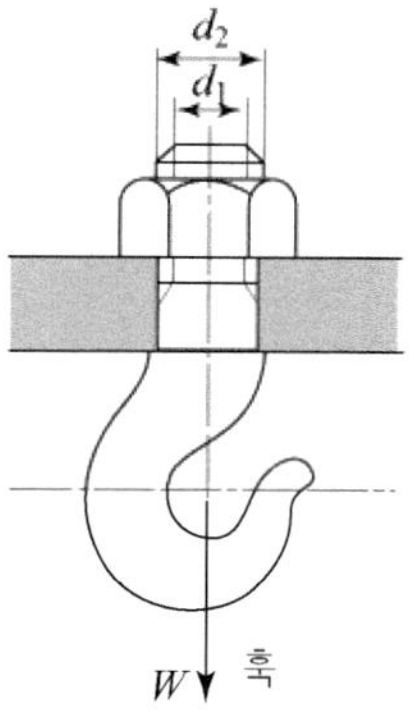

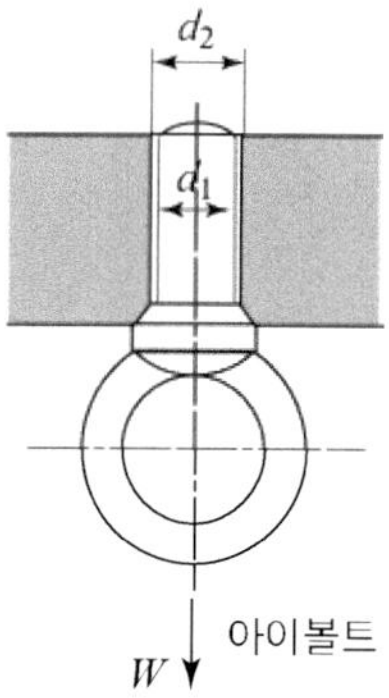

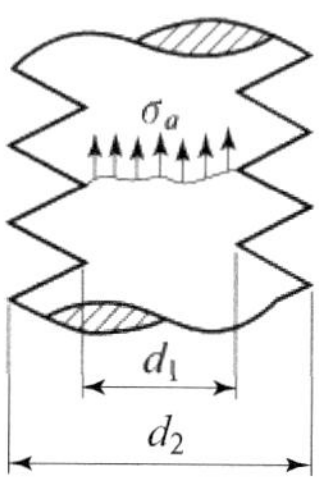

여기서,
W : 축방향의 하중
d_1 : 나사의 골지름
$d_2 = d$: 나사의 산지름
= 호칭지름
σ_a : 나사부의 허용인장응력
σ_u : 극한강도
S : 안전율

$$\sigma_a = \frac{\sigma_u}{s} = \frac{W}{A} \Rightarrow \sigma_a = \frac{W}{A} = \frac{W}{\frac{\pi d_1^2}{4}}$$

$$\therefore \text{(골지름) } d_1 = \sqrt{\frac{4W}{\pi\sigma_a}} = \sqrt{\frac{4WS}{\pi\sigma_u}}$$

참고하세요

$d_1 = 0.8d_2$(실험식)이므로,

$$\therefore \text{(호칭지름 = 산지름) } d_2 = \sqrt{\frac{1}{0.8^2}\frac{4W}{\pi\sigma_a}} \fallingdotseq \sqrt{\frac{2W}{\sigma_a}}$$

② 축방향 하중과 비틀림을 동시에 받는 경우(나사잭, 나사프레스)

축방향 하중 : W_s

비틀림 하중 : $W_T \fallingdotseq \frac{1}{3}W_s$ (즉, 비틀림 하중은 축 하중의 $\frac{1}{3}$로 계산)

실제 하중 $W = W_s + W_T = W_s + \frac{W_s}{3} = \frac{4W_s}{3}$

$$\therefore d_2 = \sqrt{\frac{2W}{\sigma_a}} = \sqrt{\frac{2\times 4W_s}{3\sigma_a}} = \sqrt{\frac{8W_s}{3\sigma_a}}$$

암기하세요

(축방향 하중만 작용할 때의 나사의 호칭지름) $d_2 = \sqrt{\frac{2W_s}{\sigma_a}}$

(축하중과 비틀림 하중이 동시에 작용할 때의 호칭지름) $d_2 = \sqrt{\frac{8W_s}{3\sigma_a}}$

여기서, W_s : 축하중, σ_a : 허용응력

예제 2-11

그림과 같은 크레인용 훅에서 2ton의 하중이 작용할 경우 적합한 나사의 최소 크기는? (단, 훅 재질의 허용인장응력 $\sigma_a = 6\frac{\text{kgf}}{\text{mm}^2}$ 이다.)

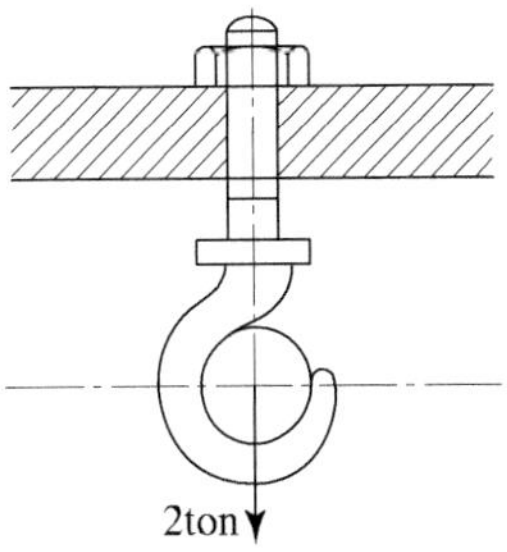

㉮ M20
㉯ M22
㉰ M24
㉱ M26

풀이 & 답

(나사의 호칭지름) $d_2 = \sqrt{\frac{2W_s}{\sigma_a}} = \sqrt{\frac{2\times 2000}{6}} = 25.819\text{mm}$

답 ㉱

예제 2-12

4kN의 축방향 하중과 비틀림이 동시에 작용하고 있을 때 다음 중 가장 적합한 체결용 미터 보통나사 호칭은? (단, 허용인장응력은 4.8MPa이고 비틀림응력은 수직응력의 1/3 정도로 본다.)

㉮ M58
㉯ M48
㉰ M84
㉱ M64

풀이 & 답

$d_2 = \sqrt{\frac{8W_s}{3\sigma_a}} = \sqrt{\frac{8\times 4000}{3\times 4.8}} = 47.14\text{mm}$

답 ㉯

2-4 나사의 자립상태(=자동체결조건)

나사를 푸는 힘(회체력) $P' = Q\tan(\lambda - \rho) = Q\left(\frac{P - \mu\pi de}{\pi de + \mu P}\right)$

① $P' > 0$이면 저절로 풀린다. $\lambda > \rho$

② $P' = 0$이면 임의의 위치에서 정지 $\lambda = \rho$ 자동체결

③ $P' < 0$이면 풀리지 않는다. $\lambda < \rho$ 자립조건(self locking condition)

(나사의 자동체결조건) $\lambda \leqq \rho$, 즉 나선각보다 마찰각이 커야만 한다.

2-5 나사산의 각(α)을 가지는 나사(삼각나사, 사다리꼴 나사)의 역학

(1) 나사의 종류

① 체결용 나사(=삼각나사)

㉠ 미터나사(M) : 호칭치수 mm 단위
나사산각=나사각 $\alpha = 60°$

㉡ 유니파이 보통나사 : ABC 나사, 호칭치수 in 단위
나사각 $\alpha = 60°$

㉢ 관용나사 : 호칭치수 in 단위
나사각 $\alpha = 55°$

- 관용 평행 나사(PF), 관용 평행 암나사(PS)
- 관용 테이프나사(PT)

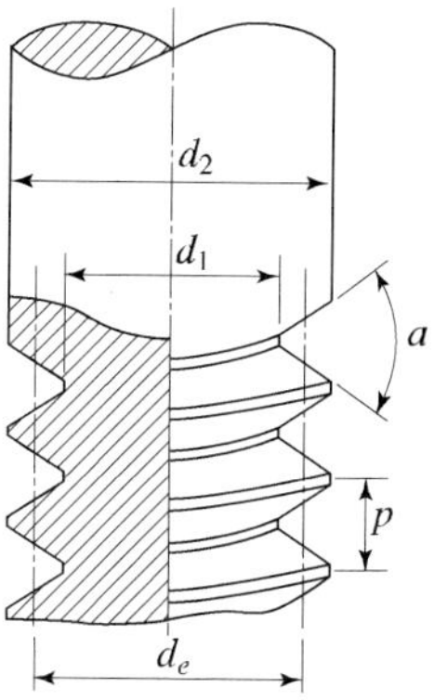

② 운동용 나사

㉠ 사각나사(=각나사) : 축방향으로 큰 하중 작용. 교번하중을 받을 때 사용되는 나사. 나사산각=나사각 $\alpha = 0°$

(유효지름) $d_e = \frac{(d_1 + d_2)}{2}$, (나사산 높이) $h = \frac{d_2 - d_1}{2} = \frac{p}{2}$

㉡ 사다리꼴나사(애크미 나사) : 공작기계의 이송나사
- 미터계 사다리꼴나사(TM) : 나사산각 $\alpha = 30°$
- 인치계 사다리꼴나사(TW) : 나사산각 $\alpha = 29°$

㉢ 톱니나사 : 힘을 한 방향으로만 받는 부품에 이용되는 나사.
나사산 각은 $\alpha = 30°$와 $45°$의 두 가지 종류가 있다.

㉣ 너클나사(둥근나사) : 먼지와 모래 등이 들어가기 쉬운 곳, 전구나 호스 연결용에 사용

㉤ 볼나사 : 수치제어 공작기계의 이송나사. 백래시 발생이 거의 없다. 나사의 효율이 높다.

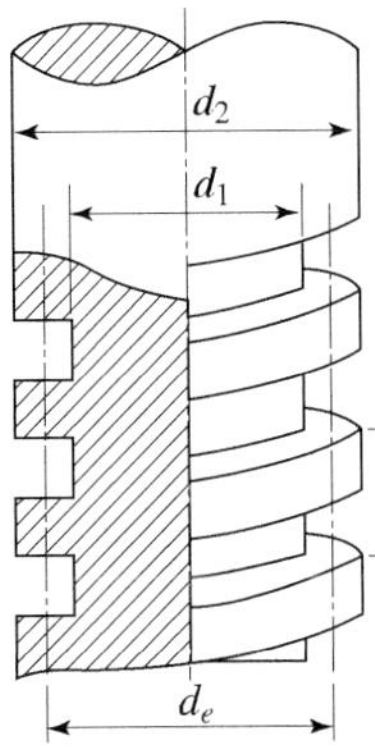

[사각나사]

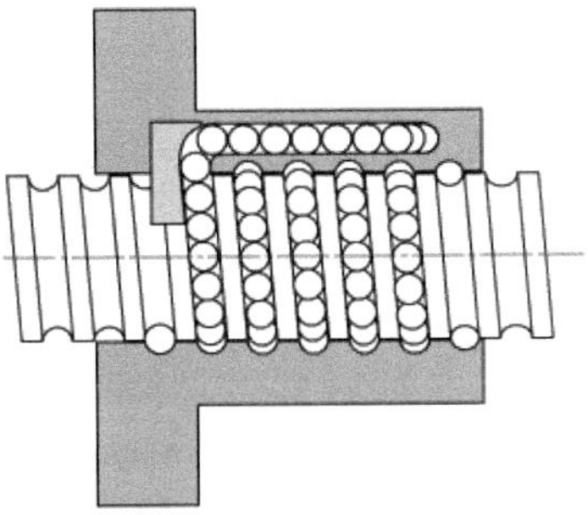

[볼나사]

[둥근나사]

예제 2-13

나사산의 각도가 60°인 것은 다음 중 어느 것인가?

㉮ 유니파이 보통나사　㉯ 사다리꼴나사
㉰ 톱니나사　㉱ 둥근나사

풀이 & 답

① 미터나사 : $\alpha = 60°$, 피치 : mm
② 유니파이나사 : $\alpha = 60°$, 피치 : 산/inch
③ 관용나사 : $\alpha = 55°$

답 ㉮

예제 2-14

힘을 한 방향으로만 받는 부품에 이용되는 나사로 나사산각은 30°와 45°가 있는 나사는 다음 중 어느 것인가?

㉮ 사각나사　㉯ 사다리꼴나사
㉰ 톱니나사　㉱ 둥근나사

답 ㉰

예제 2-15

다음 중 운동용 나사의 분류로 맞지 않는 것은?

㉮ 사각나사 ㉯ 톱니나사
㉰ 삼각나사 ㉱ 사다리꼴 나사

답 ㉰

예제 2-16

볼나사(ball screw)의 장점에 해당되지 않는 것은?

㉮ 마찰이 매우 적고, 기계효율이 높다.
㉯ 예압에 의하여 치면놀이(backlash)를 작게 할 수 있다.
㉰ 미끄럼 나사보다 내충격성 및 감쇠성이 우수하다.
㉱ 시동 토크, 또는 작동 토크의 변동이 적다.

답 ㉰

③ 나사의 표시방법

㉠ 미터계의 경우

나사의 종류	나사의 호칭지름	×	피 치

예) M5

➡ M : 미터 보통나사, 5 : 나사의 호칭지름(외경) 5mm

예) M3 × 0.5

➡ 미터 가는나사 호칭지름 = 외경 3mm, 피치는 0.5mm 나사

예) TM10

➡ TM : 30° 사다리꼴 보통나사, 10 : 나사의 호칭지름(외경) 10mm

㉡ 유니파이 나사의 경우

나사의 지름을 표시하는 숫자 또는 호칭	−	산 수	나사의 종류를 나타내는 기호

예) 유니파이 보통나사(UNC)

3/4 − 36UNC ➡ 호칭지름 = 외경 3/4inch, 피치 : $p = \frac{\text{거리}}{\text{산수}} = \frac{25.4}{36}$ mm

예) 유니파이 가는나사(UNF)

3/8 − 16UNF ➡ 호칭지름 = 외경 3/8inch, 피치 : $p = \frac{\text{거리}}{\text{산수}} = \frac{25.4}{16}$ mm

(2) 삼각나사의 상당 마찰계수

① 나사에 작용되는 마찰력 f

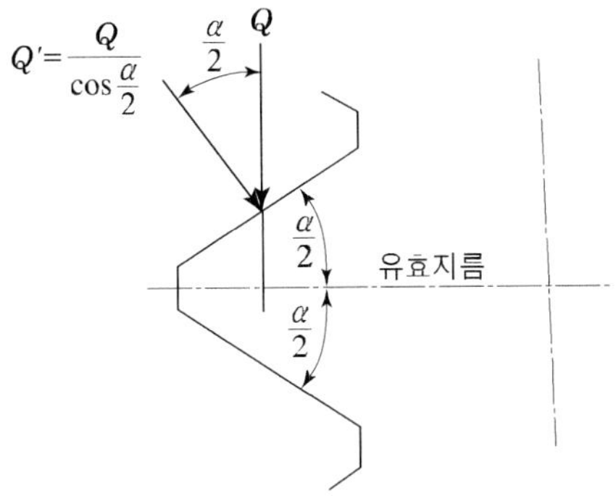

여기서, Q' : 접촉면에 수직한 힘
Q : 축방향 하중
α : 나사산의 각
μ : 나사의 마찰계수

$$(\text{마찰력})\ f = \mu Q' = \mu \frac{Q}{\cos\frac{\alpha}{2}} = \frac{\mu}{\cos\frac{\alpha}{2}} Q = \mu' Q$$

$$(\text{상당마찰계수})\ \mu' = \frac{\mu}{\cos\frac{\alpha}{2}}$$

$$(\text{상당마찰각})\ \rho' = \tan^{-1}\mu' = \tan^{-1}\left(\frac{\mu}{\cos\frac{\alpha}{2}}\right)$$

$$\tan\rho' = \mu' = \frac{\mu}{\cos\frac{\alpha}{2}}$$

암기하세요

나사산각 α를 가지는 나사의 역학은 사각나사의 μ 대신 μ'을 사용, ρ 대신 ρ'을 사용하면 된다.

$\tan\rho' = \mu' = \frac{\mu}{\cos\frac{\alpha}{2}}$ 여기서, μ' : 상당마찰계수, ρ' : 상당마찰각 α : 나사산각

② 나사의 회전력 : $P = Q\tan(\lambda + \rho') = Q\left(\frac{p + \mu'\pi de}{\pi de - \mu' p}\right)$

③ 회전 토크 : $T = P \times \frac{d_e}{2} = Q\tan(\lambda + \rho') \times \frac{d_e}{2}$

④ 효율 : (나사의 효율) $\eta = \frac{Qp}{2\pi T}$

예제 2-17

M20×2.5 나사가 유효지름이 18.396mm이고, 마찰계수가 0.1일 때 나사의 효율은 다음 중 어느 것인가?

㉮ 약 37%　　㉯ 약 56%
㉰ 약 27%　　㉱ 약 46%

풀이 & 답

(상당마찰각) $\rho' = \tan^{-1}\mu' = \tan^{-1}\left(\dfrac{\mu}{\cos\dfrac{\alpha}{2}}\right) = \tan^{-1}\left(\dfrac{0.1}{\cos\dfrac{60}{2}}\right) = 6.587°$

(리드각) $\lambda = \tan^{-1}\dfrac{p}{\pi \times d_e} = \tan^{-1}\dfrac{2.5}{\pi \times 18.396} = 2.48°$

(나사의 효율) $\eta_A = \dfrac{\tan\lambda}{\tan(\lambda + \rho')} = \dfrac{\tan 2.48}{\tan(2.48 + 6.587)} = 0.271 = 27.1\%$

답 ㉰

(3) 볼트의 종류

① 일반용 볼트

㉠ 관통 볼트(through bolt) 고정할 2개의 부품을 관통시켜서 고정하는 볼트	㉡ 탭 볼트(tap bolt) 고정할 상대방에 암나사를 만들어 고정하는 볼트	㉢ 스터드 볼트(stud bolt) 탭 볼트와 같으나 볼트에 머리가 없이 너트로 조정할 수 있는 볼트
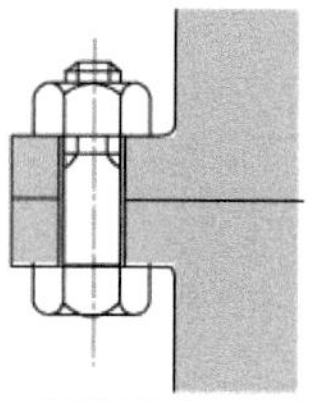	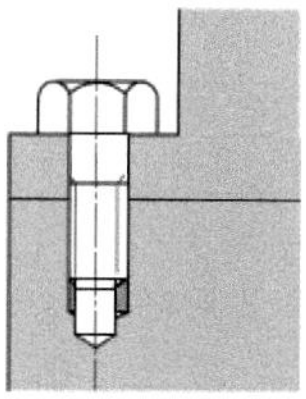	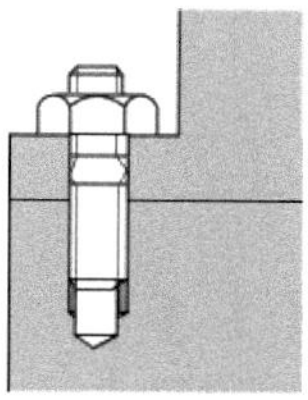

② 특수용 볼트

㉠ T볼트(T-bolt) 공작 기계의 테이블 위에 일감을 고정할 때 사용하며, 머리는 사각형이다.	㉡ 기초 볼트(foundation bolt) 기계나 구조물 등의 기초에 사용하는 볼트로, 여러 가지 모양이 있다.
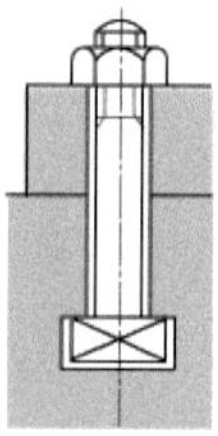	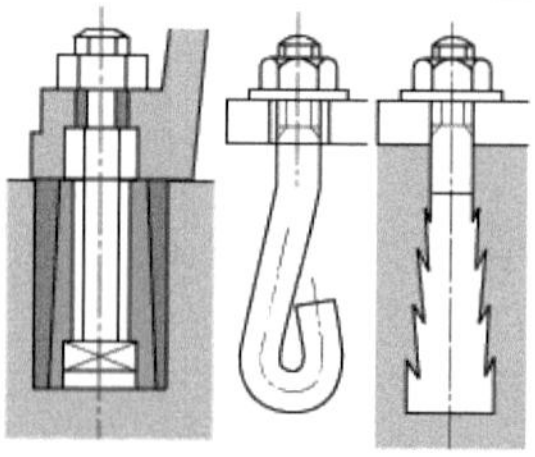

㉢ 아이 볼트(eye bolt)	㉣ 스테이 볼트(stay bolt)	㉤ 리머 볼트(reamer bolt)
무거운 기계 등을 달아 올릴 때 사용한다.	간격 유지 볼트라고도 한다. 기계 부품의 간격을 일정하게 유지할 필요가 있을 때 사용한다.	리머로 다듬질한 구멍에 박아 체결하는 볼트로서 구멍과 볼트의 축부분이 꼭 맞도록 다듬질한 볼트로 전단력이 많이 작용할 때 사용하는 볼트이다.
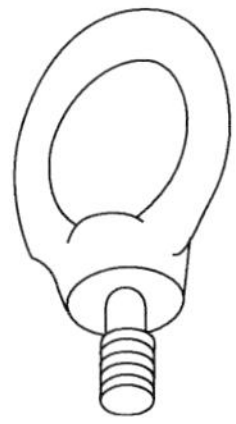	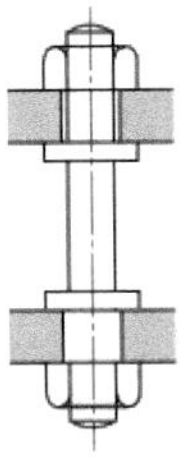	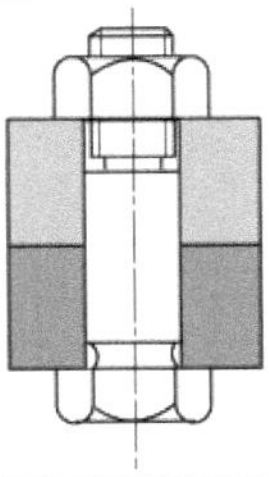

예제 2-18

다음 중 기계 등을 콘크리트 바닥에 설치하는데 사용되는 볼트의 명칭은?

㉮ 스테이 볼트 ㉯ 아이 볼트
㉰ 충격 볼트 ㉱ 기초 볼트

답 ㉱

예제 2-19

두 물체 사이의 거리를 일정하게 유지시키면서 결합하는데 사용하는 볼트는?

㉮ 아이 볼트 ㉯ 스테이 볼트
㉰ T 볼트 ㉱ 리머 볼트

답 ㉯

예제 2-20

그림과 같은 형태의 볼트로서 전단력이 많이 작용하는 곳에 주로 사용하는 볼트는?

㉮ 스터드 볼트(stud bolt)
㉯ 탭 볼트(tap bolt)
㉰ 리머 볼트(reamer bolt)
㉱ 스테이 볼트(stay bolt)

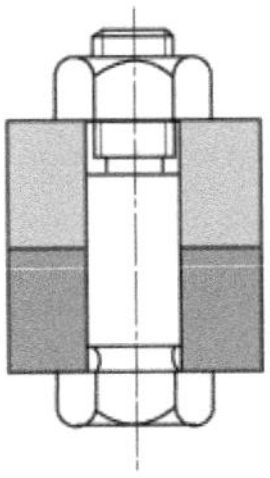

답 ㉰

2-6 나사의 풀림 방지법

① 로크너트(lock nut)에 의한 방법

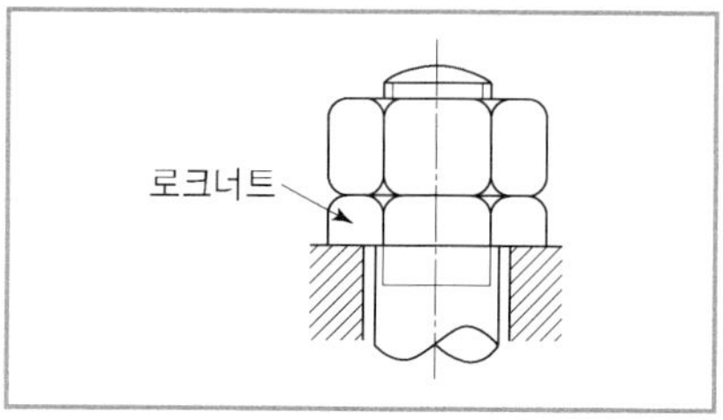

고정너트 또는 더블너트라고도 한다.
먼저 얇은 고정너트로 체결한 다음 고정너트로 체결하여 조인다. 그 후 두 개의 스패너를 사용하여 바깥쪽 너트를 스패너로 고정하고, 안쪽의 너트를 다른 스패너로 반대방향(풀리는 방향)으로 15~20° 정도 돌린다. 이 경우 두 너트는 서로 미는 상태가 되고 나사축은 두 너트 사이에서 인장을 받도록 되어 진동이 발생하더라도 너트가 체결을 유지한다. 바깥쪽 너트는 안쪽 너트의 풀림을 방지한다.

② 분할핀에 의한 방법

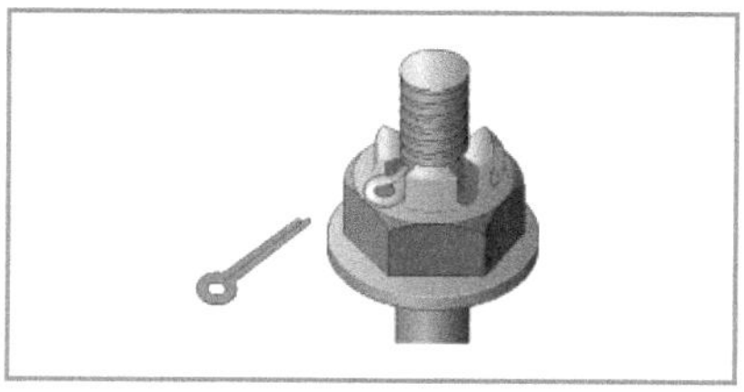

너트가 볼트에 대하여 회전하지 않도록 분할핀을 사용하여 너트가 빠져 나오지 못하도록 한다. 볼트와 너트의 분할핀 구멍을 일치시킬 때 너트를 다시 푸는 방향으로 돌려서 맞추면 안 된다.

③ 스프링 와셔 또는 고무 와셔에 의한 방법

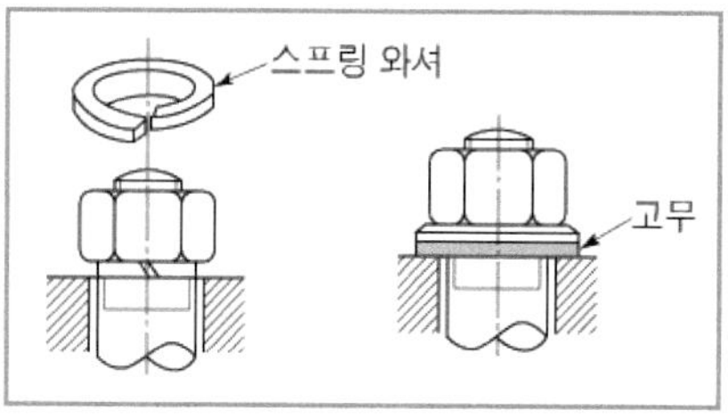

결합된 부품 사이의 일정한 축방향 힘을 유지하기 위하여 중간에 탄성이 큰 스프링 와셔나 댐핑이 큰 고무 와셔를 끼운다.

④ 특수 와셔에 의한 방법

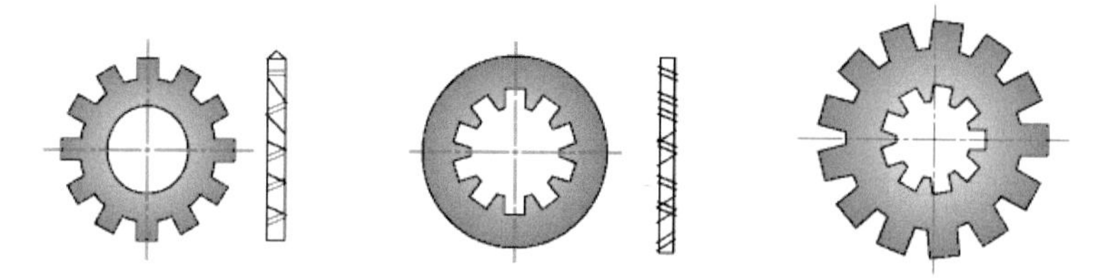

[외치형 이붙이 와셔] [내치형 이붙이 와셔] [내외치형 이붙이 와셔]

와셔에 톱니모양을 바깥쪽 또는 안쪽에 만들어 너트의 풀림 방지를 한다.

⑤ 멈춤나사[=고정나사=세트 스크루(set screw)]에 의한 방법

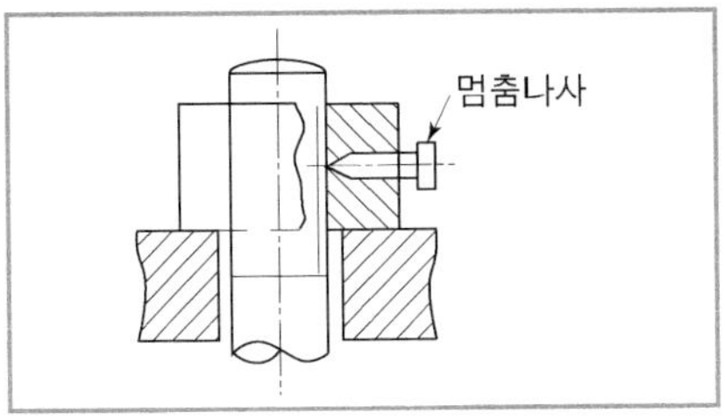

고정나사라고도 하며, 반경방향으로 나사 구멍이 파져 있는 너트를 볼트에 조인 후 고정나사를 이용하여 너트를 볼트에 고정시킨다. 또한 보스와 축을 고정하는 데 주로 쓰이고, 축에 끼워진 기어나 풀리의 위치 조정 및 키의 대용으로 쓰인다.

⑥ 절입너트에 의한 방법

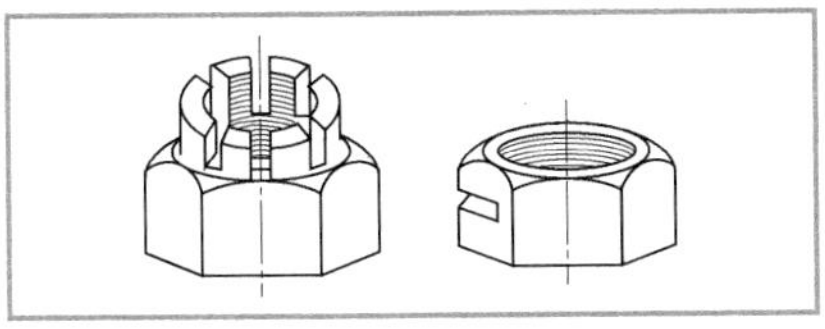

너트의 일부를 안쪽으로 변형시켰다가 볼트에 나사를 결합시킬 때 나사부가 강하게 압착되도록 한다. 반복하여 사용하는 경우 압착력이 약해진다.

⑦ 플라스틱이 들어간 너트에 의한 방법

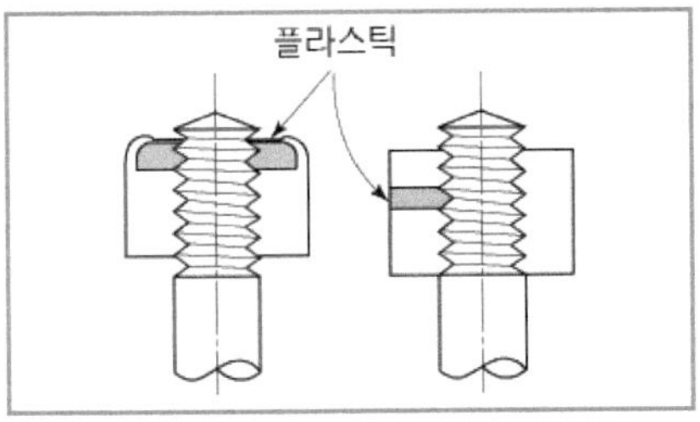

나사면에 플라스틱이 들어간 너트를 사용하면 나사면의 마찰계수가 크게 되어 풀림을 방지할 수 있다.

예제 2-21

나사의 이완 방지로서 다음의 것을 사용한다. 맞지 않는 것은?

㉮ 로크 너트 ㉯ 분할 핀
㉰ 캡 너트 ㉱ 와셔

풀이 & 답

캡 너트는 기밀 유지에 사용된다.

답 ㉰

예제 2-22

다음 중 보스와 축을 고정하는 데 주로 쓰이고, 축에 끼워진 기어나 풀리의 위치 조정 및 키의 대용으로 쓰이며, 끝이 담금질되어 있어 마찰, 걸림 등에 의한 정지작용도 할 수 있는 나사로 가장 적합한 것은?

㉮ 육각 볼트 ㉯ 태핑 볼트
㉰ 작은 나사 ㉱ 멈춤나사

답 ㉱

Chapter 3

키(key), 코터(cotter)

3-1 키의 종류

키의 종류	형상	특징
① 안장 키 =새들 키 (saddle key)	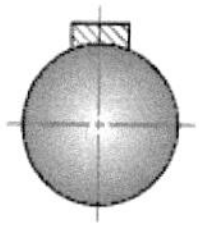	축은 가공하지 않고 키를 축의 곡률에 맞추어 가공한 키로서 마찰력만으로 회전력을 전달한다. 가장 경하중의 동력 전달에 사용되는 키이다.
② 납작 키 =플랫 키 =평 키 (flat key)	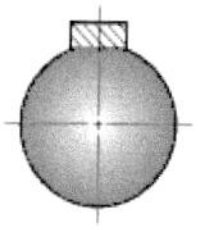	축을 키의 폭만큼 평평하게 깎은 키로서, 안장키보다는 좀 더 큰 하중을 전달할 때 사용된다.
③ 묻힘 키 =성크 키 (sunk key)	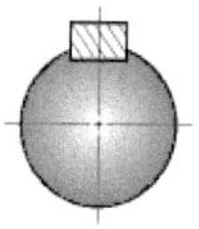	가장 널리 사용되는 키로서, 축과 보스의 양쪽에 모두 키 홈을 파서 비틀림 모멘트를 전달시키는 키다. 성크 키의 종류에는 윗면이 평행한 평행 키(parallel key), 윗면에 1/100 정도의 경사를 붙인 경사 키(tapper key)가 있다. 또 때려 박기 위하여 머리를 만들어 붙인 머리 달린 경사 키(gib slope headed key)가 있다. 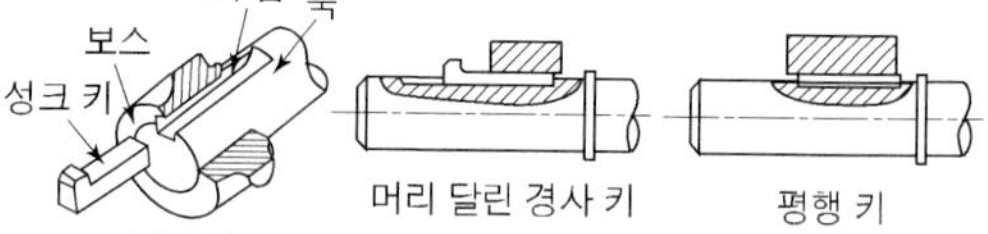 성크 키
④ 접선 키 (tangential key)	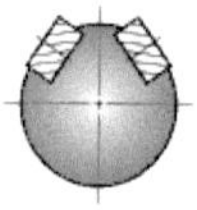	토크(torque)가 충격적으로 가해지는 경우, 또는 양 방향의 토크가 작용하는 경우에 적합하고, 고정력이 강하다.

키의 종류	형상	특징
⑤ 미끄럼 키 =(sliding key) =패더 키 (feather key) =안내키	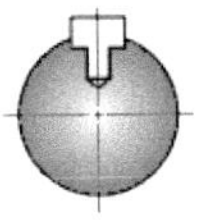	패더키(feather key)라고도 한다. 토크를 전달하면서 보스축을 따라 미끄러지게 하는 것이 가능하도록 한 키로서 기울기가 없으며 키는 축 또는 보스에 고정된다.  (a) 보스에 키 고정 (b) 축에 키 고정
⑥ 반달 키 (woodruff key)	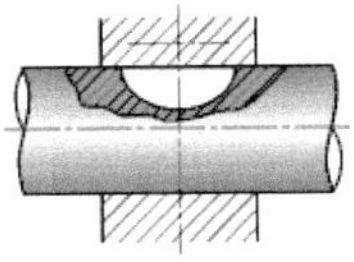	축에 반달모양의 홈을 만들어 반달 모양으로 가공된 키를 축에 끼운다. 밀링으로 홈을 가공한다. 키는 홈 속에서 자유로이 기울어질 수 있어 키가 자동적으로 축과 보스에 조정된다. 테이퍼진 축의 토크 전달에 편리하며, 고속회전 및 작은 토크 전달에 사용된다.(일반적으로 60mm 이하의 축에 사용된다.)
⑦ 스플라인 (spline)	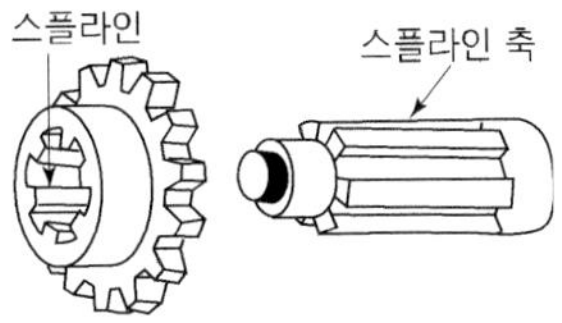 	축의 원주에 여러 개의 키를 가공한 것으로 큰 토크를 전달할 수 있고 내구력이 크며 축과 보스와의 중심축을 정확하게 맞출 수 있는 특징이 있다. 축을 스플라인 축이라 하고 축에 끼워지는 상대측 보스를 스플라인이라 한다. 스플라인 축과 스플라인의 끼워맞춤 공차에 따라 축방향 이동이 고정 또는 활동이 가능하다.
⑧ 세레이션 (serration)	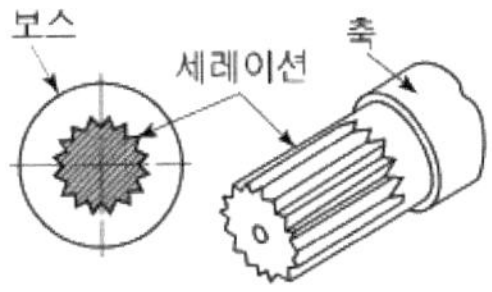 	여러 개의 삼각형 모양의 이를 세레이션이라 하며, 스플라인보다 면압강도가 크게 발생하며, 스플라인보다 큰 회전력을 전달할 때 사용되며, 보스와 축이 활동하지 않을 때 사용한다.
⑨ 원뿔 키 (cone key)	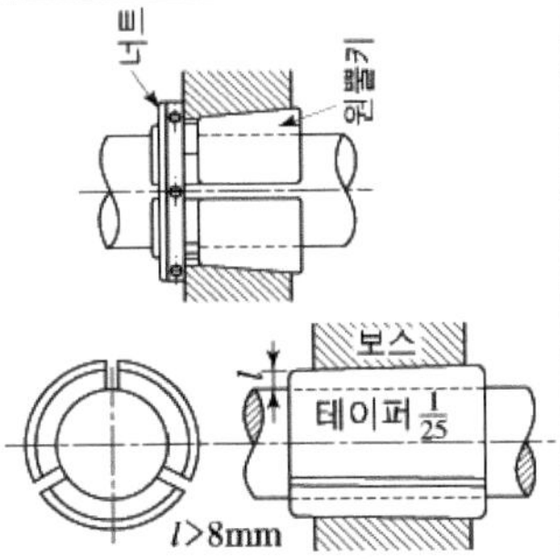 	특수 키의 일종으로 원뿔형의 키. 축과 보스에 홈을 파지 않고 보스 구멍을 원뿔 모양으로 만들고 일부 3등분할한 원뿔형의 키를 때려 박아 마찰만으로 회전력을 전한다. 접촉면이 크고 비율이 큰 힘에 견딜 수 있다.

예제 3-1

축의 원주에 여러 개의 키를 가공한 것으로 큰 토크를 전달할 수 있고 내구력이 크며 축과 보스와의 중심축을 정확하게 맞출 수 있는 것은?

㉮ 스플라인　　㉯ 미끄럼 키
㉰ 성크 키　　㉱ 반달 키

답 ㉮

예제 3-2

마찰에 의하여 회전력을 전달하며 축의 임의의 위치에 보스를 고정할 수 있는 키(key)는?

㉮ 미끄럼 키　　㉯ 스플라인
㉰ 접선 키　　㉱ 원뿔 키

답 ㉱

(1) 토크(T)와 동력(H)과 분당회전수(N)의 관계

전동기

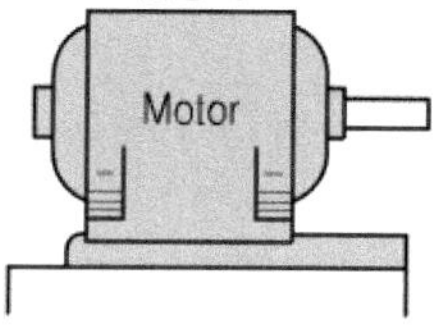

(전달동력) H_{PS}[PS] (분당회전수) N[rpm] (토크) T[kgf·mm] $T = 716200 \times \frac{H_{PS}}{N}$[kgf·mm]	(전달동력) H_{KW}[kW] (분당회전수) N[rpm] (토크) T[kgf·mm] $T = 974000 \times \frac{H_{KW}}{N}$[kgf·mm]
(전달동력) H_{PS}[PS] (분당회전수) N[rpm] (토크) T[N·mm] $T = 7018.76 \times \frac{H_{PS}}{N}$[N·mm]	(전달동력) H_{KW}[kW] (분당회전수) N[rpm] (토크) T[N·mm] $T = 9545.2 \times \frac{H_{KW}}{N}$[N·mm]

예제 3-3

회전수가 3,000rpm일 때 전달력이 5PS인 둥근 축의 비틀림 모멘트는 약 몇 kgf·mm인가?

㉮ 1089.6　　㉯ 1193.7
㉰ 1449.5　　㉱ 1623.4

풀이 & 답

$$T = 716200 \times \frac{H_{PS}}{N} = 716200 \times \frac{5}{3000} = 1193.7[\text{kgf·mm}]$$

답 ㉯

예제 3-4

회전수가 3,000rpm일 때 전달력이 5PS인 둥근 축의 비틀림 모멘트는 약 몇 N · mm인가?

㉮ 11698.26 ㉯ 11193.7
㉰ 11449.5 ㉱ 11623.4

풀이 & 답

$$T = 716200 \times \frac{H_{PS}}{N} = 716200 \times \frac{5}{3000} = 1193.7[\mathrm{kgf \cdot mm}] = 11698.26[\mathrm{N \cdot mm}]$$

답 ㉮

참고하세요

동력 전달 크기 순서

안장 키 = 새들 키(saddle key) < 납작 키 = 플랫 키(flat key) = 평 키 < 묻힘 키 = 성크 키(sunk key) < 접선 키 < 스플라인 < 세레이션

예제 3-5

다음 키 중에서 큰 동력을 전달할 수 있는 것은?

㉮ 안장 키 ㉯ 묻힘 키
㉰ 납작 키 ㉱ 스플라인

풀이 & 답

안장키 = 새들 키(saddle key) < 납작 키 = 플랫 키(flat key) = 평키 < 묻힘 키 = 성크 키(sunk key) < 접선 키 < 스플라인 < 세레이션

답 ㉱

예제 3-6

일반적으로 60mm 이하의 작은 축과 테이퍼 축에 사용될 때 키(key)가 자동적으로 축과 보스 사이에서 자리를 잡을 수 있는 장점을 가지고 있는 키는 다음 중 어느 것인가?

㉮ 성크 키 ㉯ 반달 키
㉰ 접선 키 ㉱ 스플라인

답 ㉯

(2) 묻힘 키(sunk key)의 설계

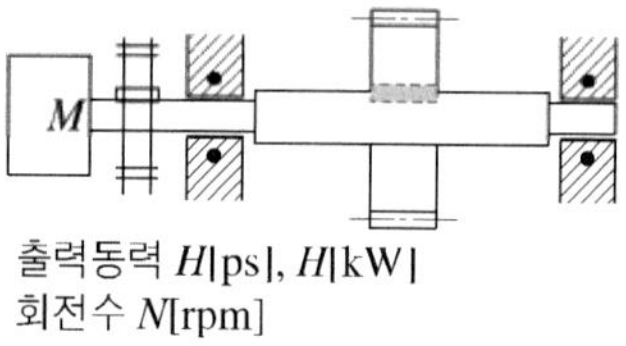

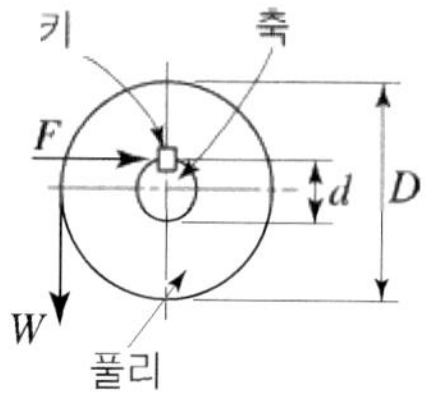

여기서, d : 축의 직경
D : 풀리의 직경
W : 들어 올릴 하중
F : 묻힘 키의 접선력

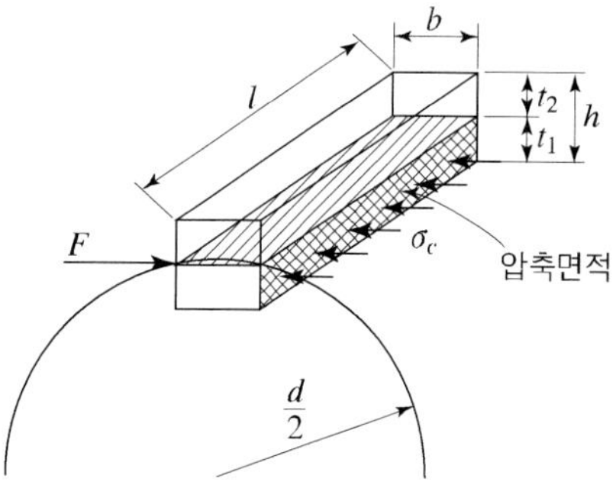

전달 토크 : 동일 축상의 토크는 일정하다.

$$T = W \times \frac{D}{2} = F \times \frac{d}{2} = \tau_s \times \frac{\pi d^3}{16}$$

(묻힘 키의 접선력) $F = \frac{2T}{d} = \frac{WD}{d}$

$$= \tau_s \times \frac{\pi d^2}{8}$$

여기서, τ_s : 축의 전단응력

(3) Sunk key의 크기 표시 방법

폭 × 높이 × 길이 = 20 × 30 × 80 = $b \times h \times l$

t : 키 홈의 길이 $\fallingdotseq \frac{h}{2}$

(4) Sunk key에 작용하는 접선력과 토크

① 키에 작용하는 전단응력 $\tau_{key} = \frac{F}{A} = \frac{F}{b \times l} = \frac{2 \times T}{d_s \times b \times l}$

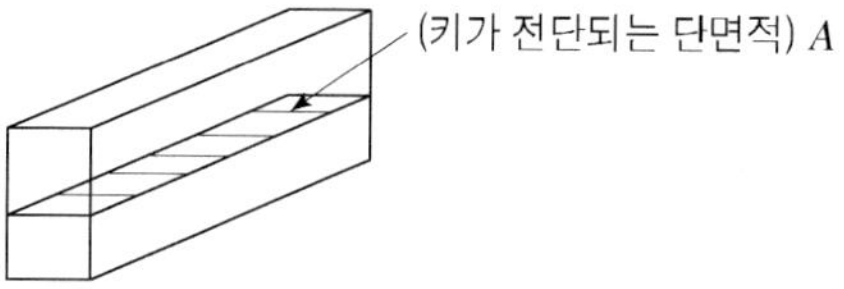

② 키에 작용하는 압축응력 $\sigma_{key} = \frac{F}{A} = \frac{F}{t \times l} \fallingdotseq \frac{2F}{h \times l} = \frac{4T}{h \times l \times d_s}$

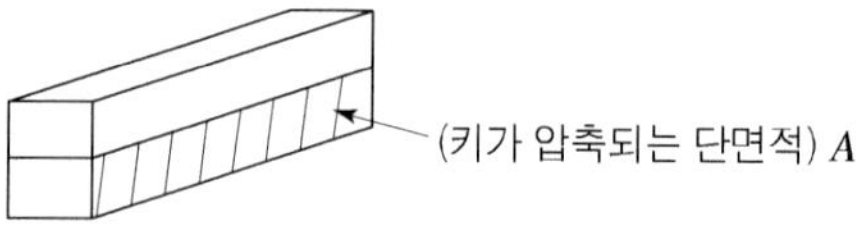

암기하세요

(키의 전단응력) $\tau_{key} = \dfrac{2 \times T}{b \times l \times d_s}$ (키의 압축응력) $\sigma_{key} = \dfrac{4 \times T}{h \times l \times d_s}$

여기서, T : 전달 토크, d_s : 축지름, b : 키의 폭, l : 키의 길이, h : 키의 높이

예제 3-7

지름 50mm의 축에 바깥지름 400mm의 풀리가 묻힘 키로 고정되어 있고, 풀리의 바깥지름에 1.5kN의 접선력이 작용한다면 키에 작용하는 힘은 약 몇 kN인가?

㉮ 1.8 ㉯ 1.5
㉰ 7.5 ㉱ 12

풀이 & 답

$T = W \times \dfrac{D}{2} = F \times \dfrac{d_s}{2}$, (키에 작용하는 힘) $F = \dfrac{WD}{d_s} = \dfrac{1.5 \times 400}{50} = 12\text{kN}$

답 ㉱

예제 3-8

키의 설계에서 전달동력 3kW, 회전수 300rpm, 축지름 25mm, 키의 길이 40mm, 키의 허용전단응력이 3MPa일 때 키의 폭(b)은 얼마인가?

㉮ 33.6mm ㉯ 63.6mm
㉰ 15.36mm ㉱ 24.36mm

풀이 & 답

$T = 974000 \times \dfrac{H_{KW}}{N} = 974000 \times \dfrac{3}{300} = 9740[\text{kgf} \cdot \text{mm}] = 95452[\text{Nmm}]$

$T = F \times \dfrac{d_s}{2} = (\tau_{key} \times b \times l) \times \dfrac{d_s}{2}$

(키의 폭) $b = \dfrac{2T}{\tau_{key} \times l \times d_s} = \dfrac{2 \times 95452}{3 \times 40 \times 25} = 63.6\text{mm}$

답 ㉯

예제 3-9

지름이 60mm인 축의 전달 토크가 2500kgf · mm일 때 너비가 10mm, 높이가 8mm인 묻힘 키의 길이는 다음 중 어느 것인가? (단, 허용전단응력은 τ =7MPa)

㉮ 10mm ㉯ 12mm
㉰ 15mm ㉱ 16mm

풀이 & 답

$T = F \times \frac{d_s}{2} = (\tau_{key} \times b \times l) \times \frac{d_s}{2}$

(키의 길이) $l = \frac{2 \times T}{\tau_{key} \times b \times d_s} = \frac{2 \times (2500 \times 9.8)}{7 \times 10 \times 60} = 11.67\text{mm}$

답 ㉯

예제 3-10

묻힘 키(sunk key)에서 키의 폭 10mm, 키의 유효길이 54mm, 키의 높이 8mm, 축의 지름 34mm일 때 전달 토크[N · mm]는 약 얼마인가? [단, 키(key)의 허용전단응력은 3.5MPa 이다.]

㉮ 32130　　㉯ 64260
㉰ 257040　　㉱ 514080

풀이 & 답

(토크) $T = F \times \frac{d_s}{2} = (\tau_{key} \times b \times l) \times \frac{d_s}{2} = (3.5 \times 10 \times 54) \times \frac{34}{2} = 32130\text{N} \cdot \text{mm}$

답 ㉮

예제 3-11

회전수 1500rpm, 축의 직경 110mm인 묻힘 키를 설계하려고 한다. b(폭)$\times h$(높이)$\times l$(길이)=28mm×18mm×300mm일 때 묻힘 키가 전달할 수 있는 최대 동력[kW]은? (단, 키의 허용전단응력 τ_{key} =40MPa이며, 키의 허용전단응력만을 고려한다.)

㉮ 933　　㉯ 1264
㉰ 2904　　㉱ 3459

풀이 & 답

(키의 전단응력) $\tau_{key} = \frac{2 \times T}{b \times l \times d_s}$

(토크) $T = \tau_{key} \times b \times l \times \frac{d_s}{2} = 40 \times 28 \times 300 \times \frac{110}{2} = 18480000[\text{N} \cdot \text{mm}]$

$T = 974000 \times \frac{H_{KW}}{N} \times 9.8[\text{N} \cdot \text{mm}]$

(전달동력) $H_{KW} = \frac{T \times N}{974000 \times 9.8} = \frac{18480000 \times 1500}{974000 \times 9.8} = 2904.077\text{kW}$

답 ㉰

예제 3-12

성크 키($b \times h \times l$)를 지름 d인 전동축에 사용할 때 키의 전단저항으로 토크를 전달한다고 하면 키의 폭(b)을 결정하는 식은 다음 중 어느 것이가? (단, 키와 축의 허용전단응력은 동일하고, 키의 높이는 h이고, 키의 길이는 l =1.5d이다.)

㉮ $b = \frac{\pi}{9}d$ ㉯ $b = \frac{\pi}{10}d$

㉰ $b = \frac{\pi}{11}d$ ㉱ $b = \frac{\pi}{12}d$

풀이 & 답

(토크) $T = F \times \frac{d}{2} = (\tau_{key} \times b \times l) \times \frac{d}{2}$

(키의 전단응력) $\tau_{key} = \frac{2T}{b \times l \times d} = \frac{2T}{b \times (1.5 \times d) \times d}$ ……………… ①식

(토크) $T = \tau_s \times \frac{\pi d^3}{16}$

(축의 전단응력) $\tau_s = \frac{16T}{\pi d^3}$ ……………………………………………… ②식

①식 = ②식 (키의 폭) $b = \frac{\pi}{12}d$

답 ㉱

예제 3-13

축의 재료와 키(key)의 재료가 같은 경우, 축의 지름이 50mm에 폭 10mm의 묻힘 키를 설치했을 때, 전단으로 키가 파손되지 않으려면 키의 길이는 약 몇 mm 이상이어야 하는가? (단, 키에서 발생하는 최대전단응력과 축에 발생하는 최대전단응력은 같다고 한다.)

㉮ 55 ㉯ 73

㉰ 99 ㉱ 126

풀이 & 답

(키의 전단응력) $\tau_{key} = \frac{2T}{b \times l \times d}$ …………………………… ①식

(축의 전단응력) $\tau_s = \frac{16T}{\pi d^3}$ …………………………………… ②식

①식 = ②식에서 $l = \frac{\pi d^2}{8b} = \frac{\pi \times 50^2}{8 \times 10} = 98.17\text{mm}$

답 ㉰

예제 3-14

평벨트 풀리의 지름이 600mm, 축의 지름이 50mm라 하고, 풀리를 폭(b)×높이(h)= 8mm×7mm의 묻힘 키로 축에 고정하고 벨트 장력에 의해 풀리의 외주에 2kN의 힘이 작용한다면, 키의 길이는 몇 mm 이상이어야 하나? (단, 키의 허용전단응력은 50MPa로 하고, 허용전단응력만을 고려하여 계산한다.)

㉮ 50　　㉯ 60
㉰ 70　　㉱ 80

풀이 & 답

$$\tau_{key} = \frac{2T}{b l d_s}$$

(키의 길이) $l = \frac{2T}{b\,\tau_{key} d_s} = \frac{2 \times \left(W \times \frac{D}{2}\right)}{b \times \tau_{key} \times d_s} = \frac{2 \times \left(2000 \times \frac{600}{2}\right)}{8 \times 50 \times 50} = 60\text{mm}$

답 ㉯

예제 3-15

성크 키의 길이가 150mm, 키에 발생하는 전단하중은 60kN, 키의 너비와 높이와의 관계는 b =1.5h라고 할 때 허용전단응력은 20MPa라 하면 키의 높이는 약 몇 mm 이상이어야 하는가? (단, b는 키의 너비, h는 키의 높이이다.)

㉮ 8.2　　㉯ 10.5
㉰ 13.3　　㉱ 17.9

풀이 & 답

$\tau_{key} = \frac{2T}{b l d_s}$, $200 = \frac{2 \times \left(F \times \frac{d_s}{2}\right)}{(1.5 \times h) \times l \times d_s} = \frac{2 \times \left(60000 \times \frac{d_s}{2}\right)}{(1.5 \times h) \times 150 \times d_s}$ 에서

(키의 높이) $h = 13.3\text{mm}$

답 ㉰

3-2 Cotter(코터)의 설계

축방향에 인장 또는 압축이 작용하는 두 축을 연결하는 것으로 분해할 필요가 있는 곳에 사용

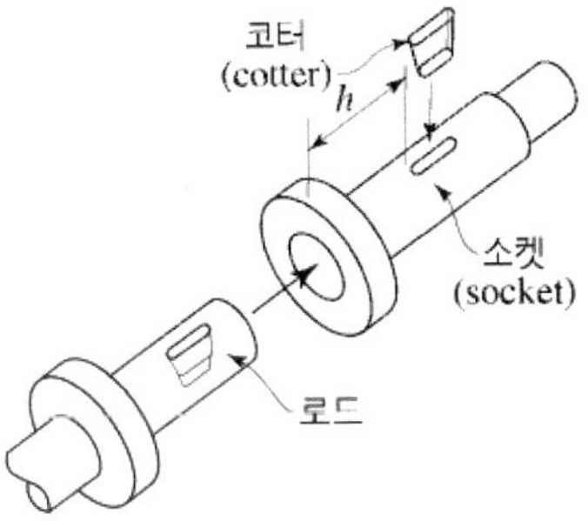

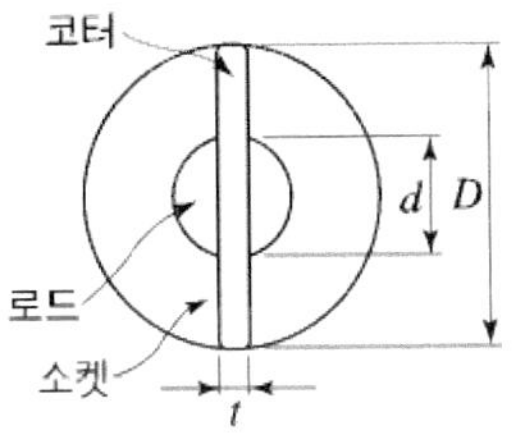

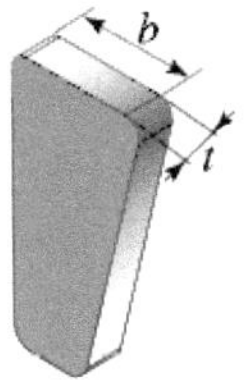

코터의 전단응력 $\tau_c = \dfrac{P}{2 \times b \times t}$

여기서, b : 코터의 폭
t : 코터의 두께

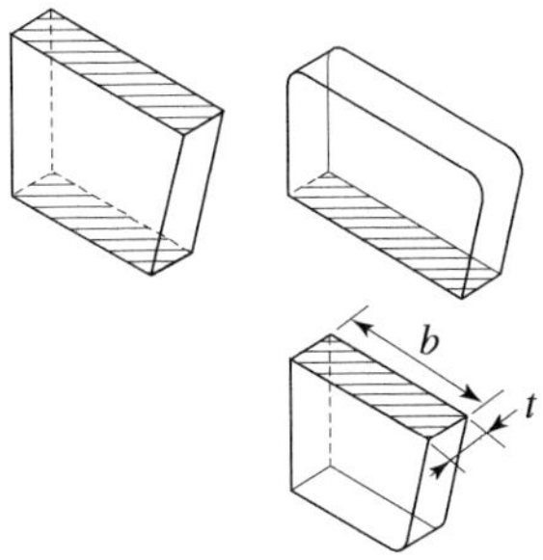

예제 3-16

코터의 두께를 b, 폭을 h라 하고, 축방향의 힘 F를 받을 때 코터 내에 생기는 전단응력(τ)에 대한 식으로 옳은 것은? (단, 축방향의 힘에 의해 2개의 전단면이 발생한다.)

㉮ $\tau_c = \dfrac{P}{2 \times b \times t}$　　㉯ $\tau_c = \dfrac{2P}{b \times t}$

㉰ $\tau_c = \dfrac{P}{b \times t}$　　㉱ $\tau_c = \dfrac{P}{4 \times b \times t}$

답 ㉮

Chapter 4

리벳 이음(rivet joint)

4-1 리벳의 개요

리벳 조인트는 강판을 포개서 영구적으로 결합하는 것으로 구조가 간단하고 응용 범위가 넓어서, 철골구조, 교량 등에 사용되며, 죄는 힘이 크므로 기밀을 요하는 압력용기, 보일러 등에 사용된다.

• 리벳 이음의 특징 : 리벳 이음은 용접 이음에 비해 다음과 같은 특징이 있다.
  ① 초기응력에 의한 잔류 변형률이 생기지 않으므로 취약 파괴가 일어나지 않는다.
  ② 구조물 등에서 현지조립(현장작업)할 때는 용접 이음보다 쉽다.
  ③ 경합금과 같이 용접이 곤란한 재료에는 신뢰성이 있다.
  ④ 강판의 두께에 한계가 있으며, 이음 효율이 낮다.
  ⑤ 리벳 조인트는 강판을 포개서 영구적으로 결합하는 것으로 분해 조립이 어렵다.

예제 4-1

리벳 이음의 장점에 대한 설명으로 틀린 것은?

㉮ 열응력에 의한 잔류응력이 발생하지 않는다.
㉯ 경합금과 같이 용접이 곤란한 재료의 결합에 적합하다.
㉰ 리벳 이음한 구조물에 대해서 분해 조립이 간편하다.
㉱ 구조물 등에 사용할 때 현장조립의 경우 용접작업보다 용이하다.

답 ㉰

(1) 겹치기 이음

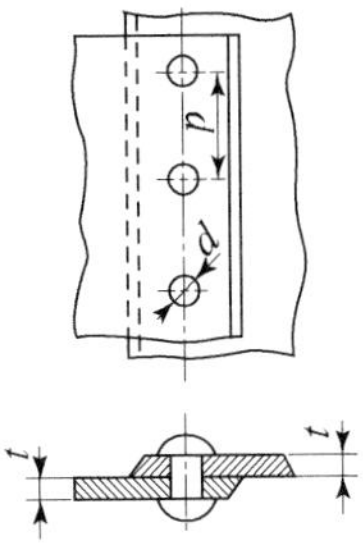

[겹치기 1열이음]

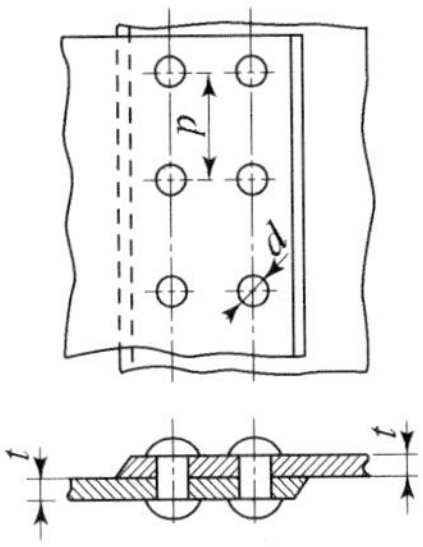

[겹치기 2열 병렬 이음]

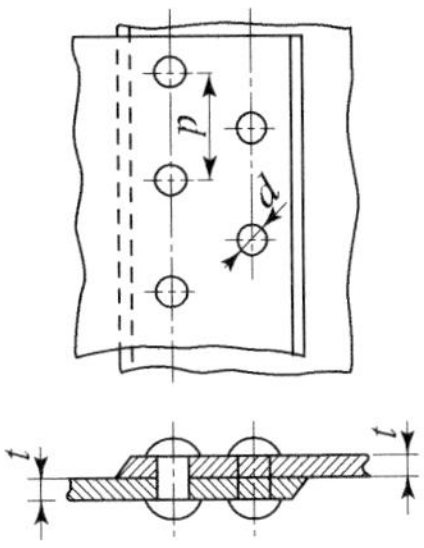

[겹치기 2열 지그재그형 이음]

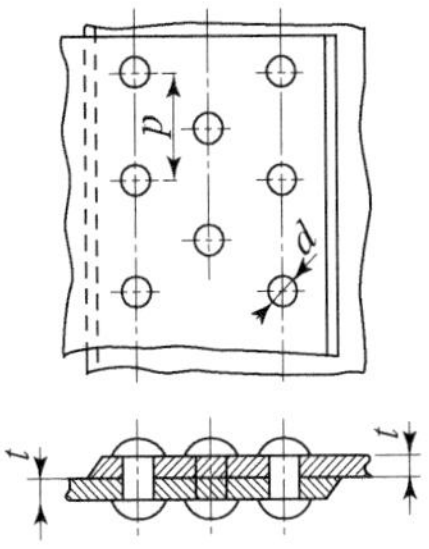

[겹치기 3열 이음]

(2) 맞대기 이음

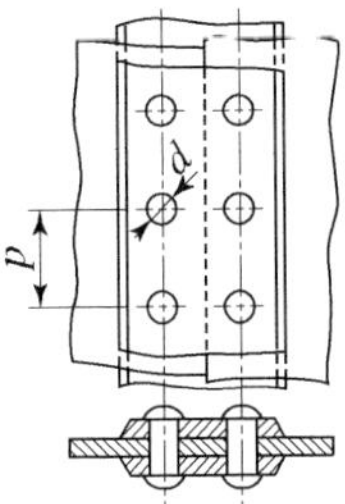

[양쪽 덮개판 1열 맞대기 이음]

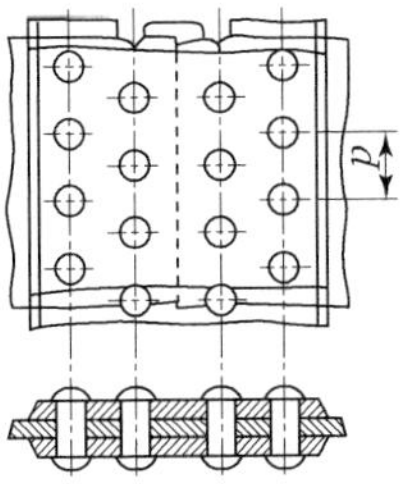

[양쪽 덮개판 2열 지그재그 이음]

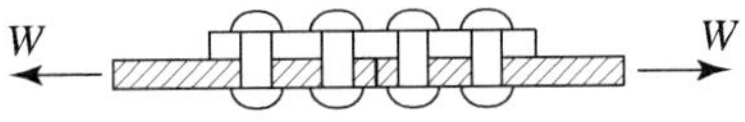

[한쪽 덮개판 2열 맞대기 이음]

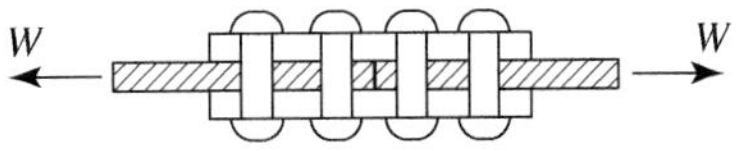

[양쪽 덮개판 2열 맞대기 이음]

4-2 리벳 이음의 설계

(1) 리벳 이음의 강도 계산

① 리벳의 전단 하중(1피치 내에 걸리는 전단하중) : W_P

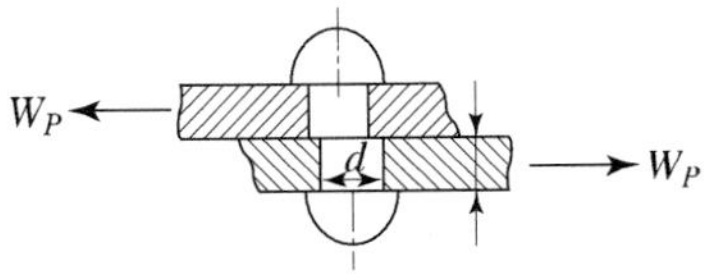

$$W_P = \tau_r \times A_r = \tau_r \times \frac{\pi}{4} d^2 \times n \quad \cdots\cdots\cdots\cdots (1)$$

여기서, W_P : 피치내 하중 $d = d_r$: 리벳의 직경

A_r : 리벳이 전단되는 단면적

τ_r : 리벳의 전단응력

n : 리벳의 전단되는 개수=줄수

② 강판의 절단(1피치 내에 걸리는 강판의 인장하중)

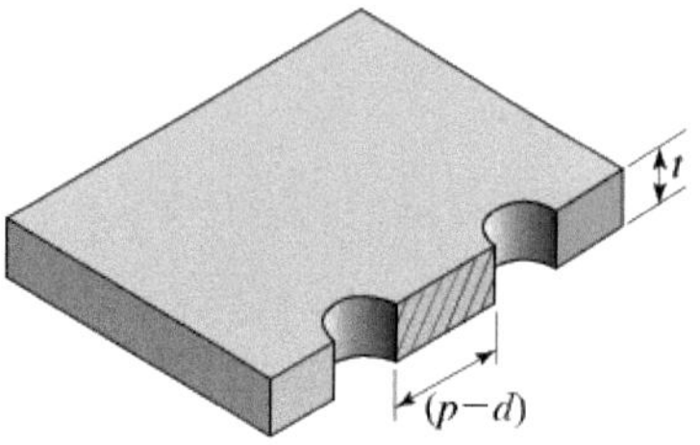

$$W_P = \sigma_t \times A_t = \sigma_t\,(p - d_t) \times t \cdots\cdots (2)$$

여기서, σ_t : 강판의 인장응력
A_t : 강판의 파단면적
d_t : 구멍의 지름
d : 리벳의 지름
$d = d_t$: (d_t가 주어지지 않으면 d를 사용한다.)

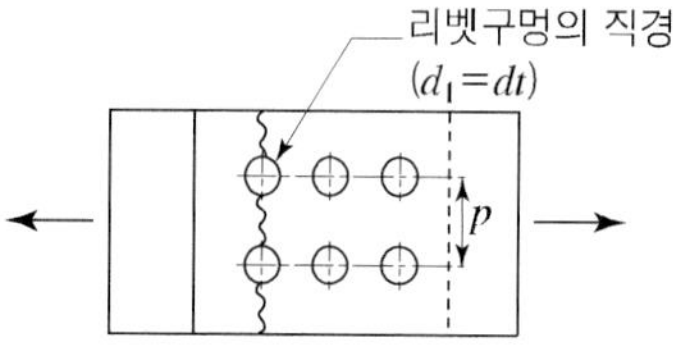

어느 한쪽이 파단되면 사용할 수 없다.
▶ 줄수와 관계가 없다.

③ 리벳의 압괴 파괴(1피치 내에 걸리는 리벳의 압괴하중)

$$W_P = \sigma_c \times A_c = \sigma_c \times d \cdot t \times n \cdots\cdots (3)$$

여기서, A_c : 리벳의 압괴 단면적, σ_c : 리벳의 압괴응력
$d = d_r$: 리벳의 직경, n : 리벳의 전단되는 개수=줄수

(2) 리벳의 직경과 피치의 계산

① 리벳의 피치(p) 계산

(1)=(2)식으로 두면,

$$\tau_r \times \frac{\pi d^2}{4} \times n = \sigma_t \times (p - d_t) \times t$$

$$p - d = \frac{\tau_r\,\pi\,d^2 n}{4\,\sigma_t\,t}$$

$$\therefore \text{(피치) } p = \frac{\tau_r\,\pi\,d^2 n}{4\,\sigma_t\,t} + d'$$

② 리벳의 직경 계산

(1)=(3)식으로 두면,

$$\tau_r \times \frac{\pi d^2}{4} \times n = \sigma_c \times d \cdot t \times n$$

$$\therefore \text{(리벳의 지름) } d = \frac{4\,\sigma_c\,t}{\pi\,\tau_r}$$

(3) 리벳 이음의 효율

① 강판의 효율(η_t)

$$\eta_t = \frac{\text{구멍이 있을 때의 강판의 인장력}}{\text{구멍이 없을 때의 강판의 인장력}} = \frac{\sigma_t\,(p - d_t)\,t}{\sigma_t\,p\,t} = \frac{p - d_t}{p} = 1 - \frac{d_t}{p}$$

② 리벳의 효율(η_r)

$$\eta_r = \frac{\text{구멍이 있을 때의 리벳의 전단력}}{\text{구멍이 없을 때의 강판의 인장력}} = \frac{\tau_r \dfrac{\pi d^2}{4} n}{\sigma_t p t} = \frac{\tau_r \pi d^2 n}{4\sigma_t p t}$$

③ 리벳 이음의 효율(η)

(리벳 이음의 효율) η은 강판의 효율(η_t)과 리벳의 효율(η_r) 두 효율 중에서 작은 값의 효율이 (리벳 이음의 효율) η이다.

암기하세요

(강판의 효율) $\eta_t = 1 - \dfrac{d}{p}$

예제 4-2

리벳 이음에서 리벳 지름을 d, 피치를 p라 할 때 강판의 효율 η로 옳은 것은? (단, 1줄 리벳 겹치기 이음이다.)

㉮ $\eta_t = 1 - \dfrac{d}{p}$　　㉯ $\eta_t = 1 - \dfrac{p}{d}$

㉰ $\eta_t = \dfrac{p}{d} - 1$　　㉱ $\eta_t = \dfrac{d}{p} - 1$

답 ㉮

예제 4-3

판의 두께 12mm, 리벳의 지름 20mm, 피치 50mm인 1줄 겹치기 리벳 이음을 하고자 한다. 한 피치 당 13kN의 하중이 작용할 때 생기는 인장응력과 리벳 이음의 판의 효율은 각각 얼마인가?

㉮ 36.11MPa, 60%　　㉯ 32.96MPa, 62%

㉰ 16.98MPa, 76%　　㉱ 16.98MPa, 62%

풀이 & 답

(강판의 인장응력) $\sigma_t = \dfrac{W_P}{(p-d)\times t} = \dfrac{13\times 10^3}{(50-20)\times 12} = 36.111\text{MPa}$

(강판의 효율) $\eta_t = 1 - \dfrac{d}{p} = 1 - \dfrac{20}{50} = 0.6 = 60\%$

답 ㉮

4-3 보일러용 리벳 이음(≒내압을 받는 얇은 원통)

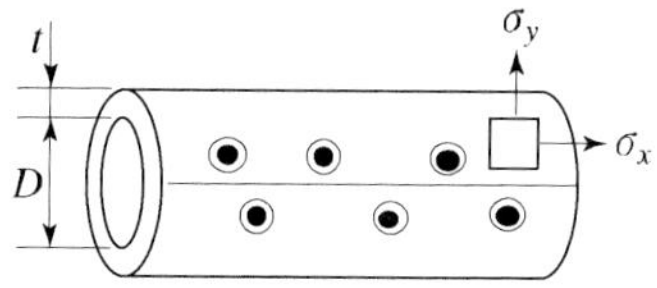

σ_y(hoop stress) = 원부방향 응력

$$\sigma_y = \frac{P \times D}{2 \times t},\ \sigma_x = \frac{P \times D}{4 \times t}$$

$$\frac{\sigma_u}{s} = \sigma_a \geq \sigma_y$$

$$t = \frac{P \times D}{2 \times \sigma_a} = \frac{P \times D \times S}{2 \times \sigma_u \times \eta} + c$$

여기서, σ_u : 극한강도, s : 안전율, σ_a : 허용응력,
D : 내경, c : 부식여유, η : 이음효율

[원통의 내경 구하기]

(연속방정식에서) $Q = A \times V = \frac{\pi}{4} D^2 \times V$ (여기서, Q : 체적 유량, D : 내경, V : 유속)

예제 4-4

안지름 500mm, 최고사용압력 1.2MPa의 보일러의 강판의 두께(t)는 약 몇 mm 정도가 적당한가? (단, 강판의 인장강도 350MPa, 안전율 4.75, 리벳 이음의 효율 η =58%로 하며, 부식여유는 1mm로 한다.)

㉮ 4.12 ㉯ 6.05
㉰ 13.76 ㉱ 8.02

풀이 & 답

$$t = \frac{P \times D \times S}{2 \times \sigma_u \times \eta} + c = \frac{1.2 \times 500 \times 4.75}{2 \times 350 \times 0.58} + 1 = 8.02\text{mm}$$

답 ㉱

예제 4-5

수압이 2.75MPa이고, 허용인장강도가 50MPa이며, 이음효율이 70%인 강관의 바깥지름은 몇 mm 이상이어야 하는가? (단, 부식여유는 1mm이고, 강관의 안지름은 580mm이다.)

㉮ 582 ㉯ 629
㉰ 604 ㉱ 628

풀이 & 답

(두께) $t = \frac{P \times D}{2 \times \sigma_a \times \eta} + c = \frac{2.75 \times 580}{2 \times 50 \times 0.7} + 1 = 23.78\text{mm}$

(바깥지름) $D_0 = D + 2t = 580 + (2 \times 23.78) = 627.57\text{mm}$

답 ㉱

Chapter 5 용접(welding)

5-1 용접의 장단점

장 점	단 점
•리벳 이음에 비해 재료가 절약되고 이음효율이 높다. •기밀성이 높으며 사용하는 판재의 두께에 제한이 없다. •소음이 없고 페인트 작업을 쉽게 할 수 있다. •공정수를 줄일 수 있어 제작비가 싸다. •제품의 생산률이 좋고 보수도 쉽다.	•진동감쇠의 능력이 부족하다. •고열에 의한 변형과 잔류응력의 발생 및 재질이 변한다. •연속체로 되어 전체적인 파괴가 생긴다. •결함이 생기기 쉽고 이에 따른 노치율에 민감하다. •용접부에 대한 비파괴 검사법이 어렵다.

[리벳 이음과 비교한 장점]

① 구조가 간단하여 재료가 절감된다.
② 높은 이음의 효율을 얻을 수 있다.
③ 기밀성, 수밀성의 향상을 도모할 수 있다.
④ 공정수의 절감에 따른 제작비가 저렴하다.
⑤ 판두께에 관계없이 결합이 가능하다.

예제 5-1

다음 중 용접 이음의 장점에 해당하지 않는 것은?

㉮ 열에 의한 잔류응력이 거의 발생하지 않는다.
㉯ 공정수를 줄일 수 있고, 제작비가 싼 편이다.
㉰ 기밀 및 수밀성이 양호하다.
㉱ 작업의 자동화가 용이하다.

답 ㉮

5-2 용접 이음의 강도 계산

(1) 맞대기 이음

① 인장응력 $\sigma_t = \dfrac{W}{A} = \dfrac{W}{(t_1 + t_2) \times l}$

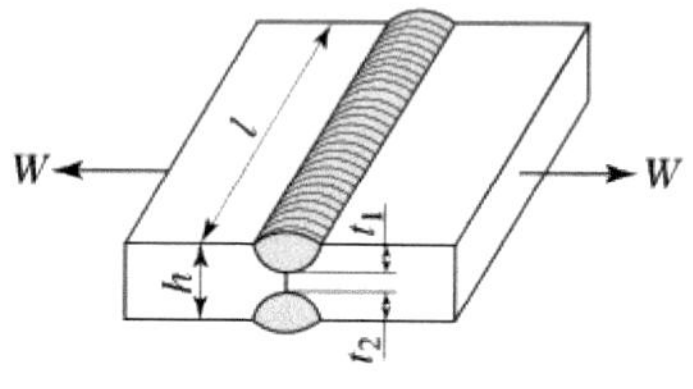

여기서, t_1, t_2 : 용입깊이, l : 용접길이

예제 5-2

다음 그림과 같은 맞대기 용접 이음에서 인장하중 W[N], 강판의 두께 h[mm]라 할 때 용접길이 l[mm]을 구하는 식으로 가장 옳은 것은? (단, 상하의 용접부의 용입깊이가 각각 t_1[mm], t_2[mm]이고, 용접부에서 발생하는 인장응력 σ_t[MPa]이다.)

㉮ $\sigma_t = \dfrac{W}{(t_1 + t_2) \times l}$

㉯ $\sigma_t = \dfrac{0.707W}{t_1 \times l}$

㉰ $\sigma_t = \dfrac{W}{t_1 \times l}$

㉱ $\sigma_t = \dfrac{0.707W}{t_1 \times t_1}$

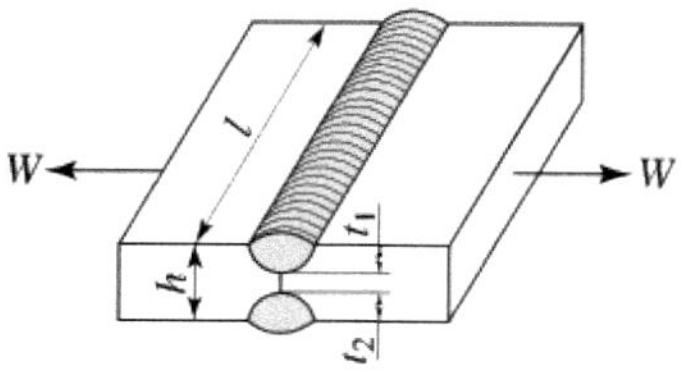

답 ㉮

(2) T이음

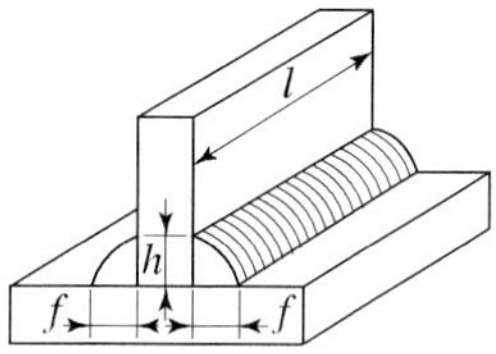

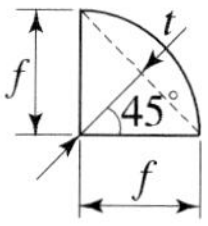

여기서, t : 목부의 두께 = 목두께

$t = f\cos 45° = 0.707f = 0.707h$

f(용접 사이즈) ≒ h(모재의 두께) = 모길이

① 인장응력 $\sigma_t = \dfrac{P_t}{A} = \dfrac{P_t}{2 \times t \times l} = \dfrac{P_t}{2 \times 0.707f \times l} = \dfrac{P_t}{2 \times 0.707h \times l} = \dfrac{0.707P_t}{h \times l}$

② 전단응력 $\tau = \dfrac{P_s}{A} = \dfrac{P_s}{2 \times t \times l} = \dfrac{P_s}{2 \times 0.707 \times f \times l} = \dfrac{P_s}{2 \times 0.707h \times l} = \dfrac{0.707P_s}{h \times l}$

(3) 전면 필릿 용접 (인장응력)

$$\sigma_t = \frac{P}{A} = \frac{P}{2\times t\times l} = \frac{P}{2\times 0.707f\times l} = \frac{0.707P}{f\times l}$$

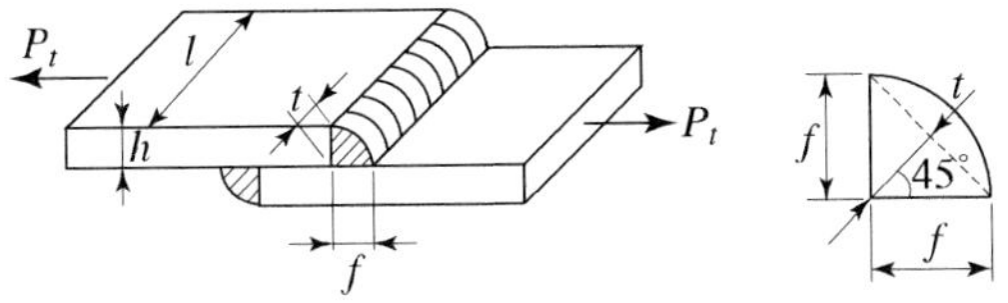

t : 목부의 두께 = 목두께
f : 용접사이즈 ≒ h : 모재의 두께
$t = f\cos 45° = 0.707f = 0.707h$

(4) 측면 필릿 용접(전단응력)

$$\tau = \frac{P}{A_\tau} = \frac{P}{2\times t\times l} = \frac{P}{2\times 0.707f\times l} = \frac{0.707P}{f\times l}$$

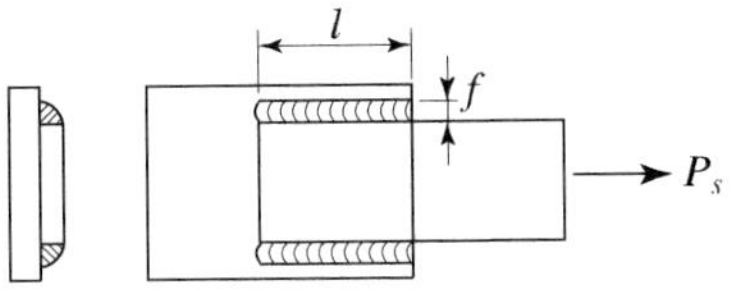

목부의 전단응력 :

$$\tau = \frac{P_s}{A_\tau} = \frac{P_s}{2\times t\times l} = \frac{P_s}{2\times 0.707f\times l} = \frac{0.707P_s}{f\times l}$$

예제 5-3

옆의 그림과 같이 양쪽에 옆면 필릿 용접 이음을 한 용접 구조물에서 용접부의 허용전단응력이 49.05MPa이라 할 때 약 몇 kN의 힘(P_s)에 견딜 수 있는가? (단, 판의 두께는 5mm 이고, 용접길이는 100mm이다.)

㉮ 34.7
㉯ 48.6
㉰ 60.4
㉱ 72.9

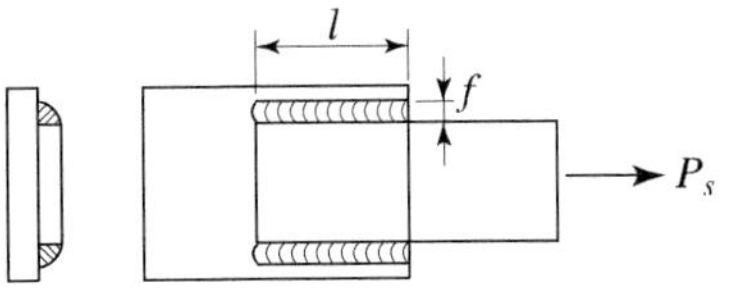

풀이 & 답

$\tau = \dfrac{0.707P_s}{f\times l}$, $49.05 = \dfrac{0.707\times P_s}{5\times 100}$ 에서

(전단하중) $P_s = 34688.8205\text{N} = 34.688\text{kN}$

답 ㉮

Chapter 6

축(shaft)

6-1 축의 종류

(1) 작용하는 힘에 따른 분류

① **차축**(axle) : 주로 굽힘을 받는 정지축 또는 회전축이다.(예 : 차량의 축).

② **스핀들**(spindle) : 주로 굽힘과 비틀림을 동시에 받는 축으로, 축의 지름에 비해 축의 길이가 짧다.(예 : 공작 기계의 축, 터빈 축)

③ **전동축**(shaft) : 동력 전달을 목적으로 하는 축으로 주로 비틀림을 받는다. 전동기에서의 동력은 주축 또는 중간축을 거쳐서 각 기계에 전달되며, 전동축에는 주축(main shaft), 선축(line shaft), 중간축(counter shaft)이 있다.

(2) 형상에 따른 분류

① **직선축** : 보통 쓰이는 축이다.

② **크랭크 축** : 왕복운동에 사용하는 축으로 회전운동을 직선왕복운동으로 바꾸는 데 사용한다.

③ **플렉시블 축**(flexible shaft) : 전동축으로 휨성(deflection)이 있다. 축방향으로 자유로이 휠 수 있으며, 철사를 코일 모양으로 감아서 만든다.

예제 6-1

축의 지름에 비하여 길이가 짧은 축을 말하며, 비틀림과 굽힘을 동시에 받는 축으로 공작 기계의 주축 및 터빈 축 등에 사용하는 것은?

㉮ 차축(axle shaft)
㉯ 전동축(transmission shaft)
㉰ 스핀들(spindle)
㉱ 유연성 축(flexible shaft)

답 ㉰

예제 6-2

전동축에 큰 휨(deflection)을 주어서 축의 방향을 자유롭게 바꾸거나 충격을 완화시키기 위해 사용하는 축은?

㉮ 직선축
㉯ 크랭크 축
㉰ 플렉시블 축
㉱ 중공축

답 ㉰

6-2 축의 설계상 고려되는 형상계수

구분	수학적 표현	사각형	중실축	중공축
단면2차 모멘트 (I_x, I_y)	$I_x = \int_A y^2 dA$ $I_y = \int_A x^2 dA$	$I_x = \frac{bh^3}{12}$ $I_y = \frac{hb^3}{12}$	$I_x = I_y = \frac{\pi d^4}{64}$	$I_x = I_y = \frac{\pi}{64}(d_2^4 - d_1^4)$ $= \frac{\pi d_2^4}{64}(1 - x^4)$
극단면2차 모멘트	$I_p = \int_A r^2 dA$ $= I_x + I_y$	$I_p = \frac{bh}{12}(b^2 + h^2)$	$I_p = I_x + I_y = \frac{\pi d^4}{32}$	$I_p = \frac{\pi}{32}(d_2^4 - d_1^4)$ $= \frac{\pi d_2^4}{32}(1 - x^4)$
단면 계수 (Z)	$Z = \frac{I}{e}$	$Z_x = \frac{\frac{bh^3}{12}}{\frac{h}{2}} = \frac{bh^2}{6}$ $Z_y = \frac{hb^2}{6}$	$Z = \frac{\frac{\pi d^4}{64}}{\frac{d}{2}} = \frac{\pi d^3}{32}$	$Z_x = Z_y = \frac{\pi}{32 d_2}(d_2^4 - d_1^4)$ $= \frac{\pi d_2^3}{32}(1 - x^4)$
극단면 계수 (Z_p)	$Z_p = \frac{I_p}{e}$		$Z_p = \frac{\frac{\pi d^4}{32}}{\frac{d}{2}} = \frac{\pi d^3}{16}$	$Z_p = \frac{\pi}{16 d_2}(d_2^4 - d_1^4)$ $= \frac{\pi d_2^3}{16}(1 - x^4)$

(1) 강도적인 측면

외력에 대하여 충분한 치수를 가져야 한다.

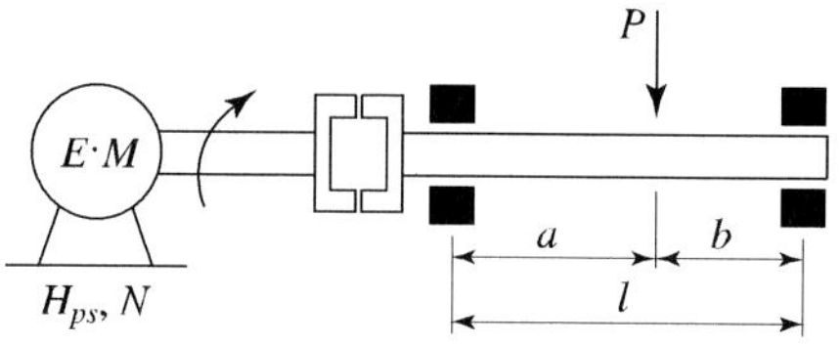

(비틀림 모멘트) $T = 716200 \times \dfrac{H_{ps}}{N}$[kgf· mm]

$T = 974000 \dfrac{H_{KW}}{N}$[kgf· mm]

(굽힘 모멘트) $M = \dfrac{Pab}{l}$[kgf· mm]

① 비틀림 모멘트만 받는 경우

㉠ 중실축의 경우 : $T = \tau_a \cdot\ Z_p = \tau_a \times \dfrac{\pi D^3}{16}$

⇨ (중실축의 직경) $D_T = \sqrt[3]{\dfrac{16T}{\pi \tau_a}}$

㉡ 중공축의 경우 : $T = Z \cdot\ Z_p = \tau_a \times \dfrac{\pi D_2^3}{16}(1 - x^4)$

⇨ (중공축의 외경) $D_{2T} = \sqrt[3]{\dfrac{16T}{\pi \tau_a (1 - x^4)}}$

② 굽힘 모멘트만 받는 경우

㉠ 중실축의 경우 : $M = \sigma_b \cdot\ Z = \sigma_b \times \dfrac{\pi D^3}{32}$

⇨ (중실축의 직경) $D_M = \sqrt[3]{\dfrac{32M}{\pi \times \sigma_b}}$

㉡ 중공축의 경우 : $M = \sigma_b \cdot\ z = \sigma_b \dfrac{\pi D_2^3}{32}(1 - x^4)$

⇨ (중공축의 외경) $D_{2M} = \sqrt[3]{\dfrac{32M}{\pi \sigma_b (1 - x^4)}}$

③ 굽힘과 비틀림 모멘트를 동시에 받는 경우

최대 전단 응력설 ⇨ (상당 비틀림 모멘트) $T_e = \sqrt{M^2 + T^2}$

최대 굽힘 응력설 ⇨ (상당 굽힘 모멘트) $M_e = \dfrac{1}{2}(M + \sqrt{M^2 + T^2}) = \dfrac{1}{2}(M + T_e)$

㉠ 중실축의 경우

$T_e = \tau_a \cdot\ Z_p = \tau_a \times \dfrac{\pi D^3}{16}$, $D_{Te} = \sqrt[3]{\dfrac{16 \times T_e}{\pi \tau_a}}$

$M_e = \sigma_b \cdot\ Z = \sigma_b \times \dfrac{\pi D^3}{32}$, $D_{me} = \sqrt[3]{\dfrac{32Me}{\pi \sigma_b}}$

둘 중에서 큰 직경을 선택한다.

ⓛ 중공축의 경우

ⓐ 중공축의 경우 : $T_e = \tau_a \cdot \ Z_p = \tau_a \times \frac{\pi D_2^3}{16}(1-x^4)$

⇨ (중공축의 외경) $D_{2T_e} = \sqrt[3]{\frac{16T_e}{\pi\tau_a(1-x^4)}}$

(최대 전단응력설 : 연성재료 설계 시 사용)

ⓑ 중공축의 경우 : $M_e = \sigma_b \cdot \ Z = \sigma_b \times \frac{\pi D_2^3}{32}(1-x^4)$

⇨ (중공축의 외경) $D_{2M_e} = \sqrt[3]{\frac{32M_e}{\pi\sigma_b(1-x^4)}}$

(최대 주응력설 : 취성재료 설계 시 사용)

둘 중에서 큰 직경을 선택한다.

예제 6-3

재료의 파손 이론(failure theory) 중 재료에 조합하중(비틀림과 굽힘이 동시에 작용할 때) 최대 주응력이 인장강도나 압축강도에 도달하였을 때 재료의 파손이 일어난다는 이론을 말하는 것으로 주철과 같은 취성재료에 잘 일치하는 이론은?

㉮ 변형률 에너지설 ㉯ 최대 주변형률설
㉰ 최대 전단응력설 ㉱ 최대 주응력설

답 ㉱

예제 6-4

3,000N · mm의 비틀림 모멘트가 작용하는 지름이 3mm인 축의 최대 비틀림 응력[MPa]은 얼마인가?

㉮ 566 ㉯ 656
㉰ 696 ㉱ 550

풀이 & 답

$T = \tau \cdot \ Z_p = \tau \times \frac{\pi D^3}{16}$

(비틀림응력) $\tau = \frac{16T}{\pi D^3} = \frac{16 \times 3000}{\pi \times 3^3} = 565.88 \frac{\text{N}}{\text{mm}^2} = 565.88\text{MPa}$

답 ㉮

예제 6-5

분당 회전수 100rpm인 연강축 플랜지 커플링에서 40PS의 동력을 전달시키려면 축의 지름은 최소 몇 mm 이상이 좋은가? (단, 축의 허용비틀림 응력 τ_a =3MPa이며, 축은 비틀림 모멘트만을 고려한다.)

㉮ 170　㉯ 177
㉰ 182　㉱ 187

풀이 & 답

(축지름) $D_T = \sqrt[3]{\dfrac{16T}{\pi\tau_a}} = \sqrt[3]{\dfrac{16\times 2807504}{\pi\times 3}} = 168.29\text{mm}$

$T = 716200\times\dfrac{H_{ps}}{N} = 716200\times\dfrac{40}{100} = 286480[\text{kgf}\cdot\ \text{mm}] = 2807504[\text{Nmm}]$

답 ㉮

예제 6-6

400rpm으로 4kW의 동력을 전달하는 중실 스핀들 축의 최소 지름은 약 몇 mm인가? (단, 축의 허용전단응력은 15MPa이다.)

㉮ 22　㉯ 32
㉰ 42　㉱ 52

풀이 & 답

(축지름) $D_T = \sqrt[3]{\dfrac{16T}{\pi\tau_a}} = \sqrt[3]{\dfrac{16\times 95452}{\pi\times 15}} = 31.88\text{mm}$

$T = 974000\times\dfrac{H_{KW}}{N}\times 9.8[\text{Nmm}] = 974000\times\dfrac{4}{400}\times 9.8 = 95452[\text{N}\cdot\ \text{mm}]$

답 ㉯

예제 6-7

200N · m 의 굽힘 모멘트를 받는 중실축의 지름은 약 몇 mm 이상이어야 하는가? (단, 중실축의 허용굽힘응력은 100MPa이다.)

㉮ 18mm　㉯ 28mm
㉰ 38mm　㉱ 48mm

풀이 & 답

$D_M = \sqrt[3]{\dfrac{32M}{\pi\sigma_b}} = \sqrt[3]{\dfrac{32\times 200000}{\pi\times 100}} = 27.311\text{mm}$

답 ㉯

예제 6-8

지름 5cm의 축이 300rpm으로 회전할 때 최대로 전달할 수 있는 동력은 약 몇 kW인가? (단, 축의 허용비틀림응력은 392MPa이다.)

㉮ 8.59　　㉯ 16.84
㉰ 302.3　　㉱ 181.38

풀이 & 답

$D_T = \sqrt[3]{\frac{16T}{\pi\tau_a}}$, $50[\text{mm}] = \sqrt[3]{\frac{16\times T}{\pi\times 392}}$ 에서 (토크) $T = 9621127.5\text{N}\cdot\text{mm}$

$T[\text{N}\cdot\text{mm}] = 974000\times\frac{H_{KW}}{N}\times 9.8[\text{N}\cdot\text{mm}]$

$9621127.5[\text{N}\cdot\text{mm}] = 974000\times\frac{H_{KW}}{300}\times 9.8$ 에서

(전달동력) $H_{KW} = 302.3\text{kW}$

답 ㉰

예제 6-9

8kN · m의 비틀림 모멘트와 14kN · m의 굽힘 모멘트를 동시에 받는 축의 상당 굽힘 모멘트는 몇 kN · m인가?

㉮ 13.06　　㉯ 14.06
㉰ 15.06　　㉱ 17.06

풀이 & 답

$M_e = \frac{1}{2}(M + \sqrt{M^2 + T^2}) = \frac{1}{2}(14 + \sqrt{14^2 + 8^2}) = 15.06\text{kNm}$

답 ㉰

예제 6-10

직경 50mm의 축이 40N · m의 비틀림 모멘트와 80N · m의 굽힘 모멘트를 동시에 받을 때, 축에 생기는 최대 전단응력은 몇 MPa인가?

㉮ 2.6　　㉯ 3.6
㉰ 4.6　　㉱ 5.6

풀이 & 답

$T_e = \tau_a \cdot Z_p = \tau_a \times \frac{\pi D^3}{16}$

(비틀림 전단응력) $\tau_a = \dfrac{T_e}{\left(\dfrac{\pi d^3}{16}\right)} = \dfrac{89440}{\left(\dfrac{\pi \times 50^3}{16}\right)} = 3.64\text{MPa}$

$T_e = \sqrt{M^2 + T^2} = \sqrt{80^2 + 40^2} = 89.44\text{Nm} = 89440\text{Nmm}$

답 ㉯

예제 6-11

중공축의 안지름과 바깥지름의 비를 $x(<1)$라 할 때, 동일한 비틀림 모멘트에 대해서 동일한 비틀림 응력이 발생하기 위한 중실축 지름(d)과 중공축의 바깥지름(d_2)의 비 d_2/d는? (단, 중실축과 중공축의 재질은 같다.)

㉮ $\sqrt[3]{1-x^4}$　　㉯ $\sqrt[4]{1-x^4}$

㉰ $\dfrac{1}{\sqrt[3]{1-x^4}}$　　㉱ $\dfrac{1}{\sqrt[4]{1-x^4}}$

풀이 & 답

중실축의 경우 $T = \tau_a \cdot Z_p = \tau_a \times \dfrac{\pi D^3}{16}$ ·········· ①식

(비틀림 전단응력) $\tau_a = \dfrac{16\,T}{\pi d^3}$ ·········· ①'식

중공축의 경우 $T = Z \cdot Z_p = \tau_a \times \dfrac{\pi D_2^3}{16}(1 - x^4)$ ·········· ②식

(비틀림 전단응력) $\tau_a = \dfrac{16\,T}{\pi d_2^3 (1 - x^4)}$ ·········· ②'식

$\dfrac{①'식}{②'식} = 1 = \dfrac{\dfrac{1}{d^3}}{\dfrac{1}{d_2^3 \times (1 - x^4)}} = \dfrac{d_2^3 \times (1 - x^4)}{d^3}$, $\dfrac{d_2}{d} = \dfrac{1}{\sqrt[3]{1 - x^4}}$

답 ㉰

(2) 휨 변형

(굽힘 모멘트에 의한 최대 처짐량 계산식) $\delta = \dfrac{P\,l^3}{kEI}$

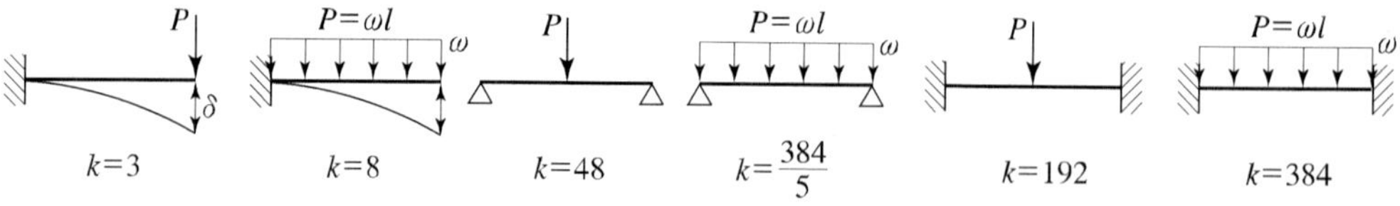

(3) 비틀림 변형 → (비틀림각을 제한하면 된다)

(비틀림 각) $\theta = \frac{T \cdot l}{GI_p}[\text{rad}] = \frac{T \cdot l}{G \cdot I_p} \times \frac{180}{\pi}[°]$

[바하(Bach) 축공식]

(보이 길이) $l = 1\text{m}$에 대해 (비틀림각) $\theta = \frac{1}{4}$보다 작게 되어야만 한다.

단, 재료는 연강이다.(연강의 횡탄성계수) $G = 8.3 \times 10^3 \text{kg/mm}^2$

$T = 974000 \times \frac{H_{kw}}{N}$ 일 때 ⇨ (직경) $D \fallingdotseq 130\sqrt{\frac{H_{kw}}{N}}[\text{mm}]$

$I_p = \frac{\pi D^4}{32} = \frac{T \cdot l \cdot 180}{G \times \theta \times \pi} = \frac{\pi D^4}{32}$ ⇨ $D = \sqrt[4]{\frac{T \times l \times 180 \times 32}{G \times \theta \times \pi^2}} \fallingdotseq 128.65\sqrt{\frac{H_{kw}}{N}}[\text{mm}]$

$T = 716200 \times \frac{H_{ps}}{N}$ 일 때 ⇨ (직경) $D \fallingdotseq 120\sqrt{\frac{H_{ps}}{N}}[\text{mm}]$

암기하세요

> 바하(Bach)의 축 공식
>
> (직경) $D \fallingdotseq 130\sqrt{\frac{H_{KW}}{N}}[\text{mm}]$
>
> (직경) $D \fallingdotseq 120\sqrt{\frac{H_{PS}}{N}}[\text{mm}]$

(4) 진동(공진)현상

구조물이 가지고 있는 고유한 떨림(고유진동수)과 외부에서 주어지는 진동수가 같아질 때 떨림의 중첩에 의해 구조물에 이상현상(심한 떨림)이 일어나는 현상

> (위험회전수) N_c : (공진현상을 발생시키는 분당 회전수)
>
> $$N_c = \frac{30}{\pi}\sqrt{\frac{g}{\delta}}$$

여기서, N_c : 위험회전수[rpm], g : 중력가속도, δ : 처짐량

예제 6-12

축의 자중을 무시하고 회전축의 중심에서 1개의 회전체의 하중에 의해 축의 처짐이 0.01mm 발생하면 축의 위험속도는 약 몇 rpm인가?

㉮ 4598rpm　　㉯ 6420rpm
㉰ 9458rpm　　㉱ 14568rpm

풀이 & 답

(위험속도) $N_c = \frac{30}{\pi}\sqrt{\frac{g}{\delta}} = \frac{30}{\pi}\sqrt{\frac{9.8}{0.01\times 10^{-3}}} = 9458\text{rpm}$

답 ㉰

▶던컬러의 위험 회전수 N_c[rpm] ⇨ 여러 개의 회전체를 가진 축의 경우

$$\frac{1}{N_c^2} = \frac{1}{N_0^2} + \frac{1}{N_1^2} + \frac{1}{N_2^2} + \cdots\ \cdots$$

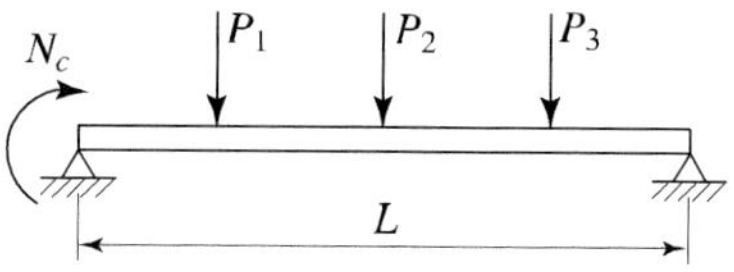

여기서, N_c : 축 전체 위험회전수[rpm]
N_0 : 축의 자중에 의한 위험회전수[rpm]
(축만이 회전할 때의 회전수[rpm])
N_1 : 하중 P_1만이 작용할 때의 위험회전수[rpm]
N_2 : 하중 P_2만이 작용할 때의 위험회전수[rpm]
N_3 : 하중 P_3만이 작용할 때의 위험회전수[rpm]

(5) 열응력 σ_{th}

$$\sigma_{th} = E\cdot\ \epsilon_{th} = E\cdot\ \alpha\cdot\ \Delta T = \frac{P_{th}}{A}$$

여기서, α : 선팽창계수(1/C) ϵ_{th} : 열 변형률$=\alpha\cdot\ \Delta T$, P_{th} : 열에 의한 힘$=\sigma_{th}\times A$

Chapter 7 베어링(Bearing)

7-1 베어링의 종류

접촉 방식에 따라
- 미끄럼 베어링(Slidiing bearing)
- 구름 베어링(rolling bearing)
  - 볼 베어링
  - 롤러 베어링

하중의 방향에 따라
- 레이디얼 베어링(radial bearing) : 축선에 직각
- 스러스트 베어링(thrust bearing) : 축선에 평행

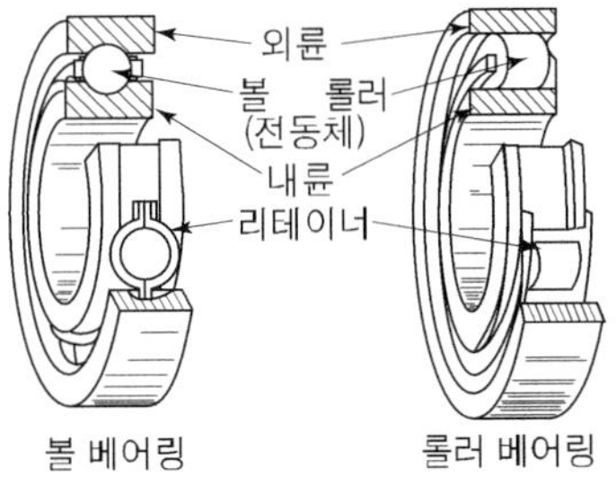

[레이디얼 베어링]

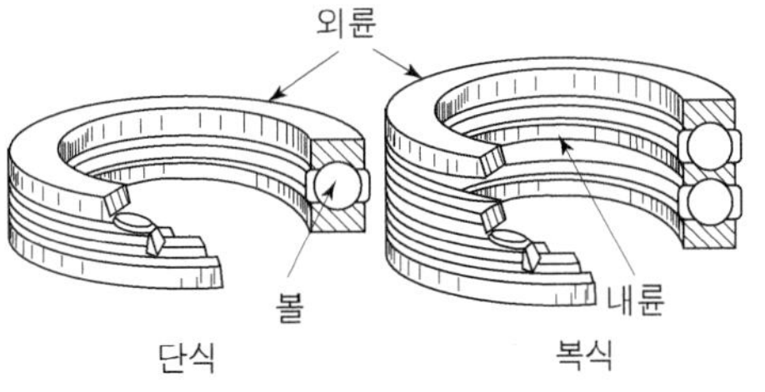

[스러스트 베어링]

예제 7-1

하중을 받치는 방향에 따라 베어링을 분류할 때 레이디얼 베어링의 설명으로 맞는 것은?

㉮ 축에 직각방향의 하중을 받쳐 주는 베어링
㉯ 축 방향의 하중을 받쳐 주는 베어링
㉰ 축의 직각방향과 축 방향의 두 하중을 받쳐 주는 베어링
㉱ 하중의 방향이 회전축의 축선과 일치하는 베어링

답 ㉮

[미끄럼 베어링(sliding bearing)과 구름 베어링(rolling bearing)의 비교]

비고	미끄럼 베어링 (Sliding bearing)	구름 베어링(rolling bearing)
마찰	유막 형성이 늦는 경우 구름 베어링에 비해 기동토크가 크다. 기름에 의한 미끄럼 마찰이 발생한다.(마찰저항이 크다.)	구름 마찰이 발생한다.(마찰저항이 작다.)
형상치수	바깥지름이 작고, 폭이 넓다.	바깥지름이 크고, 폭이 좁다.
내충격성	비교적 강하다.	비교적 약하다.
강성	강성이 적다.	강성이 크다.
진동소음	비교적 작다.	비교적 많다.
고속운전	고속운전이 가능하다.(공진속도를 지나 운전할 수 있다.)	공진속도 이내에서 운전하여야 된다.
윤활	윤활장치가 복잡하다.	비교적 쉽다.
수명	길다.	짧다.
규격	규격화되어 있지 않다.	규격화되어 있다.
제작	규격화되어 있지 않아 자가제작하는 경우가 많다. 자가제작할 경우 전문적인 지식이 필요하다.	규격화(표준화)되어 있어 양산품으로 대량생산한다.

[베어링 제작에 사용되는 베어링 메탈의 구비조건]

① 압축강도가 높아야 한다.
② 마찰에 잘 견디는 내마멸성이 좋아야 한다.
③ 피로강도가 높아야 한다.
④ 부식에 잘 견디는 내식성이 좋아야 한다.
⑤ 열전도율이 좋고, 눌러 붙지 않아야 한다.
⑥ 운동될 때 마찰저항이 적어야 된다.
⑦ 강성이 높아서 어느 정도 변형이 있어도 안전성을 유지해야 한다.
⑧ 오랜 시간 사용하여도 변화가 되지 않는 내구성이 높아야 한다.

예제 7-2

베어링 메탈(bearing metal)의 구비조건으로 틀린 것은?

㉮ 마찰저항이 클 것 ㉯ 내식성이 높을 것
㉰ 피로한도가 높을 것 ㉱ 압축강도 및 강성이 높을 것

답 ㉮

7-2 구름 베어링(rolling bearing)

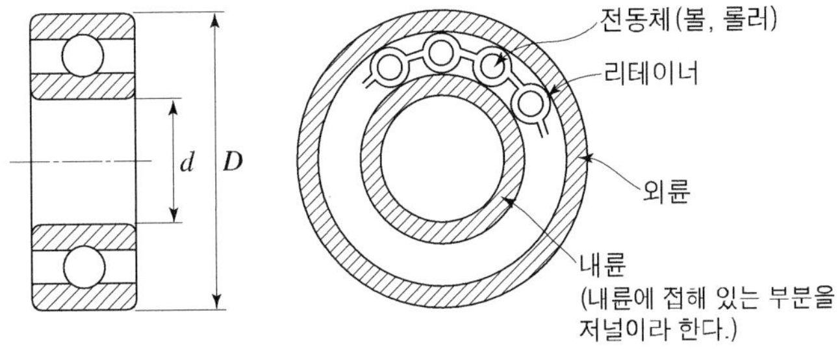

여기서, d : 저널의 안지름
D : 외륜의 지름

(1) 구름 베어링의 KS 규격 표시 방법(KS B 2023)

6 0 0 8 P 6

- 60 → 베어링 계열 번호
- 08 → 안지름 번호
- P6 → 등급 번호

안지름 번호	베어링 내경	
1~9	1~9mm	
00 01 02 03	10mm 12mm 15mm 17mm	
04 /22 05 ⇓ 99	4×5=20mm 22mm 5×5=25mm ⇓ 99×5=495mm	호칭×5=지름
500	500mm	

① 6008C2P6

60 08 C2 P6

- P6 : 등급 기호
- C2 : 틈새 기호(C2의 틈새)
- 08 : 안지름 번호(베어링 안지름 40mm)
- 60 : 베어링 계열 기호(단식 깊은 홈 볼 베어링, 치수 계열 10)

② 6312ZNR

63 12 Z NR

- NR — 레이스 모양 기호(스냅 링붙이)
- Z — 실드 기호(한쪽 실드)
- 12 — 안지름 번호(베어링 안지름 60mm)
- 63 — 베어링 계열 기호(단식 깊은 홈 볼 베어링, 치수 계열 03)

③ NA4916V

NA49 16 V

- V — 리테이너 기호(리테이너 없음)
- 16 — 안지름 번호(베어링 안지름 80mm)
- NA49 — 베어링 계열 기호(니들 롤러 베어링, 치수 계열 49)

[베어링의 호칭 방법]

기본 번호				보조 기호					
베어링 계열 번호		안지름 번호	접촉각 기호	유지기(리테이너) 기호	밀봉 기호 또는 실드 기호	궤도륜 모양 기호	조합 기호	내부틈새 기호	등급 기호
형식번호	치수기호								

형식 번호	1,2,3 : 복렬자동조심형 6 : 단열 홈형 7 : 단열 앵귤러 콘택트형 N : 원통 롤러형
치수 기호	0,1 : 특별경하중 2 : 경하중 3 : 중간형
안지름 번호	1~9 : 1~9mm 00 : 10mm 01 : 12mm 02 : 15mm 03 : 17mm 04부터는 5를 곱한 값이 안지름 치수[mm]이다.
접촉각 기호	C : 10° 초과 22° 이하 A : 22° 초과 32° 이하(보통 30°) 생략할 수 있다. 접촉각 기호가 생략된 경우는 30°이다. B : 32° 초과 45° 이하(보통 40°)
유지기 기호(리테이너 기호)	V : 유지기 없음(리테이너 없음)
실드 기호	Z : 한쪽 실드붙이 ZZ : 양쪽 실드붙이
궤도륜 모양 기호	N : 링홈붙이 NR : 멈춤링붙이
조합 기호	DF : 정면조합 DB : 뒷면조합 DT : 병렬조합

내부 틈새 기호	C2 : 보통의 레이디얼 내부 틈새보다 적다 C3 : 보통의 레이디얼 내부 틈새보다 크다.
등급 기호	P2 : 2급 P3 : 3급 P4 : 4급

예제 7-3

베어링 번호 No.6208인 레이디얼 볼 베어링의 안지름은?

㉮ 20mm　　㉯ 30mm
㉰ 40mm　　㉱ 50mm

풀이 & 답

안지름 $= 8 \times 5 = 40\text{mm}$

답 ㉰

(2) 구름 베어링(rolling bearing)의 설계

① 기본 부하 용량

㉠ 동적 기본 부하 용량(c) : 33.3rpm으로 500Hr을 견딜 수 있는 베어링 하중[kg]

기본 회전수 $= 33.3\dfrac{rev}{\min} \times 500 \times 60\min ≒ 10^6\,\text{rev}$

㉡ 정적 기본 부하 용량(c_0)

② 베어링 수명 계산식

㉠ 수명회전수(L_n) = 회전수명 = 계산수명

박리현상(flaking)을 일으키지 않고 회전할 수 있는 총 회전수 $\times 10^6$[rev]

$$(\text{계산수명})\ L_n = \left(\frac{c}{P_a}\right)^r \times 10^6\ [\text{rev}]$$

여기서, P_a : 실제 베어링 하중 $P_a = f_w \times P_{th}$
P_{th} : 이론 베어링 하중
f_w : 하중계수
c : 기본 동적부하 용량[N], [kgf]
r : 베어링 지수 → 볼 베어링 : $r = 3$
롤러 베어링 : $r = \dfrac{10}{3}$

㉡ 수명시간(L_h) : 수명회전(L_n)을 시간단위로 표시한 것.
$= N$(rpm)으로 회전하는 베어링의 수명시간

$$L_h = \frac{L_n[\text{rev}]}{N[\frac{rev}{\min}]} \times \frac{1\text{hr}}{60\min} = \frac{1}{60 \times N} \times \left(\frac{c}{P}\right)^r \times 10^6[\text{hr}]$$

$$= \frac{1}{60 \times N} \times \left(\frac{c}{P}\right)^r \times 33.3 \times 500 \times 60\,[\text{hr}]$$

암기하세요

(수명시간) $L_h = 500 \times \frac{33.3}{N} \times \left(\frac{c}{P_a}\right)^r$ [hr]

여기서, P_a : 실제 베어링 하중 $P_a = f_w \times P_{th}$

P_{th} : 이론 베어링 하중

f_w : 하중계수

c : 기본 동적부하 용량[N], [kgf]

r : 베어링 지수 → 볼베어링 : $r = 3$

롤러베어링 : $r = \frac{10}{3}$

㉢ (시간계수=수명계수) f_h 및 (속도계수=회전계수) f_n

$$L_h = 500 \times \frac{33.3}{N} \times \left(\frac{c}{P}\right)^r = 500 \times {f_h}^r$$

$$\therefore f_h = \frac{c}{P}\left(\frac{33.3}{N}\right)^{\frac{1}{r}} = f_n \times \frac{c}{P} \Rightarrow f_n = \left(\frac{33.3}{N}\right)^{\frac{1}{r}}$$

여기서, (수명계수=시간계수) $f_h = \frac{c}{P}\left(\frac{33.3}{N}\right)^{\frac{1}{r}}$

(속도계수=회전계수) $f_n = \left(\frac{33.3}{N}\right)^{\frac{1}{r}}$

암기하세요

(수명계수 = 시간계수) $f_h = \frac{c}{P}\left(\frac{33.3}{N}\right)^{\frac{1}{r}}$

(속도계수 = 회전계수) $f_n = \left(\frac{33.3}{N}\right)^{\frac{1}{r}}$

예제 7-4

회전수가 N[rpm]인 볼 베어링의 수명시간(L_h)을 나타낸 식은 다음 중 어느 것인가? (단, P_a는 베어링 하중, c는 기본 부하용량이다.)

㉮ $L_h = 500 \times \frac{33.3}{c} \times \left(\frac{N}{P_a}\right)^r$ [hr]
㉯ $L_h = 500 \times \frac{33.3}{N} \times \left(\frac{P_a}{N}\right)^r$ [hr]
㉰ $L_h = 500 \times \frac{N}{33.3} \times \left(\frac{c}{P_a}\right)^r$ [hr]
㉱ $L_h = 500 \times \frac{33.3}{N} \times \left(\frac{c}{P_a}\right)^r$ [hr]

답 ㉱

예제 7-5

볼 베어링의 수명에 대한 설명으로 맞는 것은?

㉮ 반지름 방향 동등가하중의 3배에 비례한다.
㉯ 반지름 방향 동등가하중의 3승에 비례한다.
㉰ 반지름 방향 동등가하중의 3배에 반비례한다.
㉱ 반지름 방향 동등가하중의 3승에 반비례한다.

답 ㉱

예제 7-6

볼 베어링에서 기본 베어링 수명이 L_1일 때, 동일 조건하에 베어링에 가하는 하중을 2배로 하면, 이때 베어링 수명 L_2는 어떻게 되는가?

㉮ $L_2 = 2L_1$
㉯ $L_2 = \frac{1}{2}L_1$
㉰ $L_2 = \frac{1}{4}L_1$
㉱ $L_2 = \frac{1}{8}L_1$

답 ㉱

예제 7-7

기본 부하 용량이 33000N이고, 베어링 하중이 4000N인 볼 베어링이 900rpm로 회전할 때, 베어링의 수명시간은 약 몇 시간[hr]인가?

㉮ 9050
㉯ 9500
㉰ 10400
㉱ 11500

풀이 & 답

(수명시간) $L_h = 500 \times \frac{33.3}{N} \times \left(\frac{c}{P_a}\right)^r = 500 \times \frac{33.3}{900} \times \left(\frac{33000}{4000}\right)^3 = 10400\text{hr}$

답 ㉰

예제 7-8

90rpm으로 회전하고 980N의 하중을 받는 레이디얼 볼 베어링의 기본 동정격하중은 약 몇 kN인가? (단, 하중계수는 1로 하고, 수명은 5000시간으로 한다.)

㉮ 2.94　　㉯ 4.91
㉰ 8.83　　㉱ 15.70

풀이 & 답

(수명시간) $L_h = 500 \times \frac{33.3}{N} \times \left(\frac{c}{P_a}\right)^r$, $5000 = 500 \times \frac{33.3}{90} \times \left(\frac{c}{980}\right)^3$ 에서

(기본 동정격하중) $c = 2940\text{N} = 2.94\text{kN}$

답 ㉮

예제 7-9

800rpm으로 회전하고 1kN의 하중을 받고 있는 단열 레이디얼 볼 베어링의 수명이 20000시간이라 하면, 다음 중 어느 베어링을 사용하는 것이 가장 적당한가? (단, C는 기본 동정격하중이다.)

㉮ 6202(C=6kN)　　㉯ 6203(C=8kN)
㉰ 6205(C=10kN)　　㉱ 6206(C=15kN)

풀이 & 답

(수명시간) $L_h = 500 \times \frac{33.3}{N} \times \left(\frac{c}{P_a}\right)^r$, $20000 = 500 \times \frac{33.3}{800} \times \left(\frac{c}{1000}\right)^3$ 에서

(기본 동정격하중) $c = 9970\text{N} = 9.97\text{kN}$

답 ㉰

③ 한계속도지수(dN)

구름 베어링에서 전동체는 내륜과 외륜 사이에서 구름 접촉하게 되는데 고속으로 회전하게 되면 전동체는 내륜과 외륜 사이에서 구름 접촉을 하지 못하고 미끄럼 접촉을 하게 되어 이것이 문제가 되는 경우가 발생한다. 그러므로 회전속도를 어느 정도 제한해 주기 위한 척도로 사용된다.

$$dN = d \times N_{max} \Rightarrow N_{max} = \frac{dN}{d}$$

여기서, d : 베어링 안지름[mm], N : 회전수[rpm]

7-3 미끄럼 베어링(sliding bearing)

(1) 종류

레이디얼 베어링 : 축선에 직각 ┬ 엔드저널(end journal) 베어링＝끝저널
(radial bearing) └ 중간저널(neck journal) 베어링

스러스트 베어링 : 축선에 평행 ┬ 피벗저널 베어링
(thrust bearing) └ 칼라저널 베어링

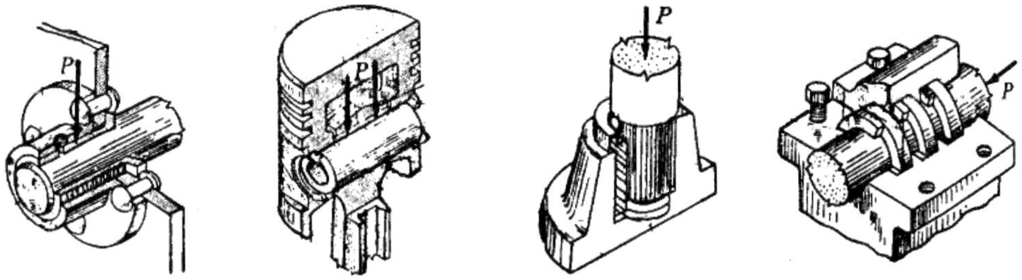

끝저널 베어링　　중간저널 베어링　　피벗 베어링　　칼라저널 베어링

[레이디얼 미끄럼 베어링]　　[스러스트 미끄럼 베어링]

(2) 베어링 압력 P

① 끝저널 베어링

$$P=\frac{W}{d\times l}$$

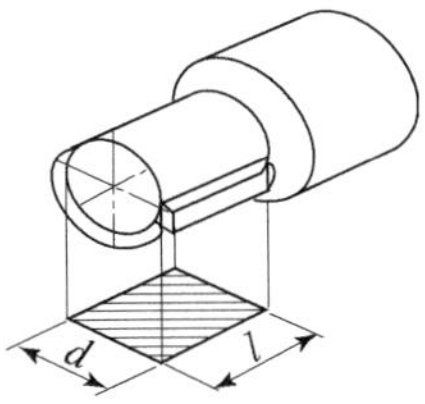

② 피벗 베어링

$$P=\frac{W}{\frac{\pi}{4}(d_2^2-d_1^2)}$$

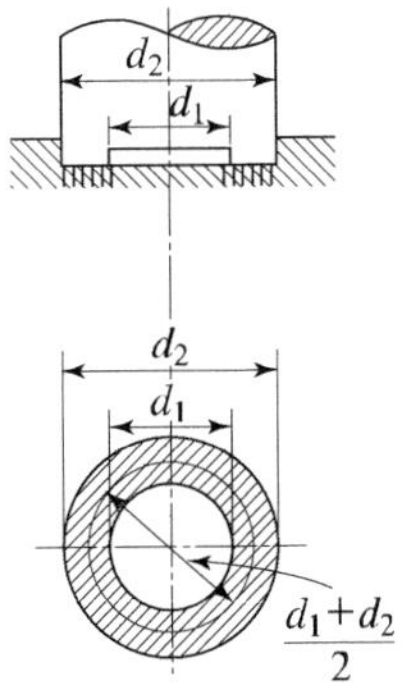

③ 칼라 베어링

$$P=\frac{W}{\frac{\pi}{4}(D_2^2-D_1^2)\times Z}$$

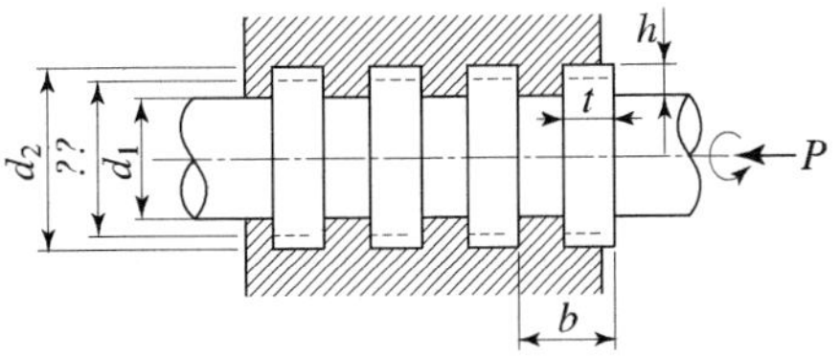

(3) 엔드저널의 설계

① 베어링 압력

$$P=\frac{W}{d\times l}$$

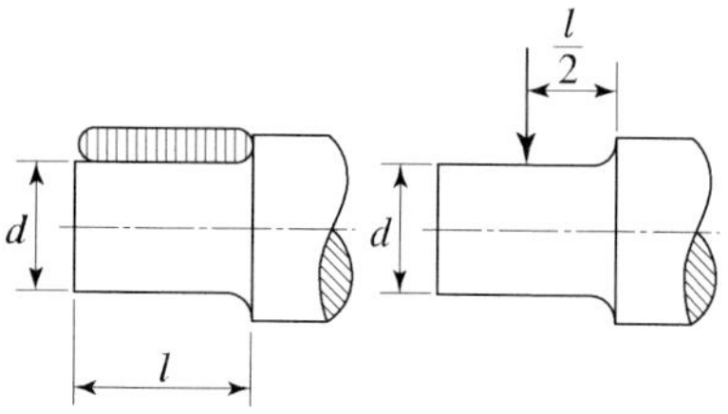

② 축경비 = 폭경비(l/d)

$$d^3=\frac{16W\,l}{\sigma_a\times\pi}=\frac{16Pdl^2}{\sigma_a\times\pi}\Rightarrow\left(\frac{d}{l}\right)^2=\frac{16P}{\sigma_{a\times}\pi}\quad\therefore\ \frac{l}{d}=\sqrt{\frac{\delta_a\times\pi}{16\times P}}$$

$$d=\sqrt[3]{\frac{Wl}{2}\times\frac{32}{\pi\times\sigma_a}}=\sqrt[3]{\frac{16\,Wl}{\sigma_a\ \pi}}$$

③ 발열계수(=압력속도계수) $PV\left[\frac{\text{kgf}}{\text{mm}^2}\times\frac{\text{m}}{\text{s}}\right]$ 또는 $\left[\frac{\text{N}}{\text{mm}^2}\times\frac{\text{m}}{\text{s}}\right]$ 또는 $\left[\frac{\text{W}}{\text{mm}^2}\right]$

$$PV=\frac{W}{d\times l}\times\frac{\pi\ d\ N}{60\times1000}$$

(4) 미끄럼 베어링에서 페트로프식(Petroff)

> 축과 베어링 사이의 마찰계수(μ) : $\mu=\frac{\pi^2}{30}\times\eta\frac{N}{p}\times\left(\frac{r}{\delta}\right)$ ····· **페트로프식(Petroff)**

여기서, η : 점성계수, N : 분당회전수, p : 베어링 압력, r : 축의 반지름, δ : 유막 두께

$\frac{\eta N}{p}$: 베어링 계수, $\phi=\frac{\delta}{r}$: 틈새비

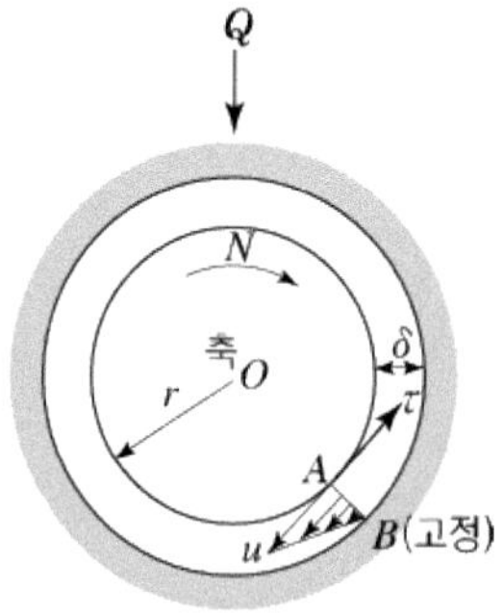

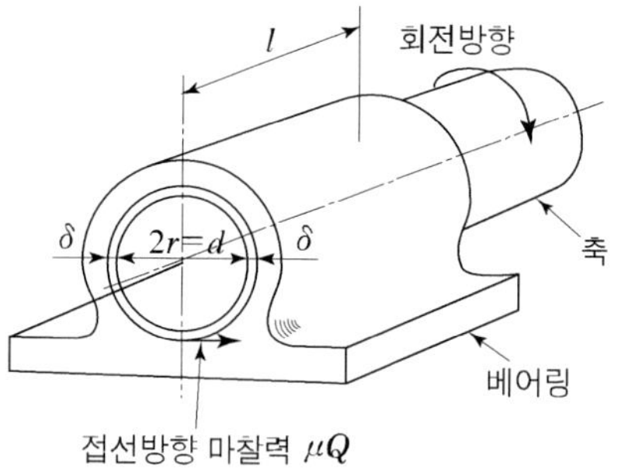

l : 저널의 길이

d : 축의 지름

r : 축의 반지름 $r=\frac{d}{2}$

p : 베어링 압력 $p=\frac{Q}{dl}=\frac{Q}{2rl}$

Q : 베어링 하중 $Q=p\times2rl$

δ : 유막 두께

η : 점성계수

w : 축의 각속도 $w=\frac{2\pi N}{60}$

N : 분당 회전수

V : 축의 원주속도 $V=w\times r$

예제 7-10

저널 베어링에서 사용되는 페트로프의 식에서 마찰저항과의 관계를 설명한 것으로 틀린 것은?

㉮ 베어링 압력이 클수록 마찰저항은 커진다.
㉯ 축의 반지름이 클수록 마찰저항은 커진다.
㉰ 유체의 절대점성계수가 클수록 마찰저항은 커진다.
㉱ 회전수가 클수록 마찰저항은 커진다.

답 ㉮

예제 7-11

베어링과 접촉하는 축 부분을 무엇이라 하는가?

㉮ 리테이너 ㉯ 전동체
㉰ 저널 ㉱ 롤러

답 ㉰

예제 7-12

레이디얼 저널 베어링에 작용하는 압력 P를 구하는 식은? (단, W : 베어링 하중, d : 저널의 지름, l : 저널의 길이이다.)

㉮ $P=\dfrac{W}{d\times l}$ ㉯ $P=\dfrac{W}{\frac{\pi}{4}d^2}$

㉰ $P=\dfrac{W}{d^2}$ ㉱ $P=\dfrac{W}{l^2}$

답 ㉮

예제 7-13

400rpm으로 전동축을 지지하고 있는 미끄럼 베어링에서 저널의 지름 d =6cm, 저널의 길이 l =10cm이고, 4.2kN의 레이디얼 하중이 작용할 때, 베어링 압력은 몇 MPa인가?

㉮ 0.5 ㉯ 0.6
㉰ 0.7 ㉱ 0.8

풀이 & 답

(베어링 압력) $P=\dfrac{W}{d\times l}=\dfrac{4200}{60\times 100}=0.7\text{N/mm}^2=0.7\text{MPa}$

답 ㉰

예제 7-14

엔드저널로서 직경 60mm, 폭경비 $\frac{l}{d}$ =2.5일 때 베어링 하중은 몇 kN인가? (단, 허용 베어링 압력은 3.92MPa이다.)

㉮ 27.5 ㉯ 30.3
㉰ 35.3 ㉱ 41.2

풀이 & 답

(베어링 압력) $p = \frac{F}{d \times l}$
(베어링 하중) $F = p \times d \times l = 3.92 \times 60 \times 150 = 35280\text{N} = 35.28\text{kN}$
(저널의 길이) $l = 2.5 \times d = 2.5 \times 60 = 150\text{mm}$

답 ㉰

Chapter 8 축이음

8-1 축이음의 일반 사항

(1) 축이음의 종류

- ① 커플링(coupling) (동력 단속이 안 됨)
  - 고정 커플링
    - 원통형 커플링
      - 머프 커플링
      - 반중첩 커플링
      - 마찰 원통 커플링
      - 클램프 커플링
      - 셀러 커플링
    - 슬리브 커플링 (sleeve coupling)
    - 플랜지 커플링 : 지름이 크고, 강력회전
  - 플렉시블 커플링 : 두 축의 중심선을 완전히 일치시키기 어려운 경우 사용되는 커플링
  - 올덤 커플링 : 두 축이 평행하고 두 축이 거리가 아주 가까울 때 (편심되어 있을 때)
  - 유니버설 커플링(=자재이음) : 두 축의 축선이 어느 각도로 교차되고 그 사이의 각도가 운전 중 다소 변할 때
- ② 클러치(clutch) (동력 단속됨)
  - 맞물림 클러치(claw clutch)
  - 마찰 클러치 : 원판 클러치, 다판 클러치, 원추 클러치
  - 유체 클러치 : 유체를 이용한 커플링으로 자동차에 사용한다.
  - 마그네틱 클러치 : 전자석의 원리를 이용한 축이음 방식

주의 종류와 특징이 시험에 자주 출제됩니다.

(2) 두 축이 일직선상에 있을 때 사용하는 커플링

① **슬리이브 커플링**(sleeve coupling) : 고정축 이음으로 주철제 원통 안에 두 축을 맞추어 키로 고정한 것이다. 머프(muff) 커플링, 반중첩(half lap) 커플링, 마찰원통(friction clip) 커플링, 클램프 커플링, 셀러(seller's) 커플링 등이 있다.

② **플랜지 커플링**(flange coupling) : 가장 많이 사용하는 축 이음으로, 주철제 또는 주강제의 플랜지를 양 축에 고정한 후 볼트로 고정한 것이다.

③ **플렉시블 커플링**(flexible coupling) : 유연성 커플링이라고도 하며 두 축의 중심선을 완전히 일치시키기 어려운 경우 사용하는 커플링. 두 축이 정확히 일치하지 않는 경우에 사용하며, 급격히 힘이 변화하는 경우, 완충작용과 전기절연작용을 한다. 양 플랜지 사이에는 고무, 가죽, 강철 판 또는 스프링을 사용한다.

플렉시블 커플링의 종류 (유연성 커플링)
- 간극형
  - 기어 커플링
  - 롤러체인 커플링
- 탄성형
  - 탄성고무 커플링
  - 벨트식 커플링
  - 금속 스프링식 커플링(=다이어프램 커플링)

(3) 두 축이 평행하거나 교차하는 경우 사용하는 커플링

① **올덤 커플링**(oldhams coupling) : 두 축이 평행하며 약간 어긋나는 경우에 사용하나, 진동이나 마찰저항이 커서 고속 회전에는 적당치 않다.

② **유니버설 조인트**(universal joint) : 두 축이 일직선상에 있지 않고 서로 교차하는 경우에 사용하며, 두 축이 만나는 각은 30° 이하로 해야 한다.

예제 8-1

유연성 커플링(flexible coupling)의 종류가 아닌 것은?

㉮ 기어 커플링　　㉯ 롤러 체인 커플링
㉰ 다이어프램 커플링　　㉱ 머프 커플링

답 ㉱

예제 8-2

축선에서의 약간의 어긋남을 허용하면서 충격과 진동을 감소시키는 축이음은?

㉮ 유니버설 조인트　　㉯ 플렉시블 커플링
㉰ 클램프 커플링　　㉱ 올덤 커플링

답 ㉯

예제 8-3

두 축의 중심선이 어느 각도로 교차되고, 그 사이의 각도가 운전 중 다소 변하여도 자유로이 운동을 전달할 수 있는 축이음(shaft coupling)으로 맞는 것은?

㉮ 고정 이음 ㉯ 플렉시블 이음
㉰ 올덤 이음 ㉱ 유니버설 이음

답 ㉱

예제 8-4

원통형 커플링(cylindrical coupling)의 종류에 해당하지 않는 것은?

㉮ 플랜지 커플링 ㉯ 머프 커플링
㉰ 마찰원통 커플링 ㉱ 셀러 커플링

답 ㉮

예제 8-5

두 개의 축이 평행하고, 그 축의 중심선의 위치가 약간 어긋났을 경우, 각속도는 변화 없이 회전동력을 전달시키려고 할 때 사용되는 가장 적합한 커플링은?

㉮ 플랜지 커플링(flange coupling)
㉯ 올덤 커플링(oldham coupling)
㉰ 머프 커플링(muff coupling)
㉱ 유니버설 커플링(universal coupling)

답 ㉯

두 축이 일직선상에 있을 때 사용하는 커플링		
원통형 커플링 = 슬리브 커플링 (sleeve coupling)	머프(muff) 커플링	
	마찰 원통(friction clip) 커플링 클램프 커플링	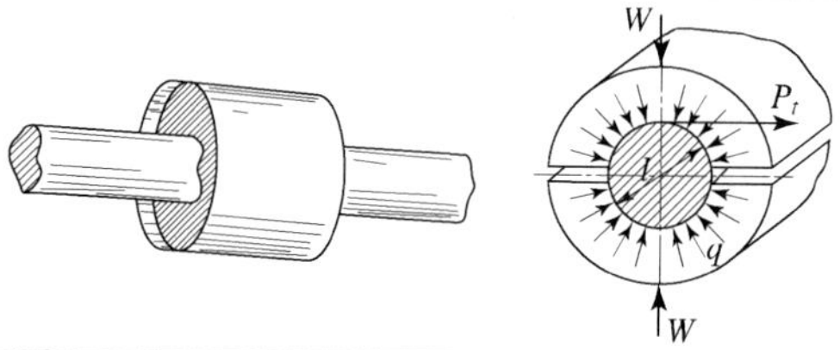
	셀러(seller's) 커플링	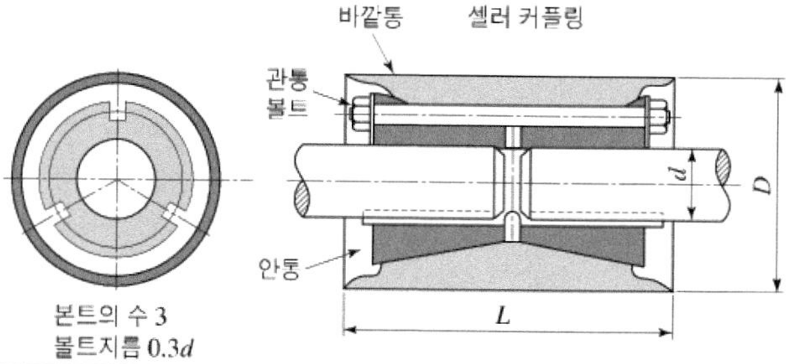
플랜지 커플링 (flange coupling)		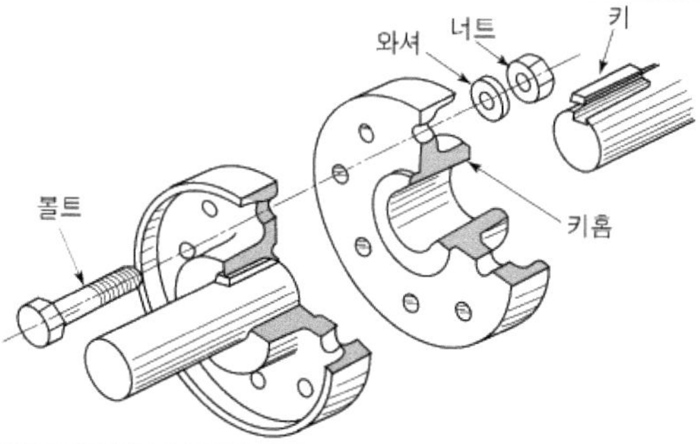
플렉시블 커플링 (flexible coupling)		 (탄성고무 커플링)

두 축이 평행하거나 교차하는 경우 사용하는 커플링	
올덤 커플링 (oldhams coupling)	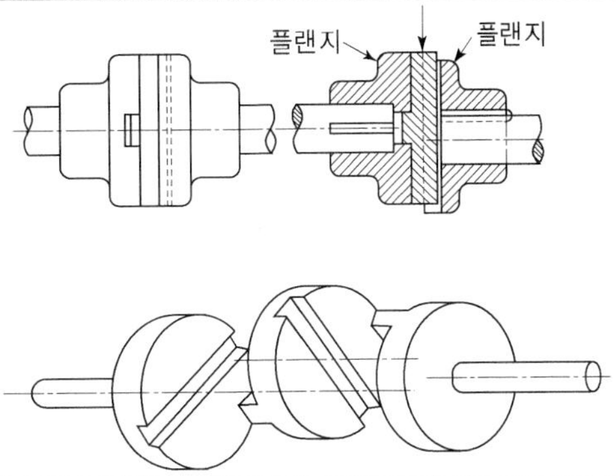
유니버설 조인트 (universal joint)	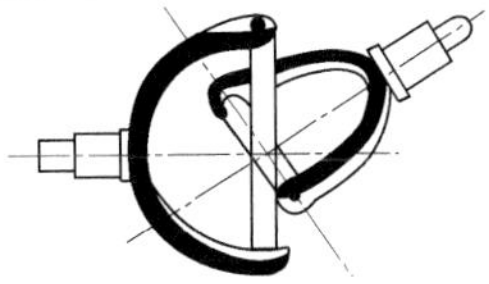

8-2 축이음의 설계

(1) 원통 커플링 = 통형 커플링 = 원통형 커플링 = 원통 마찰 커플링

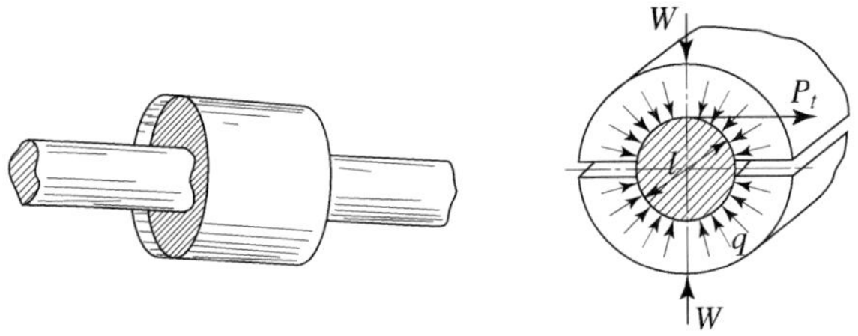

① 접선력

$$P_t = \mu W \pi$$

여기서, W : 졸라매는 힘, q : 접촉면 압력, P_t : 접선력=마찰력, μ : 마찰계수

② 전달토크

$$T = P_t \times \frac{d_s}{2} = \mu W \pi \times \frac{d_s}{2}$$

예제 8-6

원통 커플링에서 원통을 조이는 힘을 P라 하면 이 마찰 커플링의 전달토크(T)는? [단, 마찰계수가 μ, 축의 지름을 d_s, 축과 원통의 접촉 길이(커플링의 길이)를 L로 한다.]

㉮ $T = P \times \frac{d_s}{2}$　　㉯ $T = \mu P \times \frac{d_s}{2}$

㉰ $T = \mu P \pi \times \frac{d_s}{2}$　　㉱ $T = \mu P \pi \times \frac{d_s}{4}$

답 ㉰

예제 8-7

원통 마찰 커플링을 이용하여 축이음을 하고자 한다. 축지름 90mm, 전달동력은 35kW, 분당회전수는 250rpm으로 동력을 전달하고자 한다. 마찰력으로만 동력을 전달한다. 원통마찰차를 졸라매는 힘[N]은 얼마인가? (단, 원통 마찰 커프링의 마찰면의 마찰계수 μ = 0.2이다.)

㉮ 46300　　㉯ 47300

㉰ 48300　　㉱ 49300

풀이 & 답

$T = 974000 \times \frac{H_{kw}}{N} = 974000 \times \frac{35}{250} = 136360\text{kgf}\cdot\ \text{mm} = 1336328\text{Nmm}$

$T = \pi\mu P \times \frac{d_s}{2}$ 에서

(졸라매는 힘) $P = \frac{2T}{\pi\mu d_s} = \frac{2 \times 1336328}{\pi \times 0.2 \times 90} = 47262.93\text{N}$

답 ㉯

8-3 플랜지 커플링의 설계

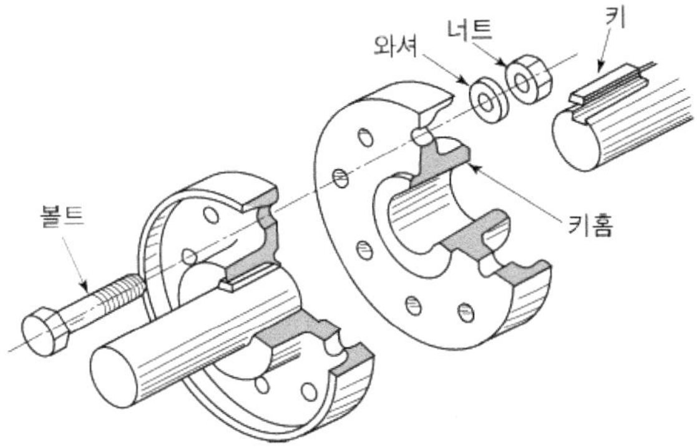

여기서, t : 플랜지 뿌리부의 두께
d_s : 축 직경
s : 플랜지 뿌리부분의 직경
D_B : 볼트의 중심간의 직경
d_B : 볼트의 직경
n : 볼트의 개수

플랜지 커플링에서 가장 취약한 부분은 볼트의 전단에 의한 파괴와 플랜지 뿌리부분이 전단되는 것이다.

① 볼트에 생기는 전단력과 전달 토크

$$T = F_B \times \frac{D_B}{2} = (\tau_B \times \frac{\pi}{4} d_B^2 \times n) \times \frac{D_B}{2}$$

② 플랜지 뿌리부분에 생기는 전달 토크와 전단력

$$T = F_f \times \frac{s}{2} = (\tau_f \times \pi \times s \times t) \times \frac{s}{2}$$

8-4 클러치의 설계

(1) 원판 클러치의 설계≒원판 브레이크

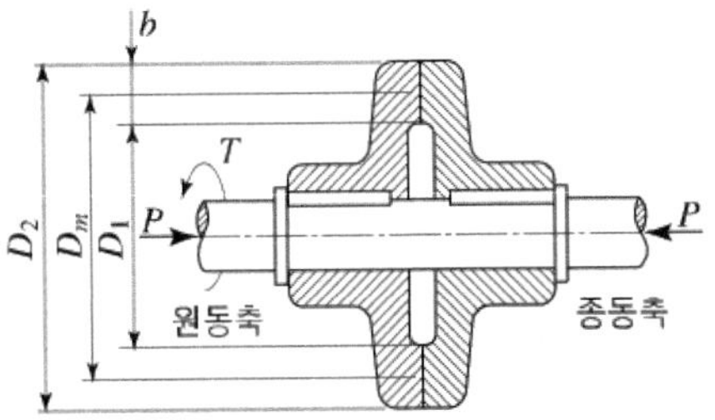

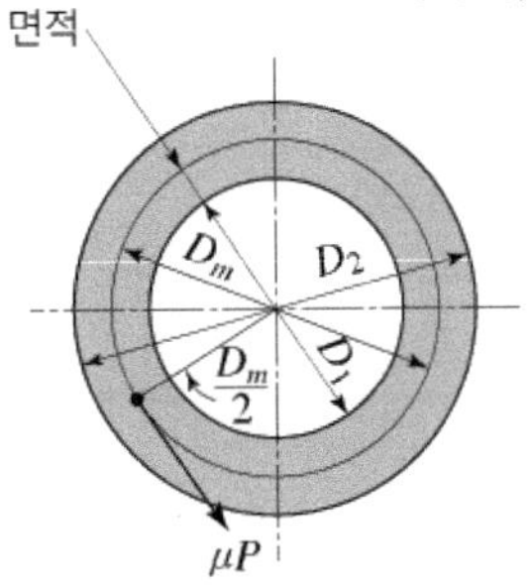

여기서, D_1 : 안지름
D_2 : 바깥지름
P : 축방향 미는 힘 (트러스트 하중)
D_m : 평균직경

$$D_m = \frac{D_2 + D_1}{2}$$

b : 접촉폭

$$b = \frac{D_2 - D_1}{2}$$

μ : 접촉면의 마찰계수

① 토크의 계산

$$T=\mu P\times\frac{D_m}{2}=\mu\left\{q\times\frac{\pi}{4}(D_2^2-D_1^2)\right\}\times\frac{D_m}{2}$$

(접촉면의 평균압력) $q=\dfrac{\text{힘}}{\text{힘에 수직한 단면}}=\dfrac{P}{\frac{\pi}{4}(D_2^2-D_1^2)}$

$$P=q\times\frac{\pi}{4}(D_2^2-D_1^2)=q\times\pi\times D_m\times b$$

② 면압력의 계산 q

(원판 클러치의 경우) $q=\dfrac{P}{\pi\times D_m\times b}=\dfrac{2T}{\pi D_m^2\times b}$

(다판 클러치의 경우) $q=\dfrac{P}{\frac{\pi}{4}(D_2^2-D_1^2)\times Z}=\dfrac{2T}{\pi D_m^2\times b\times Z}$

③ 동력 계산

축방향 미는 힘 P[kgf],
여기서, 분당회전수 N[rpm]
평균지름 D_m[mm]
마찰계수 μ

(속도) $V=\dfrac{\pi\times D_m\times N}{60\times 1000}$

(전달동력) $H_{PS}=\dfrac{\mu P\times V}{75}$[PS]

(전달동력) $H_{KW}=\dfrac{\mu P\times V}{102}$[kW]

축방향 미는 힘 P[N],
여기서, 분당회전수 N[rpm]
평균지름 D_m[mm]
마찰계수 μ

(속도) $V=\dfrac{\pi\times D_m\times N}{60\times 1000}$

(전달동력) $H_{KW}=\dfrac{\mu P\times V}{1000}$[kW]

(2) 원추 클러치

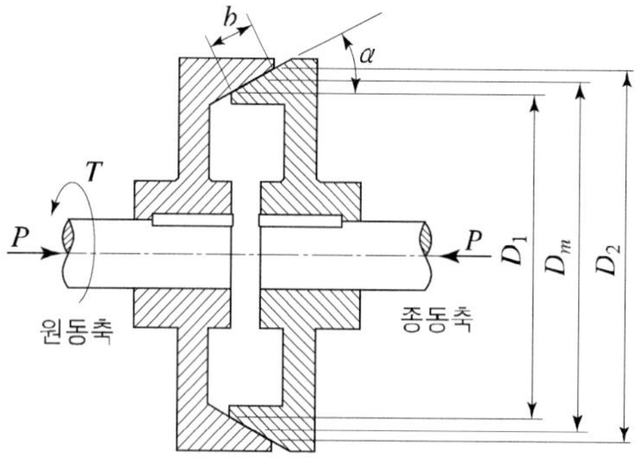

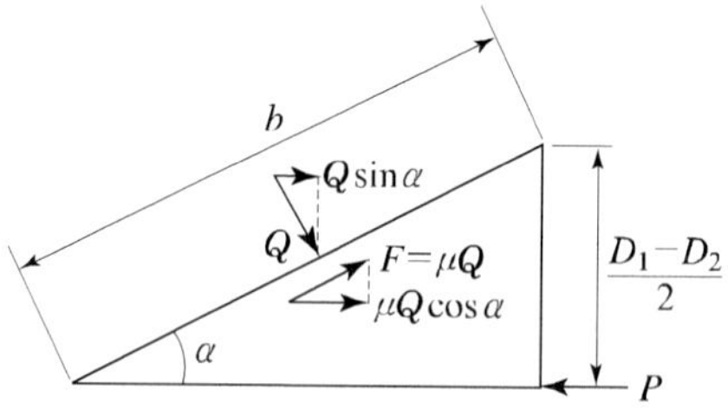

여기서, P : 축방향으로 미는 힘　Q : 접촉면에 수직한 힘
b : 접촉면의 폭　α : 꼭지반각(2α : 꼭지각)

주의 (꼭지반각) α =경사각=원축각이라 한다.

① 접촉면에 수직한 힘

$\sum F_x = 0$; $Q \cdot \sin\alpha + \mu Q \cdot \cos\alpha - P = 0$

$Q(\sin\alpha + \mu\cos\alpha) - P = 0$

$\therefore\ Q = \dfrac{1}{\sin\alpha + \mu\cos\alpha} P$

(마찰력) $F_f = \mu Q = \dfrac{\mu}{\sin\alpha + \mu\cos\alpha} P = \mu' P$

(상당마찰계수) $\mu' = \dfrac{\mu}{\sin\alpha + \mu\cos\alpha}$

$= \dfrac{\text{실제마찰계수}}{\sin(\text{꼭지반각}) + [\text{실제마찰계수} \times \cos(\text{꼭지반각})]}$

$F_f = \mu Q = \mu' P$

중요 마찰력 = 실제마찰계수 × 접촉면에 수직하는 힘 = 상당마찰계수 × 축방향 미는 힘

② 마찰력에 의한 토크

$T = F_f \times \dfrac{D_m}{2} = \mu Q \times \dfrac{D_m}{2}$

$T = F_f \times \dfrac{D_m}{2} = \mu' P \times \dfrac{D_m}{2}$ 여기서, $\mu' = \dfrac{\mu}{\sin\alpha + \mu\cos\alpha}$

③ 접촉면의 평균압력 계산

$q = \dfrac{Q}{\pi D_m b} = \dfrac{2T}{\mu \pi D_m^2 b}$ ⬅ 원판 클러치와 b가 다르다.

④ 동력계산

축방향 미는 힘 P[kgf],

여기서, 분당회전수 N[rpm]

평균지름 D_m[mm]

마찰계수 μ

(속도) $V = \dfrac{\pi \times D_m \times N}{60 \times 1000}$

(전달동력) $H_{PS} = \dfrac{\mu Q \times V}{75}$[PS]

$= \dfrac{\mu' P \times V}{75}$[PS]

(전달동력) $H_{KW} = \dfrac{\mu Q \times V}{102}$[kW]

$= \dfrac{\mu' P \times V}{102}$[kW]

축방향 미는 힘 P[N],

여기서, 분당회전수 N[rpm]

평균지름 D_m[mm]

마찰계수 μ

(속도) $V = \dfrac{\pi \times D_m \times N}{60 \times 1000}$

(전달동력) $H_{KW} = \dfrac{\mu Q \times V}{1000}$[kW]

$= \dfrac{\mu' P \times V}{1000}$[kW]

Chapter 9 브레이크와 플라이 휠

브레이크의 종류는 크게 기계식 브레이크와 전자식 브레이크가 있다.

기계식 브레이크의 종류 : ① 원주 브레이크 ② 축방향 브레이크 ③ 자동 하중 브레이크 ④ 래칫 브레이크 가 있다.

① 원주 브레이크
- 외주 브레이크
  - 블록 브레이크
  - 밴드 브레이크
- 내주 브레이크
  - 내확 브레이크

② 축방향 브레이크
- 원판 브레이크
- 원추 브레이크

③ 자동 하중 브레이크
- 나사 브레이크
- 캠 브레이크
- 웜 브레이크
- 코일 브레이크
- 체인 브레이크
- 원심력 브레이크

④ 폴(pawl) 브레이크 — 래칫(ratchet)과 폴(pawl) 조합으로 역전 방지, 단속작업(나눔작업)에 사용된다.

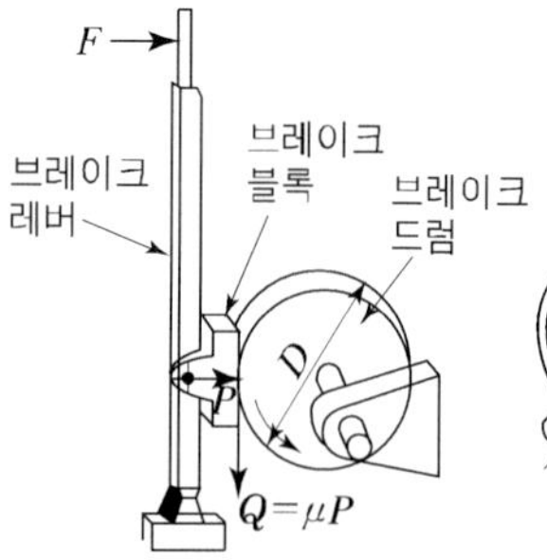

[블록 브레이크]

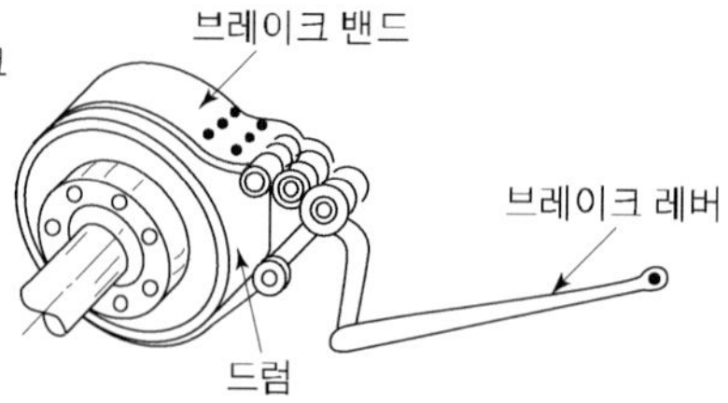

[밴드 브레이크]

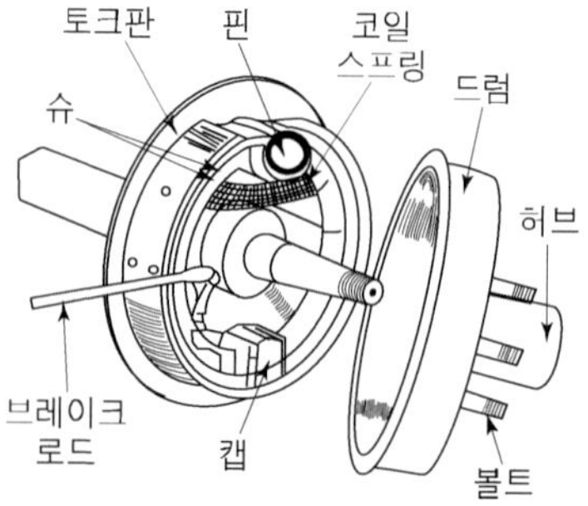

[내확 브레이크]

예제 9-1

다음 중 자동 하중 브레이크에 속하는 것은?

㉮ 밴드 브레이크(band brake)
㉯ 블록 브레이크(block brake)
㉰ 웜 브레이크(재그 brake)
㉱ 원판 브레이크

답 ㉰

주의 브레이크 문제는 반드시 그림이 주어집니다. 그림에서 hinge점에서 모멘트의 평형조건으로 문제를 해결하면 됩니다. 또한 회전방향과 마찰력의 방향이 같게 됩니다.

9-1 블록 브레이크

(1) 블록 브레이크의 설계

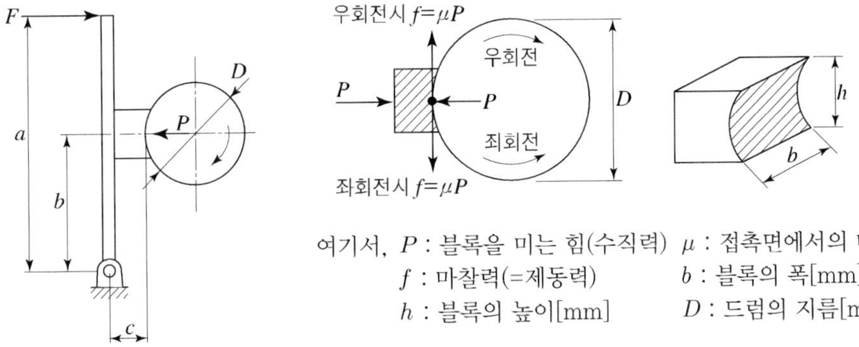

여기서, P : 블록을 미는 힘(수직력)
μ : 접촉면에서의 마찰계수
f : 마찰력(=제동력)
b : 블록의 폭[mm]
h : 블록의 높이[mm]
D : 드럼의 지름[mm]

① 접촉면 압력 : $q=\dfrac{P}{A}=\dfrac{P}{bh}$

② 브레이크의 제동력(=마찰력=회전력) : $f=\mu P=\mu qA=\mu qbh$

③ 제동 토크(=브레이크 토크) : $T=f\cdot\dfrac{D}{2}=\mu P\cdot\dfrac{D}{2}=\mu\times(qbh)\times\dfrac{D}{2}$

예제 9-2

브레이크 슈의 길이 및 폭이 각각 75mm, 28mm이고, 브레이크 슈를 미는 힘이 343N일 때 브레이크 압력은 약 몇 MPa인가?

㉮ 0.076
㉯ 0.124
㉰ 0.163
㉱ 0.215

풀이 & 답

(브레이크 압력) $q = \dfrac{P}{A} = \dfrac{P}{bh} = \dfrac{343}{28 \times 75} = 0.163[\mathrm{N/mm^2}] = 0.163\mathrm{MPa}$

답 ㉰

예제 9-3

단식 블록 브레이크에서 브레이크 드럼의 지름이 450mm, 블록을 브레이크 드럼에 밀어붙이는 힘이 1.96kN인 경우 브레이크 드럼에 작용하는 제동토크는 몇 N · m인가? (단, 마찰계수는 0.2이다.)

㉮ 52.4　㉯ 88.2
㉰ 176.4　㉱ 441.0

풀이 & 답

$T = \mu P \times \dfrac{D}{2} = 0.2 \times 1.96 \times 10^3 \times \dfrac{0.45}{2} = 88.2[\mathrm{Nm}]$

답 ㉯

예제 9-4

브레이크 드럼 축에 554N · m의 토크가 작용하면 축을 정지하는데 필요한 제동력은 몇 N인가? (단, 브레이크 드럼의 지름은 400mm이다.)

㉮ 1920　㉯ 2720
㉰ 3310　㉱ 3660

풀이 & 답

$T = f \times \dfrac{D}{2}$, $544000 = f \times \dfrac{400}{2}$ 에서 (마찰력) $f = 2720\mathrm{N}$

답 ㉯

④ 브레이크의 제동동력(전달동력)

공학단위　(마찰력) $f = \mu P\,[\mathrm{kgf}]$

(드럼의 속도) $V = \dfrac{\pi DN}{60 \times 1000}[\mathrm{m/s}]$

(마찰동력) $H_f = \dfrac{f \times V}{75} = \dfrac{\mu P \times V}{75}[\mathrm{PS}] = \dfrac{\mu P \times V}{102}[\mathrm{kW}]$

SI단위	(마찰력) $f = \mu P$ [N]
	(드럼의 속도) $V = \dfrac{\pi DN}{60 \times 1000}$ [m/s]
	(마찰동력) $H_{KW} = \dfrac{\mu P \times V}{1000}$ [kW]

⑤ 브레이크의 용량 : (단위면적당 제동동력) $\mu\, q\, V$

공학단위	$\mu q V = \mu \times \dfrac{P}{A} \times V = \dfrac{\mu \times P \times V}{A} = \dfrac{75\, H_{Ps}}{A}$ [kgf/mm²·m/s]
	$\mu q V = \mu \times \dfrac{P}{A} \times V = \dfrac{\mu \times P \times V}{A} = \dfrac{102\, H_{KW}}{A}$ [kgf/mm²·m/s]

SI단위	$\mu q V = \mu \times \dfrac{P}{A} \times V = \dfrac{\mu \times P \times V}{A} = \dfrac{1000\, H_{KW}}{A}$ [N/mm²·m/s]

여기서, qV : 압력속도계수, $A = bh$

(2) 브레이크의 조작력

① 내작용선일 때

㉠ 우회전 시

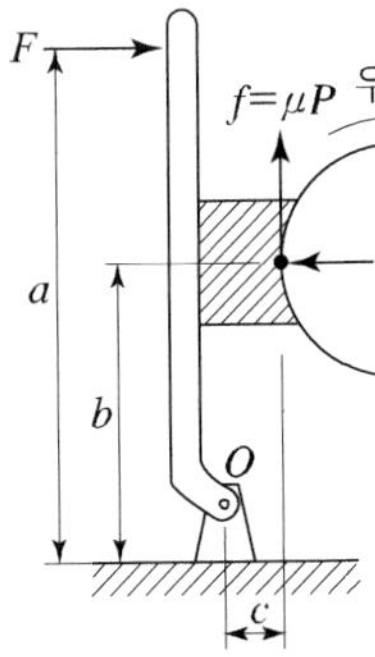

$\sum M_o = 0$; ⊕

$F \cdot a - P \cdot b - \mu P \cdot c = 0$

$\therefore$ (조작력) $F = \dfrac{P(b + \mu c)}{a}$

$= \dfrac{f(b + \mu c)}{\mu a}$

(마찰력) $f = \mu P$ [kgf] 또는 [N]

㉡ 좌회전 시

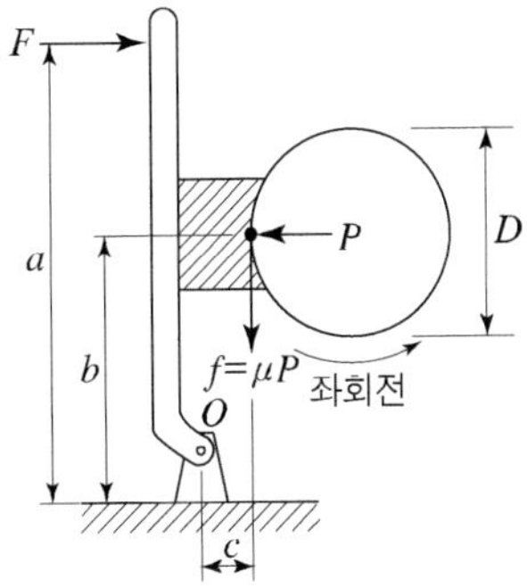

$\sum M_o = 0$; ⊕

$F \cdot a - P \cdot b + \mu P \cdot c = 0$

$\therefore$ (조작력) $F = \dfrac{P(b - \mu c)}{a}$

$= \dfrac{f(b - \mu c)}{\mu a}$

(마찰력) $f = \mu P$ [kgf] 또는 [N]

② 중작용선일 때

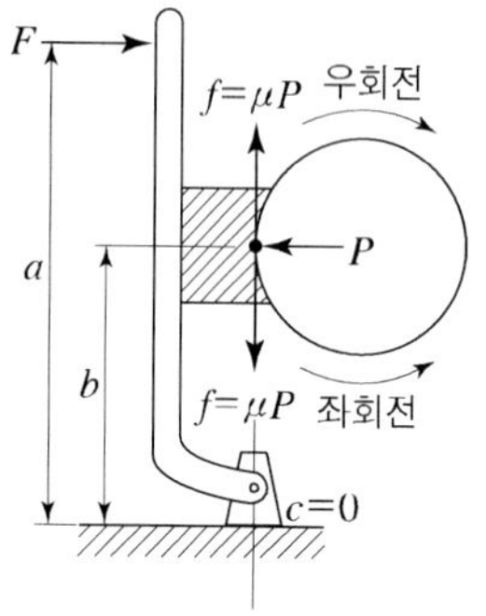

$\sum M_o = 0$; ⊕

㉠ 우회전 시 : $F \cdot a - P \cdot b = 0$ ➡ $F = \dfrac{Pb}{a}$

㉡ 좌회전 시 : $F \cdot a - P \cdot b = 0$ ➡ $F = \dfrac{Pb}{a}$

∴ 우회전과 좌회전의 회전력이 같다.

③ 외작용선일 때

㉠ 우회전 시

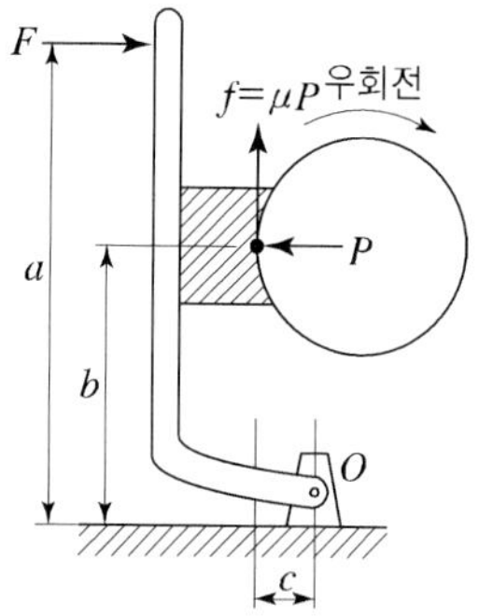

$\sum M_o = 0$; ⊕

$F \cdot a - P \cdot b + \mu P \cdot c = 0$

∴ (조작력) $F = \dfrac{P(b - \mu c)}{a}$

㉡ 좌회전 시

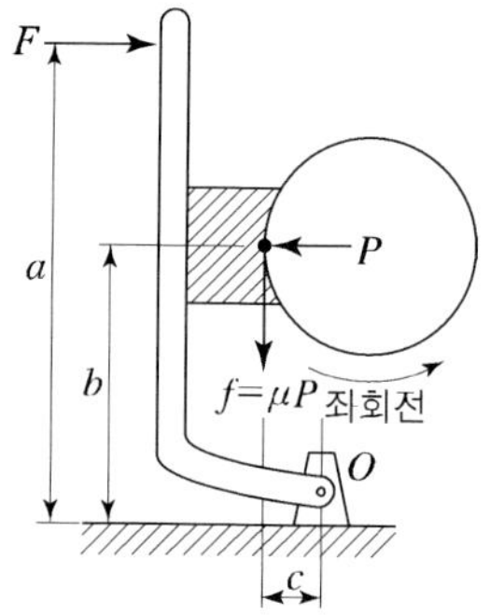

$\sum M_o = 0$; ⊕

$F \cdot a - P \cdot b - \mu P \cdot c = 0$

∴ (조작력) $F = \dfrac{P(b + \mu c)}{a}$

예제 9-5

드럼의 지름 D =800mm가 0.2[kJ]의 회전토크를 받고 있을 때 조작력(F)은 얼마인가? (단, a =1800mm, b =600mm, c =80mm, μ =0.2이다.)

㉮ 856N
㉯ 756N
㉰ 656N
㉱ 556N

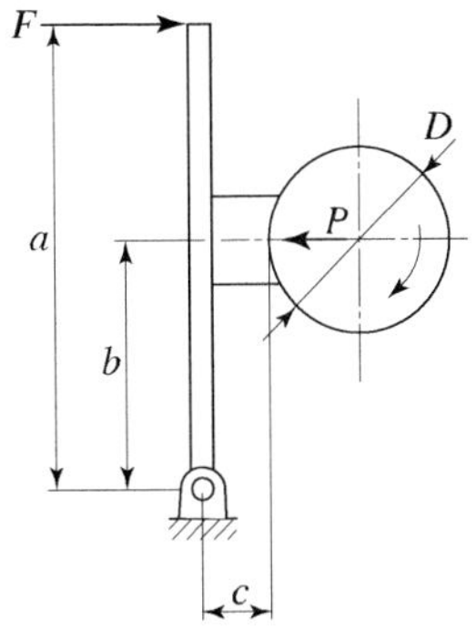

풀이 & 답

$$T=\mu P\cdot\frac{D}{2}$$

$$P=\frac{2T}{\mu D}=\frac{2\times0.2\times10^6}{0.2\times800}=2500\text{N}$$

블록 브레이크 누르는 힘 P[N]를 먼저 구한다.

$\Sigma M_o=0$; ⊕

$Fa-Pb-\mu P\cdot c=0$

$$F=\frac{2500\times(600+0.2\times80)}{1800}=855.56\text{N}$$

답 ㉮

예제 9-6

드럼의 지름 D =450mm가 100N · m의 토크를 받고 있다. 조작력 F는 얼마인가? (단, 마찰계수 μ =0.2로 한다.)

㉮ 604N
㉯ 704N
㉰ 804N
㉱ 904N

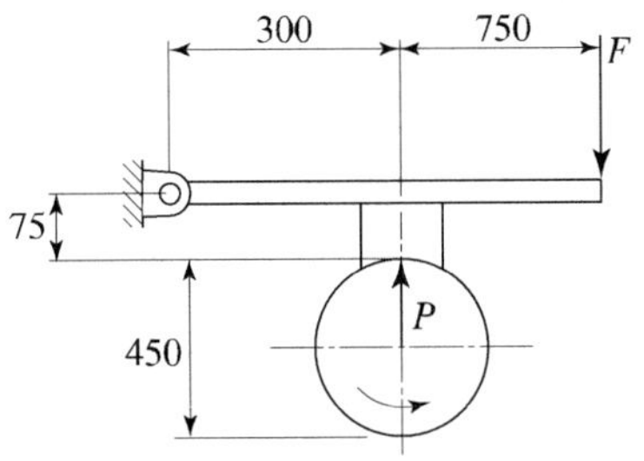

풀이 & 답

블록 브레이크 누르는 힘 P[N]를 먼저 구한다.

$$T=\mu P\cdot\frac{D}{2}$$

$$P = \frac{2T}{\mu D} = \frac{2 \times 100 \times 10^3}{0.2 \times 450} = 2222.22\text{N}$$

$\Sigma M_o = 0$; ⊕

$Fa - Pb + \mu P \cdot c = 0$

$$F = \frac{2222.22 \times (300 - 0.2 \times 75)}{1050} = 603.17\text{N}$$

답 ㉮

예제 9-7

그림과 같은 블록 브레이크에서 드럼축에 160N · m의 제동토크를 발생시키기 위해 레버 끝에 F =1kN의 힘이 필요한 경우, 레버의 길이 a는 약 몇 mm인가? (단, 블록과 드럼 사이 마찰계수 μ =0.2이다.)

㉮ 930
㉯ 1050
㉰ 1140
㉱ 1260

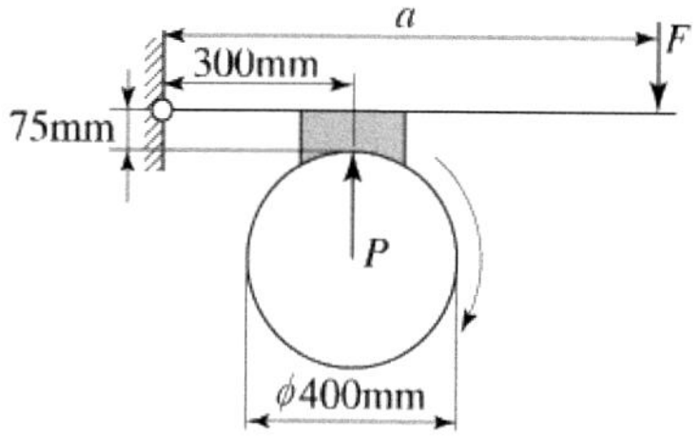

풀이 & 답

블록 브레이크 누르는 힘 P[N]를 먼저 구한다.

$$T = \mu P \cdot \frac{D}{2}$$

$$P = \frac{2T}{\mu D} = \frac{2 \times 160000}{0.2 \times 400} = 4000\text{N}$$

$\Sigma M_o = 0$; ⊕

$Fa - Pb - \mu P \cdot c = 0$

$$a = \frac{P(b + \mu c)}{F} = \frac{4000 \times (300 + 0.2 \times 75)}{1000} = 1260\text{N}$$

답 ㉱

9-2 밴드 브레이크

(1) 밴드 브레이크의 설계

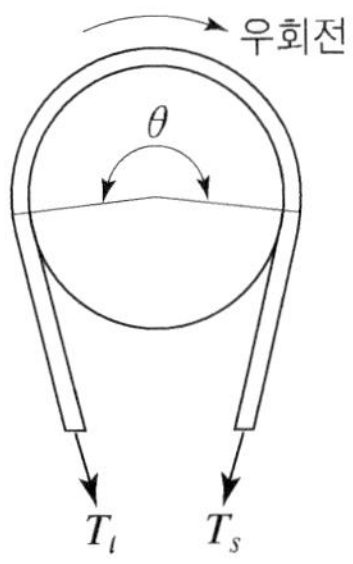

① 제동력(=마찰력=유효장력) : $P_e = f = T_t - T_s$

② 장력비 : $e^{\mu\theta} = \dfrac{T_t}{T_s}$

여기서, T_t : 긴장측 장력　　T_s : 이완측 장력
θ : 접촉중심각[rad]　　μ : 마찰계수
D : 드럼 직경

③ 긴장측 장력 및 이완측 장력

$$P_e = T_t - T_s = e^{\mu\theta} T_s - T_s = T_s(e^{\mu\theta} - 1) \Rightarrow T_s = \frac{P_e}{e^{\mu\theta} - 1}$$

$$P_e = T_t - \frac{T_t}{e^{\mu\theta}} = \frac{e^{\mu\theta} T_t}{e^{\mu\theta}} - \frac{T_t}{e^{\mu\theta}} = \frac{T_t(e^{\mu\theta} - 1)}{e^{\mu\theta}} \Rightarrow T_t = \frac{P_e \cdot e^{\mu\theta}}{e^{\mu\theta} - 1}$$

④ 제동토크(=브레이크 토크) : $T = P_e \cdot \dfrac{D}{2} = (T_t - T_s) \cdot \dfrac{D}{2}$

⑤ 밴드 브레이크 용량 : $\mu q V$

공학단위	$\mu q V = \mu \times \dfrac{P}{A} \times V = \dfrac{\mu \times P \times V}{A} = \dfrac{75 H_{PS}}{A}$[kgf/mm²·m/s]
	$\mu q V = \mu \times \dfrac{P}{A} \times V = \dfrac{\mu \times P \times V}{A} = \dfrac{102 H_{KW}}{A}$[kgf/mm²·m/s]

SI단위	$\mu q V = \mu \times \dfrac{P}{A} \times V = \dfrac{\mu \times P \times V}{A} = \dfrac{1000 H_{KW}}{A}$[kgf/mm²·m/s]

여기서, qV : 압력속도계수, A : 밴드의 접촉면적

⑥ 밴드의 허용응력 σ_a

$$\sigma_a = \frac{T_t}{bt} \Rightarrow t = \frac{T_t}{b\sigma_a \eta} = \frac{1}{b\sigma_a \eta} \cdot \frac{P_e e^{\mu\theta}}{e^{\mu\theta} - 1}$$

여기서, t : 밴드의 두께, b : 밴드의 폭, η : 이음효율
T_t : 긴장장력=벨트의 허용장력

예제 9-8

밴드 브레이크의 긴장측 장력 7.99kN, 두께 2mm, 허용인장응력 80MPa일 때 밴드의 폭은 약 몇 mm 이상이어야 하는가? (단, 이음효율은 100%로 한다.)

㉮ 43　　㉯ 50
㉰ 60　　㉱ 71

풀이 & 답

$\sigma_a = \frac{T_t}{b\,t\eta}$ 에서 (밴드폭) $b = \frac{T_t}{t\,\sigma_a \eta} = \frac{7990}{2\times 80\times 1} = 49.93\text{mm}$

답 ㉯

예제 9-9

4kW의 동력으로 회전하는 드럼을 블록 브레이크를 이용하여 정지시키고자 할 때 브레이크의 용량은 약 몇 [MPa · m/s]인가? (단, 브레이크 블록의 길이는 100mm, 너비 30mm이고, 접촉부 마찰계수는 0.2이다.)

㉮ 0.11　　㉯ 1.1
㉰ 1.33　　㉱ 2.33

풀이 & 답

$\mu q V = \frac{1000\,H_{KW}}{A} = \frac{1000\times 4}{100\times 30}[\text{N/mm}^2\cdot\ \text{m/s}] = 1.33[\text{MPa}\cdot\ \text{m/s}]$

답 ㉰

예제 9-10

지름 400mm인 브레이크 드럼을 가진 밴드 브레이크의 접촉길이는 700mm, 밴드의 폭이 20mm일 때 제동동력이 5kW라면 이 밴드 브레이크의 용량은 약 [N/mm^2 · m/s]가 되겠는가?

㉮ 3.357　　㉯ 2.357
㉰ 1.357　　㉱ 0.357

풀이 & 답

$\mu q V = \frac{1000\,H_{KW}}{A} = \frac{1000\times 5}{700\times 20}[\text{N/mm}^2\cdot\ \text{m/s}] = 0.357[\text{N/mm}^2\cdot\ \text{m/s}] = 0.357[\text{MPa}\cdot\ \text{m/s}]$

답 ㉱

(2) 브레이크의 조작력

① 단동식

㉠ 우회전 시

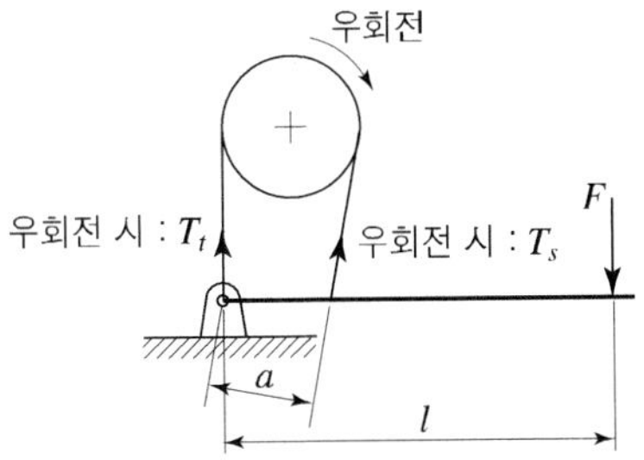

$$\sum M_o = 0 \ ; \ \circlearrowright +$$

$$F \cdot l - T_s \cdot a = 0$$

$$\Rightarrow F = \frac{T_s \cdot a}{l} = \frac{P_e}{(e^{\mu\theta} - 1)} \times \frac{a}{l}$$

㉡ 좌회전 시

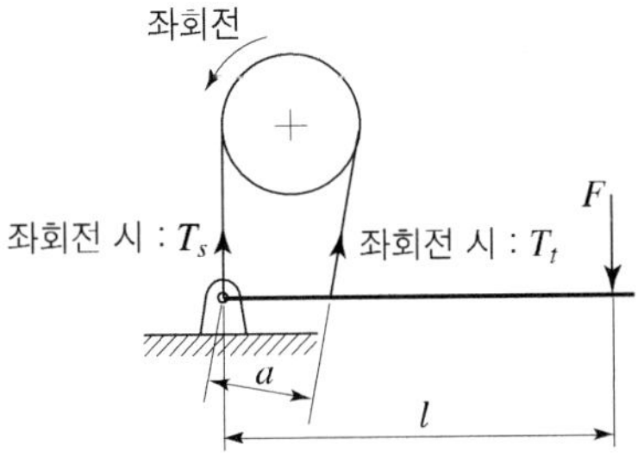

$$\sum M_o = 0 \ ; \ \circlearrowright +$$

$$F \cdot l - T_t \cdot a = 0$$

$$\Rightarrow F = \frac{T_t \cdot a}{l} = \frac{P_e \cdot e^{\mu\theta}}{(e^{\mu\theta} - 1)} \times \frac{a}{l}$$

② 차동식

㉠ 우회전 시

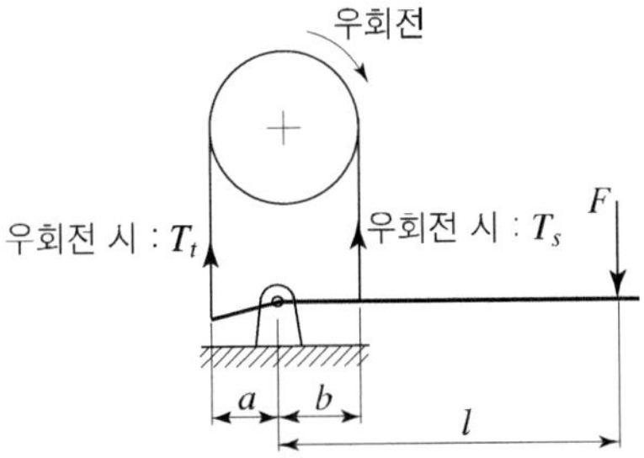

$$\sum M_o = 0 \ ; \ \circlearrowright +$$

$$F \cdot l + T_t \cdot a - T_s \cdot b = 0$$

$$\Rightarrow F = \frac{T_s \cdot b - T_t \cdot a}{l} = \frac{P_e(b - ae^{\mu\theta})}{l(e^{\mu\theta} - 1)}$$

㉡ 좌회전 시

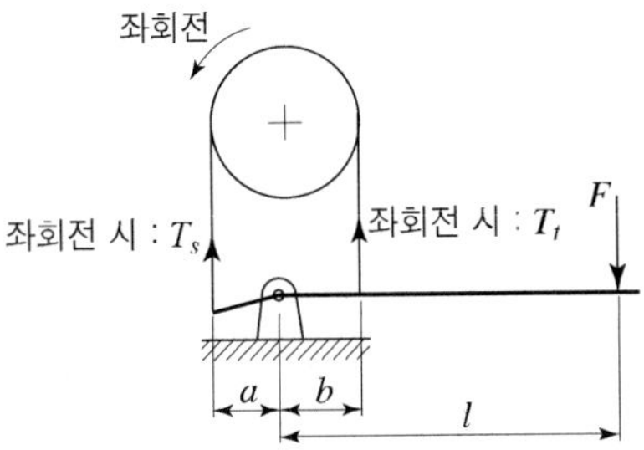

$$\sum M_o = 0 \ ; \ \circlearrowright +$$

$$F \cdot l + T_s \cdot a - T_t \cdot b = 0$$

$$\Rightarrow F = \frac{T_t \cdot b - T_s \cdot a}{l} = \frac{P_e(be^{\mu\theta} - a)}{l(e^{\mu\theta} - 1)}$$

예제 9-11

다음 그림과 같은 밴드 브레이크를 사용하여 100rpm으로 회전하는 5PS의 드럼을 제동하려고 한다. 막대 끝에 20kgf의 힘을 가한다. 마찰계수가 μ =0.3일 때 레버의 길이 L[mm]을 구하여라.

㉮ 672mm
㉯ 772mm
㉰ 872mm
㉱ 972mm

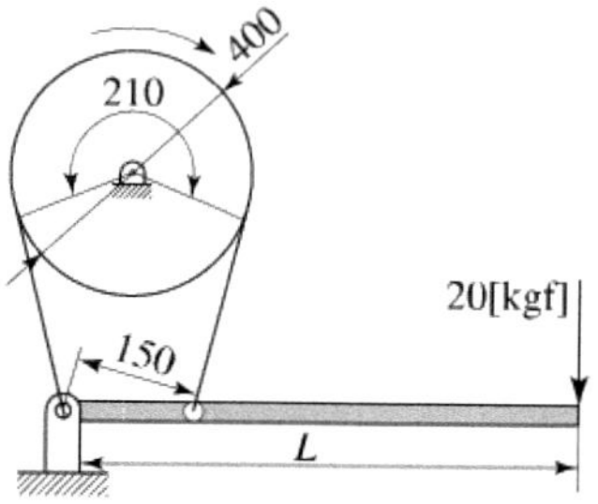

풀이 & 답

(장력비) $e^{\mu\theta} = e^{\left(0.3\times 210\times \frac{\pi}{180}\right)} = 3.002 = 3$

(마찰력) $f = \dfrac{H_{ps}\times 75}{\left(\dfrac{\pi DN}{60\times 1000}\right)} = \dfrac{5\times 75}{\left(\dfrac{\pi\times 400\times 100}{60\times 1000}\right)} = 179.049 = 179.05\text{kgf}$

(레버의 길이) $L = \dfrac{a\times T_s}{F} = \dfrac{a\times f}{F(e^{\mu\theta}-1)} = \dfrac{150\times 179.05}{20\times(3-1)} = 671.4375 = 671.44\text{mm}$

답 ㉮

Chapter 10

스프링(spring)

[스프링의 용도]

① 진동 흡수 및 충격에너지 흡수 : 전차, 자동차의 충격 흡수

② 스프링의 탄성을 이용하여 에너지를 저장 : 태엽 스프링을 이용한 시계, 촬영기

③ 스프링의 탄성을 이용하여 힘을 발생 : 안전밸브의 스프링 와셔

④ 스프링의 변화량을 이용한 힘의 측정 : 스프링 저울

참고 스프링의 서징(surging) 현상 : 자력 진동 현상으로 반복하중을 받는 스프링에서는 그 반복속도가 스프링의 고유진동수에 가까워지면 심한 진동을 일으켜 스프링의 파손 원인이 된다. 이 현상을 서징(surging) 현상이라 한다.

10-1 스프링 상수

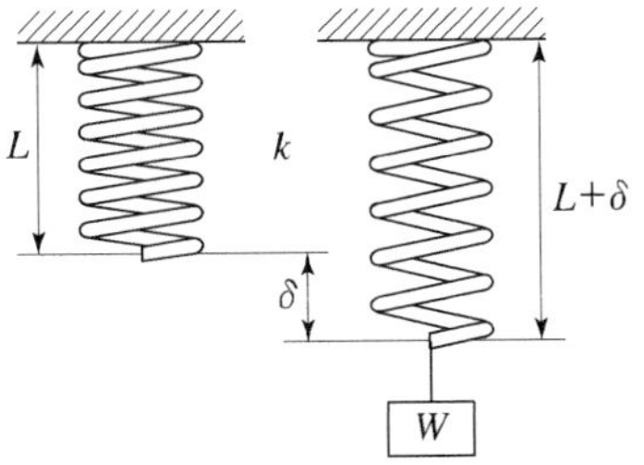

$$W = k\delta \;\; \Rightarrow \;\; k = \frac{W}{\delta}$$

여기서, W : 스프링에 작용하는 하중

k : 스프링 상수

δ : 스프링의 처짐량

(1) 스프링의 직렬 조합

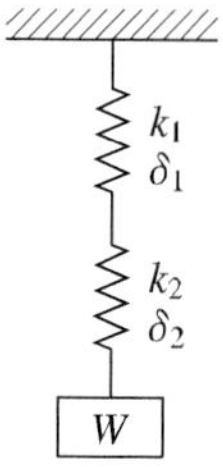

$$\delta = \delta_1 + \delta_2$$

$$\frac{W}{k_{eq}} = \frac{W}{k_1} + \frac{W}{k_2}$$

∴ (등가 스프링 상수) k_{eq}

$$\frac{1}{k_{eq}} = \frac{1}{k_1} + \frac{1}{k_2}$$

(2) 스프링의 병렬 조합

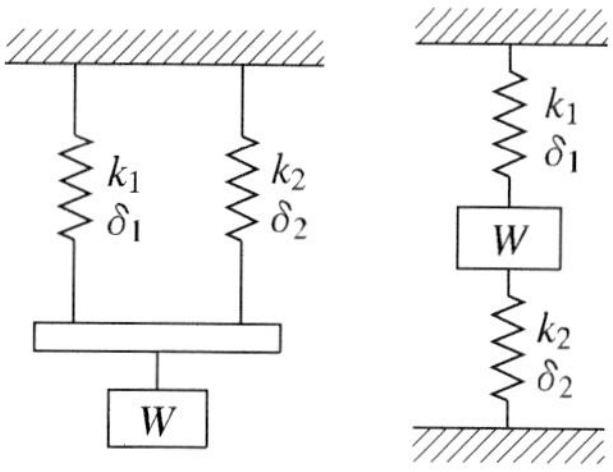

$$W = W_1 + W_2$$

$$k_{eq}\delta = k_1\delta_1 + k_2\delta_2$$

$\delta = \delta_1 = \delta_2$이므로,

∴ (등가 스프링 상수) k_{eq}

$$k_{eq} = k_1 + k_2$$

예제 10-1

스프링의 변형에 대한 강성을 나타내는 것에 스프링 상수가 있다. 하중이 W[N]일 때 변위량을 δ[mm]라 하면 스프링 상수 k[N/mm]는?

㉮ $k = \frac{W}{\delta}$

㉯ $k = W \times \delta$

㉰ $k = W - \delta$

㉱ $k = \frac{\delta}{W}$

답 ㉮

예제 10-2

하중 3ton이 걸리는 압축 코일 스프링의 변형량이 10mm일 때 스프링 상수는 몇 kgf/cm인가?

㉮ 3000

㉯ 1/300

㉰ 100

㉱ 1/100

풀이 & 답

(스프링 상수) $k = \frac{F[\text{kgf}]}{\delta[\text{cm}]} = \frac{3000}{1} = 3000[\text{kgf/cm}]$

답 ㉮

예제 10-3

그림과 같은 스프링 장치에서 W =150N의 하중을 매달면 처짐은 몇 cm가 되는가? (단, 스프링 상수 k_1 =20N/cm , k_2 =40N/cm이다.)

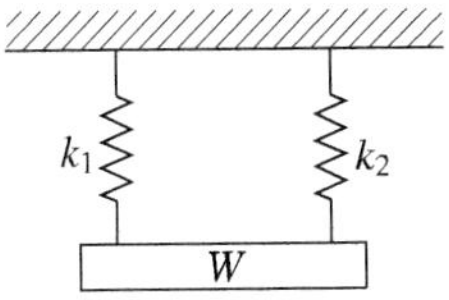

㉮ 1.25
㉯ 2.50
㉰ 5.68
㉱ 11.25

풀이 & 답

(등가 스프링 상수) $k_{eq} = k_1 + k_2 = 60[\text{N/cm}]$

(처짐량) $\delta = \dfrac{W}{k_{eq}} = \dfrac{150}{60} = 2.5\text{cm}$

답 ㉯

예제 10-4

다음 그림과 같은 스프링 장치에서 각 스프링의 상수(常數) K_1 =4kgf/cm, K_2 = 5kgf/cm, K_3 =6kgf/cm이며, 하중방향의 처짐이 δ =150mm일 때 하중 P는 약 얼마인가?

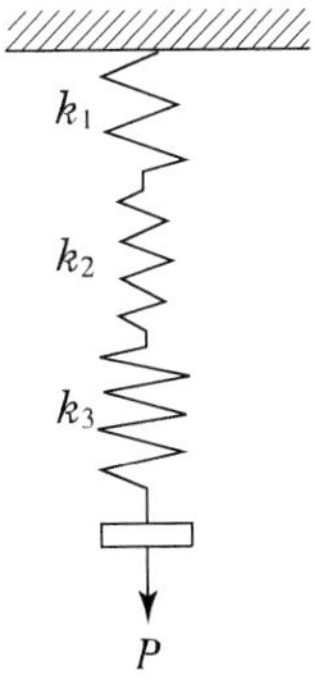

㉮ P =314kgf
㉯ P =243kgf
㉰ P =31.4kgf
㉱ P =24.3kgf

풀이 & 답

$$\frac{1}{k_{eq}} = \frac{1}{k_1} + \frac{1}{k_2} + \frac{1}{k_3} = \frac{1}{4} + \frac{1}{5} + \frac{1}{6} = \frac{37}{60}$$

(등가 스프링 상수) $k_{eq} = \dfrac{60}{37}[\text{kgf/cm}]$

(하중) $P = k_{eq} \times \delta = \dfrac{60}{37} \times 15 = 24.3\text{kgf}$

답 ㉱

예제 10-5

다음과 같은 스프링 장치에서 각각의 스프링 상수는 k_1 =20N/mm, k_2 =30N/mm일 때 이 장치의 조합 스프링 상수는 약 몇 N/mm인가?

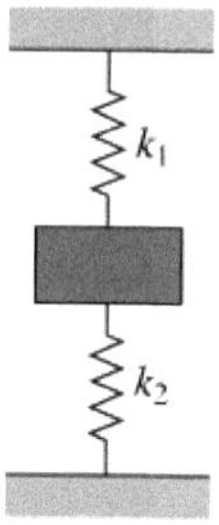

㉮ 25
㉯ 6
㉰ 50
㉱ 12

풀이 & 답

모양은 직렬이지만 등가 스프링 상수는 병렬로 구한다.
(등가 스프링 상수) $k_{eq} = k_1 + k_2 = 20 + 30 = 50[\mathrm{N/mm}]$

답 ㉰

10-2 코일 스프링(coil spring : 나선형 스프링)

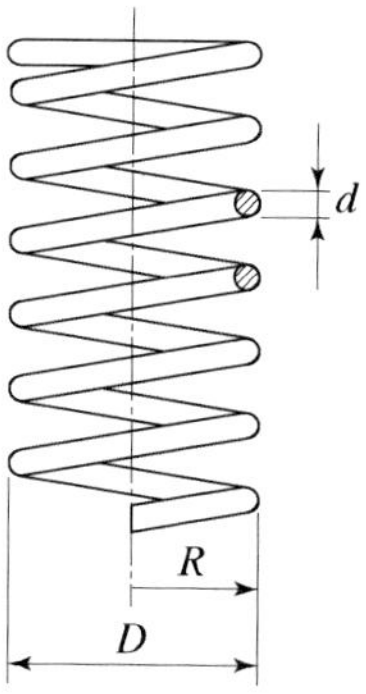

여기서, D : 코일의 평균직경
R : 코일의 평균반경
d : 소선의 직경
δ : 스프링의 처짐량
P : 스프링에 작용하는 힘(하중)
n : 스프링의 유효권수(감김수)
G : 스프링의 전단탄성계수
C : 스프링지수 $C = \dfrac{D}{d}$

(1) 소선에 발생하는 전단응력

① 하중에 의한 직접전단응력 : $\tau_1 = \dfrac{P}{\dfrac{\pi d^2}{4}} = \dfrac{4P}{\pi d^2}$

② 비틀림에 의한 전단응력

$$T = P \cdot \frac{D}{2} = \tau \cdot Z_P = \tau \cdot \frac{\pi d^3}{16} \;\Rightarrow\; \tau = \frac{8PD}{\pi d^3}$$

③ 직접전단력과 소선의 휨을 고려하면,

$$\tau_{max} = K' \frac{8PD}{\pi d^3} = K' \frac{8PC}{\pi d^2}$$

여기서, K' : 와알의 응력수정계수 $K' = \frac{4C-1}{4C-4} + \frac{0.615}{C}$

C : 스프링 지수 $C = \frac{D}{d}$

주의 기사 시험에서 와알의 응력수정계수가 주어지지 않을 때는 계산해서 넣어 주어야 된다.

(2) 스프링의 처짐

$$\delta = R \cdot \theta = \frac{D}{2} \times \frac{Tl}{GI_P} = \frac{D}{2} \times \frac{P \cdot \frac{D}{2} \cdot \pi D n}{G \frac{\pi d^4}{32}} = \frac{8PD^3 n}{Gd^4}$$

$$\therefore \text{(스프링의 처짐량) } \delta = \frac{8PD^3 n}{Gd^4} = \frac{8PC^3 n}{Gd} = \frac{8PC^4 n}{GD}$$

여기서, P : 하중, D : 평균지름, n : 감김수, G : 전단탄성계수, d : 소선지름, C : 스프링 지수

예제 10-6

동일 조건 하에서 코일 스프링 처짐량을 2배로 하려면, 유효감김수는 몇 배가 되어야 하는가? (단, 스프링 소선 지름, 코일 평균 지름, 작용하중 및 스프링의 전단탄성계수 등은 일정하다.)

㉮ 2배 ㉯ 4배
㉰ 8배 ㉱ 16배

답 ㉮

예제 10-7

스프링 코일의 평균지름 60mm, 유효권수 10, 소재 지름 6mm, 가로탄성계수(G)는 70GPa이고, 이 스프링에 하중 490N을 받을 때 코일 스프링의 처짐은 약 몇 mm가 되는가?

㉮ 6.67 ㉯ 83.3
㉰ 93.3 ㉱ 66.7

풀이 & 답

(스프링의 처짐량) $\delta = \frac{8PD^3 n}{Gd^4} = \frac{8 \times 490 \times 60^3 \times 10}{70 \times 10^3 \times 6^4} = 93.33\text{mm}$

답 ㉰

예제 10-8

하중이 4kN이 작용하였을 때 처짐이 100mm 발생하는 코일 스프링의 소선 지름은 20mm이다. 이 스프링의 유효 감김수는 약 몇 권인가? [단, 스프링지수(C)는 10이고, 스프링 선재의 전단탄성계수는 80GPa이다.]

㉮ 3　　　　㉯ 4
㉰ 5　　　　㉱ 6

풀이 & 답

(스프링의 처짐량) $\delta = \dfrac{8PC^3n}{Gd}$, $100 = \dfrac{8 \times 4000 \times 10^3 \times n}{80 \times 10^3 \times 20}$ 에서 (감김수) $n = 5$권

답 ㉰

(3) 스프링의 모양에 따른 종류

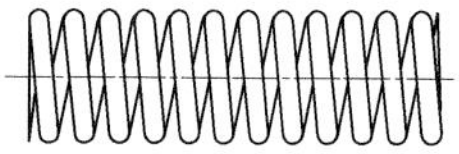
(a) 압축코일 스프링

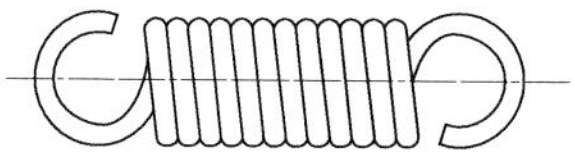
(b) 인장코일 스프링

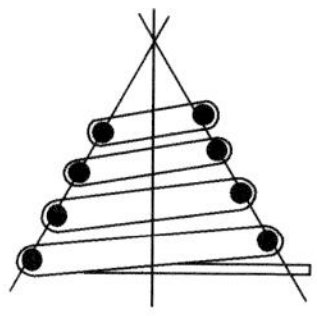
(c) 원뿔형

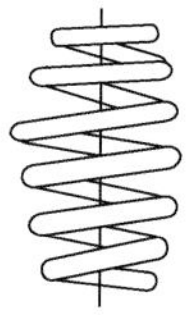
(d) 장고형

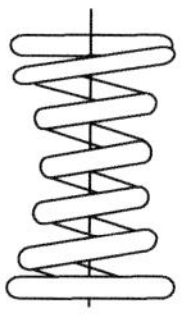
(e) 드럼형

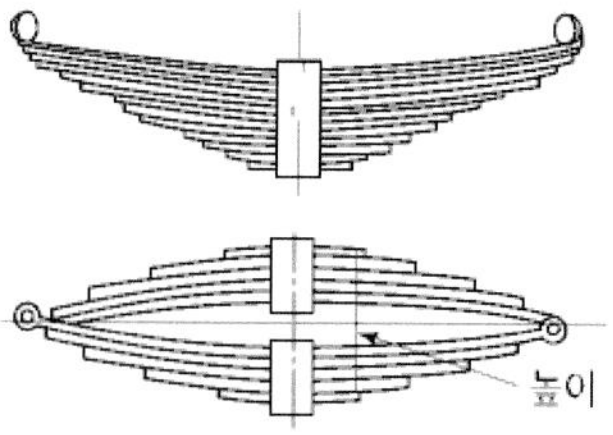

(f) 겹판 스프링

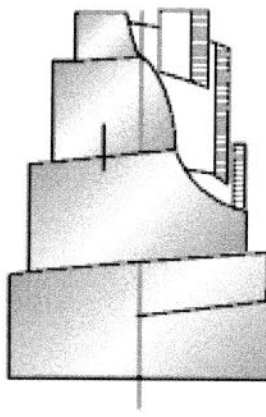
(g) 벌류트 스프링

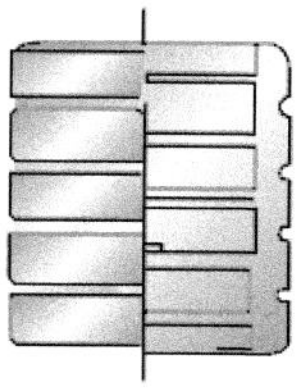
(h) 링 스프링

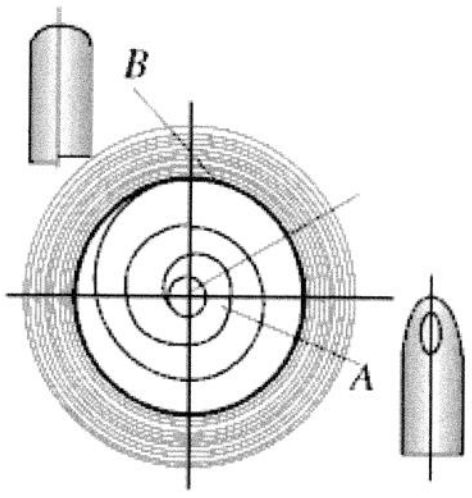

(i) 태엽 스프링

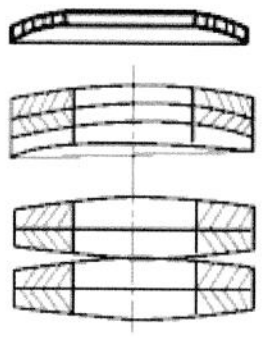
(j) 접시 스프링

(k) 지그재그 스프링

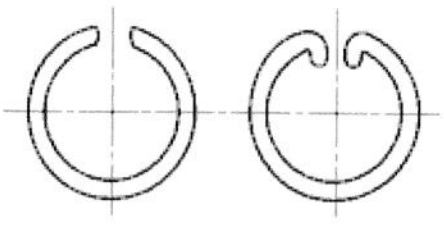
(l) 스냅 스프링

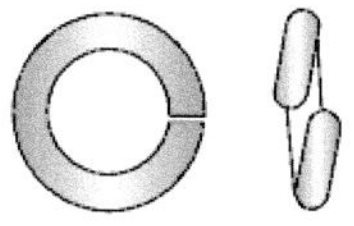
(m) 와셔 스프링

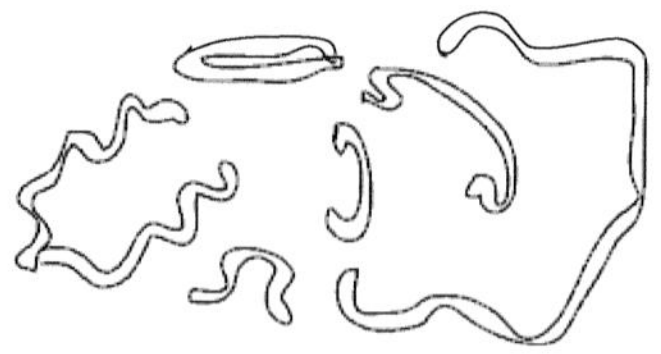
(n) 선세공 스프링

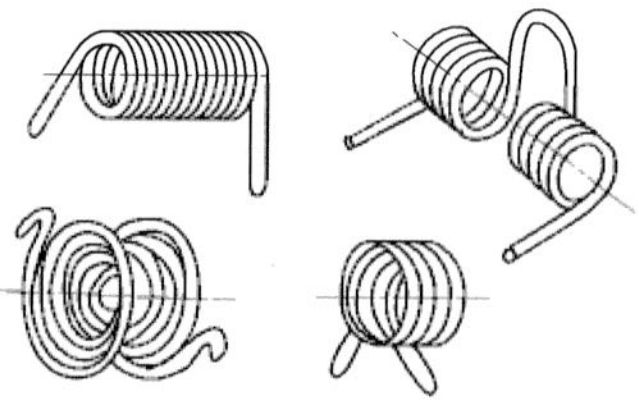
(o) 비틀림 코일 스프링

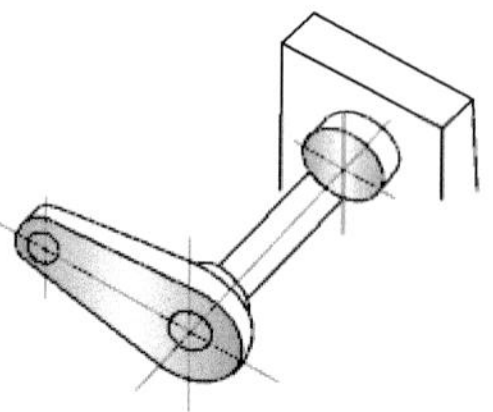
(p) 토션 바

(4) 모양에 따른 분류

① **코일 스프링**(coil spring) : 인장용과 압축용이 있다

② **판 스프링**(leaf spring) : 스프링 판이 1개인 평판 스프링(flat plate spring)과 여러 개의 판을 합하여 만든 겹판 스프링(laminated leaf spring)이 있다. 자동차의 충격 흡수에 사용된다.

③ **스파이럴 스프링**(spiral spring)=태엽 스프링 : 강판을 스파이럴 모양으로 감아 만든 것으로 시계나 기타 계기류의 동력용으로 사용한다.

④ **토션 바 스프링** : 둥근 봉의 강철이나 평강의 한쪽 끝을 고정하고 다른 쪽은 직각인 암을 고정해서 암에 하중을 작용시키면 강철이 스프링 작용을 한다. 주로 승용차, 오토바이의 완충용으로 사용한다.

⑤ **접시 스프링** : 중앙에 구멍이 있고 원추형 모양이며, 병렬 또는 직렬로 조합하여 강성을 쉽게 조정할 수 있다. 주로 프레스의 완충장치, 공작기게 등에 쓰인다. 가장 작은 공간을 차지하면서 비교적 큰 힘을 받으며 재생(再生)이 용이한 스프링이다.

예제 10-9

중앙에 구멍이 있고 원추형 모양이며, 병렬 또는 직렬로 조합하여 강성을 쉽게 조정할 수 있으며, 프레스의 완충장치, 공작기계 등에 쓰이는 스프링은?

㉮ 토션 스프링 ㉯ 판 스프링
㉰ 태엽 스프링 ㉱ 접시 스프링

답 ㉱

예제 10-10

직사각형 단면의 판을 그림과 같이 축방향으로 원추형으로 감아올린 압축용 스파이럴 스프링으로 주로 오토바이의 자체 완충용에 사용되는 스프링은?

㉮ 벌류트 스프링
㉯ 원추형 코일 스프링
㉰ 판 스프링
㉱ 링 스프링

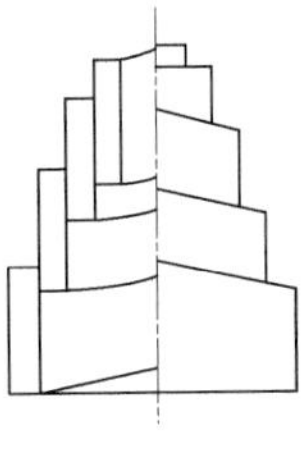

답 ㉮

Chapter 11

감아걸기 전동장치

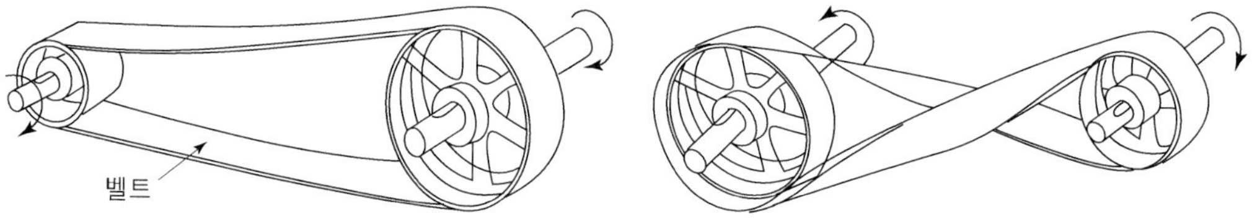

[평벨트 전동]

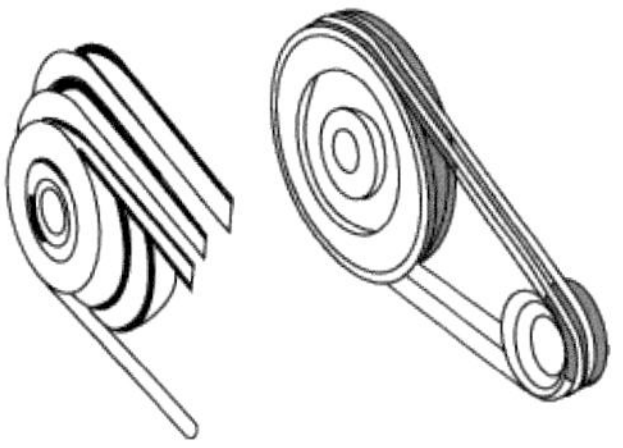

[V벨트 전동]

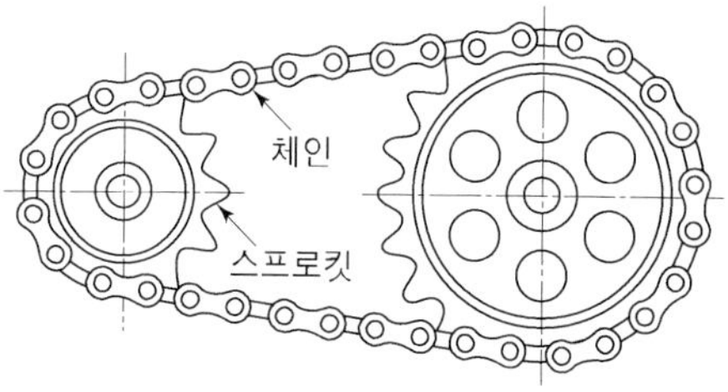

[체인 전동]

- 동력전달장치
  - 직접동력전달장치
    - 구름접촉 : 마찰차, 롤러
    - 미끄럼접촉 : 기어, 캠
  - 간접동력전달장치
    - 감아걸기 전동장치 : 평벨트, V벨트, 로프, 체인, 타이밍 벨트
    - 유체 · 탄성매개체 : 수압기, 스프링

11-1 감아걸기 전동장치의 비교

구분		축간거리[m]	속도비	전동속도[m/s]
벨트	평밸트	10 이하	1:1~1:6(15 이하)	10~30(50 이하)
	V밸트	5 이하	1:1~1:7(10 이하)	10~15(25 이하)
로프	섬유 로프	10~30	1:1~1:2(15 이하)	15~30
	와이어 로프	5~100(150 이하)	보통 1:1	6~10(25 이하)
체인	롤러 체인	4 이하	1:1~1:5(8 이하)	~5(7 이하)
	사일런트 체인	4 이하	1:1~1:6(8 이하)	~7(10 이하)

(1) 벨트 전동의 특징

① 미끄럼이 발생되어 기어 전동보다는 정확한 속도비를 얻을 수 없다.
② 전동효율이 비교적 좋다.(효율 96~98%)
③ 전동장치의 구성이 대단히 간단하다.

(2) V벨트의 장단점

[장점]
① 평벨트보다 마찰력이 커서 큰 동력을 전달할 수 있다.(= 평벨트보다 미끄럼이 작다.)
② 비교적 작은 인장력으로 큰 동력을 전달할 수 있다.
③ 전동효율은 96~99% 정도이며 장력이 작으므로 베어링의 부담하중이 작다.
④ 비교적 지름이 작은 풀리에도 사용할 수 있다.
⑤ 벨트가 벗겨질 염려가 없다.
⑥ 비교적 작은 인장력으로 큰 동력을 전달할 수 있다.
⑦ 협소한 장소에도 설치가 가능하고 운전이 정숙하고 충격이 작다(평벨트보다 소음이 적다.)
⑧ 재질이 고무이기 때문에 굴곡성이 크고 진동이 적다.
⑨ 평벨트보다 속도비를 크게 할 수 있다.
⑩ 평벨트보다 고속으로 전동할 수 있다.

[단점]
① 벨트의 길이를 조절할 수 없고 같은 방향의 회전일 때만 사용이 가능하다. 즉 바로걸기로만 사용하며 엇걸기는 사용할 수 없다.
② 이음매 없이 일체로 만들어졌기 때문에 끊어지면 접합이 불가능하다.
③ 축간거리는 평벨트보다 길게 할 수 없다.(축간거리가 짧다.)

참고 V-벨트의 각도는 보통 40°도이며, V-벨트 풀리의 각도는 40°보다 작게 하여 접촉효율을 향상시켜 큰 회전력을 전달한 것도 있으며 E형, A형, B형, C형, D형 있으며 E형이 가장 적고, D형이 가장 크다.

예제 11-1

V-벨트 전동장치에 대한 장점을 설명한 것 중 틀린 것은?

㉮ 지름이 작은 풀리에도 사용할 수 있다.
㉯ 바로걸기보다 엇걸기로 하여야만 한다.
㉰ 마찰력이 평벨트보다 크고, 미끄럼이 적어 비교적 작은 장력으로 큰 회전력을 전달할 수 있다.
㉱ 이음매가 없어 운전이 정숙하다.

답 ㉯

예제 11-2

V벨트와 평벨트의 비교이다. V벨트의 특징이 아닌 것은?

㉮ 전동 효율이 좋다.
㉯ 축간거리를 더 멀리 할 수 있다.
㉰ 고속운전이 가능하다.
㉱ 정숙한 운전이 가능하다.

답 ㉯

예제 11-3

평벨트에 비해 V벨트 전동의 특징이 아닌 것은?

㉮ 미끄럼이 적고, 속도비가 크다.
㉯ 바로걸기로만 가능하다.
㉰ 축간거리를 마음대로 할 수 있다.
㉱ 운전이 정숙하고 충격을 완화한다.

답 ㉰

(3) 로프 전동의 특징

[장점]

① 로프를 여러 개 사용하므로 큰 동력의 전달에는 평벨트나 V벨트보다 유리하다.
동력 전달 크기(체인 전동 > 로프 전동 > V벨트 전동 > 평벨트 전동)
② 와이어 로프는 50~100m, 섬유 로프는 10~30m 정도의 먼 거리의 동력 전달이 가능하다.
③ 1개의 원동 풀리에서 여러 개의 종동 풀리로 동력을 분배하는 것이 용이하다.
④ 벨트에 비하여 미끄럼이 적고 고속운전에 적합하다.
⑤ 전동경로가 직선이 아닌 경우에도 사용이 가능하다.

[단점]
① 장치가 복잡하여 자유롭게 감아 걸거나 벗길 수 없다.
② 조정이 어렵고 절단되었을 경우 수리가 곤란하다.
③ 미끄럼이 적으나 전동이 불확실하다.

예제 11-4

로프 전동의 특징에 대한 설명으로 틀린 것은?

㉮ 전동경로가 직선이 아닌 경우에도 사용이 가능하다.
㉯ 벨트 전동과 비교하여 큰 동력을 전달하는데 불리하다.
㉰ 장거리의 동력 전달이 가능하다.
㉱ 정확한 속도비의 전동이 불확실하다.

답 ㉯

(4) 체인 전동의 특징

① 미끄럼이 없어 속도비가 일정하게 얻을 수 있다.
② 초기장력을 줄 필요가 없으므로 정시 시에 장력이 작용하지 않는다.
③ 체인은 길이를 조정할 수 있고 다축을 동시에 구동할 수 있다.
④ 내열성, 내유성, 내습성이 강하다.
⑤ 큰동력을 전달할 수 있고 전동효율도 95% 이상이다.
⑥ 체인의 탄성으로 어느 정도의 충력하중을 흡수할 수 있다.
⑦ 유지 및 수리가 용이하고 수명이 길다.
⑧ 마모가 생길 경우 스프로킷 휠의 이와 롤러의 물림상태가 이의 끝 쪽으로 이동하므로 전동기구는 변화가 없어 효율이 거의 저하하지 않는다.
⑧ 마멸된 체인에서는 진동과 소음이 많이 나므로 고속회전에는 부적당하고, 회전각의 전달도 정확하지 못하다.
⑨ 초기장력이 필요 없으므로 베어링의 마찰손실이 적다.
⑩ 윤활이 필요하다.

(5) 체인의 종류

① 롤러 체인(roller chain) : 롤러 링크판과 핀 링크판을 핀으로 엇갈리게 연결한 체인
② 사일런트 체인(silent chain) : 전동할 수 없는 고속회전이 필요할 때, 조용하고 원활한 운전이 필요할 때 사용
③ 체인블록 : 안경 모양의 블록과 플레이트(plate)의 링크를 핀(pin)으로 연결한 체인으로 인력(人力)으로 기중하는 체인이다.

예제 11-5

다음 중 다른 전동방식과 비교하여 체인 전동방식의 일반적인 특징에 해당하지 않는 것은?

㉮ 미끄럼이 없는 일정한 속도비를 얻을 수 있다.
㉯ 초장력이 필요 없으므로 베어링의 마멸이 적다.
㉰ 고속회전에 적당하다.
㉱ 전동 효율이 95% 이상으로 좋다.

답 ㉰

예제 11-6

다음 중 정숙하고 원활한 운전과 고속회전이 필요할 때 적당한 체인은?

㉮ 사일런트 체인(silent chain)
㉯ 코일 체인(coil chain)
㉰ 롤러 체인(roller chain)
㉱ 블록 체인(block chain)

답 ㉮

참고하세요 타이밍 벨트의 특징

① 벨트와 풀리의 이가 서로 물려 전동하므로 미끄럼이나 속도변동이 거의 없다.
② 기어나 체인에 비하여 소음이 적다.
③ 저속 및 고속에서 운전이 원활하다.
④ V벨트보다는 휨저항이 적고 풀리의 지름을 작게 할수 있다.
⑤ 벨트가 가볍고 회전속도를 높일 수 있다.

예제 11-7

미끄럼을 방지하기 위하여 접촉면에 치형을 붙여 맞물림에 의하여 전동하도록 조합한 벨트는?

㉮ 평벨트
㉯ V벨트
㉰ 가는너비 V벨트
㉱ 타이밍 벨트

답 ㉱

11-2 평벨트 전동

(1) 벨트의 길이와 접촉각

① 바로걸기(open belting)

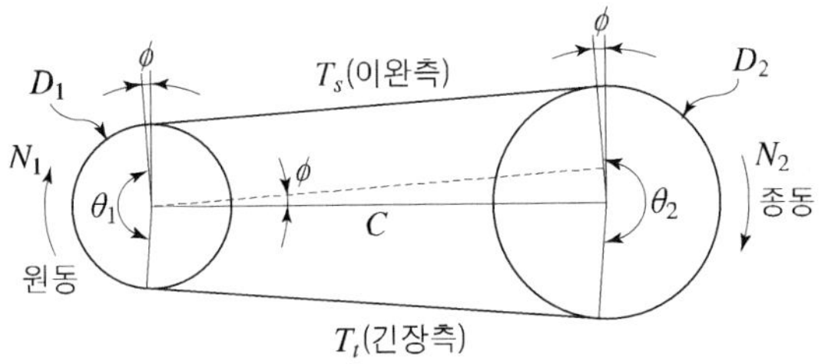

여기서, θ_1 : 원동축의 접촉 중심각
θ_2 : 종동축의 접촉 중심각
D_1 : 원동축의 풀리 직경
D_2 : 종동축의 풀리 직경
C : 중심거리

㉠ 벨트의 길이

$$L = 2C + \frac{\pi(D_2 + D_1)}{2} + \frac{(D_2 - D_1)^2}{4C}$$

㉡ 접촉 중심각

• 원동축의 접촉 중심각 : $\theta_1 = 180° - 2\phi = 180° - 2\sin^{-1}\left(\frac{D_2 - D_1}{2C}\right)$

• 종동축의 접촉 중심각 : $\theta_2 = 180° + 2\phi = 180° + 2\sin^{-1}\left(\frac{D_2 - D_1}{2C}\right)$

② 엇걸기(바로걸기 식에서 무조건 ⊕)

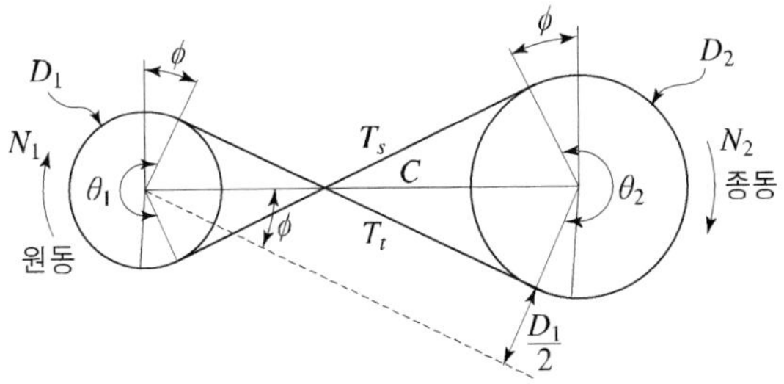

㉠ 벨트의 길이

$$L = 2C + \frac{\pi(D_2 + D_1)}{2} + \frac{(D_2 + D_1)^2}{4C}$$

㉡ 접촉 중심각

$$\theta_1 = \theta_2 = 180° + 2\phi = 180° + 2\sin^{-1}\left(\frac{D_2 + D_1}{2C}\right)$$

(2) 평벨트 전동의 장력비($e^{\mu\theta}$)

① 원주속도 : $V = V_1 = V_2$

$$V = \frac{\pi D_1 N_1}{60 \times 1000} = \frac{\pi D_2 N_2}{60 \times 1000}\left[\frac{\text{m}}{\text{s}}\right] \Rightarrow D_1 N_1 = D_2 N_2$$

② 속비 : $\epsilon = \dfrac{(\text{원동축의 풀리 지름})D_1}{(\text{종동축의 풀리 지름})D_2} = \dfrac{N_2}{N_1}$

③ 벨트의 장력비

㉠ 원주속도 $V \leqq 10\,\text{m/s}$일 때 ⇨ 원심력 무시

$$e^{\mu\theta} = \frac{T_t}{T_s}$$

주의 여기서, θ는 θ_1, θ_2 중 원동축의 접촉 중심각을 대입한다. 단위는 rad으로 한다.

㉡ 원주속도 $V > 10\,\text{m/s}$일 때 ⇨ 원심력 고려

$$e^{\mu\theta} = \frac{T_t - T_g}{T_s - T_g}$$

주의 여기서, T_g : 부가장력
$V > 10\,\text{m/s}$일 때 ⇨ 원심력을 고려한 장력을 부가장력이라 한다.

(부가장력) $T_g = \overline{m}v^2 = \dfrac{wv^2}{g}$: 벨트의 회전에 대한 원심장력

$T_g = \overline{m}\,V^2[\text{N}]$ $\quad\overline{m}$: 벨트의 단위 길이당 질량[kg/m]

$T_g = \dfrac{wV^2}{g}[\text{kgf}]$ $\quad w$: 벨트의 단위 길이당 무게[kgf/m]

$T_g = \dfrac{wV^2}{g}[\text{N}]$ $\quad w$: 벨트의 단위 길이당 무게[N/m]

$$e^{\mu\theta} = \frac{T_t - T_g}{T_s - T_g}, \quad e^{\mu\theta} = \frac{T_t - \overline{m}v^2}{T_s - \overline{m}v^2}, \quad e^{\mu\theta} = \frac{T_t - \dfrac{wv^2}{g}}{T_s - \dfrac{wv^2}{g}}$$

여기서, T_t : 긴장측 장력(tight side tension) [kgf] 또는 [N]
T_s : 이완측 장력(slack side tension) [kgf] 또는 [N]
T_g : 부가장력 [kgf] 또는 [N]
$\overline{m}$: 벨트의 단위 길이당 질량 [kg/m]
v : 원주속도 [m/s]
w : 벨트의 단위길이당 무게 [kgf/m] 또는 [N/m]
θ : 접촉 중심각(원동축의 접촉중심각) [rad]

④ 유효장력과 장력과의 관계

평벨트의 유효장력 : $P_e = T_t - T_s$

㉠ $V \leqq 10\,\text{m/s}$일 때

$$P_e = T_t - T_s = e^{\mu\theta} T_s - T_s = T_s(e^{\mu\theta} - 1) \quad ➡ \quad \boxed{T_s = \frac{P_e}{e^{\mu\theta} - 1}}$$

$$P_e = T_t - \frac{T_t}{e^{\mu\theta}} = \frac{e^{\mu\theta} T_t}{e^{\mu\theta}} - \frac{T_t}{e^{\mu\theta}} = \frac{T_t(e^{\mu\theta} - 1)}{e^{\mu\theta}} \quad ➡ \quad \boxed{T_t = \frac{P_e \cdot e^{\mu\theta}}{e^{\mu\theta} - 1}}$$

㉡ $V > 10\,\text{m/s}$일 때

$$P_e = T_t - T_s = (T_s e^{\mu\theta} - T_g e^{\mu\theta} + T_g) - T_s$$
$$= T_s(e^{\mu\theta} - 1) + T_g(1 - e^{\mu\theta})$$
$$= (T_s - T_g)(e^{\mu\theta} - 1)$$

$$\boxed{\therefore\ T_s = \frac{P_e}{e^{\mu\theta} - 1} + T_g = \left(\frac{P_e}{e^{\mu\theta} - 1} + \frac{wV^2}{g}\right)[\text{kgf}]}$$

여기서, P_e[kgf], w[kgf/m] : 단위 길이 당 무게

$$\boxed{\therefore\ T_s = \frac{P_e}{e^{\mu\theta} - 1} + T_g = \left(\frac{P_e}{e^{\mu\theta} - 1} + \frac{wV^2}{g}\right)[\text{N}]}$$

여기서, P_e[N], w[N/m] : 단위 길이 당 무게

$$\boxed{\therefore\ T_s = \frac{P_e}{e^{\mu\theta} - 1} + T_g = \left(\frac{P_e}{e^{\mu\theta} - 1} + \overline{m}V^2\right)[\text{N}]}$$

여기서, P_e[N], $\overline{m}$[kg/m] : 단위 길이 당 무게

같은 방법으로 풀면,

$$\boxed{\therefore\ T_t = \frac{P_e \cdot e^{\mu\theta}}{e^{\mu\theta} - 1} + T_g = \left(\frac{P_e \cdot e^{\mu\theta}}{e^{\mu\theta} - 1} + \frac{wV^2}{g}\right)[\text{kgf}]}$$

여기서, P_e[kgf], w[kgf/m] : 단위 길이 당 무게

$$\boxed{\therefore\ T_t = \frac{P_e \cdot e^{\mu\theta}}{e^{\mu\theta} - 1} + T_g = \left(\frac{P_e \cdot e^{\mu\theta}}{e^{\mu\theta} - 1} + \frac{wV^2}{g}\right)[\text{N}]}$$

여기서, P_e[N], w[N/m] : 단위 길이 당 무게

$$\boxed{\therefore\ T_t = \frac{P_e \cdot e^{\mu\theta}}{e^{\mu\theta} - 1} + T_g = \left(\frac{P_e \cdot e^{\mu\theta}}{e^{\mu\theta} - 1} + \overline{m}V^2\right)[\text{N}]}$$

여기서, P_e[N], $\overline{m}$[kg/m] : 단위 길이 당 무게

⑤ 초기장력 : $T_0 = C\dfrac{T_t + T_S}{2}$

초기장력은 벨트를 구동하기 전에 최초 벨트에 작용하는 장력을 초기장력이라 한다. 여기서, (비례상수) C는 초기조건에 의해 주어지는 값이다.

(3) 벨트의 전달토크와 전달동력

① 벨트의 전달토크 : $T = P_e \times \dfrac{D}{2}$

② 전달동력

㉠ $V \leqq$ 10m/s일 때

$$H_{PS} = \frac{P_e \times V}{75} = \frac{T_t V}{75}\left(\frac{e^{\mu\theta} - 1}{e^{\mu\theta}}\right)$$

여기서, P_e : 유효장력[kgf]
T_t : 긴장장력[kgf]

$$H_{KW} = \frac{P_e \times V}{102} = \frac{T_t V}{102}\left(\frac{e^{\mu\theta} - 1}{e^{\mu\theta}}\right)$$

여기서, P_e : 유효장력[kgf]
T_t : 긴장장력[kgf]

$$H_{KW} = \frac{P_e \times V}{1000} = \frac{T_t V}{1000}\left(\frac{e^{\mu\theta} - 1}{e^{\mu\theta}}\right)$$

여기서, P_e : 유효장력[N]
T_t : 긴장장력[N]

㉡ $V >$ 10m/s일 때

$$H_{PS} = \frac{P_e \times V}{75} = \frac{(T_t - T_g)V}{75}\left(\frac{e^{\mu\theta} - 1}{e^{\mu\theta}}\right)$$

여기서, P_e : 유효장력[kgf]
T_t : 긴장장력[kgf]
T_g : 부가장력[kgf]

$$H_{KW} = \frac{P_e \times V}{102} = \frac{(T_t - T_g)V}{102}\left(\frac{e^{\mu\theta} - 1}{e^{\mu\theta}}\right)$$

여기서, P_e : 유효장력[kgf]
T_t : 긴장장력[kgf]
T_g : 부가장력[kgf]

$$H_{KW} = \frac{P_e \times V}{1000} = \frac{(T_t - T_g)V}{1000}\left(\frac{e^{\mu\theta} - 1}{e^{\mu\theta}}\right)$$

여기서, P_e : 유효장력[N]
T_t : 긴장장력[N]
T_g : 부가장력[N]

③ 벨트의 치수 설계

$$\sigma_t = \frac{T_t}{A \times \eta} = \frac{T_t}{b \times h \times \eta}$$

여기서, T_t : 긴장장력 = 벨트의 허용장력, b : 벨트의 폭, h : 벨트의 두께, η : 이음효율

예제 11-8

벨트 전동에서 긴장측의 장력 T_t과 이완측의 장력 T_s 사이의 관계식으로 옳은 것은? (단, 원심력은 무시하고, μ는 접촉부 마찰계수, θ는 벨트와 풀리의 접촉각[rad]이다.)

㉮ $e^{\mu\theta} = \dfrac{T_t}{T_s}$

㉯ $e^{\mu\theta} = \dfrac{T_s}{T_t}$

㉰ $e^{\mu\theta} = T_t - T_s$

㉱ $e^{\mu\theta} = 1 - \dfrac{T_t}{T_s}$

답 ㉮

예제 11-9

풀리의 지름 200mm, 회전수 1600rpm으로 4kW의 동력을 전달할 때 벨트의 유효장력은 약 몇 N인가? (단, 원심력과 마찰은 무시한다.)

㉮ 24 ㉯ 93
㉰ 239 ㉱ 527

풀이 & 답

$H_{KW} = \dfrac{P_e \times V}{1000}$, $4 = \dfrac{P_e \times 16.755}{1000}$에서

(유효장력) $P_e = 238.73\text{N}$

(속도) $V = \dfrac{\pi DN}{60 \times 1000}[\text{m/s}] = \dfrac{\pi \times 200 \times 1600}{60 \times 1000} = 16.755[\text{m/s}]$

답 ㉰

예제 11-10

벨트가 8m/s의 속도로 40kW의 동력을 전달하는 평벨트의 이완측 장력은 약 몇 N인가? (단, 긴장측의 장력은 이완측 장력의 3배이고, 원심력은 무시한다.)

㉮ 980N ㉯ 147N
㉰ 196N ㉱ 2500N

풀이 & 답

$H_{KW} = \dfrac{P_e \times V}{1000} = \dfrac{2T_s \times V}{1000}$, $40 = \dfrac{2 \times T_s \times 8}{1000}$에서 (이완장력) $T_s = 2500\text{N}$

여기서, 유효장력 $P_e = T_t - T_s = 3T_s - T_s = 2T_s$

답 ㉱

예제 11-11

4m/s의 속도로 전동하고 있는 벨트의 긴장축의 장력이 1.23kN, 이완측의 장력이 0.49kN 라고 하면, 전달하고 있는 동력은 몇 kW인가?

㉮ 1.55　　㉯ 1.86
㉰ 2.21　　㉱ 2.96

풀이 & 답

$$H_{KW}=\frac{P_e\times V}{1000}=\frac{(T_t-T_s)\times V}{1000}=\frac{(1230-490)\times 4}{1000}=2.96\text{kW}$$

여기서, 유효장력 $P_e=T_t-T_s$

답 ㉱

예제 11-12

평벨트 전동장치에서 벨트의 긴장측 장력이 500N, 허용인장응력이 2.5MPa일 때, 벨트의 너비(폭)는 최소 몇 mm 이상이어야 하는가? (단, 벨트의 두께는 2mm, 이음 효율은 80% 이다.)

㉮ 75　　㉯ 100
㉰ 125　　㉱ 150

풀이 & 답

(허용응력) $\sigma_t=\dfrac{T_t}{A\times\eta}=\dfrac{T_t}{b\times h\times\eta}$

(벨트의 폭) $b=\dfrac{T_t}{\sigma_t\times h\times\eta}=\dfrac{500}{2.5\times 2\times 0.8}=125\text{mm}$

답 ㉰

예제 11-13

회전속도가 7m/s로 전동되는 평벨트 전동장치에서 가죽 벨트의 폭$(b)\times$두께$(t)=$ 116mm×8mm인 경우, 최대전달동력은 약 몇 kW인가? [단, 벨트의 허용인장응력은 2.35MPa, 장력비($e^{\mu\theta}$)는 2.50이며, 원심력은 무시하고, 벨트의 이음효율은 100%이다.]

㉮ 7.45　　㉯ 9.16
㉰ 11.08　　㉱ 13.46

풀이 & 답

(벨트 허용인장응력) $\sigma_t=\dfrac{T_t}{b\times h\times\eta}$, $2.35=\dfrac{T_t}{116\times 8\times 1}$에서

(긴장응력) $T_t=2180.8\text{N}$

$$H_{KW} = \frac{P_e \times V}{1000} = \frac{T_t V}{1000}\left(\frac{e^{\mu\theta}-1}{e^{\mu\theta}}\right) = \frac{2180.8\times 7}{1000}\left(\frac{2.5-1}{2.5}\right) = 9.159\text{kW}$$

답 ㉯

11-3 V벨트 전동

(1) V벨트(고무 재질)의 각도와 V벨트 풀리의 각도

V벨트(고무재질)의 각도는 (M, A, B, C, D, E형) 모두 40°이다.

V벨트의 종류	a	b
M	10	5.5
A	12.5	9
B	16.5	11
C	22	14
D	31.5	19
E	38	25.5

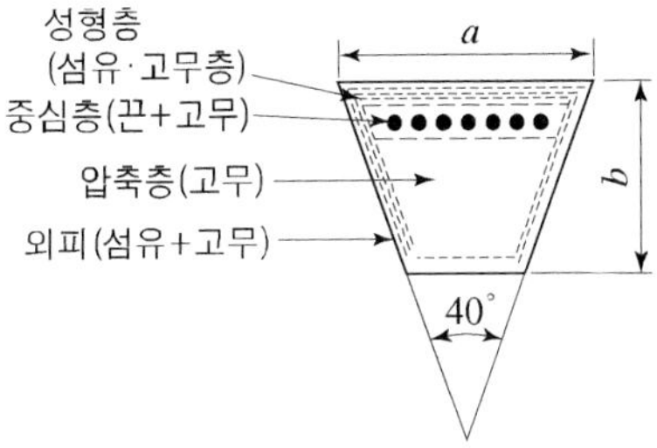

V벨트 풀리의 V홈각(α)

V벨트의 종류	호칭 지름	α(°)
M	50 이상 71 이하	34
	71 초과 90 이하	36
	90 초과	38
A	71 이상 100 이하	34
	100 초과 125 이하	36
	125 초과	38
B	125 이상 160 이하	34
	160 초과 200 이하	36
	200 초과	38
C	200 이상 250 이하	34
	250 초과 315 이하	36
	315 초과	38
D	355 이상 450 이하	36
	450 초과	38
E	500 이상 630 이하	36
	630 초과	38

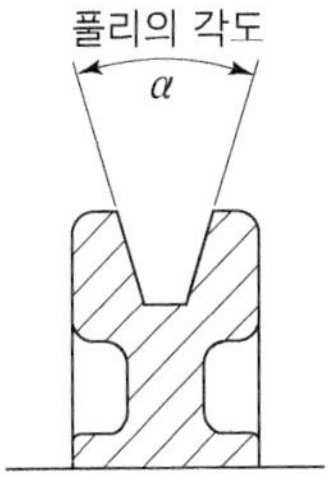

(2) V벨트 계산식

(평벨트 전동에서 μ ➡ μ' 만 대입하면 된다.)

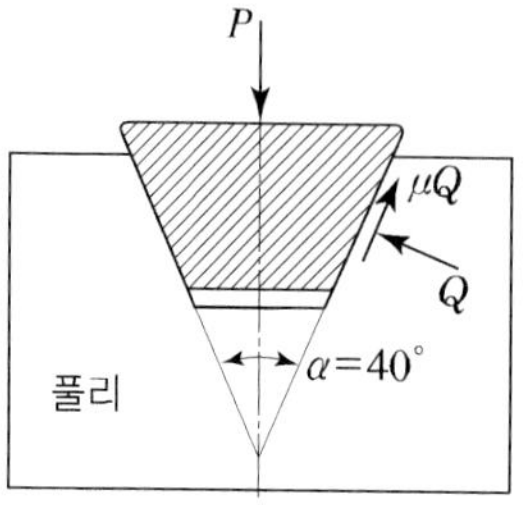

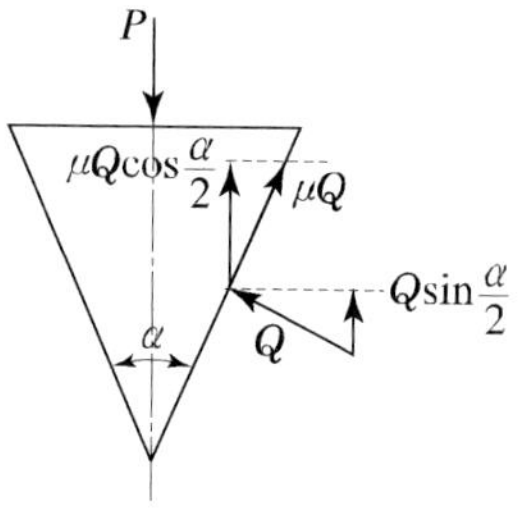

여기서, α : 홈각
P : 축방향 미는 힘
Q : 접촉면에 수직한 힘
$F_f = 2\mu Q = 2\mu' P$: 마찰력

$$\mu' = \frac{\mu}{\sin\frac{\alpha}{2} + \mu\cos\frac{\alpha}{2}}$$

① V벨트의 길이(V벨트는 엇걸기가 없다.)

$$L = 2C + \frac{\pi(D_2 + D_1)}{2} + \frac{(D_2 - D_1)^2}{4C}$$

② 접촉중심각

$$\theta_1 = 180° - 2\phi = 180° - 2\sin^{-1}\left(\frac{D_2 - D_1}{2C}\right)$$

$$\theta_2 = 180° + 2\phi = 180° + 2\sin^{-1}\left(\frac{D_2 - D_1}{2C}\right)$$

③ 수직력

$$\Sigma F_y = 0\ ;\ \frac{P}{2} - Q\cdot\ \sin\frac{\alpha}{2} - \mu Q\cdot\ \cos\frac{\alpha}{2} = 0$$

$$\therefore\ Q = \frac{P}{2\left(\sin\frac{\alpha}{2} + \mu\cos\frac{\alpha}{2}\right)}$$

④ 마찰력(=회전력)

$$F_f = 2\mu Q = 2\mu\cdot\frac{P}{2\left(\sin\frac{\alpha}{2} + \mu\cos\frac{\alpha}{2}\right)} = \mu' P$$

여기서, (상당마찰계수) $\mu' = \dfrac{\mu}{\left(\sin\frac{\alpha}{2} + \mu\cos\frac{\alpha}{2}\right)}$

⑤ 장력비 : $e^{\mu'\theta} = \dfrac{T_t}{T_s}$

⑥ V벨트 1가닥의 전달동력 H_0

㉠ $V \leq 10\text{m/s}$일 때

$$H_{PS} = \frac{P_e \times V}{75} = \frac{T_t V}{75}\left(\frac{e^{\mu'\theta} - 1}{e^{\mu'\theta}}\right)$$

여기서, P_e : 유효장력[kgf]
T_t : 긴장장력[kgf]

$$H_{KW} = \frac{P_e \times V}{102} = \frac{T_t\,V}{102}\left(\frac{e^{\mu'\theta}-1}{e^{\mu'\theta}}\right)$$

여기서, P_e : 유효장력[kgf]
T_t : 긴장장력[kgf]

$$H_{KW} = \frac{P_e \times V}{1000} = \frac{T_t\,V}{1000}\left(\frac{e^{\mu'\theta}-1}{e^{\mu'\theta}}\right)$$

여기서, P_e : 유효장력[N]
T_t : 긴장장력[N]

㉡ $V > 10\,\mathrm{m/s}$일 때

$$H_{PS} = \frac{P_e \times V}{75} = \frac{(T_t - T_g)V}{75}\left(\frac{e^{\mu'\theta}-1}{e^{\mu'\theta}}\right)$$

여기서, P_e : 유효장력[kgf]
T_t : 긴장장력[kgf]
T_g : 부가장력[kgf]

$$H_{KW} = \frac{P_e \times V}{102} = \frac{(T_t - T_g)V}{102}\left(\frac{e^{\mu'\theta}-1}{e^{\mu'\theta}}\right)$$

여기서, P_e : 유효장력[kgf]
T_t : 긴장장력[kgf]
T_g : 부가장력[kgf]

$$H_{KW} = \frac{P_e \times V}{1000} = \frac{(T_t - T_g)V}{1000}\left(\frac{e^{\mu'\theta}-1}{e^{\mu'\theta}}\right)$$

여기서, P_e : 유효장력[N]
T_t : 긴장장력[N]
T_g : 부가장력[N]

㉢ 전체 동력 : H_T

$$H_T = H_0 \times Z \times k_1 \times k_2$$

여기서, Z : 벨트의 가닥수(개수)는 소수에서 올림하여 정수로 계산한다.
k_1 : 접촉각 수정계수

$\frac{D_2 - D_1}{C}$	0.00	0.10	0.20	0.30	0.40	0.50	0.60	0.70	0.80	0.90	1.00	1.10	1.20	1.30	1.40	1.50
작은 벨트에서의 접촉각 $\theta°$	180	174	169	163	157	151	145	139	133	127	120	113	106	99	91	83
접촉각 보정계수	1.00	0.99	0.98	0.96	0.94	0.93	0.91	0.89	0.87	0.85	0.82	0.79	0.77	0.74	0.70	0.66

k_2 : 부하 수정계수

기계의 종류 또는 하중 상태	k_2
송풍기, 원심펌프, 발전기, 컨베이어, 엘리베이터, 인쇄기, 그 밖에 하중변화가 적고 완만한 것	1.0
공작기계, 세탁기계, 면조기계 등 약간의 충격이 있는 것	0.9
왕복압축기	0.85
제지기, 제재기, 제빙기	0.80
분쇄기, 전단기, 광산기계, 제분기, 원심분리기	0.75
방적기, 광산기계는 정격하중에 대해 기동하중 100~150%의 것	0.72
150~200%의 것	0.64
200~250%의 것	0.50

⑦ 벨트의 강도 계산

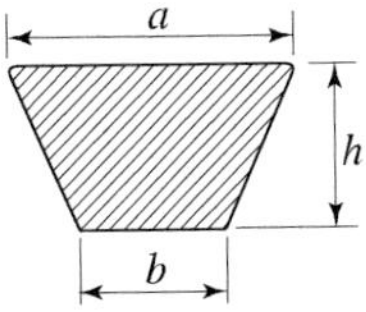

$$\sigma_t = \frac{T_t}{A \cdot \eta} = \frac{T_t}{\frac{1}{2}(a+b)\,h \cdot \eta}$$

11-4 체인 전동

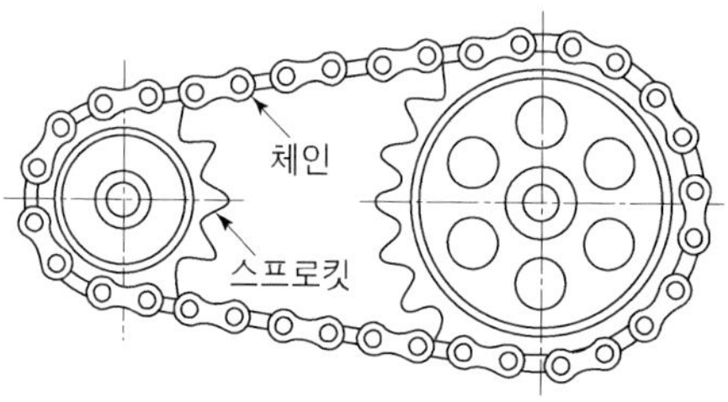

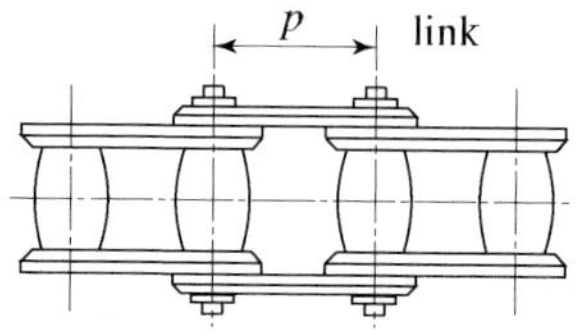

$p = \dfrac{\pi D}{Z}$: 피치

$\pi D_1 = p Z_1, \ \pi D_2 = p Z_2$

여기서, D_1 : 원동 스프로킷의 피치원 직경

D_2 : 종동 스프로킷의 피치원 직경

Z_1 : 원동 스프로킷의 잇수

Z_2 : 종동 스프로킷의 잇수

(1) 체인의 설계

① 체인의 길이

$L = p \times L_n$(여기서, L_n : 링크수)

$$= 2C + \frac{\pi(D_2 + D_1)}{2} + \frac{(D_2 - D_1)^2}{4C}$$

$$L_n = \frac{L}{p} = \frac{2C}{p} + \frac{\pi(D_2 + D_1)}{2p} + \frac{(D_2 - D_1)^2}{4Cp}$$

$\pi D = p Z$ ➡ $\dfrac{\pi D}{p} = Z$ 로 치환하면,

$$\therefore \text{(링크의 개수) } L_n = \frac{2C}{p} + \frac{Z_2 + Z_1}{2} + \frac{\frac{1}{\pi^2} p (Z_2 - Z_1)^2}{4C}$$

② 체인의 속도

$$V = V_1 = V_2 = \frac{\pi D_1 N_1}{60 \times 1000} = \frac{\pi D_2 N_2}{60 \times 1000} = \frac{p Z_1 N_1}{60 \times 1000} = \frac{p Z_2 N_2}{60 \times 1000} [\text{m/s}]$$

③ 속비

$$\epsilon = \frac{N_2}{N_1} = \frac{D_1}{D_2} = \frac{Z_1}{Z_2}$$

(2) 체인의 전달동력

$$H_{PS} = \frac{F_s \cdot V}{75} = \frac{\left(\frac{e}{kS}F_B\right) \cdot V}{75} \quad \text{[힘의 단위는 kgf, 속도단위는 m/s]}$$

$$H_{KW} = \frac{F_s \cdot V}{102} = \frac{\left(\frac{e}{kS}F_B\right) \cdot V}{102} \quad \text{[힘의 단위는 kgf, 속도단위는 m/s]}$$

$$H_{KW} = \frac{F_s \cdot V}{1000} = \frac{\left(\frac{e}{kS}F_B\right) \cdot V}{1000} \quad \text{[힘의 단위는 N, 속도단위는 m/s]}$$

여기서, F_S : 안전하중=설계장력, $F_S = \frac{e}{k \times S} \times F_B$

S : 안전율

e : 다열계수

k : 부하계수(다열계수, 부하계수는 체인 전동에 따른 상수이다.)

F_B : 파단하중(극한하중). 파단하중은 체인의 호칭번호를 알면 KS규격에서 주어진다.

(3) 스프로킷 휠의 계산식

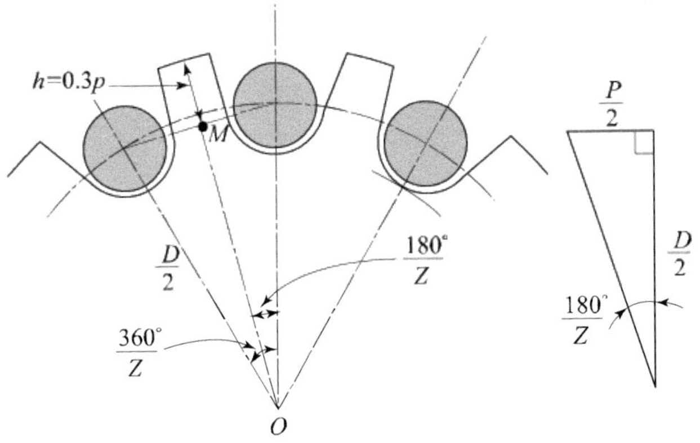

① 스프로킷 휠의 피치원 직경

$$\sin\frac{180^o}{Z} = \frac{\frac{p}{2}}{\frac{D}{2}} = \frac{p}{D} \quad ➡ \quad D = \frac{p}{\sin\left(\frac{180^o}{Z}\right)}$$

② 이의 높이 : $h = 0.3p$

③ 외경 : $\frac{D_0}{2} = \overline{OM} + h \quad ➡ \quad D_0 = p\left(0.6 + \cot\frac{180°}{Z}\right)$

예제 11-14

롤러 체인 전동에서 체인의 파단하중이 2kN이고, 체인의 회전속도는 5m/s이며, 안전율을 10으로 할 때 전달동력은 약 몇 [W]인가?

㉮ 10
㉯ 100
㉰ 1000
㉱ 10000

풀이 & 답

$$H_W = \frac{F_B \times V}{S} = \frac{2000 \times 5}{10} = 1000\text{W}$$

답 ㉰

Chapter 12 마찰자

12-1 마찰차의 개요

(1) 마찰차의 응용범위

① 전달하여야 할 힘이 크지 않고 속도비가 중요시되지 않는 경우
② 회전속도가 커서 보통의 기어를 사용할 수 없는 경우
③ 양 축 사이를 자주 단속할 필요가 있을 경우
④ 무단변속을 시키는 경우와 안전장치의 역할이 필요한 경우

(2) 마찰차의 종류

① 원통 마찰차 : 두 축이 평행한 평 마찰차, V홈 마찰차
② 원뿔 마찰차 : 두 축이 만나는 것
③ 변속 마찰차 : 구면차, 에반스 마찰차, 원뿔과 원판차

(3) 마찰차의 특성

① 운전이 정숙하며, 효율은 그다지 높지 않다.
② 미끄럼이 약간 생기므로 확실한 전동과 강력한 동력의 전달은 곤란하다.
③ 전동의 단속이 무리없이 행해진다.
④ 무단변속하기 쉬운 구조로 할 수 있다.
⑤ 과부하의 경우 미끄럼에 의한 다른 부분의 손상을 막을 수 있다.
⑥ 양 축 사이를 빈번하게 단속할 필요가 있을 때 마찰차를 사용한다.

예제 12-1

다음 설명 중 마찰차를 적용하기 힘든 경우는?

㉮ 정확한 속도비가 필요할 경우
㉯ 두 회전축이 교차하면서 회전력을 전달할 경우
㉰ 전달력이 그렇게 크지 않은 경우
㉱ 무단변속을 시키는 경우

답 ㉮

예제 12-2

마찰차의 응용범위에 대한 설명 중 옳지 않은 것은?

㉮ 전달하여야 될 힘이 그다지 크지 않고 정확한 속도비를 중요시하지 않는 경우
㉯ 양 축 사이를 빈번하게 단속할 필요가 없는 경우
㉰ 회전속도가 커서 보통의 기어를 사용할 수 없는 경우
㉱ 무단변속을 하는 경우

답 ㉯

예제 12-3

다음 중 동력전달장치로서 운전이 조용하고, 무단변속을 할 수 있으나 일정한 속도비를 얻기가 힘든 것은?

㉮ 마찰차　　㉯ 기어
㉰ 체인　　㉱ 플라이 휠

답 ㉮

12-2 원통 마찰차(평마찰차)

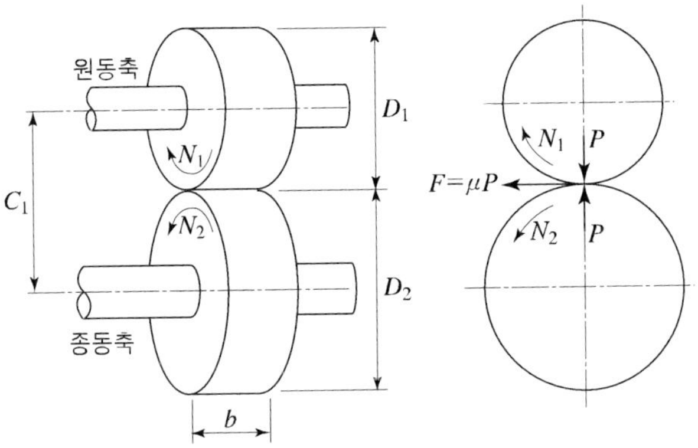

① 속비 : 두 마찰차가 회전할 때 원주속도는 같다.

$$\frac{\pi D_1 N_1}{60 \times 1000} = \frac{\pi D_2 N_2}{60 \times 1000} \quad \therefore D_1 N_1 = D_2 N_2 \quad ➡ \quad \epsilon\,(= i\,) = \frac{N_2}{N_1} = \frac{D_1}{D_2}$$

② 축간거리(중심거리) C

$$C = \frac{D_2 + D_1}{2}$$

③ 마찰차의 직경 계산(유도해 볼 것)

$$C = \frac{D_2 + D_1}{2} \quad ➡ \quad 2C = D_2 + D_1 = D_2 + \epsilon D_2 = D_2(1+\epsilon)$$

$$\therefore D_2 = \frac{2C}{1+\epsilon},\quad D_1 = \frac{2C}{1+\dfrac{1}{\epsilon}}$$

④ 접촉선의 허용선압력(f [N/mm] 또는 [kgf/mm])

$$f = \frac{P}{b} \quad ➡ \quad b = \frac{P}{f},\ P = f\,b$$

⑤ 전달토크 : 두 값 중 큰 값(큰 직경)으로 한다.

(원동차의 토크) $T_1 = \mu P \cdot \dfrac{D_1}{2} = \mu f b \dfrac{D_1}{2}$

(종동차의 토크) $T_2 = \mu P \cdot \dfrac{D_2}{2} = \mu f b \dfrac{D_2}{2}$

⑥ 전달동력

$$H_{PS} = \frac{F \times V}{75} = \frac{\mu P \times V}{75},\ (\text{속도})\ V = \frac{\pi D N}{60 \times 1000}[\text{m/s}]$$

힘의 단위는 [kgf], 속도 단위는 [m/s]

$$H_{KW} = \frac{F \times V}{102} = \frac{\mu P V}{102}, \text{ (속도) } V = \frac{\pi D N}{60 \times 1000} [m/s]$$

힘의 단위는 [kgf], 속도 단위는 [m/s]

$$H_{KW} = \frac{F \times V}{1000} = \frac{\mu P V}{1000}, \text{ (속도) } V = \frac{\pi D N}{60 \times 1000} [m/s]$$

힘의 단위는 [N], 속도 단위는 [m/s]

예제 12-4

직경 500mm인 마찰차가 350rpm의 회전수로 동력을 전달한다. 이 때 바퀴를 밀어붙이는 힘이 2kN일 때 몇 kW의 동력을 전달할 수 있는가? (단, 접촉부 마찰계수는 0.35로 하고, 미끄림은 없다고 가정한다.)

㉮ 3.4 ㉯ 4.4
㉰ 5.4 ㉱ 6.4

풀이 & 답

$$H_{KW} = \frac{\mu P V}{1000} = \frac{0.35 \times 2000 \times 9.16}{1000} = 6.412\text{kW}$$

$$\text{(속도) } V = \frac{\pi D N}{60 \times 1000} = \frac{\pi \times 500 \times 350}{60 \times 1000} [m/s] = 9.16 [m/s]$$

답 ㉱

예제 12-5

외접 원통 마찰차에서 원동차의 지름 200mm, 회전수 100rpm으로 회전할 때, 2.21kW의 동력을 전달시키려면 약 몇 N의 힘으로 밀어붙여야 하는가? (단, 마찰계수는 0.2로 한다.)

㉮ 10555 ㉯ 10665
㉰ 10777 ㉱ 10888

풀이 & 답

$$H_{KW} = \frac{\mu P V}{1000}, \ 2.21 = \frac{0.2 \times P \times 1.047}{1000} \text{에서}$$

(밀어붙이는 힘) $P = 10553.96\text{N}$

$$\text{(속도) } V = \frac{\pi D N}{60 \times 1000} = \frac{\pi \times 200 \times 100}{60 \times 1000} [m/s] = 1.047 [m/s]$$

답 ㉮

예제 12-6

외접 원통 마찰차의 축간거리 300mm, N_1 =400rpm, N_2 =200rpm인 마찰차의 지름 D_1, D_2는 각각 얼마인가?

㉮ $D_1 = 600\text{mm},\ D_2 = 1200\text{mm}$
㉯ $D_1 = 200\text{mm},\ D_2 = 400\text{mm}$
㉰ $D_1 = 100\text{mm},\ D_2 = 200\text{mm}$
㉱ $D_1 = 300\text{mm},\ D_2 = 600\text{mm}$

풀이 & 답

(속비) $\epsilon = \dfrac{D_1}{D_2} = \dfrac{N_2}{N_1} = \dfrac{200}{400} = \dfrac{1}{2}$

(원동 풀리 지름) $D_1 = \dfrac{2C}{1+\dfrac{1}{\epsilon}} = \dfrac{2 \times 300}{1+2} = 200\text{mm}$

(종동 풀리 지름) $D_2 = \dfrac{D_1}{\epsilon} = \dfrac{200}{\dfrac{1}{2}} = 400\text{mm}$

답 ㉯

12-3 V홈 마찰차

원통 마찰차의 식에 마찰계수 대신에 상당마찰계수를 대입하면 된다.

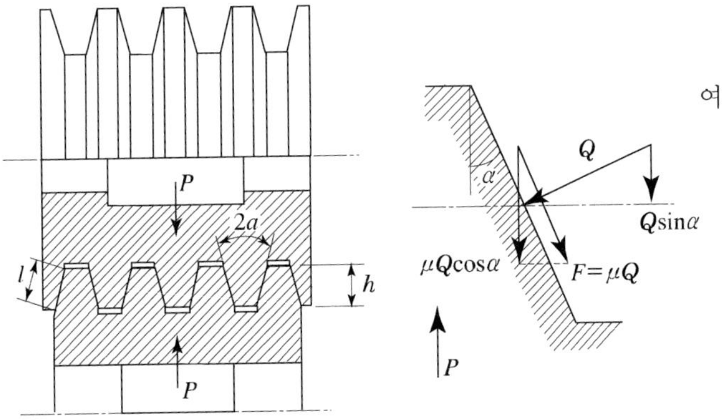

여기서, P : 밀어붙이는 힘
Q : 접촉면에 수직한 힘
$F_f = \mu Q = \mu' P$: 마찰력
μ' : 상당마찰계수
$\mu' = \dfrac{\mu}{\sin\alpha + \mu\cos\alpha}$
2α : V홈각
α : V홈 반각

① 접촉면에 수직하는 힘 Q

$$\Sigma F_y = 0\ ;\ P - Q\cdot\ \sin\alpha - \mu Q\cdot\ \cos\alpha = 0 \quad \therefore\ Q = \frac{P}{\sin\alpha + \mu\cos\alpha}$$

② 마찰력(=회전력) F_f

$$F_f = \mu Q = \mu\left(\frac{P}{\sin\alpha + \mu\cos\alpha}\right) = \left(\frac{\mu}{\sin\alpha + \mu\cos\alpha}\right)P = \mu' P$$

③ 접촉선압력

$f = \dfrac{Q}{L}$ (여기서, L : 접촉 전길이)

④ 전달동력

$H_{PS} = \dfrac{F\times V}{75} = \dfrac{\mu Q V}{75} = \dfrac{\mu' P V}{75}$ [Ps] 힘의 단위는 [kgf], 속도 단위는 [m/s]

$H_{KW} = \dfrac{F\times V}{102} = \dfrac{\mu Q V}{102} = \dfrac{\mu' P V}{102}$ [kW] 힘의 단위는 [kgf], 속도 단위는 [m/s]

$H_{KW} = \dfrac{F\times V}{1000} = \dfrac{\mu Q V}{1000} = \dfrac{\mu' P V}{1000}$ [kW] 힘의 단위는 [N], 속도 단위는 [m/s]

12-4 원추마찰차(베벨 마찰차)

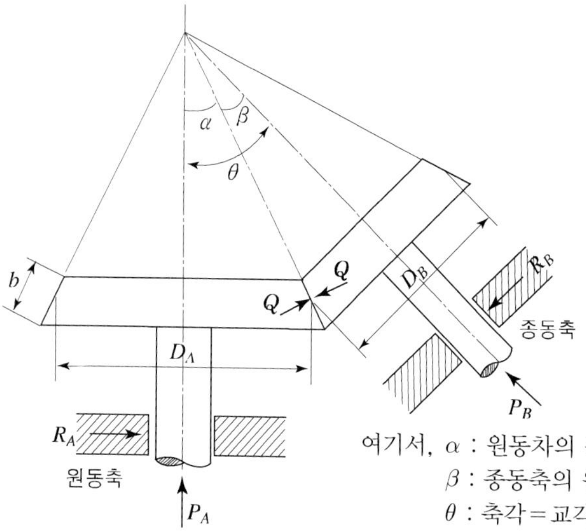

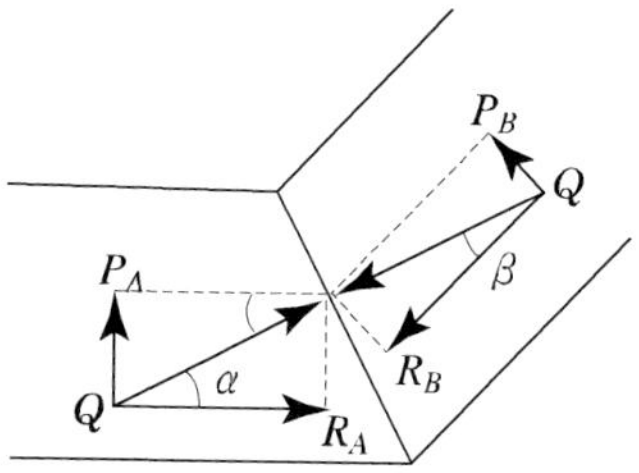

여기서, α : 원동차의 원추반각(원동차의 꼭지반각)
β : 종동축의 원추반각(종동차의 꼭지반각)
θ : 축각=교각 $\theta = \alpha + \beta$
D_A, D_B : 원동, 종동축 풀리의 평균직경
P_A, P_B : 축하중=축방향 미는 힘(=추력=thrust 하중)
R_A, R_B : 베어링 반력(radial 하중)
Q : 접촉면에 수직한 힘=원추차를 미는 힘

주의 α : 원동차의 원추반각, β : 종동축의 원추반각인데
수험서 마다 α : 원동차의 원추각, β : 종동축의 원추각이라고 표현된 교재도 있다.
이런 오해를 없애기 위해 기사 시험 문제에서는 그림이 주어진다. 그러므로 수험자들은 그림을 보고 α : 원동차의 원추반각=꼭지반각, β : 종동축의 원추반각=꼭지반각을 구하면 된다.

① 속비 : $\epsilon = \frac{N_B}{N_A} = \frac{D_A}{D_B} = \frac{l\sin\alpha}{l\sin\beta}$

$$\therefore \epsilon = \frac{\sin\alpha}{\sin\beta}$$

② 원추반각(α, β)과 속비(ϵ)의 관계

$\epsilon = \frac{\sin\alpha}{\sin\beta} = \frac{\sin\alpha}{\sin(\theta-\alpha)} = \frac{\sin\alpha}{\sin\theta\cos\alpha - \cos\theta\sin\alpha}$ ⬅ 분자, 분모를 $\cos\alpha$로 나누면,

$= \frac{\tan\alpha}{\sin\theta - \cos\theta\tan\alpha}$

$\therefore \epsilon\sin\theta - \epsilon\cos\theta\tan\alpha = \tan\alpha$

$\epsilon\sin\theta = \tan\alpha + \epsilon\cos\theta\tan\alpha = \tan\alpha(1+\epsilon\cos\theta)$

$\tan\alpha = \frac{\epsilon\sin\theta}{1+\epsilon\cos\theta}$ ⬅ 분자, 분모를 ϵ 으로 나누면,

$$\therefore \tan\alpha = \frac{\sin\theta}{\frac{1}{\epsilon}+\cos\theta}, \quad \tan\beta = \frac{\sin\theta}{\epsilon+\cos\theta}$$

③ 접촉면에 수직한 힘(Q)

㉠ 축 하중=추력 : $P_A = Q\sin\alpha,\ P_B = Q\sin\beta$ ➡ $Q = \frac{P_A}{\sin\alpha} = \frac{P_B}{\sin\beta}$

㉡ 베어링 반력 : $R_A = Q\cos\alpha,\ R_B = Q\cos\beta$ ➡ $Q = \frac{R_A}{\cos\alpha} = \frac{R_B}{\cos\beta}$

$$R_A = Q\cos\alpha = \frac{P_A}{\sin\alpha}\cdot\cos\alpha = \frac{P_A}{\tan\alpha}$$

④ 접촉선압력 : $f = \frac{Q}{b} = \frac{P_A}{b\sin\alpha} = \frac{P_B}{b\sin\beta}$ ➡ $b = \frac{Q}{f} = \frac{P_A}{f\sin\alpha} = \frac{P_B}{f\sin\beta}$

⑤ 전달동력

$H_{PS} = \frac{F\times V}{75} = \frac{\mu QV}{75} = \frac{\mu P_A V}{75\cdot\sin\alpha}$ [Ps] 힘의 단위는 [kgf], 속도 단위는 [m/s]

$H_{KW} = \frac{F\times V}{102} = \frac{\mu QV}{102} = \frac{\mu P_A V}{102\cdot\sin\alpha}$ [kW] 힘의 단위는 [kgf], 속도 단위는 [m/s]

$H_{KW} = \frac{F\times V}{1000} = \frac{\mu QV}{1000} = \frac{\mu P_A V}{1000\cdot\sin\alpha}$ [kW] 힘의 단위는 [N], 속도 단위는 [m/s]

12-5 무단변속장치의 종류

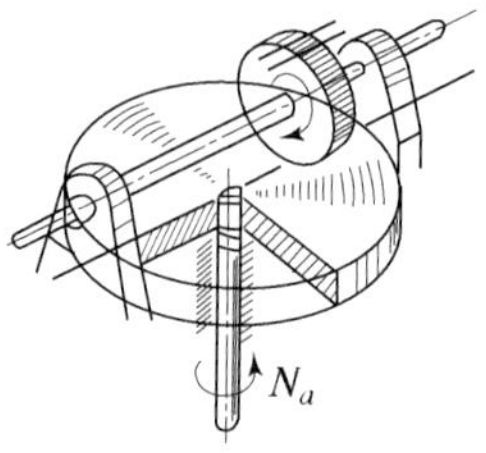

원판차

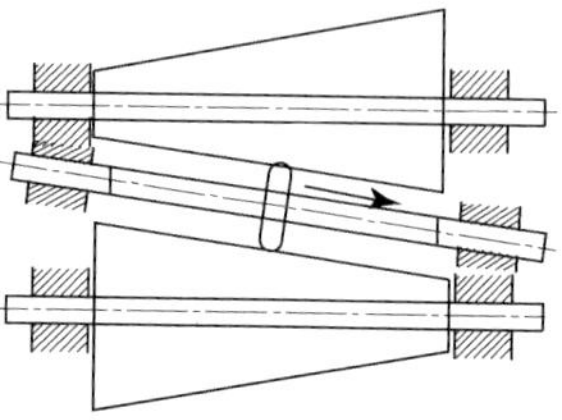
원뿔차(에반스 마찰자)

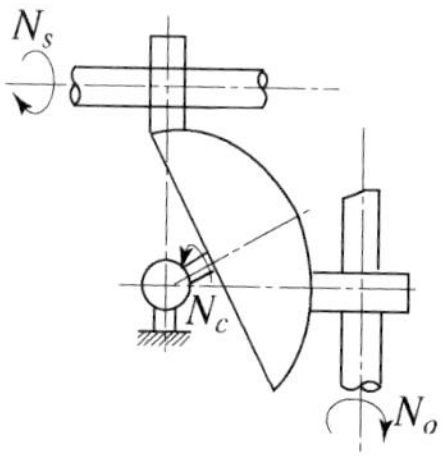

구면차

예제 12-7

다음 마찰차 중 무단(無段)변속장치로 이용할 수 없는 것은?

㉮ 홈 마찰차
㉯ 에반스 마찰차
㉰ 원판 마찰차
㉱ 구면 마찰차

답 ㉮

Chapter 13 기어 전동장치

[기어 전동의 특징]
① 큰 동력을 전달할 수 있다.
② 동력을 전달하는 사용범위가 넓다.
③ 전동효율이 좋다
④ 충격에 약하고 소음과 진동이 발생한다.
⑤ 일정한 속도비로 동력을 전달할 수 있다.
⑥ 감속비가 크다.

예제 13-1

기어를 사용한 동력 전달의 일반적인 특징으로 거리가 먼 것은?

㉮ 큰 동력을 일정한 속도비로 전달할 수 있다.
㉯ 전동효율이 좋다.
㉰ 외부 충격에 강하다.
㉱ 소음과 진동이 발생한다.

답 ㉰

13-1 기어의 종류

(1) 평행축 기어

명칭	이의 접촉	설 명	그 림
① 스퍼 기어=평기어 (spur gear)	직선	직선 치형을 가지며 잇줄이 축에 평행하다. 제작이 용이하며 가장 많이 쓰인다.	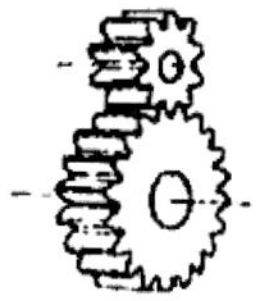
② 래크(rack)	직선	작은 평 기어(pinion)와 맞물리고 잇줄이 축방향과 일치한다. 피치원경이 무한대인 평기어로 생각할 수 있다. Rack는 직선운동을, pinion은 회전운동을 한다.	
③ 헬리컬 기어 (helical gear)	직선	평기어보다 이의 물림이 원활하며, 진동과 소음이 적고 큰 하중과 고속 전동에 사용된다. 평기어보다는 제작이 어렵고, 축방향에 추력(thrust)이 발생한다.	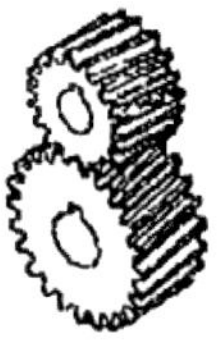
④ 헬리컬 래크 (helical rack)	직선	헬리컬 기어와 맞물리고 잇줄이 축방향과 일치하지 않는다. 피치원의 반경이 무한대인 헬리컬 기어로 생각할 수 있다.	
⑤ 2중 헬리컬 기어 (double helical gear)	직선	더블 헬리컬 기어라고도 하며 비틀림각 방향이 서로 반대인 한 쌍의 헬리컬 기어를 조합한 것이다. 추력(thrust)이 발생하지 않는다.	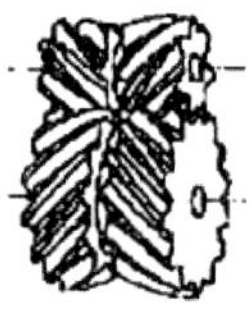
⑥ 안 기어=내접 기어 (internal gear)	직선 (곡선)	원통 또는 원추의 안쪽에 이가 만들어져 있는 기어를 말하며, 두 기어의 회전방향이 같고, 감속비가 크다.	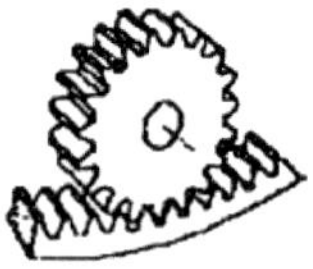

참고 평행축 기어에서 출제되고 있는 기어는 스퍼 기어와 헬리컬 기어만 출제되고 있다.

(2) 교차축 기어

명칭	이의 접촉	설 명	그 림
⑦ 마이터 기어 (miter gear)	직선	두 축이 직각으로 만나며 맞물리는 두 기어의 잇수가 같은 베벨기어이다. 참고 기사 시험에서 마이터 기어라고 하면 두 축이 90°라는 것을 알아야 한다.	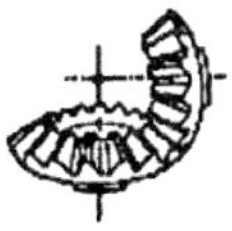
⑧ 크라운 기어 (crown gear)	직선	피치면이 평면으로 된 베벨 기어이다.	
⑨ 직선 베벨 기어 (straight bevel gear)	직선	잇줄이 피치원뿔의 모직선과 일치하는 베벨 기어이다. 베벨 기어 종류 중 가장 간단하여 많이 사용된다.	
⑩ 스파이럴 베벨 기어 (spiral bevel gear)	직선	이끝이 곡선이고 모직선에 대하여 비틀려 있는 기어이다. 제작이 어려우나 이의 물림이 좋고 조용하게 회전한다.	
⑪ 제롤 베벨 기어 (zerol bevel gear)	곡선	스파이럴 베벨 기어 중에서 이너비의 중앙에서 비틀림각이 영(zero)인 베벨 기어이다.	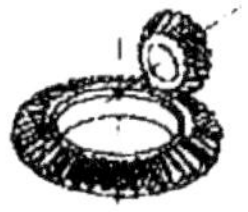

(3) 어긋난 축 기어

명칭	이의 접촉	설 명	그 림
⑫ 나사 기어 (screw gear)	점	서로 교차하지도 않고, 평행하지도 않는 두 축 사이의 운동을 전달하는 기어로서 헬리컬 기어의 이 모양을 갖는다.	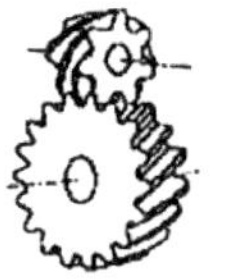
⑬ 하이포이드 기어 (hypoid gear)	곡선	서로 교차하지도 않고, 평행하지도 않는 두 축 사이의 운동을 전달하는 스파이럴 베벨 기어로서 일반 스파이럴 베벨 기어에 비하여 피니언의 위치가 이동된 것이다.	
⑭ 원통 웜기어 (worm gear)	곡선	웜기어(wore wheel) 축과 웜(worm)이 직각을 이룬다. 웜기어와 웜이 맞물려 있는 것을 총칭하여 원통 웜기어라 하며, 큰 감속을 얻을 수 있으나 효율이 낮은 단점이 있다.	

참고 교차축 기어에서 출제되고 있는 기어는 베벨기어만 출제되고 있다.
어긋난 축 기어에서 출제되고 있는 기어는 원통 웜기어만 출제되고 있다.

예제 13-2

다음 중 두 축의 상대위치가 평행할 때 사용되는 기어는?

㉮ 베벨 기어　　㉯ 나사 기어
㉰ 웜과 웜기어　　㉱ 헬리컬 기어

풀이 & 답

- **두 축이 평행한 기어** : ① 스퍼기어(평기어) ② 헬리컬 기어, 더블 헬리컬 기어 ③ 내접 기어(인터널 기어) ④ 래크와 피니언
- **두 축이 교차하는 기어** : ① 직선 베벨 기어 ② 헬리컬 베벨 기어 ③ 스파이럴 베벨 기어
- **어긋난 기어＝두 축이 나란하지도 교차하지도 않는 기어** : ① 하이포이드 기어 ② 나사 기어(screw gear) ③ 웜과 웜기어

답 ㉱

예제 13-3

피치원 지름이 무한대인 기어는?

㉮ 랙(rack) 기어　　㉯ 헬리컬(helical) 기어
㉰ 스퍼(spur) 기어　　㉱ 나사(screw) 기어

답 ㉮

13-2 이의 간섭과 언더컷

(1) 이의 간섭(interference)

한 쌍의 기어를 물려 회전시킬 때 큰 기어(gear)의 이끝이 작은 기어(pinion)의 이뿌리에 부딪쳐서 회전할 수 없게 되는 현상을 이의 간섭(interference)라 한다.

[이의 간섭 원인과 방지책]

원인	방지책
피니언의 잇수가 최소 잇수 이하일 때 기어와 피니언의 잇수비가 클 때＝속비가 클 때 압력각이 작을 때 유효 이높이가 높을 때	피니언의 반경방향의 이뿌리면을 파낸다. 치형이 이끝면을 깎아낸다. 압력각을 증가시킨다.(20° 이상으로 한다.) 이의 높이를 줄인다.

(2) 언더컷(under cut, 절하)

이의 간섭(interference)이 심할 경우 간섭에 의하여 피니언의 이뿌리를 깎아내어 이뿌리가 가늘게 되어 이의 강도가 약해지며 물림길이가 짧아지는 현상을 언더컷(undercut, 절하)이라 한다.

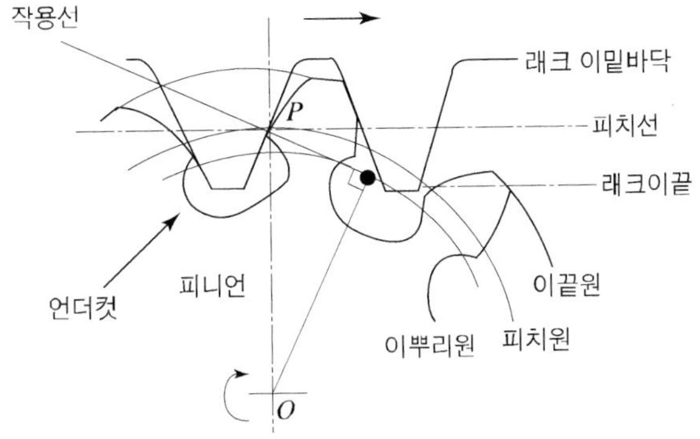

언더컷을 방지하기 위한 방업은 다음과 같다.

① 피니언과 기어의 잇수비를 작게 한다.

② 피니언의 잇수를 최소 잇수 이상으로 한다.

(피니언의 최소 잇수) $Z_e \geq \dfrac{2}{\sin^2\alpha}$

③ 기어의 잇수를 한계잇수 이하로 한다.

④ 압력각을 크게 한다.(20° 또는 그 이상으로 한다.)

⑤ 치형을 수정한다. 기어의 이끝면을 깎아 내거나, 또는 피니언의 이뿌리면을 반경방향으로 파낸다.

⑥ 기어의 이높이를 줄인다.(언더컷은 방지되나 물림 길이가 짧아져 동력전달이 원할하지 못하다.)

⑦ 전위기어를 사용한다.

언더컷을 일으키지 않는 한계는 압력각에 따라 다르고 이론적으로 다음 식으로 주어진다.

이끝높이(a)와 모듈(m)이 다를 때 한계잇수 $Z_e = \dfrac{2a}{m\sin^2\alpha}$

이끝높이(a)와 모듈(m)이 같을 때 한계잇수 $Z_e = \dfrac{2}{\sin^2\alpha}$

여기서, α : 압력각

압력각(α)	20°	14.5°
이론적 한계잇수	Z_e =17개 이하면 언더컷 발생	Z_e =32개 이하면 언더컷 발생
실용적 한계잇수	Z_e =14개 이하면 언더컷 발생	Z_e =26개 이하면 언더컷 발생

13-3 표준기어와 전위기어

(1) 표준기어(standard gear)

기준 랙형 공구의 기준피치선과 기어의 기준피치원이 일치하는 기어이다. 랙 공구와 기어가 피치점에서 서로 구름운동을 하도록 하면 이두께가 원주 피치의 1/2인 기어가 된다. 일반적으로 표준평기어의 기준압력각 α는 14.5°와 20°가 규정되어 있었으나 현재의 KS 규격은 20°로 규정하고 있다.

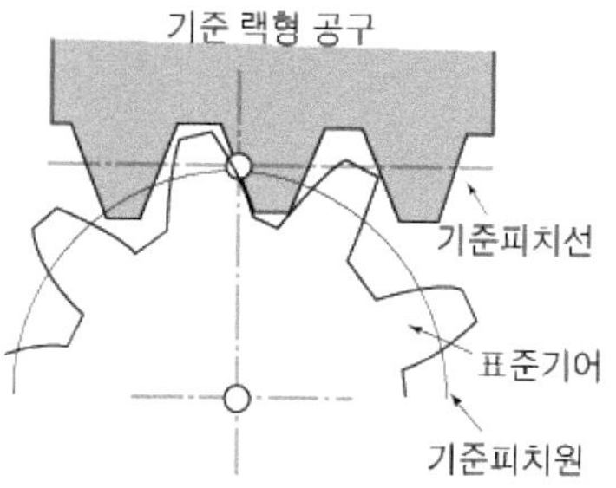

[표준기어]

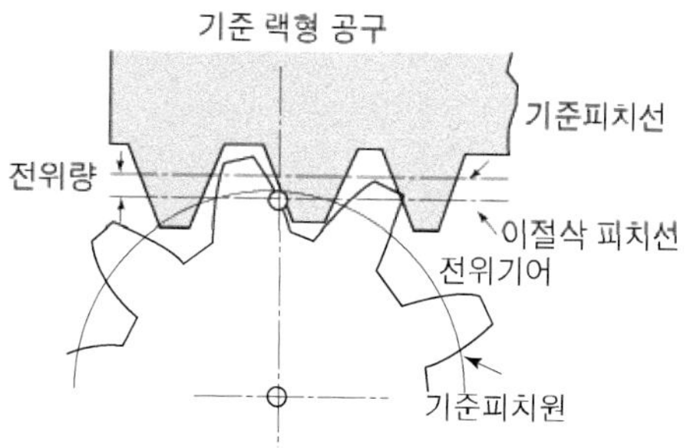

[전위기어]

(2) 전위기어(profile shifted gear)

기어에 있어서 이를 절삭할 때 한계잇수 이하의 잇수를 가공할 이뿌리가 공구 끝에 의하여 먹혀 들어가서 이른바 언더컷이 발생되어 이의 강도가 약하게 된다. 이것을 방지하려면 기준 랙 공구의 기준피치선을 기어의 피치선으로부터 적당량만큼 이동하여 절삭하여야 된다. 이와 같이 랙공구의 기준피치선이 기어의 피치원에 접하지 않고 일정 간격(전위량) 떨어져 있는 기어를 전위기어라 한다.

[전위기어의 사용목적]

① 두 기어 사이의 중심거리를 변화시키고자 할 때
② 언더컷을 방지하고자 할 때
③ 치의 강도를 증가시키고자 할 때
④ 물림률을 증가시키고자 할 때
⑤ 최소 잇수를 작게 하고자 할 때

[전위량(c)]

랙 공구의 기준피치선이 기어의 피치원에 접하지 않고 일정 간격 떨어져 있는 거리

(전위량) $c = xm$	여기서, x : 전위계수, m : 모듈
(전위계수) $x \geq 1 - \frac{Z}{2}\sin^2\alpha$	여기서, Z : 잇수, α : 압력각

예제 13-4

전위기어의 사용목적과 관계가 가장 가까운 것은?

㉮ 계산을 단순하게 하기 위해
㉯ 언더컷을 피하기 위해
㉰ 교환성을 향상하기 위해
㉱ 물림률을 감소시키기 위해

답 ㉯

예제 13-5

전위기어의 사용목적으로 거리가 먼 것은?

㉮ 속도비를 크게 하기 위해서
㉯ 언더컷을 방지하기 위해서
㉰ 물림률을 증가시키기 위해서
㉱ 이의 강도를 증대시키기 위해서

답 ㉮

예제 13-6

압력각이 20°인 표준 스퍼기어에서 언더컷을 방지하기 위한 이론적인 최소 잇수는 몇 개인가?

㉮ 17
㉯ 25
㉰ 30
㉱ 32

풀이 & 답

압력각(α)	20°	14.5°
이론적 한계잇수	Z_e =17개 이하면 언더컷 발생	Z_e =32개 이하면 언더컷 발생
실용적 한계잇수	Z_e =14개 이하면 언더컷 발생	Z_e =26개 이하면 언더컷 발생

답 ㉮

예제 13-7

잇수 35개, 압력각 30°의 스퍼기어에서 언더컷이 생기지 않도록 전위기어로 제작하려 한다. 언더컷이 발생하지 않도록 하기 위한 최소 이론 전위량은 몇 mm인가? (단, 모듈 $m = 6$이다.)

㉮ −10mm
㉯ −12.5mm
㉰ −20mm
㉱ −20.25mm

풀이 & 답

(전위량) $c = xm = -3.375 \times 6 = -20.25\text{mm}$

여기서, x : 전위계수, m : 모듈

(전위계수) $x = 1 - \frac{Z}{2}\sin^2\alpha = 1 - \frac{35}{2}\sin^2 30 = -3.375\text{mm}$

답 ㉱

13-4 평기어(스퍼기어)

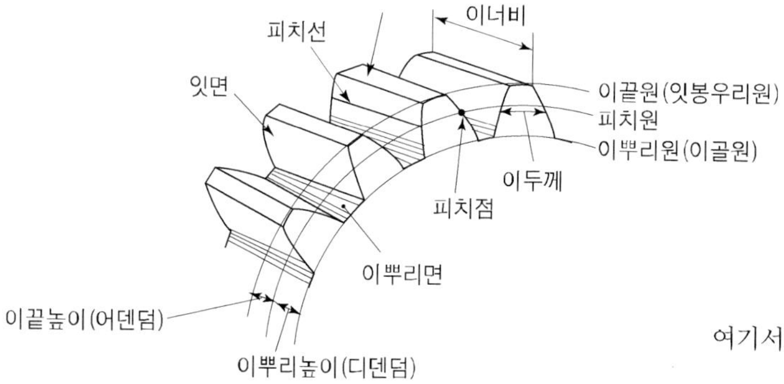

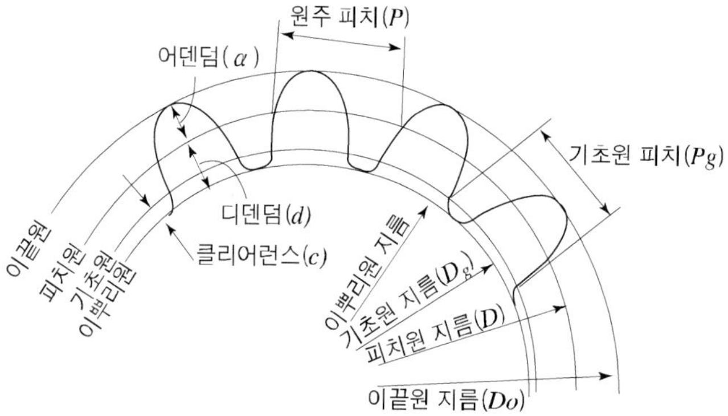

여기서, D_g : 기초원 직경
D : 피치원 직경
D_0 : 이끝원 직경
p : 원주 피치
a : 어덴덤(addendum) = 이끝높이
d : 디덴덤(dedendum) = 이뿌리높이
h : 총 이높이($h = a + d$)
b : 이폭
m : 모듈(module)
α : 압력각
Z : 잇수

(1) 표준기어의 이의 크기 표시방법

① 원주 피치

$$\pi D = p Z \;\Rightarrow\; \boxed{p = \frac{\pi D}{Z} = \pi m\,[\text{mm}]}$$

② 모듈 : 미터계에서 사용(정의)

$$m = \frac{D}{Z} = a\,[\text{mm}] \;\Rightarrow\; \boxed{D = m Z}$$

③ 직경 피치 = 지름 피치 : 인치계에서 사용(정의)

$$p_d = \frac{Z}{D} = \frac{1}{m}\left[\frac{1}{\text{inch}}\right] = \frac{25.4}{m}\left[\frac{1}{\text{mm}}\right]$$

(2) 표준치의 계산식

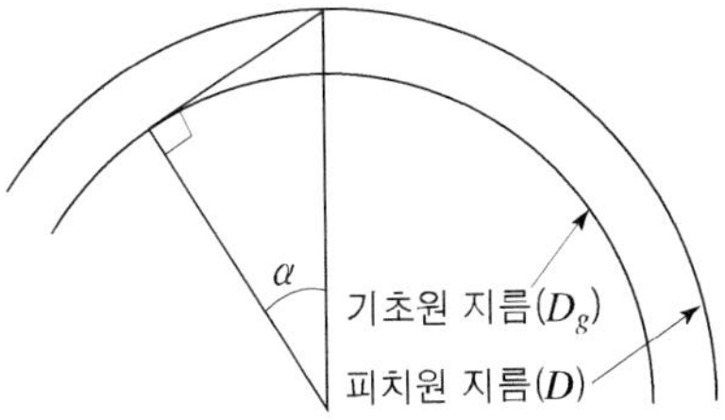

① 기초원 지름, 압력각의 관계

압력각 : $\cos\alpha = \dfrac{D_g/2}{D/2} = \dfrac{D_g}{D}$

$\therefore D_g = D\cos\alpha = mZ\cos\alpha$

② 기초원 피치 : $p_g = \dfrac{\pi D_g}{Z} = \dfrac{\pi D\cos\alpha}{Z} = \pi m\cos\alpha = p\cos\alpha$

③ 이끝원 직경 : $D_0 = D + 2a = mZ + 2m = m(Z+2)$

④ 이높이 : $h = a + d = m + 1.25m = 2.25m$

⑤ 속비 : $\epsilon = \dfrac{N_B}{N_A} = \dfrac{D_A}{D_B} = \dfrac{mZ_A}{mZ_B} = \dfrac{Z_A}{Z_B}$

⑥ 중심거리 : $c = \dfrac{D_A + D_B}{2} = \dfrac{m(Z_A + Z_B)}{2}$

예제 13-8

피치원 지름이 일정한 기어에서 치의 크기가 가장 큰 기어는 어느 것인가? (단, m =모듈, P_d =지름 피치이다.)

㉮ $m = 2$
㉯ $P_d = 12$
㉰ $m = 2.5$
㉱ $P_d = 10$

풀이 & 답

기어의 치(이)의 크기는 모듈이 클수록, 지름 피치가 작을수록 크다.

㉮ (모듈) $m = 2\text{mm}$

㉯ (모듈) $m = \dfrac{25.4}{P_d} = \dfrac{25.4}{12} = 2.116\text{mm}$

㉰ (모듈) $m = 2.5\text{mm}$

㉱ (모듈) $m = \dfrac{25.4}{P_d} = \dfrac{25.4}{10} = 2.54\text{mm}$

답 ㉱

예제 13-9

스퍼 기어의 모듈이 5일 때 원주 피치[mm]는?

㉮ 7.81　　㉯ 15.71
㉰ 20.71　　㉱ 31.41

풀이 & 답

$p = \frac{\pi D}{Z} = \pi m = \pi \times 5 = 15.707\,[\mathrm{mm}]$

답 ㉯

예제 13-10

표준 스퍼 기어에서 모듈 4, 잇수 17개, 압력각이 20°라고 할 때, 법선 피치(p_g)는 약 몇 mm 인가?

㉮ 11.8　　㉯ 14.8
㉰ 15.6　　㉱ 12.4

풀이 & 답

$p_g = \frac{\pi D_g}{Z} = \frac{\pi D\cos\alpha}{Z} = \pi m\cos\alpha = \pi \times 4 \times \cos 20 = 11.808\mathrm{mm}$

답 ㉮

예제 13-11

1200rpm으로 2kW의 동력을 전달시키려고 할 때 기어 잇수 Z =20, 모듈 m =4인 스퍼 기어의 이에 걸리는 힘(피치원 접선방향 힘)은 약 몇 N인가?

㉮ 284　　㉯ 312
㉰ 356　　㉱ 398

풀이 & 답

$H_{KW} = \frac{F \times v}{1000}$, $2KW = \frac{F \times 5.02}{1000}$ 에서 (접선력) $F = 398\mathrm{N}$

(속도) $v = \frac{\pi \times (mZ) \times N}{60 \times 1000} = \frac{\pi \times (4 \times 20) \times 1200}{60 \times 1000} = 5.02[\mathrm{m/s}]$

답 ㉱

예제 13-12

바깥지름 d =104mm, 잇수 z =50인 표준 스퍼 기어의 모듈은 얼마인가?

㉮ 5　　㉯ 2
㉰ 3　　㉱ 4

풀이 & 답

(이끝원 지름) $D_0 = m(Z+2)$ (모듈) $m = \frac{D_0}{Z+2} = \frac{104}{50+2} = 2$

답 ㉯

예제 13-13

한 쌍의 표준 스퍼 기어에서 지름 피치가 5이고, 잇수가 각각 20, 63일 때 기어간 중심거리는 약 몇 mm인가?(단, 1inch는 25.4mm이다.)

㉮ 210.82 ㉯ 421.64
㉰ 16.3 ㉱ 163

풀이 & 답

(모듈) $m = \frac{25.4}{P_d} = \frac{25.4}{5} = 5.08\text{mm}$

(축간거리) $C = \frac{m(Z_1 + Z_2)}{2} = \frac{5.08 \times (20+63)}{2} = 210.82\text{mm}$

답 ㉮

13-5 헬리컬 기어

(1) 헬리컬 기어의 개요

① 헬리컬 기어의 이점

㉠ 운전이 정숙, 원활하며 소음 · 진동이 작고, 따라서 고속운전에 적합하다.
㉡ Super 기어보다 물림길이가 길고 물림줄이 커서 물림 상태가 좋다.
㉢ 전동효율 98~99%
㉣ 큰 회전비가 얻어진다. ($\frac{1}{10} \sim \frac{1}{15}$)

② 치형 방식

㉠ 치직각 방식 : 치와 직각인 단면의 치형이고,
기준 모듈은 치직각 모듈이다.($m = m_n$)
㉡ 축직각 방식 : 축과 직각인 단면의 치형이고,
기준 피치원은 축직각 지름이다.($D = D_s$)

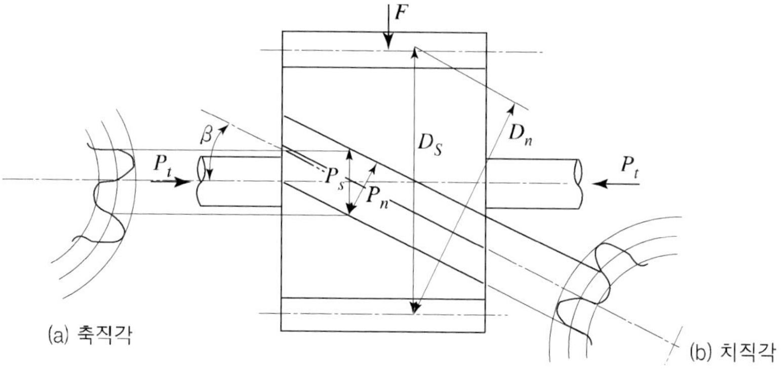

여기서, $p_n(=p)$: 치직각 피치 　　p_s : 축직각 피치
$m_n(=m)$: 치직각 모듈 　　m_s : 축직각 모듈
D_n : 치직각 지름 　　$D_s(=D)$: 축직각 지름
α : 압력각 　　β : 비틀림각

(2) 헬리컬 기어의 각부 치수

$$\cos\beta = \frac{\text{치직각}}{\text{축직각}} = \frac{p_n}{p_s} = \frac{D_n}{D_s} = \frac{m_n}{m_s} = \frac{m_n(Z_1+Z_2)}{2C} = \frac{F_n}{F_s}$$

① 모듈 : $m_n = \cos\beta \cdot m_s = \cos\beta \cdot \dfrac{D_s}{Z}$

② 기준 피치 : $p_n = p_s \cdot \cos\beta$

③ 피치원 지름 : $D_s = \dfrac{D_n}{\cos\beta} = \dfrac{m_n Z}{\cos\beta} = \dfrac{\cos\beta \cdot m_s \cdot Z}{\cos\beta} = m_s Z$

④ 이끝원 직경 : $D_0 = D_s + 2a = m_s Z + 2m_n = m_n\left(\dfrac{Z}{\cos\beta} + 2\right)$

⑤ 중심거리 : $C = \dfrac{D_{s1}+D_{s2}}{2} = \dfrac{m_s(Z_1+Z_2)}{2} = \dfrac{m_n(Z_1+Z_2)}{2\cos\beta}$

중요 헬리컬 기어는 ┌지름 ~ 축직각 지름 ┐을 쓴다.
└피치, 모듈 ~ 치직각 피치, 치직각 모듈┘

13-6 베벨 기어

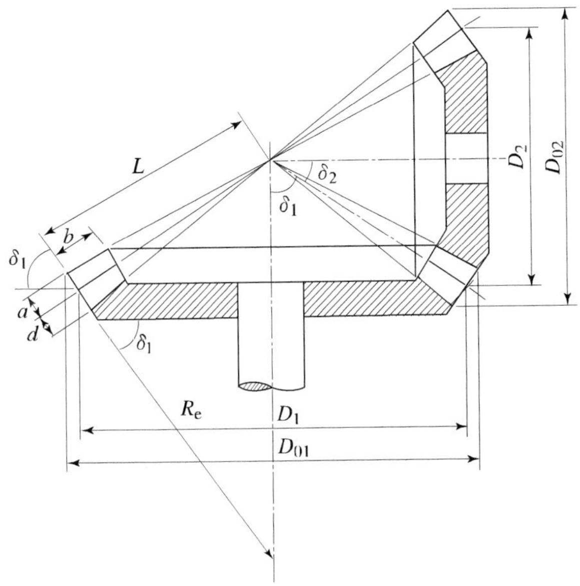

δ_1 : 원동축의 피치 원추각

δ_2 : 종동축의 피치 원추각

D_1 : 원동 피치원 지름

D_2 : 원동 피치원 지름

D_{01} : 원동 기어의 이끝원 지름

D_{02} : 종동 기어의 이끝원 지름

θ : 축각＝교각($\theta = \delta_1 + \delta_2$)

L : 모선의 길이＝외단 원추거리

R_e : 배원추 반지름＝bock cone 반지름＝상당 평기어의 피치원 반경

b : 이너비, a : 이끝높이, d : 이뿌리높이

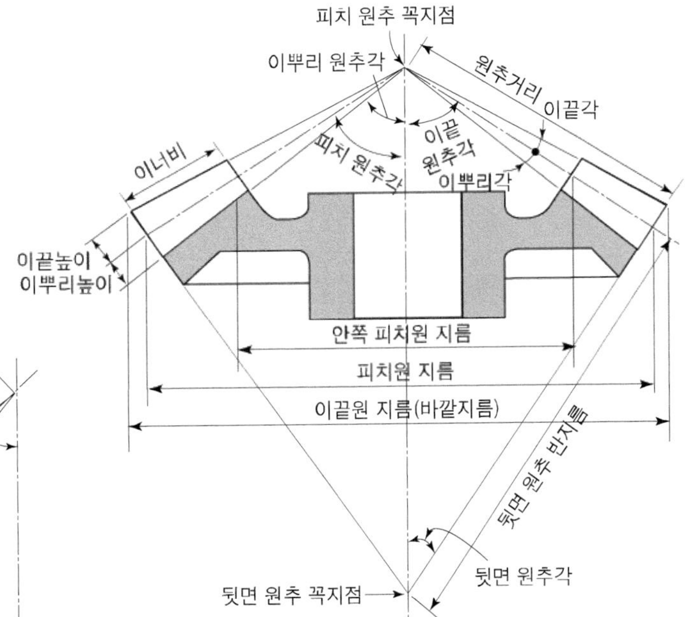

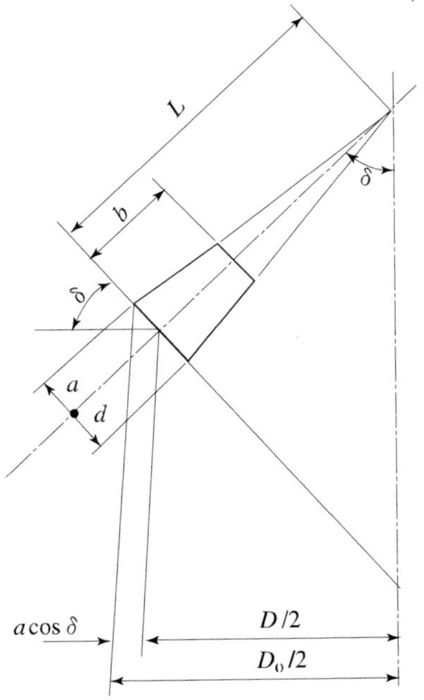

(1) 기어의 치수

① 속도비 : $\epsilon = \dfrac{N_2}{N_1} = \dfrac{D_1}{D_2} = \dfrac{Z_1}{Z_2} = \dfrac{\sin\delta_1}{\sin\delta_2}$

② 피치 원추각 : 원추마찰차와 동일한 방법으로 유도

$$\tan\delta_1 = \frac{\sin\theta}{\frac{1}{\epsilon} + \cos\theta}, \quad \tan\delta_2 = \frac{\sin\theta}{\epsilon + \cos\theta}$$

③ 원추 모선의 길이＝외단 원추거리 $L = L_1 = L_2$

$$L_1 \cdot \sin\delta_1 = \frac{D_1}{2} \quad ➡ \quad L_1 = \frac{D_1}{2\sin\delta_1} = \frac{mz_1}{2\sin\delta_1}$$

$$L_2 \cdot \sin\delta_2 = \frac{D_2}{2} \quad ➡ \quad L_2 = \frac{D_2}{2\sin\delta_2} = \frac{mz_2}{2\sin\delta_2}$$

④ 배원추 반지름 : 상당 스퍼 기어의 피치원 반지름 R_e

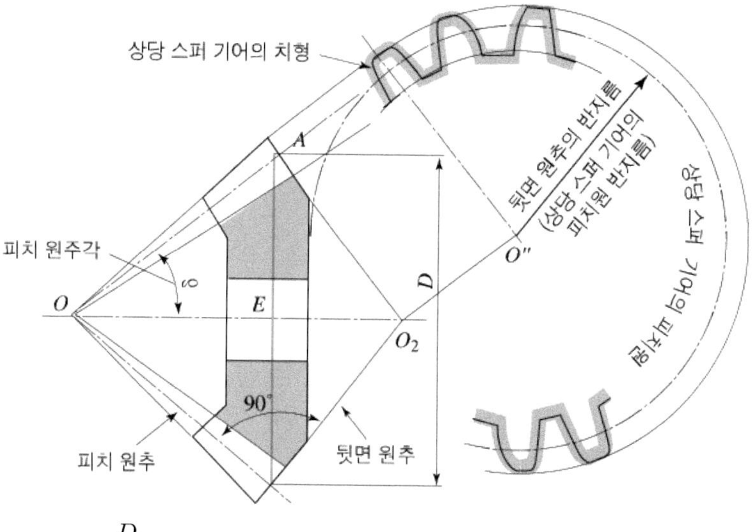

$$\cos\delta_1 = \frac{\frac{D_1}{2}}{R_{e1}} \quad ➡ \quad R_{e_1} = \frac{D_1}{2\cos\delta_1}$$

$$\cos\delta_2 = \frac{\frac{D_2}{2}}{R_{e1}} \quad ➡ \quad R_{e_2} = \frac{D_2}{2\cos\delta_2}$$

여기서, D_1 : 원동 기어의 피치원 지름

D_2 : 종동 기어의 피치원 지름

⑤ 피치원 지름

$$D_1 = m \times Z_1 = R_e \times 2\cos\delta_1 = 2 \cdot L_1 \sin\delta_1$$

$$D_2 = m \times Z_2 = R_e \times 2\cos\delta_2 = 2 \cdot L_2 \sin\delta_2$$

⑥ 이끝원 지름

$$D_{01} = D_1 + 2a\cos\delta_1 = mZ_1 + 2m\cos\delta_1 = m(Z_1 + 2\cos\delta_1)$$

$$D_{02} = D_1 + 2a\cos\delta_2 = mZ_2 + 2m\cos\delta_2 = m(Z_2 + 2\cos\delta_2)$$

⑦ 이너비 b

설계값으로 (원추길이) L에 의해 결정된다.

$b = \frac{1}{3}L \sim \frac{1}{4}L$을 사용한다.

13-7 웜과 웜휠

(1) 웜기어의 장단점

장 점	단 점
•큰 감속비가 얻어진다.(1/10 ~1/100) •부하용량이 크다. •역전 방지를 할 수 있다. •운전 중 소음이 생기지 않고 진동이 적다.	•효율이 낮다.(40 ~50%) •호환성이 없다. •웜휠의 가공에 특수공구가 필요하다. •웜휠의 정도 측정이 곤란하다.

(2) 웜(warm) = 웜나사(warm screw)=웜축(warm shaft)
웜휠(warm wheel)=웜기어(warm gear)의 관계

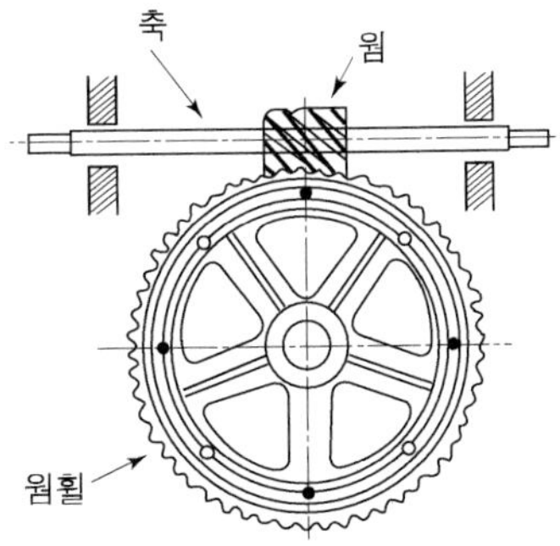

여기서, Z_w : 웜의 줄수＝웜나사의 줄수
D_w : 웜의 피치원 지름＝웜나사의 피치원 지름
Z_g : 웜휠의 잇수＝웜기어의 잇수
D_g : 웜휠의 피치원 지름＝웜기어의 피치원 지름

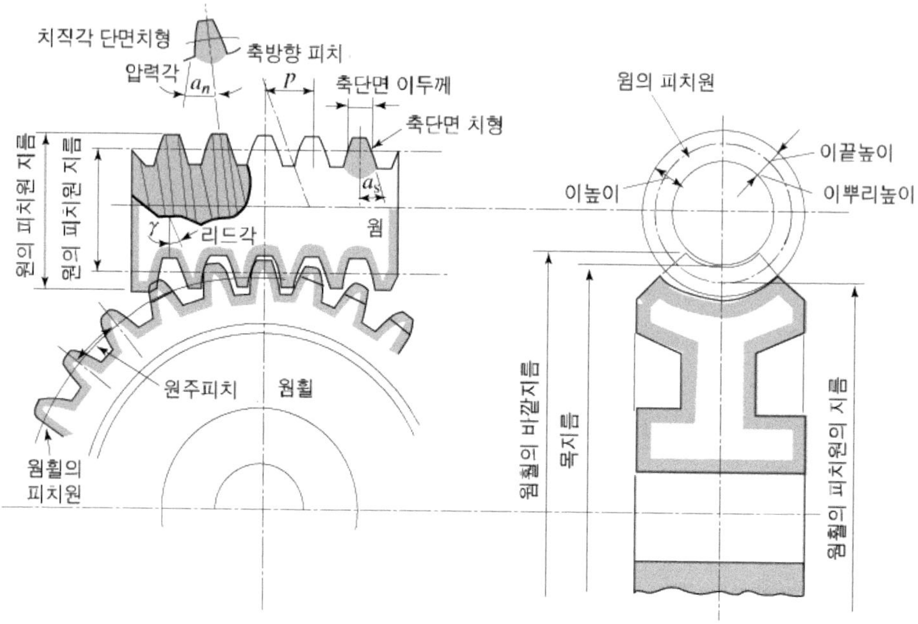

주의 (속비) $i=\dfrac{N_g}{N_w}=\dfrac{Z_w}{Z_g}=\dfrac{l/p_s}{\pi D_g/p_s}=\dfrac{l}{\pi D_g}$

여기서, N_w : 웜의 분당 회전수, N_g : 웜기어의 분당 회전수

Z_w : 웜의 줄수, Z_g : 웜기어의 잇수

l : 웜(나사)의 리드, p_s : 축직각 피치, D_g : 웜기어의 피치원 지름

주의 $i \neq \dfrac{D_w}{D_g}$ 이렇게 구하면 안 된다.

예제 13-14

웜을 구동축으로 할 때 웜의 줄수를 2, 웜휠의 잇수를 60이라고 하면 이 웜기어의 장치의 감속비는 얼마인가?

㉮ 1/10　　㉯ 1/20
㉰ 1/30　　㉱ 1/40

풀이 & 답

(속비) $i=\dfrac{N_g}{N_w}=\dfrac{Z_w}{Z_g}=\dfrac{2}{60}=\dfrac{1}{30}$

답 ㉰

13-8 기어열

(1) 단순기어열

기어 개수와 축의 수가 일치될 때를 단순기어열이라 한다.
Motor의 전달동력이 축 I 에 전달동력 H_1이다.

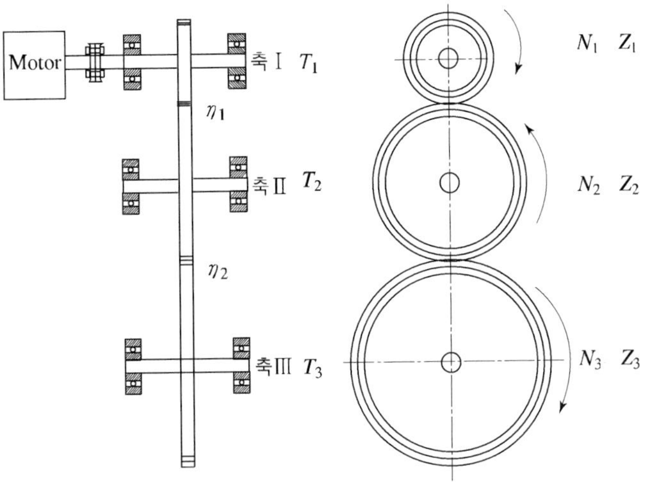

① 속비

$$i_1 = \frac{N_2}{N_1} = \frac{Z_1}{Z_2},\ N_2 = i_1 \times N_1$$

$$i_2 = \frac{N_3}{N_2} = \frac{Z_2}{Z_3},\ N_3 = i_2 \times N_2 = i_2 \times (i_1 \times N_1) = i_1 \times i_2 \times N_1 = \frac{Z_1}{Z_2} \times \frac{Z_2}{Z_3} \times N_1$$

$$= \frac{Z_1}{Z_3} N_1$$

② 토크

$$T_1 = \frac{60}{2\pi} \times \frac{H_1}{N_1}$$

$$T_2 = \frac{60}{2\pi} \times \frac{H_2}{N_2} = \frac{60}{2\pi} \times \frac{H_1 \times \eta_1}{N_2} = \frac{60}{2\pi} \times \frac{H_1 \times \eta_1}{i_1 \times N_1} = T_1 \times \frac{\eta_1}{i_1}$$

$$T_3 = \frac{60}{2\pi} \times \frac{H_3}{N_3} = \frac{60}{2\pi} \times \frac{H_2 \times \eta_2}{i_1 \times i_2 \times N_1} = \frac{H_1 \times \eta_1 \times \eta_2}{i_1 \times i_2 \times N_1} = T_1 \times \frac{\eta_1 \times \eta_2}{i_1 \times i_2}$$

예제 13-15

그림과 같은 기어 트레인에서 기어 A, B, C의 잇수를 각각 32, 15, 64라 하고 A 기어의 회전수가 1600rpm이라면 C 기어의 회전수는 약 몇 rpm인가?

㉮ 800
㉯ 1600
㉰ 2400
㉱ 3200

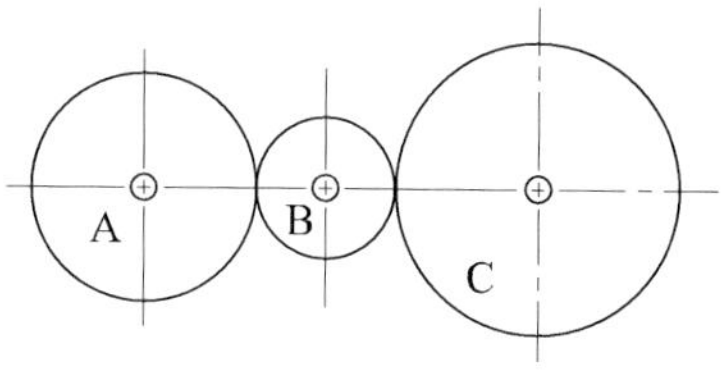

풀이 & 답

$$N_{out} = \frac{Z_A}{Z_C} \times N_{in} = \frac{32}{64} \times 1500 = 800\text{rpm}$$

답 ㉮

(2) 복합기어열

기어 개수와 축의 수가 일치하지 않을 때를 복합기어열이라 한다.
Motor의 전달동력이 축 I 에 전달동력 H_1이다.

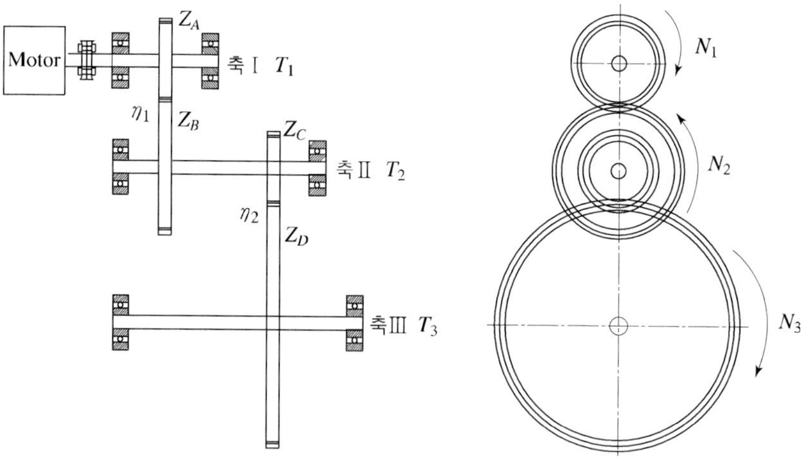

① 속비

$$i_1 = \frac{N_2}{N_1} = \frac{Z_A}{Z_B},\ N_2 = i_1 \times N_1$$

$$i_2 = \frac{N_3}{N_2} = \frac{Z_C}{Z_D},\ N_3 = i_2 \times N_2 = i_2 \times (i_1 \times N_1) = i_1 \times i_2 \times N_1 = \frac{Z_A}{Z_B} \times \frac{Z_C}{Z_D} \times N_1$$

② 토크

$$T_1 = \frac{60}{2\pi} \times \frac{H_1}{N_1}$$

$$T_2 = \frac{60}{2\pi} \times \frac{H_2}{N_2} = \frac{60}{2\pi} \times \frac{H_1 \times \eta_1}{N_2} = \frac{60}{2\pi} \times \frac{H_1 \times \eta_1}{i_1 \times N_1} = T_1 \times \frac{\eta_1}{i_1}$$

$$T_3 = \frac{60}{2\pi} \times \frac{H_3}{N_3} = \frac{60}{2\pi} \times \frac{H_2 \times \eta_2}{i_1 \times i_2 \times N_1} = \frac{H_1 \times \eta_1 \times \eta_2}{i_1 \times i_2 \times N_1} = T_1 \times \frac{\eta_1 \times \eta_2}{i_1 \times i_2}$$

예제 13-16

그림과 같은 기어열에서 각각의 잇수가 Z_A =16, Z_B =60, Z_C =12, Z_D =64인 경우 A 기어가 있는 Ⅰ축이 1,500rpm일 때 D 기어가 있는 Ⅲ축의 회전수는 얼마인가?

㉮ 56 rpm
㉯ 60 rpm
㉰ 75 rpm
㉱ 85 rpm

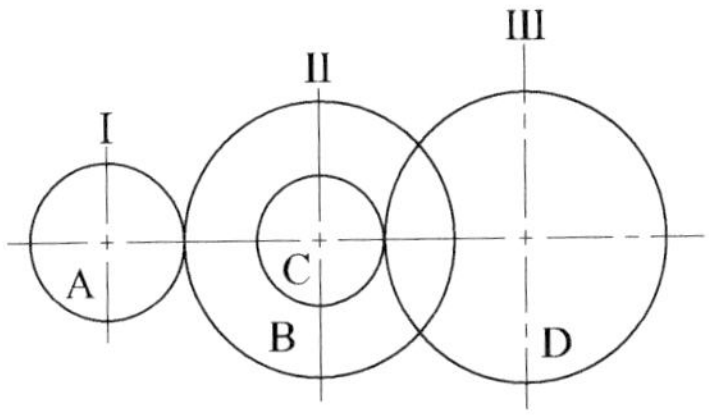

풀이 & 답

$$N_{out} = i_1 \times i_2 \times N_{in} = \frac{Z_A}{Z_B} \times \frac{Z_C}{Z_D} \times N_{in} = \frac{16}{60} \times \frac{12}{64} \times 1500 = 75\text{rpm}$$

답 ㉰

Chapter 14 각종 기계요소

14-1 관(pipe) 요소

[밸브의 종류]

① 리프트 밸브 : 흐름의 방향과 평행하게 밸브가 개폐
  ㉠ 글로브 밸브 : 유체의 흐름이 일직선
  ㉡ 앵글 밸브 : 유체의 흐름이 90°로 전환
  ㉢ 니들 밸브 : 미소 유량을 조절 시 사용
② 슬루스 밸브 : 밸브판이 유체의 흐름에 직각으로 작용
③ 체크 밸브 : 유체를 한 방향으로만 흐르게 하는 밸브(역류 방지 밸브)

예제 14-1

유체의 역류를 방지하여 한 방향으로 흘러가게 하는 밸브는?

㉮ 스톱 밸브　　㉯ 슬루스 밸브
㉰ 체크 밸브　　㉱ 안전 밸브

풀이 & 답

체크 밸브 : 유체를 한 방향으로만 흐르게 하는 밸브(역류 방지 밸브). 일방향 밸브라고도 한다.

답 ㉰

14-2 관 부속품

① **소켓**(socket) : 양 끝에 나사가 절삭되어 있는 짧은 관 모양의 관 이음쇠로 일반적으로 암나사로 되어 있는 관이음 요소이다.

② **니플**(nipple) : 짧은 관의 양 끝에 수나사를 절삭해 넣은 이음매로서, 짧은 거리의 배관이나 엘보를 사용하여 배관의 방향을 바꾸는 경우 등에 사용되며 일반적으로 수나사로 되어 있는 관이음 요소 이다.

③ **엘보**(elbow) : 물이나 기름, 가스 등의 유체가 이동할 수 있는 통로인 관을 연결시켜 주는 관이음 기계요소. 유체의 흐르는 방향을 일정한 각도로 변화시킬 수 있는 형태로 되어 있다. 팔꿈치의 모양처럼 90°나 45°의 각도로 생긴 모양에서 이름이 유래한다. 관과 연결할 때는 관의 끝에 만든 수나사와 엘보의 양 끝에 만든 암나사를 이용하여 접속한다.

④ **유니언**(union) : 관의 회전을 필요로 하지 않고 유니언 너트의 회전만으로 접속이나 분해를 할 수 있기 때문에 관이 고정되어 있는 곳이나 분해 수리 등을 필요로 하는 곳에 사용한다.

⑤ **티**(tee) : 관(管)을 이어 맞추는 데 사용하는 장치로서 입구와 양쪽 출구가 이루는 각이 90도이다.

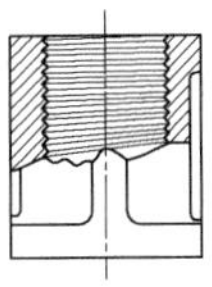
[소켓]

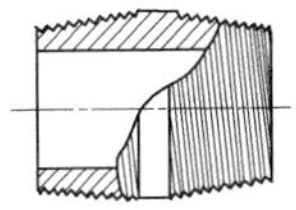
[니플]

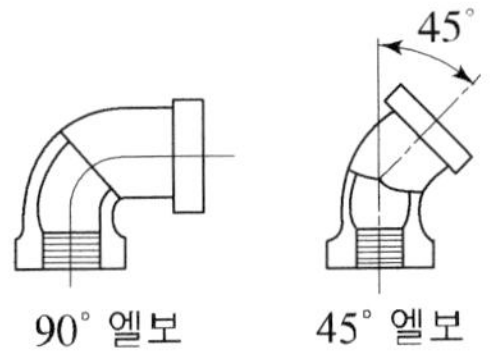

[엘보]

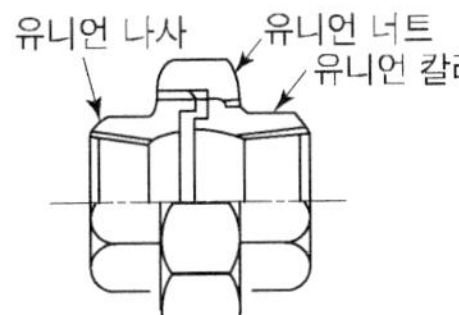

[유니언]

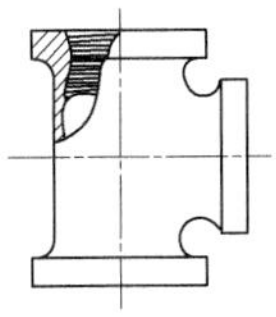
[티]

예제 14-2

관 이음에서 방향을 바꾸는 경우 사용하는 관 이음쇠는?

㉮ 소켓　　㉯ 니플
㉰ 엘보　　㉱ 유니언

답 ㉰

14-3 캠(CAM)

(1) 캠의 종류

① 평면캠

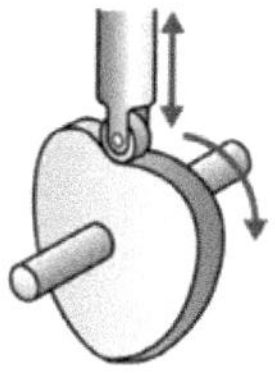

[판캠]

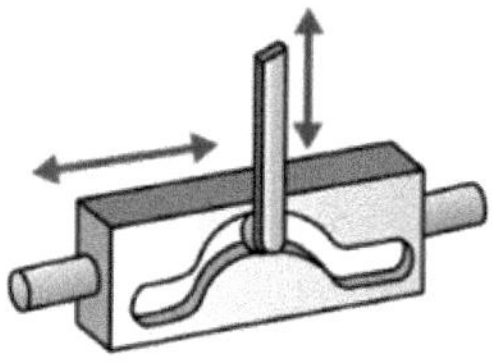

[정면캠]

[요크캠 = 삼각캠]

② 입체캠

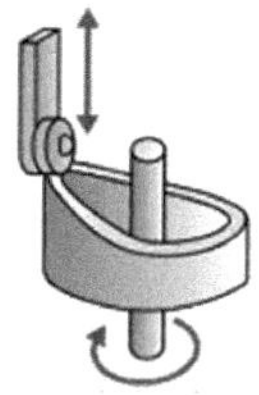

[단면캠]

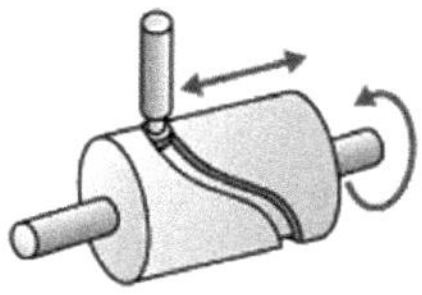

[원통캠]

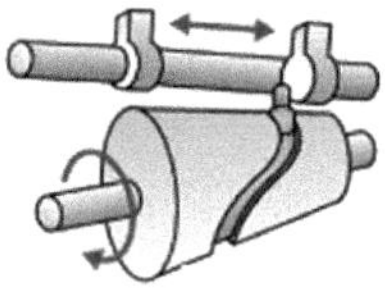

[원뿔캠]

[구형캠]

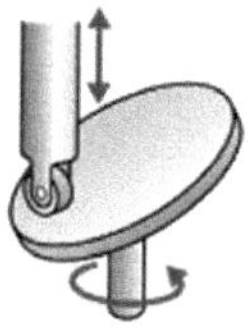

[경사판캠=빗판캠]

(2) 캠 장치의 특징

① 간단한 기구로 복잡한 운동을 얻을 수 있다.
② 전동이 확실하며, 제작이 용이하다.
③ 마찰에 의한 동력 손실이 적다.
④ 내연기관의 밸브 기구나 인쇄 기계 등 각종 자동 기계에 사용한다.

예제 14-3

구조는 간단하나 복잡한 운동을 쉽게 실현할 수 있어, 내연기관의 밸브 개폐기구나 공작 기계, 인쇄 기계, 자동 기계 등의 운동 변환 기구에 사용되는 것은?

㉮ 마찰차　　㉯ 나사
㉰ 키　　㉱ 캠

답 ㉱

Chapter 15 치공구

15-1 정 의

치공구는 허용공차 범위 내에서 동일한 다수의 부품을 정확하게 가공하는데 사용되는 생산용 특수 공구로서 지그(jig)와 고정구(fixture)를 말한다.

① **지그**(jig) : 공작물의 위치를 결정(locating)하고 작업 도중에 절삭 공구를 공작물에 안내하는 역할을 한다.

② **고정구**(fixture) : 공작물을 견고하게 지지(supporting)하고, 고정(holding)해 주는 역할을 한다. 수기가공에 사용되는 공구의 종류이다.

③ **풀 프루핑**(fool proofing) : 공작물을 공구에 장착할 때 공작물이 바른 위치에만 놓이도록 하는 수단을 말한다. 완전대칭인 부품 가공 시에는 설치할 필요가 없다. 대칭이 아닌 부품 가공 시에는 꼭 필요하다.

15-2 지그의 종류

(1) 템플릿 지그=원형 지그=형판 지그–가장 단순한 지그 형태

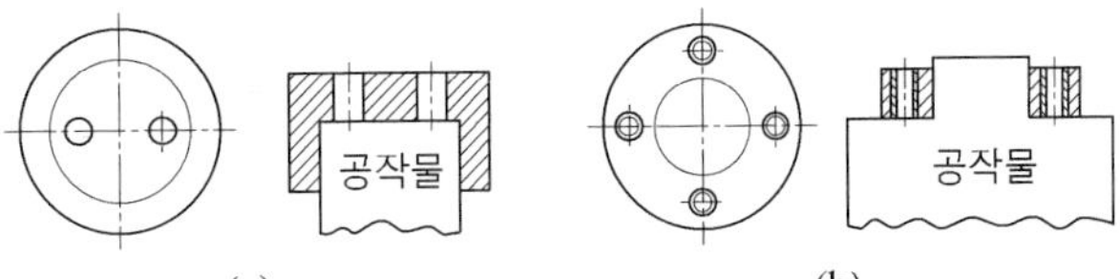

(a) (b)

① 템플릿 지그(template jig)는 생산속도보다는 제품의 정밀도가 더 요구될 때 사용된다.
② 템플릿 지그는 공작물의 윗부분 또는 내부에 끼워서 작업을 하며 일반적으로 고정하지 않고 사용한다.
③ 템플릿 지그는 제작비가 저렴하고 가장 단순한 지그로서 부시를 사용할 수도 있다. 부시를 사용하지 않을 때는 지그 전체를 경화시켜 사용한다.

(2) 플레이트 지그 = 평판 지그

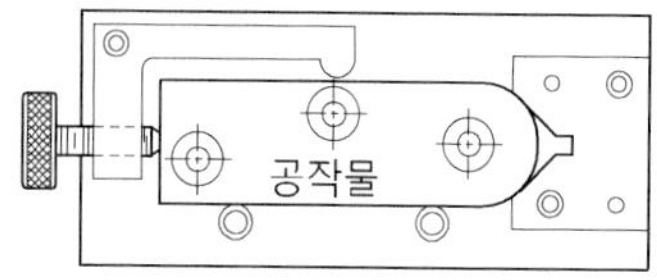

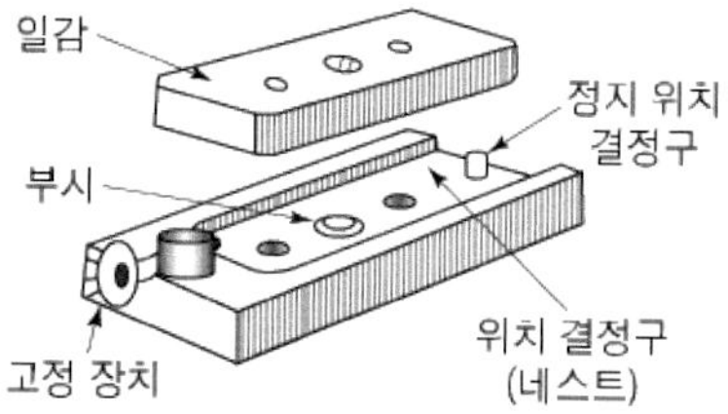

플레이트 지그(plate jig)는 템플릿 지그에 클램프를 장치한 것으로서 지그 본체에 위치 결정 핀과 클램핑 기구를 갖고 있으며 공작물의 수량에 따라 부시를 사용할 수도 있다.

(3) 테이블 지그

대형 공작물을 가공할 때는 플레이트 지그에 다리를 붙여서 공작기계의 테이블로부터 높이 띄워놓고 작업을 하는데 이런 형태의 지그를 테이블 지그라고 한다.

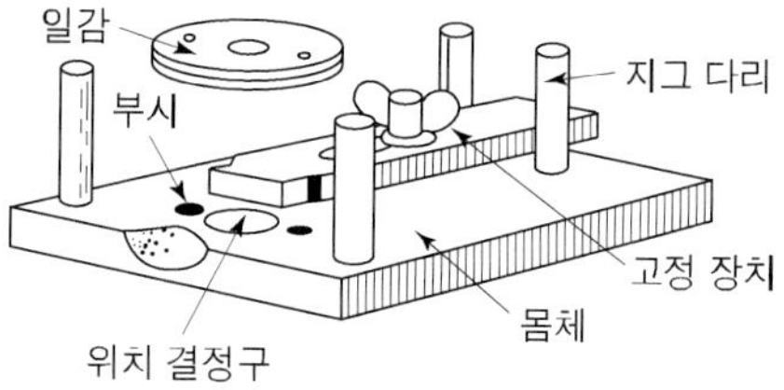

(4) 샌드위치 지그

샌드위치 지그(sandwich jig)는 받침판이 있는 플레이트 지그로서 휘거나 뒤틀리기 쉬운 얇은 공작물 또는 연질 재료의 공작물을 가공할 때 사용된다. 샌드위치 지그도 공작물의 수량에 따라서 부시의 사용 여부를 결정한다.

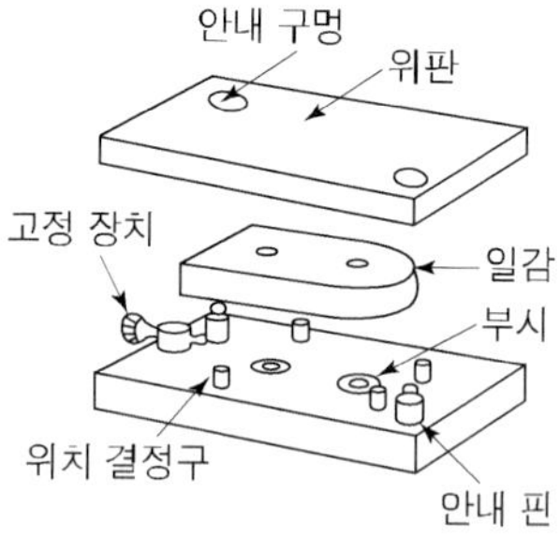

(5) 리프 지그(leaf jig)

리프 지그는 샌드위치 지그의 두 지그 판을 힌지로 연결하여 쉽게 열고 닫음으로써 공작물의 착탈을 용이하게 한 지그이다. 리프 지그는 클램핑력이 약하여 소형 공작물 가공에 적합하다.

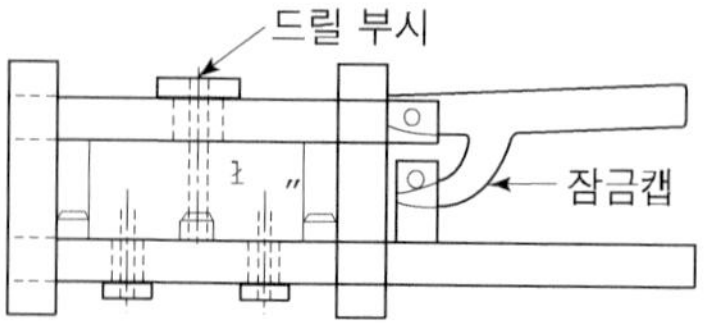

(6) 박스 지그

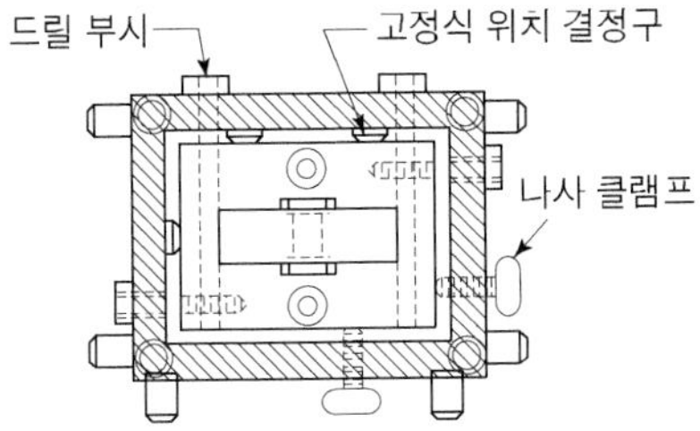

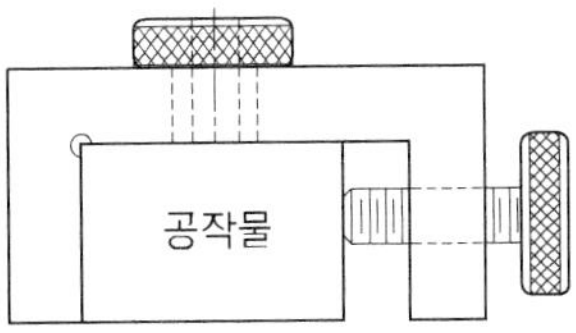

박스 지그(box jig 또는 tumble jig)는 공작물의 전체 면이 지그로 둘러싸인 것으로서 공작물을 한번 고정하면 지그를 회전시켜 가면서 전면을 가공할 수 있다.

(7) 채널 지그

채널 지그(channel jig)는 박스 지그 중에서 가장 간단한 형태의 지그로서 공작물을 지그의 두 면 사이에 고정시켜 가공한다.

(8) 앵글 플레이트 지그

앵글 플레이트 지그(angle-plate jig)는 설치된 위치 결정구에 대하여 직각이 되는 방향으로 공작물을 고정할 때 사용되는 지그로서 풀리(pulley), 칼라(collar), 기어(gear) 등의 가공에 적합하다. 90° 이외의 각도로 가공할 경우에는 앵글 플레이트 지그를 개조하여 사용한다.

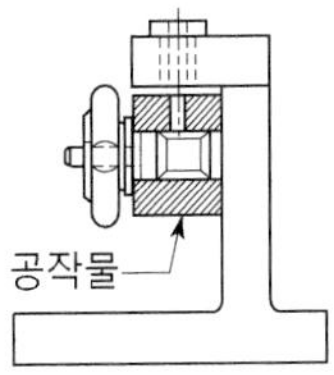

(9) 분할 지그(indexing jig)

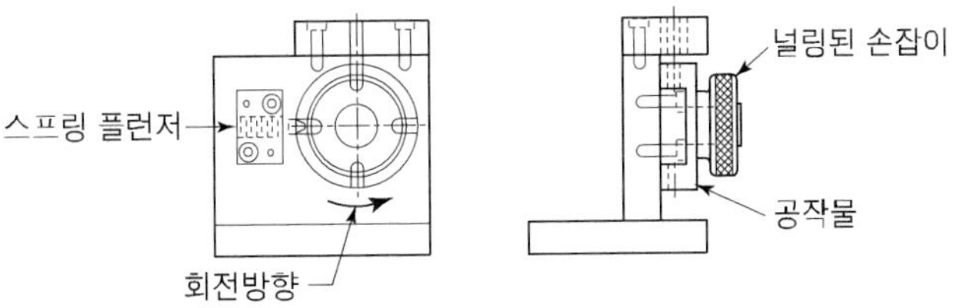

분할 지그는 공작물을 정확한 간격으로 구멍을 뚫거나 다른 기계가공을 하는데 쓰이며 이때 분할의 기준으로서 공작물 자체 또는 플런저(plunger)를 사용한다. 특수한 형태의 분할작업은 가공물의 조건에 따라 분할판을 만들어 사용하며 분할판을 제작할 때는 마모 여유와 흔들림이 한쪽으로만 생기도록 설계하여 한다.

(10) 트러니언 지그

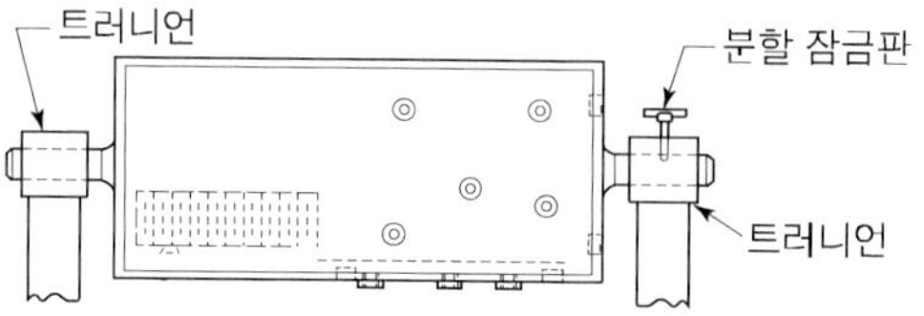

트러니언 지그(trunnion jig)는 로터리 지그의 일종으로서 대형 공작물이나 불규칙한 형상의 공작물 가공에 사용된다. 공작물을 상자 모양의 캐리어(carrier)에 담아서 트러니언 위에 올려놓고 작업을 하며 분할 잠금 핀을 이용하여 공작물이 트러니언의 중심에서 등분 및 회전이 가능하도록 되어 있다.

(11) 다단 지그

다단 지그(multistation jig)는 지금까지 설명된 어떠한 형태의 지그로도 구성될 수 있다. 그림은 다단 지그의 한 예로서 한 개의 공작물을 드릴링할 때 두 번째는 리밍, 세 번째는 카운터 보링을 하고 마지막 단에서 완성된 공작물을 꺼내고 새로운 공작물을 넣게 되어 있다. 이 지그는 주로 다축 공작기계에서 사용되지만 단축기계에서도 사용될 수 있다.

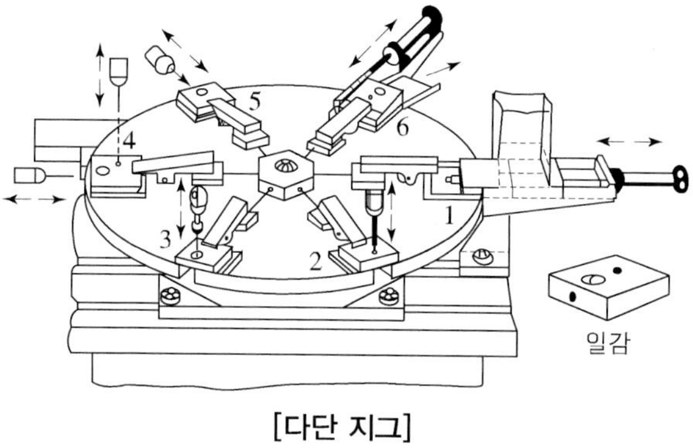

[다단 지그]

기계설계 산업기사 필기

part 3
기계재료 및 측정

주기율표

	1족	2족	3족	4족	5족	6족	7족	8족	9족	10족	11족	12족	13족	14족	15족	16족	17족	18족
1주기	1 H 1.01 수소																	2 He 4.00 헬륨
2주기	3 Li 6.94 리튬	4 Be 9.01 베릴륨											5 B 10.81 붕소	6 C 12.01 탄소	7 N 14.01 질소	8 O 16.00 산소	9 F 19.00 플루오르	10 Ne 20.18 네온
3주기	11 Na 22.99 나트륨	12 Mg 24.31 마그네슘											13 Al 26.98 알루미늄	14 Si 28.09 규소	15 P 30.97 인	16 S 32.07 황	17 Cl 35.45 염소	18 Ar 39.95 아르곤
4주기	19 K 39.10 칼륨	20 Ca 40.08 칼슘	21 Sc 44.96 스칸듐	22 Ti 47.88 티탄	23 V 50.94 바나듐	24 Cr 52.00 크롬	25 Mn 54.94 망간	26 Fe 55.85 철	27 Co 58.93 코발트	28 Ni 58.69 니켈	29 Cu 63.55 구리	30 Zn 65.39 아연	31 Ga 69.72 갈륨	32 Ge 72.61 게르마늄	33 As 74.92 비소	34 Se 78.96 셀렌	35 Br 79.90 브롬	36 Kr 83.80 크립톤
5주기	37 Rb 85.47 루비듐	38 Sr 87.62 스트론튬	39 Y 88.91 이트륨	40 Zr 91.22 지르코늄	41 Nb 92.90 니오브	42 Mo 95.94 몰리브덴	43 Tc (98) 테크네튬	44 Ru 101.07 루테늄	45 Rh 102.91 로듐	46 Pd 106.42 팔라듐	47 Ag 107.87 은	48 Cd 112.41 카드뮴	49 In 114.88 인듐	50 Sn 118.71 주석	51 Sb 121.76 안티몬	52 Te 127.60 텔루르	53 I 126.90 요오드	54 Xe 131.29 크세논
6주기	55 Cs 132.91 세슘	56 Ba 137.33 바륨	57 La 138.91 란탄	72 Hf 178.49 하프늄	73 Ta 180.95 탄탈	74 W 183.84 텅스텐	75 Re 186.21 레늄	76 Os 190.23 오스뮴	77 Ir 192.22 이리듐	78 Pt 195.08 백금	79 Au 196.97 금	80 Hg 200.59 수은	81 Tl 204.38 탈륨	82 Pb 207.20 납	83 Bi 208.98 비스무트	84 Po (209) 폴로늄	85 At (210) 아스타틴	86 Rn (222) 라돈
7주기	87 Fr (223) 프랑슘	88 Ra (226) 라듐	89 Ac (227) 악티늄															

번호 기호
원자량 원자이름

※ 금　속 : 상온(25℃)에서 대부분 **고체** [예외 : Ga(액체), **Hg(액체)**, Cs(액체), Fr(액체) 등]

※ **비금속** : 상온(25℃)에서 **대부분 기체** [예외 : Br(액체, Br_2), I(고체, I_2) 등]

→ (※ 준금속 : 금속과 비금속의 경계지역 / ※ 양쪽성 원소 : Al, Zn, Sn, Pb)

※ **전이원소** : 굵은 테두리 → 나머지 : **전형원소**

란탄 계열	58 Ce 140.12 세륨	59 Pr 140.91 프라세오디뮴	60 Nd 144.24 네오디뮴	61 Pm (145) 프로메튬	62 Sm 150.36 사마륨	63 Eu 151.97 유로퓸	64 Gd 157.25 가돌리늄	65 Tb 158.93 테르븀	66 Dy 162.50 디스프로슘	67 Ho 164.93 홀뮴	68 Er 167.26 에르븀	69 Tm 168.93 툴륨	70 Yb 173.04 이테르븀	71 Lu 174.97 루테튬
악티늄 계열	90 Th 232.04 토륨	91 Pa (231) 프로트악티늄	92 U 238.03 우라늄	93 Np (237) 넵투늄	94 Pu (244) 플루토늄	95 Am (243) 아메리슘	96 Cm (247) 퀴륨	97 Bk (247) 버클륨	98 Cf (251) 칼리포르늄	99 Es (252) 아인시타이늄	100 Fm (257) 페르뮴	101 Md (258) 멘델레븀	102 No (259) 노벨륨	103 Lw (260) 로렌슘

Chapter 1 용접기계재료의 분류 및 개요

1-1 기계재료의 분류

- 기계재료
  - 금속재료
    - 철강재료
      - 순철 – 전해철
      - 강 – 탄소강, 합금강, 주강
      - 주철 – 보통주철, 특수주철
    - 비철금속재료
      - 구리와 그 합금
        - 황동
          - 톰백
          - 7:3황동
          - 6:4황동(문츠메탈)
          - 황동주물
          - 쾌삭황동
          - 주석황동
            - 애드미랄티 황동
            - 네이벌 황동
          - 델타메탈(철황동)
          - 망간니
          - 양은
        - 청동
          - 청동주물
            - 포금
            - 애드미랄티 포금
          - 베어링용 청동
          - 인 청동
          - 알루미늄 청동
          - 베릴륨 청동
      - 알루미늄과 그 합금
        - 주물용 알루미늄
          - 라우탈
          - 실루민
        - 가공용 알루미늄
          - 내식용 알루미늄 합금
            - 알민
            - 알드레이
          - 고력 알루미늄 합금
            - 두랄루민
            - 초두랄루민
      - 마그네슘과 그 합금
        - 다우메탈
        - 엘렉트론
      - 니켈과 그 합금
        - 큐프로니켈
        - 콘스탄탄
        - 모넬메탈
        - 니크롬
        - 인코넬
        - 알루멜 – 크로멜
        - 불변강
      - 주석과 그 합금
        - 퓨더(=브리타니아 금속)
        - 경석
      - 납과 그 합금
        - 납 – 비소 합금납
        - 납 – 칼슘 합금납
        - 납 – 아티몬 합금, 활납 합금
      - 아연합금
        - 다이캐스팅용 합금
        - 아연 – 알루미늄 합금
        - 아연 – 알루미늄 – 구리계
  - 비금속재료
    - 무기질 재료 – 유리, 시멘트, 석재
    - 유기질 재료 – 플라스틱, 목재, 고무, 피혁, 직물

1-2 합금강(특수강)의 분류

합금강의 분류

- 구조용 합금강 ── 강인강
  - 니켈강(SN) : 니켈 포함. 비세화. 인장강도 증가되나 연신율은 감소되지 않음.
  - 크롬강(SCr) : 크롬 포함. 내마멸성이 좋아 내연기관의 실린더 라이너용
  - 니켈-크롬강(SNC) : 강인하고 탄성한도가 높으며 담금질 효과가 크나 뜨임 메짐을 일으키기 쉽다.
  - 니켈-크롬-몰리브덴강(SNCM) : 니켈-크롬강의 뜨임 메짐을 방지하기 위해 적은 양의 몰리브덴을 첨가하여 강인성을 증가시키고, 담금질할 경우에 질량 효과를 감소시켜 메짐을 방지할 수 있도록 개선한 강이다.
- 공구용 합금강
  - 고속도강(HSS) : 주성분이 0.8%C, 18%W, 4%Cr, 1%V로 된 것이 표준형
  - 초경합금 : 탄화텅스텐(WC), 탄화티탄(TiC), 탄화탄탈(TaC)의 가루를 소결하여 압축하여 만듦.
  - 스텔라이트 : 주조 경질 합금. 열처리할 수 없다.
  - 세라믹 : 알루미나(Al_2O_3)를 주성분으로 결합제를 사용하지 않고 소결시킨 공구
  - 서멧 : 세라믹과 금속을 합쳐 만든 공구강
  - CBN 공구 : 고경도 담금질강, 내열합금 등 난삭재의 가공에 사용된다. 열처리된 강도 가공 가능
  - 다이아몬드 : 경도가 크므로 절삭 공구에 쓰이는데 연삭 숫돌의 드레서(dresser) 유리 절삭에 쓰인다.
- 내식강(STS) stainless강
  - 크롬-니켈계 : 오스테나이트계(크롬 18%-니켈 8%) 18-8스테인레스강이라 한다. 자석에 붙지 않고, 열처리 안 된다. 내식성이 우수하다.
  - 크롬계
    - 마텐자이트계, 크롬 13% : 담금질 경화성 있음. 자성 있음.
    - 페라이트계, 크롬 15% : 담금질 경화성 없음. 자성 있음.
- 쾌삭강(SUM)
  - 황쾌삭강 : 황은 황화망간(MnS)으로 되어 절삭성은 향상시키나 기계적 성질은 떨어뜨린다.
  - 납쾌삭강 : 납을 첨가한 것으로 자동차 등의 중요 부품에 대량 생산용으로 널리 사용된다.
- 스프링 강
  - 철강재료
    - 냉간가공 : 철사스프링, 얇은 판 스프링 제작
    - 열간가공 : 탄소 0.6% 이상의 고탄소강에 규소를 넣어주고, 뜨임한 것으로 인장강도와 탄성한계가 크고, 충격과 피로에 대한 저항력이 크다.
  - 비철재료 ── 인청동 : 인으로 탈산시킨 것으로 스프링, 기어, 밸브 등에 사용된다.
- 불변강
  - 인바(invar) : 줄자, 표준자, 시계의 추 등의 재료에 사용
  - 엘린바(elinvar) : 정밀 계측기기, 전자기 장치, 각종 정밀 부품의 스프링재질로 사용된다.
  - 초불변강(super invar)(=초인바) : 인바보다 선팽창계수가 작다.
  - 코엘린바(koelinvar) : 공기나 물 속에서 부식되지 않는다. 주로 스프링, 태엽, 기상 관측용 기구 등의 부품 재료로 사용된다.
  - 플래티나이트(platinite) : 전구나 진공관의 도입선(열팽창계수가 유리나 백금과 같다)
  - 퍼멀로이(permalloy) : Ni 75~80%, 약한 자장으로 큰 투자율을 가지므로 해저 전선의 장하 코일용으로 사용된다.
- 베어링 강
  - 화이트 메탈(WM)
    - 주석계 화이트 메탈 배빗 베탈 : Sn+Sb+Cu
    - 납계 화이트 메탈 : Pb+Sn+Sb+Cu
  - 구리계 합금(KM) : 켈밋 : Cu+Pb
  - 알루미늄 합금(AM)
  - 함유 베어링(oilless bearing) - 베어링 자체에 기름이 함유되어 있어 기름 공급이 어려운 부분에 사용되는 베어링

1-3 기계재료의 개요

(1) 기계재료의 필요한 성질

① 가공성(주조성, 소성, 용접성, 절삭성), 열처리성, 표면처리성이 좋아야 한다.
② 될 수 있는 한 가볍고, 안정성이 높아야 한다.
③ 재료의 보급과 대량 생산이 가능한 것이어야 한다.
④ 경제성이 있어야 한다.

(2) 기계재료의 특징

① 금속
　㉠ 철금속
　　ⓐ 종류 : 순철, 강, 주철
　　ⓑ 특징 : 자원이 풍부하고 강도가 크며, 가격이 비교적 싸므로, 금속의 전체 생산고의 대부분을 차지하고 있다.
　㉡ 비철금속 : 철강 이외의 금속으로 Cu, Al, Sn, Ni, Cr, W, Mg, Sb, Be, Cd 등
② 비금속 : 합성수지, 다이아몬드, 내화재료, 보온재료, 윤활재료, 절삭제, 목재, 시멘트, 도료, 고무, 가죽, 접착제 등

1-4 금속의 성질

(1) 순금속의 특징 합격 KEY

① 상온에서 수은(Hg)을 제외하고 고체이다. 수은(Hg)은 상온에서 유일한 액체 상태의 금속이다.
② 금속 특유의 광택을 가지고 있다,
③ 전기가 잘 통하는 도체이다.
④ 열전도성이 높다.
⑤ 용융점이 높다.
⑥ 일반적으로 빛을 잘 반사한다.
⑦ 연성과 전성이 커서 변형이 쉬우며 소성가공이 용이하다.
⑧ 비중이 비교적 커다.

(2) 순금속에 대한 합금의 특징

① 순금속에 다른 원소가 들어가므로 전기 전도율이나 열전도율이 낮아진다.
② 기계적 성질을 보완하고자 다른 원소가 들어감으로써 강도와 경도가 커지고 전성과 연성이 작아진다.
③ 용융점이 낮아져 순금속에 비해 낮은 온도에서 액화된다.

1-5 기계재료의 공업상 필요한 성질

- 물리적 성질(physical properties) : 비중, 용융점, 전기전도율, 열전도율, 비열, 자성
- 화학적 성질(chemical properties) : 내식성
- 기계적 성질(mechanical properties) : 강도, 경도, 취성, 전성, 연성, 인성, 피로파괴, 크리프

(1) 물리적 성질

① 비중

어떤 물체의 무게와 4℃에 있어서 이와 같은 부피의 물의 무게와의 비로, 최소 0.53(Li)부터 최고 22.5(Ir)까지 있다.

㉠ 경금속 : 비중이 4.5 이하의 가벼운 금속
Li(리듐 비중 0.53), Mg(마그네슘 비중 1.7), Al(알루미늄 비중 2.7), TI(티탄 비중 4.5)

㉡ 중금속 : 비중이 4.5 이상의 무거운 금속
Ir(이리듐 비중 22.5), Au(금 비중 19.32), W(텅스텐 비중 19.3), Ag(은 비중 10.49), Cu(구리 비중 8.96), Ni(니켈 비중 8.9), Fe(철 비중 7.87)

② 용융점

금속이 열에 의해 녹아서 액체가 되는 점으로 최소 −38.8℃(Hg)부터 최고 3410℃(W)까지 있다.

③ 전기전도율

전기를 전도하는 정도로 도전율이라고도 하며 도전율은 전기저항의 역수관계이다.

참고하세요 전기전도율의 크기

Ag>Cu>Au>Al>Mg>Zn>Ni>Fe>Pb>Sb
✔ 암기방법 은 구 금 알 / 마 아 니 철 / 납 안

④ 열전도율(K)

길이 1cm에 대하여 1℃의 온도차가 있을 때, $1cm^2$의 단위면적을 통하여 1초 사이에 전달되는 열량 K[kW/m℃]

재료	은 (Ag)	〉	구리 (Cu)	〉	금 (Au)	〉	알루미늄 (Al)	〉	아연 (Zn)	〉	니켈 (Ni)	〉	철 (Fe)	〉	크롬 (Cr)
K [kW/m℃]	418.6		393.9		297.2		221.9		113		92.1		75.3		67

참고 **암기방법** : 은구금알/아니철크

⑤ 선팽창계수(α) : 원래의 길이(L)에서 1℃씩 증가할 때 열에 의해 늘어나는 길이(ΔL_{th})

$$\alpha\left[\frac{\Delta L_{th}}{L\,℃}\right]=\left[\frac{1}{℃}\right]$$

재료	아연 (Zn)	〉	알루미늄 (Al)	〉	은 (Ag)	〉	구리 (Cu)	〉	금 (Au)	〉	니켈 (Ni)	〉	철 (Fe)	〉	크롬 (Cr)
$\alpha\times10^{-6}\left[\frac{1}{℃}\right]$	39.6		23.6		19.68		16.5		14.2		13.3		11.76		6.2

참고 **암기방법** : 아알은구/금니철크

⑥ 비열

단위질량을 단위온도로 올리는데 필요한 열량으로 비열이 크다는 것은 온도변화가 쉽게 일어나지 않는 것을 의미한다.

물의 비열 : 1kcal/kg℃, 철의 비열 : 0.104kcal/kg℃

⑦ 자성

금속을 자장에 놓으면 유도작용에 의하여 자기를 띠어 자석으로 자화되는 성질

㉠ 강자성체 : 강한 자석을 만들 수 있는 자성체(철, 코발트, 니켈, 호이슬러 합금 등의 강한 자성을 가진 물체)

㉡ 상자성체 : 자석이 될 수는 있으나 힘이 미약해서 육안 확인은 어려운 자성체

㉢ 비자성체 : 자석에 전혀 반응하지 않는 물체(물, 공기, 유리, 나무)

㉣ 반자성체 : 자석을 가까이하면 반발하여 밀려나는 자성체. 그러나 그 힘이 미약해서 육안 확인은 어려움.(알루미늄. 구리)

참고하세요 호이슬러 합금(Heusler alloy)

강자성 성분을 함유하지 않은, 즉 망간, 아연, 구리(동), 알루미늄 등의 합금으로서 강자성을 가지게 한 합금을 호이슬러 합금이라 한다.

(2) 화학적 성질

① 부식 : 금속이 화학적 또는 전기화학적인 작용에 의해서 비금속성 화합물을 만들어 점차 손실되어 가는 현상으로 이온화 경향이 큰 금속일수록 화합물이 되기 쉬워 부식이

잘된다.

K > Ba > Ca > Mg > Al > Mn > Zn > Cr > Fe > Co > Ni > Mo > Sn > Pb > (H) > Cu > Hg > Ag > Pt > Au

이온화 경향이 크다. 부식이 잘된다. ⟺ 이온화 경향이 적다. 부식이 잘되지 않는다. 귀금속

② **내식성** : 금속의 부식에 대한 저항력

(3) 기계적 성질

① **강도** : 외력에 대한 재료 단면에 작용하는 최대 저항력으로 보통 인장강도를 뜻하며 굴곡강도, 전단강도, 압축강도, 비틀림 강도 등

② **경도** : 다이아몬드와 같은 딱딱한 물체를 재료에 압입할 때의 변형 저항

③ **인성** : 충격에 대한 재료의 저항=충격시험에서 재료의 시험편이 파단될 때까지 재료가 에너지를 흡수할 수 있는 능력

㉠ 인성이 큰 것은 충격값이 크게 나온다. 즉 큰 충격을 흡수할 수 있는 것이다.

㉡ 인성이 작다는 것은 충격값이 작게 나온다.

④ **취성** : 잘 부서지고 혹은 잘 깨지는 성질=충격값이 작은 재료이다.
취성이 있는 재료=작은 충격을 받아도 깨어진다=충격값이 작다=인성이 작은 재료이다.

⑤ **피로파괴** : 하중을 연속적으로 받아 재료가 파괴되는 현상으로 피로강도가 클수록 피로파괴가 잘 일어나지 않는다.

⑥ **크리프** : 금속이 고온에서 오랜 시간 외력을 받으면 시간의 경과에 따라 서서히 그 변형이 증가하는 현상

⑦ **연성** : 가느다란 선으로 늘일 수 있는 성질

⑧ **전성** : 얇은 판으로 넓게 펼 수 있는 성질

참고하세요 연성의 크기

Au > Ag > Al > Cu > Pt > Pb > Zn > Fe > Ni
✔ 암기방법 연금은 알구백납

참고하세요 전성의 크기

Au > Ag > Pt > Al > Fe > Ni > Cu > Zn
✔ 암기방법 전금은 백알철니

[금속 원소와 물리적 성질]

원소기호	금 속 명	원자번호	원자량	비중 20℃	용융점 [℃]	비등점 [℃]	비열 [cal/g℃]
Ag	은	47	107.880	10.497	960.5	2210	0.056[℃]
Al	알루미늄	13	26.98	2.699	660.2	2060	0.223
Au	금	79	192.10	19.32	1063.0	2970	0.131
Ba	바륨	56	137.36	3.78	704±20	1640	0.068
Be	베릴륨	4	9.013	1.84	1278±5	1500	0.4246

원소기호	금속명	원자번호	원자량	비중 20℃	용융점 [℃]	비등점 [℃]	비열 [cal/g℃]
Bi	비스무트	83	209.00	9.80	271	1420	0.0303
Ca	칼슘	20	40.08	1.55	850±20	1440	0.149
Nb	니오브	41	92.91	8.569	2415	3300	0.065
Cd	카드뮴	48	112.41	8.65	320.9	767	0.0559
Ce	세륨	58	140.13	6.90	600±50	1400	0.042
Co	코발트	27	58.94	8.90	1495	2375±40	0.1042
Cr	크롬	24	52.04	7.09	1553	2220	0.1178
Cu	구리	29	63.554	8.96	1083.0	2310	0.0931
Fe	철	26	55.85	7.871	1538±3	2450	0.1172
Ga	갈륨	31	69.72	5.91	29.78	2070	0.079
Ge	게르마늄	32	72.60	5.36	958±10	2700	0.073
Hg	수은	80	200.61	13.55	−38.89	357	0.03326
In	인듐	49	114.76	7.31	156.4	1450	0.057
Ir	이리듐	77	193.50	22.50	2454±3	5300	0.031
K	칼륨	19	39.090	0.862	63±1	762.2	0.182
Li	리듐	3	0.940	0.534	180±5	1400	0.092
Mg	마그네슘	12	24.32	1.743	650	1110	0.2475
Mn	망간	25	54.93	7.40	245±10	1900	0.1211
Mo	몰리브덴	42	95.95	10.218	2025±50	3700	0.059
Na	나트륨	11	22.99	0.971	97.9	882.9	0.295
Ni	니켈	28	58.68	8.85	1455	2450~2900	0.2079
Pb	납	82	207.21	11.341	327.43	1540~15	0.031
Pd	팔라듐	46	106.70	12.03	1554	4000	0.058
Pt	백금	78	195.23	21.43	1773.5	4410	0.032
Rh	로듐	45	102.91	12.44	1966±3	4500	0.059
Sb	안티몬	51	121.76	6.62	630.5	1440	0.0502
Se	셀렌	34	78.96	4.81	220±5	680	0.084
Si	규소	14	28.09	2.33	1414	3500	0.162
Sn	주석	50	118.70	7.298	231.84	2270	0.551
Te	텔루르	52	127.61	6.235	450±10	1390	0.047
Th	토륨	90	232.12	11.50	1800±150	3000	0.034
Ti	티탄	22	47.90	4.54	1800±22	3400	0.1125
U	우라늄	92	238.07	18.70	1133±2	−	0.028
V	바나듐	23	50.95	5.82	1725±50	3400	0.1153
W	텅스텐	74	183.92	19.26	3410±20	5930	0.0338
Zn	아연	30	65.38	7.133	419.46	906	0.0944
Zr	지르코늄	40	91.22	6.50	1530	2900	0.066

1-6 금속의 결정

(1) 체심 입방 격자(b,c,c)

원자수 9개, 단위포 2개 : 단단하다.

Fe(α, δ), W, V, Mo, Cr, Ta, K, Li, Na

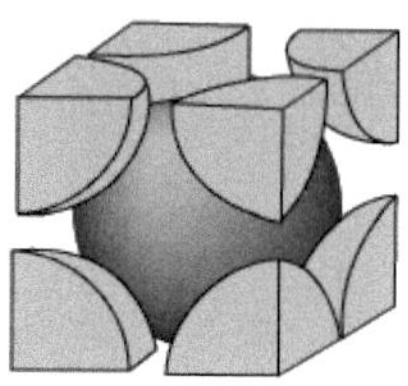
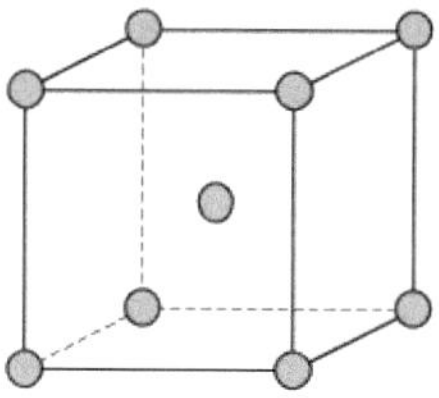
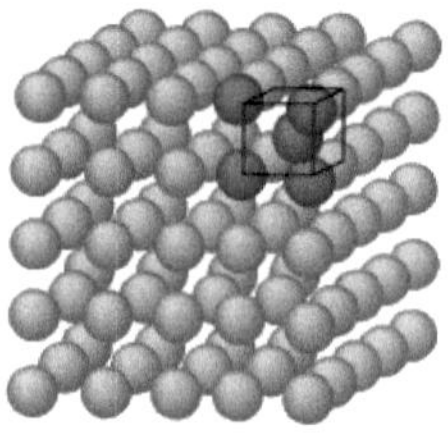

(2) 면심 입방 격자(f,c,c)

원자수 14개, 단위포 4개 : 연성과 전성이 좋다.
Fe(γ), Al, Au, Cu, Pt, Pb, Ni, Ag, Ir, Th, Ca, Ce

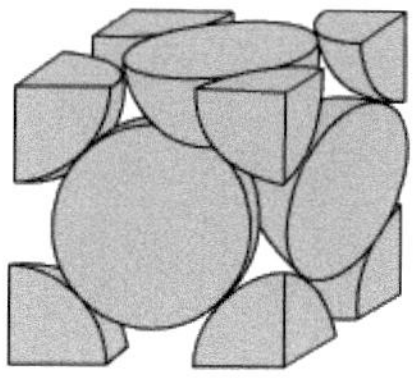
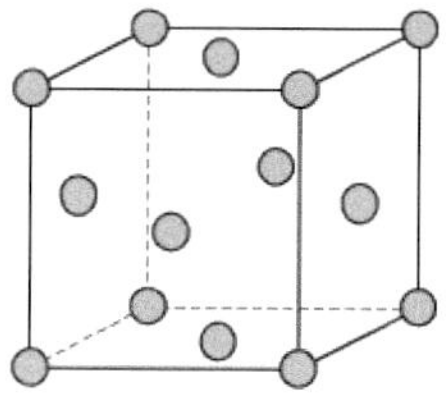
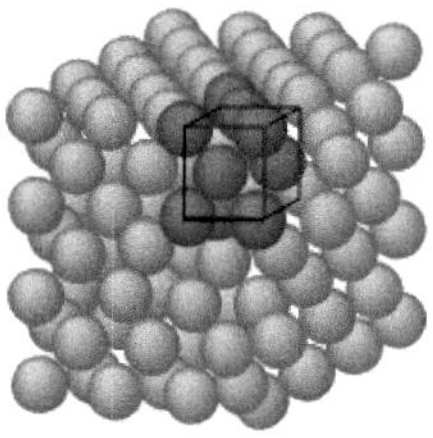

(3) 조밀 육방 격자(h,c,p)

원자수 17, 단위포 2 : 연성이 부족하다. 취성이 있다.
Zn, Ti, Mg, Be, Cd, Zr, Ce, Co(α), Ru, Os, Hg

(4) 금속의 변태

① 변태

㉠ 동소변태 : 온도나 압력의 변화에 의해 금속과 결정격자가 다른 결정격자로 변하는 현상. 동소변태 금속 Fe, Co, Zr, Ti

㉡ 자기변태 : 온도나 압력의 변화에 의해 결정격자의 변화를 일으키지 않고 자성이 변화하는 현상. 자기변태 금속 Fe, Co, Ni

※ 순철의 변태 : 순철은 3개의 동소체가 있다(α철, δ철, γ철). 2개의 동소변태점과 1개의 자기변태점이 있다.

② 변태점의 측정법

㉠ 열분석법 ㉡ 시차열분석법 ㉢ 비열법 ㉣ 전기저항법
㉤ 열팽창법 ㉥ 자기분석법 ㉦ X선 분석법

(5) 재결정

가공 경화된 결정격자에 적당한 온도로 가열하면 재료가 무르게 된다. 이와 같이 재료를 가열하면 응력이 제거되어 본래의 상태로 되돌아온다. 이 같은 현상을 회복(recovery)이라고 한다. 그러나 경도는 변화하지 않으므로 더욱 가열하면 결정의 슬립이 해소되며, 새로운 핵이 생기어 전체가 새로운 결정으로 된다. 이때의 상태를 재결정이라고 하며, 이때의 온도를 재결정 온도(re-crystallization temperature)라 한다.
소성가공 분야에서는 재결정 온도 이상에서 가공하는 것을 열간가공이라 하며, 재결정 온도 이하에서 가공하는 것을 소성가공이라 한다.

[금속의 재결정 온도]

원 소 명	Fe	Ni	Au	Cu	Al	Mg	W	Mo	Zn	Pb
재결정 온도[℃]	450	600	200	200	150	150	1200	900	15(상온)	15 이하(상온 이하)

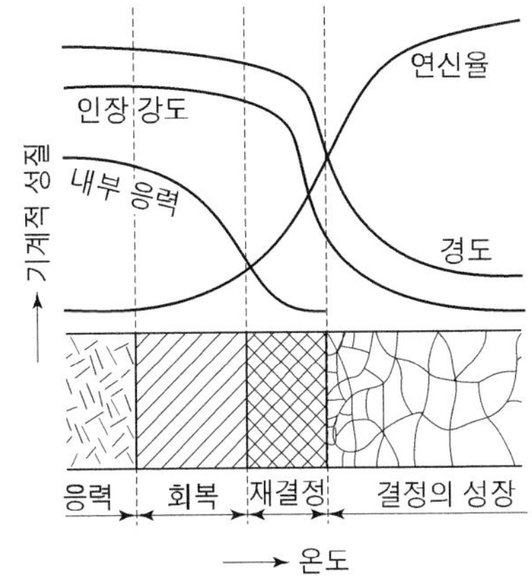

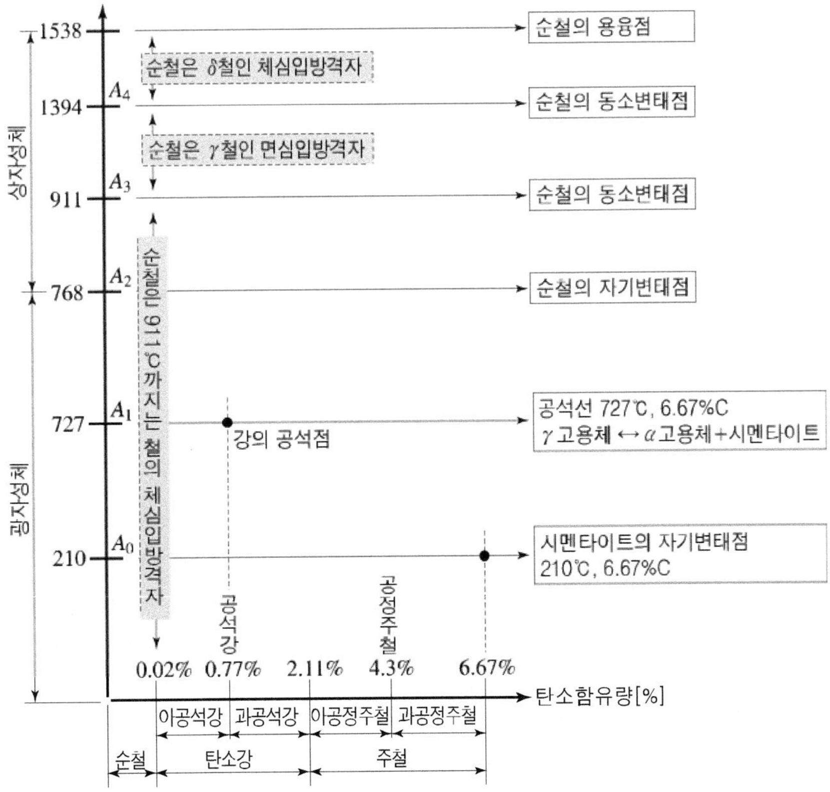

[철강의 변태점과 온도]

1-7 재료시험

(1) 인장시험

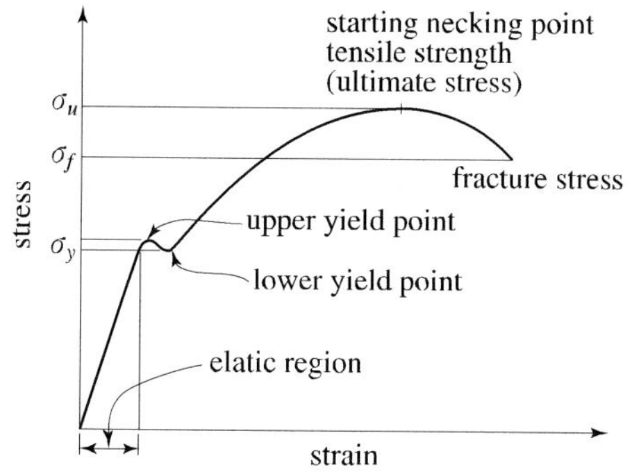

① σ_w : **사용응력**(working stress)
사용할 수 있는 응력 = 영구 변형 없이 구조물을 안전하게 사용할 수 있는 응력

② σ_a : **허용응력**(allow stress)
사용응력으로 선정한 안전한 범위의 응력 = 사용응력의 상한응력

③ σ_u : **극한강도**(ultimate stress) = (최대 응력)

④ **응력의 관계**

$$\sigma_w \leqq \sigma_a = \frac{\sigma_u}{S} \quad \text{여기서, } S: \text{안전율}$$

$$\text{사용응력} \leq \text{허용응력} = \left(\frac{\text{극한강도}}{\text{안전율}}\right) \leq \text{비례한도} \leq \text{항복응력} \leq \text{극한강도}$$

⑤ **인장강도** $= \dfrac{\text{최대 하중}}{\text{최초의 단면적}}$ (인장시험의 최대 하중을 최초의 단면적으로 나눈 값)

⑥ Hook's law ≒ 응력과 변형률의 법칙 : 비례한도 이하에서 만족한다.

㉠ 수직응력을 받는 경우

$$\sigma = E \cdot \epsilon = E \times \frac{\Delta l}{l}, \quad (\text{수직변형량})\ \Delta l = \frac{\sigma \cdot l}{E} = \frac{P \cdot l}{A \cdot E}$$

여기서, E : 비례계수 = 종탄성계수 = 세로탄성계수 = 영계수(Young's modulus)
= 수직탄성계수

(2) 충격시험

인성과 취성을 알아보기 위하여 하는 시험

① **샤르피형** : 시험편을 단순보의 상태에서 시험하는 것으로 파괴하는데 필요한 에너지를 시험편의 전단부의 단면적으로 나눈 값으로 표시

② **아이조드형** : 시험편을 내다지보의 상태에서 시험하는 것으로 파괴에너지로 표시

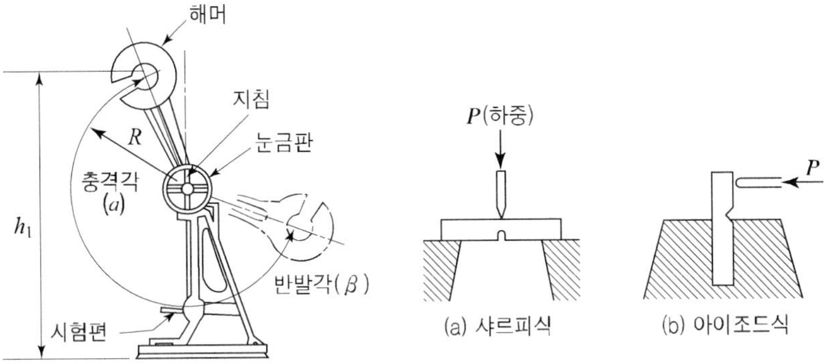

참고하세요

충격값[J/mm^2]이 커진다는 말은 잘 깨어지지 않는 것을 의미한다.
=즉 인성이 큰 재료이다.

(3) 피로시험

피로강도(피로한도)를 구하기 위한 시험으로 반복하중이 가해지는 재료의 기준강도로서 피로시험에서 구한다.

피로시험에서 반복횟수와 응력의 관계의 결과 그래프 결과는 응력(S)과 반복횟수(N)와의 관계를 그래프로 표시한다(S−N 곡선). 즉 반복횟수가 계속되어도 응력이 더 이상 낮아지지 않을 때의 응력값을 피로한도(피로강도)라 한다.

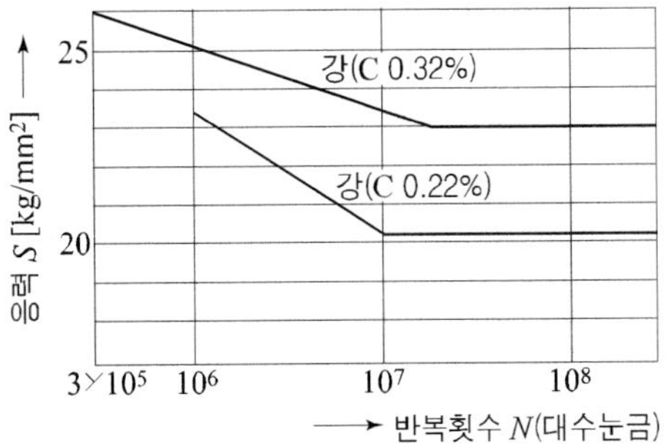

[S−N 곡선]

(4) 경도시험

표면의 딱딱한 정도를 측정하는 시험

[경도시험기의 종류]

시험기의 종류	기호	시험법의 원리	압입자의 모양	특 징
브리넬 경도 (Brinell hardness)	H_B	압입자에 하중을 걸어 자국의 크기로 경도를 조사한다. $H_B = \frac{P}{\pi dt}$	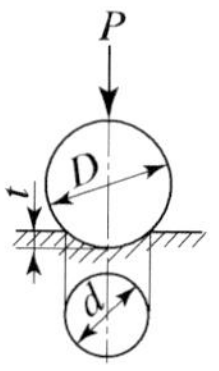 압입자는 강구	압입면적이 커서 정확한 시험을 할 수 있다.
비커스 경도 (Vickers hardness)	H_V	압입자에 하중을 작용시켜 자국의 대각선 길이로써 조사한다. $H_V = \frac{\text{하중}}{\text{자국의 표면적}} = \frac{W}{A} = \frac{1.8544W}{d^2}$	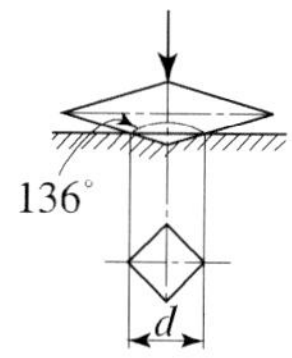 압입자는 선단이 4각뿔인 다이아몬드	자국 계측 시 오차가 적으며, 작은 물품, 박판 표면층의 시험에 적당하다. 질화강, 침탄강, 담금질된 강의 경도시험
로크웰 경도시험 (Rockwell hardness)	H_R (H_{RD}, R_{RB})	압입자에 하중을 걸어 홈의 길이를 측정한다. 기준 하중은 10kg이고, B스케일은 하중이 100kg, C스케일은 150kg이다. $H_RB = 130 - 500\Delta t$ $H_RC = 100 - 500\Delta t$	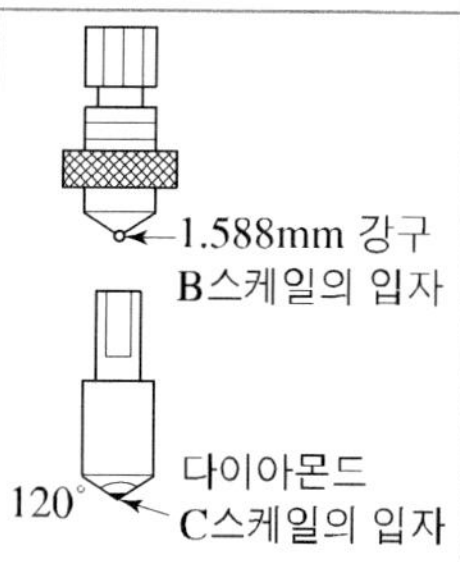 압입자는 강구(B스케일)와 다이아몬드(C스케일)가 있다.	경도는 직접 눈금판에서 읽을 수 있다. 강구 압입자 : 연강, 황동용 다이아몬드 압입자 : 담금질한 강에 사용한다.
쇼어 경도 (Shore hardness)	H_S	추를 일정한 높이에서 낙하시켜 이때 반발한 높이로 측정한다.	다이아몬드 $H_S = \frac{10,000}{65} \times \frac{h}{h_o}$ h : 반발한 높이 h_o : 낙하 높이	운반 취급이 용이하며, 완성 제품의 경도를 측정하는데 사용한다.

(5) 비파괴 시험

[비파괴 시험 방법]

방사선 투과 시험	일반 2중벽 촬영	RT RT-W	X선 또는 Co(코발트 60) 등에서 발생한 γ선이 물질을 통과할 때, 그 물질의 밀도 및 두께에 따라 투과 후의 강도에 차이가 생기는 것을 사진 필름에 감광시켜 결함을 찾아내는 방법
초음파 탐상 시험	일반 수직 탐상 경사각 탐상	UT UT-N UT-A	사람의 귀에 들리지 않는 초음파(1~5[Hz])를 사용하여 검사하는 방법으로, 흠집, 결함 등의 위치 및 크기를 알아낼 수 있다.
자기 분말 탐상 시험	일반 형광 탐상	MT MT-F	자화된 재료에 강자성체의 분말을 뿌리거나, 또는 이것을 강자성체 분말의 액체 속에 담그면 결함이 있는 곳에 자성체 분말이 몰려 결함의 소재 위치를 쉽게 알 수 있는 방법
침투 탐상 시험	일반 형광 탐상 비형광 탐상	PT PT-F PT-D	재료의 표면에 흠집이나 결함이 있을 때에 표면을 깨끗이 하여 침투제에 침투시킨 다음 남는 것을 닦아내고 현상제(MgO, $BaCO_3$ 등의 용제)를 칠하여 결함을 검출하는 방법
전체선 시험		○	각 시험의 기호 뒤에 붙인다.
부분 시험(샘플링 시험)		△	

(6) 금속의 조직 검사

① 현미경 조직 검사 : 시험편을 채취하여 그 표면, 또는 절단면을 연마한 후, 그 연마면을 다시 화학적 또는 전해적으로 부식(etching)시켜 반사 현미경으로 검사하는 방법

② 매크로 조직 검사 : 10배 이내의 확대경을 사용하거나 육안으로 직접 관찰하여 금속 조직을 시험하는 방법

참고하세요 부식제

철강 시료에 가장 널리 쓰이는 것으로는 염산 50mL를 물 50mL에 섞은 용액이다.

Chapter 2 철강재료

2-1 철강 제조법

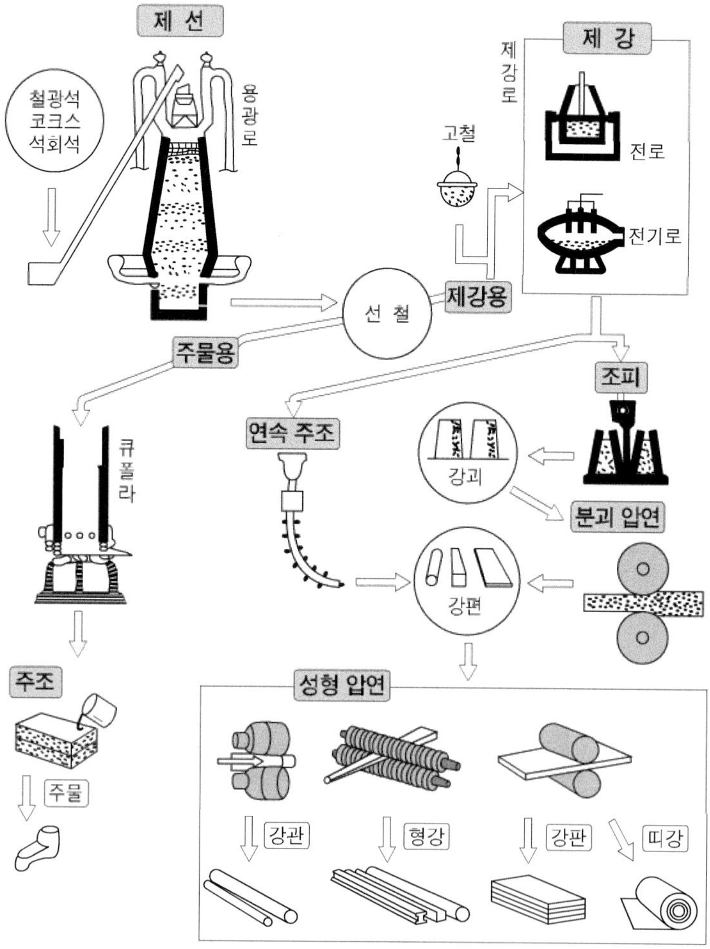

철광석 ➡ 예비처리(파쇄) ➡ 용광로 ➡ 선철 ➡ 제강로 ➡ 강 ➡강괴 ➡ 압연강재

[철광석의 종류]

	화학식	화학식에서 계산한 조성		결정계	비중	경도 (Mohs)	색	자성
		Fe[%]	H_2O 또는 CO_2[%]					
적철광	Fe_2O_3	70.0		육방정계	4.5~5.3	5.5~6.5	적, 적갈, 회, 흑	약자성
자철광	Fe_3O_4	72.4		등축정계	4.9~5.2	5.5~6.5	철흙	강자성
갈철광	$Fe_2O_3nH_2O$ n =0.5~4 결정 FeOOH	66.3~48.3 62.9	 (H_2O) 5.6~31.0	비정질 + 사방정계	3.6~4.0	4.0~5.5	황갈 적갈	약자성
능철광	$FeCO_3$	48.3	(CO_2) 37.0	육방정계	3.7~3.9	3.5~4.0	담황 갈색	약자성

참고하세요

선철과 주철은 성분적으로 동일하나 주조재료로서 쓰일 때 이것을 주철이라 하고, 철광석 제련의 산물, 제강 그 밖의 원료로서 쓰일 때를 선철이라 한다.

2-2 철강재료의 분류

- 철강재료
  - 순철
  - 강
    - 아공석강 : 0.02~0.77[%]C
    - 공석강 : 0.77[%]C
    - 과공석강 : 0.77~2.11[%]C
  - 주철
    - 아공정주철 : 2.11~4.3[%]C
    - 공정주철 : 4.3[%]C
    - 과공정주철 : 4.3~6.68[%]C

① 순철 : 0.02[%]C 이하
② 강 : 0.02~2.11[%]C
③ 주철 : 2.11~6.67[%]C

※ 금속 조직학상으로는 C 2% 이하를 강, C 2% 이상을 주철이라 규정한다.

(1) 순철(0.02% 이하의 C 함유)

암코철, 전해철, 수소정제철, 카보닐철 등이 있으며 연약하여 구조용 재료로서 사용할 수 없고 또한 제조 비용이 많이 든다.

① 순철의 변태

순철은 1538℃에서 응고하며 상온까지 냉각하면 A_4, A_3, A_2인 3개의 변태점이 있다.

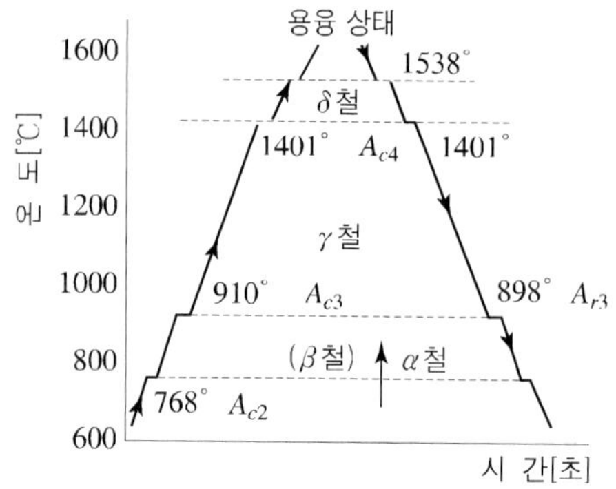

A_c : 가열할 때 일어나는 변태　　A_r : 냉각할 때 일어나는 변태

종류	변태 형식	변태점	철의 변화	원자 배열
A_4 변태	동소변태	약 1400℃	$\delta-Fe \Leftrightarrow \gamma-Fe$	체심⇔면심
A_3 변태	동소변태	약 900℃	$\gamma-Fe \Leftrightarrow \beta-Fe$	면심⇔체심
A_2 변태	자기변태	약 775℃	$\beta-Fe \Leftrightarrow \alpha-Fe$	원자 배열 없음

(2) 철강의 제조법

① 제선법 : 용광로에서 선철을 제조하는 방법

㉠ 선철 : 용광로의 상부에 철광석, 코크스, 석회석 등을 교대로 장입하고 약 800℃로 예열시킨 공기를 송풍구를 통하여 불어 넣으면 철광석 중의 산화철은 환원되어 1600℃에서 용융된 철로 된다.

참고하세요 용광로(고로)의 크기

24시간 동안에 생산된 선철의 무게를 톤(ton)으로 표시하며, 보통 100~2000톤의 것이 많이 사용된다.

참고하세요 정련(smelling)

불순물 등을 산화시켜 순도가 높은 금속을 만드는 것

② 제강법 : 선철에 포함된 다량의 탄소, 규소, 인, 황 등의 불순물을 제거하고 필요한 양의 성분이 되도록 정련하여 강을 만든다.

(3) 강의 분류방법

① **함유 성분**
- 탄소량(탄소강 또는 보통강)
  - 암코철(armco iron) 0.1 이하[%C]
  - 극연강(very mild steel) 0.1~0.18[%C]
  - 연강(mild steel) 0.12~0.2[%C]
  - 반연강(semi-mild steel) 0.3~0.4[%C]
  - 반경강(semi-hard steel) 0.4~0.5[%C]
  - 경강(hard steel) 0.5~0.6[%C]
  - 최경강(very hard steel) 0.6[%C] 이상
- 특수 성분(특수강 또는 합금강)
  - 망간강(manganese steel)
  - 크롬강(chrome steel)
  - 텅스텐강(tungsten steel)
  - 니켈강(nickel steel)
  - 니켈 · 크롬강(nickel-chrome steel)
  - 기타

② **제조법**
- 제강 방법
  - 전로강(converter steel)
  - LD강(Ld steel, BOF steel)
  - 평로강(open hearth steel)
  - 전기로강(electric steel)
  - 기타
- 탈산도
  - 림드강(rimmed steel)
  - 반진정강(semi-killed steel)
  - 진정강(kill steel)
- 주입 후 처리
  - 압연강(rolled steel)
  - 단강(forgings)
  - 주강(steel castings)

(4) 제강로의 종류

① 평로 제강법

일종의 반사로로서 선철과 강철 부스러기를 함께 용해실에 넣고, 연료인 중코크스를 사용하여 열을 천장에서부터 반사시켜 열로 가열 용해하며, 탄소와 불순물, 그리고 산소 등을 산화 제거시켜 강철을 만든다.

㉠ 평로의 크기 : 1회에 용해할 수 있는 최대량을 톤으로 표시하며 보통 25~400[ton] 범위의 것이 사용된다.

㉡ 평로법의 종류

ⓐ 염기성 평로법 : 극연강의 제조가 가능하다.

ⓑ 산성 평로법 : 제조 과정에서 가격도 비싸다. 병기 또는 선재와 같은 양질의 강의 제조에만 사용된다.

② 전로 제강법

노 안에 순수한 산소를 불어 넣어 불순물을 산화 제거시켜 강철을 만든다. 크기는 1회 장입량으로 표시하며, 제강시간은 수십 분 정도이고, 작업 능률이 좋으며, 양질의 강을 생산할 수 있다.

㉠ 전로의 크기 : 1회에 제강할 수 있는 무게를 톤으로 표시

㉡ 전로법의 종류 : 노 안의 내화재의 종류에 따라 산성법과 염기성법으로 나눈다.

ⓐ 산성법 : P와 S를 제거하기 곤란하며, 원료에는 인의 함유량이 적은 베세머 선

철을 사용한다. 내화벽돌은 규석이다.

ⓑ 염기성법 : P와 S를 제거할 수 있으며, 원료는 토머스 선철을 사용한다. 내화벽돌은 소성 돌로마이트나 마그네샤를 사용한다.

참고하세요 LD 전로법

전로 제강법의 한 방법으로 1949년 오스트리아의 린츠(Linz) 공장과 도나비츠(Donawitz) 공장에서 공동연구로 개발된 산소전로법이 있다. 이 전로법을 LD 전로법이라 한다. LD 전로법은 순산소를 노 위에서 불어 넣어 강을 정련하는 방법으로 제강능률이 평로법보다 6~8배에 달하며, 품질면에 있어서는 평로강과 동등하거나 그 이상이다.
LD 전로법은 또한 평로 전로법의 건설비보다 60~70%에 불과하므로 현재 세계적으로 가장 많이 사용되는 제강법이다.

③ 전기 제강법

전열을 이용하여 철과 선철 등의 원료를 용해해서 강을 만들거나 합금강을 용해할 때 사용한다. 전열을 발생시키는 방법에는 아크열을 이용한 아크식 전기로와 고주파 전류를 이용한 고주파 전기로가 있다. 1회에 용해할 수 있는 최대량을 톤으로 표시하며 1~40ton 범위에 있다.

④ 도가니로

이 노는 정련보다는 금속을 용융하는데 더 많이 이용된다. 불꽃이 용강에 직접 접촉하지 않으므로 불순물의 혼입을 막을 수 있다. 도가니로의 용량은 1회 녹일 수 있는 양을 구리의 무게로 표시한다.

(5) 탈산 정도에 따른 강의 분류

용강을 주형에서 냉각시킨 것을 강괴(ingot)라고 하며, 단면 모양은 원형, 각형으로 탈산 정도에 따라 림드강, 킬드강, 세미킬드강이 있다.
불순물이 함유되지 않은 순수한 철의 제조는 불가능하며, 공업적으로 생산하는 철은 다소의 불순물이 함유되어 있다.

① 탈산제

제강용 탈산제에는 페로실리콘(Fe-Si), 페로망간(Fe-Mn), 알루미늄(Al)이 있다.

② 강괴의 종류

용강의 탈산 정도에 따라 3가지가 있다.

㉠ 킬드강(killed steel) : 탈산제로 충분히 탈산시킨 강괴로서 비교적 성분이 균일하여 보일러용 강판, 기계구조용 탄소강 등 고급 강제로 사용한다. 기포나 편석이 없고 진정강이라고 한다.

㉡ 림드강(rimmed steel) : 용강을 Fe-Mn로 가볍게 탈산시킨 것으로 내부에는 기포가 남아 있다. 표면 부근은 순도가 높기 때문에 봉, 관재, 판재로 사용한다.

㉢ 세미킬드강(semi-killed steel) : 킬드강과 림드강의 중간 정도의 강괴이다.

2-3 탄소함유량에 따른 철강재료

(1) 탄소함유량에 따른 분류 – 탄소강의 조직

금속조직학상에는 다음과 같은 용어가 사용된다.

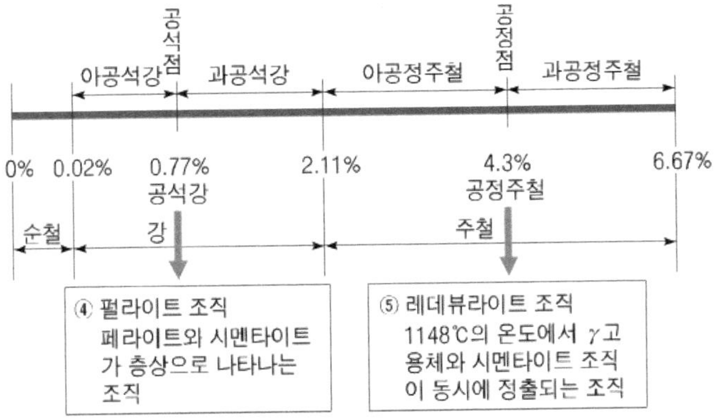

① **오스테나이트** = γ고용체 : γ철에 최대 2.11%C까지 고용되어 있는 고용체로 A_1점 이상에서 안정한 조직으로 상자성체이며, 인성이 크다.(H_B ≒ 155)

② **페라이트** = α고용체 : α철에 최대 0.0218%C까지 고용된 고용체로 전성과 연성이 크며, A_2점 이하에서는 강자성을 나타낸다. (H_B ≒ 90)

③ **시멘타이트** = Fe_3C : 6.67%C와 철의 화합물(Fe_3C)로서, 매우 단단하고 부스러지기 쉽다.(H_B ≒ 820)

④ **펄라이트** = α고용체 + Fe_3C

⑤ **레데뷰라이트** = γ고용체 + Fe_3C

참고하세요

아공석강 : 페라이트 + 펄라이트
과공석강 : 시멘타이트 + 펄라이트

(2) Fe-C계 평형상태도

가로축을 Fe-C의 2원 합금 조성[%]으로 하고 세로축을 온도[℃]로 했을 때, 각 조성의 비율에 따라 나타나는 합금의 변태점을 연결하여 만든 선도

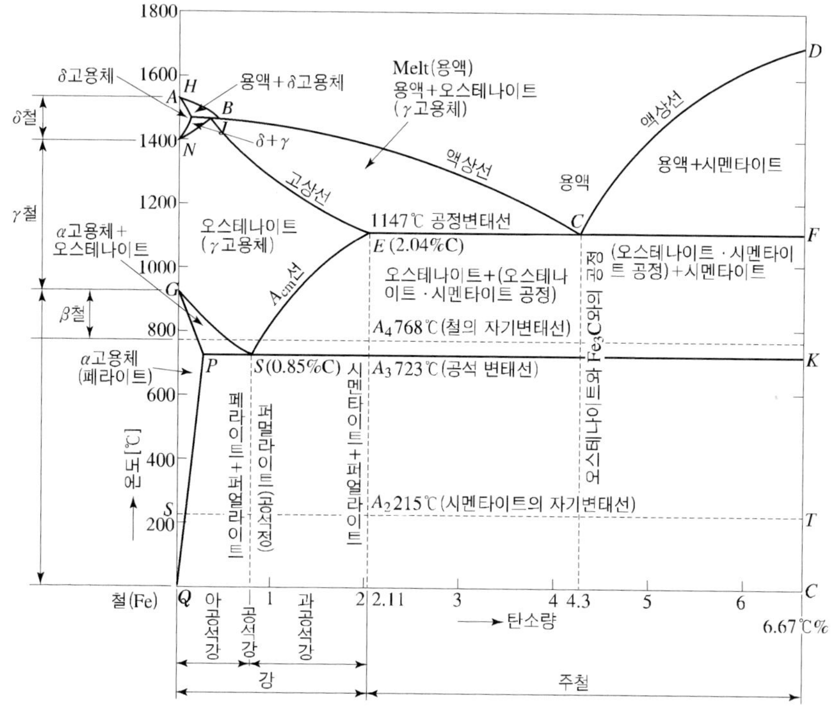

[Fe–C 상태도]

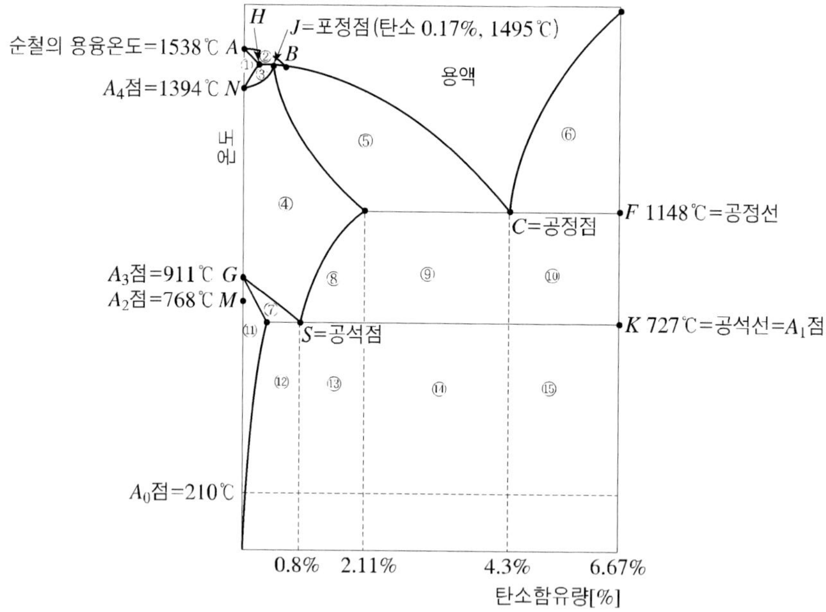

①의 조직 : δ고용체 = δ페라이트
②의 조직 : δ고용체 + 용액
③의 조직 : δ고용체 = γ고용체

④의 조직 : γ고용체 = 오스테나이트
⑤의 조직 : γ고용체(= 오스테나이트) + Fe_3C(= 시멘타이트) + 용액
⑥의 조직 : 용액 + Fe_3C(= 시멘타이트)
⑦의 조직 : α고용체(= 페라이트) + γ고용체(= 오스테나이트)
⑧의 조직 : γ고용체(= 오스테나이트) + Fe_3C(= 시멘타이트)
⑨의 조직 : γ고용체(= 오스테나이트) + 레데뷰라이트($\gamma + Fe_3C$)
⑩의 조직 : 레데뷰라이트($\gamma + Fe_3C$) + 시멘타이트(Fe_3C)
⑪의 조직 : α고용체 = 페라이트
⑫의 조직 : 페라이트 + 펄라이트
⑬⑭⑮ : 펄라이트 + Fe_3C(= 시멘타이트)

변 태	온도	내 용	비 교
A_0	210	시멘타이트의 자기변태	강
A_1	727	공석변태 austenite ↔ pearlite	강
A_2	768	철의 자기변태(α철 ↔ β철)	철강
A_3	911	철의 동소변태(α철 ↔ γ철)	철강
A_4	1398	철의 동소변태(γ철 ↔ δ철)	철강
A_{cm}	727~1145	과공석강의 시멘타이트의 고용 석출	강
Ae		평행 상태에서의 변태	
가열의 변태	Ac_1	pearlite → austenite	강
	Ac_3	austenite에 ferrite 용출	강
	Acm	austenite cementite의 용출	강
냉각의 변태 (연속)	Ar_1	austenite → pearlite	강
	Ar_3	austenite로부터 ferrite 석출	강
	Ar'	austenite → pearlite(미세중)	강
	Ar"	austenite → martensite	강
	Ms	austenite → martensite의 시점	강
	Mf	austenite → martensite의 종점	강
냉각의 변태 (항온)	Ab	austenite → bainite	강
기타	Mp	austenite 가공에 의한 martensite 점	강
	Ms	안정화된 austenite의 martensite 점	강

- A점 : 순철의 용융점(1539℃)
- AB선 : 융체로부터 δ고용체가 정출(晶出)하기 시작하는 액상선이고, 이 곡선이 오른쪽으로 갈수록 내려가고 있는 것은 탄소함유량이 증가함에 따라 δ고용체의 정출하는 온도가 내려가는 것을 의미한다.
- H점 : δ고용체가 C를 최대로 고용하는 점이고, 탄소량은 0.10%이다.
- AH선 : 융체로부터 δ고용체의 정출이 종료되는 온도선이며, δ고용체의 고상선(固相線 : solidus line)이라 한다.
- HJB선 : 포정 온도선이며, 일정한 온도 1492℃에 있어서 탄소함유량이 0.10~0.50%의 강에서 다음과 같은 포정 반응이 나타난다.

$$[\delta\text{고용체}]_H + (\text{융체})_B \Leftrightarrow [\gamma\text{고용체}]$$

- J점 : 포정점(庖丁點 : peritectic point)이라 하며, 그 탄소함유량은 0.18%C이다.
- N점 : 순철의 A_4변태점으로서 1401℃에서 δ고용체로부터 γ고용체로 변화한다. 즉, [δ고용체]⇔[γ고용체]
- NH선 : δ고용체로부터 γ고용체가 석출하기 시작하는 온도선을 나타낸다. 이것은 순철과 강의 A_4 변태 개시온도로서, 탄소량이 증가함에 따라 올라가고 있다.

- NJ선 : δ고용체로부터 γ고용체가 석출이 종료되는 온도선이다.
- BC선 : γ고용체의 액상선(liquidus line)으로서, 융체로부터 γ고용체가 정출하기 시작하는 온도선이다.
- JE선 : γ고용체의 고상선으로서, 융체로부터 γ고용체가 정출하기 시작하는 온도선이다.
- D점 : 시멘타이트(Fe_3C)의 응고점(1550%)
- CD선 : 시멘타이트의 액상선으로서, 융체로부터 시멘타이트가 정출하기 시작하는 온도선이다.
- E점 : γ고용체가 탄소를 최대로 고용하는 점이고, 탄소량은 2.0%이다.
- ECF선 : 공정온도선이며, 일정 온도 1130℃에 있어서 탄소량이 2.0~6.67%의 주철에서 다음과 같은 공정반응(共晶反應 : eutectic reaction)이 나타난다.

$$(\text{융체})_C \Leftrightarrow [\gamma\text{고용체}]_E + [Fe_3C]$$

이때 나오는 조직 γ고용체와 시멘타이트의 혼합 조직인 레데뷰라이트(ledeburite)를 공정조직(共晶組織)이라 한다.

- C점 : 공정점(共晶點 : eutectic point)이고, 탄소함유량은 4.3%이다.
- ES점 : γ고용체로부터 α고용체가 석출하기 시작하는 온도선이며, 이것을 A[cm]변태라고 한다.
- G점 : 순철의 A_3변태점이며, 그 반응은 $\gamma-Fe \Leftrightarrow \alpha-Fe$이고, 온도는 910℃이다.
- GS선 : γ고용체로부터 α고용체가 석출하기 시작하는 온도선이며, 이것은 강의 A_3변태에 상당하고, 탄소량이 증가함에 따라 점차로 감소하며, 0.85%의 S점에 이르면 A_1변태와 일치하게 된다.
- GP선 : γ고용체로부터 α고용체의 석출이 종료되는 온도선이다.
- M점 : 순철의 A_2 자기변태점이며, 온도는 768℃이다. 이것을 순철의 큐리점(curie point)이라고도 한다.
- MO선 : 강의 A_2 자기변태점이며, 온도는 768℃이다.
- P점 : α고용체가 탄소를 최대로 고용하는 점이고, 탄소량은 0.025%이다.
- PSK선 : 공석온도선이라고 하며, 일정 온도 723℃에 있어서 탄소함유량이 0.025~6.67%의 강에서 다음과 같은 공석반응(共析反應)을 한다.

$$[\gamma\text{고용체}]_S \Leftrightarrow [\alpha\text{고용체}]_P + [Fe_3C]_K$$

이때 γ고용체로부터 α고용체와 시멘타이트가 동시에 석출하여 펄라이트(pearlite)라는 공석 조직을 만든다. 엄밀히 말해서 PS선은 A_1변태 또는 SK선을 A_{321}변태라고 구별해서 부르기도 한다. 즉, A_{321}변태의 의미는 A_3, A_2, A_1의 3가지 변태가 합쳐진 것이다.

- PQ선 : α고용체에 대한 시멘타이트의 용해도 곡선이며, 상온에서 탄소가 0.008%이다.

[Fe–C 상태도의 영역별 구분]

2-4 강의 열처리

강을 가열과 냉각의 방법으로 확산이나 변태를 일으켜, 조직을 조정하거나 내부의 변형을 제거하고 또한 변태의 일부를 막고 적당한 조직을 만들어 목적하는 성질이나 상태를 얻는 조작

열처리 종류
- 일반 열처리
  - 담금질(quenching) : 담금질 조직, 담금질 온도, 담금질의 목적
  - 뜨임(tempering) : 저온 뜨임, 고온 뜨임, 뜨임 온도, 뜨임의 목적
  - 불림(normalizing) : 불림 온도, 불림의 목적
  - 풀림(annealing) : 풀림의 종류, 풀림의 온도, 풀림의 목적
- 항온 열처리
  - 항온 풀림 : 공구강, 특수강, 기타 자경성이 강한 특수강의 풀림에 사용
  - 항온 담금질
    - 오스템퍼링(austempering)
    - 마템퍼링(martempering)
    - 마퀜칭(marquenching)
    - Ms퀜칭(Ms quenching)
    - 오스포밍(ausforming)
  - 항온 뜨임 : 뜨임에 의하여 2차 경화되는 고속도강이나 다이스강의 뜨임에 사용
- 표면 경화법
  - 화학적 방법
    - 침탄법 : 고체침탄법, 액체침탄법, 가스침탄법
    - 질화법 : 암모니아가스를 이용해 표면에 질소를 넣어 표면을 경화시킨다.
    - 금속침투법 : 크로마이징(Cr침투), 칼로라이징(Al침투), 실리코나이징(Si침투), 브로나이징(B침투), 세라다이징(Zn침투)
  - 물리적 방법
    - 화염경화법
    - 고주파경화법
    - 쇼트피닝
    - 액체호닝

1. 일반 열처리의 종류

(1) 담금질(quenching)

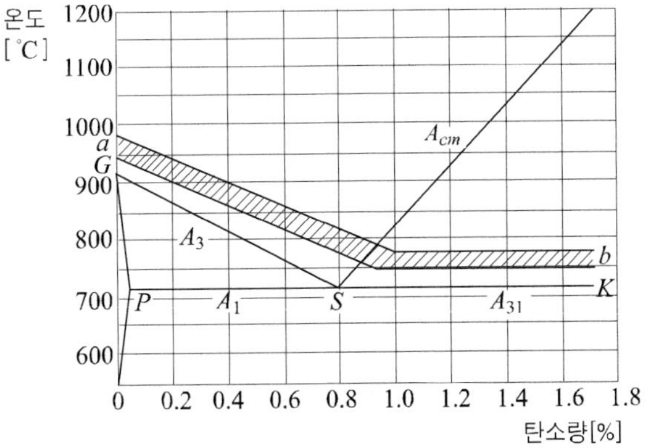

냉각 방법	조 직
노중 냉각(공냉)	펄라이트
공기중 냉각(공냉)	소르바이트
유중 냉각(유냉)	트루스타이트
수중 냉각(수냉)	마텐자이트

① **방법** : 강을 A_{321} 변태점보다 30~50℃ 정도의 높은 온도로 일정 시간 가열한 후 물 또는 기름과 같은 담금질제 중에서 급랭시켜 강하게 하거나 경도를 증가시킨다.

② **담금질 조직** : 다음과 같은 4가지 조직이 있다.

㉠ 오스테나이트 : 고탄소강을 수냉하였을 때 나타나는 조직으로 비자성체이며, 전기 저항이 크고 경도는 작으나 인장강도에 비하여 연신율이 크다.

㉡ 소르바이트 : 트루스타이트보다 냉각속도를 느리게 하였을 때의 조직으로 스프링에 사용된다.

㉢ 트루스타이트 : 마텐자이트보다 냉각속도를 느리게 하였을 때 나타나는 조직으로 부식이 가장 잘된다.

㉣ 마텐자이트 : 강을 물 속에서 급랭시켰을 때 나타나는 침상 조직으로 부식에 대한 저항이 크고 강자성체이며, 경도와 강도는 크나 여린 성질이 있고 연성이 작다.

조직이름	페라이트	오스테나이트	펄라이트	소르바이트	트루스타이트	마텐자이트	시멘타이트
경도(H_V)	90	155	255	270	445	880	1100

③ **담금질 조직의 경(硬)한 순으로 나열하면** : 마텐자이트 > 트루스타이트 > 소르바이트 > 오스테나이트

④ **담금질 조직의 냉각속도에 따른 조직 변화 순서** : 오스테나이트 > 마텐자이트 > 트루스타이트 > 소르바이트

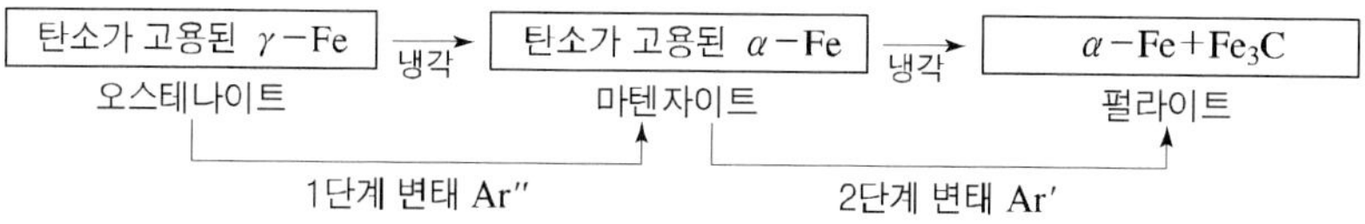

⑤ **질량 효과**(mass effect) : 담금질할 때 질량이 작은 재료는 내 · 외부에 온도차가 없으나 질량이 큰 재료는 열의 전도(傳導)에 시간이 소요되어 내 · 외부에 온도차가 생겨 외부는 경화되어도 내부는 경화(硬化)되지 않는 현상

⑥ **강의 경화성**(hardenability) : 담금질성이라고도 하며 급랭 경화된 깊이로 표시하고 담금질성을 향상시키는 원소로 B, Mn, Co, Cr 등이 있다. 경화성 시험 : 그로스맨 시험, 조미니 시험

(2) 뜨임(tempering)

저온 뜨임과 고온 뜨임이 있으며, 일정한 온도로 가열 후 공기 중에서 냉각(공냉), 또는 노 안에서 냉각(노냉)시킨다.

① **저온 뜨임** : 담금질에 의해 발생한 내부응력이 제거되고, 강재의 표면에 발생한 응력이나 마텐자이트의 메짐성이 없어진다. 이와 같이 경도만이 요구되는 경우 약 100~200℃ 부근에서 뜨임하는 것을 말한다(오스테나이트 ➡ 트루스타이트). 또는 마텐자이트를 400℃로 뜨임하면 트루스타이트가 얻어진다.(M ➡ T)

② **고온 뜨임** : 강인한 재질로 만들기 위하여 500~600℃의 고온에서 뜨임하는 것을 말한다.(트루스타이트 ➡ 소르바이트)

[템퍼링 온도에 대한 색]

온도	색	온도	색
200	엷은 청색	290	짙은 청색
220	황색	300	청색
240	갈색	350	청회색
260	자주색	400	회색
280	보라색		

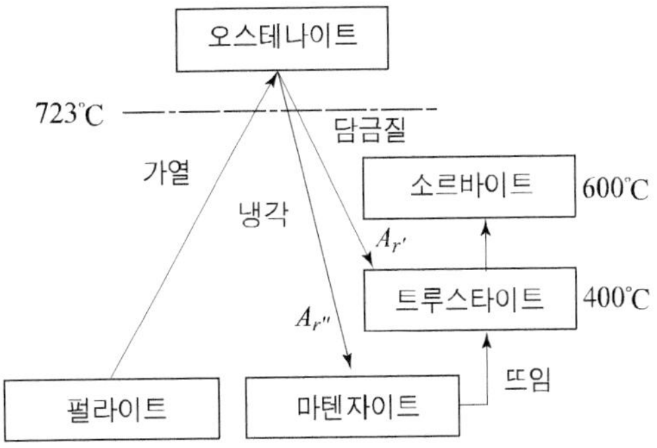

(3) 풀림(annealing)

① **풀림 방법** : 재료를 단조, 주조 및 기계가공을 하게 되면 가공 경화나 내부응력이 생기게 되는데 이를 제거하기 위해서 변태점 이상의 적당한 온도로 가열하여 노 안에서 냉각, 즉 노냉(서냉)시킨다.

② **풀림의 목적**

㉠ 열처리로 경화된 재료를 연화시킨다.
㉡ 가공 경화된 재료를 연화시킨다.
㉢ 가공 중의 내부응력을 제거시킨다.
㉣ 인성을 향상시킨다.
㉤ 재료의 불균일을 제거한다.
㉥ 피절삭성을 개선한다.
㉦ 기계적 성질을 개선한다.

③ **풀림의 종류**

㉠ 저온 풀림 : A_1 변태점 이하에서 열처리하는 풀림으로 응력 제거 풀림, 프로세서 풀림, 구상화 풀림, 재결정 풀림

㉡ 고온 풀림 : A_1 변태점 이상에서 열처리하는 풀림으로 완전 풀림, 확산 풀림, 항온 풀림, 구상화 풀림

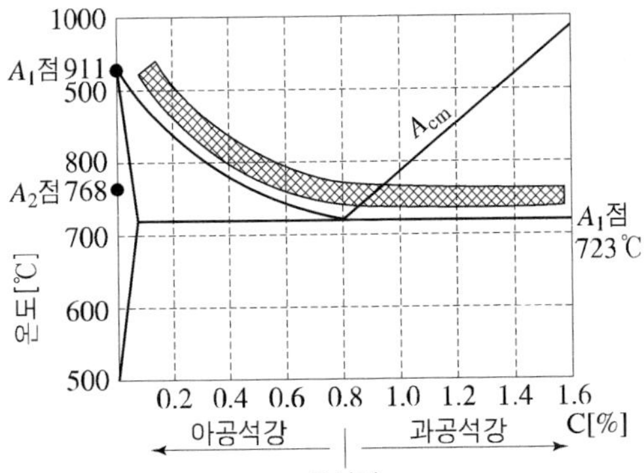

[완전 풀림]

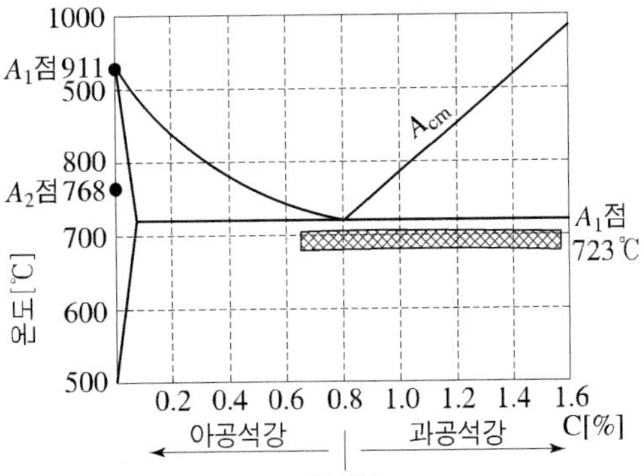

[구상화 풀림]

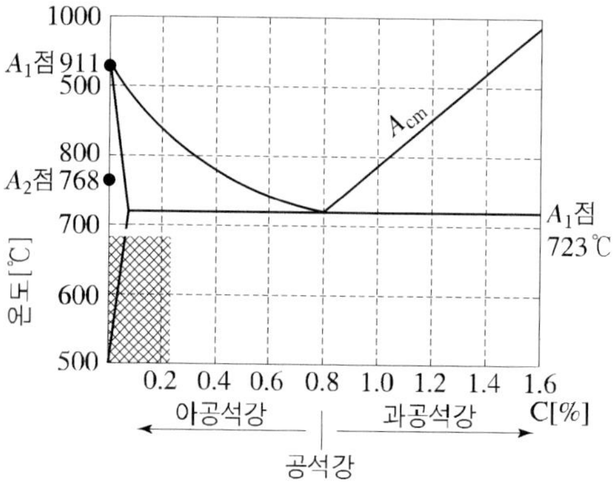

[응력 제거 풀림]

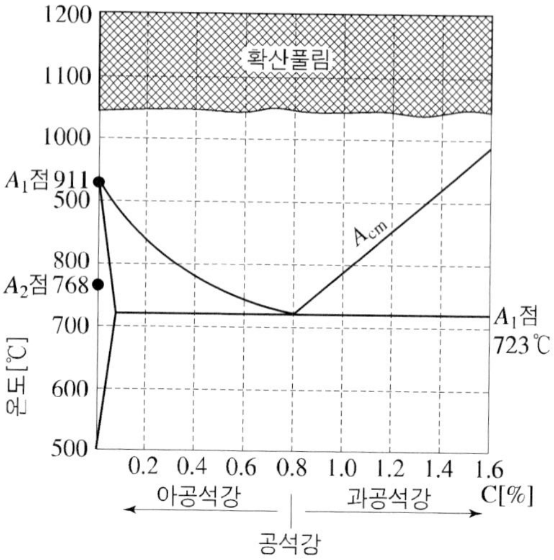

[확산 풀림]

(4) 불림(normalizing)

단조, 압연 등의 소성가공이나 주조로 거칠어진 조직을 미세화(표준화)하고, 편석이나 잔류응력을 제거하기 위해 A_3변태점(911℃)보다 약 30~50℃ 높게 가열하여 공기 중에서 공냉하는 작업

[특징] 결정입자와 조직이 미세하게 되어 경도, 강도가 크게 증가하고, 연신율과 인성도 다소 증가한다.

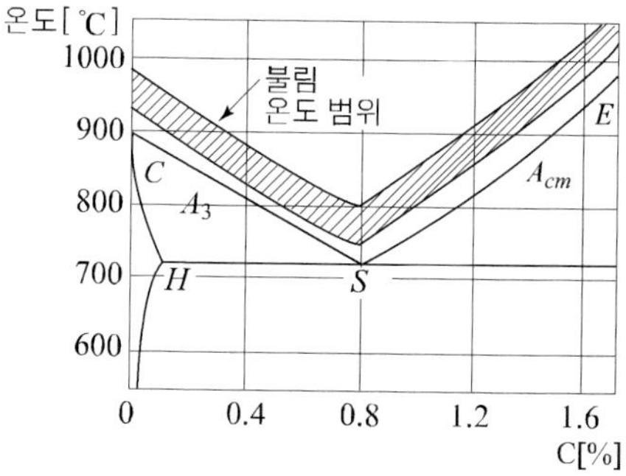

[탄소강의 불림 온도]

2. 항온 열처리

항온 열처리의 종류
- 항온 풀림 (isothermal annealing) — 공구강, 특수강, 기타 자경성이 강한 특수강의 풀림에 사용
- 항온 담금질 (isothermal quenching)
  - 오스템퍼링(austempering)
  - 마템퍼링(martempering)
  - 마켄칭(marquenching)
  - Ms퀜칭(Ms quenching)
  - 오스포밍(ausforming)
- 항온 뜨임 (isothermal tempering) — 뜨임에 의하여 2차 경화되는 고속도강이나 다이스강의 뜨임에 사용

강을 오스테나이트 상태에서 냉각할 때 냉각 도중 어떤 온도에서 냉각을 정지하고 그 온

도에서 변태를 한다. 이와 같은 변태를 항온 변태라 한다.(항온 변태 곡선=TTT 곡선=S 곡선이라 한다.)

[특징] ① 계단 열처리보다 균열이 방지되고 경도가 높고 인성이 커서 기계적 성질이 우수하다.

② 변태 개시온도와 변태 완료온도를 온도-시간곡선으로 나타낸다.

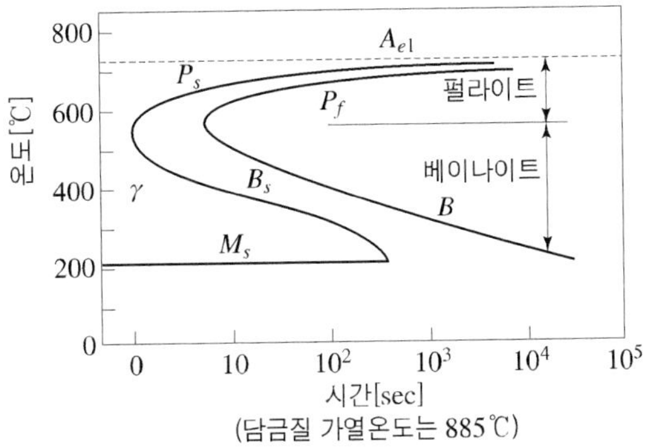

[0.89% C강의 항온 변태 곡선 : T.T.T. 곡선]

(1) 항온 풀림(isothermal annealing)

항온 풀림은 옆의 그림과 같이 풀림온도가 가열한 강재를 비교적 급속히 펄라이트 변태가 진행되는 온도, 즉 S 곡선의 코(nose) 부근의 온도(600~700℃)에서 항온 변태시키고, 변태가 끝난 후에 꺼내어 공냉한다. 보통 풀림시간보다 처리시간이 단축되고, 노를 순환적으로 이용할 수 있다. 일반적으로 공구강, 특수강, 기타 자경성이 강한 특수강 등의 풀림에 적합하다.

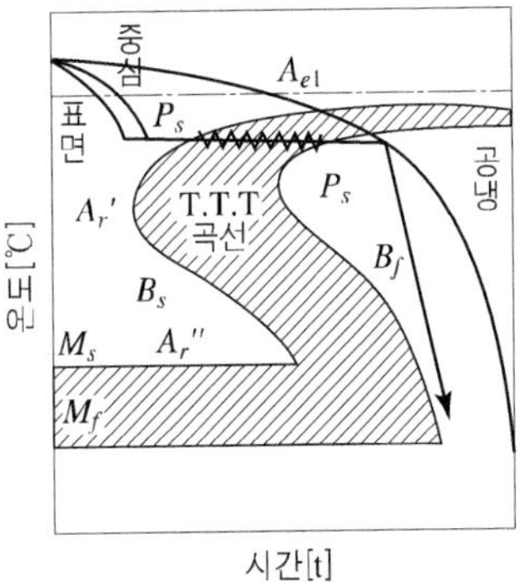

[항온풀림(isothermal annealing)]

(2) 오스템퍼링(austempering)

담금질 온도에서 M_s 점보다 높은 온도의 염욕 중에 넣어 항온 변태를 끝낸 후에 상온까지 냉각하는 담금질 방법으로 옆의 그림과 같이 S곡선에서 코(nose)와 Ms점 사이에서 항온 변태를 시킨 후 열처리하는 것으로서 점성이 큰 베이나이트 조직이 얻을 수 있어 뜨임할 필요가 없고 강인성이 크며, 담금질 균열 및 변형을 방지할 수 있다.

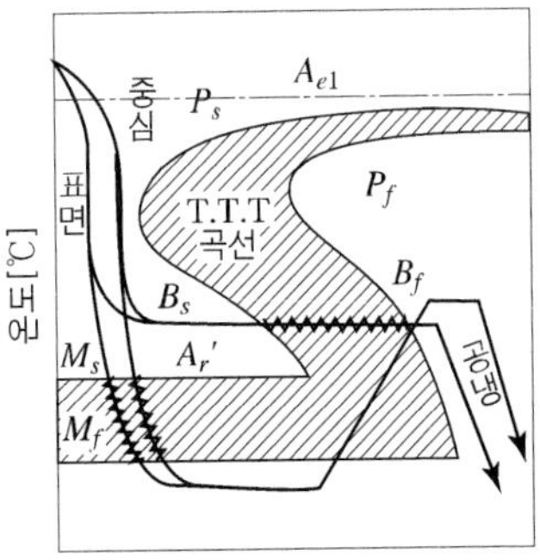

[오스템프링(austempering)]

(3) 마템퍼링(martempering)

담금질 온도로 가열한 강재를 옆의 그림과 같이 M_s 점과 M_f 점 사이의 항온 염욕에서 항온 변태를 시킨 후에 상온까지 공냉하는 담금질 방법으로 경도가 크고 인성이 있는 마텐자이트와 베이나이트 혼합조직이 얻어지므로 담금질 변형 및 균열 방지, 취성 제거에 이용되고 있으나, 항온시간이 너무 길어서 공업적으로 이용되기에는 어려움이 있다.

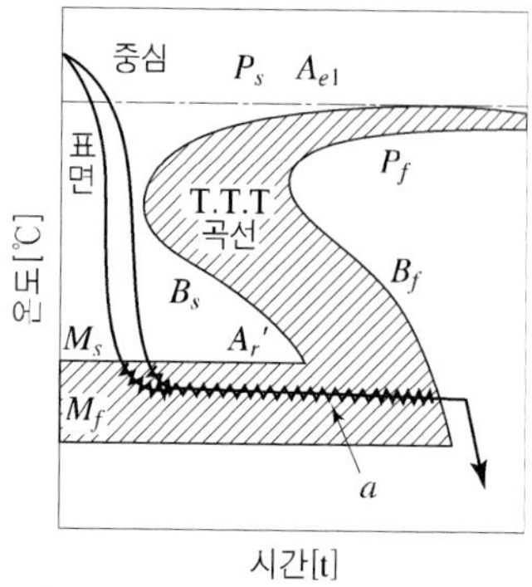

[마템퍼링(martempering)]

(4) 마퀜칭(marquenching)

담금질 온도로 가열한 강재를 옆의 그림과 같이 M_s 보다 다소 높은 온도의 염욕에서 담금질하여 강재의 내 · 외가 동일한 온도로 될 때까지 항온을 유지시킨 후에 급랭하여 마텐자이트 변태를 시키는 담금질 방법으로 마퀜칭 후에 필요한 경도로 뜨임하여 이용한다. 마퀜칭을 하면 수중에서 담금질한 경우보다 경도가 다소 낮아지나, 강의 내 · 외가 거의 동시에 서서히 마텐자이트로 변화하므로 담금질 균열이나 변형이 생기기 않는다. 이 방법은 복잡한 물건의 담금질, 특히 고탄소강, 게이지강, 베어링, 고속도강 등의 합금강과 같이 수중에서 냉각하면 균열이 생기기 쉽고, 유중에서 급랭하면 변형이 많은 강재에 적합하다.

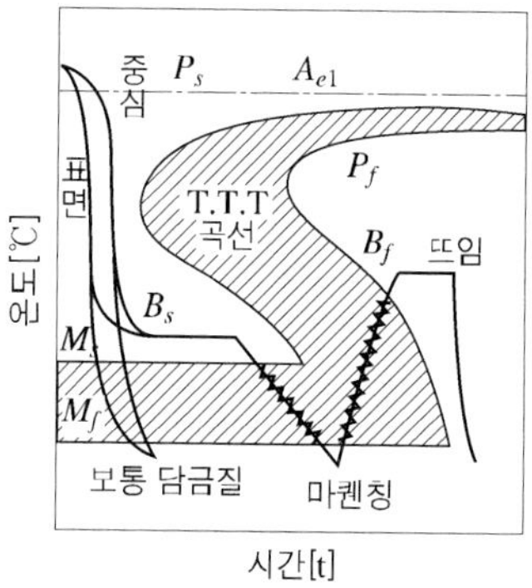

[마퀜칭(marquenching)]

(5) Ms퀜칭(Ms quenching)

담금질 온도로 가열한 강재를 옆의 그림과 같이 M_s 점보다 약간 낮은 온도의 염욕에 담금질하여 강의 내 · 외부가 동일 온도로 될 때까지 항온 유지(지름 25mm 둥근 막대는 약 5분 정도)한 후 꺼내어 물 또는 기름 중에 급랭하는 방법으로 잔류 오스테나이트를 제거한다.

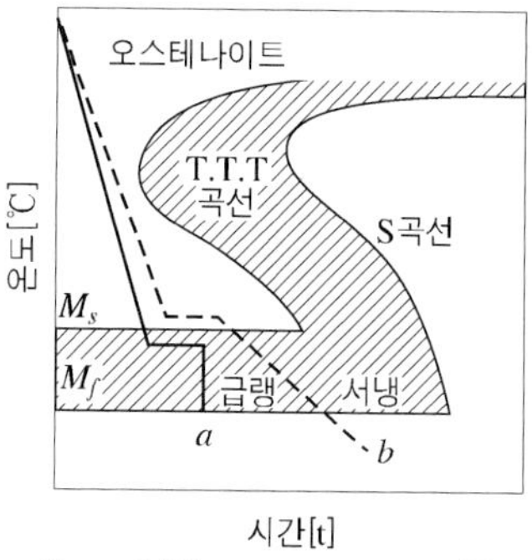

[Ms퀜칭(Ms quenching)]

(6) 오스포밍(ausforming)

오스포밍은 옆의 그림과 같이 강을 오스테나이트 상태로 가열한 후 항온 변태곡선 온도까지 급랭시켜 M_s 변태점 이상의 온도에서 항온 유지하고 소성가공을 하면서 담금질(유냉, 수냉)을 행한 후 마텐자이트 변태를 일으키게

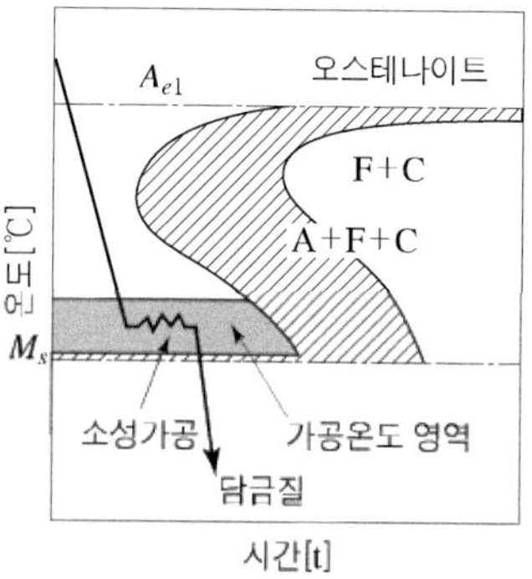

[오스포밍(ausforming)]

한 뒤에 템퍼링하는 방법으로 마텐자이트 조직을 얻으며, 자동차 스프링, 저합금 구조용 강, 초강인강 등의 열처리에 적용, 이용된다.

참고하세요 서브제로 처리 = 심랭 처리 = 영하 처리

오스테나이트를 염욕에서 M_f점 이하로 하여 잔류 오스테나이트를 제거하는 방법

3. 강의 표면 경화법

표면에는 경도를 높이고 내부에는 인성이 남아 있게 하는 열처리

표면 경화법
- 화학적 방법
  - 침탄법 : 고체침탄법, 액체침탄법, 가스침탄법
  - 질화법 : 암모니아가스를 이용해 표면에 질소를 넣어 표면을 경화시킨다.
  - 금속침투법 : 크로마이징(Cr침투), 칼로라이징(Al침투), 실리코나이징(Si침투), 브로나이징(B침투), 세라다이징(Zn침투)
- 물리적 방법
  - 화염 경화법
  - 고주파 경화법
  - 쇼트피닝
  - 액체호닝

(1) 화학적인 방법

① **침탄법** : 0.2% 이하의 저탄소강을 침탄제(탄소 : C)와 침탄 촉진제를 소재와 함께 침탄 상자에 넣은 후 침탄 노에서 가열하면 0.5~2mm의 침탄층이 생겨 표면만 단단하게 하는 표면 경화법이다. 표면에 C를 침입, 고용시키는 방법이다.

㉠ 고체 침탄법 : 침탄제인 목탄이나 코크스 분말과 침탄 촉진제[탄산바륨($BaCO_3$), 적혈염, 소금 등]를 소재와 함께 침탄 상자에서 900~950℃로 3~4시간 가열하여 표면에서 0.5~2mm의 침탄층을 얻는 방법이다.

㉡ 액체 침탄법 : 침탄제[시안화나트륨(NaCN), 시안화칼륨 KCN]에 염화물(NaCl, KCl, $CaCl_2$ 등)과 탄화염을 40~50% 첨가하고 600~900℃에서 용해하여 C와 N가 동시에 소재의 표면에 침투하게 하여 표면을 경화시키는 방법으로 침탄 질화법 또는 청화법 또는 시안화법이라고도 한다.

㉢ 가스 침탄법 : 이 방법은 탄화수소계 가스(메탄 가스, 프로판 가스 등)를 이용한 침탄법이다. 연속적인 침탄이 가능하고 직접 담금질을 할 수 있어 대량 생산에 적합하다.

② **질화법** : 질화법은 암모니아 가스(NH_3)를 이용한 표면 경화법으로, 520℃ 정도에서 50~100시간 오랜 시간 작업을 해야 질화되며, 질화용 합금강(Al, Cr, Mo 등을 함유한 강)을 사용해야 한다. 질화되지 않게 하기 위해서는 Ni, Sn 도금을 한다.

비 고	질화법	침탄법
열처리시간	열처리하는 시간이 많이 걸린다.	열처리하는 시간이 짧다.
경도	경도가 침탄법보다 높다.	경도가 질화법보다 낮다.
열처리 후 수정	수정되지 않는다.(수정 불가)	침탄 후 수정 가능
열처리 후의 상태	질화 후의 열처리가 필요없다.	침탄 후의 열처리가 필요하다.
변형	경화에 의한 변형이 적다.	경화에 의한 변형이 생긴다.

③ **금속 침투법**=확산침투 도금법(세멘테이션, Cementation)
철과 친화력이 강한 금속을 표면에 침투시켜 내열층, 내식층을 만드는 방법으로 크로마이징(Cr침투), 칼로라이징(Al침투), 실리코나이징(Si침투), 브로나이징(B침투), 세라다이징(Zn침투) 등이 있다.

㉠ 세라다이징(sheradizing) : 소형물의 내식성을 개량하기 위해 철의 표면에 아연(Zn)을 침투 확산시키는 방법

㉡ 칼로라이징(calorizing) : Al 및 알루미나(Al_2O_3) 분말에 강 제품을 넣고 950℃로 가열하여 내열성이 우수한 Fe-Al 합금의 피복층을 얻는 방법

㉢ 크로마이징(chromizing) : 크롬(Cr)확산 피복법이라고도 한다. 철강재료의 표면경화법에 많이 사용된다. 대표적으로 분말팩법에서는 크롬분말과 확산제로 피도금부를 뒤덮어 열처리로써 크롬을 철강표면에 확산시켜 내식성의 층을 만든다.

㉣ 실리코나이징(siliconizing) : 강 표면에 규소(Si) 성분이 많은 합금층을 형성하여 내마멸성, 내식성, 내열성이 극히 우수한 피막을 얻는 방법

㉤ 브로나이징(boronizing) : 강 표면에 붕소(B)를 침투시켜 가장 우수한 경화층을 얻는 방법으로 밀착성도 대단히 우수함

(2) 물리적인 방법

① **화염 경화법**(flame hardening) : 0.4%C 전후의 탄소강을 산소-아세틸렌 표준불꽃으로 가열하여 물로 냉각시키면 표면만 단단해진다. 이와 같은 표면 경화법을 화염 경화법이라 하며, 경화층의 깊이는 불꽃온도, 가열시간, 화염의 이동속도에 의하여 결정되기 때문에 균일한 표면의 경도값을 얻기 힘들다.

② **고주파 경화법**(induction hardening) : 고주파에 의한 열로 표면을 가열한 후 물에 급랭시켜 표면을 경화시키는 방법으로, 경화시간이 대단히 짧아 탄화물을 고용시키기가 쉽다.

③ **쇼트피닝** : 금속 재료의 표면에 강이나 주철의 작은 입자(ϕ0.5~1.0mm)들을 고속으로 분사시켜, 가공 경화에 의하여 표면층의 경도를 높이는 방법으로 휨, 비틀림의 반복하중에 대해서 피로한도를 현저하게 증가시킨다.

④ **도금법**(plating) : 내식성과 내마모성을 주기 위하여 표면에 Cr 등을 도금하는 방법이다.

2-5 탄소강의 성질

1. 탄소강에 함유된 성분의 영향

(1) 탄소

탄소강에서 C가 많을수록 가공 변형은 어렵게 되고, 냉간가공은 되지 않는다. 용접성이 나빠진다.

참고하세요 탄소강에서 탄소(C) 함유량이 많아질수록

증가하는 것 : 강도, 경도, 취성, 전기저항, 비열, 항복강도
감소하는 것 : 연성, 전성, 인성, 충격값, 비중, 열전도율, 열팽창계수

(2) 규소(Si)

① 강 중에는 보통 0.1~0.35% 정도 함유
② 인장강도, 경도, 탄성한계를 증가하여 연신율과 충격값을 감소
③ 단접, 용접성 및 냉간가공성을 저하
④ 정입자를 최대화하고 소성을 감소시킨다.

(3) 망간(Mn)

① 0.2~0.8% 정도 함유
② 강에 경도, 강도, 점성을 증가
③ 탈산작용을 하여 강의 유동성을 좋게 한다.
④ 고온에서 결정의 성장을 저하시켜 조직을 치밀하게 한다.
⑤ 적열취성을 제거하고 절삭성을 개선

(4) 인(P)

① 결정립을 조대화시키면서 경도와 인장강도를 증가시킨다.
② 연신율 및 충격값을 감소시킨다.
③ 적당한 양은 용선의 유동성을 좋게 한다.
④ 가공 시 균열을 일으키며 상온 취성의 원인

(5) 황(S)

① 강의 유동성을 해치고 기포가 발생
② Mn과 결합하여 절삭성을 개선

참고하세요 탄소강에 포함된 5원소

C, Si, Mn, P, S

③ 단조, 압연 시 고온취성의 원인
④ 0.02% S 이하일지라도 인장강도, 연신율, 충격값 등이 감소

(6) 가스의 영향

① N_2 : 석출하여 경화시킨다.
② O_2 : FeO, MnO, SiO_2 등과 같이 산화물로 개재
③ H_2 : 강에 백점이나 헤어크랙(hair-crack)의 원인

2. 탄소강에 나타나는 여러 가지 메짐성

(1) 청열 메짐성

금속 재료는 일반적으로 온도의 상승과 더불어 강도가 감소하고 연신율은 커진다. 하지만 연강이나 탄소강은 200~300℃에서는 강도는 커지고, 연신율은 대단히 작아져서 결국 메짐성을 나타내나, 이때의 강은 청색의 산화피막을 발생하는데, 이것을 청열 메짐성이라고 한다.

(2) 적열 메짐성

황이 많은 강은 고온에서 여린 성질을 나타내는데 이것을 적열 메짐성이라고 한다.

(3) 상온 메짐성

인은 강의 결정입자를 조대화시켜서 강을 여리게 만들며, 특히 상온 또는 그 이하의 저온에 있어서는 특별히 현저해진다. 인은 상온 메짐성 또는 냉간 메짐성의 원인이 된다.

(4) 고온 메짐성

강은 구리의 함유량이 0.2% 이상으로 되면 고온에 있어서 현저히 여리게 되며, 결국 고온 메짐성을 일으킨다.

(5) 냉간 메짐성

강은 일반적으로 충격값은 100℃ 부근에서 최대이며, 상온 이하에 있어서는 현저히 여리게 된다. 이것을 냉간 메짐성이라고 한다.
탄소강은 200~300℃에서 상온일 때보다 인성이 저하하는 특성이 있는데, 이를 탄소강의 청열 취성(blue shortness)이라 한다. 또 황을 많이 함유한 탄소강은 약 950℃에서 인성이 저하하는 특성이 있다. 이를 탄소강의 적열 취성(red shortness)이라 한다. 또, 탄소강은 온도가 상온 이하로 내려가면 강도와 경도가 증가되나, 충격값은 크게 감소된다. 특히, 인을 많이 함유한 탄소강은 상온에서도 인성이 낮으며, 이를 탄소강의 상온 취성(cold shortness)이라 한다.

3. 탄소강의 종류와 용도

- 탄소강
  - 구조용 탄소강
    - 일반 구조용 탄소강(SS)
    - 기계 구조용 탄소강(SM)
  - 탄소공구강(STC)

[구조용 탄소강의 분류]

	특별 극연강	극연강	연강	반연강	반경강	경강	최경강
탄소함유량[%]	0.08 이하	0.08~0.12	0.12~0.2	0.2~0.3	0.3~0.4	0.4~0.5	0.5~0.6
인장강도 [kgf/mm²]	32~36	36~42	38~48	44~55	50~60	58~70	64~100
용도	전선 박판	용접관 새시 리벳	철골 철근 리벳 차량용 판	건축용 선박용 교량용	축 볼트	실린더 레일 차륜	축 나사 레일

(1) 구조용 탄소강

0.6% 이하인 구조용 강은 압연한 그대로 또는 열처리하여 사용한다.

① **일반 구조용 압연강(SS)** : 특별한 기계적 성질을 요구하지 않는 곳에 사용되는 것으로 건축물, 교량, 철도 차량, 조선, 자동차 등에 강판(P), 평강(F), 강대(S), 형강(A), 봉강(B), 림드강으로 판든 후판(厚板) 등에 사용된다.

② **기계 구조용 탄소강(SM)** : 일반 구조용 강보다 중요한 기계 부품에 사용하며 킬드강으로 만든다. 이 외에 기계 구조용 탄소강에는 보일러용 압연 강재, 용접 구조용 압연 강재, 리벳용 압연 강재, 체인용 환강, 열간 및 냉간 압연용 강판 등이 있다.

참고하세요

SM45C(Carbon steel for machine structural use) : 기계 구조용 탄소강, 탄소함량 0.45% (0.42%~0.48% 탄소함유량)
SM300A(Steel Marine) : 용접 구조용 압연 강재 인장강도(400~510N/mm²), 즉 최저 인장강도 400N/mm²이다.

(2) 탄소공구강(STC)

0.6~1.7%C의 고 탄소강으로서 가공이 용이하며, 간단히 담금질하여 높은 경도를 얻을 수 있으며, 특별히 P와 S의 함유량이 적어야 한다. 목공에 쓰이는 공구나 기계에서 금속을 깎을 때 쓰이는 공구로, 경도가 높고 내마멸성이 있다.

탄소공구강	탄소함유량[%]		용도
STC1	1.3~1.5%	과공석강	칼줄
STC2	1.1~1.3%		드릴, 철공용 줄, 소형펀 치, 면도날, 태엽, 쇠톱
STC3	1.0~1.1%		나사 가공 다이스, 쇠톱, 프레스 형틀, 게이지, 끌, 치공구
STC4	0.9~1.0%		태엽, 목공용 드릴, 목공용 띠톱, 펜촉 도끼, 끌, 면도날
STC5	0.8~0.9%		각인, 프레스 형틀, 태엽, 띠톱, 치공구, 원형 톱, 게이지
STC6	0.7~0.8%	아공석강	각인, 원형 톱, 태엽, 프레스 형틀
STC7	0.6~0.7%		각인, 스냅, 프레스 형틀, 나이프

4. 합금강

(1) 합금강의 정의

강의 기계적 성질을 개선하거나 특수한 성질을 부여하기 위하여 탄소강에 니켈, 크롬, 망간, 텅스텐 등의 금속원소를 첨가한 것으로 특수강이라고 한다.

(2) 합금강의 목적

① 탄소강에 원소를 첨가하여 기계적 성질(강도, 경도, 인성, 내피로성)을 향상시키는 것이 주목적이다.
② 고온강도 증가(텅스텐을 첨가하면 고온강도가 증가된다.)
③ 내식성을 증가[크롬이 13% 이상이면 내식강(스테인리스강)이다]
④ 내마멸성의 증대(니켈이 포함되면 내마멸성이 증가된다.)
⑤ 결정입도의 성장 방지

(3) 여러 가지 합금원소의 효과

원소명	효과	원소명	효과
Ni	•강인성 및 내식성, 내산성 증가	Mo	•텅스텐과 거의 흡사하며, 효과는 W의 2배이다. •담금성, 내식성, 크리프 저항성 증가
Mn	•내마멸성, 강도, 경도, 인성 증가 •점성이 크고, 고온가공이 용이 •S에 의한 메짐현상의 발생 방지	Cu	•내산성 증가
Cr	•경도, 인장강도 증가 •내식성, 내열성, 내마멸성이 증가하며, 열처리를 용이하게 함	V	•경화성 증가 •Cr이나 Mo를 함께 사용
		Si	•강도, 내식성, 내열성 증가 •자기적 성질 증가
W	•경도, 강도 증가 •고온경도, 고온강도 증가 •탄화물을 만들기 쉽게 함	Co	•고온경도, 고온강도 증가 •단독으로 사용하지 않음

(4) 합금강의 분류

합금강의 분류

- 구조용 합금강 — 강인강
  - 니켈강(SN) : 니켈 포함, 미세화, 인장강도 증가되나 연신율은 감소되지 않음.
  - 크롬강(SCr) : 크롬 포함, 내마멸성이 좋아 내연기관의 실린더 라이너용
  - 니켈-크롬강(SNC) : 강인하고 탄성한도가 높으며 담금질 효과가 크나 뜨임 메짐을 일으키기 쉽다.
  - 니켈-크롬-몰리브덴강(SNCM) : 니켈-크롬강의 뜨임 메짐을 방지하기 위해 적은 양의 몰리브덴을 첨가하여 강인성을 증가시키고, 담금질할 경우에 질량 효과를 감소시켜 메짐을 방지할 수 있도록 개선한 강이다.
- 공구용 합금강
  - 고속도강(HSS) : 주성분이 0.8%C, 18%W, 4%Cr, 1%V로 된 것이 표준형
  - 초경합금 : 탄화텅스텐(WC), 탄화티탄(TiC), 탄화탄탈(TaC)의 가루를 소결하여 압축하여 만듦.
  - 스텔라이트 : 주조 경질 합금, 열처리할 수 없다.
  - 세라믹 : 알루미나(Al_2O_3)를 주성분으로 결합제를 사용하지 않고 소결시킨 공구
  - 서멧 : 세라믹과 금속을 합쳐 만든 공구강
  - CBN 공구 : 고경도 담금질강, 내열합금 등 난삭재의 가공에 사용된다. 열처리된 강도 가공 가능
  - 다이아몬드 : 경도가 크므로 절삭 공구에 쓰이는데 연삭 숫돌의 드레서(dresser) 유리 절삭에 쓰인다.
- 내식강(STS) stainless강
  - 크롬-니켈계 : 오스테나이트계(크롬 18%-니켈 8%) 18-8스테인레스강이라 한다. 자석에 붙지 않고, 열처리 안 된다. 내식성이 우수하다.
  - 크롬계
    - 마텐자이트계, 크롬 13% : 담금질 경화성 있음. 자성 있음.
    - 페라이트계, 크롬 15% : 담금질 경화성 없음. 자성 있음.
- 쾌삭강(SUM)
  - 황쾌삭강 : 황은 황화망간(MnS)으로 되어 절삭성은 향상시키나 기계적 성질은 떨어뜨린다.
  - 납쾌삭강 : 납을 첨가한 것으로 자동차 등의 중요 부품에 대량 생산용으로 널리 사용된다.
- 스프링 강
  - 철강재료
    - 냉간가공 : 철사스프링, 얇은 판 스프링 제작
    - 열간가공 : 탄소 0.6% 이상의 고탄소강에 규소를 넣어주고, 뜨임한 것으로 인장강도와 탄성한계가 크고, 충격과 피로에 대한 저항력이 크다.
  - 비철재료 — 인청동 : 인으로 탈산시킨 것으로 스프링, 기어, 밸브 등에 사용된다.
- 불변강
  - 인바(invar) : 줄자, 표준자, 시계의 추 등의 재료에 사용
  - 엘린바(elinvar) : 정밀 계측기기, 전자기 장치, 각종 정밀 부품의 스프링재질로 사용된다.
  - 초불변강(super invar)(=초인바) : 인바보다 선팽창계수가 작다.
  - 코엘린바(koelinvar) : 공기나 물 속에서 부식되지 않는다. 주로 스프링, 태엽, 기상 관측용 기구 등의 부품 재료로 사용된다.
  - 플래티나이트(platinite) : 전구나 진공관의 도입선(열팽창계수가 유리나 백금과 같다)
  - 퍼멀로이(permalloy) : Ni 75~80%, 약한 자장으로 큰 투자율을 가지므로 해저 전선의 장하 코일용으로 사용된다.
- 베어링 강
  - 화이트 메탈(WM)
    - 주석계 화이트 메탈 배빗 메탈 : Sn+Sb+Cu
    - 납계 화이트 메탈 : Pb+Sn+Sb+Cu
  - 구리계 합금(KM) : 켈밋 : Cu+Pb
  - 알루미늄 합금(AM)
  - 함유 베어링(oilless bearing) - 베어링 자체에 기름이 함유되어 있어 기름 공급이 어려운 부분에 사용되는 베어링

① 구조용 합금강＝강인강(強靭鋼 ; 강할강, 질길인, 굳셀강)이라는 이름의 강재

㉠ 니켈강(Ni강) : 탄소강에 니켈을 첨가하면 철 중에 잘 고용되어 결정입자를 미세화하며, 연신율을 그리 감소시키지 않으면서 인장강도, 경도 등을 증가시킬 뿐 아니라 고온에서의 기계적 성질도 좋아서 강도가 크고 내마멸성 및 내식성이 우수하다.

㉡ 크롬강(SCr) : 내마멸성이 좋아 내연기관의 실린더 라이너용으로 사용되며 그 밖에 기계 부품으로서 기어, 암, 캠축, 밸브 및 강력 볼트, 너트 등에 이용된다.

㉢ 니켈 – 크롬강(SNC) : 강인하고 탄성한도가 높으며 담금질 효과가 크나 뜨임 메짐을 일으키기 쉽다.

㉣ 니켈–크롬–몰리브덴강(SNCM) : 니켈–크롬강의 뜨임 메짐을 방지하기 위해 적은 양의 몰리브덴을 첨가하여 강인성을 증가시키고, 담금질할 경우에 질량 효과를 감소시켜 메짐을 방지할 수 있도록 개선한 강이다.

[기계 구조용 합금강]

명 칭	KS 기호	
크롬강(Cr강)	SCr 415	4 : 주요 합금 원소기호 15 : 탄소함유량 평균값 0.15C%
니켈–크롬강(Ni–Cr강)	SNC415	4 : 주요 합금 원소기호 15 : 탄소함유량 평균값 0.15C%
망간강(Mn강)	SMn420	4 : 주요 합금 원소기호 15 : 탄소함유량 평균값 0.20C%
망간–크롬강(Mn–Cr강)	SMnC443	4 : 주요 합금 원소기호 43 : 탄소함유량 평균값 0.43C%
크롬–몰리브덴강(Cr–Mo강)	SCM415	4 : 주요 합금 원소기호 15 : 탄소함유량 평균값 0.15C%
니켈–크롬–몰리브덴강(Ni–Cr–Mo강)	SNCM220	2 : 주요 합금 원소기호 20 : 탄소함유량 평균값 0.20C%

[주요 합금 원소량 코드와 원소함유량(%)]

구분 / 주요 합금 원소량 코드 \ 원소	크롬강	망간강	망간 크롬강		크롬 몰리브덴		니켈 크롬강		니켈 크롬 몰리브덴강		
	Cr	Mn	Mn	Cr	Cr	Mo	Ni	Cr	Ni	Cr	Mo
2	0.30 이상 0.80 미만	1.00 이상 1.30 미만	1.00 이상 1.30 미만	0.30 이상 0.90 미만	0.30 이상 0.80 미만	0.15 이상 0.30 미만	1.00 이상 2.00 미만	1.00 이상 2.00 미만	0.25 이상 0.70 미만	0.20 이상 1.00 미만	0.15 이상 0.40 미만
4	0.80 이상 1.40 미만	1.30 이상 1.60 미만	1.30 이상 1.60 미만	0.30 이상 0.90 미만	0.80 이상 1.40 미만	0.15 이상 0.30 미만	2.00 이상 2.50 미만	0.25 이상 1.25 미만	0.70 이상 2.00 미만	0.40 이상 1.50 미만	0.15 이상 0.40 미만

② **공구용 합금강** : 담금질 효과가 좋고, 또 결정입자도 미세하고 경도가 크며, 내마멸성이 우수하다. 또 고온에서 경도가 유지되기 때문에 절삭 공구, 형단조용 공구 등으로도 쓰인다.

㉠ 합금 공구강(alloy tool steel) : STS, STD, STF (주성분 : W-Cr-V-Ni)
탄소량이 0.8~1.5%에 소량의 텅스텐(W), 크롬(Cr), 바나듐(V), 니켈(Ni) 등을 첨가한 강이며, 탄소공구강보다는 절삭성이 양호하고 내마멸성과 고온 경도가 높아 저속 절삭용 및 총형 공구용으로 주로 사용된다.

합금공구강 종류	**절삭 공구용**	S2종	STS 2	탭, 드릴, 커터의 재료
		S21종	STS 21	
		S5종	STS 5	원형 톱, 띠톱의 재료
		S51종	STS 51	
	냉간 금형용	D1종	STD 1	성형틀 다이스, 분말 성형틀 재료
		D11종	STD 11	나사 전조 다이, 프레스 형틀 재료
		D12종	STD 12	
	열간 금형용	F3종	STF 3	다이블록(die block), 압출공구 재료
		F4종	STF 4	프레스 형틀, 압출공구 재료

㉡ 고속도 공구강(high speed steel : HSS) : HSS(하이스 JIS 규격), SKH(KS 규격)
HSS(하이스 JIS 규격), SKH(KS 규격)
주성분이 0.8%C,18%W, 4%Cr, 1%V로 된 것이 표준형인 표준 고속도강으로 18-4-1공구강이라고도 한다. 500~600℃의 고온에서도 경도가 저하되지 않고, 내마멸성이 크며, 고속도의 절삭 작업이 가능하게 된다.

ⓐ 600℃ 이상에서도 경도 저하 없이 고속절삭이 가능하며 고온경도가 크다.
ⓑ 고온 및 마모저항이 크고 보통강에 비하여 고온에서 3~4배의 강도를 갖는다.
ⓒ 18-8-1형인 표준 고속도강은 오스테나이트와 마텐자이트 기지에 망상을 한 오스테나이트와 복합탄화물의 혼합 조직이다.
ⓓ 고속도강은 다른 공구강에 비하여 열처리 공정이 특별하다. 담금질 온도가 매우 높고, 유지시간은 짧다. 그러므로 예열을 하여 담금질 온도에서의 짧은 유지시간에도 탄화물이 오스테나이트 상에 많이 고용되게 해야 한다. 예열은 2단 예열을 실시하며, 1차 예열은 650℃, 2차 예열은 850℃에서 하는 것이 좋다. 2차 예열이 끝나면 즉시 담금질 온도(1175~1245℃)로 급속하게 가열한다.

㉢ 주조 경질 합금(cast alloyed hard metal)-스텔라이트(W-Cr-Co-C)
주조한 상태의 것을 연삭 성형하여 사용하는 공구로, 열처리하지 않아도 충분한 경도를 가진 주조 경질 합금이다. 단조 또는 절삭할 수 없으므로 금형에 주입, 주조한 후 연삭 성형한다. 주조 후 열처리하지 않아도 고온경도와 내마모성이 크다. 주성분으로는 W-Cr-Co-C이다.(보통 공구 선단에 전기용접 또는 동납으로 땜하여 사용)

㉣ 초경합금(sintered hard metal)=소결 탄화물 경질 합금(주성분 : WC, TiC,

TaC, Co)

경도가 높은 금속 탄화물 가루에 결합제로서 코발트 가루를 혼합하고, 이를 압축 성형시켜 소결 제조한 탄화물 합금

ⓐ 금속 탄화물 : 탄화텅스텐(WC), 탄화티탄(TiC), 탄화탄탈(TaC)

ⓑ 초경합금의 특징 : 경도가 매우 크고 내열성, 내마멸성이 우수하다. 메짐성이 있으며, 또 연삭도 쉽지 않다.

ⓒ 초경합금의 용도 : 주철과 칠드 주철의 절삭가공이나 순금속, 비철금속, 비금속 등의 정밀가공 및 철사 뽑기 다이(die) 등에 이용된다.

ⓓ 종류 : 초경합금은 P, M, K계열이 있으며

P계열 : 강, 합금강 가공용으로 적합하다.

M계열 : 스테인리스강, 주철, 주강 가공용으로 적합하다.

K계열 : 은, 주철, 비철금속, 비금속 가공용으로 적합하다.

경도는 $P>M>K$, 인성은 $P<M<K$ 순이다.

ⓔ 초경합금의 상품명 : 비디아(Widia), 텅갈로이(Tungalloy), 미디아(Midia), 카볼로이(Carboloy)

ⓜ 세라믹 공구(ceramic tool)−주성분 : 산화 알루미늄(Al_2O_3)

처음에는 점토를 소결하여 사용하였으나, 1955년경부터 알루미나(Al_2O_3)를 주성분으로 결합제를 사용하지 않고 소결시킨 공구이다.

산화 알루미늄(Al_2O_3) 가루에 규소 및 마그네슘의 산화물 또는 다른 산화물의 첨가물을 넣고 소결한 합금으로, 고온에서도 경도가 높고 내마멸성이 좋으며, 초경합금보다 더욱 높은 속도로 절삭할 수 있으나, 경질 합금보다 인성이 적고 취성(brittleness)이 있어 충격 및 진동에 약하다. 절삭 시 절삭유를 사용하지 않는다.

ⓑ 서멧 공구(cermet tool)−주성분 : 탄질화 티탄(TiCN)

세라믹(ceramic)과 금속(metal)의 합성어로 세라믹의 단점인 취성을 보완하기 위해 금속의 인성을 부여하여 만든 공구이다. 서멧(cermet) 공구는 탄화 텅스텐보다 경도 및 고온 특성이 우수한 탄질화 티탄(TiCN)을 주체로 한 공구로서 종래 탄화티탄(TiC) 주체의 서멧에 비하여 인성을 한층 보강시킨 고강도 공구이며, 초경합금에 비해 고속 절삭이 가능하고 공구 수명이 길다.

ⓢ CBN 공구(Cubic Boron Nitride Tool : 입방정질화 붕소)

철계 금속의 절삭에 이상적인 공구 재료로서 CBN은 다이아몬드 경도의 $\frac{2}{3}$이며, 초경합금보다 경도가 1.5~2배 크다. CBN은 초경합금이나 세라믹보다도 고경도, 고열전도율, 저열팽창률의 장점을 갖고 있다. 다이아몬드와는 달리 공기 중에도 안정된 물질로서 철과의 반응성이 낮아 절삭열이 많이 발생되는 철계 금속의 절삭에 이상적이다. 절삭가공 분야에서 현재까지의 일반적인 상식은 열처리 후의 고경도의 각종 난삭 재료는 비능률적으로 경제적인 절삭이 곤란하여 부득이 절삭가공을 하고 열처리한 후 연삭가공을 할 수밖에 없었다. 하지만 CBN 공구의 개발로

열처리된 강이나 난삭제의 절삭을 가공할 수 있게 되었다.

ⓞ 피복 초경합금(coated tungsten carbide tool material)－코틴팅 초경합금

ⓐ 물리적 증착 방법(PVD : Physical Vapor Depostion) : 피복 초경합금 초경합금의 모재 위에 탄화물 또는 질화물, 탄질화물질[TiC, TiN, Ti(C, N)]을 5～10 μm 얇게 피복한 초경합금

ⓑ 화학적 증착 방법(CVD : Chemical Vapor Deposition) : 가스의 플라스마 상태에서 생기는 이온을 이용하여 피복하는 과반응가스를 고온(900～1000℃)에서 화학 반응시켜 피복하는 방법

피복 초경합금은 주로 화학 증착법으로 행하며 이는 고온에서 증착되기 때문에 접착력이 아주 강하여 강, 주강, 주철, 비철금속 절삭에 많이 사용된다.

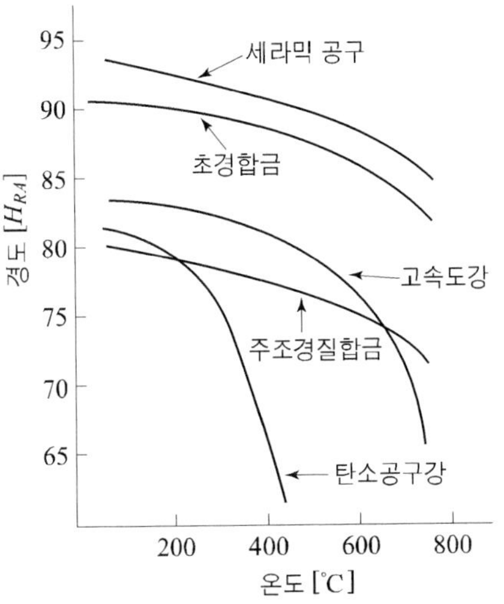

[공구의 온도와 경도의 관계]

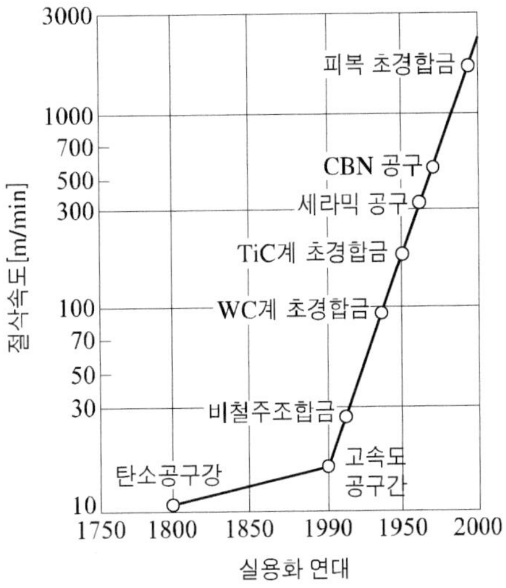

[절삭속도와 공구의 실용화 연대]

③ 내식 · 내열용 강

㉠ 스테인리스강(KS규격 : STS, 일본 규격 : SSC) : Cr, Ni을 다량 첨가하여 내식성을 현저히 향상시킨 강으로 불수강이라고도 하며 Cr의 함유량이 12% 이상인 것을 말한다.

㉡ 내열강(HRS)

ⓐ 페라이트계 내열강 : Fe에 Cr을 가하여 내산성을 증가시키고, Fe의 재결정 온도를 상승하게 함으로써 크리프 강도를 증가시킨 강이나, 고온에서의 기계적 성질이 좋지 않다.

ⓑ 오스테나이트계 내열강 : 페라이트계 내열강은 내산화성은 우수하고 고온에 있어서의 기계적 성질이 떨어지므로, 고온 강도 또는 크리프 저항이 큰 것이 요구되는 기계 부품에 사용한다.

성분계	조직	KS 기호	특징	
			자성	담금질 경화성(열처리성)
Cr계	마텐자이트(13%Cr)	STS410	있음	있음
	페라이트(15%Cr)	STS430	있음	없음
Cr-Ni계 내식성 가장 우수	오스테나이트 18%Cr-8%Ni	STS304	없음	없음

④ **쾌삭강**(SUM)

공작기계의 고속, 고능률화에 따라 가공 재료의 피절삭성을 높이고 제품의 정밀도와 절삭 공구의 수명을 길게 하기 위하여 절삭 중 절삭되어 나오는 쇳밥(chip) 처리의 능률, 공정의 단축, 가공 단가의 저렴화 등을 고려하여 재질의 성질을 개선한 철강 재료이다.

㉠ 황 쾌삭강 : 탄소강에 황을 기본 첨가량보다 0.1~0.25% 정도 증가시킨 것으로 황은 황화망간(MnS)으로 되어 절삭성은 향상시키나 기계적 성질은 떨어뜨린다.

㉡ 납 쾌삭강 : 납을 0.1~0.35% 첨가한 것으로 강도를 중요시하는 기계 부품용으로 이용될 수 있으며, 자동차 등의 중요 부품에 대량 생산용으로 널리 사용된다.

⑤ **스프링강**(SPS)

스프링강은 보통 냉간가공의 것과 열간가공의 것이 있다. 냉간가공하는 것으로는 철사 스프링, 얇은 판 스프링 등이 있고, 열간가공하는 것으로는 탄소 0.6% 이상의 고탄소강에 규소를 많이 넣어주고, 400~500℃에서 뜨임한 것으로, 인장강도와 탄성한계가 크고, 충격과 피로에 대하여 저항력이 크다. 그 외에도 열간가공하는 스프링강 재질로는 Mn강, Si-Mn강, Si-Cr강, Cr-V강 등이 있다.

스프링에 사용되는 재질

- 철강 재료 — 스프링강
  - 냉간가공 — ① 철사 스프링, ② 얇은 판 스프링
  - 열간가공 — 탄소 0.6% 이상의 고탄소강에 규소를 많이 넣어주고, 400~500℃에서 뜨임한 것으로, 인장강도와 탄성한계가 크고, 충격과 피로에 대하여 저항력이 크다. 그 외에도 열간가공하는 스프링강 재질로는 Mn강, Si-Mn강, Si-Cr강, Cr-V강 등이 있다.
- 비철금속 — 인청동(phosphorus bronze)

⑥ **불변강** : 주위 온도가 변화하여도 재료의 선팽창계수나 탄성률 등의 특성이 변하지 않는 합금강

㉠ 인바(invar) : 0.2%C 이하, 35~36%Ni, 약 0.4%Mn의 철 합금, 200℃ 이하의 온도에서 선팽창계수가 작다.(20℃에서 보통 탄소강은 12.0×10^{-6}이나 인바는 1.2×10^{-6}이다.) 줄자, 표준자, 시계의 추 등의 재료에 사용

㉡ 엘린바(elinvar) : 36%Ni, 12%Cr의 철 합금이다. 탄성계수는 온도 변화에 의해서도 거의 변화하지 않고 선팽창계수가 8.0×10^{-6} 이다. 정밀 계측기기의 스프링

재료, 전자기 장치, 각종 정밀 부품 등의 주요 부품재료로 사용된다.

㉢ 초불변강(super invar)(=초인바) : 30.5~32.5%Ni, 4~6%Co를 함유하는 철 합금이다. 20℃에서의 선팽창계수가 0.1×10^{-6}으로서 인바보다 훌륭한 합금이다.

㉣ 코엘린바(coelinvar) : 10~11%Cr, 26~58%Co, 0~16.5%Ni를 함유하는 철 합금이다. 온도 변화에 의한 길이 변화가 매우 작고, 공기나 물 속에서 부식되지 않는다. 주로 스프링, 태엽, 기상 관측용 기구 등의 부품 재료로 사용된다.

㉤ 플래티나이트(Platinite : 44~47.5%Ni, 나머지 Fe) 열팽창계수가 유리나 백금에 가까우며, 주로 전구의 도입선으로 사용된다.

5. 주 철

(1) 주철의 장 · 단점

장 점	단 점
① 용융점이 낮고 유동성이 좋다. ② 주조성이 양호하여 대형 또는 복잡한 형상의 부품을 주조한다. ③ 마찰저항 및 절삭성이 우수하다. ④ 가격이 저렴하다. ⑤ 녹 발생이 거의 없다.(도색 양호) ⑥ 압축강도가 크다.(인장강도의 3~4배) ⑦ 감쇠능이 우수하여 동력전달장치의 몸체에 사용된다.	① 인장강도, 휨강도가 작다. ② 충격값, 연신율이 작다. ③ 가공이 어렵다.(고온가공) ④ 인성이 낮고 소성가공이 안 된다.

(2) 주철의 조직에 미치는 원소의 영향

① **탄소** : 함유량이 4.3% 범위 안에서는 탄소 함유량의 증가와 더불어 용융점이 저하되며, 주조성이 좋아진다.

② **규소** : 주철 중의 화합탄소를 분리하여 흑연화를 촉진하며, 따라서 주철의 질을 연하게 하고 냉각 시 수축을 적게 한다.

③ **망간** : 황과 화합하여 황화망간(MnS)으로 되어 용해 금속 표면에 떠오르면, 함유량이 증가함에 따라 펄라이트는 미세해지고, 페라이트는 감소한다.

④ **황** : FeS로서 편석하여 균열의 원인이 되고, 또한 많은 황이 존재하면 취성이 증가하며, 강도가 현저히 감소된다.

⑤ **인** : 주철 속에 들어가면 용융점이 저하되고 유동성이 좋아지나, 탄소의 용해도가 저하되어 시멘타이트가 많아지면서 단단하고 취성이 커지므로, 보통 주물에서는 0.5%P 이하가 좋다.

참고하세요 주철의 성장(growth of cast iron)

주철을 A_1 변태점 이상의 온도에서 장시간 방치하거나 다시 되풀이하여 가열하면, 점차로 그 부피가 증가되고 변형이나 균열을 가져와 강도나 수명이 짧아지는 현상

참고하세요

흑연화 촉진제 : Si, Ni, Al, Ti, Co
흑연화 방지제 : Mo, S, Cr, Mn, V, W

(3) 주철의 종류

① 보통 주철

㉠ 회주철을 대표하는 주철로 인장강도가 10~25[kg/mm^2] 정도이며, 기계가공성이 좋고 값이 싸다.

㉡ 강인성이 작고 단조가 안 되나, 용융점이 낮고 유동성이 좋으므로 주조하기가 쉬워 널리 사용된다.

㉢ 일반 기계 부품, 수도관, 난방용품, 가정용품, 농기구 등에 사용되며, 특히 공작 기계의 베드, 프레임 및 기계 구조물의 몸체 등에 널리 사용되고 있다.

② 고급 주철(=펄라이트 주철) : 편상 흑연 주철 중에서 인장강도가 25[kg/mm^2] 정도 이상의 주철로 바탕이 펄라이트로 되어 있어 펄라이트 주철이라고도 한다.

참고하세요 **고급 주철의 제조법**

① 란츠법 : 초정, Fe_3C를 없게 하고 지지를 펄라이트화하는 방법
② 에멜법 : 저탄소 주철이라 하며 C_3[%], Si_2[%]의 고급 주철을 얻는 방법
③ 피보와르스키법 : 저탄소 고규소의 재료를 사용해서 흑연을 미세화하기 때문에 전기로에서 용탕을 과열하는 방법
④ 미한법 : Fe-Si 또는 Ca-Si 등을 첨가해서 흑연 핵의 생성을 촉진시키는 방법으로 이 조작을 접종이라 한다.

③ 특수 주철

㉠ 가단 주철 : 보통 주철의 결점인 여리고 약한 인성을 개선하기 위하여 백주철을 장시간 열처리하여 C의 상태를 분해 또는 소실시켜, 인성 또는 연성을 증가시킨 주철

ⓐ 백심 가단 주철 : 파단면이 흰색을 나타내며 강도는 흑심 가단 주철보다 다소 높으나 연신율은 작다.

ⓑ 흑심 가단 주철 : 표면은 탈탄되어 있으나 내부는 시멘타이트가 흑연화되어서 파단면이 검게 보이는 주철

ⓒ 펄라이트 가단 주철 : 입상흑연과 입상 펄라이트 조직으로 된 주철로 인성은 약간 떨어지나, 강력하고 내마멸성이 좋다.

㉡ 구상 흑연 주철 : 용융 상태의 주철 중에 마그네슘, 세륨(Ce) 또는 칼슘 등을 첨가

처리하여 흑연을 구상화한 것으로, 노듈러 주철(nodular cast iron), 덕타일 주철(ductile cast iron) 등으로 불리며 인장강도, 내마멸성, 내식성 등이 우수하여 실린더 라이너, 피스톤, 기어 등에 사용한다.

㉢ 칠드 주철 : 주조할 때 필요한 부분에만 모래 주형 대신 금형으로 하고, 금형에 접한 부분을 급랭, 칠(chill)화시켜 경도를 높인 것으로 내부가 연하고 표면이 단단하여 롤러, 차바퀴 등에 사용한다. 칠드된 표면은 시멘타이트 조직이다.

(4) Maurer 상태도

탄소와 규소량에 따른 주철의 조직 관계를 표시한 것

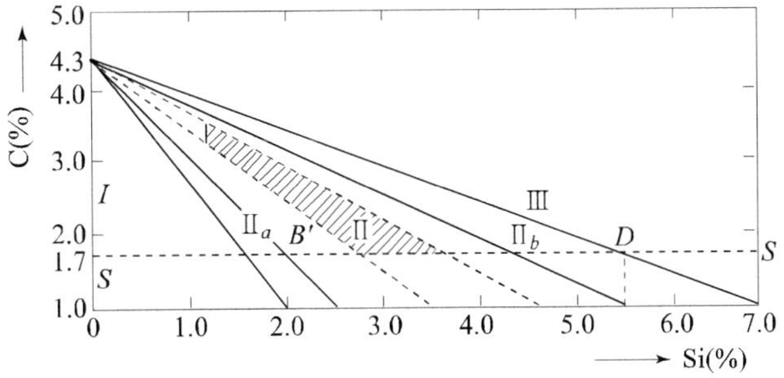

구역	조 직	명 칭
Ⅰ	펄라이트+시멘타이트	백 주 철
Ⅱa	펄라이트+시멘타이트+흑연	반 주 철
Ⅱ	펄라이트+흑연	펄라이트 주철
Ⅱb	펄라이트+페라이트+흑연	보 통 주 철
Ⅲ	페라이트+흑연	극 연 주 철

[Maurer 선도]

6. 주 강

(1) 주강의 특징

① 주강품은 모양이 크거나 복잡하여 단조품으로서는 만들기가 곤란하거나, 주철로서는 강도가 부족한 경우에 사용된다.

② 용융점 온도가 1600℃ 전후의 고온으로 취급이 까다로우며 응고 수축이 크다.

③ 주철에 비하여 기계적 성질이 좋고, 용접에 의하여 보수가 용이하다.

④ 단조품이나 압연품에 비하여 방향성이 없다.

(2) 주강의 종류

① 보통 주강(탄소 주강)

㉠ 탄소의 함유량에 따라 0.2% 이하의 저탄소 주강, 0.2~0.5%의 중탄소 주강, 0.5%

이상의 고탄소 주강으로 구분한다.

㉡ 크롬 주강 : 보통 주강에 3% 이하의 크롬을 첨가하면 강도와 내마멸성이 높아지므로, 분쇄 기계와 석유 공업용 심정 기계 부품으로 이용된다.

㉢ 니켈-크롬 주강 : 저니켈, 저크롬 주강으로 인장강도, 연성, 내충격성이 좋으므로 기어, 압연 롤러 등에 널리 이용되고 있다.

㉣ 망간 주강

ⓐ 저망간 강(듀콜강) : 0.9~1.2% Mn인 주강으로 펄라이트계이며 열처리에 의하여 니켈-크롬 주강과 비슷한 기계적 성질을 가지게 되므로 제지용 롤러에 이용된다.

ⓑ 고망간 강(하드필드강) : 12% Mn인 주강으로 인성이 높고, 내마멸성도 매우 크므로, 레일의 포인트, 분쇄기 롤러 등에 이용된다.(절삭이 곤란하여 주물로 사용)

참고하세요 Ducol steel

저망간 강으로 항복점과 인장강도가 대단히 크다. 전연성의 감소가 비교적 적어서 조선, 차량, 건축, 토목 구조물, 철골, 교량, 함선용으로 사용된다.

Chapter 3 비철금속재료

3-1 구리와 그 합금

1. 구리의 특징

① 비중 8.96, 용융점 1083℃
② 용융점 이외에는 변태점이 없다.
③ 면심입방격자이다.(연하고 전연성이 좋아 소성가공하기 쉽다.)
④ 비자성체로 자석에 붙지 않는다.
⑤ 전기 전도도가 우수하다. 금속 중 은(Ag) 다음으로 전기 전도도가 우수하다.
⑥ 열 전도도가 우수하다. 금속 중 은(Ag) 다음으로 열 전도도가 우수하다.
⑦ 공기 중에서 표면이 산화되어 암적색이 되고 재료 내부는 부식되지 않는다.
⑧ 철강 재료에 비하여 내식성이 커서 공기 중에서 거의 부식되지 않으나, 황산, 염산, 질산에 쉽게 용해된다.
⑨ 해수(海水)에 부식되어 염기성 탄산동의 녹이 생긴다.
⑩ 아름다운 색을 띠고 있다.
⑪ 용접 및 접합성이 우수하다.

참고하세요

전기 전도율을 해치는 원소 : Ti, P, Fe, Si, As 등
가공성을 저하하는 원소 : Bi, Pb
구리 강도 및 내마모 향상 원소 : Cd

참고하세요 수소병(수소 취성)

산화구리를 환원성 분위기에서 가열하면 H_2가 반응하여 수증기를 발생하고 구리 중에 확산 침투하여 균열(haler crack)을 발생한다.

2. 황동(구리 + 아연)

(1) 황동의 성질

① 색이 아름다우며 순수한 구리보다도 주조하기가 쉬워 공업용으로 많이 사용된다.(일명 놋쇠라 한다.)

② 전연성(늘어나는 성질)이 풍부하다. 압연과 단조가 가능하다.

③ 아연의 함유량에 따른 변화

㉠ 아연량이 증가함에 따라 비중은 직선적으로 작아지며,

㉡ 전기 전도도, 열 전도도는 40% Zn까지의 α고용체 범위에서는 감소를 하나 그 이상이 되면 β상이 석출되면서 전기 전도도는 상승하여 50% Zn에서 극대값을 이룬다.

㉢ 인장강도는 아연 함유량과 더불어 증가하는데, 40% Zn일 때 최대가 된다.

(2) 황동의 결함

① **자연 균열**(season crack) : 냉간가공한 봉, 관, 용기 등이 사용 중이나 저장 중에 가공 때의 내부응력, 공기 중의 염류, 암모니아 가스(NH_3)로 인해 입간 부식을 일으켜 균열이 발생하는 현상이다.

[방지법] ㉠ 200~300℃에서 저온 풀림하여 내부 응력 제거
㉡ 도금법 및 도색법

② **탈아연 부식** : 바닷물에 침식되어 아연(Zn)이 용해 부식되는 현상이다.

[방지법] ㉠ 아연판을 도선에 연결
㉡ 전류에 의한 방식법
㉢ 주석황동을 만든다.(Sn 1% 첨가)

③ **경년 변화** : 냉간가공한 후 저온 풀림 처리한 황동(스프링)이 사용 중 시간의 경과와 더불어 스프링의 특성(경도값 증가)을 잃는 현상이다.

3. 청동(구리 + 주석)

(1) 청동의 성질

① 대기 중에서 내식성이 있으며 해수에도 우수한 저항성을 가진다.(산이나 알칼리에 대해서는 약하다.)

② 주조성, 강도가 좋으며 가볍다.

③ **주석의 함유량에 따른 변화**

㉠ Sn의 함유량이 증가할수록 전기 전도도는 감소한다.

㉡ Sn의 함유량이 증가할수록 강도, 경도는 증가한다.

㉢ Sn 4%에서 연신율 최대, 그 이상에서는 급격히 감소한다.

㉣ Sn 15% 이상에서 경도가 급격히 증가하고 Sn 함량에 비례하여 증가한다.

구리합금

비중 : 8.96
용융점 : 1083℃

구리의 특징
- 전기가 잘 통한다.
- 비자성체이다.
- 열전도도가 우수하다.
- 면심입방격자
- 전연성이 풍부
- 변태점이 없다.
- 용접성이 우수
- 공기중에서 표면이 산화되어 암적색이 되고 재료 내부는 부식되지 않음
- 해수에 침식된다.
- 황산, 염산, 질산에 쉽게 용해된다.

- 황동
  - 톰백 : 모조금 아연 5~20%, 전연성이 좋고 색깔이 금색 모조금으로 사용, 판재 사용
  - 7:3황동 : 70%Cu-30%Zn의 합금, 가공용 황동의 대표, 자동차 방열기, 탄피 재료
  - 6:4황동=문츠메탈 : 60%Cu-40%Zn 황동 중 가장 저렴, 탈아연 부식 발생
  - 황동 주물 : 절삭성과 주조성이 좋아 기계 부품, 건축용 부품
  - 쾌삭 황동 : 1.5~3.0%Pb 절삭성이 좋아 정밀 절삭가공을 필요로 하는 기계용 기어, 나사에 사용
  - 주석 황동
    - 애드미럴티 황동 : 7:3황동에 1%의 내의 Sn 첨가
    - 네이벌 황동 : 6:4황동에 1%의 내의 Sn 첨가
  - 델타메탈(=철황동) : 6:4황동에 1~2%Fe 함유, 강도와 내식성 우수, 광산, 선박, 화학기계에 사용
  - 망간니 : 황동에 10~15%망간 함유, 전기저항률이 크고, 온도계수가 적어 표준저항기, 정밀기계에 사용
  - 양은=양백=Nickel Silver : 10~20%Ni 장식품, 악기, 광학기계 부품에 사용
- 청동
  - 청동 주물
    - 포금 : 8~12%의 Sn에 1~2%의 Zn을 함유, 해수에 잘 침식되지 않는다.
    - 애드미럴티 포금 : 88%Cu, 10%Sn, 2%Zn의 합금으로 포금의 주조성과 절삭성 개량
  - 베어링용 청동 : 10~14%Sn, 내마멸성이 크므로 자동차나 일반기계의 베어링으로 사용
  - 인 청동 : 인으로 탈산시킨 것으로 강인하고 내식성이 좋아 스프링 재료로 사용
  - 알루미늄 청동 : 약 15% Al 함유, 선박용, 화학공업용
  - 베릴륨 청동 : 탄성이 좋은 점의 이용, 고급 스프링, 벨로즈(bellows)
  - 니켈 청동 : 점성이 강하고, 내식성도 크며, 표면의 평활한 합금이 된다. 뜨임 취성을 일으키는 단점이 있다.

3-2 알루미늄과 그 합금

1. 알루미늄의 특징

① 비중은 2.7, 용융점은 660℃이다.
② 면심입방격자이다.(연하고 전연성이 좋아 소성가공하기 쉽다.)
③ 전기 및 열의 양도체이다.
④ 상자성체(常磁性)이다.
⑤ 순수 Al은 주조가 곤란, 유동성이 작고, 수축률이 크다.
⑥ 대기 중에서 안정한 표면에 산화피막(산화알루미늄 Al_2O_3)을 형성하여 대기 중에서는 부식이 되지 않는다.
⑦ 염산이나 황산 등의 무기산에는 약하며 특히 알칼리 수용액에는 더욱 약하여 바닷물에는 심하게 침식된다.
⑧ 알루미늄은 보크사이트(bauxite)를 원광으로 하여 추출(抽出)하여 얻어진다.
⑨ 주조가 용이하며 다른 금속과 잘 합금되어 여러 가지 합금으로 만들어진다.

참고하세요 상자성체(常磁性, paramagnetism)

상자성체에 외부에서 자기장을 가하면 그에 비례해 약한 자성을 띠며 자기장을 없애면 열에 의한 분자 운동 때문에 자기장의 방향이 다시 아무렇게나 흐트러져서 물질 전체적으로는 자성이 없어진다. 상자성 물질은 자성을 강하게 띠지 않기 때문에 그 자신을 움직일 만한 자력을 형성하지 않는다. 그래서 자석에 가까이 와도 붙지 않는다. 상자성체로는 텅스텐, 알루미늄, 마그네슘 등이 있다.

참고하세요 산화피막

알루미늄은 녹이 슬면 철과 다르게 구조가 매우 견고하고 조밀해져서 공기와의 접촉을 차단해 준다. 추가로 녹이 스는 것을 막아 준다. 즉 알루미늄은 표면만 녹이 슬게 되고 안에 더 이상 녹이 슬지 않게 된다. 이 산화된 표면을 산화피막(알루미나)이라고 한다.

2. 알루미늄 합금의 종류

알루미늄 합금

비중 : 2.7
용융점 : 660℃

알루미늄의 특징
- 전기 및 열의 양도체
- 면심 입방 격자
- 전연성이 좋다.
- 염산 · 황산 · 바닷물에 침식된다.
- 대기 중에서 안정한 표면 산화막을 형성
- 열처리로 석출 경화, 시효 경화시켜 성질 개선

- 주물용 알루미늄 합금
  - 알루미늄–구리계 합금 – 알코아 : 자동차 하우징, 버스 및 항공기 바퀴, 크랭크 케이스에 사용된다. 고온 메짐, 수축 균열이 있다.
  - 알루미늄–규소계 합금 – 실루민 : 주조성은 좋으나 절삭성 불량, 재질(개량) 처리 효과가 크다.
  - 알루미늄–구리–규소계 합금 – 라우탈 : 주조성이 좋고 시효 경화성이 있다. 주조 균열이 적어 두께가 얇은 주물의 주조와 금형 주조에 적합하다.
  - 알루미늄–마그네슘 합금 – 하이드로날륨 : Al + Mg(10%) : 열처리하지 않고 승용차의 커버, 휠디스크의 재료
  - 다이캐스팅용 합금 : 라우탈, 실루민, 하이드로날륨
  - Y합금–Al + (4%Cu) + (2%Ni) + (1.5%Mg) : 내열용 알루미늄 합금으로 피스톤 재료로 사용
  - Lo–ex(로엑스) 합금–Al + Si + Cu + Mg + Ni : 열팽창계수가 적고 내열성, 내마멸성이 우수하다. 금형에 주조되는 피스톤용
- 가공용 알루미늄 합금
  - 고강도 알루미늄 합금
    - 두랄루민(D) : Al+(4%Cu)+(0.5%Mg)+(0.5%Mn) 무게를 중시하는 항공기나 자동차에 사용
    - 초두랄루민(SD) : Al+(4.5%Cu)+(1.5%Mg)+(0.6%Mn) 항공기의 구조재와 리벳, 기계류, 일반 구조물에 사용
    - 초강두랄루민(ESD) : Al+(1.6%Cu)+(2.5%Mg)+(0.2%Mn)+(5.6%Zn)+(0.3%Cr) 주로 항공기에 사용되며 인장강도가 높다.
  - 내식용 알루미늄 합금
    - 알민(almin)(Al–Mn 1∼1.5%) : 내식성 우수, 가공성, 용접성이 우수하며 저장탱크, 기름탱크에 사용
    - 알드레이(aldrey)(Al–Mg–Si계) : 강도와 인성이 있고 큰 가공 변형에도 견딤. 송전선에 사용
    - 하이드로날륨(hydronalium)(Al–Mg계) : 해수, 알칼리성에 대한 내식성이 강하다. 승용차의 커버, 휠디스크의 재료

3-3 니켈과 그 합금

1. 니켈의 특징

① 비중 : 8.9, 용융점 : 1455℃, 은백색의 면심 입방 격자
② 열전도도가 우수하다.
③ 상온에서 전연성이 좋고, 소성가공 및 내식성, 내산화성이 우수하다.
④ 상온에서 강자성체 360℃에서 자성을 잃는다.(자기변태)
⑤ 내식성이 크고 공기 중에서 500~1000℃로 가열해도 열로 산화 안 됨. 질산, 염산에 침식되고 황산에 부식되지 않으며 알칼리에 강하다.
⑥ 용도는 화학공업, 식품공업, 화폐, 도금용 등에 널리 사용된다.
⑦ 니켈(Ni)의 제조법에는 전기 분해법으로 만든 전해 Ni과 광석에서 몬드법(Mond process)으로 만든 몬드 니켈이 있다.

2. 니켈 합금

니켈 합금

비중 : 8.9
용융점 : 1455℃

니켈의 특징
- 열 전도도가 좋다.
- 전연성이 있다.
- 염산이나 황산 등에는 잘 부식되지 않는다.
- 알칼리에 대해서도 저항력이 크다.
- 질산에 약하다.

- 큐프로니켈 : 10~30%Ni을 함유한 것으로, 비철합금 중 전연성이 가장 크다. 화폐, 급수가열기
- 콘스탄탄 : 40~50%Ni 함유, 전기저항이 크고, 온도계수가 작다. 전기저항선, 열전쌍에 사용, 전기용 정밀 부품
- 모넬메탈 : 65~70%Ni 함유, 주조 및 단련이 쉽다. 고압, 과열증기 밸브 펌프 부품, 터빈 날개, 펌프 임펠러 재료
- 니크롬 : Ni에 15~20%Cr계 합금을 니크롬이라 하며 전기저항, 내열성, 고온경도 및 강도가 커 전기저항선에 사용
- 인코넬 : 70~80%Ni, 15%Cr 5%Fe. 산성 용액, 알칼리 수용액, 각종 유기산에 잘 견딘다. 내식성이 강하여 우유 가공용 재료, 전열기의 부품에 사용된다.
- 크로멜 : Ni에 20%Cr이 함유된 합금을 크로멜이라 하며, 고온 산화, 고온 강도가 커서 고온용 발열체로 사용
- 알루멜 : 35%Al, 0.5%Fe, 나머지 Ni. 열전대로 이용된다.
- 불변강 : Ni-Fe계 합금으로, 인바, 슈퍼인바, 엘린바, 플래티나이트, 니칼로이, 퍼멀로이

3-4 마그네슘과 그 합금

1. 마그네슘의 특징

① 비중 1.74로 실용 금속 중 가장 가볍다. 용융점 650℃, 재결정 온도 150℃
② 조밀육방격자이다.
③ 상자성체(常磁性)이다.
④ 물과 반응하여 금속 화재가 발생한다. 또한 고온에서 발화하기 쉽다.
⑤ 대기중에서 내식성이 양호하나 산이나 염류에는 침식되기 쉽다. 알카리성에 거의 부식되지 않는다.
⑥ 냉간가공이 거의 불가능하여 200℃ 정도에서 열간가공(300~400℃) 압연 · 압출한다.

2. 마그네슘 합금

① **다우메탈**(Dow-metal) : Mg-Al계 Mg 합금 중 비중이 가장 적다. 주조용 합금으로 용해, 주조, 단조가 비교적 용이하다.
② **일렉트론**(Elektron) : Mg-Al-Zn계 주조용 합금으로 항공기, 자동차 부품에 사용된다.

3-5 주석과 그 합금

1. 주석(Sn)의 특징

① 비중 7.3, 용융점 232℃
② 동소변태 13℃[α-Sn(회주석) ⟷ -Sn(백주석)]
③ 용융점이 낮아 주조성이 뛰어나다.
④ 주석은 신체에 전혀 해가 없는 무독성의 재질로 일상 생활용품과 유아용품으로도 사용된다.
⑤ 소성이 커서 박판의 제조가 용이하다.(선으로 인발이 어렵다.)
⑥ 주석은 금이나 백금, 은과 같은 귀금속과 마찬가지로 녹슬거나 변하지 않는다.
⑦ 은백색의 광택을 가지고 있어 공예품 소재로 사용된다.
⑧ 온도를 유지하는 성질이 있어 각종 식품용기, 맥주잔 등으로 사용된다.

2. 주석 합금

① Sn–Sb–Cu계[퓨터(pewter) 또는 브리타니아 메탈] 합금 : 식기(食器), 그림물감의 튜브, 의약품 튜브, 각종 용기 제작
② **퓨즈용 합금** : Pb, Sn, Bl, Cd 등의 저용융 합금 첨가. 용도로는 자동차 소화기, 화재 경보장치, 보일러 안전밸브, 전기용 퓨즈에 사용
③ **활자 합금** : Pb–Sn–Sb계 합금의 경도와 내마멸성이 요구되는 곳에 사용

3-6 아연과 그 합금

1. 아연의 특징

① 비중 7.14, 용융점 419℃
② 조밀육방격자의 회백색 금속
③ 청색이 도는 은백색 금속으로 상온에서는 부서지기 쉽다.
④ 100℃~150℃에서는 전성(展性) · 연성(延性)이 증가하여 철사나 얇은 판으로 만들 수 있다.
⑤ 210℃ 이상에서는 다시 부서지기 쉬워진다.
⑥ 상온에서 습한 공기 중에서는 물과 이산화탄소의 작용으로 표면만 산화되어 얇은 회백색 피막(염기성 탄산아연[$Zn_5(OH)_6CO_3$])이 생기며 이로 인해 내부가 보호된다. 공기 중에서의 내식성(耐蝕性)은 순도가 높을수록 좋다
⑦ 아연도금철판(함석)으로 가장 많이 사용된다. 이것은 얇은 철판에 아연 박막(薄膜)을 씌운 것으로 표면에 주석을 씌운 주석판(양철)에 비해서 화학적 내성(耐性)이 훨씬 좋다.

3-7 납과 그 합금

1. 납의 특징

① 비중 : 11.34, 용융점 : 325.6℃
② 면심입방격자로 전연성이 우수하다.
③ 용융점이 낮아 주조성이 우수하다.
④ 순수한 물에 산소가 용해되어 있는 경우에는 심한 부식을 하게 되나, 자연수 또는 해수

에는 거의 부식이 되지 않는다.
⑤ 황산용액과 같은 부식성 물질의 용기로 사용된다.
⑥ Pb은 방사선을 흡수하므로 원자로나 X선의 차단 재료로 사용
⑦ 전기 전도율이 나쁘다.

2. 납 합금

① **연납** : Pb-Sn계로 납땜을 할 때 사용되는 납 합금, 순도가 높은 납 합금이다.
② **경납** : Pb-Sb 납은 내식성은 좋지만, 연질(軟質)이기 때문에 안티몬을 소량 첨가하여 합금으로써 사용되며, 이것을 경납(硬鉛)이라고 한다. 안티몬 2~3%의 합금은 케이블 피복용, 안티몬 4%의 합금은 축전지용, 화학장치용, 안티몬 6% 이상의 합금은 내산밸브, 코크 등에 사용된다. 안티몬납이라고도 한다.

3-8 티탄과 그 합금

1. 티탄의 특징

① 비중 : 4.54, 용융점 : 1668℃
② 880℃ 이하에서는 조밀육방격자(HCP)인 α상을 가지고, 880℃ 이상에서는 면심입방격자(BCC)인 β상을 나타낸다.
③ 비중에 대한 인장강도의 비, 즉 비강도가 극히 높아 우주 항공기 분야에 많이 사용된다.
④ 크리프 강도가 높아 고온 재료, 즉 항공기, 우주선, 가스 터빈의 구조용 재료에 사용된다.
⑤ 실용 금속 중 내식성이 가장 우수하다. 화학공업용으로 수산화나트륨의 제조장치, 분뇨처리설비 등 강부식의 환경용으로 사용된다.
해수(海水)에 거의 부식이 없기 때문에 선박 부품에 사용되며, 해안 부근의 설비나 건축물의 구조재로 사용된다.
⑥ 인체와 친화성이 대단히 좋아 안경, 시계, 장신구 및 인공치아, 의치, 인공뼈 등 생체재료로도 사용된다.
⑦ 티탄 제조법에는 크롤(Kroll)법과 헌터(Hunter)법이 있다.

2. Ti 합금

① α형 합금
조밀육방격자(HCP)로 이루어져 있으며 열처리성이 없기 때문에 고온 강도가 높다. 대표적인 재료로는 Ti-Al(5%)-Sn(2.5%)계, Ti-Al(8%)-Mo(1%)-V(1%)계가 있다.

② $(\alpha+\beta)$형 합금

Ti 합금의 대부분을 차지하는 합금으로 비강도가 저탄소강(탄소 함유량 0.12~0.2%)의 5배에 가까운 값을 나타내며 실용 금속 중 비강도가 가장 크다.

미국에서 우주·항공기 부품용 재료로 사용되고 있고, 자동차의 커넥팅 로드, 골프채 등의 제작용으로 사용된다.

Ti-Al(6%)-V(4%)계가 있다. 단점으로는 냉간가공성이 떨어진다.

③ β형 합금

Ti-V(13%)-Cr(11%)-Al(6%)계로 냉간가공이 용이하고 용접성이 우수하다.

Chapter 4 신소재

4-1 초전도 재료

(1) 초전도 현상

구리 등의 금속선은 전류를 통하면 전기저항으로 인하여 전력이 소비되고, 사용온도를 낮추면 전기저항이 완전히 없어지는 현상을 나타낸다. 이러한 현상을 초전도 현상이라 한다. 이러한 현상을 나타내는 재료를 초전도 재료라 한다.

(2) 초전도 현상에 영향을 주는 인자

① 온도 ② 자기장 ③ 전류밀도

(3) 초전도 재료의 종류 합격 KEY

① 순금속계-6종류

㉠ Nb(니오브) : 초전도온도 절대온도로 9.25K, 섭씨온도 −263.9℃ 이하가 되면 초전도 현상이 발생된다.

㉡ Pb(납) : 초전도온도 절대온도로 7.2K, 섭씨온도 −265.95℃ 이하가 되면 초전도 현상이 발생된다.

㉢ V(바나늄) : 초전도온도 절대온도로 5.4K, 섭씨온도 −267.75℃ 이하가 되면 초전도 현상이 발생된다.

㉣ Ta(탄탈) : 초전도온도 절대온도로 4.47K, 섭씨온도 −268.68℃ 이하가 되면 초전도 현상이 발생된다.

㉤ Tc(테크네튬) : 초전도온도 절대온도로 7.8K, 섭씨온도 −265.35℃ 이하가 되면 초전도 현상이 발생된다.

ⓑ La(란탄) : 초전도온도 절대온도로 4~6K, 섭씨온도 −269.15~−267.15℃에서 초전도 현상이 발생된다.

② 합금계
㉠ Nb계 : Nb−Ti계가 주로 사용된다.
㉡ Pb계

③ 세라믹계

4-2 자성재료

(1) 자성재료의 종류

① 연자성 재료 : 쉽게 자화되고, 탈자화되는 재료
② 경자성 재료 : 자화되기 어렵고, 탈자화가 어렵다. 분자력과 잔류자기유도가 높다.
③ 페라이트
㉠ 연페라이트 : TV 수상기의 접속 코일, 자기 테이퍼의 기록용 헤드
㉡ 경페라이트 : 바륨 페라이트, 스피커용 자석

(2) 자성재료의 용도

① 연자성 재료 : 대표적으로 퍼멀로이(permalloy), 무메탈(mumetal)로서 음향기기나, 측정기기에 쓰이는 변압기에 주로 사용된다.
② 경자성 재료
㉠ 대표적으로 알니코(알루미늄+니켈+코발트)
㉡ 희토류 자석 : 인체 내의 이식이 가능한 펌프나 밸브 등의 의료기기
㉢ 철+크롬+코발트계 자석 : 전화 수화기에 사용되는 영구 자석

4-3 형상 기억 합금

항복점을 넘은 변형은 영구변형, 즉 소성변형이 남게 된다. 이것을 가열하면 원래의 상태로 회복되는 재료를 형상 기억 합금이라 한다.

[형상 기억 합금의 종류] ① 니켈−티탄계 합금
② 구리−알루미늄−니켈 합금
③ 구리−아연−알루미늄 합금

4-4 복합재료

물리 화학적으로 특성이 다른 수종의 재료를 조합하여 단일재보다 뛰어난 특성을 가진 재료를 말한다. 복합재료는 비강도, 비강성이 크기 때문에 기계 구조물의 중량이 감소되어 에너지를 절감할 수 있다.

※ 비강도(specific strength) = 강도/비중

※ 비강성(specific modulus) = 탄성계수/비중

[복합재료의 종류]

① FRM(섬유강화 금속 = fiber reinforced metals) : 모재의 종류가 금속

② FRP(섬유 강화 플라스틱 = fiber reinforced plastic) : 모재의 종류가 플라스틱

③ GFRP : FRP에 보강재료로 유리(glass)가 사용된 것

④ CFRP : FRP에 보강재료로 탄소(carbon)가 사용된 것

⑤ 콘크리트 : 시멘트, 모래, 자갈을 섞어서 물로 반죽하여 쓰는 것으로, 양생온도는 15~35℃가 가장 적당하며, 콘크리트의 강도는 혼합수 28일의 강도를 표준으로 하고, 압축강도가 강하고 내수성, 내화성이 크다.

4-5 플라스틱

플라스틱은 합성수지를 주성분으로 하고 이것에 충전제, 안정제 등의 배합제를 넣고 성형한 것

(1) 열가소성 수지의 종류 합격KEY

종 류	특 징	용 도
폴리에틸렌 수지(PE)	무색 투명. 절연성, 내약품성, 내수성 우수. 유연성, 내한성이 좋고 충격에 강함.	용기, 필름, 병류, 전선 피복, 전기 부품
폴리프로필렌 수지(PP)	인장강도, 절연성, 휨 우수	상자, 식기, 전기 부품
폴리스티렌 수지(PS)	무색. 착색 용이. 상온에서 단단함.	컵, 용기, 완구, 가전제품
폴리염화비닐 수지(PVC)	강도, 절연성, 내약품성 우수. 내열성 약함.	파이프, 필름, 병류, 절연 테이프, 전선
폴리아미드 수지(PA)	내열성, 내수성 우수	커넥트, 소켓, 스위치, 조명기구, TV 부품
폴리카보네이트 수지(PC)	충격강도 우수	절연볼트, 너트, 전동 공구류

종 류	특 징	용 도
아크릴 수지	무색 투명. 미려한 광택. 내산 · 내알칼리성 우수	조명 기구, 투명 부품
아크릴니트릴 브타디엔 스티렌 수지	내충격성, 내화학약품성 우수. 착색 용이	TV, 라디오, 청소기, 세탁기, 전화기, 헤어드라이어, 에어컨, 조명기구 부품

그 외 플루오르 등은 열가소성 수지이다.

(2) 열경화성 수지의 종류

종 류	특 징	용 도
페놀수지(PF)	압축강도, 절연성, 내열성 우수. 내습성 및 충격에 취약	전화기, TV, 커넥트, 스위치, 배선기구, 가전제품, 전열기구 부품
멜라민 수지	착색 용이. 무색 투명. 표면 강함. 내습성 취약	식기, 쟁반, 재떨이, 합판, 버튼, 손잡이 등의 착색 부품
에폭시 수지(EP)	내열성, 내습성, 절연성 우수. 저압. 성형 가능	통신기 부품, 콘덴서 절연 케이스
요소 수지	착색 용이. 내습성 취약	가전 제품, 착색 부품, 형광등 소켓, 배선기구

그 외 폴리에스테르 PET, 실리콘, 폴리우레탄 등은 열경화성 수지이다.
돌의 접합, 틈새의 메우기에 사용하거나 또는 볼트를 고정시킬 때 사용한다.

4-6 제진재료(制振材料 : high damping materials)

구조물이나 기기 또는 장치가 운전되면 반드시 진동이 발생한다. 이 진동은 피로로 연결되어 기계 수명을 줄인다. 또한 떨림에 의해 공작기계에서 가공 정도에 영향을 미치기도 한다. 이러한 진동을 억제할 때 사용되는 재료가 제진재료(制振材料)이다. 대표적인 제진재료로는 고무, 제진강판이 있다.

(1) 제진재료의 종류

① **복합형** : 모상(母相)과 제2상과의 계면에서 점성 또는 소성 유동으로 인해 진동이 열로 변환하는 것으로 주철계 재료나, Al-Zn합금이 있다.

② **강자성형** : 강자성체 중에 존재하는 자벽(磁壁)의 불가역성 이동에 의해 진동을 열로 변환하는 것으로 Fe계 재료가 있다.

③ **전위형** : 고착되어 있는 전위를 불순물 등에 의해 고착점에서 분리해 내고 진동을 열로

변화시키는 것으로 Mg합금이 있다.
④ **쌍정형** : 쌍정 경계의 진동에 의한 이동으로 진동을 열로 발생되는 것으로 Mn-Cu 등의 마텐자이트 조직을 가진 것이다.
⑤ **계면 진동형** : 미세한 균열 틈새 등으로 인해 일어나는 요동에 의해 열이 발생하는 것으로 스테인리스강을 화학 처리한 것이 있다.

4-7 초소성 재료(超塑性材料 : superplasticity materials)

일정한 온도 영역과 변형 속도 영역에서 유리질처럼 늘어나며, 이때 강도가 낮고, 연성이 크므로 작은 힘으로 복잡한 형상의 성형이 가능한 기능성 재료를 초소성 재료라 한다. 인장하중이 작용되고 있을 때 재료가 넥킹(necking)을 일으키지 않고 엿 모양으로 균일하게 늘어나는 현상으로 연신율이 수백%까지 나타나는 현상이다.

(1) 초소성의 형태

① **미세결정입자 초소성**(항온 초소성) : 결정립 직경이 수 μm 이하의 대단히 미세한 합금에 나타나는 초소성으로 일반적으로 초소성이라고 하면 미세결정입자 초소성 또는 항온 초소성이라 한다.
② **변태 초소성** : 재료가 변형 중에 변태점을 전후로 열사이클을 받는 경우에 발생하는 현상으로 연성이 갑자기 증가하는 형태이다. 예를 들어 철강처럼 도소변태를 나타내는 합금을 변태점을 사이에 두고 가열과 냉각을 주기적으로 열사이클을 반복시키면 재료가 연성이 증가되어 초소성이 일어나는 경우이다.

(2) 초소성 재료

① Al-Zn합금은 플라스틱 성형용 금형을 제작하는데 실용적으로 사용되고 있다.
② Ni-Cr(39%)-Fe(10%)합금은 제트엔진의 부품 제작에 사용되고 있다.
③ Ti-Al(6%)-V(4%)합금은 항공기 부품 제작에 사용되고 있다.

시험에 자주 출제되는 기계재료

[스테인리스강(stainless steel)]

성분계	조직	KS 기호	특징	
			자성	담금질성(열처리성)
Cr계	마텐자이트(13%Cr)	STS410	자성 있음	담금질 경화성 있음
	페라이트(15%Cr)	STS430	자성 있음	담금질 경화성 없음
Cr-Ni계 내식성 가장 우수	오스테나이트 18%Cr-8%Ni	STS304	자성 없음	담금질 경화성 없음

[합금공구강 종류]

절삭 공구용	S2종	STS 2	탭, 드릴, 커터의 재료
	S21종	STS 21	
	S5종	STS 5	원형 톱, 띠톱의 재료
	S51종	STS 51	
냉간 금형용	D1종	STD 1	성형틀 다이스, 분말성형틀 재료
	D11종	STD 11	나사 전조 다이, 프레스 형틀 재료
	D12종	STD 12	
열간 금형용	F3종	STF 3	다이 블록(die block), 압출공구 재료
	F4종	STF 4	프레스 형틀, 압출공구 재료

[탄소공구강]

탄소공구강	탄소함유량[%]		용도
STC1	1.3~1.5%	과공석강	칼줄
STC2	1.1~1.3%		드릴, 철공용 줄, 소형 펀치, 면도날, 태엽, 쇠톱
STC3	1.0~1.1%		나사 가공 다이스, 쇠톱, 프레스 형틀, 게이지, 끌, 치공구
STC4	0.9~1.0%		태엽, 목공용 드릴, 목공용 띠톱, 펜촉 도끼, 끌, 면도날
STC5	0.8~0.9%		각인, 프레스 형틀, 태엽, 띠톱, 치공구, 원형 톱, 게이지
STC6	0.7~0.8%	아공석강	각인, 원형 톱, 태엽, 프레스 형틀
STC7	0.6~0.7%		각인, 스냅, 프레스 형틀, 나이프

[냉간압연강판, 강대(cold-reduced carbon steel sheets and strip)]

종류의 기호	용도
SPCC	일반용
SPCD	드로잉용
SPCE	딥드로잉용

[열간압연강판, 강대(hot-reduced carbon steel sheets and strip)]

종류의 기호	용 도
SPHC	일반용
SPHD	드로잉용
SPHE	딥드로잉용

[기계 구조용 합금강]

명 칭	KS 기호	
크롬강(Cr강)	SCr 415	4 : 주요 합금 원소기호 15 : 탄소함유량 평균값 0.15C%
니켈-크롬강(Ni-Cr강)	SNC415	4 : 주요 합금 원소기호 15 : 탄소함유량 평균값 0.15C%
망간강(Mn강)	SMn420	4 : 주요 합금 원소기호 15 : 탄소함유량 평균값 0.20C%
망간-크롬강(Mn-Cr강)	SMnC443	4 : 주요 합금 원소기호 43 : 탄소함유량 평균값 0.43C%
크롬-몰리브덴강(Cr-Mo강)	SCM415	4 : 주요 합금 원소기호 15 : 탄소함유량 평균값 0.15C%
니켈-크롬-몰리브덴강(Ni-Cr-Mo강)	SNCM220	2 : 주요 합금 원소기호 20 : 탄소함유량 평균값 0.20C%

① SM45C(Carbon steel for machine structural use) : 기계 구조용 탄소강, 탄소함량 0.45%(0.42%~0.48%탄소함유량)

② SM400A(Steel Marine) : 용접 구조용 압연강재 인장강도(400~510N/mm^2), 즉 최저 인장강도 400N/mm^{2}이다. A, B, C의 순서로 용접성이 좋아진다.

③ SS330 : 일반 구조용 압연강재, 최저 인장강도330N/mm^2

④ GC210 : 회주철(보통주철), 최저 인장강도 210N/mm^2

⑤ WMC330 : 백심 가단주철, 최저 인장강도 330N/mm^2

⑥ BMC270 : 흑심 가단주철, 최저 인장강도 270N/mm^2

⑦ PMC440 : 펄라이트 가단주철, 최저 인장강도 440N/mm^2

⑧ GCD400 : 구상흑연 주철, 최저 인장강도 400N/mm^2

⑨ SC420 : 탄소강 주조품, 최저 인장강도 420N/mm^2

⑩ SF340A : 탄소강 단조품, 최저 인장강도 340N/mm^2, A(Annealing : 풀림 열처리)

⑪ SPS6 : 스프링 강재 6종

⑫ SKH2 : 고속도강(표준고속도강 SKH2)

⑬ PPS420 : 압력 배관용 탄소강관 최저 인장강도 410N/mm^2

⑭ SPP15A : 일반 배관용 탄소강관(carbon steel pipes for ordinary piping) 내경이 15mm 배관용 탄소강관

Chapter 5 측정기

5-1 측정기의 종류

길이 측정	선 측정 (눈금이 있는 것)	전장 측정기	① 강철자 ② 버니어 캘리퍼스 ③ 마이크로미터 ④ 측장기 ⑤ 공구 현미경 ⑥ 만능측정 현미경 ⑦ 옵티컬 프로젝터
		비교 측정기	① 다이얼 게이지 ② 미니미터 ③ 옵티미터 ④ 전기 마이크로미터 ⑤ 공기마이크로미터
	단면 측정	표준 게이지	① 표준 블록 게이지(등급 AA, A) ② 표준 원통 게이지 ③ 표준 캘리퍼스형 게이지 ④ 표준 테이퍼 게이지 ⑤ 표준 나사 게이지
		한계 게이지	① 축용 한계 게이지 ② 구멍용 한계 게이지
		기타 게이지	① 간극 게이지 ② 반지름 게이지 ③ 센터 게이지 ④ 피치 게이지 ⑤ 와이어 게이지 ⑥ 드릴 게이지
각도 측정	고정각도측정기	① 직각자 ② 컴비네이션 베벨 ③ 분할대 ④ 드릴 포인트 게이지	
	눈금 있는 각도 측정기	① 분도기 ② 만능각도 측정기 ③ 컴비네이션 세트 ④ 사인바 ⑤ 광학각도 측정기 ⑥ 수준기 ⑦ 오토콜리메이션	
면 측정	평명도 측정	① 옵티컬 플랫 ② 스트레이트 에지 ③ 수준기 ④ 오토몰리미터 ⑤ 긴장강선	
	표면거칠기 측정	① 표면거칠기 ② 표준편 ③ 촉침법 ④ 광절단법	
나사 측정	유효지름 측정	① 나사 마이크로미터 ② 삼침법 ③ 공구현미경 ④ 투영검사기(투영기)	
	피치 측정	① 나사 피치 게이지 ② 공구현미경	
	나사산각도	① 투영검사기(투영기) ② 공구현미경 ③ 만능측정현미경	

(1) 측정기의 사용

① **바깥지름, 길이** : 버니어 캘리퍼스, 외경 마이크로미터, 축용 한계 게이지(스냅 게이지), 공기 마이크로미터, 외경 지침 측미기 등
② **안지름** : 실린더 게이지, 텔레스코핑 게이지, 홀테스터 게이지, 공기 마이크로미터, 내경 마이크로미터, 내경 지침 측미기, 구멍용 한계 게이지(플러그 게이지) 등
③ **각도** : 만능 각도기, 사인 바, 각도 게이지, 컴비네이션 세트, 오토콜리미터
④ **나사의 유효지름** : 나사 마이크로미터, 공구 현미경, 삼침법
⑤ **기어** : 기어 시험기 등
⑥ **다듬면** : 옵티컬 플랫, 스트레이트 에지, 정반, 정밀 수준기, 오토콜리미터 등

(2) 미소 이동량의 확대 지시장치

① 나사(screw)를 이용한 것 ································ 마이크로미터
② 기어(gear)를 이용한 것 ································ 다이얼 게이지
③ 레버(lever)를 이용한 것 ································ 미니미터
④ 광학 확대장치를 이용한 것 ································ 옵티미터
⑤ 전기 용량의 변화를 이용한 것 ································ 전기 마이크로미터
⑥ 공기 유출량에 의한 압력변화를 이용한 것 ································ 공기 마이크로미터

(3) 측정 방법

① **직접 측정** : 눈금이 있는 측정기를 사용하여 실제 치수를 재는 것
② **비교 측정** : 이미 알고 있는 표준편의 양과의 차를 비교하는 것. 기준 치수인 표준편의 치수와 실제 치수를 비교하여 측정하는 방법을 비교 측정
③ **간접 측정** : 기하학적으로 간단히 측정할 수 없는 경우 측정물에 볼, 롤러 등을 끼워 측정하는 것(계산식에 의해 구한다)

참고하세요 **아베의 원리(Abbe's principle)**

표준자와 피측정물(공작물)은 동일 축선상에 있어야 한다.

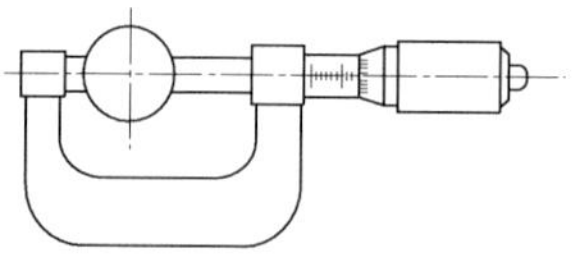

[마이크로미터(아베의 원리에 맞음)]

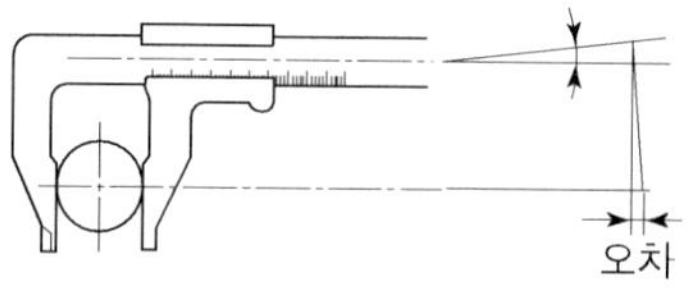

[버니어 캘리퍼스(아베의 원리에 맞지 않음)]

5-2 길이 측정

(1) 버니어 캘리퍼스(vernier calipers)
(2) 마이크로미터(micrometer)
(3) 하이트 게이지(height gauge)
(4) 다이얼 게이지(dial gauge)
(5) 블록 게이지(block gauge)
(6) 표준 테이퍼 게이지(standard taper gauge)
(7) 한계 게이지=공차 게이지(limit gauge)
(8) 텔레스코핑 게이지(telescoping gauge)
(9) 시크니스 게이지(thickness gauge) = 틈새 게이지 = 간격 게이지
(10) 반경 게이지(radius gauge)
(11) 와이어 게이지(wire gauge)
(12) 공기 마이크로미터(air micrometer)

(1) 버니어 캘리퍼스(vernier calipers)

어미자와 아들자로 구성되어 있으며, 바깥지름, 안지름, 깊이를 측정할 수 있다.

최소 측정값 $C = A - B = A - \frac{n-1}{n}A = \frac{A}{n}$

여기서, A : 본척(어미자)의 1눈금, B : 부척(아들자)의 1눈금, n : 부척의 등분 눈금 수

종류	눈금 기입 방법	최초 측정값
M1형	어미자 최소 눈금 : 1mm 어미자 눈금 19mm 또는 39mm를 20등분한 아들자로 되어 있다. 표준형 버니어 캘리퍼스이다.	0.05mm
M2형	어미자 최소 눈금 : 0.5mm 어미자 눈금 24.5mm를 25등분 한 아들자로 되어 있다. M1형 캘리퍼스에 미동나사를 설치하였다.	0.02mm
CB형	어미자 최소 눈금 : 0.5mm 어미자 눈금 12mm를 25등분한 아들자로 되어 있다. 브라운 샤프형, 스타렛형이라고도 한다.	0.02mm
CM형	어미자 최소 눈금 : 1mm 어미자 눈금 49mm를 50등분한 아들자로 되어 있다. 독일형, 모젤형이라고도 한다.	0.02mm

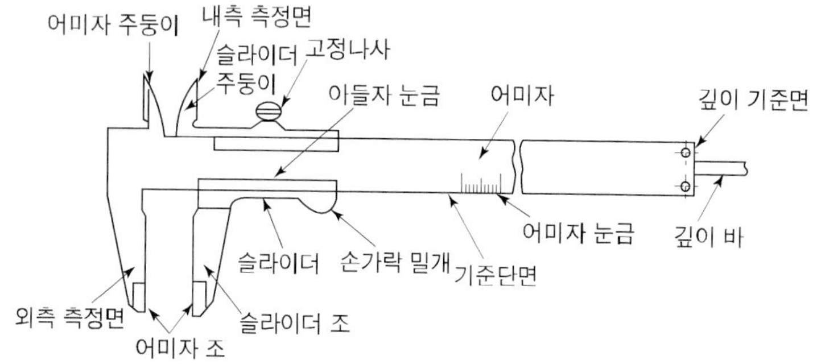

[M1형 버니어 캘리퍼스]

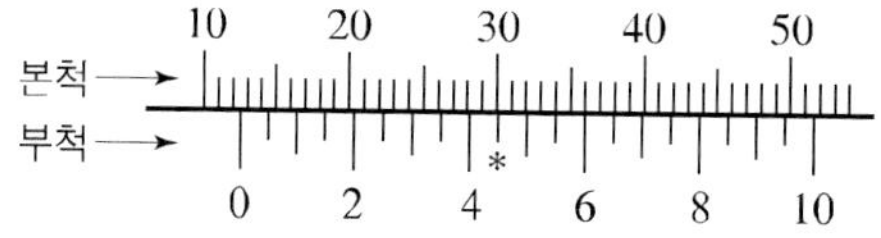

*에서 9번째 눈금이 일치되어 있다.

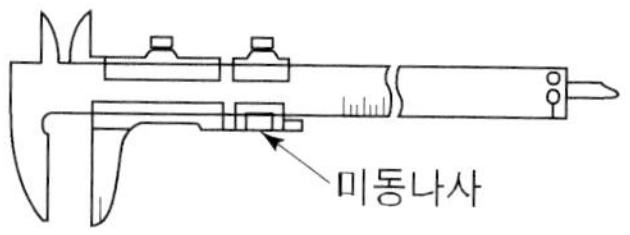

[M2형 버니어 캘리퍼스]

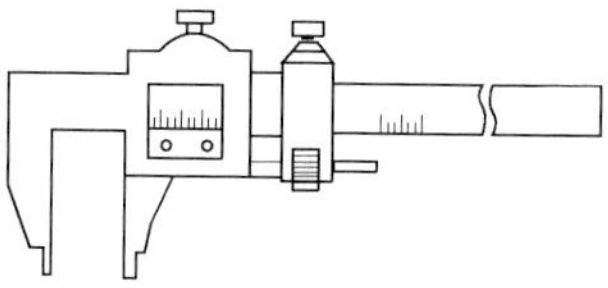

[CB형 버니어 캘리퍼스]

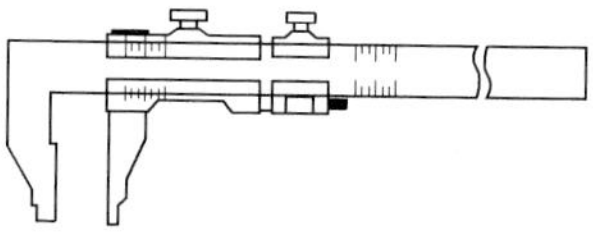

[CM형 버니어 캘리퍼스]

예제 5-1

버니어 캘리퍼스의 어미자에 새겨진 0.5mm의 24눈금(12mm)을 아들자에게 25등분할 때, 어미자와 아들자의 1눈금의 차는 얼마인가?

㉮ 1/50mm ㉯ 1/25mm
㉰ 1/24mm ㉱ 1/20mm

풀이 & 답

$$C=A-B=A-\left(\frac{n-1}{n}\right)A=\frac{A}{n}=\frac{0.5}{25}=\frac{1}{50}$$

여기서, C : 어미자와 아들자의 눈금차 = 최소 측정치
A : 어미자의 1눈금, B : 아들자의 1눈금, n : 등분수

답 ㉮

예제 5-2

최소 측정값이 $\frac{1}{20}$mm인 버니어 캘리퍼스(vernier calipers)에 대한 설명으로 옳은 것은?

㉮ 본척의 눈금이 1mm, 부척의 1눈금은 12mm를 25등분한 것
㉯ 본척의 눈금이 1mm, 부척의 1눈금은 19mm를 20등분한 것
㉰ 본척의 눈금이 0.5mm, 부척의 1눈금은 19mm를 25등분한 것
㉱ 본척의 눈금이 0.5mm, 부척의 1눈금은 24mm를 20등분한 것

풀이 & 답

㉮ 최소 측정값 $c=\frac{\text{본척의 1눈금}}{\text{등분수}}=\frac{1}{25}\text{mm}$

㉯ 최소 측정값 $c=\frac{\text{본척의 1눈금}}{\text{등분수}}=\frac{1}{20}\text{mm}$

㉰ 최소 측정값 $c=\frac{\text{본척의 1눈금}}{\text{등분수}}=\frac{0.5}{25}=\frac{1}{50}\text{mm}$

㉱ 최소 측정값 $c=\frac{\text{본척의 1눈금}}{\text{등분수}}=\frac{0.5}{20}=\frac{1}{40}\text{mm}$

답 ㉯

(2) 마이크로미터(micrometer)–나사의 원리를 이용한 미소길이 측정

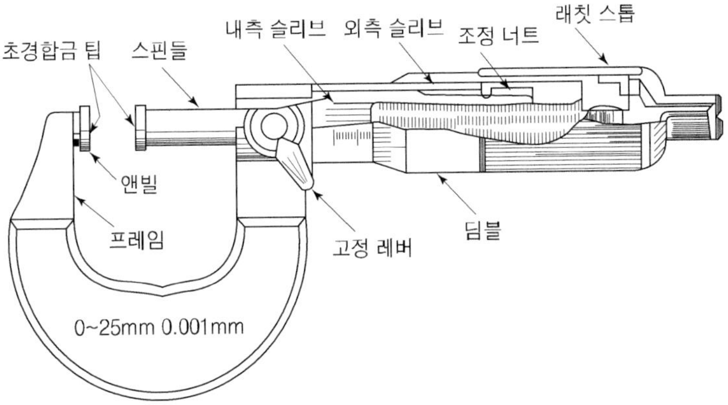

[외경 마이크로미터의 구조]

① 마이크로미터(micrometer)의 최소 측정 가능값

바깥지름, 안지름 및 깊이 측정에 사용되며, 암나사와 수나사의 끼워맞춤을 이용한 측정기이다.

㉠ 미터식 마이크로미터 : (나사부분의 피치) $p=\frac{1}{2}\text{mm}$, 딤블의 원주를 50등분

(미터식 마이크로미터의 최소 측정 가능값) $c=\frac{1}{2}\times\frac{1}{50}=\frac{1}{100}\text{mm}$

㉡ 인치식 마이크로미터 : (나사부분의 피치) $p=\frac{1}{40}$인치, 딤블의 원주를 25등분

(인치식 마이크로미터의 최소 측정 가능값) $c=\frac{1}{40}\times\frac{1}{25}=\frac{1}{1000}$인치

② 마이크로미터의 종류

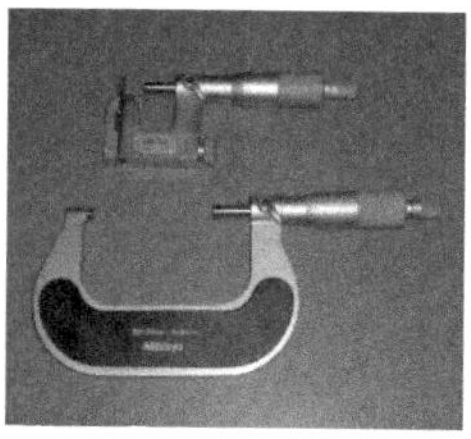

[외경 마이크로미터]

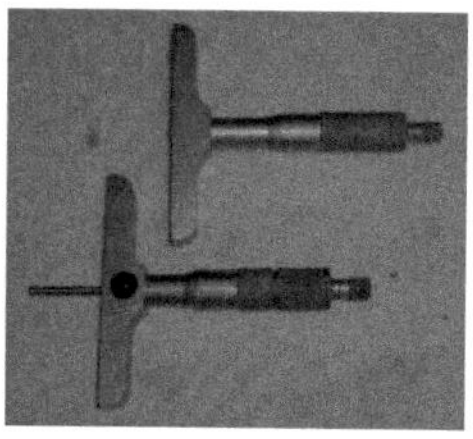

[깊이 마이크로미터]

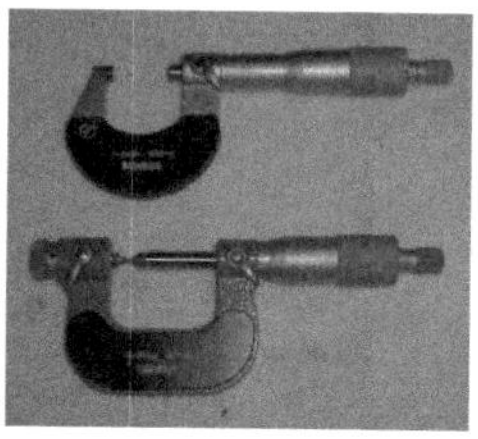

[나사 마이크로미터]

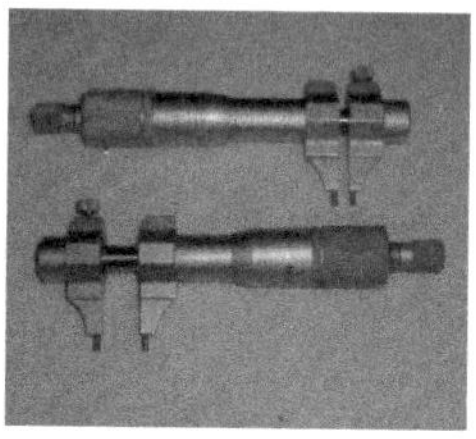

[내경 마이크로미터]

㉠ 그루브 마이크로미터 : 스핀들에 플랜지가 부착되어 있어 구멍과 튜브 내 · 외부에 있는 홈의 너비, 깊이, 위치 등을 측정할 수 있다.

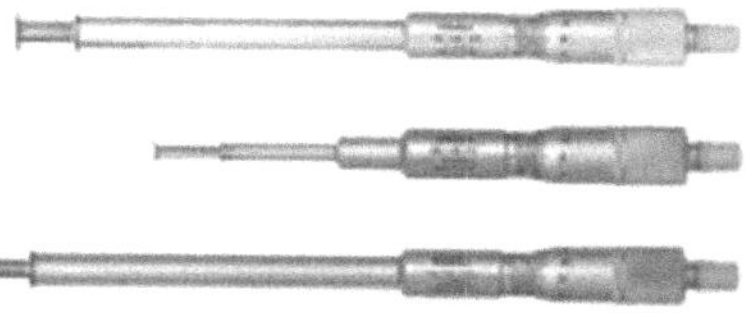

㉡ 3점식 내측 마이크로미터(three-point internal micrometer)=포인터 마이크로미터 : 원통 내면을 3점으로 지지하는 앤빌(anvil)을 마이크로미터 헤드로 조절하여 안지름을 측정한다.

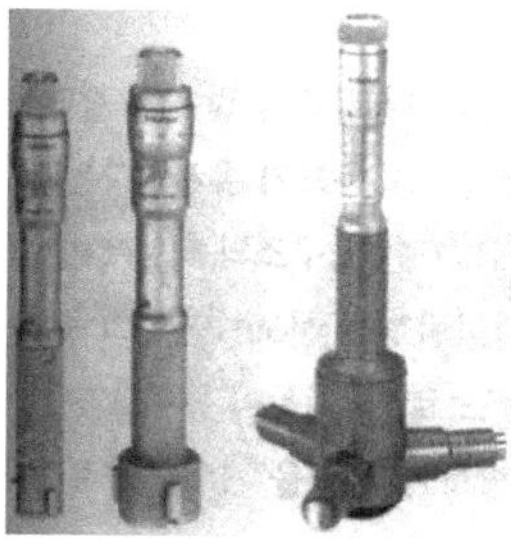

[포인터 마이크로미터]

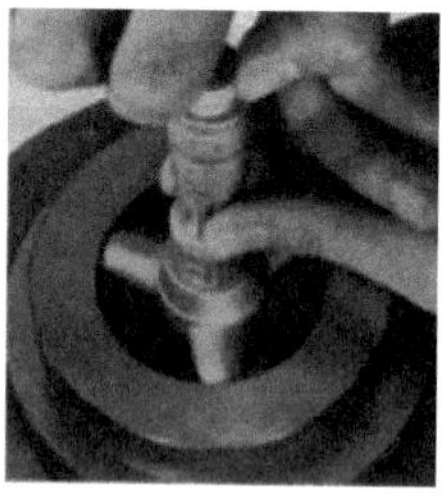

[사용사례]

(3) 하이트 게이지(height gauge)

정반 위에 버니어 캘리퍼스를 수직으로 설치하여 금긋기, 높이를 측정하는데 사용되며 읽을 수 있는 최소 눈금은 0.02mm로 HT형, HB형, HM형이 있다.

① HM형 : 견고하여 금긋기에 적당하며 비교적 대형이다. 그러나 0점 조정이 불가능하다.

② HB형 : 경량 측정에 적당하나 금긋기용으로는 부적당하며, 스크라이버의 측정면이 베이스면까지 내려가지 않으며 0점 조정이 불가능하다.
③ HT형 : 표준형으로 본척의 이동이 가능하다.

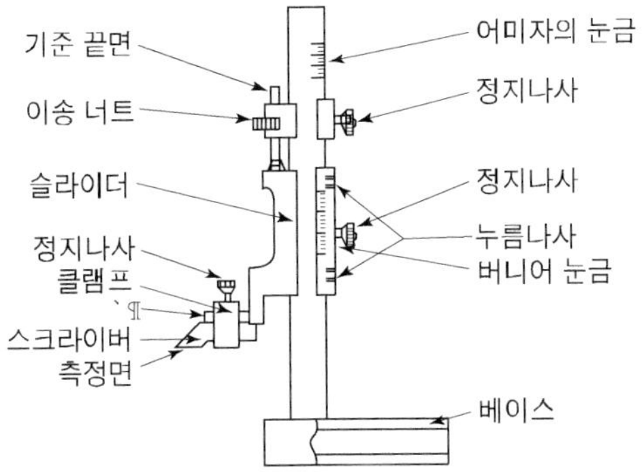

[하이트 게이지]

(4) 다이얼 게이지(dial gauge)

기어의 원리를 이용한 계측기기로서 대표적인 비교측정장치

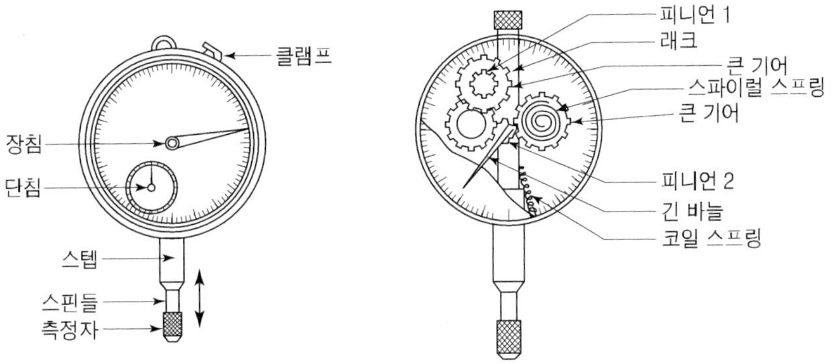

[다이얼 게이지]

래크와 피니언을 이용하여 미소 길이를 확대 표시하는 기구로 되어 있는 측정기이며 평면도, 원통도, 진원도, 축의 흔들림을 측정하는 기구로 레버식, 백플런지식, 시그니스, 다이얼 뎁스 게이지, 다이얼 캘리퍼스 게이지 등이 있다.

다이얼 게이지의 특징은
① 소형, 경량으로 취급이 쉽다.
② 측정 범위가 넓다.
③ 눈금과 지침에 의해 읽으므로 시차가 적다.
④ 연속된 변위량의 측정이 가능하다,
⑤ 진원 측정의 검출기로서 사용할 수 있다.
⑥ 부속품(어태치먼트)을 사용하면 광범위한 측정을 할 수 있는 특징이 있다.

예제 5-3

어떤 도면에서 편심량을 4mm로 주어졌을 때, 실제 다이얼 게이지의 눈금의 변위량은 얼마로 나타나야 하는가?

㉮ 2mm　　㉯ 4mm
㉰ 8mm　　㉱ 0.5mm

풀이 & 답

다이얼 게이지의 눈금 변위량은 편심량의 2배이므로 8mm가 된다.

답 ㉰

예제 5-4

그림과 같은 고정구에 의하여 테이퍼 1/30의 검사를 할 때 A로부터 B까지 다이얼 게이지를 이동시키면 다이얼 게이지의 지시눈금의 차는 얼마인가?

㉮ 3.0mm
㉯ 3.5mm
㉰ 5.0mm
㉱ 2.5mm

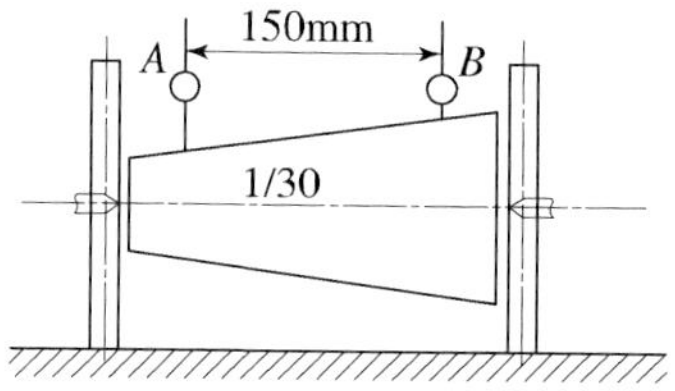

풀이 & 답

$$\frac{1}{30} = \frac{(2 \times \Delta t)}{150} \qquad \Delta t = 2.5\text{mm}$$

답 ㉱

(5) 블록 게이지(block gauge)

길이 측정의 표준이 되는 게이지이며 표면은 정밀하게 래핑되어 있으며, 재질은 특수공구강, 초경합금, 고탄소강 등이 있으며, 열처리하여 연마한 후 래핑 다듬질 후 사용한다.

등급	25[mm]에 대한 오차	용도
AA급	0.00005	표준용 블록 게이지 정도 점검, 연구용
A급	0.0001	검사용 게이지 또는 공작용 게이지 정도 점검, 측정기구 정도 점검
B급	0.0002	기계부품, 공구검사, 측정기구의 정도 조정
C급	0.0003	공구, Cutter의 고정

AA : 연구소용(참고형), A : 표준용, B : 검사용, C : 공작용

참고 **블록 게이지의 밀착**(wringing) : 두 개의 블록 게이지를 밀착시키는 방법으로 기름을 묻혀 가볍게 누르면서 돌려 붙이면 밀착이 된다.

(6) 표준 테이퍼 게이지(standard taper gauge)

원통형 게이지와 흡사한 것으로 규정된 테이퍼가 있는데 선반에는 모스 테이퍼(Morse taper) 밀링 머신에는 브라운 샤프 테이퍼(Brown & Sharpe taper)가 사용된다.

(7) 한계 게이지=공차 게이지(limit gauge)

2개의 게이지를 조합하여 한쪽을 허용 최대 치수로, 한쪽을 허용 최소 치수로 하고 제품의 치수가 한도 내로 되어 있는가의 여부를 검사하는 게이지로 주로 기계 부품의 끼워 맞춤 부분의 제작 검사에 사용된다.

참고하세요

합격 KEY

- 축용 한계 게이지
  ① 링 게이지　② 스냅 게이지
- 구멍용 한계 게이지
  ① 원통형 플러그 게이지　② 평형 플러그 게이지
  ③ 봉 게이지　④ 터보 게이지

[원통형 플러그 게이지]

[평형 플러그 게이지]

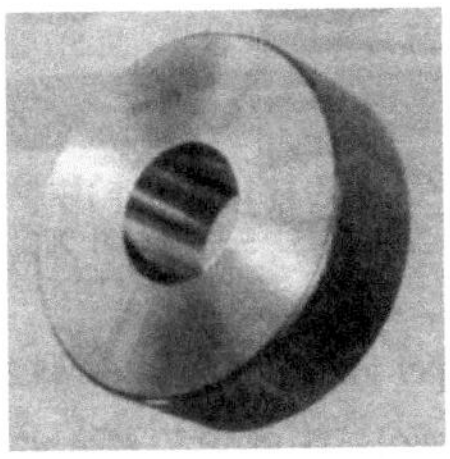

[링 게이지]

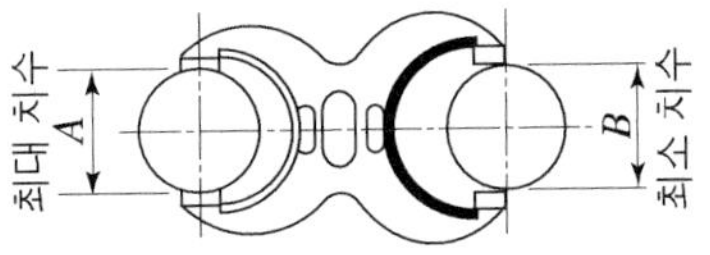

[스냅 게이지]

(8) 텔레스코핑 게이지(telescoping gauge)

텔레스코핑 게이지는 안지름을 측정할 때 피측정물에 넣어 수지인 상태에서 클램프 너트를 고정시킨 후 마이크로미터 등으로 양 측정면 사이의 거리를 측정하는 비교측정기이다. 측정범위는 8~150mm의 안지름이다.

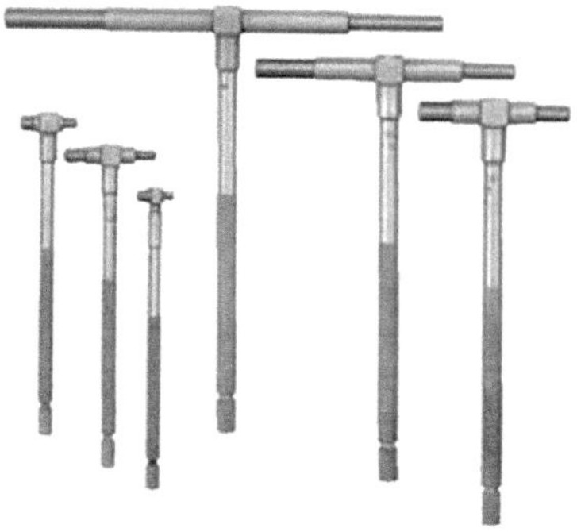

(9) 시크니스 게이지(thickness gauge)=틈새 게이지=간격 게이지

미세한 간격을 두어 정확히 가공물을 조립할 때 사용하는 측정기로 여러 가지 두께의 박강판 게이지를 조합한 것으로 보통 0.02~0.7mm까지의 두께를 가진 16장이 한 조로 되어 있어 몇 장을 조합하여 틈새를 측정한다.

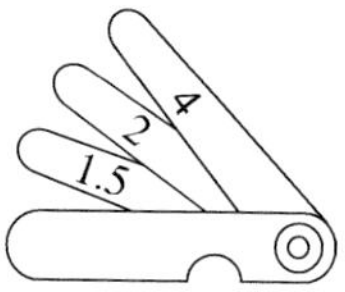

(10) 반경 게이지(radius gauge)

공작물의 라운딩(rounding, fillet)을 측정할 때 사용한다.

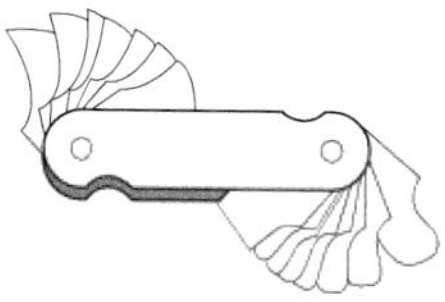

[반경 게이지]

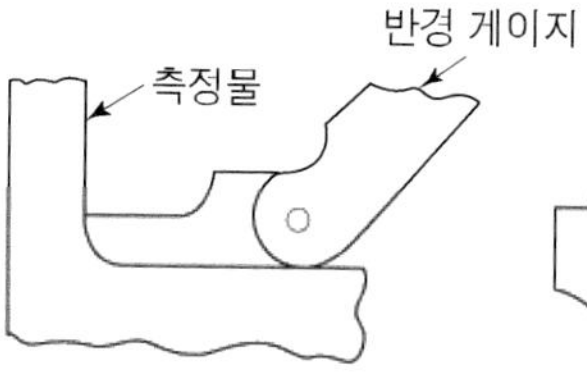

[내측 반지름 측정]

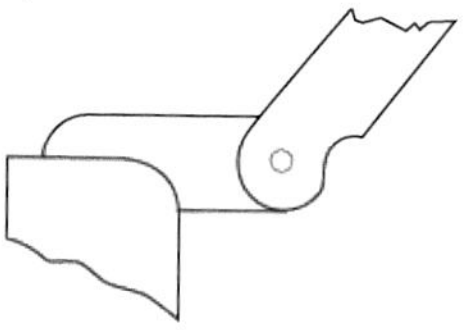

[외측 반지름 측정]

(11) 와이어 게이지(wire gauge)

철사의 지름을 재는데 사용하는 게이지로 원판의 주위에 철사의 번호에 해당하는 치수의 구멍이 가공되어 있는 것을 말한다. 윗부분의 벌어진 틈으로는 얇은 부품의 두께 측정이 가능하다.

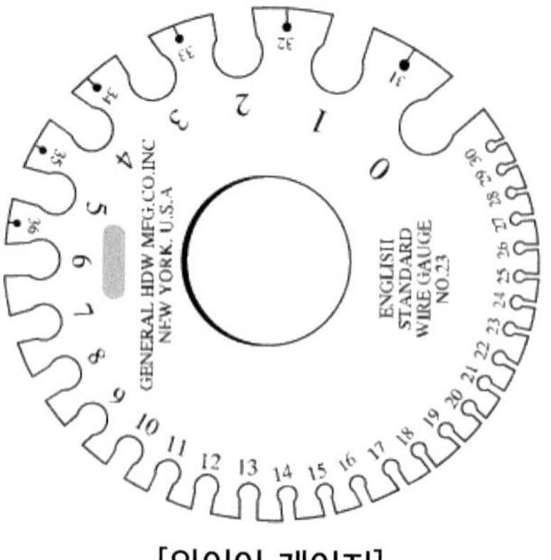

[와이어 게이지]

(12) 공기 마이크로미터(air micrometer)

공기의 유량을 이용한 비교측정장비로서 공기의 흐름을 확대기구로 하여 길이를 측정하는 방법으로 노즐부분의 모양을 교환함으로써 바깥지름, 안지름, 직각도, 진원도, 평면도, 테이퍼, 타원 등을 측정할 수 있다.

공기 마이크로미터의 종류로는 유량식, 배압식이 있다.

① **유량식** : 일정한 압력의 노즐로부터 공기를 뿜어 유량의 변화로부터 변위를 측정하는 방식

② **배압식** : 일정 유량에서의 배압의 변화로부터 변위를 측정하는 방식

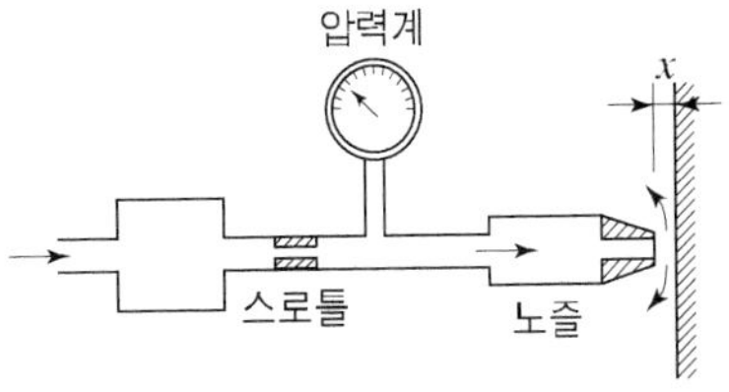

[배압식 공기 마이크로미터]

공기 마이크로미터의 장점으로는

① 확대율(배율)이 크고, 조정이 쉬우며, 정도가 좋다.

② 측정력이 작아 무접촉의 측정이 가능하다.

③ 반지름이 작은 다른 종류의 측정기로는 불가능한 것을 측정할 수 있다.

④ 내경 측정이 용이하다.

⑤ 많은 치수의 동시 측정, 자동 선별, 제어가 가능하다.

5-3 각도 측정

(1) 사인바(sine bar)
(2) 콤비네이션 세트(combination set)
(3) 탄젠트 바(tangent bar)
(4) 만능 각도기(bevel protractor)
(5) 오토콜리미터(autocollimeter)

(1) 사인바(sine bar) : 45° 이상은 오차가 발생된다.

직각삼각형의 2변 길이로 삼각함수에 의해 각도를 구하는 것으로 삼각법에 의한 측정에 많이 이용되며 양 원통 롤러 중심거리(L)는 일정 치수로 보통 100mm 또는 250mm로 만든다.

그래서 각도 α는 $\sin\alpha = \frac{H}{L}$이 된다.

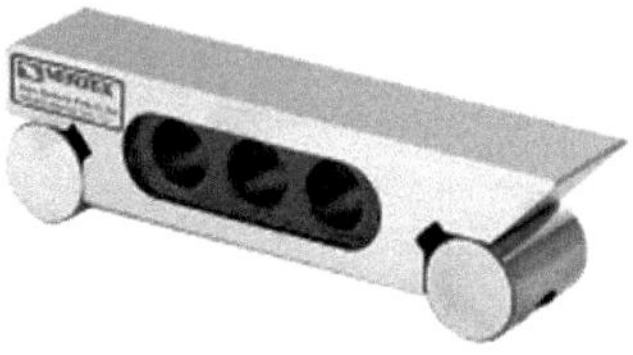

[사인바]

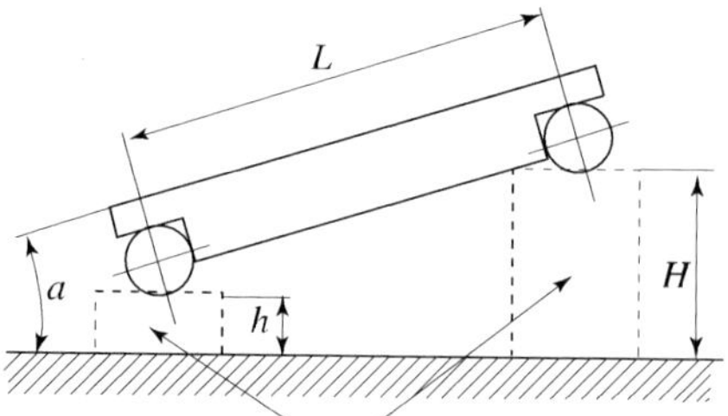

예제 5-5

길이 300mm의 사인바로 29°를 측정하려 할 때 블록 게이지의 높이는 몇 mm를 사용하면 되는가?

㉮ 138.79mm　　㉯ 127.38mm
㉰ 188.25mm　　㉱ 145.44mm

풀이 & 답

$$\sin\alpha = \frac{H}{L}$$

$\therefore\ H = L\cdot\ \sin\alpha = 300 \times \sin 29° = 145.44\text{mm}$

답 ㉱

예제 5-6

피측정물의 경사면과 사인바의 측정면이 일치하는 경우 100mm의 사인바에 의해서 30° 를 만들 때 불필요한 게이지 블록은?

㉮ 4.5mm　　㉯ 5.5mm
㉰ 30mm　　㉱ 40mm

풀이 & 답

$\sin 30 = \dfrac{\Delta H}{L}$, $\Delta H = L \times \sin 30 = 100 \times \sin 30 = 50\text{mm}$

보기 중에서 4.5+5.5+40=50mm가 된다.

답 ㉰

(2) 콤비네이션 세트(combination set)

각도의 측정, 중심내기 등에 사용되는 측정기이다.

(3) 탄젠트 바(tangent bar)

일정한 간격 L로 놓여진 2개의 블록 게이지 H 및 h와 그 위에 놓여진 바에 의해 각도를 측정한다.

(4) 만능 각도기(bevel protractor)

눈금판과 블레이드(blade)와 스토크로 되어 있으며, 아들자는 어미자의 23눈금을 12등분한 것으로, 5`까지 측정할 수 있다.

(5) 오토콜리미터(autocollimetor)

미소각을 측정하는 광학적 측정기로서 정밀 정반의 평면도, 마이크로미터 측정면의 직각도, 평행도 및 미소각의 차, 변화, 흔들림 등을 측정한다. 주요 부속품으로는 평면경, 폴리곤 프리즘, 펜타프리즘, 조정기, 변압기 등이 있다.

5-4 평면도 측정

(1) 광선정반=[옵티컬 플랫(optical flat)]
(2) 수준기(level vial)

(1) 옵티컬 플랫(optical flat)

빛의 간섭무늬를 이용한 평면도를 측정하는 장치로서, 비교적 작은 부분의 평면도 측정에 이용되고 있는데 광학유리를 연마하여 만든 극히 정확한 평행평면반을 측정면에 살그머니 포개어 놓고 표면에 나트륨 광선과 같은 단색광을 비추어 간섭무늬를 만든다. 무늬가 곧게 나타나면 정밀한 평면이다. 또한 간섭 한 개의 크기는 약 0.3μm이다.

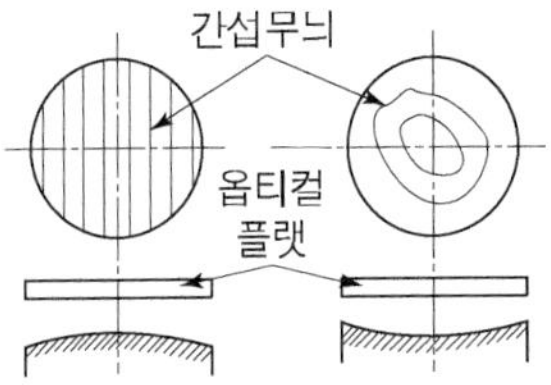

[요철면 구별법]

광선 정반은 비교적 작은 부분의 평면도를 측정, 검사하는데 사용되는 것으로 천연수정 또는 광학유리로 만들어진 지름 30~60mm, 두께 11~15mm의 원판이며, 그 양면은 매우 정확한 평행평면으로 되어 있다. 이것을 측정면에 올려놓고 표면에 백색빛 또는 단색빛을 투사하면 이 빛에 의하여 나타나는 간섭무늬로 평면도를 판정한다.

(2) 수준기(level vial)

각도, 평면도를 측정 가능하다. 주로 평면도 측정유리관 속에 에틸 또는 알코올 등을 봉입하고 약간의 기포를 남겨 놓아 기포의 위치에 의하여 수평을 재는 기계이다.

5-5 나사 측정

(1) 나사 피치 게이지(screw thread pitch gauge)
(2) 나사 마이크로미터(screw micrometer) : 나사의 유효지름 측정
(3) 3침법(three wire method) : 가장 정확한 나사의 유효지름 측정
(4) 공구현미경(tool maker's microscope) : 나사의 유효지름 측정
(5) 투영기(profile projector) : 나사의 유효지름 측정

(1) 나사 피치 게이지(screw thread pitch gauge)

각종 피치로 된 다수의 나사형을 만든 강판을 집합한 것으로 나사의 피치 검사용으로 사용된다.

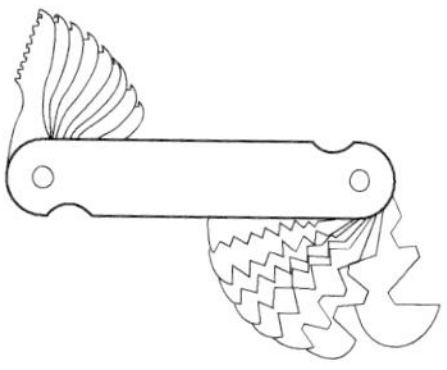

[나사 피치 게이지]

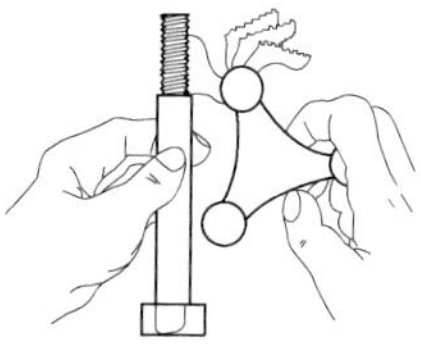

[숫나사의 점검]

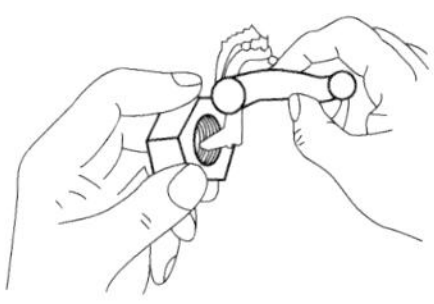

[암나사의 점검]

(2) 나사 마이크로미터(screw micrometer)

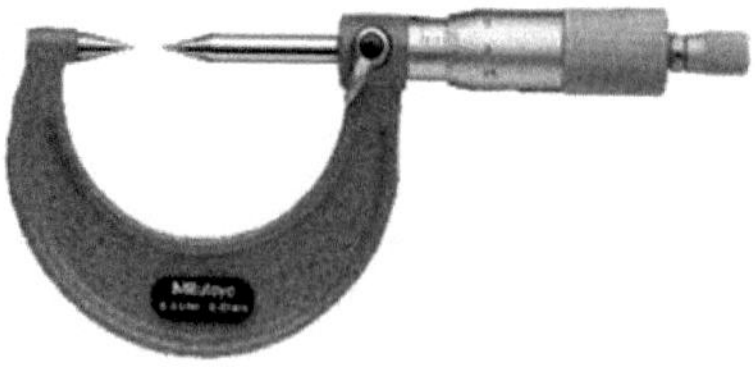

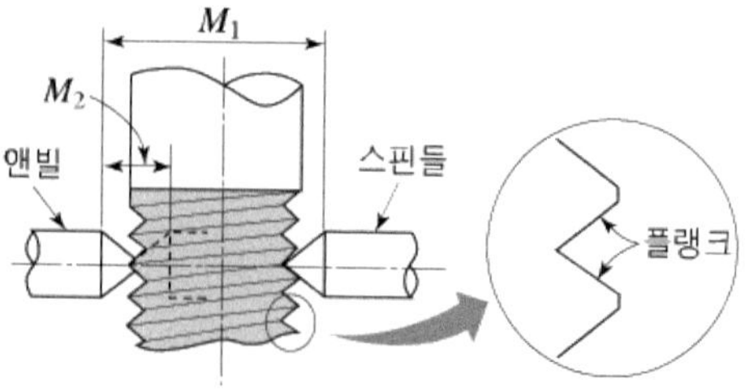

나사 마이크로미터는 앤빌이 나사의 산과 골 사이에 끼워지도록 되어 있으며 나사에 알맞게 끼워 넣어서 유효지름을 측정한다.

(3) 3침법(three wire method) : 가장 정확한 나사의 유효지름 측정

나사의 골에 적당한 굵기의 침을 3개 끼워서 침의 외측거리 M을 외측 마이크로미터로 측정하여 수나사의 유효지름을 계산한다.

$$\text{미터나사의 유효지름 } d_m = M - 3d_w + 0.86603p$$

여기서, M : 외측 마이크로미터의 측정길이, d_w : 침의 지름, p : 나사의 피치

$$\text{침의 지름 } d_w = \frac{p}{2\cos\frac{\alpha}{2}}$$

여기서, p : 나사의 피치, α : 나사산각(미터나사 = M나사의 나사산각도 60°이다)

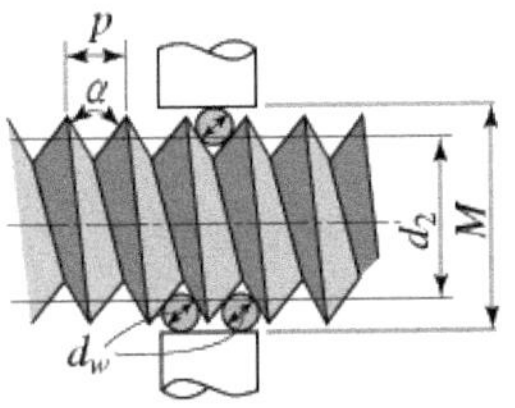

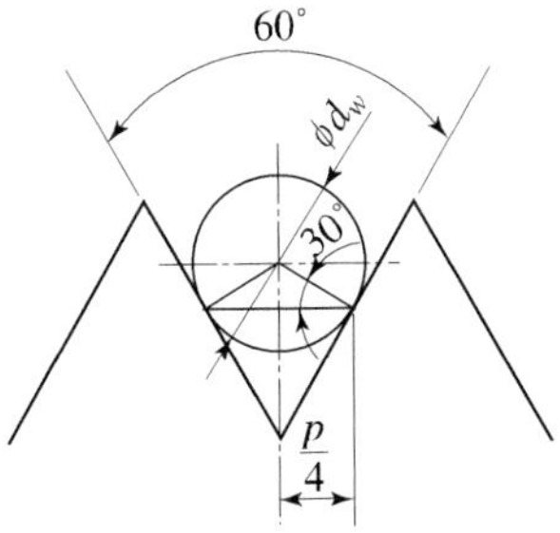

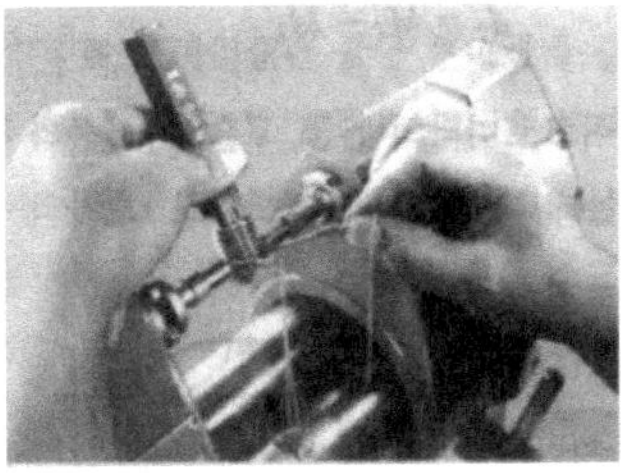

예제 5-7

삼선법에 의해 미터나사의 유효지름 측정 시 피치가 1mm인 나사에 사용할 삼선의 지름은 약 몇 mm인가?

㉮ 0.5773　　㉯ 0.8660

㉰ 1.0000　　㉱ 1.7320

풀이 & 답

$$\text{침의 지름 } d_w = \frac{p}{2\cos\frac{\alpha}{2}} = \frac{1}{2\times\cos\frac{60}{2}} = 0.577\text{mm}$$

답 ㉮

(4) 공구현미경(tool maker's microscope)

측정물을 얹고 전후좌우로 미세하게 움직일 수 있는 재물대(載物臺)가 있고, 그 이동량을 마이크로미터 또는 표준 게이지에 의해 읽을 수 있다. 그 위치를 정하기 위한 측미(測微) 현미경이 달려 있어, 이것으로 관측하면서 재물대를 움직여 각 부분의 치수를 측정한다. 접안렌즈에는 각도를 새긴 것이 있어 각도를 측정할 수 있고, 나사산의 모양을 새겨 나사의 산형(山形)을 검사할 수 있는 것도 있다. 또 현미경의 광학계(光學系)를 기울여, 나사의 측정을 쉽게 할 수 있는 것도 있다. 대형(大形)과 소형(小形)이 있으며, 측정 범위가 각각 다르다. 대형에는 재물대가 회전하여 각도를 측정할 수 있는 것도 있으며, 현미경을 투영식(投影式)으로 측정하기 쉽게 한 것도 있다.

(5) 투영기(profile projector)=윤곽투영기

영사기와 같은 원리로, 측정검사할 시표를 광학적으로 확대투영하고,투영면 상에서 그 형상치수를 측정하거나 검사할 때 사용한다.
나사, 게이지, 기계부품 등의 피검물을 광학적으로 정확한 배율로 확대하고 투영하여 스크린에서 그 형상이나 치수, 각도 등을 측정하는 장치이다. 조명 광선의 방향에 따라 수직형과 수평형으로 나뉘는데, 이 두 방식은 측정하고자 하는 물체의 크기와도 밀접한 관련이 있다.

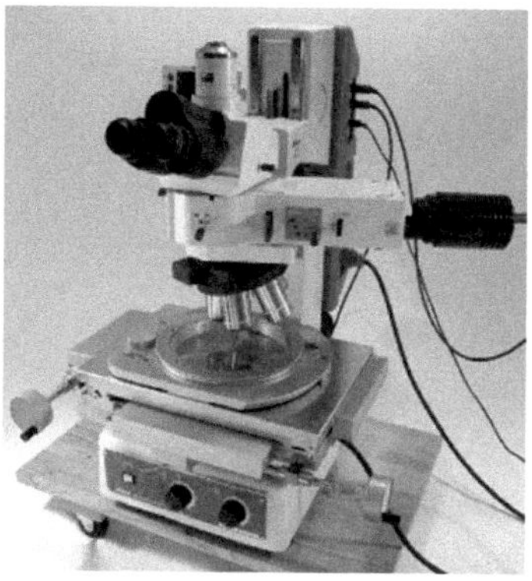
[공구현미경]

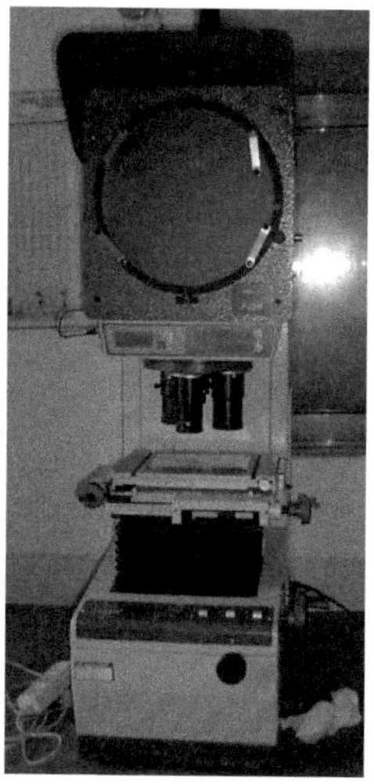
[투영기]

기계설계 산업기사 필기

part 4
기계제작법

Chapter 1 기계제작법의 분류 및 절삭이론

1-1 기계제작법의 정의

재료를 가공 및 성형하여 유용한 기계, 기구, 장치 등을 제조 또는 제작하는 기술을 논하는 학문을 "기계제작법"이라고 한다.
기계제작법을 절삭가공과 비절삭가공으로 크게 구분되며 기계가공법이라 함은 절삭가공영역을 기계가공법으로 분류한다.

1-2 기계제작법의 분류 합격KEY

※기계제작법
- 절삭가공
  - 절삭공구 가공
    - 고정공구 – 선반, 플레이너, 셰이퍼, 슬로터, 브로우칭
    - 회전공구 – 밀링, 드릴링, 보링, 호빙(hobbing), 소잉
  - 연삭공구 가공
    - 고정입자 – 연삭, 호닝(honing), 슈퍼피니싱, 버핑, 샌더링
    - 분말입자 – 래핑, 액체호닝, 배럴가공
- 비절삭가공
  - 주조
    - ① 목형제작시 주의사항
    - ② 주형제작시 주의사항
    - ③ 특수주조법 – 칠드주조법, 다이캐스팅, 원심주조법, 셸주조법, 인베스먼트법
  - 소성가공
    - ① 단조
      - 열간단조 – 해머단조, 프레스단조, 업셋단조
      - 냉간단조 – 콜드헤딩, 코이닝, 스웨이징
    - ② 압연
      - 분괴압연–중간재를 만드는 압연
      - 성형압연–제품을 만드는 압연
    - ③ 인발 – 봉재인발, 관재인발, 신선
    - ④ 압출 – 직접압출, 간접압출, 충격압출,정수압압출
    - ⑤ 전조 – 나사전조, 기어전조
    - ⑥판금가공
      - 전단가공 – 블랭킹, 펀칭, 전단, 분단, 노칭, 트리밍, 셰이빙, 슬리팅(slitting)
      - 굽힘가공– 플랜징, 비딩, 컬링, 시밍, 스피닝, 헤밍(Hemming)
      - 압축가공 – 코이닝(압인가공), 엠보싱, 스웨이징, 버니싱(압부가공)
      - 프레스가공 –디프드로잉, 벌징, 마폼법, 허빙(hubbing)

1-3 기계가공법에 사용되는 용어 정리

(1) 강도(strength)

외력에 대한 변형저항의 총칭으로 인장강도, 압축강도, 굽힘 강도, 비틀림 강도, 전단강도 등이 있고 강도가 크다는 것은 외력에 잘 견디는 재료이다.

(2) 인성(toughness)

소성에 대한 저항이 크고 , 파괴되기까지의 변형량이 큰 성질 = 질긴 성질 = 충격값이 큰 성질

(3) 경도(hardness)

표면 경도, 마모 저항 등 표면의 딱딱한 정도를 나타낸다.

(4) 피로강도(fatigue strength)

동적 하중으로 생기는 각종 피로강도

(5) 연성(ductility)

물체가 탄성한도를 넘는 외력에도 파괴되지 않고 가늘고 길게 늘어나는 성질
Au 〉 Ag 〉 Al 〉 Cu 〉 Pt 〉 Pb 〉 Zn 〉 Fe 〉 Ni
금 〉 은 〉 알루미늄 〉 구리 〉 백금 〉 납 〉 아연 〉 철 〉 니켈

(6) 전성(=가단성malleability)

금속을 두드려서 얇은 판으로 만들 수 있는 성질 = 넓게 퍼지는 성질
Au 〉 Ag 〉 Pt 〉 Al 〉 Fe 〉 Ni 〉 Cu 〉 Zn
금 〉 은 〉 백금 〉 알루미늄 〉 철 〉 니켈 〉 구리 〉 아연

(7) 전연성=가소성(malleability and ductility)

전성과 연성을 총괄하 용어로 소성가공을 하기 쉬운 성질

(8) 취성(brittleness) = 메짐성

인성과 반대 성질, 충격 하중이 극히 작음에도 불구하고 파괴되는 성질 = 충격값이 작다 = 인성이 작다.

1-4 절삭 가공의 종류

절삭 공구 가공
- 고정 공구 — 선삭(Turning), 평삭(Planing), 형삭(shaping), 브로우칭(Broaching), 줄작업(filling)
- 회전 공구 — 밀링(Milling), 드릴링(Drilling), 보링(Boring), 호빙(Hobbing), 소잉(Sawing)

연삭 공구 가공
- 고정 입자 — 연삭(Grinding), 호닝(Honing), 쌘더링(Sandering), 슈퍼피니싱(Superfinishing), 버핑(Buffing)
- 분말 입자 — 래핑(Lapping), 액체 호닝(Liquid honing), 배럴 가공(Barrel working)

1-5 칩(chip)의 형성

(1) 칩의 형태 및 원인

종류	형상	원인	특징
유동형 칩 (Flow type chip)	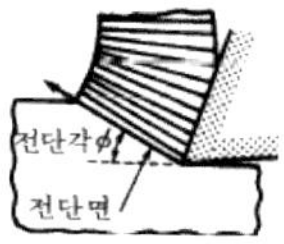	연강, 구리, 알루미늄 같은 인성이 많은 재료 고속 절삭 시 발생된다. ① 윗면 경사각이 클 때 ② 절삭 깊이가 작을 때 ③ 절삭 속도가 클 때 ④ 절삭량이 적을 때 ⑤ 윤활성이 좋은 절삭유를 사용할 때	① 칩이 바이트 경사면에 연속적으로 흐른다. ② 칩의 두께가 일정하고 균일하게 생성되며 가공면이 깨끗함. ③ 절삭면은 평활하고 날의 수명이 길어 절삭조건이 좋을때 나타난다. ④ 연속된 칩은 작업에 지장을 주므로 칩 브레이크를 이용하여 연속적으로 나오는 칩을 끊어 주어야 한다.
전단형 칩 (Shear type chip)	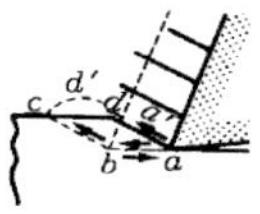	연성재료 저속 절삭 시 발생된다. ① 칩의 미끄러짐 간격이 유동형보다 약간 커진 경우 ② 경강 또는 동합금 등의 절삭각이 크고(90°가깝게) 절삭깊이가 깊을 때	① 칩은 약간 거칠게 전단되고 잘 부서진다. ② 전단이 일어나기 때문에 절삭력의 변동이 심하게 반복된다. ③ 다듬질면은 거칠다.(유동형과 열단형의 중간)
열단형 칩 =경작형 칩 (Tear type chip)	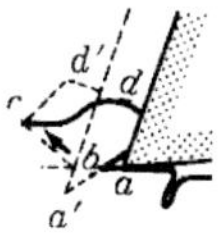	점성이 큰 가공물을 경사각이 매우 작을 때 ① 경작형이라고도 하며 바이트가 재료를 뜯는 형태의 칩 ② 극연강,Al합금,동합금 등 점성이 큰 재료의 저속 절삭시 생기기 쉽다.	① 표면에서 긁어낸 것과 같은 칩이 나온다. ② 다듬질면이 거칠고,잔류응력이 크다. ③ 다듬질가공에는 매우 부적당하다.
균열형 칩 (Crack type chip)	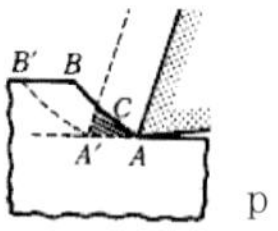	주철과 같은 메진 가공재료를 저속으로 절삭할 때	① 날이 절입되는 순간 균열이 일어나고, 이것이 연속되어 칩과 칩 사이에는 정상적인 절삭이 전혀 일어나지 않으며 절삭면에도 균열이 생긴다. ② 절삭력의 변동이 크고, 다듬질면이 거칠다.

※ 연강을 절삭할 때, 칩 형태의 발생조건과 결과 합격KEY

구분	칩의 모양	유동형 칩	전단형 칩	경작형칩 = 열단형 칩
발생 조건	윗면 경사각	대	중	소
	절삭속도	대	중	소
	절삭깊이	소	중	대
	윗면의 마찰	소	중	대
결과	가공면의 정도	양호	중	불량
	절삭저항의 변동	소	중	대

1-6 구성인선(built up edge) 합격KEY

바이트 재료와 친화력이 강한 연강, 알루미늄(Al), 스테인리스강을 절삭할 경우 바이트날 끝에 피삭재의 미소한 입자가 압착 또는 용착되어 나타나는 것을 말한다.

(1) 구성인선을 발생 순서

발생 → 성장→ 최대 성장 → 분열 → 탈락(→ 일부 잔류)의 과정을 1/100~1/300초 주기로 반복한다.

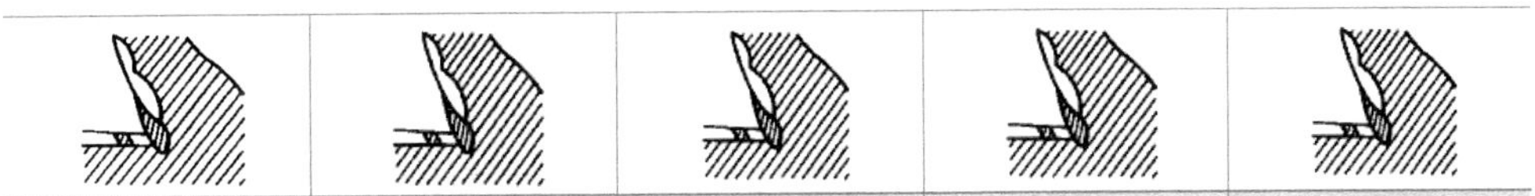

발생	성장	최대성장	분열	탈락

(2) 원인

① 바이트의 온도가 올라갈 경우
② 윗면 경사각이 작을 경우(30° 이하)
③ 절삭 속도가 작을 경우(고속도강 공구를 이용하여 탄소강을 절삭할 때 10~25m/min 이면 발생하기 쉽다.)
④ 절삭 깊이가 크고 이송 속도가 적을 경우
⑤ 경사면의 거칠기가 좋지 못한 경우

(3) 방지책

① 절삭 깊이를 적게 한다.
② 경사각을 크게 한다(30° 이상).

③ 공구의 인선을 예리하게 한다.
④ 절삭 속도를 높인다(고속도강 공구를 이용하여 탄소강을 절삭할 때 120~150m/min 이면 발생하지 않는다.)
⑤ 칩과 바이트 사이의 윤활성이 좋은 절삭유제를 사용한다.

(4) 구성인선의 이용

인성이 큰 재료는 구성인선이 일어나기 쉬운데 이 구성인선은 다듬질면이 불량하고 유해하므로 경사각을 크게 해줌으로서 절삭 저항을 감소시키고 공구의 수명을 연장시켜 주는 장점이 있다. 이러한 장점을 이용한 것이 Silver White Cutting Method(실버 화이트 커팅법)이 있다. 이때 사용되는 바이트가 SWC바이트이다.

1-7 절삭이론

(1) 절삭 저항의 3분력

① 주분력(F_c) : 절삭 방향과 평행한 방향의 힘
② 횡분력(F_a) : 공구의 이송 방향과 반대쪽 방향의 힘=이송분력
③ 배분력(F_r) : 주분력과 횡분력에 수직한 방향의 힘

분력의 크기 : 주분력 〉 배분력 〉 이송분력 = 횡분력

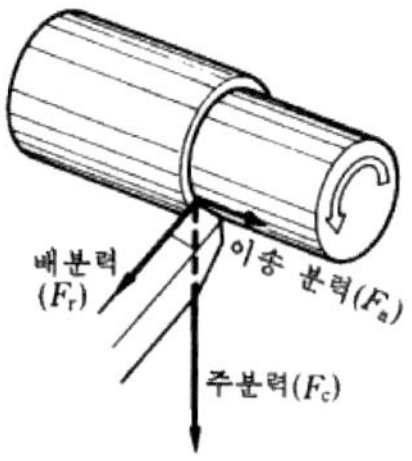

(2) 절삭 저항을 변화 시키는 요소

일감의 재질, 날 끝의 모양, 절삭 면적, 절삭 속도

(3) 절삭 속도

$$V = \frac{\pi \cdot d \cdot N}{1000} (m/\min)$$

여기서,
선반가공 일때 d : 공작물의 지름(mm), N : 공작물의 분당회전수 (rpm)

드릴 또는 밀링가공 일때 d : 공구의 지름(mm), N : 공구의 분당회전수 (rpm)

예제 1-1

드릴 작업에서 절삭속도 18m/min, 회전수 115rpm일 때, 드릴의 지름은 얼마인가?

㉮ 35.91mm ㉯ 49.82mm
㉰ 54.73mm ㉱ 68.64mm

풀이 & 답

절삭속도 : $v = \frac{\pi d n}{1000}$ m/min에서

$$d = \frac{1000v}{\pi n} = \frac{1000 \times 18}{\pi \times 115} = 49.82\text{mm}$$

답 ㉯

(4) 이송속도

$$V_f = f \times N(mm/\min)$$

여기서, 선반가공 일때 f : 공작물의 1회전당 공구의 이송량(mm/rev), N : 공작물의 분당회전수 (rpm)
드릴 또는 밀링가공 일때 f : 공구의 1회전당 이동거리(mm/rev), N : 공구의 분당회전수 (rpm)

(5) 절삭 동력 H

$$H = \frac{P_1 V}{60 \times 75\eta}[PS]$$

여기서, P_1 : 주분력(kg_f) ,η : 기계효율, V : 절삭 속도(m/min) → 공학단위

$$H = \frac{P_1 V}{60 \times 102\eta}[KW]$$

여기서, P_1 : 주분력(kg_f) ,η : 기계효율, V : 절삭 속도(m/min) → 공학단위

$$H = \frac{P_1 V}{60 \times 1000\eta}[KW]$$

여기서, P_1 : 주분력(N) ,η : 기계효율, V : 절삭 속도(m/min)-->SI단위

예제 1-2

선반에서 지름 100mm인 환봉을 300rpm으로 가공할 때 절삭저항130Kg_f이었다. 이때 선반의 절삭효율을 75%라 하면 절삭동력은 약 몇 PS인가?

풀이 & 답

$$(절삭동력)H = \frac{P_1 V}{60 \times 75\eta} = \frac{130 \times 94.247}{60 \times 75 \times 0.75} = 3.63[PS]$$

$$(절삭속도)V = \frac{\pi dN}{1000} = \frac{\pi \times 100 \times 300}{1000} = 94.247[m/\min]$$

예제 1-3

선반에서 지름 100mm인 환봉을 300rpm으로 가공할 때 절삭저항130Kg_f이었다. 이때 선반의 절삭효율을 75%라 하면 절삭동력은 약 몇 KW인가?

풀이 & 답

$$(절삭동력)H = \frac{P_1 V}{60 \times 102\eta} = \frac{130 \times 94.247}{60 \times 102 \times 0.75} = 2.669[KW]$$

$$(절삭속도)V = \frac{\pi dN}{1000} = \frac{\pi \times 100 \times 300}{1000} = 94.247[m/\min]$$

예제 1-4

선반에서 지름 100mm인 환봉을 300rpm으로 가공할 때 절삭저항130N이었다. 이때 선반의 절삭효율을 75%라 하면 절삭동력은 약 몇 KW인가?

풀이 & 답

$$(절삭동력)H = \frac{P_1 V}{60 \times 1000\eta} = \frac{130 \times 94.247}{60 \times 1000 \times 0.75} = 0.272[KW]$$

$$(절삭속도)V = \frac{\pi dN}{1000} = \frac{\pi \times 100 \times 300}{1000} = 94.247[m/\min]$$

(6) 공구 수명

Taylor의 공구수명공식

$$VT^n = C$$

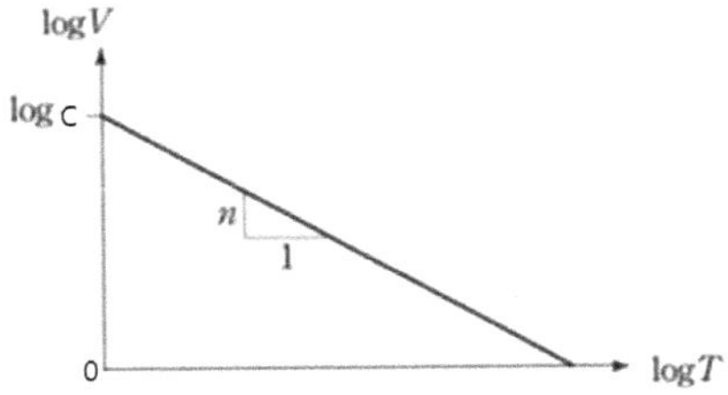

V : 회전 속도(m/min), T : 공구 수명(min), C : 공구, 공작물, 절삭 조건에 따른 상수
n : 공구와 공작물에 따른 상수 - 고속도강(0.1), 초경합금공구(0.125~0.25), 세라믹(0.4~0.55)
C : 공구, 공작물, 절삭 조건에 따른 상수

가공재료	고속도강(18-4-1)		초경공구
	건절삭	습식절삭	건식절삭
SM 15 C	154	214	787
SM 25 C	126	176	630
SM 35 C	100	140	494
SM 45 C	80	112	398
SM 60 C	51	72	256
Ni-Cr 강	87	122	398
주철 HB 100	115	158	570
HB 150	73	105	362
HB 200	41	56	204
주강	70	112	398
황동	350	-	1750
경합금	1320	-	6590

[C : 공구, 공작물, 절삭 조건에 따른 상수]

예제 1-5

절삭속도를 변화시키면서 공구 수명시험을 하였다. 절삭속도를 60 m/min으로 하였을 때 공구의 수명이 1200 min, 절삭속도를 600 m/min으로 하였을 때 수명은 12 min이었다. 절삭속도가 300 m/min일 때 그 공구의 수명[min]은?

㉮ 24　　㉯ 48
㉰ 240　　㉱ 600

풀이 & 답

$$VT^n = C$$

$$V_1 T_1^n = V_2 T_2^n$$

$$60 \times 1200^n = 600 \times 12^n$$

$$\left(\frac{1200}{12}\right)^n = \frac{600}{60}$$

$$100^n = 10,\ n = \frac{1}{2}$$

$$V_1 T_1^n = V_3 T_3^n$$

$$60 \times 1200^{\frac{1}{2}} = 300 \times T_3^{\frac{1}{2}}$$

$$T_3^{\frac{1}{2}} = \frac{60 \times 1200^{\frac{1}{2}}}{300} = \frac{60 \times 20\sqrt{3}}{300} = 4\sqrt{3}$$

$$T_3 = (4\sqrt{3})^2 = 48\text{min}$$

답 ㉯

(7) 공구 수명 판별방법

① 가공표면에 광택이 있는 무늬가 발생될 때(반점, 변색, 광휘대, 등...)
② 절삭공구 날 끝의 마모가 일정량에 도달하였을 때 = 날 끝이 많이 마모되었을 때
③ 가공 완성된 치수의 변화가 일정량에 도달하였을 때
※ 주의 : 가공 완성된 치수의 변화가 일정량이상 되면 공구수명이 오래된 것이다. 가공 완성된 치수의 변화가 일정량 이하이면 공구수명은 아직 남은 것이다.
④ 주분력은 변화가 없어도, 배분력, 이송분력이 급격히 증가할 때

(8) 공구의 마모

① **크레이터 마모 (Crater wear) = 경사면마모** : 저탄소강(低炭素鋼)이나 스테인리스강 등을 초경 합금(超硬合金) 절삭날로 고속 절삭하면 연속된 절삭밥이 인선(刃先) 윗면을 문지르고 지나가기 때문에 일종의 크레이터(crater)가 생기고, 이것이 심해지면 인선(刃先)이 결손되어 공구의 수명을 단축하게 된다. 그런데 TiC, TaC를 첨가한 초경 합금은 이러한 현상이 잘 일어나지 않으므로 내(耐)크레이터성이 뛰어나다.

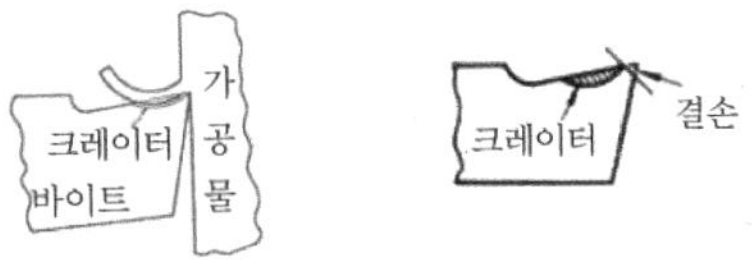

② **플랭크 마모(Flank wear) = 여유면 마모** : 절삭날의 측면이 절삭가공면과의 접촉에 의해 닳아서 마모가 되는 현상

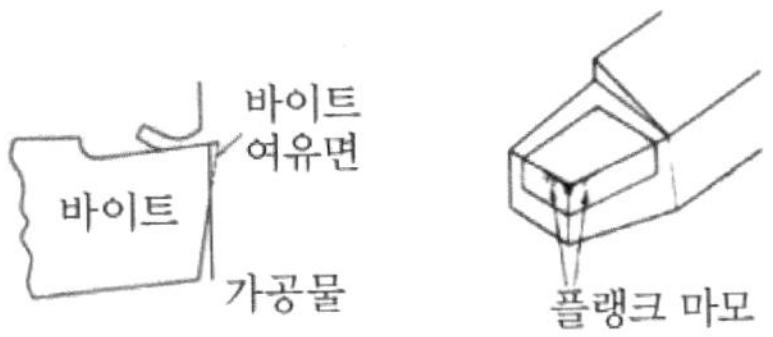

③ **결손 = 칩핑(chipping)** : 커터나 바이트로 밀링이나 평삭과 같이 충격 힘을 받는 경우 또는 공작기계의 진동에 의해서 날 끝에 가한 절삭저항의 변화가 큰 경우에 날 끝 선단의 일부가 파괴되어 탈락하는 미세 결손현상이다.

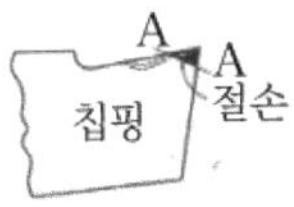

④ **공구와 가공물의 표면거칠기(=조도(粗度) = roughness)**

$$H = \frac{s^2}{8r}$$

여기서, H : 가공면의 굴곡을 나타내는 최대높이=표면거칠기[mm]

r : 바이트 날끝부분의 반지름=노즈반지름[mm]

s : 이송[mm/rev]

예제 1-6

환봉을 황삭가공하는데 이송을 0.1mm/rev로 하려고 한다. 바이트의 노즈반경이 1.5mm 라고 한다면 이론상의 최대표면 거칠기는 얼마 정도여야 하는가?

㉮ 8.3×10^{-4}mm　　㉯ 8.3×10^{-3}mm

㉰ 8.3×10^{-5}mm　　㉱ 8.3×10^{-2}mm

풀이 & 답

최대표면 거칠기 $H_{max} = \dfrac{S^2}{SR} = \dfrac{0.1^2}{8\times1.5} = 8.3\times10^{-4}mm$

답 ㉮

(8) 절삭비(γ), 전단각($\varnothing$), 공구각(α)의 관계

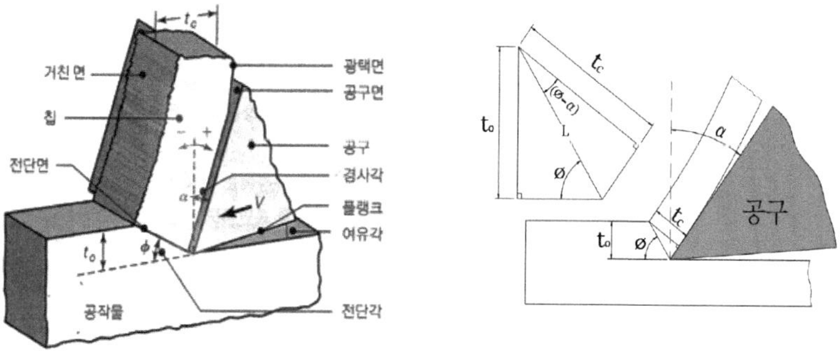

㉠ (절삭비)$\gamma = \dfrac{t_o}{t_c} = \dfrac{\sin\varnothing}{\cos(\varnothing-\alpha)}$

㉡ $\tan\varnothing = \dfrac{\gamma\cos\alpha}{1-\gamma\sin\alpha}$

여기서

t_o : 절삭깊이

t_c : 칩의 두께

$\varnothing$: 전단각

α : 공구각

유도(유도과정은 참고만 하세요)

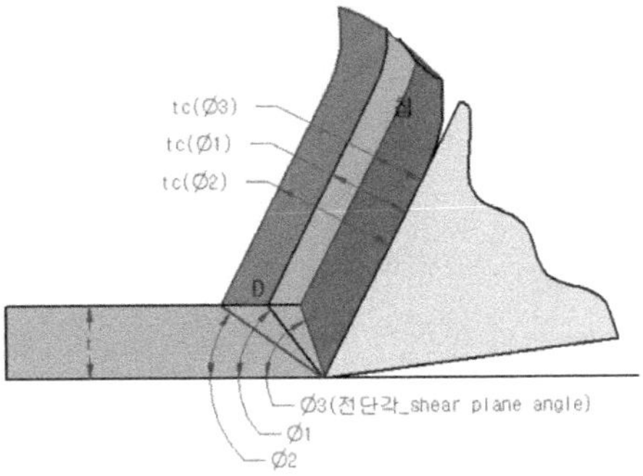

$$\gamma = \frac{t_o}{t_c} = \frac{L\sin\varnothing}{L\cos(\varnothing - \alpha)} = \frac{\sin\varnothing}{\cos(\varnothing - \alpha)}$$

$$\gamma = \frac{\sin\varnothing}{\cos(\varnothing - \alpha)} = \frac{(\sin\varnothing) \times \frac{1}{\cos\varnothing}}{(\cos\varnothing\ \cos\alpha + \sin\varnothing\ \sin\alpha) \times \frac{1}{\cos\varnothing}} = \frac{\tan\varnothing}{\cos\alpha + \tan\varnothing\ \sin\alpha}$$

$$\gamma\cos\alpha + \gamma\tan\varnothing\ \sin\alpha = \tan\varnothing$$

$$\gamma\cos\alpha = \tan\varnothing\ (1 - \gamma\sin\alpha)$$

$$\tan\varnothing = \frac{\gamma\cos\alpha}{(1 - \gamma\sin\alpha)}$$

암기하세요

▶전단각(ø)작을수록 칩두께가 커지고 절삭력이 증가한다. 즉 일감을 깎는데 힘이 증가한다.
▶전단각(ø)크질수록 칩두께가 작아지고 절삭력이 감소한다. 즉 일감을 깎는데 힘이 감소한다.

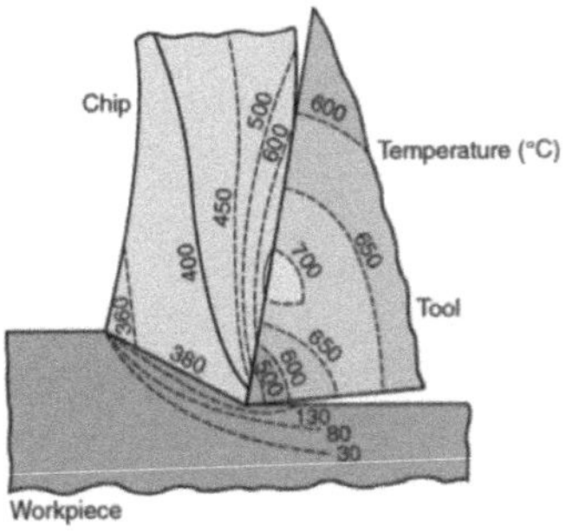

[절삭부위에서의 대표적인 온도 분포]

1-8 절삭 공구 재료

(1) 구비조건

① 가공재료(일감=공작물)보다 강도, 경도가 클 것
② 고온강도가 클 것(고온에서도 경도를 유지하여야 한다.)
③ 재료와 마찰이 발생됨으로 내마모성이 클 것
④ 성형성이 좋을 것(원하는 모양으로 쉽게 제작할 수 있어야 한다.
⑤ 가격이 싸고 경제적이어야 한다.

(2) 절삭 공구의 종류

① 탄소 공구강(carbon tool steel) : STC 1~7
탄소함류량이 0.6~1.5[%]C의 탄소강으로서 가공이 용이하며, 간단히 담금질하여 높은 경도를 얻을 수 있으며, 특별히 P와 S의 함유량이 적어야 한다.

탄소공구강	탄소함유량(%)		용도
STC1	1.3~1.5%	과공석강	칼줄,
STC2	1.1~1.3%		드릴, 철공용줄, 소형펀치, 면도날, 태엽,쇠톱
STC3	1.0~1.1%		나사가공다이스,쇠톱,프레스형틀,게이지,끌,치공구
STC4	0.9~1.0%		태엽, 목공용드릴,목공용 띠톱,펜촉 도끼,끌, 면도칼,
STC5	0.8~0.9%		각인, 프레스 형틀, 태엽, 띠톱,치공구,원형톱,게이지
STC6	0.7~0.8%	아공석강	각인, 원형톱, 태엽,프레스 형틀
STC7	0.6~0.7%		각인, 스냅,프레스형틀, 나이프

② 합금 공구강(alloy tool steel) : STS ,STD, STF (주성분:W-Cr-V-Ni)
탄소량이 0.8~1.5%에 소량의 텅스텐(W) ,크롬(Cr), 바나듐(V), 니켈(Ni), 등을 첨가한 강이며, 탄소공구강보다는 절삭성이 양호하고 내마멸성과 고온 경도가 높아 저속 절삭용 및 총형 공구용으로 주로 사용된다.

합금공구강 종류	절삭공구용	S2종	STS 2	탭, 드릴, 커터의 재료
		S21종	STS 21	
		S5종	STS 5	원형톱, 띠톱의 재료
		S51종	STS 51	
	냉간금형용	D1종	STD 1	성형틀다이스, 분말성형틀 재료
		D11종	STD 11	나사전조다이, 프레스형틀 재료
		D12종	STD 12	
	열간금형용	F3종	STF 3	다이블록(die block), 압출공구재료
		F4종	STF 4	프레스 형틀, 압출공구재료

③ 고속도 공구강(High Speed Steel : HSS) : – HSS(하이스 JIS규격), SKH(KS규격) HSS(하이스 JIS규격), SKH(KS규격)주성분이 0.8[%]C, 18[%]W, 4[%]Cr, 1[%]V로 된 것이 표준형을 표준고속도강으로18-4-1공구강이라고도 한다. 500 ~ 600[℃]의 고온에서도 경도가 저하되지 않고, 내마멸성이 크며 고속도의 절삭 작업이 가능하게 된다.

④ 주조 경질합금(cast alloyed hard metal)–스텔라이트(W–Cr–Co–C)
주조한 상태의 것을 연삭 성형하여 사용하는 공구로, 열처리하지 않아도 충분한 경도를 가진 주조 경질 합금이다.
단조 또는 절삭할 수 없으므로 금형에 주입, 주조한 후 연삭 성형한다.
주조후 열처리하지 않아도 고온경도와 내마모성이 크다. 주성분으로는 W–Cr–Co–C이다.(보통 공구 선단에 전기용접 또는 동납으로 땜하여 사용)

⑤ 초경합금(sintered hard metal) = 소결 탄화물 경질합금(주성분 : WC, TiC, TaC, Co)
경도가 높은 금속 탄화물 가루에 결합제로서 코발트 가루를 혼합하고, 이를 압축 성형시켜 소결 제조한 탄화물 합금
㉠ 금속 탄화물 : 탄화텅스텐(WC), 탄화티탄(TiC), 탄화탄탈(TaC)
㉡ 초경 합금의 특징 : 경도가 매우 크고 내열성, 내마멸성이 우수하다, 메짐성이 있으며, 또 연삭도 쉽지 않다
㉢ 초경 합금의 용도 : 주철과 칠드 주철의 절삭 가공이나 순금속, 비철 금속, 비금속 등의 정밀가공 및 철사 뽑기 다이(die)등에 이용된다
㉣ 종류 : 초경합금은 P, M, K계열이 있으며
P계열 : 강, 합금강, 가공용으로 사용에 적합하다.
M계열 :스테인레스강, 주철, 주강 가공용으로 적합하다.
K계열 :은 주철, 비철금속, 비금속 가공용으로 적합하다.
경도는 P〉M〉K, 인성은 P〈M〈K 순이다.
㉤ 초경합금의 상품면 : 비디아(widia), 탕갈로이(tunhalloy), 미디아(midia), 카볼로이(carboloy)

⑥ 세라믹 공구(ceramic tool) – 주성분 : 산화 알루미늄(Al_2O_3)
처음에는 점토를 소결하여 사용하였으나, 1955년경부터 알루미나(Al_2O_3)를 주성분으로 결합제를 사용하지 않고 소결 시킨 공구이다.
산화 알루미늄(Al_2O_3) 가루에 규소 및 마그네슘의 산화물 또는 다른 산화물의 첨가물을넣고 소결한 합금으로 고온에서도 경도가 높고 내마멸성이 좋으며, 초경합금보다 더욱 높은속도로 절삭할 수 있으나, 경질합금보다 인성이 적고 취성(brittleness)이 있어 충격 및 진동에 약하다. 절삭시 절삭유를 사용하지 않는다.

⑦ 서멧 공구(cermet tool)–주성분 : 탄질화 티탄(TiCN)

세라믹(ceramic)과 금속(metal)의 합성어로 세라믹의단점인 취성을 보완하기 위해 금속의 인성을 부여하여 만든 공구이다.

서멧(cermet) 공구는 탄화 텅스텐보다 경도 및 고온 특성이 우수한 탄질화 티탄(TiCN)을주체로 한 공구로서 종래 탄화 티탄(TiC) 주체의 서멧에 비하여 인성을 한층 보강시킨 고강도 공구이며, 초경합금에 비해 고속절삭이 가능하고 공구수명이 길다.

⑧ CBN 공구(Cubic Boron Nitride Too : 입방정질화붕소)

철계금속의 절삭에 이상적인 공구재료로써 CBN은 다이아몬드 경도 $\frac{2}{3}$이며, 초경합금보다 경도가 1.5~2배 크다.

CBN은 초경합금이나 세라믹보다도 고경도 고열전도율 저열팽창률의 장점을 갖고 있다. 다이아몬드와는 달리 공기 중에도 안정된 물질로서 철과의 반응성이 낮아 절삭열이 많이 발생되는 철계 금속의 절삭에 이상적이다.

절삭가공 분야에서 현재까지의 일반적인 상식은 열처리 후의 고경도의 각종 난삭 재료는 비능률적으로 경제적인 절삭이 곤란하여 부득이 절삭가공을 하고 열처리한 후 연삭가공을 할 수 밖에 없었다. 하지만 CBN공구의 개발로 열처리된강이나 난삭제의 절삭을 가공할 수 있게 되었다.

⑨ 피복 초경합금(coated tungsten carbide tool material)–코틴팅 초경합금

초경합금의 모재 표면에 티타늄탄화물(TiC), 티타늄질화물(TiN), 알루미늄산화물(Al_2O_3) 등을 5~10μm 정도 얇게 피복한 것으로 일반 초경합금에 비해 고온 및 고속 절삭성능이 우수하다.

코팅재료	특징
TiC	경도가 높아 여유면 마모에 강해짐
Al_2O_3	열적 안전성이 우수해 윗 경사면 마모에 강해짐
TiN	TiO과 Al_2O_3중간특성을 가진다.

㉠ 물리적 증착방법(PVD:physical vapor depostion) : 피복 초경합금 초경합금의 모재 위에 탄화물,또는 질화물,탄질화물질(TiC, TiN,Ti(C,N))을5~10 μ m 얇게 피복한 초경합급

㉡ 화학적 증착방법(CVD:chemical vapor deposition) : 가스의 플라스마 상태에서 생기는 이온을 이용하여 피복하는 과 반응가스를 고온(900~1000 ℃)에서화학 반응시켜 피복하는 방법

피복 초경합금은 주로 화학 증착법으로 행하며 이는 고온에서 증착되기 때문에 접착력이 아주 강하여 강,주강, 주철, 비철금속 절삭에 많이 사용된다.

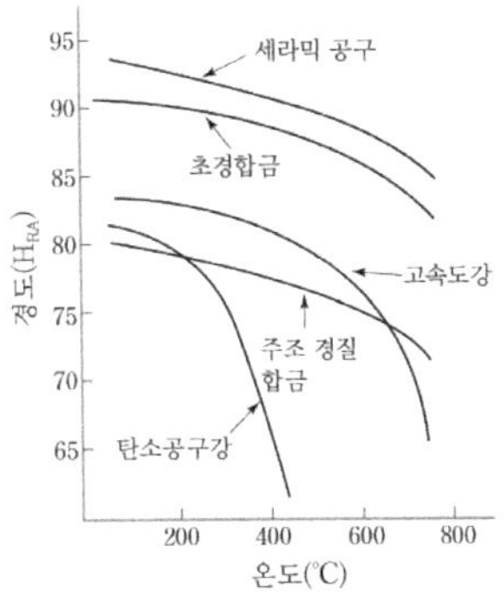

[공구의 온도와 경도의 관계]

[절삭속도와 공구의 실용화연대]

참고하세요 절삭온도의 측정

절삭온도를 측정하는 방법에는 다음과 같은 방법이 있다.
① 칩의 색깔에 의한 방법
② 가공물과 공구간 열전대(thermo couple) 접촉에 의한 방법
③ 복사 고온계를 사용하는 방법
④ 칼로리미터(calorimeter)를 사용하는 방법
⑤ 공구에 열전대(thermo couple)를 삽입하는 방법
⑥ 시온 도료에 의한 방법
⑦ Pbs 광전지를 이용한 측정 방법

1-9 절삭유 합격KEY

(1) 절삭유 사용 목적

냉각 작용, 윤활 작용, 세척 작용, 가공물 표면의 방청(防錆) 작용을 한다.

(2) 종류

① 수용성 절삭유 : 선반, 밀링, 드릴링, 연삭작업에 사용된다.
㉠ 에멜션유(유화유) : 광유에 비눗물을 혼합(희석 1/20 : 우유빛)
㉡ 솔류블형 : 침투성과 냉각성이 우수하다.(고속작업 및 연삭작업에 쓰인다.)
㉢ 솔류션형 : 방청력과 냉각성이 우수하다.(연삭작업에 주로 쓰인다.)

② 불수용성 절삭유
㉠ 광물성유 : 점성이 낮고, 윤활작용이 좋은 반면 냉각작용은 좋지 못하여 주로 절삭에 쓰이며, 종류로는 기계유(머신유), 스핀들유, 경유 등이 있다.

㉡ 동 · 식물성유 : 점성높고 중절삭에 이용되며, 저속절삭, 나사절삭의 냉각에 사용된다.
돈유(lard oil), 올리브유(olive oil), 종자유(seed oil), 피마자유, 콩기름 등이 쓰인다.
㉡ 혼합유(혼성유) : 동 · 식물성유 + 광물성유(강력절삭)
㉢ 극압유 : 고온 · 고압 마찰에 사용하며, 윤활작용이 주 목적이다. 극압첨가제로 황(S), 염소(Cl), 납(Pb), 인(P) 등이 쓰인다.
㉢ 석유(石油) : 5～20배의 석유와 황유를 혼합, 고속절삭에 쓰인다.(Ni, 스테인리스강, 단조강)

(3) 구비조건

① 냉각, 방청(防銹), 방식성이 좋아야 한다.
② 마찰성이 좋고, 윤활성이 좋아야 한다.
③ 유동성이 좋고, 잘 떨어져야 한다.
④ 인체에 해롭지 않고 악취가 없어야 한다.
⑤ 인화점과 발화점이 높아야 한다.
⑥ 가격이 저렴해야 한다.

1-10 윤활제(lubricant)

윤활의 목적은 밀폐작용, 청정작용, 방청(防銹)작용, 세척작용 등에 있다.
① 핸드 오일링(hand oiling) : 직접 손으로 윤활하는 방법으로 간단한 전동장치에 사용
② 강제식 윤활 : 윤활펌프를 통한 강제이송식으로 윤활유를 공급하는 방식으로 대부분의 윤활은 강제식 윤활이 사용된다.
③ 적하 급유법(drop feed oiling) : 저속 및 중속축의 급유에 주로 사용(널리 사용)
④ 링급유법(ring oiling) : 고속 주축의 급유를 균등히 할 목적에 주로 사용
⑤ 오일 미스트 윤활(oil mist ,분무 급유법) : 분무(spray) 상태의 기름을 함유하고 있는 압축공기를 공급하여 윤활하는 방법.(고속 내면 연삭기 고속 드릴 및 초고속 베어링의 윤활에 사용)
⑥ 비산 급유법(Splash oil) : 베어링 등을 직접 기름 속에 담그지 않고 기어나 회전링에 의해 기름을 튀기게 하여 윤활하는 방법
⑦ 그리스(grease)의 윤활 : 그리스 윤활법에는 수동 급유법, 충전 급유법, 컵 급유법, 스핀들 급유법 등이 공작기계의 윤활 및 자동차에 사용된다.

⑧ **패드 윤활** : 패드(천또는 헝겊)의 모세관 작용을 이용하여 기름통의 기름을 축에 도포하는 윤활법(潤滑法)으로 베어링 면을 끊임없이 청정하게 유지하는 이점이 있고, 차량 축의 베어링 등에 이용된다.

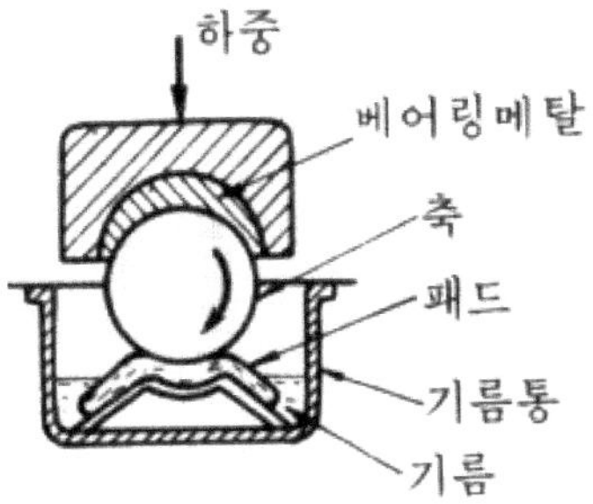

[패드윤활]

참고하세요 밀링머신의 주축베어링 윤활방법

그리스윤활, 오일 미스트 윤활, 강제식 윤활방식이 사용된다.

Chapter 2 선반가공

2-1 선반의 구조

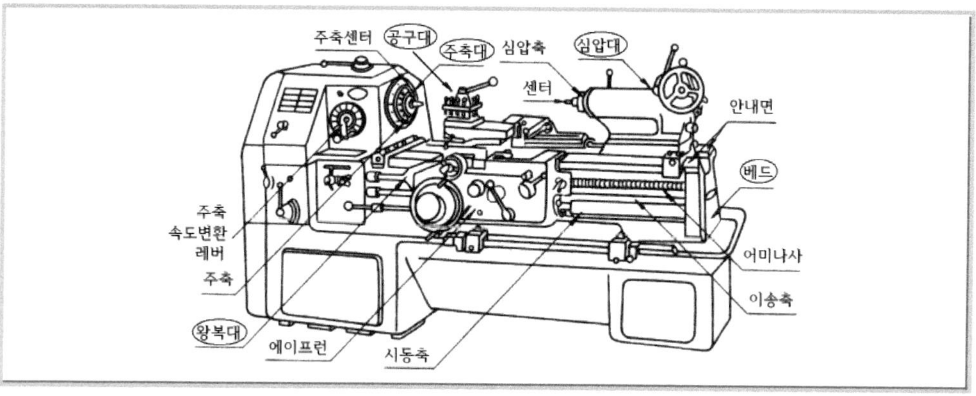

※선반의 크기 표시방법

① 베드의 길이

② 베드 위의 스윙(베드에 접촉하지 않고 가공 할 수 있는 공작물의 최대 지름)

③ 왕복대 위의 스윙(왕복대에 접촉하지 않고 가공할 수 있는 공작물의 최대 지름)

④ 주축대화 심압대 양 센터 사이의 거리(양 센터로지지 할 수 있는 공작물의 최대 길이)

(1) 주축대(head stock)

탄소강, 니켈 · 크롬(Ni−Cr)강을 담금질한 후 정밀 다듬질하여 만드는데 중공축으로 끝 부분은 모오스 테이퍼(morse taper)구멍으로 되어 있으며, 일감을 지지하여 회전시키는 주축과 이것을 지지하는 롤러 베어링과 주축을 회전시키는 주축 속도 변환 장치로 구성되어 있다.

① 주축을 중공 축으로 하는 이유

㉠ 실출(중실축)보다 굽힘과 비틀림응력에 강하다.

ⓛ 중량이 감소하여 주축베어링에 작용하는 하중을 줄여 준다.
ⓒ 긴 공작물의 고정이 편리하다.
ⓔ 콜릿척의 사용이 쉽고 센터를 쉽게 분리할 수 있다.

② 심압대(tail stock)
주축대의 반대쪽에 붙어 있으며, 일감의 한 쪽 끝을 센터로 지지하거나 드릴탭, 리머 등의 절삭 공구로 고정하는 작업에 사용된다.

③ 왕복대(carriage)
배드의 안내면 상에 놓여지고, 주축대와 심압대 사이에 위치하며, 좌우 왕복 운동을 한다. 왕복대는 새들(saddle), 에이프런(apron), 공구대(tool post)등으로 구성되는데 I자형의 새들을 통해 배드 안내면에 놓여 있고, 그 위에 공구대가 있다. 에이프런은 자동 이송 장치, 나사 깎기 장치 등이 내장되어 있으며 새들의 앞쪽에 있다.

④ 베드(bed)
상자형 주물로 그 위에 주축대, 심압대, 왕복대, 공작물 등을 지지하며 절삭 운동의 저항 및 안내 작용을 한다. 베드의 표면이 평평한 미국식과 산형의 영국식이 있다.
미국식 = 산형베드 : 중소형에 사용
영국식 = 평형베드 : 대형에 사용

⑤ 이송 기구(feed mechanism)
이송기구는 에이프런에 장치되어 있으며 수도이송을 위한 손밥이와 각종레버가 달려 있다.

2-2 보통 선반의 부속 장치 합격KEY

(1) 척(chuck)

선반의 주축 끝에 설치되어 공작물을 고정하고 회전시키는 역할을 하는 부속품으로 일종의 회전형 바이스라고 할 수 있다.

① **연동척** : 3개의 조가 120° 로 배치되어 있으며 3본척 = 만능척이라고 도 한다.3개의 조가 동일한 방향과 크기로 이동한다. 단면이 불규칙한 공작물은 고정이 곤란하다.
② **단동척** : 4개의 조가 90° 로 배치되어 있으며 4본척이라 고도 한다.
③ **복동척** : 단동척과 연동척의 기능을 겸비한 척이다.
④ **콜릿척** : 터릿선반이나 자동선반에서 지름이 작은 공작물이나 각봉을 가공할 때 사용한다.

(2) 돌림판(driving plate)과 돌리개(lathe dog)

이 두 장치는 양 센터 작업 시 주축의 회전을 공작물에 전달하기 위해 함께 사용되는데 돌림판은 주축끝 나사부에 고정하고, 돌리개는 공작물에 고정한다. 그 종류는 다음과 같다.

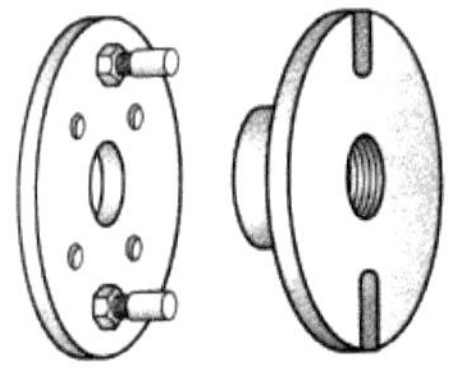

[돌림판]

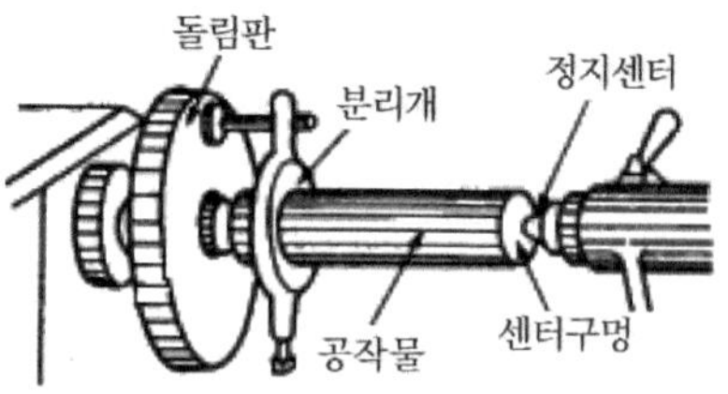

[돌림판과 돌리개의 이용]

※ 돌리개의 종류

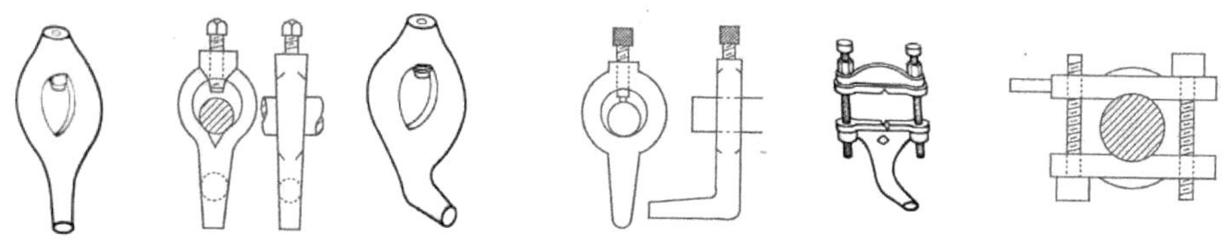

[곧은 돌리개] [굽은 돌리개] [평행돌리개]

(3) 면판(face plate)

변반은 돌림판과 유사하고 주축 끝에 고정하여 사용한다. 돌림판과 다르게 면의 넓이가 크고, 여러 가지 조립구멍이 있는 것이 다르다. 척에 고정할 수 없는 대형공작물 또는 복잡한 공작물을 고정할 때 사용한다. 주축에서 척을 떼어내고 면판을 고정하여 사용한다. 공작물을 고정하였을 때 무게 중심이 맞지 않으면 대각선 방향으로 균형추를 달아서 균형을 맞춘 다음에 가공한다.

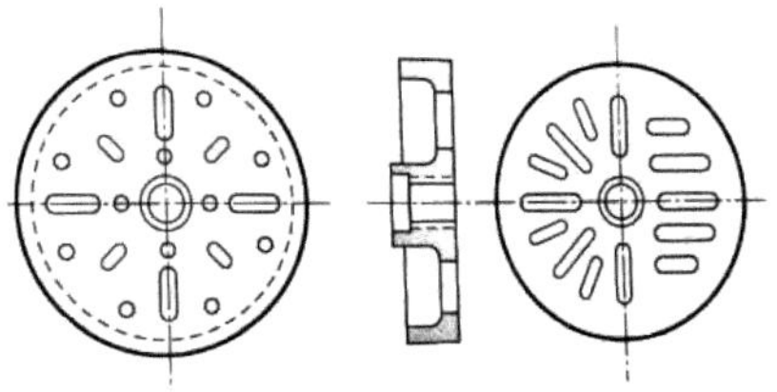

[면판]

(4) 센터(center)

그 재질은 탄소 공구강 또는 특수 공구강을 열처리 경화시킨 다음 다시 풀림 열처리하여 인성을 부여한 것으로 센터의 각도는 보통 60°정도이고 중절삭의 경우에는 75°와 90°이고 그 종류는 아래와 같다.

① 회전 센터(live center) : 지지 부분의 마찰이 적어 재질은 연강이고 주축에 고정하는 센터로 자루 부분은 모스 테이퍼로 되어 있다.

② 정지 센터(stop center) : 심압대에 고정하는 센터로 센터 끝에 마찰열로 손상이 많으므로 초경합금을 경납땜하여 사용한다.
③ 베어링 센터(bearing center) : 심압축에 꽂아 공작물과 함께 회전하는 센터이다.
④ 하프 센터(half center) : 끝면 깎기에 사용하는 센터이다.

(5) 방진구(work rest)

가늘고 긴 공작물을 가공할 때 공작물은 자중과 절삭력으로 인하여 휘거나 처짐이 생기고 진동을 일으켜 균일한 직경을 가공하기가 곤란해진다. 이를 방지하기 위해 방진구를 사용한다. 고정식 방진구와 이동식 방진구가 있다.

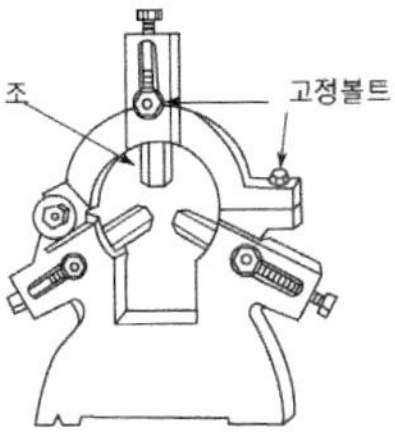

[고정식 방진구]

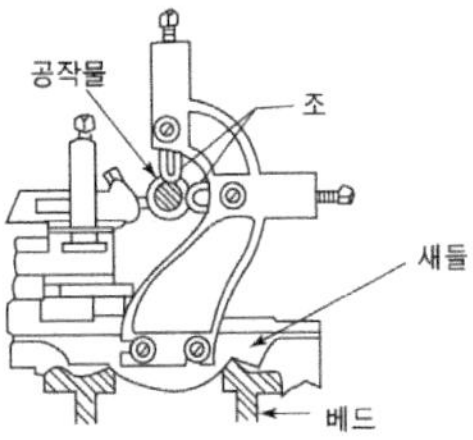

[이동식 방진구]

(6) 심봉(mandre=맨드릴)

기어, 벨트 폴리 등 구멍이 있는 소재의 공작물에 구멍 가공이 먼저 되었을 때 측면이나 외주면을 중심 구멍에 대하여 직각이나 동심원으로 가공하기 위해 사용하는 공구이다.
① 표준 맨드릴 = 단체식맨드릴 : 테이퍼값이 1/100, 1/000 정도이고 가공물을 지지하는데 사용한다.
② 팽창식 맨드릴 : 바깥지름을 다소 조절하여 가공물을 지지하는데 사용한다.
③ 조립식 맨드릴 : 지름이 큰 파이프 가공에 주로 사용한다.(원뿔 맨드릴)
④ 너트 맨드릴 : 기어, 와셔, 칼라와 같은 가공물을 여러 개 설치하는 것으로 갱 맨드릴이라고도 한다.

[단체 맨드릴]

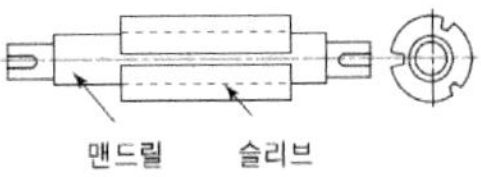

[팽창식 맨드릴(A)]

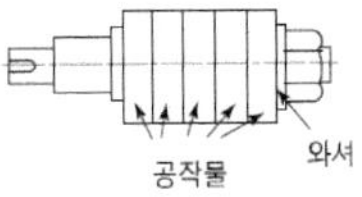

[갱 맨드릴]

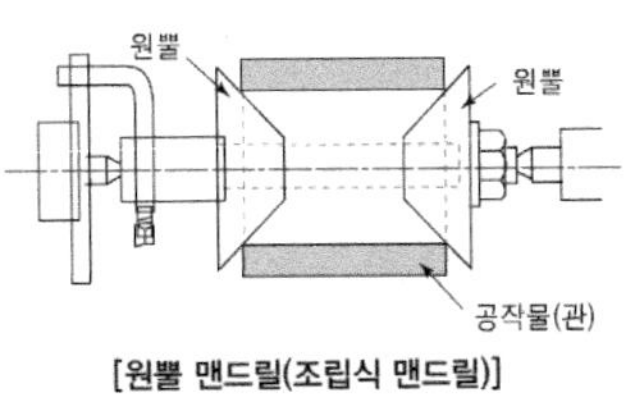

[원뿔 맨드릴(조립식 맨드릴)]

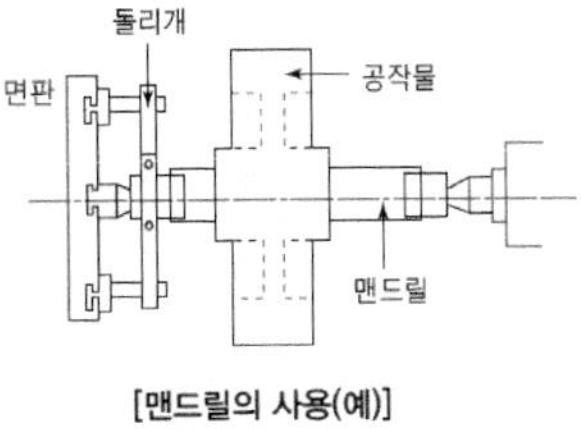

[맨드릴의 사용(예)]

2-3 선반의 종류

(1) 보통 선반(engine lathe)

가장 일반적으로 사용하는 것으로 단차식과 기어식이 있으며 다소 소량 생산과 수리에 사용하고, 슬라이딩(Sliding), 단면절삭(Surfacing), 나사 깎기(Screw cutting)를 할 수 있어 '3S선반'이라고 한다.

(2) 탁상 선반(bench lathe)

작업대에 설치하여 사용하는 소형 선반으로 계기, 시계 등의 부품과 같은 것을 절삭하는 데 사용한다.

(3) 정면 선반(face lathe)

길이가 짧고 지름이 큰 공작물을 절삭하는 데 사용하며, 베드가 짧고, 스윙이 큰 것을 말한다.

(4) 수직 선반(vertical lathe)

주축이 수직으로 되어 있으며 테이블이 수평으로 움직인다. 중량이 큰 대형 공작물이나 직경이 크고 폭이 좁으며, 불균형한 공작물 및 내면 절삭 등의 가공에 적합하다.

[정면선반]

[수직선반]

(5) 공구 선반(tool room lathe)

작은 공구 게이지나 정밀기계 부품을 가공하는데 사용하는 선반으로 보통 선반과 같으나 테이퍼 깎기 장치, 밀링커터의 여유각을 깎는 릴리빙, 밀링커터의 여유 깎기 장치가 붙어 있다.

(6) 모방 선반(copying lathe)

자동 모방 장치를 사용하며 특수한 형상을 한 공작물을 선삭하기 위해 실물 또는 실물과 같은 형판을 설치하고, 바이트가 형판을 따라 움직이게 하여 절삭 가공하는 선반으로 유압식, 전기식, 전기 유압식이 있다.

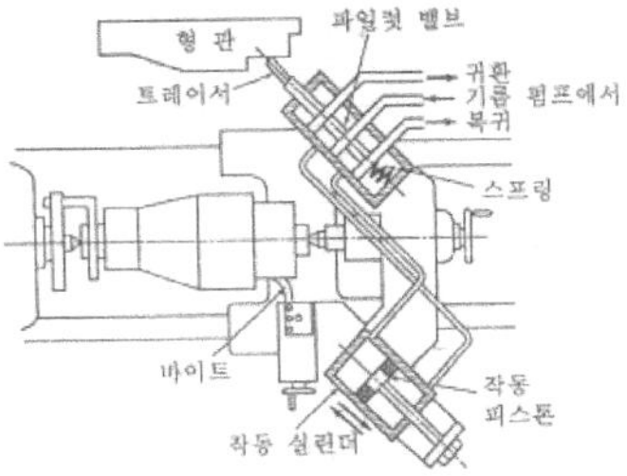

(7) 터릿 선반(turret lathe)

보통 선반의 심압대 대신 회전 공구대를 설치한 선반으로 대량 생산용의 선반으로 많은 공구를 가공 순으로 터릿 공구대에 장치하여 차례로 공구대를 돌려서 가공하여 공구대가 한 바퀴 돌면 가공이 끝나게 된다. 터릿 모양에 따라 육각형, 드림형으로 분류한다.

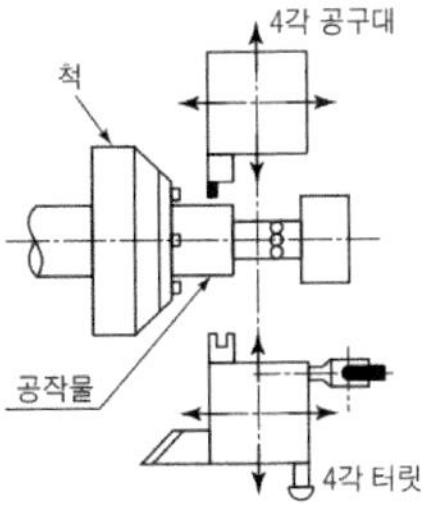

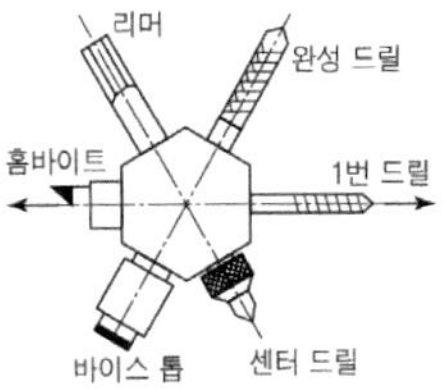

(8) 자동 선반(automatic lathe)

선반의 주작을 캠이나 유압기구를 이용하여 핀, 볼트, 시계, 자동차 등의 부품가공을 자동화한 대량 생산용 선반이다. 작업공정을 일단 정해 놓으면 부품이 자동적으로 가공되기 때문에 한사람이 여러 대의 선반을 조작 할 수 있어 능률적이며 인건비를 절감 할 수 있다. 여러 대의 자동 선반을 조작할 수 있다.

(9) CNC(Computerized Numerical Contril)선반

CNC선반은 컴퓨터에 입력된 작업 프로그램의 지령에 따라 자동으로 가공조건, 가공순서가 제어되는 선반으로서 다종 소량 제품을 생산 하는데 적합하다.

(10) 각종 전용 선반

차륜 선반(wheel lathe), 크랭크축 선반(crank shaft lathe), 수치제어 선반(numerical control lathe)

2-4 선반 작업의 종류

(1) 기본 작업

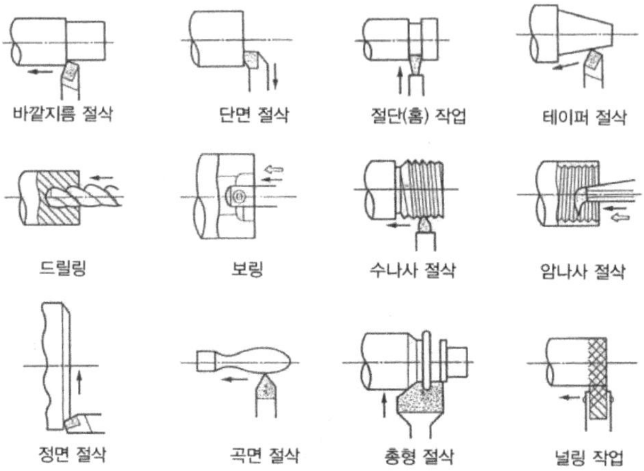

☞선반작업에서는 기어 절삭이 어렵다.

(2) 테이퍼 작업

① 복식 공구대를 선회 시키는 방법
② 심압대 편위에 의한 방법
③ 테이퍼 절삭장치를 이용하는 방법
④ 총형 바이트를 이용하는 방법

▶복식 공구대를 선회 시키는 방법

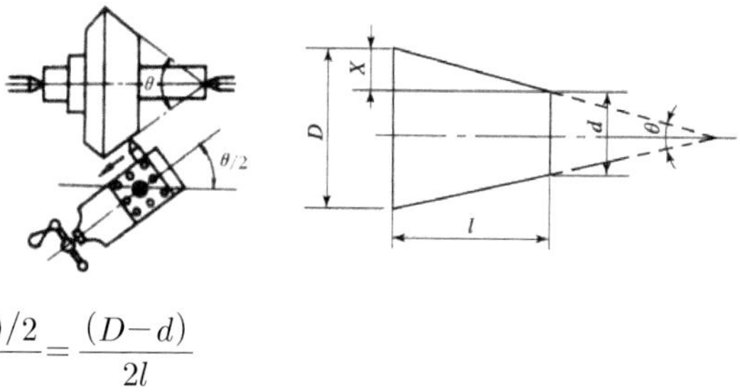

$$\tan\frac{\theta}{2}=\frac{x}{l}=\frac{(D-d)/2}{l}=\frac{(D-d)}{2l}$$

$$(\text{복식공구대선회각})\frac{\theta}{2}=\tan^{-1}\frac{(D-d)}{2l}$$

D : 큰지름(mm), d : 작은 지름(mm), l : 테이퍼 길이(mm)

참고)기제제도에서의 기울기(taper)값은 $\frac{D-d}{l}$ 로 표시한다.

▶ **심압대 편위에 의한 방법**

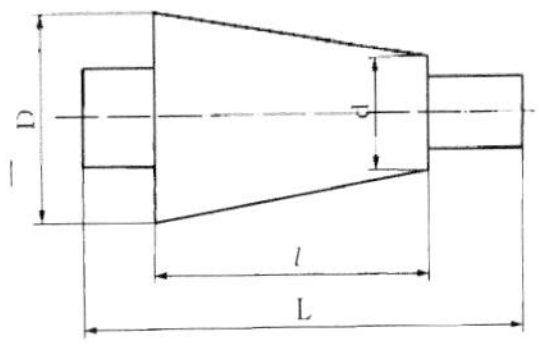

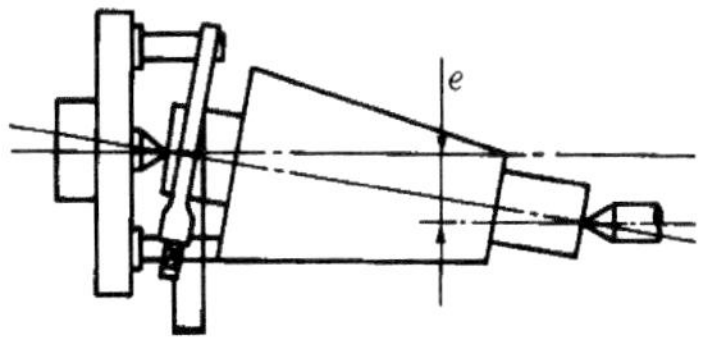

$$(\text{심압대의 편위량})e = \frac{(D-d)L}{2l}$$

L : 공작물의 전체 길이(mm),　D : 큰지름(mm),　d : 작은 지름(mm),　l : 테이퍼 길이(mm)

예제 2-1

그림과 같은 테이퍼를 선반에서 심압대를 편위시켜 절삭하려고 한다. 심압대를 몇 mm 편위시켜야 하는가?

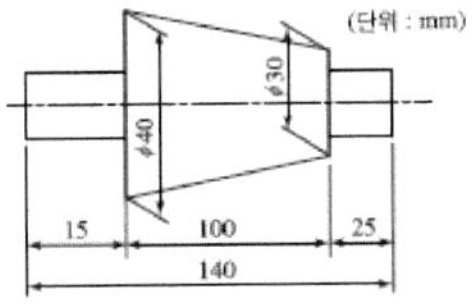

㉮ 7
㉯ 8
㉰ 9
㉱ 10

풀이 & 답

심압대 편위량 : x

$$x = \frac{(D-d)L}{2l} = \frac{(40-30)140}{2 \times 100} = 7mm$$

답 ㉮

예제 2-2

그림과 같이 가공된 축의 테이퍼 값은 얼마인가?

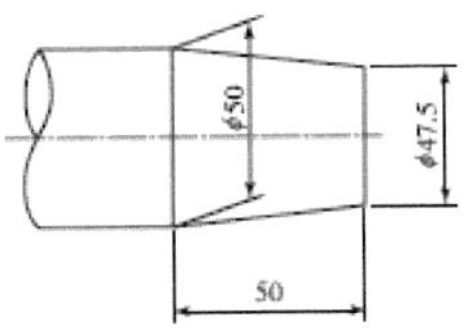

㉮ $\frac{1}{5}$　　㉯ $\frac{1}{10}$
㉰ $\frac{1}{20}$　　㉱ $\frac{1}{40}$

풀이 & 답

$$t = \frac{D-d}{l} = \frac{50-47.5}{50} = \frac{1}{20}$$

답 ㉰

예제 2-3

복식 공구대를 선회시켜 테이퍼 가공시 테이퍼의 큰 지름을 D[mm], 작은 지름을 d[mm], 테이퍼의 길이가 L[mm]일 때, 공구대의 선회각 $\alpha/2$에 대한 $\tan\alpha/2$의 값은?

㉮ $\tan\frac{\alpha}{2}=\frac{D-d}{2L}$　　㉯ $\tan\frac{\alpha}{2}=\frac{2L}{D-d}$

㉰ $\tan\frac{\alpha}{2}=\frac{D-d}{L}$　　㉱ $\tan\frac{\alpha}{2}=\frac{L}{D-d}$

풀이 & 답

선반 가공에서 테이퍼 계산식

㉮ 테이퍼 값 : $T=\frac{D-d}{l}$

㉯ 복식공구대 선회각 : $\tan\theta=\frac{D-d}{2l}$

㉰ 심압대 편위량 : $x=\frac{(D-d)L}{2l}$

여기서 l : 테이퍼의 길이, L : 일감의 전체 길이

답 ㉮

예제 2-4

다음 그림과 같은 공작물의 테이퍼를 선반의 공구대를 회전시켜 가공하려고 한다. 이때 복식 공구대의 회전각은?

㉮ 약 10도
㉯ 약 12도
㉰ 약 14도
㉱ 약 18도

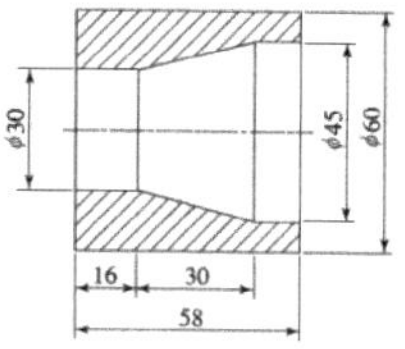

풀이 & 답

$$(복식공구대선회각)\frac{\theta}{2}=\tan^{-1}\frac{(D-d)}{2l}=\tan^{-1}\frac{(45-30)}{2\times30}=14.04^{\circ}$$

답 ㉮

(3) 나사 절삭 작업 합격KEY

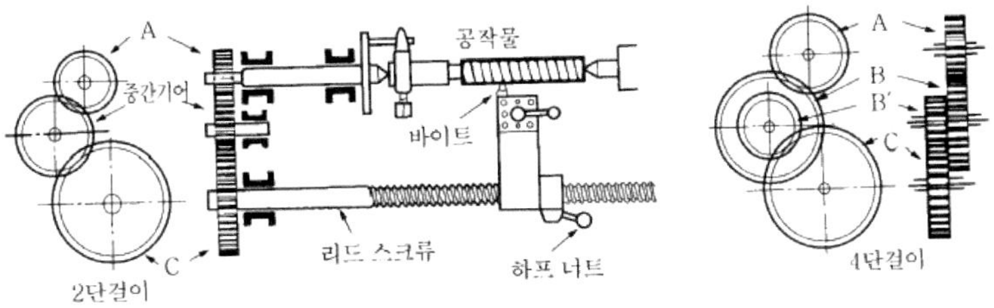

주축과 리드 스크류(=어미나사)를 기어로 연결하여 공작물의 회전과 리드 스크류의 회전비에 따라 공작물에 나사가 깎인다.

2단 걸기 : $\dfrac{(\text{일감의 피치})p_{\text{나사}}}{(\text{어미나사의 피치})p_{\text{어미}}} = \dfrac{Z_A}{Z_C}$ (회전비가 1/6 ~6이하)

4단 걸기 : $\dfrac{(\text{일감의 피치})p_{\text{나사}}}{(\text{어미나사의 피치})p_{\text{어미}}} = \dfrac{Z_A}{Z_B} \times \dfrac{Z_B'}{Z_C}$ (회전비가 6이상 또는 1/6 미만)

여기서, Z_A : 주축에 끼우는 기어의 잇수,
Z_B, Z_B' : 중간기어의 잇수,
Z_C : 리드 스크류에 연결되는 기어의 잇수

▶ 미터나사 $M10 \times 2$인 나사의 피치는 2mm

▶ 인치나사 $UNF\frac{1}{2} - 12$인 나사의 피치는 $\dfrac{25.4}{12}mm$

① 경우 : 미터식 어미나사로 미터식 나사를 깎을 때

예) (어미나사의 피치)$p_{\text{어미}} = 8mm$을 이용하여 (일감의 피치)$p_{\text{나사}} = 2mm$인 나사를 깎을 때의 변환기어 잇수를 구하여라.

sol) $\dfrac{2}{8} = \dfrac{1 \times 20}{4 \times 20} = \dfrac{(Z_A) = 20}{(Z_C) = 80}$

예) (어미나사의 피치)$p_{\text{나사}} = 2mm$을 이용하여 (일감의 피치)$p_{\text{나사}} = 12mm$인 나사를 깎을 때의 변환기어 잇수를 구하여라.

sol) $\dfrac{2}{12} = \dfrac{1 \times 2}{3 \times 4} = (\dfrac{1 \times 20}{3 \times 20}) \times (\dfrac{2 \times 25}{4 \times 25}) = \dfrac{(Z_A) = 20}{(Z_B) = 60} \times \dfrac{(Z_B') = 50}{(Z_C) = 100}$

② 경우 : 인치식 어미나사로 인치식 나사를 깎을 때

예) (인치식 어미나사의 산수)$Z_{어미}$=10산을 이용하여 (인치식 일감의 나사의 산수) $Z_{나사}$=6산인 나사를 깎을 때의 변환기어 잇수를 구하여라.

$Z_{어미}=10산 \rightarrow p_{어미}=(\frac{25.4}{10})mm$, $Z_{나사}=6산 \rightarrow p_{나사}=(\frac{25.4}{6})mm$

sol) $\frac{p_{나사}}{p_{어미}}=\frac{(\frac{25.4}{6산})}{(\frac{25.4}{10산})}=\frac{10\times5}{6\times5}=\frac{(Z_A)=50}{(Z_C)=30}$

③ 경우 : 인치식 어미나사로 미터식 나사를 깎을 때

예) (인치식 어미나사의 산수)$Z_{어미}$=10산을 이용하여 (일감의 피치)$p_{나사}$=6mm인 나사를 깎을 때의 변환기서 잇수를 구하여라.

sol) $\frac{p_{나사}}{p_{어미}}=\frac{6}{(\frac{25.4}{10산})}=\frac{6\times10\times5}{25.4\times5}=\frac{6\times10\times5}{127}=\frac{5\times60}{1\times127}=\frac{(Z_A)=100}{(Z_B)=20}\times\frac{(Z_B')=60}{(Z_C)=127}$

④ 경우 : 미터식 어미나사로 인치식 나사를 깎을 때

예) (어미나사의 피치)$p_{어미}=10mm$을 이용하여 (인치식 나사의 산수)$Z_{나사}$=6산인 나사를 깎을 때의 변환기어 잇수를 구하여라.

sol) $\frac{p_{나사}}{p_{어미}}=\frac{(\frac{25.4}{6})}{10}=\frac{25.4\times5}{6\times10\times5}=\frac{127}{5\times60}=\frac{(20\times1)\times127}{(20\times5)\times60}=\frac{(Z_A)=20}{(Z_B)=100}\times\frac{(Z_B')=127}{(Z_C)=60}$

⑤ 변환기어 잇수

형식	변환기어 잇수	참고
미국식	20, 24, 28, 32, 36, 40, 44, 48, 52, 56, 60, 64, 72, 80, 127	잇수 20~64 사이는 4씩 증가 72, 80, 127 기어 1개
영국식	20, 25, 30, 35, 40, 45, 50, 55, 60, 65, 70, 75, 80, 85, 90, 95, 100, 105, 110, 115, 120, 127, 157	잇수 20~120 사이는 5씩 증가 127 기어 1개 157 기어1개

예제 2-5

1인치에 4산의 리드스크루를 가진 선반으로 4mm의 나사를 깎고자 할 때, 변환 기어 잇수를 구하면? (단, A는 주축기어의 잇수, B는 리드스크루의 잇수이다)

㉮ A : 80, B : 137　　㉯ A : 120, B : 127
㉰ A : 40, B : 127　　㉱ A : 80, B : 127

풀이 & 답

$$\frac{A}{B} = \frac{4}{\frac{1}{4} \times 25.4} = \frac{4 \times 4 \times 5}{25.4 \times 5} = \frac{80}{127}$$

$\therefore\ A : 80,\ B : 127$

답 ㉱

㉠ 절삭 속도

절삭 속도가 클수록 표면 거칠기는 좋아지나 속도의 증가와 더불어 절삭 온도가 상승하고 바이트 수명이 급격히 저하한다.

$$v = \frac{\pi d N}{1000}\ (\text{m/min})$$

d : 공작물의 지름(mm), N : 주축의 회전수(rpm)

※ 백기어(back gear) : 단차식 주축대에서 저속 강력 절삭을 하거나 주축의 변환 속도의 폭을 넓히기 위해 설치하는 기어이다.

㉡ 가공 시간

$$(\text{가공시간})\ T = \frac{L}{N\ S}\ [\text{min}]$$

여기서 N : 주축의 회전수(rpm) L : 공작물의 길이[mm], S : 공구의이송[mm/rev]

예제 2-6

선반에서 지름 50mm의 재료를 절삭속도 60m/min, 이송 0.2mm/rev, 길이 30mm로 1회 가공할 때 필요한 시간은?

㉮ 약 10초　㉯ 약 18초　㉰ 약 23초　㉱ 약 39초

풀이 & 답

$$T = \frac{l}{ns} = \frac{\pi d l}{1{,}000 v s} = \frac{\pi \times 50 \times 30}{1{,}000 \times 60 \times 0.2} = 0.39\text{min} \fallingdotseq 23\text{sec}$$

답 ㉰

예제 2-7

절삭속도 120m/min, 절삭깊이 6㎜, 이송속도 0.25㎜/rev으로 지름 80㎜의 원형 단면봉을 선삭 한다. 500㎜ 길이를 선삭하는데 필요한 가공시간은?

㉮ 약 1.5분 ㉯ 약 4.2분 ㉰ 약 7.3분 ㉱ 약 10.1분

풀이 & 답

$$V=\frac{\pi DN}{1000},\ N=\frac{V\times 1000}{\pi D}=\frac{120\times 1000}{\pi\times 80}=477.46rpm$$

$$0.25\frac{\text{㎜}}{rev}\times\frac{477.46rev}{\min}=119.36\frac{\text{㎜}}{\min}$$

$$550\text{㎜}\times\frac{\min}{119.36\text{㎜}}=4.18\min$$

답 ㉯

㉣ 소재제거율=재료제거율(MRR;Material Removal Rate)

시간당 소재제거된 체적

$$MRR[\frac{mm^3}{\min}]=\pi D_m[mm]\times S[\frac{mm}{rev}]\times t[mm]\times N[\frac{rev}{\min}]=\pi D_m N\times S\times t$$

$$=\text{절삭속도}\times\text{이송}\times\text{절삭깊이}$$

여기서

D_m : 평균지름$[mm]$

S : 이송$[mm]$

t : 절삭깊이$[mm]$

N : 분당회전수$[rpm]$

$$MRR[\frac{cm^3}{\min}]=\pi D_m[cm]\times S[\frac{cm}{rev}]\times t[cm]\times N[\frac{rev}{\min}]=\pi D_m N\times S\times t$$

$$=\text{절삭속도}\times\text{이송}\times\text{절삭깊이}$$

여기서

D_m : 평균지름$[cm]$

S : 이송$[cm]$

t : 절삭깊이$[cm]$

N : 분당회전수$[rpm]$

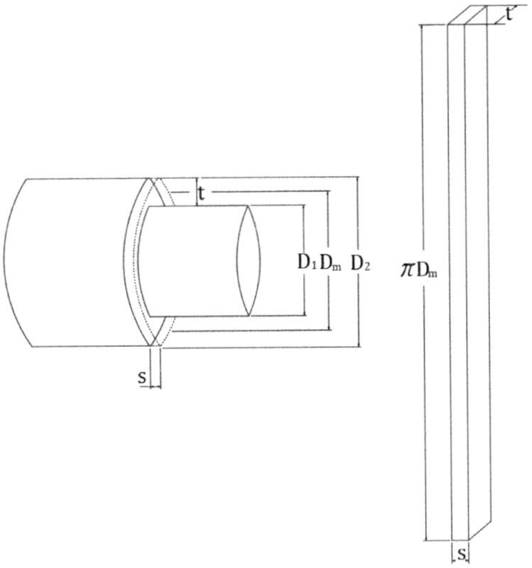

예제 2-8

선반의 절삭조건은 다음과 같다. 절삭조건을 보고 소재제거율(MRR)$[\frac{mm^3}{\min}]$은 얼마인가?

〈절삭조건〉

절삭속도 $v = 100[m/\min]$,
1회전당 이송량 $S = 0.5[mm]$,
절삭깊이 $t = 4[mm]$

㉮ 100 ㉯ 200 ㉰ 100000 ㉱ 200000

풀이 & 답

소재제거율MRR(material removal rate)

$$MMR = V \times f \times t = 100000 \times 0.5 \times 4 = 200000[\frac{mm^3}{\min}]$$

$V[\frac{mm}{\min}]$: 절삭속도

$f[\frac{mm}{rev}]$: 이송량

$t[mm]$: 절삭깊이

답 ㉱

Chapter 3

밀링가공

3-1 Milling machine의 가공 분야와 밀링 커터의 종류

(1) 가공 분야

원통의 둘레에 많은 날을 가진 밀링 커터(milling cutter)를 회전시켜 테이블 위에 고정된 공작물을 이송(feed)하거나 절삭하는 공작기계로서 그 가공 분야는 다음과 같다.

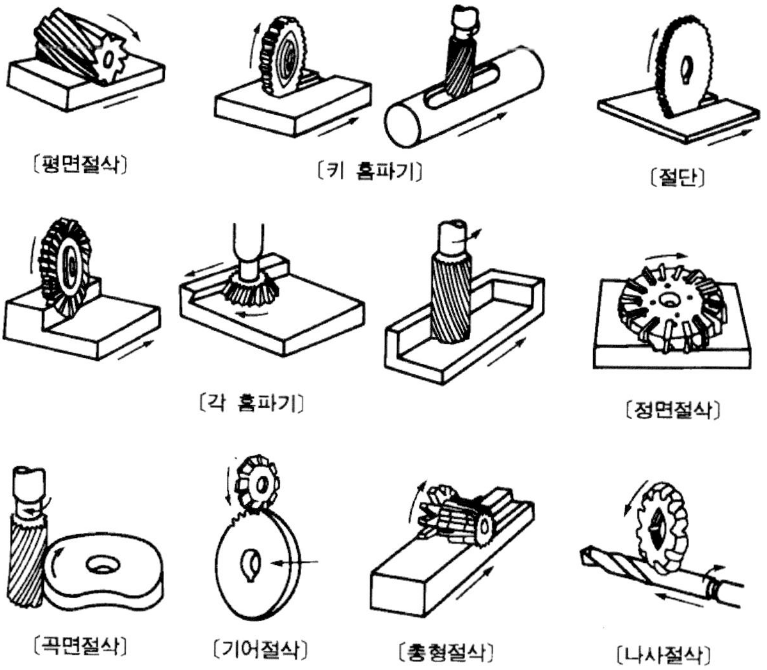

합격 KEY

☞ 밀링머신으로 할 수 없는 작업 : ① 바깥지름 절삭 = 외경절삭, ② 원통 테이퍼 가공
☞ 밀링머신으로 가공은 할 수 있지만 어려운 작업 : 나사절삭
☞ 밀링머신으로 가공할 수 없는 기어 : 하이 포이드 기어

(2) 밀링 커터의 종류

커터의 재료는 고속도강(H.S.S)과 초경합금을 사용한다.

① **플레인 커터(plain cutter)** : 원통면에 날이 있으며 폭이 10~15㎜인 것은 직선이고 그 이상인 것은 비틀린 날로 만들며, 비틀린 날의 커터는 절삭이 순차적으로 되며 소비동력이 적고 가공면이 좋으나 추력이 발생하는 단점이 있다.

② **메탈 소오(metal saw)** : 폭 5㎜ 이하로 절단 작업에 사용된다.

③ **측면 커터(side milling cutter)** : 폭이 좁은 플레인 커터의 양측면에도 날이 있어 홈 및 단면 가공에 사용한다.

④ **정면 커터(face cutter)** : 한쪽 단면 및 원통면에 날이 있고 자루(shank)가 없는 커터로 넓은 평면가공에 사용한다.

⑤ **엔드밀(end mill)** : 원둘레와 단면 모두 날을 갖고 있어 키홈이나 좁은 평면 가공에 사용한다.

⑥ **각 커터(angular cutter)** : 원주에 45°, 60°, 70°의 각을 갖고 있어 각을 갖는 홈이나 면을 가공할 때 사용한다.

⑦ **총형 커터(formed cutter)** : 날 부분의 형상이 깎으려는 형상과 같은 커터로 드릴, 리머, 기어 절삭에 사용한다.

⑧ **T커터** : T형 홈절삭에 사용하는 커터이다.

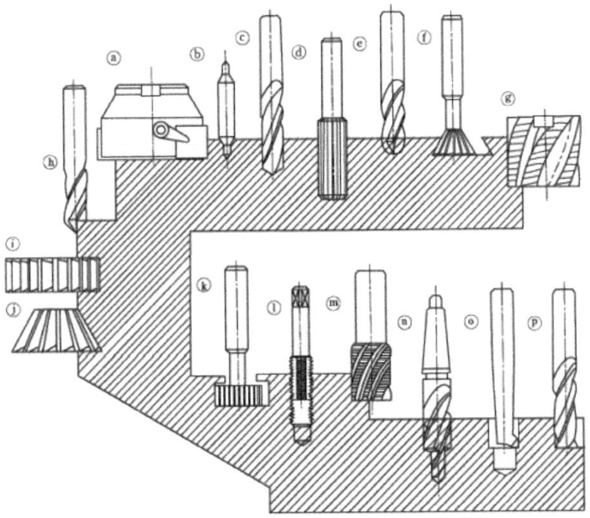

ⓐ 정면커터	ⓑ 센터 드릴	ⓒ 드릴	ⓓ 리머
ⓔ 볼 엔드 밀	ⓕ 더브테일 커터	ⓖ 셸 엔드 밀	ⓗ 모따기 커터
ⓘ 측면 커터	ⓙ 각도 커터	ⓚ T홈 커터	ⓛ 탭
ⓜ 거친 절삭 엔드밀	ⓝ 단차 드릴	ⓞ 보링	ⓟ 엔드 밀

3-2 밀링 머신의 종류

(1) 니형 밀링 머신(knee type milling machine)

가장 널리 사용하는 것으로 커터 축에 의해 테이블이 전후, 좌우, 상하로 움직이며 그 종류는 수평 밀링 머신(horizontal milling machine), 만능 밀링 머신(universal milling machine), 수직식 밀링 머신(vertical milling machine)이 있다.

[수직형 밀링 머신]

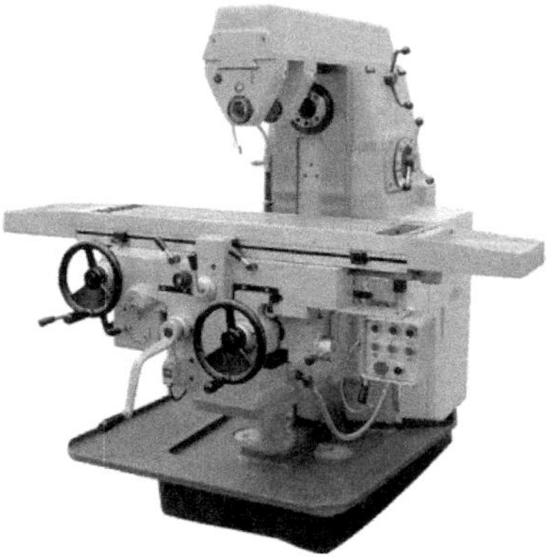

[수평형 밀링 머신]

(2) 생산 밀링 머신(production milling machine)

같은 부품을 장시간 대량 생산하는데 적합하도록 어느 정도 단순화하였다. 주축대를 다소 이동시킬 수 있으며 커터를 2~3개 장치하여 2~3면을 동시 가공이 가능하며 단두식, 쌍두식, 회전 테이블식 밀링 머신이 있다.

(3) 특수 밀링 머신(special milling machine)

모형이나 형판에 의해 밀링 커터가 움직여 같은 형상으로 공작물을 깎을 수 있는 것으로 각종 금형제작에 널리 쓰이는 모방 밀링 머신(profile milling machine), 나사 깎는 전용 밀링 머신으로 나사 밀링 머신(therad milling machine)과 윤곽 제어에 의한 평면캠, 원통캠, 판게이지 등을 가공하는 수치 제어 밀링 머신(NC milling machine)이 있다.

(4) 플레이너 밀러(플래노 밀러 : plano-miller)

플레이너의 공구대 대신 밀링 커터를 붙이는 주축대가 있어 대형 공작물의 강력 절삭에 적합한 밀링 머신이다.

3-3 밀링 머신의 크기

밀링머신의 크기는 일반적으로 테이블의 이동거리를 호칭번호로 표시한다.

호칭번호		NO. 0	NO. 1	NO. 2	NO. 3	NO. 4	NO. 5
테이블의 이동거리	좌우(테이블)	450	550	700	850	1050	1250
	전후(새들)	150	200	250	300	350	400
	상하(니)	300	400	450	450	450	500

3-4 밀링 머신의 부속품 및 장치

(1) 밀링커터 공정구

① 아버(arber) : 밀링커터를 고정하는 축으로서 한 쪽 끝은 주축 구멍에 끼워 고정할 수 있도록 테이퍼로 되어 있다. 특히 수평밀링 아버는 휘어지는 변형을 방지하기 위하여 수직으로 세워서 보관해야 한다.

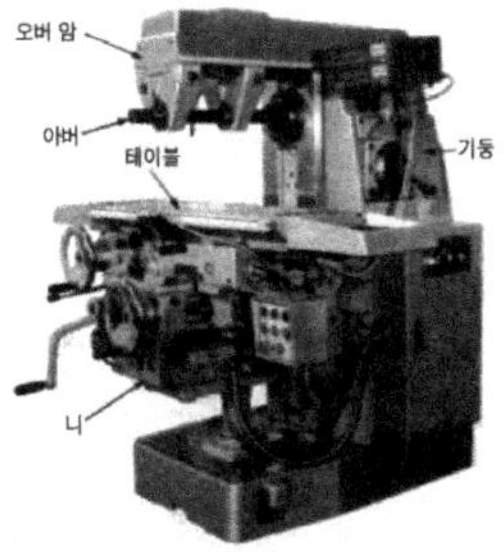

[수평 밀링 머신]

② 급속교환 어댑터(quick change adapter) : 수직 밀링의 경우 주축에 급속교환 어댑터를 설치하면 조임너트를 1/4정도만 회전시켜도 아버를 교환 할 수 있어 매우 편리하다.

③ 콜릿(collect)과 콜릿척(collet chuck) : 엔드밀 같은 자루가 있는 밀링커터를 고정시키는데 사용하는 커터고정구

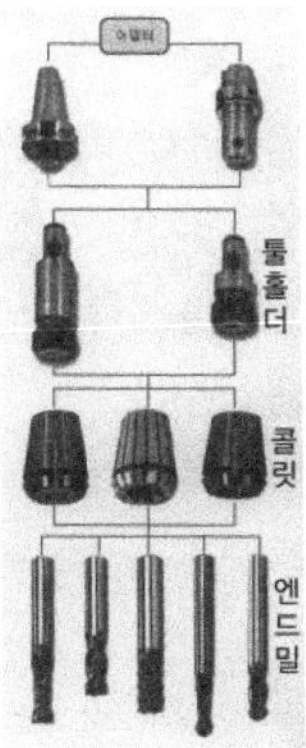

(2) 슬로팅 장치

슬로팅장치(sllotting attachment)는 니형 밀링머신의 컬럼에 설치하여 사용한다. 주축의 회전운동을 직선 왕복운동으로 변화시켜 공작물의 안지름에 키홈, 스플라인, 세레이션 등을 가공할 수 있다. 슬로팅 장치는 평면 위에서 임의의 각도로 경사시켜 절삭할 수도 있다.

(3) 밀링 바이스(milling vise)

테이블 위에 있는 홈을 이용하여 바이스를 고정하는 간단한 공작물을 고정시키는데 사용한다.

(4) 회전 테이블(circular table)

300, 400, 500mm의 직경을 가지며, 주로 수직 밀링 가공에 사용되며 수동 및 자동 이송에 의해 회전 시킬 수 있으므로 원호형의 홈이나, 바깥둘레 원형 절삭에 사용된다. 핸들축에는 각도 눈금이 새겨져 있는 마이크로 컬러가 부착되어 간단한 각도 분할도 가능하다.

(5) 분할대(indexing head)

공작물의 바깥둘레를 분할하든지 회전시킬 경우 사용하며, 비틀림각 구동 장치 등과 겸용하여 베벨 기어나 밀링 커터의 비틀림 홈 등을 가공할 수 있다. 그 규격은 테이블상의 스윙으로 표시한다.

(6) 수직 밀링 장치(vertical milling attachment)

수평식 밀링 머신에서 수직 밀링 머신 작업을 할 수 있도록, 오버 암을 뒤로 후퇴시킨 후 주축대에 고정하여 수직 방향으로 커터를 고정한다.

(7) 래크 절삭 장치(rack cutting attachment)

공작물 고정용 특수 바이스와 총형 커터를 이용하여 래크를 가공할 수 있는 장치이다.

(8) 만능 밀링 장치(universal milling attachment)

밀링 머신의 칼럼면에 고정하여 수평 및 수직면 내에서 임의의 각도로 스핀들을 고정시키는 장치며 헬리컬과 래크를 가공할 수 있는 장치이다.

3-5 밀링 작업

(1) 밀링 커터의 절삭 방향

① 상향 밀링 : 공작물의 이송 방향과 커터의 회전 방향이 반대 방향
② 하향 밀링 : 공작물의 이송 방향과 커터의 회전 방향이 같은 방향

	상향 절삭(올려깎기)	하향 절삭(내려깎기)
장점	㉠ 밀링 커터의 날이 일감을 들어올리는 방향으로 작용하므로, 기계에 무리를 주지 않는다. ㉡ 절삭을 시작할 때 날에 가해지는 절삭 저항이 0에서 점차적으로 증가하므로, 날이 부러질 염려가 없다. ㉢ 칩이 날을 방해하지 않고 절삭된 칩이 가공된 면에 쌓이지 않으므로 절삭열에 의한 치수 정밀도의 변화가 작다. ㉣ 커터 날의 절삭 방향과 일감의 이송 방향이 서로 반대이고, 따라서 서로 밀고 있으므로 이송기구의 백래시가 자연히 제거된다.	㉠ 밀링 커터의 날이 마찰 작용을 하지 않으므로, 날의 마멸이 작고 수명이 길다. ㉡ 커터 날이 밑으로 향하여 절삭하고, 따라서 일감을 밑으로 눌러서 절삭하므로, 일감의 고정이 간편하다. ㉢ 커터의 절삭 방향과 이송 방향이 같으므로, 날 하나 마다의 날 자리 간격이 짧고, 따라서 가공면이 깨끗하다. ㉣ 절삭된 칩이 가공된 면 위에 쌓이므로 가공할 면을 잘 볼 수 있어 좋다.
단점	㉠ 커터가 일감을 들어올리는 방향으로 작용하므로, 일감 고정이 불안정하고, 떨림이 일어나기 쉽다. ㉡ 커터 날이 절삭을 시작할 때 재료의 변형으로 인하여 절삭이 되지 않고 마찰 작용을 하므로, 날의 마멸이 심하다.=공구수명이 짧다. ㉢ 커터의 절삭 방향과 이송 방향이 반대이므로 절삭 자체의 피치가 길고, 마찰 작용과 아울러 가공면이 거칠다. ㉣ 칩이 가공할 면 위에 쌓이므로 시야가 좋지 않다. ㉤ 동력손실이 많다	㉠ 커터의 절삭 작용이 일감을 누르는 방향으로 작용하므로, 기계에 무리를 준다. ㉡ 커터의 날이 절삭을 시작할 때 절삭 저항이 가장 크므로, 날이 부러지기 쉽다. ㉢ 가공된 면 위에 칩이 쌓이므로, 절삭열로 인한 치수 정밀도가 불량해질 염려가 있다. ㉣ 커터의 절삭 방향과 이송 방향이 같으므로, 백래시 제거 장치가 없으면 가공이 곤란하다.

(2) 절삭 속도 V

$$V = \frac{\pi d N}{1000}[m/\min]$$

여기서 d : 밀링 커터의 지름(mm), N : 밀링 커터의 회전수(rpm)

(3) 테이블의 이송 속도 : f

$$f = f_z \cdot Z \cdot n = f_z \cdot Z \cdot \frac{1000V}{\pi d}[mm/\min]$$

f_z : 밀링 커터의 날 1개마다의 이송(mm), Z : 밀링 커터의 날수,
n : 밀링커터의 회전수(rpm)

예제 3-1

절삭속도 31.4m/min인 8날짜리 ϕ20 엔드밀로 소재를 가공할 때 이송속도는? (단, 밀링 커터의 날 1개마다의 이송 $f_z = 0.05mm$이다.)〈절삭조건〉

㉮ 251.2mm/min ㉯ 25.12mm/min ㉰ 20mm/min ㉱ 200mm/min

풀이 & 답

$$n = \frac{1{,}000v}{\pi d} = \frac{1{,}000 \times 31.4}{\pi \times 20} = 500rpm$$

$$f = f_z \cdot z \cdot n = 0.05 \times 8 \times 500 = 200mm/\min$$

답 ㉱

(4) 가공시간 : T

$$T = \frac{L+d}{f}[\min]$$

f : 테이블 이송속도[mm/min, L : 가공길이[mm], d : 공구 지름[mm]

예제 3-2

밀링커터의 바깥지름이 100mm, 날수가 12개인 초경합금 커터로 길이 250mm의 연강을 절삭하려고 한다. 날 1개마다 이송을 0.2mm로 하면 1회 절삭기간은 약 몇 분인가? (단, 절삭속도는 25m/min로 한다)

㉮ 2 ㉯ 1.3 ㉰ 1.8 ㉱ 0.9

풀이 & 답

밀링 머신의 절삭 시간

① 플레인 밀링 커터 절삭시간 : T

$$T=\frac{l}{f}=\frac{l}{f_z\cdot\ z\cdot\ n}=\frac{\pi dl}{f_z\cdot\ z\cdot\ 1{,}000v}[\text{min}]$$

② 정면 커터(face cutter)

$$T=\frac{l+d}{f}=\frac{l+d}{f_z\cdot\ z\cdot\ n}=\frac{\pi d(l+d)}{f_z\cdot\ z\cdot\ 1{,}000v}$$

$$=\frac{\pi\times100\times(250+100)}{0.2\times12\times1{,}000\times25}=1.83[\text{min}]$$

여기서, 밀링커터는 정면커터를 의미하므로

$$\therefore\ T=\frac{\pi d(l+d)}{f_z\cdot\ z\cdot\ 1{,}000v}=\frac{\pi\times100\times(250+100)}{0.2\times12\times1{,}000\times25}=1.83[\text{min}]$$

답 ㉱

(4) 분할법

① **직접 분할법(direct indexing, 면판 분할법)** : 주축의 선단에 고정되어 있는 직접분할판을 이용하여 분할하는 방법을 직접분할법이라고 한다. 직접분할판은 등간격으로 24등분의 구멍이 설치되어 있으므로 24의 약수에 해당하는 2, 3, 4, 6, 8, 12, 24분할만이 가능하다.

예제 3-3

직접 분할법을 이용하여 원둘레를 6등분 한것에 대한 설명으로 맞는 것은?

㉮ 4구멍씩 회전시키면서 6번가공한다

㉯ 3구멍씩 회전시키면서 6번가공한다.

㉰ 2구멍씩 회전시키면서 6번가공한다.

㉱ 1구멍씩 회전시키면서 6번가공한다.

풀이 & 답

답 ㉮

예제 3-4

직접 분할법으로 분할할 수 없는 구멍 수는?

㉮ 2 ㉯ 3 ㉰ 5 ㉱ 24

풀이 & 답

24의 약수가 아닌 것은 5이다.

답 ㉰

② 단식 분할법(simple indexing) : 분할 크랭크와 분할판을 사용하여 분할하는 방법으로 크랭크를 40° 회전시키면 주축은 1회전하게 되어 있다. 따라서 1/N회전시키면 된다.

$$n=\frac{40}{N}=\triangle\frac{\bigcirc}{\star}$$ (브라운 샤프형, 신시내타형)

△ :분할크랭크의 회전수, ★ :선택해야 될 원판의 구멍 수, ○ :이동해야 될 구멍 수

N : 일감의 등분 분할 수, n : N등분에 요하는 분할 크랭크핸들의 회전수

40 : 주축 1회전에 요하는 분할 크랭크 핸들의 회전수

종류	분할판	원판의 구멍수
브라운 샤프형	NO.1	5,16,17,18,19,20
	NO.2	21,23,27,29,31,33
	NO.3	37,38,41,43,47,49
신시내타형	표면(전면)	24,25,28,30,34,37,38,39,41,42,43
	이면(후면)	46,47,49,51,53,54,57,58,59,62,66
밀워키형	표면(전면)	100,96,92,84,72,66,60
	이면(후면)	98,88,78,76,68,58,54

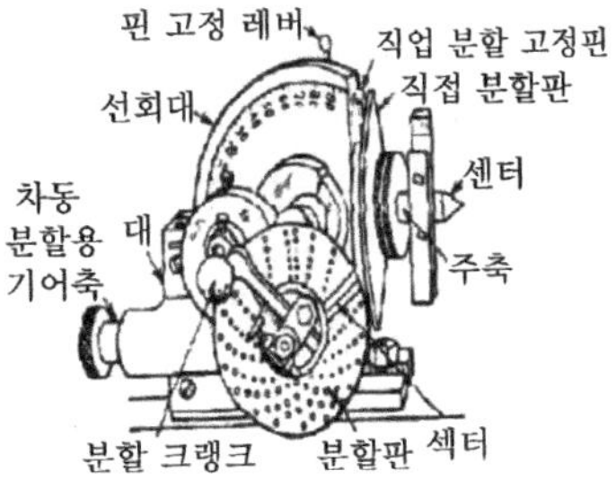

[브라운 샤프형 분할대]

예제 3-5

밀링작업에서 단식분할로 원주를 13등분하고자 할 때 사용되는 분할판의 구멍 수는?

㉮ 37　㉯ 38　㉰ 39　㉱ 41

풀이 & 답

단식분할법

$$n = \frac{40}{N} = \frac{40}{13} = 3\frac{1}{13} = 3\frac{1\times3}{13\times3} = 3\frac{3}{39}$$

∴ 분할판의 구멍 수 : 39열

답 ㉰

예제 3-6

분할대를 이용하여 원주를 18등분하고자 한다. 신시내티형 54구멍 분할판을 사용하여 단식분할하려면 어떻게 하는가?

㉮ 2회전하고, 2구멍씩 회전시킨다.
㉯ 2회전하고, 4구멍씩 회전시킨다.
㉰ 2회전하고, 8구멍씩 회전시킨다.
㉱ 2회전하고, 12구멍씩 회전시킨다.

풀이 & 답

$$n = \frac{40}{N} = \frac{40}{18} = 2\frac{4}{18} = 2\frac{4\times3}{18\times3} = 2\frac{12}{54}$$

∴ 54구멍 분할판을 사용하여 2회전하고, 12구멍씩 회전시켜 가공하면 원주를 18등분할 수 있다.

답 ㉱

③ 차동 분할법(differential indexing) : 단식 분할로 분할할 수 없을 경우 사용하는데 변환 기어로 분할판을 차동시켜 분할하는 방법이다.

신시내티형 변환기어 잇수	17, 18, 19, 20, 21, 22, 24, 27, 30, 36, 39, 42, 45, 48, 51, 55, 60
브라운샤프형 변환기어 잇수	24, 28, 32, 40, 44, 48, 56, 64, 72, 86, 100

㉠ 차동분할 방법으로 분할하는 순서

분할하려는 수 N에 가까운 수로서 단식 분하이 가능한 수를 N'라고 가정한다.

N'로 등분하는 분할판의 회전수 n을 구한다($n = \frac{40}{N}$).

변환기어의 차동비i을 구한다.

$$i = 40\frac{N' - N}{N'} = \frac{Z_a}{Z_d} = \frac{Z_{a \times} Z_b}{Z_c \times Z_d}$$

i : 변환 기어비, N' :가정 분할수, N : 분할수, 기어 잇수

예제 3-7

원주를 97등분하시오.

㉮ 2회전하고, 2구멍씩 회전시킨다.
㉯ 2회전하고, 4구멍씩 회전시킨다.
㉰ 2회전하고, 8구멍씩 회전시킨다.
㉱ 2회전하고, 12구멍씩 회전시킨다.

풀이 & 답

㉮ 가정분할수N'=100으로 하고

㉯ $n = \frac{40}{N'} = \frac{40}{100} = \frac{2}{5} = \frac{2 \times 5}{5 \times 5} = \frac{10}{25}$

분할판의 구멍수 25를 택하여 10구멍씩 돌리면 된다.

㉰ (변환기어의 차동비)$i = 40\frac{N' - N}{N'} = 40\frac{100 - 97}{100} = \frac{6}{5} = \frac{6 \times 6}{5 \times 6} = \frac{36}{30}$

변환기어 잇수는 36개,30개가 필요하다.

답 ?

④ 각도 분할법

$$360° : 40 ≒ x : n \quad n = \frac{°x}{9°}$$

예제 3-8

원주면을 7.5°로 분할하시오.

㉮ 3 ㉯ 5 ㉰ 10 ㉱ 15

풀이 & 답

$n = \frac{x^\circ}{9^\circ} = \frac{7.5^\circ}{9^\circ} = \frac{7.5^\circ \times 2}{9^\circ \times 2} = \frac{15}{18}$ 18구멍 분할판에서 15구멍씩 이동시킨다.

답 ㉱

예제 3-9

밀링분할대로 3도의 각도를 분할하는데, 불한 핸들을 어떻게 조작하면 되는가?
(단, 브라운 샤프형 No.1의 18열을 사용한다.)

㉮ 5구멍씩 이동 ㉯ 6구멍씩 이동 ㉰ 7구멍씩 이동 ㉱ 8구멍씩 이동

풀이 & 답

$n = \frac{x^\circ}{9^\circ} = \frac{3 \times 2}{9 \times 2} = \frac{6}{18}$ 18구멍 분할판에서 15구멍씩 이동시킨다.

답 ㉯

3-6 더브테일 계산식

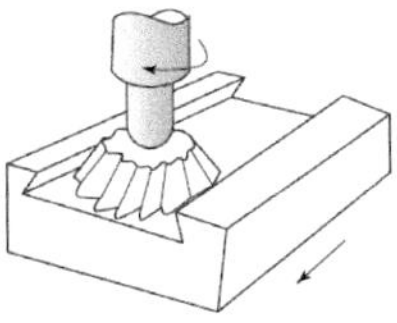

(1) 외측 더브테일 홈

① 한쪽 더브테일 홈

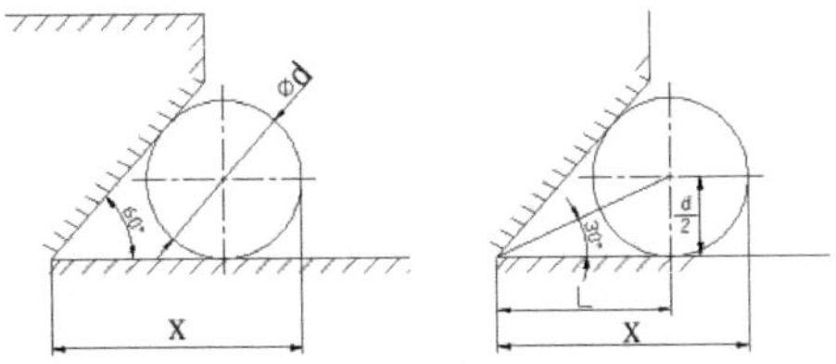

여기서 d : 핀의 지름, r : 핀의 반지름 $\frac{1}{\tan 30} = \cot 30$

$$\tan 30 = \frac{(\frac{d}{2})}{L},\quad L = \frac{(\frac{d}{2})}{\tan 30} = \frac{d}{2\times\tan 30} = \frac{d}{2}\times\cot 30 = rcot30,$$

$$X = L + \frac{d}{2} = rcot30 + r = r(\cot 30 + 1)$$

예제 3-10

다음 그림은 더브테일 홈 측정의 일부를 나타내고 있다. l의 값은? (단, 측정핀의 지름은 8mm, 홈의 각도는 60°이다.)

㉮ 8.832mm ㉯ 10.928mm ㉰ 12.619mm ㉱ 14.013mm

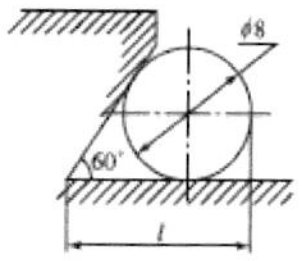

풀이 & 답

$$X = r(\cot 30 + 1) = 4\times(\frac{1}{\tan 30} + 1) = 10.928mm$$

답 ㉯

② 양쪽 더브테일 홈

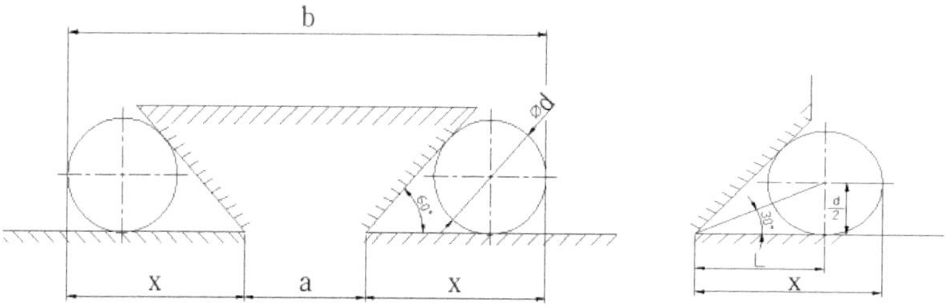

여기서 d : 핀의 지름, r : 핀의 반지름 $\frac{1}{\tan 30} = \cot 30$

$$\tan 30 = \frac{(\frac{d}{2})}{L},\quad L = \frac{(\frac{d}{2})}{\tan 30} = \frac{d}{2\times\tan 30} = \frac{d}{2}\times\cot 30 = r\times\cot 30,$$

$$X = L + r = rcot30 + r = r(\cot 30 + 1)$$

$$b = 2X + a = 2r(\cot 30 + 1) + a$$

예제 3-11

테이퍼 플러그 게이지(taper plug gage)의 측정에서 그림과 같이 정반 위에 놓고 핀을 이용해서 측정하려고 한다. M을 구하는 식은?

㉮ $M=D+2r+2r\times\cot\beta$

㉯ $M=D+r+r\times\cot\beta$

㉰ $M=D+2r+2r\times\tan\beta$

㉱ $M=D+r+r\times\tan\beta$

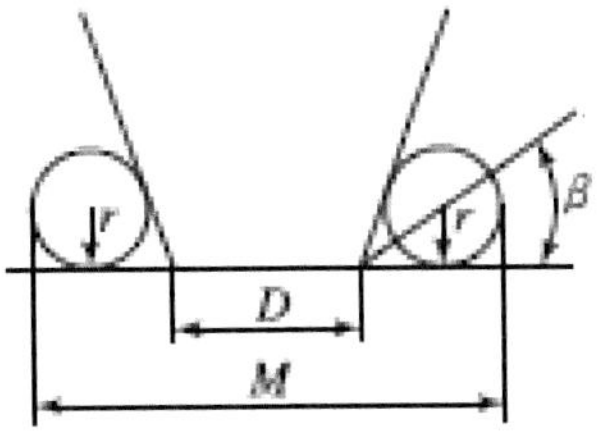

풀이 & 답

$$M=D+2r+2\times\frac{r}{\tan\beta}=D+2r+2r\times\cot\beta$$

답 ㉮

(2) 내측 더브테일 홈

① 한쪽 더브테일 홈

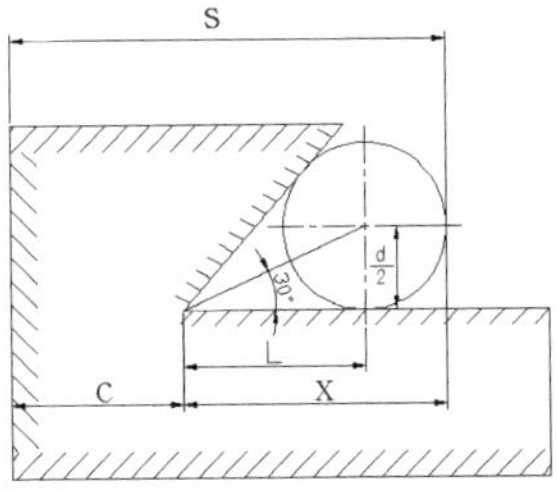

여기서 d : 핀의 지름 , r : 핀의 반지름

$$\frac{1}{\tan30}=\cot30$$

$$\tan30=\frac{(\frac{d}{2})}{L},\quad L=\frac{(\frac{d}{2})}{\tan30}=\frac{d}{2\times\tan30}=\frac{d}{2}\times\cot30$$

$$X=L+r=rcot30+r=r(\cot30+1)$$

$$S=C+X=C+r(\cot30+10$$

② 양쪽 더브테일 홈

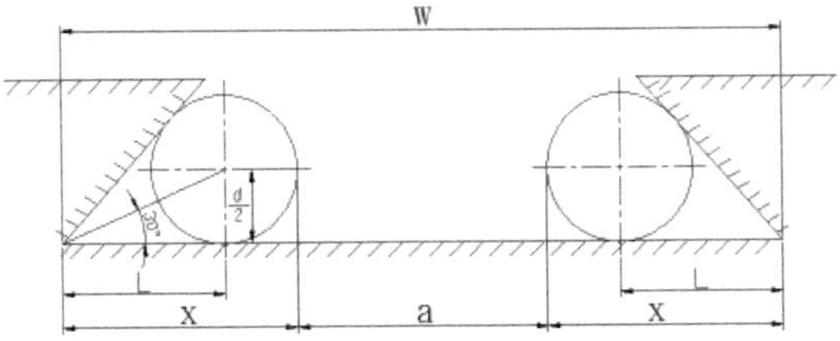

여기서 d : 핀의 지름, r : 핀의 반지름 $\frac{1}{\tan30} = \cot30$

$$\tan30 = \frac{(\frac{d}{2})}{L},\ L = \frac{(\frac{d}{2})}{\tan30} = \frac{d}{2\times\tan30} = \frac{d}{2}\times\cot30 = r\times\cot30,$$

$$X = L + r = rcot30 + r = r(\cot30 + 1)$$
$$W = a + 2X = a + 2r(\cot30 + 1)$$

Chapter 4 드릴가공과 보링가공

4-1 드릴 가공 종류

가공종류	의미	단축기호
드릴링(drilling)	구멍을 뚫는 작업	D
보링(boring)	뚫은 구멍이나 주조한 구멍을 넓히는 작업	B
리밍(reaming)	뚫린 구멍을 정밀하게 다듬는 작업	FR
태핑(tapping)	탭을 사용하여 암나사를 가공하는 작업	
스폿페이싱(spot facing)	볼트가 앉을 자리를 만드는 작업	
카운터 보링(counter boring)	볼트 머리가 묻히게 깊은 자리를 파는 작업	DCB
카운터 싱킹(counter sinking)	접시머리 나사의 머리부를 묻히게 원뿔 자리를 파는 작업	DCS

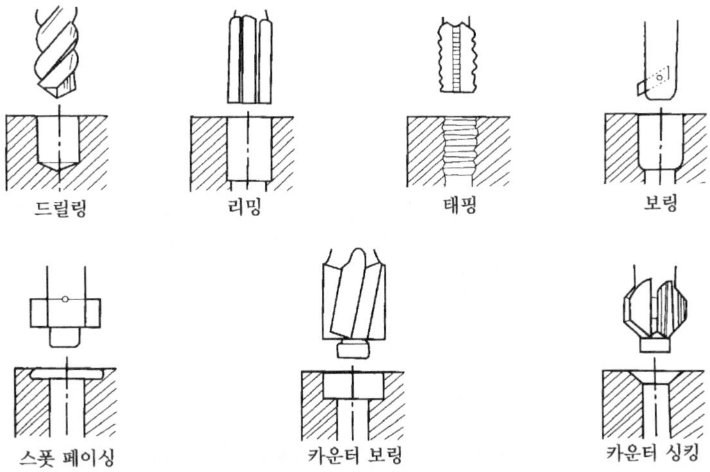

4-2 드릴의 종류

(1) 평드릴(flat drill)

둥근 봉의 선단을 납작하게 만들어 날을 붙인 것이며, 가장 간단한 형식으로 연한 재질(목재)을 가진 공작물의 구멍을 뚫을 때 사용되며, 날선 단부의 경사각은 30~40°이다.

(2) 트위스트 드릴(twist drill)

가장 널리 쓰이는 드릴로 2개의 비틀림 날이 회전 날 끝으로 있어 절삭성이 매우 좋으며, 견고하고 구조가 잘 되어 있으며 칩은 자연적으로 홈으로 배출되고, 자체 안내 작용이 있어 정확한 구멍이 뚫린 면을 연삭하여도 지름의 차가 아주 적어 드릴의 수명이 긴 장점이 있다.

※종류 : 보통 드릴, 플랫 트위스트 드릴, 3에지 트위스트 드릴, 4에지 트위스트 드릴, 직선홈 드릴

4-3 트위스트 드릴 각부의 명칭

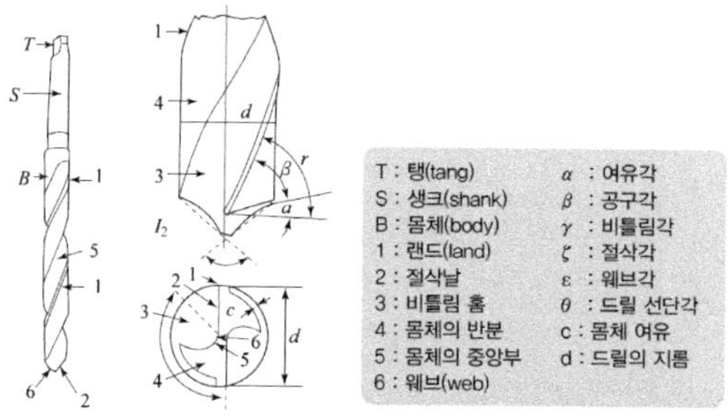

[드릴의 각부 명칭]

(1) 몸통(body)

드릴의 몸체가 되는 부분으로 홈이 있다.

(2) 홈(flute)

드릴 몸체에 직선 또는 나선으로 파여진 홈을 말하며, 칩을 배출하고, 절삭유를 공급할 통로이다.

(3) 생크(shank)

드릴을 고정하는 부분이며 곧은 것과 모스 테이퍼진 것이 있다.

(4) 탱(tang)

테이퍼 자루 끝을 납작하게 한 부분으로 드릴에 회전력을 주는 역할을 한다.

(5) 마진(margin)

드릴 홈의 가장자리에 있는 좁은 면으로 드릴의 위치를 잡아주고, 드릴의 크기를 정하며, 예비적인 날의 역할 또는 날의 강도를 보강하는 역할을 한다.

(6) 웨브(web)

2개의 비틀림 홈 사이의 뒷골 부분을 웨브 라고하며 웨브 쪽을 중심두께라 하여 드릴의 강성을 유지하는 역할을 하고, 자루 쪽을 갈수록 두꺼워진다.

(7) 드릴끝각(선단각 : point angle)

드릴 끝에서 절삭날이 이루는 각으로 보통 118° 정도(연강)이다.
드릴의 날끝각(선단각)

- 드릴 표준 날끝각은 보통 118°
- 연한 재료를 가공할 때에는 60~90°
- 단단한 재료를 가공할 때에는 135~150°

(8) 비틀림각(홈나선각 ; helix angle ; angle of torsion)

나선형 홈과 드릴 축이 이루는 각도로 20~35° 정도이다.

(9) 날여유각(여유각 ; lip clearance angle ; lip relief angle)

절삭날이 장해를 받지 않고 재료를 절삭하도록 절삭날에 주어진 여유각으로 10~15° 정도이다.

(10) 백테이퍼(back taper)

드릴의 선단보다 자루 쪽으로 갈수록 약간의 테이퍼를 준 것으로 구멍과 드릴이 접촉하지 않도록 한 것으로 드릴의 지름이 5mm 이상인 것은 100mm당 0.03~0.1mm정도 지름을 작게 한다.

4-4 드릴머신의 종류

① 직립 드릴링 머신(upright drilling machine) : 가장 널리 사용되는 것으로 주축이 수직으로 되어 있고 직립 드릴링 머신의 크기는 스윙(Swing) 주축의중심부터 컬럼 표면까지 거리의 2배로 나타낸다.

② 다축 드릴링 머신(multiple spindle drilling machine) : 한대의 기계에 여러 개의 스핀들(spindel) 다수의 구멍을 동시에 가공 시 편리하다.

③ 다두 드릴링 머신(multi head drilling machine) : 직립드릴링 머신의 상부기구를 공통의 베드 위에 여러 개 나란히 장치한 것으로 구멍뚫기, 구멍다듬기, 구멍 넓히기, 나사작업을 단계적 가공할 때 사용된다.

④ 레이디얼 드릴링 머신(만능 드릴링 머신 : radial drilling machine) : 수직기둥(컬럼)을 중심으로 암을 360° 회전, 주축헤드는 암을 따라 수평으로 이동할 수 있다. 일감을 움직이지 않고 구멍의 위치를 찾을 수 있기 대형일감 가공에 편리하다.

⑤ 심공 드릴링 머신 : 구멍의 깊이가 지름의 10~20배 일 때 사용되는 드릴링머신으로 깊은 구멍가공에 사용된다. 총신, 포신 등의 깊은 구멍가공에 사용된다.

⑥ 탁상 드릴링 머신(bench type drilling machine) : 작업대 위에 설치하여 사용하는 소형 드릴링 머신으로 비교적 작은 공작물인 13mm 이하의 구멍을 뚫는데 편리하다.

레이디얼 드릴링 머신

다축 드릴링 머신

다두 드릴링 머신

4-5 드릴 고정법

(1) 드릴 척을 사용하는 방법

지름이 작은 드릴은 자루가 테이퍼 되어있지 않고 곧으므로 주축 구멍에 맞지 않아 주축에 맞는 드릴 척의 자루를 주축에 꽂아서 고정한 후 드릴을 척에 고정시키는 방법이다.

(2) 소켓(socket) 또는 슬리브(sleeve)를 사용하는 방법

드릴 자루부가 주축 구멍에 맞지 않을 경우 슬리브나 소켓을 주축에 박고 거기에 드릴을 꽂아 사용한다.

(3) 드릴을 주축에 직접 고정하는 방법

드릴 지름이 어느 정도 커지면 자루부가 테이퍼로 되어 있어서 이것이 주축의 테이퍼 구멍에 맞을 때는 직접 드릴의 자루를 주축에 박아서 고정시킨다.

※ 시닝(thinning) : 드릴을 연삭하면 웨브의 두께가 두꺼워져 절삭 효율이 나빠지므로 웨브의 두께를 얇게 연삭하여 갈아내는 것을 말한다. 또한 이런 연마기를 thinning machine라 한다.

4-6 드릴의 절삭 속도, 동력

(1) 절삭 속도(v)

$$v = \frac{\pi d N}{1000} \text{ (m/mim)}$$

d : 드릴의 직경(mm), N : 분당 회전수(rpm)

(2) 가공 시간(T)

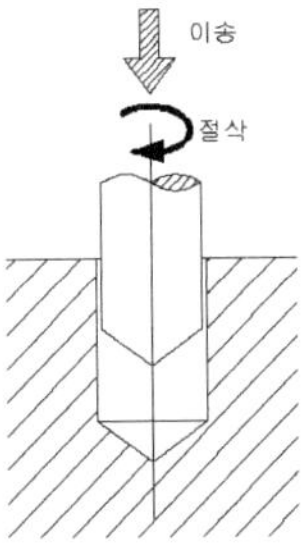

$$T = \frac{h+t}{NS} = \frac{\pi d(h+t)}{1000 v S}$$

S : 드릴 1회전 시 이송 거리(mm), t : 구멍의 깊이(mm), h : 드릴 끝 원뿔의 높이(mm)

4-7 보링 머신(boring machine)

보링은 이미 뚫려 있는 구멍을 정확한 치수로 넓히는 작업이다. 보링머신은 대형공작물, 중량이 큰 공작물, 복잡한 형상 등의 구멍을 넓힐 때 편심이 우려될 때 사용하는 공작기계이다.

보링머신은 보링이외에 드릴링, 정면절삭, 나사가공 등을 할 수 있고 정면 밀링커터를 사용하면 평면절삭도 할 수 있다.

특히 보링 바(boring bar)는 보링 바이트(boring bite)를 주축에 고정하여 회전하고 공작물에 이송을 주어 구멍을 가공하며 바이트는 선반용 바이트와 같은 계통의 것이 사용된다.

(1) 보링 바이트

선반용 바이트와 거의 같은 구조이며, 재질은 고속도강, 초경합금 등이 쓰인다.

(2) 보링 바(boring bar)

보링 바이트를 장치하는 봉으로 직접 보링 바에 보링 바이트를 나사로 고정하여 사용한다.

(3) 보링 헤드(boring head)

2개 이상의 바이트를 고정하며 큰 구멍 가공 시에 사용한다.

[보링바]

[보링헤드]

(4) 보링머신의 종류

① 수평 보링 머신(horizontal boring machine)
대표적인 보링 M/C이며 주축대가 기둥 위를 상하고 이동하고 주축이 동시에 축방향으로 움직인다. 크기는 테이블의 크기, 주축의 이동거리 및 주축의 지름으로 표시한다. 종류로는 테이블형, 플로어형(floor type), 플레이너형(planner type) 등이 있다.

② 정밀 보링 머신(fine boring machine)
고속 경절삭으로 정밀한 보링을 하는 기계로서 가공한 구멍의 진원도, 진직도가 매우 높다.

③ 지그 보링 머신(jig boring machine)

드릴링 머신 또는 보통 보링 머신 으로 뚫은 구멍은 중심 위치가 정밀하지 못하다. 그러므로 정밀도가 높은 지그 보링머신을 사용하며 특히 지그 제작 및 정밀기계의 구멍 가공에 사용하기 위한 전문기계로서, 제품의 허용 오차가 극히 작은 ±0.002~0.005 mm 정도의 정밀도를 가진 보링 머신이다. 매우 정밀도가 높은 기계로 나사식 보정장치, 현미경을 이용한 광학 장치 등을 가지고 있으며, 주로 공구나 지그 가공을 목적으로 2~10m의 정밀한 구멍을 가공할 수 있다. 항온 항습실에 보관해야 한다.

Chapter 5 평면가공 -세이퍼, 슬로터, 플레이너

* 세이퍼,슬로터,플레이너의 비교

구분		세이퍼(shaper) (형삭기)	슬로터(slotter) (수직형삭기) (수직세이퍼)	플레이너(planer) (평삭기)
용도		소형평면가공 수평,수직평면가공 홈가공 키홈가공, 기어가공	소형평면가공 구멍내면의 키홈제작 내접기어가공 수직,수평 평면가공	대형평면가공
가공방법	바이트	직선왕복운동(수평)	직선왕복운동(상하)	직선왕복운동 (상하좌우)
	공작물 (테이블)	이송(좌우)	이송(전후,좌우) 또는 회전테이블에 의한 회전	테이블에 고정되어 직선왕복운동
급속귀환장치		크랭크기어와 암	크랭크기어와 암	벨트 및 유압장치
크기표시		램의 최대행정	램의 최대행정 원형테이블의 지름	테이블의 최대행정

5-1 셰이퍼(shaper)

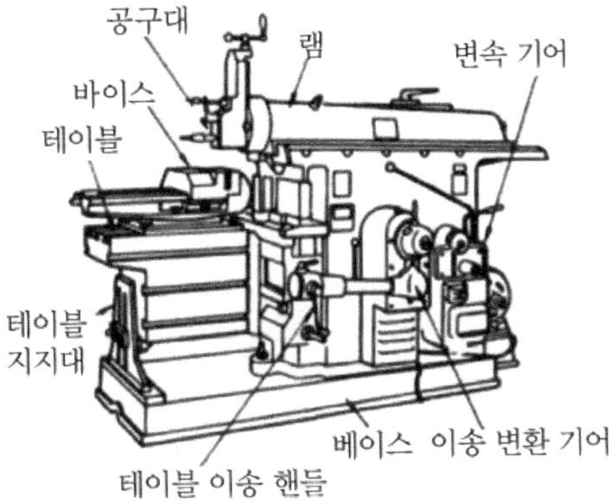

(1) 셰이퍼의 종류

바이트가 고정된 램이 왕복 운동을 하고, 공작물은 바이트의 운동 방향에 직각으로 이송되어 바이트의 형상과 상관없이 평면 가공을 하게 된다. 구조가 간단하고 취급이 용이하나, 높은 정밀도를 얻기 어렵고, 바이트가 전진할 때에만 절삭을 하며, 귀환 행정으로 후진할 때에는 시간이 손실되므로 작업 능률이 떨어진다. 셰이퍼의 호칭은 램의 최대행정으로 표시하며 400, 500, 600, 700㎜의 것이 있다.

(2) 가공 분야

평면, 측면, 경사면, 키홈, 기어, 곡면

(3) 셰이퍼 의 종류

① 수평형, ② 수직형(Slotter), ③ 기어 세이퍼

(4) 셰이퍼 가공의 절삭 속도(v)

$$v = \frac{NL}{1000k}$$

여기서, N : 바이트(램)의 분당 왕복 횟수(stroke/min), L : 행정의 길이(㎜)

(급속귀환비)k : 절삭 행정의 시간과 바이트 1회 왕복의 시간과의 비$(k = \frac{3}{5} \sim \frac{2}{3})$

예제 5-1

셰이퍼의 램 행정길이가 300㎜, 행정수가 30회/min일 경우 셰이퍼의 절삭속도는 얼마인가? (단, k=3/5로 한다.)

풀이 & 답

위의 공식에 의해 $v = \dfrac{30 \times 300}{1000 \times 3/5} = 15m/\min$가 된다.

5-2 슬로터(slotter)=수직 형삭기(vertical shaper)

(1) 슬로터 가공의 개요

슬로터는 셰이퍼를 직립형으로 한 공작기계로 상하 운동하는 램의 절삭운동으로 테이블에 수평으로 설치된 공작물을 절삭하는 공작기계이다.

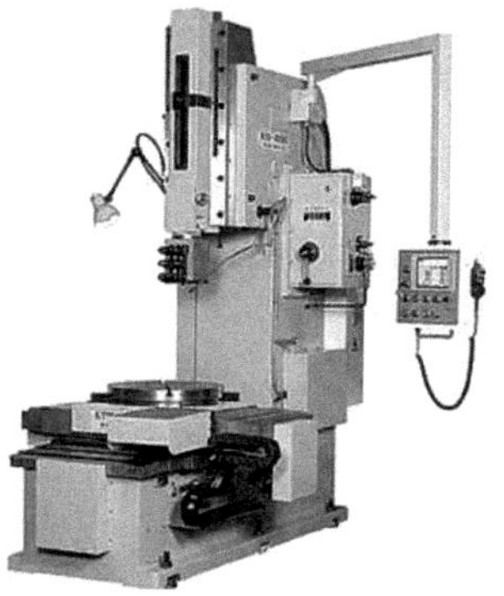

(2) 가공 분야

구멍의 내면의 키홈 제작, 구멍의 내면이나 곡면가공도 가능하다.

5-3 플레이너(평삭기 : planer)

(1) 플레이너 가공의 개요

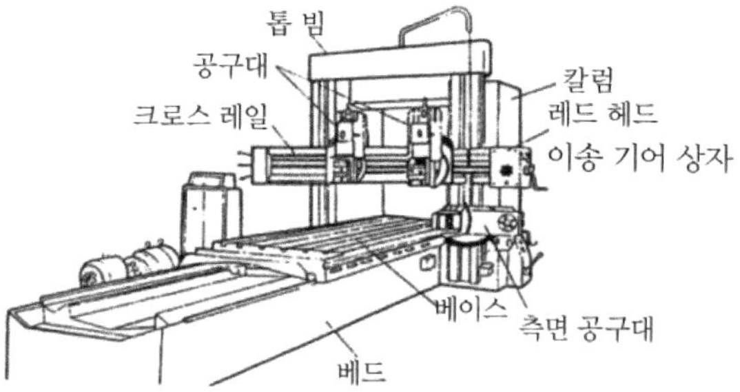

셰이퍼, 슬로터 및 플레이너는 평면 가공을 한다는 것에 공통점이 있으나, 셰이퍼와 슬로터에는 소형 공작물을 가공하지만, 플레이너는 대형 공작물을 가공대상으로 한다.

공작물은 테이블위에 고정되어 수평 왕복운동하고 바이트를 공작물의 운동방향과 직각 방향으로 이송시켜서 평면, 수직면, 홈, 경사면 등을 가공한다.

(2) 플레이너의 종류

① 쌍주식 플레이너(double housing planer) : 2개의 기둥이 있고 그 사이에 크로스레일(cross rail)이 있어 상하로 이동하게 되어 있으며, 테이블 위에 공작물을 고정하여 왕복운동을 시키며 이 운동 방향과 직각되게 바이트를 이송시킨다. 일감의 크기가 제한되지만 구조상 강력한 절삭이 가능하다.

② 단주식 플레이너(open side planer) : 기둥이 베드의 한쪽 옆에 있고 크로스 레일이 외팔보로 되어 있어 폭이 넓은 일감을 깎을 수 있으나, 강력한 절삭을 할 때에는 정밀도에 주의하여야 한다.

5-4 브로치(broach)가공

① 브로칭(broaching)=전단가공의 형태이면서 칩이 발생되는 절삭가공이다.

봉의 외주에 많은 상사형의 날을 축을 따라 치수 순으로 배열한 절삭 공구를 브로치라는 절삭 공구를 사용하여 공작물의 안팎을 필요한 모양으로 절삭하는 가공법을 말하는데 둥근 구멍안의 키홈, 스플라인홈, 다락형 구멍 등을 가공하는 내면 브로치 작업과 세그먼트 기어의 치형이나 홈, 그 밖의 특수한 모양의 면 가공을 하는 외면 브로치 작업이 있다. 그 특징은 각 제품에 따라 브로치를 만들어야 하며 설계, 제작에 시간이 걸리고, 공구의 값이 비싸므로 일정량 이상의 대량 생산에 이용된다.

① 브로치의 분류

㉠ broach의 구동력 전달방식에 따라

ⓐ 나사식 broaching machine

ⓑ 래크식 broaching machine

ⓒ 유압식 broaching machine

② 브로치의 구조

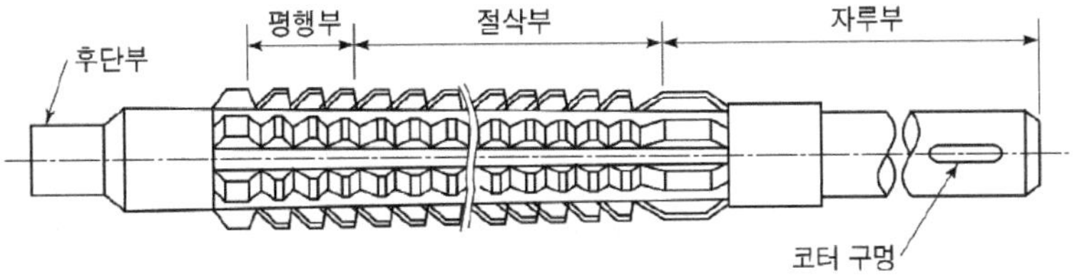

㉠ 자루부
㉡ 절삭부 : 거친날, 중간날, 다듬날로 구성
㉢ 평행부
㉣ 후단부

③ **브로치 작업**

㉠ 내면 브로치의 작업
둥근 구멍에 키홈, 스플라인 구멍, 다각형 구멍 등을 내는 작업

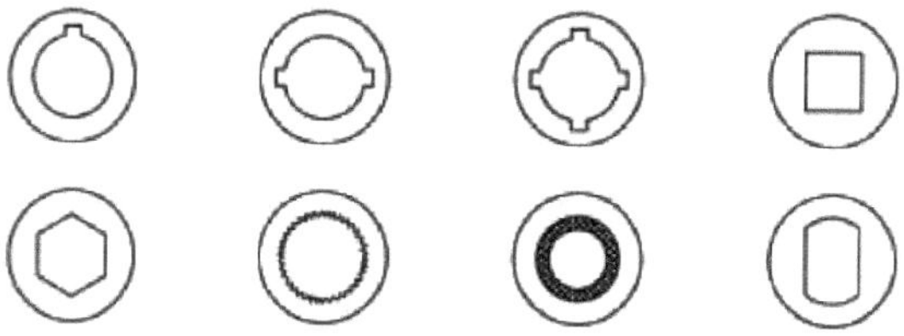

[브로치 작업의 예]

㉡ 외면 브로치의 작업
세그먼트 기어의 치형이나 홈, 특수한 모양의 면을 가공하는 작업

④ **브로치의 피치와 날수**

피치는 공작물의 길이에 따라 결정된다.
브로치의 피치를 날마다 조금씩 다르게 하는 이유는 공진현상을 방지하여 떨림을 작게하기 위함이다.

$p = k\sqrt{L}$

여기서, p : 피치(mm)
L : 절삭부 길이(mm)
k : 정수 1.5~2(피삭재의 재질에 따르는 값)

(2) 브로치의 재료

보통 고속도강(H.S.S)으로 만들고 다듬질 치수를 정확히 하고자 할 경우는 다듬질 날에 초경합금을 붙여 사용한다.

Chapter 6

기어가공

6-1 기어절삭법

(1) 성형법(成形法)=총형공구를 이용한 기어 절삭법

플레이너, 셰이퍼에서 바이트를 치형에 맞추어 점점 절삭 깊이를 조절하여 치형을 성형하는 방법으로 치형 곡선과 피치의 정밀도가 나쁘고, 생산 능률도 낮다.

(2) 창성법(創成法)

① **호브에 의한 방법** : 호빙 머신

② **피니언 커터에 의한 방법** : 펠로우즈식 기어 셰이퍼, 주로 내접기어 가공

③ **래크 커터에 의한 방법** : 마그식 기어 셰이퍼, 선덜랜드식 기어셰이퍼

기어가 회전운동 할 때에 접촉하는 것과 같은 상대운동으로 절삭하는 방법이며, 가공물을 서로 상대 운동시키면 서로 맞물리는 부분이 가공되어 이상적인 인벌루트 치형이 형성되는데 이것을 창성 운동이라 한다. 대표적으로 호빙머신, 기어세이퍼 등이 있다.

㉠ **호빙 머신(hobbing machine)** : 호브라는 기어 절삭 공구를 사용하여 가공하는 절삭기계로 스퍼기어, 헬리컬 기어, 웜기어를 가공할 수 있다.

㉡ **펠로우 기어 셰이퍼(fellow gear shaper)** : 피니언 커터를 사용하여 기어를 절삭하는 방법으로 스퍼기어, 헬리컬기어, 내접기어, 자동차의 삼단 기어, 2중 헬리컬 기어 등을 가공할 수 있다.

㉢ **마그식 기어 셰이퍼(maag gear shaper), 선덜랜드식 기어 셰이퍼(sunderland gear shaper)** : 래커터를 사용하여 기어를 절삭하는 공작기계로 헬리컬 기어와 스퍼 기어를 가공할 수 있다.

(3) 형판법(型判法)=모형식 기어 절삭법

기어의 이의 모양과 같은 형판(template)을 사용하여 일종의 모방 절삭으로 가공하는 방법으로 다듬면이 매끈하지 못하며, 능률도 낮아 저속용 대형 스퍼 기어, 직선 베벨 기어의 치형 가공에 이용된다.

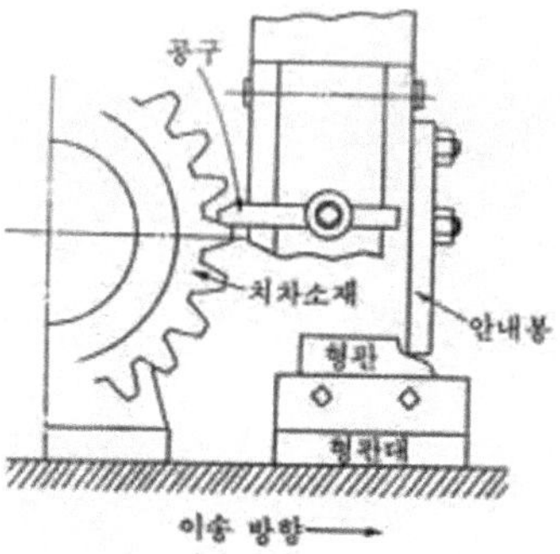

[형판법]

(라) 전조에 의한 방법

소성 가공 방법으로 소형기어 가공에 사용된다.

6-2 호빙 머신(hobbing machine)

나사모양인 호브를 돌리며 기어소재에 대응하는 회전이송을 기어소재에 주어 창성법으로 기어의 이를 절삭하는 기어절삭용 전용 공작기계이다. 호브(hob)라고 하는 공구를 사용하여 기어를 가공하는 것으로 호브와 . 호빙 머신으로 제작 가능한 기어는 스퍼기어, 헬리컬 기어, 웜기어, 스플라인 축 등이다.

[호빙 머신]

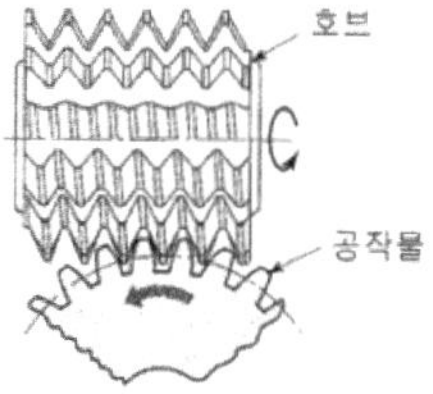

[호브와 기어소재]

① 스퍼 기어, 헬리컬 기어, 웜휠(반지름 방향 이송), 스플라인축 등을 가공할 수 있다. 호빙머신의 차동장치는 헬리컬 기어를 절삭가공 할 때 사용된다.

② 호빙 머신의 종류

㉠ 수직형 : 대형 기어

㉡ 수평형 : 작은 기어

③ 크기 : 가공할 수 있는 기어는 최대 피치원의 지름과 기어 폭 및 최대 모듈로 표시한다.

④ 호브 : 래크를 나선 모양으로 감고, 스파이럴에 직각이 되도록 축방향으로 여러 개의 홈을 파서 절삭날을 형성하게 한 것이다.

⑤ 절삭한 기어의 정밀도 : 호브의 정밀도에 따라 좌우

⑥ 절삭한 피치의 정밀도 : 웜 및 웜 기어의 정밀도에 따라 좌우

Chapter 7 연삭가공

7-1 숫돌바퀴(grinding wheel)

(1) 숫돌바퀴의 표시법

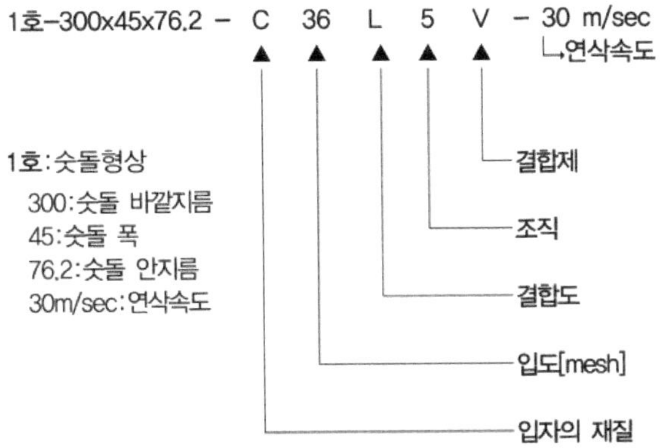

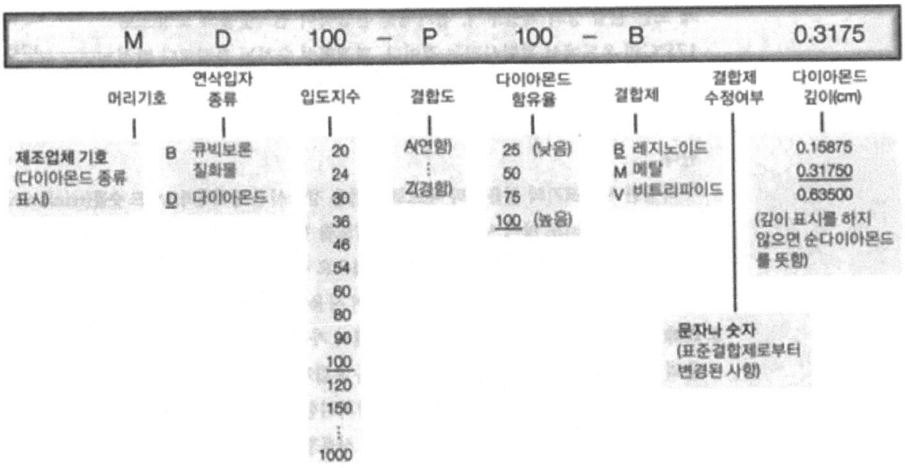

[다이아몬드 숫돌의 규격표시 예시]

① **숫돌 입자** : 공작물을 연삭할 수 있는 충분한 경도를 가져야 하며, 충분히 내마멸성과 충격에 견딜 수 있도록 탄성이 높아야 하고, 결합제에 의해 쉽게 결합, 성형되어야 하며, 쉽게 얻을 수 있고, 값이 싸야 한다. 그 종류는 인조산으로 알루미나(Al_2O_3), 탄화규소(SiC)가 있으며 천연산으로는 다이아몬드가 있다.

㉠ 인조입자: 알루미나(Al_2O_3)계, 탄화규소계(SiC)

㉡ 천연입자

ⓐ 다이아몬드

ⓑ 에머리(emery), 50~60% Al_2O_3 결정체+산화철

ⓒ 코런덤(corundum), 75~90% Al_2O_3 결정체+산화철

ⓓ 사암(砂岩), 석영

연삭재	기호	성분	용도	특징
알루미나(Al_2O_3)	A	알루미나 약 95%	주강, 가단주철, 일반강재	갈색, C숫돌보다 부드러우나 강인함.
	WA	알루미나 약 99.5% 이상	스텔라이트, 고속도강, 특수강, 담금질강	백색이며 순도가 높고 A숫돌보다 잘 부러짐.
탄화규소(SiC)	C	탄화규소 약 97%	주철, 비철금속, 석재, 유리 등	흑자색이며 A숫돌보다 굳으나 잘 부서짐.
	GC	탄화규소 약 98% 이상	초경합금, 유리	녹색이며 순도가 높고 발열을 피할 경우 사용
다이아몬드	D	다이아몬드 100%	유리, 초경합금, 보석, 석재, 래핑용	가장 강도가 큼.

② **입도** : 숫돌 입자의 크기와 굵기를 숫자로 표시한 것으로 거친 것, 중간 것, 고운 것, 매우 고운 것으로 4가지가 있다.

호칭	거친입도 =입자가 크다	중간입도	고운입도	매우 고운입도 =입자가 작다
입도	10, 12, 14, 16, 20, 24	30, 36, 46, 54, 60	70, 80, 90, 100 120, 150, 180, 220	240, 280, 320, 400, 500, 600, 700, 800

입도에 따른 숫돌바퀴의 선택기준

거친입도의 숫돌	고운 입도의 숫돌
거친연삭, 절삭깊이와 이송을 많이 줄 때 숫돌과 일감의 접촉 면적이 클 때 연하고 연성이 있는 재료의 연삭	다듬연삭, 공구연삭 숫돌과 일감의 접촉면적이 작을 때 경도가 높고 메진재료의 연삭

③ 결합도 : 입자를 결합하는 세기를 결합도라 한다.

호칭	극히 연한 것	연한 것	중간 것	단단한 것	매우 단단한 것
결합도	E, F, G	H, I, J, K	L, M, N, O	P, Q, R, S	T, U, V, W, X, Y, Z

결합도에 따른 숫돌바퀴의 선택기준

결합도가 높은 숫돌(단단한 숫돌)	결합도가 낮은 숫돌(연한숫돌)
연한재료의 연삭 숫돌바퀴의 원주속도가 느릴 때 연삭깊이가 얕을 때 접촉면적이 작을 때 재료 표면이 거칠 때	단단한 재료의 연삭 숫돌 바퀴의 원주 속도가 빠를 때 연삭깊이가 깊을 때 접촉면적이 클 때 재료 표면이 치밀 할 때

④ 조직 : 숫돌의 단위 용적당 입자의 양으로 입자의 조밀 상태를 나타낸다.

입자의 밀도	치밀한 것 = 조밀	중간 것	거친 것
조직기호(기호)	c	m	w
조직번호	0, 1, 2, 3	4, 5, 6	7, 8, 9, 10, 11, 12
입자비율	50% 이상	42~50% 미만	42% 미만

조직에 따른 숫돌바퀴의 선택기준

조직이 거친 연삭숫돌	조직이 치밀한 연삭숫돌
연한재료의 연삭 거친연삭 접촉면적이 클 때	단단한 재료의 연삭, 굳고 메진재료 다듬질연삭, 총형연삭 접촉면적이 작을 때

⑤ 결합제 : 숫돌 입자를 결합하여 숫돌을 형성하는 재료로 입자 간에 기공이 생기도록 하며, 균일한 조직으로 임의의 형상 및 크기로 만들 수 있도록 하고, 고속회전에 대한 안전강도를 가질 수 있도록 하며. 열과 연삭액에 대하여 안전하여야 한다.

구분	결합제	기호	특징
무기질 결합제	비트리파이드 결합제 (vitrified bond)	V	숫돌 입자를 장석 점토와 혼합하여 성형하고 건조, 한 다음 노에서 약1300℃로 소성하여 결합도를 광범위하게 조절할 수 있다. 열에 강하고 연삭액에 대해서도 안전하여 정밀연삭에 사용되고 가장 광범위하게 사용되는 결합재이다. 강도가 강하지 못하고 지름이 크거나 얇은 숫돌바퀴에는 맞지 않음.
	실리케이트 결합제 (silicate bond)	S	대형 숫돌바퀴를 만들 수 있고, 고속도강과 같이 균열이 생기기 쉬운 재료에 사용, 중연삭에 적합하지 않음.
유기질 결합제 (탄성 숫돌바퀴 결합제)	고무 결합제 (rubber bond)	R	얇은 숫돌에 적합, 전단용 숫돌, 센터리스 연삭기의 조정 숫돌로 사용
	레지노이드 결합제 (resinoid bond)	B	연삭열로 연화의 경향이 적고, 연삭유에 안정
	셸락 결합제 (shellac bond)	E	강도와 탄성이 큼, 얇은 것에 적합, 크랭크 축, 톱 절단용으로 사용
	비닐 결합제 (vinyl bond)	PVA	초강성 숫돌
금속 결합제	금속 결합제 (metal bone)	M	숫돌입자의 지지력이 큼, 기공이 작아 수명이 길다. 과한 사용에 견딤, 연삭능률이 낮음.

7-2 연삭기의 가공 분야 및 연삭기의 종류

(1) 가공분야

원통 연삭, 테이퍼 연삭, 내면 연삭, 평면 연삭, 나사 연삭, 공구 연삭, 기어 연삭 등을 할 수 있다.

(2) 연삭기의 종류

① 원통 연삭기의 작업방법

㉠ 트래버스 연삭(traverse grinding) : 일감과 연삭 숫돌을 회전 시키면서 일감이나 숫돌을 좌우로 이동시켜 가공하는 방법을 트래버스 연삭(traverse grinding)이라 한다.

㉡ 플렌지 연삭(plunge grinding) : 일감은 그 자리에 회전하고 숫돌을 회전 전후 이송시켜 연삭하는 방식을 플런지 연삭(plunge grinding)이라 한다.

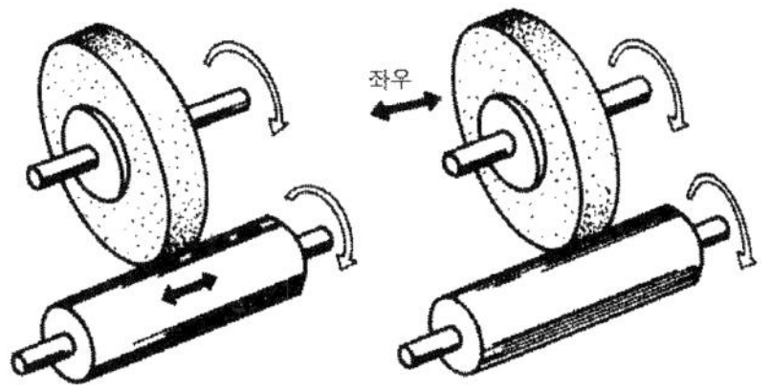

[트레버스 연삭]

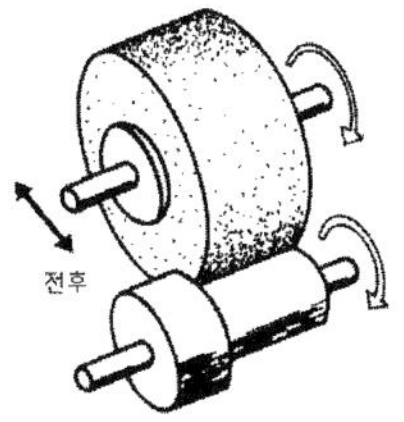

[플런지 연삭]

② 내면 연삭기

내면 연삭 방식은 원통의 실린더형 공작물을 회전시키고 공작물은 그 자리에서만 회전하는 형의 보통 형과 공작물은 정지하고 숫돌이 회전 하면서 공작물의 내면이나 외면을 따라 공전하는 방식의 유성형, 특수한 연삭기를 사용하여 일감을 고정하지 않은 상태에서 연삭하는 방식의 센터리스형이 있다.

③ 평면 연삭기

수평형 연삭기, 직립형 연삭기가 있다.

④ 센터리스 연삭기(centerless grinding machine)

공작물을 센터로 지지하지 않고 연삭 숫돌과 조정 숫돌 사이에 일감을 삽입하고 지지판으로 지지하면서 연삭하는 기계로 조정 숫돌은 고무 결합제를 사용한 것으로 공작물과 조정 숫돌의 마찰력에 의해 공작물을 회전시키고 조정 숫돌의 일감에 대한 압력으로써 일감의 회전 속도를 조정한다.

센터리스 연삭기의 장점	센터리스 연삭기의 단점
① 연속작업을 할 수 있어 대량 생산에 적합하다. ② 긴축재료의 연삭이 가능하며, 중공의 원통연삭에 편리하다. ③ 연삭 여유가 작아도 된다. ④ 연삭 숫돌바퀴의 넓이가 크므로, 지름의 마멸이 작고 수명이 길다. ⑤ 일단 기계의 조정이 끝나면 가공이 쉽고, 작업자의 숙련이 필요 없다.	① 긴 홈이 있는 일감은 연삭할 수 없다. ② 대형 중량물은 연삭할 수 없다. ③ 가공면의 단면이 진원이 되기 어렵다.

○**연삭숫돌** : 연삭작업, ○**조정숫돌** : 일감의 이송, ○**지지대** : 일감의지지

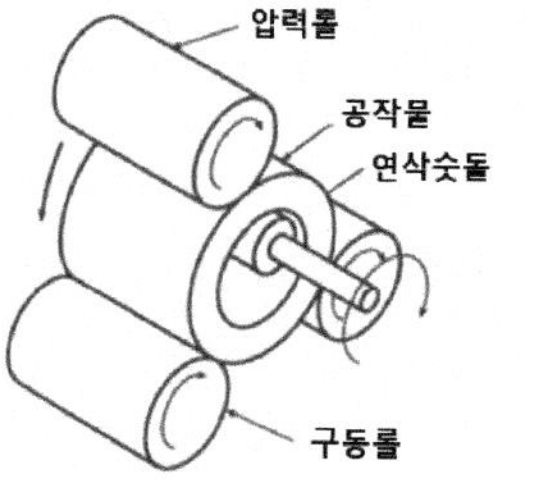

[공작물 외경 연삭]

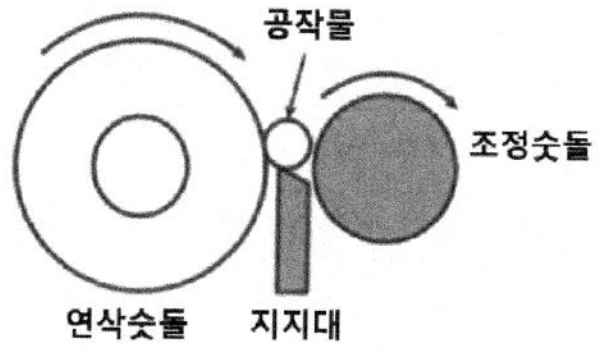

[공작물 내경연삭]

참고) 직경이 변하는 원통도 센터리스 연삭을 할 수 있다.

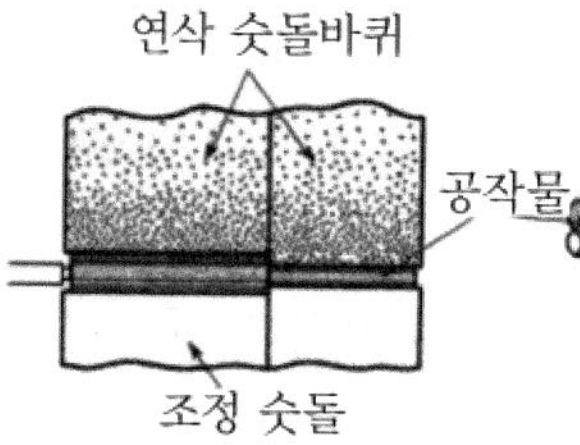

지름이 다른 공작물의 센터리스 연삭

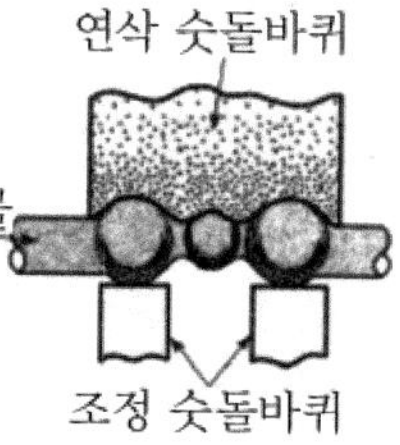

총형 센터리스 연삭

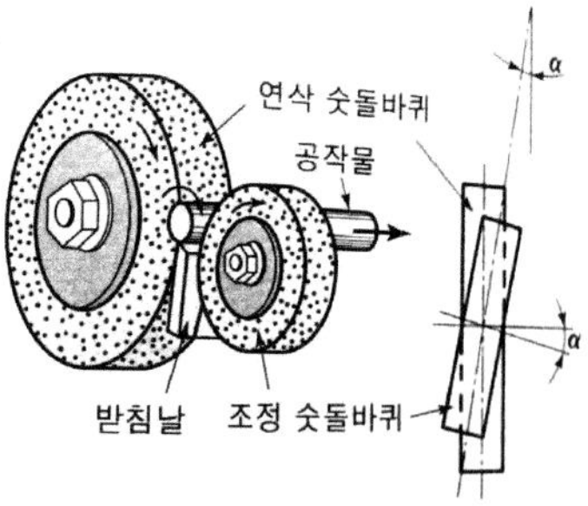

조정숫돌바퀴 1회전으로 공작물이 이송되는 길이$f[mm]$

$f = \pi d \sin\alpha [mm]$

d : 조정숫돌바퀴의 지름$[mm]$
α : 연삭숫돌바퀴에 대한 조정숫돌바퀴의 경사각도$[°]$

조정숫돌바퀴의 분당회전수$N[rpm]$일 때 1분동안의 일감의 이송속도$v[m/\min]$

$$v = \frac{\pi d N \sin\alpha}{1000}$$

⑤ 공구 연삭기

드릴 연삭기, 초경공구 연삭기(다이아몬드 숫돌 사용), 만능공구 연삭기(밀링 커터, 호브, 리머) 등이 있다.

⑥ 그 밖의 연삭기

나사 연삭기(나사 게이지, 탭, 정밀 나사) 기어 연삭기 등이 있다.

7-3 숫돌바퀴의 이상현상 및 수정

(1) 글레이징(날무딤 : glazing)

숫돌바퀴의 입자가 탈락이 되지 않고 마멸에 의하여 납작해지는 현상

① 원인
- ㉠ 연삭숫돌의 결합도가 높다.
- ㉡ 연삭숫돌의 원주속도가 너무 크다.
- ㉢ 숫돌의 재료가 공작물의 재료에 부적합하다.

② 결과
- ㉠ 연삭성이 불량하고 가공물이 발열하다.
- ㉡ 연삭 소실(燒失)이 생긴다.

(2) 로우딩(눈메움 : loading)

숫돌입자의 표면이나 기공에 칩이 끼여 연삭성이 나빠지는 현상

① 원인
- ㉠ 숫돌입자가 너무 잘다.
- ㉡ 조직이 너무 치밀하다.
- ㉢ 연삭 깊이가 깊다.
- ㉣ 숫돌바퀴의 원주 속도가 느리다.

② 결과

㉠ 연삭성이 불량하고 다듬면이 거칠다.

㉡ 다듬면에 상처가 생긴다.

㉢ 숫돌입자가 마모되기 쉽다.

(3) 드레싱(=새날형성dressing)

숫돌바퀴의 입자가 막히거나 닳아서 절삭도가 둔해졌을 경우, 드레서(dresser)라는 날내기하는 공구로 숫돌 바퀴의 표면을 깎아 숫돌바퀴의 날을 세우는 작업으로 정밀 연삭용에는 다이아몬드 드레서를 사용한다.

(4) 트루잉(=모양고치기truing)

숫돌바퀴의 형상을 수정하는 작업으로 연삭 중에 숫돌차의 숫돌 입자가 탈락하여 절삭면의 형상이 처음과 달라졌을 경우 다이아몬드 드레서를 사용하여 처음 모양으로 고쳐주는 작업을 말한다.

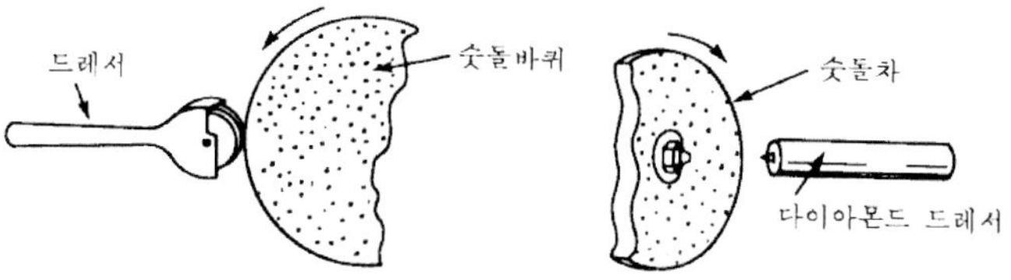

드레싱 　　　　트루잉

(a) 강판 드레서 　　　(b) 다이아몬드 드레서

7-4 숫돌바퀴 부착법

(1) 숫돌바퀴 부착 시 주의 사항

① 균형이 맞도록 밸런싱 머신(balancing machine)을 사용하여 완전히 균형을 잡은 뒤 사용한다.
② 축에 숫돌바퀴를 고정할 때 무리한 힘으로 너트를 죄지 않는다.
③ 플랜지의 바깥지름은 숫돌지름의 1/3 이상이 넘지 않도록 한다.
④ 숫돌과 플랜지 사이는 0.5mm 이하의 습지, 고무와 같은 연질의 패킹을 끼워 사용한다.
⑤ 숫돌 구멍은 축지름보다 0.1~0.15mm 크게 한다.
⑥ 패킹의 안지름은 숫돌의 안지름보다 조금 크게 한다.

7-5 연삭 작업

(1) 숫돌바퀴의 원주 속도(v)

$$V = \frac{\pi dN}{1000}(m/\min)$$

d : 숫돌바퀴의 바깥지름(mm), N : 숫돌바퀴의 회전수(rpm)

(2) 공작물의 원주 속도

숫돌바퀴의 원주 속도의 1/100정도 한다.

(3) 연삭 동력(H)

$H = \frac{PV}{60 \times 75\eta}[PS]$ 여기서, P : 연삭력(Kg_f) ,η : 연삭효율, V : 절삭 속도(m/min)-->공학단위

$H = \frac{PV}{60 \times 102\eta}[KW]$ 여기서, P : 연삭력(N) ,η : 연삭효율, V : 절삭 속도(m/min)-->공학단위

$H = \frac{PV}{60 \times 1000\eta}[KW]$ 여기서, P : 연삭력(N) ,η : 연삭효율, V : 절삭 속도(m/min)-->SI단위

(4) 이송 속도(f_v)

$$f_v = \frac{fN}{1000} \text{(m/min)}$$

여기서, f : 이송(mm/rev), N : 회전수(rpm)

(5) (연삭비) $G = \frac{\text{제거된 일감의 체적}}{\text{숫돌의 마모 체적}}$

연삭비(G)는 2~100 정도로 숫도의 마모체적에 대한 제거된 일감의 체적으로 나타낸다.

(6) 연삭액

① **구비 조건** : 감마성, 냉각성, 침유성이 뛰어나야 하며, 금속에 산화, 부식 등 유해 작용을 하지 않으며, 화학적으로 안정하고 장시간 사용에 견딜 수 있고, 유동성이 좋고 칩이나 숫돌면의 세척 작용을 하여야 하고, 연삭 칩의 침전, 청정이 빨리 되고, 거품이 일지 않아야 하며, 연삭열에 증발하지 않아야 한다.

② **종류** : 물, 수용액, 황화유, 불수용성유 등이 있다.

7-6 호닝(honing) - 정밀입자가공(입도가 아주고운 연삭숫돌인 호운이라는 숫돌사용)

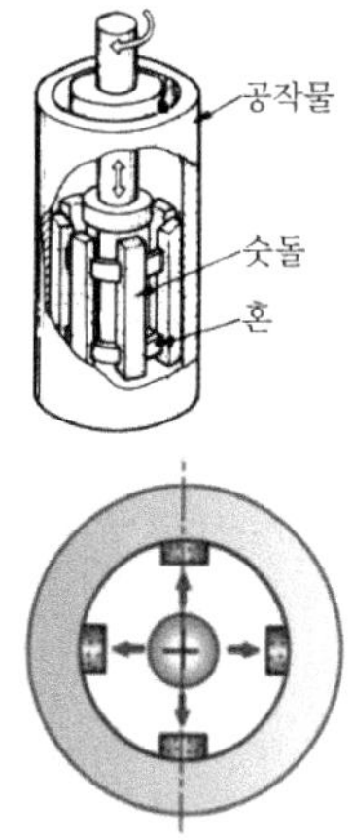

몇 개의 호운(hone)이라는 숫돌을 붙인 회전 공구를 사용하여 숫돌에 압력을 가하면서 공작물에 대하여 회전 운동을 시키면서 많은 양의 연삭액을 공급하여 가공하는 것으로 발열이 적고 경제적인 정밀 절삭을 할 수 있으며, 전(前) 가공에서 나타난 직선도, 테이퍼, 진직도를 바로 잡을 수 있고, 표면 정밀도를 높일 수 있으며, 정확한 치수 가공을 할 수 있다.

(가) 호닝 압력

① 비트리파이드 결합제 : 거친 호닝 10kg/㎠ 이상, 다듬 호닝 4~6kg/㎠

② 레지노이드 결합제 : 비트리파이드 결합제 숫돌의 1/10

(나) 연삭액 : 주철에는 석유, 강에는 석유+황화유, 연한 금속에는 리드유를 사용한다.

7-7 슈퍼 피니싱(=정밀 다듬질 ; super finishing)

공작물 표면에 입자가 고운 숫돌을 가벼운 압력(0.5~2kg/㎠)으로 누르고 작은 진폭으로 진동을 시키면서 공작물에 이송 운동을 줌으로서 다음과 같은 장점이 있다.

※ 슈퍼피니싱의 장점

① 가공면이 매끈하고 방향성이 없으며

② 가공에 의한 표면의 변질부는 극히 작고

③ 숫돌과 일감의 접촉 면적이 넓으므로 연삭 가공에서 남은 이송자리, 숫돌의 떨림으로 나타난 자리를 제거할 수 있다.

숫돌 너비는 공작물 지름의 60~70% 정도로 한다.

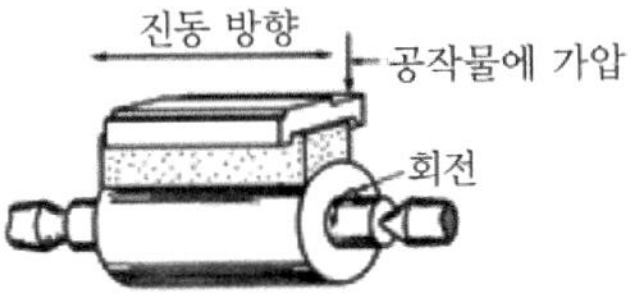

① **숫돌 재료와 연삭액** : 주철, 알루미늄, 구리합금, 동합금에는 GC숫돌, 탄소강, 합금강에는 WA숫돌을 사용하는데 입도는 미세하고 결합도가 비교적 약한 것을 사용하며, 연삭액은 주로 석유를 사용한다.

② **숫돌의 진폭과 진동수, 표면 거칠기** : 진폭은 1.5~5㎜정도, 진동수는 500~2000회/min, 가공여유는 0.002~0.01㎜정도이며, 표면 거칠기는 0.1~0.3㎛정도이다.

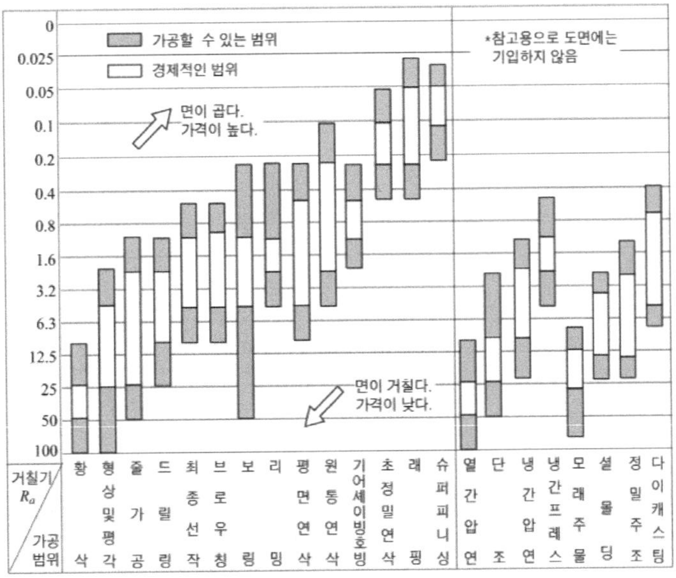

[가공 방법에 따른 거칠기의 범위]

Chapter 8 분말입자 가공

(래핑,액체호닝, 숏피닝, 샌드블라인딩,배럴가공)

8-1 래핑(lapping)

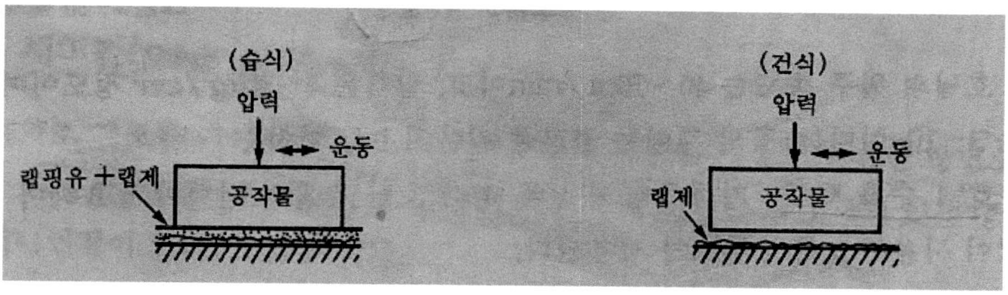

공작물과·랩 공구 사이에 미분말 상태의 래핑제와 연마제를 넣고 이들 사이에 상대 운동을 시켜 면을 매끈하게 하는 방법으로 랩과 공작물 사이에 래핑제와 래핑액을 충분히 넣고 각공 하는 습식법과 공작물 표면에 래핑제를 넣고 건조 상태에서 래핑하는 건식법이 있는데 습식법은 건식법에 비해 절삭량이 많고 다듬면은 광택이 적고, 건식법은 다듬면이 거울면과 같이 광택이 난다. 이런 래핑 제품으로는 블록 게이지, 렌즈 등의 측정기기, 광학기기 등의 다듬질에 이용된다. 래핑 작업은 원통 래핑, 평면 래핑, 구면 래핑, 나사 래핑, 기어 래핑, 크랭크 축의 래핑 등이 있다.

① 래핑제 : 탄화규소(SiC : C, GC: 거친 래핑, 굳은 일감), 알루미나(AlO : A, WA : 정밀 다듬용), 산화철, 다이아몬드 가루가 있다.

② 래핑액 : 보통 석유가 가장 좋고 스핀들유, 머신유, 중유 등을 사용한다.

③ 랩(lap) : 랩은 공작물 표면에 묻혀 공작물 표면과 마찰하여 공작물의 표면 정밀도를 높이는 공구로 랩의 재질은 공작물보다 연한 것을 사용하며 보통 주철제가 많고, 연강이나 구리합금의 것도 있다.

④ 래핑 속도 : 건식에서는 30~50m/min정도로 래핑제가 비산하지 않을 정도로 하고 너무 빠르면 열처리 표면층이 변질될 염려가 있다.

⑤ 래핑 압력 : 습식법은 0.5kg/㎠, 건식법은 강철에는 1.0~0.02kg/㎠정도이고, 주철에는 이보다 낮게 한다.

⑥ 래핑 여유 : 다듬 여유는 0.01~0.02㎜, 표면 거칠기는 0.025~0.0125㎛정도

래핑의 장점	래핑의 단점
① 가공면이 곱다. ② 정밀도가 높다. ③ 대량 생산 가능하다. ④ 비용이 저렴하다. ⑤ 내식성, 내마멸성이 우수하다.	① 작업환경이 깨끗하지 않다. ② 랩핑가 다른 기계나 부품에 부착하여 부분품을 마멸시킬 우려가 있다. ③ 가공면에 랩제가 잔류되기 쉽다. ④ 랩가루가 날리지 않는 밀폐된 공간에서 작업하여야 된다.

8-2 액체 호닝(liquid honing)

미립자의 연마제를 첨가한 물 또는 그에 적당한 부식 억제제를 첨가한 것을 노즐을 동하여 고속으로 금속 제품이나 재료에 뿜어서 깨끗한 표면으로 연마하는 가공법으로 짧은 시간에 매끈하고 광택이 적은 다듬면을 얻게 되며 피닝 효과가 있고, 복잡한 모양의 공작물 표면 다듬질이 가능하며, 공작물 표면의 산화막이나 도료 등을 제거할 수 있는 특징이 있다.

① 연마제로는 SiC, Al O ,규사 등의 가루를 사용하고, 가공액은 물에 방청제를 첨가하여 사용한다. 연마제와 가공액의 혼합비는 1:2 정도가 가장 효율이 좋다.

② 공기 압력은 3.5~7.0kg/㎠이며 높을수록 능률이 좋고 분사각은 철강일 경우 40~50° 정도이고 클수록 거칠어진다.

8-3 쇼트 피닝(shot peening)

금속(주철, 주강제)으로 만든 구(球)모양의 쇼트(shot) (지름 0.7~0.9mm의 공)를 40~50m/sec의 속도로 공작물 표면에 압축공기나, 원심력을 사용하여 분사하면 매끈하고 0.2mm 경화층을 얻게 된다. 이때 shot들이 해머와 같이 작용을 하여 공작물의 피로강도나 기계적 성질을 향상시켜 준다. 크랭크축, 판 스프링, 커넥팅 로드, 기어, 로커암에 사용한다.

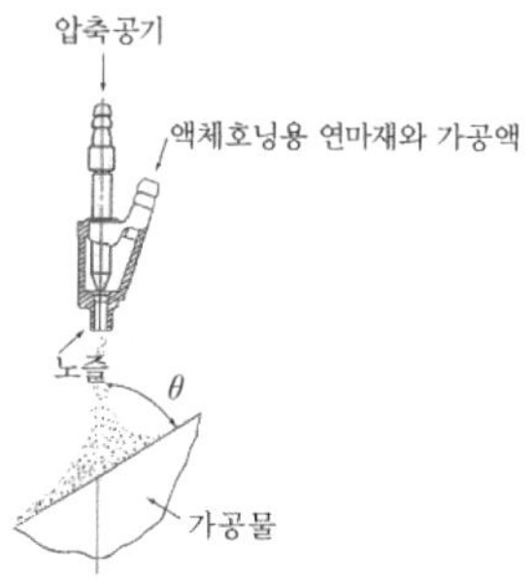

[액체호닝]

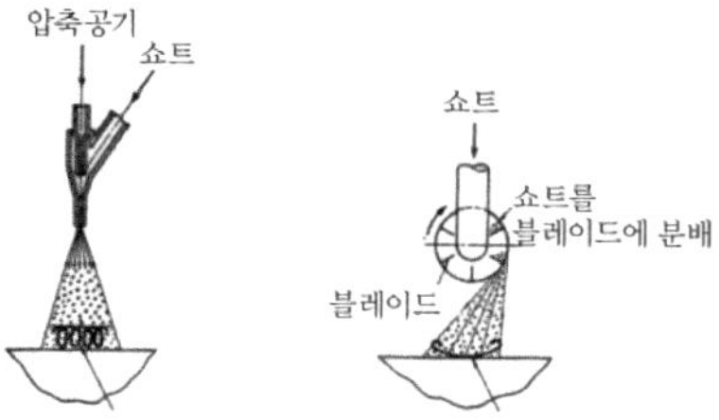

[쇼트피닝]

쇼트피닝에 의한 피로한도의 증가

기계부품	피로한도의 증가[%]
크랭크축	900%
판스프링	600%
코일스프링	1370%
기어	1500%
로커암	1400%

8-4 샌드 블라인딩

분사입자로 규사 또는 모래를 고압의 압축공기로 공작물의 표면에 분사하거나 고속으로 회전하는 임펠러(impeller)에 의해 원심력으로 투사(投射)하여 가공하는 방법을 샌드블라스팅(sand blasting)이라 하며, 산화물의 피막, 녹 등을 제거하는데 주로 사용되는 가공법이다. 종래에는 주물표면의 모래 떨어내기, 각종 스케일 제거용으로 샌드 블라스트가 사용되었으나 산업재해인 폐병(肺病)의 원인이 되기 때문에 그 사용이 제한되어 최근에는 투사입자가인 모래대신에 칠드 주철의 알갱이를 파쇄하여 예리한 모서리를 가진 그릿(grit)을 원심력 투사장치로 투사하는 그릿 블라스팅(grit blasting)으로 전환되고 있다.

8-5 배럴 다듬질(barrel finishing)

8각형이나 6각형의 용기(barrel)속에 가공물과 연마제(숫돌입자, 석영, 모래, 강구 등) 및 매제(컴파운드)를 넣고 물을 가해 회전시켜 공작물의 연마제의 충돌로 공작물의 표면을 갈아내는 정밀 연마법을 말한다.

Chapter 9

특수가공

9-1 특수가공의 정의

기계가공법 중에서 기계적, 열적 에너지를 원동력으로 하여 바이트, 커버, 연삭숫돌 등 실체가 있는 공구를 사용하는 가공법을 관용가공법이라고 하며 이외에 전기, 전자, 광(侊), 음향, 부식을 이용하는 실체가 없는 공구에 의한 가공법을 특수 가공법이라 한다.

9-2 특수가공의 분류

(1) 열에 의한 분해, 용융, 기화를 이용한 열적 특수가공

☞ 방전가공, 전자빔가공, 레이저가공, 프라스마가공

(2) 전기화학적 용출이나 석출을 이용한 전기화학적 특수가공

☞ 전해연삭, 전해가공, 전주가공

(3) 화학적 용해를 이용한 화학적특수가공

☞ 화학연마, 케미컬밀링

(4)기계적 파괴를 이용한 기계적 특수가공

☞ 초음파가공, 고속액체 제트가공

9-3 방전 가공(electric discharge machine ; EDM)

방전 현상을 인공적으로 발생시키고, 이때 발생된 에너지를 이용하여 가공하는 방법

(1) 방전 가공의 원리

석유, 경유, 등유 등과 같은 절연성이 있는 가공액 중에 공구와 공작물을 넣고 5~10㎛정도 간격을 두어 100V의 직류 전압으로 방전하면 공작물의 재료가 미분 상태의 칩으로 되어 가공액 중에 부유물로 뜨게 하여 가공하는 방법이다.

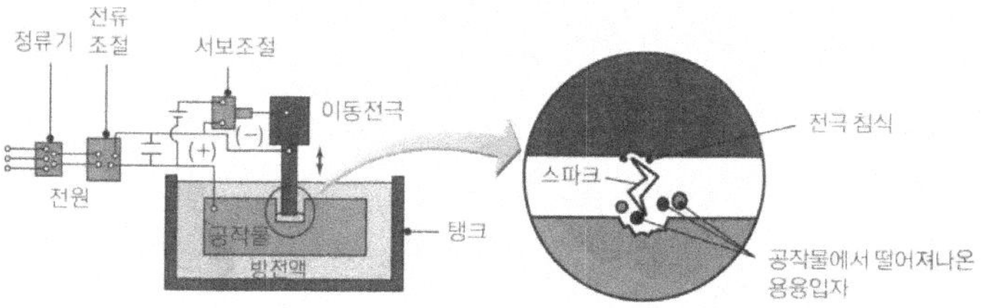

(2) 전극의 요구 조건

흑연, 텅스텐, 구리 합금(공작물 : +, 공구 : −)

[전극재료의 조건]

① 방전이 안전하고 가공속도가 클 것
② 가공 정밀도가 높을 것
③ 기계가공이 쉬울 것
④ 가공전극의 소모가 작을 것
⑤ 구하기 쉽고 값이 저렴할 것

(3) 가공액의 요구 조건

점도가 낮고, 절연체이어야 하며, 인화성이 없고, 가격이 저렴해야 한다.
석유, 저점도의 기름, 물, 탈이온수가 사용된다.

(4) 특징

높은 경도로 절삭 가공이 곤란한 금속(초경합금, 열처리강, 내열강, (담금질)퀜칭된 고속도강, 스테인리스, 강철, 다이아몬드, 수정 등)을 쉽게 가공할 수 있다. 또한 열의 영향이 적으므로 가공 변질층이 얇고 내마멸성, 내부식성이 높은 표면을 얻을 수 있으며, 작은 구멍, 좁고 깊은 홈 등 작고 복잡한 가공도 할 수 있다.

합격KEY 축전기법 : 방전가공의 방법 중 대표적인 방법으로 가공물을 양극으로, 공구를 음극으로 하여 방전시킨다.

9-4 초음파 가공(ultra-sonic machining)

(1) 초음파 가공의 원리

약 16KHz 이상의 음파를 초음파라 하는데 테이블에 고정된 공작물에 숫돌 입자와 물 또는 기름의 혼합액을 순환시키면서 일정한 압력 하에서 수직으로 설치된 진동 공구가 16~30 KHz, 폭 30~40㎛로 진동할 때 숫돌 입자의 급격한 타격으로 공작물(초경합금, 보석류, 세라믹, 유리)을 절단, 구멍 뚫기, 평면 가공, 표면 다듬질을 하는 것이다.

(2) 특징

① 전기적으로 부도체도 보통 금속과 동일하게 가공할 수 있다.
② 연삭 가공에 비해 가공면의 변질과 변형이 적다.
③ 초경질, 메짐성이 큰 재료에 사용한다.
④ 절단, 구멍 뚫기, 평면 가공, 표면 가공 등을 할 수 있다.
⑤ 가공 면적과 깊이가 제한 받는다.
⑥ 가공 속도가 느리고 공구의 소모가 많다.
⑦ 납, 구리, 연강 등 연질재료는 가공이 어렵다.

9-5 전해연삭(electro - chemical grinding : ECG)

(1) 전해연삭의 원리

기계연삭과 전해 작용을 조합한 가공으로 전해 작용을 할 때 (+)극에 나타나는 용출물을 숫돌로 갈아 제거함으로써 가공하는 방법이다.

(2) 가공액

공작물에 따라 다르나 KNO3, NANO3, KNO2 등의 혼합액

(3) 특징

가공 속도는 일반 기계 연삭보다 빠르고 숫돌의 소모가 적으며, 초경합금과 같은 경질재

료, 열에 민감한 재료를 가공하는데 적합하며 연질 재료나 얇고 작은 부품도 변형 없이 가공되며, 원통 및 내면 연삭도 가능하다. 그러나 가공 정밀도는 일반 기계 연삭보다 떨어지며, 시설비가 많이 든다.

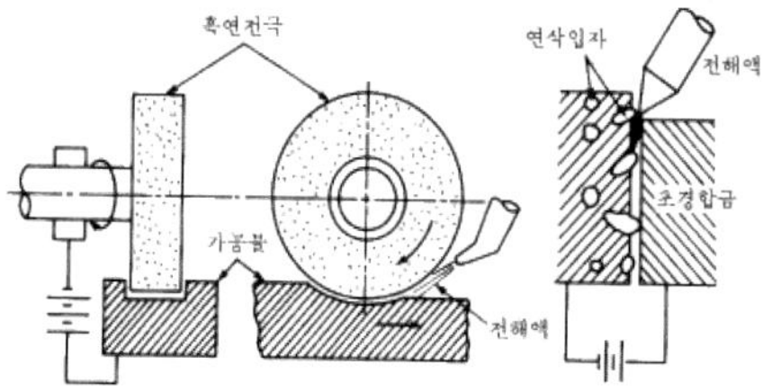

9-6 전해연마(electrolytic polishing)

전기도금과는 반대로 일감을 양극(+)으로 하여 적당한 전해액에 넣고 직류 전류를 짧은 시간 동안 세게 흐르게 하여 전기적으로 그 표면을 녹여 매끈하고 광택이 나게 하는 가공법이다. 그 특징은 기계연마보다 훨씬 그 표면이 매끈하고 가공 변질층이 나타나지 않으므로 평활한 면을 얻을 수 있고, 복잡한 형상의 연마도 가능하며, 가공면에는 방향성이 없고, 내마멸성, 내부식성이 좋아진다.

전기 화학적인 방법으로 표면을 다듬질하는 방법을 전해연마라고 한다. 일감을 양극으로 하고 전해액 속에 달아매면 일감의 전기분해에 의해 깨끗하고 아름답게 된다.

① 가공물인 양극의 금속이 용해되어 전해연마되고 피연마재료는 석출되어 음극으로 전기도금이 된다. 복잡한 형상의 연마가 가능하고 내마멸성 및 내부식성이 좋다.
② 치수정밀도보다 표면에 광택이 있는 거울면이 중요시될 때 사용된다.
③ 드릴의 홈, 주사침, 반사경 등이 있는 거울면을 얻을 수 있다.
④ 연질 금속, 알루미늄, 구리 제품류, 탄소강, 스테인리스강, 텅스텐 등 다양한 금속을 용이하게 연마한다.
⑤ 전해액 : 과염소산($HClO_4$), 황산(H_2SO_4), 인산(H_3PO_4), 질산, 청화알카리, 불산 등

9-7 전주(電鑄)가공

전주가공은 도금을 응용한 방법으로 모델을 음극에, 전착(電着)시킬금속을 양극에 설치하고 전해액속에서 전기를 통전하여 전당한 두께로 금속을 입히는 가공방법을 전주가공이라 한다. 도금은 모델 표면에 0.05mm 이하의 두께로 금속을 입히지만 전주가공은 1~15mm의 두께로 전착 층을 형성시킨다. 도금보다 시간이 훨씬 많이 걸린다. 모델에 전착된 금속을 모델과 분리하여 기계가공하여 사용한다.

전주가공의 특징

① 가공정밀도가 높다(±2.5μm)
② 복잡한 형상, 중공축 등을 가공할 수 있다.
③ 제품의 크기에 제한을 받지 않는다.
④ 생산시간이 길다(플라스틱 성형용2~3주일)
⑤ 모형 전체 면에 일정한 두께로 전착하기가 어렵다.
⑥ 전주가공 재료에 제한을 받는다.
⑦ 가격이 비싸다.

9-8 버핑(buffing)

직물(천, 헝겊), 피혁(가죽), 고무 등 부드러운 재료로 된 원판에 미세한 입자를 부착시킨 버프(buff 3요소 : 연삭입자, 유지, 직물)를 고속 회전시켜서 공작물을 여기에 눌러 대고 공작물의 녹, 스케일 등을 제거하거나 반짝거리는 광택을 내는 가공법이다. 복잡한 형상도 버핑이 가능하지만 치수나 모양의 정도를 더 좋게 할 수는 없다.

9-9 폴리싱(polishing)

목재, 직물(천), 가죽(피혁), 펠트(felt), 캔버스 등 탄성이 있는 재료로 된 폴리싱 휠 표면에 부착시킨 알루미나 등의 미세 연마 입자가 부착된 연마 벨트에 의한 가공으로 일반적으로 버핑 가공 전에 실시한다.

▶ 폴리싱 작업 방식

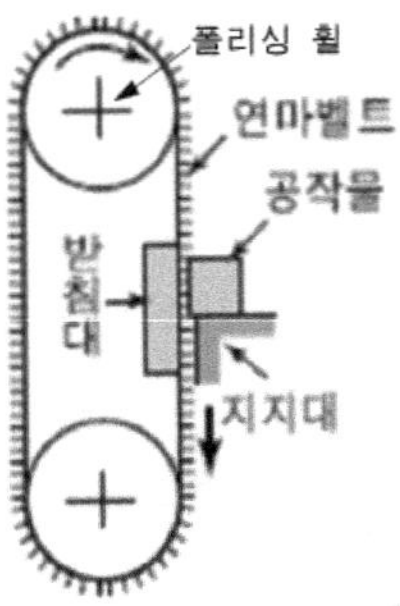

[platen 방식]

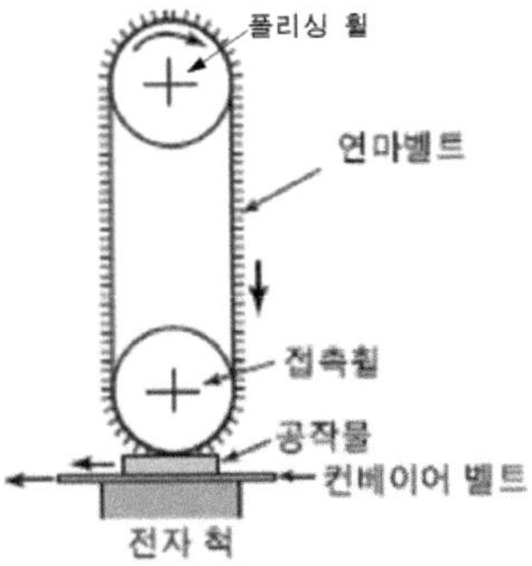

[contact wheel 방식]

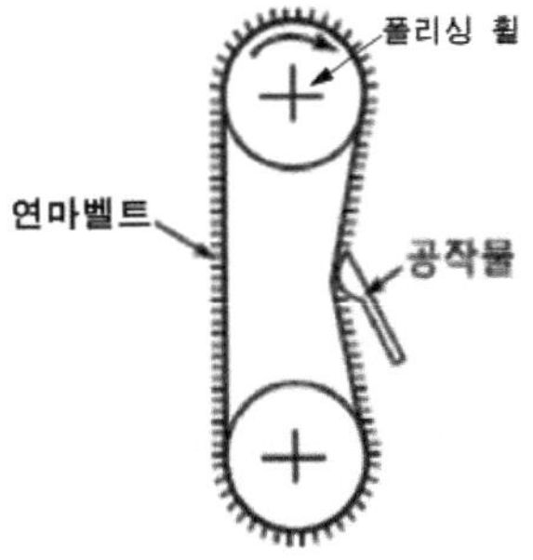

[free belt 방식]

9-10 버니싱(압부 가공=burnishing, barrel finishing)

원통 내면에 내경보다 약간 지름이 큰 강구를 압입하여 내면에 소성 변형을 주어 매끈하고 정밀도가 높은 면을 얻고자 하는 방법이다. 버니싱은 가공 중에 칩이 발생되지 않는 비절삭으로 재료의 표면이 소성변형되는 소성가공의 종류이다.

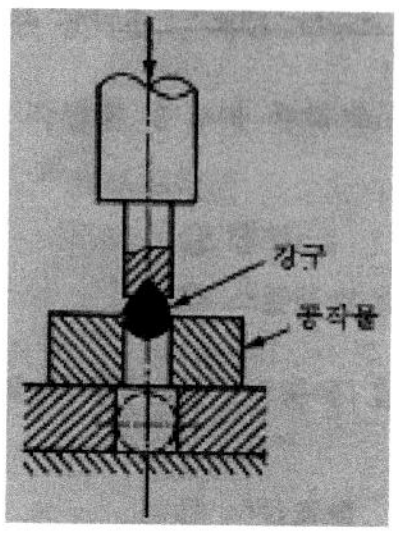

9-11 플라즈마 가공(Plasma machining)

일반적으로 물질의 상태는 열을 가하면 고체에서 액체, 액체에서 기체로 변한다. 이때 기체에 온도를 더 올리면 기체는 전리하여 전기적으로 중성상태인 플라즈마가 된다. 이 플라즈마를 이용한 가공을 플라즈마 가공이라 하며 각종재료의 절단, 용접, 질화처리에 사용된다.

(1) 플마즈마절단

공기나 산소를 동작가스로 이용하는 공기 플라즈마나 산소 플라즈마는 연강판의 고속절단에 최적이며 절단면 품질보다 절단속도를 중시하는 작업에 많이 사용된다.
플라즈마 절단의 특징은 다음과 같다.
① 모든 금속에 적용할 수 있고 절단 속도가 빠르다.
② 절단 후 재료의 변형이 작고 형상절단이 용이하다.
③ 가스절단으로 곤란한 알루미늄이나 스텐인리스강도 절단할 수 있다.
④ 절단면이 수직이 아니고 절단 가능 두께가 가스 절단에 비해 매우 작다.
⑤ 가스절단보다 절단 폭이 크고 초기 시설비가 크다.

(2)플라즈마 용사

용사란 와이어, 금속화합물, 세라믹, 플라스틱 등의 분말을 가열하여 반용융 상태에서 용사총의 노즐로부터 공작물에 분사시켜 밀착 피복시키는 방법이다. 이러한 피복에 의해 공작물 표면의 물리적 성질을 개선하는 것이 플라즈마 용사의 목적이다.

Chapter 10 NC 가공

10-1 CNC 기초

(1) NC의 개요

NC는 "Numerical Control(수치제어)" 의 약호로 '부호와 수치로써 구성된 수치 정보로 기계의 운전을 자동제어 한다.' 는 것을 말한다. 즉, 사람이 알아보도록 작성된 설계나 도면을 기계가 이해할 수 있는 고유의 언어로 정보화(파트 프로그램)하고, 이를 천공테이프 또는 플로피 디스크 등을 이용하여 수치제어장치에 입력시켜 입력된 정보대로 기계를 자동제어 하는 것이다.

(2) NC의 특징

① 복잡한 형상이라도 짧은 시간에 높은 정밀도로 가공할 수가 있다.
② 기능의 융통성과 가변성이 높아 다품종 중·소량 생산에 적합하다.
③ 생산 공장에서 가공의 능률화와 자동화에 중요한 역할을 한다.
④ 비숙련자도 가공이 가능하고 한 사람이 여러 대의 기계를 다룰 수 있다.

(3) NC 공작기계 발전의 4단계

① 제1단계
공작기계 1대에 NC장치가 1대 붙어 있어 단순 제어하는 단계(NC)

② 제2단계
1대의 공작기계가 몇 종류의 공구를 가지고 자동적으로 교환 하면서(ATC 장치) 순차적으로 몇 종류의 가공을 행하는 기계 즉, machining center라고 불리 우는 공작기계(CNC : NC 장치 내에 컴퓨터를 내장한 NC)

③ 제3단계
1대의 컴퓨터로 몇 대의 공작기계를 제어하며 생산 관리적 요소를 생략한 system으

로 DNC(Direct Numerical Control)단계 또는 군관리 시스템이라고도 한다.
근거리 통신망 장치인(LAN;Local Area Network)가 필요한다.

④ 제4단계

여러 종류의 다른 공작기계를 제어함과 동시에 생산관리도 같은 컴퓨터로 행하게 하여 기계공장 전체를 자동화한 system으로 FMS(Flexible Manufacturing System) 단계이다.

자동창고(AV; Auto Store),무인반송차(AGV;Automatic Guided Vehicle)등의 설비가 필요 하다.

⑤ CNC와 DNC의 장점

㉠ CNC의 장점

ⓐ 공작 중에도 파트 프로그램 수정이 가능하며 단위를 자동변환할 수 있다(inch/mm).
ⓑ NC에 비해 유연성이 높고, 계산능력도 훨씬 크다.
ⓒ 가공에 자주 사용되는 파트 프로그램을 사용자가 매크로(macro) 형태로 짜서 컴퓨터의 기억장치에 저장해 두고, 필요할 때 항상 불러 쓸 수 있다.
ⓓ 전체 생산 시스템의 CNC는 컴퓨터와 생산 공장과의 상호 연결이 쉽다.
ⓔ 고장 발생 시 자기 진단을 할 수 있으며, 고장 발생 시기와 상황을 파악할 수 있다.

㉡ DNC의 장점

ⓐ 천공 테이프를 사용하지 않는다.
ⓑ 유연성과 높은 계산 능력을 가지고 있으며 가공이 어려운 금형과 같은 복잡한 일감도 쉽게 가공할 수 있다.
ⓒ CNC 프로그램들을 컴퓨터 파일로 저장할 수 있다.
ⓓ 공장에서 생산성에 관계되는 데이터를 수집하고, 일괄 처리할 수 있다.
ⓔ 공장 자동화의 기반이 된다.

※DNC 시스템의 4가지 기본구성요소

① 중앙 컴퓨터
② CNC 프로그램을 저장하는 기억장치
③ 통신선
④ 공작기계

⑥ 서보기구

㉠ 서보기구의 구성

ⓐ 정보처리 회로 : 인간의 머리에 해당하는 부분
ⓑ 서보 기구 : 인간의 손과 발에 해당하는 부분으로 정보처리회로의 지령에 따라 공작기계의 테이블 등을 움직이는 역할을 한다.

㉡ 서보 기구의 종류

ⓐ 기계를 직접 움직이는 구동 모터로써 우수한 특성을 지닌 DC 서보 모터가 널리 사용

ⓑ 서보 모터를 속도 검출기와 위치 검출기에 의해 각각 속도와 위치를 검출하고 그 정보를 제어회로에 피드백(feed back)하여 제어한다.

⑦ CNC System의 종류(여기 필기 pdf 참조121p)

㉠ 개방회로방식(open loop system)

ⓐ 되먹임(feed back)이 없는 오픈 루프 방식

ⓑ 간단하여 값이 저렴, 소형, 경량, 정밀도가 낮아 NC에서는 거의 쓰이지 않는다.

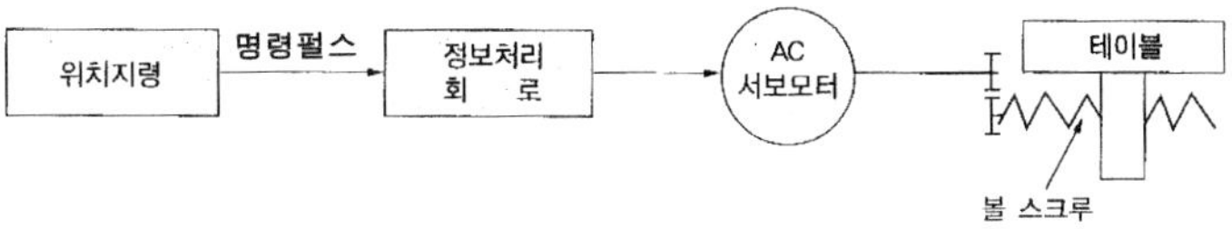

[개방회로방식(open loop system)]

㉡ 폐쇄회로방식(closed loop system) : 기계의 테이블 등에 직선자(linear scale)를 부착해 위치를 검출하여 되먹임하는 방식이다. 이 방식은 높은 정밀도를 요구하는 공작기계나 대형의 기계에 많이 이용된다.

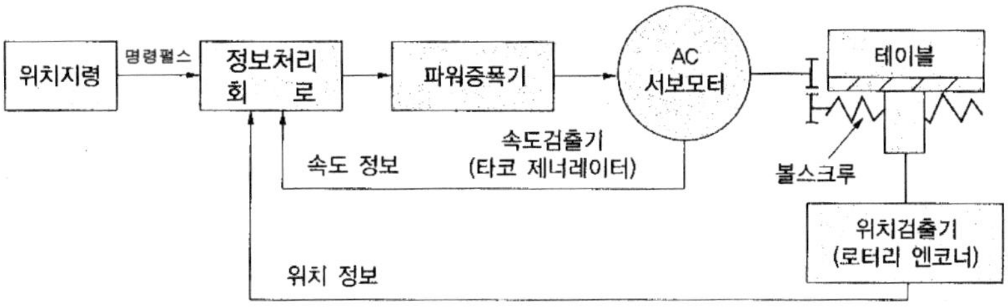

[폐쇄회로방식(closed loop system)]

㉢ 반 폐쇄회로방식(semi-closed system) : 위치와 속도의 검출을 서보 모터의 축이나 볼 나사의 회전 각도로 검출하는 방식이다. 최근에는 고정밀도의 볼 나사 생산과 뒤틈 보정 및 피치 오차 보정이 가능하게 되어 대부분의 NC 공작기계에 이 방식이 사용된다.

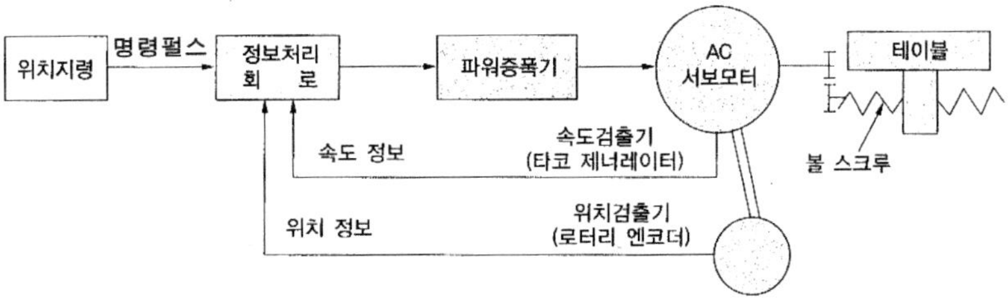

[반 폐쇄회로방식(semi-closed system)]

㉣ 복합회로방식=하이브리드 서보 방식(hybrid servo system) : 반 폐쇄회로방식과 폐쇄회로방식을 절충한 것으로 높은 정밀도가 요구되며, 공작기계의 중량이 커서 기계의 강성을 높이기 어려운 경우와 안정된 제어가 어려운 경우에 많이 이용된다.

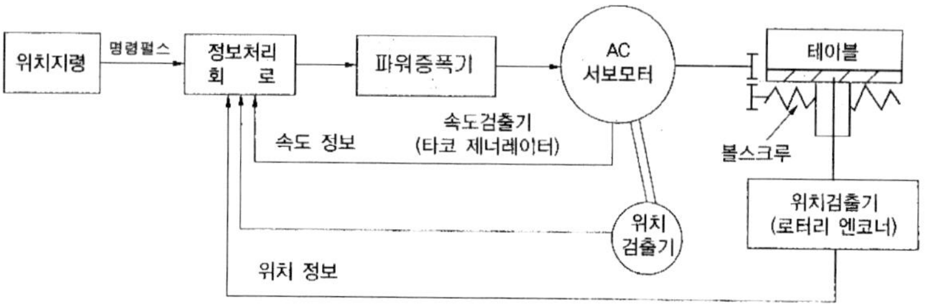

복합회로방식=하이브리드 서보 방식(hybrid servo system)

※볼 스크류: 서보모터의 회전운동을 받아 NC 공작기계의 테이블을 직선운동시키는 나사 마찰이 적고 너트를 조절함으로써 백래시(back lash)를 제거할 수 있다.

[볼스크류]

※리졸버(resolver): NC 공작기계의 움직임을 전기적인 신호로 표시하는 일종의 회전 feed back 장치.

※스테핑 모터(stepping moter & pulse moter) : 1개의 펄스가 주어지면 일정한 각도만 회전하는 모터

※CNC장치의 정보 흐름:NC명령 → 제어장치 → 서보기구 → NC가공

⑧ NC의 제어기능

㉠ 위치결정 NC(Positioning Numerical Control)

이동 경로는 고려하지 않고 공구의 위치만을 찾아 제어하고, X축, Y축이 동시에 대각선으로 이동한 다음 나머지 축이 직선으로 원하는 위치에 도달하면 공구(Z축)를 움직여서 절삭하며, 드릴링, 보링, 탭핑 등에 이용된다.

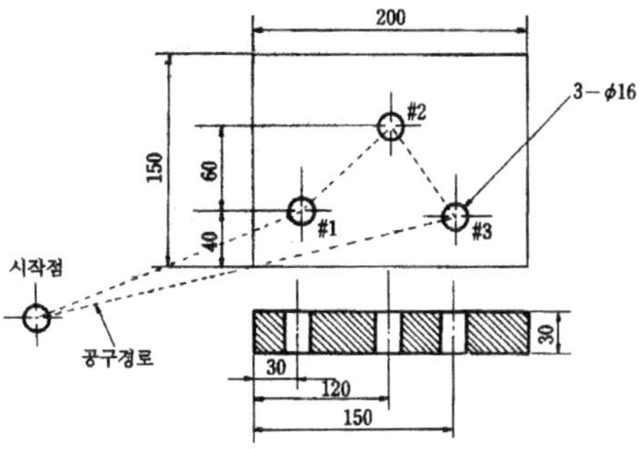

[위치결정제어]

㉡ 직선절삭 NC(Straight Cutting Numerical Control)
직선 절삭 제어와 동시에 경로를 축의 중심과 평행하게 일정한 속도로 제어하는 방식이다.

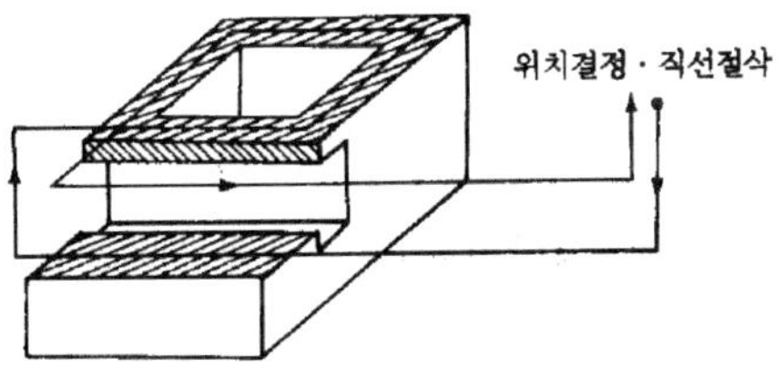

[직선절삭]

㉢ 윤곽제어= 연속절삭 NC(Contouring Numerical Control)
곡선형의 복잡한 S자형 경로나 크랭크형 경로 등을 제어하는 방식으로 컴퓨터에 의한 공구의 이동을 체크하여 복잡한 형상을 제어하는 방식이다.

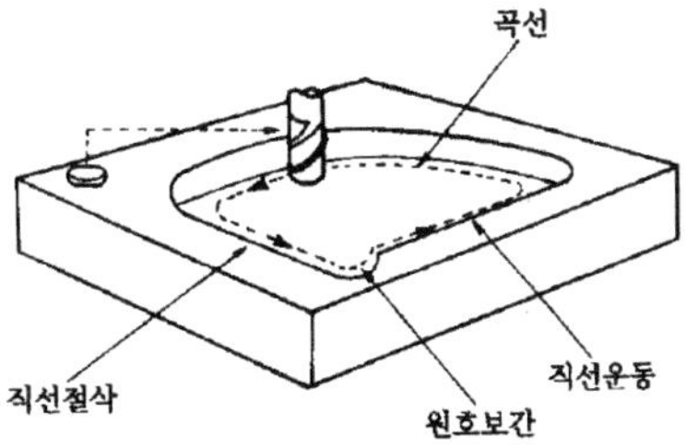

[윤곽제어]

10-2 프로그래밍의 기초

(1) 좌표축 및 NC테이프 코드

① 오른손 좌표계

㉠ NC 가공을 위하여 프로그래밍 할 때 사용한다.

㉡ 공작기계의 표준 좌표계이다.

㉢ 공작물에 대하여 공구가 움직이는 것이 기본이다.

㉣ 주축의 방향을 Z축, 나머지를 X축, Y축으로 한다.

② NC테이프 코드

NC테이프 코드는 크게 2가지로 구분된다.

EIA(Electronics Industries Association : 미국 전자 공업 협회 코드

ISO : International Organization Standardization : 국제 표준 규격코드

구분 \ 코드	EIA 코드	ISO코드
채널의 합	홀수	짝수
패리티 채널	제 5채널	제 8채널

※패리티 체크 : 짝수와 홀수의 간단한 판독으로 기계의 동작을 정지시켜 큰 사고를 사전에 방지

(2) 좌표계

CNC 기계에 사용되는 좌표계는 크게 세 종류가 있으며, 공구는 이들 중의 한 좌표계에서 지정된 위치로 이동하게 된다.

① 기계 좌표계(machine coordinate system)

기계의 기준점으로 기계 원점이라고도 하며, 기계 제작자가 파라메타에 의해 정하는 점이며, 사용자가 임의로 변경해서는 안 된다. 이 기준점은 공구대가 항상 일정한 위치로 복귀하는 고정점이며, 일감의 프로그램 원점과 거리를 알려 줄 때에 기준이 되는 점이다.

② 공작물 좌표계(work coordinate system)

도면을 보고 프로그램을 작성할 때에 절대 좌표계의 기준이 되는 점으로서, 프로그램 원점 또는 공작물 원점이라고도 한다.

③ 상대 좌표계(relative coordinate system)

일감을 측정하거나 정확한 거리의 이동 또는 공구 보정을 할 때에 사용하며, 현 위치가 좌표계의 중심이 되고 필요에 따라 그 위치를 0점(기준점)으로 지정(steeing)할 수 있다.

(3) 좌표계 설정

공구가 일감을 가공하기 위해서는 기계의 CNC 장치에 일감의 위치가 어디 있는지, 즉 기계원점과 공작물 원점과의 거리를 CNC장치에 알려 주어야 한다. 이 작업을 좌표계 설정이라 하며, CNC 선반은 G50 X______ Z______로 밀링 머신이나 머시닝 센터는 G92 X______ Y______ Z______로 설정한다.

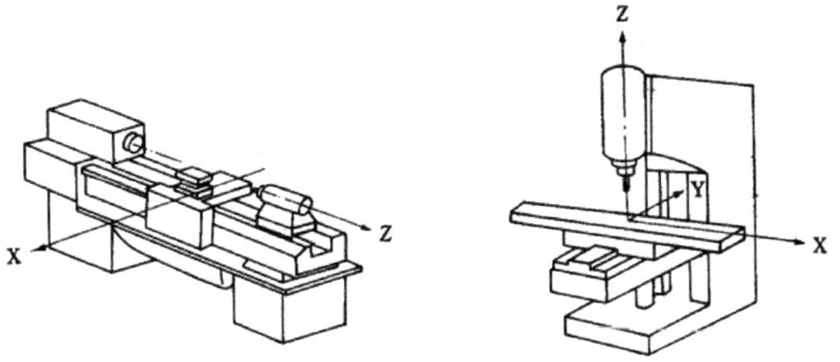

[선반 및 밀링의 좌표축]

▣ CNC밀링에 자동공구교환장치(ATC)의 기능이 추가된 것을 머시닝센터(MCT; Machining Center Tool)라 한다.

(4) 프로그래밍

① 프로그램 작성 과정

㉠ 먼저 도면을 보고 가공계획을 수립

㉡ 가공계획에 따라 NC 프로그램을 작성

㉢ 데이터를 NC 공작기계에 입력

㉣ 시험 제작품 가공

㉤ 시제품 가공 후 수정을 거쳐 완제품 생산

② 지령절(block)

㉠ 프로그램은 몇 개의 지령절(block)로 된다.

㉡ 한개의 지령절은 EOB(End of Block)로 끝난다.

㉢ EOB기호는 편의상 " ; " 로 표시한다.

③ 단어(word)

㉠ 한 개의 지령절(block)은 몇 개의 단어로 구성

㉡ 그 단어는 주소(address) 또는 수치(data)의 조합으로 구성

N__	G__	X__	F__	S__	T__	M__	;
전개번호	준비기능	좌표치	이송기능	주축기능	공구기능	보조기능	EOB

④ 주소(address)

㉠ 영문 대문자(A~Z)중 1개를 사용

㉡ 각각의 주소는 그에 따른 의미가 부여

기능	주소	의미
프로그램 번호	O	프로그램 인식 번호
전개 번호	N	명령절 전개 번호(작업 순서)
준비 기능	G	이동 형태(직선, 원호)
좌표어	X Y Z	각 축의 이동 위치 지정(절대 방식 명령)
	U V W	각 축의 이동 거리와 방향 지정 (증분 방식 명령)
	A B C	부가 축의 이동 명령
	I J K	원호 중심의 각 축 성분
	R	원호 반지름, 구석 R
이송 기능	F	회전당 이송 속도
		분당 이송 속도
		나사의 리드
	E	나사의 리드
주축 기능	S	주축 속도
공구 기능	T	공구 번호 및 공구 보정 번호
보조 기능	M	기계작동 부분 ON/OFF 기능
휴지 시간	P U X	휴지 시간(dwell)명령
프로그램 번호 지정	P	보조 프로그램 호출번호 명령
명령절 전개번호지정	P , Q	복합 고정 사이클에서 시작과 종료 번호
반복 횟수	L	보조 프로그램의 반복 횟수
매개변수 (파라미터)	A	각 도
	D, I, K	절입량
	D	횟수

⑤ CNC 선반 program

㉠ 좌표값 명령

CNC 선반에서는 공구대의 전후 방향을 X축, 길이 방향을 Z축으로 한다.

㉡ 준비 기능(preparatory function) : G

※참고 표에서▶표시는 전원을 공급할 때 설정되는 G코드를 나타낸다.

G-코드(code)	그룹(group)	G-코드의 지속성	기 능
▶G 00	01	modal (계속 유효)	위치 결정(급속이송)
▶G 01			직선 가공(절삭이송)
G 02			원호 가공(시계방향, CW)
G 03			원호가공(반시계방향, CCW)
G 04	00	one shot (1회 유효)	일시 정지(dwell)
G 10			데이터(data)설정
G 20	06	modal (계속 유효)	inch 입력
▶G 21			metric 입력
▶G 22	04		금지(경계)구역 설정
G 23			금지(경계)구역 설정 취소
G 27	00	one shot (1회 유효)	원점 복귀 확인
G 28			자동 원점 복귀
G 29			원점으로부터 복귀
G 30			제2, 제3, 제4 원점 복귀
G 31			생략(skip) 기능
G 32	01	modal (계속 유효)	나사 절삭 기능
▶G 40	07		공구 인선 반지름 보정 취소
G 41			공구 인선 반지름 보정 좌측
G 42			공구 인선 반지름 보정 우측
G 50	00	one shot (1회 유효)	공작물 좌표계설정 주축 최고 회전수 설정
G 70			정삭 사이클
G 71			내,외경 황삭 사이클
G 72			단면 황삭 사이클
G 73			형상 반복 사이클
G 74			단면 홈가공 사이클(펙 드릴링)
G 75			X방향 홈 가공 사이클
G 76			나사 가공 사이클
G 90	01	modal (계속 유효)	내,외경 절삭 사이클
G 92			나사 절삭 사이클
G 94			단면 절삭 사이클
G 96	02		원주 속도 일정 제어
▶G 97			원주속도 일정 제어 취소
▶G 98	05		분당 이송 지정(mm/min)
G 99			회전당 이송 지정(mm/rev)

㉢ 이송 기능(feed function) : F

이송 기능이란, 일감과 공구의 상대속도를 지정하는 것이다. 일반적으로, CNC 선반에서는 회전 당 이송으로 CNC 밀링이나 머시닝 센터에서는 분당 이송을 사용한다.

G98 G01 Z100. F20 ; 공구 이송이 1분당 20㎜ 이송

G99 G01 Z100. F0.3 ; 공구 이송이 1회전 당 0.3㎜ 이송

㉣ 보조 기능(miscellaneous function) : M

제어장치의 명령에 따라 CNC 공작기계가 가지고 있는 보조 기능을 제어(ON/OFF)하는 기능이다.

M 코드	의미	적용기종
M 00	프로그램 정지	선반, 밀링
M 01	선택적 정지	선반, 밀링
M 02	프로그램 끝	선반, 밀링
M 03	주축 정회전(CW)	선반, 밀링
M 04	주축 역회전(CCW)	선반, 밀링
M 05	주축 정지	선반, 밀링
M 06	공구 교환	밀링
M 08	절삭유 공급 시작	선반, 밀링
M 09	절삭유 공급 중지	선반, 밀링
M 19	주축 일방향 정지	밀링
M 30	프로그램끝 및재개	선반, 밀링
M 40	주축 기어 중립	선반
M 41	주축 기어 저속	선반
M 42	주축 기어 고속	선반
M 98	보조 프로그램호출	선반, 밀링
M 99	주 프로그램 호출	선반, 밀링

㉤ 주축 기능(spindle-speed function, S) : (G96, G97)

주축의 회전수 명령방법에는 두 가지가 있다.

> G96 S150 M03 ; υ = 150m/min(원주 속도 일정 제어)
> G97 S150 M03 ; n = 150rpm(회전수 일정 제어)
> 여기서, υ : 절삭속도(m/min), n : 회전수(rpm)

[예] G50 X250. Z300. S2000 T0100 M42; (M42는 기종에 따라 선택)

G96 S100 M03;--------------> 127.3rpm

G00 X100 Z80. T0101; --------->318.3rpm

G01 X20 F0.2; -------------->1591.5rpm

X10; --->3183.1rpm(G50에 명령된 최고 속도로 회전, 2000rpm)

X0; ---->무한대rpm(G50에 명령된 최고 속도로 회전, 2000rpm)

ⓑ 공구 기능(tool function) : T

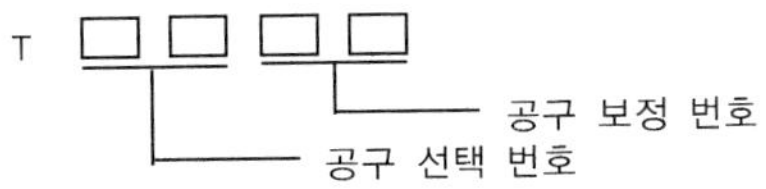

⑥ CNC선반의 직선보간(G01)

G01 X(U) ___ Z(W) ___ F ___ ;

실제 가공을 하는 이송 지령으로 이송속도 F로 현재의 위치에서 지령한 위치로 직선 이동시키는 기능이다.

X, Z : 절대좌표값

U, W : 증분좌표값(상대좌표값)

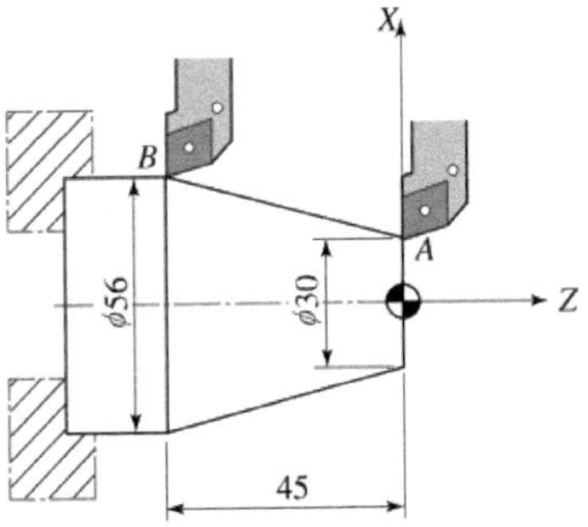

절대좌표 G01 X56. Z -45. F0.15 ;

증분좌표G01 U26. W-45. F0.15 ;

혼합좌표G01 X56. W-45. F0.15 ;

혼합좌표G01 U26. Z-45. F0.15 ;

⑦ CNC선반의 원호보간(G02, G03)

G02	X(U) ___ Z(W) ___	R __ F __ ;
G03		I __ K __ F __ ;

G02 : 시계방향(cw ; clock wise)

G03 : 반시계방향(ccw ; counter clock wise)

R : 원호의 반경

I, K : 시작점에서 원호의 중심까지의 거리(반경값 지정)

> I : X축 방향의 반경값
> K : Z축 방향의 반경값

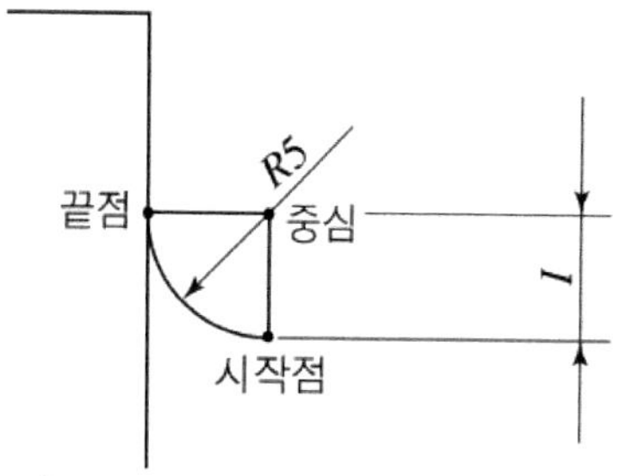

원호의 중심을 기준으로 중심이 시작점보다 위에 있으므로 I는 +값인 I5.

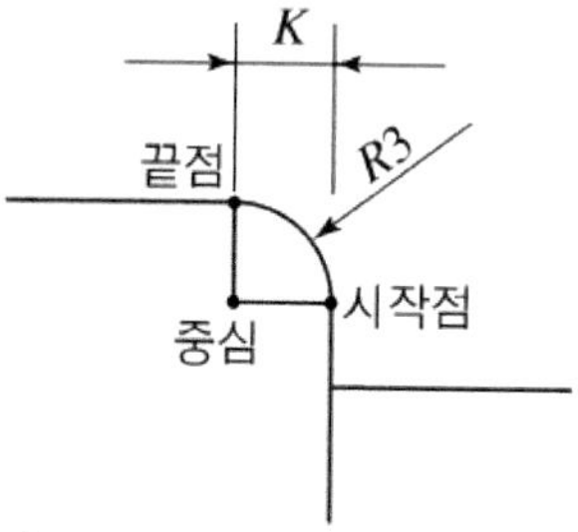

원호의 중심을 기준으로 중심이 시작점보다 왼쪽에 있으므로 K는 −값인 K-3.

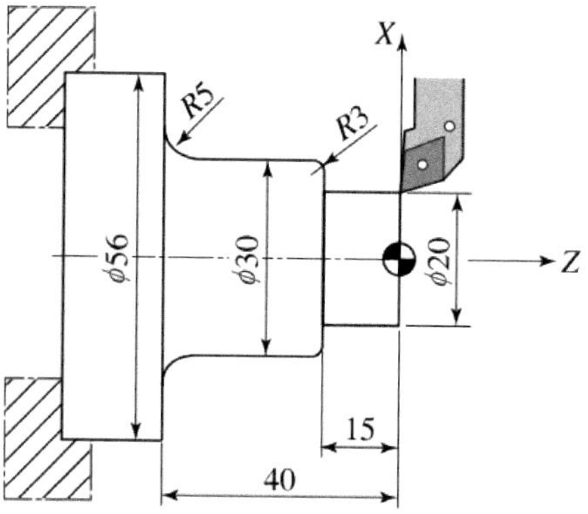

① R5 program

G02 X40. Z−40. R5. F0.15 ;
G02 U10. W−5. R5. F01.5 :
G02 X40. Z−40. I 5. F0.15 ;

② R3 program

G03 X30. Z−18. R3. F0.15 ;
G03 U6. W−3. R3. F0.15 ;
G03 X30. Z−18. K−3. F0.15 ;

⑧ 일시정지 기능=휴지기능(Dwell : G04)

G04	X 2.	;	2초간 정지
	U 3.	;	3초간 정지
	P 2500	;	2.5초간 정지

part 5
연도별 기출문제

기계설계산업기사

2016년 3월 6일 시행

제1과목 기계제도

문제 01

다음 구름 베어링 호칭 번호 중 안지름 22mm인 것은?

① 622 ② 6222

③ 62/22 ④ 62−22

해설

안지름 번호	베어링 내경
1~9	1~9mm
00 01 02 03	10mm 12mm 15mm 17mm
04 /22 05 ⇓ 99	4×5=20mm 22mm 5×5=25mm ⇓ 99×5=495mm
500	500mm

호칭×5=지름
⇓

문제 02

도면에 그림과 같은 기하공차가 도시되어 있을 때 이에 대한 설명으로 옳은 것은?

//	0.1	A
	0.05/100	

① 경사도 공차를 나타낸다.

② 전체 길이에 대한 허용값은 0.1이다.

③ 지정길이에 대한 허용값은 $\frac{0.05}{100}$mm이다.

④ 이 기하공차은 데이텀 A를 기준으로 100mm 이내의 공간을 대상으로 한다.

해답

01. ③ 02. ②

해설

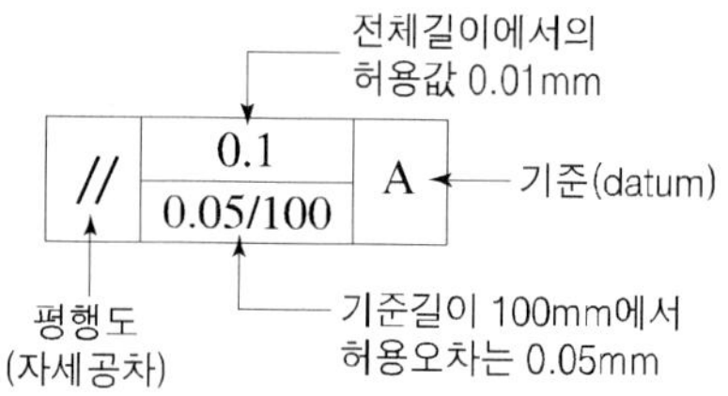

문제 03

크롬 몰리브덴강 단강품의 KS 재질 기호는?

① SCM　　② SNC
③ SFCM　　④ SNCM

해설 S: Steel 강
F: Forging 단조
C: Cr 크롬
M: Mo 몰리브덴

기계구조용 합금강

명 칭	KS기호	
크롬강(Cr강)	SCr 415	4 : 주요합금원소기호 15 : 탄소함유량평균값 0.15C%
니켈-크롬강(Ni-Cr강)	SNC415	4 : 주요합금원소기호 15 : 탄소함유량평균값 0.15C%
망간강(Mn강)	SMn420	4 : 주요합금원소기호 15 : 탄소함유량평균값 0.20C%
망간-크롬강(Mn-Cr강)	SMnC443	4 : 주요합금원소기호 43 : 탄소함유량평균값 0.43C%
크롬-몰리브덴강(Cr-Mo강)	SCM415	4 : 주요합금원소기호 15 : 탄소함유량평균값 0.15C%
니켈-크롬-몰리브덴강 (Ni-Cr-Mo강)	SNCM220	2 : 주요합금원소기호 20 : 탄소함유량평균값 0.20C%

문제 04

다음 나사의 도시법에 관한 설명 중 옳은 것은?

① 암나사의 골지름은 가는 실선으로 표현한다.
② 암나사의 안지름은 가는 실선으로 표현한다.
③ 수나사의 바깥지름은 가는 실선으로 표현한다.
④ 수나사의 골지름은 굵은 실선으로 표현한다.

해답

03. ③　04. ①

해설 암나사 제도

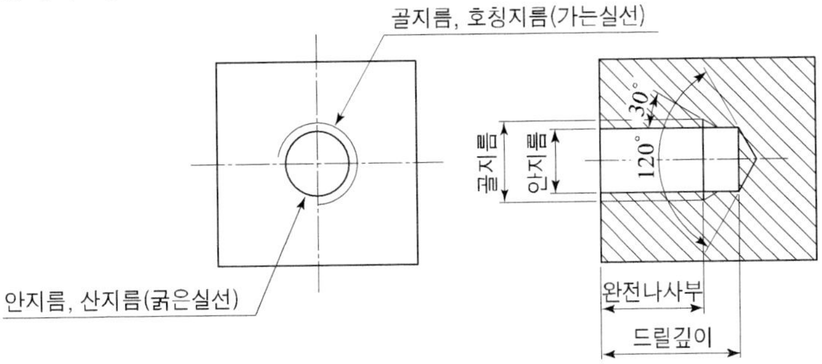

문제 05

다음 제3각법으로 투상된 도면 중 잘못된 투상도가 있는 것은?

①
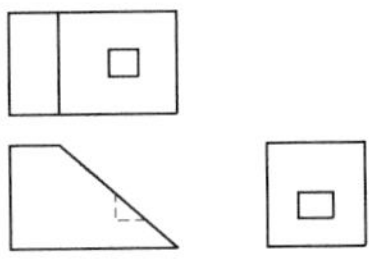

②
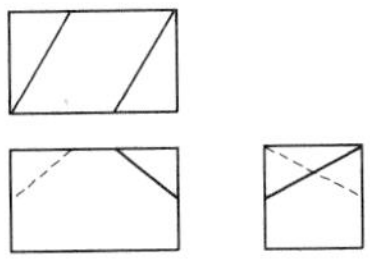

③
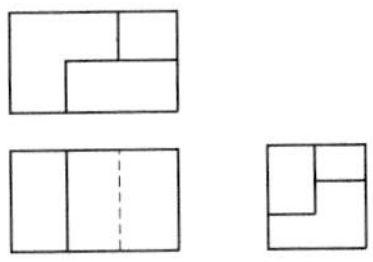

④
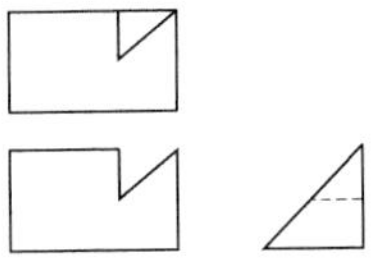

해설

①
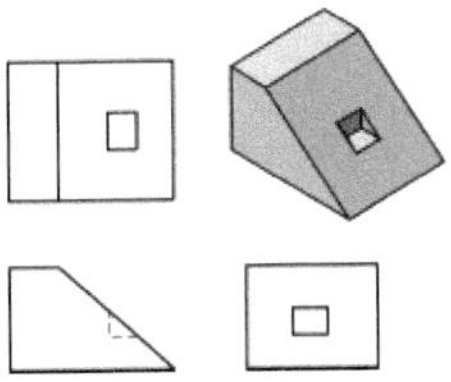

②
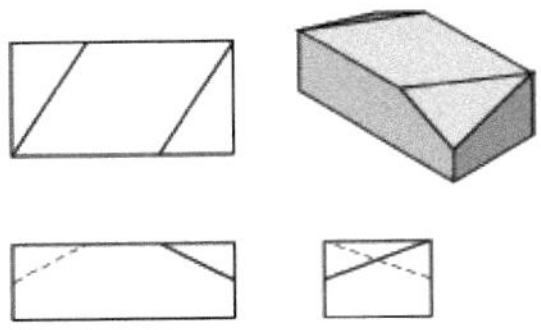

③
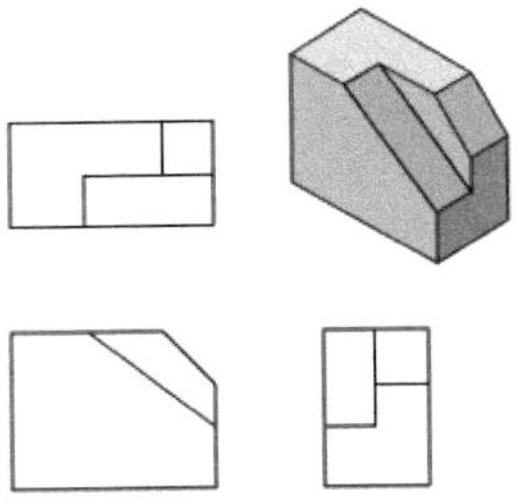

④
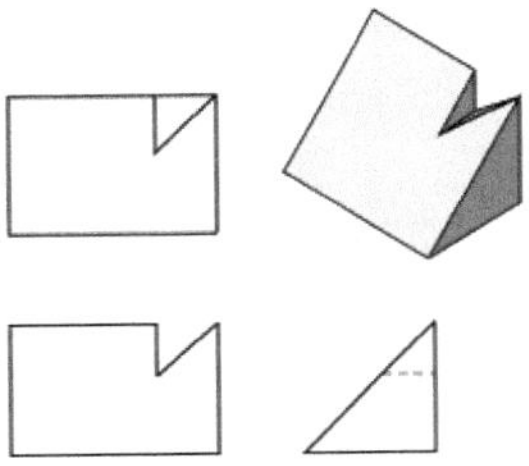

해답

해답 05. ③

문제 06

그림과 같은 KS 용접기호 해독으로 올바른 것은?

① 루트 간격은 5mm
② 홈 각도는 150°
③ 용접피치는 150mm
④ 화살표쪽 용접을 의미함

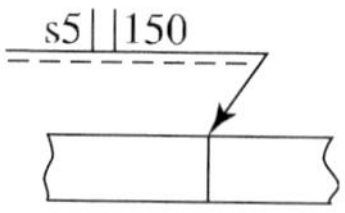

해설 **평면형 평행 맞대기 이음용접**

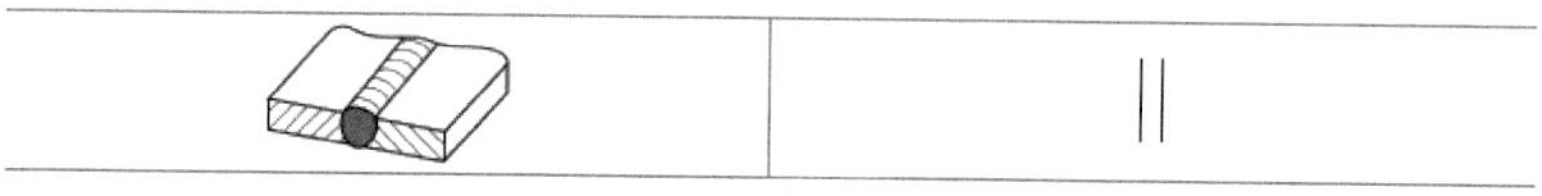

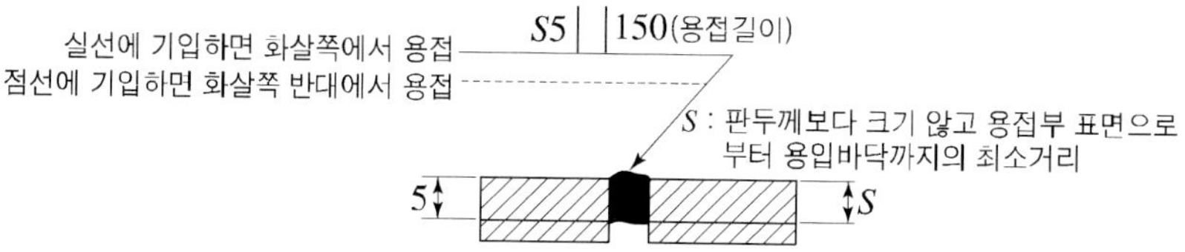

문제 07

파단선에 대한 설명으로 옳은 것은?

① 대상물의 일부분을 가상으로 제외했을 경우의 경계를 나타내는 선
② 기술, 기호 등을 나타내기 위하여 끌어낸 선
③ 반복하여 도형의 피치를 잡는 기준이 되는 선
④ 대상물이 보이지 않는 부분의 형태를 나타낸 선

해설 **파단선** : 부분단면도를 나타낼 때 대상물의 일부분을 가상으로 제외 했을 경우 경계를 나타내는 선으로 가는 실선으로 나타낸다.

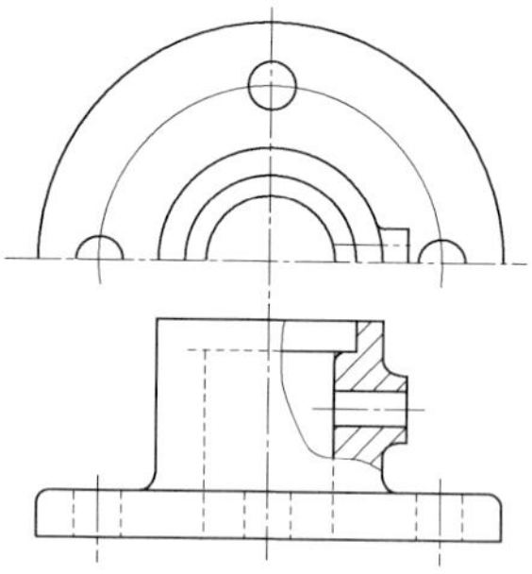

[파단선]

해답

06. ④ 07. ①

문제 08

기준치수가 $\phi50$인 구멍기준식 끼워 맞춤에서 구멍과 축의 공차 값이 다음과 같을 때 틀린 것은?

구멍 : 위 치수허용차 +0.025	아래 치수허용차 0.000
축 : 위 치수허용차 −0.025	아래 치수허용차 −0.050

① 축의 최대 허용치수 : 49.975
② 구멍의 최소 허용치수 : 50.000
③ 최대 틈새 ; 0.050
④ 최소 틈새 : 0.025

해설

구멍의 치수 $\phi50^{+0.025}_{\ 0}$		축의 치수 $\phi50^{-0.025}_{-0.050}$	
구멍의 최대허용치수	50.025	축의 최대허용치수	49.975
구멍의 최소허용치수	50	축의 최소허용치수	49.95

최대틈새	구멍의 최대 허용치수 − 축의 최소 허용치수 = 50.025 − 49.95 = 0.075
최소틈새	구멍의 최소 허용치수 − 축의 최대 허용치수 = 50 − 49.975 = 0.025

문제 09

기어제도에 관한 설명으로 옳지 않은 것은?

① 잇봉우리원은 굵은 실선으로 표시하고 피치원은 가는 1점 쇄선으로 표시한다.
② 이골원은 가는 실선으로 표시한다. 다만 축에 직각인 방향에서 본 그림을 단면으로 도시할 때는 이골의 선은 굵은 실선으로 표시한다.
③ 잇줄 방향은 통상 3개의 가는 실선으로 표시한다. 다만 주 투영도를 단면으로 도시할 때 외접 헬리컬 기어의 잇줄 방향을 지면에서 앞의 이의 잇줄 방향을 3개의 가는 2점 쇄선으로 표시한다.
④ 맞물리는 기어의 도시에서 주 투영도를 단면으로 도시할 때는 맞물림부의 한쪽 잇봉우리 원을 표시하는 선은 가는 1점 쇄선 또는 굵은 1점 쇄선으로 표시한다.

해설 **기어 제도**

① 항목표에는 원칙적으로 이 절삭, 조립, 검사 등에 필요한 사항을 기입한다.
② 재료, 열처리, 경도 등에 관한 사항은 필요에 따라 표의 비고란 또는 그림 속에 적당히 기입한다.
③ 이끝원(잇봉우리원)은 굵은 실선으로 그리고 피치원은 가는 1점 쇄선으로 그린다.
④ 이뿌리원(이골원)은 가는 실선으로 그린다.(단, 축에 직각인 방향으로 본 그림(이하 중 투상도라 한다.)의 단면으로 도시할 때에는 이뿌리원은 굵은 실선으로 그린다. 또, 베벨 기어와 웜휠에서는 이뿌리원은 생략해도 좋다.)
⑤ 잇줄 방향은 보통 3개의 가는 실선으로 그린다.(단, 외접 헬리컬 기어의 주투

해답

08. ③ 09. ④

상도를 단면으로 도실 할 때에는 잇 줄방향 도시는 3개의 가는 2점 쇄선으로 그린다.)

⑥ 맞물리는 한 쌍 기어의 도시에서 맞물림의 이끝원은 모두 굵은 실선으로 그리고, 주 투상도를 단면으로 도시할 때에는 맞물림부의 한쪽 이끝원을 표시하는 선은 가는 파선 또는 굵은 파선으로 그린다.

문제 10

그림과 같은 입체도에서 화살표 방향에서 본 정면도를 가장 올바르게 나타낸 것은?

①
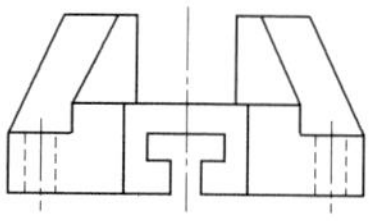
②
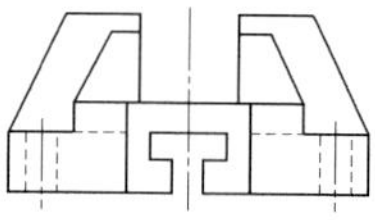
③
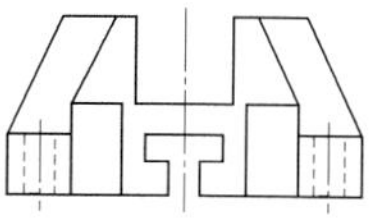
④
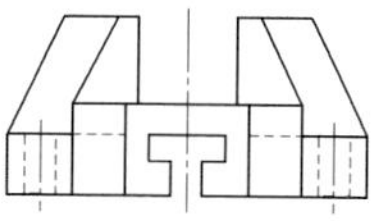

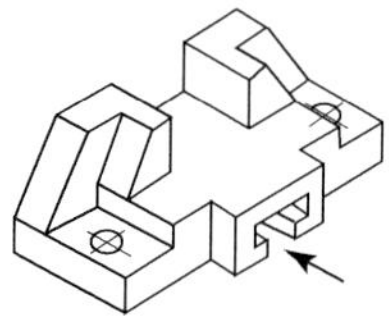

해설

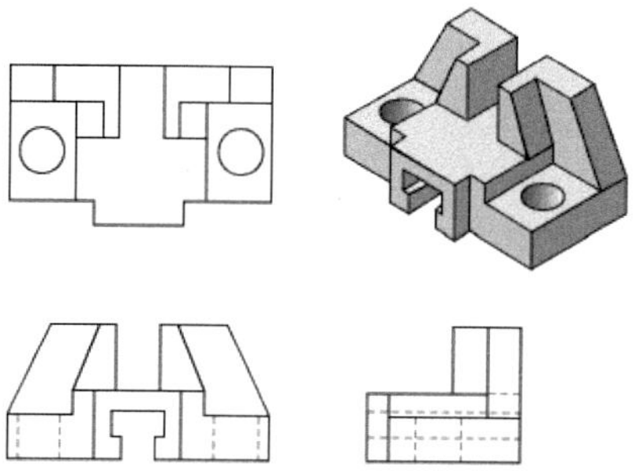

문제 11

아래 원뿔을 전개하면 오른쪽의 전개도와 같을 때 θ는 약 몇 도(°)인가? (단, r =20mm, h =100mm이다.)

① 약 130°
② 약 110°
③ 약 90°
④ 약 70°

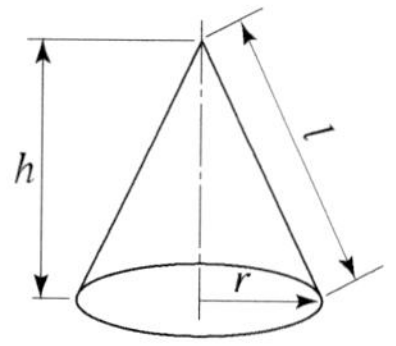

[원뿔]

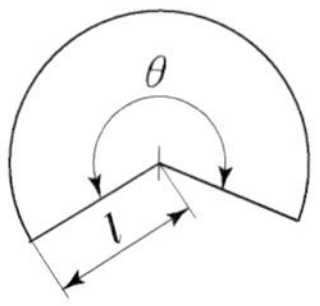

[전개도]

해설 원의 둘레길이 $s = 2\pi r = 2\pi \times 20 = 40\pi$[mm]

호의 길이 $\hat{s} = l \times \theta$ $\quad l = \sqrt{h^2 + r^2} = \sqrt{100^2 + 20^2} = 101.98\text{mm}$

$s = \hat{s}$, $40\pi = l \times \theta$

각도 $\theta = \dfrac{40\pi}{l} = \dfrac{40 \times 180}{101.98} = 70.6°$

해답

10. ① 11. ④

문제 12

h6 공차인 축에 중간 끼워 맞춤이 적용되는 구멍의 공차는?

① R7
② K7
③ G7
④ F7

해설

기준축	구멍의 공차역 클래스(축의 종류와 등급)																
	헐거운 끼워맞춤						중간 끼워맞춤				억지 끼워맞춤						
h5							H6	JS6	K6	M6	N6	P6					
h6					F6	G6	H6	JS6	K6	M6	N6	P6					
					F7	G7	H7	JS7	K7	M6	N7	P7	R7	S7	T7	U7	X7
h7				E7	F7		H7										
					F8		H8										

문제 13

그림과 같은 I 형강의 표시법으로 옳은 것은? (단, 형강의 길이는 L이다.)

① $\mathrm{I}A \times B \times t - L$
② $\mathrm{I}t \times B \times A - L$
③ $\mathrm{I}B \times A \times t - L$
④ $\mathrm{I}B \times A \times t \times L$

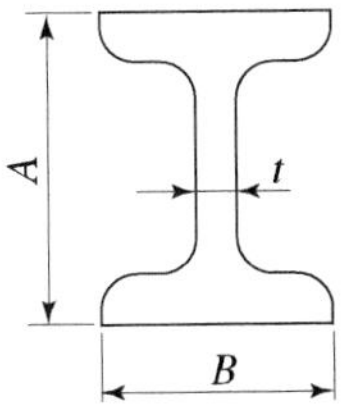

해설

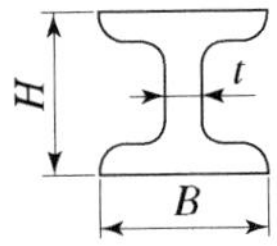

종류 : I 형강
표시방법 : $\mathrm{I}\,H \times B \times t - L$

문제 14

다음 중 공학적 해석을 위한 물리적인 성질(부피 등)을 제공할 수 있는 모델링은?

① 2차원 모델링
② 서피트(surface) 모델링
③ 솔리드(solid) 모델링
④ 와이어 프레임(wire frame) 모델링

해설 물리적 계산이 가능한 것은 솔리드(solid) 모델링이다.

해답

12. ② 13. ① 14. ③

문제 15

CAD CAM 시스템의 데이터 교환을 위한 중간파일(Neutral File)의 형식이 아닌 것은?

① IGES ② DXF
③ STEP ④ CALS

해설 **인터페이스 소프트웨어의 종류**

IGES	IGES(Initial Graphics Exchange Specification)는 여러 종류의 CAD/CAM 시스템에서 사용된 설계와 가공의 정보를 교환하기 위한 표준 데이터 형식이다.(1979년 미국에서 시작하여 ISO의 표준규격으로 제정) 한 개의 IGES 파일은 여섯 개의 섹션으로 구성된다. 그러나 정규 ASCII 코드에서는 다섯 개의 섹션으로 구성된다. [IGES 파일의 구조] 1. 플래그 섹션(Flag section)－옵션 ① 압축형 ASCII와 이진형식에서만 사용하는 것으로 데이터의 표현 형식에 따른 선택사항이다. ②정규 ASCII형식에서는 사용하지 않는다. 2. 개시섹션(start section) : IGES파일의 임의의 주석 및 작성자와 작성날짜 등을 기록하는 섹션 3. 글로벌 섹션(global section) : 파일을 만든 시스템 환경에 대한 기록 4. 디렉토리 섹션(directory section) : IGES파일에서 형상에 대한 속성 정보의 기록 및 정의된 모든 요소(엔티티(Entity))의 목록을 저장하는 섹션 5. 파라미터 섹션(parameter section) : 2차원, 3차원의 좌표값을 가지고 있는 실제데이터를 기록하는 섹션 6. 종결 섹션(terminate section)
DXF	DXF(DataExchange File) AutoCAD의 호환성을 위해 AutoDESK 회사에서 만든 데이터 표준프로그램이다. [DXF파일의 구성] 1. 헤더 섹션(header section) : 도면에 대한 일반적인 자료와 자 변수에서 사용된 변수 명과 사용된 값을 수록한 섹션 2. 테이블 센션(table section) : Line Type, Layer, Style, View, HCS, Vport, Dimstyle, Appid(응용부분 테이블)등이 있는 섹션 3. 블록(block) 섹션 : 도면에서 사용된 블록에 대한 자료를 수록한 블록정의 부분 4. 엔티티(entitiy) 섹션 : 도면을 구성하는 도형요소 및 블록의 참고사항 등을 수록 5. END OF FILE : 파일의 종료
STEP	STEP(Standard for the Exchange for Product model Data) IGES 및 DXF가 ISO(International Standard Organization)에서 인정하는 국제적인 표준규격이 되지 않고 있는 가운데, 각 사설단체 및 CAD/CAM 회사별로 정의 한 표준규격이 난립하게 되자 국제공인 표준규격의 필요성이 점점 증대되었다. 이러한 필요성에 의해서 어떠한 이익 집단에도 편중되지 않은 규격이 STEP(Standard for the Exchange for Product model Data)이다. 이러한 규격은 1985년에 각 회사별로 구성된 CAD/CAM 시스템의 정보를 도면 데이터뿐만 아니라 제품데이터도 교환할 수 있도록 한 표준규격이다.
PHIGS	PHIGS(Programmer's Hierachical Interactive Graphics System)는 3차원의 움직이는 물체를 실제와 같이(realtime) 화면에 나타나게 하며 주로 이용되는 산업분야는 도형 구성분야, 항공교통망 시뮬레이션, 몰분자 모델링분야, 건축설계 등 여러 분야에서 활용되고 있다.
GKS	GKS(Graphical kernal system)은 2차원 그래픽 시스템을 위한 표준 규격이다.

해답

15. ④

STL	STL(Stereo Lithography) 적층식 쾌속조형의 표준입력파일 포맷으로 많이 사용되고 있으며, 1987년 미국의 3Dsystem사가 Albert Consulting Group에 의뢰하여 만들어진 것으로 3차원 데이터의 서피스 모델을 삼각형 다면체(facet)로 근사시킨 것으로 쾌속조형(PR & M)에 많이 적용하고 있다. ① 물체를 삼각형의 다면체들의 리스트로 표현한다. ② 내부 처리구조가 다른 CAD/CAM 시스템으로부터 쉽게 변환 정보를 교환할 수 있는 장점이 있다. ③ 모델링된 곡면을 정확히 다면체로 옮길 수 없다. ④ 오차를 줄이기 위해 보다 정확히 변환시키려면 용량을 많이 차지하는 단점이 있다.

문제 16 그림과 같이 곡면 모델링 시스템에 의해 만들어진 곡면을 불러들여 기존 모델의 평면을 바꿀 수 있는 모델링 기능은 무엇인가?

① 네스팅(nesting)
② 트위킹(tweaking)
③ 돌출하기(extruding)
④ 스위핑(sweeping)

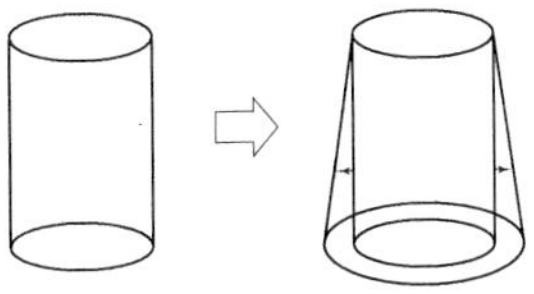

해설

네스킹 (nesting)	트위킹 (tweaking)	돌출하기 (extruding)	스위핑 (Sweeping)
2차원의 폐쇄도형에 의하여 표현되는 부품 또는 부재를 직사각형 등의 모재 안에 최적으로 배치하는 것.	곡면 모델링 시스템에 의해 만들어진 곡면을 불러들여 기존 모델의 평면을 바꿀 수 있는 기법이다. 예를 들어 실린더형상에 구배(draft angle)를 주어 실린더 곡면을 원추 곡면으로 만들어 주는 방법 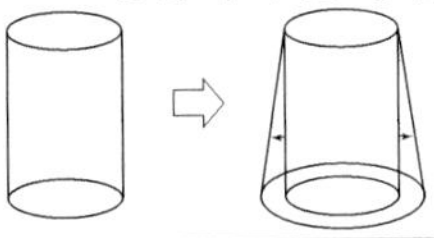	2차원 폐쇄도형을 그 모양대로 올려 3차원 형상을 표현하는 것	하나의 2차원 단면형상(profile)을 입력하고 이를 안내곡선을 따라 이동시켜 입체를 생성, 주로 환기구의 덕트를 모델링 할 때 사용되는 곡선이다. 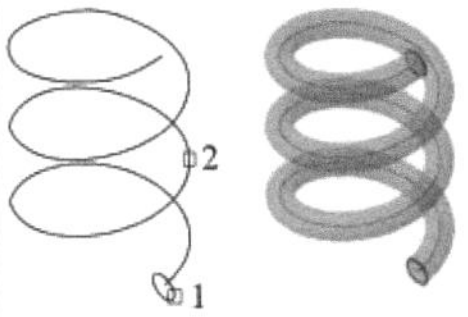

문제 17 CSG 모델링 방식에서 볼 연산(boolean operation)이 아닌 것은?

① Union(합)
② Subtract(차)
③ Intersect(적)
④ Project(투영)

해설 불리언(boolean)

합(union)A∪B	차(subtract) A−B	적(Intersect) A∩B
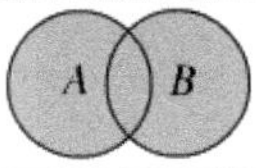	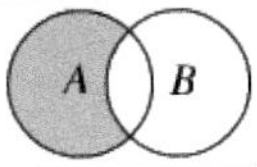	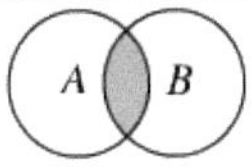

해답 16. ② 17. ④

문제 18

원추를 평면으로 잘랐을 때 생기는 단면곡선(conic sectin curve)이 아닌 것은?

① 타원　　② 포물선
③ 쌍곡선　　④ 사이클로이드 곡선

해설 원추곡선 ─ 원, 타원, 포물선, 쌍곡선

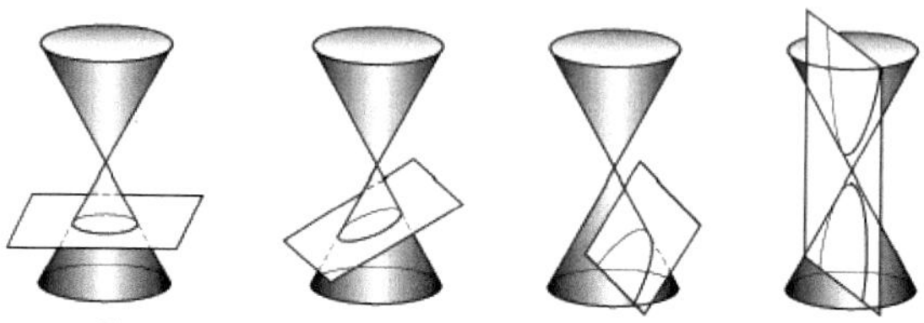

문제 19

3차원 형상의 모델링 방식에서 B-rep 방식과 비교하여 CSG 방식의 장점으로 옳은 것은?

① 투시도 작성이 용이하다.
② 전개도의 작성이 용이하다.
③ B-rep 방식보다 복잡한 형상을 나타내는데 유리하다.
④ 중량을 계산하는데 용이하다.

해설

구분			CSG	B-Reps
데이터 특성	데이터 작성		용이	곤란
	데이터 구조		단순	복잡
	데이터 수정		용이	약간 용이
	모델재생시간		많이 걸린다.	적게 걸린다.
	필요 메모리 영역		용량이 적음	용량이 많음
응용성	3면도, 투시도 작성		곤란	용이
	전개도 작성		곤란	용이
	표면적 계산		곤란	용이
	중량 계산		용이(몬테카를로법)	약간 곤란(적분법)
	유한요소법의 적용	솔리드	용이	곤란
		표면	곤란	용이
	NC 테이프의 작성		비교적 용이	용이

해답

18. ④　19. ④

문제 20

일반적인 CAD 시스템의 2차원 평면에서 정해진 하나의 원을 그리는 방법이 아닌 것은?

① 원주상의 세 점을 알 경우
② 원의 반지름과 중심점을 알 경우
③ 원주상의 한 점과 원의 반지름을 알 경우
④ 원의 반지름과 2개의 접선을 알 경우

해설 **원의 작성**(create of cricle)

① 원의 중심과 반지름값
② 원의 중심과 접할 도형요소
③ 두 개의 접할 도형요소와 반지름
④ 세 개의 접할 도형요소
⑤ 원의 중심과 두 개 도형요소 또는 두 개의 점
⑥ 원의 중심점과 반지름과 접할 도형요소
⑦ 두 점 사이의 거리를 지름으로 한 원(2차원 평면 내에 있는 경우)
⑧ 동심원 구성
⑨ 두 점 사이의 거리를 반지름으로 하고 이 두 점의 벡터에 수직한 평면에 원 구성

제2과목 기계요소설계

문제 21

지름 20mm, 피치 2mm인 3줄 나사를 1/2 회전하였을 때 이 나사의 진행거리는 몇 mm인가?

① 1 ② 3
③ 4 ④ 6

해설 **리드** = 줄수 × 피치 = 3 × 2 = 6mm

진행거리 = 리드 × 회전수 = $6 \times \frac{1}{2}$ = 3mm

해답

20. ③ 21. ②

문제 22

942N · m의 토크를 전달하는 지름 50mm인 축에 사용할 묻힘 키(폭×높이=12mm×8mm)의 길이는 최소 몇 mm 이상이어야 하는가? (단, 키의 허용전단 응력은 78.48N/mm²이다.)

① 30　　② 40
③ 50　　④ 60

해설 **키의 길이** $l = \dfrac{2\times T}{\tau_{key}\times b\times d_s} = \dfrac{2\times 942000}{78.48\times 12\times 50} = 40\text{mm}$

문제 23

원통롤러 베어링 N206(기본 동정격하중 14.2kN)이 600rpm으로 1.96kN의 베어링 하중을 받치고 있다. 이 베어링의 수명은 약 몇 시간인가? (단, 베어링 하중계수(f_w)는 1.5를 적용한다.)

① 4200　　② 4800
③ 5300　　④ 5900

해설 **수명시간** $L_h = 500\times\dfrac{33.3}{N}\times\left(\dfrac{c}{f_w\times P_B}\right)^r$

$$L_h = 500\times\frac{33.3}{600}\times\left(\frac{14.2}{1.5\times 1.96}\right)^{\frac{10}{3}} = 5285.26\text{hr} \fallingdotseq 5300\text{hr}$$

문제 24

하중의 크기 및 방향이 주기적으로 변화하는 하중으로서 양진하중을 의미하는 것은?

① 변동하중(variable load)　　② 반복하중(repeated load)
③ 교번하중(alternate load)　　④ 충격하중(impact aload)

해설 **교번하중** : 크기와 방향이 주기적으로 변화하는 하중

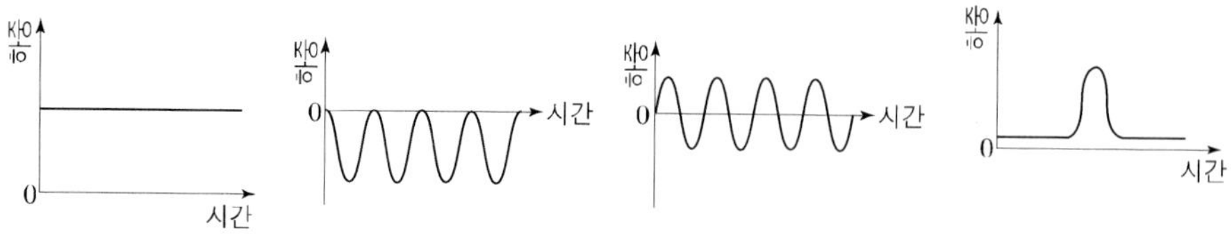

[정하중]　[반복하중]　[교번하중]　[충격하중]

해답

22. ②　23. ③　24. ③

문제 25

다음 중 정숙하고 원활한 운전을 하고, 특히 고속회전이 필요할 때 적합한 체인은?

① 사일런트 체인(silent chain) ② 코일 체인(coil chain)
③ 롤러 체인(roller chain) ④ 블록 체인(block chain)

해설 **체인의 종류**

① 롤러 체인(roller chain) : 롤러 링크판과 핀 링크판을 핀으로 엇갈리게 연결한 체인
② 사일런트 체인(silent chain) : 전동할 수 없는 고속회전이 필요할 때, 조용하고 원활한 운전이 필요할 때 사용
③ 체인블록 : 안경모양의 블록과 플레이트(plate)의 링크를 핀(pin)으로 연결한 체인으로 인력(人力)으로 기중하는 체인이다.

문제 26

2.2kW의 동력을 1800rpm으로 전달시키는 표준 스퍼기어가 있다. 이 기어에 작용하는 회전력은 약 몇 N 인가? (단, 스퍼기어 모듈은 4이고, 잇수는 25이다.)

① 163 ② 195
③ 233 ④ 289

해설

$$T = 974000 \times \frac{H_{KW}}{N} \times 9.8 = 974000 \times \frac{2.2}{1800} \times 9.8 = 11666.355[N \cdot mm]$$

$$T = F \times \frac{D}{2}$$

회전력 $F = \frac{2T}{D} = \frac{2T}{mZ} = \frac{2 \times 11666.355}{4 \times 25} = 233.327[N]$

문제 27

맞대기 용접이음에서 압축하중을 W, 용접부의 길이를 l, 판 두께를 t라 할 때 용접부의 압축응력을 계산하는 식으로 옳은 것은?

① $\sigma = \frac{Wl}{t}$ ② $\sigma = \frac{W}{tl}$
③ $\sigma = Wtl$ ④ $\sigma = \frac{tl}{W}$

해설 **압축응력** $\sigma = \frac{W}{t \times l}$

해답

25. ① 26. ③ 27. ②

문제 28

밴드 브레이크에서 밴드에 생기는 인장응력과 관련하여 다음 중 옳은 관계식은? (단, σ : 밴드에 생기는 인장응력, F_1 : 밴드의 인장측 장력, t : 밴드 두께, b : 밴드의 너비이다.)

① $\sigma = \dfrac{b}{F_1 \times t}$ ② $b = \dfrac{t \times \sigma}{F_1}$

③ $b = \dfrac{F_1}{t \times \sigma}$ ④ $\sigma = \dfrac{F_1 \times t}{b}$

해설

벨트 인장응력 $\sigma = \dfrac{F_1}{b \times t}$

밴드의 폭 $b = \dfrac{F_1}{t \times \sigma}$

문제 29

300rpm으로 2.5kW의 동력을 전달시키는 축에 발생하는 비틀림 모멘트는 약 몇 N · m인가?

① 80 ② 60

③ 45 ④ 35

해설

$$T = 974000 \times \frac{H_{KW}}{N} \times 9.8$$

$$= 974000 \times \frac{2.5}{300} \times 9.8 = 79543.33[\mathrm{Nmm}] = 79.54333[\mathrm{Nm}] \fallingdotseq 80\mathrm{Nm}$$

문제 30

판 스프링(leaf spring)의 특징에 관한 설명으로 거리가 먼 것은?

① 판 사이의 마찰에 의해 진동을 감쇠한다.
② 내구성이 좋고, 유지보수가 용이하다.
③ 트럭 및 철도차량의 현가장치로 주로 이용된다.
④ 판 사이의 마찰작용으로 인해 미소진동의 흡수에 유리하다.

해설 판스프링의 마찰작용으로 진동을 감쇠하는 역할을 한다. 판스프링의 큰 진동의 흡수에 사용됨으로 미소진동의 흡수를 위해서는 코일 스프링을 사용하여야 된다.

해답

28. ③ 29. ① 30. ④

문제 31

다음 나사산의 각도 중 틀린 것은?

① 미터보통나사 60° ② 관용평행나사 55°
③ 유니파이보통나사 60° ④ 미터사다리꼴나사 35°

해설 ① 미터나사(M) : 호칭치수 mm 단위
나사산각=나사각 α =60°
② 유니파이 보통나사 : ABC 나사, 호칭치수 in 단위
나사각 α =60°
UNF(유니파이가는 나사),
UNC(유니파이보통나사)
③ 관용나사 : 호칭치수 in 단위, 나사각 α =55°
– 관용 평행 나사(PF), 관용 평행 암나사(PS)
– 관용 테이프나사(PT)
④ 미터사다리꼴나사 : TM(KS규격), Tr(SI규격)
⑤ 인치계사다리꼴나사 : TW(KS규격)

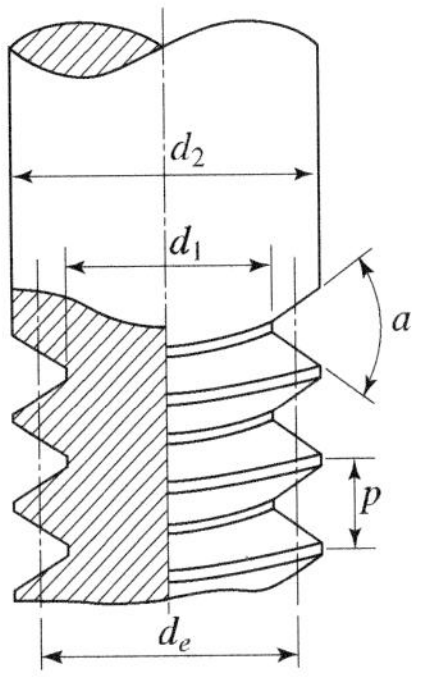

문제 32

너클 핀 이음에서 인장력이 50kN인 핀의 허용전단응력을 50MPa이라고 할 때, 핀의 지름 d는 몇 mm인가?

① 22.8 ② 25.2
③ 28.2 ④ 35.7

해설
응력 $\sigma = \dfrac{F}{2\times\dfrac{\pi}{4}d^2}$

지름 $d = \sqrt{\dfrac{2F}{\pi\sigma}} = \sqrt{\dfrac{2\times 50\times 10^3}{\pi\times 50}} = 25.231[\mathrm{mm}]$

문제 33

보통운전으로 회전수 300rpm, 베어링하중 110N을 받는 단열레디얼 볼 베어링의 기본 동정격하중은? (단, 수명은 6만 시간이고, 하중계수는 1.5이다.)

① 1693N ② 169.3N
③ 1650N ④ 165.0N

해설
$$L_h = 500\times\frac{33.3}{N}\times\left(\frac{c}{P_{th}\times f_w}\right)^r$$

$60000 = 500\times\dfrac{33.3}{300}\times\left(\dfrac{c}{110\times 1.5}\right)^3$ 에서 **기본동적격하중** $c = 1693.44[\mathrm{N}]$

해답
31. ④ 32. ② 33. ①

문제 34

1줄 리벳 겹치기 이음에서 강판의 효율(η_1)을 나타내는 식은? (단, p : 리벳의 피치, d : 리벳구멍의 지름, t : 강판의 두께, σ_t : 강판의 인장응력이다.)

① $\dfrac{d-p}{d}$ ② $\dfrac{p-d}{p}$

③ $pt\sigma_t$ ④ $(p-d)t\sigma_t$

해설 p : 리벳의 피치, d : 리벳구멍의 지름, t : 강판의 두께, σ_t : 강판의 인장응력
n : 리벳의 줄수

① **강판의 효율**(η_t)

$$\eta_t = \frac{\text{구멍이 있을 때의 강판의 인장력}}{\text{구멍이 없을 때의 강판의 인장력}} = \frac{p-d}{p} = 1-\frac{d}{p} = 1-\frac{d_t}{p}$$

② **리벳의 효율**(η_r)

$$\eta_r = \frac{\text{구멍이 있을 때 리벳의 전단력}}{\text{구멍이 없을 때의 강판의 인장력}} = \frac{\tau_r \pi d^2 n}{4\sigma_t p t}$$

③ **리벳이음의 효율** : 강판의 효율(η_t), 리벳의 효율 (η_r)효율 중 작은 효율이 리벳 이음의 효율이다.

문제 35

어떤 축이 굽힘모멘트 M과 비틀림모멘트 T를 동시에 받고 있을 때, 최대 주 응력설에 의한 상당 굽힘 모멘트 Me는?

① $Me = \dfrac{1}{2}(M+\sqrt{M+T})$ ② $Me = \dfrac{1}{2}(M^2+\sqrt{M+T})$

③ $Me = \dfrac{1}{2}(M+\sqrt{M^2+T^2})$ ④ $Me = \dfrac{1}{2}(M^2+\sqrt{M^2+T^2})$

해설 최대 전단 응력설 ⇨ (상당 비틀림 모멘트) $T_e = \sqrt{M^2+T^2}$

최대 굽힘 응력설 ⇨ (상당 굽힘 모멘트) $M_e = \dfrac{1}{2}(M+\sqrt{M^2+T^2}) = \dfrac{1}{2}(M+T_e)$

문제 36

V벨트의 사다리꼴 단면의 각도(θ)는 몇 도인가?

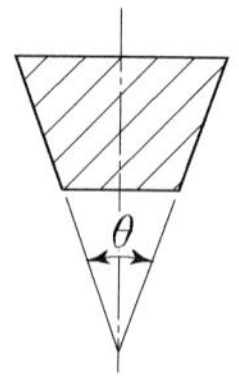

① 30°
② 35°
③ 40°
④ 45°

해답

34. ② 35. ③ 36. ③

해설 V벨트(고무재질)의 각도는 (M, A, B, C, D, E형) 모두 40°이다.

V벨트의 종류	a	b
M	10	5.5
A	12.5	9
B	16.5	11
C	22	14
D	31.5	19
E	38	25.5

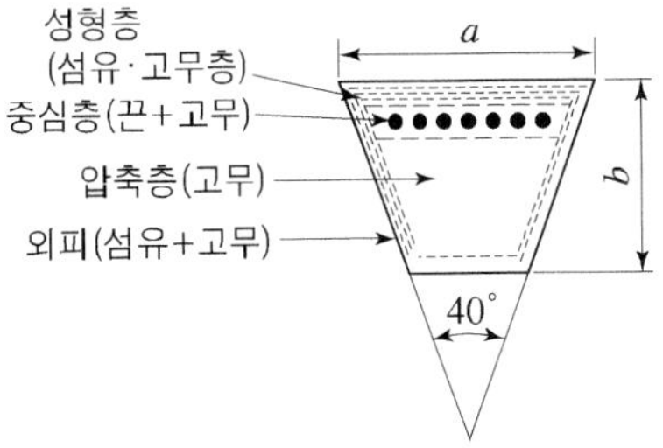

V벨트 풀리의 v홈각(α)

V벨트의 종류	호칭 지름	α(°)
M	50 이상 71 이하 71초과 90 이하 90 초과	34 36 38
A	71 이상 100 이하 100초과 125 이하 125 초과	34 36 38
B	125 이상 160 이하 160초과 200 이하 200 초과	34 36 38
C	200 이상 250 이하 250초과 315 이하 315 초과	34 36 38
D	355 이상 450 이하 450 초과	36 38
E	500 이상 630 이하 630 초과	36 38

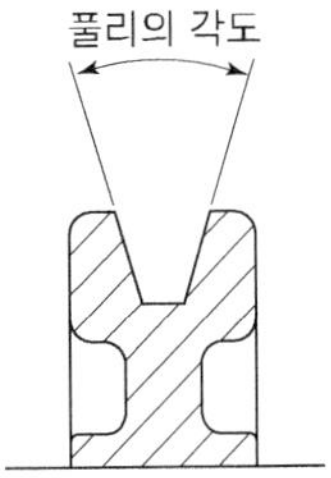

문제 37

자전거의 래칫휠에 사용되는 클러치는?

① 맞물림 클러치 ② 마찰클러치
③ 일방향 클러치 ④ 원심클러치

해설 한쪽 방향으로 동력을 전달하는 라칫휠은 일방향 클러치, 또는 한방향 클러치라고 한다.

문제 38

축간거리 55cm인 평행한 두 축 사이에 회전을 전달하는 한 쌍의 스퍼기어에서 피니언이 124회전할 때, 기어를 96회전시키려면 피니언의 피치원 지름은?

① 48cm ② 62cm
③ 96cm ④ 124cm

해답

37. ③ 38. ①

해설 축간거리 : $C=\dfrac{D_{기어}+D_{피니언}}{2}=\dfrac{m(Z_{기어}+Z_{피니언})}{2}$

$$550=\frac{\frac{124}{96}D_{피니언}+D_{피니언}}{2},\ 550=\frac{D_{피니언}\left(\frac{124}{96}+1\right)}{2}$$

피니언의 피치원 지름 : $D_{피니언}=480\text{mm}$ $\qquad \dfrac{D_{기어}}{D_{피니언}}=\dfrac{N_{피니언}}{N_{기어}}$

기어의 피치원 지름 : $550=\dfrac{D_{기어}+480}{2},\ D_{기어}=\dfrac{1100}{480}=620$

$$D_{기어}=620\text{mm}$$

문제 39

각속도가 30rad/sec인 원운동을 rpm단위로 환산하면 얼마인가?

① 157.1rpm ② 186.5rpm
③ 257.1rpm ④ 286.5rpm

해설 **각속도** $\omega=\dfrac{2\pi N}{60}$

분당회전수 $N=\dfrac{\omega\times 60}{2\pi}=\dfrac{30\times 60}{2\pi}=286.478\text{rpm}$

문제 40

스프링의 자유높이 H와 코일의 평균지름 D의 비를 무엇이라 하는가?

① 스프링 지수 ② 스프링 변위량
③ 스프링 상수 ④ 스프링 종횡비

해설 **스프링 지수** $C=\dfrac{(소재지름)d}{(평균지름)D}$

스프링 종횡비 $C'=\dfrac{(스프링의\ 자유높이)H}{(평균지름)D}$

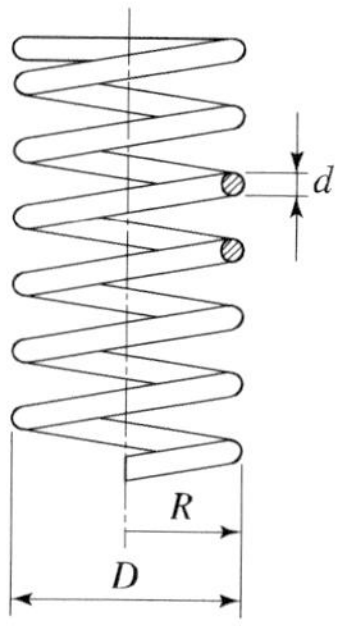

해답

39. ④ 40. ④

제3과목 기계재료 및 측정

문제 41

스프링강이 갖추어야 할 특성으로 틀린 것은?

① 탄성한도가 커야 한다.
② 마텐자이트 조직으로 되어야 한다.
③ 충격 및 피로에 대한 저항력이 커야 한다.
④ 사용도중 영구변형을 일으키지 않아야 한다.

해설 스프링강에 사용되는 피아노선은 소르바이트 조직이다. 즉 스프링강의 조직은 소르바이트 조직이 사용된다. 탄성한도와 내력이 크고, 사용 중 영구 변형을 일으키지 않고, 하중과 변형과의 관계 특성이 양호하며, 충격 및 피로에 대한 큰 저항력을 갖고 있어야 한다.

문제 42

탄소공구강의 재료 기호로 옳은 것은?

① SPS ② STC
③ STD ④ STS

해설 **합금공구강의 종류**

절삭공구용	S2종	STS 2	탭, 드릴, 커터의 재료
	S21종	STS 21	
	S5종	STS 5	원형톱, 띠톱의 재료
	S51종	STS 51	
냉간금형용	D1종	STD 1	성형틀다이스, 분말성형틀 재료
	D11종	STD 11	나사전조다이, 프레스형틀 재료
	D12종	STD 12	
열간금형용	F3종	STF 3	다이블록(die block), 압출공구재료
	F4종	STF 4	프레스 형틀, 압출공구재료

[참고] STS304 : 오스테나이트계 스테인레스강

문제 43

초소성을 얻기 위한 조직의 조건으로 틀린 것은?

① 결정립은 미세화 되어야한다.
② 결정립 모양은 등축되어야 한다.
③ 모상의 입계는 고정각인 것이 좋다.
④ 모상 입계가 인장 분리되기 쉬어야 한다.

해답

41. ② 42. ② 43. ④

해설 **초소성 재료** : 금속재료가 유리질처럼 늘어나는 특수한 현상을 초소성이라 한다. 모상입계가 인장 하중에 의해 변형이 잘 일어나는 입계특징이 나타난다. 초소성은 일정한 온도 영역과 변형 속도의 영역에서만 나타나며 300~500% 이상의 연성을 가지게 된다. 초소성 재료는 초소성 영역에 서 강도가 낮고 연성은 매우 크므로 작은 힘으로도 복잡한 형상으로 성형가공이 가능하며 온도가 저하되면 강도 등의 기계적 성질이 우수해져 실용할 수 있게 된다.

문제 44

다음 중 원소가 강재에 미치는 영향으로 틀린 것은?

① S : 절삭성을 향상시킨다.
② Mn : 황에 의한 메짐현상 발생방지
③ H_2 : 유동성을 좋게 한다.
④ P : 결정립을 조대화시킨다.

해설 H_2 : 강에 백점이나 헤어크랙(hair-crack)의 원인

문제 45

알루미늄 합금 중 주성분이 Al-Cu-Ni-Mg계 합금이 것은?

① Y합금
② 알민(almin)
③ 알드리(aldrey)
④ 알클래드(alclad)

해설
- **Y합금** : Al+Cu+Ni+Mg
- **알민**(almin) : Al-Mn
- **알드레이**(aldrey) : Al-Mg-Si계
- **알클래드**(alclad) : 두랄루민계의 고력 알루미늄 합금은 내식성이 떨어지는 것이 큰 결점이다. 이 결점을 없애기 위해 표면을 순도 좋은 알루미늄으로 덮어 내식성과 기계적 성질을 만족시킨 재료를 말한다.

문제 46

탄성한도를 넘어서 소성 변형을 시킨 경우에도 하중을 제거하면 원래상태로 돌아가는 성질을 무엇이라 하는가?

① 신소재 효과
② 초탄성 효과
③ 초소성 효과
④ 시효경화 효과

해설 **초탄성 효과** : 형상기억효과와 비슷한 현상으로 특정한 모양의 것이 압을 받아 탄성한도를 초과하면서 변형된 경우에도 하중을 제거하면 원상태로 돌아가는 성질을 말한다.

해답

44. ③ 45. ① 46. ②

문제 47

백주철을 열처리로에 넣어 가열해서 탈탄 또는 흑연화 하는 방법으로 제조된 것은?

① 회주철 ② 반주철
③ 칠드주철 ④ 가단주철

해설 ① **보통주철** : 기계 가공성이 좋고 값이 싸며 강인성이 작고 단조가 안되나, 용융점이 낮고 유동성이 좋으므로 주조하기 쉽다.
② **반주철** : 회색주철부와 백주철부가 혼합되어 있는 주철
③ **칠드주철** : 주조할 할 때 필요한 부분에만 모래 주형 대신 금형으로 하고, 금형에 접한 부분을 급랭하여 백주철로 되는 현상을 칠드(chilled)라 하며, 칠드된 주철을 말한다.
④ **가단주철** : 백주철을 고온에서 장시간 열처리하여 시멘타이트 조직을 분해하거나 소실시켜 인성 또는 연성을 개선한 주철이다.

문제 48

에드미럴티(admiralty)황동의 조성은?

① 7:3황동 + Sn(1% 정도) ② 7:3황동 + Pb(1% 정도)
③ 6:4황동 + Sn(1% 정도) ④ 6:4황동 + Pb(1% 정도)

해설 •**애드미럴티**(admiralty) **황동** ⇒ 7 : 3황동+Sn 1% 첨가
•**네이벌 황동** ⇒ 6 : 4황동+Sn 1% 첨가

문제 49

열처리의 목적을 설명한 것으로 옳은 것은?

① 담금질 : 강을 A_1 변태점까지 가열하여 연성을 증가시킨다.
② 뜨임 : 소성가공에 의한 내부응력을 증가시켜 절삭성을 향상시킨다.
③ 풀림 : 강의 강도, 경도를 증가시키고, 조직을 마텐자이트조직으로 변태시킨다.
④ 불림 : 재료의 결정조직을 미세화하고, 기계적 성질을 개량하여 조직을 표준화 한다.

해설 ① **담금질** : 강을 변태점보다 높은 온도로 일정 시간 가열한 후 물 또는 기름과 같은 담금질제 중에서 급랭시켜 강하게 하거나 경도를 증가시킨다.
② **뜨임** : 담금질에 의해 발생한 내부응력이 제거되고, 강재의 표면에 발생한 응력이나 마텐자이트의 메짐성이 없어진다.
③ **풀림** : 경화된 재료를 연화시키고 내부 응력을 제거시킨다.
인성을 향상시키며, 피 절삭성과 기계적 성질을 개선시킨다.

해답

47. ④ 48. ① 49. ④

문제 50

자성재료를 연질과 경질로 나눌 때 경질 자석에 해당되는 것은?

① Si강판 ② 퍼멀로이
③ 샌더스트 ④ 알니코 자석

해설 •**연자성 재료** : 퍼멀로이(permalloy), 무메탈(mumetal)
•**경자성 재료** : 알니코(알루미늄 + 니켈 + 코발트), 희토류 자석, 철 + 크롬 + 코발트계 자석

문제 51

공구강이 구비해야 할 성질 중 틀린 것은?

① 인성이 커서 충격에 견딜 것
② 내산화성 및 내식성이 좋을 것
③ 상온, 고온경도가 높아 마모성이 클 것
④ 가공 및 열처리가 용이하고 열처리 변형이 적을 것

해설 공구강의 내마모성이 커야 된다.

문제 52

결정성 수지의 특성에 대한 설명으로 틀린 것은?

① 배향 특성이 작다.
② 금형 냉각 시간이 길다.
③ 수지가 일반적으로 불투명하다.
④ 특별한 용융온도나 고화온도를 갖는다.

해설

비결정성 수지 결정성 수지

결정성수지 : 용융을 하면 융해 되어 결정이 풀리고 다시 냉각하면 결정이 진행되는 수지로서 결정은 규칙적으로 가지런히 정렬되고 된다. 배향은 고분자로 이루어진 고체 물질 속에서, 구성 단위인 미세 결정이나 고분자 사슬이 일정 방향으로 배열되는 것으로 결정성 수지는 배향특성이 많다.
비결정성수지 : 모든 분자들이 불규칙하게 얽혀 있는 상태의 수지

해답

50. ④ 51. ③ 52. ①

문제 53

오스테나이징 온도로부터 열처리 한 후 서냉하여 연화가 주목적인 열처리 방법은?

① 불림(normalizing) ② 뜨임(tempering)
③ 담금질(quenching) ④ 풀림(annealing)

해설 **풀림**(annealing) : 소둔이라고도 하며, 재료를 단조, 주조 및 기계 가공을 하게 되면 가공 경화나 내부응력이 생기게 되는데 이를 제거하기 위해서 변태점 이상의 적당한 온도로 가열하여 노안에서 냉각시키는 노냉(서냉)시킨다. 풀림열처리를 하면 재료가 연화되고 내부 응력이 없어진다.

문제 54

마그네슘 및 마그네슘 합금이 구조재료로써 갖는 특징을 설명한 것 중 옳은 것은?

① 고온에서 매우 비활성이다.
② 비강도가 작아 반도체 재료에 적합하다.
③ Mg는 비중이 약 7.8로 가벼운 경(經)금속이다.
④ 감쇠능이 주철보다 커서 소음방지 재료로 우수하다.

해설 **마그네슘의 특징**

① 비중 1.74로 실용금속 중 가장 가볍다. 비중에 대한 강도의 비인 비강도가 큰 재료이다.
② 조밀 육방격자이다.
③ 상자성체(常磁性)이다.
④ 물과 반응하여 금속화재가 발생한다. 또한 고온에서 발화하기 쉽다. 고온에서는 매우 활성적인 재료 이다.
⑤ 대기 중에서 내식성이 양호하나 산이나 염류에는 침식되기 쉽다. 알칼리성에 거의 부식되지 않는다.
⑥ 냉간가공이 거의 불가능하여 200℃ 정도에서 열간 가공(300~400℃) 압연 · 압출한다.
⑦ 감쇠능이 주철보가 커서 소음방지 재료로 사용된다.

문제 55

Al 합금 중 라우탈(lautal)의 주요 조성으로 옳은 것은?

① Al–Mg–Si ② Al–Cu–Si
③ Al–Cu–Ni ④ Al–Mg–Ni

해설 라우탈(Al–Cu–Si)은 주조성이 좋고 시효경화성이 있다.
주조 균열이 적어 두께가 얇은 주물의 주조와 금형주조에 적합하다.

해답

53. ④ 54. ④ 55. ②

문제 56

다듬질 면 상태의 평면 검사에 사용되는 수공구는?

① 트러멜　　② 나이프 에지
③ 실린더 게이지　　④ 앵글 플레이트

해설 **나이프에지** : 곧은 자로 평면위에 대어보고 밑면에 밀착여부에 따라 평면도를 검사하는 계측장비이다.

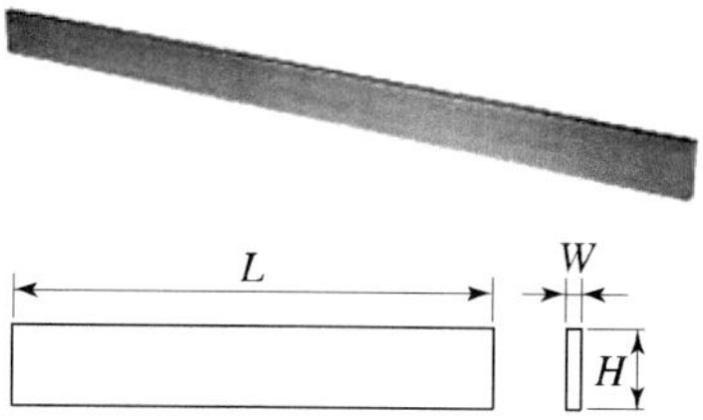

[나이프 에지]

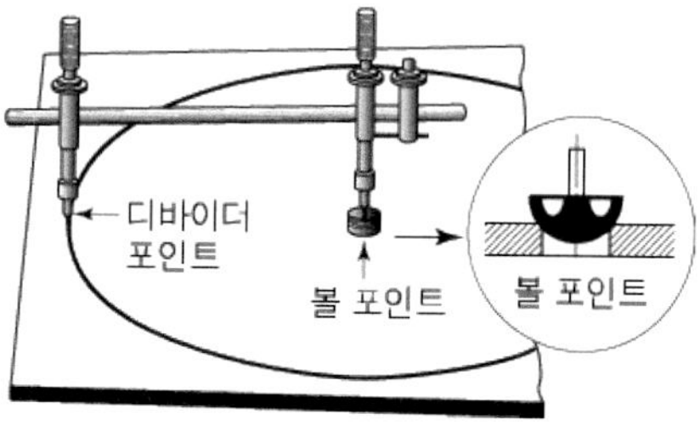

[트로멜(Trammel)]
: 대형 금긋기 작업에 사용된다.

앵글 플레이트(angle plate) 각도 측정장비

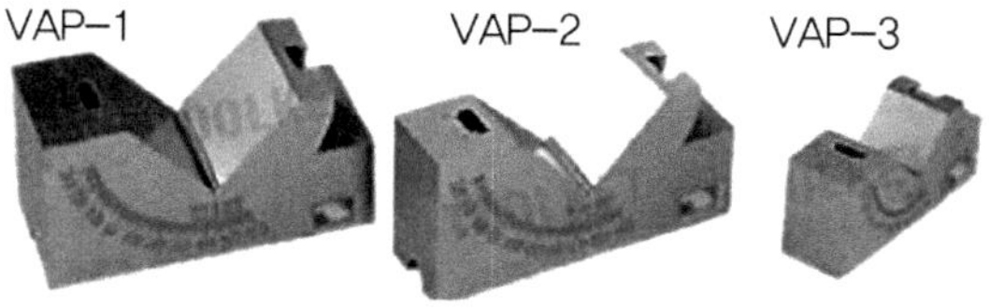

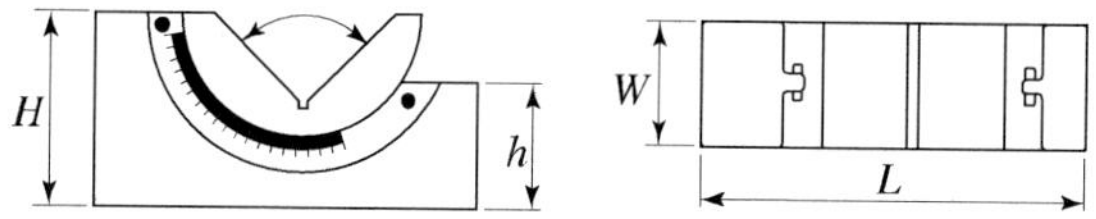

모델No	경도	각도범위	H	W	L	h	N.W(kg)
VAP-1	HRC 50~54	0~60°	47	46	102	28	1.5
VAP-2			47	30	102	28	1
VAP-3			32	25	75	22	0.5

문제 57

한계게이지의 종류에 해당되지 않는 것은?

① 봉 게이지　　② 스냅게이지
③ 다이얼 게이지　　④ 플러그 게이지

해설 **축용 한계게이지** : ① 링게이지　② 스냅게이지
구멍용 한계게이지 : ① 원통형 플러그 게이지　② 평형 플러그 게이지
③ 봉게이지　④ 터보게이지

해답

56. ②　57. ③

문제 58

절삭공구 재료 중 소결 초경합금에 대한 설명으로 옳은 것은?

① 진동과 충격에 강하며 내마모성이 크다.
② Co, W, Cr 등을 주조하여 만등 합금이다.
③ 충분한 경도를 얻기 위해 질화법을 사용한다.
④ W, Ti, Ta 등의 탄화물 분말을 Co를 결합제로 소결한 것이다.

해설 **초경합금**
소결 탄화물 경질합금(WC, TiC, TaC, Co) 경도가 높은 금속 탄화물 가루에 결합제로서 코발트 가루를 혼합하고, 이를 압축 성형시켜 소결 제조한 탄화물 합금이다.

문제 59

편심량이 2.2mm로 가공된 선반 가공물을 다이얼 게이지로 측정할 때, 다이얼 게이지 눈금의 변위량은 몇 mm인가?

① 1.1　② 2.2
③ 4.4　④ 6.6

해설 다이얼 게이지의 눈금 변위량은 편심량의 2배이므로 4.4mm가 된다.

문제 60

직접 측정용 길이 측정기가 아닌 것은?

① 강철자　② 사인 바
③ 마이크로미터　④ 버니어캘리퍼스

해설 **사인바** : 간접측정장비이다. 블록게이지의 높이와 사이바의 길이를 측정 삼각함수를 이용한 각도를 계산해야 되는 간접 측정장비이다.

해답

58. ④　59. ③　60. ②

기계설계산업기사

2016년 5월 8일 시행

제1과목 기계제도

문제 01

그림과 같이 제3각법으로 나타낸 정면도와 우측면도에 가장 적합한 평면도는?

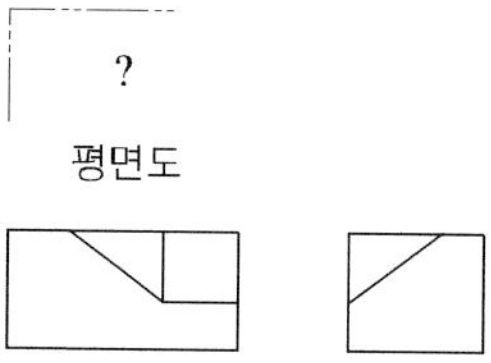

① 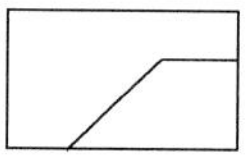

② 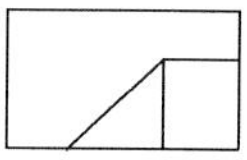

③ 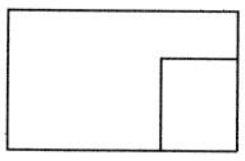

④ 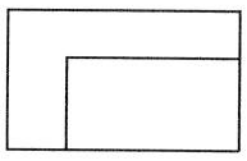

해설

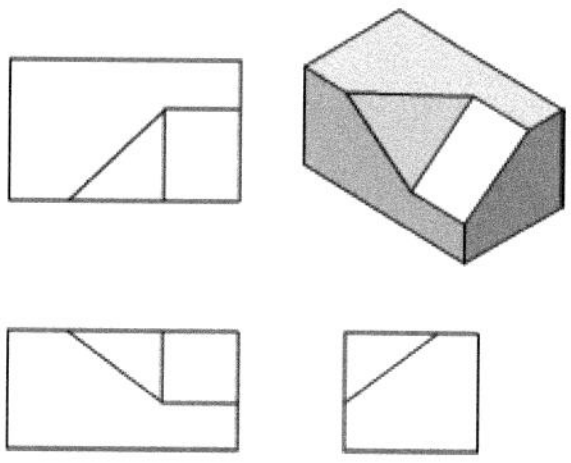

문제 02

모듈이 2인 한 쌍의 외접하는 표준 스퍼기어 잇수가 각각 20과 40으로 맞물려 회전할 때 두 축 간의 중심거리는 척도 1:1 도면에는 몇 mm로 그려야 하는가?

① 30mm ② 40mm
③ 60mm ④ 120mm

해설 **축간거리**

$$C = \frac{D_1 + D_2}{2} = \frac{m(Z_1 + Z_2)}{2} = \frac{2(20+40)}{2} = 60\text{mm}$$

해답

01. ② 02. ③

문제 03

KS 용접 기호표시와 용접부 명칭이 틀린 것은?

① ⊓ : 플러그 용접　　② ○ : 점 용접

③ || : 가장자리 용접　　④ ◺ : 필릿 용접

해설

평면형 평행 맞대기 이음 용접		‖
한쪽면 V형 홈 맞대기 이음 용접		V
필릿 용접	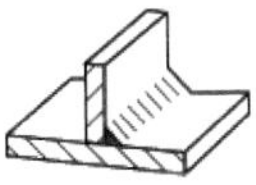	◺
플러그 용접 : 플러그 또는 슬롯 용접		⊓
스폿 용접	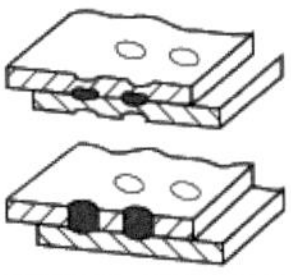	○

문제 04

다음 정면도와 우측면도에 가장 적합한 평면도는?

① 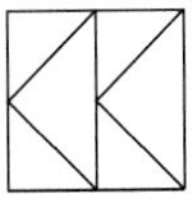

② 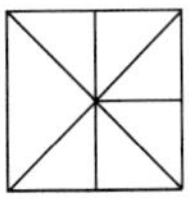

③ 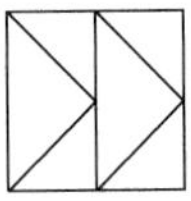

④ 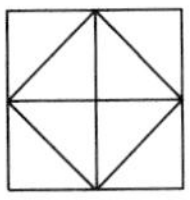

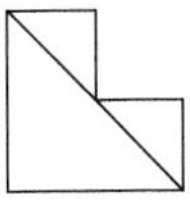
정면도

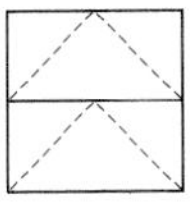
우측면도

해설

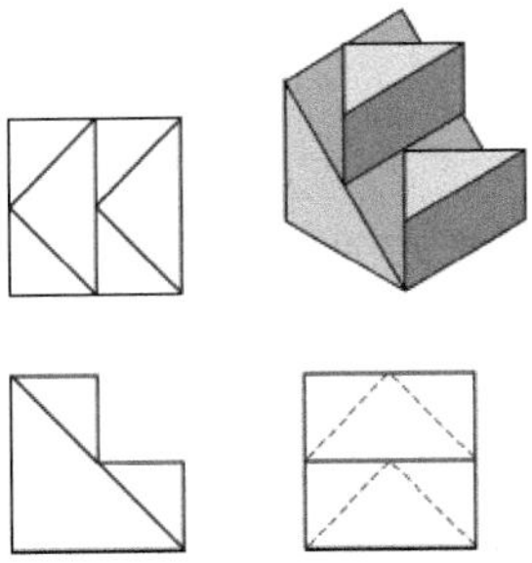

해답

03. ③　04. ①

문제 05

나사의 표시가 "No.8-36UNF"로 나타날 때, 나사의 종류는?

① 유니파이 보통 나사 ② 유니파이 가는 나사
③ 관용 테이퍼 수나사 ④ 관용 테이퍼 수나사

해설

ISO 규격에 있는 것	유니파이 보통 나사		UNC	3/8-16 UNC
	유니파이 가는 나사		UNF	No. 8-36 UNF
	미터 사다리꼴 나사		Tr	Tr 10×2
	관용 테이퍼 나사	테이퍼 수나사	R	R 3/4
		테이퍼 암나사	Rc	Rc 3/4
		평행 암나사	Rp	Rp 3/4
	관용 평행 나사		G	G 1/2

문제 06

최대틈새가 0.075mm이고, 축의 최소 허용치수가 49.950mm일 때 구멍의 최대 허용 치수는?

① 50.075mm ② 49.875mm
③ 49.975mm ④ 50.025mm

해설 **최대틈새**=구멍의 최대허용치수−축의 최소허용치수
구멍의 최대허용치수=최대틈새+축의 최소허용치수
=0.075+49.950=50.025mm

문제 07

두께 5.5mm인 강판을 사용하여 그림과 같은 물탱크를 만들려고 할 때 필요한 강판의 질량은 약 몇 kg 인가? (단, 강판의 비중은 7.85로 계산하고 탱크는 전체 6면의 두께가 동일함)

① 1638
② 1727
③ 1836
④ 1928

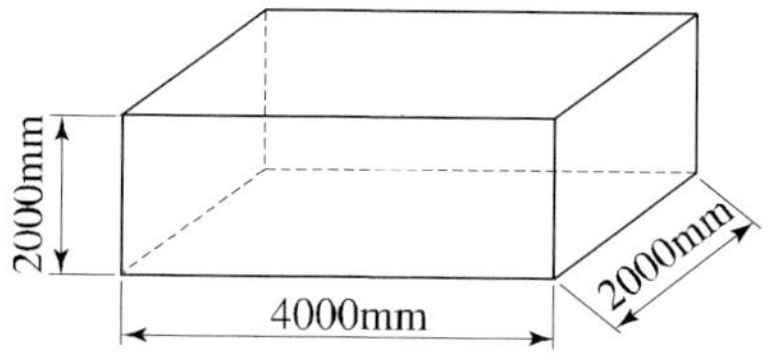

해설 **체적** $V=(2000\times4000\times2000)-(1989\times3989\times1989)$
$=219033331\text{mm}^3=0.219\text{m}^3$

무게 $W=7.85\times1000\dfrac{\text{kgf}}{\text{m}^3}\times0.219\text{m}^3=1719.15\text{kgf}$

해답

05. ② 06. ④ 07. ②

문제 08

베어링 기호 "608 C2 P6"에서 P6가 뜻하는 것은?

① 정밀도 등급 기호
② 계열 기호
③ 안지름 번호
④ 내부 틈새 기호

해설 **베어링의 호칭방법**

기본번호				보조기호					
베어링계열 번호		안지름 번호	접촉각 기호	유지기(리테이너) 기호	밀봉기호 또는 실드기호	궤도륜 모양기호	조합 기호	내부틈새 기호	등급 기호
형식 번호	치수 기호								

형식번호	1,2,3 : 복렬자동조심형 6 : 단열 홈형 7 : 단열 앵귤러 콘텍트형 N : 원통 롤러형
치수기호	0,1 : 특별경하중 2 : 경하중 3 : 중간형
안지름번호	1~9 : 1~9mm 00 : 10mm 01 : 12mm 02 : 15mm 03 : 17mm 04부터는 5를 곱한 값이 안지름 치수[mm]이다.
접촉각 기호	C : 10° 초과 22° 이하 A : 22° 초과 32° 이하(보통 30°) 생략할 수 있다. 접촉각 기호가 생략된 경우는 30°이다. B : 32° 초과 45° 이하(보통 40°)
유지기기호(리테이너기호)	V : 유지기 없음(리테이너 없음)
실드기호	Z : 한쪽 실드붙이 ZZ : 양쪽 실드붙이
궤도륜 모양기호	N : 링홈붙이 NR : 멈춤링붙이
조합기호	DF : 정면조합 DB : 뒤면조합 DT : 병렬조합
내부틈새 기호	C2 : 보통의 레이디얼 내부 틈새 보다 적다 C3 : 보통의 레이디얼 내부 틈새 보다 크다.
등급기호	P2 : 2급 P3 : 3급 P4 : 4급

해답

08. ①

문제 09

다음 중 탄소 공구 강재에 해당하는 KS 재료 기호는?

① STS ② STF

③ STD ④ STC

해설 **합금공구강의 종류**

절삭공구용	S2종	STS 2	탭, 드릴, 커터의 재료
	S21종	STS 21	
	S5종	STS 5	원형톱, 띠톱의 재료
	S51종	STS 51	
냉간금형용	D1종	STD 1	성형틀다이스, 분말성형틀 재료
	D11종	STD 11	나사전조다이, 프레스형틀 재료
	D12종	STD 12	
열간금형용	F3종	STF 3	다이블록(die block), 압출공구재료
	F4종	STF 4	프레스 형틀, 압출공구재료

탄소공구강 : 수기가공에 사용되는 공구의 재료로 주로 사용된다.

탄소공구강	탄소함유량(%)		용도
STC1	1.3~1.5%	과공석강	칼줄
STC2	1.1~1.3%		드릴, 철공용줄, 소형펀치, 면도날, 태엽, 쇠톱
STC3	1.0~1.1%		나사가공다이스, 쇠톱, 프레스형틀, 게이지, 끌, 치공구
STC4	0.9~1.0%		태엽, 목공용드릴, 목공용 띠톱, 펜촉 도끼, 끌, 면도칼
STC5	0.8~0.9%		각인, 프레스 형틀, 태엽, 띠톱, 치공구, 원형톱, 게이지
STC6	0.7~0.8%	아공석강	각인, 원형톱, 태엽, 프레스 형틀
STC7	0.6~0.7%		각인, 스냅, 프레스형틀, 나이프

문제 10

재료의 제거 가공으로 이루어진 상태든 아니든 앞의 제조 공정에서의 결과로 나온 표면 상태가 그대로라는 것을 지시하는 것은?

①
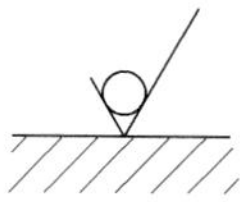

②
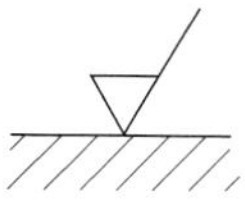

③
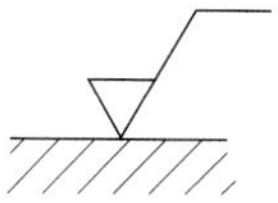

④
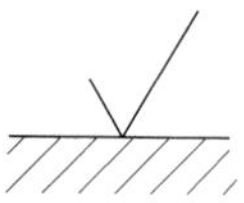

해설

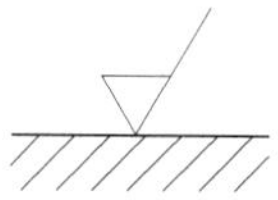

제거가공 허용

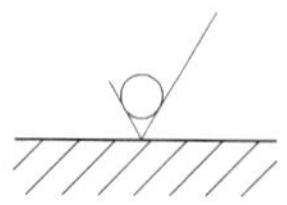

제거가공 허용 않음

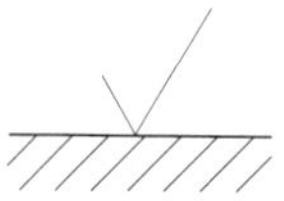

제거가공 여부를 문제 삼지 않음

해답

09. ④ 10. ①

문제 11

그림과 같은 도면의 기하공차 설명으로 가장 옳은 것은?

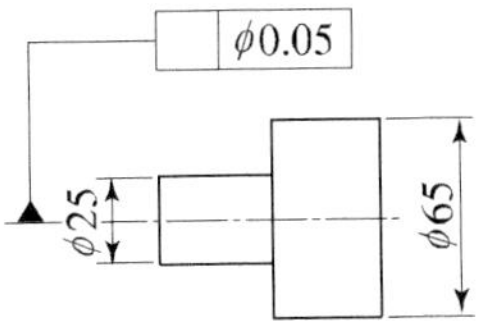

① ϕ25 부분만 중심축에 대한 평면도가 ϕ0.05 이내
② 중심축에 대한 전체의 평면도가 ϕ0.05 이내
③ ϕ25 부분만 중심축에 대한 진직도가 ϕ0.05 이내
④ 중심축에 대한 전체의 진직도가 ϕ0.05 이내

해설

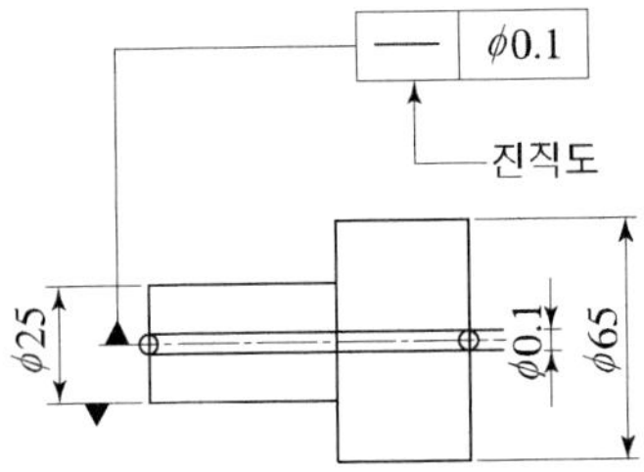

문제 12

그림에서 사용된 단면도의 명칭은?

① 한쪽 단면도
② 부분 단면도
③ 회전 도시 단면도
④ 계단 단면도

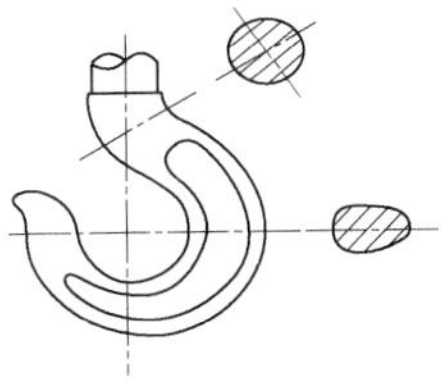

해설 **회전도시 단면도**

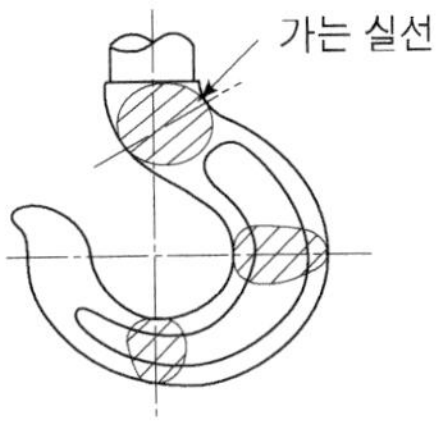

해답

11. ④ 12. ③

문제 13

코일 스프링 제도에 대한 설명으로 틀린 것은?

① 스프링은 원칙적으로 하중이 걸린 상태로 그린다.
② 특별한 단서가 없으면 오른쪽으로 감은 것을 나타낸다.
③ 스프링의 종류 및 모양만을 간략도로 나타내는 경우에는 스프링 재료의 중심선만을 굵은 실선으로 그린다.
④ 그림 안에 기입하기 힘든 사항은 일괄적으로 요목표에 나타낸다.

해설 **코일 스프링의 제도**

① 스프링은 원칙적으로 무하중인 상태로 그린다. 만약, 하중이 걸린 상태에서 그릴 때에는 선도 또는 그때의 치수와 하중을 기입한다.
② 하중과 높이(또는 길이) 또는 처짐과의 관계를 표시할 필요가 있을 때에는 선도 또는 항목표에 나타낸다.
③ 특별한 단서가 없는 한 모두 오른쪽 감기로 도시하고, 왼쪽 감기로 도시할 때에는 '감긴 방향 왼쪽'이라고 표시 한다.
④ 코일 부분의 중간 부분을 생략할 때에는 생략한 부분을 가는 1점 쇄선으로 표시하거나, 또는 가는 2점 쇄선으로 표시해도 좋다.
⑤ 스프링의 종류와 모양만을 도시할 때에는 재료의 중심선만을 굵은 실선으로 그린다.
⑥ 조립도나 설명도 등에서 코일 스프링은 그 단면만으로 표시하여도 좋다.

문제 14

그림과 같이 여러 개의 단면형상을 생성하고 이들을 덮어 싸는 곡면을 생성하였다. 이는 어떤 모델링 방법인가?

① 스위핑
② 리프팅
③ 블랜딩
④ 스키닝

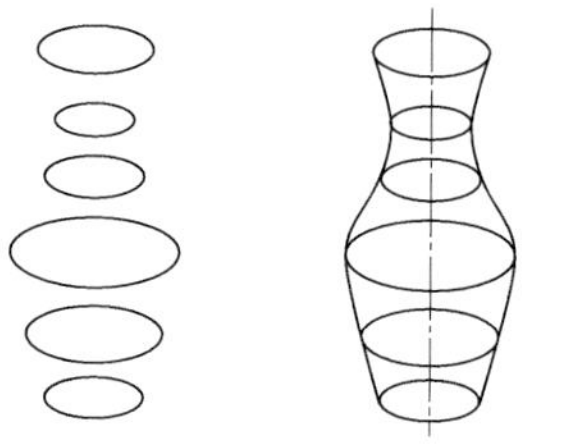

(a) 단면들 (b) 생성된 입체

해설

스위핑 (Sweeping)	하나의 2차원 단면형상(profile)을 입력하고 이를 안내곡선을 따라 이동시켜 입체를 생성, 주로 환기구의 덕트를 모델링 할 때 사용되는 곡선이다.	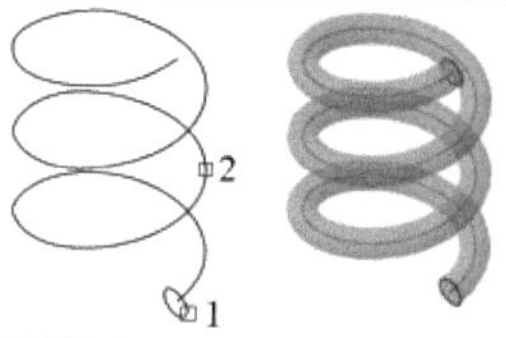

해답

13. ① 14. ④

스키닝 (Skinning)	원하는 경로상에 여러 개의 단면 형상을 위치시키고 이를 덮어 싸는 입체를 형성	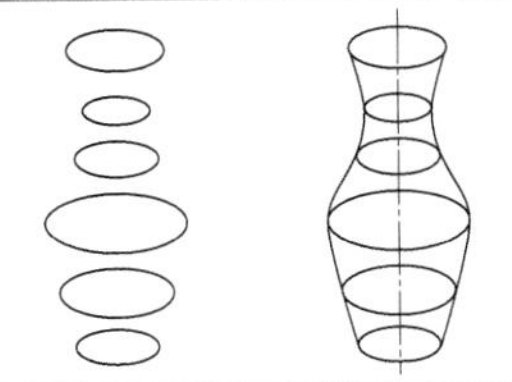
리프팅 (Lifting)	주어진 물체의 특정면의 전부 또는 일부를 원하는 방향으로 움직여서 물체가 그 방향으로 늘어난 효과를 갖도록 하는 것	
로프트 (Loft)	2개의 경계곡선에 의해 하나의 곡면 구성	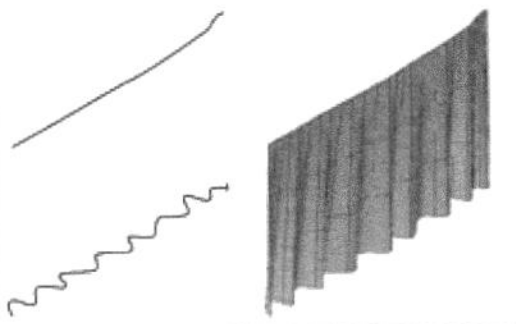
트위킹 (tweaking)	곡면 모델링 시스템에 의해 만들어진 곡면을 불러들여 기존 모델의 평면을 바꿀 수 있는 기법이다. 예를 들어 실린더형상에 구배(draft angle)를 주어 실린더 곡면을 원추 곡면으로 만들어 주는 방법	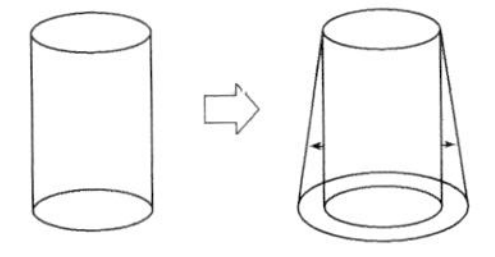
블렌딩 (blending)	이미 정의된 두 곡면을 매끄럽게 연결하는 것. 또는 떨어져서 구성된 두 곡면의 접선, 법선 벡터를 일치시켜 곡면을 구성한다.	

문제 15

CAD 시스템에서 일반적인 선의 속성(attribute)으로 거리가 먼 것은?

① 선의 굵기(line thickness)
② 선의 색상(line color)
③ 선의 밝기(line brightness)
④ 선의 종류(line type)

해설 **선의 속성**(attribute)
① 선의 굵기조절 : LWT(Line Weight Type)
② 선의 색상 : Layer(도면층)에서 선의 색상 지정
③ 선의 종류 : Layer(도면층)에서 실선, 일점쇄선, 점선, 이점쇄선 등을 지정할 수 있다.

문제 16

다음 중 기존의 제품에 대한 치수를 측정하여 도면을 만드는 작업을 부르는 말로 적절한 것은?

① RE(Reverse Engineering)
② FMS(Flexible Manufacturing System)
③ EDP(Electronic Data Processing)
④ ERP(Enterprise Resource Planning)

해답

15. ③ 16. ①

해설 **역설계**(Rsverse Engineering) : 제작이 완료된 제품의 치수를 측정하여 도면을 작성하는 설계 기법이다.

문제 17

3차원 좌표계를 표현하는 데 있어서 $P(r, \theta, z_1)$로 표현되는 좌표계는 무엇인가? (단, r은 (x, y) 평면에서의 직선거리, θ는 (x, y) 평면에서의 각도, z_1은 z축 방향 거리이다.)

① 직교좌표계 ② 극좌표계
③ 원통좌표계 ④ 구면좌표계

해설

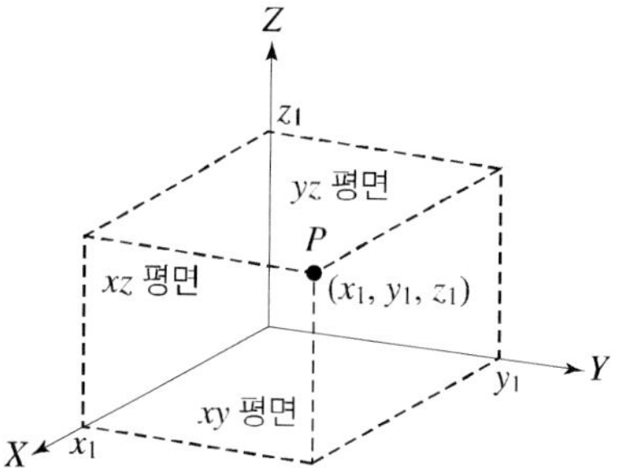

⟹

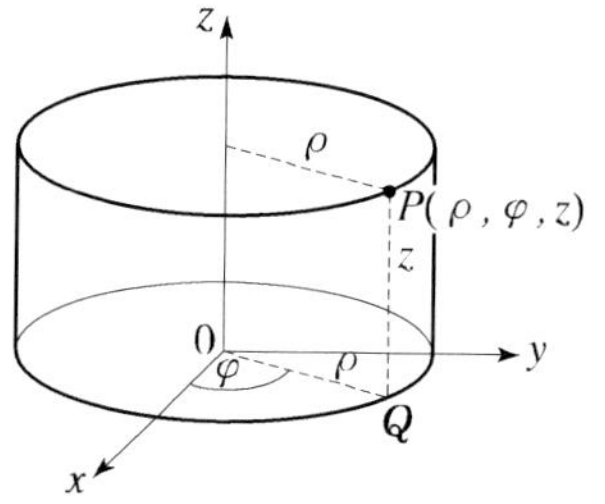

$\rho = \sqrt{3^2 + 4^2} = 5$

$\varphi = \tan^{-1}\frac{4}{3} = 53.13°$

$z = 8$

직교좌표계 $P(3, 4, 8)$ 원통좌표계 $P(5,\ 53.13°,\ 8)$

문제 18

CSG방식 모델링에서 기초형상(primitive)에 대한 가장 기본적인 조합 방식에 속하지 않는 것은?

① 합집합 ② 차집합
③ 교집합 ④ 여집합

해설 **불리언**(boolean)

합(union) A∪B	차(subtract) A−B	적(Intersect) A∩B
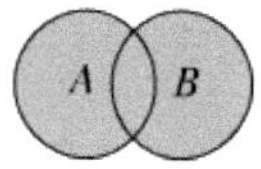	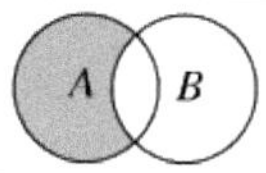	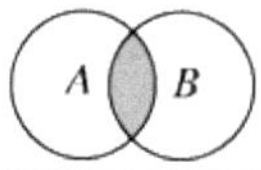

해답

17. ③ 18. ④

문제 19

제품 도면 정보가 컴퓨터에 저장되어 있는 경우에 공정계획을 컴퓨터를 이용하여 빠르고 정확하게 수행하고자 하는 기술은?

① CAPP(Computer-aided process Planning)
② CAE(Computer-aided Engineering)
③ CAI(Computer-aided Inspection)
④ CAD(Computer-aided Design)

해설 CAP(Computer Aided Planning) : **컴퓨터를 이용한 계획**
제품의 생산 및 검사를 위한 계획 등의 리스트를 작성하는 것
CAPP(Computer Aided Process Planning) : **컴퓨터에 의한 공정계획**
제품 제작을 위한 공정계획을 자동으로 만들어 주는 시스템으로 부품의 특성을 찾아내어 생산공정을 컴퓨터가 결정해주는 것이다.

문제 20

경계표현방식(B-rep)에 의해서 물체 형상을 표현하고자 할 때 기본적인 구성요소하고 할 수 없는 것은?

① 꼭짓점(vertice)
② 면(face)
③ 모서리(edge)
④ 벡터(vector)

해설 B-Reps(Boundary Representation)
CGS 방식으로 표현하기 어려운 물체 모델링에 사용⇒입체를 구성하는 면의 접속 관계로 입체를 표현하는 방법으로 현실세계에서 존재하지 않는 모델도 있을 수 있다.

① B-Rep 모델의 기본 요소
㉠ 기하 요소 : 점, 곡선, 곡면
㉡ 위상 요소 : 꼭짓점(vertex), 모서리(edge), 면(face)들의 이웃관계를 위상관계(topology)라 한다.

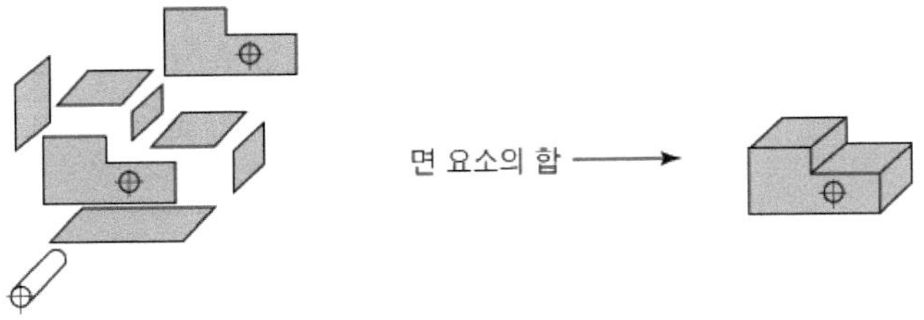

② 특징 : 형상처리가 용이, 3면도, 투시도, 전개도 작성, 표면적 계산, 입체 표면에 있어 매시(mash) 생성이 쉽다. 데이터 입력이 CSG보다 번거롭고 체적 계산이 어렵다. 재성성 시간이 적게 소요된다.

해답
19. ① 20. ④

제2과목 기계요소설계

문제 21

30° 미터 사다리꼴나사(1줄 나사)의 유효지름이 18mm이고, 피치는 4mm이며 나사 접촉부 마찰계수는 0.15일 때 이 나사의 효율은 약 몇 %인가?

① 24% ② 27%
③ 31% ④ 35%

해설

마찰각 $\rho' = \tan^{-1}\dfrac{\mu}{\cos\dfrac{\alpha}{2}} = \tan^{-1}\dfrac{0.15}{\cos\dfrac{30}{2}} = 8.827$

리드각 $\lambda = \tan^{-1}\dfrac{p}{\pi \times d_e} = \tan^{-1}\dfrac{4}{\pi \times 18} = 4.04°$

나사의 효율 $\eta = \dfrac{\tan\lambda}{\tan(\lambda + \rho')} = \dfrac{\tan 4.04}{\tan(4.04 + 8.827)} = 0.3091 = 30.91\% ≒ 31\%$

문제 22

두께 10mm 강판을 지름 20mm 리벳으로 한줄 겹치기 리벳 이음을 할 때 리벳에 발생하는 전단력과 판에 작용하는 인장력이 같도록 할 수 있는 피치는 약 몇 mm 인가? (단, 리벳에 작용하는 전단응력과 판에 작용하는 인장응력은 동일하다고 본다.)

① 51.4 ② 73.6
③ 163.6 ④ 205.6

해설

$$\tau_r \times \frac{\pi d^2}{4} \times n = \sigma_t \times (p - d_t) \times t$$

$$p - d = \frac{\tau_r \pi d^2 n}{4\sigma_t t}$$

$$\therefore \text{ 피치 } p = \frac{\tau_r \pi d^2 n}{4\sigma_t t} + d = \frac{\pi d^2 n}{4t} + d = \frac{\pi \times 20^2 \times 1}{4 \times 10} + 20 = 51.41\text{mm}$$

문제 23

벨트의 접촉각을 변화시키고 벨트의 장력을 증가시키는 역할을 하는 풀리는?

① 원동 풀리 ② 인장 풀리
③ 종동 풀리 ④ 원추 풀리

해답

21. ③ 22. ① 23. ②

해설

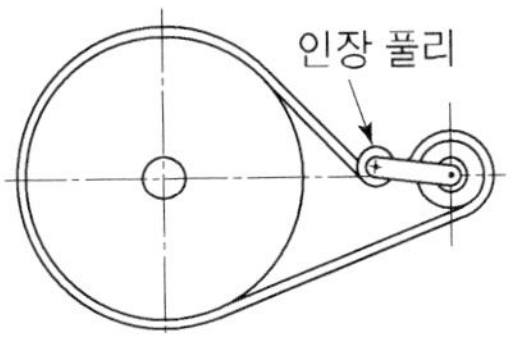

문제 24

블록 브레이크의 드럼이 20m/s의 속도로 회전하는데 블록이 500N의 힘으로 가압할 경우 제동 동력은 약 몇 kW인가? (단, 접촉부 마찰계수는 0.3이다.)

① 1.0 ② 1.7
③ 2.3 ④ 3.0

해설 **마찰력** $f = \mu P = 0.3 \times 500 = 150[\text{N}]$

드럼의 속도 $V = 20\left[\dfrac{\text{m}}{\text{s}}\right]$

마찰동력 $H_{KW} = \dfrac{\mu P \times V}{1000} = \dfrac{150 \times 20}{1000} = 3[\text{kW}]$

문제 25

피치원 지름이 무한대인 기어는?

① 래크(rack) 기어 ② 헬리컬(helical) 기어
③ 하이포이드(hypoid) 기어 ④ 나사(screw) 기어

해설 **래크(rack)기어** : 피치원의 지름의 무한대이면 원의 일부는 직선이 됨으로 래크의 치형처럼 일직선이 된다.

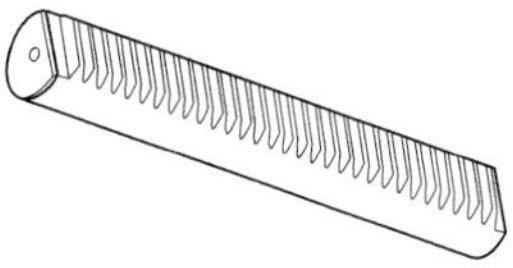

문제 26

300rpm으로 3.1kW의 동력을 전달하고, 축 재료의 허용전단응력은 20.6MPa인 중실축의 지름은 약 몇 mm 이상이어야 하는가?

① 20 ② 29
③ 36 ④ 45

해설 **축지름** $D_T = \sqrt[3]{\dfrac{16T}{\pi\tau_a}} = \sqrt[3]{\dfrac{16 \times 98633.733}{\pi \times 20.6}} = 28.998\text{mm} \fallingdotseq 29\text{mm}$

$T = 974000 \times \dfrac{H_{KW}}{N} \times 9.8 = 974000 \times \dfrac{3.1}{300} \times 9.8 = 98633.733[\text{Nmm}]$

해답

24. ④ 25. ① 26. ②

문제 27

구름 베어링에서 실링(sealing)의 주목적으로 가장 적합한 것은?

① 구름 베어링에 주유를 주입하는 것을 돕는다.
② 구름 베어링의 발열을 방지한다.
③ 윤활유의 유출 방지와 유해물의 침입을 방지한다.
④ 축에 구름 베어링을 끼울 때 삽입을 돕는다.

해설 **시일** : 베어링 내부의 그리이스가 빠져 나가지 못하도록 하여 윤활유의 유출방지와 유해물의 침입을 방지한다.

문제 28

다음 중 제동용 기계요소에 해당하는 것은?

① 웜 ② 코터
③ 래칫 휠 ④ 스플라인

해설 **제동(制動)용 기계요소** : 기계나 자동차 따위의 운동을 멈추게 하는 기계요소는 브레이크이다.

브레이크의 종류

① 원주브레이크
- 외주브레이크
  - 블록브레이크
  - 밴드브레이크
- 내주브레이크 — 내확브레이크

② 축방향브레이크
- 원판브레이크
- 원추브레이크

③ 자동하중브레이크
- 나사브레이크
- 캠브레이크
- 웜브레이크
- 코일브레이크
- 체인브레이크
- 원심력브레이크

④ 폴(pawl)브레이크 — 래칫(ratchet)과 폴(pawl) 조합으로 역전방지, 단속작업(나눔작업)에 사용된다.

해답

27. ③ 28. ③

문제 29

다음 중 축에는 가공을 하지 않고 보스 쪽에만 홈을 가공하여 조립하는 키는?

① 안장 키(saddle key) ② 납작 키(flat key)
③ 묻힘 키(sunk key) ④ 둥근 키(round key)

해설

키의 종류	형상	특 징
① 안장키 =새들키 (saddle key)	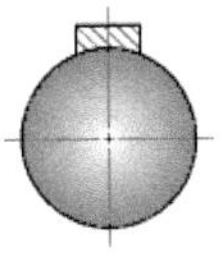	축은 가공하지 않고 키를 축의 곡률에 맞추어 가공한 키로써 마찰력만으로 회전력을 전달한다. 가장 경하중의 동력전달에 사용되는 키이다.
② 납작키 =플랫키 =평키 (flat key)	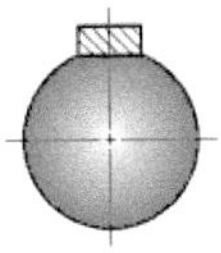	축을 키의 폭만큼 평평하게 깍은 키로서 안장키보다는 좀 더 큰 하중을 전달될 때 사용된다.
③ 묻힘키 =성크 키 (sunk key)	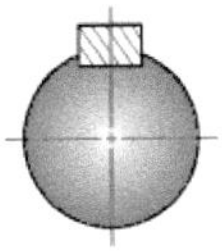	가장 널리 사용되는 키로서 축과 보스의 양쪽에 모두 키 홈을 파서 비틀림 모멘트를 전달시키는 키이다. 성크 키의 종류에는 윗면이 평행한 평행 키(parallel key), 윗면에 1/100정도의 경사를 붙인 경사 키(tapper key)가 있다. 또 때려 박기위하여 머리를 만들어 붙인 머리 달린 경사 키(gib slope headed key)가 있다. 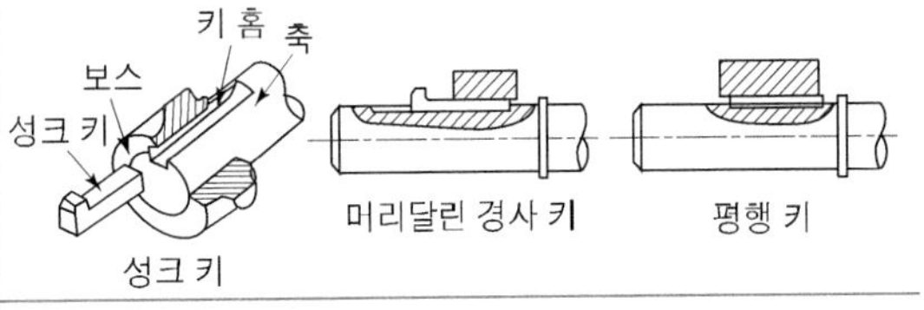
④ 접선키 (tangential key)	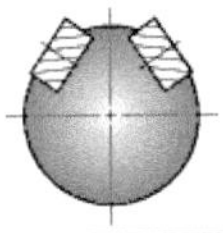	토크(torque)가 충격적으로 가해지는 경우, 또는 양 방향의 토크가작용하는 경우에 적합하고, 고정력이 강하다.

문제 30

하중이 2.5kN 작용하였을 때 처짐이 100mm 발생하는 코일 스프링의 소선 지름은 10mm이다. 이 스프링의 유효 감김수는 약 몇 권인가? (단, 스프링 지수(C)는 10이고, 스프링 선재의 전단탄성계수는 80GPa이다.)

① 3 ② 4
③ 5 ④ 6

해설

스프링의 처짐량 $\delta = \dfrac{8PD^3n}{Gd^4} = \dfrac{8PC^3n}{Gd} = \dfrac{8PC^4n}{GD}$

여기서, P : 하중, D : 평균지름, n : 감김수, G : 전단탄성계수, d : 소선지름

해답

29. ① 30. ②

스프링 지수 $C = \frac{D}{d}$

$\delta = \frac{8PC^3 n}{Gd}$

감감수 $n = \frac{\delta Gd}{8PC^3} = \frac{100 \times 80 \times 10^3 \times 10}{8 \times 2.5 \times 10^3 \times 10^3} = 4$권

문제 31

반경방향 하중 6.5kN, 축방향 하중 3.5kN을 받고 , 회전수 600rpm으로 지지하는 볼베어링이 있다. 이 베어링에 30000시간의 수명을 주기 위한 기본 동정격하중으로 가장 적합한 것은? (단, 반경방향 동하중계수(X)는 0.35, 축방향 동하중계수(Y)는 1.8로 한다.)

① 43.3kN ② 54.6kN
③ 65.7kN ④ 88.0kN

해설

수명시간 $L_h = 500 \times \frac{33.3}{N} \times \left(\frac{c}{P_e}\right)^r$ $30000 = 500 \times \frac{33.3}{600} \times \left(\frac{c}{8.575}\right)^3$

동적부하용량 $c = 88.007\text{kN}$

동등가하중 $P_e = XF_r + YF_t = (0.35 \times 6.5) + (1.8 \times 3.5) = 8.575\text{kN}$

문제 32

다음 중 자동 하중 브레이크의 종류로 틀린 것은?

① 웜 브레이크 ② 밴브 브레이크
③ 나사 브레이크 ④ 캠 브레이크

해설 **브레이크의 종류**

① **원주브레이크**
- 외주브레이크
  - 블록브레이크
  - 밴드브레이크
- 내주브레이크 — 내확브레이크

② **축방향브레이크**
- 원판브레이크
- 원추브레이크

③ **자동하중브레이크**
- 나사브레이크
- 캠브레이크
- 웜브레이크
- 코일브레이크
- 체인브레이크
- 원심력브레이크

④ **폴(pawl)브레이크** — 래칫(ratchet)과 폴(pawl) 조합으로 역전방지, 단속작업(나눔작업)에 사용된다.

해답

31. ④ 32. ②

문제 33

지름 5cm의 축이 300rpm으로 회전할 때, 최대로 전달할 수 있는 동력은 약 몇 kW인가? (단, 축의 허용비틀림응력은 39.2MPa이다.)

① 8.59 ② 16.84
③ 30.23 ④ 181.38

해설

$$T=\tau_a\times\frac{\pi d^3}{16}=39.2\times\frac{\pi\times 50^3}{16}=962112.75[\mathrm{Nmm}]$$

$$T=974000\times\frac{H_{KW}}{N}\times 9.8,\ 962112.75=974000\times\frac{H_{KW}}{300}\times 9.8$$

전달동력 $H_{KW}=30.238[\mathrm{kW}]$

문제 34

판의 두께 15mm, 리벳의 지름 20mm, 피치 60mm인 1줄 겹치기 리벳 이음을 하고자 할 때, 강판의 인장응력과 리벳이음 판의 효율은 각각 얼마인가? (단, 12.26kN의 인장하중이 작용한다.)

① 20.43MPa, 66% ② 20.43MPa, 76%
③ 32.96MPa, 66% ④ 32.96MPa, 76%

해설

강판의 인장응력 $\sigma_t=\frac{W_P}{(p-d)\times t}=\frac{12260}{(60-20)\times 15}=20.433[\mathrm{MPa}]$

강판의 효율＝리벳이음판의 효율 η_t

$$\eta_t=\frac{\text{구멍이 있을때의 강판의 인장력}}{\text{구멍이 없을때의 강판의 인장력}}=\frac{p-d}{p}=\frac{60-20}{60}=66.7\%$$

문제 35

유니파이 보통나사 “$\frac{1}{4}-20UNC$” 의 바깥지름은?

① 0.25mm ② 6.35mm
③ 12.7mm ④ 20mm

해설

$\frac{1}{4}-20UNC$

바깥지름(호칭지름) $d=\frac{1}{4}[\mathrm{inch}]\times\frac{25.4[\mathrm{mm}]}{1[\mathrm{inch}]}=6.35[\mathrm{mm}]$

피치 $p=\frac{25.4}{20}=1.27[\mathrm{mm}]$

해답

33. ③ 34. ① 35. ②

문제 36

지름 60mm의 강축에 350rpm으로 50kW를 전달하려고 할 때, 허용전당응력을 고려하여 적용 가능한 묻힘키(sunk key)의 최소길이(l)는 약 몇 mm인가? (단, 키의 허용전단응력 τ=40N/mm^2, 키의 규격(폭×높이)=12mm×10mm이다.)

① 80 ② 85
③ 90 ④ 95

해설

키의 전단응력 $\tau_{key} = \dfrac{2T}{b \times l \times d}$

키의 길이 $l = \dfrac{2T}{b \times \tau_{key} \times d} = \dfrac{2 \times T}{12 \times 40 \times 60} = \dfrac{2 \times 1363600}{12 \times 40 \times 60} = 94.694[\text{mm}]$

토크 $T = 974000 \times \dfrac{H_{KW}}{N} \times 9.8 = 974000 \times \dfrac{50}{350} \times 9.8 = 1363600[\text{Nmm}]$

문제 37

다음 중 두 축이 서로 교차하면서 회전력을 전달하는 기어는?

① 스피어거(spur gear)
② 헬리컬 기어(helical gear)
③ 래크와 피니어(rack and pinion)
④ 스파이럴 베벨기어(spiral bevel gear)

해설

평행축 기어 종류 : 스퍼기어(평기어), 헬리컬기어, 더블헬리컬기어, 내접기어, 랙기어

교차축 기어 종류 : 직선베벨기어, 스파이럴베벨기어, 제롤베벨기어, 마이터기어, 크라운기어

어긋난 기어 종류 : 웜기어, 나사기어, 하이포이드기어

문제 38

원형봉에 비틀림 모멘트를 가하면 비틀림 변형이 생기는 원리를 이용한 스프링은?

① 겹판 스프링 ② 토션 바
③ 벌류트 스프링 ④ 랫칫 휠

해설

토션 바(torsion bar spring) : 곧바른 봉의 한 끝을 고정하고 다른 쪽 끝을 비틀어, 그때의 비틀림 변위를 이용하는 스프링

토션바의 특징은 다른 스프링에 비하여 단위 체적당 얻을 수 있는 탄성에너지가 크고, 모양이 간단해서 좁은 장소에도 설치할 수 있다.

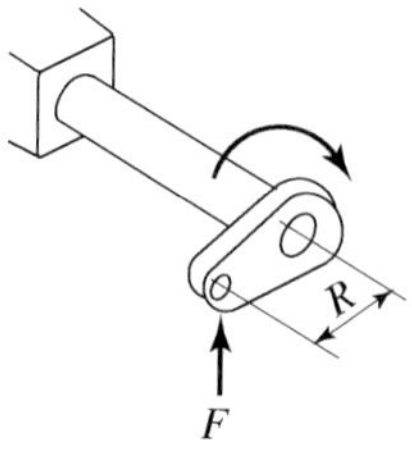

해답

36. ④ 37. ④ 38. ②

문제 39

일반용 V 고무 벨트(표준 V-벨트)의 각도는?

① 30° ② 40°
③ 60° ④ 90°

해설 V벨트(고무재질)의 각도는 (M, A, B, C, D, E형) 모두 40°이다.

V벨트의 종류	a	b
M	10	5.5
A	12.5	9
B	16.5	11
C	22	14
D	31.5	19
E	38	25.5

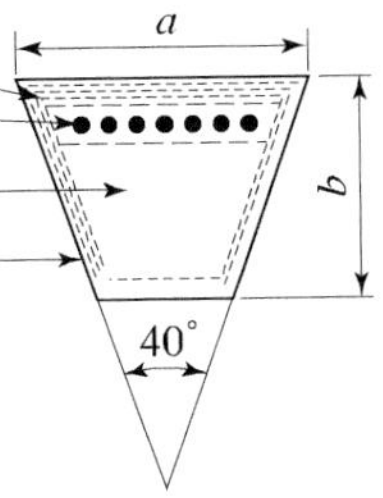

V벨트 풀리의 v홈각(α)

V벨트의 종류	호칭 지름	α(°)
M	50 이상 71 이하 71초과 90 이하 90 초과	34 36 38
A	71 이상 100 이하 100초과 125 이하 125 초과	34 36 38
B	125 이상 160 이하 160초과 200 이하 200 초과	34 36 38
C	200 이상 250 이하 250초과 315 이하 315 초과	34 36 38
D	355 이상 450 이하 450 초과	36 38
E	500 이상 630 이하 630 초과	36 38

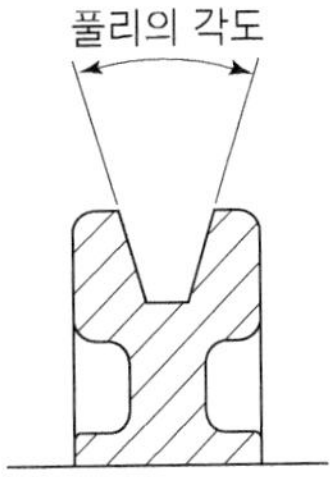

문제 40

재료의 기준강도(인장강도)가 400N/mm^{2}이고 허용응력이 100N/mm^{2}일 때, 안전율은?

① 0.25 ② 1.0
③ 4.0 ④ 16.0

해답

39. ② 40. ③

해설 안전율 $S = \frac{\text{인장강도}}{\text{허용응력}} = \frac{400[\text{MPa}]}{100[\text{MPa}]} = 4$

제3과목 기계재료 및 측정

문제 41

강을 오스테나이트화 한 후, 공랭하여 표준화된 조직을 얻는 열처리는?

① 퀜칭(Quenching) ② 어닐링(Annealing)
③ 템퍼링(Tempering) ④ 노멀라이징(Normalizing)

해설 ① **담금질**(Quenching) : 강을 변태점보다 높은 온도로 일정 시간 가열한 후 물 또는 기름과 같은 담금질제 중에서 급랭시켜 강하게 하거나 경도를 증가시킨다.
② **뜨임**(Tempering) : 일정한 온도로 가열 후 공기 중에서 냉각(공냉), 또는 노안에서 냉각(노냉)시킨다.
③ **풀림**(Annealing) : 변태점 이상의 온도로 가열하여 노안에서 냉각시키는 노냉(서냉) 시킨다.
④ **불림**(Normalizing) : 변태점보다 약 30~50℃ 높게 가열하여 공기 중에서 공냉하고 결정조직이 미세화되고 내부 응력이 제거되어 물리적 기계적 성질 등을 표준화 시킬 수 있다.

문제 42

금속간 화합물에 관하여 설명한 것 중 틀린 것은?

① 경하고 취약하다.
② Fe_3C는 금속간 화합물이다.
③ 일반적으로 복잡한 결정구조를 갖는다.
④ 전기저항이 작으며, 금속적 성질이 강하다.

해설 금속간 화합물은 합금에 성질을 가짐으로 전기저항이 커진다.

문제 43

담금질 조직 중 경도가 가장 높은 것은?

① 펄라이트 ② 마텐자이트
③ 소르바이트 ④ 트루스타이트

해답

41. ④ 42. ④ 43. ②

해설 **담금질 조직의 경(硬)한 순서** : 시멘타이트 > 마텐자이트 > 트루스타이트 > 소르바이트 > 펄라이트 > 오스테나이트 > 페라이트

문제 44

다음 구조용 복합재료 중에서 섬유강화 금속은?

① SPF ② FRM
③ FRP ④ GFRP

해설 FRM : (섬유 강화 금속 = fiber reinforced metals) 모재의 종류가 금속
FRP : (섬유 강화 플라스틱 = fiber reinforced plastic) 모재의 종류가 플라스틱
GFRP : FRP에 보강재료로 유리(Glass)가 사용된 것

문제 45

알루미늄 및 그 합금의 질별 기호 중 가공경화한 것을 나타내는 것은?

① O ② W
③ F^a ④ H^b

해설 O : 풀림 상태의 재질
W : 담금질 후 시효 경화가 진행 중인 재질
F : 제조 그대로의 재질(압연, 압출, 주조 상태)
H : 가공 경화한 재질

문제 46

다음 원소 중 중금속이 아닌 것은?

① Fe ② Ni
③ Mg ④ Cr

해설 **중금속** : 비중이 4.5 이상의 무거운 금속(Ir, Au, W, Ag, Cu, Ni, Fe, Cr)

문제 47

금속침투법에서 Zn을 침투시키는 것은?

① 크로마이징 ② 세러다이징
③ 칼로라이징 ④ 실리코나이징

해설 크로마이징 : Cr 침투
세러다이징 : Zn 침투
칼로라이징 : Al 침투
실리코나이징 : Si 침투

해답

44. ② 45. ④ 46. ③ 47. ②

문제 48

순철에서 나타나는 변태가 아닌 것은?

① A_1 ② A_2
③ A_3 ④ A_4

해설 A_1 : 723도씨 (공석변태) – 오스테나이트에서 페라이트와 시멘타이트를 동시에 석출하는 현상
A_2 : 768도씨 (자기변태) – 순철의 자기변태선
A_3 : 912도씨 (동소변태) – 순철의 냉각과정에서감마철(면심입방격자) ⇒ 델타철(체심입방격자)로 변화하는 점
A_4 : 1400도씨 (동소변태) – 순철의 가열과정에서감마철(면심입방격자) ⇒ 델타철(체심입방격자) 로 변화하는 점

문제 49

특수강에 들어가는 합금 원소 중 탄화물형성과 결정립을 미세화하는 것은?

① P ② Mn
③ Si ④ Ti

해설 P : 결정립을 조대화 시키고 경도와 인장 강도를 증가시킨다.
Mn : 강의 강도, 경도, 점성을 증가시키고 조직을 치밀하게 한다.
Si : 인장 강도, 경도, 탄성 한계를 증가하여 연신율과 충격값을 감소한다.
Ti : 탄화물의 생성을 용이하게 하고 결정 입자 사이의 부식에 대한 저항을 증가시킨다.

문제 50

동합금에서 황동에 납을 1.5~3.7%까지 첨가한 합금은?

① 강력 황동 ② 쾌삭 황동
③ 배빗 메탈 ④ 델타 메탈

해설 ① **강력황동** : 6 : 4 황동에 Mn, Al, Fe, Ni, Sn 등을 첨가하여 한층 강력하게 한 황동
② **쾌삭황동** : 동합금(Cu+Zn, 황동)에 납을 1.5~3.7% 첨가하여 깎임을 잘 당하도록 만든 쾌삭재료이다.
③ **배빗메탈** : Sn–Sb–Cu계 베어링용 합금명. Pb 혹은 Sn을 주체로 한 화이트 메탈계 베어링 합금 중에서는 베어링 성능이 가장 뛰어나다.
④ **델타메탈** : 6 : 4 황동에 Fe 1~2% 첨가하여 강도가 크고 내식성이 좋다. 광산기계 선박용기계 화학기계에 사용된다.

해답

48. ① 49. ④ 50. ②

문제 51

황동에 납(Pb)을 첨가하여 절삭성을 향상시킨 것은?

① 톰백 ② 강력황동
③ 쾌삭황동 ④ 문쯔메탈

해설 **쾌삭황동** : 1.5~3.0% Pb 절삭성이 좋아 정밀절삭가공을 필요로 하는 기계용 기어, 나사 등에 사용한다.

문제 52

스테인리스강의 조직에 해당되지 않는 것은?

① 페라이트 ② 펄라이트
③ 마텐자이트 ④ 오스테나이트

해설 **스테인리스**(stainless steel) **압연강재**

성분계	조직	KS기호	특징
Cr계	마텐자이트 (13%Cr)	STS410	담금질경화성 있음 자성 있음
	페라이트 (15%Cr)	STS430	담금질경화성 없음 자성 있음
Cr−Ni계 내식성 가장 우수	오스테나이트 18%Cr−8%Ni	STS304	내식성 양호 담금질경화성 없음 자성 없음

문제 53

질화경화법에서 사용하는 가스로 옳은 것은?

① 탄산가스 ② 수소가스
③ 시안화나트륨 가스 ④ NH_3(암모니아) 가스

해설 질화법은 암모니아 가스를 이용한 쵸면 경화법으로, 520℃ 정도에서 50~100시간 오랜 시간 작업을 해야 질화된다.

문제 54

구상흑연 주철에서 흑연을 구상화하는데 사용되는 것이 아닌 것은?

① Mg ② Ca
③ Ce ④ Zn

해설 용융 상태의 주철중에 마그네슘(Mg, 세슘(Ce), 또는 칼슘(Ca) 등을 첨가 처리하여 흑연을 구상화 한다.

해답

51. ③ 52. ② 53. ④ 54. ④

문제 55

금형에 직접 홈을 파서 일정한 온도, 압력, 금형온도, 사출 속도로 용융 수지를 압입해서 흘러 들어간 수지의 길이를 측정하는 시험은?

① 플로 레이트법(flow rate method)
② 멜트 인덱스법(melt index method)
③ 스파이럴 플로법(spiral flow method)
④ 플라스토 미터법(plasto meter method)

해설 **스파이럴 플로법**(spiral flow method) : 금형에 직접 홈을 파서 일정한 온도, 압력, 금형온도, 사출 속도로 용융 수지를 압입해서 흘러 들어간 수지의 길이를 측정하는 시험

문제 56

나사를 측정할 때 삼침법으로 측정 가능한 것은?

① 골지름 ② 유효지름
③ 바깥지름 ④ 나사의 길이

해설 **나사측정**

유효지름측정	① 나사마이크로미터 ② 삼침법 ③ 공구현미경 ④ 투영검사기
피치측정	① 나사피치게이지 ② 공구현미경
나사산각도	① 투영검사기(투영기) ② 공구현미경 ③ 만능측정현미경

문제 57

피치 3mm의 3줄 나사가 2회전하였을 때 전진 거리는?

① 8mm ② 9mm
③ 11mm ④ 18mm

해설 l(리드) $= n$(줄수) $\times p$(피치) $= 3\times3=9$
L(진행거리) $= l$(리드) $\times$ 회전 $= 9\times2=18$mm

문제 58

그림과 같이 더브테일 홈 가공을 하려고 할 때 X의 값은 약 얼마인가? (단, tan60° = 1.7321, tan30° = 0.5774 이다.)

① 60.26
② 68.39
③ 82.04
④ 84.86

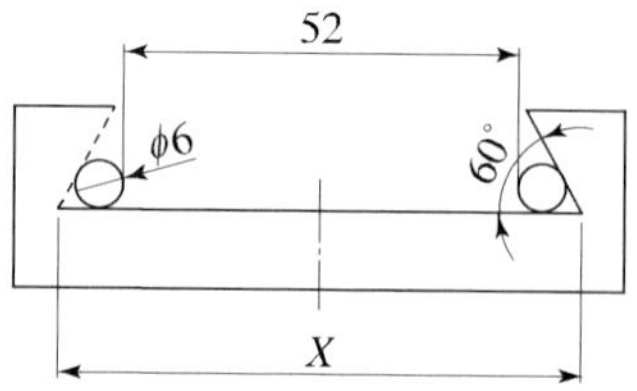

해답

55. ③ 56. ② 57. ④ 58. ②

해설

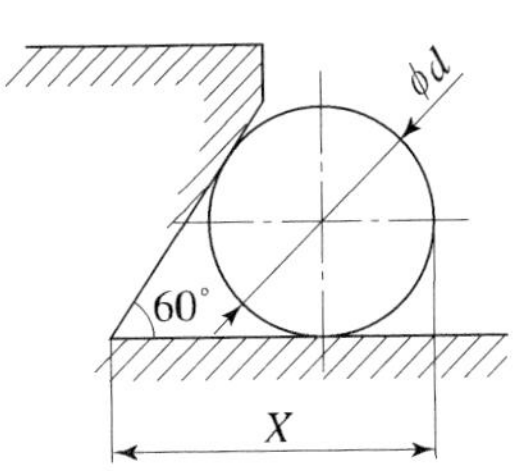

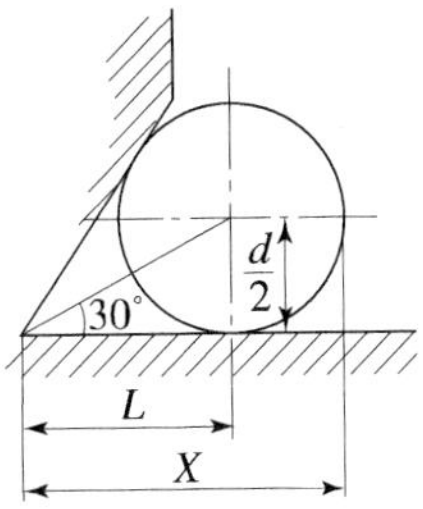

여기서, d : 핀의 지름, r : 핀의 반지름 $\dfrac{1}{\tan 30} = \cot 30$

$$\tan 30 = \frac{\frac{d}{2}}{L},\quad L = \frac{\frac{d}{2}}{\tan 30} = \frac{d}{2 \times \tan 30} = \frac{d}{2} \times \cot 30 = r\cot 30$$

$$X = L + \frac{d}{2} = r\cot 30 + r = r(\cot 30 + 1)$$

$$X = r(\cot 30 + 1) = 3 \times \left(\frac{1}{\tan 30} + 1\right) = 8.1957$$

$8.1957 + 8.1957 + 52 = 68.39$

문제 59

나사의 유효지름 측정방법 중 정밀도가 가장 높은 것은?

① 나사 마이크로미터 ② 3침법
③ 나사 한계게이지 ④ 센터 게이지

해설 **나사측정**

유효지름측정	① 나사마이크로미터 ② 삼침법 ③ 공구현미경 ④ 투영검사기
피치측정	① 나사피치게이지
나사산각도	① 투영검사기

유효지름 측정 중 삼침법(삼선법)이 가장 정확한 유효지름 측정법이다.

문제 60

측정 오차에 관한 설명으로 틀린 것은?

① 계통 오차는 측정값에 일정한 영향을 주는 원인에 의해 생기는 오차이다.
② 우연 오차는 측정자와 관계없이 발생하고, 반복적이고 정확한측정으로 오차 보정이 가능하다.
③ 개인 오차는 측정자의 부주의로 생기는 오차이며, 주의해서 측정하고 결과를 보정하면 줄일 수 있다.
④ 계기 오차는 측정압력, 측정온도, 측정기 마모 등으로 생기는 오차이다.

해답

59. ② 60. ②

해설 **측정오차의 종류**

① **개인오차** : 측정자의 숙련도에 의해 발생되는 오차이다. 측정자 버릇, 부주의, 숙련도에서 발생하는 오차이다

② **계기오차** : 측정기의 구조에 따른 오차, 측정압력, 측정온도, 측정기의 마모 등에 따른 오차이다.

③ **우연오차** : 측정자가 파악 할 수 없는 오차로써 측정기, 피측정물, 자연환경 등 측정자가 파악할 수 없는 변화에 의하여 발생하는 오차 한다.

④ **계통오차** : 측정값에 일정한 영향을 주는 원인에 의해 생기는 오차이다.

해답

기계설계산업기사

2016년 8월 21일 시행

제1과목 기계제도

문제 01

나사의 종류를 표시하는 기호 중 미터 사다리꼴 나사의 기호는?

① M
② SM
③ PT
④ Tr

해설 나사의 종류

나사의 종류		나사의 종류를 표시하는 기호	나사의 호칭에 대한 표시방법의 보기
미터 보통 나사		M	M 8
미터 가는 나사			M 8×1
마니추어 나사		S	S 0.5
유니파이 보통 나사		UNC	3/8−16 UNC
유니파이 가는 나사		UNF	No. 8−36 UNF
미터 사다리꼴 나사		Tr	Tr 10×2
관용 테이퍼 나사	테이퍼 수나사	R	R 3/4
	테이퍼 암나사	Rc	Rc 3/4
	평행 암나사	Rp	Rp 3/4
관용 평행 나사		G	G 1/2

문제 02

도면에 표시된 재료기호가 "SF 390A"로 되었을 때 "390"이 뜻하는 것은?

① 재질 번호
② 탄소 함유량
③ 최저 인장 강도
④ 제품 번호

해설 S F 3 4 0 A

- SF : 탄소강 단조품
- 340 : 최저인장강도 340N/mm^2
- A : Annealing : 풀림 열처리

해답

01. ④ 02. ③

문제 03

그림에서 (⊠)로 표시한 부분의 의미로 올바른 것은?

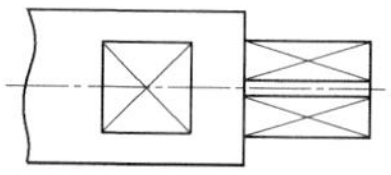

① 정밀 가공 부위를 지시
② 평면임을 지시
③ 가공을 금지함을 지시
④ 구멍임을 지시

해설 평면표시는 ×(엑스)표시하며 가는 실선으로 표시한다.

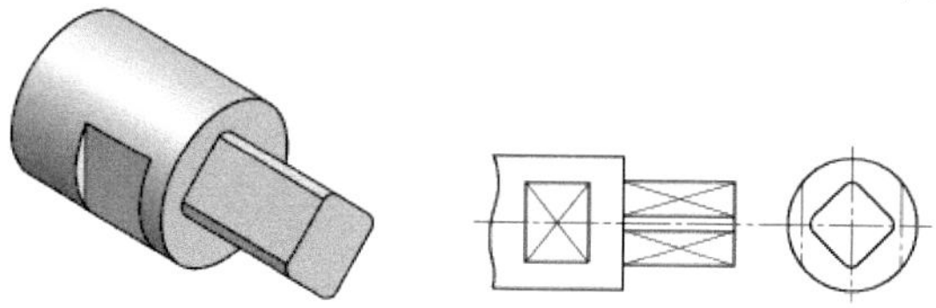

문제 04

KS 나사가 다음과 같이 표시될 때 이에 대한 설명으로 옳은 것은?

"왼 2줄 M50×2 – 6H"

① 나사산의 감긴 방향은 왼쪽이고, 2줄나사이다.
② 미터 보통 나사로 피치가 6mm이다.
③ 수나사이고, 공차 등급은 6급, 공차위치는 H이다.
④ 이 기호만으로는 암나사인지 수나사인지를 알 수 없다.

해설

왼–왼나사	2줄–줄수가 2줄
M–미터나사	50–호칭지름 50mm
2–나사의 피치 2mm	6H–암나사의 등급

문제 05

그림과 같은 입체도를 제3각법으로 올바르게 나타낸 것은?

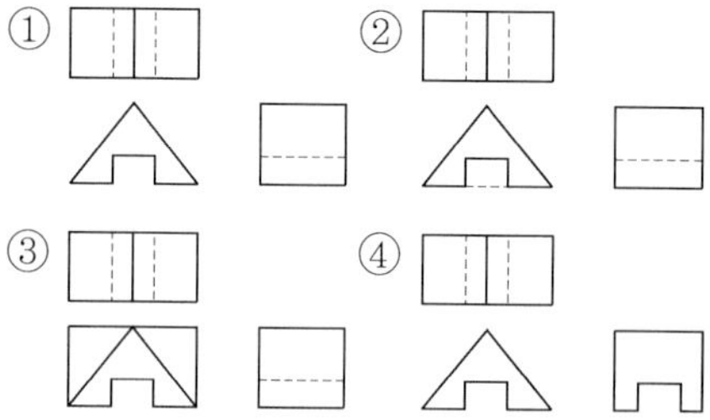

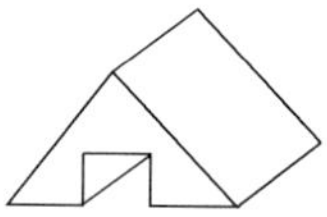

해답

03. ② 04. ① 05. ①

해설

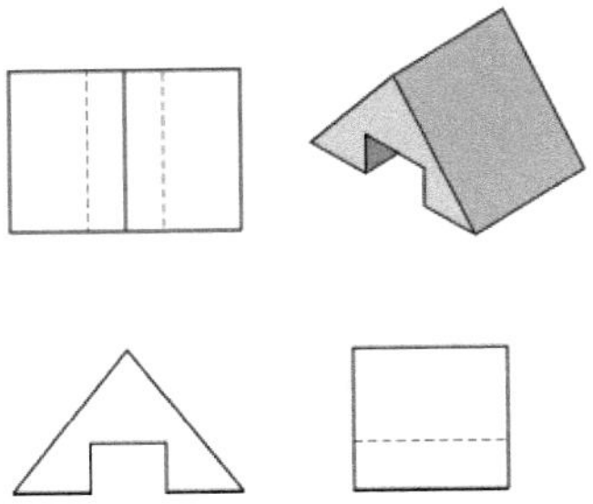

문제 06

단면도의 절단된 부분을 나타내는 해칭선을 그리는 선은?

① 가는 2점 쇄선　　② 가는 파선
③ 가는 실선　　④ 가는 1점 쇄선

해설 해칭선은 단면처리선으로 가는 실선으로 나타낸다.

문제 07

다음 중 니켈 크로뮴 강의 KS 기호는?

① SCM 415　　② SNC 415
③ SMnC 420　　④ SNCM 420

해설 **기계구조용 합금강**

명　칭	KS기호	
크롬강(Cr강)	SCr 415	4 : 주요합금원소기호 15 : 탄소함유량평균값 0.15C%
니켈-크롬강(Ni-Cr강)	SNC415	4 : 주요합금원소기호 15 : 탄소함유량평균값 0.15C%
망간강(Mn강)	SMn420	4 : 주요합금원소기호 15 : 탄소함유량평균값 0.20C%
망간-크롬강(Mn-Cr강)	SMnC443	4 : 주요합금원소기호 43 : 탄소함유량평균값 0.43C%
크롬-몰리브덴강(Cr-Mo강)	SCM415	4 : 주요합금원소기호 15 : 탄소함유량평균값 0.15C%
니켈-크롬-몰리브덴강 (Ni-Cr-Mo강)	SNCM220	2 : 주요합금원소기호 20 : 탄소함유량평균값 0.20C%

해답

06. ③　07. ②

문제 08

철골 구조물 도면에 2-L75×75×6-1800 으로 표시된 형강을 올바르게 설명한 것은?

① 부등변 부등두께 ㄱ 형강이며 길이는 1800mm이다.
② 형강의 개수는 6개이다.
③ 형강의 두께는 75mm이며 그 길이는 1800mm이다.
④ ㄱ 형강 양변의 길이는 75mm로 동일하며 두께는 6mm이다.

해설

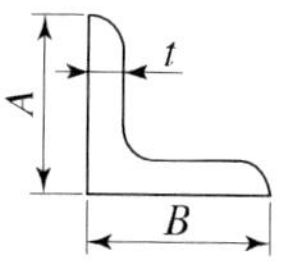

종류 : 부등변 ㄱ형강
표시방법 : ∟$A \times B \times t - L$

여기서, L : ㄱ형강의 길이

문제 09

다음 중 위치 공차를 나타내는 기호가 아닌 것은?

① ◎ ② ⌯
③ ↗ ④ ⌖

해설

적용하는 형체	공차의 종류		기호
단독형체	모양공차	진직도	—
		평면도	⏥
		진원도	○
		원통도	⌭
단독형체 또는 관련형체		선의 윤곽도	⌒
		면의 윤곽도	⌓
관련형체	자세공차	평행도	//
		직각도	⊥
		경사도	∠
	위치 공차	위치도	⌖
		동축도 또는 동심도	◎
		대칭도	⌯
	흔들림 공차	원주 흔들림	↗
		온 흔들림	⌰

해답

08. ④ 09. ③

문제 10

다음과 같이 투상된 정면도와 우측면도에 가장 적합한 평면도는?

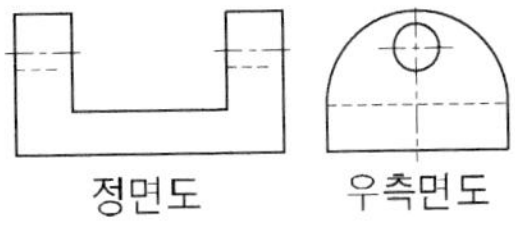

① 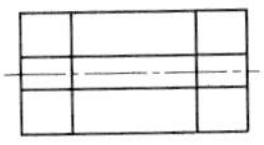

② 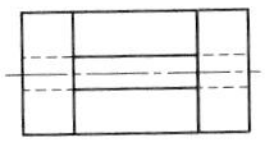

③ 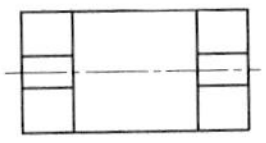

④ 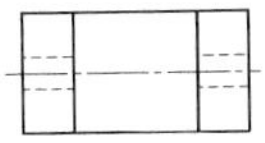

해설

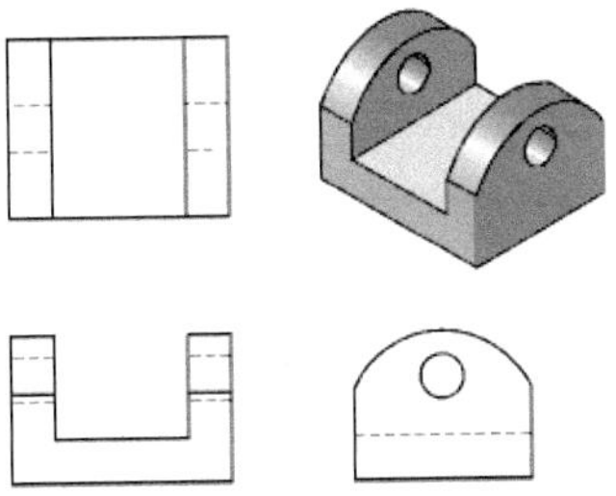

문제 11

그림과 같은 입체도의 제 3각 정투상도에서 누락된 우측면도로 가장 적합한 것은?

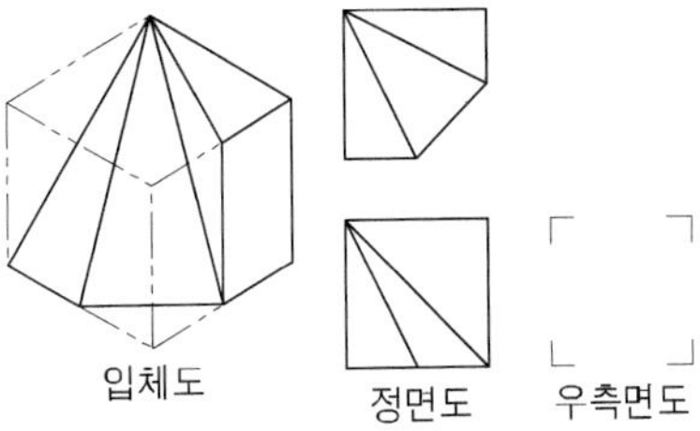

① 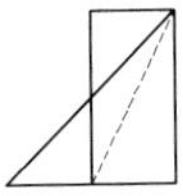

② 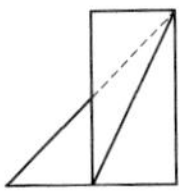

③ 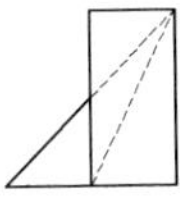

④ 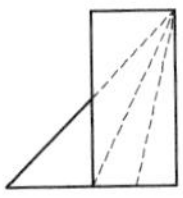

해설

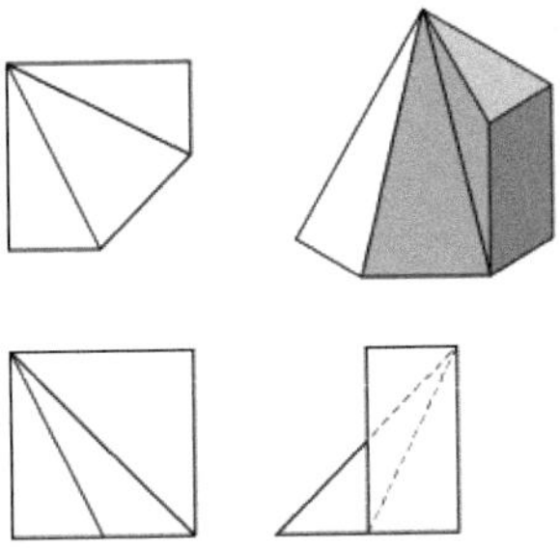

해답

10. ④ 11. ③

문제 12

그림과 같이 용접기호가 도시될 때 이에 대한 설명으로 잘못된 것은?

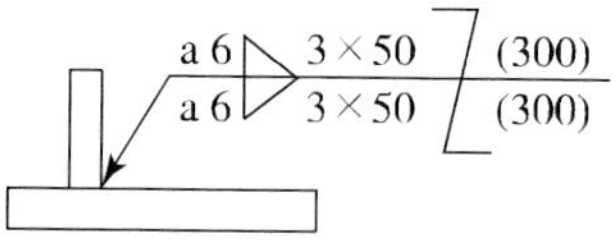

① 양쪽의 용접 목 두께는 모두 6mm이다.
② 용접부의 개수(영접수)는 양쪽에 3개씩이다.
③ 피치는 양쪽 모두 50mm 이다.
④ 지그재그 단속 용접이다.

해설 **지그재그 단속 필릿 용접부**

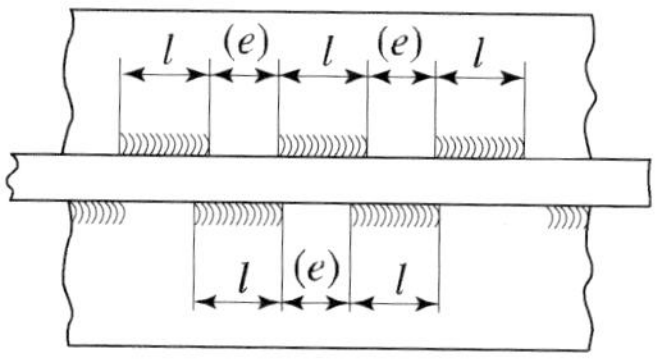

여기서, l : 용접부 길이(크레이터부 제외)
(e) : 인접한 용접부 간의 거리(피치)
n : 용접부의 개수(용접수)
a : 절단면에 내접하는 최대 2등변 삼각형의 높이
z : 절단면에 내접하는 최대 2등변 삼각형의 변

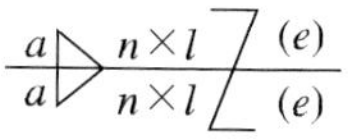

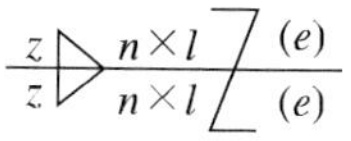

필렛용접의 목길이 치수기입방법	필렛용접의 목두께 치수 기입방법
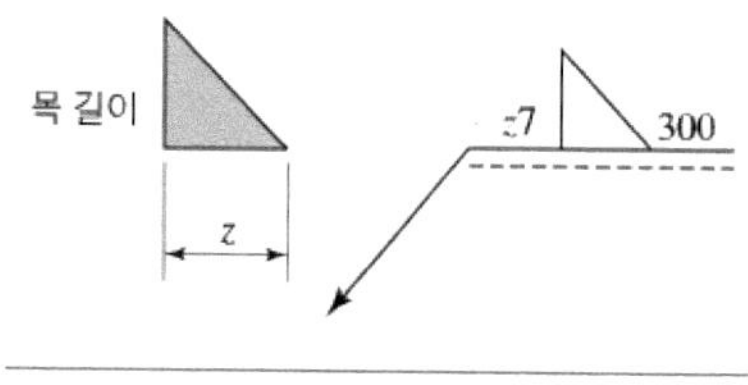	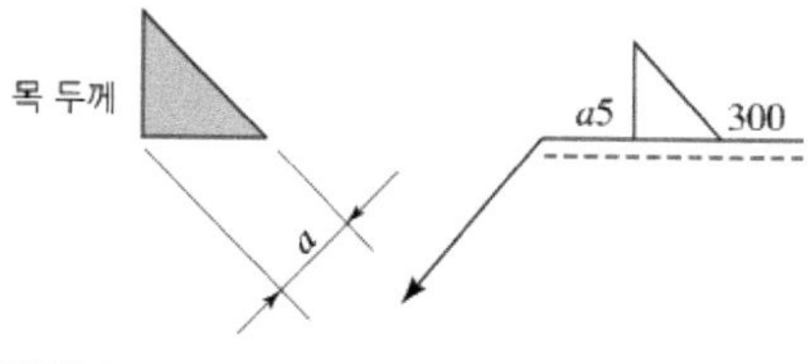

지그재그 단속 필릿 용접
목두께 a =6mm
용접부의 개수 n =양쪽 3개씩
용접길이는 l =50mm
용접부간의 거리(피치) e =300mm

해답

12. ③

문제 13

다음 중 다이캐스팅용 알루미늄합금에 해당하는 기호는?

① WM 1 ② ALDC 1
③ BC 1 ④ ZDC 1

해설

기호		주요 합금성분	인장강도 (kg/mm^2)	항보강도 (kg/mm^2)	신율 (%)	경도 (HB)
KS(JIS)	AA(ASTM)					
ALDC1 (ADC1)	A413.0 (S12A)	11~13%Si	24.5	14.8	2.5	80
ALDC2 (ADC3)	A360.0 (SG100A)	9~10%Si 0.4~0.6%Mg	30.1	17.6	3	3
ALDC3 (ADC5)	A518.0 (G8A)	4.0~8.5%Mg	28.8	19	8	80

문제 14

그림과 같은 물 탱크의 측면도에서 원통 부분을 6mm 두께의 강판을 사용하여 판금 작업하고자 전개도를 작성하려고 한다. 이 원통의 바깥지름이 600mm 일 때 필요한 마름질 판의 길이는 약 몇 mm 인가? (단, 두께를 고려하여 구한다.)

① 1903.8
② 1875.5
③ 1885
④ 1866.1

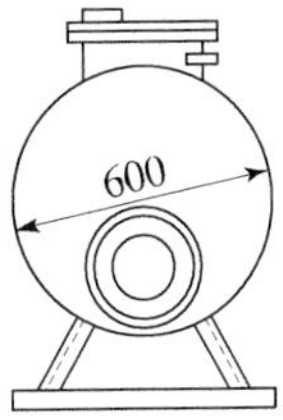

해설 **마름질판의 길이** $L = \pi D_e = \pi \times 594 = 1866.1\text{mm}$

평균지름 $D_e = D_o - t = 600 - 6 = 594\text{mm}$

문제 15

CAD데이터의 교환 표준 중 하나로 국제표준화기구(ISO)가 국제표준으로 지정하고 있으며, CAD의 형상 데이터뿐만 아니라 NC 데이터나 부품표, 재료 등도 표준 대상이 되는 규격은?

① IGES ② DXF
③ STEP ④ GKS

해설

IGES	IGES(Initial Graphics Exchange Specification)는 여러 종류의 CAD/CAM 시스템에서 사용된 설계와 가공의 정보를 교환하기 위한 표준 데이터 형식이다.(1979년 미국에서 시작하여 ISO의 표준규격으로 제정)

해답

13. ② 14. ④ 15. ③

DXF	DXF(DataExchange File) AutoCAD의 호환성을 위해 AutoDESK 회사에서 만든 데이터 표준프로그램이다.
STEP	STEP(Standard for the Exchange for Product model Data) IGES 및 DXF가 ISO(International Standard Organization)에서 인정하는 국제적인 표준규격이 되지 않고 있는 가운데, 각 사설단체 및 CAD/CAM 회사별로 정의 한 표준규격이 난립하게 되자 국제공인 표준규격의 필요성이 점점 증대되었다. 이러한 필요성에 의해서 어떠한 이익 집단에도 편중되지 않은 규격이 STEP(Standard for the Exchange for Product model Data)이다. 이러한 규격은 1985년에 각 회사별로 구성된 CAD/CAM 시스템의 정보를 도면 데이터뿐만 아니라 제품데이터도 교환할 수 있도록 한 표준규격이다.
PHIGS	PHIGS(Programmer's Hierachical Interactive Graphics System)는 3차원의 움직이는 물체를 실제와 같이(realtime) 화면에 나타나게 하며 주로 이용되는 산업분야는 도형 구성분야, 항공교통망 시뮬레이션, 몰분자 모델링분야, 건축설계 등 여러 분야에서 활용되고 있다.
GKS	GKS(Graphical kernal system)은 2차원 그래픽 시스템을 위한 표준 규격이다.
STL	STL(Stereo Lithography) 적층식 쾌속조형의 표준입력파일 포맷으로 많이 사용되고 있으며, 1987년 미국의 3Dsystem사가 Albert Consulting Group에 의뢰하여 만들어진 것으로 3차원 데이터의 서피스 모델을 삼각형 다면체(facet)로 근사시킨 것으로 쾌속조형(PR & M)에 많이 적용하고 있다.

문제 16

3D CAD 데이터를 사용하여 레이아웃이나 조립성 등을 평가하기 위하여 컴퓨터 상에서 부품을 설계하고 조립체를 생성하는 것은?

① rapid prototyping ② part programming
③ reverse engineering ④ digital mock-up

해설 **디지털 목업**(digital mock-up) : 3차원 CAD프로그램을 이용하여 부품들을 조립해 보고 부품간의 간섭을 체크 해 보는 작업이다. 디지털 목업 기술을 이용하여 시제품 제작 및 설계 결함 등을 찾을 수 있는 이점이 있다.

문제 17

CAD(Computer-Aided Design) 소프트웨어의 가장 기본적인 역할은?

① 기하 형상의 정의 ② 해석결과이 가시화
③ 유한요소 모델링 ④ 설계물의 최적화

해설 CAD는 형상을 나타내는 것이 가장 기본적인 역할이다. 즉 기하 형상(geometric modeling)을 정의 하는 것이다.

해답

16. ④ 17. ①

문제 18

폐쇄된 평면 영역이 단면이 되어 직진이동 혹은 회전이동 시켜 솔리드 모델을 만드는 모델링 기법은?

① 스키닝(skinning) ② 리프팅(lifting)
③ 스위핑(sweeping) ④ 트위킹(tweaking)

해설

스위핑 (Sweeping)	하나의 2차원 단면형상(profile)을 입력하고 이를 안내곡선을 따라 이동시켜 입체를 생성, 주로 환기구의 덕트를 모델링 할 때 사용되는 곡선이다.	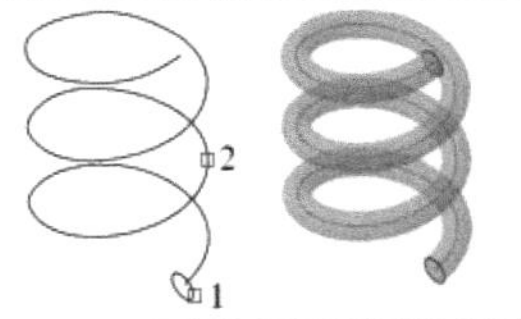
스키닝 (Skinning)	원하는 경로상에 여러 개의 단면 형상을 위치시키고 이를 덮어 싸는 입체를 형성	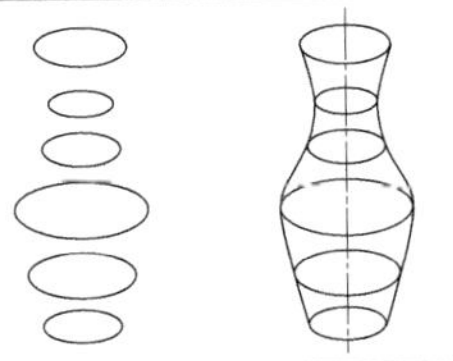
리프팅 (Lifting)	주어진 물체의 특정면의 전부 또는 일부를 원하는 방향으로 움직여서 물체가 그 방향으로 늘어난 효과를 갖도록 하는 것	
로프트 (Loft)	2개의 경계곡선에 의해 하나의 곡면 구성	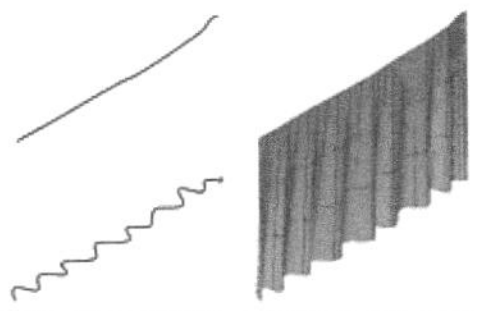
트위킹 (tweaking)	곡면 모델링 시스템에 의해 만들어진 곡면을 불러들여 기존 모델의 평면을 바꿀 수 있는 기법이다. 예를 들어 실린더형상에 구배(draft angle)를 주어 실린더 곡면을 원추 곡면으로 만들어 주는 방법	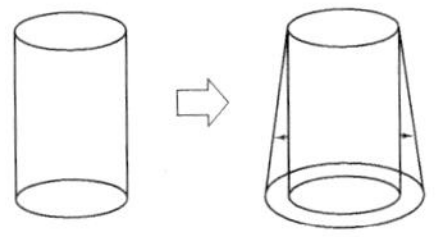

문제 19

솔리드 모델링에서 모델을 구현하는 자료구조가 몇 가지 있는데, 복셀 표현(voxel representation)은 어느 자료구조에 속하는가?

① CGS 트리구조
② B-rep 자료구조
③ 날개 모서리(winged-edge) 자료구조
④ 분해모델을 저장하는 자료구조

해설 **분해 모델링**(Decomposition modeling)**을 구현하는 자료구조의 종류**

① 복셀표현(voxel Representation)
공간을 삼차원 격자면으로 분해하여, 무수히 많은 정육면체(Voxel)의 집합으

해답

18. ③ 19. ④

로 표시하며, 고정된 크기와 해상도에서 유일하고 모호하지 않게 결정된다. 또한, 질량성질(Mass Property)의 계산, 집합연산(Boolean Operation) 등이 간단하고, 근사적 표현의 한계, 많은 메모리를 필요로 한다.

② 옥트리 표현(Octree)

각 노드당 최대8개의 자식을 가질 수 있는 하나의 트리(Tree)이며 임의의 형태의 입체를 공간적으로 분할하는데 사용된다.

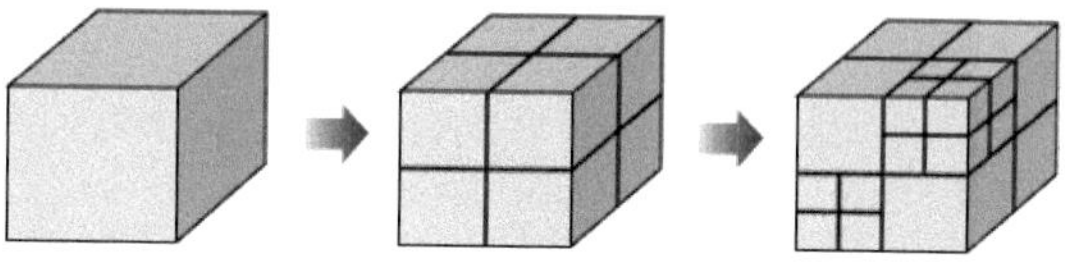

③ 세포 분해(Cell Decomposition)

셀의 형상에 특별한 제한조건이 부과되지 않으며, B-Rep과 CSG와 비슷하게 같은 물체가 다른 해상도와 다른 타입의 메쉬(육면체 : Hexa hedral, 사면체 : Tetra hedral)로 표현한다.

문제 20

서피스 모델에 관한 설명 중 틀린 것은?

① 단면도를 작성할 수 있다.
② 2면의 교선을 구할 수 있다.
③ 질량과 같은 물리적 성질을 구하기 쉽다.
④ NC 데이터를 생성할 수 있다.

해설

구분	와이어 프레임 모델 (wire frame model)	서피스 모델 (surface model)	솔리드 모델 (solid model)
단면처리	단면 처리 안 된다.	단면 처리 가능하다.	단면 처리 가능하다.
은선처리	은선 처리 안 된다.	은선 처리된다.	은선 처리된다.
실루엣처리	실루엣 처리 안 된다.	실루엣 처리된다.	실루엣 처리된다.
NC코드생성	NC코드 생성할 수 없다.	NC코드 생성할 수 있다.	NC코드 생성할 수 있다.
체적계산	체적 계산 안 된다.	간단한 형상은 할 수 있으나 복잡한 형상은 어렵다.	복잡한 형상도 체적을 계산할 수 있다.
공학적 계산	할 수 없다.	할 수 없다.	무게계산, 구조해석(FEM), 관성모멘트 등 공학적 계산 할 수 있다.
데이터구성	데이터 구성이 간단하여, 모델작성이 쉽고 처리속도 빠르다.	와이어프레임 모델과 솔리드 모델의 중간정도이다.	데이터 구성이 복잡하고 모델작성이 어렵고 처리 속도가 느리다.
복잡한 형상표현	표현이 어렵다.	복잡한 형상표현가능	복잡한 형상표현가능

해답

20. ③

제2과목 기계요소설계

문제 21

벨트의 형상을 치형으로 하여 미끄럼이 거의 없고 정확한 회전비를 얻을 수 있는 벨트는?

① 직물 벨트 ② 강 벨트
③ 가죽 벨트 ④ 타이밍 벨트

해설 **타이밍벨트**(timing belt) : 평벨트에 치형을 만들어 평벨트의 미끄럼을 방지하고 정확한 회전비를 얻을 수 있게 만든 벨트이다.

문제 22

잇수는 54, 바깥지름은 280mm인 표준 스퍼기어에서 원주피치는 약 몇 mm인가?

① 15.7 ② 31.4
③ 62.8 ④ 125.6

해설 이끝원 직경 $D_0 = m(Z+2)$

모듈 $m = \dfrac{D_0}{(Z+2)} = \dfrac{280}{(54+2)} = 5$

피치원 직름 $D = m \times Z = 5 \times 54 = 270\text{mm}$

원주피치 $p = \dfrac{\pi D}{Z} = \dfrac{\pi \times 270}{54} = 15.707\text{mm}$

문제 23

미끄럼 베어링의 재질로서 구비해야 할 성질이 아닌 것은?

① 눌러 붙지 않아야 한다. ② 마찰에 의한 마멸이 적어야 한다.
③ 마찰계수가 커야 한다. ④ 내식성이 커야 한다.

해설 미끄럼베어링은 축을 지지하면서 축이 원활한 회전을 하도록 하는 기계요소이므로 미끄럼베어링은 마찰계수가 작아야 된다.

해답

21. ④ 22. ① 23. ③

문제 24

둥근 봉을 비틀 때 생기는 비틀림 변형을 이용하여 스프링으로 만든 것은?

① 코일 스프링　　② 토션 바
③ 판 스프링　　④ 접시 스프링

해설 **토션 바**(torsion bar) : 봉의 한 끝을 고정하고 다른 쪽 끝을 비틀어, 그때의 비틀림 변위를 이용하는 스프링. 토션바의 특징은 다른 스프링에 비하여 단위 체적당 얻을 수 있는 탄성에너지가 크고, 모양이 간단해서 좁은 장소에도 설치할 수 있다.

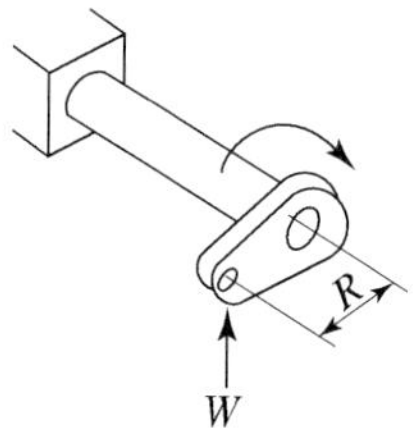

문제 25

피치가 2mm인 3줄 나사에서 90° 회전시키면 나사가 움직인 거리는 몇 mm인가?

① 0.5　　② 1
③ 1.5　　④ 2

해설 **리드** = 줄수 × 피치 = 3 × 2 = 6mm

나사의 움직인 거리 = 리드 × 회전수 = $6 \times \frac{1}{4} = 1.5\text{mm}$

회전수 = $\frac{90}{360} = \frac{1}{4}$ 회전

문제 26

1줄 겹치기 리벳 이음에서 리벳 구멍의 지름은 12mm 이고, 리벳의 피치는 45mm 일 때 판의 효율은 약 몇 % 인가?

① 80　　② 73
③ 55　　④ 42

해설 **판의 효율** $\eta = 1 - \frac{d}{p} = 1 - \frac{12}{45} = 0.7333 = 73.33\%$

문제 27

폴(pawl)과 결합하여 사용되며, 한쪽 방향으로는 간헐적인 회전운동을 주고 반대쪽으로는 회전을 방지하는 역할을 하는 장치는?

① 플라이 휠(fly wheel)　　② 드럼 브레이크(drum brake)
③ 블록 브레이트(block brake)　　④ 래칫 휠(rachet wheel)

해답

24. ②　25. ③　26. ②　27. ④

해설

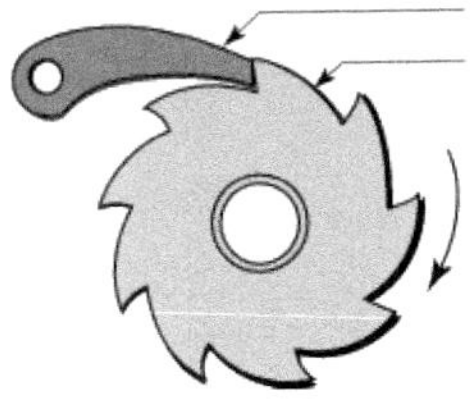

문제 28

400rpm으로 4kW의 동력을 전달하는 중심축의 최소 지름은 약 몇 mm 인가? (단, 축의 허용전단응력은 20.60MPa이다.)

① 22
② 13
③ 29
④ 36

해설

$$D_T = \sqrt[3]{\frac{16T}{\pi\tau_a}} = \sqrt[3]{\frac{16\times 95452}{\pi\times 20.6}} = 28.68\text{mm}$$

$$T = 974000\times\frac{H_{KW}}{N}\times 9.8[\text{N}\cdot\ \text{mm}]\text{에서}$$

$$T = 974000\times\frac{4}{400}\times 9.8 = 95452[\text{N}\cdot\ \text{mm}]$$

문제 29

지름이 4cm의 봉재에 인장하중이 1000N이 작용할 때 발생하는 인장응력은 약 얼마인가?

① 127.3N/cm^2
② 127.3N/mm^2
③ 80N/cm^2
④ 80N/mm^2

해설

$$\sigma_t = \frac{P}{A} = \frac{1000[\text{N}]}{\frac{\pi}{4}\times 4^2[\text{cm}^2]} = 79.577\frac{\text{N}}{\text{cm}^2} \fallingdotseq 80\frac{\text{N}}{\text{cm}^2}$$

문제 30

묻힘 키에서 키에 생기는 전단응력을 τ, 압축응력을 σ_c라 할 때, $\tau/\sigma_c = 1/4$이면, 키의 폭 b와 높이 h와의 관계식은? (단, 키 홈의 높이는 키 높이의 1/2라고 한다.)

① $b = h$
② $b = 2h$
③ $b = \frac{h}{2}$
④ $b = \frac{h}{4}$

해답

28. ③ 29. ③ 30. ②

해설

키의 전단응력 $\tau = \dfrac{2\times T}{b\times l\times d_s}$

키의 압축응력 $\sigma_c = \dfrac{4\times T}{h\times l\times d_s}$

$\dfrac{\tau}{\sigma_c} = \dfrac{h}{2b}$, $\dfrac{\tau}{\sigma_c} = \dfrac{1}{4} = \dfrac{h}{2b}$, $b = 2h$

문제 31

그림과 같은 스프링 장치에서 W=200N의 하중을 매달면 처짐은 몇 cm가 되는가? (단, 스프링상수 k_1 =15N/cm, k_2 =35N/cm이다.)

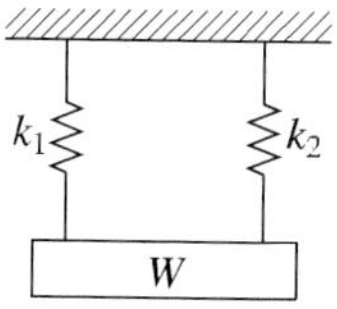

① 1.25
② 2.50
③ 4.00
④ 4.50

해설 (등가스프링 상수) $k_{eq} = k_1 + k_2 = 15 + 35 = 50[\text{N/cm}]$

(처짐량) $\delta = \dfrac{W}{k_{eq}} = \dfrac{200}{50} = 4\text{cm}$

문제 32

사각형 단면(100mm×60mm)의 기둥에 1N/mm^2 압축응력이 발생할 때 압축하중은 약 얼마인가?

① 6000N ② 600N
③ 60N ④ 60000N

해설 응력$=\dfrac{\text{하중}}{\text{단면적}}$, $\sigma = \dfrac{F}{A}$

(하중) $F = \sigma \times A = 1[\text{N/mm}^2] \times 6000[\text{mm}^2] = 6000[\text{N}]$

문제 33

웜을 구동축으로 할 때 웜의 줄 수를 3, 웜 휠의 잇수를 60이라고 하면 이 웜기어 장치의 감속비율은?

① 1/10 ② 1/20
③ 1/30 ④ 1/60

해설 속비 $i = \dfrac{N_g}{N_w} = \dfrac{(\text{웜의 줄수})Z_w}{(\text{웜휠의 잇수})Z_g} = \dfrac{3}{60} = \dfrac{1}{20}$

해답

31. ③ 32. ① 33. ②

문제 34

미끄럼을 방지하기 위하여 접촉면에 치형을 붙여 맞물림에 의하여 전동하도록 조합한 벨트는?

① 평벨트　　② V벨트
③ 가는너비 V벨트　　④ 타이밍 벨트

해설 **타이밍 벨트**

미끄럼을 방지하기 위하여 평벨트의 접촉면에 치형을 붙여 맞물림에 의하여 전동하도록 한 벨트로 풀리와 벨트사이의 미끄럼이 발생하지 않는다.

타이밍벨트의 특징

① 벨트와 풀리의 이가 서로 물려 전동하므로 미끄럼이나 속도변동이 거의 없다.
② 기어나 체인에 비하여 소음이 적다.
③ 저속 및 고속에서 운전이 원활하다.
④ V벨트보다는 휨저항이 적고 풀리의 지름을 작게 할 수 있다.
⑤ 벨트가 가볍고 회전속도를 높일 수 있다.

문제 35

볼 나사(ball screw)의 장점에 해당되지 않는 것은?

① 미끄럼 나사보다 내충격성 및 감쇠성이 우수하다.
② 예압에 의하여 치면놀이(backlash)를 작게 할 수 있다.
③ 마찰이 매우 적고, 기계효율이 높다.
④ 시동 토크, 또는 작동 토크의 변동이 적다.

해설 **볼나사**

수치제어공작기계의 이송나사, 백래시 발생이 거의 없다. 나사의 효율이 높다.

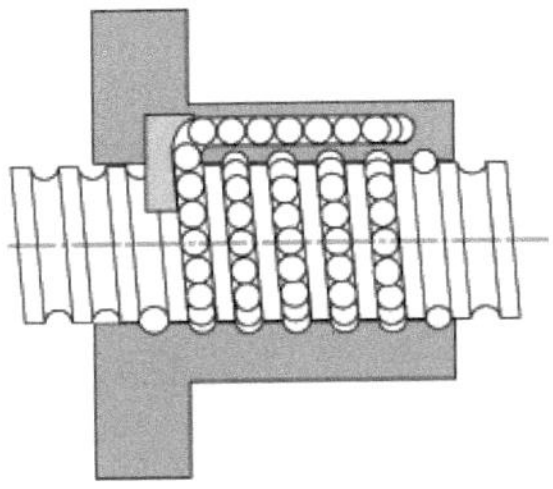

문제 36

지름이 300mm인 브레이크 드럼을 가진 밴드 브레이크의 접촉길이가 706.5mm, 밴드의 폭이 20mm일 때, 제동동력 3.7kW라면 이 밴드 브레이크의 용량(brake capacity)은 약 몇 $N/mm^2 \cdot m/s$인가?

① 26.50　　② 0.324
③ 0.262　　④ 32.40

해답

34. ④　35. ①　36. ③

해설 브레이크 용량 $\mu q V = \frac{1000 H_{KW}}{A} = \frac{1000 \times 3.7}{706.5 \times 20}$[N/mm²· m/s]

$= 0.262$ [MPa· m/s]

문제 37

키 재료의 허용전단응력 60N/mm², 키의 폭×높이가 16mm×10mm인 성크키를 지름이 50mm인 축에 사용하여 250rpm으로 40kW를 전달시킬 때, 성크키의 길이는 몇 mm 이상이어야 하는가?

① 51 ② 64

③ 78 ④ 93

해설 $\tau_{key} = \frac{2T}{b l d_s}$

(키의 길이) $l = \frac{2T}{b \tau_{key} d_s} = \frac{2 \times 1527232}{16 \times 60 \times 50} = 63.634\text{mm}$

$T[\text{N} \cdot \text{mm}] = 974000 \times \frac{H_{KW}}{N} \times 9.8 [\text{N} \cdot \text{mm}]$에서

$T[\text{N} \cdot \text{mm}] = 974000 \times \frac{40}{250} \times 9.8 = 1527232 [\text{N} \cdot \text{mm}]$

문제 38

6000N · m의 비틀림 모멘트만을 받는 연강제 중실축의 지름은 몇 mm 이상이어야 하는가? (단, 축의 허용전단응력은 30N/mm²로 한다.)

① 81 ② 91

③ 101 ④ 111

해설 중실축의 직경 $D_T = \sqrt[3]{\frac{16T}{\pi \tau_a}} = \sqrt[3]{\frac{16 \times 6000000}{\pi \times 30}} = 101\text{mm}$

문제 39

미끄럼 베어링 재료에 요구되는 성질로 거리가 먼 것은?

① 하중 및 피로에 대한 충분한 강도를 가질 것.

② 내부식성이 강할 것.

③ 유막의 형성이 용이할 것.

④ 열전도율이 작을 것.

해설 **미끄럼 베어링 재료에 요구되는 성질**

① 마찰이 작용하여도 잘 견디는 내마멸성이 클 것)

② 기름과 접촉 되었을 때 부식이 일어나면 안 된다. 내부식성이 있어야 한다.

해답

37. ② 38. ③ 39. ④

③ 유막의 형성이 용이하여 윤활작용이 용이 하여야 한다.
④ 하중 및 피로에 대한 충분한 강도를 가질 것
⑤ 열전도율이 커서 열을 빨리 방출 하여야 한다. 즉 냉각성이 우수할 것

문제 40

다음 중 용접이음의 단점에 속하지 않는 것은?

① 내부 결함이 생기기 쉽고 정확한 검사가 어렵다.
② 용접공의 기능에 따라 용접부의 강도가 좌우된다.
③ 다른 이음작업과 비교하여 작업 공정이 많은 편이다.
④ 잔류응력이 발생하기 쉬워서 이를 제거해야 하는 작업이 필요하다.

해설 용접의 장단점

장 점	단 점
•리벳이음에 비해 재료가 절약되고 이음효율이 높다. •기밀성이 높으며 사용하는 판재의 두께에 제한이 없다. •소음이 없고 페인트 작업을 쉽게 할 수 있다. •공정수를 줄일 수 있어 제작비가 싸다. •제품의 생산률이 좋고 보수도 쉽다.	•진동감쇠의 능력이 부족하다. •고열에 의한 변형과 잔류응력의 발생 및 재질이 변한다. •연속체로 되어 전체적인 파괴가 생긴다. •결함이 생기기 쉽고 이에 따른 노치율에 민감하다. •용접주에 대한 피파괴 검사법이 어렵다.

제3과목 기계재료 및 측정

문제 41

구리에 아연 5%를 첨가하여 화폐, 메달 등의 재료로 사용되는 것은?

① 델타메탈 ② 길딩메탈
③ 문쯔메탈 ④ 네이벌황동

해설 ① **델타메탈** : 6 : 4 황동에 Fe 1~2% 첨가하여 강도가 크고 내식성이 좋다. 광산기계 선박용기계 화학기계에 사용된다.
② **문쯔메탈** : 6 : 4 황동 중 가장 저렴, 탈아연 부식 발생한다. 일반적으로 판재, 선재, 볼트, 너트, 파이프, 밸브 등에 사용된다.
③ **네이벌황동** : 6-4 주석 함유 황동을 말한다. Sn의 함유로 내식성(耐蝕性)과 강도가 증가하고, 기어, 플랜지, 볼트, 축 등에 사용한다.
④ **길딩메탈**(gilding metal) : 구리 95~97%, 아연 3~5%로 된 구리 합금으로 화폐, 메달, 소총탄의 약협 · 뇌관, 포탄의 탄대(彈帶)에 사용된다.

해답 40. ③ 41. ②

문제 42

공구강에서 경도를 증가시키고 시효에 의한 치수변화를 방지하기 위한 열처리 순서로 가장 적합한 것은?

① 담금질 → 심냉처리 → 뜨임처리 ② 담금질 → 불림 → 심냉처리
③ 불림 → 심냉처리 → 담금질 ④ 풀림 → 심냉처리 → 담금질

해설 담금질한 강의 잔류오스테나이트를 제거하는 열처리가 심냉처리이다.
잔류오스테아니트를 제거 후 담금질한 강의 인성을 부여하는 뜨임처리를 한다.

문제 43

금속의 이온화 경향이 큰 금속부터 나열한 것은?

① Al > Mg > Na > K > Ca ② Al > K > Ca > Mg > Na
③ K > Ca > Na > Mg > Al ④ K > Na > Al > Mg > Ca

해설 K > Ba > Ca > Mg > Al > Mn > Zn > Cr > Fe > Co > Ni > Mo > Sn > Pb > (H) > Cu > Hg > Ag > Pt > Au

이온화 경향의 크다. 부식이 잘된다. ⟷ 이온화경향이 적다. 부식이 잘되지 않는다. 귀금속

문제 44

분말 야금에 의하여 제조된 소결 베어링 합금으로 급유하기 어려운 경우에 사용되는 것은?

① Y합금 ② 켈밋(kelmet)
③ 화이트메탈(white metal) ④ 오일리스베어링(oilless bearing)

해설 • Y합금(AL + Cu + Ni + Mg)은 내열용 알루미늄 합금으로 피스톤 재료로 사용한다.

베어링강
- 화이트메탈(WM)
  - 주석계 화이트메탈(배빗메탈) : Sn+Sb+Cu
  - 납계 화이트메탈 : Pb+Sn+Sb+Cu
- 구리계 합금(KM) : 켈밋 : Cu+Pb
- 알루미늄 합금(AM)
- 함유베어링(oilless Bearing) : 베어링 자체에 기름이 함유되어 있어 기름공급이 어려운 부분에 사용되는 베어링

문제 45

탄소강 및 합금강을 담금질(quenching)할 때 냉각 효과가 가장 빠른 냉각액은?

① 물 ② 공기
③ 기름 ④ 염수

해답

42. ① 43. ③ 44. ④ 45. ④

해설 염수 > 물 > 기름 > 공기 > 노냉
냉각속도가 빠르다 ↔ 냉각속도 느리다.

문제 46

Ni–Cr강에 첨가하여 강인성을 증가시키고 담금질성을 향상시킬 뿐만 아니라 뜨임 메짐성을 완화시키기 위하여 첨가하는 원소는?

① 망간(Mn) ② 니켈(Ni)
③ 마그네슘(Mg) ④ 몰리브덴(Mo)

해설

원소명	효과	원소명	효과
Ni	•강인성 및 내식성, 내산성 증가	Mo	•텅스텐과 거의 흡사하며, 효과는 W에 2배이다. •담금성, 내식성, 크리프 저항성 증가
Mn	•내마멸, 강도, 경도, 인성증가 •점성이 크고, 고온 가공이 용이 •S에 의한 메짐현상의 발생 방지	Cu	•내산성 증가
Cr	•경도, 인장 강도 증가 •내식성, 내열성, 내마멸성이 증가하며 열처리를 용이하게 함	V	•경화성 증가 •Cr이나 Mo를 함께 사용
		Si	•강도, 내식성, 내열성 증가 •자기적 성질 증가
W	•경도, 강도 증가 •고온경도, 고온강도 증가 •탄화물을 만들기 쉽게 함	Co	•고온경도, 고온강도 증가 •단독으로 사용하지 않음

문제 47

Mn강 중 고온에서 취성이 생기므로 1000~1100℃에서 수중 담금질하는 수인법(water toughening)으로 인성을 부여한 오스테나이트 조직의 구조용강은?

① 붕소강 ② 듀콜(ducol)강
③ 해드필드(hadfield)강 ④ 크로만실(chromansil)강

해설 **고망간강**=하드필드강(Hadfield Steel) : 1.0~1.4% C, 10~14% Mn, 나머지 Fe로 제작된 하금강으로 현재에도 중요한 내마모재료로서 널리 이용되고 있다. 이 재료는 오스테나이트 조직을 하여 강인하지만 격렬한 충격적 외력의 작용으로 표면층이 현저하게 가공경화하며, 아브레이션(abrasion) 즉 연삭 마모 또는 거친 마모에 잘 견디므로 광산, 토목, 시멘트 공업 등의 광석이나 암석 처리의 기계 재료에 적당하다.

해답 46. ④ 47. ③

문제 48

다음 재료 중 기계구조용 탄소강재를 나타낸 것은?

① STS4 ② STC4
③ SM45C ④ STD11

해설 SM45C : (Carbon steel for machine structural use)기계구조용 탄소강, 탄소함량 0.45% (0.42%~0.48%탄소함유량)
STS4 : 합금 공구강
STC4 : 탄소 공구강
STD11 : 합금 공구강

문제 49

탄소강에서 공석강의 현미경 조직은?

① 초석페라이트와 레데뷰라이트
② 초석시멘타이트와 레데뷰라이트
③ 레데뷰라이트와 주철의 혼합조직
④ 페라이트와 시멘타이트의 혼합조직

해설 **공석강** : 펄라이트 조직(페라이트와 시멘타이트가 층상으로 나타나는 조직)
공정주철 : 레데뷰라이트 조직(1148℃의 온도에서 γ고용체와 시멘타이트조직이 동시에 정출되는 조직)

문제 50

가스 질화법의 특징을 설명한 것 중 틀린 것은?

① 질화 경화층은 침탄층보다 경하다.
② 가스 질화는 NH_3의 분해를 이용한다.
③ 질화를 신속하게 하기 위하여 글로우 방전을 이용하기도 한다.
④ 질화용강은 질화 전에 담금질, 뜨임 등 조절 열처리가 필요 없다.

해설

구분	질화법	침탄법
열처리 시간	열처리 시간이 많이 걸린다.	열처리하는 시간이 짧다.
경도	경도가 침탄법보다 높다.	경도가 질화법보다 낮다.
열처리 후 수정	수정되지 않는다.(수정불가)	침탄 후 수정 가능
열처리 후의 상태	질화 후의 열처리가 필요없다.	침탄후의 열처리가 필요하다.
변형	경화에 의한 변형이 적다.	경화에 의한 변형이 생긴다.

해답

48. ③ 49. ④ 50. ④

문제 51

다음 중 구리합금이 아닌 것은?

① 양은 ② 켈밋
③ 실루민 ④ 문츠메탈

해설 **구리합금**

비중 : 8.96, 용융점점 : 1083℃

[구리의 특징] ① 전기가 잘 통한다. ② 비자성체이다.
③ 열전전도가 우수하다. ④ 면심입방격자
⑤ 전연성풍부하다 ⑥ 변태점 없다
⑦ 용접성이 우수하다.
⑧ 공기 중에서 표면이 산화되어 암적색이 되고 재료내부는 부식되지 않음
⑨ 해수에 침식된다. ⑩ 황산, 염산, 질산에 쉽게 용해된다.

구리 합금
- 황동
  - 톰백 : 모조금 아연 5~20% 전연성이 좋고 색깔이 금색 모조금으로 사용, 판재 사용
  - 7:3황동=카터리지메탈 : 70Cu-30Zn의 합금, 가공용 황동의 대표, 자동차 방열기, 탄피재료
  - 6:4황동=문츠메탈 : 60Cu-40Zn황동 중 가장 저렴, 탈아연 부식 발생
  - 황동주물-절삭성과 주조성이 좋아 기계부품, 건축용 부품
  - 쾌삭황동-1.5~3.0%Pb 절삭성이 좋아 정밀절삭 가공을 필요로 하는 기계용 기어, 나사
  - 주석황동
    - 에드머럴티 황동 : 7:3황동에 1%의 내의 Sn 첨가
    - 네이벌 황동 : 6:4황동에 1% 내의 Sn 첨가
  - 델타메탈=철황동 : 6:4황동에 1~2%Fe 함유, 강도와 내식성우수 광산, 선박, 화학기계에 사용
  - 망간니 : 황동에10~15%망간함유 전기저항률이 크고, 온도계수가 적어 표준저항기, 정밀기계에 사용
  - 양은 : 양백=Nickel Silver 10~20%Ni 장식품, 악기, 광학기계부품에 사용
- 청동
  - 청동주물
    - 포금 : 8~12%의 Sn에 1~2%의 Zn을 함유, 해수에 잘 침식되지 않는다.
    - 에드머럴티포금 : 88%의 Cu, 10%Sn, 2%Zn의 합금으로 포금의 주조성과 절삭성 개량
  - 베어링용 청동 : 10~14%Sn, 내마멸성이 크므로 자동차나 일반기계의 베어링으로 사용
  - 인청동 : 인으로 탈산시킨 것으로 강인하고 내식성이 좋아 스프링재료
  - 알루미늄 청동 : 약15%, Al함유, 선박용, 화학공업용
  - 베릴륨 청동 : 탄성이 좋은 점의 이용, 고급스프링, 벨로우즈(bellows)
  - 니켈 청동 : 점성이 강하고, 내식성도 크며, 표면의 평활한 합금이 된다. 뜨임취성을 일으키는 단점이 있다.

※ 실루민 : 알루니늄 합금이다. 알루미늄 + 규소계 합금이다.

해답

51. ③

문제 52

두 종류 이상의 금속 특성을 복합적으로 얻을 수 있는 재료를 말하며, 일반적으로 얇은 복수한 금속을 두껍고 가격이 저렴한 모재에 야금학적으로 접합시킨 금속 보합 재료는?

① 섬유 강화 금속 복합 재료 ② 일방향 응고 공정 합금
③ 다공질 재료 ④ 클래드 재료

해설 **클래드 재료** : 클래드(Clad)란, 이종(異種)금속을 금속학적으로 접합시킨 것으로 단일 금속 및 합금에서는 도달할 수 없는 새로운 특성을 가진 소재이다. 두 종류 이상의 금속 특성을 복합적으로 얻을 수 있는 재료로 얇은 특수한 금속을 두껍고 가격이 저렴한 모재에 야금학적으로 접합시킨 것이 많다.
종류 : 내식성재료와 저탄소강을 조합, 스테인리스강과 인바를 조합

문제 53

순철의 변태에서 α-Fe이 γ-Fe로 변화하는 변태는?

① A_1 변태 ② A_2 변태
③ A_3 변태 ④ A_4 변태

해설 A_1변태 : 공석변태(오스테나이트 ⇔ 펄라이트)
A_2변태 : 철의 자기변태(α철 ⇔ β철)
A_3변태 : 철의 동소변태(α철 ⇔ γ철)
A_4변태 : 철의 동소변태(γ철 ⇔ δ철)

문제 54

Fe-C평형상태도에서 공석점의 탄소 함유량은 약 몇 %인가?

① 0.2% ② 0.5%
③ 0.8% ④ 1.2%

해설 **탄소 함유량에 따른 분류**
0.02%~0.76 : 아공석강
0.77% : 공석점
0.78%~2.11% : 과공석강

문제 55

다음 담금질 조직 중에서 경도가 가장 높은 것은?

① 페라이트 ② 펄라이트
③ 마텐자이트 ④ 트루스타이트

해답

52. ④ 53. ③ 54. ③ 55. ③

해설 **담금질 조직의 경(硬)한 순서**

시멘타이트 > 마텐자이트 > 트루스타이트 > 소르바이트 > 펄라이트 > 오스테나이트 > 페라이트

문제 56

다음 중 소재의 두께가 0.5mm인 얇은 박판에 가공된 구멍의 내경을 측정할 수 없는 측정기는?

① 투영기 ② 공구 현미경

③ 옵티컬 플랫 ④ 3차원 측정기

해설 옵티컬 플랫은 빛의 간섭무늬로 평면도 측정할 때 사용되는 측정기이다.

문제 57

테이퍼 플러그 게이지(taper plug gage)의 측정에서 그림과 같이 정반위에 놓고 핀을 이요애서 측정하려고 한다. M을 구하는 식으로 옳은 것은?

① $M = D + r + r \cdot \cot\beta$

② $M = D + r + r \cdot \tan\beta$

③ $M = D + 2r + 2r \cdot \cot\beta$

④ $M = D + 2r + 2r \cdot \tan\beta$

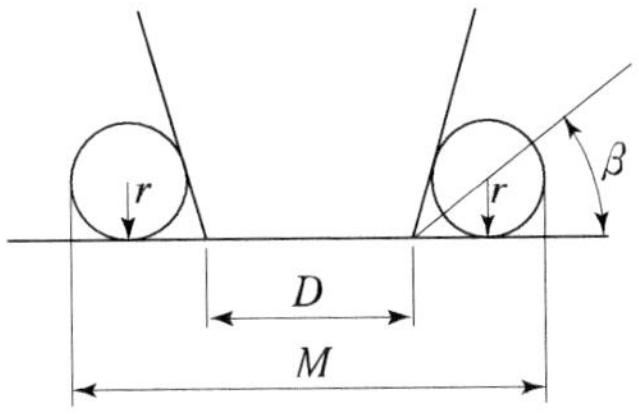

해설

$$M = D + 2r + 2 \times \frac{r}{\tan\beta} = D + 2r + 2r + \cot\beta$$

문제 58

그림과 같은 공작물을 양 센터 작업에서 심압대를 편위시켜 가공할 때 편위량은? (단, 그림의 치수단위는 mm이다.)

① 6mm

② 8mm

③ 10mm

④ 12mm

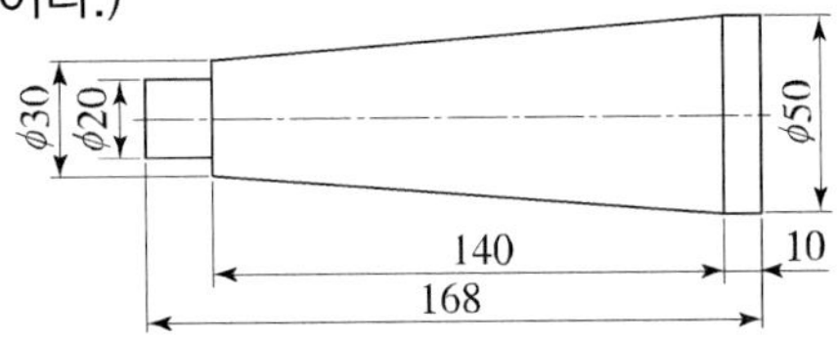

해설 **심압대 편위량** $e = \dfrac{(D-d) \times L}{2l}$

여기서, L : 공작물 전체길이(mm), D : 큰지름(mm)

d : 작은지름(mm), l : 테이퍼 길이(mm)

$$e = \frac{(D-d) \times L}{2l} = \frac{(50-30) \times 168}{2 \times 140} = 12\text{mm}$$

해답

56. ③ 57. ③ 58. ④

문제 59

축용으로 사용되는 한계 게이지는?

① 봉 게이지 ② 스냅 게이지
③ 블록 게이지 ④ 플러그 게이지

해설 **축용 한계 게이지** : 링게이지, 스냅게이지
구멍용 한계 게이지 : 봉게이지, 플러그게이지

문제 60

평면도 측정과 관계없는 것은?

① 수준기 ② 링 게이지
③ 옵티컬 플랫 ④ 오토콜리메이터

해설 **평면도 측정기 종류** : 옵티컬 플랫, 스트레이트에지, 수준기, 오토콜리메이터 등이 있다.

해답

59. ② 60. ②

기계설계산업기사

2017년 3월 5일 시행

제1과목 기계제도

문제 01

바퀴의 암(arm), 형강 등과 같은 제품을 단면을 나타낼 때, 절단면을 90° 회전하거나 절단할 곳의 전후를 끊어서 그 사이에 단면도를 그리는 방법은?

① 전단면도　② 부분 단면도
③ 계단 단면도　④ 회전도시 단면도

해설 **회전도시 단면도** : 바퀴의 암(arm), 형강 등과 같은 제품을 단면을 나타낼 때, 절단면을 90° 회전하거나 절단할 곳의 전후를 끊어서 그 사이에 단면도

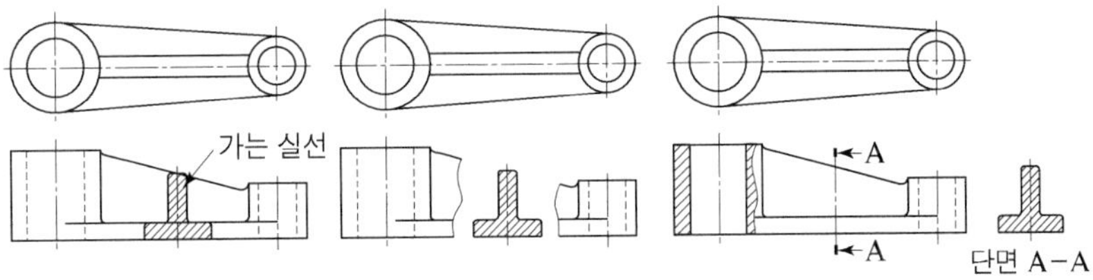

문제 02

"2줄 M20×2"와 같은 나사 표시 기호에서 리드는 얼마인가?

① 5mm　② 2mm
③ 3mm　④ 4mm

해설 **리드** $l = n \times p =$ 2줄 $\times$ 2mm $=$ 4mm

해답

01. ④　02. ④

문제 03

그림과 같은 입체도에서 화살표 방향 투상도로 가장 적합한 것은?

① 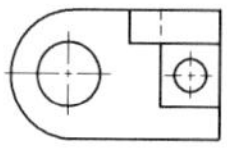
② 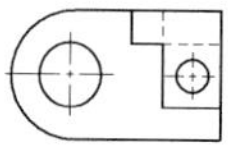
③ 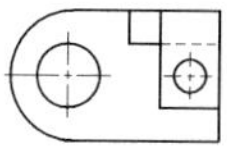
④ 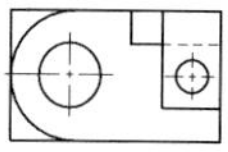

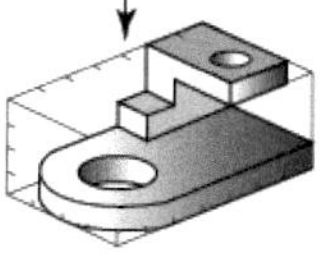

해설

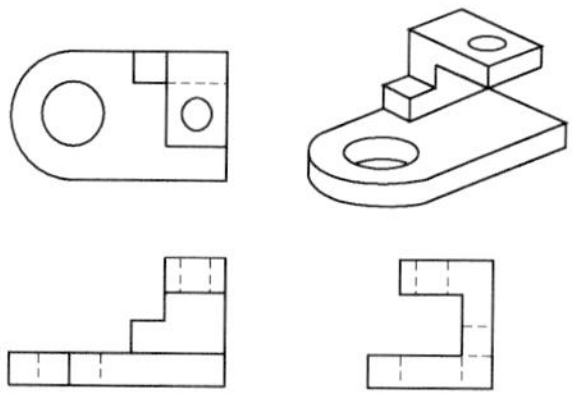

문제 04

보기는 제3각법 정투상도로 그린 그림이다. 우측면도로 가장 접합한 것은?

① 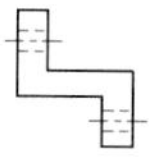
② 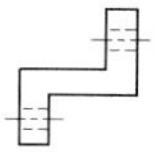
③ 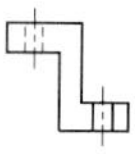
④ 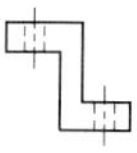

[보기]

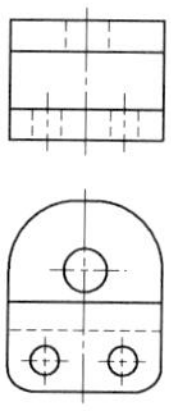

(우측면도)

해설

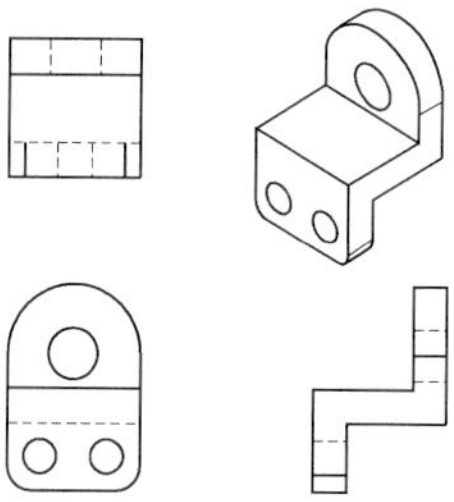

문제 05

나사의 표시법 중 관용 평행나사 "A"급을 표시하는 방법으로 옳은 것은?

① Rc 1/2 A
② G 1/2 A
③ A Rc 1/2
④ A G 1/2

해설

관용 테이퍼 나사	테이퍼 수나사	R	R 3/4
	테이퍼 암나사	Rc	Rc 3/4
	평행 암나사	Rp	Rp 3/4
관용 평행나사		G	G 1/2

해답

03. ③ 04. ② 05. ②

문제 06

가공방법의 표시 기호에서 "SPBR"은 무슨 가공인가?

① 기어 셰이빙　　② 액체 호닝
③ 배럴 연마　　④ 숏 블라스팅

해설

가공방법	약호 I	약호 II	가공방법	약호 I	약호 II
호닝가공	GH	호닝	래핑다듬질	FL	래핑
액체호닝가공	SPL	액체호닝	줄다듬질	FF	줄
배럴연마가공	SPBR	배럴	스크레이퍼다듬질	FS	스크레이퍼
버프다듬질	FB	버프	페이퍼다듬질	FCA	페이퍼
블라스트다듬질	SB	블라스트	주조	C	주조

문제 07

보기와 같은 용접기호의 설명으로 옳은 것은?

[보기]

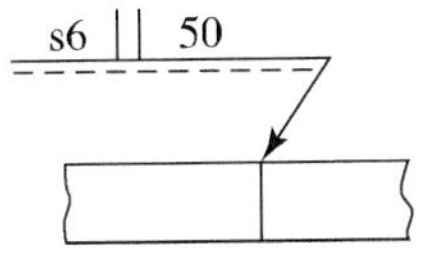

① 화살표 쪽에서 50mm 용접길이의 맞대기 용접
② 화살표 반대쪽에서 50mm 용접길이의 맞대기 용접
③ 화살표 쪽에서 두께가 6mm인 필릿 용접
④ 화살표 반대쪽에서 두께가 6mm인 필릿 용접

해설
- || : I형 이음 맞대기 이음
- s6 : 용접부의 바깥 면으로부터 용입 바닥가지의 최소거리 6mm
- 50 : 용접길이 50mm
- 실선위에 표시 : 화살쪽에서 용접

문제 08

다음 그림에서 "A"의 치수는 얼마인가?

① 200
② 225
③ 250
④ 300

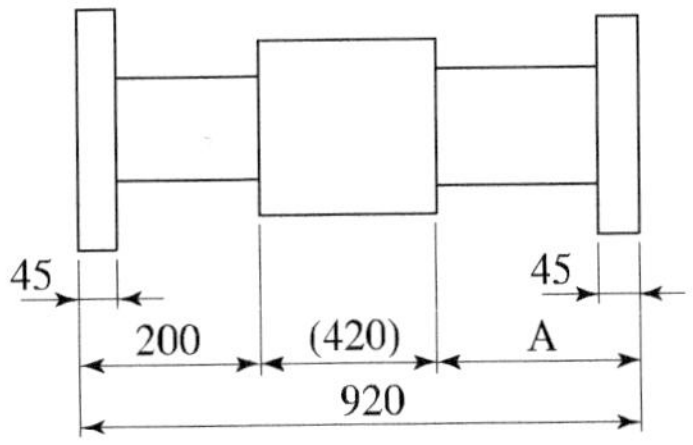

해설 $A = 920 - (200 + 420) = 300\text{mm}$

해답 06. ③ 07. ① 08. ④

문제 09

최대 실체 공차방식을 적용할 때 공차붙이 형체와 그 데이텀 형체 두 곳에 함께 적용 하는 경우로 옳게 표현한 것은?

① | ⌖ | ϕ0.04 Ⓜ | A |

② | ⌖ | ϕ0.04 A | Ⓜ |

③ | ⌖ | ϕ0.04 | Ⓜ | A |

④ | ⌖ | ϕ0.04Ⓜ | AⓂ |

해설 최대실체공차Ⓜ은 치수 뒤에 바로 붙어야 된다. 데이텀(기준)에 최대실체 공차를 적용하는 것도 데이텀 뒤에 바로 붙인다.

문제 10

대상물의 일부를 파단한 경계 또는 일부를 떼어낸 경계를 표시하는 선으로 옳은 것은?

① 가는 1점 쇄선
② 가는 2점 쇄선
③ 가는 1점 쇄선으로 끝부분 및 방향이 변하는 부분을 굵게 한 선
④ 불규칙한 파형의 가는 실선

해설 **파단선** : 불규칙한 파형의 가는 실선으로 나타낸다.

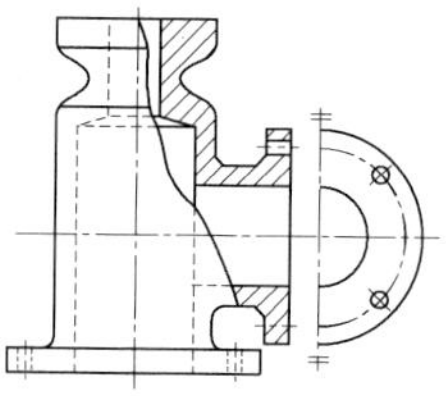

문제 11

도면 작성 시 가는 실선을 사용하는 경우가 아닌 것은?

① 특별히 범위나 영역을 나타내기 위한 틀의 선
② 반복되는 자세한 모양의 생략을 나타내는 선
③ 테이퍼가 진 모양을 설명하기 위해 표시하는 선
④ 소재의 굽은 부분이나 가공 공정을 표시하는 선

해설 **테두리선**(윤곽선) : 특별히 범위나 영역을 나타내기 위한 틀의 선으로 아주 굵은 실선으로 나타낸다.

해답

09. ④ 10. ④ 11. ①

문제 12

그림은 맞물리는 어떤 기어를 나타낸 간략도이다. 이 기어는 무엇인가?

① 스퍼 기어
② 헬리컬 기어
③ 나사 기어
④ 스파이럴 베벨기어

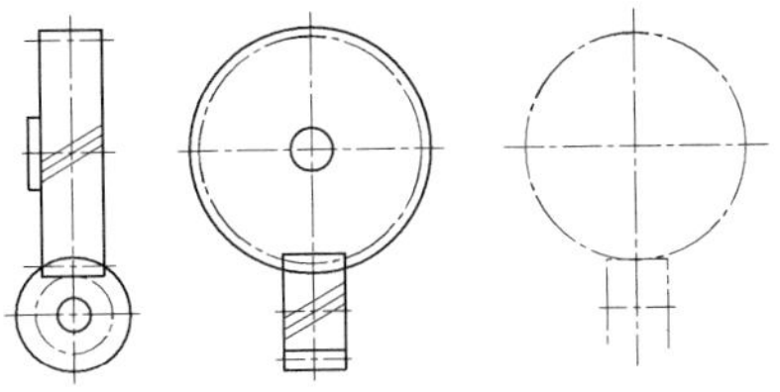

해설 나사기어를 표시 한 그림이다.

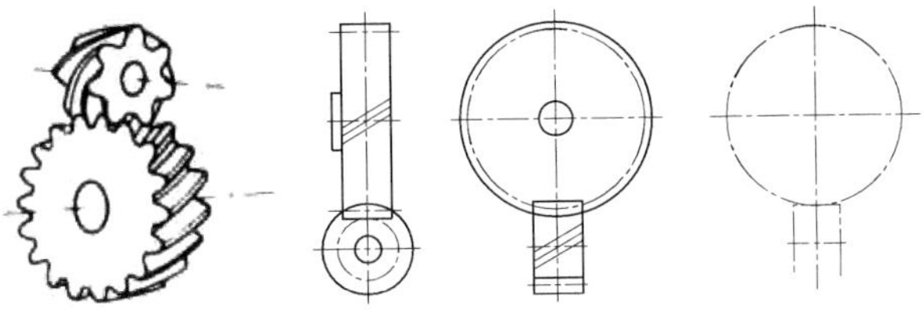

문제 13

다음과 같은 I형강 재료의 표시법으로 옳은 것은?

① $\text{I}A\times B\times t-L$
② $t\times \text{I}A\times B-L$
③ $L-\text{I}\times A\times B\times t$
④ $\text{I}B\times A\times t-L$

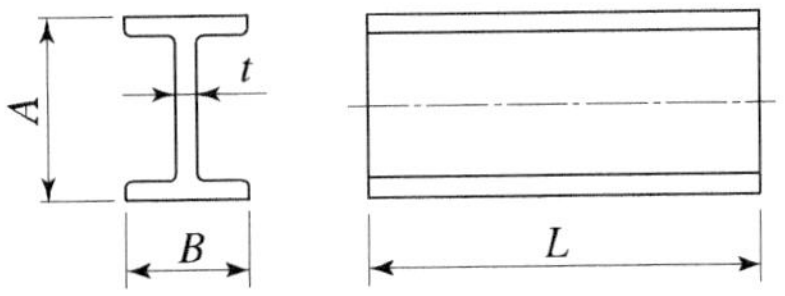

해설 **I형강의 규격 표시법** : $\text{I}A\times B\times t-L$

문제 14

솔리드 모델링 기법의 일종인 특징형상 모델링 기법에 대한 설명으로 옳지 않은 것은?

① 모델링 입력을 설계자 또는 제작자에게 익숙한 형상 단위로 하자는 것이다.
② 각각의 형상단위는 주요 치수를 파라미터로 입력하도록 되어있다.
③ 전형적인 특징형상은 모떼기(chamfer), 구멍(hole), 필릿(fillet), 슬롯(slot) 등이 있다.
④ 사용 분야와 사용자에 관계없이 특징형상의 종류가 항상 일정하다는 것이 장점이다.

해설 **특징 형상 모델링**

① 전형적힌 특징형상은 포켓(pocket), 모따기(chamfer), 구멍(hole), 슬롯(slot) 등이 있다.

해답

12. ③ 13. ① 14. ④

② 모델링된 입체를 제작하는 단계의 공정계획에서 매우 유용하게 사용될 수 있다.
③ 모델링 입력을 설계자 또는 제작자에게 익숙한 형상 단위로 수행하는 것이다.
④ 사용분야와 사용자에 따라 특징현상의 모양이 차이점이 있다.

문제 15

솔리드 모델링 방식 중 B-rep과 비교한 CSG의 특징이 아닌 것은?

① 불리언 연산자 사용으로 명확한 모델생성이 쉽다.
② 데이터가 간결하여 필요 메모리가 적다.
③ 형상수정이 용이하고 체적, 중량을 계산할 수 있다.
④ 투상도, 투시도, 전개도, 표면적 계산이 용이하다.

해설

구분			CSG	B-Reps
데이터 특성	데이터 작성		용이	곤란
	데이터 구조		단순	복잡
	데이터 수정		용이	약간 용이
	모델재생시간		많이 걸린다.	적게 걸린다.
	필요 메모리 영역		용량이 적음	용량이 많음
응용성	3면도, 투시도 작성		용이	곤란
	전개도 작성		곤란	용이
	표면적 계산		곤란	용이
	중량 계산		용이(몬테카를로법)	약간 곤란(적분법)
	유한요소법의 적용	솔리드	용이	곤란
		표면	곤란	용이
	NC 테이프의 작성		비교적 용이	용이

문제 16

곡선들 중에서 원추단면 곡선(conic section curve)이 아닌 것은?

① 포물선(parabola)　② 타원(ellipse)
③ 대수곡선(algebraic curve)　④ 쌍곡선(hyperbola)

해설 **원추곡선**

① 원
② 타원
③ 포물선
④ 쌍곡선

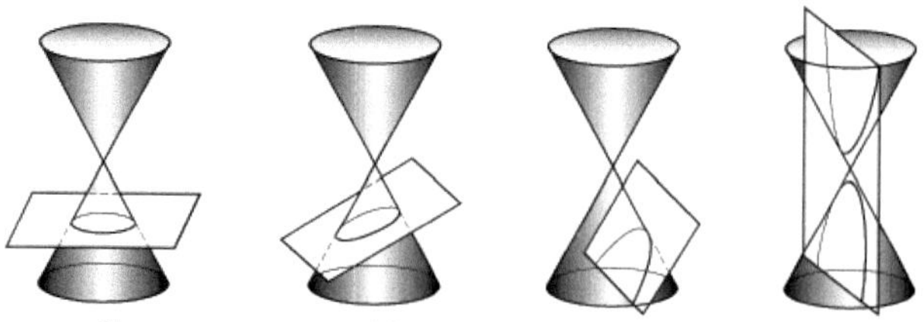

원　타원　포물선　쌍곡선

해답

15. ④　16. ③

문제 17

모델링과 관계된 용어의 설명으로 잘못된 것은?

① 스위핑(Sweeping) : 하나의 2차원 단면형상을 입력하고 이를 안내곡선을 따라 이동시켜 입체를 생성하는 것
② 스키닝(Skinning) : 원하는 경로 상에 여러 개의 단면 형상을 위치시키고 이를 덮는 입체를 생성하는 것
③ 리프팅(Lifting) : 주어진 물체 특정면의 전부 또는 일부를 원하는 방향으로 움직여서 물체가 그 방향으로 늘어난 효과를 갖도록 하는 것
④ 블랜딩(Blending) : 주어진 형상을 국부적으로 변화시키는 방법으로 접하는 곡면을 예리한 모서리로 처리하는 것

해설 **블랜딩**(Blending) : 이미 정의된 두 곡면을 매끄럽게 연결하는 것, 또는 떨어져서 구성된 두 곡면의 접선, 법선 벡터를 일치시켜 곡면을 구성한다.

문제 18

다음 중 데이터의 전송속도를 나타내는 단위는?

① BPS ② MIPS
③ DPI ④ RPM

해설

BPS(bit per second) ※통신속도를 나타내는 단위	초당 비트수. 1초 동안에 몇 개의 비트를 전송할 수 있는가를 나타내는 단위. 1초간에 1비트를 전송하면 1bps로 표시한다. 이것은 컴퓨터 통신에서 사용되는 용어로 데이터 전송의 빠르기를 평가하는 단위로 사용된다.
MIPS(million instructions per second) ※CPU의 처리속도	컴퓨터의 성능을 나타내는 지표가 된다. 어떤 처리장치(processor)의 처리속도가 18.5MIPS라면 1초 동안에 1,850만 개의 명령을 실행할 수 있다는 의미이다. 컴퓨터의 성능을 평가하는 정량적인 평가 단위의 하나로, 단위시간에 처리할 수 있는 명령어 수로 나타내는 단위
DPI(Dots Per Inch) ※프린터 출력 밀도(해상도)	Dots Per Inch의 약자, 프린터의 해상도를 가리키는 단위로 1인치 안에 표시할 수 있는 점의 갯수를 뜻한다. 예를 들어 300dpi의 해상도를 가진 프린터란 1인치당 300개의 점을 표시할 수 있다는 뜻이며, 숫자가 높을수록 인쇄상태가 좋다.
cps(character per second) ※프린터 출력 속도	1초에 인쇄할 수 있는 문자수
BPI(Byte Per Inch) ※자기테이프의 기록 밀도	자기테이프의 기록밀도, 즉 자기테이프 등에 기록하는 데이터의 밀도를 나타내는 데에 사용하는 단위이다. 1인치당 기록되어 있는 문자의 수로 표시하고, 1600BPI, 6250BPI와 같은 식으로 사용되며, 각각 1인치당 1600자, 6250자가 기록되어 있는 것을 나타낸다.

해답

17. ④ 18. ①

문제 19

CAD 소프트웨어가 반드시 갖추고 있어야 할 기능으로 거리가 먼 것은?

① 화면 제어 기능 ② 치수 기입 기능
③ 도형 편집 기능 ④ 인터넷 기능

해설 CAD 소프트웨어는 인터넷 기능은 없어도 된다.

문제 20

서피스 모델에서 사용되는 기본곡면의 종류에 속하지 않는 것은?

① Revolved surface ② Topology surface
③ Sweep surface ④ Bezier surface

해설 Topology surface : 위상곡면으로 기본곡면에 속하지 않는다.

제2과목 기계요소설계

문제 21

드럼의 지름 600mm인 브레이크 시스템에서 98.1N · m의 제동 토크를 발생시키고자 할 때 블록을 드럼에 밀어붙이는 힘은 약 몇 kN인가?(단, 접촉부 마찰계수는 0.3이다.)

① 0.54 ② 1.09
③ 1.51 ④ 1.96

해설 $T=\mu P\times\frac{D}{2}$

밀어붙이는 힘 $P=\frac{2T}{\mu D}=\frac{2\times98100}{0.3\times600}=1090\text{N}=1.09\text{kN}$

문제 22

0.45t의 물체를 지지하는 아이 볼트에서 볼트의 허용인장응력이 48MPa라 할 때, 다음 미터 나사 중 가장 적합한 것은? (단, 나사 바깥지름은 골지름의 1.25배로 가정하고, 적합한 사양 중 가장 작은 크기를 선정한다.)

① M14 ② M16
③ M18 ④ M20

해답

19. ④ 20. ② 21. ② 22. ①

해설 **하중** $W = 0.45t = 450kgf = 450 \times 9.8N = 4410N$

골지름 $d_1 = \sqrt{\frac{4W}{\pi\sigma_a}} = \sqrt{\frac{4 \times 4410}{\pi \times 48}} = 10.815mm$

바깥지름 $d_2 = d_1 \times 1.25 = 10.815 \times 1.25 = 13.518mm$

처음으로 큰 호칭은 M14을 선정한다.

문제 23

용접이음의 단점에 속하지 않는 것은?

① 내부 결함이 생기기 쉽고 정확한 검사가 어렵다.
② 용접공의 기능에 따라 용접부의 강도가 좌우된다.
③ 다른 이음작업과 비교하여 작업 공정이 많은 편이다.
④ 잔류응력이 발생하기 쉬워서 이를 제거하는 작업이 필요하다.

해설 용접이음은 리벳이음에 비해 작업공정이 적다.
리벳이음은 드릴작업 → 리밍작업 → 리벳팅작업 → 코킹, 플러링 작업 공정이 많다.

문제 24

기어의 피치원 지름이 무한대로 회전운동을 직선운동으로 바꿀 때 사용하는 기어는?

① 베벨 기어　　② 헬리컬 기어
③ 래크와 피니언　　④ 웜 기어

해설 래크는 피치원지름이 무한대인 기어이다.

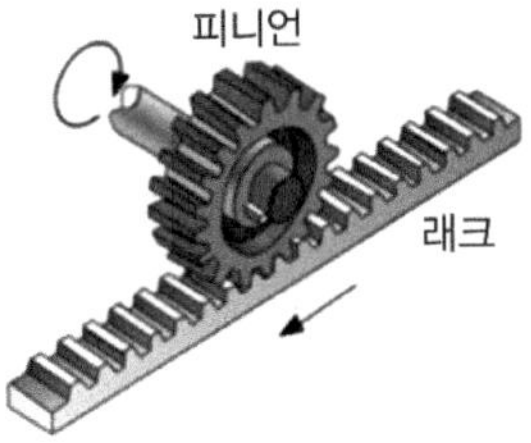

문제 25

원형 봉에 비틀림 모멘트를 가할 때 비틀림 변형이 생기는데, 이 때 나타나는 탄성을 이용한 스프링은?

① 토션 바　　② 벌류트 스프링
③ 와이어 스프링　　④ 비틀림 코일스프링

해답

23. ③　24. ③　25. ①

해설 **토션 바**

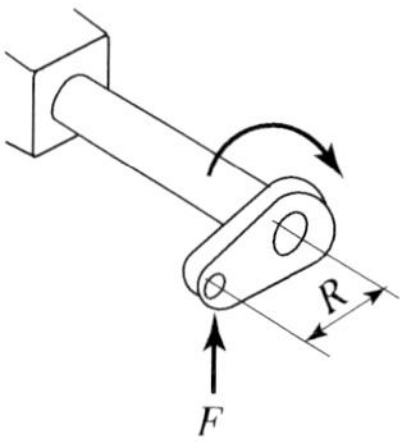

문제 26

주로 회전운동을 왕복운동으로 변환시키는 데 사용하는 기계요소로서 내연기관의 밸브 개폐기구 등에 사용되는 것은?

① 마찰차(frictin wheel) ② 클러치(clutch)
③ 기어(gear) ④ 캠(cam)

해설 **캠**(cam)

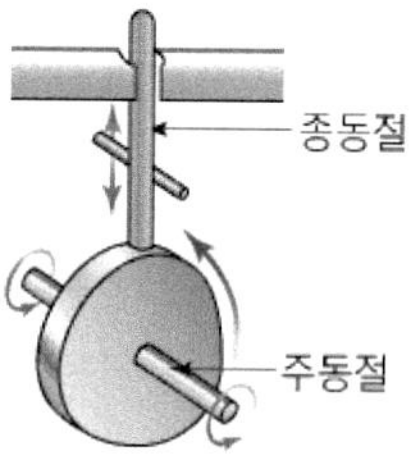

문제 27

볼 베어링에서 수명에 대한 설명으로 옳은 것은?

① 베어링에 작용하는 하중의 3승에 비례한다.
② 베어링에 작용하는 하중의 3승에 반비례한다.
③ 베어링에 작용하는 하중의 10/3승에 비례한다.
④ 베어링에 작용하는 하중의 10/3승에 반비례한다.

해설

수명시간 $L_h = 500 \times \frac{33.3}{N} \times \left(\frac{c}{P_a}\right)^r$ [hr]

여기서, P_a : 실제 베어링 하중, $P_a = f_w \times P_{th}$
P_{th} : 이론 베어링 하중
f_w : 하중계수
c : 기본 동적부하 용량[N], [kgf]
r : 베어링 지수 → 볼베어링 : $r=3$
롤러베어링 : $r = \frac{10}{3}$

해답

26. ④ 27. ②

문제 28

잇수 32, 피치 12.7mm, 회전수 500rpm의 스프로킷 휠에 50번 롤러 체인을 사용하였을 경우 전달동력은 약 몇 kW인가?(단, 50번 롤러 체인의 파단하중은 22.10kN, 안전율은 15이다.)

① 7.8 ② 6.4
③ 5.6 ④ 5.0

해설 $H = F_s \times V = 1.473 \times 3.386 = 4.987\text{kW} \fallingdotseq 5\text{kW}$

안전속도 $F_s = \frac{F_B}{S} = \frac{22.1}{15} = 1.473\text{kN}$

속도 $V = \frac{pZN}{60 \times 1000} = \frac{12.7 \times 32 \times 500}{60 \times 1000} = 3.386\text{m/s}$

문제 29

묻힘 키(sunk key)에 생기는 전단응력을 τ, 압축응력을 σ_c라고 할 때, $\frac{\tau}{\sigma_c} = \frac{1}{2}$이면 키 폭 b와 높이 h의 관계식으로 옳은 것은? (단, 키 홈의 높이는 키 높이의 1/2이다.)

① $b = h$ ② $h = \frac{b}{4}$
③ $b = \frac{h}{2}$ ④ $b = 2h$

해설

$$\frac{\tau}{\sigma_c} = \frac{\frac{2T}{d_s bL}}{\frac{4T}{d_s hL}} = \frac{h}{2b},\quad \frac{\tau}{\sigma_c} = \frac{h}{2b} = \frac{1}{2},\quad b = h$$

문제 30

전달동력 2.4kW, 회전수 1800rpm을 전달하는 축의 지름은 약 몇 mm 이상으로 해야 하는가?(단, 축의 허용전단응력은 20MPa이다.)

① 20 ② 12
③ 15 ④ 17

해설

$$T = 974000 \times \frac{H_{KW}}{N} = 974000 \times \frac{2.4}{1800} = 1298.66\text{kgf}\cdot\text{mm} = 12726.93\text{N}\cdot\text{mm}$$

$$d = \sqrt[3]{\frac{16 \times T}{\pi \times \tau_a}} = \sqrt[3]{\frac{16 \times 12726.93}{\pi \times 20}} = 14.798\text{mm} \fallingdotseq 15\text{mm}$$

해답 28. ④ 29. ① 30. ③

문제 31

나사 프레스에서 나사는 압축강도가 500N/mm^{2}인 재료로 만들었으며, 여기에 최대 3kN의 압축하중이 작용한다. 안전계수를 9 이상으로 할 때 나사 골지름은 약 몇 mm 이상이어야 하는가?

① 8.3 ② 10.4
③ 12.8 ④ 14.5

해설 골지름 $d_1 = \sqrt{\dfrac{4QS}{\pi\sigma_u}} = \sqrt{\dfrac{4\times3000\times9}{\pi\times500}} = 8.29\text{mm}$

문제 32

공작기계의 주축 등에 사용하며 주로 비틀림을 받는 축으로 형상과 치수가 정밀하고 변형이 적으며 축의 지름에 비해 길이가 짧은 축을 의미하는 것은?

① 스핀들 ② 유니버설 조인트
③ 전동축 ④ 플렉시블 축

해설 **스핀들**은 주로 비틀림 작용을 받으며 짧은 회전축으로 공작기계의 주축에 주로 사용한다.
전동축은 비틀림과 굽힘을 동시에 받는 축으로 강도가 큰 재질로 사용한다.

문제 33

147kN의 인장하중을 받는 강판이 양쪽 덮개판 리벳 이음으로 연결되어 있다. 리벳의 지름이 13mm라면 리벳의 수는 몇 개 이상을 사용하면 좋은가? (단, 리벳의 허용전단응력은 50Mpa이고, 양쪽 덮개판 이음에 따른 전단면 계수는 1.8로 한다.)

① 13개 ② 11개
③ 9개 ④ 7개

해설 두 판재가 양쪽 덮개판 1불 맞대기 이음에서 다수의 리벳일 경우 리벳에 작용하는 전단응력

$$\tau = \frac{W}{1.8\times\left(\dfrac{\pi d^2}{4}\right)\times Z},\quad 50 = \frac{147\times10^3}{1.8\times\left(\dfrac{\pi\times13^2}{4}\right)\times Z}$$

리벳의 개수 $Z = 12.3$ $\therefore$ 13개

해답

31. ① 32. ① 33. ①

문제 34

밴드 브레이크의 긴장측 장력 7.99kN, 밴드 두께 2mm, 허용인장응력 78.48 MPa일 때, 밴드의 폭은 약 몇 mm 이상이어야 하는가? (단, 이음 효율은 100%로 한다.)

① 43 ② 51

③ 60 ④ 71

해설

$$\sigma_t = \frac{T_t}{b \times t \times \eta}$$

밴드의 폭 $b = \dfrac{T_t}{\sigma_t \times t \times \eta} = \dfrac{7990}{78.48 \times 2 \times 1} \fallingdotseq 50.9\text{mm}$

문제 35

평벨트와 비교하여 V벨트 선동장치가 가진 특징으로 옳지 않은 것은?

① 접촉 면적이 넓으므로 큰 동력을 전달할 수 있다.

② 미끄럼이 적고 속도비를 크게 할 수 있다.

③ 운전이 조용하고 충격 흡수 능력이 크다.

④ 바로걸기와 엇걸기를 모두 적용할 수 있다.

해설

- V-벨트 바로걸기만 가능하다.
- 평벨트는 바로걸기, 엇걸기 모두 가능하다.

문제 36

키 홈이나 축의 지름이 급격히 변화하는 부분에서 응력 분포가 불규칙하고 주위의 평균 응력보다 훨씬 큰 응력이 발생하는 것을 무엇이라고 하는가?

① 피로 파괴 ② 응력 집중

③ 가공 경화 ④ 크리프

해설 **응력집중** : 노치부분에 응력분포가 불규칙하게 나타나고 평균응력(σ_n)보다 훨씬 큰 응력(σ_{max})가 발생한다.

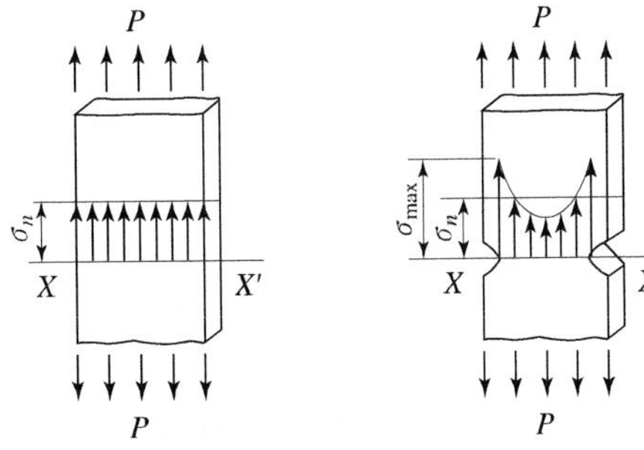

(a) 균일단면 (b) 노치부분

해답

34. ② 35. ④ 36. ②

문제 37

원통 롤러 베어링 N206이 500rpm으로 1800N의 베어링 하중을 받을 때 이 베어링의 수명은 약 몇 시간인가? (단, 이 베어링의 기본 동적격하중은 14500N, 하중계수는 1.5로 한다.)

① 8422　② 9041
③ 9672　④ 10422

해설 **베어링 하중계수** $f_w = 1.5$

실제 베어링 하중 $P_a = P_{th} \times f_w = 1800 \times 1.5 = 2700\text{N}$

$$L_h = 500 \times \frac{33.3}{N} \times \left(\frac{c}{P_a}\right)^{\frac{10}{3}} = 500 \times \frac{33.3}{500} \times \left(\frac{14500}{2700}\right)^{\frac{10}{3}} = 9032.16\text{hr}$$

문제 38

기어의 피치원의 지름을 D, 원주피치를 P라면 기어의 잇수(Z)를 구하는 공식은?

① $\dfrac{P}{\pi D}$　② $\dfrac{\pi P}{D}$
③ $\dfrac{D}{\pi P}$　④ $\dfrac{\pi D}{P}$

해설 **원주피치** $p = \dfrac{\pi D}{Z}$　**잇수** $Z = \dfrac{\pi D}{p}$

문제 39

직사각형 단면의 판을 축방향으로 원추형으로 감아올려 사용하는 것으로 주로 압축용으로 쓰이는 스프링은?

① 링 스프링　② 토션 바
③ 벌류트 스프링　④ 접시 스프링

해설 **벌류트 스프링**(Volute Spring)

직사각형 단면의 평강을 코일 중심선에 평행하게 감아 원뿔 형태로 감아서 만든 스프링이다. 비틀림 모멘트가 가해질 때 생기는 비틀림 변형에 의한 탄성을 이용한다.

해답

37. ② 38. ④ 39. ③

문제 40

한 변이 50mm인 정사각형 단면의 봉에 3t 질량을 가진 물체에 의하여 중력방향으로 인장하중이 작용할 때 발생하는 인장응력은 약 몇 N/cm^2인가?

① 117.7　② 141.4
③ 1177　④ 1414

해설 $\sigma = \frac{F}{A} = \frac{3000 \times 9.8N}{5cm \times 5cm} = 1176N/cm^2$

제3과목 기계재료 및 측정

문제 41

다음 중 발전기, 전동기, 변압기 등의 철심 재료에 가장 적합한 특수강은?

① 규소강　② 베어링강
③ 스프링강　④ 고속도공구강

해설 **규소강** : 연질 자성재료의 일종으로서 철에 소량의 규소 Si를 첨가하여 제조한 강으로 가격이 싸고 여러 자기특성이 뛰어나 전력기기의 철심에 대량으로 사용된다. 철에 규소를 첨가하면 자기이방성과 자기변형은 감소하고, 투자율이 증가하면서 자기특성이 감소된다. 또한 저항률은 증가하고 과전류손실이 감소하여 교류에 적합하게 된다. 규소 함량이 증가하면 자성은 향상하지만 가공성이 나빠지므로 실제 규소강판에는 규소 약 5% 이하가 쓰이며 3% 부근이 가장 많다. 규소 함량이 적은 경우에는 높은 투자율을 요구하는 전동기 · 발전기에 쓰이고, 규소 함량이 비교적 많은 경우에는 높은 투자율과 낮은 에너지 손실을 요구하는 변압기에 사용된다.

문제 42

공구 재료가 갖추어야 할 일반적 성질 중 틀린 것은?

① 인성이 클 것　② 취성이 클 것
③ 고온경도가 클 것　④ 내마멸성이 클 것

해설 취성이 크면 잘 깨지기 때문에 공구재료는 취성이 작아야 한다.

해답

40. ③　41. ①　42. ②

문제 43

담금질할 강재의 잔류 오스테나이트를 제거하며, 치수변화 등을 방지하는 목적으로 0℃ 이하에서 열처리하는 방법은?

① 저온뜨임 ② 심냉처리
③ 마템퍼링 ④ 용제화처리

해설 **심냉처리** : 담금질할 강재의 잔류 오스테나이트를 제거하며, 치수변화 등을 방지하는 목적으로 0℃ 이하에서 열처리하는 방법

① **저온뜨임** : 담금질에 의해 발생한 내부응력이 제거되고 강재의 표면에 발생한 응력이나 마텐자이트의 메짐성이 없어진다. 이와 같이 경도만이 요구되는 경우 약 100~200℃ 부근에서 뜨임하는 것을 말한다.

② **마템퍼링** : 담금질 온도로 가열한 강재를 항온 염욕에서 항온 변태를 시킨 후에 상온까지 공냉하는 담금질 방법으로 경도가 크고 인성이 있는 마텐자이트와 베이나이트 혼합조직이 얻어지므로 담금질 변형 및 균열, 취성 제거에 이용되고 있다.

문제 44

알루미늄의 성질로 틀린 것은?

① 비중이 약 7.8이다. ② 면심입방격자 구조이다.
③ 용융점은 약 660℃이다. ④ 대기 중에서는 내식성이 좋다.

해설 알루미늄 비중은 2.7이다.

문제 45

구리합금 중 최고의 강도를 가진 석출 경화성 합금으로 내열성, 내식성이 우수하여 베어링 및 고급 스프링 재료로 이용되는 청동은?

① 납청동 ② 인청동
③ 베릴륨 청동 ④ 알루미늄 청동

해설 **베릴륨 청동** : 구리에 베릴륨 1~2.5%를 함유시킨 합금으로 담금질하여 시효 경화시키면 기계적 성질이 합금강에 뒤떨어지지 않으며, 내식성도 우수하여 기어, 베어링, 판 스프링 , 고급 스프링재료 등에 이용된다.

문제 46

열간 가공과 냉간 가공을 구별하는 온도는?

① 포정 온도 ② 공석 온도
③ 공정 온도 ④ 재결정 온도

해설 **재결정 온도** : 열간가공과 냉간가공을 구별하는 온도

해답

43. ② 44. ① 45. ③ 46. ④

문제 47

주철에서 탄소강과 같이 강인성이 우수한 조직을 만들 수 있는 흑연 모양은?

① 편상흑연 ② 괴상흑연
③ 구상흑연 ④ 공정상흑연

해설 **구상흑연** : 구상흑연주철은 구(球) 모양의 흑연을 가지며 회주철 대비 높은 인장 강도와 인성을 가지고 있다.

문제 48

소결합금으로 된 공구강은?

① 초경합금 ② 스프링강
③ 탄소공구강 ④ 기계구조용강

해설 **초경합금**

① 소결 탄화물 경질 합금(주성분 : WC, TiC, TaC, Co)
② 경도가 높은 금속 탄화물 가루에 결합제로서 코발트 가루를 혼합하고, 이를 압축 성형시켜 소결 제조한 탄화물 합금이다.

문제 49

플라스틱 재료의 일반적인 성질을 설명한 것 중 틀린 것은?

① 열에 약하다. ② 성형성이 좋다.
③ 표면경도가 높다. ④ 대부분 전기 절연성이 좋다.

해설 플라스틱은 표면경도가 낮다.

문제 50

담금질 조직 중에 냉각속도가 가장 빠를 때 나타나는 조직은?

① 소르바이트 ② 마텐자이트
③ 오스테나이트 ④ 트루스타이트

해설 담금질 조직 중에서 냉각속도가 가장 빠른 조직은 마텐자이트이다.

문제 51

스프링강이 갖추어야 할 특성으로 틀린 것은?

① 탄성한도가 커야 한다.
② 충격 및 피로에 대한 저항성이 커야 한다.
③ 마텐자이트 조직으로 구성되어 있어야 한다.
④ 사용 중에 영구변형을 일으키지 않아야 한다.

해답

47. ③ 48. ① 49. ③ 50. ② 51. ③

해설 스프링강의 인성과 탄성을 모두 만족시키는 조직인 소르바이트 조직을 사용한다.

스프링강

① 철강재료
  ㉠ 냉간가공 : 철사스프링, 얇은 판 스프링 제작
  ㉡ 열간가공 : 탄소 0.6(%) 이상의 고탄소강에 규소를 넣어주고, 뜨임한 것 재료로 제작한다.

② 비철재료
  ㉠ 인청동 : 인으로 탈산시킨 것으로 스프링, 기어, 밸브 등에 사용된다.

문제 52

담금질한 강에 A_1 변태점 이하의 열을 가하여 인성을 부여하는 열처리는?

① 뜨임 ② 질화법
③ 침탄법 ④ 노멀라이징

해설 **뜨임**(Tempering) : 저온뜨임과 고온뜨임이 있으며, A_1변태점 이하 온도로 가열 후 공기 중에서 냉각(공냉) 또는 노안에서 냉각(노냉)시킨다.

① 저온뜨임 : 담금질에 의해 발생한 내부응력이 제거되고, 강재의 표면에 발생한 응력이나 마텐자이트의 메짐성이 없어진다. 이와 같이 경도만이 요구되는 경우 약 100~200℃ 부근에서 뜨임하는 것을 말한다.(오스테나이트 → 트루스타이트) 또는 마텐자이트를 400℃로 뜨임하면 트루우스타이트가 얻어진다.(M → T)

② 고온뜨임 : 강인한 재질로 만들기 위하여 500~600℃의 고온에서 뜨임하는 것을 말한다.(트루스타이트 → 소르바이트)

문제 53

일반적인 플라스틱 재료의 성질과 강의 성질을 비교한 것 중 옳지 않은 것은?

① 강에 비해 가볍다. ② 강에 비해 성형성이 우수하다.
③ 강에 비해 인장강도가 매우 크다. ④ 강에 비해 열에 대한 저항성이 낮다.

해설 플라스틱은 강(steel)에 비해 인장강도가 매우 작다.

문제 54

탄소강에서 탄소 함량의 증가에 따라 증가하는 것은?

① 비중 ② 열전도도
③ 전기저항 ④ 열팽창계수

해설 **탄소강에서 탄소(C) 함유량이 많아질수록**

① 증가하는 것 : 강도, 경도, 취성, 전기저항, 비열, 항복강도
② 감소하는 것 : 연성, 전성, 인성, 충격값, 비중, 열전도율, 열팽창계수, 내마모성

해답

52. ① 53. ③ 54. ③

문제 55

탄소강에 조재하는 원소 중에서 강도를 증가시키고 고온에서의 소성가공성을 좋게 하며 주조성과 담금질 효과를 향상시키는 원소는?

① Cr ② Mn
③ P ④ S

해설 Mn(망간)은 탄소강에 강도를 증가 시키고 고온에서의 소성가공성을 좋게 하며 주조성과 담금질 효과를 향상시킨다.

문제 56

그림에서 플러그 게이지의 기울기가 0.05일 때, M_2의 길이[mm]는?

① 10.5
② 11.5
③ 13
④ 16

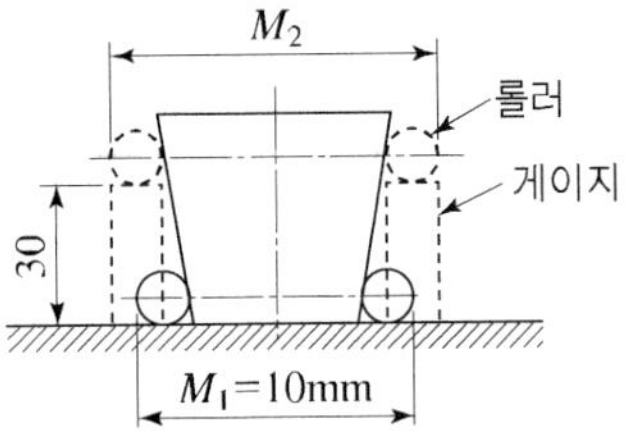

해설

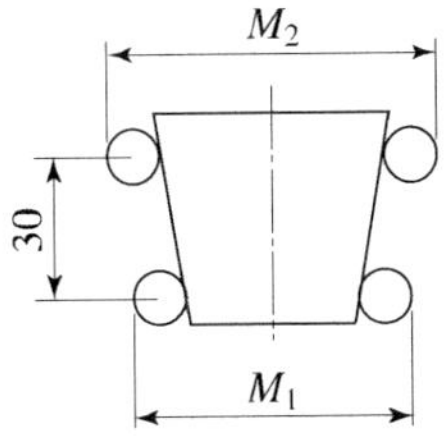

$$M_2 = M_1 + 2 \times e = 10 + 2 \times 1.5 = 13\text{mm}$$

$$0.05 = \frac{e}{30},\ e = 0.05 \times 30 = 1.5$$

문제 57

20℃에서 20mm인 게이지 블록이 손과 접촉 후 온도가 36℃가 되었을 때, 게이지 블록에 생긴 오차는 몇 mm인가?(단, 선팽창계수는 1.0×10^{-6}/℃이다.)

① 3.2×10^{-4} ② 3.2×10^{-3}
③ 6.4×10^{-4} ④ 6.4×10^{-3}

해설 **열에 의한 길이 변화량**

$$\Delta L_{th} = \alpha \times L \times \Delta T = 1 \times 10^{-6} \times 20 \times 16 = 3.2 \times 10^{-4}\text{mm}$$

해답

55. ② 56. ③ 57. ①

문제 58

삼각함수에 의하여 각도를 길이로 계산하여 간접적으로 각도를 구하는 방법으로, 블록 게이지와 함께 사용하는 측정기는?

① 사인 바 ② 베벨 각도기
③ 오토 콜리메이터 ④ 콤비네이션 세트

해설 **사인 바**(sin bar) : 삼각함수에 의하여 각도를 길이로 계산하여 간접적으로 각도를 구하는 방법으로, 블록 게이지와 함께 사용하는 측정기

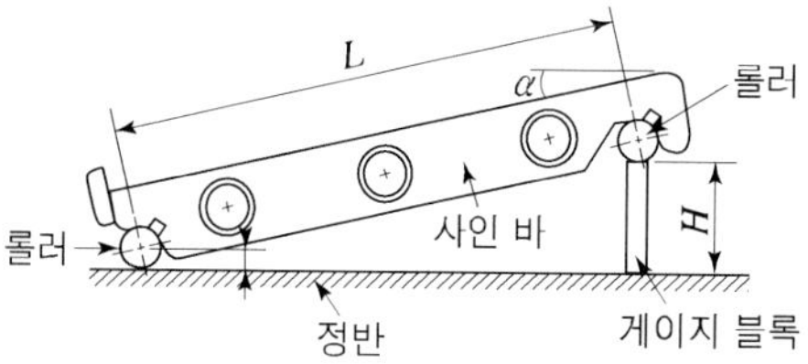

① **베벨 각도기** : 눈금판과 블레이드와 스토크로 되어 있으며, 아들자는 어미자의 23눈금을 12등분한 것으로, 5까지 측정할 수 있다.
② **오토 콜리메이터** : 미소각을 측정하는 광학적 측정기로서 정밀 정반의 평면도, 직각도, 평행도, 흔들림 등을 측정한다.
③ **콤비네이션 세트** : 각도의 측정, 중심내기 등에 사용되는 측정기이다.

문제 59

다이얼게이지의 사용상 주의사항이 아닌 것은?

① 스핀들이 원활히 움직이는가를 확인한다.
② 스탠드를 앞뒤로 움직여 지시값의 차를 확인한다.
③ 스핀들을 갑자기 작동시켜 반복 정밀도를 본다.
④ 다이얼게이지의 편차가 클 때는 교환 또는 수리가 불가능하므로 무조건 폐기시킨다.

해설 다이얼게이지는 기어의 원리를 이용한 비교측정 장비로 의 편차가 클 때는 기어의 마모 및 기어 이의 물림의 정도를 살펴보고 수리할 수 있다.

문제 60

사인바로 각도를 측정할 때 몇 도를 넘으면 오차가 가장 심하게 되는가?

① 10° ② 20°
③ 30° ④ 45°

해설 사인바로 각도를 측정할 때 45° 이하에서 사용하며 45가 넘으면 사인바가 측정면에서 미끄러지기 쉬워 오차가 발생되기 쉽다.

해답

58. ① 59. ④ 60. ④

기계설계산업기사

2017년 5월 7일 시행

제1과목 기계제도

문제 01

KS 기계제도에서 특수한 용도의 선으로 아주 굵은 실선을 사용해야 하는 경우는?

① 나사, 리벳 등의 위치를 명시하는데 사용한다.
② 외현선 및 숨은선의 연장을 표시하는데 사용한다.
③ 평면이라는 것은 나타내는데 사용한다.
④ 얇은 부분의 단면도시를 명시하는데 사용한다.

해설 가스캣과 같은 얇은 부분의 단면도시는 아주 굵은 실선으로 한다.

문제 02

KS 용접 기호 중 현장 용접을 뜻하는 기호가 표함된 것은?

① 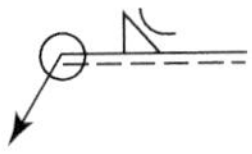
② 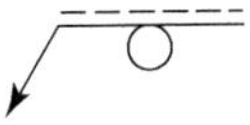
③ 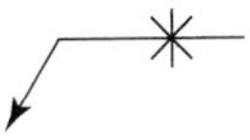
④ 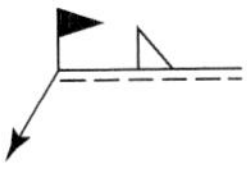

해설 현장용접은 깃발( )표시가 있다.

문제 03

제 3각법으로 나타낸 그림에서 정면도와 우측면도를 고려하여 가장 적합한 평면도는?

① 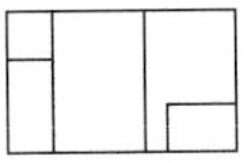
② 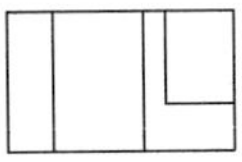
③ 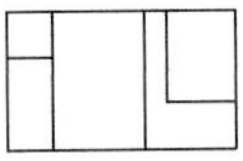
④ 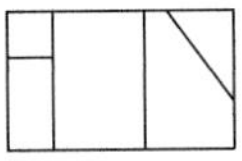

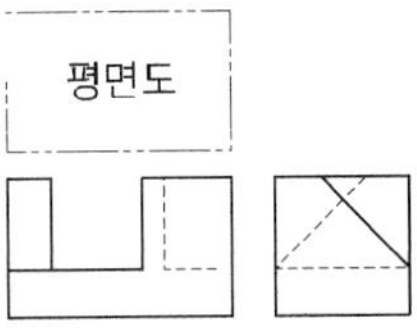

해답

01. ④ 02. ④ 03. ③

해설

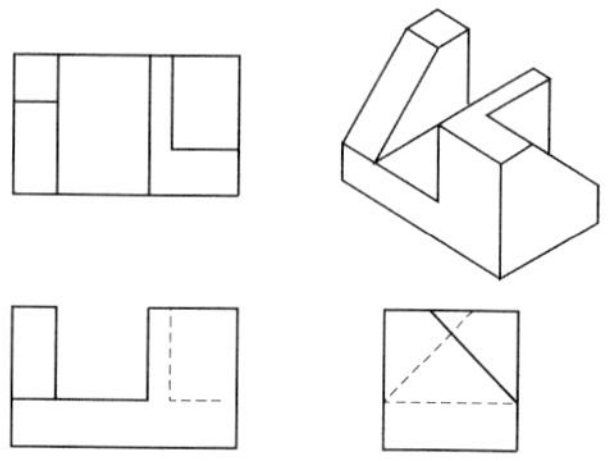

문제 04

스프링용 스테인리스 강선의 KS 재료 기호로 옳은 것은?

① STC ② STD

③ STF ④ STS

해설 **스테인리스강**(stainless steel)

성분계	조직	KS기호	특징	
			자성	담금질 경화성(열처리성)
Cr계	마텐자이트 (13%Cr)	STS410	있음	있음
Cr계	페라이트 (15%Cr)	STS430	있음	없음
Cr-Ni계 내식성 가장 우수	오스테나이트 18%Cr-8%Ni	STS304	없음	없음

문제 05

다음과 같이 치수가 도시되었을 경우 그 의미로 옳은 것은?

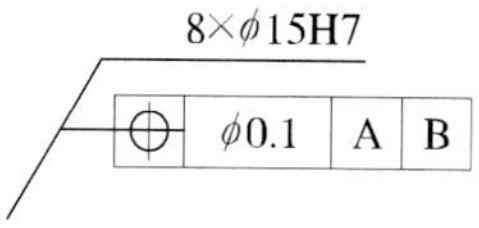

① 8개의 축이 ϕ15에 공차등급이 H7이며, 원통도가 데이텀 A, B에 대하여 ϕ0.1을 만족해야 한다.

② 8개의 구멍이 ϕ15에 공차등급이 H7이며, 원통도가 데이텀 A, B에 대하여 ϕ0.1을 만족해야 한다.

③ 8개의 축이 ϕ15에 공차등급이 H7이며, 위치도가 데이텀 A, B에 대하여 ϕ0.1을 만족해야 한다.

④ 8개의 구멍이 ϕ15에 공차등급이 H7이며, 위치도가 데이텀 A, B에 대하여 ϕ0.1을 만족해야 한다.

해설 H7(구멍 기준식 끼워맞춤), ⌖ (위치도)

해답

04. ④ 05. ④

문제 06

그림과 같은 물체(끝이 잘린 원추)를 전개하고자 할 때 방사선법을 사용하지 않는다면 다음 중 가장 적합한 방법은?

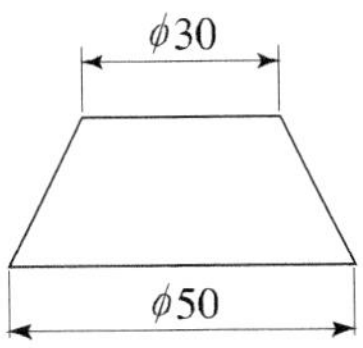

① 삼각형법
② 평행선법
③ 종합선법
④ 절단법

해설 **삼각형을 이용한 전개도법**

삼각형을 이용한 전개도법은 입체의 표면을 여러 개의 삼각형으로 나누어 전개하는 방법으로 꼭지점이 너무 멀리 떨어져 있어서 방사선 전개법을 이용하기 어려운 원뿔이나 편심 원뿔, 각뿔 등의 전개도에 많이 이용된다.

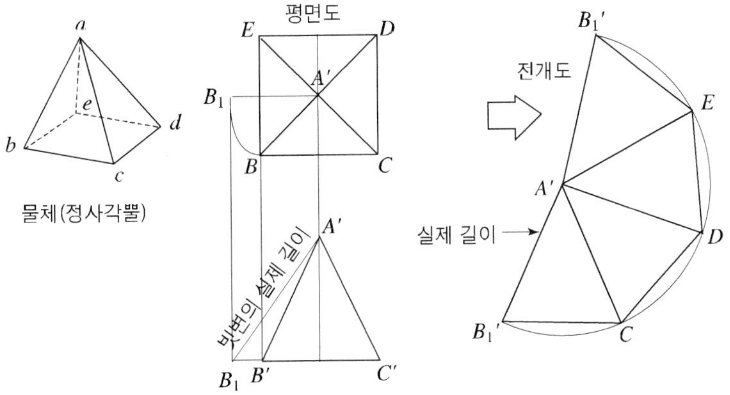

문제 07

다음의 그림에서 A, B, C, D를 보고 화살표 방향에서 본 투상도를 옳게 짝지은 것은?

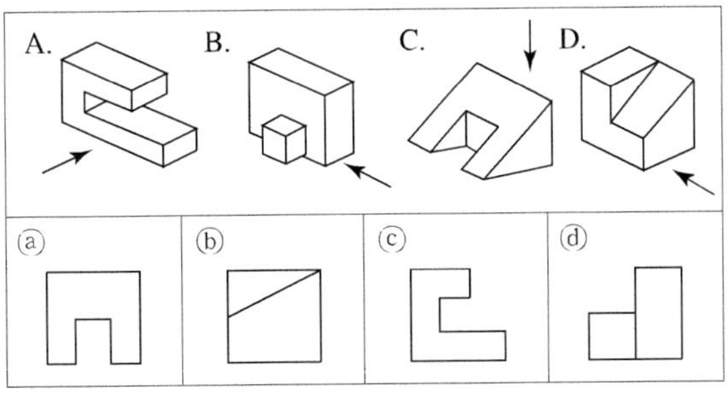

① A-ⓐ, B-ⓒ, C-ⓑ, D-ⓓ
② A-ⓒ, B-ⓓ, C-ⓐ, D-ⓑ
③ A-ⓐ, B-ⓑ, C-ⓓ, D-ⓒ
④ A-ⓓ, B-ⓒ, C-ⓐ, D-ⓑ

해답

06. ① 07. ②

해설

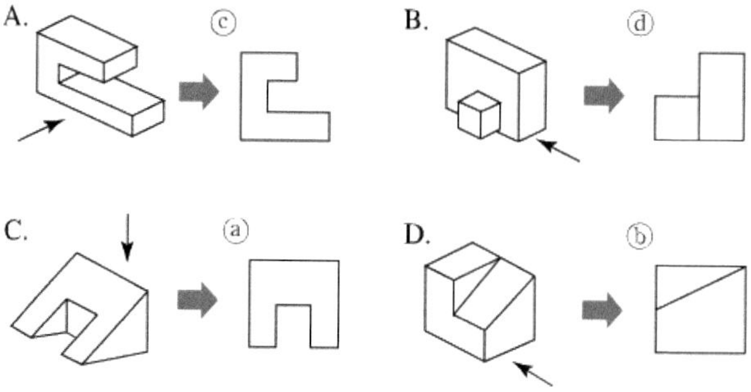

문제 08

다음 V벨트의 종류 중 단면의 크기가 가장 작은 것은?

① M형　② A형
③ B형　④ E형

해설

V벨트의 종류	호칭 지름	α(°)
M	50 이상 71 이하 71 초과 90 이하 90 초과	34 36 38
A	71 이상 100 이하 100 초과 125 이하 125 초과	34 36 38
B	125 이상 160 이하 160 초과 200 이하 200 초과	34 36 38
C	200 이상 250 이하 250 초과 315 이하 315 초과	34 36 38
D	355 이상 450 이하 450 초과	36 38
E	500 이상 630 이하 630 초과	36 38

문제 09

치수 보조 기호의 설명으로 틀린 것은?

① R15 : 반지름 15　② t15 : 판의 두께 15
③ (15) : 비례척이 아닌 치수 15　④ SR15 : 구의 반지름 15

해설 (15)는 참고치수 또는 중복치수이다.

해답

08. ①　09. ③

문제 10

제3각법에 대한 설명으로 틀린 것은?

① 눈 → 투상면 → 물체의 순으로 나타난다.
② 좌측면도는 정면도의 좌측에 그린다.
③ 저면도는 우측면도의 아래에 그린다.
④ 배면도는 우측면도의 우측에 그린다.

해설 **제3각법의 원리**

물체를 제3면각 내에 놓고 투상한다. 즉 사람 눈 → 투상면 → 물체
① 물체를 제 3면각 공간에 놓고 각 면을 투상면으로 생각한다.
② 투상면에 직각인 방향을 본 물체의 모양을 각각의 투상면에 그린다.
③ 정면도를 중심으로 하여 위쪽에 평면도, 오른쪽에 우측면도가 배열된다.
④ 저면도는 정면도 아래에 그린다.

문제 11

가공방법의 약호 중 래핑가공을 나타낸 것은?

① FL
② FR
③ FS
④ FF

해설

가공방법	약호		가공방법	약호	
	I	II		I	II
호닝가공	GH	호닝	래핑다듬질	FL	래핑
액체호닝가공	SPL	액체호닝	줄다듬질	FF	줄
배럴연마가공	SPBR	배럴	스크레이퍼다듬질	FS	스크레이퍼
버프다듬질	FB	버프	페이퍼다듬질	FCA	페이퍼
블라스트다듬질	SB	블라스트	주조	C	주조

문제 12

스프링 도시 방법에 대한 설명으로 틀린 것은?

① 코일 스프링, 벌류트 스프링은 일반적으로 무하중 상태에서 그린다.
② 겹판 스프링은 일반적으로 스프링 판이 수평인 상태에서 그린다.
③ 요목표에 단서가 없는 코일 스프링 및 벌류트 스프링은 모두 왼쪽으로 감긴 것을 나타낸다.
④ 스프링 종류 및 모양만을 간략도로 나타내는 경우에는 스프링 재료의 중심선만을 굵은 실선으로 그린다.

해설 스프링은 요목표에 단서가 없는 코일 스프링 및 벌류트 스프링은 모두 오른쪽으로 감긴 것을 나타낸다.

해답

10. ③ 11. ① 12. ③

문제 13

기하공차를 나타내는데 있어서 대상면의 표면은 0.1mm만큼 떨어진 두 개의 평행한 평면 사이에 있어야 한다는 것은 나타내는 것은?

① [— | 0.1]　　② [⏥ | 0.1]

③ [⌭ | 0.1]　　④ [⊥ | 0.1 | A]

해설

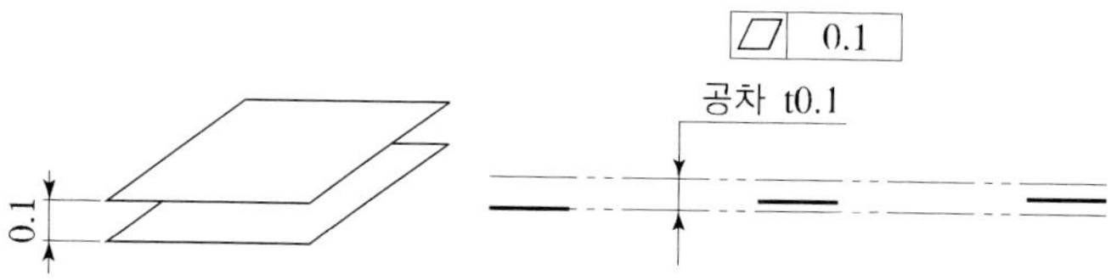

문제 14

순서가 정해진 여러 개의 점들을 입력하면 이 모두를 지나는 곡선을 생성하는 것을 무엇이라고 하나?

① 보간(interpolation)　　② 근사(approximation)

③ 스무딩(smoothing)　　④ 리메싱(remeshing)

해설 **보간**(interpolation) : 주어진 점들이 곡면 상에 놓이도록 피팅(fitting) 하는 것, 순서가 정해진 여러 개의 점들을 입력하면 이 모두를 지나는 곡선을 생성하는 것

근사(approximation) : 점들이 곡면으로부터 조금 떨어져 있는 것을 허용하는 경우

리메싱(remeshing) : 종방향의 배열이 맞지 않는 데이터를 오와 열의 배열이 가지런한 형태의 곡면 입력점을 새로이 구해내는 절차를 리메싱(remeshing)이라 한다.

스무딩(smoothing=fairness) : 표현된 곡면의 심한 굴곡면을 평활한 곡면으로 재계산하는 것

문제 15

3차원 형상의 솔리드 모델링 방법에서 CSG방식과 B-Rep방식을 비교한 설명 중 틀린 것은?

① B-Rep방식은 CSG방식에 비해 보다 복잡한 형상의 물체(비행기 동체 등)를 모델링하는데 유리하다.

② B-Rep방식은 CSG방식에 비해 3면도, 투시도 작성이 용이하다.

③ B-Rep방식은 CSG방식에 비해 필요한 메모리의 양이 적다.

④ B-Rep방식은 CSG방식에 비해 표면적 계산이 용이하다.

해답

13. ②　14. ①　15. ③

해설

구분			CSG	B-Reps
데이터 특성	데이터 작성		용이	곤란
	데이터 구조		단순	복잡
	데이터 수정		용이	약간 용이
	모델재생시간		**많이 걸린다.**	**적게 걸린다.**
	필요 메모리 영역		용량이 적음	용량이 많음
응용성	3면도, 투시도 작성		곤란	용이
	전개도 작성		곤란	용이
	표면적 계산		곤란	용이
	중량 계산		용이(몬테카를로법)	약간 곤란(적분법)
	유한요소법의 적용	솔리드	용이	곤란
		표면	곤란	용이
	NC 테이프의 작성		비교적 용이	용이

문제 16

쾌속조형(Rapid Prototyping) 등에 사용되는 STL파일의 특징에 대한 설명으로 틀린 것은?

① 평면 삼각형들의 목록만을 담고 있기 때문에 구조가 단단하다.
② 데이터 양이 많으며 데이터를 중복해서 가지고 있기도 한다.
③ 굴곡진 곡면도 실제와 같이 정확하게 표현할 수 있다.
④ 모델의 위상정보를 가지고 있지 않다.

해설 STL파일은 굴곡진 곡면에서 간섭이 발생하여 정확한 표현이 힘들다.

문제 17

CAD 시스템의 3차원 공간에서 평면을 정의할 때 입력 조건으로 충분치 않는 것은?

① 한 개의 직선과 이 직선의 연장선 위에 있지 않는 한 개의 점
② 일직선 상에 있지 않은 세 점
③ 평면의 수직 벡터와 그 평면위의 한 개의 점
④ 두 개의 직선

해설 **평면의 정의**

① 한 개의 직선과 이 직선의 연장선 위에 있지 않는 한 개의 점
② 일직선 상에 있지 않은 세 점
③ 평면의 수직 벡터와 그 평면위의 한 개의 점

해답 16. ③ 17. ④

문제 18

미리 정해진 연속된 단면을 덮는 표면 곡면을 생성시켜 닫혀진 부피영역 혹은 솔리드 모델을 만드는 모델링 방법은?

① 트위킹(tweaking)
② 리프팅(lifting)
③ 스위핑(sweeping)
④ 스키닝(skinning)

해설 **스키닝**(Skinning) : 미리 정해진 연속된 단면을 덮는 표면 곡면을 생성시켜 닫혀진 부피영역 혹은 솔리드 모델을 만드는 모델링 방법

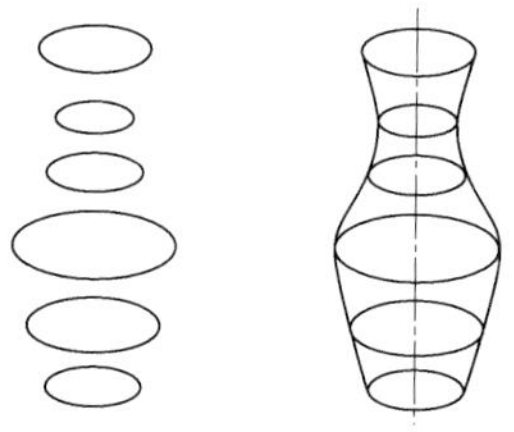

문제 19

CAD시스템에서 서로 다른 CAD시스템간의 데이터 교환을 위한 대표적인 표준파일 형식이 아닌 것은?

① IGES
② ASCII
③ DXF
④ STEP

해설 **ASCII**(american standard code for Information interchange)

① 28개 문자표현
② 미국 표준 코드로 데이터 통신에 널리 이용되는 정보교환용 코드이다.

문제 20

IGES 파일 포맷에서 엔티티들에 관한 실제데이터, 즉 예를 들어 직선 요소의 경우 두 끝점에 대한 6개의 좌표값이 기록되어 있는 부분(section)은?

① 스타드 섹션(start section)
② 글로벌 섹션(global section)
③ 디렉토리 엔트리 섹션(direction entry section)
④ 파라미터 데이터 섹션(parameter data section)

해설 **IGES 파일의 구조**

① 플래그 섹션(Flag section)−옵션
㉠ 압축형 ASCII와 이진형식에서만 사용하는 것으로 데이터의 표현 형식에 따른 선택사항이다.
㉡ 정규 ASCII형식에서는 사용하지 않는다.

해답

18. ④ 19. ② 20. ④

② 개시섹션(start section) : IGES파일의 임의의 주석 및 작성자와 작성날짜 등을 기록하는 섹션
③ 글로벌 섹션(global section) : 파일을 만든 시스템 환경에 대한 기록
④ 디렉토리 섹션(directory section) : IGES파일에서 형상에 대한 속성정보의 기록 및 정의된 모든 요소(엔티티(Entity))의 목록을 저장하는 섹션
⑤ 파라미터 섹션(parameter section) : 2차원, 3차원의 좌표값을 가지고 있는 실제데이터를 기록하는 섹션
⑥ 종결 섹션(terminate section)

제2과목 기계요소설계

문제 21

지름 45mm의 축이 200rpm으로 회전하고 있다. 이 축은 길이 1m에 대하여 1/4°의 비틀림 각이 발생한다고 할 때 약 몇 kW의 동력을 전달하고 있는가? (단, 축 재료의 가로탄성계수는 84GPa이다.)

① 2.1　② 2.6
③ 3.1　④ 3.6

해설

$$T = 974000 \times \frac{H_{kw}}{N} \times 9.8[\text{N}\cdot\ \text{mm}]$$

$$H_{kw} = \frac{T \times N}{974000 \times 9.8} = \frac{147552.5135 \times 200}{974000 \times 9.8} = 3.09\text{kW}$$

$$\theta = \frac{T \times L}{G \times I_P}$$

$$T = \frac{\theta \times G \times I_P}{L} = \frac{\left(\frac{1}{4} \times \frac{\pi}{180}\right) \times 84000 \times \frac{\pi \times 45^4}{32}}{1000} = 147552.5135\text{N}\cdot\ \text{mm}$$

문제 22

어느 브레이크에서 제동동력이 3kW이고, 브레이크 용량(break capacity)을 $0.8\text{N/mm}^2 \cdot \text{m/s}$라고 할 때, 브레이크 마찰면적의 크기는 약 몇 mm^2인가?

① 3200　② 2250
③ 5500　④ 3750

해답

21. ③ 22. ④

해설

$$0.8\text{N/mm}^2\cdot\ \text{m/s} = \frac{3\times 10^3\text{W}}{A}$$

브레이크의 면적 $A = \dfrac{3\times 10^3\text{W}}{0.8\text{N/mm}^2\cdot\ \text{m/s}} = 3750\text{mm}^2$

문제 23

스프링에 150N의 하중을 가했을 때 발생하는 최대전단응력이 400MPa이었다. 스프링 지수(C)는 10이라고 할 때 스프링 소선의 지름은 약 몇 mm인가? (단, 응력수정계수 $K = \dfrac{4C-1}{4C-4} + \dfrac{0.615}{C}$를 적용한다.)

① 3.3　　② 4.8
③ 7.5　　④ 12.6

해설

응력수정계수 $K = \dfrac{4C-1}{4C-4} + \dfrac{0.615}{C} = \dfrac{4\times 10-1}{4\times 10-4} + \dfrac{0.615}{10} = 1.144$

$$\tau = K\frac{8PD}{\pi d^3} = K\frac{8PC}{\pi d^2}$$

소선의 지름 $d = \sqrt{K\dfrac{8PC}{\pi\times\tau}} = \sqrt{1.144\times\dfrac{8\times 150\times 10}{\pi\times 400}} = 3.3\text{mm}$

문제 24

420rpm으로 16.20kN의 하중을 받고 있는 엔드저널의 지름(d)과 길이(l)는? (단, 베어링 작용압력은 1N/mm^2, 폭 지름비 l/d =2이다.)

① d=90mm, l=180mm　　② d=85mm, l=170mm
③ d=80mm, l=160mm　　④ d=75mm, l=150mm

해설

$$p = \frac{W}{d\times l} = \frac{W}{d\times 2d} = \frac{W}{2\times d^2}$$

지름 $d = \sqrt{\dfrac{W}{2\times p}} = \sqrt{\dfrac{16200}{2\times 1}} = 90\text{mm}$

길이 $l = 2\times d = 2\times 90 = 180\text{mm}$

문제 25

지름이 10mm인 시험편에 600N의 인장력이 작용한다고 할 때 이 시험편에 발생하는 인장응력은 약 몇 MPa인가?

① 95.2　　② 76.4
③ 7.64　　④ 9.52

해답

23. ①　24. ①　25. ③

해설 **인장응력** $\sigma = \dfrac{F}{\dfrac{\pi}{4} \times d^2} = \dfrac{600}{\dfrac{\pi}{4} \times 10^2} = 7.639\text{mm}$

문제 26

정(chisel)등의 공구를 사용하여 리벳머리의 주위와 강판의 가장자리를 두드리는 작업을 코킹(caulking)이라 하는데, 이러한 작업을 실시하는 목적으로 적절한 것은?

① 리벳팅 작업에 있어서 강판의 강도를 크게 하기 위하여
② 리벳팅 작업에 있어서 기밀을 유지하기 위하여
③ 리벳팅 작업 중 파손된 부분을 수정하기 위하여
④ 리벳이 들어갈 구멍을 뚫기 위하여

해설 **코킹**(caulking) : 정(chisel)등의 공구를 사용하여 리벳머리의 주위와 강판의 가장자리를 두드리는 작업으로, 리벳팅 작업에 있어서 기밀을 유지하기 위하여

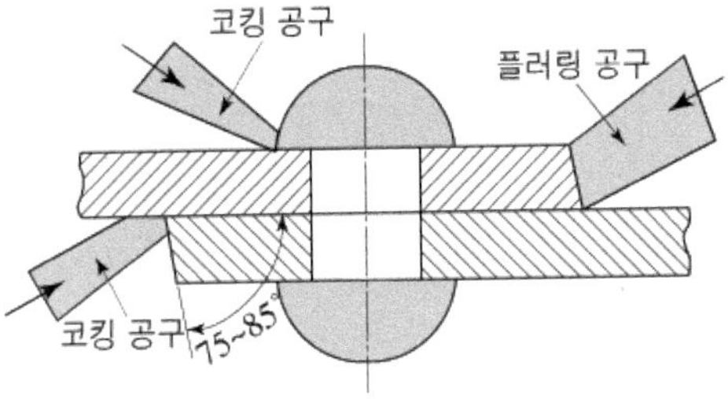

문제 27

축 방향으로 보스를 미끄럼 운동시킬 필요가 있을 때 사용하는 키는?

① 페더(feather) 키
② 반달(woodruff) 키
③ 성크(sunk) 키
④ 안장(saddle) 키

해설 **페더키**(feather key) : 미끄럼키(sliding key), 안내키라고도 한다. 토크를 전달하면서 보스축을 따라 미끄러지게 하는 것이 가능하도록 한 키로서 기울기가 없으며 키는 축 또는 보스에 고정된다. 성크키에 비해 전달토크가 작으면 큰 토크는 전달할 수 없다.

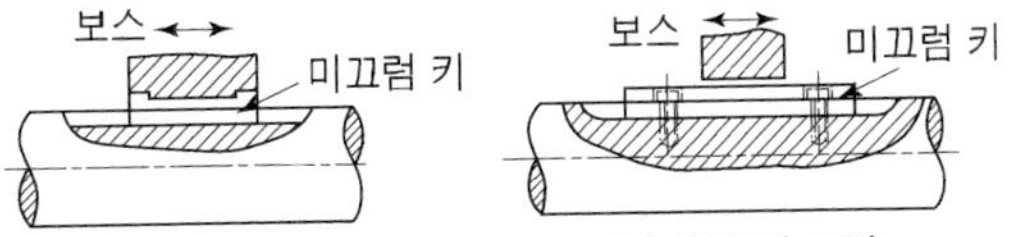

(a) 보스에 키 고정　(b) 축에 키 고정

해답 26. ② 27. ①

문제 28

맞물린 한 쌍의 인벌류트 기어에서 피치원의 공통접선과 맞물리는 부위에 힘이 작용하는 작용선이 이루는 각도를 무엇이라고 하는가?

① 중심각 ② 접선각
③ 전위각 ④ 압력각

해설 **압력각** : 맞물린 한 쌍의 인벌류트 기어에서 피치원의 공통접선과 맞물리는 부위에 힘이 작용하는 작용선이 이루는 각도

(압력각) α, $\cos\alpha = \dfrac{\text{기초원지름}}{\text{피치원지름}}$

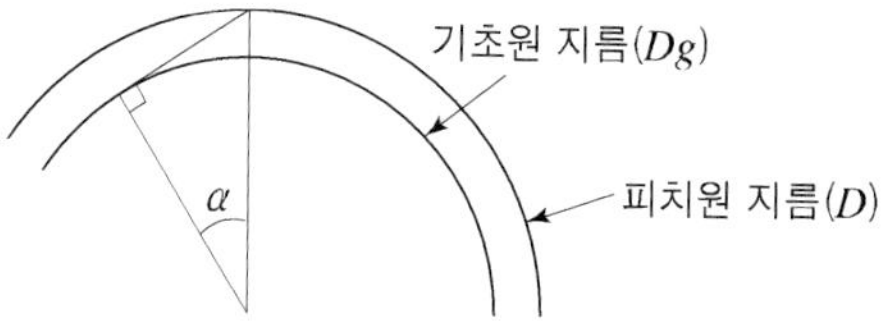

문제 29

M22볼트(골지름 19.294mm)가 그림과 같이 2장의 강판을 고정하고 있다. 체결 볼트의 허용전단응력이 36.15MPa라 하면 최대 몇 kN까지의 하중(P)을 견딜 수 있는가?

① 3.21
② 7.54
③ 10.57
④ 11.48

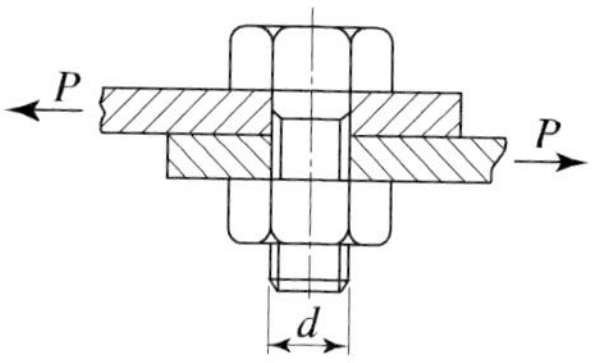

해설 하중 $P = \tau \times \dfrac{\pi \times d_1^2}{4} = 36.15 \times \dfrac{\pi \times 19.294^2}{4} = 10569.214\text{N} \fallingdotseq 10.569\text{kN}$

문제 30

평벨트 전동장치와 비교하여 V-벨트 전동 장치에 대한 설명으로 옳지 않은 것은?

① 접촉 면적이 넓으므로 비교적 큰 동력을 전달한다.
② 장력이 커서 베어링에 걸리는 하중이 큰 편이다.
③ 미끄럼이 작고 속도비가 크다.
④ 바로걸기로만 사용이 가능하다.

해설 평벨트보다 마찰력이 커서 큰 동력을 전달할 수 있다.(=평벨트보다 미끄럼이 작다.) 즉 같은 동력을 전달시킬 때 V-벨트에 걸리는 장력이 작게 걸린다. 그러므로 베어링에 걸리는 하중이 평벨트 보다 작게 작용된다.

해답

28. ④ 29. ③ 30. ②

문제 31

바깥지름이 30mm인 사각나사에서 피치가 6mm, 나사산의 높이가 피치의 1/2일 때 나사의 유효지름은 몇 mm인가?

① 27 ② 32
③ 34 ④ 36

해설 **사각나사의 유효지름** $d_e = \dfrac{\text{바깥지름}+\text{안지름}}{2}$

$$= \frac{30\text{mm}+24\text{mm}}{2} = \frac{54\text{mm}}{2} = 27\text{mm}$$

피치 $p = \text{바깥지름} - \text{안지름}$

안지름 $d_1 = \text{바깥지름} - \text{피치} = 30 - 6 = 24\text{mm}$

문제 32

96000N · cm의 토크를 전달하는 지름이 50mm인 축에 풀리를 연결하기 위해 묻힘 키(폭×높이=12mm×8mm)를 적용하려고 할 때, 묻힘 키의 길이는 약 몇 mm 이상이어야 하는가? (단, 키의 전단강도만으로 계산하고, 키의 허용 전단응력은 8000N/cm^2이다.)

① 40 ② 50
③ 60 ④ 70

해설 **전단응력 고려 시**

키의 전단응력 $\tau = \dfrac{2 \times T}{b \times d \times l}$

키의 길이 $l = \dfrac{2T}{b \times d \times \tau} = \dfrac{2 \times 960000}{12 \times 50 \times 80} = 40\text{mm}$

문제 33

다음 중 주철과 같은 취성재료에 가장 적합한 파손이론은?

① 최대주응력설 ② 최대전단응력설
③ 최대주변형률설 ④ 변형률 에너지설

해설 **최대 주응력설** : $\sigma_{\max} = \dfrac{1}{2}(\sigma_x + \sigma_y) + \dfrac{1}{2}\sqrt{(\sigma_x + \sigma_y)^2 + \tau_{xy}^2}$

최대 인장응력이나 최대 압축응력의 크기가 항복강도보다 클 경우, 재료의 파손이 일어난다는 이론으로 취성재료의 분리 파손과 가장 일치한다.

해답 31. ① 32. ① 33. ①

문제 34

그림에서 기어 A의 잇수 Z_A =70, 기어 B의 잇수 Z_B =35이라 할 때, A를 고정하고 암 H를 시계방향(+)으로 2회전시킬 때 B는 약 몇 회전하는가? (단, 시계방향을 +, 반시계방향을 −로 한다.)

① −2
② +2
③ −6
④ +6

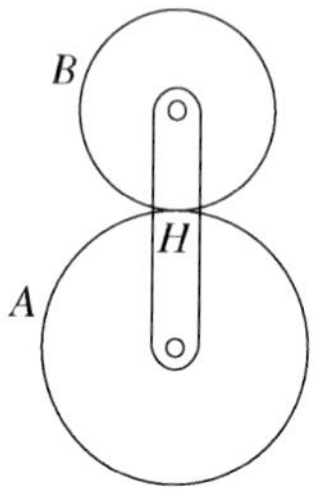

해설

구분	태양기어 A	기어 B	암 H	비고
전체고정	+2	+2	+2	①
암고정	−2	$-2\times(-1)\times\frac{Z_A}{Z_B}=-2\times(-1)\times\frac{70}{35}$ =+4	0	②
정미회전수	0	6	+2	①+②

N_B =+6회전한다.

문제 35

겹판 스프링의 일반적인 특징으로 틀린 것은?

① 내구성이 좋고, 유지 보수가 용이하다.
② 판 사이의 마찰에 의해 진동을 감쇠한다.
③ 트럭 및 철도차량의 현가장치로 잘 사용된다.
④ 마찰 감쇠에 따라 미소 진동의 흡수에 특히 유리하다.

해설 **겹판 스프링** : 자동차의 차체진동을 흡수 하는 것으로 큰 진동이 발생하는 부분의 진동 흡수에 사용된다.
업쇼버 : 점성감쇠에 의한 감쇠로 미소 진동의 흡수에 사용된다.

문제 36

베어링을 설계할 때 주의사항으로 틀린 것은?

① 마모가 적을 것
② 강도를 충분히 유지할 것
③ 마찰저항이 크고 손실동력이 감소할 것
④ 구조가 간단하여 유지보수가 쉬울 것

해설 베어링 설계할 때 마찰저항을 작게 설계하여 회전운동이 원활하게 이루어지도록 한다.

해답

34. ④ 35. ④ 36. ③

문제 37

풀리의 지름이 250mm, 회전수가 1400rpm으로 5kW의 동력을 전달할 때 벨트의 유효장력은 약 몇 N인가? (단, 원심력과 마찰은 무시한다.)

① 24 ② 93
③ 239 ④ 273

해설 **벨트의 유효장력** P_e

$$H_{kW}=\frac{P_e[\mathrm{N}]\times v[\mathrm{m/s}]}{1000},\ 5=\frac{P_e\times 18.32}{1000}$$

$$P_e=272.92[\mathrm{N}]$$

$$v=\frac{\pi\times d\times n}{1000}=\frac{\pi\times 250\times 1400}{1000\times 60}≒18.32[\mathrm{m/s}]$$

문제 38

원치(winch)로 질량이 2.4t인 물체를 6m/min의 속도로 감아올릴 때, 원치 동력은 약 몇 kW가 필요한가? (단, 원치의 효율은 80%라 한다.)

① 2.52 ② 2.94
③ 3.44 ④ 3.89

해설 윈치의 효율이 80%이므로 최종값에서 1.2를 곱해준다.

$$H_{kW}=\frac{W[\mathrm{kgf}]\times v[\mathrm{m/s}]}{102\times\eta}=\frac{2400\times\frac{6}{60}}{102\times 0.8}=2.94[\mathrm{kW}]$$

문제 39

브레이크 용량(brake capacity)을 구하는 식으로 옳은 것은?

① 마찰계수×접촉면적×회전속도
② 마찰계수×접촉압력×접촉면적
③ 마찰계수×접촉압력×회전속도
④ 접촉면적×드럼 반지름×회전속도

해설 **브레이크 용량**(Q)

$Q=\mu\times q\times v$

여기서, μ : 마찰계수
q : 접촉압력
v : 회전속도

해답

37. ④ 38. ② 39. ③

문제 40

다음 중 볼트 이음 또는 리벳 이음과 비교한 용접 이음의 장점으로 가장 적절하지 않은 것은?

① 기밀 및 수밀성이 우수하다.
② 잔류응력이 발생하지 않는다.
③ 전체적인 제품 중량을 적게 할 수 있다.
④ 공정수를 줄일 수 있고, 제작비가 저렴하다.

해설 용접작업은 열이 발생되고 용융부와 열영향부에 열 때문에 잔류응력 변형이 발생한다.

제3과목 기계재료 및 측정

문제 41

상온에서 순철(α철)의 격자구조는?

① FCC ② CPH
③ BCC ④ HCP

해설 **체심 입방 격자**(BCC) : Fe(α, δ), W, V, Mo, Cr, K, Li, Na

문제 42

백주철을 고온에서 장시간 열처리하여 시멘타이트 조직을 분해하거나 소실시켜 인성 또는 연성을 개선한 주철은?

① 가단 주철 ② 칠드 주철
③ 합금 주철 ④ 구상흑연 주철

해설 **가단 주철** : 보통 주철의 결점인 여리고 약한 인성을 개선하기 위하여 백주철을 장시간 열처리하여 시멘타이트의 상태를 분해 또는 소실시켜, 인성 또는 연성을 증가시킨 주철이다.

문제 43

강의 표면에 붕소(B)를 침투시키는 처리 방법은?

① 세라다이징 ② 칼로라이징
③ 크로마이징 ④ 보로나이징

해답

40. ② 41. ③ 42. ① 43. ④

해설 **보로나이징** : 강의 표면에 붕소(B)를 침투시키는 처리 방법
① 세라다이징 : Zn(아연) 침투
② 칼로라이징 : Al(알루미늄) 침투
③ 크로나이징 : Cr(크롬) 침투

문제 44

구리 및 구리합금에 관한 설명으로 틀린 것은?

① Cu의 용융점은 약 1083℃이다.
② 문쯔메탈은 60%Cu + 40%Sn 합금이다.
③ 유연하고 전연성이 좋으므로 가공이 용이하다.
④ 부식성 물질이 용존하는 수용액 내에 있는 황동은 탈아연 현상이 나타난다.

해설 문쯔메탈은 황동의 종류로 구리(Cu)와 아연(Zn)합금이다. 6 : 4황동을 문쯔메탈이라 한다. 60%Cu+40%Zn

문제 45

고속도강을 담금질 한 후 뜨임하게 되면 일어나는 현상은?

① 경년현상이 일어난다.
② 자연균열이 일어난다.
③ 2차경화가 일어난다.
④ 응력부식균열이 일어난다.

해설 뜨임이란 담금질한 강이 매우 경하고 취약하므로 변태점 이하의 온도로 가열하여 불안정한 조직을 안정한 조직으로 변화시키기 위하여 A_1변태점 이하로 가열한 후 냉각시켜 강에 양호한 강인성을 부여하는 것을 본질로 열처리하는 것을 말한다. 이 때 고속도강이나 고합금강을 담금질 후 뜨임하면 더욱 경화되어 가는데 이때를 뜨임 경화라 한다. 즉 2차 경화가 일어난다.

문제 46

일반적으로 탄소강에서 탄소량이 증가할수록 증가하는 성질은?

① 비중
② 열팽창계수
③ 전기저항
④ 열전도도

해설 **탄소강에서 탄소(C) 함유량이 많아질수록**
① 증가하는 것 : 강도, 경도, 취성, 전기저항, 비열, 항복강도
② 감소하는 것 : 연성, 전성, 인성, 충격값, 비중, 열전도율, 열팽창계수

해답 44. ② 45. ③ 46. ③

문제 47

플라스틱 성형재료 중 열가소성 수지는?

① 페놀 수지 ② 요소 수지
③ 아크릴 수지 ④ 멜라민 수지

해설

열가소성 수지	열경화성 수지
폴리에틸렌 수지(PE) 폴리프로필렌 수지(PP) 폴리스티렌 수지(PS) 폴리염화비닐 수지(PVC) 폴리아미드 수지(PA) 폴리카보네이트 수지(PC) 아크릴 수지 아크릴니트릴 브타디엔 스티렌 수지	페놀수지(PF) 멜라민 수지 에폭시 수지(EP) 요소 수지

문제 48

다음 중 알루미늄합금이 아닌 것은?

① 라우탈 ② 실루민
③ 두랄루민 ④ 화이트메탈

해설 화이트 메탈은 주석 및 납의 합금으로 베어링 재료로 사용된다.

주물용 알루미늄합금
- 알루미늄-구리계 합금 -알코아
- 알루미늄-규소계합금 -실루민
- 알루미늄-구리-규소계합금 -라우탈
- 알루미늄-마그네슘합금 -하이트로날륨
- Y합금 : Al+(4%Cu)+(2%Ni)+(1.5%Mg)
  : 내열용 알루미늄합금으로 피스톤재료로 사용
- Lo-ex(로우엑스)합금 : Al+Si+Cu+Mg+Ni
  : 열팽창계수가 적고 내열, 내마멸성이 우수하다. 금형에 주조되는 피스톤재료로 사용

가공용 알루미늄합금
- 고강도알루미늄합금
  - 두랄루민(D)
  - 초두랄루민(SD)
  - 초강두랄루민(ESD)
- 내식용알루미늄합금
  - 알민(almin) : (Al-Mn 1~1.5%)
  - 알드레이(aldrey) : (Al-Mg-Si계)
  - 하이드로날륨(hydronalium)

해답

47. ③ 48. ④

문제 49 금속의 일반적인 특성이 아닌 것은?

① 연성 및 전성이 좋다.
② 열과 전기의 부도체이다.
③ 금속적 광택을 가지고 있다.
④ 고체 상태에서 결정구조를 갖는다.

해설 금속은 열과 전기의 도체이다.

문제 50 오일리스 베어링(oilless bearing)의 특징을 설명한 것으로 틀린 것은?

① 단공질이므로 강인성이 높다.
② 무급유 베어링으로 사용한다.
③ 대부분 분말 야금법으로 제조한다.
④ 동계에는 Cu–Sn–C합금이 있다.

해설 **오일리스 베어링**(oilless bearing) : 소결 금속(燒結金屬)은 다공질(多孔質)이므로 이것에 기름을 침투시켜 슬리브 베어링으로 사용하면 꽤 오랫동안 급유를 하지 않아도 베어링으로서 사용할 수 있다. 이와 같은 베어링을 오일리스 베어링이라고 한다.

문제 51 다음 중 비강도가 우수하여 Al 다이캐스팅 제품 대체용으로 자동차 부품 등에 많이 쓰이는 합금은?

① Mg 합금
② Au 합금
③ Ag 합금
④ Cr 합금

해설 **마그네슘의 특징**

① 비중 1.74로 실용금속 중 가장 가볍다. 용융점 650℃, 재결정 온도 150℃
② 조밀 육방격자이다.
③ 상자성체(常磁性)이다.
④ 물과 반응하여 금속화재가 발생한다. 또한 고온에서 발화하기 쉽다.
⑤ 대기 중에서 내식성이 양호하나 산이나 염류에는 침식되기 쉽다. 알카리성에 거의 부식되지 않는다.
⑥ 냉간가공이 거의 불가능하여 200℃ 정도에서 열간 가공(300~400℃) 압연 · 압출한다.
⑦ 비강도가 우수하여 (알루미늄)Al 다이캐스팅 제품 대체용 재료로 사용된다.

해답 49. ② 50. ① 51. ①

문제 52

다음 중 결정 구조가 면심입방격자인 것은?

① 크롬 ② 코발트
③ 몰리브덴 ④ 알루미늄

해설 **면심입방격자**(FCC : Face Centered Cubic)**의 종류 및 특징**

① 종류 : Al, Ag, γ-Fe, Au, Cu, Ni, Pb, Pt, Ca
② 특징 : ㉠ 전기전도가 크다. ㉡ 가공성이 우수하다.
㉢ 장신구로 사용된다. ㉣ 전성과 연성이 작다.
㉤ 연한 성질의 재료이다.

문제 53

다음 중 발전기, 전동기, 변압기 등의 철심 재료에 가장 적합한 특수강은?

① 규소강 ② 베어링강
③ 스프링강 ④ 고속도공구강

해설 탄소 함량을 최소로 줄인 0.02% 순철과 규소 Fe-Si의 합금으로 규소 함유량은 1~4%이다. 독일의 Krupp회사 등에서는 하이펌이라는 상품명으로 판매되고 있다. 불순물이 아주 적고 투자율과 전기저항이 높아서 발전기나 변압기 등의 철심 재료로 사용된다.

문제 54

철-탄소 평형 상태도에서 공정점과 관계된 조직은?

① 펄라이트 ② 페라이트
③ 베이나이트 ④ 레데뷰라이트

해설

종 류	반응온도	탄소함유량	반응내용	생성조직
공석반응	723℃	0.8%	γ고용체 ↔ α고용체+Fe_3C	펄라이트 조직
공정반응	1148℃	4.3%	융체(L) ↔ γ고용체+Fe_3C	레데뷰라이트 조직
포정반응	1495℃	0.17%	δ고용체+융체(L) ↔ γ고용체	오스테나이트 조직

문제 55

다음 중 오스테나이트계 스테인리스강은?

① Fe − 4.5%C ② Fe − 18%Cr − 8%Ni
③ Fe − 18%Mn − 8%Cr ④ Fe − 22%Cr − 0.12%C

해답

52. ④ 53. ① 54. ④ 55. ②

해설 **스테인리스강**(stainless steel)

성분계	조직	KS기호	특징	
			자성	담금질성(열처리성)
Cr계	마텐자이트 (13%Cr)	STS410	자성 있음	담금질 경화성 있음
	페라이트 (15%Cr)	STS430	자성 있음	담금질 경화성 없음
Cr−Ni계 내식성 가장 우수	오스테나이트 18%Cr−8%Ni	STS304	자성 없음	담금질 경화성 없음

문제 56

다이얼 게이지 기어의 백 래시(back lash)로 인해 발생하는 오차는?

① 인접 오차　② 지시 오차
③ 진동 오차　④ 되돌림 오차

해설 **후퇴오차 또는 되돌림오차**

피측정물의 치수를 길이 측정기를 사용해서 측정하는 경우,
주위의 상황이 변하지 않는 상태, 동일한 측정량에 대하여 지침의 측정량이 증가하는 상태, 읽음값과 반대로 감소하는 상태에서 읽음값의 차를 후퇴오차 또는 되돌림 오차라 합니다. 예를 들면, 측정범위 10mm 다이얼게이지 정도검사를 위해 피치를 1mm로 해서 1mm, 2mm, 3mm, ……, 9mm, 10mm 검사를 한 후 반대로 10mm, 9mm, 8mm, ……, 3mm, 2mm, 1mm 검사를 했을 경우 위로 올라갔을 때의 비교값과 반대로 내려왔을 때의 측정값이 다를 경우 후퇴오차 또는 되돌림 오차라고 한다.

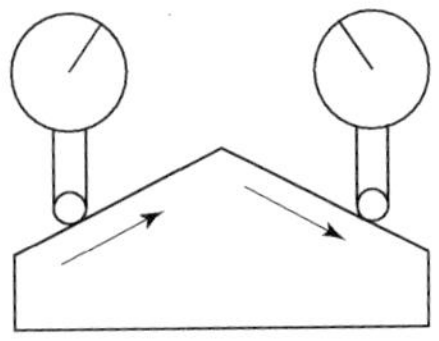

문제 57

공기 마이크로미터에 대한 설명으로 틀린 것은?

① 압축 공기원이 필요하다.
② 비교 측정기로 1개의 마스터로 측정이 가능하다.
③ 타원, 테이퍼, 편심 등의 측정을 간단히 할 수 있다.
④ 확대 기구에 기계적 요소가 없기 때문에 장시간 고정도를 유지할 수 있다.

해설 공기 마이크로미터는 노즐부분이 접촉되는 부분으로 측정이 가능하다.

해답

56. ④　57. ②

문제 58

다음 그림과 같이 피측정물의 구면을 측정할 때 다이얼 게이지의 눈금이 0.5mm 움직이면 구면의 반지름[mm]은 얼마인가?(단, 다이얼 게이지 측정자로부터 구면계의 다리까지의 거리는 200mm이다.)

① 100.25
② 200.25
③ 300.25
④ 400.25

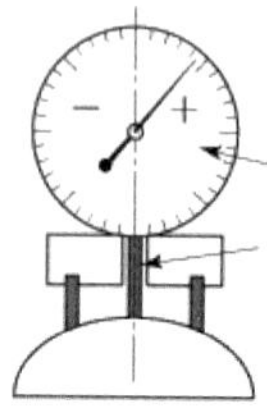

해설 **구의 반지름** $R = 2a + \frac{h}{2} = 2 \times 200 + \frac{0.5}{2} = 400.25\text{mm}$

여기서, a : 구면계의 다리까지의 거리
h : 다이얼 게이지의 눈금 읽음

문제 59

비교 측정하는 방식의 측정기는?

① 측장기
② 마이크로미터
③ 다이얼 게이지
④ 버니어 캘리퍼스

해설 **비교 측정기 종류** : 다이얼 게이지, 미니미터, 옵티미터, 전기 마이크로미터, 공기마이크로미터 등이 있다. 기본 마이크로미터는 길이 측정기이다.

문제 60

트위스트 드릴의 각부에서 드릴 홈의 골부위(웨브 두께)를 측정하기에 가장 적합한 것은?

① 나사 마이크로미터
② 포인트 마이크로미터
③ 그루브 마이크로미터
④ 다이얼 게이지 마이크로미터

해설 ① **나사 마이크로미터** : 수나사의 유효지름을 측정할 수 있다.
② **포인트 마이크로미터**(Point Micrometers) : 스핀들과 앤빌의 측정면이 뾰족한 마이크로미터로서 드릴의 웨브(web), 나사의 골지름 측정에 사용된다.

③ **그루브 마이크로미터** : 구멍과 튜브 내외부에 있는 홈의 너비, 깊이, 위치 등을 측정할 수 있다.

해답

58. ④ 59. ③ 60. ②

기계설계산업기사

2017년 8월 26일 시행

제1과목 기계제도

문제 01

강구조물(steel structure) 등의 치수 표시에 관한 KS 기계 제도 규격에 관한 설명으로 틀린 것은?

① 구조선도에서 절점 사이의 치수를 표시할 수 있다.
② 형강, 강관 등의 치수를 각각의 도형에 연하여 기입할 때 길이의 치수도 반드시 나타내야 한다.
③ 구조선도에서 치수는 부재를 나타내는 선에 연하여 직접 기입할 수 있다.
④ 등변 ㄱ형강의 경우 "L 100×100×5−1500"과 같이 나타낼 수 있다.

해설 형강, 강관, 각강 등의 치수는 아래의 표시방법에 의하여 각각도형에 연하여 기입할 수 있다. 이 경우, 치수는 필요가 없으면 생략하여도 좋다. 또한 부등변(??) 형강 등을 지시하는 경우에는 그 변이 어떻게 놓았는가를 명확히 하기 위하여 그림에 나타난 변의 치수를 기입한다.

문제 02

그림과 같은 입체도의 정면도(화살표 방향)로 가장 적합한 것은?

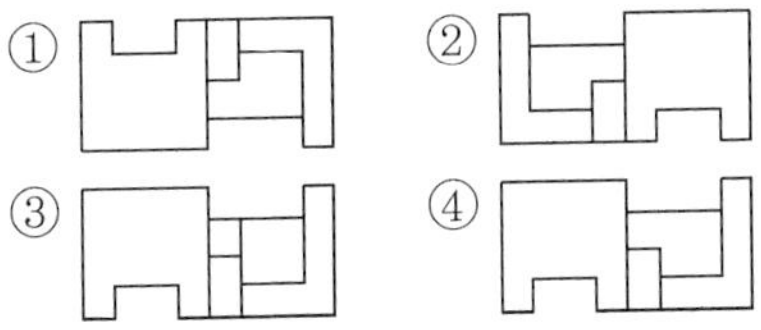

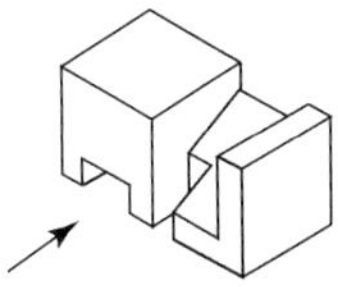

해설

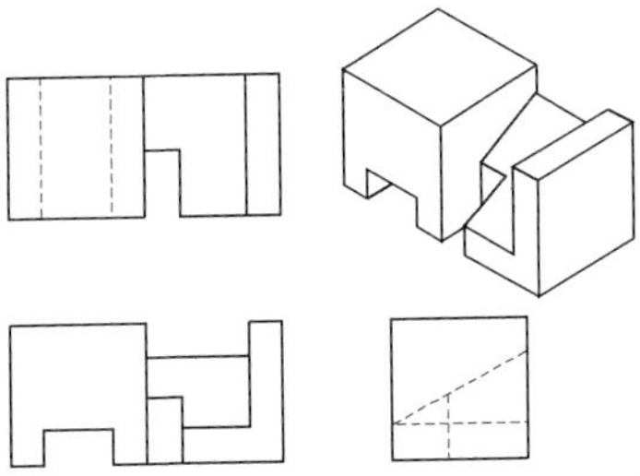

해답 01. ② 02. ④

문제 03

그림에서 나타난 기하공차 도시에 대해 가장 올바르게 설명한 것은?

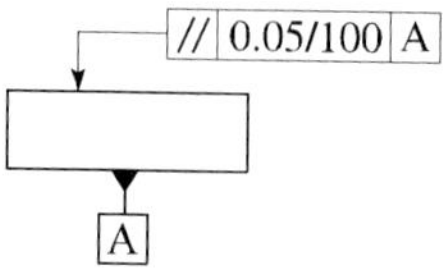

① 임의의 평면에서 평행도가 기준면 A에 대해 $\frac{0.05}{100}$mm 이내에 있어야 한다.

② 임의의 평면 100mm×100mm에서 평행도가 기준면 A에 대해 $\frac{0.05}{100}$mm 이내에 있어야 한다.

③ 지시하는 면 위에서 임의로 선택한 길이 100mm에서 평행도가 기준면 A에 대해 0.05mm이내에 있어야 한다.

④ 지시한 화살표를 중심으로 100mm 이내에서 평행도가 기준면 A에 대해 0.05mm 이내에 있어야 한다.

해설 지시하는 면 위에서 임의로 선택한 길이 100mm에서 평행도가 기준면 A에 대해 0.05mm 이내에 있어야 한다.

문제 04

그림과 같은 정투상도(정면도와 평면도)에서 우측면도로 가장 적합한 것은?

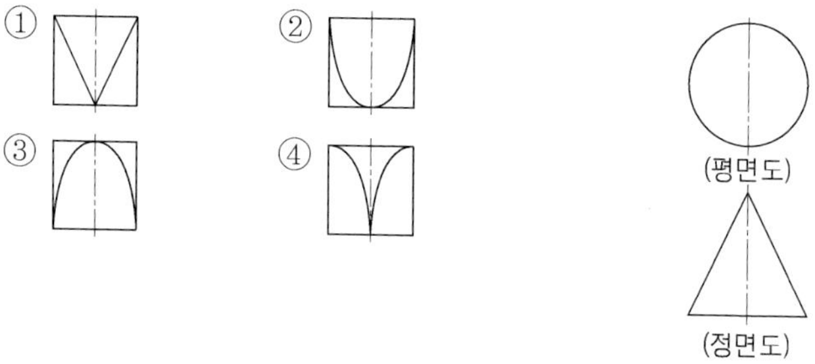

해설

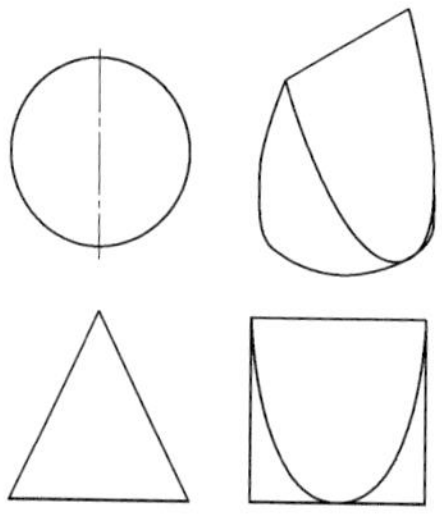

해답

03. ③ 04. ②

문제 05

헬리컬기어 제도에 대한 설명으로 틀린 것은?

① 잇봉우리원은 굵은 실선으로 그린다.
② 피치원은 가는 1점 쇄선으로 그린다.
③ 이골원은 단면 도시가 아닌 경우 가는 실선으로 그린다.
④ 축에 직각인 방향에서 본 정면도에서 단면 도시가 아닌 경우 잇줄 방향은 경사진 3개의 가는 2점 쇄선으로 나타낸다.

해설 **헬리컬기어**
축에 직각인 방향에서 본 정면도에서 단면 도시가 아닌 경우 잇줄 방향은 경사진 3개의 가는 실선으로 나타낸다.

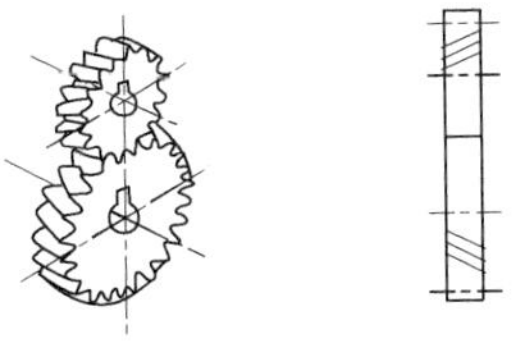

문제 06

기하학적 형상의 특성을 나타내는 기호 중 자유 상태 조건을 나타내는 기호는?

① Ⓟ　② Ⓜ
③ Ⓕ　④ Ⓛ

해설 ① Ⓟ : 공차 영역 투영　② Ⓜ : 최대 재료조건
③ Ⓕ : 자유상태 조건　④ Ⓛ : 최소 재료조건

문제 07

필릿 용접 기호 중 화살표 반대쪽에 필릿 용접을 지시하는 것은?

① 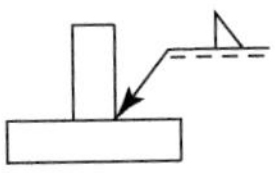
② 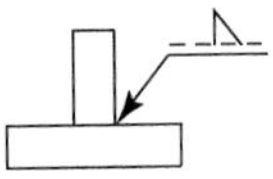
③ 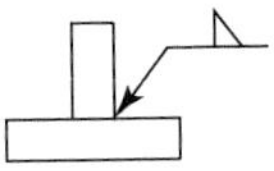
④ 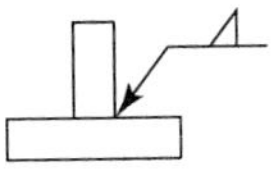

해설 •실선과 점선이 같이 있을 때는 실선에 용접기호가 있을 때 는 화살표 쪽에 용접한다.

해답 05. ④ 06. ③ 07. ②

•실선과 점선이 같이 있을 때는 점선에 용접기호가 있을 때 는 화살표 반대쪽에 용접한다.
•실선만 있을 때는 실선 위에 용접 기호가 있을 때는 화살 쪽 반대쪽에 용접한다.
•실선만 있을 때는 실선 아래에 용접 기호가 있을 때는 화살쪽에 용접한다.

문제 08

V-블록을 제3각법으로 정투상한 그림과 같은 도면에서 "A"부분의 치수는?

① 6
② 7
③ 9
④ 10

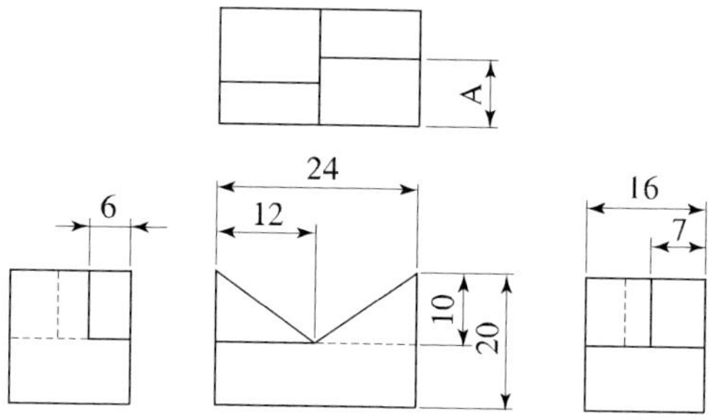

해설 A=16−7=9

문제 09

재료기호가 "SS275"로 나타났을 때 이 재료의 명칭은?

① 탄소강 단강품
② 용접 구조용 주강품
③ 기계 구조용 탄소 강재
④ 일반 구조용 압연 강재

해설 SS275 : 일반 구조용 압연강재, 최저인장강도 2750N/mm^2
SF340A : 탄소강 단강품, 탄소강 단조품, 최저인장강도 340N/mm^2,
A(Annealing, 풀림 열처리)

문제 10

치수 기입의 원칙에 관한 설명으로 옳지 않은 것은?

① 치수는 되도록 주 투상도에 집중하여 기입한다.
② 치수는 되도록 공정마다 배열을 분리하여 기입한다.
③ 치수는 기능, 제작, 조립을 고려하여 명료하게 기입한다.
④ 중요치수는 확인하기 쉽도록 중복하여 기입한다.

해설 치수는 중복하여 기입하지 않는다.

해답

08. ③ 09. ④ 10. ④

문제 11

다음 용접기호가 나타내는 용접 작업 명칭은?

① 가장자리 용접
② 표면 육성
③ 개선 각이 급격한 V형 맞대기 용접
④ 표명 접합부

해설  : 표면육성 기호

문제 12

도면에서 부분 확대도를 그리는 경우로 가장 적합한 것은?

① 특정한 부분의 도형이 작아서 그 부분의 상세한 도시나 치수기입이 어려울 때 사용한다.
② 도형의 크기가 클 경우에 사용한다.
③ 물체의 경사면을 실제 길이로 투상하고자 할 때 사용한다.
④ 대상물의 구멍, 홈 등과 같이 그 부분의 모양을 도시하는 것으로 충분한 경우에 사용한다.

해설 도면에서 부분 확대도를 그리는 경우는 특정한 부분의 도형이 작아서 그 부분의 상세한 도시나 치수기입이 어려울 때 사용한다.

문제 13

다음 중 도면에 반드시 있어야 할 것이 아닌 것은?

① 부품란 ② 표제란
③ 중심마크 ④ 윤곽선

해설 도면에 반드시 설치해야 할 사항은 '윤곽선, 표제란, 중심마크'이고, 도면에 설치하는 것이 바람직한 사항은 '비교눈금, 도면의 구역을 표시하는 구분선, 구분기호, 재단마크' 등이 있다.

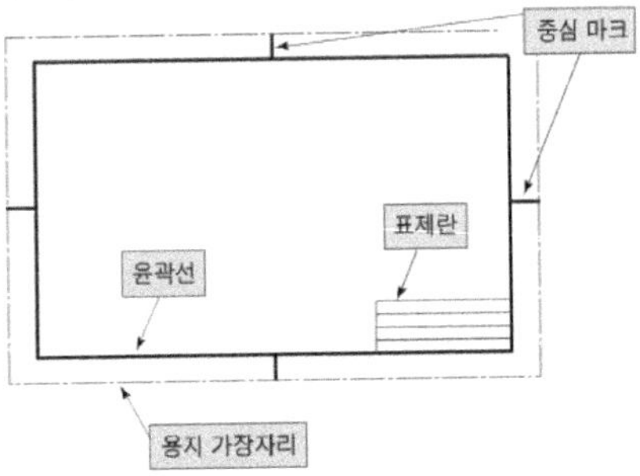

해답 11. ② 12. ① 13. ①

문제 14

와이어 프레임 모델의 장점에 해당하지 않는 것은?

① 데이터의 구조가 간단하다.
② 모델 작성이 용이하다.
③ 투시도의 작성이 용이하다.
④ 물리적 성질(질량)의 계산이 가능하다.

해설 물리적 성질의 계산이 가능한 것은 솔리드 모델링이다.

문제 15

다음 중 CAD(computer aided design) 시스템을 사용함으로써 얻을 수 있는 효과로 가장 거리가 먼 것은?

① 제품 설계 시간의 단축
② 구조해석, 응력해석 등이 가능
③ 제품 가공 시간의 단축
④ 설계 검증의 용이

해설 제품가공 시간의 단축은 CAM(Computer Aided Manufacturing)영역에서 갖추어야 할 기능이다.

문제 16

서피스 모델링(surface modeling)의 일반적인 특징으로 거리가 먼 것은?

① NC 데이터를 생성할 수 있다.
② 은선 제거가 불가능하다.
③ 질량 등 물리적 성질 계산이 곤란하다.
④ 복잡한 형상표현이 가능하다.

해설 서피스 모델링(surface modeling)은 은선게거가 가능하다.

문제 17

다음 중 서로 다른 CAD 시스템간의 데이터 상호 교환을 위한 표준화 파일형식을 모두 고른 것은?

(가) IGES (나) GKS (다) PRT (라) STL

① (가), (나), (다)
② (가), (다), (라)
③ (가), (나), (라)
④ (나), (다), (라)

해설 **인터페이스 소프트웨어**(Interface Program)
① 데이터 표준프로그램, 상호교환프로그램의 종류
② IGES, DXF, STEP, PHIGS, GKS, STL

해답

14. ④ 15. ③ 16. ② 17. ③

문제 18

공간상에서 곡면을 작성하고자 한다. 안내선(guide line)과 단면모양(section)으로 만들어지는 곡면은?

① Revolve 곡면 ② Sweep 곡면
③ Blending 곡면 ④ Grid 곡면

해설 **스위핑**(Sweeping) : 하나의 2차원 단면단면 모양(section)을 입력하고 이를 안내선(guide line)을 따라 이동시켜 입체를 생성, 주로 환기구의 닥터를 모델링 할 때 사용되는 곡선이다.

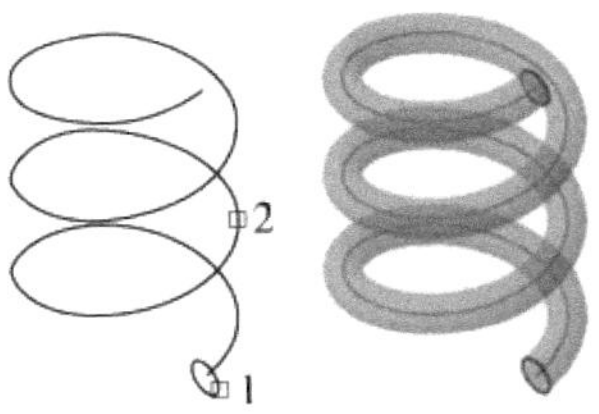

문제 19

CAD 시스템에서 원호를 정의하고자 한다. 다음 중 하나의 원호를 정의내릴 수 없는 경우는?

① 중심점과 원호의 시작점과 끝점, 그리고 시작점에서 원호가 그려지는 방향이 주어질 때
② 중심점과 원호의 시작점, 현의 길이, 그리고 시작점에서 원호가 그려지는 방향이 주어질 때
③ 원호를 이루는 각각의 시작점, 중간점, 끝점이 주어질 때
④ 중심점과 원호 반지름의 크기, 그리고 시작점에서 원호가 그려지는 방향이 주어질 때

해설 중심점과 원호 반지름의 크기, 그리고 시작점에서 원호가 그려지는 방향과 원호의 크기가 주어져야 된다.

문제 20

그림과 같은 꽃병 형상의 도형을 그리기에 가장 적합한 방법은?

① 오프셋 곡면
② 원추 곡면
③ 회전 곡면
④ 필릿 곡면

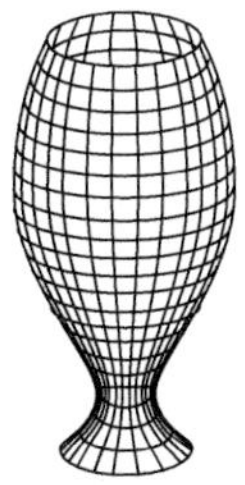

해답 18. ② 19. ④ 20. ③

해설 회전곡면

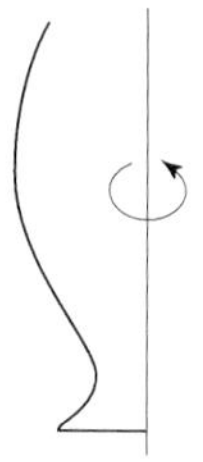

제2과목 기계요소설계

문제 21

폭(b)×높이(h)=10mm×8mm인 묻힘 키가 전동축에 고정되어 0.25kN · m의 토크를 전달할 때, 축지름은 약 몇 mm 이상이어야 하는가?(단, 키의 허용 전단응력은 36MPa이며, 키의 길이는 47mm이다.)

① 29.6 ② 35.3
③ 41.7 ④ 50.2

해설
키의 전단응력 $\tau_{key} = \dfrac{2\times T}{b\times l\times d_s}$

축 지름 $d_s = \dfrac{2\times T}{b\times l\times \tau_{key}} = \dfrac{2\times 0.25\times 10^6}{10\times 47\times 36} = 29.55\text{mm}$

문제 22

래크 공구로 모듈 5, 압력각은 20°, 잇수는 15인 인벌류트 치형의 전위 기어를 가공하려 한다. 이때 언더컷을 방지하기 위하여 필요한 이론 전위량은 약 몇 mm인가?

① 0.124 ② 0.252
③ 0.510 ④ 0.613

해설
전위량 $c = xm = 0.122\times 5 = 0.6133\text{mm}$

전위계수 $x = 1 - \dfrac{Z}{2}\sin^2\alpha = 1 - \dfrac{15}{2}\times(\sin20^2) = 0.122$

해답
21. ① 22. ④

문제 23

베어링 설치 시 고려해야 하는 예압(preload)에 관한 설명으로 옳지 않은 것은?

① 예압은 축의 흔들림을 적게 하고, 회전정밀도를 향상시킨다.
② 베어링 내부 틈새를 줄이는 효과가 있다.
③ 예압량이 높을수록 예압 효과가 커지고, 베어링 수명에 유리하다.
④ 적절한 예압을 적용할 경우 베어링의 강성을 높일 수 있다.

해설 베어링 설치시 고려해야 하는 예압 주된 목적은 축이 레이디얼 방향 및 액셜방향의 위치결정을 정확하게 함과 동시에 축의 진동을 억제하기 위하여 실시한다. 예압량을 필요 이상으로 크게 하면, 이상발열, 마찰모멘트의 증대, 피로수명의 저하 등을 초래하므로, 사용조건, 예압의 목적 등을 고려해서 예압량을 결정할 필요가 있다.

문제 24

평벨트 전동에서 유효장력이란 무엇인가?

① 벨트 긴장측 장력과 이완측 장력과의 차를 말한다.
② 벨트 긴장측 장력과 이완측 장력과의 비를 말한다.
③ 벨트 긴장측 장력과 이완측 장력의 평균값을 말한다.
④ 벨트 긴장측 장력과 이완측 장력의 합을 말한다.

해설 **유효장력** = 긴장측 장력 − 이완측 장력

문제 25

주 축의 중심선이 어느 각도로 교차되고 그 사이의 각도가 운전 중 다소 변하여도 자유로이 운동을 전달할 수 있는 축 이음은?

① 플랜지 이음　② 셀러 이음
③ 올덤 이음　④ 유니버설 이음

해설 **유니버설 조인트**(universal joint) : 주 축의 중심선이 어느 각도로 교차되고 그 사이의 각도가 운전 중 다소 변하여도 자유로이 운동을 전달할 수 있는 축 이음

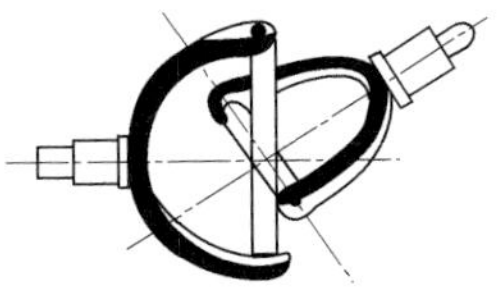

해답

23. ③　24. ①　25. ④

문제 26

공업제품에 대한 표준화를 시행 시 여러 장점이 있다. 다음 중 공업제품 표준화와 관련한 장점으로 거리가 먼 것은?

① 부품의 호환성이 유지된다.
② 능률적인 부품생산을 할 수 있다.
③ 부품의 품질향상이 용이하다.
④ 표준화 규격 제정 시에 소요되는 시간과 비용이 적다.

해설 공업제품에 대한 표준화를 시행하기 위해서는 소요되는 시간과 비용이 많이 소요되는 단점이 있다.

문제 27

두께 10mm의 강판에 지름 24mm의 리벳을 사용하여 1줄 겹치기 이음 할 때 피치는 약 몇 mm인가? (단, 리벳에서 발생하는 전단응력은 35.3MPa이고, 강판에 발생하는 인장응력은 42.2MPa이다.)

① 43　　② 62
③ 55　　④ 74

해설

피치 $p = \dfrac{\tau_r \pi d^2 n}{4\sigma_t t} + d = \dfrac{35.3 \times \pi \times 24^2 \times 1}{4 \times 42.2 \times 10} + 24 = 61.84\text{mm}$

문제 28

10kN의 물체를 수직방향으로 들어올리기 위해서 아이볼트를 사용하려 할 때, 아이볼트 나사부의 최소 골지름은 약 몇 mm인가? (단, 볼트의 허용인장응력은 50MPa이다.)

① 14　　② 16
③ 20　　④ 22

해설

골지름 $d_1 = \sqrt{\dfrac{4W}{\pi \sigma_a}} = \sqrt{\dfrac{4 \times 10 \times 10^3}{\pi \times 50}} = 15.95\text{mm}$

문제 29

드럼 지름이 300mm인 밴드 브레이크에서 1kN · m의 토크를 제동하려고 한다. 이 때 필요한 제동력은 약 몇 N인가?

① 667　　② 5500
③ 6667　　④ 795

해답

26. ④　27. ②　28. ②　29. ③

해설 $T = f \times \dfrac{D}{2}$ 제동력 $f = \dfrac{2T}{D} = \dfrac{2 \times 1 \times 10^6}{300} = 6666.666\text{N}$

문제 30

그림과 같은 스프링 장치에서 전체 스프링 상수 K는?

① $K = k_1 + k_2$

② $K = \dfrac{1}{k_1} + \dfrac{1}{k_2}$

③ $K = \dfrac{k_1 \times k_2}{k_1 + k_2}$

④ $K = k_1 \times k_2$

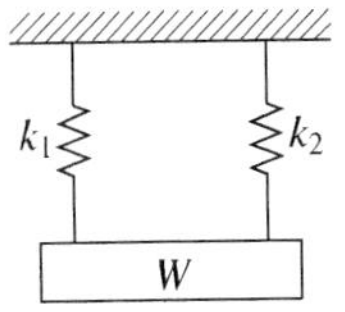

해설 **등가스프링상수** $K = k_1 + k_2$

문제 31

커플링의 설명으로 옳은 것은?

① 플랜지커플링은 축심이 어긋나서 진동하기 쉬운데 사용한다.
② 플렉시블커플링은 양축의 중심선이 일치하는 경우에만 사용한다.
③ 올덤커플링은 두 축이 평행으로 있으면서 축심이 어긋났을 때 사용한다.
④ 원통커플링의 지름은 축 중심선이 임의의 각도로 교차되었을 때 사용한다.

해설 ① **플랜지 커플링** : 대형 축이음 또는 큰동력을 전달에 사용된다.
② **플랙시블 커플링** : 두 축의 중심선을 완전히 일치시키기 어려운 경우 사용되는 커플링
③ **유니버셜 커플링**(=자재이음) : 두 축의 축선이 어느 각도로 교차되고 그 사이의 각도가 운전 중 다소 변할 때
④ **올덤 커플링**(oldhams coupling) : 두 축이 평행으로 있으면서 축심이 어긋났을 때, 축이 교차될 때에 사용한다.

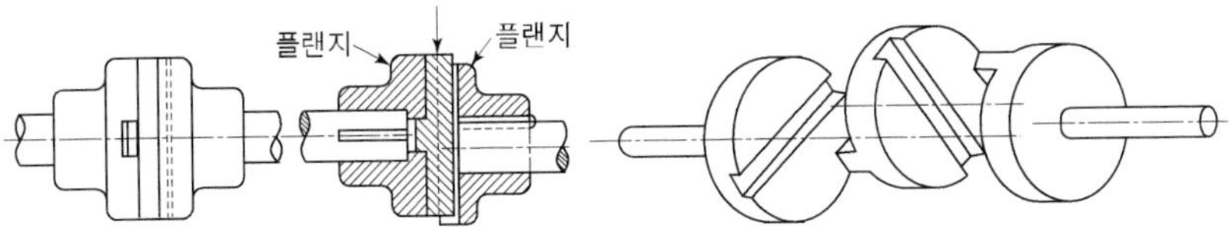

[올덤 커플링(oldhams coupling)]

해답 30. ① 31. ③

문제 32

다음 중 축 중심선에 직각 방향과 축방향의 힘을 동시에 받는데 쓰이는 베어링으로 가장 적합한 것은?

① 앵귤러 볼 베어링 ② 원통 롤러 베어링
③ 스러스트 볼 베어링 ④ 레이디얼 볼 베어링

해설

	앵귤러볼베어링 축 중심선에 직각방향 하중(Radial load), 축방향 하중(Trust load)이 동시에 작용될 때 사용하는 베어링. 60계열 베어링		원통롤러베어링 축 중심선에 직각방향 하중(Radial load)이 크게 작용될 때 사용하는 베어링. N계열 베어링
	깊은 홈볼베어링 축 중심선에 직각방향 하중(Radial load)만 작용될 때 사용하는 베어링. 70계열 베어링	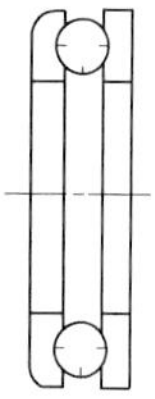	스러스트 볼베어링 축 중심선에 평행한 축방향 하중(Trust load)만 작용될 때 사용하는 베어링.50계열 베어링

문제 33

코일 스프링에서 유효 감김수를 2배로 하면 같은 축하중에 대하여 처짐량은 몇 배가 되는가?

① 0.5 ② 2
③ 4 ④ 8

해설

스프링의 처짐량 $\delta = \dfrac{8PD^3n}{Gd^4}$

감김수 n이 2배가 되면 처짐도 2배가 된다.

문제 34

3000kgf의 수직방향 하중이 작용하는 나사잭을 설계할 때, 나사잭 볼트의 바깥지름은 얼마인가? (단, 허용응력은 6kgf/mm^2, 골지름은 바깥지름의 0.8배이다.)

① 12mm ② 32mm
③ 74mm ④ 126mm

해답

32. ① 33. ② 34. ②

해설

골지름 $d_1 = \sqrt{\frac{4W}{\pi\sigma_a}} = \sqrt{\frac{4\times3000}{\pi\times6}} = 25.231[\mathrm{mm}]$

$d_1 = 0.8d_2$, (호칭지름=산지름=바깥지름) $d_2 = \frac{d_1}{0.8} = \frac{25.231}{0.8} = 31.539[\mathrm{mm}]$

문제 35

지름 50mm의 연강축을 사용하여 350rpm으로 40kW를 전달할 수 있는 묻힘 키의 길이는 몇 mm 이상인가? (단, 키의 허용전단응력은 49.05MPa, 키의 폭과 높이는 $b\times h$ =15mm×10mm이며, 전단저항만 고려한다.)

① 38
② 46
③ 60
④ 78

해설

$T = 974000\times\frac{H_{KW}}{N} = 974000\times\frac{40}{350}$

$= 111314.285[\mathrm{kgf\cdot\ mm}] = 1090880[\mathrm{N\cdot\ mm}]$

키의 길이 $l = \frac{2T}{\tau_{key}\times b\times d_s} = \frac{2\times1090880}{49.05\times15\times50} = 59.307\mathrm{mm}$

문제 36

다음 중 브레이크 용량을 표시하는 식으로 옳은 것은? (단, μ는 마찰계수, p는 브레이크 륜의 주속이다.)

① $Q = \mu pv$
② $Q = \mu pv^2$
③ $Q = \frac{\mu p}{v}$
④ $Q = \frac{\mu}{pv}$

해설

브레이크 용량 $Q = \mu pV = \mu\frac{F}{A}V = \frac{1000H_{KW}}{A}$

여기서, μ : 마찰계수, p : 베어링압력, F : 베어링하중, A : 베어링접촉면적

문제 37

다음 중 용접 이음의 장점으로 틀린 것은?

① 사용재료의 두께에 제한이 없다.
② 용접이음은 기밀유지가 불가능하다.
③ 이음효율을 100%까지 할 수 있다.
④ 리벳, 볼트 등의 기계 결합 요소가 필요없다.

해답

35. ③ 36. ① 37. ②

해설 **용접의 장단점**

[장점]

① 리벳이음에 비해 재료가 절약되고 이음효율이 높다.
② 기밀성이 높으며 사용하는 판재의 두께에 제한이 없다.
③ 소음이 없고 페인트 작업을 쉽게 할 수 있다.
④ 공정수를 줄일 수 있어 제작비가 싸다.
⑤ 제품의 생산률이 좋고 보수도 쉽다.

[단점]

① 진동감쇠의 능력이 부족하다.
② 고열에 의한 변형과 잔류응력의 발생 및 재질이 변한다.
③ 연속체로 되어 전체적인 파괴가 생긴다.
④ 결함이 생기기 쉽고 이에 따른 노치율에 민감하다.
⑤ 용접부에 대한 비파괴 검사법을 해야 된다.

문제 38

표준 스퍼기어에서 모듈 4, 잇수 21개, 압력각이 20°라고 할 때, 법선피치(p_n)은 약 몇 mm인가?

① 11.8　　② 14.8
③ 15.6　　④ 18.2

해설 (법선피치=기초원피치) $p_n = \dfrac{\pi D_g}{Z} = \dfrac{\pi \times (D \times \cos\alpha)}{Z} = \dfrac{\pi \times (84 \times \cos 20)}{21} = 11.808[\text{mm}]$

(피치원 지름) $D = mZ = 4 \times 21 = 84\text{mm}$　여기서, D_g : 기초 원지름

문제 39

재료를 인장시험할 때, 재료에 작용하는 하중을 변형전의 원래 단면적으로 나눈 응력은?

① 인장응력　　② 압축응력
③ 공칭응력　　④ 전단응력

해설 (공칭응력) $\sigma = \dfrac{\text{작용하는 하중}}{\text{변형전 재료의 면적}}$

(진응력) $\sigma_n = \dfrac{\text{작용하는 하중}}{\text{변형된 재료의 면적}}$

해답

38. ①　39. ③

문제 40

평벨트와 비교하여 V벨트의 특징으로 틀린 것은?

① 전동효율이 좋다. ② 고속운전이 가능하다.
③ 정숙한 운전이 가능하다. ④ 축간거리를 더 멀리 할 수 있다.

해설 **V벨트의 장점**

① 평벨트보다 마찰력이 커서 큰 동력을 전달할 수 있다.(=평벨트보다 미끄럼이 작다.)
② 비교적 작은 인장력으로 큰 동력을 전달 할수 있다.
③ 전동효율은 96~99% 정도이며 장력이 작으므로 베어링의 부담하중이 작다.
④ 비교적 지름이 작은 풀리에도 사용할 수 있다.
⑤ 벨트가 벗겨질 염려가 없다.
⑥ 비교적 작은 인장력으로 큰 동력을 전달할 수 있다.
⑦ 협소한 장소에도 설치가 가능하고 운전이 정숙하고 충격이 작다.(평벨트보다 소음이 적다)
⑧ 재질이 고무이기 때문에 의 굴곡성이 크고 진동이 적다.
⑨ 평벨트보다 속도비를 크게 할 수 있다.
⑩ 평벨트보다 고속으로 전동할 수 있다.

V벨트의 단점

① 벨트의 길이를 조절할 수 없고 같은 방향의 회전일 때만 사용이 가능하다. 즉 바로걸기로만 사용하며 엇걸기는 사용할 수 없다.
② 이음매 없이 일체로 만들어졌기 때문에 끊어지면 접합이 불가능하다.
③ 축간거리는 평벨트보다 길게 할 수 없다.(축간거리가 짧다.)

제3과목 기계재료 및 측정

문제 41

아연을 소량 첨가한 황동으로 빛깔이 금색에 가까워 모조금으로 사용되는 것은?

① 톰백(tombac) ② 델타 메탈(delta metal)
③ 하드 블라스(hard brass) ④ 문쯔 메탈(muntz metal)

해설 **톰백** : 모조금 아연 5~20%, 전연성이 좋고 색깔이 금색 모조금으로 사용, 판재 사용

해답 40. ④ 41. ①

문제 42

열가소성 재료의 유동성을 측정하는 시험방법은?

① 로크웰 시험법　② 브리넬 시험법
③ 멜트 인덱스법　④ 샤르피 시험법

해설 ① **경도 시험** : 로크웰, 브리넬 시험
② **충격 시험** : 샤르피 시험
③ **멜트 인덱스법** : 열가소성 수지의 용융시에 유동성을 표시하는 척도이다. ASTM에 규정한 일정한 온도와 압력이며 규정의 지름 및 길이가 있는 오리피스에서 열가소성수지 용융재료를 압출하여 그 중량을 재고 이것을 10분간당의 g수로 환산하여 나타내는 수치이다. 보통 멜트인데스의 수치가 클수록 용융시의 유동성이나 가공성이 양호하다. 인장강도, 내스트레스 크랙킹성 등은 저하된다.

문제 43

금속의 결정 구조 중 체심입방격자(BCC)인 것은?

① Ni　② Cu
③ Al　④ Mo

해설 **체심입방격자**(BCC) : W, V, Mo, Cr, K, Li, Na
면심입방격자(FCC) : Al, Au, Cu, Pt, Pb, Ni, Ag, Ca

문제 44

담금질한 후 치수의 변형 등이 없도록 심냉처리해야 하는 강은?

① 실루민　② 문쯔메탈
③ 두랄루민　④ 게이지강

해설 게이지강은 다듬질 가공 공작에 있어서 치수의 표준이라 하는 게이지 제작의 재료로 하는 강이다. 따라서 이 강이 갖추어야 될 조건은 다음과 같다.
① 마모가 없을 것
② 시효에 의한 치수 변화가 없을 것
③ 내식성이 강하지 않으면 안된다.

문제 45

탄소함유량이 약 0.85%C~2.0%C에 해당하는 강은?

① 공석강　② 아공석강
③ 과공석강　④ 공정주철

해답

42. ③　43. ④　44. ④　45. ③

해설 **순철** : 0.02%C 이하
아공석강 : 0.02%C~0.77%C
과공석강 : 0.77%C~2.11%C
아공정주철 : 2.11%C~4.3%C
과공정주철 : 4.3%C~6.67%C

문제 46

진동에너지를 흡수하는 능력이 우수하여 공작기계의 베드 등에 가장 적합한 재료는?

① 회주철　② 저탄소강
③ 고속도공구강　④ 18-8스테인리스강

해설 회주철은 가공성이 좋고 값이 싸며 용융점이 낮고 유동성이 좋아 주조하기 쉽다. 그래서 일반 기계 부품, 수도관, 난방용품, 가정용품, 농기구 등에 사용되며 특히 회주철은 진동에너지를 흡수하는 감쇠능이 뛰어나 공작 기계의 베드, 프레임 및 기계 구조물의 몸체 등에 널리 사용되고 있다.

문제 47

비정질 합금에 관한 설명으로 틀린 것은?

① 전기 저항이 크다.
② 구조적으로 장거리의 규칙성이 있다.
③ 가공경화 현상이 나타나지 않는다.
④ 균질한 재료이며, 결정 이방성이 없다.

해설 비정질 합금은 결정구조를 가지지 않는 아몰포스 구조를 하고 있어 경도와 강도가 높고 인성 또한 우수하며, 자기적 특성이 우수하여 변압기용 철심 등에 활용된다.

문제 48

노 내에서 Fe-Si, Al 등의 강력한 탈산제를 첨가하여 완전히 탈산시킨 강은?

① 킬드강(killed steel)　② 림드강(rimmed steel)
③ 세미킬드강(semi-killed steel)　④ 세미림드강(semi-rimmed steel)

해설 ① **킬드강**(killed steel) : 탈산제로 충분히 탈산시킨 강괴로서 비교적 성분이 균일하여 보일러용 강판, 기계 구조용 탄소강 등 고급 강제로 사용된다.
② **림드강**(rimmed steel) : 용강을 Fe-Mn로 가볍게 탈산시킨 것으로 내부에는 기포가 남아있다.
③ **세미킬드강**(semi-killed steel) : 킬드강과 림드강의 중간정도의 강괴이다.

해답

46. ① 47. ② 48. ①

문제 49

강의 표면에 Al을 침투시키는 표면 경화법은 ?

① 크로마이징 ② 칼로라이징
③ 실리콘나이징 ④ 보로나이징

해설 ① 크로마이징 : Cr(크롬) 침투
② 칼로라이징 : Al(알루니늄)을 침투
③ 실리콘나이징 : Si(규소) 침투
④ 보로나이징 : B(붕소) 침투

문제 50

항공기 재료에 많이 사용되는 두랄루민의 강화기구는?

① 용질경화 ② 시효경화
③ 가공경화 ④ 마텐자이트 변태

해설 **시효경화** : 금속재료를 일정한 시간 적당한 온도하에 놓아두면 단단해지는 현상으로 상온에서 일어나는 것은 알루미늄합금(두랄루민, 초강두랄루민) · 납합금 등 녹는점이 낮은 금속의 합금이며 구리합금 등은 가열하지 않으면 일어나지 않는다.

문제 51

다음 중 세라믹 공구의 특징과 가장 거리가 먼 것은?

① 충격에 강하다. ② 내마모성이 좋다.
③ 내식성이 우수하다. ④ 내열성이 우수하다.

해설 세라믹 공구는 대표적인 취성재료로 충격에 약한 단점이 있다. 하지만 고온 강도가 가장 높은 공구재료이다.

문제 52

알루미늄 합금의 특징에 대한 설명으로 틀린 것은?

① 전기 및 열의 양도체이다.
② 대기 중에서는 내식성이 양호하다.
③ 용융점이 1083℃로 고온 가공성이 좋다.
④ 가볍고 전연성이 좋아 성형가공이 용이하다.

해설 **알루미늄 성질(특징)**
① 비중 2.7로 가벼운 금속이다.
② 용융점 660℃으로 용융점이 낮다.

해답

49. ② 50. ② 51. ① 52. ③

③ 전기 및 열의 양도체
④ 면심입방격자
⑤ 전연성이 좋다.
⑥ 염산, 황산, 바닷물에 침식된다.
⑦ 대기 중에서 안정한 표면 산화막을 형성
⑧ 열처리로 석출경화, 시효경화시켜 성질 개선
※ 시효경화란 열처리 후 시간이 지남에 따라 강도와 경도가 증가하는 현상이다.

문제 53

탄성한도를 넘어서 소성 변화를 시킨 경우에도 하중을 제거하면 원래상태로 돌아가는 성질은?

① 신소재 효과 ② 초탄성 효과
③ 초소성 효과 ④ 시효경화 효과

해설 **초탄성효과**
탄성한도를 넘어서서 소성 변형된 재료라도 하중을 제거하면 원래 상태로 되돌아가는 성질이다. 초탄성 재료의 가장 대표적인 예는 고무이다.

문제 54

강을 오스테나이트가 되는 온도까지 거열한 후 공랭시키는 열처리 방법은?

① 뜨임 ② 담금질
③ 오스템퍼 ④ 노멀라이징

해설 **뜨임**(Tempering)
저온뜨임과 고온뜨임이 있으며, 일정한 온도로 가열 후 공기 중에서 냉각(공냉), 또는 노안에서 냉각(노냉)시킨다.
① 저온뜨임 : 담금질에 의해 발생한 내부응력이 제거되고, 강재의 표면에 발생한 응력이나 마텐자이트의 메짐성이 없어진다. 이와 같이 경도만이 요구되는 경우 약 100~200℃ 부근에서 뜨임하는 것을 말한다.(오스테나이트 → 트루스타이트) 또는 마텐자이트를 400℃로 뜨임하면 트루우스타이트가 얻어진다.(M → T)
② 고온뜨임 : 강인한 재질로 만들기 위하여 500~600℃의 고온에서 뜨임하는 것을 말한다.(트루스타이트 → 소르바이트)

문제 55

다음 철강 조직 중에서 경도가 가장 높은 것은?

① 페라이트 ② 펄라이트
③ 마텐자이트 ④ 소르바이트

해답

53. ② 54. ④ 55. ③

해설

조직이름	페라이트	오스테나이트	펄라이트	소르바이트	트루스타이트	마텐자이트	시멘타이트
경도(H_v)	90	155	255	270	445	880	1100

문제 56

동일직경 3개의 핀을 이용하여 수나사의 유효지름을 측정하는 방법은?

① 광학법 ② 삼침법
③ 지름법 ④ 반지름법

해설 **3침법**(=삼선법) : 가장 정확한 나사의 유료지름을 측정할 수 있다.

문제 57

비교 측정방법에 해당되는 것은?

① 사인 바에 의한 각도 측정
② 버니어캘리퍼스에 의한 길이 측정
③ 롤러와 게이지 블록에 의한 테이퍼 측정
④ 공기 마이크로미터를 이용한 제품의 치수 측정

해설 ① 사인 바에 의한 각도 측정 : 간접측정
② 버니어캘리퍼스에 의한 길이 측정 : 직접측정
③ 롤러와 게이지 블록에 의한 테이퍼 측정 : 간접측정
④ 공기 마이크로미터를 이용한 제품의 치수 측정 : 비교측정

※ **공기 마이크로미터**(air micrometer)
공기의 유량을 이용한 비교측정장비로서 공기의 흐름을 확대기구로 하여 길이를 측정하는 방법으로 모양을 교환함으로서 바깥지름, 안지름, 직각도, 진원도, 평면도, 테이퍼, 타원 등을 측정할 수 있다.

문제 58

측정자의 미소한 움직임을 광학적으로 확대하여 측정하는 장치는?

① 옵티미터(optimeter)
② 미니미터(minimeter)
③ 공기 마이크로미터(air micrometer)
④ 전기 마이크로미터(electrical micrometer)

해설 **옵티미터**(optimeter)
비교측정기의 일종으로 표준치수의 물체와 측정하려는 물체와의 치수차이를 광학적으로 확대해서 정밀하게 측정하는 장치이다.

해답

56. ② 57. ④ 58. ①

문제 59

TiC 입자를 Ni과 Mo를 결합제로 소결한 것으로 구성인선이 거의 발생하지 않아 공구수명이 긴 절삭공구 재료는?

① 서멧　　② 고속도강
③ 초경합금　　④ 합금 공구강

해설 **서멧 공구** : 날 끝의 재료로 WC(텅스텐 탄화물)를 함유하지 않은 TiC-Ni-Mo계 초경 합금을 사용한 공구이다.
TiC계 초경 합금은 WC계 합금에 비해 가볍고 고온 강도가 크며, 내산화성이 뛰어나고, 마찰 계수가 작은 등의 특성을 지니고 있다.

문제 60

표면거칠기의 측정법으로 틀린 것은?

① NPL식 측정　　② 촉침식 측정
③ 광 절단식 측정　　④ 현미 간섭식 측정

해설 N.P.L식 측정은 각도를 측정하기 위한 계측기기이다.

해답

59. ①　60. ①

기계설계산업기사

2018년 3월 4일 시행

제1과목 기계제도

문제 01

기준치수가 ϕ50인 구멍기준식 끼워 맞춤에서 구멍과 축의 공차 값이 다음과 같을 때 옳지 않은 것은?

구멍	위 치수허용차	+0.025
	아래 치수허용차	0.000
축	위 치수허용차	+0.050
	아래 치수허용차	+0.034

① 최소 틈새는 0.009이다.
② 최대 죔새는 0.050이다.
③ 축의 최소 허용치수는 50.034이다.
④ 구멍과 축의 조립 상태는 억지 끼워 맞춤이다.

해설 끼워맞춤의 상태가 억지 끼워 맞춤임으로 틈새는 생기지 않는다.

문제 02

그림에서 오른쪽에 구멍을 나타낸 것곽 같이 측면도의 일부분만을 그리는 투상도의 명칭은?

① 보조 투상도
② 부분 투상도
③ 국부 투상도
④ 회전 투상도

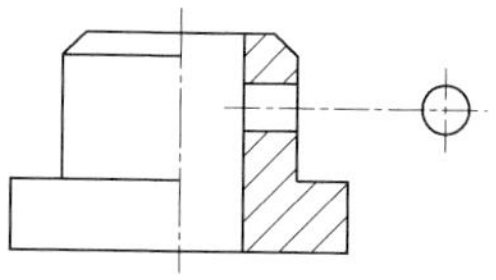

해설 투상면의 일부분만을 표시한 것을 국부 투상도라 한다.

해답

01. ① 02. ③

문제 03

다음 도면과 같은 데이텀 표적 도시기호의 의미 설명으로 올바른 것은?

① 점의 데이텀 표적
② 선의 데이텀 표적
③ 면의 데이텀 표적
④ 구형의 데이텀 표적

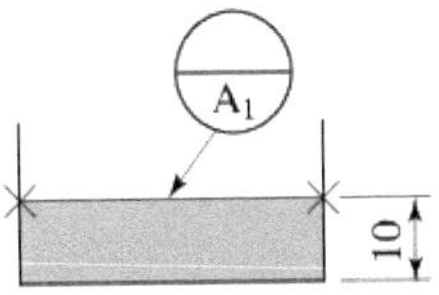

해설 ×점과 ×점을 지나는 선의 데이텀 표적이다.

문제 04

그림과 같이 제 3각 정투상도로 나타낸 정면도와 우측면도에 가장 적합한 평면도는?

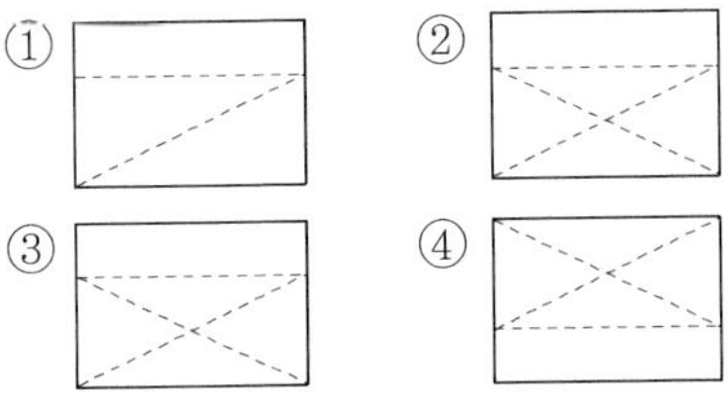

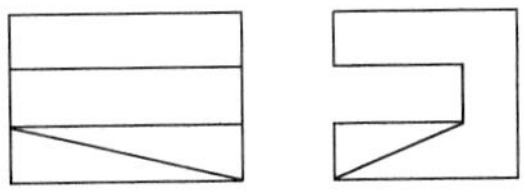

해설

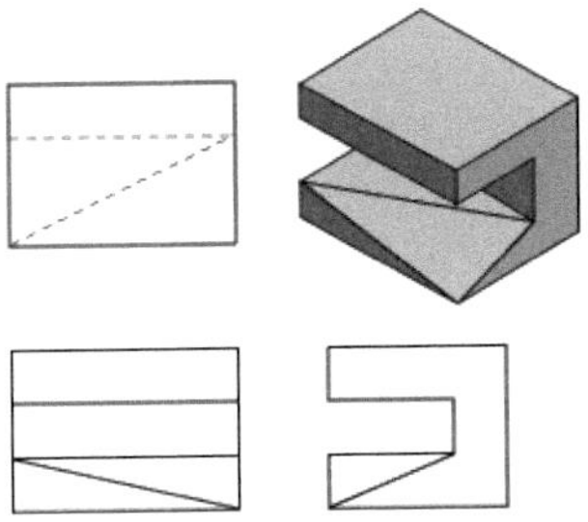

문제 05

그림과 같은 도면에서 참고 치수를 나타내는 것은?

① (25)
② ∠ 0.01
③ 45°
④ 일반공차 ±0.1

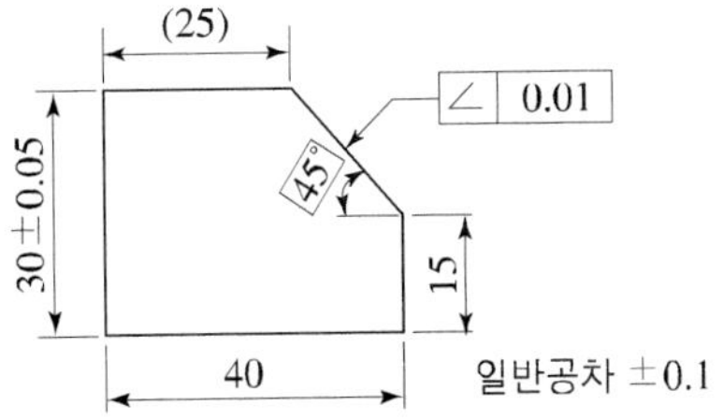

해설 참고치수는 ( )에 넣는다.

해답

03. ② 04. ① 05. ①

문제 06

다음 투상도 중 KS 제도 표준에 따라 가장 올바르게 작도된 투상도는?

① 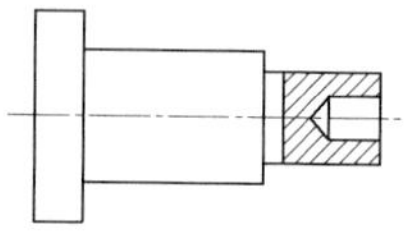

② 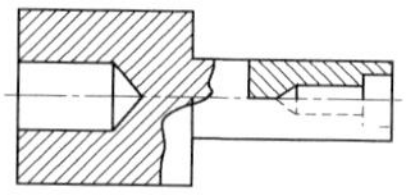

③ 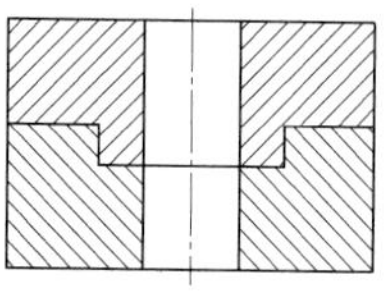

④ 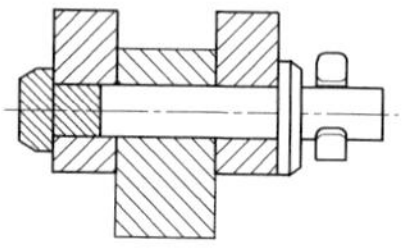

해설

② 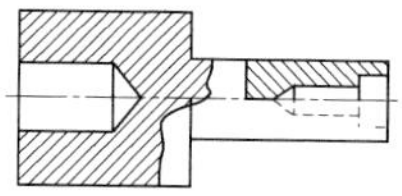 : 숨은선이 보이지 않도록 단면해야 된다.

③ 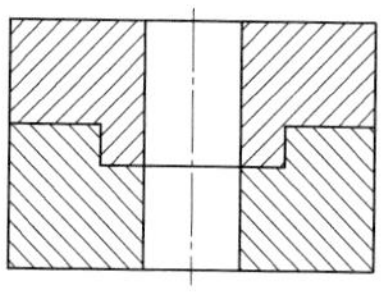 : 단면된 구멍 안쪽의 실선을 지워야 된다.

④ 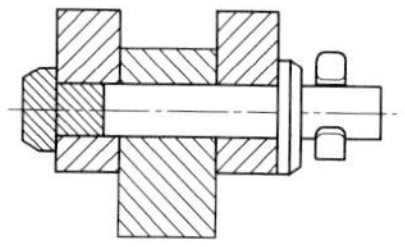 : 축은 길이방향으로 단면처리 하지 않는다.

문제 07

치수 기입에 있어서 누진 치수 기입 방법으로 올바르게 나타낸 것은?

① 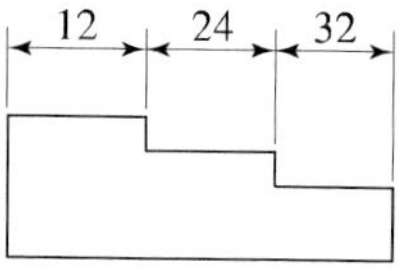

② 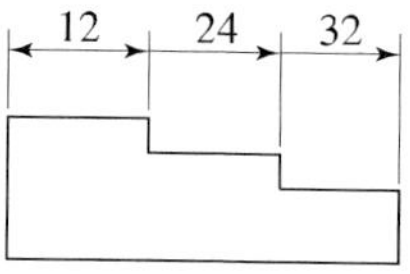

③ 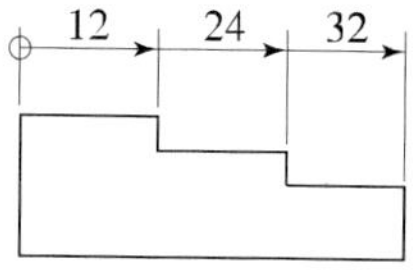

④ 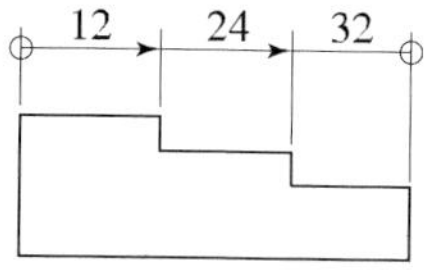

해설 누진치수기입 방법은 시작점은 "○"이고 나머지 치수는 화살촉을 이용하여 치수를 더해가면서 치수 기입한다.

해답

06. ① 07. ③

문제 08

그림과 같은 도면에서 'L' 치수는 몇 mm인가?

① 1200
② 1320
③ 1340
④ 1460

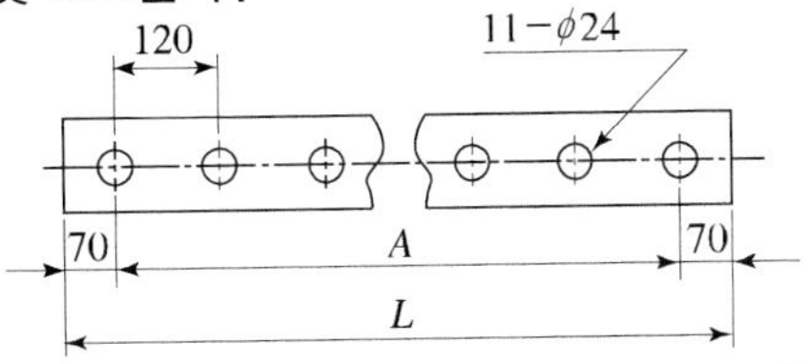

해설 $L = 70 + (120 \times 10) + 70 = 1340\text{mm}$

문제 09

다음 중 구멍 기준식 억지 끼워맞춤을 올바르게 표시한 것은?

① ϕ50 X7/h6
② ϕ50 H7/h6
③ ϕ50 H7/s6
④ ϕ50 F7/h6

해설

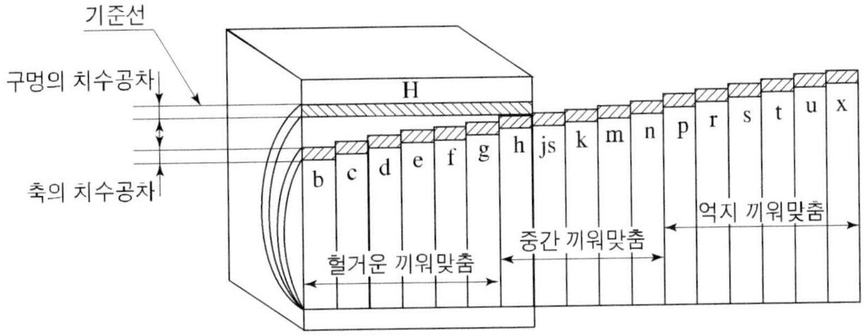

문제 10

빗줄 널링(knurling)의 표시 방법으로 가장 올바른 것은?

① 축선에 대하여 일정한 간격으로 평행하게 도시한다.
② 축선에 대하여 일정한 간격으로 수직으로 도시한다.
③ 축선에 대하여 30°로 엇갈리게 일정한 간격으로 도시한다.
④ 축선에 대하여 80°가 되도록 일정한 간격으로 평행하게 도시한다.

해설 축에 있는 널링(knurling)의 도시는 빗줄인 경우는 축선에 대하여 30°로 엇갈리게 그린다.

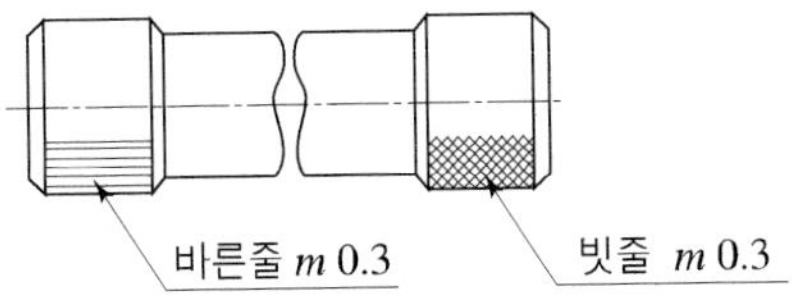

해답

08. ③ 09. ③ 10. ③

문제 11

그림과 같이 용접기호가 도시되었을 경우 그 의미로 옳은 것은?

① 양면 V형 맞대기 용접으로 표면 모두 평면 마감 처리
② 이면 용접이 있으며 표면 모두 평면 마감 처리한 V형 맞대기 용접
③ 토우를 매끄럽게 처리한 V형 용접으로 제거 가능한 이면 판재 사용
④ 넓은 루트면이 있고 이면 용접된 필릿 용접이며 윗면을 평면 처리

해설

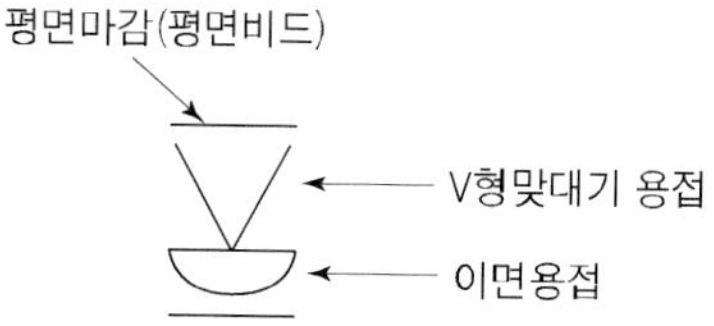

문제 12

그림과 같은 등각투상도에서 화살표 방향이 정면일 경우 3각법으로 투상한 평면도로 가장 적합한 것은?

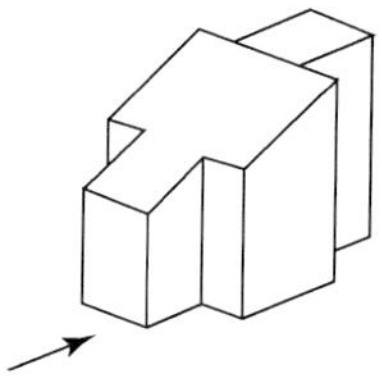

①
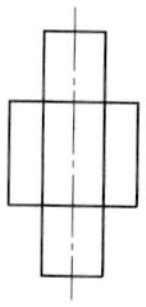

②
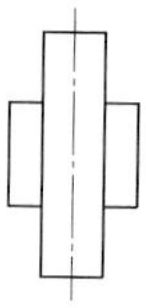

③
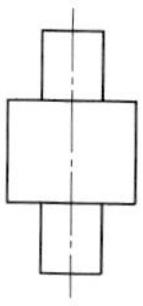

④
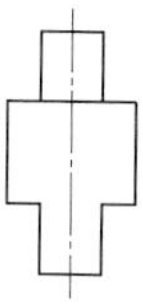

해설

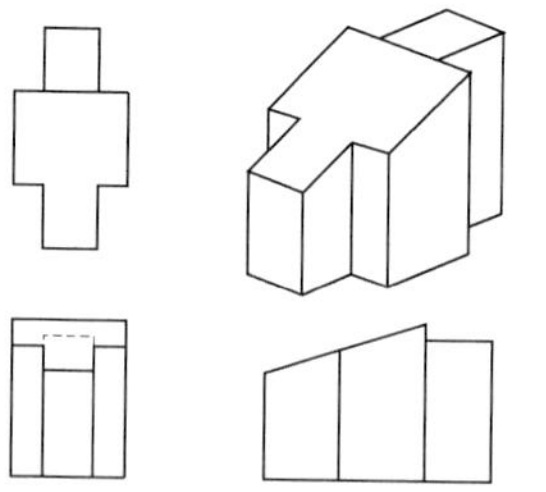

해답

11. ② 12. ④

문제 13

IGES 파일 구조가 가지는 5가지 section이 아닌 것은?

① directory entry section ② global section
③ start section ④ local section

해설 IGES(Initial Graphics Exchange Specification)
여러 종류의 CAD/CAM 시스템에서 사용된 설계와 가공의 정보를 교환하기 위한 표준 데이터 형식이다.(1979년 미국에서 시작하여ISO의 표준규격으로 제정)
[IGES 파일의 구조] : 한 개의 IGES파일은 여섯 개의 섹션으로 구성된다. 그러나 정규ASCII 코드에서는 다섯 개의 섹션으로 구성된다.
① 플래그 섹션(Flag section)-옵션
㉠ 압축형 ASCII와 이진형식에서만 사용하는 것으로 데이터의 표현 형식에 따른 선택사항이다.
㉡ 정규 ASCII형식에서는 사용하지 않는다.
② 개시섹션(start section) : IGES파일의 임의의 주석 및 작성자와 작성날짜 등을 기록하는 섹션
③ 글로벌 섹션(global section) : 파일을 만든 시스템 환경에 대한 기록
④ 디렉토리 섹션(directory section) : IGES파일에서 형상에 대한 속성정보의 기록 및 정의된 모든 요소(엔티티(Entity))의 목록을 저장하는 섹션
⑤ 파라미터 섹션(parameter section) : 2차원, 3차원의 좌표값을 가지고 있는 실제데이터를 기록하는 섹션
⑥ 종결 섹션(terminate section)

문제 14

그림과 같이 $x^2+y^2-2=0$인 원이 있다. 원 위의 점 $P(1,1)$에서 접선의 방정식으로 옳은 것은?

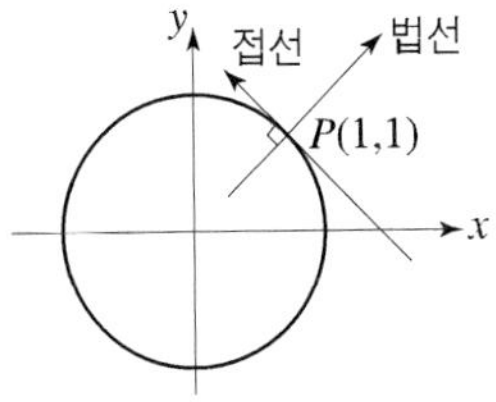

① $2(x-1)+2(y-1)=0$
② $(x-1)-(y-1)=0$
③ $2(x+1)+2(y-1)=0$
④ $(x+1)+(y+1)=0$

해설 원 $x^2+y^2=r^2$ 위의 점 $P(x_1, y_1)$에서의 접선방정식은 $x_1x+y_1y=r^2$
$1\times x+1\times y=(\sqrt{2})^2$
$x+y=2$ 을 만족하는 방정식
① $2(x-1)+2(y-1)=0 \rightarrow x+y=2$

해답
13. ④ 14. ①

문제 15

제시된 단면곡선을 안내곡선에 따라 이동하면서 생기는 궤적을 나타낸 곡면은?

① 룰드(ruled) 곡면
② 스윕(sweep) 곡면
③ 보간 곡면
④ 블랜딩(blending) 곡면

해설 **스위핑**(Sweeping)
하나의 2차원 단면형상(profile)을 입력하고 이를 안내곡선을 따라 이동시켜 입체를 생성, 주로 환기구의 닥터를 모델링 할 때 사용되는 곡선이다.

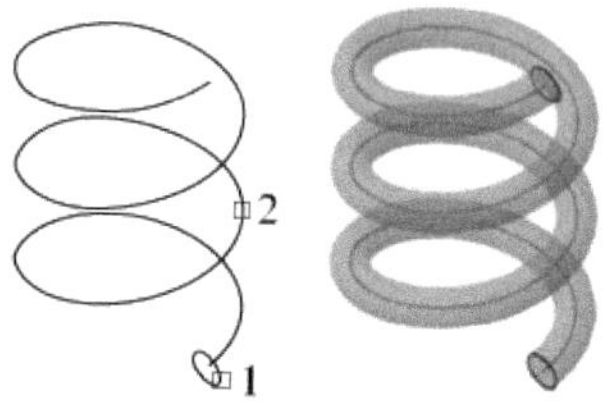

문제 16

와이어프레임 모델의 특징을 잘못 설명한 것은?

① 데이터의 구성이 간단하다.
② 처리속도가 빠르다.
③ 물리적 성질의 계산이 불가능하다.
④ 은선 제거가 가능하다.

해설 와이어 프레임은 은선제거가 가능하지 않다.

문제 17

컴퓨터를 이용한 형상 모델링에 대한 일반적인 설명 중 틀린 것은?

① 형상 모델링(geometric modeling)은 물체의 모양을 완전히 수학적으로 표현하는 과정이라고 할 수 있다.
② 컴퓨터 그래픽스(computer graphics)는 시각적 디스플레이를 통하여 부품의 설계나 복잡한 형상을 표현하는데 이용될 수 있다.
③ 3차원 모델링 및 설계는 현실감 있는 3차원 모델링과 시뮬레이션을 가능하게 하지만, 물리적 모델(목업 등)에 비해 비용이 많이 소요되는 단점이 있다.
④ 구조물의 응력해석, 열전달, 변형 및 다른 특성들도 시각적 기법들로 잘 표현될 수 있다.

해설 3차원 모델링 및 설계는 현실감 있는 3차원 모델링과 시뮬레이션을 가능하게 하지만 물리적 모델(목업 등)에 비해 비용이 적게 소요되는 장점이 있다. 즉 물리적 모델(목업 : 모의제작)은 모형을 직접 제작하는 과정이기 때문에 재료비와 인건비가 많이 소요된다. 3차원 모델링 및 설계는 물리적 모델(목업)에 비해 비용이 저렴하다.

해답

15. ② 16. ④ 17. ③

문제 18

2차원 평면에서 $y = 3x + 4$인 직선에 직교하면서 점(3, 1)인 지점을 지나는 직선의 방정식은?

① $y = -\left(\frac{1}{3}\right)x + 2$　　② $y = 3x + 10$

③ $y = 3x - 8$　　④ $y = -\left(\frac{1}{3}\right)x + 1$

해설 두 직선이 직교가 되려면 기울기의 곱이 "−1" 이어야 된다.

기울기가 "−(1/3)"이고 점(3, 1)를 지나는 직선의 식 $y = -\frac{1}{3}x + C$

$x = 3$일 때 $y = 1$이 되는 $C = 2$이다.

문제 19

솔리드모델링 방법 중 CSG 방식과 비교할 때 B−rep 방식의 특징에 해당하는 것은?

① 메모리 용량이 적다.
② 파라메트릭 모델링을 쉽게 구현할 수 있다.
③ 3면도, 투시도, 전개도의 작성이 용이하다.
④ 자료 구조가 단순하다.

해설

구분		CSG	B−Reps
데이터 특성	데이터 작성	용이	곤란
	데이터 구조	단순	복잡
	데이터 수정	용이	약간 용이
	모델재생시간	많이 걸린다.	적게 걸린다.
	필요 메모리 영역	용량이 적음	용량이 많음
응용성	3면도, 투시도 작성	곤란	용이
	전개도 작성	곤란	용이
	표면적 계산	곤란	용이
	중량 계산	용이(몬테카를로법)	약간 곤란(적분법)
	유한요소법의 적용 - 솔리드	용이	곤란
	유한요소법의 적용 - 표면	곤란	용이
	NC 테이프의 작성	비교적 용이	용이

해답 18. ① 19. ③

문제 20

CAD 모델링 방법 중 형상 구속 조건과 치수 조건을 이용하여 형태를 모델링하는 방식은?

① Feature-based modeling ② Parametric modeling
③ Hybrid modeling ④ Non-manifold modeling

해설 **파라메트릭**(Parametric modeling)
형상 구속 조건과 치수 조건을 이용하여 형태를 모델링하는 방식이다.
파라메트릭 모델링은 완성된 피쳐기반 모델에 크기 변화를 주기 위해서는 2D 스케치 패널에서 치수를 변경하는 방법과 파라메트릭 모델링 등이 있다. 파라메트릭 모델링은 KS 규격 제품인 볼트, 핀, 키 등과 같은 제품을 선택하여 사용할 수도 있고 동일한 형상에 변수(parameter)를 적용하여 치수에 맞는 크기와 길이로 만들며, 만들어진 기계요소를 형태에 맞는 모델에 위치해 넣을 수 있다.

제2과목 기계요소설계

문제 21

4kN · m의 비틀림 모멘트를 받는 전동축의 지름은 약 몇 mm인가? (단, 축에 작용하는 전단응력은 60MPa이다.)

① 70 ② 80
③ 90 ④ 100

해설
지름 $d=\sqrt[3]{\dfrac{16T}{\pi\tau}}=\sqrt[3]{\dfrac{16\times4\times10^6}{\pi\times60}}=69.763[\text{mm}]$

비틀림모멘트 $T=4[\text{kN}\cdot\text{m}]=4\times10^6[\text{N}\cdot\text{mm}]$

문제 22

양쪽 기울기를 가진 코터에서 저절로 빠지지 않기 위한 자립조건으로 옳은 것은? (단, α는 코터 중심에 대한 기울기 각도이고, ρ는 코터와 로드엔드와의 접촉부 마찰계수에 대응하는 마찰각이다.)

① $\alpha \leqq \rho$ ② $\alpha \geqq \rho$
③ $\alpha \leqq 2\rho$ ④ $\alpha \geqq 2\rho$

해설 한쪽 기울기일 때 코터의 자립조건 $\alpha \leqq 2\rho$
양쪽 기울기일 때 코터의 자립조건 $\alpha \leqq \rho$

해답

20. ② 21. ① 22. ①

문제 23

용접 가공에 대한 일반적인 특징 설명으로 틀린 것은?

① 공정수를 줄일 수 있어서 제작비가 저렴하다.
② 기밀 및 수밀성이 양호하다.
③ 열 영향에 의한 재료의 변질이 거의 없다.
④ 잔류응력이 발생하기 쉽다.

해설 용접은 열에 의한 재료의 변질이 많이 발생된다.

문제 24

그림과 같은 스프링장치에서 각 스프링 상수 k_1 =40N/cm, k_2 =50N/cm, k_3 =60N/cm이다. 하중 방향의 처짐이 150mm일 때 작용하는 하중 P는 약 몇 N인가?

① 2250
② 964
③ 389
④ 243

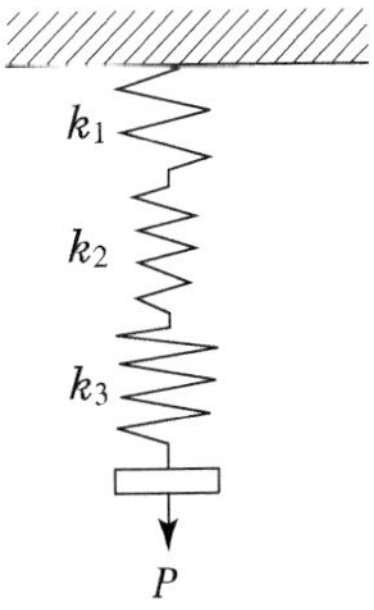

해설 $\frac{1}{K_e} = \frac{1}{40} + \frac{1}{50} + \frac{1}{60}$

등가스프링 상수 $K_e = 16.216\text{N/cm}$

하중 $P = K_e \times \delta = 16.216\text{N/cm} \times 15\text{cm} = 243.24\text{N} \fallingdotseq 243\text{N}$

문제 25

작용하중의 방향에 따른 베어링 분류 중에서 축선에 직각으로 작용하는 하중과 축선 방향으로 작용하는 하중이 동시에 작용하는데 사용하는 베어링은?

① 레이디얼 베어링(radial bearing)
② 스러스트 베어링(thrust bearing)
③ 테이퍼 베어링(taper bearing)
④ 칼라 베어링(collar bearing)

해설 ① **레이디얼 베어링**(radial bearing) : 축선에 직각으로 작용하는 하중을 받는 베어링
② **스러스트 베어링**(thrust bearing) : 축선 방향으로 작용하는 하중을 받는 베어링

해답 23. ③ 24. ④ 25. ③

③ **테이퍼 베어링**(taper bearing) : 축선에 직각으로 작용하는 하중과 축선 방향으로 작용하는 하중이 동시에 작용하는데 사용하는 베어링

④ **칼라 베어링**(collar bearing)축선 방향으로 작용하는 하중을 받는 베어링으로 얇은 베어링이 축과 풀리 사이에 끼워져 있는 베어링이다.

문제 26

회전속도가 8m/s로 전동되는 평벨트 전동장치에서 가죽 벨트의 폭(b)×두께(t)=116mm×8mm인 경우, 최대전달동력은 약 몇 kW인가? (단, 벨트의 허용인장응력은 2.35MPa, 장력비($e^{\mu\theta}$)는 2.5이며, 원심력은 무시하고 벨트의 이음효율은 100%이다.)

① 7.45　② 10.47
③ 12.08　④ 14.46

해설 **긴장장력** $T_t = \sigma_b \times b \times t \times \eta = 2.35 \times 116 \times 8 \times 1 = 2180.8\text{N}$

이완장력 $T_s = \dfrac{T_t}{e^{\mu\theta}} = \dfrac{2180.8}{2.5} = 872.32\text{N}$

유효장력 $P_e = T_t - T_s = 2180.8 - 872.32 = 1308.48\text{N}$

최대전달동력 $H_{KW} = \dfrac{P_e \times V}{1000} = \dfrac{1308.48 \times 8}{1000} = 10.467\text{kW} \fallingdotseq 10.47\text{kW}$

문제 27

그림과 같은 블록 브레이크에서 막대 끝에 작용하는 조작력 F와 브레이크의 제동력 Q와의 관계식은? (단, 드럼은 반시계방향 회전을 하고 마찰계수는 μ이다.)

① $F = \dfrac{Q}{a}(b - \mu c)$

② $F = \dfrac{Q}{\mu a}(b - \mu c)$

③ $F = \dfrac{Q}{\mu a}(b + \mu c)$

④ $F = \dfrac{Q}{a}(b + \mu c)$

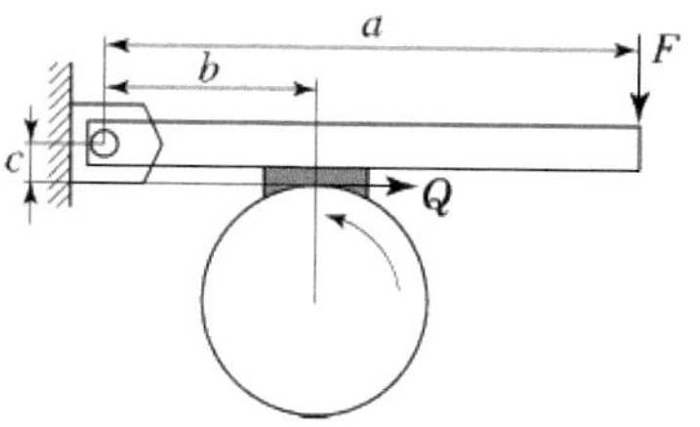

해설 **마찰력** $Q = \mu P$

$\Sigma M = 0,\ +F \times a - P \times b + \mu P \times c = 0$

$F \times a = P \times b - \mu P \times c = P(b - \mu c)$

$F = \dfrac{P(b-\mu c)}{a} = \dfrac{\mu \times P(b-\mu c)}{\mu \times a}$

$= \dfrac{Q \times (b-\mu c)}{\mu \times a}$

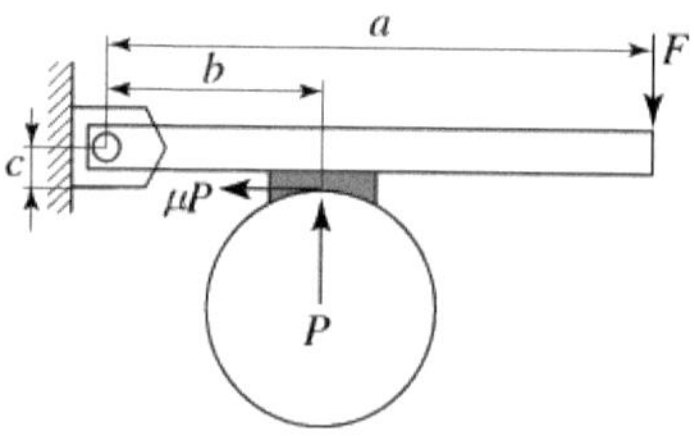

해답

26. ②　27. ②

문제 28

안지름 300mm, 내압 100N/cm^{2}이 작용하고 있는 실린더 커버를 12개의 볼트로 체결하려고 한다. 볼트 1개에 작용하는 하중 W은 약 몇 N인가?

① 3257 ② 5890
③ 8976 ④ 11245

해설

압력에 의한 힘 $F_P = P\times\frac{\pi}{4}D^2 = 100[\text{N/cm}^2]\times\frac{\pi}{4}\times 30^2[\text{cm}^2] = 70685.834[\text{N}]$

볼트 1개에 작용하는 하중 $F_B = \frac{F_P}{Z} = \frac{70685.834}{12} = 5890.486[\text{N}] \fallingdotseq 5890[\text{N}]$

문제 29

응력–변형률 선도에서 재료가 저항할 수 있는 최대의 응력을 무엇이라 하는가? (단, 공칭응력을 기준으로 한다.)

① 비례한도(proportional limit) ② 탄성한도(elastic limit)
③ 항복점(yield point) ④ 극한강도(ultimate strength)

해설

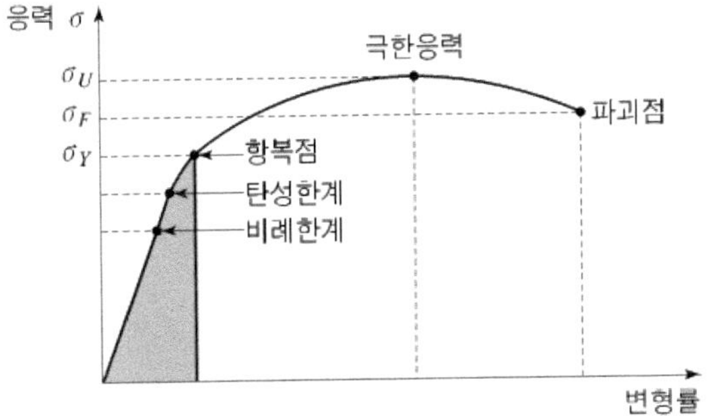

문제 30

다음 중 기어에서 이의 크기를 나타내는 방법이 아닌 것은?

① 피치원지름 ② 원주피치
③ 모듈 ④ 지름피치

해설 **표준기어의 이의 크기 표시방법**

① 원주피치 : p

$$p = \frac{\pi D}{Z} = \pi m\,[\text{mm}]$$

② 모듈 : 미터계에서 사용(정의)

$$m = \frac{D}{Z} = a\,[\text{mm}]$$

해답

28. ② 29. ④ 30. ①

③ 직경피치＝지름피치 : 인치계에서 사용(정의)

$$p_d = \frac{Z}{D} = \frac{1}{m}\left[\frac{1}{\text{inch}}\right] = \frac{25.4}{m}\left[\frac{1}{\text{mm}}\right]$$

문제 31

다음 중 전달할 수 있는 회전력의 크기가 가장 큰 키(key)는?

① 접선 키 ② 안장 키
③ 평행 키 ④ 둥근 키

해설 **키의 가장 큰 동력을 전달하는 순서**

세레이션(serration) > 스플라인(spline) > 접선키(tangential key) 탄젠트키 > 묻힘키(sunk key) 성크키 > 평키(flat key) 플랫키 > 안장키(saddle key) 새들키

문제 32

축의 지름에 비하여 길이가 짧은 축을 말하며, 비틀림과 굽힘을 동시에 받는 축으로 공작기계의 주축 및 터빈 축등에 사용하는 것은?

① 차축(axle shaft) ② 전동축(transmission shaft)
③ 스핀들(spindle) ④ 유연성 축(flexible shaft)

해설 **축을 작용하는 힘에 따라 분류**

① 차축(axle) : 주로 굽힘을 받는 정지축 또는 회전축이다(예 : 차량의 축).
② 스핀들(spindle) : 주로 굽힘과 비틀림을 동시에 받는 축으로 ,축의 지름에 비해 축의 길이가 짧다.(예 : 공작 기계의 축, 터빈축)
③ 전동축(shaft) : 동력 전달을 목적으로 하는 축으로 주로 비틀림을 받는다. 전동기에서의 동력은 주축 또는 중간축을 거쳐서 각 기계에 전달되며, 전동축에는 주축(main shaft), 선축 등이 있다.

문제 33

표준 스퍼기어에서 모듈 5, 잇수 17개, 압력각이 20°라고 할 때, 법선피치(p_n)은 약 몇 mm 인가?

① 18.2 ② 14.8
③ 15.6 ④ 12.4

해설 **법선피치** $p_g = \frac{\pi D_g}{Z} = \frac{\pi D\cos\alpha}{Z} = \pi m\cos\alpha = \pi \times 5 \times \cos 20 = 14.76\text{mm}$

해답

31. ① 32. ③ 33. ②

문제 34

구름 베어링 중에서 가장 널리 사용되는 것으로 구조가 간단하고 정밀도가 높아서 고속 회전용으로 적합한 베어링은 어느 것인가?

① 깊은 홈 볼 베어링 ② 마그네토 볼 베어링
③ 앵귤러 볼 베어링 ④ 자동 조심 볼 베어링

해설 **구름 베어링의 종류**

① 깊은 홈 볼 베어링 : 가장 널리 사용되는 것으로 구조가 간단하고 정밀도가 높아서 고속회전용으로 적합하며, 내륜과 외륜이 분리되지 않는다.
② 마그네틱 볼 베어링 : 내륜과 외륜을 분리할 수 있어 조립이 편리하다.
③ 앵귤러 볼 베어링 : 볼과 궤도륜의 접촉각이 존재하기 때문에 레이디얼 하중과 스러스트 하중을 동시에 받는데 적합하다.
④ 자동조심 볼 베어링 : 외륜의 내면이 구면상으로 되어 있어 다소 축이 경사될 수 있는데 사용된다.

문제 35

리벳이음에서 리벳 지름을 d, 피치를 p라 할 때 강판의 효율 η로 옳은 것은? (단, 1줄 리벳 겹치기 이음이다.)

① $\eta = 1 - \frac{d}{p}$ ② $\eta = \frac{d}{p} - 1$
③ $\eta = 1 - \frac{p}{d}$ ④ $\eta = 1 + \frac{d}{p}$

해설 **강판의 효율**(η_t)

$$\eta_t = \frac{\text{구멍이 있을 때의 강판의 인장력}}{\text{구멍이 없을 때의 강판의 인장력}} = \frac{\sigma_t(p-d_t)t}{\sigma_t pt} = \frac{p-d_t}{p} = 1 - \frac{d_t}{p}$$

리벳의 효율(η_r)

$$\eta_r = \frac{\text{구멍이 있을 때 리벳의 전단력}}{\text{구멍이 없을 때의 강판의 인장력}} = \frac{\tau_r \frac{\pi d^2}{4} n}{\sigma_t pt} = \frac{\tau_r \pi d^2 n}{4\sigma_t pt}$$

문제 36

풀리의 지름 200mm, 회전수 1600rpm으로 4kW의 동력을 전달할 때 벨트의 유효 장력은 약 몇 N 인가? (단, 원심력과 마찰은 무시한다.)

① 24 ② 93
③ 239 ④ 527

해답

34. ① 35. ① 36. ③

해설

$$H_{KW}=\frac{P_e\times V}{1000},\ 4=\frac{P_e\times 16.76}{1000}$$

(장력) $P_e=238.66\text{N}$

(속도) $V=\dfrac{\pi DN}{60\times 1000}=\dfrac{\pi\times 200\times 1600}{60\times 1000}=16.76\text{m/s}$

문제 37

이론적으로 사각나사의 효율을 최대로 하는 리드각(λ)은 얼마인가? (단, ρ는 마찰각이다.)

① $\lambda=45°+\dfrac{\rho}{2}$　② $\lambda=45°-\dfrac{\rho}{2}$

③ $\lambda=45°+\rho$　④ $\lambda=45°-\rho$

해설

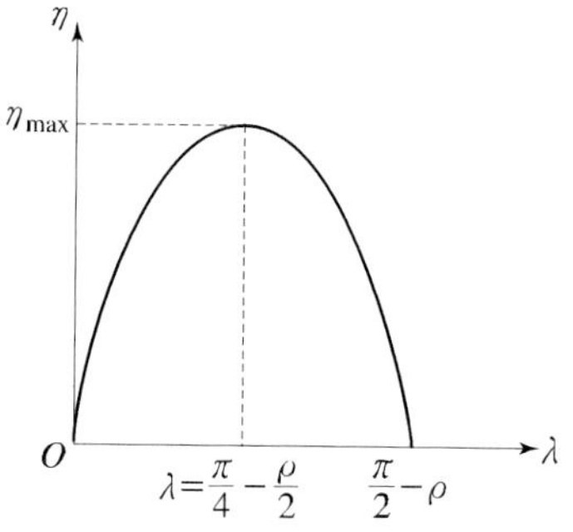

나사의 효율을 최대로 하는 (리드각) $\lambda=\dfrac{\pi}{4}-\dfrac{\rho}{2}=45°-\dfrac{\rho}{2}$

문제 38

스프링 코일의 평균지름 60mm, 유효권수 10, 소재 지름 6mm, 가로탄성계수(G)는 78.48GPa이고, 이 스프링에 하중 490N을 받을 때 코일 스프링의 처짐은 약 몇 mm가 되는가?

① 6.67　② 83.2

③ 8.3　④ 66.7

해설

스프링의 처짐량 $\delta=\dfrac{8PD^3n}{Gd^4}=\dfrac{8\times 490\times 60^3\times 10}{78.48\times 10^3\times 6^4}=83.2\text{mm}$

여기서, P : 하중, D : 평균지름, n : 감김수

G : 전단탄성계수, d : 소선지름

해답

37. ②　38. ②

문제 39

다음 중 자동 하중 브레이크에 속하는 것은?

① 밴드 브레이크(band brake) ② 블록 브레이크(block brake)
③ 웜 브레이크(재그 brake) ④ 원추 브레이크(cone brake)

해설 ① **원주브레이크**
- 외주브레이크
  - 블록브레이크
  - 밴드브레이크
- 내주브레이크 ── 내확브레이크

② **축방향브레이크**
- 원판브레이크
- 원추브레이크

③ **자동하중브레이크**
- 나사브레이크
- 캠브레이크
- 웜브레이크
- 코일브레이크
- 체인브레이크
- 원심력브레이크

④ **폴(pawl)브레이크** ── 래칫(ratchet)과 폴(pawl) 조합으로 역전방지, 단속작업(나눔작업)에 사용된다.

문제 40

지름이 2cm의 봉재에 인장하중이 400N이 작용할 때 발생하는 인장응력은 약 얼마인가?

① 127.3N/cm^2 ② 127.3N/mm^2
③ 172.8N/cm^2 ④ 172.8N/mm^2

해설 **응력**$=\dfrac{\text{하중}}{\text{단면적}}$, $\sigma=\dfrac{F}{A}=\dfrac{400[\text{N}]}{\dfrac{\pi}{4}\times 2^2[\text{cm}^2]}=127.3[\text{N/cm}^2]$

제3과목 기계재료 및 측정

문제 41

뜨임 취성(Temper brittleness)을 방지하는데 가장 효과적인 원소는?

① Mo ② Ni
③ Cr ④ Zr

해답

39. ③ 40. ① 41. ①

해설 ① 니켈 – 크롬강(SNC) : 강인하고 탄성한도가 높으며 담금질 효과가 크나 뜨임 메짐을 일으키기 쉽다.
② 니켈–크롬–몰리브덴강(SNCM) : 니켈–크롬강의 뜨임메짐을 방지하기 위해 적은 양의 몰리브덴을 첨가하여 강인성을 증가시키고, 담금질할 경우에 질량 효과를 감소시켜 메짐을 방지할 수 있도록 개선한 강이다.

문제 42

95%Cu–5%Zn 합금으로 연하고 코이닝(coining)하기 쉬우므로 동전, 메달 등에 사용되는 황동의 종류는?

① Naval brass ② Cartridge brass
③ Muntz metal ④ Gilding metal

해설 **황동의 종류**

① 톰백 : 모조금. 아연5~20%. 전연성이 좋고 색깔이 금색. 모조금으로 사용. 판재 사용
② 7:3황동[=카터리지황동(Cartridge brass)] : 70Cu–30Zn의 합금. 가공용 황동의 대표. 자동차 방열기, 탄피재료
③ 6:4황동[=문쯔메탈(Muntz metal)] : 60Cu–40Zn. 황동 중 가장 저렴. 탈아연 부식 발생
④ 황동주물 : 절삭성과 주조성이 좋아 기계부품, 건축용 부품
⑤ 쾌삭황동 : 1.5~3.0%Pb. 절삭성이 좋아 정밀절삭가공을 필요로 하는 기계용 기어, 나사
⑥ 네이벌황동(naval brass) : 6:4황동에 1%의 내의 Sn 첨가
⑦ 델타메탈(=철황동) : 6:4황동에 1~2%Fe함유. 강도와 내식성 우수. 광산, 선박, 화학기계에 사용
⑧ 망간니 : 황동에 10~15%망간 함유. 전기 저항률이 크고, 온도계수가 적어 표준저항기, 정밀기계에 사용
⑨ 양은(=양백, Nickel Silver) : 10~20%Ni. 장식품, 악기, 광학기계부품에 사용
⑩ 길딩메탈(Ginging metal) : 95%Cu–5%Zn 합금으로 연하고 코이닝(coining) 하기 쉬우므로 동전, 메달 등에 사용되는 황동

문제 43

Kelmet의 주요 합금조성으로 옳은 것은?

① Cu–Pb계 합금 ② Zn–Pb계 합금
③ Cr–Pb계 합금 ④ Mo–Pb계 합금

해답

42. ④ 43. ①

해설 베어링강
- 화이트메탈(WM)
  - 주석계 화이트메탈(배빗메탈) : Sn+Sb+Cu
  - 납계 화이트메탈 : Pb+Sn+Sb+Cu
- 구리계 합금(KM) : 켈밋 : Cu+Pb
- 알루미늄 합금(AM)
- 함유베어링(oilless Bearing) : 베어링 자체에 기름이 함유되어 있어 기름공급이 어려운 부분에 사용되는 베어링

문제 44

Fe–C 평행상태도에서 나타나지 않는 반응은?

① 공정반응　② 편정반응
③ 포정반응　④ 공석반응

해설 ① 공정반응 : 탄소함류량4.3%C, 온도 : 1148℃
③ 포정반응 : 탄소함류량0.17%C, 온도 : 1495℃
④ 공석반응 : 탄소함류량2.11%C, 온도 : 727℃

문제 45

쾌삭강에서 피삭성을 좋게 만들기 위해 첨가하는 원소로 가장 적합한 것은?

① Mn　② Si
③ C　④ S

해설 **쾌삭강**(SUM)
① 황쾌삭강 : 황은 황화망간(MnS)으로 되어 절삭성은 향상시키나 기계적 성질은 떨어뜨린다.
② 납쾌삭강 : 납을 첨가한 것으로 자동차 등의 중요 부품에 대량 생산용으로 널리 사용된다.

문제 46

성형수축이 적고, 성형 가공성이 양호한 열가소성 수지는?

① 페놀 수지　② 멜라민 수지
③ 에폭시 수지　④ 폴리스티렌 수지

해설 **열가소성수지** : 성형수축이 적고, 성형 가공성이 양호한 수지이다.
[종류] 폴리에틸렌 수지(PE), 폴리프로필렌 수지(PP), 폴리스티렌 수지(PS), 폴리염화비닐 수지(PVC), 폴리아미드 수지(PA), 폴리카보네이트 수지(PC), 아크릴 수지

열경화성수지 : 열을 가하여 경화 성형하면 다시 열을 가해도 형태가 변하지 않는 수지로 일반적으로 내열성, 내용제성, 내약품성, 기계적 성질, 전기절연성이 좋다.
[종류] 페놀수지(PF), 멜라민 수지, 에폭시 수지(EP), 요소 수지

해답

44. ② 45. ④ 46. ④

문제 47

반도체 재료에 사용되는 주요 성분 원소는?

① Co, Ni ② Ge, Si
③ W, Pb ④ Fe, Cu

해설 Ge, Si : 최외각 전자가 4개이다. 진성반도체에 사용되며 최외각 전자의 공유결합으로 반도체의 특성을 나타낸다.

문제 48

다음 중 블랭킹 및 피어싱 펀치로 사용되는 금형재료가 아닌 것은?

① STD11 ② STS3
③ STC3 ④ SM15C

해설 블랭킹 및 피어싱 펀치로 사용되는 공구에는 탄소공구강(STC)와 합금공구강(STS, STD, STF)가 있다.

합금공구금	절삭공구용	S3종	STS3	탭, 드릴, 커터의 재료
		S21종	STS 21	
		S5종	STS 5	원형톱, 띠톱의 재료
		S51종	STS 51	
	냉간금형용	D1종	STD 1	성형틀다이스, 분말성형틀 재료
		D11종	STD 11	나사전조다이, 프레스형틀 재료
		D12종	STD 12	
	열간금형용	F3종	STF 3	다이블록(die block), 압출공구재료
		F4종	STF 4	프레스 형틀, 압출공구재료

문제 49

불변강의 종류가 아닌 것은?

① 인바 ② 엘린바
③ 코엘린바 ④ 스프링강

해설 **불변강**

① 인바(invar) : 줄자, 표준자, 시계의 추 등의 재료에 사용
② 엘린바(elinvar) : 정밀 계측기기, 전자기 장치, 각종 정밀 부품의 스프링재질로 사용된다.
③ 초불변강(Super invar)(=초인바) : 인바보다 선팽창계수가 작다
④ 코엘린바(koelinvar) : 공기나 물 속에서 부식되지 않는다. 주로 스프링, 태엽 기상 관측용 기구 등의 부품 재료로 사용된다.
⑤ 플래티나이트(Platinite) : 전구나 진공관의 도입선(열팽창계수가 유리나 백금과 같다)

해답

47. ② 48. ④ 49. ④

⑥ 퍼멀로이(permalloy) : Ni 75~80%, 약한 자장으로 큰 투자율을 가지므로 해저 전선의 장하 코일용으로 사용된다.
⑦ 코엘린바 : 공기나 물 속에서 부식되지 않는다. 주로 스프링, 태엽 기상 관측용 기구 등의 부품 재료로 사용된다.

문제 50

주조 시 주형에 냉금을 삽입하여 주물 표면을 급냉시킴으로써 백선화하고, 경도를 증가시킨 내마모성 주철은?

① 구상흑연주철 ② 가단(malleable)주철
③ 칠드(chilled)주철 ④ 미해나이트(meehanite)주철

해설 **칠드 주철 :** 주조할 때 필요한 부분에만 모래 주형 대신 금형으로 하고, 금형에 접한 부분을 급랭, 칠(chill)화시켜 경도를 높인 것으로 내부가 연하고 표면이 단단하여 롤러, 차바퀴 등에 사용한다. 칠드된 표면은 시멘타이트 조직이다.

문제 51

담금질 조직 중에 냉각속도가 가장 빠를 때 나타나는 조직은?

① 솔바이트 ② 마텐자이트
③ 오스테나이트 ④ 트루스타이트

해설 냉각속도가 클수록 마텐자이트 조직이 된다.

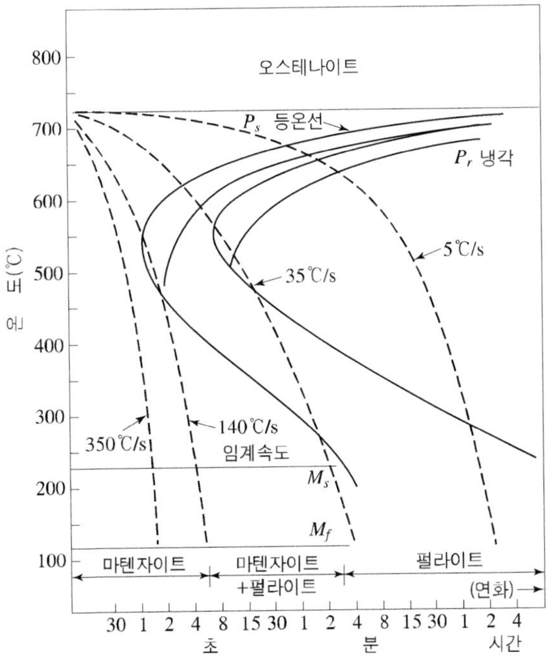

해답 50. ③ 51. ②

문제 52

연성이 큰 것으로부터 순서대로 되어 있는 것은?

① Al → Cu → Ag → Zn → Ni ② Fe → Pb → Cu → An → Pt
③ Au → Cu → Pb → Zn → Fe ④ Al → Fe → Ni → Cu → Zn

해설 **연성의 크기** : Au > Ag〉 Al > Cu > Pt > Pb > Zn > Fe > Ni ⇒ 연금은 알구백납
전성의 크기 : Au > Ag > Pt > Al > Fe > Ni > Cu > Zn ⇒ 전금은 백알철니

문제 53

다음 중 절삭 공구용 특수강은?

① Ni-Cr 강 ② 불변강
③ 내열강 ④ 고속도강

해설 **합금의 분류**

- 구조용 합금강
  - 강인강
    - 니켈강(SN)
    - 크롬강(SCr)
    - 니켈-크롬강(SNC)
    - 니켈-크롬-몰리브덴강(SNCM)
- 공구용 합금강
  - 고속도강(HSS)주성분이 0.8(%)C, 18(%)W, 4(%)Cr, 1(%)V로 된 것이 표준형
  - 초경합금 : 탄화텅스텐(WC), 탄화티탄(Tic), 탄화탄탈(TaC)의 가루를 소결 하여 압축하여 만듦
  - 스텔라이트 : 주조 경질합금 열처리 할수 없다
  - 세라믹 : 알루미나(Al_2O_3)를 주성분으로 결합제를 사용하지 않고 소결 시킨 공구
  - 서멧 : 세라믹과 금속을 합쳐 만든 공구강
  - CBN공구 : 고경도 담금질강, 내열합금 등 난삭재의 가공에 사용된다. 열처리된 강도 가공가능
  - 다이아몬드 : 경도가 크므로 절삭 공구에 쓰이는데 연삭 숫돌의 드레서(dresser)유리 절삭에 쓰인다.

문제 54

다음 중 두랄루민 합금과 관계없는 것은?

① Al-Cu-Mg-Mn계 합금이다.
② 시효경화 처리안면 인장강도가 연강과 같은 정도가 된다.
③ 가볍고 강인하여 단조용으로 사용된다.
④ Y-합금이라고도 한다.

해답

52. ③ 53. ④ 54. ④

해설 **두랄루민(Duralumin)** : 고강도 알루미늄합금으로 Al-Cu-Mg-Mn계 합금으로 비중은 강의 약 1/3이므로, 특히 무게를 중시하는 항공기나 자동차 등에 사용된다.

Y합금 : Al+(4%Cu)+(2%Ni)+(1.5%Mg) : 내열용 알루미늄 합금으로 피스톤 재료로 사용되며 주물로 제작된다.

문제 55

주철의 마우러 조직도를 바르게 설명한 것은?

① Si와 Mn량에 따른 주철의 조직 관계를 표시한 것이다.
② C와 Si량에 따른 주철의 조직 관계를 표시한 것이다.
③ 탄소와 흑연량에 따른 주철의 조직 관계를 표시한 것이다.
④ 탄소와 Fe_3C량에 따른 주철의 조직 관계를 표시한 것이다.

해설

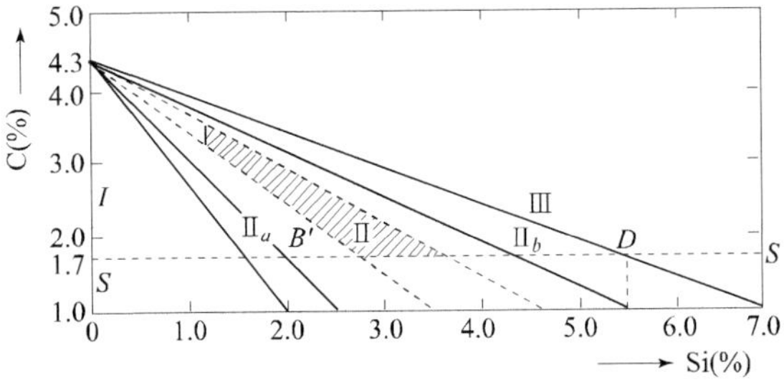

구 역	조 직	명 칭
I	펄라이트+시멘타이트	백 주 철
IIa	펄라이트+시멘타이트+흑연	반 주 철
II	펄라이트+흑연	펄라이트주철
IIb	펄라이트+페라이트+흑연	보 통 주 철
III	페라이트+흑연	극 연 주 철

문제 56

측정자의 직선 또는 원호운동을 기계적으로 확대하여 그 움직임을 지침의 회전변위로 변환시켜 눈금으로 읽을 수 있는 측정기는?

① 수준기 ② 스냅 게이지
③ 게이지 블록 ④ 다이얼 게이지

해설 다이얼 게이지는 측정자의 직선(랙크기어) 또는 원호운동(피니언기어의 회전운동)을 기계적으로 확대하여 그 움직임을 지침의 회전변위로 변환시켜 눈금으로 읽을 수 있는 대표 적인 비교 측정 장비이다.

해답 55. ② 56. ④

문제 57

다음 중 각도를 측정할 수 있는 측정기는?

① 사인 바 ② 마이크로미터
③ 하이트 게이지 ④ 버니어캘리퍼스

해설 사인바는 45도 이하의 각도측정에 사용된다.

문제 58

어미자의 1눈금이 0.5mm이며 아들자의 눈금이 12mm를 25등분한 버니어 캘리퍼스의 최소 측정값은?

① 0.01mm ② 0.05mm
③ 0.02mm ④ 0.1mm

해설 **최소측정값** $C = \frac{A}{n} = \frac{0.5}{25} = \frac{1}{50} = 0.02\text{mm}$

문제 59

피측정물과 표준자와는 측정방향에 있어서 1직선 위에 배치하여야 한다는 것은?

① 헤르츠의 법칙 ② 후크의 법칙
③ 에어리점 ④ 아베의 원리

해설 **아베의 원리(Abbe's principle)** : 표준자와 피측정물(공작물)은 동일 축선상에 있어야 한다.

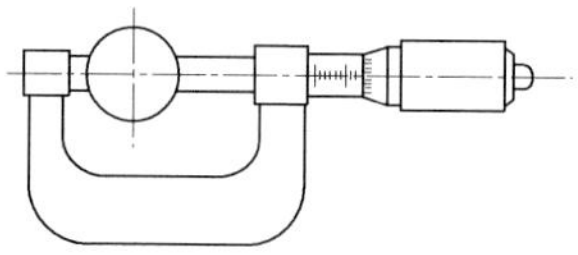

[마이크로미터(아베의 원리에 맞음)]

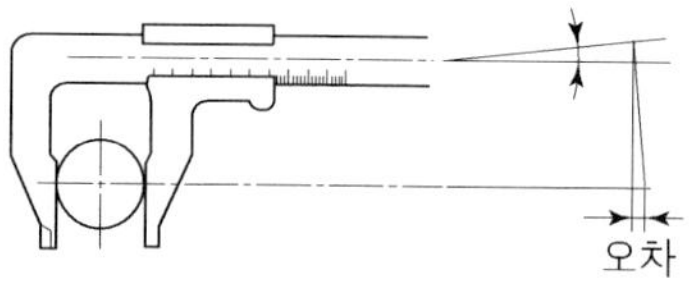

[버니어 켈리퍼스(아베의 원리에 맞지 않음)]

문제 60

물체의 길이, 각도, 형상측정이 가능한 측정기는?

① 표면 거칠기 측정기 ② 3차원 측정기
③ 사인 센터 ④ 다이얼게이지

해설 3차원 측정기는 완성된 제품의 치수를 좌표값으로 인식할 수 있기 때문에 물체의 길이, 각도, 형상측정이 가능하다.

해답

57. ① 58. ③ 59. ④ 60. ②

기계설계산업기사

2018년 3월 4일 시행

제1과목 기계제도

문제 01

다음 그림에서 길이 [23] 부위만을 데이텀 A로 지정하고자 한다. 이때 특정한 선을 사용하여 데이텀 부위를 지정할 수 있는데, 이 선은 무엇인가?

① 가는 일점쇄선
② 굵은 일점쇄선
③ 가는 이점쇄선
④ 굵은 이점쇄선

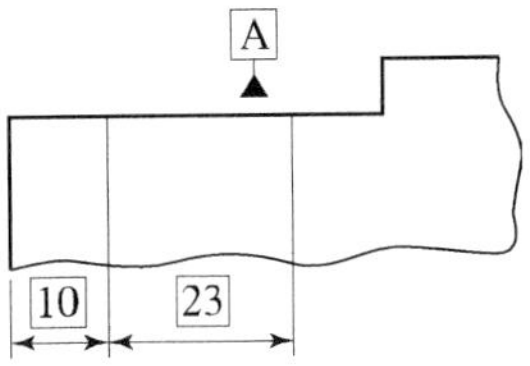

해설 **특수한 가공 부분의 표시**

대상물의 면의 일부분에 특수한 가공을 하는 경우, 그 범위를 외형선에 평행하게 약간 떼어서 그은 굵은 1점 쇄선으로 나타낼 수 있다. 또, 도형 중 특정 범위를 지시할 필요가 있을 경우, 그 범위를 굵은 1점 쇄선으로 둘러싼다. 또한, 이들의 경우 특수한 가공에 관한 필요 사항을 지시한다.

문제 02

다음 그림의 입체도에서 화살포방향이 정면일 경우 정면도로 가장 적합한 것은?

① 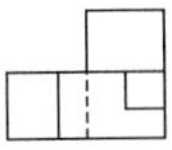
② 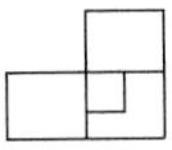
③ 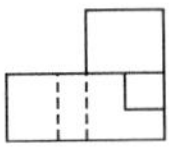
④ 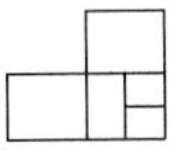

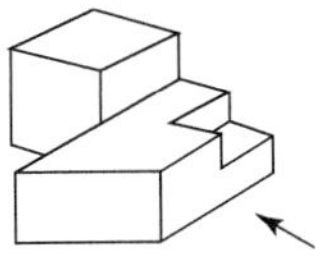

해설

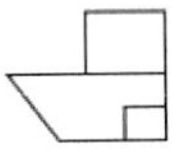

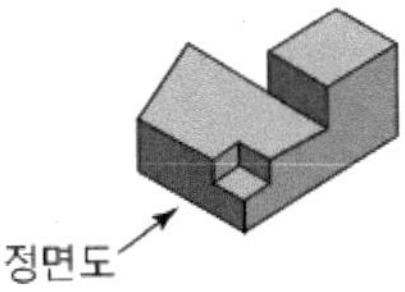

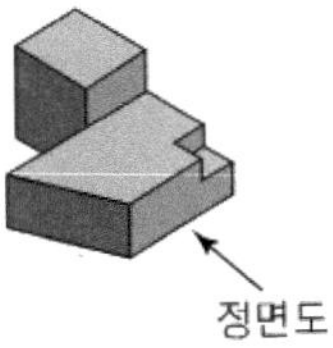

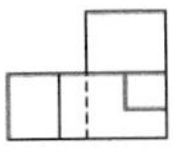

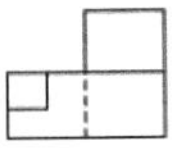

해답

01. ② 02. ①

문제 03

다음 중 H7구멍과 가장 억지로 끼워지는 축의 공차는?

① f6　　② h6
③ p6　　④ g6

해설

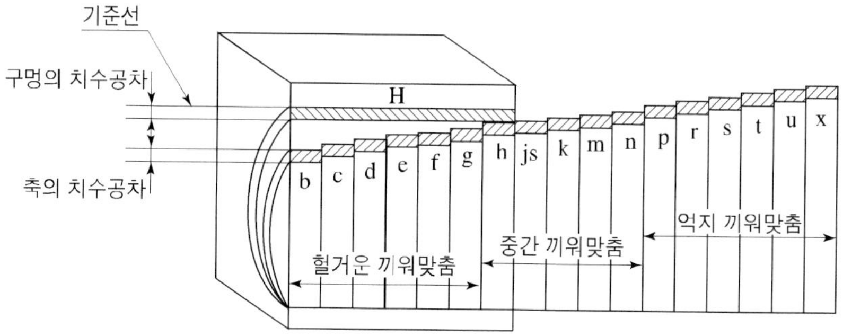

문제 04

베어링의 호칭번호가 6026일 때 이 베어링의 안지름은 몇 mm인가?

① 6　　② 60
③ 26　　④ 130

해설 안지름＝26×5＝130mm

문제 05

다음 용접기호에 대한 설명으로 틀린 것은?

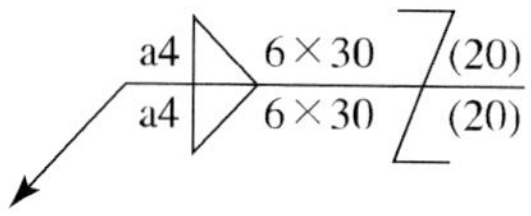

① 지그재그 필릿용접이다.
② 목두께는 4mm이다.
③ 한쪽면의 용접부 개소는 30개이다.
④ 인접한 용접부 간격은 20mm이다.

해설

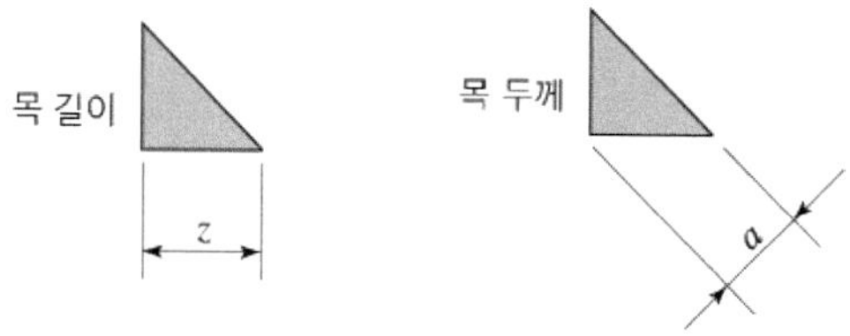

6×30 …… 6 : 용접부 개수 6개, 30 : 용접부 길이 30mm

해답

03. ③　04. ④　05. ③

문제 06

수면, 유면 등의 위치를 표시하는 수준면선에 사용하는 선의 종류는?

① 가는 파선 ② 가는 일점쇄선
③ 굵은 파선 ④ 가는 실선

해설

굵기의 비	명칭	선의 종류	
가는선	수준면선 치수선 치수 보조선 지시선 회전 단면선 중심선	가는 실선	
	숨은선	파선	
	중심선, 기준선, 피치선	1점 쇄선	
	가상선, 무게 중심선	2점 쇄선	
	파단선	가는 실선	
	절단선	1점 쇄선 끝부분과 꺽어지는 부분은 굵은실선	
	해칭선	가는 실선	

문제 07

다음 표면 거칠기의 지시 기호에 대한 설명으로 옳은 것은?

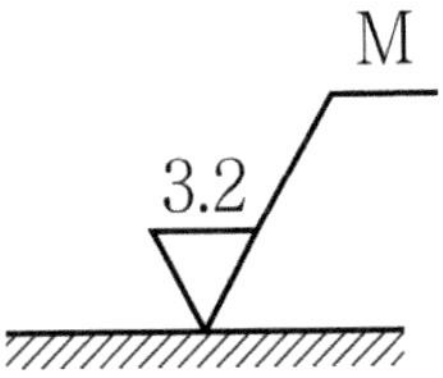

① 표면을 선반 가공하고, 최대 높이 거칠기의 값은 3.2μm이다.
② 표면을 선반 가공하고, 산술 평균 거칠기의 값은 3.2μm이다.
③ 표면을 밀링 가공하고, 산술 평균 거칠기의 값은 3.2μm이다.
④ 표면을 밀링 가공하고, 최대 높이 거칠기의 값은 3.2μm이다.

해설 표면을 밀링 가공하고, 산술 평균 거칠기의 값은 3.2μm이다.

해답

06. ④ 07. ③

문제 08

표준스퍼기어의 모듈이 2이고, 이끝원지름이 84mm일 때 이 스퍼기어의 피치원지름(mm)은 얼마인가?

① 76　　② 78
③ 80　　④ 82

해설 **이끝원 지름** $D_o = m(Z+2)$

잇수 $Z = \dfrac{D_o}{m} - 2 = \dfrac{84}{2} - 2 = 40$개

피치원 지름 $D = m \times Z = 2 \times 40 = 80\text{mm}$

문제 09

지름이 같은 원기둥이 다음 그림과 같이 직교할 때의 상관선의 표현으로 가장 적합한 것은?

①
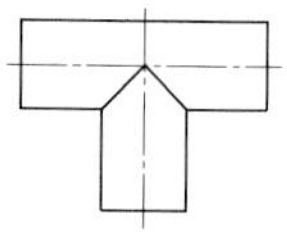
②
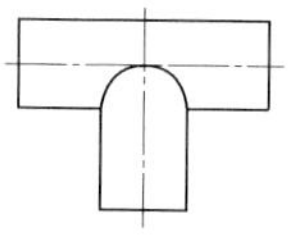

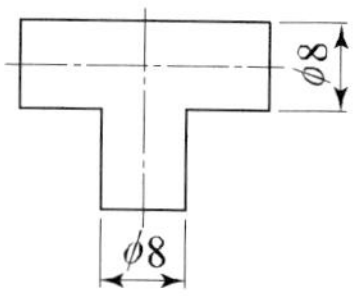

③
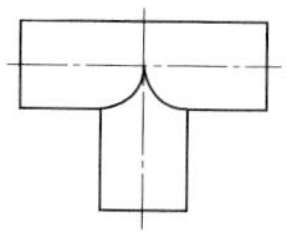
④
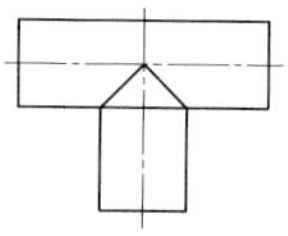

해설 동일한 직경의 원이 T형태로 겹칠 때는 상관선은 직선(굵은 실선)으로 표시한다.

문제 10

래핑다듬질면 등에 나타나는 줄무늬로서 가공에 의한 컷의 줄무늬가 여러 방향일 때 줄무늬방향 기호는?

① R　　② C
③ X　　④ M

해설 **줄무늬 방향의 기호**

=	⊥	×	M	C	R
가공으로 생긴 앞줄의 방향이 기호를 기입한 그림의 투상면에 평행	가공으로 생긴 앞줄의 방향이 기호를 기입한 그림의 투상면에 직각	가공으로 생긴 선이 2방향으로 교차	가공으로 생긴 선이 다방면으로 교차 또는 무방향	가공으로 생긴 선이 거의 동심원	가공으로 생긴 선이 거의 방사상
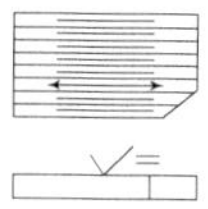	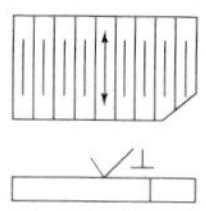	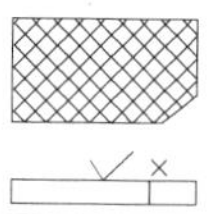	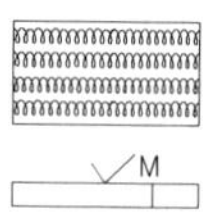	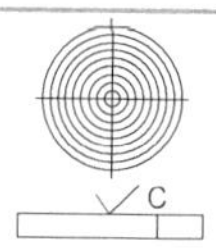	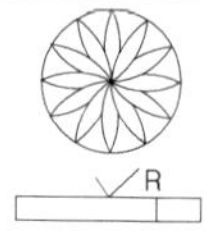

해답

08. ③　09. ①　10. ④

문제 11

다음 중 스파이럴스프링의 치수나 요목표에 기입하지 않아도 되는 사항은?

① 판두께 ② 재료
③ 전체 길이 ④ 최대 하중

해설 하중과 높이(또는 길이) 또는 처짐과의 관계를 표시할 필요가 있을 때에는 선도 또는 항목표에 나타낸다.
※ 하중은 요목표에 꼭 넣지 않아도 되는 선택 사항이다.

문제 12

나사의 도시법을 설명한 것으로 틀린 것은?

① 수나사의 바깥지름과 암나사의 골지름은 굵은 실선으로 표시한다.
② 완전나사부 및 불완전나사부의 경계선은 굵은 실선으로 표시한다.
③ 보이지 않는 나사부분은 가는 파선으로 표시한다.
④ 수나사 및 암나사의 조립 부분은 수나사 기준으로 표시한다.

해설 나사제도에서 보이는 않는 나사부분은 중간 굵기의 파선으로 표시한다.

문제 13

공간상에서 선을 이용하여 3차원 물체를 표시하는 와이어프레임모델의 특징을 설명한 것 중 틀린 것은?

① 3면투시도 작성이 용이하다. ② 단면도 작성이 어렵다.
③ 물리적 성질의 계산이 가능하다. ④ 은선 제거가 불가능하다.

해설 물리적 계산이 가능한 모델은 솔리드 모델이다.

문제 14

다음 중 3차원 뷰잉(viewing) 연산에서 투영 중심이 투영면으로부터 유한한 거리에 위치한다고 가정하는 투영법은?

① 경사(oblique)투영 ② 원근(perspective)투영
③ 직교(orthographic)투영 ④ 축측(axonometric)투영

해설 **투영의 종류**

① 평행투영 ㉠ 직교(orthographic)투영
㉡ 축측(=등축 : axonometric)투영
㉢ 경사(oblique)투영
② 원근투영(perspective) : 중심이 투영면으로부터 유한한 거리에 위치하여 멀고, 가까움을 표현하는 투영법

해답 11. ④ 12. ① 13. ③ 14. ②

문제 15

원통좌표계에서 표시된 점의 위치가 (r, θ, z)이다. 이를 직교좌표계(x, y, z)로 나타내고자 할 때 x, y로 옳은 것은?

① $x = r\cos\theta$, $y = r\sin\theta$
② $x = r\sin\theta$, $y = r\cos\theta$
③ $x = r\sin\theta$, $y = -r\cos\theta$
④ $x = -r\cos\theta$, $y = r\sin\theta$

해설 $x = r\times\cos\varphi$, $y = r\times\sin\varphi$, $z = z$

$r = \sqrt{x^2+y^2}$, $\theta = \tan^{-1}\dfrac{y}{x}$, $z = z$

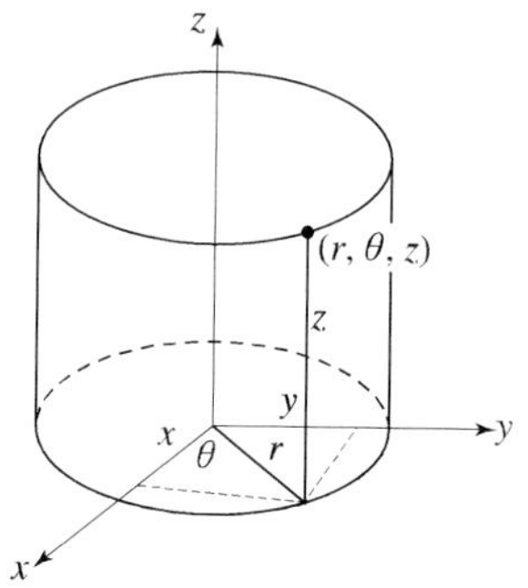

문제 16

다음은 곡선모델링에 관한 설명이다. 빈 칸에 알맞은 말로 짝지어진 것은?

> 주어진 점들이 곡면상에 놓이도록 피팅(fitting)하는 것은 [가](이)라고 하며, 점들이 곡면으로부터 조금 떨어져 있는 것을 허용하는 경우를 [나](이)라고 부른다.

① 가 : 보간(interpolation) 나 : 근사(approximation)
② 가 : 근사(approximation) 나 : 보간(interpolation)
③ 가 : 블렌딩(blending) 나 : 스무싱(smoothing)
④ 가 : 스무싱(smoothing) 나 : 블렌딩(blending)

해설 ① **보간**(interpolation)
주어진 점들이 곡면 상에 놓이도록 피팅(fitting) 하는 것
② **근사**(approximation)
점들이 곡면으로부터 조금 떨어져 있는 것을 허용하는 경우

문제 17

다음 중 솔리드모델링에서 일반적으로 사용되는 기본입체로 보기 어려운 것은?

① Block
② Sphere
③ Wedge
④ Swing

해설 **솔리드 모델링이 기본입체** : 사각형(block), 구(sphere), 실린더(cylinder), 원추(cone), 쐐기(wedge)등이 있다.

해답

15. ① 16. ① 17. ④

문제 18

3차원 형상모델 중 B-REP와 비교한 CSG방식의 특징을 설명한 것으로 옳은 것은?

① 데이터의 작성에 필요한 메모리가 많이 요구된다.
② 불연산을 통한 모델링기법을 적용하기 곤란하다.
③ 화면재생에 필요한 연산과정이 적게 소요된다.
④ 3면도, 투시도, 전개도 등의 작성이 곤란하다.

해설

<table>
<tr><th colspan="3">구분</th><th>CSG</th><th>B-Reps</th></tr>
<tr><td rowspan="5">데이터 특성</td><td colspan="2">데이터 작성</td><td>용이</td><td>곤란</td></tr>
<tr><td colspan="2">데이터 구조</td><td>단순</td><td>복잡</td></tr>
<tr><td colspan="2">데이터 수정</td><td>용이</td><td>약간 용이</td></tr>
<tr><td colspan="2">모델재생시간</td><td>많이 걸린다.</td><td>적게 걸린다.</td></tr>
<tr><td colspan="2">필요 메모리 영역</td><td>용량이 적음</td><td>용량이 많음</td></tr>
<tr><td rowspan="7">응용성</td><td colspan="2">3면도, 투시도 작성</td><td>곤란</td><td>용이</td></tr>
<tr><td colspan="2">전개도 작성</td><td>곤란</td><td>용이</td></tr>
<tr><td colspan="2">표면적 계산</td><td>곤란</td><td>용이</td></tr>
<tr><td colspan="2">중량 계산</td><td>용이(몬테카를로법)</td><td>약간 곤란(적분법)</td></tr>
<tr><td rowspan="2">유한요소법의 적용</td><td>솔리드</td><td>용이</td><td>곤란</td></tr>
<tr><td>표면</td><td>곤란</td><td>용이</td></tr>
<tr><td colspan="2">NC 테이프의 작성</td><td>비교적 용이</td><td>용이</td></tr>
</table>

문제 19

솔리드모델의 일반적인 특징을 설명한 것 중 틀린 것은?

① 질량 등 물리적 성질의 계산이 곤란하다.
② Boolean연산(더하기, 빼기, 교차)을 통하여 복잡한 형상표현도 가능하다.
③ 와이어프레임모델에 비해 데이터의 처리시간이 많아진다.
④ 은선 제거가 가능하다.

해설 솔리드 모델링은 공학적 계산(질량, 부피, 응력)이 가능하다.

문제 20

2차원 평면에서 $x^2 + y^2 - 25 = 0$인 원이 있다. 원 상의 점(3, 4)를 지나는 원의 법선의 방정식으로 옳은 것은?

① $4x + 3y = 0$
② $3x + 4y = 0$
③ $4x - 3y = 0$
④ $3x - 4y = 0$

해답

18. ④ 19. ① 20. ③

해설 원 $x^2+y^2=r^2$ 위의 점 $P(x_1, y_1)$에서의 접선방정식은 $x_1x+y_1y=r^2$

$3\times x+4\times y=(5)^2$

$3x+4y=5^2$

$y=-\frac{3}{4}x+\frac{5^2}{4}$ → 접선방정식

접선과 법선은 직교하므로 기울기의 곱이 −1이어야 된다.

법선방정식 → 기울기가 $+\frac{4}{3}$

$4x-3y=0$, $y=+\frac{4}{3}x$

제2과목 기계요소설계

문제 21

다음 중 일반적으로 안전율을 가장 크게 잡는 하중은? (단, 동일재질에서 극한 강도기준의 안전율을 대상을 한다.)

① 충격하중 ② 편진반복한중
③ 정하중 ④ 양진반복한중

해설 충격하중은 정하중보다 최소 2배 이상으로 하중이 작용된다. 충격을 받는 구조는 안전율을 크게 하여 설계하여야 된다.

문제 22

축의 홈 속에서 자유로이 기울어질 수 있어 키가 자동적으로 축과 보스에 조정되는 장점이 있지만 키홈의 깊이가 커서 축의 강도가 약해지는 단점이 있는 키는?

① 반달키 ② 원뿔키
③ 묻힘키 ④ 평행키

해설 **반달키** : 축지름 60mm 이하 또는 경사진축에 사용하는 키로써 키가 자동적으로 축과 보스에 조정되는 장점이 있지만 키홈이 깊어서 축의 강도가 약해지는 단점이 있다.

해답

21. ① 22. ①

문제 23

브레이크드럼축에 754N · m의 토크가 작용하면 축을 정지하는데 필요한 제동력은 약 몇 N인가? (단, 브레이크드럼의 지름은 400mm이다.)

① 1,920 ② 2,770
③ 3,310 ④ 3,770

해설

토크 $T = f \times \frac{D}{2}$

제동력 $f = \frac{2T}{D} = \frac{2 \times 754000[\mathrm{N \cdot \ mm}]}{400[\mathrm{mm}]} = 3770[\mathrm{N}]$

문제 24

리벳이음의 특징에 대한 설명으로 옳은 것은?

① 용접이음에 비해서 응력에 의한 잔류변형이 많이 생긴다.
② 리벳의 길이방향으로의 인장하중을 지지하는 데 유리하다.
③ 경합금에서는 용접이음보다 신뢰성이 높다.
④ 철골구조물, 항공기 동체 등에서 적용하기 어렵다.

해설 리벳이음은 경합금과 같이 용접이 곤란한 재료에 신뢰성이 높다.

문제 25

압축코일 스프링의 소선지름이 5mm, 코일의 평균지름이 25mm이고, 200N의 하중이 작용할 때 스프링에 발생하는 최대 전단응력은 약 몇 MPa인가? [단, 스프링소재의 가로탄성계수(G)는 80GPa이고, Wahl의 응력수정계수식 ($K = \frac{4C-1}{4C-4} + \frac{0.615}{C}$, C는 스프링상수)을 적용한다.]

① 82 ② 98
③ 133 ④ 152

해설

스프링 지수 $c = \frac{D}{d} = \frac{25}{5} = 5$

Wahl의 응력수정계수 $K = \frac{4c-1}{4c-4} + \frac{0.615}{c} = \frac{4 \times 5 - 1}{4 \times 5 - 4} + \frac{0.615}{5} = 1.3105$

최대전단응력 $\tau = K\frac{8WD}{\pi d^3} = 1.3105 \times \frac{8 \times 200 \times 25}{\pi \times 5^3} = 133.486\mathrm{MPa}$

해답 23. ④ 24. ③ 25. ③

문제 26

연강제 볼트가 축방향으로 8kN의 인장하중을 받고 있을 때 이 볼트의 골지름은 약 몇 mm 이상이어야 하는가? (단, 볼트의 허용인장응력은 100MPa이다.)

① 7.4　② 8.3
③ 9.2　④ 10.1

해설 **골지름** $d_1 = \sqrt{\frac{4W}{\pi\sigma_a}} = \sqrt{\frac{4\times 8000}{\pi\times 100}} = 10.092\text{mm} \fallingdotseq 10.1\text{mm}$

문제 27

긴장축의 장력의 3,800N, 이완측의 장력이 1,850N일 때 전단동력은 약 몇 kW인가? (단, 벨트의 속도는 3.4m/s이다.)

① 2.3　② 4.2
③ 5.5　④ 6.6

해설 **유효장력** $P_e = T_t - T_s = 3800 - 1850 = 1950\text{N}$

전달동력 $H_{KW} = \frac{P_e \times V}{1000} = \frac{1950\times 3.4}{1000} = 6.63\text{kW}$

문제 28

볼베어링에서 작용하중은 5kN, 회전수가 4,000rpm이며, 이 베어링의 기본동정격하중이 63kN이라면 수명은 약 몇 시간인가?

① 6,300시간　② 8,300시간
③ 9,500시간　④ 10,200시간

해설 $L_h = 500\times\frac{33.3}{N}\times\left(\frac{c}{P_a}\right)^r = 500\times\frac{33.3}{4000}\times\left(\frac{63}{5}\right)^3 = 8326.56\text{hr}$

문제 29

유체클러치의 일종인 유체토크컨버터(fluid torque converter)의 특징을 설명한 것 중 틀린 것은?

① 부하에 의한 원동기의 정지가 없다.
② 장치 내에 스테이터가 있을 경우 작동효율은 97% 수준까지 올릴 수 있다.
③ 무단변속이 가능하다.
④ 진동 및 충격을 완충하기 때문에 기계에 무리가 없다.

해설 유체 토크 컨버터의 전동효율은 60~80% 정도이다.

해답

26. ④　27. ④　28. ②　29. ②

문제 30

헬러컬기어에서 잇수가 50, 비틀림각이 20°일 경우 상당평기어잇수는 약 몇 개인가?

① 40 ② 50
③ 60 ④ 70

해설 **헬리컬 기어의 상당스퍼기어잇수** $Z_e = \frac{Z}{\cos^3\beta} = \frac{50}{\cos^3 20} = 60.2577$개

문제 31

1줄 사각나사의 접촉면 마찰계수가 0.15이고, 이 나사의 리드각이 3.8°일 때 이 나사의 효율은 약 몇 %인가?

① 30.4 ② 32.4
③ 34.5 ④ 37.8

해설 **나사의 효율** $\eta = \frac{\tan\lambda}{\tan(\lambda+\rho)} = \frac{\tan 3.8}{\tan(3.8+8.53)} = 0.3038 = 30.38\%$

마찰각 $\rho = \tan^{-1}\mu = \tan^{-1}0.15 = 8.83$

문제 32

1405N · m의 토크를 전달시키는 지름 85mm의 전동축이 있다. 이 축에 사용되는 묻힘키(sunkkey)의 길이는 전단과 압축을 고려하여 최소 몇 mm 이상이어야 하는가? (단, 키의 폭은 24mm, 높이는 16mm이고, 키 재료의 허용전단 응력은 68.7MPa, 허용압축 응력은 147.2MPa이며, 키 홈의 깊이는 키 높이의 1/2로 한다.)

① 12.4 ② 20.1
③ 28.1 ④ 36.7

해설 **키의 전단응력** $\tau_{key} = \frac{2\times T}{b\times l\times d_s}$

$$l_\tau = \frac{2\times T}{b\times\tau_{key}\times d_s} = \frac{2\times 1405000}{24\times 68.7\times 85} = 20.05\text{mm}$$

키의 압축응력 $\sigma_{key} = \frac{4\times T}{h\times l\times d_s}$

$$l_\sigma = \frac{4\times T}{b\times\sigma_{key}\times d_s} = \frac{4\times 1405000}{24\times 147.2\times 85} = 18.715\text{mm}$$

토크 $T = 1405000\text{N}\cdot\text{mm}$

둘 중에서 큰 값이 키의 길이이다.

해답

30. ③ 31. ① 32. ③

문제 33

평벨트 전동에서 두 축의 축간거리 C가 500mm, 풀리의 지름이 각각 300mm, 50mm일 때 바로걸기 벨트의 길이 L은 약 몇 mm인가?

① 1287　　② 1581
③ 1833　　④ 2042

해설

$$L=2C+\frac{\pi(D_2+D_1)}{2}+\frac{(D_2-D_1)^2}{4C}$$
$$=2\times500+\frac{\pi(300+50)}{2}+\frac{(300-50)^2}{4\times500}=1581.02\text{mm}$$

문제 34

하중을 작용 방향과 작용 시간에 따라 분류할 때 다음 중 작용 방향에 따른 분류에 속하는 것은?

① 반복 하중　　② 충격 하중
③ 굽힘 하중　　④ 교번 하중

해설 **작용 속도에 따른 분류**

① 정하중 : 정지상태에서 가해지는 하중, 시간에 따라 하중의 변화가 발생하지 않는 하중
② 동하중 : 움직이면서 가해지는 하중
　㉠ 반복하중 : 일정한 주기 및 진폭으로 반복하여 계속 작용하는 하중으로 편진하중이다(압축이든, 인장이든 한쪽 하중만 발생한다)
　㉡ 교번하중 : 인장 하중과 압축 하중이 교대로 반복하여 작용하는 하중으로 크기와 방향이 동시에 변화하는 하중
　㉢ 충격하중 : 짧은 시간에 순간적으로 작용하는 하중

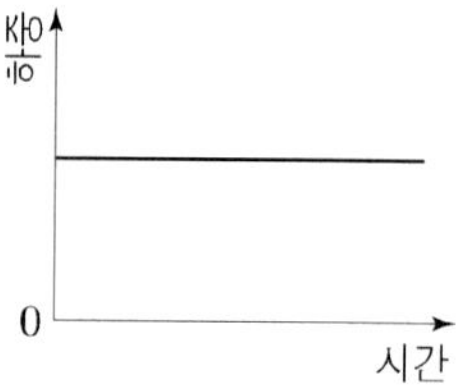

[정하중]

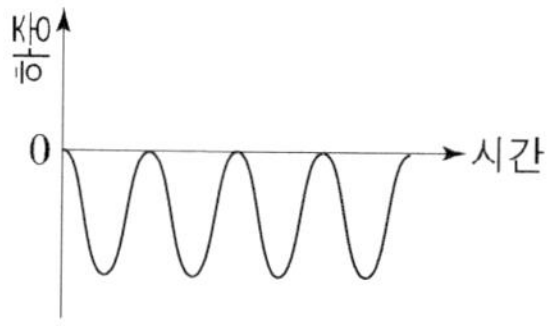

[반복하중]

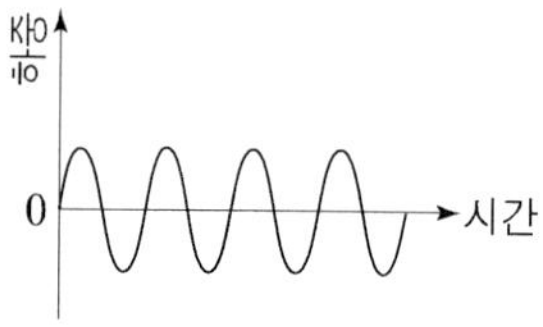

[교번하중]

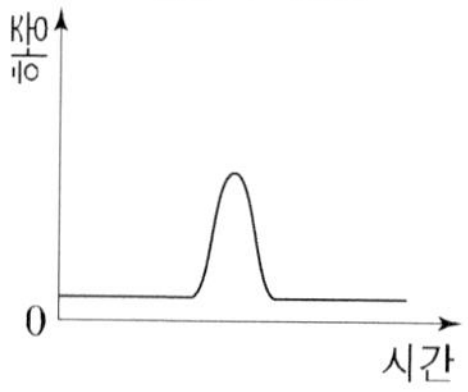

[충격하중]

해답

33. ②　34. ③

문제 35

2개의 강판에 대해 동일한 재질의 동일한 리벳 지름으로 다음과 같은 이음 방법을 적용하고자 할 때 강판에 가할 수 있는 인장력이 가장 큰 것은?

① 2줄 겹치기 이음
② 양쪽 덮개판 1줄 맞대기 이음
③ 한쪽 덮개판 2줄 맞대기 이음
④ 양쪽 덮개판 2줄 맞대기 이음

해설 양쪽 덮개판 2줄 맞대기 이음이 두 부재를 결합할 때 강판에 가할 수 있는 인장력이 가장 큰다.

문제 36

스프링 종류 중 하나인 고무 스프링(rubber spring)의 일반적인 특징에 관한 설명으로 틀린 것은?

① 하나의 고무로 여러 방향으로 오는 하중에 대한 방진이나 감쇠가 가능하다.
② 형상을 자유롭게 선택할 수 있고, 다양한 용도로 적용이 가능하다.
③ 방진 및 방음 효과가 우수하다.
④ 저온에서의 방진 능력이 우수하여 -10℃ 이하의 저온저장고 방진장치에 주로 사용된다.

해설 고무 스프링은 사용온도는 0~70℃온도범위에서 사용해야 하며 노화와 변질 방지를 위하여 기름 접촉 및 직사광선을 피해야 한다.

문제 37

어떤 블록 브레이크 장치가 3.68kW의 동력을 제동할 수 있다. 브레이크 블록의 길이가 80mm, 폭이 20mm라면 이브레이크의 용량은 약 몇 MPa · m/s인가?

① 2.3
② 4.2
③ 5.9
④ 7.3

해설 **브레이크용량** $B_q = \frac{\text{제동동력}}{\text{접촉면적}}\left[\frac{W}{m^2}\right]$ 또는 $\left[\frac{PS}{m^2}\right]$

$$B_q = \frac{3.68\times 10^3}{0.08\times 0.02}\left[\frac{W}{m^2}\right]$$

$$= 2412500\left[\frac{\frac{Nm}{s}}{m^2}\right] = 2412500\left[\frac{\frac{Nm}{s}}{m^2}\right] = 2412500\left[\frac{Pa\,m}{s}\right] = 2.4125\left[\frac{MPa\,m}{s}\right]$$

해답

35. ④ 36. ④ 37. ①

문제 38

981N · m의 비틀림 모멘트를 받는 중실축의 지름은 약 몇 mm 이상이어야 하는가? (단, 축 재료의 허용전단응력은 49.05MPa이다.)

① 47 ② 33 ③ 27 ④ 19

해설

$$D_T = \sqrt[3]{\frac{16T}{\pi\tau}} = \sqrt[3]{\frac{16\times 981000}{\pi\times 49.05}} = 46.701\text{mm}$$

문제 39

그림에서 기어 A의 잇수 Z_A =70, 기어 B의 잇수 Z_B =35이라 할 때, A를 고정하고 암 H를 시계방향(+)으로 2회전시킬 때 B는 약 몇 회전하는가? (단, 시계방향을 +, 반시계방향을 −로 한다.)

① −2
② +2
③ −6
④ +6

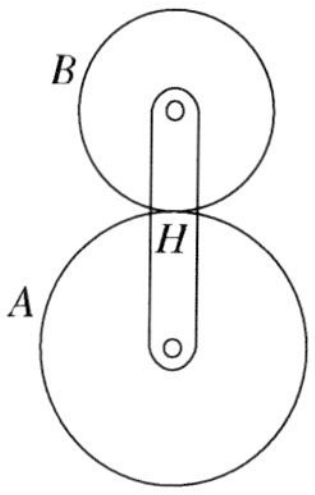

해설

구분	태양기어 A	기어 B	암 H	비고
전체고정	+2	+2	+2	①
암고정	−2	$-2\times(-1)\times\frac{Z_A}{Z_B}=-2\times(-1)\times\frac{70}{35}$ $=+4$	0	②
정미회전수	0	6	+2	①+②

$N_B=+6$회전한다.

문제 40

베어링 설치시 가해주는 예압(preload)에 관한 설명으로 틀린 것은?

① 예압은 축의 흔들림을 적게 하고, 회전정밀도를 향상시킨다.
② 베어링 내부 틈새를 줄이는 효과를 가진다.
③ 적절한 예압은 회전중의 베어링 소음을 감소시킬 수 있다.
④ 예압 시 가해주는 압력이 높을수록 예압 효과가 커지므로 예압을 크게 할수록 베어링 수명에 유리하다.

해설 베어링 설치시 가해주는 예압(preload)은 축의 흔들림을 적게 하고, 회전정밀도를 향상시킬 뿐만 아니라 베어링 내부 틈새를 줄이는 효과를 가진다.
적절한 예압은 회전중의 베어링 소음을 감소시킬 수 있지만 예압 시 가해주는 압력이 높을수록 베어링에 작용하는 하중이 크게 발생되어 베어링수명에 단축시킬 수 있다.

해답

38. ① 39. ④ 40. ④

제3과목 기계재료 및 측정

문제 41

0.8% C 이하의 아공석강에서 탄소함유량 증가에 따라 감소하는 기계적 성질은?

① 경도 ② 항복점
③ 인장강도 ④ 연신율

해설 **탄소강에서 탄소(C) 함유량이 많아질수록**
① 증가하는 것 : 강도, 경도, 취성, 전기저항, 비열, 항복강도
② 감소하는 것 : 연성, 전성, 인성, 충격값, 비중, 열전도율, 열팽창계수, 내마모성

문제 42

노에 들어가지 못하는 대형 부품의 국부담금질, 기어, 톱니나 선반의 베드면 등의 표면을 경화시키는데 가장 많이 사용하는 열처리 방법은?

① 화염경화법 ② 침탄법
③ 질화법 ④ 청화법

해설 **화염경화법** : 대형부품의 부분 경화에 많이 사용하는 표면 경화법이다. 불꽃 조절이 어려워 숙련된 기술이필요하며 가스취급에 주의 하여야 된다.

문제 43

주철의 접종(inoculation) 및 그 효과에 대한 설명으로 틀린 것은?

① Ca–Si 등을 첨가하여 접종을 한다.
② 핵의 생성을 용이하게 한다.
③ 흑연의 형상을 개량한다.
④ 칠(chil)화를 증가시킨다.

해설 **접종(inoculation)의 정의** : 합금효과가 없더라도 결정의 핵생성을 촉진시키는 방법이다.
① 접종을 하면 칠화(chill化) 방지, 흑연형상의 개량, 기계적 성질 향상 등을 목적으로 접종이 많이 이용되고 있다.
② 사용되는 접종제 흑연의 생성을 촉진시키고 황은 이를 방해한다. 따라서 규소를 흑연화 촉진제 황을 흑연화 저해제라 한다.
③ 가장 많이 사용되는 접종제는 Fe–Si이며, 미하나이트(meehanite) 주철용 접종제로는 Ca–Si이 주로 사용된다.

해답
41. ④ 42. ① 43. ④

문제 44

알루미늄합금인 Al-Mg-Si의 강도를 증가시키기 위한 가장 좋은 방법은?

① 시효경화(age-hardening) 처리한다.
② 냉간가공(cold work)을 실시한다.
③ 담금질(quenching) 처리한다.
④ 불림(normalizing) 처리한다.

해설 **시효처리**는 시간이 지남에 따라 경해지는 처리로써 알루미늄의 결정격자면에 구리원자가 평면적으로 모여서 판상의 구리원자대, 즉 GP Zone을 만들어 재질을 강화, 경화시키는 기능을 한다. 계속해서 시간이 흐르면 계속 상이 모여 이제는 모상과 완전히 다른, 새로운 모습의 완전한 결정격자로 분리하려는 중간상을 나타내면서 최고의 경도를 나타낸다. 이 상태를 시효처리된 상태라고 한다.

문제 45

황동계 실용합금인 톰백에 관한 설명으로 틀린 것은?

① 전연성이 우수하다.
② 5~20%의 Sn을 함유하는 황동이다.
③ 코이닝하기 쉬워 메달, 동전 등에 사용된다.
④ 색깔이 금색에 가까워서 모조금으로 사용된다.

해설 **톰백**은 황동의 종류이다. 모조금으로 주로 사용되며 구리(Cu)에 아연(Zn)5~20% 전연성이 좋고 색깔이 금색 모조금으로 사용, 판재 사용

문제 46

마텐자이트(Martensite) 및 그 변태에 대한 설명으로 틀린 것은?

① 경도가 높고 취성이 있다.
② 상온에서는 준안전성 상태이다.
③ 마텐자이트변태는 확산변태를 한다.
④ 강을 수중에 담금질하였을 때 나타나는 조직이다.

해설 마르텐자이트는 원자의 배열이 바뀌어 나타나는 조직으로 확산을 수반하지 않는 무 확산변태이다.

문제 47

금속재료 중 일정온도에서 갑자기 전기저항이 0(zero)이 되는 현상은?

① 공유 ② 초전도
③ 이온화 ④ 형상기억

해답

44. ① 45. ② 46. ③ 47. ②

해설 **초전도 현상** : 구리 등의 금속선은 전류를 통하면 전기 저항으로 인하여 전력이 소비되고, 사용온도를 낮추면 전기저항이 완전히 없어지는 현상을 나타낸다. 이러한 현상을 초전도 현상이라 한다. 이러한 현상을 나타내는 재료를 초전도 재료라 한다.

문제 48

다음 중 고속도공구강(SKH2)의 표준조성으로 옳은 것은?

① 18% W – 4% C – 1% V　② 17% Cr – 9% W – 2% Mo
③ 18% Co – 4% Cr – 1% V　④ 18% W – 4% V – 1% Cr

해설 **고속도강**(SKH) : 주성분이 0.8% C, 18% W, 4% Cr, 1% V로 된 것이 표준형을 표준고속도강으로 18–4–1공구강이라고도 한다. 500~600℃의 고온에서도 경도가 저하되지 않고, 내마멸성이 크며 고속도의 절삭 작업이 가능하게 된다.

문제 49

플라스틱 재료의 특성을 설명한 것 중 틀린 것은?

① 대부분 열에 약하다.
② 대부분 내구성이 높다.
③ 대부분 전기절연성이 우수하다.
④ 금속재료보다 체적당 가격이 저렴하다.

해설 철강재료에 비해 플라스틱재료는 내구성이 낮다. 내구성 (耐久性)이란 물질이 원래의 상태에서 변질되거나 변형됨이 없이 오래 견디는 성질이다.

문제 50

섬유강화금속(FRM)의 특성을 설명한 것 중 틀린 것은?

① 비강도 및 비강성이 높다.
② 섬유축방향의 강도가 작다.
③ 2차 성형성, 접합성이 있다.
④ 고온의 역학적 특성 및 열적 안정성이 우수하다.

해설 섬유 강화 금속은 섬유축방향의 강도가 높다.

해답

48. ① 49. ② 50. ②

문제 51

냉간 가공한 재료를 풀림 처리 시 나타나는 현상으로 틀린 것은?

① 회복 ② 재결정
③ 결정립 성장 ④ 응고

해설 냉간 가공한 재료를 완전풀림 열처리 하면 회복 → 재결정 → 결정립성장의 과정을 거쳐 재료가 연화된다.

문제 52

알루미늄(Al)합금의 특징을 잘못 설명한 것은?

① 가볍고 전연성이 좋아 성형가공이 용이하다.
② 우수한 전기 및 열의 양도체이다.
③ 용융점이 1083℃로 고온가공성이 높다.
④ 대기 중에서는 일반적으로 내식성이 양호하다.

해설 ① 알루미늄의 비중 : 2.7 ② 알루미늄의 용융점 : 660℃
③ 전기 및 열의 양도체 ④ 면심입방격자
⑤ 전연성이 좋다 ⑥ 염산 · 황산 · 바닷물에 침식된다.
⑦ 대기 중에서 안정한 표면 산화막을 형성
⑧ 열처리로 석출경화, 시효경화시켜 성질 개선

문제 53

공작기계 및 자동차 등에 사용되는 소결 마찰 부품의 구비조건으로 맞지 않는 것은?

① 내마모성, 내열성이 낮을 것 ② 마찰계수가 크고 안정될 것
③ 가격이 저렴할 것 ④ 열전도성, 내유성이 좋을 것

해설 마찰이 일어나는 기계부품은 내마모성이 커야 된다.

문제 54

형상기억합금의 내용과 관계가 먼 것은?

① 형상기억 효과를 나타내는 합금은 오스테나이트 변태를 한다.
② 어떠한 모양을 기억할 수 있는 합금이다.
③ 소성변형된 것이 특정 온도 이상으로 가열하면 변형되기 이전의 원래 상태로 돌아가는 합금이다.
④ 형상기억합금의 대표적인 합금은 Ni-Ti합금이다.

해답

51. ④ 52. ③ 53. ① 54. ①

해설 **형상기억합금** : 항복점을 넘은 변형은 영구변형, 즉 소성변형이 남게 된다. 이것을 가열하면 원래의 상태로 회복되는 재료를 형상 기억합금이라 한다.
형상기억 효과를 나타내는 합금은 마텐사이트 변태 온도 이하의 온도에서 한다.
형상기억 합금의 종류
① 니켈-티탄계 합금
② 구리-알루미늄-니켈 합금
③ 구리-아연-알루미늄 합금

문제 55

탄소 공구강 및 일반 공구재료의 구비 조건으로 틀린 것은?

① 내마모성이 클 것
② 강인성 및 내충격성이 우수할 것
③ 가공이 어려울 것
④ 가격이 저렴할 것

해설 공구강은 재료보다 강도, 경도가 커야 하며 내마모성 및 고온강도도 커야 한다. 또한 성형성이 좋아서 여러 가지 모양으로 만들 수 있어야 된다.

문제 56

다음 3차원 측정기에서 사용되는 프로브 중 광학계를 이용하여 얇거나 연한 재질의 피측정물을 측정하기 위한 것으로 심출현미경, CMM계측용 TV시스템 등에 사용되는 것은?

① 전자식 프로브
② 접촉식 프로브
③ 터치식 프로브
④ 비접촉식 프로브

해설 **3차원 측정기의 프로브**(Probe)는 아래와 같은 형태들이 있다.
① 터치 시그널 프로브 : 측정자가 측정물 접촉시 전기 접점 장치에 의해 트리거 신호 발신
② 변위 검출식 프로브 : 압전 소자나 차동 변압기 내장
③ 디지털 측정 프로브 : 리니어 엔코더 내장
④ 비접촉식 프로브 : 광반사 위치를 3각 측량 방식, 또는 CCD 카메라에 의한 에지 검출 방식 등

문제 57

일반적인 블록게이지 조합의 종류가 아닌 것은?

① 12개조
② 32개조
③ 76개조
④ 103개조

해설 블록게이지 조합의 종류는 표준이 103개조이며, 76, 47, 32, 27, 8개조 등이 한 세트로 조합되어 있다.

해답

55. ③ 56. ④ 57. ①

문제 58

다음 나사의 유효지름 측정방법 중 정밀도가 가장 높은 방법은?

① 삼침법을 이용한 방법
② 피치게이지를 이용한 방법
③ 버니어캘리퍼스를 이용한 방법
④ 나사마이크로미터를 이용한 방법

해설 **유효지름측정**

① 나사마이크로미터 ② 삼침법 ③ 공구현미경 ④ 투영검사기

※ 가장 정확한 나사의 유효지름 측정은 삼침법이다.

문제 59

다이얼 게이지의 특징이 아닌 것은?

① 측정범위가 좁고 직접제품의 치수를 읽을 수 있다.
② 소형, 경량으로 취급이 용이하다.
③ 눈금과 지침에 의해서 읽기 때문에 오차가 적다.
④ 연속된 변위량의 측정이 가능하다.

해설 다이얼 게이지 측정범위(평면도, 원통도, 진원도, 축의 흔들림)가 넓고 제품과 기준게이지를 비교하여 간접으로 치수를 읽을 수 있다.

문제 60

제품의 치수가 공차 내에 있는지 없는지를 간단히 검사할 수 있는 게이지는?

① 틈새 게이지
② 한계 게이지
③ 측장기
④ 블록 게이지

해설 **한계 게이지**(공차게이지)

① 축용 한계게이지
  ㉠ 링게이지
  ㉡ 스냅게이지
② 구멍용한계게이지
  ㉠ 원통형 플러그 게이지
  ㉡ 평형 플러그 게이지
  ㉢ 봉게이지
  ㉣ 터보게이지

해답

58. ① 59. ① 60. ②

기계설계산업기사

2018년 8월 19일 시행

제 1 과목 기계제도

문제 01

앵글 구조물을 그림과 같이 한쪽 각도가 30°인 직각 삼각형으로 만들고자 한다. A의 길이가 1500mm일 때 B의 길이는 약 몇 mm인가?

① 1299
② 1100
③ 1131
④ 1185

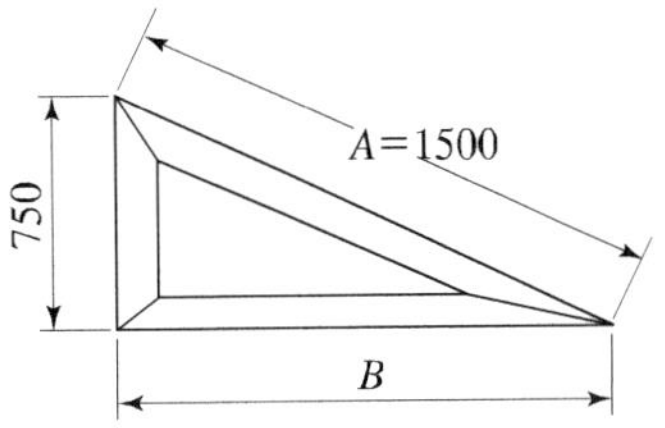

해설 $1500^2 = 750^2 + B^2$, $B = 1299.038\text{mm}$

문제 02

다음과 같이 도면에 지시된 베어링 호칭번호의 설명으로 옳지 않은 것은?

6312 Z NR

① 단열 깊은 홈 볼베어링　② 한쪽 실드붙이
③ 베어링 안지름 312mm　④ 멈춤링 붙이

해설 63 12 Z NR

- NR: 레이스 모양 기호(스냅 링붙이)
- Z: 시일드 기호(한쪽 시일드)
- 12: 안지름 번호(베어링 안지름 60mm)
- 63: 베어링 계열 기호(단식 깊은 홈 볼 베어링, 치수 계열 03)

문제 03

다음 기하공차 중 자세공차에 속하는 것은?

① 평면도 공차　② 평행도 공차
③ 원통도 공차　④ 진원도 공차

해답

01. ①　02. ③　03. ②

해설 자세공차

자세공차	평행도	//
	직각도	⊥
	경사도	∠

문제 04

나사의 표시가 다음과 같이 나타날 때 이에 대한 설명으로 틀린 것은?

L 2N M10 − 6H/6g

① 나사의 감김방향은 오른쪽이다.
② 나사의 종류는 미터나사이다.
③ 암나사 등급은 6H, 수나사 등급은 6g이다.
④ 2줄 나사이며 나사의 바깥지름은 10mm이다.

해설 L : 나사의 감김방향이 왼쪽이다.
(오른쪽일 때는 공란으로 비워둔다)

문제 05

물체의 경사진 부분을 그대로 투상하면 이해가 곤란하여 경사면에 평행한 별도의 투상면을 설정하여 나타낸 투상도의 명칭을 무엇이라고 하는가?

① 회전 투상도
② 보조 투상도
③ 전개 투상도
④ 부분 투상도

해설 **보조 투상도** : 물체의 경사진 부분을 그대로 투상하면 이해가 곤란하여 경사면에 평행한 별도의 투상면을 설정하여 나타낸 투상도

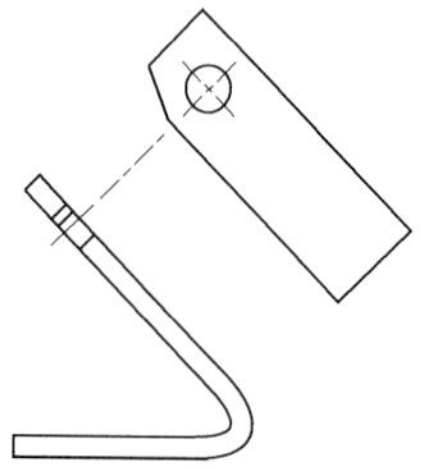

문제 06

그림과 같이 도면에 기입된 기하 공차에 관한 설명으로 옳지 않은 것은?

//	0.05	A
	0.011/200	

① 제한된 길이에 대한 공차값이 0.011이다.
② 전체 길이에 대한 공차값이 0.05이다.
③ 데이텀을 지시하는 문자기호는 A이다.
④ 공차의 종류는 평면도 공차이다.

해답

04. ① 05. ② 06. ④

해설 평형도 200mm에 제한된 길이에 대한 공차값은 0.011이고, 전체길이에 대한 공차는 0.05, 데이텀(기준)은 A이다.

문제 07

그림과 같이 가공된 축의 테이퍼 값은 얼마인가?

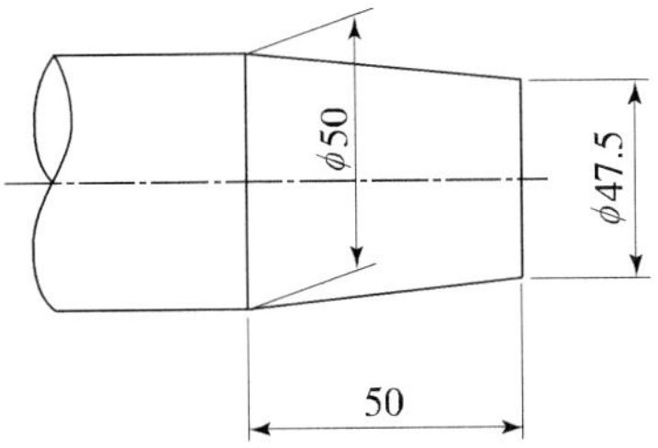

① 1/5
② 1/10
③ 1/20
④ 1/40

해설 **테이퍼** $T=\frac{D-d}{L}=\frac{50-47.5}{50}=\frac{1}{25}$

문제 08

지름이 동일한 두 원통을 90도로 교차시킬 경우 상관선을 옳게 나타낸 것은?

① 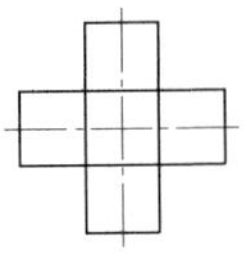
② 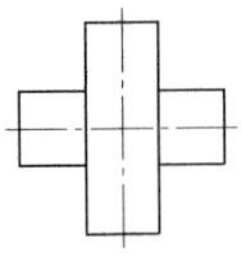
③ 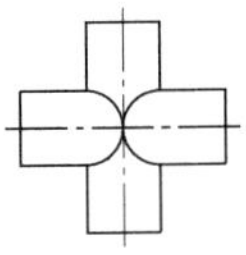
④ 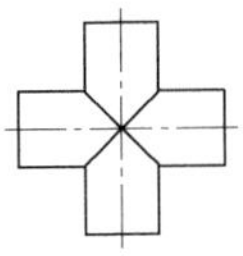

해설 90도로 교차되는 상관선은 직선으로 나타낸다.

문제 09

다음 중 복렬 깊은 홈 볼 베어링의 약식 도시 기호가 바르게 표기된 것은?

① 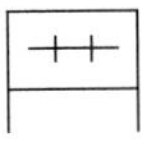
② 
③ 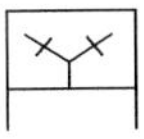
④ 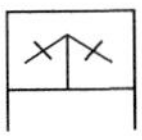

해설

① 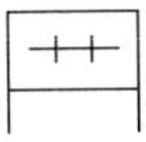 : 복렬 깊은 홈볼베어링
②  : 복렬자동조심 볼베어링
③ 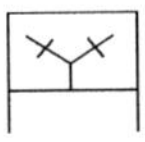 : 복렬 테이퍼 롤러베어링
④ 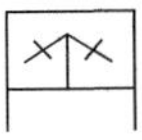 : 복렬 자동 조심 롤러 베어링

해답

07. ③ 08. ④ 09. ①

문제 10

다음과 같은 입체도를 제3각법으로 투상한 투상도로 가장 적합한 것은?

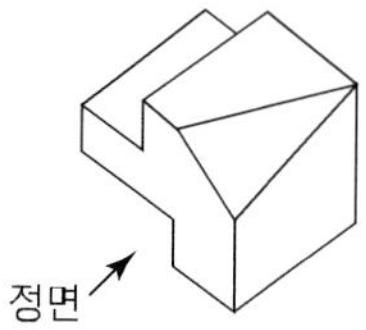

① 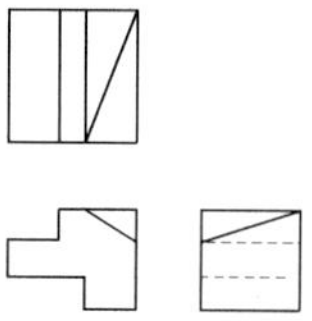

② 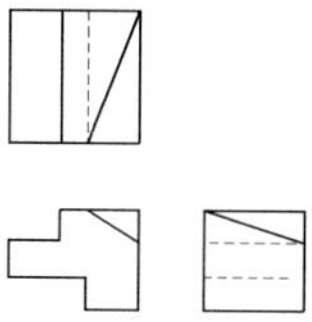

③ 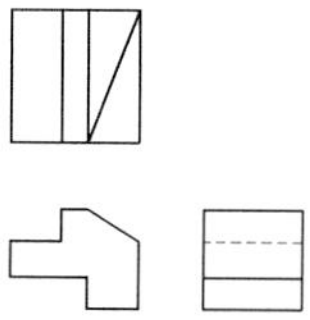

④ 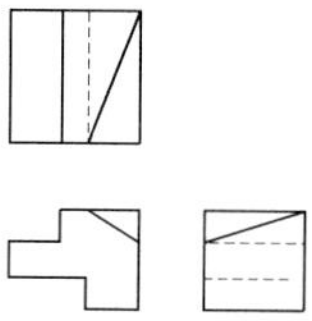

해설

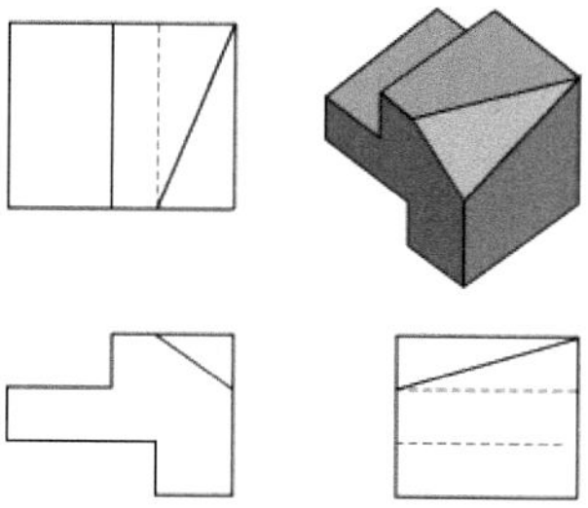

문제 11

다음 그림과 같이 도시된 용접기호의 설명이 옳은 것은?

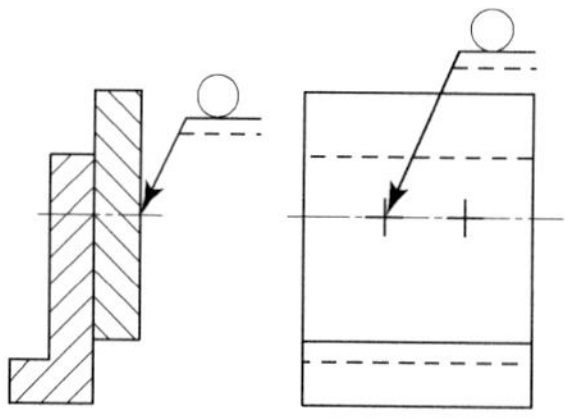

① 화살표 쪽의 점 용접
② 화살표 반대쪽의 점 용접
③ 화살표 쪽의 플러그 용접
④ 화살표 반대쪽의 플러그 용접

해설 실선쪽에 용접종류가 있을 때는 화살쪽 방향에서 용접을 나타내며, ○는 점용접을 나타낸다.

문제 12

축에 센터 구멍이 필요한 경우의 그림 기호로 올바른 것은?

① 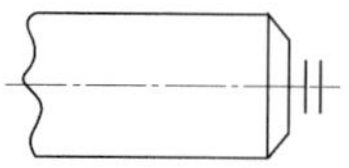

② 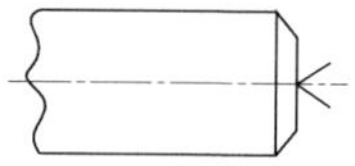

③ 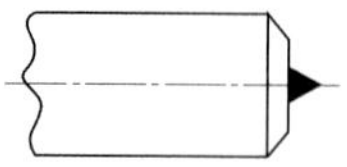

④ 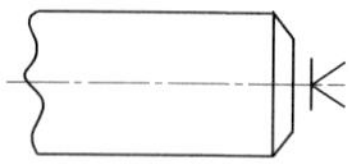

해답

10. ④ 11. ① 12. ②

해설

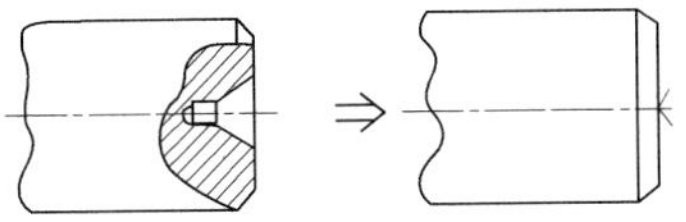

센터 구멍을 반드시 남겨둔다.

문제 13

가공 방법에 따른 KS 가공 방법 기호가 바르게 연결된 것은?

① 방전 가공 : SPED
② 전해 가공 : SPU
③ 전해 연삭 : SPEC
④ 초음파 가공 : SPLB

해설

가공방법	기호	참고
방전가공	SPED	Electric Discharge Machining
전해가공	SPEC	Electro-Chemical Machining
전해연삭	SPEG	Electrolytic Grinding
초음파가공	SPU	Ultrasonnic Machining
전자 빔가공	SPEB	Electron Beam Machining
레이저 빔 가공	SPLB	Laser Beam Machining

문제 14

지구의 중심에 원점을 설정한 구면 좌표계(spherical coordinate system)에서 경도 30도(동경), 위도 60도(북위)에 있는 점을 직교좌표계 값으로 변환한 것으로 옳은 것은? (단, 지구의 반경은 1로 가정하고, x축은 위도와 경도가 모두 0인 축으로 한다.)

① $\left(\frac{\sqrt{3}}{4}, \frac{1}{4}, \frac{\sqrt{3}}{2}\right)$
② $\left(\frac{\sqrt{3}}{4}, -\frac{1}{4}, \frac{\sqrt{3}}{2}\right)$
③ $\left(-\frac{\sqrt{3}}{4}, \frac{1}{4}, \frac{\sqrt{3}}{2}\right)$
④ $\left(-\frac{\sqrt{3}}{4}, -\frac{1}{4}, \frac{\sqrt{3}}{2}\right)$

해설 **경도** $\theta = 30°$, $\phi = 90 - \text{위도}° = 90 - 60 = 30°$

구의 반지름 $\rho = 1$

$$z = \rho \times \cos\phi = 1 \times \cos 30 = \frac{\sqrt{3}}{2}$$

$$y = \rho \times \sin\phi \times \sin\theta = 1 \times \sin 30 \times \sin 30 = \frac{1}{4}$$

$$x = \rho \times \sin\phi \times \cos\theta = 1 \times \sin 30 \times \cos 30 = \frac{\sqrt{3}}{4}$$

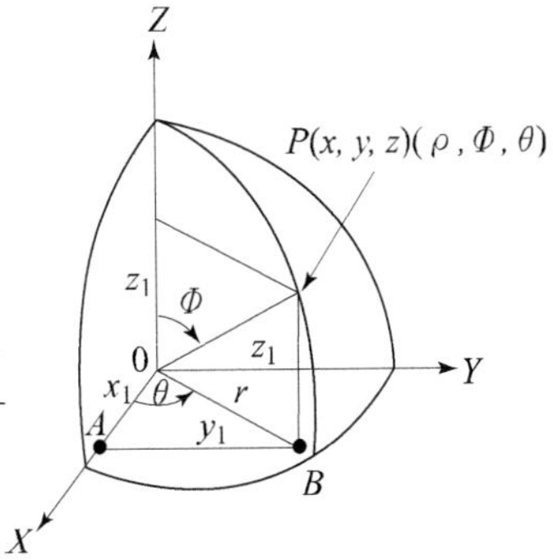

해답

13. ① 14. ①

문제 15

CAD에서 사용하는 기하학적 형상의 3차원 모델링 방법이 아닌 것은?

① 와이어 프레임(wire frame) 모델링
② 서피스(surface) 모델링
③ 솔리드(solid) 모델링
④ 윈도우(window) 모델링

해설 **기하학적 형상의 3차원 모델링 방법**

① 와이어 프레임(wire frame) 모델링 : 점과 선으로 모델링
② 서피스(surface) 모델링 : 와이어 프레임 모델링에 각 면의 데이터를 추가한 모델링
③ 솔리드(solid) 모델링 : 서피스 모델링에 폐곡면 안에 솔리드를 채운 모델링

문제 16

자동차 자체 곡면과 같이 곡면모델링 시스템을 활용하여 곡면을 생성하고자 한다. 이를 생성하기 위해 주로 사용하는 방법 3가지로 가장 거리가 먼 것은?

① 곡면상의 점들을 입력받아 보간 곡면을 생성한다.
② 곡면상의 곡선들을 그물 형태로 입력받아 보간 곡면을 생성한다.
③ 주어진 단면 곡선을 직선 또는 회전 이동하여 곡면을 생성한다.
④ 곡면의 경계에 있는 꼭지점만을 입력받아 보간곡면을 생성한다.

해설 곡면상의 점들을 입력받으면 직선이 생성된다. 즉 점들을 입력하면 곡선을 생성할 수는 없다. 하지만 곡면의 경계에 있는 꼭짓점만을 입력받아 보간곡면을 생성한다.

문제 17

설계해석 프로그램의 결과에 따라 응력, 온도 등의 분포도나 변형도를 작성하거나, CAD 시스템으로 만들어진 형상 모델을 바탕으로 NC공작기계의 가공 data를 생성하는 소프트웨어 프로그램이나 절차를 뜻하는 것은 무엇인가?

① Post-processor ② Pre-processor
③ Multi-processor ④ Co-processor

해설 **포스트 프로세서**(Post-processor)

CAM 시스템을 이용하여 NC데이터(G코드)생성시 계산된 공구경로를 각 기계 컨트롤러에 맞게 NC데이터를 만들어주는 작업, 또는CAD 시스템으로 만들어진 형상 모델을 바탕으로 NC공작기계의 가공 data를 생성 하는 것을 말한다. 설계해석 프로그램에서는 결과에 따라 응력, 온도 등의 분포도나 변형도를 작성해 주는 작업을 포스터 프로세서라 한다.

해답

15. ④ 16. ④ 17. ①

문제 18

2차원 도형을 임의의 선을 따라 이동시키거나 임의의 회전축을 중심으로 회전시켜 입체를 생성하는 것을 나타내는 용어는?

① 블랜딩 ② 스위핑
③ 스키닝 ④ 라운딩

해설 ① **블렌딩**(blending) : 이미 정의된 두곡면을 매끄럽게 연결하는 것. 또는 떨어져서 구성된 두 곡면의 접선, 법선 벡터를 일치시켜 곡면을 구성한다.

② **스위핑**(Sweeping) : 하나의 2차원 단면형상(profile)을 입력하고 이를 안내곡선을 따라 이동시켜 입체를 생성, 주로 환기구의 닥터를 모델링할 때 사용되는 곡선이다. 2차원 도형을 임의의 선을 따라 이동시키거나 임의의 회전축을 중심으로 회전시켜 입체를 생성하는 것을 나타내는 용어

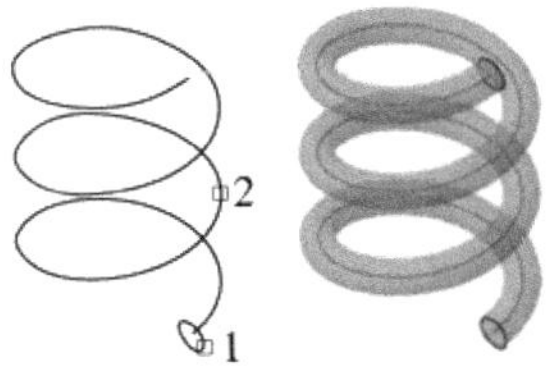

③ **스키닝**(Skinning) : 원하는 경로상에 여러 개의 단면 형상을 위치시키고 이를 덮어 싸는 입체를 형성

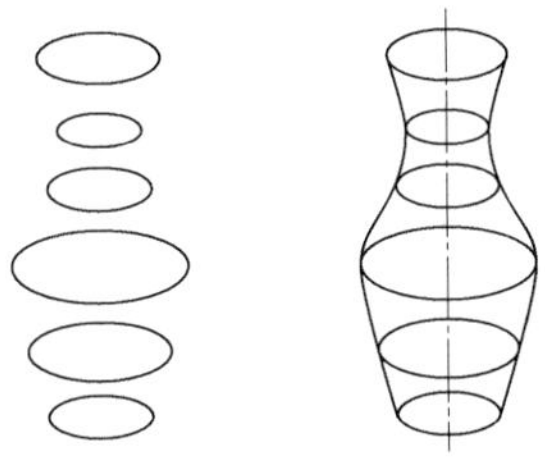

④ **라운딩** : 모서리 부부늘 둥글게 만드는 작업

문제 19

CSG 모델링 방식에서 불 연산(boolean operation)이 아닌 것은?

① Union(합) ② Subtract(차)
③ Intersect(적) ④ Project(투영)

해설 **CSG 모델링 방식에서 불 연산**(boolean operation)
① Union(합집합) ② Subtract(차집합) ③ Intersect(적=교집합)

해답
18. ② 19. ④

문제 20

공간상의 한 점을 표시하기 위해 사용되는 좌표계로 xy 평면으로 한 점을 투영했을 때 원점으로부터 투영점까지의 거리(r), x축과 원점과 투영점이 지나는 직선과의 각도(Θ), xy 평면과 그 점의 높이(z)로써 나타내어지는 좌표계는?

① 직교 좌표계
② 극 좌표계
③ 원통 좌표계
④ 구면 좌표계

해설 **원통좌표계**

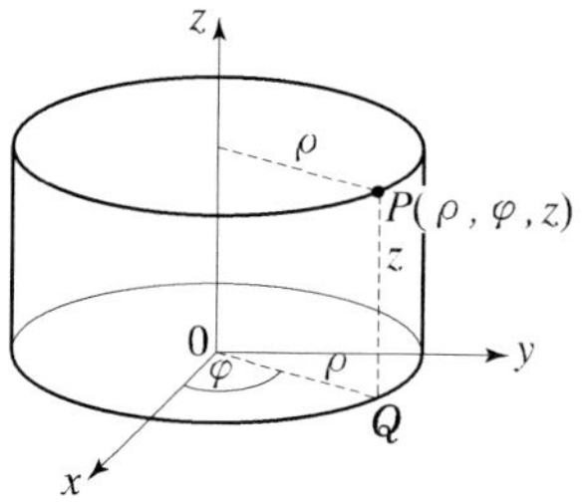

ρ : 반지름

$\theta°$: x축과 원점과 투영점이 지나는 직선과의 각도(θ)

z : 높이

제2과목 기계요소설계

문제 21

다음 중 스프링의 용도로 가리가 먼 것은?

① 하중과 변형을 이용하여 스프링 저울에 사용
② 에너지를 축적하고 이것을 동력으로 이용
③ 진동이나 충격을 완화하는데 사용
④ 운전 중인 회전축의 속도조절이나 정지에 이용

해설 **스프링의 용도**

① 진동흡수 및 충격에너지 흡수 : 전차, 자동차의 충력흡수
② 스프링의 탄성을 이용하여 에너지를 저장 : 태엽스프링을 이용한 시계, 촬영기
③ 스프링의 탄성을 이용하여 힘을 발생 : 안전밸브의 스프링와셔
④ 스프링의 변화량을 이용한 힘의 측정 : 스프링저울

[참고] **스프링의 서징**(surging)**현상** : 자력진동현상으로 반복하중을 받는 스프링에서는 그 반복속도가스프링의 고유진동수에 가까워지면 심한 진동을 일으켜 스프링의 파손 원인이 된다. 이 현상을 서징 현상이라 한다.

해답

20. ③ 21. ④

문제 22

리베팅 후 코킹(caulking)과 풀러링(fullering)을 하는 이유는 무엇인가?

① 기밀을 좋게 하기 위해　② 강도를 높이기 위해
③ 작업을 편리하게 하기 위해　④ 재료를 절약하기 위해

해설

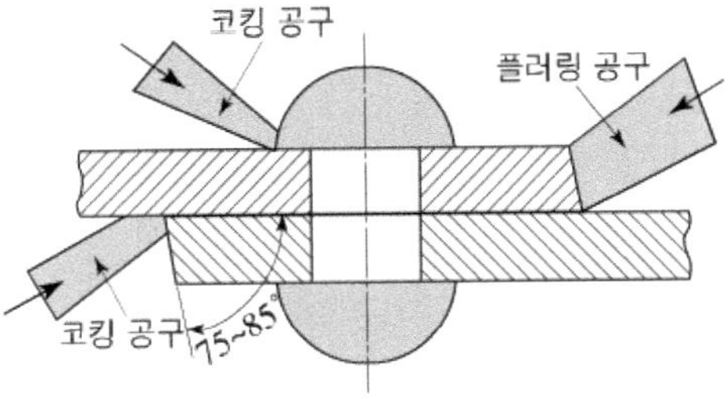

리베팅 후 코킹(caulking)과 풀러링(fullering)을 하는 이유는 기밀을 좋게 하기 위해서이다.

문제 23

다음 중 두 축이 평행하거나 교차하지 않으며 자동차 차동기어장치의 감속 기어로 주로 사용되는 것은?

① 스퍼 기어　② 래크와 피니언
③ 스파이럴 베벨 기어　④ 하이포이드 기어

해설 **하이포이드 기어**(hypoid gear) : 서로 교차하지도 않고, 평행하지도 않는 두 축 사이의 운동을 전달하는 스파이럴 베벨기어로서 일반 스파이럴 베벨기어에 비하여 피니언의 위치가 이동된 것이다.

문제 24

그림과 같이 외접하는 A, B, C, 3개의 기어에 잇수는 각각 20, 10, 40이다. 기어 A가 매분 10회전하면, C는 매분 몇 회전하는가?

① 2.5
② 5
③ 10
④ 12.5

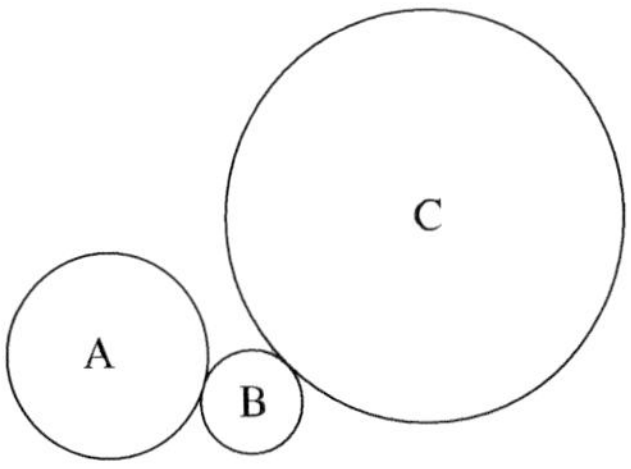

해설

$$N_C = N_A \times \frac{Z_A}{Z_C} = 10 \times \frac{20}{40} = 5\text{rpm}$$

해답

22. ①　23. ④　24. ②

문제 25

다음 중 체결용 기계요소로 거리가 먼 것은?

① 볼트, 너트
② 키, 핀, 코터
③ 클러치
④ 리벳

해설 클러치는 축이음 장치로 회전 중에 동력단속이 필요한 축이음에 사용된다.

문제 26

다음 중 체인전동장치의 일반적인 특징이 아닌 것은?

① 미끄럼이 없는 일정한 속도비를 얻을 수 있다.
② 진동과 소음이 없고 회전각의 전달정확도가 높다.
③ 초기 장력이 필요 없으므로 베어링 마멸이 적다.
④ 전동 효율이 대략 95% 이상으로 좋은 편이다.

해설 **체인 전동의 특징**

① 미끄럼이 없어 속도비가 일정하게 얻을 수 있다.
② 초기장력을 줄 필요가 없으므로 정시 시에 장력이 작용하지 않는다.
③ 체인은 길이를 조정할 수 있고 다축을 동시에 구동할 수 있다.
④ 내열, 내유, 내습성이 강하다.
⑤ 큰 동력을 전달할 수 있고 전동효율도 95% 이상이다.
⑥ 체인의 탄성으로 어느 정도의 충력하중을 흡수할 수 있다.
⑦ 유지 및 수리가 용이하고 수명이 길다.
⑧ 초기장력이 필요 없으므로 베어링의 마찰손실이 적다.
⑨ 윤활이 필요하다.

문제 27

2405N · m의 토크를 전달시키는 지름 85mm의 전동축이 있다. 이 축에 사용되는 묻힘키(sunk key)의 길이는 전단과 압축을 고려하여 최소 몇 mm 이상이어야 하는가? (단, 키의 폭은 24mm, 높이는 16mm 이고, 키 재료의 허용전단응력은 68.7MPa, 허용압축응력은 147.2Mpa 이며, 키 홈의 깊이는 키 높이의 1/2로 한다.)

① 12.4
② 20.1
③ 28.1
④ 48.1

해설

$$L_\tau = \frac{2T}{\tau DB} = \frac{2\times 2405000}{68.7\times 85\times 24} = 34.32\text{mm}$$

$$L_\sigma = \frac{4T}{\sigma DH} = \frac{4\times 2405000}{147.2\times 85\times 16} = 48.053\text{mm}$$

둘 중에서 큰 길이 48.053mm로 설계한다.

해답

25. ③ 26. ② 27. ④

문제 28

그림과 같은 단식 블록 브레이크에서 드럼을 제동하기 위해 레버(lever) 끝에 가할 힘(F)을 비교하고자 한다. 드럼이 좌회전할 경우 필요한 힘을 F_1 우회전 할 경우 필요한 힘을 F_2 라고 할 때 이 두 힘의 차이($F_1 - F_2$)는? (단, P는 블록과 드럼사이에서 블록의 접촉면에 수직방향으로 작용하는 힘이며, μ는 접촉부 마찰계수이다.)

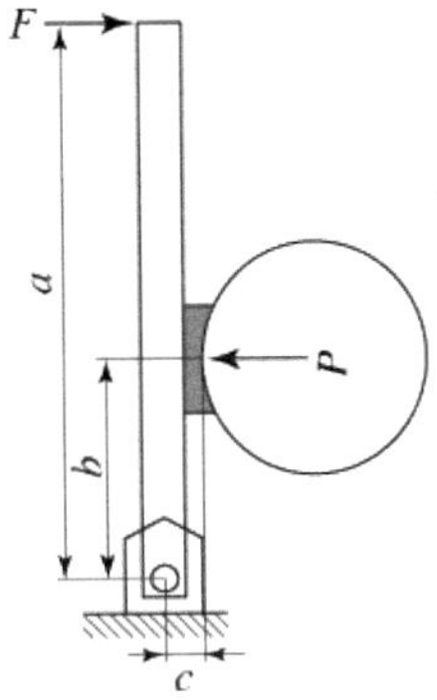

① $F_1 - F_2 = -\dfrac{\mu Pc}{a}$

② $F_1 - F_2 = \dfrac{\mu Pc}{a}$

③ $F_1 - F_2 = -2\mu\dfrac{Pc}{a}$

④ $F_1 - F_2 = \dfrac{2\mu Pc}{a}$

해설 ① 우회전 시

$\Sigma M_o = 0$; (+)

$F_2 \cdot a - P \cdot b - \mu P \cdot c = 0$

$\therefore$ 조작력 $F_2 = \dfrac{P(b+\mu c)}{a}$

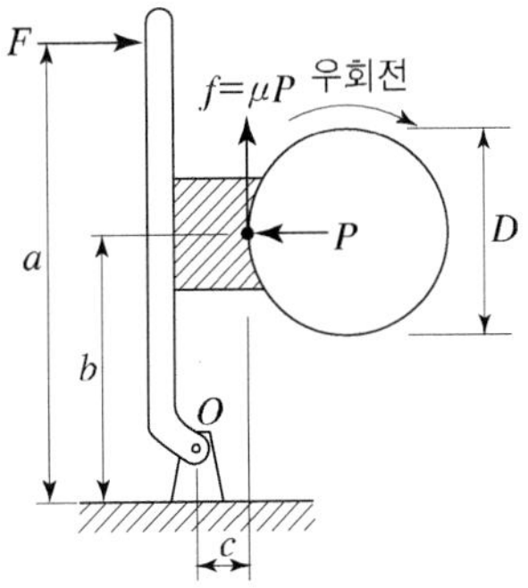

② 좌회전 시

$\Sigma M_o = 0$; (+)

$F_1 \cdot a - P \cdot b + \mu P \cdot c = 0$

$\therefore$ 조작력 $F_1 = \dfrac{P(b-\mu c)}{a}$

③ $F_1 - F_2 = \dfrac{P(b-\mu c)}{a} - \dfrac{P(b+\mu c)}{a} = \dfrac{2P\mu c}{a}$

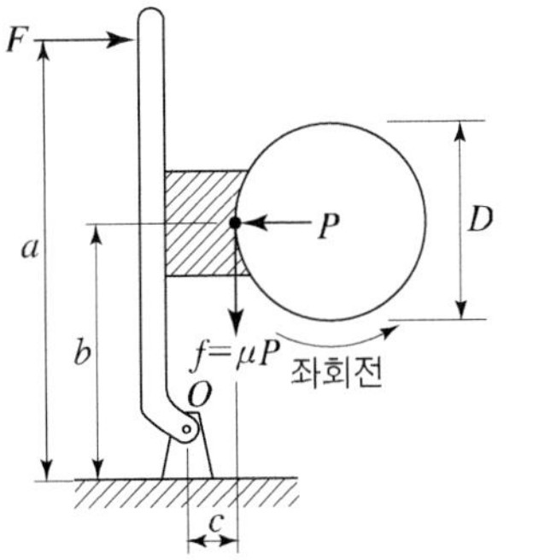

해답

28. ③

문제 29

4000rpm으로 회전하고 기본 동정격하중이 32kN인 볼 베어링에서 2kN의 레이디얼 하중이 작용할 때 이 베어링의 수명은 약 몇 시간인가?

① 9048　　② 17066
③ 34652　　④ 54828

해설 **수명시간** $L_h = 500\times\dfrac{33.3}{N}\times\left(\dfrac{c}{P_a}\right)^r = 500\times\dfrac{33.3}{4000}\times\left(\dfrac{32}{2}\right)^3 = 17049.6\text{hr}$

문제 30

사각나사의 유효지름이 63mm, 피치가 3mm 인 나사잭으로 5t의 하중을 들어 올리려면 레버의 유효길이는 약 몇 mm 이상이어야 하는가? (단, 레버의 끝에 작용시키는 힘은 200N이며 나사 접촉부 마찰계수는 0.1이다.)

① 891　　② 958
③ 1024　　④ 1168

해설 **체결각** $P = Q\tan(\lambda+\rho) = 5000\times\tan(0.868+5.71) = 576.574\text{kgf} = 5650.425\text{N}$

리드각 $\lambda = \tan^{-1}\left(\dfrac{p}{\pi d_e}\right) = \tan^{-1}\left(\dfrac{3}{\pi\times 63}\right) = 0.868°$

마찰각 $\rho = \tan^{-1}(\mu) = \tan^{-1}(0.1) = 5.71°$

레버의 길이 $L = \dfrac{T}{F} = \dfrac{P\times\dfrac{d_e}{2}}{F} = \dfrac{5650.425\times\dfrac{63}{2}}{200} = 889.941\text{mm}$

문제 31

그림과 같은 블록 브레이크에서 드럼축이 우회전할 때의 F를 F_1, 좌회전할 때의 F를 F_2라고 할 때 F_1/F_2의 값은 얼마인가?

① 1
② 1.5
③ 2
④ 2.5

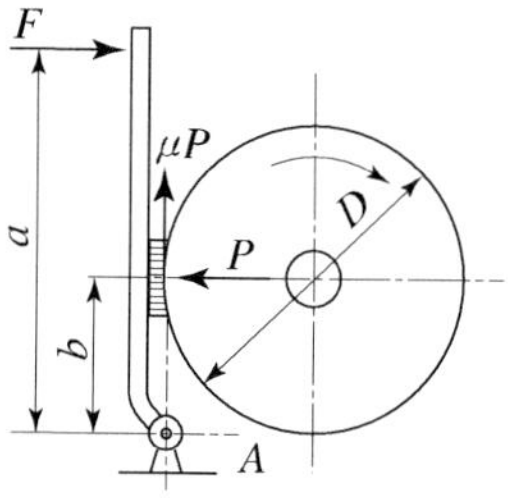

해설 힌지(hinge)점의 위치가 블록의 마찰면과 같은 선상에 존재할 때는 우회전과 좌회전의 힘의 비는 같다.

$\dfrac{F_1}{F_2} = 1$

해답

29. ②　30. ①　31. ①

문제 32

정(chisel) 등의 공구를 사용하여 리벳머리의 주위와 강판의 가장자리를 두드리는 작업을 코킹(caulking)이라 하는데, 이러한 작업을 실시하는 목적으로 적절한 것은?

① 리베팅 작업에 있어서 강판의 강도를 크게 하기 위하여
② 리베팅 작업에 있어서 기밀을 유지하기 위하여
③ 리베팅 작업 중 파손된 부분을 수정하기 위하여
④ 리벳이 들어갈 구멍을 뚫기 위하여

해설

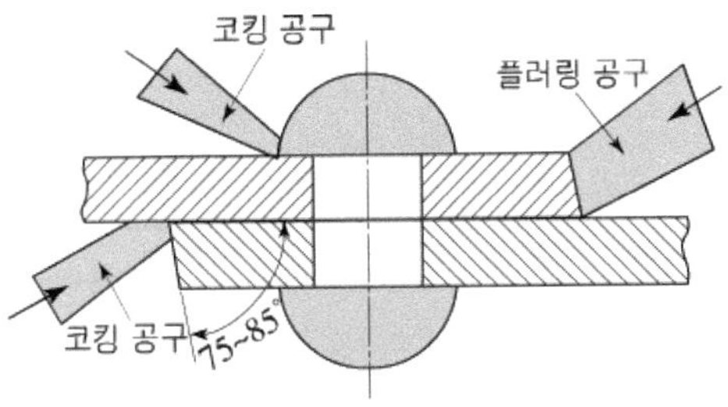

코킹(caulking) : 보일러, 가스 저장 용기 등과 같은 압력 용기에 사용하는 리벳 체결에 있어서, 기밀을 유지하기 위해 끝이 뭉뚝한 정을 사용하여 리벳 머리, 판의 이음부, 가장자리 등을 쪼아서 틈새를 없애는 작업이다

플러링(fullering) : 코킹을 완벽하게 하기 위해 소재의 두께와 같은 플러링공구를 이용해 리벳부분의 기밀을 유지한다.

문제 33

작은 기어의 잇수가 50, 비틀림각이 20°인 헬리컬 기어의 상당평기어의 잇수는 약 몇 개인가?

① 40 ② 50
③ 60 ④ 70

해설 **헬리컬기어의 상당스퍼기어잇수** $Z_e = \frac{Z_{헬}}{\cos^3\beta} = \frac{50}{(\cos 20)^3} = 60.257$개

문제 34

구름 베어링에서 전동체의 원둘레에 고르게 배치하여 전동체가 몰리지 않고 일정한 간격을 유지할 수 있게 하여 전동체의 접촉에 의한 마찰을 방지하는 역할을 하는 것은?

① 리테이너 ② 내륜
③ 저널 ④ 실드 플레이트

해답

32. ② 33. ③ 34. ①

해설

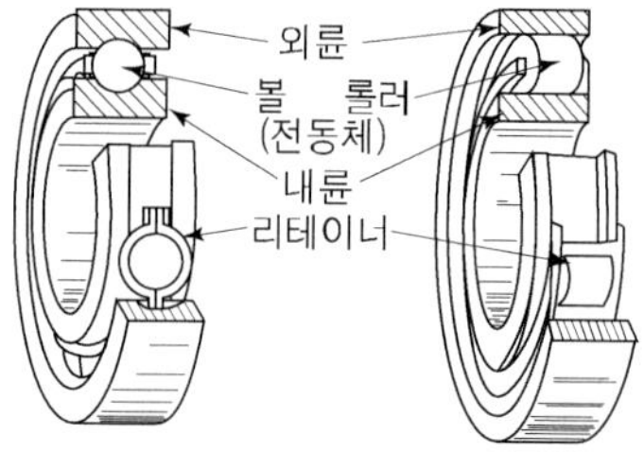

리테이너 : 구름 베어링에서 전동체의 원둘레에 고르게 배치하여 전동체가 몰리지 않고 일정한 간격을 유지할 수 있게 하여 전동체의 접촉에 의한 마찰을 방지하는 역할

문제 35

인장 및 압축의 선형 스프링에서 스프링에 작용하는 힘을 P, 마찰계수를 μ, 비틀림각을 θ, 변위량을 δ라 할 때 스프링상수 k를 구하는 식은?

① $k = \mu p \delta$ ② $k = \dfrac{\delta}{P}$

③ $k = \dfrac{P}{\delta}$ ④ $k = \mu \theta \delta$

해설

스프링 상수 $k = \dfrac{\text{힘}(F)}{\text{변화량}(\delta)}$

문제 36

지름 7cm의 중실축과 비틀림 강도(强度)가 같고, 내 · 외경비가 0.8인 동공축의 바깥지름은 약 몇 mm인가?

① 77.3 ② 83.4

③ 89.5 ④ 95.1

해설

중실의 극단면계수 $Z_{p1} = \dfrac{\pi d^3}{16}$

중공의 극단면계수 $Z_{p2} = \dfrac{\pi d_2^3}{16}(1 - x^4)$

비틀림 강도가 같다는 것은 극단면계수가 같으면 된다.

$Z_{p1} = Z_{p2}, \ \dfrac{\pi d^3}{16} = \dfrac{\pi d_2^3}{16}(1 - x^4)$

$d^3 = d_2^3(1 - x^4)$

중공의 바깥지름 $d_2 = \sqrt[3]{\dfrac{d^3}{(1 - x^4)}} = \sqrt[3]{\dfrac{70^3}{(1 - 0.8^4)}} = 83.441\text{mm}$

해답

35. ③ 36. ②

문제 37

세로탄성계수 E[N/mm^2]와 응력 σ[N/mm^2], 세로변형률 ϵ과의 관계식으로 맞는 것은?

① $E=\frac{\sigma}{\epsilon}$　　② $E=\frac{\epsilon}{\sigma}$

③ $E=\frac{2\epsilon}{\sigma}$　　④ $E=\frac{\epsilon}{2\sigma}$

해설 Hook's low(후크의 법칙) $\sigma=E\epsilon$

탄성계수 $E=\frac{\sigma(응력)}{\epsilon(변형률)}$

문제 38

안지름 400mm, 내압 1N/mm^{2}의 실린더 커버를 12개의 볼트로서 체결할 경우 체결 볼트의 골지름은 약 몇 mm 이상이어야 하는가? (단, 볼트 재료의 허용 인장응력은 48MPa이고, 인장력만 작용한다고 가정한다.)

① 26.87mm　　② 24.45mm

③ 20.18mm　　④ 16.67mm

해설

$$\sigma=\frac{F}{\frac{\pi}{4}d_1^2}$$

골지름 $d_1=\sqrt{\frac{4F}{\pi\sigma}}=\sqrt{\frac{4\times 10471.975}{\pi\times 48}}=16.666\text{mm}$

볼트 하나에 작용하는 힘 $F=\frac{P\times A_P}{Z}=\frac{1\times\frac{\pi}{4}\times 400^2}{12}=10471.975\text{N}$

문제 39

주철제 V벨트 풀리의 홈 각도가 36°, 접촉부 마찰계수는 0.2라 할 때 유효마찰계수 μ'는?

① 0.887　　② 0.444

③ 0.188　　④ 0.401

해설 상당마찰계수 $\mu'=\frac{\mu}{\sin\frac{\alpha}{2}+\mu\cos\frac{\alpha}{2}}=\frac{0.2}{\sin\frac{36}{2}+0.2\cos\frac{36}{2}}=0.4$

해답

37. ①　38. ④　39. ④

문제 40

260kN · mm의 토크를 받는 직경 60mm의 회전축에 사용하는 묻힘 키의 폭×높이×길이는 18mm×12mm×100mm이다. 이때 키에 생기는 전단응력은?

① $6.1N/mm^2$ ② $5.7N/mm^2$
③ $4.8N/mm^2$ ④ $3.2N/mm^2$

해설

$$\tau_{key} = \frac{2\times T}{d_s \times b \times l} = \frac{2\times 260000}{60\times 18\times 100} = 4.814\text{MPa}$$

토크 $T = 260000\text{N}\cdot\ \text{mm}$

제3과목 기계재료 및 측정

문제 41

다음 중 철강에 합금 원소를 첨가하였을 때 일반적으로 나타내는 효과와 가장 거리가 먼 것은?

① 소성가공성이 개선된다.
② 순금속에 비해 용융점이 높아진다.
③ 결정립의 미세화에 따른 강인성이 향상된다.
④ 합금원소에 의한 기지의 고용강화가 일어난다.

해설 탄소강에 망간을 첨가하면 퍼얼라이트를 미세화시키고 페라이트의 고용강화효과를 가져오므로 탄소강의 황복강도를 향상시킨다. 합금원소인 망간은 페라이트의 공용강화 효과를 가져온다.

문제 42

다음 중 니켈-크롬강(Ni-Cr)에서 뜨임취성을 방지하기 위하여 첨가하는 원소는?

① Mn ② Si
③ Mo ④ Cu

해설 **니켈-크롬-몰리브덴강**(SNCM) : 니켈-크롬강의 뜨임 메짐을 방지하기 위해 적은 양의 몰리브덴을 첨가하여 강인성을 증가시키고, 담금질 할 경우에 질량 효과를 감소시켜 메짐을 방지할 수 있도록 개선한 강이다.

해답

40. ③ 41. ② 42. ③

문제 43

비정질합금의 특징을 설명한 것 중 틀린 것은?

① 전기저항이 크다.
② 가공경화를 매우 잘 일으킨다.
③ 균질한 재료이고 결정이방성이 없다.
④ 구조적으로 장거리의 규칙성이 없다.

해설 **비결정질 합금**(비결정성 합금) : 비정질 합금은 결정을 이루고 있지 않는 합금을 의미한다. 쉽게 말하면 겉은 고체, 속은 액체. 액체를 품은 고체라고 생각하면 이해가 빠를 것이다.
[장점] 금속에 비해서 강도가 높다, 내식성이 우수하다, 전파투과가 가능하다. 주물제작을 하였을 때 표면이 매끈하다.
[단점] 열에 약하다. 높은 온도에서는 열에 의해 다시 보통의 결정금속으로 되돌아가버린다.

문제 44

금속 침투법 중 철강 표면에 Al을 확산침투 시켜 표면처리 하는 방법은?

① 세라다이징 ② 크로마이징
③ 칼로라이징 ④ 실리코나이징

해설 크로마이징(Cr침투), 칼로라이징(Al침투), 실리코나이징(Si침투), 부로나이징(B침투), 세라다이징(Zn침투)

문제 45

다음 금속재료 중 용융점이 가장 높은 것은?

① W ② Pb
③ Bi ④ Sn

해설 W(텅스텐)은 모든 금속 중에서 용융점이3400℃로 가장 높다.

문제 46

다음 철강 조직 중 가장 경도가 높은 것은?

① 펄라이트 ② 소르바이트
③ 마텐자이트 ④ 트루스타이트

해설

조직이름	페라이트	오스테나이트	펄라이트	소르바이트	트루스타이트	마텐자이트	시멘타이트
경도(Hv)	90	155	255	270	445	880	1100

해답

43. ② 44. ③ 45. ① 46. ③

문제 47

다음 중 Cu+Zn계 합금이 아닌 것은?

① 톰백 ② 문쯔메탈
③ 길딩메탈 ④ 하이드로날륨

해설 **황동**

① 톰백 : 모조금 아연5~20% 전연성이 좋고 색깔이 금색 모조금으로 사용, 판재 사용
② 7:3황동(=카터리지메탈) : 70Cu-30Zn의 합금, 가공용 황동의 대표, 자동차 방열기, 탄피재료
③ 6:4황동(=문쯔메탈) : 60Cu-40Zn황동 중 가장 저렴, 탈아연 부식 발생
④ 황동주물 : 절삭성과 주조성이 좋아 기계부품, 건축용 부품
⑤ 쾌삭황동 : 1.5~3.0%Pb 절삭성이 좋아 정밀절삭가공을 필요로 하는 기계용 기어, 나사
⑥ 주석황동 ㉠ 에드머럴티황동 : 7:3황동에 1%의 내의 Sn 첨가
㉡ 네이벌황동 : 6:4황동에 1%의 내의 Sn 첨가
⑦ 델타메탈(=철황동) : 6:4황동에 1~2%Fe함유, 강도와 내식성우수 광산, 선박, 화학기계에 사용
⑧ 망간니 : 황동에 10~15%망간 함유 전기저항률이 크고, 온도계수가 적어 표준저항기, 정밀기계에 사용
⑨ 양은(=양백, Nickel Silver) : 10~20%Ni 장식품, 악기. 광학기계 부품에 사용
※ 하이드로날륨은 알루미늄 합금이다.

문제 48

다음 중 세라믹 공구의 주성분으로 가장 적합한 것은?

① Cr_2O_3 ② Al_2O_3
③ MnO_2 ④ Cu_3O

해설 **세라믹** : 알루미나(Al_2O_3)를 주성분으로 결합제를 사용하지 않고 소결시킨 공구

문제 49

다음 중 펄라이트의 구성 조직으로 옳은 것은?

① α-Fe + Fe_3S ② α-Fe + Fe_3C
③ α-Fe + Fe_3P ④ α-Fe + Fe_3Na

해설 **펄라이트조직**

727℃의 온도에서 γ고용체로부터 α고용체와 시멘타이트가 동시에 석출되어 만든 조직

해답

47. ④ 48. ② 49. ②

문제 50

복합재료 중 FRP는 무엇인가?

① 섬유 강화 목재
② 섬유 강화 금속
③ 섬유 강화 세라믹
④ 섬유 강화 플라스틱

해설
① FRM(섬유강화 금속=fiber reinforced metals) : 모재의 종류가 금속
② FRP(섬유강화 플라스틱=fiber reinforced plastic) : 모재의 종류가 플라스틱
③ GFRP : FRP에 보강재료로 유리(Glass)가 사용된 것
④ CFRP : FRP에 보강재료로 탄소(Carbon)가 사용된 것

문제 51

내식성과 내산화성이 크고, 성형성이 다른 것에 비해 좋은 비자성의 스테인리스강은?

① 페라이트계
② 마텐자이트계
③ 오스테나이트계
④ 석출경화형

해설

성분계	조직	KS기호	특징
Cr계	마텐자이트 (13%Cr)	STS410	담금질경화성 있음 자성 있음
	페라이트 (15%Cr)	STS430	담금질경화성 없음 자성 있음
Cr−Ni계	오스테나이트 18%Cr−8%Ni	STS304	내식성 양호 담금질경화성 없음 자성 없음

문제 52

두랄루민은 Al에 어떤 원소를 첨가한 합금인가?

① Cu+Mg+Mn
② Fe+Mo+Mn
③ Zn+Ni+Mn
④ Pb+Sn+Mn

해설

고강도 알루미늄합금
- 두랄루민(D) : Al+(4%Cu)+(0.5%Mg)+(0.5%Mn)
  : 무게를 중시하는 항공기나 자동차에 사용
- 초두랄루민(SD) : Al+(4.5%Cu)+(1.5%Mg)+(0.6%Mn)
  : 항공기의 구조재와 리벳, 기계류, 일반구조물에 사용된다.
- 초강두랄루민(ESD) : Al+(1.6%Cu)+(2.5%Mg)+(0.2%Mn)+(5.6%Zn)+(0.3%cr)
  : 주로 항공기에 사용되며 인강강도 높다.

해답
50. ④ 51. ③ 52. ①

문제 53

다음 중 복합재료에서 섬유강화금속은?

① GFRP ② CFRP
③ FRS ④ FRM

해설 **복합재료의 종류**

① FRM(섬유강화 금속=fiber reinforced metals) : 모재의 종류가 금속
② FRP(섬유강화 플라스틱=fiber reinforced plastic) : 모재의 종류가 플라스틱
③ GFRP : FRP에 보강재료로 유리(Glass)가 사용된 것
④ CFRP : FRP에 보강재료로 탄소(Carbon)가 사용된 것

문제 54

다음 중 경금속이 아닌 것은?

① 알루미늄 ② 마그네슘
③ 백금 ④ 티타늄

해설 ① 알루미늄 : Al(비중2.7) ② 마그네슘 : Mg(비중1.74)
③ 백금 : Pt(비중21.45) ④ 티타늄 : Ti(비중4.5)
비중 4.5를 기준으로 그 이상을 중금속, 그 이하를 경금속이라 한다.

문제 55

표면 경화법에서 금속 침투법이 아닌 것은?

① 세라다이징 ② 크로마이징
③ 칼로라이징 ④ 방전경화법

해설 **표면경화법의 종류중 금속침투법(시멘테이션에 의한 방법)**

① 세라다이징 : Zn침투
② 크로마이징 : Cr침투
③ 칼로라이징 : Al침투
④ 실리코나이징 : Si침투
⑤ 보론나이징 : B침투

문제 56

나사의 유효지름을 측정하는 방법이 아닌 것은?

① 삼침법에 의한 측정 ② 투영기에 의한 측정
③ 플러그 게이지에 의한 측정 ④ 나사 마이크로미터에 의한 측정

해답

53. ④ 54. ③ 55. ④ 56. ③

해설 나사측정
① 유효지름측정 : ㉠ 나사마이크로미터 ㉡ 삼침법 ㉢ 공구현미경 ㉣ 투영검사기
② 피치측정 : ㉠ 나사피치게이지
③ 나사산각도 : ㉠ 투영검사기
※ 플러그 게이지는 구멍용 공차게이지이다.

문제 57

측정 오차에 관한 설명으로 틀린 것은?

① 기기 오차는 측정기의 구조상에서 일어나는 오차이다.
② 계통 오차는 측정값에 일정한 영향을 주는 원인에 의해 생기는 오차이다.
③ 우연 오차는 측정자와 관계없이 발생하고, 반복적이고 정확한 측정으로 오차 보정이 가능하다.
④ 개인 오차는 측정자의 부주의로 생기는 오차이며, 주의해서 측정하고 결과를 보정하면 줄일 수 있다.

해설 측정오차
① 계통오차 – ㉠ 계기오차(=기기오차) : 측정기의 오차
㉡ 환경오차 : 온도, 습도에 따른 오차
㉢ 개인오차 : 개인의 숙련도의 차이
㉣ 이론오차 : 이론적 근사에 따른 오차, 예 : 빛의 굴절
② 우연오차 : 알 수 없는 원인으로 일어나 보정할 수 없는 오차
③ 과실오차 : 측정기의 취급 부 주의에 의해 발생되는 오차, 개인의 실수
※ 계통오차 : 측정값에 일정한 영향을 주는 원인에 의해 생기는 오차

문제 58

트위스트 드릴의 각부에서 드릴 홈의 골 부위(웨부 두께)를 측정하기에 가장 적합한 것은?

① 나사 마이크로미터
② 포인트 마이크로미터
③ 그루브 마이크로미터
④ 다이얼 게이지 마이크로미터

해설 ① **나사 마이크로미터(screw micrometer)** : 나사의 유효지름을 측정한다.
② **포인터 마이크로미터(point micrometer)** : 트위스트 드릴의 웨브 두께 측정
③ **그루브 마이크로미터** : 스핀들에 플랜지가 부착되어 있어 구멍과 튜브 내외부에 있는 홈의 너비, 깊이, 위치 등을 측정할 수 있다.

해답
57. ③ 58. ②

문제 59

일반적으로 한계 게이지 방식의 특징에 대한 설명으로 틀린 것은?

① 대량 측정에 적당하다.
② 합격, 불합격의 판정이 용이하다.
③ 조작이 복잡하므로 경험이 필요하다.
④ 측정 치수에 따라 각각의 게이지가 필요하다.

해설 공차게이는 조작이 간단하여 수련된 기술자가 아니어도 측정가능하다.

문제 60

그림에서 X는 18mm, 핀의 지름이 ϕ6mm 이면 A값은 약 몇 mm 인가?

① 23.196
② 26.196
③ 31.392
④ 34.392

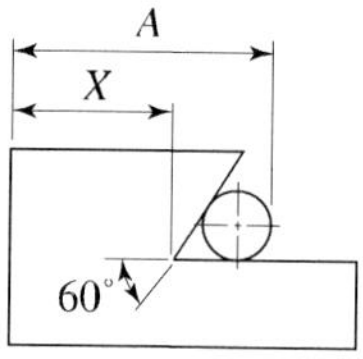

해설

$$A = X + L + \frac{d}{2} = 18 + L + \frac{6}{2}$$

$$= 18 + 5.196 + \frac{6}{2} = 26.196\text{mm}$$

$$\tan 30 = \frac{\frac{d}{2}}{L}$$

$$L = \frac{\frac{d}{2}}{\tan 30} = \frac{\frac{6}{2}}{\tan 30} = 5.196$$

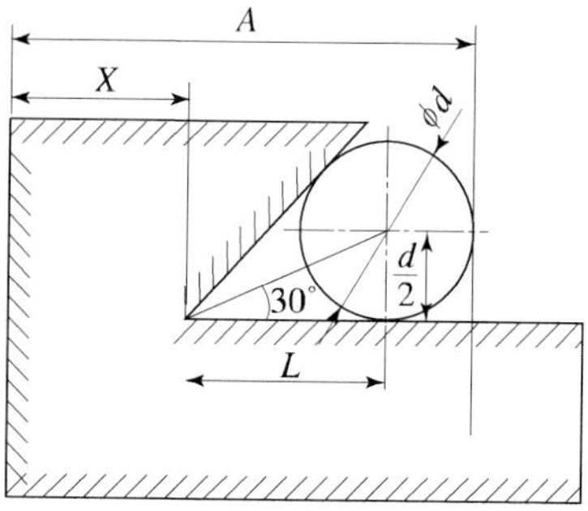

해답

59. ③ 60. ②

기계설계산업기사

2019년 3월 3일 시행

제1과목 기계제도

문제 01

그림은 축과 구멍의 끼워 맞춤을 나타낸 도면이다. 다음 중 중간 끼워 맞춤에 해당하는 것은?

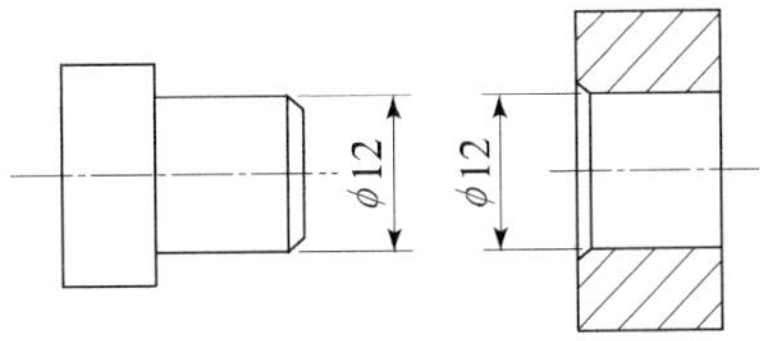

① 축 - φ12k6, 구멍 - φ12H7　② 축 - φ12h6, 구멍 - φ12G7
③ 축 - φ12e8, 구멍 - φ12H8　④ 축 - φ12h5, 구멍 - φ12N6

해설

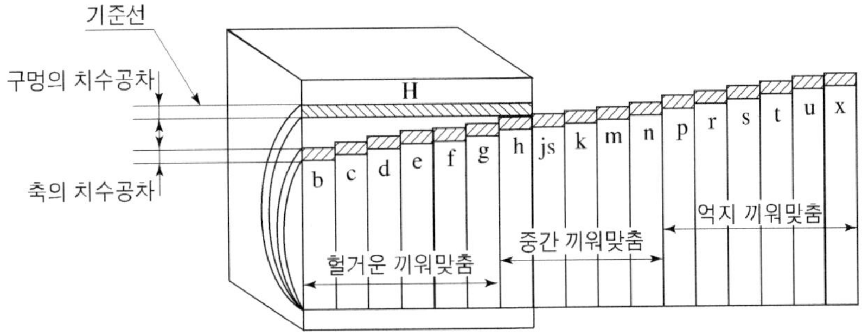

문제 02

암, 리브, 핸들 등의 전단면을 그림과 같이 나타내는 단면도를 무엇이라 하는가?

① 온 단면도
② 회전도시 단면도
③ 부분 단면도
④ 한쪽 단면도

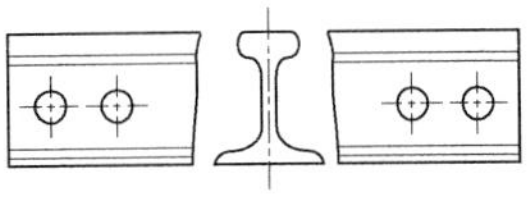

해답

01. ①　02. ②

해설 회전도시 단면도

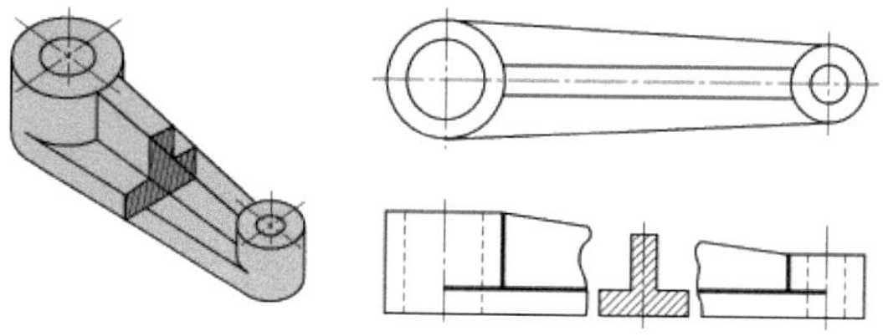

문제 03

나사의 제도방법을 설명한 것으로 틀린 것은?

① 수나사에서 골 지름은 가는 실선으로 도시한다.
② 불완전 나사부를 나타내는 골지름 선은 축선에 대해서 평행하게 표시한다.
③ 암나사를 축방향으로 본 측면도에서 호칭지름에 해당하는 선은 가는 실선이다.
④ 완전 나사부란 산봉우리와 골 밑 모양의 양쪽 모두 완전한 산형으로 이루어지는 나사부이다.

해설 수나사 제도

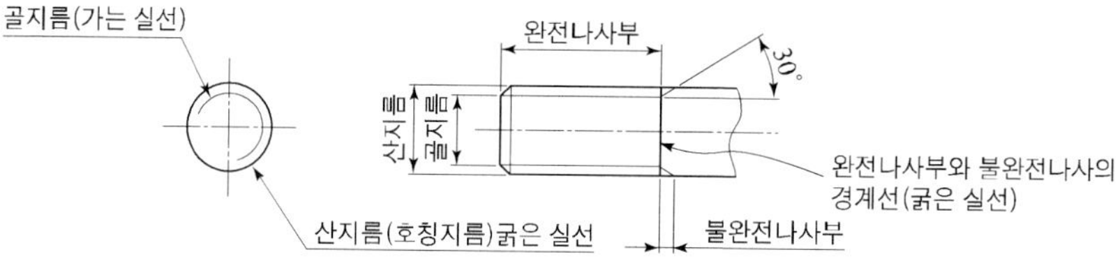

① 수나사의 산지름(바깥지름, 호칭지름)은 굵은실선으로 그린다.
② 수나사의 골지름은 가는 실선으로 그린다.
③ 완전나사부와 불완전나사부의 경계선은 굵은 실선으로 그린다.
④ 불완전나사부의 골을 나타내는 선은 축선에 대하여 불완전 나사부의 골을 나타내는 선은 축선에 대하여 30°의 가는실선으로 그리고, 필요에 따라 불완전나사부의 길이를 기입한다.
⑤ 수나사 측면에서 모양을 나타낼 때에는 골지름을 가는실선으로 약 3/4원으로 그린다.

해답

03. ②

문제 04

다음 도면에 대한 설명으로 옳은 것은?

① 부분 확대하여 도시하였다.
② 반복되는 형상을 모두 나타냈다.
③ 대칭되는 도형을 생략하여 도시하였다.
④ 회전도시 단면도를 이용하여 기 홈을 표현하였다.

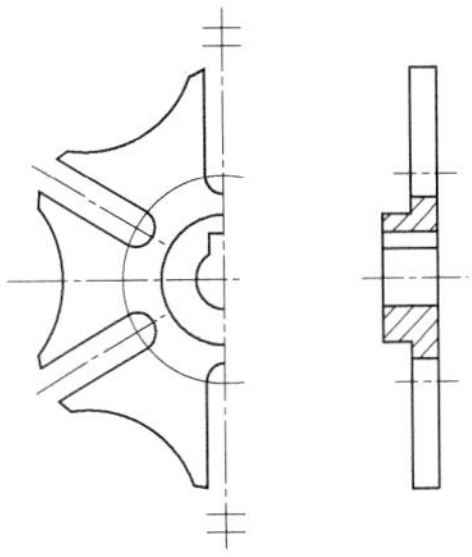

해설

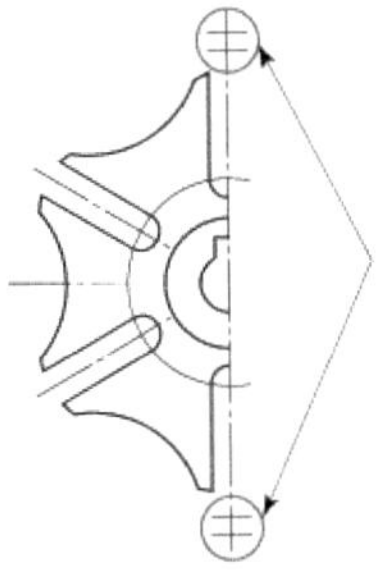

문제 05

다음 보기의 설명에 적합한 기하공차 기호는?

> 구 형상의 중심은 데이텀 평면 A로부터 30mm, B로부터 25mm 떨어져 있고, 데이텀 C의 중심선 위에 있는 점의 위치를 기준으로 지름 0.3mm 구 안에 있어야 한다.

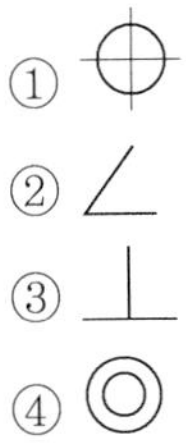

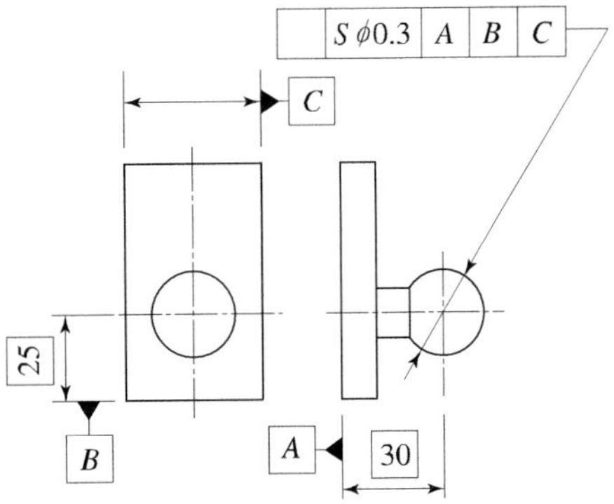

해설 각 면에 대해 정확한 위치를 나타내는 위치도 ⌖를 나타낸다.

해답

04. ③ 05. ①

문제 06

절단면 표시 방법인 해칭에 대한 설명으로 틀린 것은?

① 같은 절단면상에 나타나는 같은 부품의 단면에는 같은 해칭을 한다.
② 해칭은 주된 중심선에 대하여 45°로 하는 것이 좋다.
③ 인접한 단면의 해칭은 선의 방향 또는 각도를 변경하든지 그 간격을 변경하여 구별한다.
④ 해칭을 하는 부분에 글자 또는 기호를 기입할 경우에는 해칭선을 중단하지 말고 그 위에 기입해야 한다.

해설 해칭을 하는 부분에 글자 또는 기호를 기입할 경우에는 해칭선을 중단하고 그 위에 기입해야 한다.

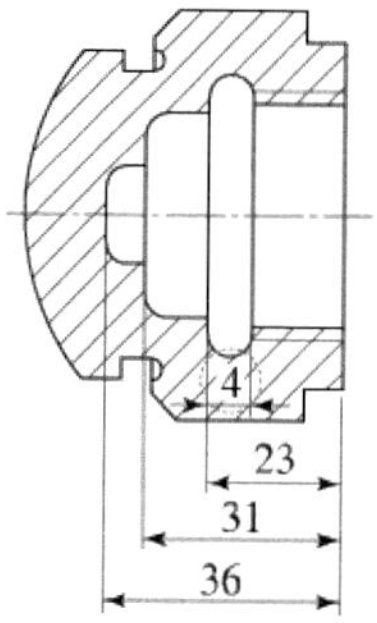

문제 07

다음 중 표시해야할 선이 같은 장소에 중복될 경우 선의 우선순위가 가장 높은 것은?

① 무게 중심선 ② 중심선
③ 치수 보조선 ④ 절단선

해설 **선의 우선순위**
문자 > 외형선 > 숨은선 > 절단선 > 중심선 > 무게중심선 > 치수선 > 치수보조선

문제 08

그림과 같은 입체도를 화살표 방향에서 본 투상 도면으로 가장 적합한 것은?

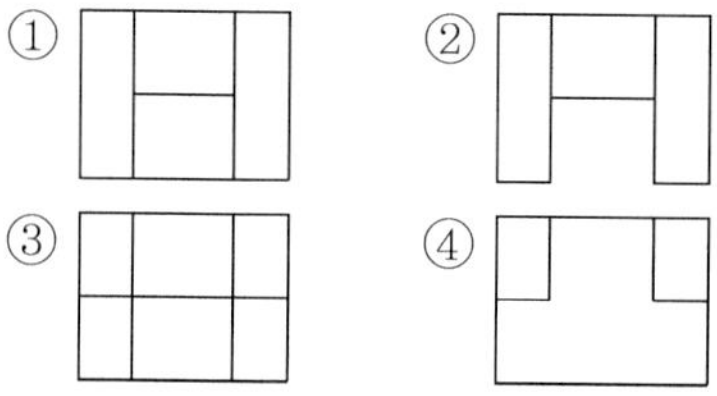

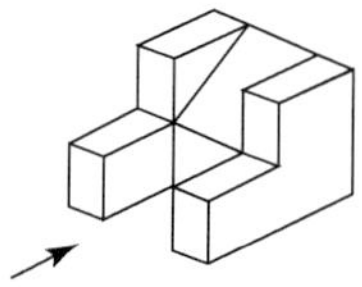

해답

06. ④ 07. ④ 08. ③

해설

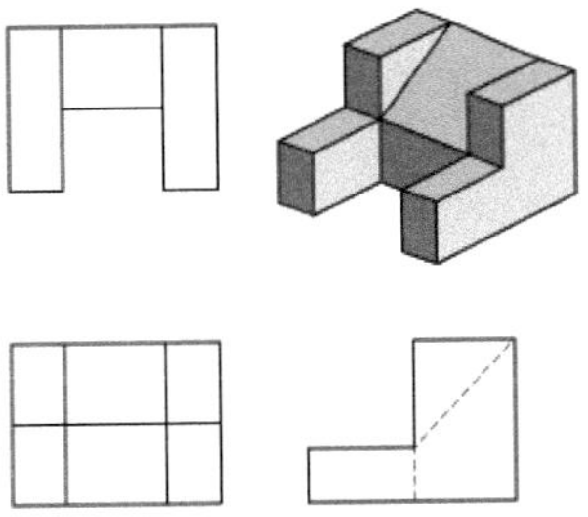

문제 09

다음 그림에 대한 설명으로 가장 올바른 것은?

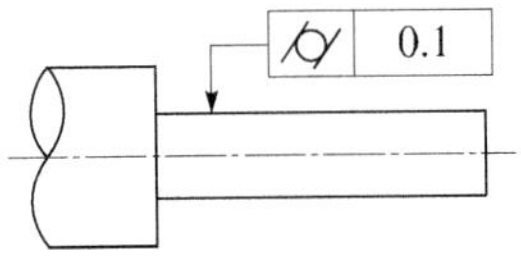

① 대상으로 하고 있는 면은 0.1 mm 만큼 떨어진 두 개의 동축 원통면 사이에 있어야 한다.
② 대상으로 하고 있는 원통의 축선은 ϕ0.1 mm의 원통 안에 있어야 한다.
③ 대상으로 하고 있는 원통의 축선은 0.1 mm 만큼 떨어진 두 개의 평행한 평면 사이에 있어야 한다.
④ 대상으로 하고 있는 면은 0.1 mm 만큼 떨어진 두 개의 평행한 평면 사이에 있어야 한다.

해설

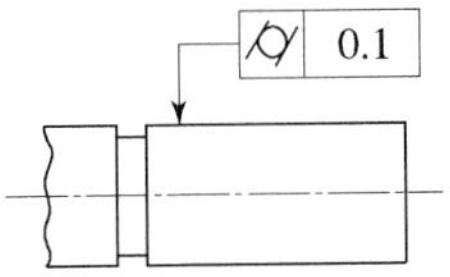

(a) 원통도 기입법

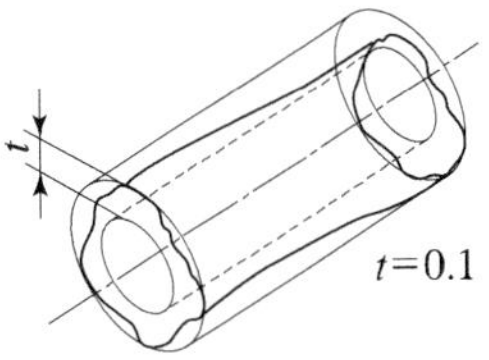

(b) 공차역

문제 10

다음 제3각법으로 그린 투상도 중 옳지 않은 것은?

①
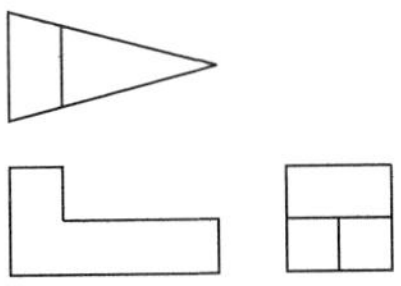

②
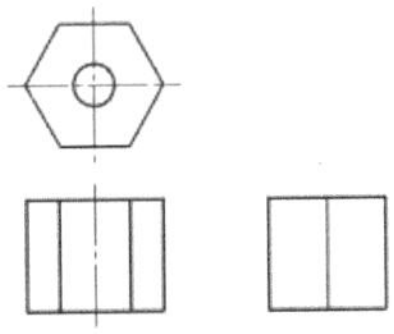

③
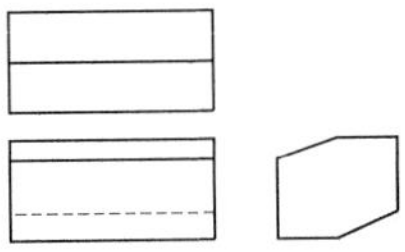

④
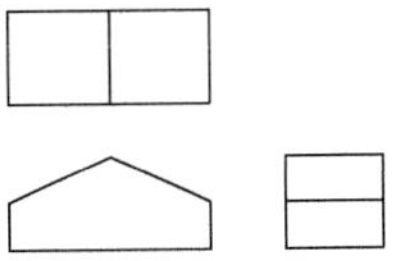

해답

09. ① 10. ①

해설

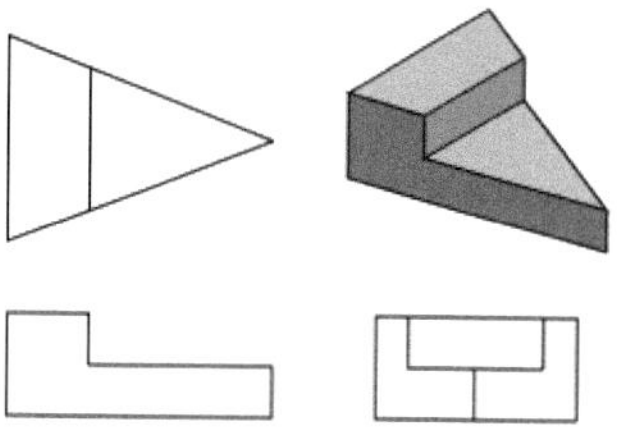

문제 11

가공 방법의 기호 중에서 다듬질 가공인 스크레이핑 가공 기호는?

① FS
② FSU
③ CS
④ FSD

해설

평삭반 가공	P	평삭
형삭반 가공	SH	형삭
브로치 가공	BR	브로치
리머가공	FR	리머
연산가공	G	연삭
호닝가공	GH	호닝
액체호닝 가공	SPL	액체호닝
배럴연마 가공	SPBR	배럴
버프 다듬질	FB	버프
블라스트 다듬질	SB	블라스트
래핑 다듬질	FL	래핑
줄다듬질	FF	줄
스크레이퍼 다듬질	FS	스크레이퍼
페이퍼 다듬질	FCA	페이퍼
주조	C	주조

문제 12

그림과 같은 도시 기호에 대한 설명으로 틀린 것은?

① 용접하는 곳이 화살표쪽이다.
② 온둘레 현장용접이다.
③ 필릿 용접을 오목하게 작업한다.
④ 한쪽 플랜지형으로 필릿 용접 작업한다.

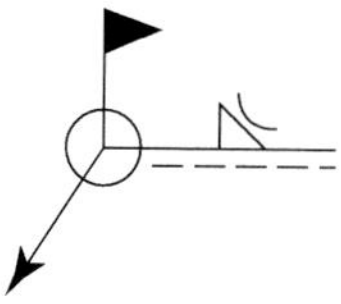

해설 ◺ : 필렛용접(기호가 실선에 있으면 용접 하는 곳이 화살표 쪽이다.)

◡ : 오목피드

⚑ : 현장용접

◯ : 온둘레 용접

해답

11. ① 12. ④

문제 13

최대 실체 공차방식으로 규제된 축의 도면이 다음과 같다. 실제 제품을 측정한 결과 축 지름이 49.8mm일 경우 최대로 허용할 수 있는 직각도 공차는 몇 mm인가?

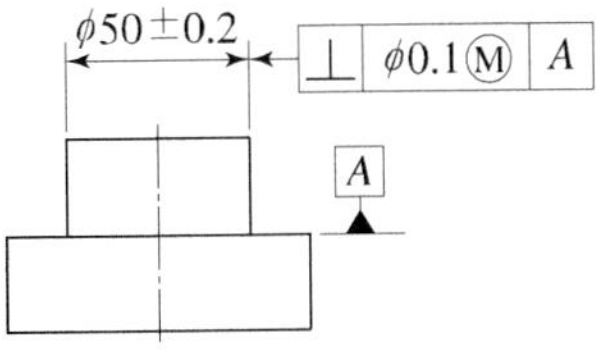

① ϕ0.3mm
② ϕ0.4mm
③ ϕ0.5mm
④ ϕ0.6mm

해설 최대 실체 공차 방식은 질량을 최대로 하는 공차 방식으로 축은 치수공차와 기하공차의 값을 더해서 큰 값을 찾는 것이고, 구멍은 치수공차와 기하공차의 더해서 작은 값을 찾는 것이다.
치수공차+기하공차=0.4+0.1=0.5mm

문제 14

솔리드 모델을 정육면체와 같은 간단한 입체의 집합으로 대략 근사적으로 표현하는 모델을 분해 모델(decomposition model)이라고 하는데, 다음 중 이러한 분해 모델의 표현에 해당하지 않는 것은?

① 복셀(voxel) 표현
② 컴파운드(compound) 표현
③ 옥트리(octree) 표현
④ 세포(cell) 표현

해설 **분해 모델링**(Decomposition modeling)**의 종류**
① 복셀(voxel)표현
② 옥트리 표현(Octree Representation)
각 노드당 최대8개의 자식을 가질 수 있는 하나의 트리(Tree)이며 임의의 형태의 입체를 공간적으로 분할하는데 사용된다.

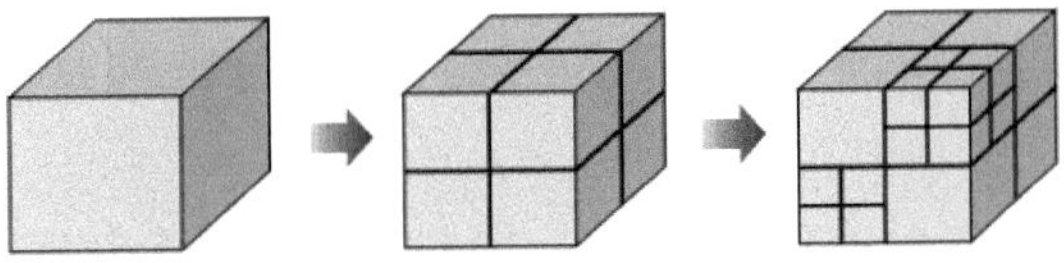

③ 세포 분해(Cell Decomposition)

문제 15

공간상에 존재하는 2개의 곡면이 서로 교차하는 경우, 교차되는 부분에서 모서리(edge)가 발생하는데, 이 모서리(edge)를 주어진 반경으로 부드럽게 처리하는 기능을 무엇이라고 하는가?

① intersecting
② projecting
③ blending
④ stretching

해답

13. ③ 14. ② 15. ③

해설 blending : 2개의 곡면이 서로 교차하는 경우, 교차되는 부분에서 모서리(edge)가 발생하는데, 이 모서리(edge)를 주어진 반경으로 부드럽게 처리하는 기능

문제 16

다음 설명에 해당하는 것은?

이미 제작된 제품에서 3차원 데이터를 측정하여 CAD 모델로 만드는 작업

① Reverse engineering ② Feature-based modeling
③ Digital Mock-Up ④ Virtual Manufacturing

해설 Reverse engineering(역설계) : 이미 제작된 제품에서 3차원 측정을 통해 치수를 측정하여 도면을 제작 하는 설계

문제 17

화면에 나타난 데이터를 확대하여 데이터의 일부분만을 스크린에 나타낼 때 상당부분이 viewport를 벗어나는데 이와 같이 일정한 영역을 벗어나는 부분을 잘라버리는 것을 무엇이라고 하는가?

① 윈도잉(Windowing) ② 클리핑(Clipping)
③ 매핑(Mapping) ④ 패닝(Panning)

해설 **클리핑**(Clipping) : 화면에 나타난 데이터를 확대하여 데이터의 일부분만을 스크린에 나타낼 때 상당부분이 viewport를 벗어나는데 이와 같이 일정한 영역을 벗어나는 부분을 잘라버리는 것

문제 18

다음 모델링에 관한 설명 중 틀린 것은?

① 솔리드 모델링은 3차원의 형상정보를 명확하게 표현하는 표현방식이다.
② 솔리드 모델의 표현방식에는 CSG(Constructive Solid Geometry) 방식과 B-rep(Boundary representation) 방식 등이 있다.
③ B-rap 방식은 경계가 잘 정의되는 단위형상(primitive)의 조합으로 솔리드를 표현하는 방법이다.
④ 모떼기(chamfer), 필릿(fillet), 포켓(pocket) 등 전형적인 특징형상을 시스템에 기억하고 있다가 불러내어 모델링 하는 방법도 있다.

해설 B-Reps(Boundary Representation) : CGS 방식으로 표현하기 어려운 물체 모델링에 사용⇒입체를 구성하는 면의 접속 관계로 입체를 표현하는 방법으로 현실세계에서 존재하지 않는 모델도 있을 수 있다.

해답

16. ① 17. ② 18. ③

B-Rep 모델의 기본 요소
① 기하 요소 : 점, 곡선, 곡면
② 위상 요소 : 꼭지점(vertex), 모서리(edge), 면(face)들의 이웃관계를 위상 관계(topology)라 한다.

문제 19

다음 중 형상 구속조건과 치수조건을 입력하여 모델링 하는 기법은?

① 파라메트릭 모델링
② Wire frame 모델링
③ B-rap(Boundary Representation)
④ CSG(Constructive Soild Geometry)

해설 **파라메트릭**(Parametric modeling)
형상 구속 조건과 치수 조건을 이용하여 형태를 모델링하는 방식이다.

문제 20

일반적으로 3차원 기하학적 형상 모델링이 아닌 것은?

① 서피스 모델링 ② 솔리드 모델링
③ 시스템 모델링 ④ 와이어 프레임 모델링

해설 **3차원 형상 모델링**
① 와이어 프레임 모델(wire frame model) : 철사로 3차원 형상을 만드는 것 (edge로 표현)
② 서피스 모델(surface model) : 와이어 프레임 모델에 각 면의 데이터를 추가
③ 솔리드 모델(solid model)

해답
19. ① 20. ③

제2과목 기계요소설계

문제 21

코일 스프링에서 코일의 평균 지름은 32mm, 소선의 지름은 4mm 이다. 스프링 소재의 허용전단응력이 340MPa일 때 지지할 수 있는 최대 하중은 약 몇 N인가? (단, Wahl의 응력수정계수(K)는 $K=\dfrac{4C-1}{4C-4}+\dfrac{0.615}{C}$($C$: 스프링 지수) 이다.)

① 174　② 198
③ 225　④ 246

해설

허용전단응력 $\tau_a = K\times\dfrac{F\times\frac{D}{2}}{\frac{\pi\times d^3}{16}}$, $340 = 1.184\times\dfrac{F\times\frac{32}{2}}{\frac{\pi\times 4^3}{16}}$

하중 $F=225.53\text{N}$

$K=\dfrac{4C-1}{4C-4}+\dfrac{0.615}{C}=\dfrac{4\times8-1}{4\times8-4}+\dfrac{0.615}{8}=1.184$

스프링지수 $C=\dfrac{D}{d}=\dfrac{32}{4}=8$

문제 22

응력-변형률 선도에서 재료가 파괴되지 않고 견딜 수 있는 최대 응력은? (단, 공칭응력을 기준으로 한다.)

① 탄성한도　② 비례한도
③ 극한강도　④ 상항복점

해설 응력-변형률 선도에서 최대응력은 극한강도이다.

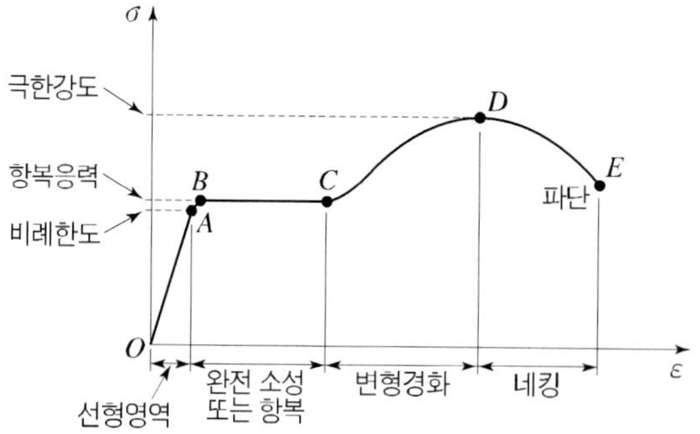

해답

21. ③ 22. ③

문제 23

다음 중 마찰력을 이용하는 브레이크가 아닌 것은?

① 블록 브레이크 ② 밴드 브레이크
③ 폴 브레이크 ④ 내부확장식 브레이크

해설 폴 브레이크는 역회전 방지 브레이크이다.

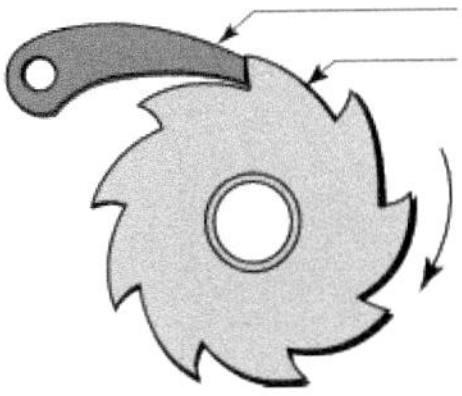

문제 24

950N · m 의 토크를 전달하는 지름 50mm인 축에 안전하게 사용할 키의 최소 길이는 약 몇 mm 인가? (단, 묻힘 키의 폭과 높이는 모두 8mm이고, 키의 허용 전단응력은 80N/mm^{2}이다.)

① 45 ② 50
③ 65 ④ 60

해설 **키의 허용전단응력** $\tau = \dfrac{2T}{D \times B \times L}$, $80 = \dfrac{2 \times 950000}{50 \times 8 \times L}$

키의 길이 $L = 59.375\text{mm}$

문제 25

길이에 비하여 지름이 5mm 이하로 아주 작은 롤러를 사용하는 베어링으로, 일반적으로 리테이너가 없으며 단위 면적당 부하용량이 큰 베어링은?

① 니들 롤러 베어링 ② 원통 롤러 베어링
③ 구면 롤러 베어링 ④ 플렉시블 롤러 베어링

해설 **니들 롤러 베어링** : 길이에 비하여 지름이 5mm 이하로 아주 작은 롤러를 사용하는 베어링으로, 일반적으로 리테이너가 없으며 단위 면적당 부하용량이 큰 베어링

해답

23. ③ 24. ④ 25. ①

문제 26

체인 피치가 15.875 mm, 잇수 40, 회전수가 500 rpm 이면 체인의 평균속도는 약 몇 m/s 인가?

① 4.3 ② 5.3
③ 6.3 ④ 7.3

해설 **평균속도** $V = \dfrac{p \times Z \times N}{60 \times 1000} = \dfrac{15.875 \times 40 \times 500}{60 \times 1000} = 5.291\text{m/s}$

문제 27

축방향으로 32MPa 의 인장응력과 21MPa의 전단응력이 동시에 작용하는 볼트에서 발생하는 최대전단응력은 약 몇 MPa 인가?

① 23.8 ② 26.4
③ 29.2 ④ 31.4

해설 **최대전단응력** $\tau_{\max} = \sqrt{\left(\dfrac{\sigma}{2}\right)^2 + \tau^2} = \sqrt{\left(\dfrac{32}{2}\right)^2 + 21^2} = 26.4\text{MPa}$

문제 28

기어 감속기에서 소음이 심하여 분해해보니 이뿌리 부분이 깎여 나가 있음을 발견하였다. 이것을 방지하기 위한 대책으로 틀린 것은?

① 압력각이 작은 기어로 교체한다.
② 깎이는 부분의 치형을 수정한다.
③ 이끝을 깎아 이의 높이를 줄인다.
④ 전위기어를 만들어 교체한다.

해설 압력각이 작으면 이와 이사이 간격이 좁아져 이뿌리 부분이 깎여 나가는 언더컷이 발생된다.

문제 29

10kN의 인장하중을 받는 1줄 겹치기 이음이 있다. 리벳의 지름이 16mm 라고 하면 몇 개 이상의 리벳을 사용해야 되는가? (단, 리벳의 허용전단응력은 6.5 MPa이다.)

① 5 ② 6
③ 7 ④ 8

해답

26. ② 27. ② 28. ① 29. ④

해설 리벳의 허용전단응력 $\tau_r = \dfrac{F}{\dfrac{\pi}{4}d^2 \times Z}$, $6.5 = \dfrac{10000}{\dfrac{\pi}{4}16^2 \times Z}$

리벳의 개수 $Z = 7.651 = 8$개

문제 30

다음 커플링의 종류 중 원통 커플링에 속하지 않는 것은?

① 머프 커플링 ② 올덤 커플링
③ 클램프 커플링 ④ 셀러 커플링

해설 **커플링**(coupling)

① 고정 커플링
- 원통형 커플링
  - 머프 커플링
  - 반중첩 커플링
  - 마찰 원통 커플링
  - 클램프 커플링
  - 셀러 커플링
- 플랜지 커플링 : 지름이 크고, 강력회전

② 플렉시블 커플링 : 두 축의 중심선을 완전히 일치시키기 어려운 경우 사용되는 커플링
③ 올덤 커플링 : 두 축이 평행하고 두 축이 거리가 아주 가까울 때(편심되어 있을 때)
④ 유니버설 커플링(=자재이음) : 두 축의 축선이 어느 각도로 교차되고 그 사이의 각도가 운전 중 다소 변할 때

문제 31

지름이 25mm이고 길이가 50mm인 저널 베어링에서 5.9kN의 하중을 지지하고 있을 때 저널면에서 작용하는 압력은 약 몇 MPa인가?

① 3.59 ② 4.18
③ 4.72 ④ 4.90

해설 베어링 압력 $p = \dfrac{F}{d \times l} = \dfrac{5900[\mathrm{N}]}{25[\mathrm{mm}] \times 50[\mathrm{mm}]} = 4.72[\mathrm{N/mm^2}] = 4.72\mathrm{MPa}$

문제 32

입력축 기어(모듈은 4, 잇수는 18)는 4kW의 동력을 800rpm으로 전달한다. 이 스퍼기어의 회전력은 약 몇 N인가?

① 1330 ② 2660
③ 4320 ④ 5630

해답

30. ② 31. ③ 32. ①

해설

전달동력 $H_{KW}=\dfrac{F\times V}{1000}$, $4=\dfrac{F\times 3.015}{1000}$

회전력 $F=1326.69\text{N}$

속도 $V=\dfrac{\pi\times D\times N}{60\times 1000}=\dfrac{\pi\times 72\times 800}{60\times 1000}=3.015\text{m/s}$

피치원지름 $D=m\times Z=4\times 18=72\text{mm}$

문제 33

다음 중 자동하중 브레이크에 속하지 않는 것은?

① 나사 브레이크 ② 웜 브레이크
③ 폴 브레이크 ④ 원심 브레이크

해설 **브레이크의 종류**

① **원주브레이크**
- 외주브레이크
  - 블록브레이크
  - 밴드브레이크
- 내주브레이크 ── 내확브레이크

② **축방향브레이크**
- 원판브레이크
- 원추브레이크

③ **자동하중브레이크**
- 나사브레이크
- 캠브레이크
- 웜브레이크
- 코일브레이크
- 체인브레이크
- 원심력브레이크

④ **폴(pawl)브레이크** ── 래칫(ratchet)과 폴(pawl) 조합으로 역전방지, 단속작업(나눔작업)에 사용된다.

문제 34

바깥지름이 24mm인 1줄 사각나사에서 피치는 4mm, 유효지름은 22.051mm이고, 나사 접촉부 마찰계수는 0.1일 때 나사의 효율은?

① 36.4% ② 38.4%
③ 40.4% ④ 42.4%

해설

나사의 효율 $\eta=\dfrac{\tan\lambda}{\tan(\lambda+\rho)}=\dfrac{\tan 3.3}{\tan(3.3+5.71)}=0.3636=36.36\%$

리드각 $\lambda=\tan^{-1}\left(\dfrac{p}{\pi d_e}\right)=\tan^{-1}\left(\dfrac{4}{\pi\times 22.051}\right)=3.3°$

마찰각 $\rho=\tan^{-1}\mu=\tan^{-1}0.1=5.71°$

해답

33. ③ 34. ①

문제 35

축에 풀리, 기어, 플라이휠, 커플링 등의 회전체를 고정시켜서 원주 방향의 상대적인 운동을 방지하면서 회전력을 전달시키는 기계 요소는?

① 볼트　　② 코터
③ 리벳　　④ 키

해설

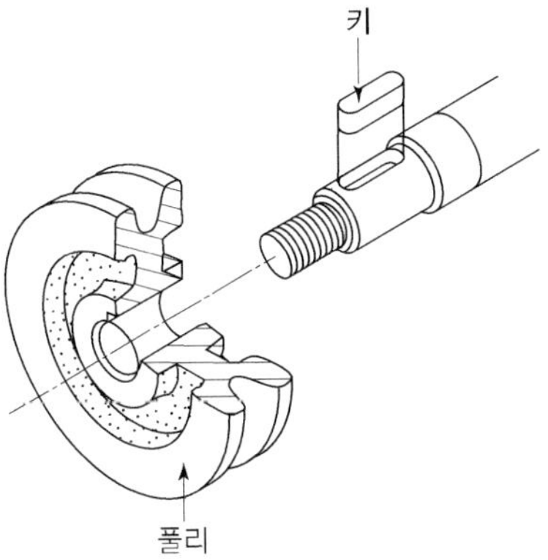

문제 36

그림은 인장코일 스프링에서 작용하중(W)과 변형량(δ)의 관계 그래프이다. 이 그래프에서 직선의 기울기와 삼각형($\triangle\ OAB$)면적은 각각 무엇을 나타내는가?

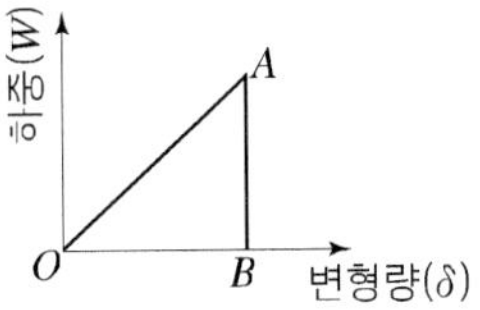

① 응력과 가로탄성계수
② 스프링 상수와 탄성 변형에너지
③ 응력과 탄성 변형에너지
④ 스프링 상수와 피로 한도량

해설

스프링 상수 $K = \dfrac{W(\text{하중})}{\delta(\text{변형량})}$

탄성에너지 $U = \dfrac{1}{2}W\delta$

문제 37

다음과 같은 리벳에 작용하는 강도 중 가장 중요하게 고려해야 할 강도는? (단, 판이 아닌 리벳만을 고려한다.)

① 압축강도　　② 전단강도
③ 비틀림강도　　④ 굽힘강도

해답

35. ④　36. ②　37. ②

해설

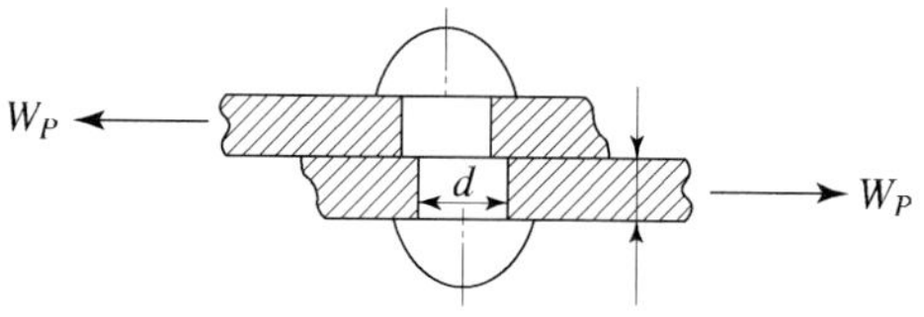

리벳은 전단하중을 받으므로 리벳의 전단강도가 가장 중요하다.

문제 38

항복응력을 σ_Y,허용응력을 σ_a라 할 때, 안전율(safety factor) S_f를 옳게 나타낸 것은?

① $S_f = \dfrac{\sigma_Y}{\sigma_a} > 1$ ② $S_f = \dfrac{\sigma_Y}{\sigma_a} < 1$

③ $S_f = \dfrac{\sigma_a}{\sigma_Y} > 1$ ④ $S_f = \dfrac{\sigma_a}{\sigma_Y} < 1$

해설 안전율 $S_f > 1$

허용응력 $\sigma_a = \dfrac{\sigma_Y(\text{항복응력})}{S_f(\text{안전율})}$ 안전율 $S_f = \dfrac{\sigma_Y(\text{항복응력})}{\sigma_a(\text{허용응력})} > 1$

문제 39

축선에서의 약간의 어긋남을 허용하면서 충격과 진동을 감소시키는 축이음은?

① 유니버셜 조인트 ② 플렉시블 커플링
③ 클램프 커플링 ④ 올덤 커플링

해설 **플렉시블 커플링**(flexible coupling)은 축선에서의 약간의 어긋남을 허용하면서 충격과 진동을 감소시키는 축이음으로 대표적으로 탄성고무 커플링이 있다.

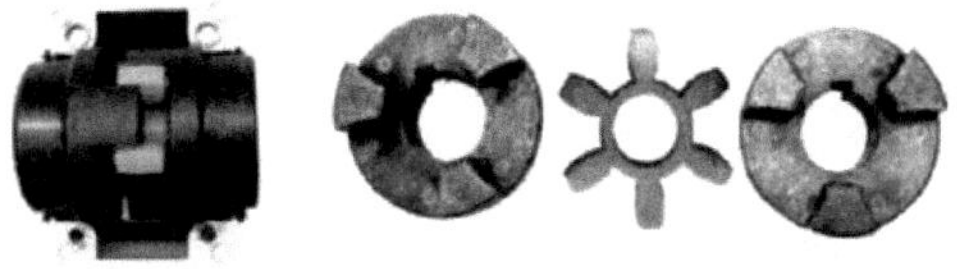

[탄성고무커플링]

문제 40

원주속도 5m/s로 2.2kW를 전달하는 벨트 전동장치에서 긴장측 장력은 약 몇 N인가? (단, 장력비($e^{\mu\theta}$)=2이다.)

① 450 ② 660
③ 750 ④ 880

해답

38. ① 39. ② 40. ④

해설

전달동력 $H_{KW} = \frac{P_e \times V}{1000}$, $2.2 = \frac{P_e \times 5}{1000}$

유효장력 $P_e = 440\text{N}$

긴장장력 $T_t = \frac{e^{\mu\theta} P_e}{e^{\mu\theta} - 1} = \frac{2 \times 440}{2 - 1} = 880\text{N}$

제3과목 기계재료 및 측정

문제 41

다음 중 강자성체 금속에 해당되지 않는 것은?

① Fe ② Ni
③ Sb ④ Co

해설 **강자성체** : 강한 자석을 만들 수 있는 자성체
철(Fe), 코발트(Co), 니켈(Ni), 호이슬러 합금 등의 강한 자성을 가진 물체
※ 호이슬러 합금 : 자성이 없는 금속을 합금하여 강자성체가 되도록 만든 합금

문제 42

기계가공으로 소성 변형된 제품이 가열에 의하여 원래의 모양으로 돌아가는 것과 관련있는 것은?

① 초전도 효과 ② 형상기억 효과
③ 연속주조 효과 ④ 초소성 효과

해설 **형상기억합금**
항복점을 넘은 변형은 영구변형, 즉 소성변형이 남게 된다. 이것을 가열하면 원래의 상태로 회복되는 재료를 형상기억합금이라 한다.

형상기억 합금의 종류
① 니켈-티탄계 합금
② 구리-알루미늄-니켈 합금
③ 구리-아연-알루미늄 합금

해답 41. ③ 42. ②

문제 43

Al을 침투시켜 내식성을 향상시키는 금속침투법은?

① 보로나이징　② 칼로라이징
③ 세라다이징　④ 실리코나이징

해설 **표면경화법**

① 화학적 방법
㉠ 침탄법 : 고체침탄법, 액체침탄법, 가스침탄법
㉡ 질화법 : 암모니아가스를 이용해 표면에 질소를 넣어 표면을 경화시킨다.
㉢ 금속침투법 : 크로마이징(Cr침투), 칼로라이징(Al침투), 실리코나이징(Si침투), 부로나이징(B침투), 세라다이징(Zn침투)

② 물리적 방법
㉠ 화염경화법　㉡ 고주파경화법
㉢ 숏트피닝　㉣ 액체호닝

문제 44

다음 중 합금 공구강에 해당되는 것은?

① SUS 316　② SC 40
③ STS 5　④ GCD 550

해설 **합금공구강 종류**

절삭공구용	S2종	STS 2	탭, 드릴, 커터의 재료
	S21종	STS 21	
	S5종	STS 5	원형톱, 띠톱의 재료
	S51종	STS 51	
냉간금형용	D1종	STD 1	성형틀다이스, 분말성형틀 재료
	D11종	STD 11	나사전조다이, 프레스형틀 재료
	D12종	STD 12	
열간금형용	F3종	STF 3	다이블록(die block), 압출공구재료
	F4종	STF 4	프레스 형틀, 압출공구재료

문제 45

철강 소재에서 일어나는 다음 반응은 무엇인가?

γ고용체 → α고용체 + Fe_3C

① 공석반응　② 포석반응
③ 공정반응　④ 포정반응

해설 **공석반응**

γ고용체(오스테나이트) → α 고용체(α페라이트) → Fe_3C(시멘타이트)

해답

43. ② 44. ③ 45. ①

문제 46

두랄루민의 구성 성분으로 가장 적절한 것은?

① Al + Cu + Mg + Mn　② Al + Fe + Mo + Mn
③ Al + Zn + Ni + Mn　④ Al + Pb + Sn + Mn

해설 **고강도알루미늄합금**

① 두랄루민(D) : Al+(4%Cu)+(0.5%Mg)+(0.5%Mn)
: 무게를 중시하는 항공기나 자동차에 사용
② 초두랄루민(SD) : Al+(4.5%Cu)+(1.5%Mg)+(0.6%Mn)
: 항공기의 구조재와 리벳, 기계류, 일반구조물에 사용된다.
③ 초강두랄루민(ESD) : Al+(1.6%Cu)+(2.5%Mg)+(0.2%Mn)+(5.6%Zn)+(0.3%Cr)
: 주로 항공기에 사용되며 인강강도 높다.

내식용알루미늄합금

① 알민(almin) : (Al−Mn 1~1.5%)
: 내식성 우수, 가공성, 용접성 우수하며 저장탱크, 기름탱크에 사용
② 알드레이(aldrey) : (Al−Mg−Si계)
: 강도와 인성이 있고 큰 가공 변형에도 견딤, 송전선에 사용
③ 하이드로날륨(hydronalium) : (Al−Mg계)
: 해수, 알칼리성에 대한 내식성이 강하다, 승용차의 커버, 휠디스크의 재료

문제 47

다음 중 열처리 방법과 목적이 서로 맞게 연결된 것은?

① 담금질 – 서냉시켜 재질에 연성을 부여한다.
② 뜨임 – 담금질한 것에 취성을 부여한다.
③ 풀림 – 재질을 강하게 하고 불균일하게 한다.
④ 불림 – 재료의 결정 입자를 미세하게하고 조직을 균일하게 한다.

해설 ① 담금질 : 급냉시켜 재질의 강도, 경도를 증가시킨다.
② 뜨임 : 담금질한 것에 인성을 부여한다.
③ 풀림 : 서냉시켜 재질에 연성을 부여한다.

문제 48

일반적인 청동합금의 주요 성분은?

① Cu−Sn　② Cu−Zn
③ Cu−Pb　④ Cu−Ni

해설 **청동** : 구리(Cu)+주석(Sn)
황동 : 구리(Cu)+아연(Zn)

해답

46. ①　47. ④　48. ①

문제 49

금속 표면에 스텔라이트, 초경합금 등을 용착시켜 표면경화층을 만드는 방법은?

① 침탄처리법 ② 금속침투법
③ 쇼트피닝 ④ 하드페이싱

해설 **하드 페이싱**(hard facing, 表面硬化표면경화)
금속 재료의 표면을 마모(磨耗)나 부식으로부터 방지하기 위하여 표면에 각종 합금층(스텔라이트, 초경합금)을 만드는 것을 페이싱(facing)이라고 하며, 특히 기계적 마멸을 방지하기 위하여 하는 것을 하드 페이싱이라고 한다.

문제 50

플라스틱의 일반적인 특성에 대한 설명으로 옳은 것은?

① 금속재료에 비해 강도가 높다. ② 전기절연성이 있다.
③ 내열성이 우수하다. ④ 비중이 크다.

해설 플라스틱은 전기가 통하지 않는다.

문제 51

황동에서 잔류응력에 의해서 발생하는 현상은?

① 탈아연 부식 ② 고온 탈아연
③ 저온 풀림경화 ④ 자연균열

해설 **자연균열-황동의 결함**
① 자연균열 : 냉간가공으로 생긴 재료 내부의 잔류응력에 의해 균열이 발생된다. 자연균열을 방지하기 위해 저온풀림으로 열처리 또는 표면에 도금을 한다.
② 탈아연 현상 : 해수(海水)에 침식되어 Zn이 용해 부식되는 현상이다.

문제 52

주철에 대한 설명으로 바르지 못한 것은?

① 시멘타이트+펄라이트의 회주철과, 페라이트+펄라이트의 백주철이 있다.
② 백주철을 열처리하여 연성을 부여한 주철을 가단주철이라 한다.
③ 주철중의 Si은 공정점을 저탄소강영역으로 이동시키는 역할을 한다.
④ 용융점이 낮고 주조성이 좋다.

해설 **주철의 종류**
① 회주철 : 페라이트와 펄라이트 조직이 혼합된 것으로 GC(Gray Casing)로 표시한다.
② 백주철 : 펄라이트와시멘타이트 조직이 혼합된 것 회주철에 강도, 경도가 크다.

해답

49. ④ 50. ② 51. ④ 52. ①

문제 53

Fe-C계 상태도에서 3개소의 반응이 있다. 옳게 설명한 것은?

① 공정-포정-편정　② 포석-공정-공석
③ 포정-공정-공석　④ 공석-공정-편정

해설 **Fe-C 평형상태도**

① 공정반응(온도 1148℃, 탄소 함유량 4.3%)
: 액체(L) ↔ 고체A(γ) + 고체B(Fe_3C)

② 공석반응(온도 723℃ 탄소 함유량 2.11%)
: (페라이트)+Fe_3C(시멘타이트)=α+Fe_3C(펄라이트)

③ 포정반응(온도 1495℃ 탄소함유량 0.17%)
: 고체A(δ) + 액체(L) ↔ 고체B(γ)

문제 54

다음 중 뜨임처리의 목적으로 틀린 것은?

① 담금질 응력 제거　② 치수의 경년 변화 방지
③ 연마 균열의 방지　④ 내마멸성 저하

해설 뜨임열처리는 내마모성을 증가시킨다.

문제 55

다음 중 강의 5대 원소에 속하지 않는 것은?

① C　② Mn
③ Cr　④ Si

해설 **탄소강에 포함된 5대원소** : C, Mn, Si, P, S
탄소강에서 탄소(C) 함유량이 많아질수록
증가하는 것 : 강도, 경도, 취성, 전기저항, 비열, 항복강도
감소하는 것 : 연성, 전성, 인성, 충격값, 비중, 열전도율, 열팽창계수

문제 56

측정에서 다음 설명에 해당하는 원리는?

표준자와 피측정물은 동일 축 선상에 있어야 한다.

① 아베의 원리　② 버니어의 원리
③ 에어리의 원리　④ 헤르쯔의 원리

해답

53. ③　54. ④　55. ③　56. ①

해설 **아베의 원리(Abbe's principle)**

표준자와 피측정물(공작물)은 동일축 선상에 있어야 한다.

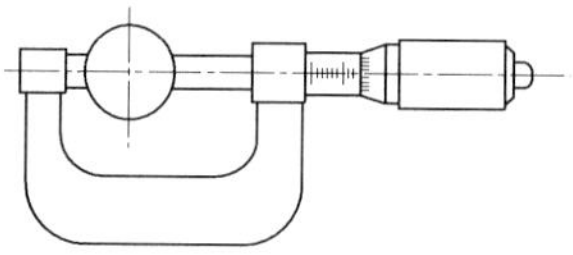

[마이크로미터(아베의 원리에 맞음)]

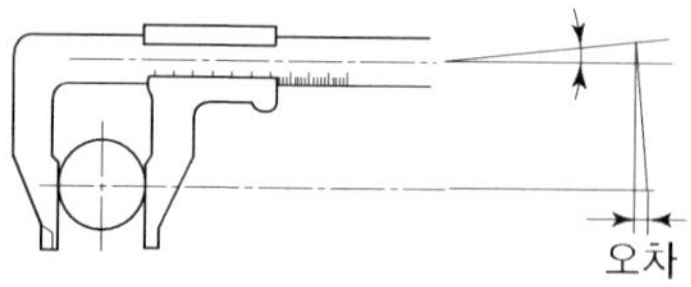

[버니어 캘리퍼스(아베의 원리에 맞지 않음)]

문제 57

호칭치수가 200mm인 사인 바로 21°30′의 각도를 측정할 때 낮은 쪽 게이지 블록의 높이가 5mm 라면 높은 쪽은 얼마인가? (단, sin21°30′=0.3665이다.)

① 73.3mm ② 78.3mm
③ 83.3mm ④ 88.3mm

해설

$\sin 21°30' = 0.3665 = \dfrac{\Delta H}{L}$

$\Delta H = L \times 0.3665 = 200 \times 0.3665 = 73.3\text{mm}$

$\Delta H = H - h$

높은 쪽 블록게이지 높이 $H = \Delta H + h = 73.3 + 5 = 78.3\text{mm}$

문제 58

마이크로미터의 나사 피치가 0.2mm일 때 심블의 원주를 100 등분하였다면 심블 1눈금의 회전에 의한 스핀들의 이동량은 몇 mm인가?

① 0.005 ② 0.002
③ 0.01 ④ 0.02

해설 심블 1눈금의 회전에 의한 스핀들의 이동량 $C = \dfrac{p}{n} = \dfrac{0.2}{100} = 0.002\text{mm}$

문제 59

+4μm의 오차가 있는 호칭치수 30mm의 게이지 블록과 다이얼게이지를 사용하여 비교 측정한 결과 30.274mm를 얻었다면 실제치수는?

① 30.278mm ② 30.270mm
③ 30.266mm ④ 30.282mm

해설 **실제치수**=측정값+게이지 오차=30.274+0.004=30.278mm

해답

57. ② 58. ② 59. ①

문제 60

3침법이란 수나사의 무엇을 측정하는 방법인가?

① 골지름 ② 피치
③ 유효지름 ④ 바깥지름

해설 **수나사의 유효지름 측정을 할 수 있는 측정기**

① 삼선법(삼침법) : 나사의 유효지름을 가장 정확하게 측정하는 한 방법이다.
② 나사 마이크로미터
③ 공구 현미경
④ 만능 투영기

해답

60. ③

기계설계산업기사

2019년 4월 27일 시행

제1과목 기계제도

문제 01

다음 도면의 크기 중 A1 용지의 크기를 나타낸 것은? (단, 치수의 단위는 mm 이다.)

① 841×1189
② 594×841
③ 420×594
④ 297×420

해설

호칭	치수(a×b)
A0	841×1189
A1	594×841
A2	420×594
A3	297×420
A4	210×297

문제 02

그림과 같은 3각법으로 정투상한 정면도와 평면도에서 대한 우측면도로 가장 적합한 것은?

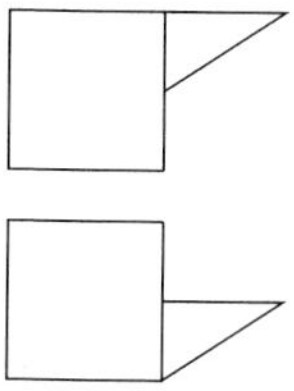

①
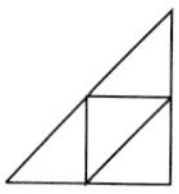

②
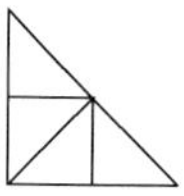

③
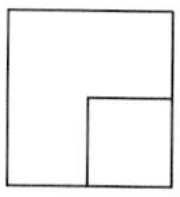

④
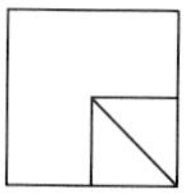

해설

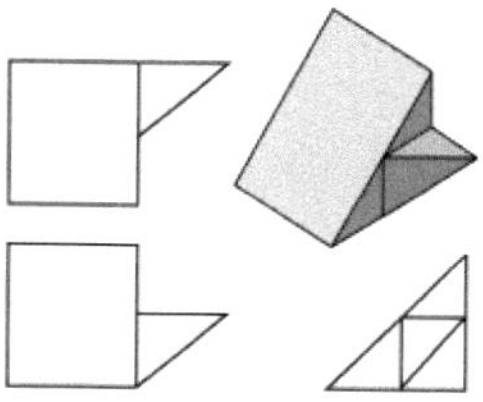

해답

01. ② 02. ①

문제 03

그림과 같은 용접기호의 명칭으로 맞는 것은?

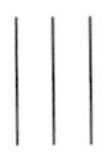

① 개선 각이 급격한 V형 맞대기 용접
② 개선 각이 급격한 일면 개선형 맞대기 용접
③ 가장자리(edge) 용접
④ 표면 육성

해설 가장자리 용접

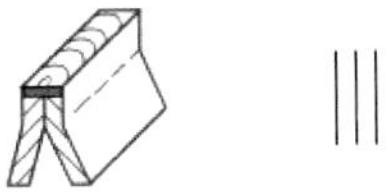

문제 04

다음과 같은 치수 120 숫자 위의 기호가 뜻하는 것은?

$\overset{\frown}{120}$

① 원호의 길이 ② 참고 치수
③ 현의 길이 ④ 각도 치수

해설

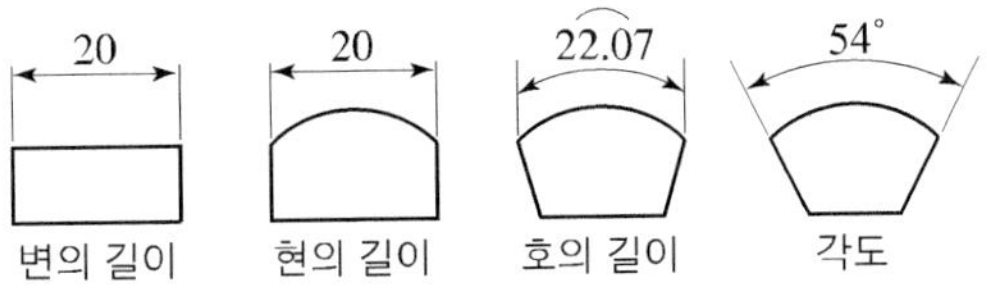

문제 05

지름이 10cm이고, 길이가 20cm인 알루미늄봉이 있다. 이 알루미늄의 비중이 2.7일 때 질량(kg)은?

① 0.424kg ② 4.24kg
③ 1.70kg ④ 17.0kg

해설 질량 $m = s \times \rho_w \times V = 2.7 \times \dfrac{1000\text{kg}}{\text{m}^3} \times \left(\dfrac{\pi}{4} \times 0.1^2 \times 0.2\right)\text{m}^3 = 4.241\text{kg}$

문제 06

구름 베어링 기호 중 안지름이 10mm인 것은?

① 7000 ② 7001
③ 7002 ④ 7010

해설 ① 7000 : 안지름10mm ② 7001 : 안지름12mm
③ 7002 : 안지름15mm ④ 7010 : 안지름50mm

해답

03. ③ 04. ① 05. ② 06. ①

문제 07

KS에서 정의하는 기하공차 기호 중에서 위치공차 기호들만으로 짝지어진 것은?

① ▱ ○ —   ② ∠ ⊥ ⌭

③ ⌖ ◎ ⌯   ④ ↗ ⌒ ◎

해설

적용하는 형체	공차의 종류		기호
단독형체	모양공차	진직도	—
		평면도	▱
		진원도	○
		원통도	⌭
단독형체 또는 관련형체		선의 윤곽도	⌒
		면의 윤곽도	⌓
관련형체	자세공차	평행도	//
		직각도	⊥
		경사도	∠
	위치 공차	위치도	⌖
		동축도 또는 동심도	◎
		대칭도	⌯
	흔들림 공차	원주 흔들림	↗
		온 흔들림	⌰

문제 08

그림과 같은 기하공차의 해석으로 가장 적합한 것은?

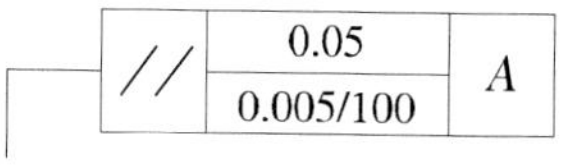

① 지정 길이 100mm에 대하여 0.05mm, 전체길이에 대해 0.005mm의 대칭도

② 지정 길이 100mm에 대하여 0.05mm, 전체길이에 대해 0.005mm의 평행도

③ 지정 길이 100mm에 대하여 0.005mm, 전체길이에 대해 0.05mm의 대칭도

④ 지정 길이 100mm에 대하여 0.005mm, 전체길이에 대해 0.05mm의 평행도

해설 **평행도(//)**

전체길이에 대해 0.05mm의 평행도

지정길이 100mm에 대하여 0.005mm평행도

해답

07. ③ 08. ④

문제 09

다음 중 가는 1점 쇄선으로 표시하지 않는 것은?

① 피치선 ② 기준선
③ 중심선 ④ 숨은선

해설 숨은선의 가는 파선 또는 굵은 파선으로 나타낸다.

문제 10

다음 용접 기호에 대한 설명으로 옳지 않은 것은?

①  : 매끄럽게 처리한 필릿 용접

②  : 넓은 루트면이 있고 이면 용접된 V형 맞대기 용접

③  : 평면 마감 처리한 V형 맞대기 용접

④  : 볼록한 필릿 용접

해설

 : 용접 비드 모양으로 오목한 필릿 용접

 : 용접 비드 모양으로 볼록한 필릿 용접

문제 11

아래 그림은 제3각법으로 투상한 정면도와 평면도를 나타낸 것이다. 여기에 가장 적합한 우측면도는?

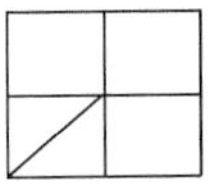

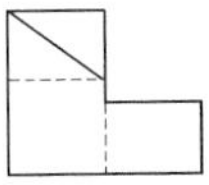

(정면도)

① 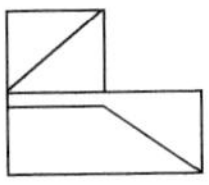

② 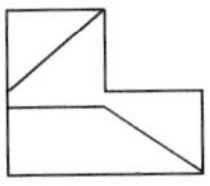

③ 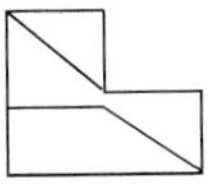

④ 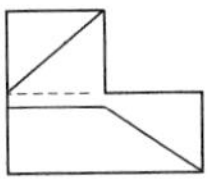

해설

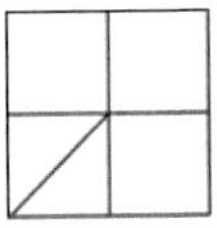

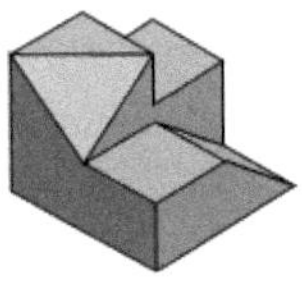

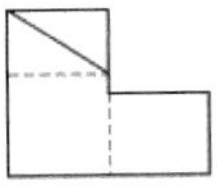

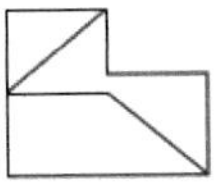

해답

09. ④ 10. ④ 11. ②

문제 12

그림과 같이 스퍼 기어의 주투상도를 부분 단면도로 나타낼 때, 'A'가 지시하는 곳의 선의 모양은?

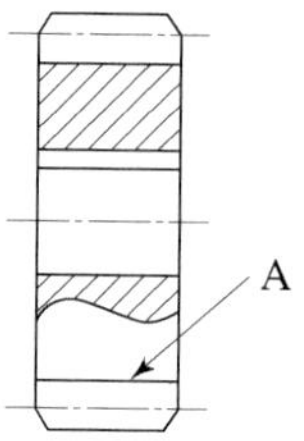

① 가는 실선
② 굵은 파선
③ 굵은 실선
④ 가는 파선

해설 기어의 이뿌리원은 단면처리 되면 굵은 실선, 단면 처리 되지 않으면 가는 실선으로 나타낸다. 그림에서 A는 단면처리가 안 된 부분이기 때문에 가는 실선으로 나타낸다.

문제 13

그림과 같이 크기와 간격이 같은 여러 구멍의 치수 기입에서 (A)에 들어갈 치수로 옳은 것은?

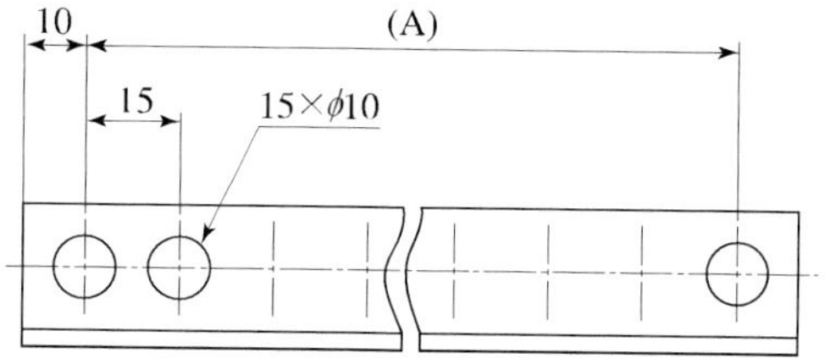

① 180
② 195
③ 210
④ 225

해설 피치 15mm는 구멍의 개수보다 한 개 적다14개이다.
15mm × 14개 = 210mm

문제 14

중심점이 (1,2,3)이고 반지름이 5인 구면(spherical surface)의 점(4,2,7)에서 단위 법선벡터 $\vec{n}$을 계산한 것으로 옳은 것은? (단, $\hat{i}$, $\hat{j}$, $\hat{k}$는 각각 x, y, z축 방향의 단위벡터이다.)

① $\vec{n}=0.6\hat{i}+0.8\hat{j}$
② $\vec{n}=0.6\hat{i}+0.8\hat{k}$
③ $\vec{n}=0.8\hat{i}+0.6\hat{j}$
④ $\vec{n}=0.8\hat{i}+0.6\hat{k}$

해설 구면 좌표계에서 반지름이 R이고 중심점의 좌표(x_o, y_o, z_o)라고 할 때 점 (x_1, y_2, z_3)에서의 법선벡터 $\vec{n}$

$$\vec{n}=\frac{x_1-x_o}{R}\hat{i}+\frac{y_1-y_o}{R}\hat{j}+\frac{z_1-z_o}{R}\hat{k}=\frac{4-1}{5}\hat{i}+\frac{2-2}{5}\hat{j}+\frac{7-3}{5}\hat{k}$$

$$=\frac{3}{5}\hat{i}+\frac{4}{5}\hat{k}=0.3\hat{i}+0.8\hat{k}$$

해답

12. ① 13. ③ 14. ②

문제 15

국제표준화기구(ISO)에서 제정한 제품모델의 교환과 표현의 표준에 관한 줄인 이름으로 형상정보뿐 아니라 제품의 가공, 재료, 공정, 수리 등 수명주기 정보의 교환을 지원하는 것은?

① IGES ② DXF
③ SAT ④ STEP

해설 STEP(Standard for the Exchange for Product model Data)
IGES 및 DXF가 ISO(International Standard Organization)에서 인정하는 국제적인 표준규격이 되지 않고 있는 가운데, 각 사설단체 및 CAD/CAM 회사별로 정의한 표준규격이 난립하게 되자 국제공인 표준규격의 필요성이 점점 증대되었다. 이러한 필요성에 의해서 어떠한 이익 집단에도 편중되지 않은 규격이 STEP(Standard for the Exchange for Product model Data)이다. 이러한 규격은 1985년에 각 회사별로 구성된 CAD/CAM 시스템의 정보를 도면 데이터뿐만 아니라 제품데이터도 교환할 수 있도록 한 표준규격이다.

문제 16

기본 입체에 적용한 불리안(Boolean) 연산 과정을 트리구조로 저장하는 CSG 구조에 대한 설명으로 틀린 것은?

① 내부와 외부가 분명하게 구분되지 않는 입체라도 구현이 가능하다.
② 자료 구조가 간단하고 데이터의 양이 적어 데이터의 관리가 용이하다.
③ CGS 표현은 대응되는 B-rep 모델로 치환 가능하다.
④ 파라메트릭(Parametric) 모델링의 구현이 쉽다.

해설 불리안(Boolean) 연산 과정은 입체를 합집합, 교집합, 차집합의 방식으로 모델링하는 방법으로 내부와 외부가 분명하게 구분되어야 입체 구현이 가능하다.

문제 17

화면에 CAD 모델들을 현실감 있게 나타내기 위하여 채색이나 음영 등을 주는 작업은 무엇인가?

① Animation ② Simulation
③ Modelling ④ Rendering

해설 Rendering(랜더링) : 화면에 CAD 모델들을 현실감 있게 나타내기 위하여 채색이나 음영 등을 주는 작업

해답

15. ④ 16. ① 17. ④

문제 18

평면 좌표값 (x,y)에서 x,y가 다음과 같은 식으로 주어질 때 그리는 궤적의 모양은? (단, r은 일정한 상수이다.)

$$x = r\cos\theta,\ y = r\sin\theta \quad (-\pi \leq \theta \leq \pi)$$

① 원　　② 타원
③ 쌍곡선　　④ 포물선

해설

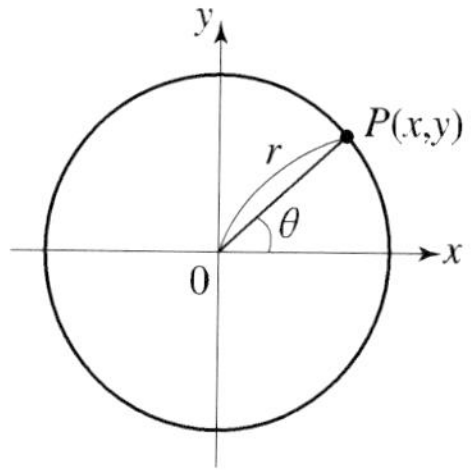

$y = r\sin\theta$
$x = r\cos\theta$

문제 19

솔리드 모델을 구성하는 면의 일부 혹은 전부를 원하는 방향으로 당겨서 결과적으로 물체가 늘어나도록 하는 모델링 작업은?

① 스키닝(skinning)　　② 리프팅(lifting)
③ 스위핑(sweeping)　　④ 트위킹(tweaking)

해설 **스위핑**(Sweeping) : 하나의 2차원 단면형상(profile)을 입력하고 이를 안내곡선을 따라 이동시켜 입체를 생성, 주로 환기구의 닥터를 모델링 할 때 사용되는 곡선이다.

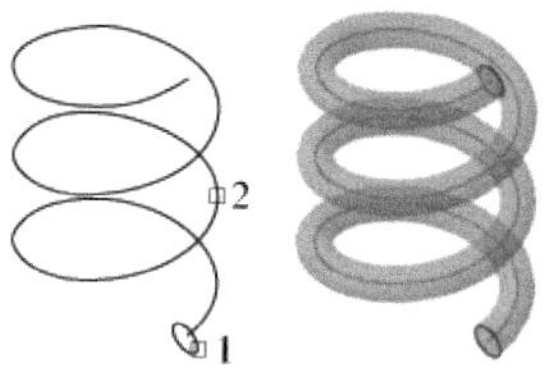

스키닝(Skinning) : 원하는 경로상에 여러 개의 단면 형상을 위치시키고 이를 덮어 싸는 입체를 형성

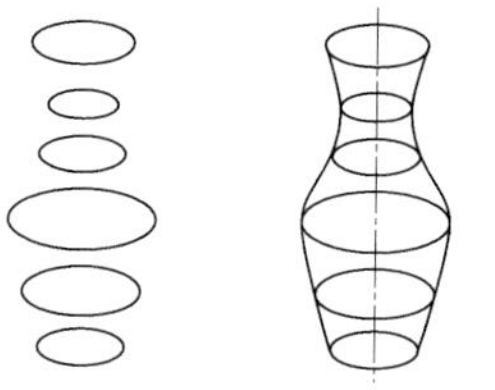

리프팅(Lifting) : 주어진 물체의 특정면의 전부 또는 일부를 원하는 방향으로 움직여서 물체가 그 방향으로 늘어난 효과를 갖도록 하는 것

트위킹(tweaking) : 곡면 모델링 시스템에 의해 만들어진 곡면을 불러들여 기존 모델의 평면을 바꿀 수 있는 기법. 예를 들어 실린더형상에 구배(draft angle)를 주어 실린더 곡면을 원추곡면으로 만들어 주는 방법

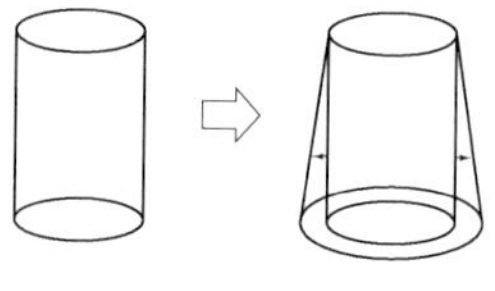

해답

18. ①　19. ②

문제 20

다음에서 설명하고 있는 모델링 방식은?

- CSG 등의 물체 표현 방식이 있다.
- 표면적, 부피, 관성모멘트 계산이 가능하다.

① 와이어 프레임 모델　② 서피스 모델
③ 솔리드 모델　④ 지오메트릭 모델

해설 솔리드 모델 방법에는 두 가지 방식이 있다.
① CSG(Constructive Solid Geometry) 방식
② B-Reps(Boundary Representation) 방식
솔리드 모델링은 공학적 해석이 가능하여 표면적, 부피, 질량, 관성모멘트 계산이 가능하다.

제2과목 기계요소설계

문제 21

레이디얼 볼 베어링 '6304'에서 한계속도계수(dN, mm · rpm)값을 120000이라 하면, 이 베어링의 최고 사용 회전수는 약 rpm인가?

① 400　② 6000
③ 6500　④ 8000

해설 '6304' 안지름 20mm
$20[\text{mm}] \times N_{max}[\text{rpm}] \leq 120000$
$N_{max} = 6000[\text{rpm}]$

문제 22

그림과 같은 기어열에서 각각의 잇수가 Z_A는 16, Z_B는 60, Z_C는 12, Z_D는 64인 경우 A기어가 있는 I축이 1500rpm으로 회전할 때, D기어가 있는 III축의 회전수는 얼마인가?

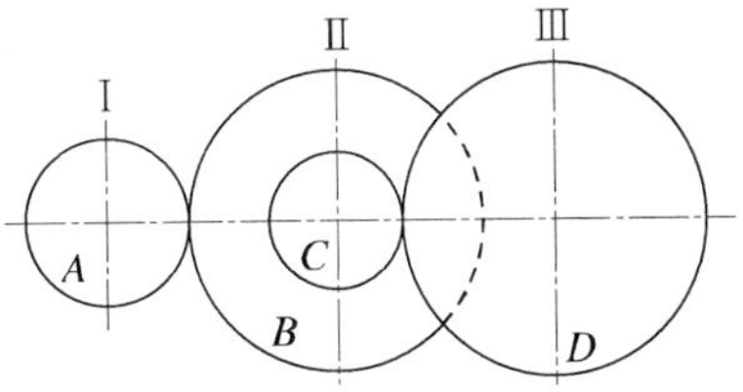

① 56rpm
② 60rpm
③ 75rpm
④ 85rpm

해답 20. ③　21. ②　22. ③

해설

$$N_{out} = N_{in} \times \frac{Z_A}{Z_B} \times \frac{Z_C}{Z_D} = 1500 \times \frac{16}{60} \times \frac{12}{64} = 75\text{rpm}$$

문제 23

재료의 파손이론 중 취성 재료에 잘 일치하는 것은?

① 최대주응력설
② 최대전단응력설
③ 최대주변형률설
④ 변형률 에너지설

해설 **취성재료** : 최대 주응력설
연성재료 : 최대 전단응력설

문제 24

두 축은 주철 또는 주강제로 이루어진 2개의 반원통에 넣고 두 반원통의 양쪽을 볼트로 체결하며 조립이 용이한 커플링은?

① 클램프 커플링
② 셀러 커플링
③ 머프 커플링
④ 플랜지 커플링

해설 **클램프 커플링**

문제 25

너클 핀이음에서 인장하중(P) 20kN을 지지하기 위한 핀의 지름(d_1)은 약 몇 mm 이상이어야 하는가? (단, 핀의 전단응력은 50N/mm²이며, 전단응력만 고려한다.)

① 10
② 16
③ 20
④ 28

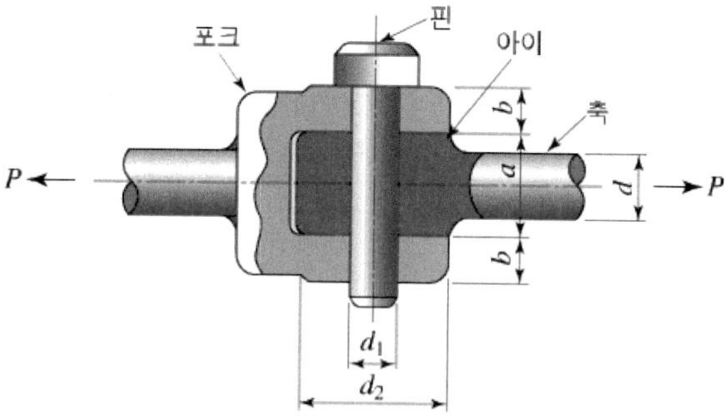

해답

23. ① 24. ① 25. ②

해설 $\tau = \dfrac{P}{\dfrac{\pi}{4} \times d_1^2 \times 2}$, $50 = \dfrac{20000}{\dfrac{\pi}{4} \times d_1^2 \times 2}$

핀의 지름 $d_1 = 15.957\text{mm}$

문제 26

원주속도 5m/s로 2.2kW의 동력을 전달하는 평벨트 전동장치에서 긴장측 장력은 몇 N인가? (단, 벨트의 장력비($e^{\mu\theta}$)는 2이다.)

① 450 ② 660
③ 750 ④ 880

해설 **전달동력** $H_{KW} = \dfrac{P_e \times V}{1000}$, $2.2 = \dfrac{P_e \times 5}{1000}$

유효장력 $P_e = 440\text{N}$

긴장측 장력 $T_t = \dfrac{e^{\mu\theta} \times P_e}{e^{\mu\theta} - 1} = \dfrac{2 \times 440}{2-1} = 880\text{N}$

문제 27

접합할 모재의 한쪽에 구멍을 뚫고, 판재의 표면까지 용접하여 다른 쪽 모재와 접합하는 용접방법은?

① 그루브 용접 ② 필릿 용접
③ 비드 용접 ④ 플러그 용접

해설

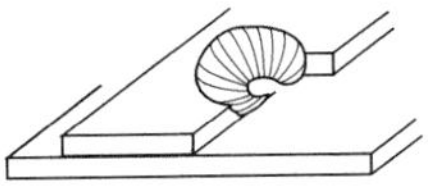
plug welding

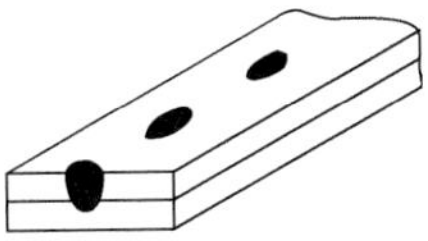

문제 28

다음 중 스프링의 용도와 거리가 먼 것은?

① 하중의 측정 ② 진동 흡수
③ 동력전달 ④ 에너지 축적

해설 **동력전달**은 기어, 마찰차, 체인, 벨트전동장치가 있다.

해답 26. ④ 27. ④ 28. ③

문제 29

기계의 운동 에너지를 마찰에 따른 열에너지 등으로 변환 · 흡수하여 속도를 감속시키는 장치는?

① 기어 ② 브레이크
③ 베어링 ④ V-벨트

해설 마찰 브레이크는 기계의 운동 에너지를 마찰에 따른 열에너지 등으로 변환 · 흡수하여 속도를 감속시키는 제동 장치이다.

문제 30

축방향으로 10000N의 인장하중이 작용하는 볼트에서 골지름은 약 몇 mm 이상이어야 하는가? (단, 볼트의 허용인장응력은 48N/mm²이다.)

① 13.2 ② 14.6
③ 15.4 ④ 16.3

해설
$$\sigma_a = \frac{P}{\frac{\pi}{4}\times d_1^2},\quad 48 = \frac{1000}{\frac{\pi}{4}\times d_1^2}$$

골지름 $d_1 = 16.286\text{mm}$

문제 31

블록 브레이크에서 브레이크 용량을 결정하는 요소로 거리가 먼 것은?

① 접촉부 마찰계수 ② 브레이크 압력
③ 드럼의 원주 속도 ④ 드럼의 중량

해설 **브레이크 용량** : 단위면적당 제동 동력 μqV

공학단위	$\mu qV = \mu\times\frac{F}{A}\times V = \frac{\mu\times F\times V}{A} = \frac{75\,H_{Ps}}{A}[\text{kgf/mm}^2\cdot\ \text{m/s}]$ $\mu qV = \mu\times\frac{F}{A}\times V = \frac{\mu\times F\times V}{A} = \frac{102\,H_{KW}}{A}[\text{kgf/mm}^2\cdot\ \text{m/s}]$
SI단위	$\mu qV = \mu\times\frac{F}{A}\times V = \frac{\mu\times F\times V}{A} = \frac{1000H_{KW}}{A}[\text{N/mm}^2\cdot\ \text{m/s}]$

여기서, μ : 마찰계수

q : 브레이크 압력($q = \frac{(\text{브레이크를 미는 힘})F}{(\text{접촉면적})A}$)

V : 드럼의 원주속도($V = \frac{\pi DN}{60\times 1000}\left[\frac{\text{m}}{\text{s}}\right]$)

해답

29. ② 30. ④ 31. ④

문제 32

일반 산업용으로 사용되는 V 벨트의 각도는 몇 ° 인가?

① 40° ② 42°
③ 44° ④ 46°

해설 V벨트(고무재질)의 각도는 (M, A, B, C, D, E형) 모두 40°이다.

V벨트의 종류	a	b
M	10	5.5
A	12.5	9
B	16.5	11
C	22	14
D	31.5	19
E	38	25.5

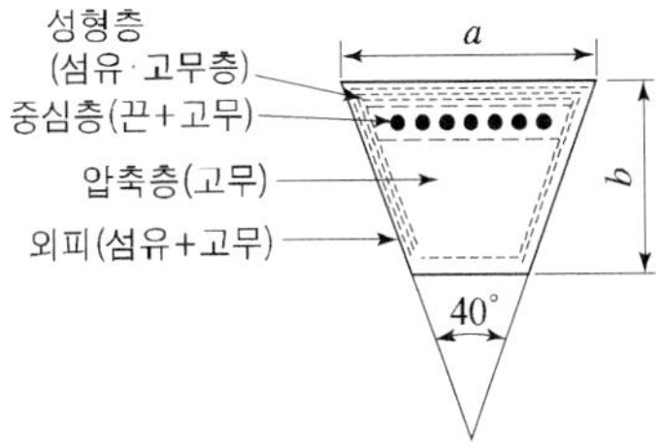

문제 33

스프링 종류 중 하나인 고무 스프링(rubber spring)의 일반적인 특징에 관한 설명으로 틀린 것은?

① 여러 방향으로 오는 하중에 대한 방진이나 감쇠가 하나의 고무로 가능하다.
② 형상을 자유롭게 선택할 수 있고, 다양한 용도로 적용이 가능하다.
③ 방진 및 방음 효과가 우수하다.
④ 저온에서의 방진 능력이 우수하여 −10℃ 이하의 저온저장고 방전장치에 주로 사용된다.

해설 고무의 저온에서 탄성을 잃어버리기 때문에 상온이상에서 방진장치로 사용하여야 된다. 또한 너무 고온에서는 화학적으로 변화를 일으키기 때문에 온도변화가 심한 부분의 기계부품에는 사용하기 부적합하다.

문제 34

정사각형 단면의 봉에 20kN의 압축하중이 작용할 때 생기는 응력을 5000N/cm^2가 되게 하려면 정사각형의 한 변의 길이를 약 몇 cm로 해야 하는가?

① 0.2 ② 0.4
③ 2 ④ 4

해설

$$\sigma = \frac{F}{a^2},\ a[\text{cm}] = \sqrt{\frac{F[\text{N}]}{\sigma\left[\frac{\text{N}}{\text{cm}^2}\right]}} = \sqrt{\frac{20000[\text{N}]}{5000\left[\frac{\text{N}}{\text{cm}^2}\right]}} = 2\text{cm}$$

해답

32. ① 33. ④ 34. ③

문제 35

구름베어링의 구조에서 전동체의 원둘레에 고르게 배치하여 전동체가 풀리지 않고 일정한 간격을 유지할 수 있게 하며, 서로 접촉을 피하고 마모와 소음을 방지하는 역할을 하는 것은?

① 피봇 ② 저널
③ 리테이너 ④ 스트레이너

해설 **베어링 리테이너** : 구름베어링의 구조에서 전동체의 원둘레에 고르게 배치하여 전동체(볼, 롤러)가 몰리지 않고 일정한 간격을 유지할 수 있게 하며, 서로 접촉을 피하고 마모와 소음을 방지하는 역할을 한다.

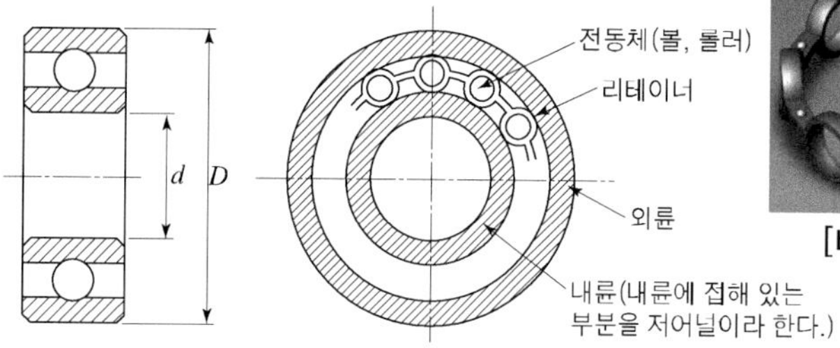

[베어링 리테이너]

여기서, d : 저어널의 안지름, D : 외륜의 지름

문제 36

1줄 겹치기 리벳 이음에서 피치는 리벳 지름의 3배이고, 리벳의 전단력과 강판의 인장력이 같을 때, 강판의 인장력이 같을 때 강판 두께(t)와 리벳 지름(d)과의 관계는? (단, 강판에서 발생하는 인장응력은 리벳에서 발생하는 전단응력의 2배이다.)

① $t=\frac{\pi d}{16}$ ② $t=\frac{\pi d}{4}$
③ $t=\frac{\pi d}{8}$ ④ $t=\frac{\pi d}{2}$

해설 강판의 인장응력 : σ_t, 리벳의 전단응력 : τ_r
피치 : p, 리벳지름 : d, 줄수 : $n=1$
문제 조건에서 $\sigma_t=2\tau_r$, $p=3d$

$$\tau_r\times\frac{\pi d^2}{4}\times n=\sigma_t\times(p-d)\times t$$

$$\tau_r\times\frac{\pi d^2}{4}\times 1=2\tau_r\times(3d-d)\times t$$

강판의 두께 $t=\frac{\pi d}{16}$

해답

35. ③ 36. ①

문제 37

압축력이 12760N, 코터의 두께 10mm, 코터의 폭이 20mm일 때, 코터의 전단 응력은 약 몇 MPa인가?

① 31.9 ② 319
③ 63.8 ④ 638

해설 **코터의 전단응력** τ_c

$$\tau_c = \frac{P}{2 \times b \times t}$$

여기서, b : 코터의 폭
t : 코터의 두께

$$\tau_c = \frac{P}{2 \times b \times t} = \frac{12760}{2 \times 20 \times 10} = 31.9\text{MPa}$$

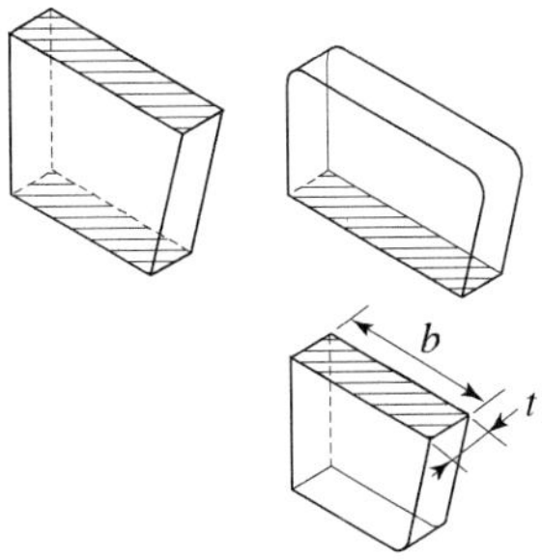

문제 38

유효 지름이 모두 동일한 미터 보통 나사에서 리드각이 가장 큰 것은?

① 피치 5mm인 1줄 나사 ② 피치 3.5mm인 2줄 나사
③ 피치 2mm인 3줄 나사 ④ 피치 6mm인 1줄 나사

해설 λ : 리드각 = 나선각 = 경사각(Helix angle)
α : 나사산의 각도
ρ : 마찰각
n : 줄수
$\tan\rho = \mu$(μ : 마찰계수) : 사각나사의 경우이다.

$$\tan\lambda = \frac{l}{\pi d_e} = \frac{n \cdot p}{\pi d_e}, \quad \lambda = \tan^{-1}\left(\frac{n \cdot p}{\pi d_e}\right)$$

줄수가 많을수록, 피치가 클수록 리드각이 크다.
① : $n \cdot p = 1 \times 5 = 5$mm
② : $n \cdot p = 2 \times 3.5 = 7$mm
③ : $n \cdot p = 3 \times 2 = 6$mm
④ : $n \cdot p = 1 \times 6 = 6$mm

문제 39

350rpm으로 15kW의 동력을 전달시키는 축의 지름은 약 몇 mm 이상이어야 하는가? (단, 축의 허용전단응력은 25MPa이다.)

① 35 ② 40
③ 44 ④ 52

해답

37. ① 38. ② 39. ③

해설 **비틀림모멘트** $T = 974000 \times \dfrac{H_{KW}}{N} \times 9.8[N \cdot mm]$

$= 974000 \times \dfrac{15}{350} \times 9.8 = 409080[N \cdot mm]$

중실축의 직경 $D_T = \sqrt[3]{\dfrac{16T}{\pi\tau_a}} = \sqrt[3]{\dfrac{16 \times 409080}{\pi \times 25}} = 43.679mm \fallingdotseq 44mm$

문제 40

표준 스피 기어에서 피치원 지름(D)을 구하는 공식은? (단, m은 모듈, Z은 잇수이다.)

① $D = mZ$　　② $D = \dfrac{m}{Z}$

③ $D = m(Z+2)$　　④ $D = \dfrac{2+Z}{m}$

해설 피치원 지름 $D = m \times Z$
여기서, m : 모듈, Z : 잇수

제3과목 기계재료 및 측정

문제 41

다음 중 철-탄소상태도에서 나타나지 않는 불변점은?

① 공정점　　② 포석점
③ 공석점　　④ 포정점

해설 **공정점** : 탄소 4.3%　온도 1148℃
공석점 : 탄소 0.8%　온도 723℃
포정점 : 탄소 0.17%　온도 1495℃

문제 42

강의 표면 경화법에 대한 설명으로 틀린 것은?

① 침탄법에는 고체침탄법, 액체침탄법, 가스침탄법 등이 있다.
② 질화법은 강 표면에 질소를 침투시켜 경화하는 방법이다.
③ 화염경화법은 일반 담금질법에 비해 담금질 변형이 적다.
④ 세라다이징은 철강 표면에 Cr을 확산 침투시키는 방법이다.

해답

40. ①　41. ②　42. ④

해설 **표면경화법**

① 화학적 방법
- ㉠ 침탄법 : 고체침탄법, 액체침탄법, 가스침탄법
- ㉡ 질화법 : 암모니아가스를 이용해 표면에 질소를 넣어 표면을 경화시킨다.
- ㉢ 금속침투법 : 크로마이징(Cr침투), 칼로라이징(Al침투), 실리코나이징(Si침투), 부로나이징(B침투), 세라다이징(Zn침투)

② 물리적 방법
- ㉠ 화염경화법
- ㉡ 고주파경화법
- ㉢ 숏트피닝
- ㉣ 액체호닝

문제 43

구리에 아연이 5~20% 정도 첨가되어 전연성이 좋고 색깔이 아름다워 장식용 악기 등에 사용되는 것은?

① 톰백 ② 백동
③ 6-4 황동 ④ 7-3 황동

해설 **황동**

① 톰백 : 모조금 아연5~20% 전연성이 좋고 색깔이 금색 모조금으로 사용, 장식용 악기
② 7:3황동 : 카터리지메탈70Cu-30Zn의 합금, 가공용 황동의 대표, 자동차 방열기, 탄피재료
③ 6:4황동(문쯔메탈) : 60Cu-40Zn황동 중 가장 저렴, 탈아연 부식 발생
④ 황동주물 : 절삭성과 주조성이 좋아 기계부품, 건축용 부품
⑤ 쾌삭황동 : 1.5~3.0%Pb 절삭성이 좋아 정밀절삭가공을 필요로 하는 기계용 기어, 나사
⑥ 주석황동
- ㉠ 에드머럴티황동 : 7:3황동에 1%의 내의 Sn 첨가
- ㉡ 네이벌황동 : 6:4황동에 1%의 내의 Sn 첨가

⑦ 델타메탈(철황동) : 6:4황동에 1~2%Fe함유, 강도와 내식성우수 광산, 선박, 화학기계에 사용
⑧ 망간니 : 황동에 10~15%망간함유, 전기저항률이 크고, 온도계수가 적어 표준저항기, 정밀기계에 사용
⑨ 양은(양백=Nickel Silver) : 10~20%Ni 장식품, 악기, 광학기계부품에 사용

해답

43. ①

문제 44

다음 중 결정격자가 면심입방격자인 금속은?

① Al ② Cr
③ Mo ④ Zn

해설 **면심 입방 격자**(f,c,c) : 원자수 14개, 단위포 4개, 연성과 전성이 좋다.
Fe(γ)Al, Au, Cu, Pt, Pb, Ni, Ag, Ir, Th, Ca, Ce

문제 45

아공석강에서 탄소함량이 증가함에 따른 기계적 성질 변화에 대한 설명으로 틀린 것은?

① 인장강도가 증가한다. ② 경도가 증가한다.
③ 항복강도가 증가한다. ④ 연신율이 증가한다.

해설 탄소강에서 탄소(C) 함유량아 많아질수록
① 증가하는 것 : 강도, 경도, 취성, 전기저항, 비열, 항복강도
② 감소하는 것 : 연성, 전성, 연신율, 인성, 충격값, 비중, 열전도율, 열팽창계수

문제 46

금속재료와 비교한 세라믹의 일반적인 특징으로 옳은 것은?

① 인성이 크다. ② 내충격성이 높다.
③ 내산화성이 양호하다. ④ 성형성 및 기계가공성이 좋다.

해설 금속재료와 비교한 세라믹은 취성이 크며 내충격성이 낮고, 화학적으로 안정하여 내산화성이 양호하다.

문제 47

다음 구조용 복합재료 중에서 섬유강화 금속은?

① SPF ② FRTP
③ FRM ④ GFRP

해설 ① FRM(섬유강화 금속, fiber reinforced metals) : 모재의 종류가 금속
② FRP(섬유강화 플라스틱, fiber reinforced plastic) : 모재의 종류가 플라스틱
③ GFRP : FRP에 보강재료로 유리(Glass)가 사용된 것
④ CFRP : FRP에 보강재료로 탄소(Carbon)가 사용된 것

해답

44. ① 45. ④ 46. ③ 47. ③

문제 48

공구재료가 구비해야 할 조건으로 틀린 것은?

① 내마멸성과 강인성이 클 것
② 가열에 의한 경도 변화가 클 것
③ 상온 및 고온에서 경도가 높을 것
④ 열처리와 공작이 용이할 것

해설 공구재료가 구비해야 할 조건으로 가열에 의한 경도 변화가 작아야 안정적인 가공이 가능하다.

문제 49

다음 중 열가소성 수지로 나열된 것은?

① 페놀, 폴리에틸렌, 에폭시
② 알키드 수지, 아크릴, 페놀
③ 페놀, 에폭시, 멜라민
④ 폴리에틸렌, 염화비닐, 폴리우레탄

해설

열가소성 수지	열경화성 수지
폴리에틸렌 수지(PE) 폴리프로필렌 수지(PP) 폴리스티렌 수지(PS) 폴리염화비닐 수지(PVC) 폴리아미드 수지(PA) 폴리카보네이트 수지(PC) 아크릴 수지 염화비닐 폴리우레탄	페놀수지(PF) 멜라민 수지 에폭시 수지(EP) 요소 수지

문제 50

다음 중 구리에 관한 설명과 가장 거리가 먼 것은?

① 전기 및 열의 전도성이 우수하다.
② 전연성이 좋아 가공이 용이하다.
③ 건조한 공기 중에서는 산화하지 않는다.
④ 광택이 없으면 귀금속적 성질이 나쁘다.

해설 **구리의 특징**

① 비중 : 8.96
② 용융점점 : 1083℃
③ 전기가 잘 통한다.
④ 비자성체이다.
⑤ 열전전도가 우수하다.
⑥ 면심입방격자
⑦ 전연성풍부하다.
⑧ 변태점 없다.
⑨ 용접성이 우수하다.
⑩ 공기중에서 표면이 산화되어 암적색이 되고 재료내부는 부식되지 않음
⑪ 해수에 침식된다.
⑫ 황산, 염산, 질산에 쉽게 용해된다.

해답

48. ② 49. ④ 50. ④

문제 51

알루미늄(Al)에 약 10%까지 마그네슘(Mg)을 첨가한 합금으로 내식성, 강도, 연신율이 우수하며 비중이 작은 합금은?

① 실루민 ② 하이드로날륨
③ 톰백 ④ 스텔라이트

해설 **주조용 알루미늄합금**

① 알코아(알루미늄-구리계 합금) : 자동차 하우징, 버스 및 항공기 바퀴, 크랭크케이스에 사용된다. 고온메짐, 수축균열이 있다.
② 실루민(알루미늄-규소계 합금) : 주조성은 좋으나 절삭성 불량, 재질(개량) 처리 효과가 크다.
③ 라우탈(알루미늄-구리-규소계 합금) : 주조성이 좋고 시효경화성이 있다, 주조 균열이 적어 두께가 얇은 주물의 주조와 금형 주조에 적합하다.
④ 하이트로날륨(알루미늄-마그네슘 합금) : Al + Mg(10%) : 열처리 하지 않고 승용차의 커버, 휠디스크의 재료
⑤ Y합금[Al+(4%Cu)+(2%Ni)+(1.5%Mg)] : 내열용 알루미뮴 합금으로 피스톤재료로 사용
⑥ Lo-ex(로우엑스)합금[Al+Si+Cu+Mg+Ni] : 열팽창계수가 적고 내열, 내마멸성이 우수하다, 금형에 주조되는 피스톤용

문제 52

다음 알루미늄에 관한 설명으로 틀린 것은?

① 비중 약 2.7의 금속이다.
② 마그네사이트(magnesite) 광석에서 Al_2O_3를 정제하여 용융염에서 전해하여 제조한다.
③ 내식성, 열전도성, 전기전도도 및 가공성이 우수하고 경금속에 속한다.
④ 항공기, 차량, 송전선 등에 이용된다.

해설 **알루미늄의 제조** : 보크사이트($Al_2O_3 \cdot 2H_2O$)를 수산화나트륨(NaOH)으로 처리하여 알루미나(Al_2O_3)를 만들고, 이것을 다시 전기 분해하여 순도 99.9~99.9[%] Al을 얻는다.

문제 53

주조 시 주형에 냉금을 삽입하여 주물 표면을 급냉시킴으로써 백선화하고, 경도를 증가시킨 내마모성 주철은?

① 가단(malleable)주철 ② 구상흑연주철
③ 칠드(chilled)주철 ④ 미해나이트(meehanite)주철

해답

51. ② 52. ② 53. ③

해설 **칠드 주철**(냉경주철) : 쇳물이 응고 중 표면을 냉각판에 접촉시 면 표면을 급냉하여 만든 주철로 경도를 증가시켜 내마모성이 우수하여 롤러, 기차바퀴가 사용된다.

문제 54

다음 중 표준상태인 탄소강의 기계적 성질은 일반적으로 탄소함유량에 따라 변화한다. 가장 적합한 것은? (단, 표준상태인 탄소강은 0.86%C 이하의 아공석강이다.)

① 탄소량이 증가함에 따라 인장강도가 증가한다.
② 탄소량이 증가함에 따라 항복점이 저하한다.
③ 탄소량이 증가함에 따라 연신율이 증가한다.
④ 탄소량이 증가함에 따라 경도가 감소한다.

해설 **탄소강에서 탄소(C) 함유량아 많아질수록**
① 증가하는 것 : 강도, 경도, 취성, 전기저항, 비열, 항복강도
② 감소하는 것 : 연성, 전성, 인성, 충격값, 비중, 열전도율, 열팽창계수

문제 55

주철의 성장을 방지하는 방법이 아닌 것은?

① 흑연의 미세화로서 조직을 치밀하게 한다.
② C와 Si의 양을 많게 한다.
③ 편상 흑연을 구상흑연화 시킨다.
④ Cr, Mn, Mo 등을 첨가하여 펄라이트 중의 Fe_3C 분해를 막는다.

해설 **주철의 성장**(Growth of cast iron) : 주철을 A_1 변태점 이상의 온도에서 장시간 방치하거나 다시 되풀이하여 가열하면, 점차로 그 부피가 증가되고 변형이나 균열을 가져와 강도나 수명이 짧아지는 현상
※ 흑연화 촉진제 : Si, Ni, Al, Ti, Co
흑연화 방지제 : Mo, S, Cr, Mn, V, W

문제 56

허용할 수 있는 부품의 오차 정도를 결정한 후 각각 최대 및 최소 치수를 설정하여 부품의 치수가 그 범위 내에 드는지를 검사하는 게이지는?

① 다이얼 게이지 ② 게이지 블록
③ 간극 게이지 ④ 한계 게이지

해설 한계게이지＝공차게이지

해답

54. ① 55. ② 56. ④

문제 57

게이지 블록 중 표준용(calibration grade)으로서 측정기류의 정도 검사 등에 사용되는 게이지 등급은?

① 00(AA)급 ② 0(A)급
③ 1(B)급 ④ 2(C)급

해설

등급	25mm에 대한 오차(mm)	용도
AA급(연구소용)	0.00005	표준용 블록 게이지 정도 점검, 연구용
A급(표준용)	0.0001	검사용 게이지 또는 공작용 게이지 정도 점검, 측정기구 정도 점검
B급(검사용)	0.0002	기계부품, 공구검사, 측정 기구의 정도 조정
C급(공작용)	0.0003	공구, Cutter의 고정

문제 58

투영기에 의해 측정을 할 수 있는 것은?

① 진원도 측정 ② 진직도 측정
③ 각도 측정 ④ 원주 흔들림 측정

해설 **투영기(profile projector)=윤곽투영기**

영사기와 같은 원리로, 측정 검사할 시표를 광학적으로 확대투영하고, 투영면 상에서 그 형상치수를 측정하거나 검사할 때 사용한다.
나사, 게이지, 기계부품 등의 피검물을 광학적으로 정확한 배율로 확대하고 투영하여 스크린에서 그 형상이나 치수, 각도 등을 측정하는 장치이다.

문제 59

나사의 피치나 나사산의 반각과 유효지름 등을 광학적으로 쉽게 측정할 수 있는 것은?

① 공구현미경 ② 오토콜리메이터
③ 촉침식 측정기 ④ 옵티컬 플랫

해설 **공구현미경(tool maker's microscope)**

측정물을 얹고 전후좌우로 미세하게 움직일 수 있는 재물대(載物臺)가 있고, 그 이동량을 마이크로미터 또는 표준게이지에 의해 읽을 수 있다. 그 위치를 정하기 위한 측미(測微)현미경이 달려 있어, 이것으로 관측하면서 재물대를 움직여 각 부분의 치수를 측정한다. 나사의 피치나 나사산의 반각과 유효지름 등을 광학적으로 쉽게 측정할 수 있다.

해답

57. ② 58. ③ 59. ①

문제 60

도면에 편심량이 3mm로 주어졌다. 이때 다이얼 게이지 눈금의 변위량이 얼마로 나타나도록 편심시켜야 하는가?

① 3mm ② 4.5mm
③ 6mm ④ 7.5mm

해설 다이얼 게이지 눈금의 변위량은 편심량의 2배가 된다.

해답

60. ③

기계설계산업기사

2019년 8월 4일 시행

제1과목 기계제도

문제 01

다음과 같이 3각법으로 나타낸 도면에서 정면도와 우측면도를 고려할 때 평면도로 가장 적합한 것은?

①
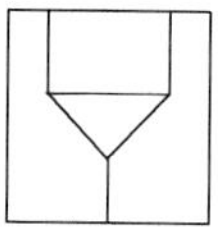

②
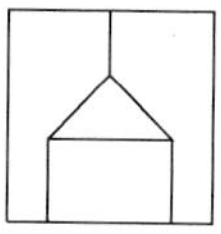

③
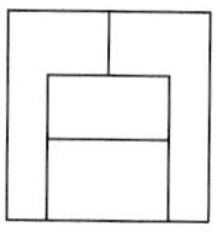

④
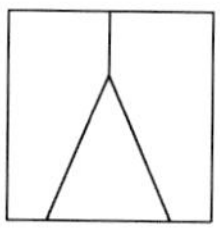

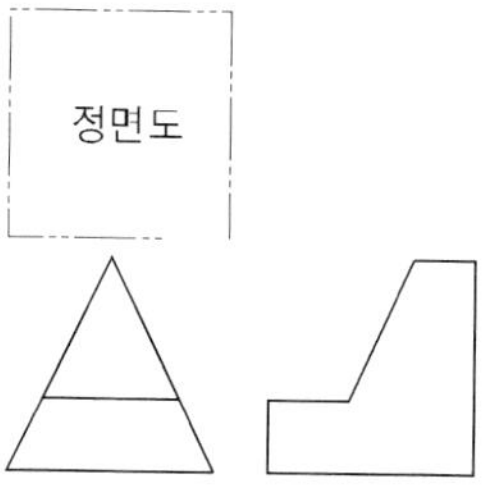

해설

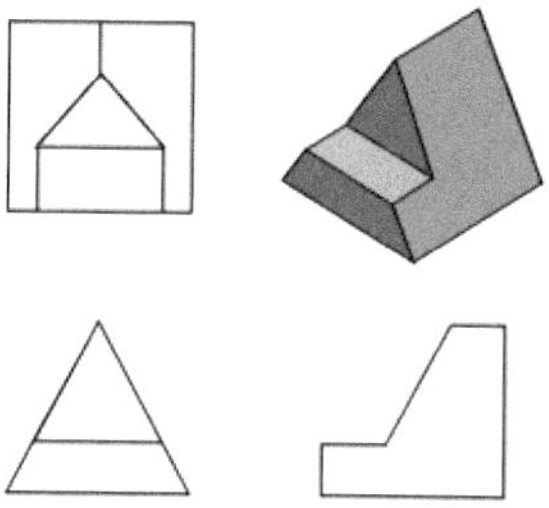

문제 02

다음 도면에서 대상물의 형상과 비교하여 치수 기입이 틀린 것은?

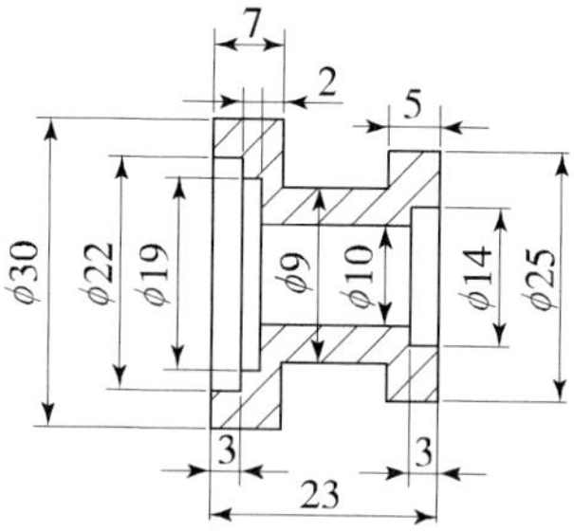

① 7
② $\phi 9$
③ $\phi 14$
④ $\phi 30$

해설 '$\phi 9$'는 외경이므로 $\phi 10$보다 커야 된다.

해답

01. ② 02. ②

문제 03

물체를 단면으로 나타낼 때 길이 방향으로 전단하여 나타내지 않는 부품으로만 짝지어진 것은?

① 핀, 커버
② 브래킷, 강구
③ O링, 하우징
④ 원통 롤러, 기어의 이

해설 **단면하지 않는 부분**
리브, 기어의 이, 축, 핀, 볼트, 너트, 와셔, 작은 나사, 리벳, 키, 강구, 원통 롤러, 기어 및 벨트 풀리의 암 등은 단면하여도 해칭하지 않는다.

문제 04

표준 스퍼 기어의 모듈이 2이고, 잇수가 35일 때, 이끝원(잇봉우리원)의 지름은 몇 mm로 도시하는가?

① 65
② 70
③ 72
④ 74

해설 모듈(m)이 2, 잇수(z)가 35이면
피치원지름 $D = m \times z = 2 \times 35 = 70\text{mm}$
이끝원지름 $D_2 = D + 2m = 70 + 2 \times 2 = 74\text{mm}$

문제 05

가공 방법의 기호 중 호닝(Honing) 가공 기호는?

① GB
② GH
③ HG
④ GSP

해설

선반가공	L
드릴가공	D
보링머신 가공	B
밀링가공	M
평삭반 가공	P
형삭반 가공	SH
브로치 가공	BR

리머가공	FR
연삭가공	G
시효(에이징)처리	HG
호닝가공	GH
슈퍼피니싱	GSP
벨트샌딩가공	GB

문제 06

KS 재료 표시기호 중 'SS235'에서 '235'의 의미는?

① 경도
② 종별 번호
③ 탄소함유량
④ 최저 항복 강도

해설 SS330 : 일반구조용 압연강재, 최저인장강도 330N/mm^2

해답
03. ④ 04. ④ 05. ② 06. ④

문제 07

다음과 같은 리벳의 호칭법으로 옳은 것은? (단, 재질은 SV330이다.)

① 납작 머리 리벳 40×130 SV330
② 납작 머리 리벳 40×150 SV330
③ 접시 머리 리벳 40×130 SV330
④ 접시 머리 리벳 40×150 SV330

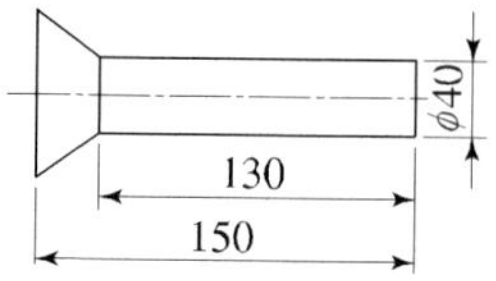

해설 리벳의 호칭법

‘접시머리 리벳 40×150 SV330’

- 접시머리 리벳 : 리벳의 종류
- 40 : 리벳의 호칭지름
- 150 : 리벳의 길이
- SV330 : 최저인당강도가 330N/mm^{2}인 일반구조용 압연강재(재료)

문제 08

치수가 $80^{+0.008}_{+0.002}$일 경우 위치수 허용차는?

① 0.002　② 0.006
③ 0.008　④ 0.010

해설 80.008−80.002=0.006
위치수 허용차=+0.008
아래치수 허용차=+0.002

문제 09

나사 제도에 대한 설명으로 틀린 것은?

① 나사부의 길이 경계가 보이는 경우느 그 경계를 굵은 실선으로 나타낸다.
② 숨겨진 암나사를 표시할 경우 나사산의 봉우리와 골 밑은 모두 가는 파선으로 나타낸다.
③ 수나사를 측면에서 볼 경우 나사산의 봉우리는 굵은 실선, 나서의 골 밑은 가는 실선으로 표시한다.
④ 나사의 끝면에서 본 그림에서 나사의 골 밑은 굵은 실선으로 그린 원주의 3/4에 거의 같은 원의 일부로 나타낸다.

해설 골밑(골지름)은 가는 실선으로 약 3/4으로 그린다.

해답

07. ④　08. ③　09. ④

문제 10

허용한계 치수기입이 틀린 것은?

①
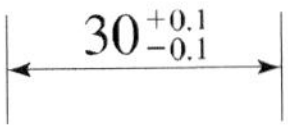

②
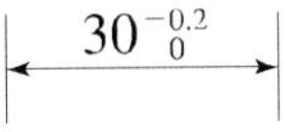

③
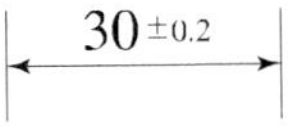

④
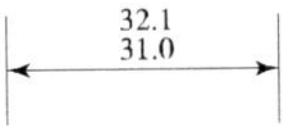

해설 위치수 허용차는 공차값 중 큰 것을 나타내어야 된다.
②는 위치수 허용차가 작은 값으로 기입되어 있어서 틀린 것이다.

문제 11

다음 그림과 같은 도형일 때 기하학적으로 정확한 도형을 기준으로 설정하고 여기에서 벗어나는 어긋남의 크기를 대상으로 하는 기하공차는?

① 대칭도
② 윤곽도
③ 진원도
④ 평면도

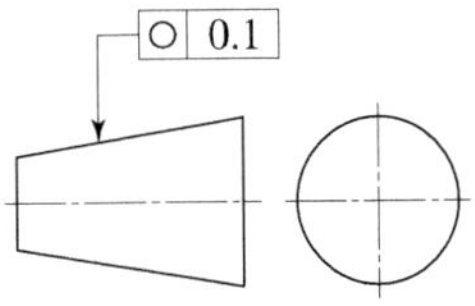

해설 진원도를 나타내는 기하공차이다.
○ : 진원도

문제 12

기하공차의 표현이 틀린 것은?

①
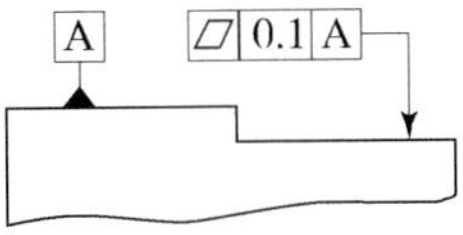

②
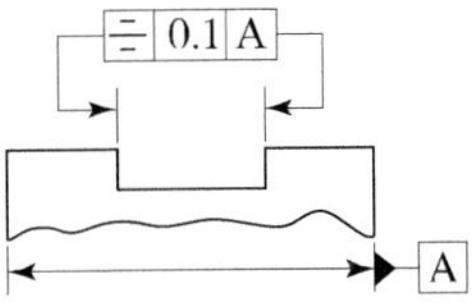

③
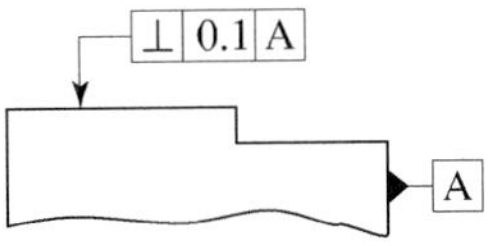

④
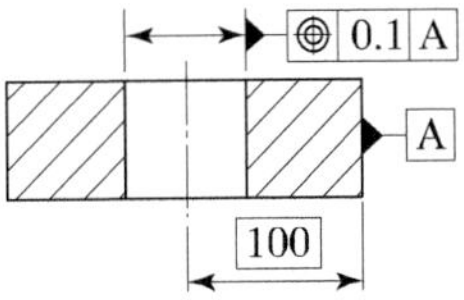

해설 평면도(▱)는 단독공차로 데이텀이 필요하지 않다.

해답

10. ② 11. ③ 12. ①

문제 13

다음과 같이 도시된 도면에서 치수 A에 들어갈 치수 기입으로 옳은 것은?

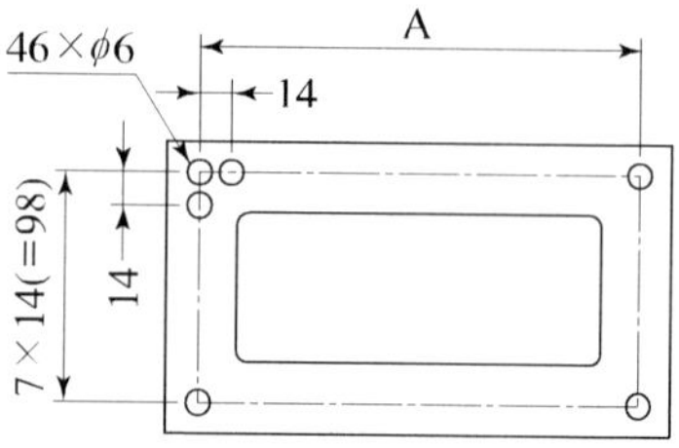

① 7×7(=49)
② 15×14(=210)
③ 16×14(=224)
④ 17×14(=238)

해설 도면에 φ6 구멍이 46개
위쪽에 17개의 구멍의 개수가 있고 피치16개
A=16×14=224

문제 14

곡면(Surface) 모델링 기법에 관한 설명으로 틀린 것은?

① 곡면 모델링 시스템은 와이어프레임 모델에 면 정보를 추가한 형태이다.
② 곡면을 이루는 각 면들의 곡면 방정식이 데이터베이스 내에 추가로 저장된다.
③ 곡면과 곡면의 인접한 정보는 Solid 모델에서 다루는 정보이며 Surface 모델에서는 다루지 않는다.
④ 금형가공을 위한 NC 공구 경로 계산 프로그램에서 가공곡면의 형상을 제공하는데 사용될 수 있다.

해설 서피스 모델링에서 곡면과 곡면의 부드러운 연결하는 것을 블랜딩이라 한다. 곡면과 곡면을 연결하기 위해서는 인접한 곡면의 정보를 알아야 곡면을 연결할 수 있다.

문제 15

서로 다른 CAD/CAM 프로그램 간의 데이터를 상호 교환하기 위한 데이터 표준이 아닌 것은?

① PHIGS ② DIN
③ DXF ④ STEP

해설 ① IGES(Initial Graphics Exchange Specification)
여러 종류의 CAD/CAM 시스템에서 사용된 설계와 가공의 정보를 교환하기 위한 표준 데이터 형식이다(1979년 미국에서 시작하여ISO의 표준규격으로 제정). 한 개의 IGES파일은 여석 개의 섹션으로 구성된다. 그러나 정규 ASCII 코드에서는 다섯 개의 섹션으로 구성된다.
② DXF(DataExchange File)
AutoCAD의 호환성을 위해 AutoDESK회사에서 만든 데이터 표준프로그램

해답

13. ③ 14. ③ 15. ②

이다.

③ STEP(Standard for the Exchange for Product model Data)
IGES 및 DXF가 ISO(International Standard Organization)에서 인정하는 국제적인 표준규격이 되지 않고 있는 가운데, 각 사설단체 및 CAD/CAM 회사별로 정의한 표준규격이 난립하게 되자 국제공인 표준규격의 필요성이 점점 증대되었다. 이러한 필요성에 의해서 어떠한 이익 집단에도 편중되지 않은 규격이 STEP(Standard for the Exchange for Product model Data)이다. 이러한 규격은 1985년에 각 회사별로 구성된 CAD/CAM 시스템의 정보를 도면 데이터뿐만 아니라 제품데이터도 교환할 수 있도록 한 표준규격이다.

④ PHIGS(Programmer's Hierachical Interactive Graphics System)
3차원의 움직이는 물체를 실제와 같이(realtime) 화면에 나타나게 하며 주로 이용되는 산업분야는 도형 구성분야, 항공교통망 시뮬레이션, 몰분자 모델링 분야, 건축설계 등 여러 분야에서 활용되고 있다.

⑤ GKS(Graphical kernal systcm)
2차원 그래픽 시스템을 위한 표준 규격이다.

⑥ STL(Stereo Lithography)
적층식 쾌속조형(RP : Rapid Prototyping)의 표준입력파일 포맷으로 많이 사용되고 있으며, 1987년 미국의 3Dsystem사가 Albert Consulting Group에 의뢰하여 만들어진 것으로 3차원 데이터의 서피스 모델을 삼각형 다면체(facet)로 근사시킨 것으로 쾌속조형(PR & M)에 많이 적용하고 있다.

문제 16

3차원 형상의 솔리드 모델링에서 B-rep(Boundary representation)과 비교한 CSG(Constructive Solid Geometry)의 상대적인 특징으로 틀린 것은?

① 데이터의 구조가 간단하다. ② 데이터의 수정이 용이하다.
③ 전개도의 작성이 용이하다. ④ 메모리의 용량이 소용량이다.

해설

구분			CSG	B-Reps
데이터 특성	데이터 작성		용이	곤란
데이터 특성	데이터 구조		단순	복잡
데이터 특성	데이터 수정		용이	약간 용이
데이터 특성	모델재생시간		많이 걸린다.	적게 걸린다.
데이터 특성	필요 메모리 영역		용량이 적음	용량이 많음
응용성	3면도, 투시도 작성		곤란	용이
응용성	전개도 작성		곤란	용이
응용성	표면적 계산		곤란	용이
응용성	중량 계산		용이(몬테카를로법)	약간 곤란(적분법)
응용성	유한요소법의 적용	솔리드	용이	곤란
응용성	유한요소법의 적용	표면	곤란	용이
응용성	NC 테이프의 작성		비교적 용이	용이

해답

16. ③

문제 17

그림과 같이 2개의 경계곡선(위 그림)에 의해서 하나의 곡면(아래 그림)을 구성하는 기능을 무엇이라고 하는가?

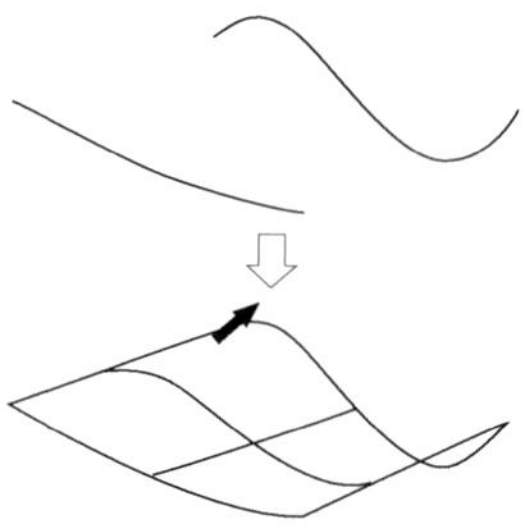

① revolution
② twist
③ loft
④ extrude

해설 **로프트**(Loft) : 2개의 경계곡선에 의해 하나의 곡면 구성

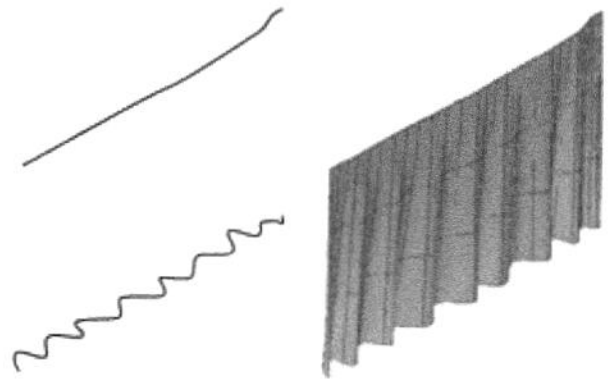

문제 18

(x, y) 평면 좌표계에서 두 점 $P_1(x_1, y_1)$, $P_2(x_2, y_2)$를 알고 있을 때 두 점을 지나는 직선의 방정식을 바르게 표현한 것은?

① $(x_2 - x_1)(y - y_2) = (y_2 - y_1)(x - x_1)$
② $(y_2 - x_1)(y - y_2) = (x_2 - y_1)(x - x_1)$
③ $(x - y_2)(y_1 - x_2) = (x_2 - y_1)(y - x_1)$
④ $(x_2 - x_1)(x - x_2) = (y_2 - y_1)(y - y_1)$

해설
두 점을 지나는 직선의 방정식 $y = \dfrac{y_2 - y_1}{x_2 - x_1}(x - x_1) + y_1$
$(x_2 - x_1)(y - y_1) = (y_2 - y_1)(x - x_1)$

문제 19

다음 중 솔리드 모델링 시스템에서 사용하는 일반적인 기본형상(Primitive)이 아닌 것은?

① 곡면　② 실린더
③ 구　④ 원추

해설 3차원의 Primitive(기본형상) 요소는 3차원으로 솔리드 형태의 육면체, 관, 원통, 원뿔, 육면체, 구 등이다.

해답

17. ③ 18. ① 19. ①

문제 20

솔리드 모델을 나타내는데 있어서 분해 모델(decomposition model)을 나타내는 표현방법에 속하지 않는 것은?

① 복셀 표현(voxel representation)
② 옥트리 표현(Octree representation)
③ 날개 모서리 자료 표현(Winged-edge representation)
④ 세포 표현(cell representation)

해설 **분해 모델링**(Decomposition modeling)

① 복셀(voxel)표현
공간을 삼차원 격자면으로 분해하여, 무수히 많은 정육면체(Voxel)의 집합으로 표시하며, 고정된 크기와 해상도에서 유일하고 모호하지 않게 결정된다. 또한, 질량성질(Mass Property)의 계산, 집합연산(Boolean Operation) 등이 간단하고, 근사적 표현의 한계, 많은 메모리를 필요로 한다.

② 옥트리 표현(Octree Representation)
각 노드당 최대8개의 자식을 가질 수 있는 하나의 트리(Tree)이며 임의의 형태의 입체를 공간적으로 분할하는데 사용된다.

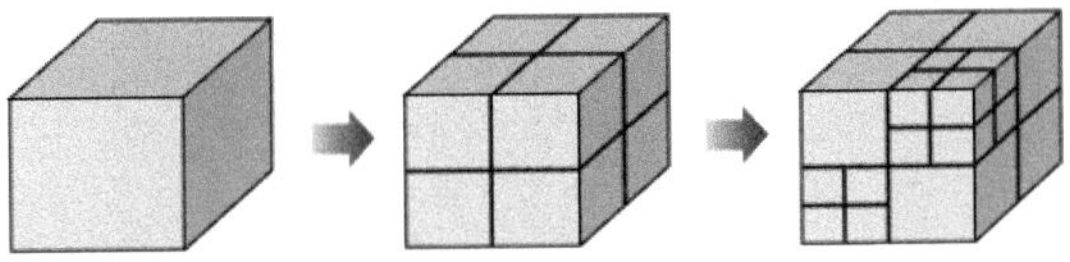

③ 세포 분해(Cell Decomposition)
셀의 형상에 특별한 제한조건이 부과되지 않으며, B-Rep과 CSG와 비슷하게 같은 물체가 다른 해상도와 다른 타입의 메쉬(육면체 : Hexa hedral, 사면체 : Tetra hedral)로 표현

제2과목 기계요소설계

문제 21

스퍼 기어에서 이의 크기를 나타내는 방법이 아닌 것은?

① 모듈로서 나타낸다.
② 전위량으로 나타낸다.
③ 지름 피치로 나타낸다.
④ 원주 피치로 나타낸다.

해설 표준기어의 이의 크기 표시방법

① 원주피치 : $p = \dfrac{\pi D}{Z} = \pi m$ [mm]

해답

20. ③ 21. ②

② 모듈 : 미터계에서 사용(정의)

$$m = \frac{D}{Z} = a[\text{mm}]$$

③ 직경피치 = 지름피치 : 인치계에서 사용(정의)

$$p_d = \frac{Z}{D} = \frac{1}{m}[1/\text{inch}] = \frac{25.4}{m}[1/\text{mm}]$$

문제 22

회전수 600rpm, 베어링하중 18kN의 하중을 받는 레이디얼 저널 베어링의 지름은 약 몇 mm인가? (단, 이때 작용하는 베어링 압력은 1N/mm^2, 저널의 폭(l)과 지름(d)의 비 $\frac{l}{d}$ =2.0으로 한다.)

① 80　　② 85
③ 90　　④ 95

해설

$$\text{압력 } P = \frac{\text{하중}}{\text{투영단면적}} = \frac{W}{d \times l}$$

$$P = \frac{W}{d \times 2d} \qquad 1 = \frac{18 \times 10^3}{2d^2} \text{ 이므로}$$

$$d \fallingdotseq 94.9\text{mm}$$

문제 23

재료의 기준강도(인장강도)가 400N/mm^{2}이고 허용응력이 100N/mm^{2}일 때, 안전율은?

① 0.2　　② 1.0
③ 4.0　　④ 16.0

해설

안전율 $S = \frac{\text{재료의 기준강도(인장강도)}}{\text{허용응력}} = \frac{400}{100} = 4$이다.

문제 24

다음 중 용접법을 분류할 경우 용접부의 형상에 따라 구분한 것은?

① 가스 용접　　② 필릿 용접
③ 아크 용접　　④ 플라스마 용접

해설 가스용접, 아크용접, 플라스마 용접은 용접방법에 의한 분류이다. 용접부 형상에 따른 분류로는 필릿용접 그루브 용접, 플러그 용접 등이 있다.

해답

22. ④　23. ③　24. ②

문제 25

V벨트의 회전 속도가 30m/s, 벨트의 단위길이당 질량이 0.15kg/m, 긴장측의 장력이 196N일 경우, 벨트의 회전력(유효장력)은 약 몇 N인가? (단, 벨트의 장력비는 $e^{\mu\theta}$ =4이다.)

① 20.21 ② 34.84
③ 45.75 ④ 56.56

해설 V벨트에서의 긴장측 장력(T_t)과 이완측 장력(T_s) 광식은 다음과 같다.

$$T_t = \frac{e^{\mu'\theta}}{e^{\mu'\theta}-1}P_e + \overline{m}v^2 \qquad T_s = \frac{1}{e^{\mu'\theta}-1}P_e + \overline{m}v^2$$

여기서, $e^{\mu'\theta}$: 장력비, P_e : 유효장력, $\overline{m}$: 단위 길이당 질량, v : 회전속도
문제에서 주어진 값을 긴장측 장력 관계식에 대입하면,

$$196 = \frac{4}{4-1}P_e + 0.15\times 30^2$$

$$P_e = 45.75\text{N}$$

문제 26

핀 전체가 두 갈래로 되어있어 너트의 풀림 방지나 핀이 빠져 나오지 않게 하는 데 사용되는 핀은?

① 너클 핀 ② 분할 핀
③ 평행 핀 ④ 테이퍼 핀

해설 분할핀의 나사의 풀림방지용으로 사용된다.

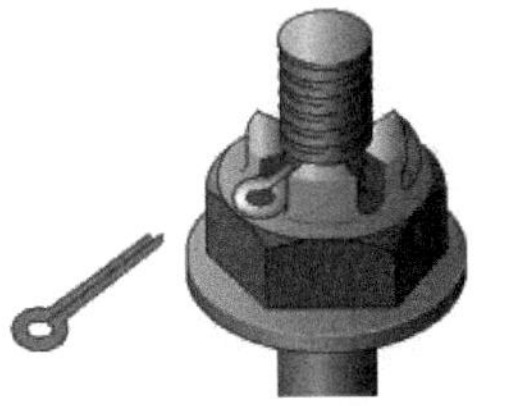

문제 27

하중이 W[N]일 때 변위량을 δ[mm]라 하면 스프링 상수 k[N/mm]는?

① $k = \frac{\delta}{W}$ ② $k = \frac{W}{\delta}$
③ $k = \delta \times W$ ④ $k = W - \delta$

해설 **스프링상수** $K = \frac{W(\text{하중})}{\delta(\text{변위량})}$

해답

25. ③ 26. ② 27. ②

문제 28

150rpm으로 5kW의 동력을 전달하는 중실축의 지름은 약 몇 mm 이상이어야 하는가? (단, 축 재료의 허용전단응력은 19.6MPa이다.)

① 36　　② 40
③ 44　　④ 48

해설 **중실축(속이 꽉 찬)의 지름**

$d = \sqrt[3]{\dfrac{16T}{\pi\tau}}$ (여기서, τ는 전단응력, T는 토크)

$T = 974000 \times 9.8 \times \dfrac{H_{KW}}{N}[\text{N}\cdot\ \text{mm}] = 974000 \times 9.8 \times \dfrac{5}{150} = 318173N\cdot\ mm$

$d = \sqrt[3]{\dfrac{16 \times 318{,}173}{\pi \times 19.6}} \fallingdotseq 43.6\text{mm}$

문제 29

다음 (　) 안에 들어갈 내용으로 옳은 것은?

> 나사에서 나사가 저절로 풀리지 않고 체결되어 있는 상태를 자립상태(self-sustenance)라고 한다. 이 자립상태를 유지하기 위한 사각나사 효율은 (　　)이어야 한다.

① 50% 이상　　② 50% 미만
③ 25% 이상　　④ 25% 미만

해설 사각나사 자립 상태 유지를 위한 효율은 50% 미만이다.

문제 30

폴(pawl)과 결합하여 사용되며, 한쪽 방향으로는 간헐적인 회전운동을 주고 반대쪽으로는 회전을 방지하는 역할을 하는 장치는?

① 플라이 휠(fly wheel)　　② 래칫 휠(rachet wheel)
③ 블록 브레이크(block brake)　　④ 드럼 브레이크(drum brake)

해설 **래칫 휠** : 걸쇠역할을 하는 폴을 이용하여 한쪽 반향으로만 회전하는 톱니모양이 있는 풀리이다.

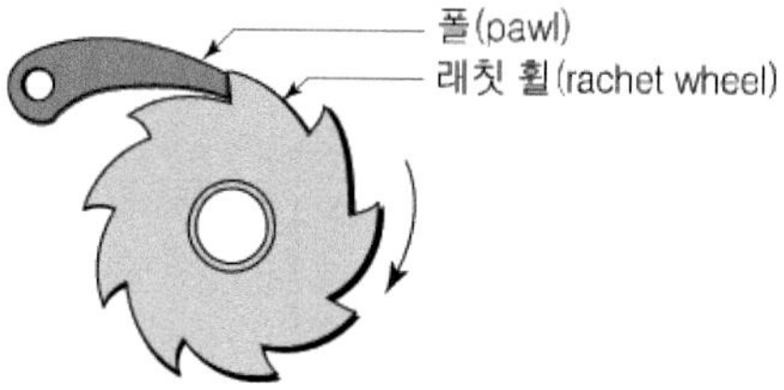

해답

28. ③　29. ②　30. ②

문제 31

지름 75mm의 축을 사용하여 250rpm으로 66kW의 동력을 전달시키는 축에 발생하는 전단응력은 약 몇 MPa인가?

① 30.43 ② 48.85
③ 61.46 ④ 82.22

해설 전단응력 $\tau = \dfrac{T}{Z_P} = \dfrac{2519932.8}{\dfrac{\pi \times 75^3}{16}} = 30.42\text{N/mm}^2 = 30.42\text{MPa}$

$$T = 974000 \times \frac{H_{KW}}{N} = 974000 \times \frac{66}{250} = 257136\text{kgf}\cdot\ \text{mm} = 2519932.8\text{N}\cdot\ \text{mm}$$

문제 32

길이에 비해 지름이 아주 작은(보통 5mm이하) 긴 원통형 모양의 롤러를 사용하는 베어링으로 일반적으로 리테이너는 없지만, 롤러의 굽힘을 방지하기 위해 일부 리테이너가 장착되기도 하는 베어링은?

① 테이퍼 롤러 베어링 ② 구면 롤러 베어링
③ 니들 롤러 베어링 ④ 자동 조심 롤러 베어링

해설 **니들 롤러 베어링** : 길이에 비해 지름이 아주 작은(보통 5mm이하) 긴 원통형 모양의 롤러를 사용하는 베어링으로 일반적으로 리테이너는 없지만, 롤러의 굽힘을 방지하기 위해 일부 리테이너가 장착되기도 하는 베어링으로 변속기 및 자재 이음에 사용되고 있다.

문제 33

원동축에서 종동축에 동력을 연결하거나 혹은 동력전달 중에 동력을 끊을 필요가 있을 때 사용되는 기계요소에 속하는 것은?

① 원심 클러치 ② 플렉시블 커플링
③ 셀러 커플링 ④ 유니버설 조인트

해답

31. ① 32. ③ 33. ①

해설 **원심 클러치**

자동클러치의 일종으로, 원심력을 이용하여 동력을 잇고 끊는 장치.소형의 원동기장치자전거나, 스쿠터 등에서 많이 이용되는 클러치 형식으로, 엔진의 회전수가 낮을 때는 원심력이 리턴스프링의 장력보다 작기에 동력의 전달이 없으나, 속도가 빨라져 원심력이 강해지면 슈가 클러치에 붙으면서, 마찰을 통해 동력을 전달하게 되는 것이다.

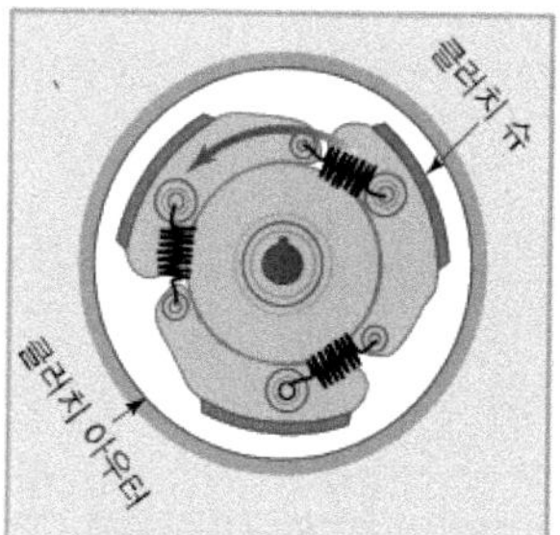

엔진의 회전수가 적을 때

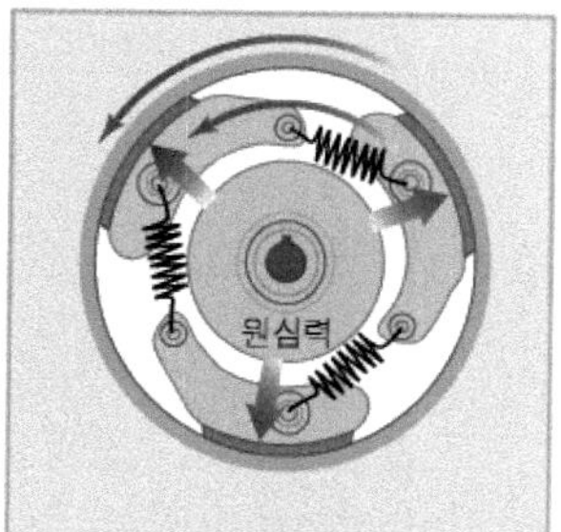

엔진의 회전수가 클 때

문제 34

다른 기어장치와 비교하여 웜기어 장치의 특징에 대한 설명으로 옳지 않은 것은?

① 소음과 진동이 적다.
② 큰 감속비를 얻을 수 있다.
③ 미끄럼이 적고 효율이 높다.
④ 역회전을 방지할 수 있다.

해설 **웜기어의 장단점**

장 점	단 점
•큰 감속비가 얻어진다.(1/10 ~1/100) •부하용량이 크다. •역전방지를 할 수 있다. •운전 중 소음이 생기지 않고 진동이 적다.	•효율이 낮다(40~50%) •호환성이 없다. •웜휠의 가공에 특수공구가 필요하다. •웜휠의 정도 측정이 곤란하다.

문제 35

다음 중 에너지의 단위로 사용되는 것은?

① W
② J
③ N
④ Pa

해설 에너지는 일량의 단위와 같다.

① W : 동력단위
② J : 일의 단위, 에너지 단위
③ N : 힘의 단위
④ Pa : 압력단위, 응력단위, 탄성계수의 단위

해답

34. ③ 35. ②

문제 36

스프링의 상수사 6N/mm인 코일 스프링에 300N의 인장하중을 발생시키면, 변형량은 약 몇 mm인가?

① 40mm　② 50mm
③ 60mm　④ 70mm

해설 **변화량** $\delta = \frac{F}{K} = \frac{300\text{N}}{6\text{N/mm}} = 50\text{mm}$

문제 37

다음 중 주로 운동용으로 사용되는 나사에 속하지 않는 것은?

① 사각 나사　② 미터 나사
③ 톱니 나사　④ 사다리꼴 나사

해설 미터나사(M나사)는 체결용 나사이다.

문제 38

강판의 두께는 14mm, 리벳지름은 17mm, 리벳의 피치는 48mm인 1줄 겹치기 리벳이음에서 1피치마다 10kN의 하중이 작용할 때 강판의 효율은? (단, 리벳 구멍의 지름은 리벳의 지름과 같다고 가정한다.)

① 51.76%　② 55.12%
③ 60.34%　④ 64.58%

해설 **강판의 효율** $\eta = 1 - \frac{d}{p} = 1 - \frac{17}{48} = 0.645 = 64.5\%$

문제 39

브레이크 드럼축에 600N · m의 토크가 작용하고 있을 때, 이 축을 정지시키는 데 필요한 제동력은 약 몇 N인가?(단, 브레이크 드럼의 지름은 450mm이다.)

① 2667　② 4545
③ 6000　④ 8525

해설 **제동력** $f = \frac{2T}{D} = \frac{2 \times 600000\text{Nmm}}{450\text{mm}} = 2666.667\text{N}$

해답

36. ② 37. ② 38. ④ 39. ①

문제 40

체인 동력장치에서 스프로킷 휠의 피치가 15.875mm, 잇수가 30, 체인의 평균속도가 4.8m/s이라면, 스프로킷의 회전수는 약 몇 rpm인가?

① 300 ② 400
③ 500 ④ 600

해설

$$V=\frac{pZN}{60\times1000}$$

분당회전수 $N=\frac{V\times60\times1000}{p\times Z}=\frac{4.8\times60\times1000}{15.875\times30}=604.72\text{rpm}$

제3과목 기계재료 및 측정

문제 41

다음 조직 중 2상 혼합물은?

① 펄라이트 ② 시멘타이트
③ 페라이트 ④ 오스테나이트

해설 **펄라이트**

철-탄소 평형상태도에서 탄소강의 공석반응에서 나타나며 약 727℃, 0.77%C에서 페라이트+시멘타이트 층상 구조이다.

문제 42

티타늄 합금의 일반적인 성질에 대한 설명으로 틀린 것은?

① 열팽창계수가 작다. ② 전기저항이 높다.
③ 비강도가 낮다. ④ 내식성이 우수하다.

해설 **티타늄 합금의 특징**

① 비중 : 4.54, 용융점 : 1668℃
② 880℃ 이하에서는 조밀육방격자(HCP)인 α상을 가지고, 880℃ 이상에서는 면심입방격자(BCC)인 β상을 나타낸다.
③ 비중에 대한 인장강도의 비, 즉 비강도가 극히 높아 우주 항공기 분야에 많이 사용된다.
④ 크리프 강도가 높아 고온재료, 즉 항공기, 우주선, 가스터빈의 구조용 재료에 사용된다.

해답

40. ④ 41. ① 42. ③

⑤ 실용 금속 중 내식성이 가장 우수하다. 화학공업용으로 수산화나트륨의 제조 장치, 분뇨처리설비 등 강부식의 환경용으로 사용된다. 해수(海水)에 거의 부식이 없기 때문에 선박부품에 사용되며, 해안부근의 설비나 건축물의 구조재로 사용된다.
⑥ 인체와 친화성이 대단히 좋아 안경, 시계, 장신구 및 인공치아, 의치, 인공뼈 등 생체재료로도 사용된다.
⑦ 티탄제조법에는 크롤(kroll)법과 헌터(hunter)법이 있다.

문제 43

다음 금속재료 중 인장강도가 가장 낮은 것은?

① 백심가단주철 ② 구상흑연주철
③ 회주철 ④ 주강

해설 **주철 제품의 인장강도 비교**
구상흑연주철 > 백심가단주철 > 흑심가단주철 > 고급주철 > 회주철

문제 44

초경합금에 관한 사항으로 틀린 것은?

① WC분말에 Co분말을 890℃에서 가열 소결시킨 것이다.
② 내마모성이 아주 크다.
③ 인성, 내충격성 등을 요구하는 곳에는 부적합하다.
④ 전단, 인발, 압출 등의 금형에 사용된다.

해설 초경합금은 W, Ti, Ta 등의 탄화물 분말(WC, TiC, TaC)에 Co나 Ni분말을 결합한 후 1400℃ 이상에서 가압 소결한 재료이다.

문제 45

표준상태의 탄소강에서 탄소의 함유량이 증가함에 따라 증가하는 성질로 짝지어진 것은?

① 비열, 전기저항, 항복점 ② 비중, 열팽창계수, 열전도도
③ 내식성, 열팽창계수, 비열 ④ 전기저항, 연신율, 열전도도

해설 **탄소강에서 탄소(C) 함유량이 많아질수록**
① 증가하는 것 : 강도, 경도, 취성, 전기저항, 비열, 항복강도
② 감소하는 것 : 연성, 전성, 인성, 충격값, 비중, 열전도율, 열팽창계수, 내마모성

해답

43. ③ 44. ① 45. ①

문제 46

담금질한 강재의 잔류 오스테나이트를 제거하며, 치수변화 등을 방지하는 목적으로 0℃ 이하에서 열처리하는 방법은?

① 저온뜨임　　② 심랭처리
③ 마템퍼링　　④ 용제화처리

해설 **서브제로처리**(= 심랭처리 = 영하처리)
오스테나이트를 염욕에서 M_f점 이하로 하여 담금질에서 얻은 마르텐자이트에서 잔류 오스테나이트를 제거하는 방법

문제 47

다음 중 온도변화에 따른 탄성계수의 변화가 미세하여 고급시계, 정밀저울의 스프링에 사용되는 것은?

① 인코넬　　② 엘린바
③ 니트롬　　④ 실리콘브론즈

해설 **불변강** : 온도나 외부 힘에 의해 변형이 거의 없는 강
① 인바 : 줄자, 표준자, 시계의 추 등의 재료에 사용
② 엘린바 : 정밀 계측기기, 전자기 장치, 각종 정밀 부품 등의 주요 부품재료로 사용된다.
③ 초불변강(Super invar, 초인바) : 인바보다 선팽창계수가 작다
④ 코엘린바 : 공기나 물 속에서 부식되지 않는다. 주로 스프링, 태엽 기상 관측용 기구 등의 부품 재료로 사용된다.

문제 48

Fe-Mn, Fe-Si으로 탈산시켜 상부에 작은 수축관과 소수의 기포만이 존재하며 탄소 함유량이 0.15~0.3% 정도인 강은?

① 킬드강　　② 캡드강
③ 림드강　　④ 세미킬드강

해설 **탈산 정도에 따른 강괴**(Steel Ingot)**의 분류**
강괴의 종류 : 용강의 탈산 정도에 따라 3가지가 있다.
① 킬드강(killed steel) : 탈산제로 충분히 탈산시킨 강괴로서 비교적 성분이 균일하여 보일러용 강판, 기계구조용 탄소강 등 고급 강제로 사용한다. 기포나 편석이 없고 진정강이라고 한다.
② 림드강(rimmed steel) : 용강을 Fe-Mn로 가볍게 탈산시킨 것으로 내부에는 기포가 남아있다. 표면 부근은 순도가 높기 때문에 봉, 관재, 판재로 사용한다.
③ 세미킬드강(semi-killed steel) : 킬드강과 림드강의 중간정도의 강괴이다.

해답

46. ②　47. ②　48. ④

문제 49

다음 중 뜨임의 목적과 가장 거리가 먼 것은?

① 인성 부여 ② 내마모성의 향상
③ 탄화물의 고용강화 ④ 담금질할 때 생긴 내부응력 감소

해설 **뜨임**(Tempering, 템퍼링, 소려) : 담금질 한 강의 인성부여, 내마모성의 향상, 담금질 할 때 생긴 내부 응력 제거

문제 50

다음 중 피로 수명이 높으며 금속 스프링과 같은 탄성을 가지는 수지는?

① PE ② PC
③ PS ④ POM

해설 POM 수지를 폴리아세탈 수지, 또는 아세탈이라고도 하며 다음과 같은 특징이 있다.

① 아세탈은 결정성의 열가소성 플라스틱 중 하나로 단단하고 압력을 가해도 모양이 변하지 않으며 녹는점이 좋다. 그래서 기어류, 표면이 매끄러워서 두 부품이 서로 마찰되는 부품들에서 많이 사용된다.
(높은 결정성의 고분자, 기계적 강도, 내마모성 우수, 내유성이 큼)
② 주 용도는 냉장고, 세탁기, 캠, 바퀴, 기어, 절연판, 가이드, 버클 등에 사용
③ 재료성질
㉠ 결정성 수지이며 유백색을 띈다. 인장강도, 벤딩강도, 충격강도가 높다.
㉡ 내 마모성이 뛰어나고 마찰 저항이 적으며 자기 윤활성이 있다.
㉢ 내열성이 좋다.
㉣ 하중을 받는 상태에서 120도 정도의 변형 온도를 갖는다.
㉤ 산화물에 약하다.
㉥ 자외선에 약하다.
㉦ 푸르스름한 불꽃을 내며 포름알데히드의 강한 자극성 냄새가 난다.

※ PE : 폴리에틸렌, PC : 폴리카보네이트, PS : 폴리스티렌

문제 51

다음 중 유리 섬유 강화 플라스틱은?

① CFRP ② MFRP
③ GFRP ④ FRTP

해설 **복합재료의 종류**

① FRM(섬유강화 금속, fiber reinforced metals) : 모재의 종류가 금속
② FRP(섬유강화 플라스틱, fiber reinforced plastic) : 모재의 종류가 플라스틱
③ GFRP : FRP에 보강재료로 유리(Glass)가 사용된 것
④ CFRP : FRP에 보강재료로 탄소(Carbon)가 사용된 것

해답

49. ③ 50. ④ 51. ③

문제 52

Fe에 C가 고용되어 α−Fe가 될 때 고용체의 형태는?

① 침입형 고용체　　② 치환형 고용체
③ 고정형 고용체　　④ 편석 고용체

해설 α−Fe(페라이트) 조직은 철에 탄소가 고용될 때 침입형 고용체의 형태를 갖는다.

치환형 고용체	침입형 고용체
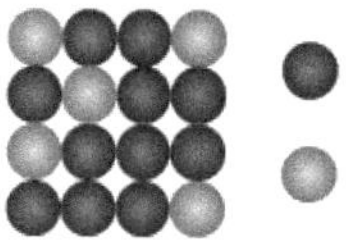	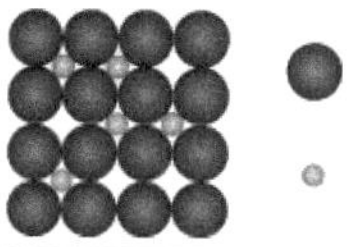

문제 53

전연성이 좋고 색깔도 아름답기 때문에 장식용 금속잡화, 악기 등에 사용되고, 특히 납(Pb)을 첨가한 것은 금색에 매우 가까우므로 박(foil)으로 압연하여 금박의 대용으로 사용되는 것은?

① 95% Cu−5%Sn 합금　　② 80% Cu−20%Zn 합금
③ 60%Cu−40%Sn 합금　　④ 50%Cu−50%Zn 합금

해설 **황동**

① 톰백 : 모조금 아연5~20% 전연성이 좋고 색깔이 금색 모조금으로 사용, 판재 사용
② 7:3황동(=카터리지메탈) : 70Cu−30Zn의 합금, 가공용 황동의 대표, 자동차 방열기, 탄피재료
③ 6:4황동(=문쯔메탈) : 60Cu−40Zn황동 중 가장 저렴, 탈아연 부식 발생
④ 황동주물 : 절삭성과 주조성이 좋아 기계부품, 건축용 부품
⑤ 쾌삭황동 : 1.5~3.0%Pb 절삭성이 좋아 정밀절삭가공을 필요로 하는 기계용 기어, 나사
⑥ 주석황동 ㉠ 에드머럴티황동 : 7:3황동에 1%의 내의 Sn 첨가
　　　　　㉡ 네이벌황동 : 6:4황동에 1%의 내의 Sn 첨가
⑦ 델타메탈(=철황동) : 6:4황동에 1~2%Fe함유, 강도와 내식성우수 광산, 선박, 화학기계에 사용
⑧ 망간니 : 황동에 10~15%망간 함유 전기저항률이 크고, 온도계수가 적어 표준저항기, 정밀기계에 사용
⑨ 양은(=양백, Nickel Silver) : 10~20%Ni 장식품, 악기, 광학기계 부품에 사용

해답

52. ①　53. ②

문제 54

비정질 합금의 일반적인 특징이 아닌 것은?

① 전기저항이 크다. ② 결정이방성이 없다.
③ 가공경화를 일으키지 않는다. ④ 구조적으로 장거리 규칙성이 있다.

해설 **비정질 합금** : 일정한 결정구조를 갖고 있지 않는 구조이며 강도와 경도가 높으면서도 전기저항이 크며, 자기적 특성이 우수하여 변압기용 철심 재료로 활용된다. 고속 급랭 작업을 통해 제조할 수 있다.

문제 55

니켈에 대한 설명으로 틀린 것은?

① 면심입방격자이다.
② 상온에서 강자성체이다.
③ 냉간가공 및 열간가공이 불가능하다.
④ 내식성이 좋아 대기 중에서 부식이 잘 일어나지 않는다.

해설 **니켈의 특징**

① 비중 8.9, 용융점 1455℃ 은백색의 면심입방격자
② 열전도도가 우수하다.
③ 상온에서 전연성이 좋아 소성가공에서 냉간가공, 열간가공이 용이하다.
④ 상온에서 강자성체 360℃에서 자성을 잃는다.(자기변태)
⑤ 내식성이 크고 공기 중에서 500~1000℃로 가열해도 열로 산화되지 않는다. 질산, 염산에 침식되고 황산에 부식되지 않으며 알칼리에 강하다.
⑥ 용도는 화학공업, 식품공업, 화폐, 도금용 등에 널리 사용된다.

문제 56

투영기에 의해 측정할 수 있는 것은?

① 각도 ② 진원도
③ 진작도 ④ 원주 흔들림

해설 **투영기**(profile projector, 윤곽투영기)
영사기와 같은 원리로 측정 검사할 시표를 광학적으로 확대투영하고, 투영면 상에서 그 형상치수를 측정하거나 검사할 때 사용한다.
나사, 게이지, 기계부품 등의 피검물을 광학적으로 정확한 배율로 확대하고 투영하여 스크린에서 그 형상이나 치수, 각도 등을 측정하는 장치이다. 조명 광선의 방향에 따라 수직형과 수평형으로 나뉘는데, 이 두 방식은 측정하고자 하는 물체의 크기와도 밀접한 관련이 있다.

해답

54. ④ 55. ③ 56. ①

문제 57

옵티컬 플랫을 이용하여 외측 마이크로미터의 평행도를 검사하였더니 백색광에 의한 적색 간섭무늬의 수가 앤빌에서 2개, 스핀들에서 4개였다. 평행도는 약 얼마인가? (단, 측정에 사용한 빛의 파장은 0.32μm이다.)

① 1μm ② 2μm
③ 4μm ④ 6μm

해설 **평행도** $P = 0.32\mu m \times 3 = 0.96\mu m$

문제 58

삼점법에 의한 진원도 측정에 쓰이는 측정기기가 아닌 것은?

① V 블록 ② 측미기
③ 3각 게이지 ④ 실린더 게이지

해설 진원도 측정법에는 직경법, 3점법, 반경법이 있다.
3점법을 이용한 진원도 측정시 필요한 것은 V블록, 측미기, 다이얼 게이지가 필요하다.
실린더 게이지는 내경 측정용 게이지이다.

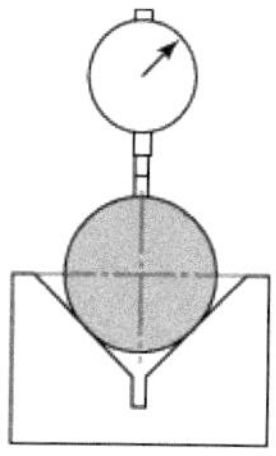

문제 59

허용한계치수의 해석에서 "통과측에는 모든 치수 또는 결정량이 동시에 검사되고 정지측에는 각각의 치수가 개개로 검사되어야 한다."는 무슨 원리인가?

① 아베(Abbe)의 원리 ② 테일러(Taylor)의 원리
③ 헤르츠(Hertz)의 원리 ④ 후크(Hook)의 원리

해설 **테일러의 원리** : 공차(한계)게이지의 통과측에는 모든 치수 또는 결정량이 동시에 검사되고 정지측에는 각 치수를 개개로 검사해야 된다.

문제 60

직접측정의 장점에 해당되지 않는 것은?

① 측정기의 측정범위가 다른 측정법에 비하여 넓다.
② 측정물의 실제치수를 직접 읽을 수 있다.
③ 수량이 적고, 많은 종류의 제품 측정에 적합하다.
④ 측정자의 숙련과 경험이 필요없다.

해답

57. ① 58. ④ 59. ② 60. ④

해설 **직접측정의 장점**

① 측정기의 측정범위가 다른 측정법에 비하여 넓다.
② 측정물의 실제치수를 직접 읽을 수 있다.
③ 수량이 적고, 많은 종류의 제품 측정에 적합하다.

직접측정의 단점

측정자의 숙련과 경험이 필요하기 때문에 숙련된 기술자가 필요하다.

해답

기계설계산업기사

2020년 6월 6일 시행

제1과목 기계제도

문제 01

다음 기하공차 중에서 자세 공차를 나타내는 것은?

① ─ ② ⏥

③ ○ ④ ⊥

해설 기하공차의 종류와 그 기호

적용하는 형체	공차의 종류		기호
단독형체	모양공차	진직도	─
		평면도	⏥
		진원도	○
		원통도	⌭
단독형체 또는 관련형체		선의 윤곽도	⌒
		면의 윤곽도	⌓
관련형체	자세공차	평행도	//
		직각도	⊥
		경사도	∠
	위치 공차	위치도	⌖
		동축도 또는 동심도	◎
		대칭도	⌯
	흔들림 공차	원주 흔들림	↗
		온 흔들림	⌰

문제 02

다음 용접 기호 중 필릿 용접 기호는?

① || ② V

③ |/ ④ ◺

해답

01. ④ 02. ④

해설

명칭	그림	간략기호
① 평면형 평행 맞대기 이음 용접	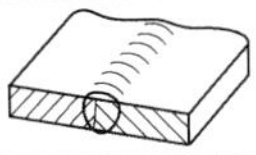	‖
② 한쪽면 V형 홈 맞대기 이음 용접	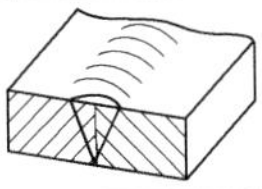	∨
③ 한쪽면 K형 맞대기 이음 용접	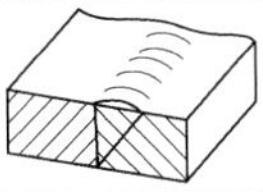	
④ 필릿 용접	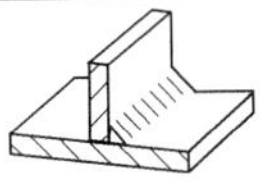	

문제 03

그림과 같은 탄소강 재질의 가공품 질량은 약 몇g인가? (단, 치수의 단위는 mm이며, 탄소강의 밀도는 7.8g/cm^{3}으로 계산한다.)

① 49.09
② 54.81
③ 64.54
④ 71.75

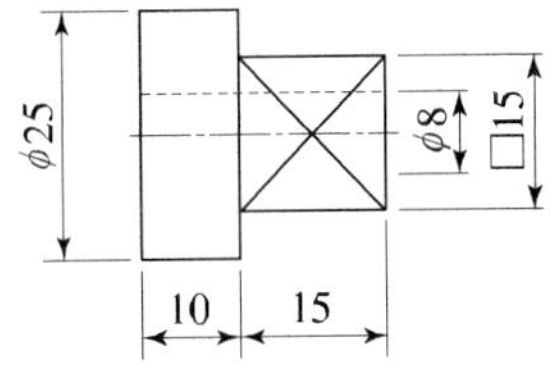

해설 (질량) $m = \rho \times V = 7.8\text{g/cm}^3 \times 7.0271\text{cm}^3 = 54.811\text{g}$

(체적) $V = \left(\frac{\pi}{4} \times 25^2 \times 10\right) + (15 \times 15 \times 15) - \left(\frac{\pi}{4} \times 8^2 \times 25\right)$

$= 7027.1\text{mm}^3 = 7.0271\text{cm}^3$

문제 04

그림의 기호가 의미하는 표면의 무늬결의 지시에 대한 설명으로 옳은 것은?

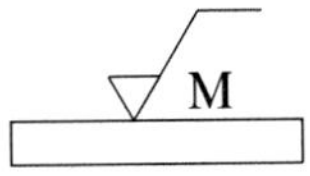

① 표면의 무늬결이 여러 방향이다.
② 표면의 무늬결 방향이 기호가 사용된 투상면에 수직이다.
③ 기호가 적용되는 표면의 중심에 관해 대략적으로 원이다.
④ 기호가 사용되는 투상면에 관해 2개의 경사 방향에 교차한다.

해답

03. ② 04. ①

해설

기호	의미	설명도
X	가공에 의한 커터의 줄무늬 방향이 기호를 기입한 그림의 투상면에 경사지고 두 방향으로 교차 [보기] 호닝 다듬질면	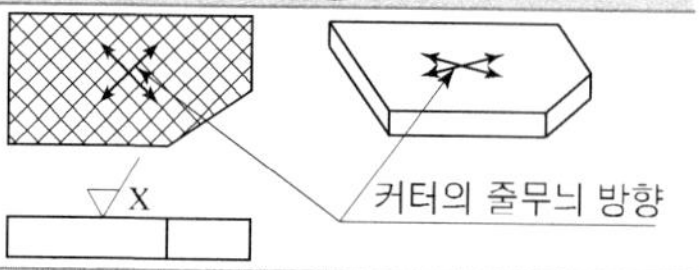
M	가공에 의한 커터의 줄무늬가 여러 방향으로 교차 또는 무방향 [보기] 래핑 다듬질면, 슈터 피니싱면, 가로 이송을 준 정면 밀링 또는 엔드 밀 절삭면	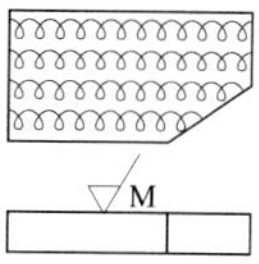
C	가공에 의한 커터의 줄무늬가 기호를 기입한 면의 중심에 대해 대략 동심원 모양 [보기] 끝면 절삭면	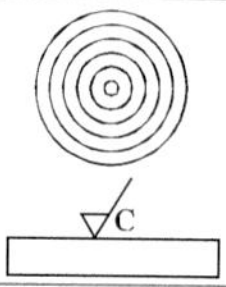
R	가공에 의한 커터의 줄무늬가 기호를 기입한 면의 중심에 대한 대략 레이디얼 모양	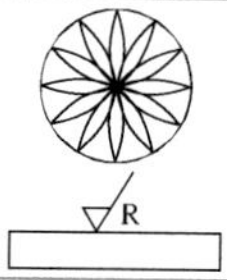

문제 05

다음과 같은 3각법으로 그린 투상도의 입체도로 가장 옳은 것은? (단, 화살표 방향이 정면이다.)

① 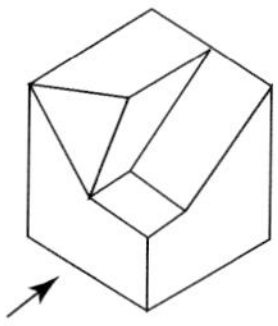

② 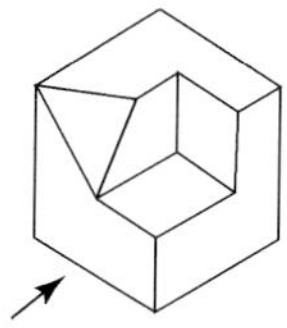

③ 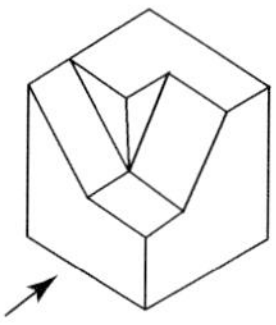

④ 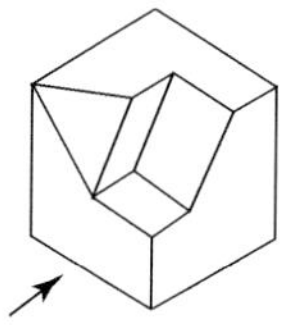

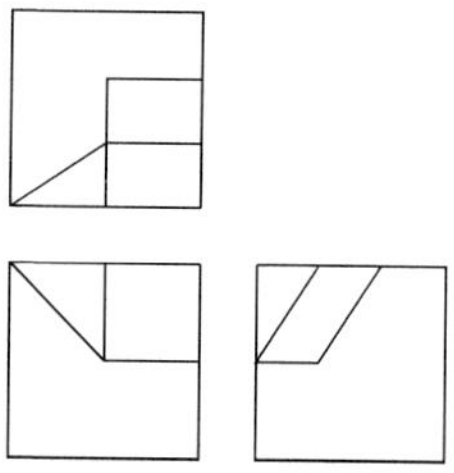

해설

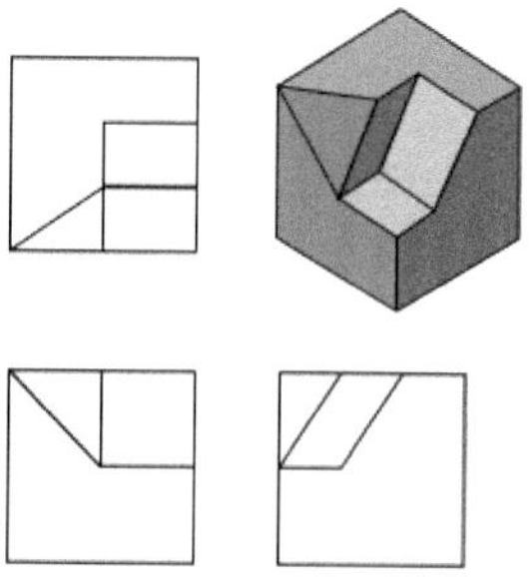

해답

05. ④

문제 06

다음과 같은 기하공차에 대한 설명으로 틀린 것은?

◎	ϕ0.01	A

① 허용공차가 ϕ0.01 이내이다.
② 문자 'A'는 데이텀을 나타낸다.
③ 기하공차는 원통도를 나타낸다.
④ 지름이 여러 개로 구성된 다단축에 주로 적용하는 기하공차이다.

해설

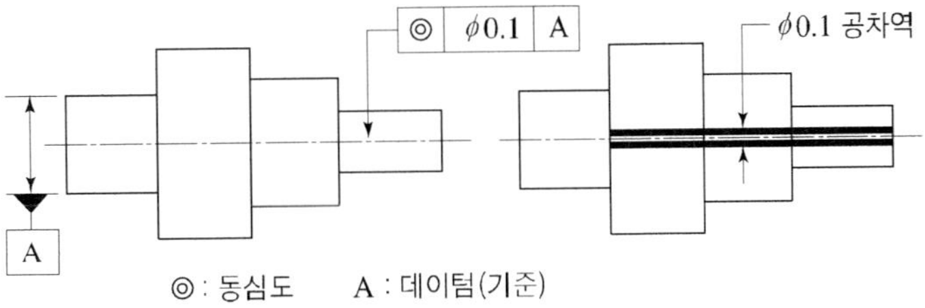

문제 07

치수를 기입할 때 기준면을 설정하여 기점기호(○)를 사용한 후 기점기호를 기준으로 치수를 기입하는 방법은?

① 직렬 치수기입
② 병렬 치수기입
③ 누진 치수기입
④ 좌표 치수기입

해설 누진치수는 치수를 기입할 때 기준면을 설정하여 기점기호(○)를 사용한 후 기점기호를 기준으로 치수를 기입한다.

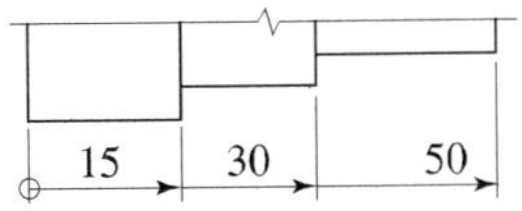

문제 08

그림과 같이 절단할 곳의 전후를 파단선으로 끊어서 회전도시 단면도로 나타낼 때 단면도의 외형선은 어떤 선을 사용해야 하는가?

① 굵은 실선
② 가는 실선
③ 굵은 1점 쇄선
④ 가는 2점 쇄선

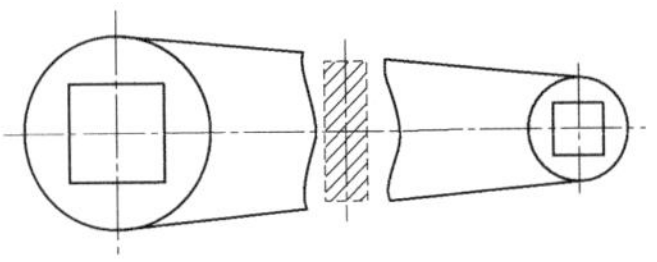

해답 06. ③ 07. ③ 08. ①

해설 회전단면도

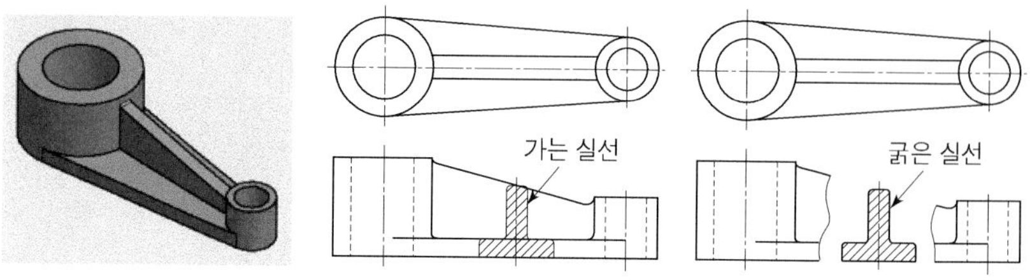

문제 09

일반적으로 그림과 같은 입체도를 제1각법과 제3각법으로 도시할 때 배열위치가 동일한 것을 모두 고른 것은?

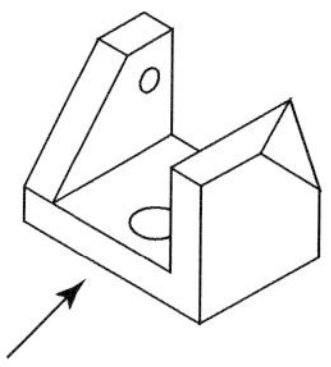

① 정면도, 배면도
② 정면도, 평면도
③ 우측면도, 배면도
④ 정면도, 우측면도

해설 1각법과 3각법은 정면도와 배면도가 일치한다.

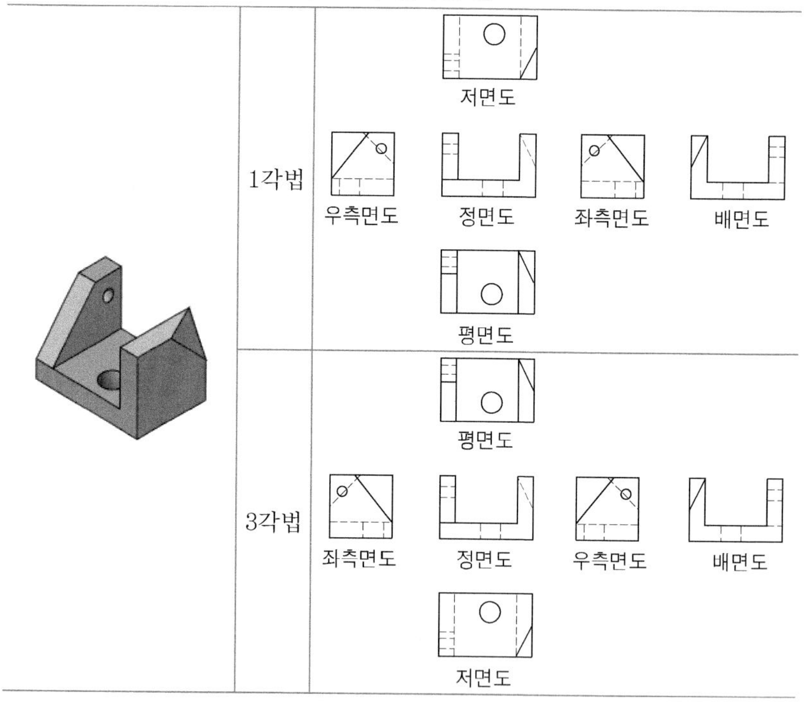

해답

09. ①

문제 10

그림에서 도시한 KS A ISO 6411-A4/8.5의 해석으로 틀린 것은?

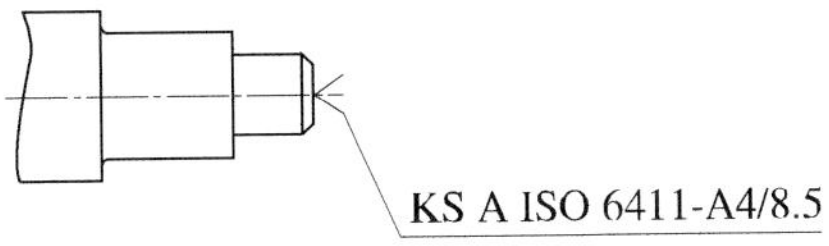

① 센터구멍의 간략 표시를 나타낸 것이다.
② 종류는 A형으로 모따기가 있는 경우를 나타낸다.
③ 센터 구멍이 필요한 경우를 나타내었다.
④ 드릴 구멍의 지름은 4mm, 카운터싱크 구멍지름은 8.5mm이다.

해설 KSA ISO6411 : 센터구멍의 규격번호
A4 : 드릴 구멍의 지름이 4mm
8.5 : 카운터싱크 구멍의 지름은 8.5mm

문제 11

다음 중 원추면을 하나의 평면으로 절단할 때 얻을 수 있는 원추곡선을 모두 고른 것은?

㉠ 원	㉡ 타원	㉢ 포물선	㉣ 쌍곡선

① ㉡, ㉣
② ㉠, ㉡, ㉣
③ ㉡, ㉢, ㉣
④ ㉠, ㉡, ㉢, ㉣

해설 원추곡선 ─ 원
- 타원
- 포물선
- 쌍곡선

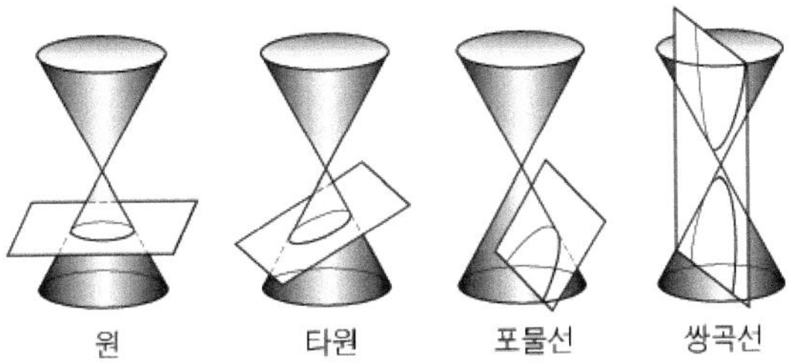

문제 12

NC 데이터에 의한 NC 가공작업이 쉬운 모델링은?

① 와이어 프레임 모델링
② 서피스 모델링
③ 솔리드 모델링
④ 윈도우 모델링

해설 ① **와이어 프레임 모델**(wire frame model) : 철사로 3차원 형상을 만드는 것 (edge로 표현)
㉠ 데이터 구성이 간단하여 모델 작성이 쉽고 처리 속도가 빠름

해답

10. ② 11. ④ 12. ②

㉡ 선 정보이므로 단면도 작성과 숨은 선 제거 불가능
㉢ 물리적 성질의 계산이 불가능
㉣ 내부에 관한 정보가 없어 해석용 모델에 사용이 불가능
㉤ 3면 투시도의 작성이 용이

② **서피스 모델**(surface model) : 와이어 프레임 모델에 각 면의 데이터를 추가
㉠ 단면도 작성 및 숨은 선 제거 가능
㉡ 2개 면의 교선을 구할 수 있다.
㉢ NC 가공 정보를 얻을 수 있다.
㉣ 와이어 프레임보다 데이터량이 증가한다.
㉤ 물리적 성질을 계산하기 곤란하다.
㉥ 복잡한 형상 표현이 가능하다.
㉦ 유한요소법(FEM)의 적용을 위한 요소 분할이 어렵다.

③ **솔리드 모델**(solid model)
㉠ 표현력이 크고 응용 범위가 가장 넓다.
㉡ 단면도 작성과 숨은선 · 면의 제거 가능
㉢ 물리적 성질의 계산이 가능(체적, 무게중심, 관성 모멘트 등)
㉣ 동작 시뮬레이션, 간섭 체크에 유효
㉤ 데이터의 양이 많고, 데이터 구조가 복잡
㉥ 컴퓨터의 메모리량이 많아야 되고 처리에 시간이 걸림
㉦ FEM을 위한 메시 자동 분할이 가능
㉧ 이동 · 회전 등을 통하여 정확한 형상 파악을 할 수 있다.

문제 13

(x, y)좌표 기반의 2차원 평면에서 정의되는 직선의 방정식에서 기울기의 절대값이 가장 큰 것은?

① 수평축에서 135도 기울어져 있는 직선
② x축 절편이 3, y축 절편이 15인 직선
③ 점 (10,10), (25,55)을 지나는 직선
④ 직선의 방정식이 $4y = 2x + 7$인 직선

해설

① 수평축에서 135도 기울어져 있는 직선, $\tan 135 = \frac{\Delta y}{\Delta x} = -1$, 기울기 절대값 1

② x축 절편이 3, y축 절편이 15인 직선, $\frac{\Delta y}{\Delta x} = \frac{15}{3} = 5$, 기울기 절대값 5

③ 점 (10,10), (25,55)을 지나는 직선, $\frac{\Delta y}{\Delta x} = \frac{55-10}{25-10} = 3$, 기울기 절대값 3

④ 직선의 방정식이 $4y = 2x + 7$인 직선, $y = \frac{2}{4}x + \frac{7}{4}$ 기울기 절대값 $\frac{2}{4} = \frac{1}{2}$

해답

13. ②

문제 14

타원 $\frac{x^2}{2}+\frac{y^2}{3}=1$에 접하고 기울기가 1인 직선의 방정식은?

① $y=x\pm\sqrt{5}$
② $y=x\pm\sqrt{7}$
③ $y=x\pm\sqrt{11}$
④ $y=x\pm\sqrt{13}$

해설

타원식 $\frac{x^2}{a^2}+\frac{y^2}{b^2}=1$, 직선식 $y=mx+p$일 때

타원에 직선이 접하기 위한 접선의 방정식

$y'=mx+\sqrt{a^2m^2+b^2}$

$y'=1\times x+\sqrt{2^2\times 1^2+3^2}=x+\sqrt{13}$

문제 15

모델형상의 실제 기하학적 크기는 변화 없이 화면상의 출력 이미지에 대한 시각적인 확대 또는 축소가 이루어지는 것은?

① Panning
② Clipping
③ Zooming
④ Grouping

해설

① **Panning** : 화면 이동된 이미지
② **Clipping** : 모델형상의 일부가 자체가 잘려나져서 보이지는 이미지
③ **Zooming** : 실제 기하학적 크기는 변화 없이 화면상의 출력 이미지에 대한 시각적인 확대 또는 축소가 이루어지는 것

문제 16

원기둥을 3가지 3차원 형상 모델(CSG, B-rep, Voxel)로 표현할 때 요구되는 메모리 공간의 일반적인 크기의 비교로 옳은 것은?

① B-rep > CSG > Voxel
② B-rep > Voxel > CSG
③ Voxel > CSG > B-rep
④ Voxel > B-rep > CSG

해설

복셀(voxel)표현
공간을 삼차원 격자면으로 분해하여, 무수히 많은 정육면체(Voxel)의 집합으로 표시하며, 고정된 크기와 해상도에서 유일하고 모호하지 않게 결정된다. 또한, 질량성질(Mass Property)의 계산, 집합연산(Boolean Operation)등이 간단하고, 근사적 표현의 한계, 많은 메모리를 필요로 한다.

B-Rep(Boundary Representation)
입체를 구성하는 면의 접속 관계로 입체를 표현하는 방법으로 현실세계에서 존재하지 않는 모델도 있을 수 있다.

해답

14. ① 15. ③ 16. ④

CSG(Constructive Solid Geometry) **방식**
자유곡면 및 필렛 등의 조작이 용이하지 않다. 데이터 양이 적다. 데이터 논리 과정의 조합, 초기 모델의 생성 과정이 용이하다.
※ 데이터용량의 크기 순서 : Voxel > B-rep > CSG

문제 17

3D CAD 데이터를 사용하여 레이아웃이나 조립성 등을 평가하기 위하여 컴퓨터상에서 부품을 설계하고 조립체를 생성하는 것은?

① rapid prototyping ② digital mock-up
③ part programming ④ reverse engineering

해설 **Digital Mock-Up**(DMU, 디지털 목업) : 제품 개발 초기 단계부터 CAD/CAM system을 이용하여 모든 부품을 3차원 솔리드로 모델링하고, 실제부품이 제작되기 전에 이를 컴퓨터 화면에서 조립, 검토하여 설계단계에서 제작성, 조립가공, 조립성의 조기 검증 등을 시뮬레이션을 수행함으로써 사전에 발생될 수 있는 문제점들을 해결 하는 방법이다.

문제 18

다음과 같은 원추곡선(conic curve) 방정식을 정의하기 위해 필요한 구속조건의 수는?

$$f(x,y) = ax^2 + bxy + cy^2 + dx + ey + g = 0$$

① 3개 ② 4개
③ 5개 ④ 6개

해설 매개변수 x와 y의 비례관계를 결정지는 구속 조건은 a, b, c, d, e 5개이다.

문제 19

기하학적 형상(geometric model)을 표현하는 방법 중 점, 직선, 곡선만으로 3차원 형상을 표현하는 것은?

① 와이어 프레임 모델링 ② 라인 모델링
③ shaded 모델링 ④ 서피스 모델링

해설 **서피스 모델**(surface model) : 기하학적 형상(geometric model)을 표현하는 방법 중 점, 직선, 곡선만으로 3차원 형상을 표현하는 것
[특징] ① 단면도 작성 및 숨은 선 제거 가능
② 2개 면의 교선을 구할 수 있다.

해답

17. ② 18. ③ 19. ①

③ NC 가공 정보를 얻을 수 있다.
④ 와이어 프레임보다 데이터량이 증가한다.
⑤ 물리적 성질을 계산하기 곤란하다.
⑥ 복잡한 형상 표현이 가능하다.
⑦ 유한요소법(FEM)의 적용을 위한 요소 분할이 어렵다.

문제 20

솔리드 모델이 저장되는 데이터 자료구조의 종류로서 적당하지 않은 용어는?

① CSG 트리 구조
② half-edge 데이터 구조
③ winged-edge 데이터 구조
④ Polyhedron 데이터 구조

해설 **솔리드 모델의 데이터 구조**

① CSG(Constructive Solid Geometry) 트리구조
② Representation) 구조
　㉠ 날개 모서리(winged edge) 데이터 구조
　㉡ 반 모서리(half edge) 데이터 구조
③ 분해 모델링(Decomposition modeling)의 저장
　㉠ Voxel 모델
　㉡ Octree representation Octree representation
　㉢ 세포분해(Cell decomposition)

제2과목 기계요소설계

문제 21

어떤 블록 브레이크 장치가 5.5kW의 동력을 제동할 수 있다. 브레이크 블록의 길이가 80mm, 폭이 20mm라면 이 브레이크의 용량은 몇 MPa×m/s인가?

① 3.4
② 4.2
③ 5.9
④ 7.3

해설 **브레이크 용량**$= \dfrac{\text{제동동력(kW)}}{\text{단위면적}(\text{mm}^2)}$

$$= \frac{5.5\times10^3[\text{Nm/s}]}{80\times20[\text{mm}^2]} \fallingdotseq 3.4[\text{N/mm}^2\times\text{m/s}] = 3.4[\text{MPa}\times\text{m/s}]$$

해답 20. ④ 21. ①

문제 22

45kN의 하중을 받는 엔드 저널의 지름은 약 몇 mm인가? (단, 저널의 지름과 길이의 비 $\frac{길이}{지름}=1.5$이고, 저널이 받는 평균압력은 5MPa이다.)

① 70.9 ② 74.6
③ 77.5 ④ 82.4

해설 (베어링 압력) $p=\frac{W}{d\times l}=\frac{W}{d\times 1.5d}=\frac{W}{1.5d^2}$

(저널의 지름) $d=\sqrt{\frac{W}{1.5\times p}}=\sqrt{\frac{45000}{1.5\times 5}}=77.459\text{mm}$

문제 23

기어 절삭에서 언더컷을 방지하기 위한 방법으로 옳은 것은?

① 기어의 이 높이를 낮게, 압력각은 작게 한다.
② 기어의 이 높이를 낮게, 압력각은 크게 한다.
③ 기어의 이 높이를 높게, 압력각은 작게 한다.
④ 기어의 이 높이를 높게, 압력각은 크게 한다.

해설 **언더컷을 방지하기 위한 방법**

① 이끝을 수정한다. 즉 이 높이를 낮게 한다.
② 최소 잇수 이상으로 잇수를 사용한다.
③ 전위기어를 만든다.
④ 압력각을 크게 한다.(20° 또는 그 이상으로 한다.)

문제 24

회전수 1500rpm, 축의 직경 110mm인 묻힘키를 설계하려고 한다. 폭이 28mm, 높이가 18mm, 길이가 300mm일 때 묻힘키가 전달할 수 있는 최대 동력(kW)은? (단, 키의 허용전단응력 τ_a =40MPa이며, 키의 허용전단응력만을 고려한다.)

① 933 ② 1265
③ 2903 ④ 3759

해설

$T[\text{N}\cdot\text{mm}]=9545200\times\frac{H_{kW}[\text{kW}]}{N[\text{rpm}]}$

$\tau=\frac{2\times T}{d\times b\times L}=\frac{2\times 9545200\times\frac{H_{kW}}{N}}{d\times b\times L}$, $40=\frac{2\times 9545200\times\frac{H_{kW}}{1500}}{110\times 28\times 300}$

(최대동력) $H_{kW}=2904.077\text{kW}$

해답

22. ③ 23. ② 24. ③

문제 25

8m/s의 속도로 15kW의 동력을 전달하는 평벨트의 이완측 장력(N)은? (단, 긴장측의 장력은 이완측 장력의 3배이고, 원심력은 무시한다.)

① 938 ② 1471
③ 1961 ④ 2942

해설

$$(\text{장력비})\ e^{\mu\theta} = \frac{(\text{긴장측 장력})T_t[\mathrm{N}]}{(\text{이완측 장력})T_s[\mathrm{N}]} = 3$$

$$(\text{전달동력})\ H_{kW}[\mathrm{kW}] = \frac{(\text{유효장력})P_e[\mathrm{N}] \times V[\mathrm{m/s}]}{1000}$$

$$P_e = \frac{H_{kW} \times 1000}{V} = \frac{15 \times 1000}{8} = 1875\mathrm{N}$$

$$(\text{이완측장력})\ T_s[\mathrm{N}] = \frac{P_e}{e^{\mu\theta} - 1} = \frac{1875}{3-1} = 937.5\mathrm{N} \fallingdotseq 938\mathrm{N}$$

문제 26

나사의 종류 중 먼지, 모래 등이 나사산 사이에 들어가도 나사의 작동에 별로 영향을 주지 않으므로 전구와 소켓의 결합부, 또는 호스의 이음부에 주로 사용되는 나사는?

① 사다리꼴나사 ② 톱니나사
③ 유니파이 보통나사 ④ 둥근나사

해설

① **사다리꼴나사**(애크미나사) : 공작기계의 이송나사
 ㉠ 미터계사다리꼴 나사(TM) : 나사산각 $\alpha = 30°$
 ㉡ 인치계사다리꼴 나사(TW) : 나사산각 $\alpha = 29°$

② **톱니나사** : 힘을 한 방향으로만 받는 부품에 이용되는 나사 사용된다. 나사산 각은 $\alpha = 30°$와 $45°$의 두 가지 종류가 있다.

③ **둥근나사**(너클나사) : 먼지와 모래 등이 들어가기 쉬운 곳, 전구나 호스 연결용에 사용

④ **볼나사** : 수치제어 공작기계의 이송나사, 백래시 발생이 거의 없다. 나사의 효율이 높다.

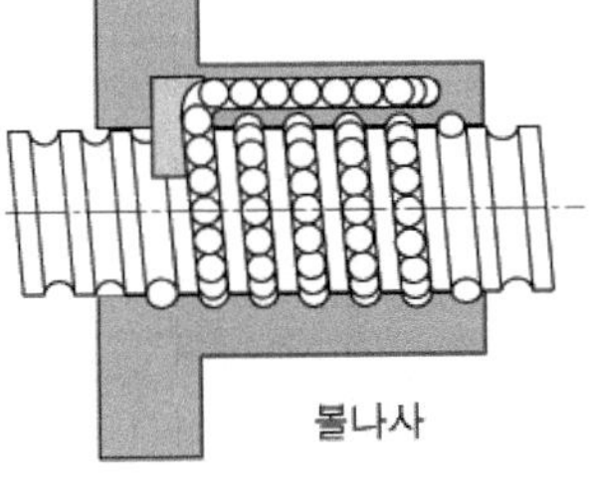

볼나사

해답

25. ① 26. ④

문제 27

축을 형상에 따라 분류할 경우 이에해당되지 않는 것은?

① 크랭크축 ② 차축
③ 직선축 ④ 유연성축

해설 **축의 분류**

(1) 작용하는 힘에 따른 분류
① 차축(axle) : 주로 굽힘을 받는 정지축 또는 회전축이다.(예 : 차량의 축)
② 스핀들(spindle) : 주로 비틀림을 받는 축으로, 축의 지름에 비해 축의 길이가 짧다.(예 : 공작 기계의 축, 터빈축)
③ 전동축(shaft) : 동력 전달을 목적으로 하는 축으로 비틀림과 굽힘을 동시에 받는다. 전동기에서의 동력은 주축 또는 중간축을 거쳐서 각 기계에 전달되며, 전동축에는 주축(main shaft), 선축(line shaft), 중간축(counter shaft)이 있다.

(2) 형상에 따른 분류
① 직선축 : 보통 쓰이는 축이다.
② 크랭크 축 : 왕복 운동에 사용하는 축으로 회전운동을 직선왕복 운동으로 바꾸는 데 사용한다.
③ 플렉시블 축(flexible shaft) : 전동축으로 휨성(deflection)이 있다. 축방향으로 자유로이 휠 수 있으며, 철사를 코일 모양으로 감아서 만든다.

문제 28

외경 10cm, 내경 5cm의 속빈 원통이 축방향으로 100kN의 인장 하중을 받고 있다. 이때 축 방향 변형률은? (단, 이 원통의 세로탄성계수는 120GPa이다.)

① 1.415×10^{-4} ② 2.415×10^{-4}
③ 1.415×10^{-3} ④ 2.415×10^{-3}

해설

$$(\text{변형률})\ \epsilon=\frac{\sigma}{E}=\frac{16.976[\text{MPa}]}{120000[\text{MPa}]}=1.414\times10^{-4}$$

$$(\text{응력})\ \sigma=\frac{F}{\frac{\pi}{4}d^2}=\frac{100000[\text{N}]}{\frac{\pi}{4}\times(100^2-50^2)[\text{mm}^2]}=16.976[\text{N/mm}^2]=16.976[\text{MPa}]$$

문제 29

용접이음의 단점에 속하지 않는 것은?

① 내부 결함이 생기기 쉽고 정확한 검사가 어렵다.
② 다른 이음작업과 비교하여 작업 공정이 많은 편이다.
③ 용접공의 기능에 따라 용접부의 강도가 좌우된다.
④ 잔류응력이 발생하기 쉬워서 이를 제거하는 작업이 필요하다.

해답

27. ② 28. ① 29. ②

해설 용접이음은 리벳이음에 비해 작업 공정이 적은 편이다.

문제 30

스프링 종류 중 하나인 고무 스프링(rubber spring)의 일반적인 특징에 관한 설명으로 틀린 것은?

① 여러 방향으로 오는 하중에 대한 방진이나 감쇠가 하나의 고무로 가능하다.
② 형상을 자유롭게 선택할 수 있고, 다양한 용도로 적용이 가능하다.
③ 방진 및 방음 효과가 우수하다.
④ 저온에서의 방진 능력이 우수하여 −10℃ 이하의 저온저장고 방진장치에 주로 사용된다.

해설 ※ 고무 스프링(rubber spring, 방진고무) : 진동감소가 주목적이다.

고무 스프링의 특징

① 진동의 감소 및 충격 흡수 작용이 우수하다.
② 인장에 약하므로 인장하중은 피하는 것이 좋다.
③ 금속 스프링에 비하여 내유성, 내열성이 약하며 열화 현상이 발생된다.
④ 고무는 −10℃ 이하에서는 탄성이 작아서 스프링 기능 발휘가 불가능하다. 0~70℃범위에서 사용해야 한다.
⑤ 여러 방향으로 오는 하중에 대한 방진이나 감쇠가 하나의 고무로 가능하다.
⑥ 형상을 자유롭게 선택할 수 있고, 다양한 용도로 적용이 가능하다.

문제 31

지름이 50mm이고 길이가 100mm인 저널 베어링에서 5.9kN의 하중을 지탱하고 있을 때 저널면에 작용하는 압력은 약 몇 MPa인가?

① 0.21 ② 0.59
③ 1.18 ④ 1.65

해설 **베어링 압력** $p=\dfrac{F}{d\times l}=\dfrac{5.9\times 10^3[\mathrm{N}]}{50[\mathrm{mm}]\times 100[\mathrm{mm}]}=1.18[\mathrm{N/mm^2}]=1.18[\mathrm{MPa}]$

문제 32

드럼의 지름 500mm인 브레이크 드럼축에 98.1N · m의 토크가 작용하고 있는 블록 브레이크에서 블록을 브레이크 바퀴에 밀어 붙이는 힘은 약 몇 kN인가? (단, 접촉부 마찰계수는 0.2이다.)

① 0.54 ② 0.98
③ 1.51 ④ 1.96

해답

30. ④ 31. ③ 32. ④

해설

$$T=\mu P\times\frac{D}{2}$$

(블록 브레이크를 미는 힘) $P=\frac{2T}{\mu D}=\frac{2\times 98.1}{0.2\times 500}=1962\text{N}=1.962\text{kN}$

문제 33

다음 중 나사의 효율에 관한 식으로 맞는 것은?

① 나사의 효율 $=\frac{\text{마찰이 없는 경우 회전력}}{\text{마찰이 있는 경우 회전력}}$

② 나사의 효율 $=\frac{\text{마찰이 있는 경우 회전력}}{\text{마찰이 없는 경우 회전력}}$

③ 나사의 효율 $=\frac{\text{나사의 1피치}}{\text{나사의 1리드}}$

④ 나사의 효율 $=\frac{\text{나사의 1리드}}{\text{나사의 1피치}}$

해설 **나사의 효율**

$$\eta=\frac{\text{출력일(小)}}{\text{입력일(大)}}=\frac{Q\text{의 하중을 }p\text{만큼 올리기 위해 한 일}}{\text{나사를 1회전시키기 위해 외력 }P\text{가 한 일}}$$

$$=\frac{\text{마찰이 없을 때의 체결력}}{\text{마찰이 있을 때의 체결력}}$$

(나사의 효율) $\eta=\frac{\tan\lambda}{\tan(\lambda+\rho)}$

여기서, λ : 나선각=리드각=경사각, ρ : 마찰각

문제 34

용접 이음의 장점에 해당하지 않는 것은?

① 열에 의한 잔류응력이 거의 발생하지 않는다.
② 공정수를 줄일 수 있고, 제작비가 싼 편이다.
③ 기밀 및 수밀성이 양호하다.
④ 작업의 자동화가 용이하다.

해설 **용접의 장단점**

장점	단점
•리벳이음에 비해 재료가 절약되고 이음효율이 높다. •기밀성이 높으며 사용하는 판재의 두께에 제한이 없다. •소음이 없고 페인트 작업을 쉽게 할 수 있다. •공정수를 줄일 수 있어 제작비가 싸다. •제품의 생산률이 좋고 보수도 쉽다.	•진동감쇠의 능력이 부족하다. •고열에 의한 변형과 잔류응력의 발생 및 재질이 변한다. •연속체로 되어 전체적인 파괴가 생긴다. •결함이 생기기 쉽고 이에 따른 노치율에 민감하다. •용접주에 대한 피파괴 검사법이 어렵다.

해답

33. ① 34. ①

문제 35

다음 중 두 축의 상대위치가 평행할 때 사용되는 기어는?

① 베벨 기어 ② 나사 기어
③ 웜과 웜기어 ④ 래크와 피니언

해설 **두 축이 평행한 기어**

① 스퍼기어(평 치차) ② 헬리컬 기어, 더블헬리컬 기어
③ 내접 기어(인터널 기어) ④ 래크와 피니언

문제 36

하중이 4kN작용하였을 때 처짐이 100mm발생하는 코일 스프링의 소선 지름은 20mm이다. 이 스프링의 유효감김수는 약 몇 권인가? (단, 스프링 지수(C)는 10이고, 스프링 선재의 전단탄성계수는 80GPa이다.)

① 3 ② 4
③ 5 ④ 6

해설 **스프링의 처짐량** $\delta = \dfrac{8PD^3n}{Gd^4} = \dfrac{8PC^3n}{Gd} = \dfrac{8PC^4n}{GD}$

여기서, P : 하중, D : 평균지름, n : 감김수, G : 전단탄성계수, d : 소선지름,
C : 스프링지수

$\delta = \dfrac{8PC^3n}{Gd}$, $100 = \dfrac{8\times 4000\times 10^3\times n}{80\times 10^3\times 20}$에서

(유효감김수) $n = 5$권

문제 37

평벨트 풀리의 지름이 600mm, 축의 지름이 50mm라 하고, 풀리의 폭(b)×높이(h)=8mm×7mm의 묻힘키로 축에 고정하고 벨트 장력에 의해 풀리의 외주에 2kN의 힘이 작용한다면, 키의 길이는 몇 mm 이상이어야 하는가? (단, 키의 허용전단응력은 50MPa로 하고, 전단 응력만을 고려하여 계산한다.)

① 50 ② 60
③ 70 ④ 80

해설 $\tau_{key} = \dfrac{2T}{b\,l\,d_s}$

(키의 길이) $l = \dfrac{2T}{b\tau_{key}d_s} = \dfrac{2\times\left(W\times\dfrac{D}{2}\right)}{b\tau_{key}d_s} = \dfrac{2\times\left(2000\times\dfrac{600}{2}\right)}{8\times 50\times 50} = 60\text{mm}$

해답

35. ④ 36. ③ 37. ②

문제 38

다음 중 동력의 단위에 해당되지 않는 것은?

① erg/s ② N · m
③ PS ④ J/s

해설 ① 에너지의 정의 : 일(work)로 표현될 수 있는 물리량의 총칭(에너지＝일)＝힘×거리

(에너지＝일)의 단위 : 1J＝1N×1m, 1erg＝1dyne×1cm
$=10^{-5}N \times 10^{-2}m = 10^{-7}Nm$

② 동력의 단위 : 1[W]＝1[J/s]＝1[N · m/s]＝107[erg/s]
1PS＝75[kgf · m/s]

문제 39

벨트 전동에서 긴장측의 장력 T_1과 이완측의 장력 T_2사이의 관계식으로 옳은 것은? (단, 원심력은 무시하고 μ는 접촉부 마찰계수, θ는 벨트와 풀리의 접촉각[rad]이다.)

① $e^{\mu\theta} = \frac{T_2}{T_1}$ ② $e^{\mu\theta} = \frac{T_1}{T_2}$

③ $e^{\mu\theta} = \frac{T_2}{T_1 + T_2}$ ④ $e^{\mu\theta} = \frac{T_1}{T_1 + T_2}$

해설

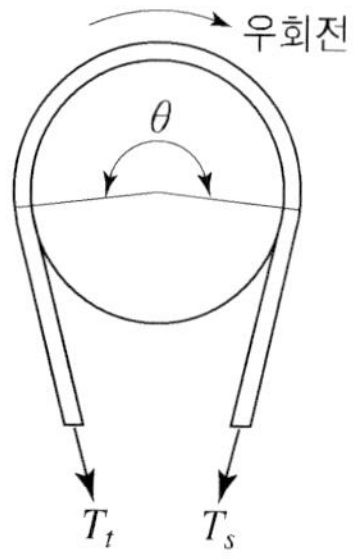

여기서, T_t : 긴장측 장력
T_s : 이완측 장력
μ : 마찰계수
θ : 접촉중심각(rad)

① 제동력(＝마찰력＝유효장력) $P_e = f = T_t - T_s$

② 장력비 : $e^{\mu\theta} = \frac{T_t}{T_s}$

문제 40

전동축에 큰 휨(deflection)을 주어서 축의 방향을 자유롭게 바꾸거나 충격을 완화시키기 위해 사용하는 축은?

① 직선 축 ② 크랭크 축
③ 플렉시블 축 ④ 중공 축

해답

38. ② 39. ② 40. ③

해설 **축의 형상에 따른 분류**

① 직선축 : 보통 쓰이는 축이다.
② 크랭크 축 : 왕복 운동에 사용하는 축으로 회전운동을 직선왕복 운동으로 바꾸는 데 사용한다.
③ 플렉시블 축(flexible shaft) : 전동축으로 휨성(deflection)이 있다. 축 방향으로 자유로이 휠 수 있으며, 철사를 코일 모양으로 감아서 만든다.

제3과목 기계재료 및 측정

문제 41

7:3황동에 Sn을 1% 첨가한 것으로 전연성이 우수하여 관 또는 판을 만들어 증발기와 열교환기 등에 사용되는 것은?

① 에드미럴티 황동 ② 네이벌 황동
③ 알루미늄 황동 ④ 망간 황동

해설 **주석황동**

① 에드머럴티황동 : 7:3황동에 1% 내의 Sn 첨가
② 네이벌황동 : 6:4황동에 1% 내의 Sn 첨가

문제 42

18-8형 스테인리스강의 특징에 대한 설명으로 틀린 것은?

① 합금성분은 Fe를 기반으로 Cr 18%, Ni 8%이다.
② 비자성체이다.
③ 오스테나이트계이다.
④ 탄소를 다량 첨가하면 피팅 부식을 방지할 수 있다.

해설 **스테인리스강**(stainless steel)

성분계	조직	KS기호	특징	
			자성	담금질 경화성(열처리성)
Cr계	마텐자이트 (13%Cr)	STS410	있음	있음
	페라이트 (15%Cr)	STS430	있음	없음
Cr-Ni계 내식성 가장 우수	오스테나이트 18%Cr-8%Ni	STS304	없음	없음

※ 18-8형 스테인리스강은 Cr을 다량 첨가하여 피팅 부식을 방지할 수 있다.

해답

41. ① 42. ④

문제 43

주철을 파면에 따라 분류할 때 해당되지 않는 것은?

① 회주철 ② 가단주철
③ 반주철 ④ 백주철

해설 파단면의 색에 따른 분류

회주철	백주철	반주철
•파단면이 회색 •흑연이 많다. •탄소의 일부가 유리되어 흑연화된 주철 •조직 : 편상흑연+Ferrite+Pearlite •주조성, 절삭성 우수	•파단면이 백색 •흑연함량이 적다. •탄소가 많다.	•회주철+백주철

문제 44

다음 중 열처리에서 풀림의 목적과 가장 거리가 먼 것은?

① 조직의 균질화 ② 냉간 가공성 향상
③ 재질의 경화 ④ 잔류 응력 제거

해설 •풀림을 재질을 연화시키는 것이 목적이다.
•담금질은 재질을 경화시키는 것이 목적이다.

문제 45

열가소성 재료의 유동성을 측정하는 시험방법은?

① 뉴턴 인덱스법 ② 멜트 인덱스법
③ 캐스팅 인덱스법 ④ 샤르피 시험법

해설 멜트인덱스(용융지수, MI)는 열가소성 플라스틱의 용융흐름을 측정하는데 사용하며 측정값은 10분 동안 흘러나온 시료의 무게로 계산하므로 단위는 g/10min이다. 멜티인덱스(용융지수, MI)가 클수록 열가소성이 높은 플라스틱이다.

문제 46

0.4%C의 탄소강을 950℃로 가열하여 일정시간 충분히 유지시킨 후 상온까지 서서히 냉각시켰을 때의 상온 조직은?

① 페라이트 + 펄라이트 ② 페라이트 + 소르바이트
③ 시멘타이트 + 펄라이트 ④ 시멘타이트 + 소르바이트

해설 •0.8%C의 이하(아공석강)의 탄소강을 950℃로 가열하여 일정시간 충분히 유지시킨 후 상온까지 서서히 냉각시켰을 때는 페라이트와 펄라이트 조직이 나

해답

43. ② 44. ③ 45. ② 46. ①

타난다.

•0.8%C의 이상(과공석강)탄소강을 950℃로 가열하여 일정시간 충분히 유지시킨 후 상온까지 서서히 냉각시켰을 때는 시멘타이트로 펄라이트 조직이 나타난다.

문제 47

다공질 재료에 윤활유를 흡수시켜 계속해서 급유하지 않아도 되는 베어링 합금은?

① 켈밋 ② 루기메탈
③ 오일라이트 ④ 하이드로날륨

해설 **오일라이트**(oilite) : 구리분 90%, 주석분 10%, 흑연 분말 1~4% 비율의 혼합물을 가압 성형하고, 용융한 청산칼리 속에서 가열 소결한 후, 고온에서 기계유에 침지하여 만든 함유 베어링이다.

문제 48

다음 중 소결경질합금이 아닌 것은?

① 위디아(Widia) ② 탕갈로이(Tungaloy)
③ 카보로이(Carboloy) ④ 코비탈륨(Cobitalium)

해설 **소결경질합금**

① 금속 탄화물(WC, TiC, TaC)와 Co를 결합체를 사용하여 소결시켜 합금한 금속을 소결경질합금이라 한다.
② Wc-Co, TiC-Co, TaC-Co등이 있다.
③ 상품명으로 위디아(독일), 카보로이(미국), 미디아(영국), 탕갈로이(일본) 등이 있다.
④ 특징으로는 상온에서의 경도가 고온에서도 크게 저하되지 않고 압축강도는 강에 비하여 높지만 인장강도는 낮은 특징이 있다.
⑤ 이외에도 세마믹 공구도 소결 경질 합금에 속한다.

문제 49

Fe에 Ni이 42~48%가 합금화된 재료로 전등의 백금선에 대용되는 것은?

① 콘스탄탄 ② 백동
③ 모넬메탈 ④ 플래티나이트

해설 **니켈합금**

① 큐프로니켈 : 10~30%Ni을 함유한 것으로, 비철합금 중 전연성이 가장 크다.
[예] 화폐, 급수가열기

해답

47. ③ 48. ④ 49. ④

② 콘스탄탄 : 40~50%Ni 함유, 전기저항이 크고, 온도계수가 작다.
[예] 전기저항선, 열전쌍에 사용, 전기용정밀부품
③ 모넬메탈 : 65~70%Ni 함유, 주조 및 단련이 쉽다.
[예] 고압, 과열증기 밸브 펌프 부품, 터빈날개, 펌프임펠러재료
④ 니크롬 : Ni에 15~20%Cr계 합금을 니크롬이라 하며 전기저항, 내열성, 고온경도 및 강도가 커 전기저항선에 사용한다.
⑤ 인코넬 : 70~80%Ni, 15%Cr, 5%Fe 산성용액, 알칼리수용액, 각종 유기산에 잘 견딘다. 내식성이 강하여 우유가공용 재료에 사용한다.
⑥ 크로멜 : Ni에 20%Cr이 함유된 합금으로 크로멜이라 하며, 고온산화, 고온강도가 커서 고온용 발열체로 사용한다.
⑦ 알루멜 : 35%Al, 0.5%Fe, 나머지 Ni 열전대로 이용된다.
⑧ 불변강 : Ni-Fe계 합금으로 인바, 슈퍼인바, 엘린바, 플래티나이트, 니칼로이, 퍼멀로이 등이 있다.
주위 온도가 변화하여도 재료의 선팽창 계수나 탄성률 등의 특성이 변하지 않는 합금강이다.
㉠ 인바(Invar) : 0.2%C 이하, 35~36%Ni, 약 0.4%Mn의 철 합금, 200℃ 이하의 온도에서 선팽창 계수가 작다.
(20℃에서 보통 탄소강은 12.0×10^{-6}이나 인바는 1.2×10^{-6}이다)
[예] 줄자, 표준자, 시계의 추 등의 재료에 사용
㉡ 엘린바(Elinvar) : 36%Ni, 12%Cr의 철합금이다. 탄성계수는 온도변화에 의해서도 거의 변화하지 않고 선팽창 계수가 8.0×10^{-6}이다.
[예] 정밀 계측기기의 스프링 재료, 전자기 장치, 각종 정밀 부품 등의 주요 부품재료로 사용된다.
㉢ 초불변강(Super invar, 초인바) : 30.5~32.5%Ni, 4~6%Co를 함유하는 철합금이다. 20℃에서의 선팽창 계수가 0.1×10^{-6}으로서 인바보다 훌륭한 합금이다.
㉣ 코엘린바(Coelinvar) : 10~11%Cr, 26~58%Co, 0~16.5%Ni를 함유하는 철합금이다. 온도변화에 의한 길이변화가 매우 작고, 공기나 물속에서 부식되지 않는다.
[예] 주로 스프링, 태엽 기상 관측용 기구 등의 부품 재료로 사용된다.
㉤ 플래티나이트(Platinite) : 44~47.5%Ni, 나머지Fe, 열팽창계수가 유리나 백금에 가깝다.
[예] 주로 전구의 도입선으로 사용된다.

문제 50

순철의 변태에서 α-Fe이 γ-Fe로 변화하는 변태는?

① A_1 변태 ② A_2 변태
③ A_3 변태 ④ A_4 변태

해답

50. ③

해설

변태	온도	변화 상태	순철
A_2	768℃	철의 자기변태(α철 ↔ β철)	자기변태
A_3	911℃	철의 동소변태(α철 ↔ γ철)	동소변태
A_4	1398℃	철의 동소변태(γ철 ↔ δ철)	동소변태

문제 51

다음 중 표준상태인 탄소강의 기계적 성질은 일반적으로 탄소함유량에 따라 변화한다. 가장 적합한 것은? (단. 표준상태인 탄소강은 0.86%C 이하의 아공석강이다.)

① 탄소량이 증가함에 따라 인장강도가 증가한다.
② 탄소량이 증가함에 따라 항복점이 저하한다.
③ 탄소량이 증가함에 따라 연신율이 증가한다.
④ 탄소량이 증가함에 따라 경도가 감소한다.

해설 **탄소강에서 탄소(C) 함유량이 많아질수록**
① 증가하는 것 : 강도, 경도, 취성, 전기저항, 비열, 항복강도
② 감소하는 것 : 연성, 전성, 인성, 충격값, 비중, 열전도율, 열팽창계수, 용접성

문제 52

다음 중 탄소강에 함유되어 있는 규소(Si)의 영향을 잘못 설명한 것은?

① 인장강도, 탄성한계, 경도를 상승시킨다.
② 연신율과 충격값을 증가시킨다.
③ 결정립을 조대화 시키고 가공성을 해친다.
④ 용접성을 저하시킨다.

해설 **탄소강에 포함된 규소(Si)의 영향**
① 강중에는 보통 0.1~0.35[%]정도 함유
② 인장 강도, 경도, 탄성 한계를 증가하여 연신율과 충격값을 감소
③ 단접, 용접성 및 냉간 가공성을 저하
④ 정입자를 최대화하고 소성을 감소시킨다.

문제 53

담금질된 강의 경도를 증가시키고 시효변형을 방지하기 위한 목적으로 0℃ 이하의 온도에서 처리하는 방법은?

① 저온 담금 용해처리 ② 시효 담금 처리
③ 냉각 뜨임처리 ④ 심냉처리

해답

51. ① 52. ② 53. ④

해설 심랭(서브제로 처리=sub-zero)처리는 주로 치수변화 및 변형이 적어야 하는 게이지강에 많이 사용 되는 열처리로 담금질 직후 잔류 오스테나이트를 마텐자이트화 하기 위하여 0℃ 이하로 열처리하는 방법이다.

문제 54

다음 원소 중 중금속이 아닌 것은?

① Fe ② Ni
③ Mg ④ Cr

해설 ① Fe : 7.84
② Ni : 8.85
③ Mg : 1.74(실용금속 중 가장 가볍다)
④ Cr : 7.09
⑤ 경금속 : 비중이 4.5 이하인 금속
Li : 0.53(모든금속중 가장 가볍다)
Al(2.7), Mg(1.74), Na(0.97), Si(2.33)

문제 55

알루미늄 합금으로 피스톤 재료에 사용되는 Y-합금의 성분을 바르게 표현한 것은?

① Al - Cu - Ni - Mg ② Al - Mg - Fe
③ Al - Cu - Mo - Mn ④ Al - Si - Mn - Mg

해설 알루미늄 합금으로 피스톤재질로 사용되는 것

- Y합금 - Al+(4%Cu)+(2%Ni)+(1.5%Mg)
  : 내열용 알루미뮴 합금으로 피스톤재료로 사용
- Lo-ex(로우엑스)합금 - Al+Si+Cu+Mg+Ni
  : 열팽창계수가 적고 내열, 내마멸성이 우수하다, 금형에 주조되는 피스톤용

고강도 알루미늄합금

- 두랄루민(D) : Al+(4%Cu)+(0.5%Mg)+(0.5%Mn)
  : 무게를 중시하는 항공기나 자동차에 사용
- 초두랄루민(SD) : Al+(4.5%Cu)+(1.5%Mg)+(0.6%Mn)
  : 항공기의 구조재와 리벳, 기계류, 일반구조물에 사용된다.
- 초강두랄루민(ESD) : Al+(1.6%Cu)+(2.5%Mg)+(0.2%Mn)+(5.6%Zn)+(0.3%cr)
  : 주로 항공기에 사용되며 인강강도 높다.

해답

54. ③ 55. ①

문제 56

게이지 블록을 취급할 때 주의사항으로 적절하지 않은 것은?

① 목재 작업대나 가죽 위에서 사용할 것
② 먼지가 적고 습한 실내에서 사용할 것
③ 측정면은 깨끗한 천이나 가죽으로 잘 닦을 것
④ 녹이나 돌기의 해를 막기 위하여 사용한 뒤에는 잘 닦아 방청유를 칠해 둘 것

해설 게이지 블록은 먼지가 적고 건조한 실내에서 사용해야 된다. 습한 실내에서 사용하면 사용 후 녹이 발생된다.

문제 57

진직도를 수치화할 수 있는 측정기가 아닌 것은?

① 수준기 ② 광선정반
③ 3차원측정기 ④ 레이저 측정기

해설 광선정반은 빛의 간섭무늬로 평면도를 측정하는 것으로 빛의 간섭무늬 간격을 보고 수식으로 결과값을 찾는다.

문제 58

비교측정의 장점이 아닌 것은?

① 측정범위가 넓고 표준 게이지가 필요 없다.
② 제품의 치수가 고르지 못한 것을 계산하지 않고 알 수 있다.
③ 길이, 면의 각종 형상 측정, 공작기계의 정밀도 검사 등 사용범위가 넓다.
④ 높은 정밀도의 측정이 비교적 용이하다.

해설 비교측정은 표준게이지가 있어야 된다.(대표적인 비교측정으로는 블록게이지, 다이얼게이지 등이 있다)

문제 59

다음 그림은 밀링에서 더브테일 가공도면이다. X의 치수로 맞는 것은?

① 25.608
② 23.608
③ 22.712
④ 18.712

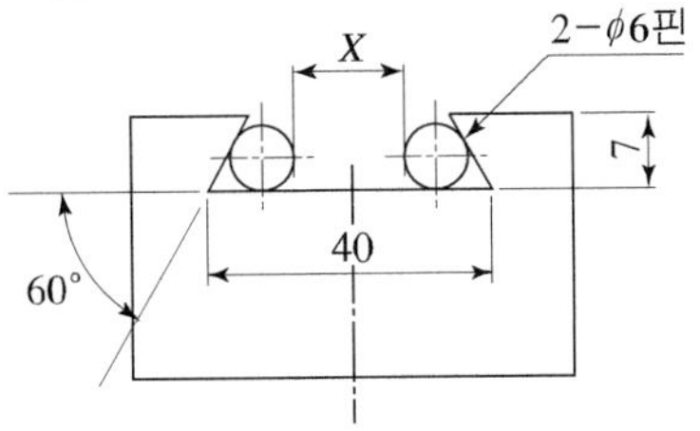

해답

56. ② 57. ② 58. ① 59. ②

해설

$$40 = X + (2 \times 3) + \left(2 \times \frac{3}{\tan 30}\right), \quad X = 23.607\text{mm}$$

문제 60

절삭공구 재료에서 W, Cr, V, Co 등의 원소를 함유하는 합금강은?

① 고탄소강
② 합금 공구강
③ 고속도강
④ 초경합금

해설 **절삭 공구 재료**

① 탄소 공구강(STC) : 0.6~1.5%C를 함유한 탄소강으로 만들어진 공구
② 합금 공구강(STS) : 0.6~1.5%C의 탄소강에 W, Cr, Ni, V 을 첨가한 강
③ 고속도강(SKH) : 표준고속도강은 0.8%C의 탄소강에 W(18%)-Cr(4%)-V(1%) 첨가(표준형)
④ 주조경질합금(스텔라이트) : 주성분 W-Cr-Co-C-Fe
⑤ 초경합금 : 금속탄화물(WC, TiC, TaC)+Co분말을 가압하여 만든 합금
⑥ 세라믹 : Al_2O_3를 주성분으로 소결시켜 만든 합금

해답

60. ③

기계설계산업기사

2020년 8월 22일 시행

제1과목 기계제도

문제 01

그림과 같은 입체도의 화살표 방향 투상도로 가장 적합한 것은?

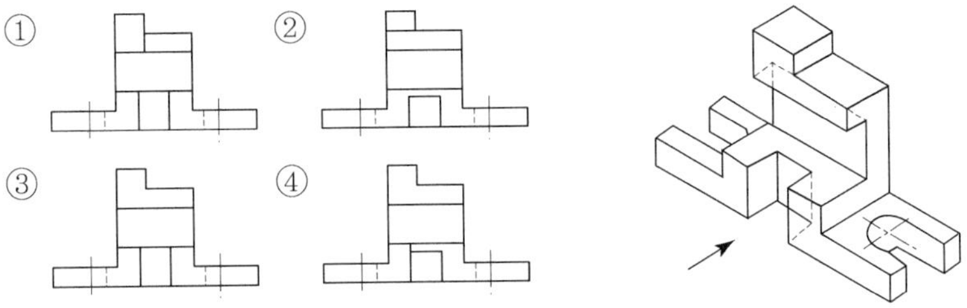

해설

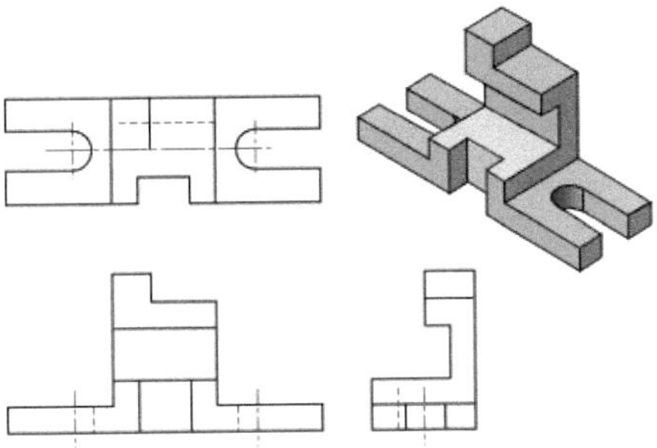

문제 02

$\phi 100e7$인 축에서 치수공차가 0.035이고, 위치수허용차가 −0.072라면 최소 허용치수는 얼마인가?

① 99.893　　② 99.928

③ 99.965　　④ 100.035

해설 $\phi^{-0.072}_{-0.107}$

공차＝윗 치수허용차−아래 치수허용차

아래 치수허용차＝윗 치수허용차−공차＝−0.072−0.035＝−0.107

최소 허용치수＝100+(−0.107)＝99.893

해답

01. ③ 02. ①

문제 03

기하공차를 나타내는데 있어서 대상면의 표면은 0.1mm만큼 떨어진 두 개의 평행한 평면 사이에 있어야 한다는 것을 나타내는 것은?

① [— | 0.1]　　② [⏥ | 0.1]
③ [⌭ | 0.1]　　④ [⊥ | 0.1 | A]

해설 평면도(⏥)는 0.1mm 만큼 떨어진 두 개의 평해한 평면사이에 있어야 한다는 기하공차이다.

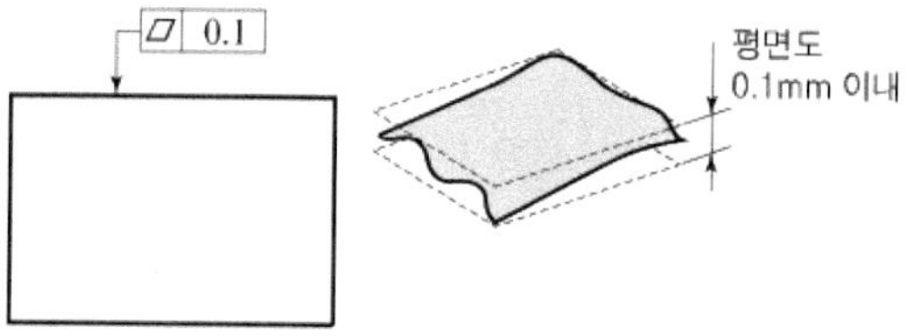

문제 04

나사의 호칭방법 'L M20×2−6H'의 설명으로 옳은 것은?

① 리드가 3mm　　② 암나사 등급 6H
③ 왼쪽 감김 방향 2줄 나사　　④ 나사산의 수가 6개

해설 L M20×2−6H
왼쪽 감기 방향으로 1줄 나사
나사의 리드는 2mm
미터 가는 나사
암나사 등급은 6H

문제 05

기계도면을 용도에 따른 분류와 내용에 따른 분류로 구분할 때, 용도에 따른 분류에 속하지 않는 것은?

① 부품도　　② 제작도
③ 견적도　　④ 계획도

해설 **용도에 따른 분류**

① **계획도**
　㉠ 기본설계도 : 제작도를 작성하기 전에 필요한 기본적인설계를 나타낸 도면
　㉡ 실시계획도 : 토목, 건축부분에서 건축물을 설계를 나타낸 계획도

② **제작도**
　㉠ 공정도 : 제조 공정의 도중상태, 또는 일련의 공정전체를 나타낸 제작도로 공작공정도, 검사도, 설치도가 포함된다.

해답

03. ②　04. ②　05. ①

㉡ 시공도 : 건축부야에서 현장시공을 대상으로 해서 그린제작도이다.
㉢ 상세도 : 부품의 형태,구조, 또는 조립, 결합의 상세함을 나타낸 제작도 일반적으로 큰 척도로 그린다.

③ **주문도** : 주문하는 사람이 주문하는 물건의 크기, 형태, 정밀도, 정보 등의 주문내용을 나타낸 도면으로 주문서에 첨부한다.
④ **견적도** : 견적의뢰를 받은 사람이 의뢰 받은 물건의 견적내용을 나타낸 도면으로 견적성에 첨부한다.
⑤ **승인용도면** : 주문자 또는 기타관계자의 승인을 얻기 위한 도면
⑥ **승인도** : 주문자 또는 기타 관계자의 승인을 얻은 도면이다.
⑦ **설명도** : 사용자에게 물품의 구조, 기능, 성능 등을 설명하기 위한 도면으로 주로 카탈로그에 사용된다.

문제 06

리벳의 호칭길이를 나타낼 때 머리 부분까지 포함하여 호칭길이를 나타내는 것은?

① 접시머리 리벳 ② 둥근머리 리벳
③ 얇은 납작머리 리벳 ④ 냄비머리 리벳

해설 **리벳의 호칭 길이**

접시머리 리벳은 머리부를 포함한 전체 길이로 호칭을 표시하고, 둥근머리 리벳, 납작머리 리벳, 얇은 납작머리 리벳은 머리부를 제외한 길이로 호칭을 나타낸다.

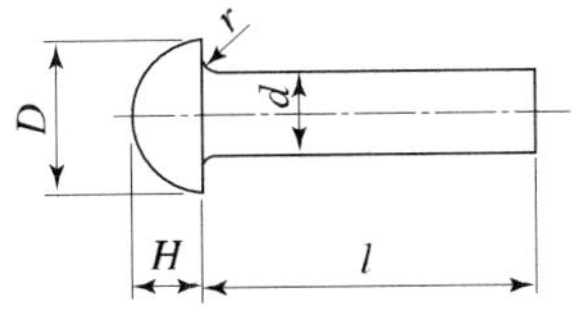

[둥근머리 리벳]

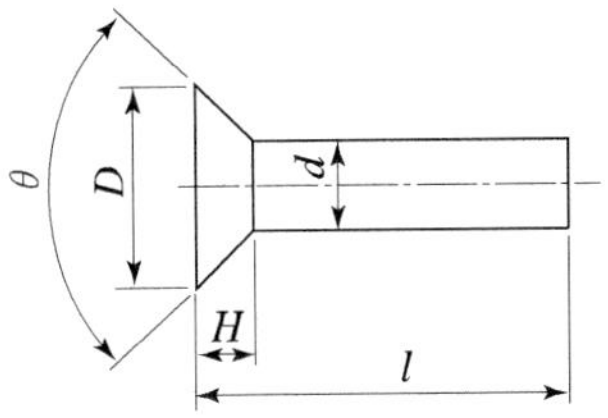

[접시머리 리벳]

문제 07

그림과 같은 제품을 굽힘 가공하기 위한 전개길이는 약 몇 mm 인가?

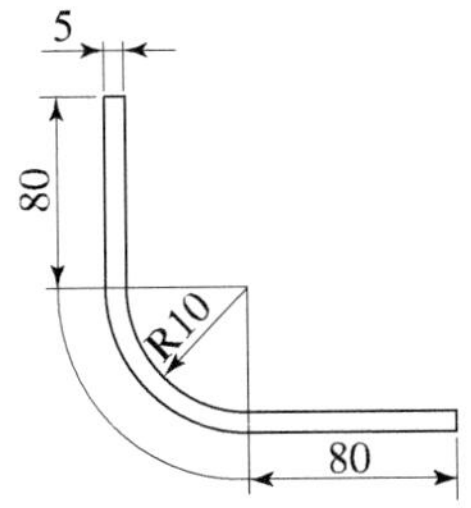

① 169.93
② 179.63
③ 185.83
④ 190.83

해설 (전개길이) $L = 80 + \left(\frac{\pi}{2} \times 10.25\right) + 80 = 179.634\text{mm}$

해답

06. ① 07. ②

문제 08

전동용 기계요소 중 표준 스퍼기어와 헬리컬기어 항목표에 모두 기입하는 것으로 옳은 것은?

① 리드　　② 비틀림 방향
③ 비틀림 각　　④ 기준 래크 압력각

해설

스퍼기어 요목표		
기어치형		표준
공구	치형	보통이
	모듈	2
	압력각	20°
잇수		20
피치원 지름		
전체 이높이		4.5
다듬질 방법		호브절삭
정밀도		KS B 1405, 3급

헬리컬기어 요목표		
구분 \ 품번		4
기어치형		표준
치형 기준단면		축직각
공구	치형	보통이
	모듈	5
	압력각	20°
비틀림 각		15°
비틀림 방향		우
리드		2063.52
잇수		34
피치원 지름		ϕ176
전체 이높이		11.25
다듬질 방법		호브절삭
정밀도		KS B ISO 1328-1, 3급

문제 09

다음 그림이 나타내는 가공 방법은?

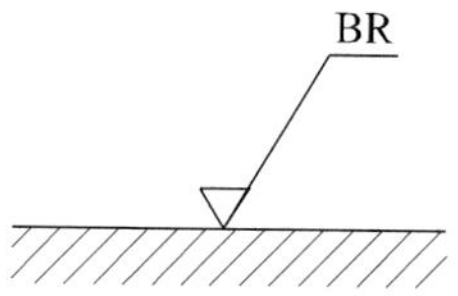

① 대상 면의 선삭가공
② 대상 면의 밀링가공
③ 대상 면의 드릴링가공
④ 대상 면의 브로칭 가공

해설

가공방법	약호 I	약호 II
선반가공	L	선반
드릴가공	D	드릴
보링머신 가공	B	보링
밀링가공	M	밀링
평삭반 가공	P	평삭
형삭반 가공	SH	형삭
브로치 가공	BR	브로치
리머가공	FR	리머
연산가공	G	연삭

해답

08. ④　09. ④

문제 10

압력 배관용 탄소 강관을 나타내는 KS 재료 기호는?

① SPP ② SPLT
③ SPPS ④ SPHT

해설

배관용 탄소강 강관 (S : steel, P : pipe, P : piping)	SPP
압력 배관용 탄소강 강관 (S : steel, P : pipe, P : pressure , S : service)	SPPS
고압배관용 탄소강 강관 (S : steel, P : pipe, P : pressure ,H : high)	SPPH
고온 배관용 탄소강 강관 (S : steel, P : pipe, H : high, T : temperature)	SPHT
배관용 아크 용접 탄소강 강관 (S : steel, P : pipe, W : welding)	SPW
배관용 합금강 강관 (S : steel, P : pipe, A : alloy)	SPA
저온 배관용 강관 (S : steel P : pipe, L : low, T : temperature)	SPLT

문제 11

그림과 같은 도면에서 '가' 부분에 들어갈 가장 적절한 기하공차 기호는?

① // ② ⊥
③ □ ④ ⌖

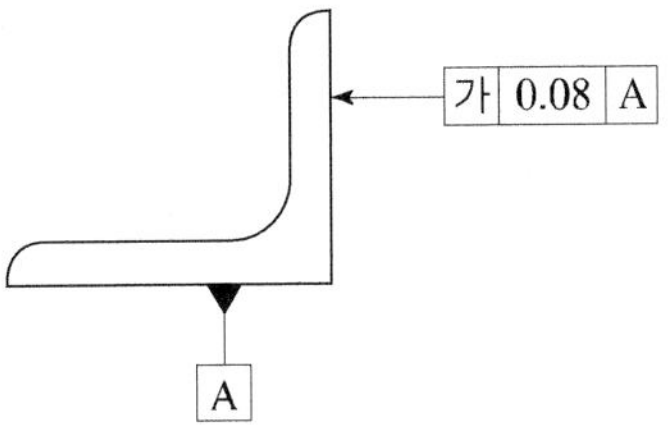

해설 **직각도** ⊥ : 기준면 A에 대해 직각도 0.08mm를 맞추어야 된다.

문제 12

리벳의 일반적인 호칭 방법 순서로 옳은 것은?

① 표준 번호, 종류, 호칭지름(d)×길이(l), 재료
② 표준번호, 재료, 호칭지름(d)×길이(l), 종류
③ 재료, 종류, 호칭지름(d)×길이(l), 표준 번호
④ 종류, 재료, 호칭지름(d)×길이(l), 표준 번호

해설

표준 번호	종 류	호칭지름(d)×길이(l)	재 료
KS B 1101	둥근머리 리벳	6×18	MSWR 10

해답

10. ③ 11. ② 12. ①

문제 13

좌표계의 원점이 중심이고 경도 u, 위도 v로 표시되는 구의 매개 변수식($\vec{r}(u,v)$)으로 옳은 것은? (단, 구의 반경은 R로 가정하고, $\hat{i}$, $\hat{j}$, $\hat{k}$는 각각 x, y, z축 방향의 단위벡터이며, $0 \leq u \leq 2\pi$, $-\frac{\pi}{2} \leq v \leq \frac{\pi}{2}$이다.)

① $R\cos(u)\cos(v)\hat{i}+R\cos(u)\sin(v)\hat{j}+R\sin(v)\hat{k}$
② $R\cos(v)\cos(u)\hat{i}+R\cos(v)\sin(u)\hat{j}+R\sin(v)\hat{k}$
③ $R\cos(u)\cos(v)\hat{i}+R\cos(u)\sin(v)\hat{j}+R\cos(v)\hat{k}$
④ $R\cos(v)\cos(u)\hat{i}+R\cos(v)\sin(u)\hat{j}+R\cos(v)\hat{k}$

해설

$0 \leq u \leq 2\pi$, $-\frac{\pi}{2} \leq v \leq \frac{\pi}{2}$

$x^2+b^2+z^2=R^2$

$x=R\cos(v)\cos(u)$

$y=R\cos(v)\sin(u)$

$z=R\sin(v)$

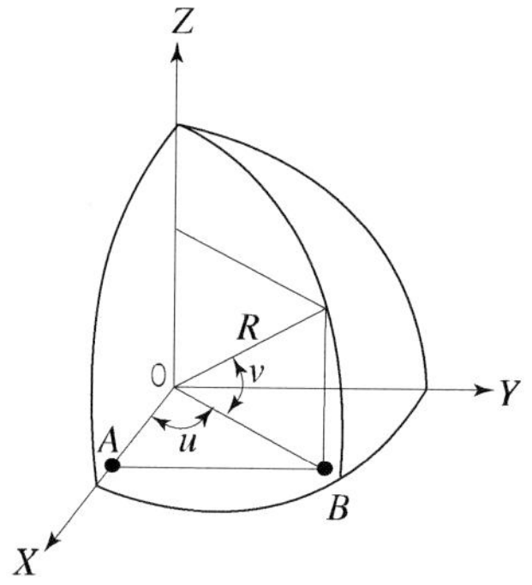

문제 14

3차원 형상의 솔리드 모델링에서 B-rep과 비교하여 CSG(Constructive Solid Geomrtry) 방식을 나타낸 것은?

① 입체의 표면적 계산이 비교적 이용하다.
② 3면도, 투시도, 전개도 작성이 용이하다.
③ 화면의 재생 시간이 적게 소요된다.
④ 기본입체형상의 불 연산(boolean)에 의한 모델링이다.

해설 CSG(Constructive Solid Geomrtry) **방식** : 구조합 방식으로 기본 입체형상을 합집합, 차집합, 교집합, 즉 불연산(boolean)를 이용하여 모델링을 할 수 있다.

문제 15

부품들 사이의 만남 조건(mating condition)을 이용하여 형상을 모델링하는 방법은?

① 파라메트릭(parametric) 모델링
② 비다양체(nonmanifold) 모델링
③ B-rep 모델링
④ 조립체(assembly) 모델링

해답

13. ② 14. ④ 15. ④

해설 부품들 사이의 만남 조건(mating condition)를 하기 위해서는 조립체(assembly) 모델링을 하여 부품들을 조립하여 본다.

문제 16

점, 선, 프로파일(윤곽선)을 경로에 따라 이동하여 베이스, 보스, 자르기 또는 곡면 형상을 생성하는 모델링 기법은?

① 스키닝(skinning)
② 리프팅(lifting)
③ 스웝(sweep)
④ 특징형상모델링(feature-based modeling)

해설 ① **리메싱**(remeshing) : 종방향의 배열이 맞지 않는 데이터를 오와 열의 배열이 가지런한 형태의 곡면 입력점을 새로이 구해내는 절차를 리메싱이라 한다.
② **스무딩**(smoothing=fairness) : 표현된 곡면의 심한 굴곡면을 평활한 곡면으로 재계산하는 것
③ **블렌딩**(blending) : 이미 정의된 두 곡면을 매끄럽게 연결하는 것. 또는 떨어져서 구성된 두 곡면의 접선, 법선 벡터를 일치시켜 곡면을 구성한다.
④ **필리팅**(filleting) : 연결부위를 일정한 반지름을 갖도록 하는 것
⑤ **스위핑**(Sweeping) : 하나의 2차원 단면형상(profile)을 입력하고 이를 안내곡선을 따라 이동시켜 입체를 생성, 주로 환기구의 닥터를 모델링할 때 사용되는 곡선이다.

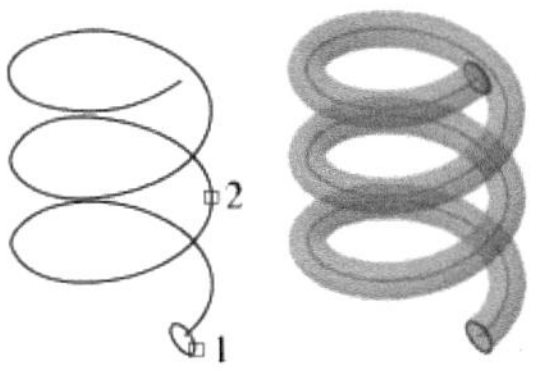

⑥ **스키닝**(Skinning) : 원하는 경로상에 여러 개의 단면 형상을 위치시키고 이를 덮어 싸는 입체를 형성

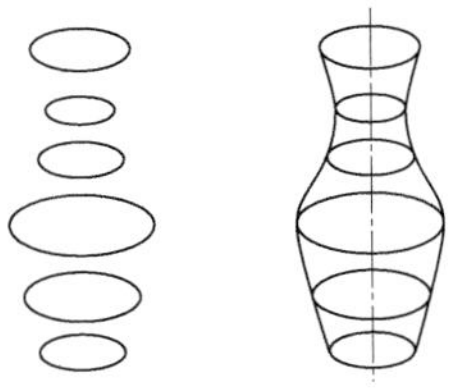

문제 17

다음 중 서로 다른 기종의 CAD 데이터를 호환하기 위한 데이터 포맷으로 적절하지 않은 것은?

① DXF ② IGES
③ STEP ④ OpenGL

해설 **CAD 데이터를 호환하기 위한 데이터 포맷 프로그램의 종류**
IGES, DXF, STEP, PHIGS,GKS, STL

해답
16. ③ 17. ④

문제 18

(x, y) 좌표계에서 다음 방정식으로 정의될 수 있는 형태는? (단, a, b, c는 상수이다.)

$$ax + by + c = 0$$

① 타원 ② 원
③ 직선 ④ 포물선

해설 x^1, y^1 함수로 표현되는 것은 직선 방정식이다.

문제 19

그림과 같이 곡면 모델링 시스템에 의해 만들어진 곡면을 불러들여 기존 모델의 평면을 바꿀 수 있는 모델링 기능은?

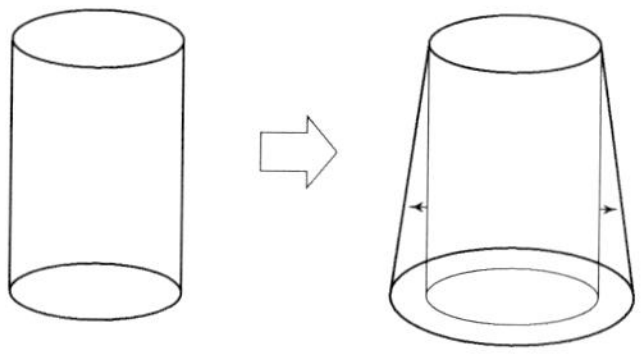

① 네스팅(nesting)
② 트위킹(tweaking)
③ 돌출하기(extruding)
④ 스트레칭(stretching)

해설 **트위킹**(tweaking) : 곡면 모델링 시스템에 의해 만들어진 곡면을 불러들여 기존 모델의 평면을 바꿀 수 있는 기법. 예를 들어 실린더형상에 구배(draft angle)를 주어 실린더 곡면을 원추 곡면으로 만들어 주는 방법

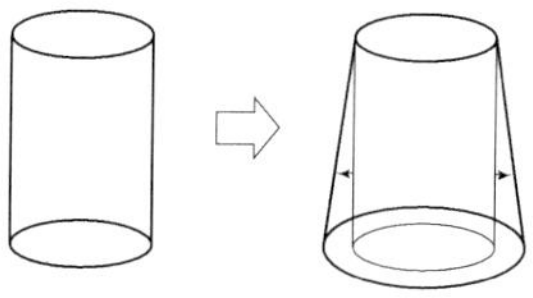

문제 20

CAD 시스템에서 점을 정의하기 위해 사용되는 좌표계가 아닌 것은?

① 직교 좌표계 ② 원통 좌표계
③ 벡터 좌표계 ④ 구면 좌표계

해설 **좌표계(coordinate)의 종류**

직교 좌표계, 극좌표계, 원통 좌표계, 구면 좌표계, 절대 좌표계, 상대 좌표계(증분 좌표계), 2차원 좌표계, 3차원 좌표계 등이 있다.

해답

18. ③ 19. ② 20. ③

제2과목 기계요소설계

문제 21

블록 브레이크의 설명으로 틀린 것은?

① 큰 회전력의 전달에 알맞다.
② 마찰력을 이용한 제동장치이다.
③ 블록 수에 따라 단식과 복식으로 나뉜다.
④ 블록 브레이크는 회전 장치와 제동에 사용된다.

해설 브레이크은 회전하는 기계요소를 마찰력을 이용하여 정지시키는 제동장치이다.

문제 22

표준 평기어를 측정하였더니 잇수 Z =54, 바깥지름 D_o =280mm이었다. 모듈 m, 원주피치 p, 피치원지름 D는 각각 얼마인가?

① $m=5$, $p=15.7\text{mm}$, $D=270\text{mm}$
② $m=7$, $p=31.4\text{mm}$, $D=270\text{mm}$
③ $m=5$, $p=15.7\text{mm}$, $D=350\text{mm}$
④ $m=7$, $p=31.4\text{mm}$, $D=350\text{mm}$

해설
(모듈) $m=\dfrac{D_o}{Z+2}=\dfrac{280}{54+2}=5$
(원주피치) $p=\pi\times m(\text{모듈})=\pi\times 5\fallingdotseq 15.7\text{mm}$
(피치원 지름) $D=m(\text{모듈})\times Z(\text{잇수})=270\text{mm}$

문제 23

베어링 설치 시 고려해야 하는 예압(preload)에 관한 설명으로 옳지 않은 것은?

① 예압은 축의 흔들림을 적게 하고, 회전정밀도를 향상시킨다.
② 베어링 내부 틈새를 줄이는 효과가 있다.
③ 예압량이 높을수록 예압 효과가 커지고, 베어링 수명에 유리하다.
④ 적절한 예압을 적용할 경우 베어링의 강성을 높일 수 있다.

해설 **베어링 예압** : 일반적인 베어링이 운전상태에서 약간의 내부 틈새를 갖고 회전하는데 반해, 미리 하중을 가하여 베어링의 내부 틈새를 마이너스로 만들어 사용하게 되는 것을 베어링 예압이라 한다. 주로 앵귤러 볼 베어링, 테이퍼 로울러 베어링에 많이 적용된다. 예압량이 최대로 될 경우에는 수명단축, 이상발열, 마찰이 증가되어 회전토크 증대 등이 초래 된다.

해답
21. ① 22. ① 23. ③

문제 24

지름 50mm인 축에 보스의 길이 50mm인 기어를 붙이려고 할 때 250N · m의 토크가 작용한다. 키에 발생하는 압축 응력은 약 몇 MPa 인가? (단, 키의 높이는 키홈 깊이의 2배이며, 묻힘 키의 폭과 높이는 b×h=15mm×10mm 이다.)

① 30 ② 40
③ 50 ④ 60

해설

$$(\text{압축응력})\ \sigma = \frac{4\times \text{토크}(T)}{\text{축지름}(d)\times\text{높이}(h)\times\text{길이}(l)} = \frac{4\times250\times10^3}{50\times10\times50} = 40\text{MPa}$$

문제 25

잇수가 20개인 스프로킷 휠이 롤러 체인을 통해 8kW의 동력을 받고 있다. 이 스프로킷 휠의 회전수는 약 몇 rpm 인가? (단, 파단하중은 22.1 kN, 안전율은 15, 피치는 15.88mm이며, 부하보정계수는 고려하지 않는다.)

① 505 ② 1026
③ 1650 ④ 1868

해설

$$(\text{동력})\ H_{kW} = \frac{F_B[\text{kN}]\times V[\text{m/s}]}{S}$$

$$(\text{속도})\ V[\text{m/s}] = \frac{H_{kW}\times S}{F_B} = \frac{8\times15}{22.1} = 5.429[\text{m/s}]$$

$$V = \frac{p\times Z\times N}{60\times1000}$$

$$(\text{분당회전수})\ N = \frac{V\times60\times1000}{p\times Z} = \frac{5.429\times60\times1000}{15.88\times20} = 1025.629\text{rpm}$$

문제 26

다음 중 변형률(strain, ϵ)에 관한 식으로 옳은 것은? (단, l : 재료의 원래길이, λ : 줄거나 늘어난 길이, A : 단면적, σ : 작용 응력)

① $\epsilon = \lambda\times l^2$ ② $\epsilon = \frac{\sigma}{l}$
③ $\epsilon = \frac{\lambda}{A}$ ④ $\epsilon = \frac{\lambda}{l}$

해설

$$(\text{변형률})\ \epsilon = \frac{\lambda}{l}$$

해답

24. ② 25. ② 26. ④

문제 27

공기스프링에 대한 설명으로 틀린 것은?

① 감쇠성이 적다.
② 스프링 상수 조절이 가능하다.
③ 종류로 벨로즈식, 다이어프램식이 있다.
④ 주로 자동차 및 철도차량용의 서스팬션(suspension) 등에 사용된다.

해설 공기 스프링은 공기의 압축 탄성을 이용한 것이며, 금속 스프링과 다른 여러 가지 특징을 가지고 있는데 그 특징은 다음과 같다.
① 매우 유연한 스프링을 비교적 쉽게 제작할 수 있다
② 공기 스프링 내부의 공기가 압축되고 팽창되기 때문에 감쇠성이 우수하다.
③ 종류로 벨로즈식, 다이어프램식이 있다.
④ 스프링의 강도를 하중에 비례하여 바꿀 수 있기 때문에 스프링 상수 조절이 가능하다.
⑤ 주로 자동차 및 철도차량용의 서스팬션(suspension) 등에 사용된다.

문제 28

굽힘 모멘트만을 받는 중공축의 허용 굽힘응력 σ_b, 중공축의 바깥지름 D, 여기에 작용하는 굽힘모멘트 M일 때, 중공축의 안지름 d를 구하는 식으로 옳은 것은?

① $d=\sqrt[4]{\dfrac{D(\pi\sigma_b D^3-16M)}{\pi\sigma_b}}$
② $d=\sqrt[4]{\dfrac{D(\pi\sigma_b D^3-32M)}{\pi\sigma_b}}$
③ $d=\sqrt[3]{\dfrac{\pi\sigma_b D^3-16M}{\pi\sigma_b}}$
④ $d=\sqrt[3]{\dfrac{\pi\sigma_b D^3-32M}{\pi\sigma_b}}$

해설

$$(\text{단면계수})\ Z=\frac{\frac{\pi}{64}(D^4-d^4)}{\frac{D}{2}}=\frac{\pi}{32D}(D^4-d^4)$$

$$M=\sigma_b\times Z=\sigma_b\times\frac{\pi}{32D}(D^4-d^4)$$

$$d^4=D^4-\frac{32DM}{\sigma_b\times\pi}=\frac{D^4\times\sigma_b\times\pi}{\sigma_b\times\pi}-\frac{32DM}{\sigma_b\times\pi}=\frac{D(D^3\times\sigma_b\times\pi-32M)}{\sigma_b\times\pi}$$

$$d=\sqrt[4]{\frac{D(D^3\times\sigma_b\times\pi-32M)}{\sigma_b\times\pi}}$$

해답 27. ① 28. ②

문제 29

1줄 겹치기 리벳 이음에서 리벳의 수는 3개, 리벳 지름은 18mm, 작용 하중은 10kN 일 때 리벳 하나에 작용하는 전단응력은 약 몇 MPa 인가?

① 6.8 ② 13.1
③ 24.6 ④ 32.5

해설

$$(\text{전단응력})\ \tau = \frac{F}{\frac{\pi}{4}\times d^2 \times Z} = \frac{10\times10^3}{\frac{\pi}{4}\times 18^2\times 3} = 13.099\text{MPa}$$

문제 30

50kN의 축방향 하중과 비틀림이 동시에 작용하고 있을 때 가장 적절한 최소 크기의 체결용 미터나사는? (단, 허용인장응력은 45N/mm2이고, 비틀림 전단응력은 수직응력의 1/3이다.)

① M36 ② M42
③ M48 ④ M56

해설

$$d = \sqrt{\frac{8W_s}{3\sigma_a}} = \sqrt{\frac{8\times50000}{3\times45}} = 54.433\text{mm}$$

처음으로 큰 값 선택 M56

문제 31

3.68kW의 동력으로 회전하는 드럼을 블록 브레이크를 이용하여 제동하고자 할 때 브레이크의 용량(brake capacity)은 약 몇 MPa · m/s인가? (단, 브레이크 블록의 길이가 100mm, 너비 30mm이고, 접촉부 마찰계수는 0.2이다.)

① 0.12 ② 0.25
③ 0.64 ④ 1.23

해설

브레이크 용량 $\mu q V = \frac{1000H_{KW}}{A} = \frac{1000\times3.68}{100\times30}[\text{N/mm}^2\cdot\ \text{m/s}]$

$= 1.226\,[\text{MPa}\cdot\ \text{m/s}]$

문제 32

2줄 나사의 리드(lead)가 3mm인 경우 피치는 몇 mm인가?

① 1.5 ② 3
③ 6 ④ 12

해설

나사의 리드 = 줄수 × 피치, **피치** $= \frac{\text{나사의 리드}}{\text{줄수}} = \frac{3}{2} = 1.5\text{mm}$

해답

29. ② 30. ④ 31. ④ 32. ①

문제 33

리벳 이음의 장점에 해당하지 않는 것은?

① 열응력에 의한 잔류응력이 생기지 않는다.
② 경합금과 같이 용접이 곤란한 재료의 결합에 적합하다.
③ 리벳 이음한 구조물에 대해서 분해 조립이 간편하다.
④ 구조물 등에 사용할 때 현장조립의 경우 용접작업보다 용이하다.

해설 **리벳 이음의 특징** : 리벳 이음은 용접 이음에 비해 다음과 같은 특징이 있다.
① 초기응력에 의한 잔류 변형률이 생기지 않으므로 취약 파괴가 일어나지 않는다.
② 구조물 등에서 현지 조립(현장작업)할 때는 용접 이음보다 쉽다.
③ 경합금과 같이 용접이 곤란한 재료에는 신뢰성이 있다.
④ 강판의 두께에 한계가 있으며, 이음 효율이 낮다.
⑤ 리벳 조인트는 강판을 포개서 영구적으로 결합하는 것으로 구조로 분해 조립이 어렵다.

문제 34

롤러 체인 전동에서 체인의 파단하중이 1.96kN이고, 체인의 회전속도가 3m/s이며, 안전율(safety factor)을 10으로 할 때 전달 동력은 약 몇 W인가?

① 467 ② 588
③ 712 ④ 843

해설

$$H_W = \frac{F_B \times V}{S} = \frac{1960[\mathrm{N}] \times 3[\mathrm{m/s}]}{10} = 588[\mathrm{N \cdot m/s}] = 588[\mathrm{W}]$$

문제 35

스프링의 용도로 거리가 먼 것은?

① 진동 또는 충격에너지를 흡수 ② 에너지를 저축하여 동력원으로 작용
③ 힘의 측정에 사용 ④ 동력원의 제동

해설 **스프링의 용도에 의한 분류**
① 충격에너지를 흡수하여 완충, 진동을 흡수(방진작용)을 목적으로 하는 것 : 차량용 현가장치, 승강기 완충 스프링
② 하중을 조정하는 것 : 스프링 와셔
③ 탄성 변형한 스프링의 저축에너지를 이용하는 것 : 계기용 스프링, 시계용 스프링, 완구용 스프링 등
④ 스프링에 가해지는 하중과 신장의 관계로부터 하중을 측정 하는 것 : 저울의 스프링, 안전밸브용 스프링

해답

33. ③ 34. ② 35. ④

문제 36

베어링의 설계시 주의사항으로 옳지 않는 것은?

① 마모가 적을 것
② 구조가 간단하여 유지보수가 쉬울 것
③ 마찰저항이 크고 손실동력이 감소할 것
④ 강도를 충분히 유지할 것

해설 **베어링 설계시 주의사항**

① 마찰저항이 작아서 축의 회전이 원할 할수 있도록 할 것
② 마찰에 의한 마모가 적을 것 즉 내마모성을 가질 것
③ 충분한 강도를 가지고 있을 것
④ 구조가 간단하여 유지보수가 쉬울 것

문제 37

원주속도가 4m/s로 18.4kW의 동력을 전달하는 헬리컬기어에서 비틀림각이 30°일 때 축방향으로 작용하는 힘(추력)은 약 몇 kN인가?

① 1.8 ② 2.3
③ 2.7 ④ 4.0

해설 **헬리컬 기어의 축력**

$F_{thrust}=(\text{회전력})P\times\tan\beta=4.6[\text{kN}]\times\tan30=2.655[\text{kN}]$

여기서, β : 비틀림각

$$H_{KW}=\frac{P[\text{N}]\times V[\text{m/s}]}{1000}$$

$$(\text{회전력})\ P[\text{N}]=\frac{H_{KW}\times1000}{V}=\frac{18.4\times1000}{4}=4600\text{N}=4.6\text{kN}$$

문제 38

축의 원주에 여러 개의 키를 가공한 것으로 큰 토크를 전달할 수 있고 내구력이 크며 축과 보스와의 중심축을 정확하게 맞출 수 있는 것은?

① 스플라인 ② 미끄럼 키
③ 묻힘 키 ④ 반달 키

해설 **키의 종류**

① 스플라인(spline) : 축의 원주에 여러 개의 키를 가공한 것으로 큰 토크를 전달할 수 있고 내구력이 크며 축과 보스와의 중심축을 정확하게 맞출 수 있는 키이다.
② 묻힘키(성크키=sunk key) : 가장널리 사용되며 축과 풀리부모두 홈을 만든

해답

36. ③ 37. ③ 38. ①

다, 기울기는 1/100이다.

③ 반달키(woodruff key) : 자동차, 공작기계 등의 작은축 또는 테이퍼축에 사용된다.

④ 접선키(tangential key) : 축에 120°2의 각도로 두개의 키를 접선 방향으로 끼우며, 역회전을 가능하게 한다.

⑤ 미끄럼키(sliding key)=페더키(feather key)=(안내키) : 운전중에 보스를 축방향으로 이동이 가능한 키이다.

⑥ 안장키(saddle key=새들키) : 축을 전혀 가공하지 않고 마찰력에 의해 회전력을 전달함으로 큰동력의 전달은 하지 못한다.

문제 39

일정한 주기 및 진폭으로 반복하여 계속 작용하는 하중으로 편진하중을 의미하는 것은?

① 변동하중(variable load)
② 반복하중(repeated load)
③ 교번하중(alternate load)
④ 충격하중(impact load)

해설 **하중을 작용 속도에 따라 분류**

① 정하중 : 정지상태에서 가해지는 하중, 시간에 따라 하중의 변화가 발생하지 않는 하중

② 동하중 : 움직이면서 가해지는 하중

㉠ 반복하중 : 일정한 주기 및 진폭으로 반복하여 계속 작용하는 하중으로 편진하중이다(압축이든, 인장이든 한쪽 하중만 발생한다)

㉡ 교번하중 : 인장 하중과 압축 하중이 교대로 반복하여 작용하는 하중으로 크기와 방향이 동시에 변화하는 하중

㉢ 충격하중 : 짧은 시간에 순간적으로 작용하는 하중

문제 40

지름이 20mm인 축이 114rpm으로 회전할 때 최대 약 몇 kW의 동력을 전달할 수 있는가? (단, 축 재료의 허용전단응력은 39.2MPa이다.)

① 0.74
② 1.43
③ 1.98
④ 2.35

해설

$$T = \tau_a \times \frac{\pi D^3}{16} = 39.2 \times \frac{\pi \times 20^3}{16} = 61575.21\,[\text{N}\cdot\ \text{mm}]$$

$$T[\text{N}\cdot\ \text{mm}] = 974000 \times \frac{H_{KW}}{N} \times 9.8\,[\text{N}\cdot\ \text{mm}]$$

$$(\text{전달동력})\ H_{KW} = \frac{T[\text{N}\cdot\ \text{mm}] \times N}{974000 \times 9.8} = \frac{61575.21 \times 114}{974000 \times 9.8} = 0.735[\text{kW}]$$

해답 39. ② 40. ①

제3과목 기계재료 및 측정

문제 41

분말 야금에 의하여 제조된 소결 베어링 합금으로 급유하기 어려운 경우에 사용되는 것은?

① Y합금　② 켈밋
③ 화이트메탈　④ 오일리스베어링

해설 **함유베어링**(oilless Bearing) : 베어링 자체에 기름이 함유되어 있어 기름공급이 어려운 부분에 사용되는 베어링

문제 42

황동에 납을 1.5~3.7%까지 첨가한 합금은?

① 강력 황동　② 쾌삭 황동
③ 배빗 메탈　④ 델타 메탈

해설 **황동**

① 톰백(모조금) : 아연5~20%, 전연성이 좋고 색깔이 금색 모조금으로 사용, 판재 사용
② 7:3황동(=카터리지메탈) : 70Cu-30Zn의 합금, 가공용 황동의 대표, 자동차 방열기, 탄피재료
③ 6:4황동(=문쯔베탈) : 60Cu-40Zn황동 중 가장 저렴, 탈아연 부식 발생
④ 황동주물 : 절삭성과 주조성이 좋아 기계부품, 건축용 부품
⑤ 쾌삭황동 : 1.5~3.0%Pb, 절삭성이 좋아 정밀절삭가공을 필요로 하는 기계용 기어, 나사
⑥ 주석황동 ㉠ 에드머럴티황동 : 7:3황동에 1%의 내의 Sn 첨가
㉡ 네이벌황동 : 6:4황동에 1%의 내의 Sn 첨가
⑦ 델타메탈(=철황동) : 6:4황동에 1~2%Fe함유, 강도와 내식성우수 광산, 선박, 화학기계에 사용
⑧ 망간니 : 황동에 10~15%망간 함유, 전기저항률이 크고, 온도계수가 적어 표준저항기, 정밀기계에 사용
⑨ 양은(양백, Nickel Silver) : 10~20%Ni, 장식품, 악기, 광학기계부품에 사용

문제 43

양은 또는 양백은 어떤 합금계인가?

① Fe-Ni-Mn계 합금　② Ni-Cu-Zn계 합금
③ Fe-Ni계 합금　④ Ni-Cr계 합금

해답

41. ④　42. ②　43. ②

해설 **양은**(양백, Nickel Silver) : 황동(Cu+Zn) 10~20%Ni을 첨가하여 만든 합금으로 장식품, 악기, 광학기계부품에 사용된다.

문제 44

수지 중 비결정성 수지에 해당하는 것은?

① ABS 수지
② 폴리에틸렌 수지
③ 나일론 수지
④ 폴르프로필렌 수지

해설 **비결정수지**

이 수지는 분자 배열이 불규칙적이고 치수정밀도가 대단히 우수하며, 투명성이 있으며, 성형품은 잘 깨어지지 않는 특징을 가지고 있으며, 수축률이 작고 휨이 적다. 비결정수지는 유리전이점까지 물성치 변화가 적어 정밀 기계부품 용도로 적합하다.

① 분자들이 불규칙적이며, 결정성수지가 급냉하면 비결정구조가 된다.
② 녹는점이 나타나지 않으며 Tg(Glass Transition Temperature)가 있다.
③ 유연성과 충격성이 우수하다.
④ ABS, PS, SAN, PC, PVC, PSU, PES, PEI 등이 있다.

문제 45

다음 중 합금강을 제조하는 목적으로 적당하지 않은 것은?

① 내식성을 증대시키기 위하여
② 단접 및 용접성 향상을 위하여
③ 결정입자의 크기를 성장시키기 위하여
④ 고온에서의 기계적 성질 저하를 방지하기 위하여

해설 합금강은 기계적 성질을 증가시키는 것이 목적이다. 결정입자의 크기를 작게 할수록 강도 경도가 커 기계적 성질이 증가한다.

문제 46

일반적으로 탄소강의 청열취성이 나타나는 온도(℃)는?

① 50~150
② 200~300
③ 400~500
④ 600~700

해설 **청열취성**(청열메짐성) : 금속재료는 일반적으로 온도의 상승과 더불어 강도가 감소하고 연신율은 커진다. 하지만 연강이나 탄소강은 200~300℃에서는 강도는 커지고, 연신율은 대단히 작아져서 결국 메짐성을 나타내나, 이때의 강은 청색의 산화 피막을 발생하는데, 이것을 청열메짐성이라고 한다.

해답

44. ① 45. ③ 46. ②

문제 47

금속을 0K 가까이 냉각하였을 때, 전기저항이 0에 근접하는 현상은?

① 초소성 현상 ② 초전도 현상
③ 감수성 현상 ④ 고상 접합 현상

해설 **초전도 현상** : 구리 등의 금속선은 전류를 통하면 전기 저항으로 인하여 전력이 소비되고, 사용온도를 낮추면 전기저항이 완전히 없어지는 현상을 나타낸다. 이러한 현상을 초전도 현상이라 한다. 이러한 현상을 나타내는 재료를 초전도 재료라 한다.

문제 48

탄소강에 대한 설명 중 틀린 것은?

① 인은 상온 취성의 원인이 된다.
② 탄소의 함유량이 증가함에 따라 연신율은 감소한다.
③ 황은 적열 취성의 원인이 된다.
④ 산소는 백점이나 헤어 크랙의 원인이 된다.

해설 수소(H_2)는 강을 여리게 하고, 산, 알칼리에 약하며, 헤어 크랙(hair crack)과 백점(flakes)의 원인이 된다.

문제 49

주철의 성장을 억제하기 위하여 사용되는 첨가 원소로 가장 적합한 것은?

① Pb ② Sn
③ Cr ④ Cu

해설 **주철의 성장**(Growth of cast iron) : 주철을 A_1 변태점 이상의 온도에서 장시간 방치하거나 다시 되풀이하여 가열하면, 점차로 그 부피가 증가되고 변형이나 균열을 가져와 강도나 수명이 짧아지는 현상

※ 흑연화 촉진제 : Si, Ni, Al, Ti, Co

※ 흑연화 방지제 : Mo, S, Cr, Mn, V, W

문제 50

심냉 처리의 효과가 아닌 것은?

① 재질의 연화 ② 내마모성 향상
③ 치수의 안정화 ④ 담금질한 강의 경도 균일화

해설 담금질한 강의 잔류 오스테나이트를 제거하는 열처리로 담금질성을 향상시키는 열처리로 재질의 경화가 목적이다.

해답

47. ② 48. ④ 49. ③ 50. ①

문제 51

다음 주철 중 인장강도가 가장 낮은 것은?

① 백심가단주철 ② 구상흑연주철
③ 보통주철 ④ 흑심가단주철

해설 ① 백심가단주철 : 인장강도 36[kgf/mm^2]
② 구상흑연주철 : 인장강도 55[kgf/mm^2]
③ 보통주철(회주철) : 인장강도 25[kgf/mm^2] 이하
④ 흑심가단주철 : 인장강도 35[kgf/mm^2]

문제 52

다음 담금질 조직 중에서 경도가 가장 큰 것은?

① 페라이트 ② 펄라이트
③ 마텐자이트 ④ 트루스타이트

해설 **담금질 조직의 경도 순서**
마텐자이트 > 트루스타이트 > 소르바이트 > 펄라이트 > 오스테나이트

문제 53

담금질한 강에 인성을 증가시키고 경도를 감소시키기 위하여 강을 A_1점 이하의 온도로 다시 가열하여 인성을 증가시키는 열처리를 무엇이라 하는가?

① 하드페이싱 ② 숏피닝
③ 질화법 ④ 뜨임

해설 ① 뜨임(Tempering) : 담금질강에 인성 부여 내부 응력 제거, 서냉 또는 공냉
② 담금질(Quenching) : 강의 강도 및 경도 증대(단단하게 하기 위함=경화), 급냉
③ 풀림(Annealing) : 내부 응력 제거, 재질 연화, 서냉
④ 불림(Normalizing) : 표준화, 결정조직을 미세화(균일화), 공냉

문제 54

다음 중 일반적인 청동합금의 주요 성분은?

① Cu-Sn ② Cu-Zn
③ Cu-Pb ④ Cu-Ni

해설 **구리 합금**
① 황동 : 구리(Cu)+아연(Zn)
② 청동 : 구리(Cu)+주석(Sn)

해답

51. ③ 52. ③ 53. ④ 54. ①

문제 55

탄소강에서 탄소함유량이 증가할 경우 탄소강의 기계적 성질은 어떻게 변화하는가?

① 경도 및 연성 감소
② 경도 및 연성 증가
③ 강도 및 경도 감소
④ 강도 및 경도 증가

해설 **탄소강에서 탄소(C) 함유량이 많아질수록**
증가하는 것 : 강도, 경도, 취성, 전기저항, 비열, 항복강도
감소하는 것 : 연성, 전성, 인성, 충격값, 비중, 열전도율, 열팽창계수, 용접성

문제 56

공기 마이크로미터에 대한 설명으로 틀린 것은?

① 압축 공기원이 필요하다.
② 비교 측정기로 1개의 마스터로 측정이 가능하다.
③ 타원, 테이퍼, 편심 등의 측정을 간단히 할 수 있다.
④ 확대 기구에 기계적 요소가 없기 때문에 장시간 고정도를 유지할 수 있다.

해설 **공기 마이크로미터의 장 · 단점**

장점	단점
① 배율이 높고(250배~수만배), 정도가 좋다. ② 측정력이 작다(5g~100g). ③ 한계게이지와 달리 측정 치수가 표시된다. ④ 공기의 흐름으로 노즐의 이물질이 제거되어 청결하다. ⑤ 숙련된 기술이 크게 요구되지 않으므로 측정 오차가 작다.	① 소량 생산품에는 비용이 비싸다. ② 두 개의 마스터(큰 치수, 작은 치수)를 필요로 한다. ③ 측정면의 거칠기에 영향을 받는다.

문제 57

공기 마이크로미터를 원리에 따라 분류할 때 이에 속하지 않는 것은?

① 광학식
② 배압식
③ 유량식
④ 유속식

해설 **공기 마이크로미터의 종류**로는 유량식, 배압식, 유속식이 있다.
① **유량식** : 일정한 압력의 노즐로부터 공기를 뿜어 유량의 변화로부터 변위를 측정하는 방식
② **배압식** : 일정 유량에서의 배압의 변화로부터 측정하는 배압식이 있다.

해답

55. ④ 56. ② 57. ①

문제 58

어떤 도면에서 편심량을 4mm로 주어졌을 때, 실제 다이얼 게이지의 눈금의 변위량은 얼마로 나타나야 하는가?

① 2mm ② 4mm
③ 8mm ④ 0.5mm

해설 다이얼 게이지는 1회전에 대한 값을 나타내기 때문에 편심량의 2배 값이 나타난다.

문제 59

다음 중 KS B 0161에 규정된 표면 거칠기 표시 방법이 아닌 것은?

① 최대 높이(Ry) ② 10점 평균 거칠기(Rz)
③ 산술 평균 거칠기(Ra) ④ 제곱 평균 거칠기(Rrms)

해설 KS B 0161에 규정된 표면 거칠기 표시 방법
① 최대 높이(R_{max}, R_y, R_s) [예] 100S 100μm
② 10점 평균 거칠기(R_Z) [예] 100Z 100μm
③ 중심선(산술) 평균 거칠기(R_a) [예] 20a 20μm

문제 60

외부 컴퓨터에서 작성한 NC 프로그램을 CNC 공작기계에 송·수신하면서 가공하는 방식은?

① NC ② CNC
③ DNC ④ FMS

해설 ① **제1단계** : NC(numerical control) 간단한 수치제어
② **제2단계** : CNC(computer numerical control) 컴퓨터 1대가 공작기계1대 제어
③ **제3단계** : DNC(direct numerical control) 컴퓨터 1대가 여러 대의 NC공작 기계를 제어
④ **제4단계** : FMS(flecxible manufacturing system) 유연성 있는 제작 시스템, 컴퓨터를 이용한 공장전체를 자동화한 시스템

해답

58. ③ 59. ④ 60. ③

기계설계산업기사

2020년 9월 CBT 시행

제1과목 기계제도

문제 01

다음 용접의 기본 기호 중 플러그 용접 기호는?

① ⌓ ② ⋇
③ ◺ ④ ⊓

해설

필릿 용접	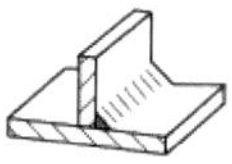	◺
플러그 용접 : 플러그 또는 슬롯 용접		⊓
스폿 용접	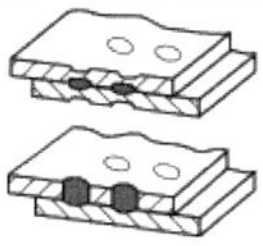	○
심 용접	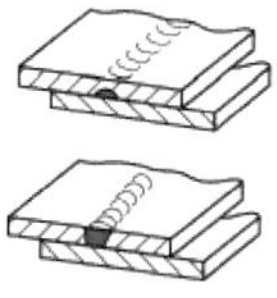	⊖

문제 02

KS 재료 기호 중 기계 구조용 탄소 강재는?

① SM20C ② SC37
③ SHP1 ④ SF34

해설 ① **SM20C** : 기계구조용 탄소강재, 탄소함량 0.20%
② **SC37** : 탄소강 주조품, 최저인장강도 37kgf/mm^2 이상인 탄소주강품
③ **SHP1** : 열간압연강판(일반용)
④ **SF340** : 탄소강 단조품, 최저인장강도 340N/mm^2 이상인 탄소강단조품

해답

01. ④ 02. ①

문제 03

보기 도면과 같이 강판에 구멍을 가공할 경우 가공할 구멍의 크기와 개수는?

① 지름 8mm, 구멍 2개
② 지름 8mm, 구멍 15개
③ 지름 15mm, 구멍 8개
④ 지름 15mm, 구멍 2개

[보기]

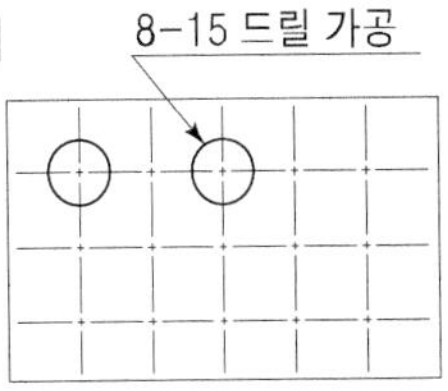

해설 **8-15 드릴 가공** : 구멍8개를 지름 15mm 드릴로 가공 하면 된다.

문제 04

도면에서 표면의 줄무늬 방향 지시 그림 기호 M은 무엇을 뜻하는가?

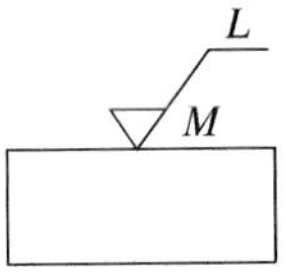

① 가공에 의한 커터의 줄무늬가 기호를 기입한 그림의 투영면에 비스듬하게 두 방향으로 교차
② 가공에 의한 커터의 줄무늬가 기호를 기입한 면의 중심에 대하여 거의 동심원 모양
③ 가공에 의한 커터의 줄무늬가 기호를 기입한 면의 중심에 대하여 거의 방사 모양
④ 가공에 의한 커터의 줄무늬가 여러 방향으로 교차 또는 무방향

해설

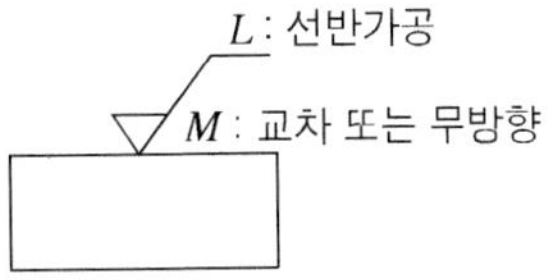

문제 05

빗줄 널링(knurling)의 표시 방법으로 가장 올바른 것은?

① 축선에 대하여 일정한 간격으로 평행하게 도시한다.
② 축선에 대하여 일정한 간격으로 수직으로 도시한다.
③ 축선에 대하여 30°로 엇갈리게 일정한 간격으로 도시한다.
④ 축선에 대하여 80°로 하여 일정한 간격으로 평행하게 도시한다.

해설 빗줄 널링의 표시 방법은 축선에 대하여 30°로 엇갈리게 일정한 간격으로 표시하고 전체가 널링 되더라도 일부분만 널링 표시한다.

해답

03. ③ 04. ④ 05. ③

문제 06

도면에서 2종류 이상의 선이 같은 곳에 겹치는 경우 다음 선 중에서 우선 순위가 가장 높은 선은?

① 중심선　　② 무게 중심선
③ 숨은선　　④ 치수 보조선

해설 외형선 > 숨은선 > 절단선 > 중심선 > 무게 중심선 > 치수선 > 치수 보조선

문제 07

제 3각법으로 정 투상한 그림과 같은 투상도에서 누락된 정면도로 가장 적합한 것은?

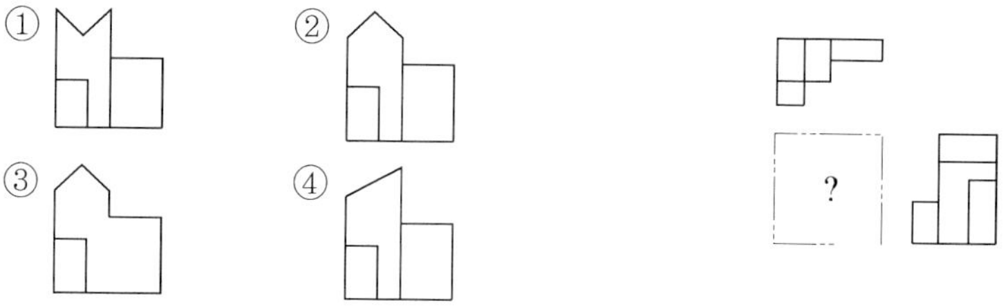

해설

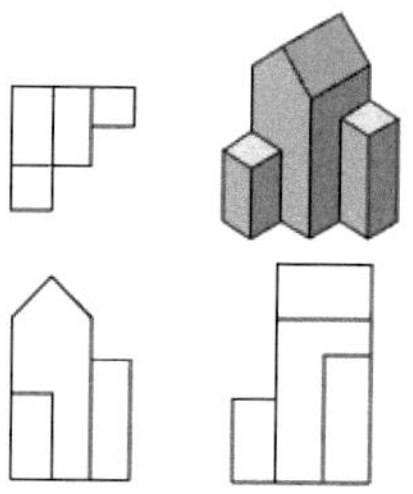

문제 08

다음과 같은 표면거칠기 지시방법에서 λc 2.5의 의미는?

① 평가 길이 2.5mm
② 컷오프값 2.5mm
③ 평가 길이 2.5μm
④ 컷오프값 2.5μm

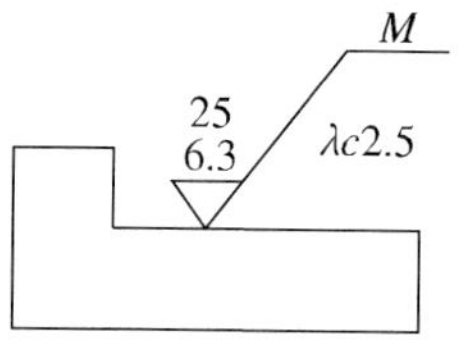

해설

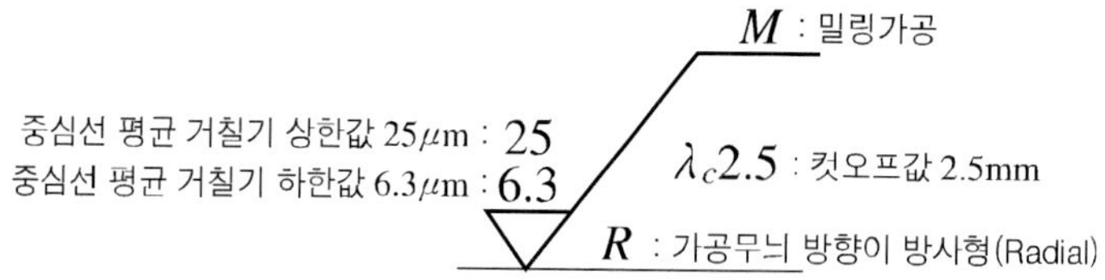

해답

06. ③ 07. ② 08. ②

문제 09

구름 베어링의 안지름이 8mm인 베어링 호칭번호는?

① 608 ② 6008
③ 60/18 ④ 6080

해설 ① 608 : 안지름8mm ② 6008 : 안지름40mm
③ 60/18 : 안지름18mm ④ 6080 : 안지름400mm

문제 10

그림과 같은 원뿔을 전개하였을 때 전개도의 중심각이 120°가 되려면 L의 치수는 얼마인가? (단, 원뿔 밑면의 지름은 100mm이다.)

① 150mm
② 200mm
③ 120mm
④ 180mm

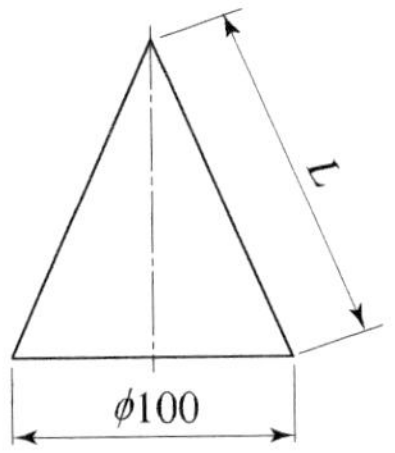

해설

$$\pi \times 100 = L \times \left(120 \times \frac{\pi}{180}\right)$$

$$L = \frac{\pi \times 100}{120 \times \frac{\pi}{180}} = 150\text{mm}$$

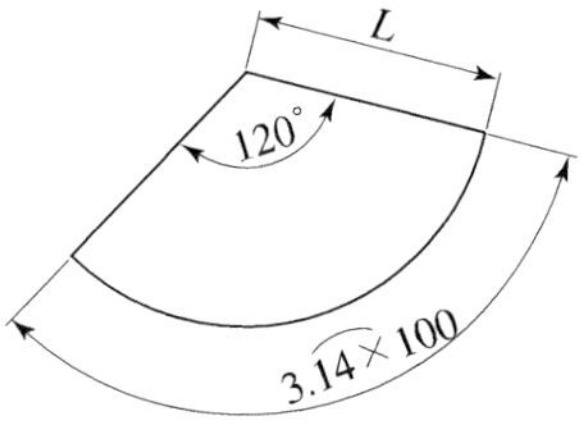

문제 11

도면에 표시된 재료기호가 "SF390A"로 되었을 때 "390"이 뜻하는 것은?

① 재질 표시 ② 탄소 함유량
③ 최저 인장 강도 ④ 제품명 또는 규격명 표시

해설 SF390A : 탄소강 단조품
① S : Steel(탄소강)
② F : Forging(단조)
③ 390 : 최저인장강도 390[N/mm^2] 이상인 재질
④ A : 풀림, 불림－뜨임처리재 B : 담금질－뜨임처리재

해답

09. ① 10. ① 11. ③

문제 12

입체도의 화살표 방향이 정면일 경우 평면도로 가장 적합한 투상은?

① 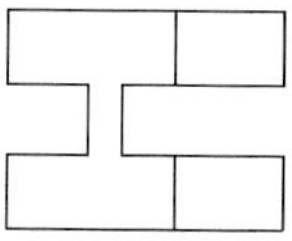
② 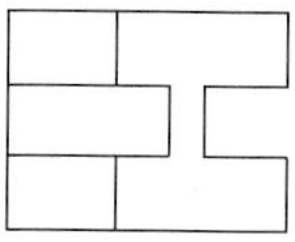
③ 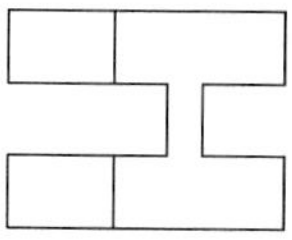
④ 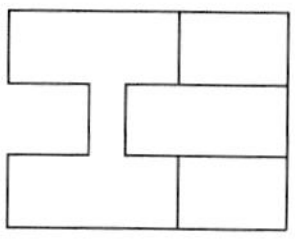

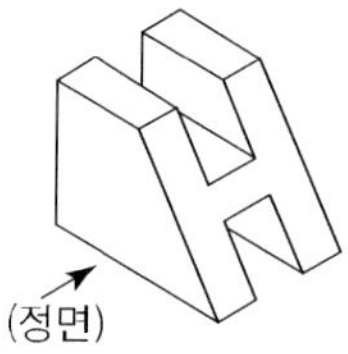

해설

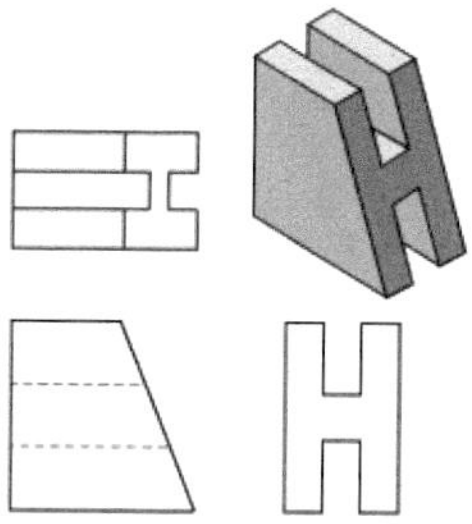

문제 13

CAD 용어 중 회전 특징 형상 모양으로 잘려나간 부분에 해당하는 특징 형상을 무엇이라고 하는가?

① 홀(hole)
② 그루브(groove)
③ 챔퍼(chamfer)
④ 라운드(round)

해설
① **홀(hole)** : 구멍뚫기
② **그루브(groove)** : 회전하면서 차집합 형식으로 제거하는 방법
③ **챔퍼(chamfer)** : 모따기
④ **라운드(round)** : 모깍기, 둥글기 주기
⑤ **샤프터(shaft)** : 회전하면서 합집합 형식으로 부품을 생성하는 방법

문제 14

다음 중 3차원 공간상의 점 좌표를 표현하기 위해, 평면 극좌표계(원점으로부터의 거리 r, 수평축과 이루는 각도 θ)에 평면으로부터의 높이 z를 더해 좌표값을 표현하는 좌표계는?

① 공간 극좌표계
② 원통 좌표계
③ 구면 좌표계
④ 직교 좌표계

해답

12. ② 13. ② 14. ②

해설 **원통좌표계** $P(\rho, \varphi, z)$

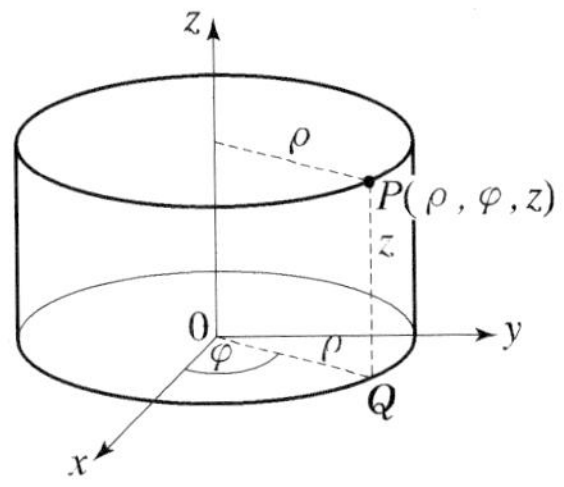

문제 15

IGES 파일 구조가 가지는 section이 아닌 것은?

① directory section　② glogal section
③ start section　④ local section

해설 IGES(Initial Graphics Exchange Specification)는 여러 종류의 CAD/CAM 시스템에서 사용된 설계와 가공의 정보를 교환하기 위한 표준 데이터 형식이다.(1979년 미국에서 시작하여ISO의 표준규격으로 제정)

IGES 파일의 구조

① 플래그 섹션(Flag section)－옵션
　㉠ 압축형 ASCII와 이진형식에서만 사용하는 것으로 데이터의 표현 형식에 따른 선택사항이다.
　㉡ 정규 ASCII형식에서는 사용하지 않는다.
② 개시 섹션(start section) : IGES 파일의 임의의 주석 및 작성자와 작성날짜 등을 기록하는 섹션이다.
③ 글로벌 섹션(global section) : 파일을 만든 시스템 환경에 대한 기록
④ 디렉토리 섹션(directory section) : IGES 파일에서 형상에 대한 속성정보의 기록 및 정의된 모든 요소(엔티티(Entity))의 목록을 저장하는 섹션이다.
⑤ 파라미터 섹션(parameter section) : 2차원, 3차원의 좌표값을 가지고 있는 실제데이터를 기록하는 섹션이다.
⑥ 종결 섹션(terminate section)

문제 16

다음 중 솔리드 모델링 시스템에서 사용하는 일반적인 기본형상(Primitive)이 아닌 것은?

① 곡면　② 실린더
③ 구　④ 원추

해설 **기본형상(Primitive)**

박스(Box), 원통(cylinder), 구(sphere), 관(tuve), 원뿔(cone)

해답

15. ④　16. ①

문제 17

폐쇄된 평면 영역이 단면이 되어 직진이동 혹은 회전 이동시켜 솔리드 모델을 만드는 모델링 기법은?

① 스키닝(skinning)　　② 리프팅(lifting)
③ 스위핑(sweeping)　　④ 트위킹(tweaking)

해설 ④ 트위킹(tweaking)

스키닝(Skinning)
원하는 경로상에 여러 개의 단면 형상을 위치시키고 이를 덮어 싸는 입체를 형성

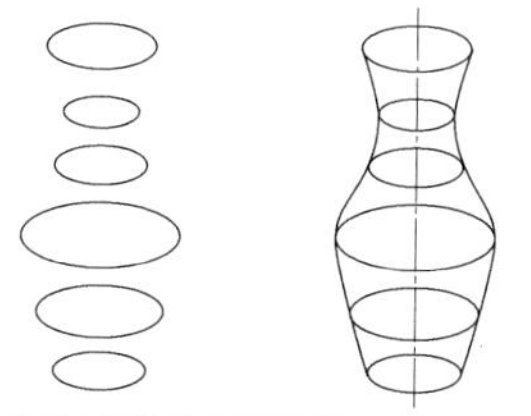

스위핑(sweeping)
하나의 2차원 단면형상(profile), 즉 폐쇄된 형상이 안내곡선을 따라 이동시켜 입체를 생성, 주로 환기구의 덕트를 모델링 할 때 사용되는 곡선이다.

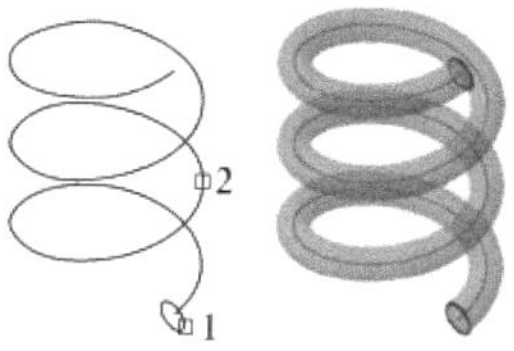

트위킹(tweaking)
곡면 모델링 시스템에 의해 만들어진 곡면을 불러들여 기존 모델의 평면을 바꿀 수 있는 기법. 예를 들어 실린더형상에 구배(draft angle)를 주어 실린더 곡면을 원추 곡면으로 만들어 주는 방법

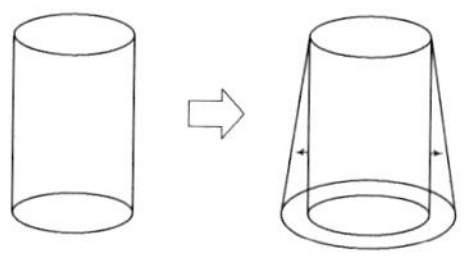

리프팅(lifting)
주어진 물체의 특정면의 전부 또는 일부를 원하는 방향으로 움직여서 물체가 그 방향으로 늘어난 효과를 갖도록 하는 것

문제 18

다음 CAD 시스템 기능 중에서 모델의 속성(attribute)을 관리하는 기능에 해당하는 것은?

① 자료 확대, 축소하는 기능
② 선의 종류, 굵기 등을 정의하는 기능
③ 만들어진 모델을 합치기 하는 기능
④ 트리구조로 표현되는 도면 디자인 이력을 보여주는 기능

해설 CAD에서 모델의 속성(attribute)을 관리하는 기능은 도면층(layer)설정으로 선의 종류, 선의 굵기, 선의 색상 등을 정하는 것이다.

해답

17. ③　18. ②

문제 19

체적이나 무게중심을 구할 수 있는 가장 좋은 형상처리 방법은?

① Wireframe modeling ② System modeling
③ Surface modeling ④ Solid modeling

해설 솔리드 모델링(Solid modeling)은 공학적 해석이 가능하다.

문제 20

CAD 소프트웨어가 반드시 갖추고 있어야 할 기능으로 거리가 먼 것은?

① 화면 제어 기능 ② 치수 기입 기능
③ 도형 편집 기능 ④ 인터넷 기능

해설 CAD는 인터넷 기능이 없어도 도면설계가 가능하다.

제2과목 기계요소설계

문제 21

브레이크 드럼축에 554N · m의 토크가 작용하면 축을 정지하는데 필요한 제동력은 몇 N인가? (단, 브레이크 드럼의 지름은 400mm이다.)

① 1920 ② 2770
③ 3310 ④ 3660

해설 $T=f\times\frac{D}{2}$, $554000=f\times\frac{400}{2}$ 에서 (마찰력) $f=2770\text{N}$

문제 22

그림과 같은 형태의 볼트로서 전단력이 많이 작용하는 곳에 주로 사용하는 볼트는?

① 스터드 볼트(stud bolt)
② 탭 볼트(tap bolt)
③ 리머 볼트(reamer bolt)
④ 스테이 볼트(stay bolt)

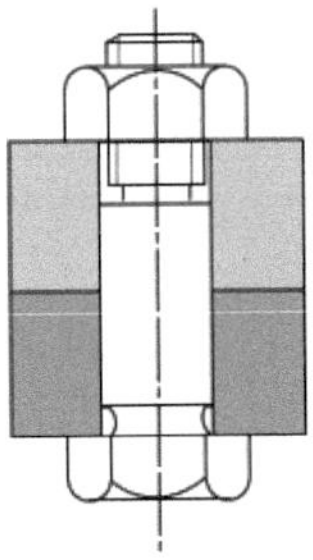

해답 19. ④ 20. ④ 21. ② 22. ③

해설

스테이 볼트(stay bolt)

간격유지볼트라고도 한다. 기계 부품의 간격을 일정하게 유지할 필요가 있을 때 사용한다.

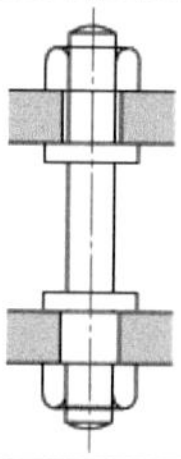

리머볼트(reamer bolt)

리머로 다듬질한 구멍에 박아 체결하는 볼트로서 구멍과 볼트의 축 부분이 꼭 맞도록 다듬질한 볼트로 전단력이 많이 작용할 때 사용하는 볼트이다.

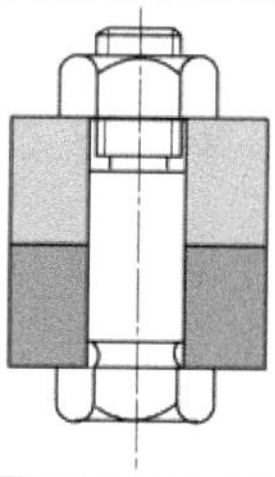

문제 23

다음과 같은 스프링 장치에서 각각의 스프링 상수는 k_1 =20N/mm, k_2 = 30N/mm일 때 이 장치의 조합 스프링 상수는 약 몇 N/mm인가?

① 25
② 6
③ 50
④ 12

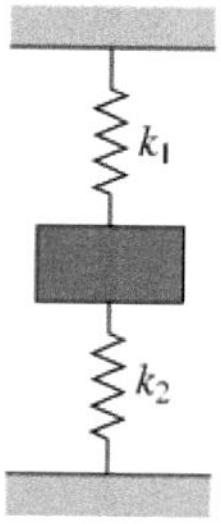

해설

직렬연결	병렬연결
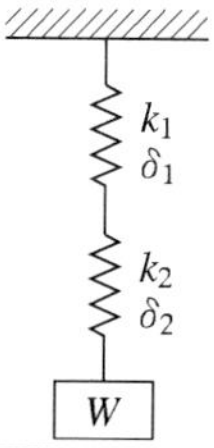	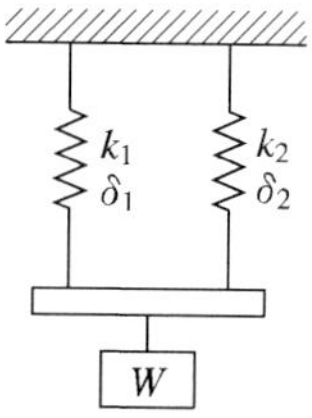 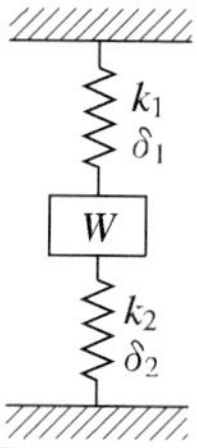
(등가스프링상수) k_{eq} $\frac{1}{k_{eq}} = \frac{1}{k_1} + \frac{1}{k_2}$	(등가스프링상수) k_{eq} $k_{eq} = k_1 + k_2$
(스프링상수) $k = \frac{W}{\delta}$, (스프링 변화량) $\delta = \frac{W}{k_{eq}}$	

$k_{eq} = k_1 + k_2 = 20 + 30 = 50[\mathrm{N/mm}]$

해답

23. ③

문제 24

재료의 파손이론(failure theory) 중 재료에 조합하중이 작용할 때 최대 주응력이 단순인장 또는 단순압축 하중에 대한 항복강도, 또는 인장강도나 압축강도에 도달하였을 때 재료의 파손이 일어난다는 이론을 말하는 것으로 주철과 같은 취성재료에 잘 일치하는 이론은?

① 변형률 에너지설(strain energy theory)
② 최대주변형률설(maximum principal strain theory)
③ 최대전단응력설(maximum shear stress theory)
④ 최대주응력설(maximum principal stress theory)

해설 ① 주철과 같은 취성재료에 잘 일치하는 이론 : 최대주응력설(허용수직응력을 기준으로 설계한다)
② 연강과 같은 연성재료에 잘 일치하는 이론 : 최대전단응력설(허용전단응력을 기준으로 설계한다)

문제 25

코터의 두께를 b, 폭을 h라 하고, 축방향의 힘 F를 받을 때 코터 내에 생기는 전단응력(τ)에 대한 식으로 옳은 것은? (단, 축방향의 힘에 의해 2개의 전단면이 발생한다.)

① $\tau = \dfrac{F}{bh}$　② $\tau = \dfrac{hb}{F}$
③ $\tau = \dfrac{F}{2bh}$　④ $\tau = \dfrac{2hb}{F}$

해설 **코터의 전단응력**

$$\tau_c = \frac{P}{2\times b\times h}$$

여기서, h : 코터의 폭
b : 코터의 두께

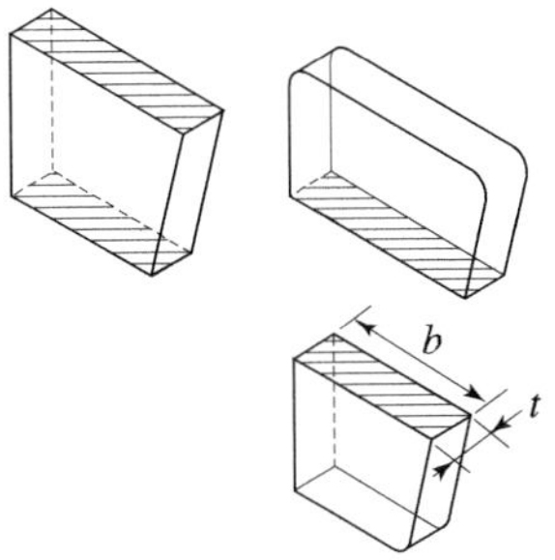

문제 26

한 쌍의 표준 스퍼 기어에서 지름피치가 5이고, 잇수가 각각 20, 63일 때 기어 간 중심거리는 약 몇 mm인가? (단, 1inch는 25.4mm이다.)

① 210.82　② 421.64
③ 16.3　④ 163

해답

24. ④　25. ③　26. ①

해설

(모듈) $m = \dfrac{25.4}{P_d} = \dfrac{25.4}{5} = 5.08\text{mm}$

(축간거리) $C = \dfrac{m(Z_1+Z_2)}{2} = \dfrac{5.08 \times (20+63)}{2} = 210.82\text{mm}$

문제 27

회전속도가 7m/s로 전동되는 평벨트 전동장치에서 가죽벨트의 폭(b)×두께(t)=116mm×8mm인 경우, 최대전달동력은 약 몇 kW인가? (단, 벨트의 허용인장응력은 2.35MPa, 장력비($e^{\mu\theta}$)는 2.5이며, 원심력은 무시하고 벨트의 이음효율은 100%이다.)

① 7.45
② 9.16
③ 11.08
④ 13.46

해설

$\sigma_t = \dfrac{T_t}{A \times \eta} = \dfrac{T_t}{b \times h \times \eta}$, $T_t = \sigma_t \times b \times t \times \eta = 2.35 \times 116 \times 8 \times 1 = 2180.8\text{N}$

여기서, T_t : 긴장장력=벨트의 허용장력, b : 벨트의 폭, h : 벨트의 두께,
η : 이음효율

$H_{KW} = \dfrac{P_e \times V}{1000} = \dfrac{T_t V}{1000}\left(\dfrac{e^{\mu\theta}-1}{e^{\mu\theta}}\right) = \dfrac{2180.8 \times 7}{1000}\left(\dfrac{2.5-1}{2.5}\right) = 9.16\text{kW}$

여기서, P_e : 유효장력[N], T_t : 긴장장력[N]

문제 28

그림과 같이 양쪽에 옆면 필릿 용접 이음을 한 용접구조물에서 용접부의 허용전단응력이 49.05MPa이라 할 때 약 몇 kN의 힘(P)에 견딜 수 있는가? (단, 판의 두께는 5mm이고, 용접길이(l)는 100mm이다.)

① 34.7
② 48.6
③ 60.4
④ 72.9

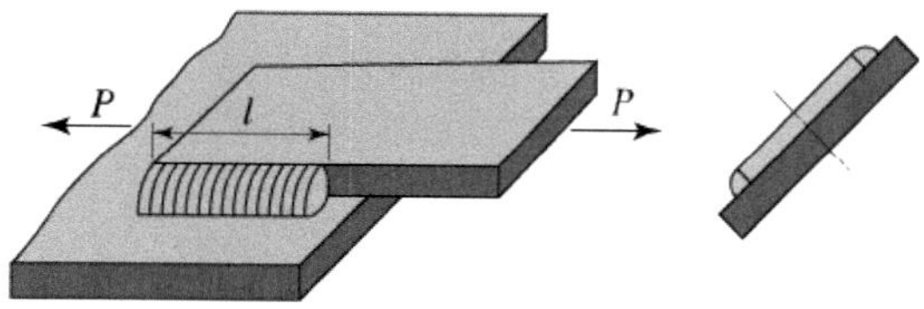

해설

$\tau_w = \dfrac{P}{2 \times t \times l} = \dfrac{P}{2 \times 0.707 f \times l}$

(힘) $P = \tau_w \times 2 \times 0.707 f \times l = 49.05 \times 2 \times 0.707 \times 5 \times 100$
$= 34678.35\text{N} = 34.678\text{kN}$

해답

27. ② 28. ①

문제 29

일반적으로 저널 베어링은 장착 형태와 하중의 방향에 따라 여러 가지 형태로 분류되는데 그림과 같은 저널은 어떤 저널에 속하는가? (단, 그림에서 P는 하중의 작용을 나타내고, d는 저널의 지름을 의미한다.)

① 칼라 저널
② 피봇 저널
③ 중간 저널
④ 엔드 저널

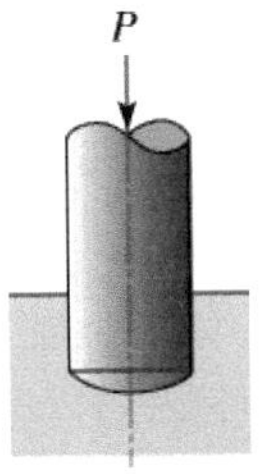

해설

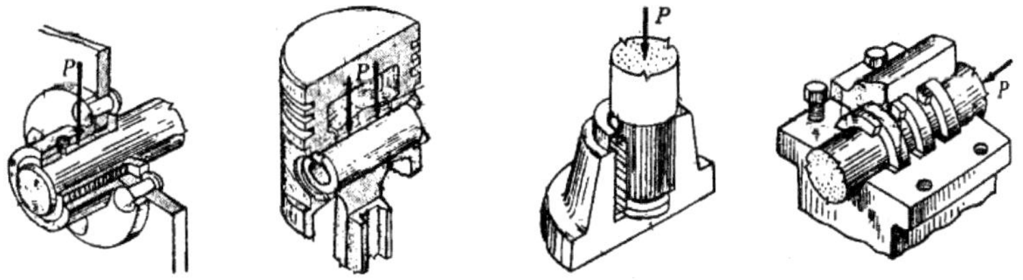

(a) 끝저널 베어링 (b) 중간저널베어링 (c) 피봇베어링 (d) 칼라저널베어링
[레이디얼 미끄럼베어링] **[스러스트 미끄럼베어링]**

문제 30

유체 클러치의 일종인 유체 커플링(fluid coupling)의 특징을 설명한 것 중 틀린 것은?

① 원동기의 시동이 쉽다.
② 과부하에 대하여 원동기를 보호할 수 있다.
③ 자동변속을 하기 어렵다.
④ 다수의 원동기에서 1개의 부하, 또는 1개의 원동기에서 다수의 부하작용이 쉽다.

해설 **유체 커플링의 특징**

① 유체의 점성을 이용함으로 과부하에 대하여 원동기를 보호할 수 있다.
② 관성력이 작게 발생되어 원동기의 시동이 쉽다.(운전비용의 절감)
③ 유체이용 함으로 자동변속을 하기 쉽다.(광범위한 속도와 토크조절)
④ 다수의 원동기에서 1개의 부하, 또는 1개의 원동기에서 다수의 부하작용이 쉽다.
⑤ 유지보수 비용이 절감된다.
⑥ 클러치 대용으로 사용되며 가속시간과 토크의 예약이 가능하다.

해답

29. ② 30. ③

문제 31

기어 설계 시 전위 기어를 사용하는 이유로 거리가 먼 것은?

① 중심 거리를 자유로이 변화시키려고 할 경우에 사용
② 언더컷을 피하고 싶은 경우에 사용
③ 베어링에 작용하는 압력을 줄이고자 할 경우 사용
④ 기어의 강도를 개선하려고 할 경우 사용

해설 **전위기어의 사용목적**

① 두 기어 사이의 중심거리를 변화시키고자 할 때
② 언더컷을 방지하고자 할 때
③ 치의 강도를 증가시키고자 할 때
④ 물림률을 증가시키고자 할 때
⑤ 최소잇수를 작게 하고자 할 때

문제 32

90rpm으로 회전하고 980N의 하중을 받는 레이디얼 볼베어링의 기본 동정격 하중은 약 몇 kN인가? (단, 하중계수는 1로 하고, 수명은 5000시간으로 한다.)

① 2.94　　② 4.91
③ 8.83　　④ 15.70

해설

(수명시간) $L_h = 500 \times \dfrac{33.3}{N} \times \left(\dfrac{C}{P_{th} \times f_w}\right)^r$

$$5000 = 500 \times \frac{33.3}{90} \times \left(\frac{C}{0.98\text{kN} \times 1}\right)^3 [\text{hr}] \text{ 에서}$$

(동적부하용량) $C = 2.94\text{kN}$

문제 33

구조는 간단하면서 복잡한 운동을 구현할 수 있는 기계요소로서 내연 기관의 밸브 개폐기구 등에 사용되는 것은?

① 마찰차(friction wheel)　　② 클러치(clutch)
③ 기어(gear)　　④ 캠(cam)

해설 **캠 장치의 특징**

① 간단한 기구로 복잡한 운동을 얻을 수 있다.
② 전동이 확실하며, 제작이 용이하다.
③ 마찰에 의한 동력 손실이 적다.
④ 내연 기관의 밸브 기구나 인쇄기계 등 각종 자동기계에 사용한다.

해답

31. ③　32. ①　33. ④

문제 34

축의 자중을 무시하고 회전축의 중심에서 1개의 회전체의 하중에 의해 축의 처짐이 0.01mm 발생하면 축의 위험속도는 약 몇 rpm인가?

① 4598rpm ② 6420rpm
③ 9458rpm ④ 14568rpm

해설

$$N_c = \frac{30}{\pi}\sqrt{\frac{g}{\delta}}$$

여기서, N_c : 위험회전수[rpm], g : 중력가속도, δ : 처짐량

$$N_c = \frac{30}{\pi}\sqrt{\frac{g}{\delta}} = \frac{30}{\pi} \times \sqrt{\frac{9800[\text{mm/s}^2]}{0.01[\text{mm}]}} = 9458\text{rpm}$$

문제 35

수압이 2.75MPa이고, 허용인장강도가 49.05MPa이며, 이음 효율이 70%인 강관의 바깥지름은 몇 mm 이상이어야 하는가? (단, 부식 여유는 1mm이고, 강관의 안지름은 580mm이다.)

① 582 ② 629
③ 604 ④ 675

해설

(두께) $t = \dfrac{P \times D}{2 \times \sigma_a \times \eta} + c = \dfrac{2.75 \times 580}{2 \times 50 \times 0.7} + 1 = 23.78\text{mm}$

(바깥지름) $D_0 = D + 2t = 580 + (2 \times 23.78) = 627.57\text{mm}$

문제 36

다음 중 운동용 나사에 해당하지 않는 것은?

① 사각 나사 ② 사다리꼴 나사
③ 톱니 나사 ④ 미터 나사

해설 **운동용 나사의 종류**

① 사각나사 : 축방향으로 큰하중 작용, 교번하중을 받을 때 사용 되며 대표적으로 아르멘고드 나사가 있다.
② 사다리꼴나사(애크미나사) : 공작기계의 이송나사미터계TM나사 Tr나사, 인치계TW나사가 있다.
③ 톱니나사 : 한방향으로만 힘 전달, 나사산각이 30°와 45°두 가지가 있다.
④ 너클나사(둥근나사) : 먼지와 모래 등이 들어가기 쉬운 곳. 전구나 호스 연결용에 사용
⑤ 볼나사 : 수치제어공작기계의 이송나사, 백래시 발생이 거의 없다. 마찰이 작다.

해답

34. ③ 35. ② 36. ④

문제 37

4m/s의 속도로 전동하고 있는 벨트의 긴장측의 장력이 1.23kN, 이완측의 장력이 0.49kN라고 하면, 전달하고 있는 동력은 몇 kW인가?

① 1.55 ② 1.86
③ 2.21 ④ 2.96

해설

$$H_{KW} = \frac{P_e \times V}{1000} = \frac{(T_t - T_s) \times V}{1000} = \frac{(1230-490) \times 4}{1000} = 2.96\text{kW}$$

여기서, (유효장력) $P_e = T_t - T_s$

문제 38

밴드 브레이크의 긴장측 장력 7.99kN, 두께 2mm, 허용인장응력 78.48MPa일 때 밴드의 폭은 약 몇 mm 이상이어야 하는가? (단, 이음 효율은 100%로 한다.)

① 43 ② 51
③ 60 ④ 71

해설

$\sigma_a = \dfrac{T_t}{b\,t\eta}$ 에서 (밴드폭) $b = \dfrac{T_t}{t\,\sigma_a \eta} = \dfrac{7990}{2 \times 78.48 \times 1} = 50.9\text{mm}$

문제 39

두 축의 중심거리 300mm, 속도비가 2 : 1로 감속되는 외접원통마찰의 원동차(D_1)와 종동차(D_2)의 지름은 각각 몇 mm인가?

① $D_1 = 600\text{mm},\ D_2 = 1200\text{mm}$ ② $D_1 = 200\text{mm},\ D_2 = 400\text{mm}$
③ $D_1 = 100\text{mm},\ D_2 = 200\text{mm}$ ④ $D_1 = 300\text{mm},\ D_2 = 600\text{mm}$

해설

(원동차 지름) $D_1 = \dfrac{2C}{1+\dfrac{1}{\epsilon}} = \dfrac{2 \times 300}{1+2} = 200\text{mm}$

(종동차 지름) $D_2 = \dfrac{D_1}{\epsilon} = \dfrac{200}{\dfrac{1}{2}} = 400\text{mm}$

문제 40

마찰에 의하여 회전력을 전달하며 축의 임의의 위치에 보스를 고정할 수 있는 키는?

① 미끄럼키 ② 스플라인
③ 접선키 ④ 원뿔키

해답

37. ④ 38. ② 39. ② 40. ④

해설 **원뿔키**(cone key)
특수키의 일종으로 원뿔형의 키, 축과 보스에 홈을 파지 않고 보스 구멍을 원뿔 모양으로 만들고 일부 3등분 할 한 원뿔형의 키를 때려 박아 마찰만으로 회전력을 전한다. 접촉면이 크고 비율이 큰 힘에 견디어 내다.

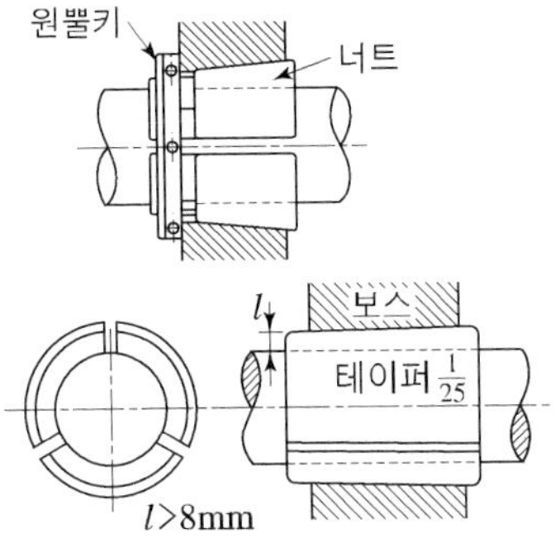

제3과목 기계재료 및 측정

문제 41

다음 중 황동 합금의 주성분은?

① Cu−Si ② Cu−Al
③ Cu−Zn ④ Cu−Sn

해설 황동의 성분 : (구리)Cu+(아연)Zn
청동의 성분 : (구리)Cu+(주석)Sn

문제 42

6.67%의 탄소(C)를 함유한 백색 침상의 금속간 화합물로서 대단히 단단하고 (HB 820정도) 취약하며, 상온에서는 강자성체이나 210℃가 넘으면 상자성체로 변하여 Ao변태를 하는 것은?

① 시멘타이트 ② 흑연
③ 오스테나이트 ④ 페라이트

해설 Fe_3C(시멘타이터,Cementite) : 경도가 높고 취성이 크며, 6.67%의 탄소(C)를 함유한 백색 침상의 철과 탄소의 금속간 화합물로서 시멘타이트의 자기변태점은 A_0변태점 210도이다)

해답
41. ③ 42. ①

문제 43

다음 중 Ni, C, Mn 및 Fe의 합금으로 바이메탈시계진자, 줄자, 계측기의 부품 등에 사용되는 불변강의 종류는?

① 인바　　② 엘린바
③ 코에린바　　④ 플라티나이트

해설 **인바(invar)** : Fe−Ni36%, 강철자, 줄자, 표준자, 지진계, 바이메탈, 정밀 기계 부품 외력이나 온도변화에 대해 길이변화가 거의 없는 불변강이다.

문제 44

양은 또는 양백으로 불리우는 합금은?

① Fe−Ni−Mn계 합금　　② Ni−Cu−Zn계 합금
③ Fe−Ni계 합금　　④ Ni−Cr계 합금

해설 **양은(양백=백동=Nickel Silver)** : 황동의 종류로써 구리(Cu)에 Ni 15~20%, Zn 20~30% 함유하는 구리합금이다. 장식품, 악기, 바이메탈용 등에 사용된다.

문제 45

알루미늄 합금의 열처리 방법과 관계없는 것은?

① 용체화 처리　　② 인공시효 처리
③ 어닐링　　④ 세라다이징

해설 **알루미늄 합금의 열처리**

① **용체화 처리** : 온도가 내려감에 따라 용해도가 점차로 감소하는 α고용체를 공정온도 부근으로 가열, 급랭시켜 과포화 고용체를 얻는 조작
② **인공 시효 처리** : 용체화 처리된 후에 얻어지는 과포화 고용체를 120~200[℃]로 가열해서 과포화 성분을 석출시키는 방법
③ **풀림** : 용체화 처리 온도와 인공 시효 온도의 중간 온도까지 가열해서 석출된 미립자를 응집시키고, 또 잔류 응력을 제거하여 재질을 연하게 하는 방법

문제 46

담금질 온도에서 냉각액 속에 재료를 담금하여 일정한 시간을 유지시킨 후 인상하여 서냉시키는 담금질 조작이 아닌 것은?

① 시간 담금질　　② 인상 담금질
③ 분사 담금질　　④ 2단 담금질

해설 **시간 담금질(인상 담금질=2단 담금질)** : 담금질 온도에서 냉각액 속에 재료를 담금하여 일정한 시간을 유지시킨 후 인상하여 서냉시키는 담금질 조작 방법이다.

해답

43. ①　44. ②　45. ④　46. ③

문제 47

합금효과가 없더라도 결정의 핵생성을 촉진시키는 레이들 첨가법이며, 주철에서는 칠드(chill)화 방지, 흑연형상의 개량, 기계적 성질 향상 등을 목적으로 하는 것은?

① 접종 ② 구상화
③ 상률 ④ 금속의 이온화

해설 **접종(Inoculation)** : 흑연의 해생성을 촉진하는 방법
흑연의 핵을 미세하고, 균일하게 분포하도록 하기 위해 Fe-Si, Ca-Si 등을 첨가하여 흑연의 핵생성을 촉진하는 방법이 접종이다. Ca-Si를 접종하면
① 흑연의 미세화, 기지조직의 치밀화, 기계적 성질이 향상된다.
② 시멘타이트의 감소로 칠드(chill)화를 방지한다.

문제 48

주조 조직을 미세화하고 냉간 가공, 단조 등에 의해 생긴 내부응력을 제거하며, 결정 조직, 기계적 성질, 물리적 성질 등을 표준화시키는데 목적이 있는 열처리법은?

① 담금질 ② 침탄법
③ 뜨임 ④ 불림

해설 **불림(Normalizing)** : 단조, 압연 등의 소성 가공이나 주조로 거칠어진 조직을 미세화, 표준화하고, 편석이나 잔류 응력을 제거하기 위해 A_3변태점(911℃)보다 약 30~50[℃] 높게 가열하여 공기 중에서 공냉하는 작업

문제 49

탄소강의 항온열처리 방법 중 최종조직이 베이나이트 조직으로 나타나는 열처리 방법은?

① 고주파열처리 ② 마퀜칭
③ 담금질 ④ 오스템퍼링

해설 **항온담금질 (isothermal quenching)**
- 오스템프링(austempering) : 베이나이트 조직 얻어짐
- 마템프링(martempering) : 마텐쟈이트와 하부베이나이트 조직 얻어짐
- 마퀜칭(marquenching)
- Ms퀜칭(Ms quenching)
- 오스포밍(ausforming) : 소성가공 중에 행해지는 항온 열처리

해답

47. ① 48. ④ 49. ④

문제 50

다음 중 주강과 주철의 설명으로 바르지 못한 것은?

① 주강의 종류에는 저탄소 주강, 중탄소 주강, 고탄소 주강이 있다.
② 주강은 주철에 비해 용융점이 높다.
③ 주철 중에 함유되는 탄소량은 보통 2.5~4.5%정도이다.
④ 주철은 주강에 비하여 기계적 성질이 월등하게 좋고, 용접에 의한 보수가 용이하다.

해설 주강은 주철에 비하여 기계적 성질이 우수하고 용접에 의한 보수가 용이하다.
주강(SC) : 주조가 가능한 강
주철(GC) : 주조가 가능한 철

문제 51

다음 기계재료 중 용광로(고로)에서 대량으로 제조되는 것은?

① 구리 ② 선철
③ 주철 ④ 탄소강

해설 ① **용광로**(blast furnace 고로) : 철광석을 용광로에서 제련하여 선철(주철)을 제조하는 로
② **제강로** : 선철에서 불순물을 제거하는 정련과정을 거처 강을 만드는 로. 제강로에는 평로 제강법, 전로 제강법, 전기로 제강법 등이 있다.
③ **용선로**(cupola) : 선철(주철)을 용해해서 쇳물을 만드는 로

문제 52

냉간 가공과 열간 가공을 구별할 수 있는 온도를 무슨 온도라고 하는가?

① 표정온도 ② 공석온도
③ 공정온도 ④ 재결정온도

해설 재결정 온도는 열간가공과 냉간가공을 구분하는 온도이다

문제 53

티탄의 일반적인 성질에 속하지 않는 것은?

① 비교적 비중이 작다.
② 용융점이 낮다.
③ 열전도율이 낮다.
④ 산화성 수용액 중에서 내식성이 크다.

해답

50. ④ 51. ② 52. ④ 53. ②

해설 **티탄과 그 합금**

① 비중 : 4.54, 용융점 : 1668° C,
② 비중이 작으며 용융점이 높고 열전도율이 낮다. 크리프 강도가 크고 내식성, 내열성이 우수하다.(가격은 고가)
③ 용도 : 항공기, 우주선, 가스터빈, 디스크(disc), 제트엔진, 화학공업용 내식 재료, 원자로 구조용 재료로 많이 사용된다.

문제 54

100~200℃에서 공냉방법으로 마텐자이트 조직을 얻는 저온 뜨임의 목적에 해당되지 않는 것은?

① 담금질 응력 제거
② 치수의 경년화 방지
③ 연마균열 방지
④ 마모성의 향상

해설 **저온 뜨임** : 100~200℃에서 공냉하는 방법으로 담금질에 의해 발생한 내부응력을 제거 하여 마텐자이트를 얻는 열처리로 내마모성의 향상, 치수의 경년변화를 방지, 연마균열방지 등이 목적이다.

문제 55

다음 중 구리(Cu)의 성질을 설명한 것으로 틀린 것은?

① 황산, 염산에 대한 내식성이 크다.
② 전기전도율과 열전도율은 금속 중에서 은(Ag) 다음으로 높다.
③ 연성과 전성이 풍부하다.
④ Ni, Sn, Zn 등과 합금이 잘된다.

해설 **구리의 특징**

① 전기가 잘 통한다.
② 면심입방격자
③ 전연성풍부하다.
④ 변태점 없다.
⑤ 용접성이 우수하다.
⑥ 공기 중 부식안됨.
⑦ 해수에 침식된다.
⑧ 황산, 염산, 질산에 쉽게 용해된다.
⑨ 비자성체

문제 56

편심량이 2.2mm로 가공된 선반 가공물을 다이얼 게이지로 측정할 때 다이얼 게이지 눈금의 변위량은 몇 mm인가?

① 1.1
② 2.2
③ 4.4
④ 22

해답

54. ④ 55. ① 56. ③

해설 다이얼 게이지는 1회전에 대한 변위량을 측정하므로 편심량의 2배가 다이얼 게이지의 측정값이 된다.
다이얼 게이지 눈금의 변위량=2.2×2=4.4mm이다.

문제 57

삼침법은 나사의 무엇을 측정하는가?

① 골지름 ② 유효지름
③ 바깥지름 ④ 나사의 길이

해설 **수나사의 유효지름 측정방법**
① 삼선법(3침법) : 가장 정확한 유효지름측정
② 나사 마이크로미터 ③ 공구 현미경 ④ 만능 투영기

문제 58

트위스트 드릴의 각부에서 드릴 홈의 골부위(웨브 두께)를 측정하기에 가장 적합한 것은?

① 나사 마이크로미터 ② 포인트 마이크로미터
③ 그루브 마이크로미터 ④ 다이얼 게이지 마이크로미터

해설 ① **나사 마이크로미터** : 수나사의 유효지름을 측정할 수 있다.
② **포인트 마이크로미터**(Point Micrometers) : 스핀들과 앤빌의 측정면이 뾰족한 마이크로미터로서 드릴의 웨브(web), 나사의 골지름 측정에 사용된다.

③ **그루브 마이크로미터** : 구멍과 튜브 내외부에 있는 홈의 너비, 깊이, 위치 등을 측정할 수 있다.

문제 59

나사측정의 대상이 되지 않는 것은?

① 피치 ② 리드각
③ 유효지름 ④ 바깥지름

해설 리드각=나선각은 계산에 의해 구해진다.

$$(\text{리드각})\ \lambda = \tan^{-1}\left(\frac{\text{리드}}{\pi \times \text{유효지름}}\right)$$

해답

57. ② 58. ② 59. ②

문제 60

한계 게이지의 특징이라고 볼 수 없는 것은?

① 제품의 실제치수를 알 수 없다.
② 조작이 어렵고 숙련이 필요하다.
③ 대량측정에 적합하고 합격, 불합격의 판정이 용이하다.
④ 측정치수가 결정됨에 따라 각각 통과측, 정지측의 게이지가 필요하다.

해설 **한계 게이지(공차 게이지)의 특징**

① 공차게이지로서 공차범위의 맞는지만 확인 가능하며 제품의 실제치수는 알 수 없다.
② 측정 방법은 통과측, 정지측의 게이지가 필요하여 공작물을 통과시켜 봄으로써 공차범위에 들어가는지 알 수 있기 때문에 .대량측정에 적합하고 합격, 불합격의 판정이 용이하다.
③ 조작이 쉽고 숙련을 요하지 않는다.

해답

60. ②

기계설계산업기사

2021년 3월 CBT 시행

본 문제는 복원 기출문제입니다. 실제 문제와 다를 수 있으니 양해바랍니다.

제1과목 기계제도

문제 01

물품의 일부를 파단한 곳을 표시하는 선 또는 끊어낸 부분을 표시하는 선으로 불규칙한 파형의 가는 실선은?

① 절단선 ② 파단선
③ 해칭선 ④ 파선

해설 ① **절단선** : 단면도에서 가는 일점쇄선을 나타내면 꺾어지는 부분과 끝부분은 굵은 실선으로 나타낸다.
② **파단선** : 대상물의 일부를 파단한 경계 또는 일부를 떼어 낸 경계를 표시할 때 가는 실선사용
③ **해칭선(Hatch)** : 단면도에서 물체의 절단면을 나타내는 선으로 가는 실선으로 나타낸다.
④ **파선** : 숨은선으로 나타낼 때 사용된다. 굵은 파선, 또는 가는 파선으로 나타낸다.

문제 02

아래 그림의 평면도 우측면도에 가장 적합한 정면도는?

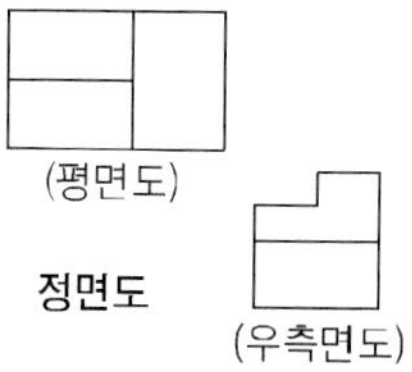

①
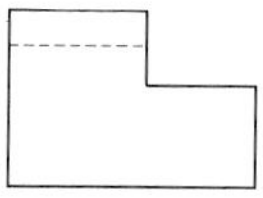
②
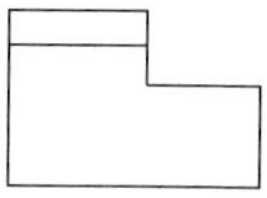
③
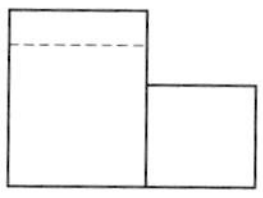
④
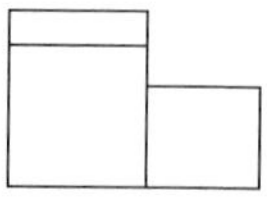

해답

01. ② 02. ②

해설

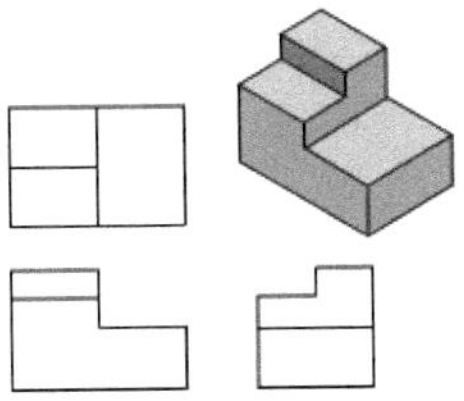

문제 03

다음 그림에서 지시선에 기입된 12-7 드릴과 2-3 드릴은 무엇을 뜻하는가?

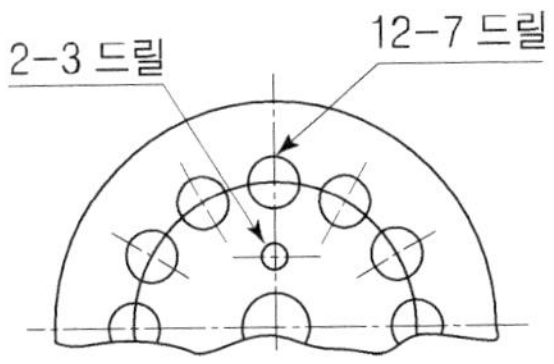

① 지름 7mm의 구멍 12개와 지름 3mm의 구멍 2개를 각각 드릴로 뚫는다.
② 지름 12mm의 구멍 7개와 지름 2mm의 구멍 3개를 각각 드릴로 뚫는다.
③ 지름 12mm 깊이 7mm의 구멍과, 지름 2mm 깊이 3mm의 구멍을 1개씩 각각 뚫는다.
④ 지름 12mm의 구멍을 7mm 간격으로, 지름 2mm의 구멍을 수평중심선을 대칭으로 하여 3mm 간격으로 뚫는다.

해설 ① 2-3드릴 : 구멍2개를 지름 3mm의 드릴로 뚫는다.
② 12-7드릴 : 구멍12개를 지름 7mm의 드릴로 뚫는다.

문제 04

다음 중 가상선을 사용하는 경우에 해당하지 않는 것은?

① 도시된 단면의 앞쪽에 있는 부분을 나타내는 경우
② 되풀이하는 것을 나타내는 경우
③ 가공 전 또는 가공 후의 모양을 나타내는 경우
④ 위치 결정의 근거가 된다는 것을 명시하는 기준선을 나타내는 경우

해설 **가상선의 용도**
① 가공 전 또는 가공 후의 모양을 나타낼 때
② 조립 전 또는 조립 후의 모양을 나타낼 때
③ 공구, 지그 등의 위치를 나타낼 때
④ 인접 부품을 참고로 표시할 때
⑤ 되풀이 하는 것을 나타낼 때
⑥ 단면된 앞쪽에 있는 부분을 표시할 때
기준선은 가는 일점쇄선으로 나타낸다.

해답

03. ① 04. ④

문제 05

그림과 같은 KS 용접 도시기호에 가장 적합한 용접부의 실제 모양은?

① 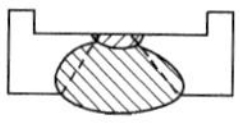
② 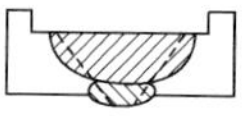
③ 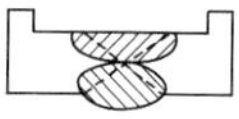
④ 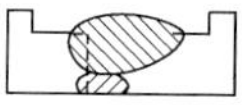

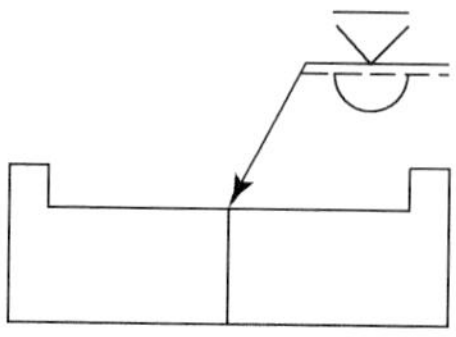

해설 화살표로 지시한 부분에 즉 실선으로 표시되었기 때문에 V형 용접을 평탄비드하게 하고, 화살표 반대쪽 부분 점선으로 표시되었기 때문에 비드용접을 해야 한다.

문제 06

최대 허용 치수 50.007mm, 최소 허용 치수 49.982mm, 기준치수 50.000mm 일 때 위 치수 허용차, 아래 치수 허용차는?

	(위 치수 허용차)	(아래 치수 허용차)		(위 치수 허용차)	(아래 치수 허용차)
①	+0.007mm	−0.018mm	②	−0.007mm	+0.018mm
③	−0.025mm	+0.007mm	④	+0.025mm	−0.018mm

해설 **치수 허용차**

$50^{+0.007}_{-0.018}$

① 위 치수 허용차 : 최대 허용 치수 − 기준치수 = 50.007 − 50.000
= +0.007mm

② 아래 치수 허용차 : 최소 허용 치수 − 기준치수 = 49.982 − 50.000
= −0.018mm

문제 07

표면의 결을 도시할 때 제거가공을 허용하지 않는다는 것을 지시하는 기호는?

① 
② 

③ 
④ 

해설 **제거 가공의 지시방법**

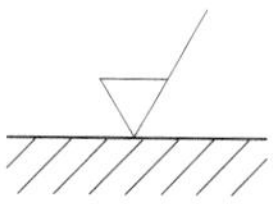
제거가공 허용

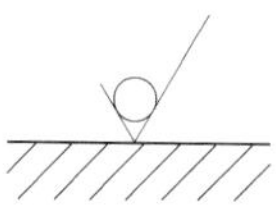
저게가공 허용 않음

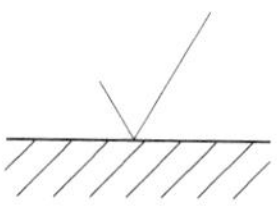
제거가공 여부를 문제 삼지 않음

해답

05. ② 06. ① 07. ①

문제 08

[그림]과 같이 두 원기둥이 만나는 상관체의 정투상도에서 상관선은 어느 것인가?

[그림]

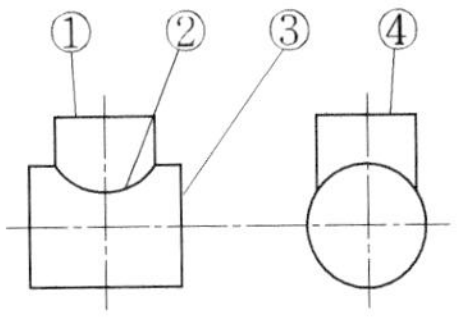

① ①
② ②
③ ③
④ ④

해설 ② 두 원호가 만나기 때문에 상관선이 원호로 나타낸다.

문제 09

그림과 같이 핸들이나 바퀴 등의 암 및 림, 리브, 훅, 축, 구조물의 부재 등을 나타낼 때에 사용할 수 있는 단면도는?

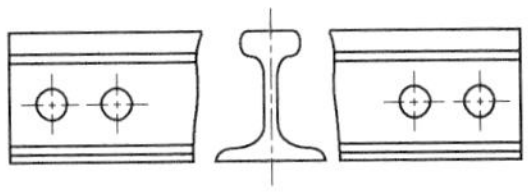

① 온 단면도
② 한쪽 단면도
③ 계단 단면도
④ 회전도시 단면도

해설 **회전도시단면도**

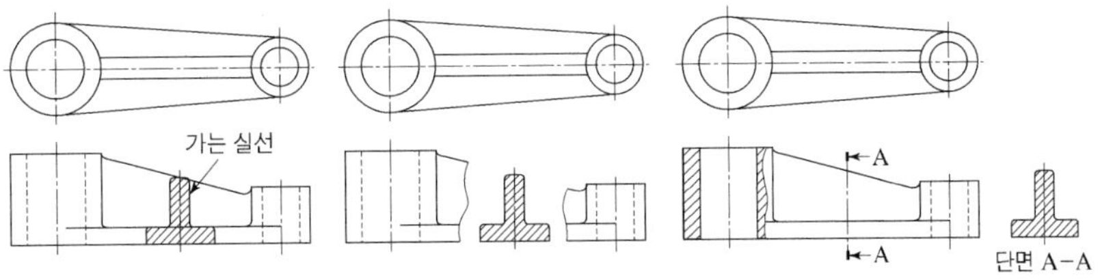

문제 10

나사가 "M50×2−6H"로 표시되었을 때 이 나사에 대한 설명 중 틀린 것은?

① 미터 가는 나사이다.
② 왼 나사이다.
③ 피치 2mm이다.
④ 암나사 등급 6 이다.

해답

08. ② 09. ④ 10. ②

해설 M50×2-6H : 왼나사로 표시되지 않으면 오른나사,
줄수가 표시되지 않으면 한줄 나사
미터가는나사 호칭이 50mm, 피치 2mm,
암나사 등급 6급, 공차위치 H

문제 11

이미 정의된 두 개 이상의 곡면을 부드럽게 연결되게 하는 곡면 처리를 무엇이라 하는가?

① 블랜딩(blending) ② 셰이딩(shading)
③ 스키닝(skinning) ④ 리드로잉(redrawing)

해설 ① **블랜딩**(blending) : 이미 정의된 두곡면을 매끄럽게 연결하는 것
② **셰이딩**(shading,음영 처리) : 3차원 모델링에서 랜더링 과정에서 빛의 거리와 각도에 따라 물체 표면의 조도를 변화시키는 기법
③ **스키닝**(skinning) : 원하는 경로상에 여러 개의 단면 형상을 위치시키고 이를 덮어 싸는 입체를 형성

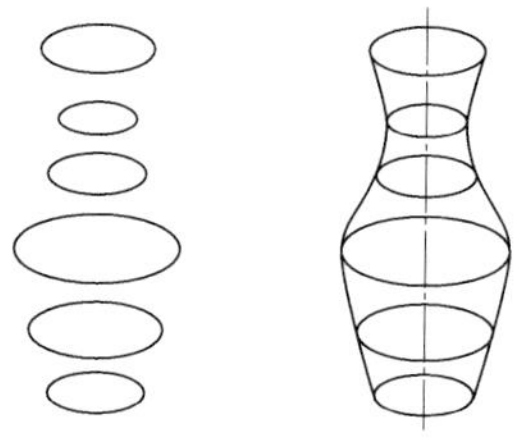

④ **리드로잉**(redrawing) : 도면을 다시 그리는 작업
⑤ **스위핑**(Sweeping) : 하나의 2차원 단면형상(profile)을 입력하고 이를 안내곡선을 따라 이동시켜 입체를 생성, 주로환기구의 덕트를 모델링 할 때 사용되는 곡선이다.리메싱(remeshing) : 종방향의 배열이 맞지 않는 데이터를 오와 열의 배열이 가지런한 형태의 곡면 입력점을 새로이 구해내는 절차를 리메싱(remeshing)이라 한다.
⑥ **스무딩**(smoothing=fairness) : 표현된 곡면의 심한 굴곡면을 평활한 곡면으로 재계산하는 것
⑦ **필리팅**(filleting) : 연결부위를 일정한 반지름을 갖도록 하는 것

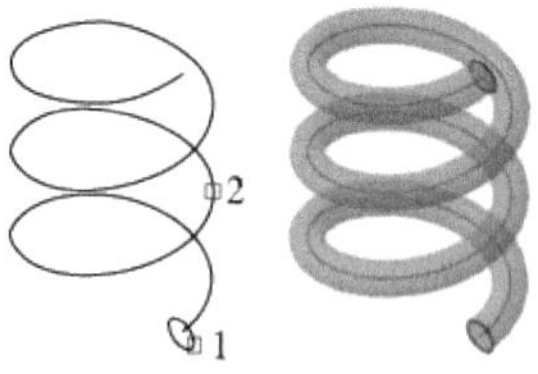

해답

11. ①

문제 12

그림과 같이 2개의 경계곡선(위 그림)에 의해서 하나의 곡면(아래 그림)을 구성하는 기능을 무엇이라고 하는가?

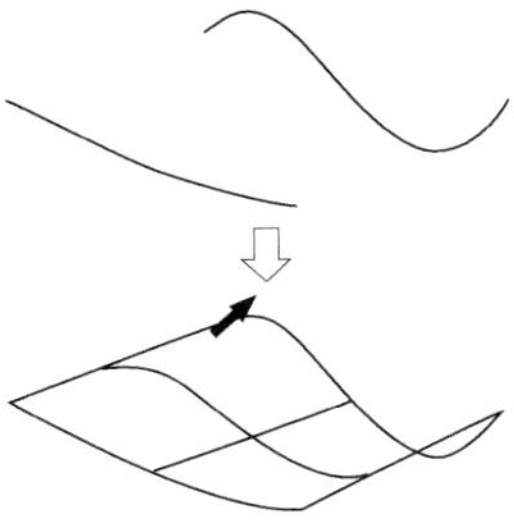

① revolution
② twist
③ loft
④ extrude

해설 **로프트(Loft)** : 2개의 경계곡선에 의해 하나의 곡면 구성

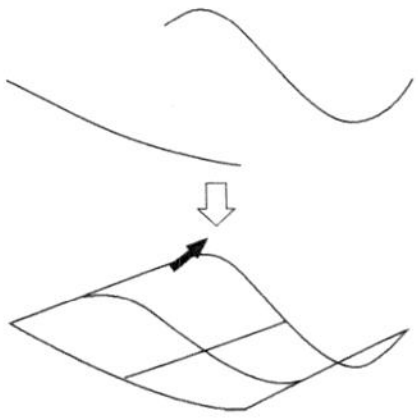

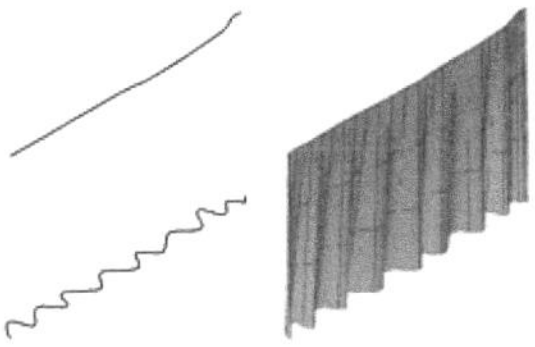

문제 13

솔리드 모델링에서 모델을 구현하는 자료구조가 몇 가지 있는데, 복셀 표현(voxel representation)은 어느 자료구조에 속하는가?

① CGS 트리구조
② B-rep 자료구조
③ 날개 모서리(winged-edge) 자료구조
④ 분해모델을 저장하는 자료구조

해설 **픽셀(Pixel)** : 2차원 이미지를 구성하는 최소 단위인 점을 뜻한다
복셀(voxel) : 3차원 픽셀의 집합으로 입체를 격자상으로 분해했을 때의 체적 요소이다. 그러므로 솔리드 모델링에서 복셀 표현(voxel representation)은 분해 모델을 저장하는 자료이다.

문제 14

기본 입체에 적용한 불리안(Boolean) 연산 과정을 트리구조로 저장하는 CSG(Constructive Solid Geometry) 구조에 대한 설명으로 틀린 것은?

① 자료 구조가 간단하고 데이터의 양이 적어 데이터의 관리가 용이하다.
② 내부와 외부가 분명하게 구분되지 않는 입체라도 구현이 가능하다.
③ 항상 대응되는 B-rep 모델로 치환 가능하다.
④ 파라메트릭(Parametric) 모델링의 구현이 쉽다.

해답

12. ③ 13. ④ 14. ②

해설 **CSG(constructive solid geometry)** : 복잡한 물체를 단순(primitive)의 조합으로 표현하며 불리안 모델(boolean model)연산자(합, 적, 차)를 사용한다.
특징으로는
① 합, 차, 적하는 입체가 정확한 정보가 있어야 된다. 즉 내부와 외부가 분명하게 구분된 입체의 구현이 가능하다.
② B-rep 방식에 비해 자료 구조가 간단하고 데이터의 양이 적어 데이터의 관리가 용이하다. 하지만 화면(Display)을 구성하는 데는 시간이 오래 걸리는 단점이 있다.
③ 중량계산이 B-rep방식에 비해 쉽게 구할 수 있다.
④ 파라메트릭 모델의 구현이 쉬워 데이터 수정이 용이하다.
⑤ 항상 대응되는 B-rep 모델로 치환 가능하다.

문제 15

다음 모델링 기법 중에서 숨은선 제거가 불가능한 모델링 기법은?

① CSG 모델링 ② B-rep 모델링
③ Wire Frame 모델링 ④ Surface 모델링

해설 **와이어프레임 모델링(Wire Frame Modeling)** : 선으로 이루어진 모델링 기법으로 단면처리, 은선제거, 실루엣처리가 되지 않는다. 하지만 데이터가 적고 신속하게 모델링할 수 있는 장점이 있다.

문제 16

다음 그림에서 점 P의 극좌표 값이 $r = 10$, $\theta = 30^\circ$일 때 이것을 직교 좌표계로 변환한 $P(x, y)$를 구하면?

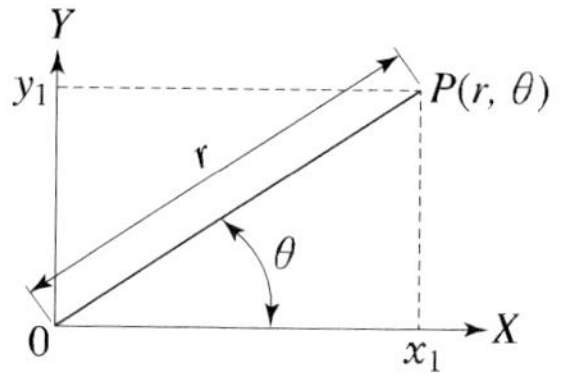

① $P(8.66, 4.21)$
② $P(8.66, 5)$
③ $P(5, 8.66)$
④ $P(4.21, 8.66)$

해설 $x = 10 \cdot \cos 30^\circ = 8.66$
$y = 10 \cdot \sin 30^\circ = 5$

문제 17

CAD 모델링 방법 중 형상 구속 조건과 치수 조건을 이용하여 형태를 모델링하는 방식은?

① Feature-based modeling ② Parametric modeling
③ Hybrid modeling ④ Assembly modeling

해답

15. ③ 16. ② 17. ②

해설 ① **파라메트릭(Parametric modeling)** : 형상 구속 조건과 치수 조건을 이용하여 형태를 모델링하는 방식이다. 파라메트릭 모델링은 완성된 피쳐기반 모델에 크기 변화를 주기 위해서는 2D 스케치 패널에서 치수를 변경하는 방법과 파라메트릭 모델링 등이 있다.

② **특징형상 모델링** = 피쳐기반 모델링(Feature-based modeling) = 3D부품 모델링
피쳐기반 모델링은 모서리만 가지고 있는 와이어 프레임 모델과는 달리 체적이 있기 때문에 솔리드 모델이라 부르며, 대부분의 CAD/CAM 소프트웨어는 솔리드 모델을 피쳐 베이스모델 또는 3D 부품 모델링이라고 한다. 피쳐 베이스는 3D 부품이 모서리, 구멍, 플랜지, 필렛, 보스라는 피쳐의 조합에 의해 구성되는 것을 의미한다. 피쳐 베이스 모델을 하기 위해서는 2D 스케치 패널에서 도면대로 그린 후에 부품 피쳐에서 가능하며, CAD/CAM 소프트웨어마다 약간의 차이점이 있다.

③ **비례 전개법에 의한 방식** : 정면도, 측면도(우측면도, 좌측면도), 평면도에 나타난 곡면의 경계곡선들로부터 비례적인 관계를 이용하여 곡면을 모델링하는 방법

문제 18

공학에서 컴퓨터를 이용한 해석방법 중 가장 널리 사용되는 방법으로 응력, 변형, 열전달, 유체유동 및 기타 연속체의 해석에 이용되는 방법은?

① FEM(finite element method)
② MAM(modal analysis method)
③ FBA(feature based analysis)
④ GMA(geometry modeling analysis)

해설 **FEM(Finite Elements Method, 유한요소법(有限要素法))** : 연속체인 구조물을 1차원인 막대, 2차원인 삼각형이나 사각형, 3차원인 중실체(사면체, 6면체)의 유한 개의 요소로 분할하여 각기의 영역에 관하여 에너지원리를 기초로 하는 근사해법에 기하여 계산을 해나가는 수치계산방법이다. CAE 중에서 구조해석을 중심으로 하여 가장 많이 사용되는 방법으로, 복잡한 형상의 응력해석 등을 위해 개발된 방법이다.

문제 19

CAD 데이터의 교환 표준 중 하나로 국제표준화기구(ISO)가 국제표준으로 지정하고 있으며, CAD의 형상 데이터 뿐만 아니라 NC 데이터나 부품표, 재료 등도 표준 대상이 되는 규격은?

① IGES ② DXF
③ STEP ④ GKS

해답

18. ① 19. ③

해설 IGES(Initial Graphics Exchange Specification)는 여러 종류의 CAD/CAM 시스템에서 사용된 설계와 가공의 정보를 교환하기 위한 표준 데이터 형식이다.(1979년 미국에서 시작하여ISO의 표준규격으로 제정)

[IGES 파일의 구조]
1. 개시 섹션(start section)
2. 글로벌 섹션(global section)
3. 디렉토리 섹션(directory section)
4. 파라미터 섹션(parameter section)
5. 종결 섹션(terminate section)

문제 20

DXF(Data Exchange File) 파일의 섹션 구성에 해당 되지 않는 것은?

① header section ② library section
③ tables section ④ entities section

해설 DXF(DataExchange File) AutoCAD의 호환성을 위해 AutoDESK회사에서 만든 데이터 표준프로그램이다.

[DXF파일의 구성]
1. 헤더 섹션(header section)
2. 테이블 센션(table section)
3. 블록(block) 섹션
4. 엔티티(entitiy) 섹션
5. END OF FILE

제2과목 기계요소설계

문제 21

M22볼트(골지름 19.294mm)가 그림과 같이 2장의 강판을 고정하고 있다. 체결 볼트의 허용전단응력이 39.25MPa라 하면 되대 몇 kN까지의 하중을 받을 수 있는가?

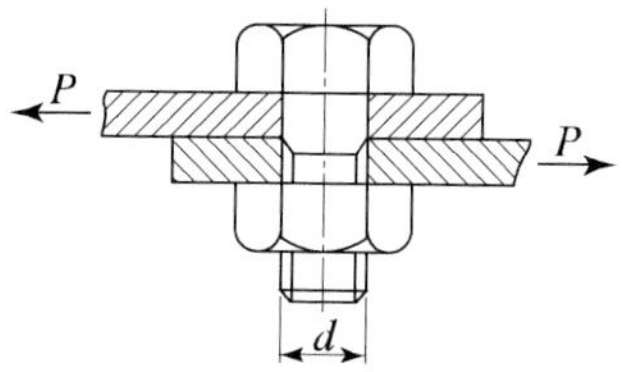

① 3.21
② 7.54
③ 11.48
④ 22.96

해답

20. ② 21. ③

해설 (전단응력) $\tau = \dfrac{P}{\dfrac{\pi}{4}d_1^2}$, $39.25 = \dfrac{P}{\dfrac{\pi}{4}\times 19.294^2}$ 에서

(전단력) $P = 11475.56\text{N} = 11.47\text{kN}$

문제 22

중공축의 안지름과 바깥지름의 비를 $x(<1)$라 할 때, 동일한 비틀림 모멘트에 대해서 동일한 비틀림 응력이 발생하기 위한 중실축 지름(d)과 중공축의 바깥지름(d_2)의 비 d_2/d는? (단, 중실축과 중공축의 재질은 같다.)

① $\sqrt[3]{1-x^4}$
② $\sqrt[4]{1-x^4}$
③ $\dfrac{1}{\sqrt[3]{1-x^4}}$
④ $\dfrac{1}{\sqrt[4]{1-x^4}}$

해설 중실축의 경우 $T = \tau_a \cdot Z_p = \tau_a \times \dfrac{\pi D^3}{16}$ .... ①식

(비틀림 전단응력) $\tau_a = \dfrac{16T}{\pi d^3}$ .... ①'식

중공축의 경우 $T = Z \cdot Z_p = \tau_a \times \dfrac{\pi D_2^3}{16}(1-x^4)$ .... ②식

(비틀림 전단응력) $\tau_a = \dfrac{16T}{\pi d_2^3(1-x^4)}$ .... ②'식

$\dfrac{①'식}{②'식} = 1 = \dfrac{\dfrac{1}{d^3}}{\dfrac{1}{d_2^3 \times (1-x^4)}} = \dfrac{d_2^3 \times (1-x^4)}{d^3}$, $\dfrac{d_2}{d} = \dfrac{1}{\sqrt[3]{1-x^4}}$

문제 23

그림과 같은 스프링 장치에서 $W=150\text{N}$의 하중을 매달면 처짐은 몇 cm가 되는가? (단, 스프링 상수 $k_1 = 20\text{N/cm}$, $k_2 = 40\text{N/cm}$이다.)

① 1.25
② 2.50
③ 5.68
④ 11.25

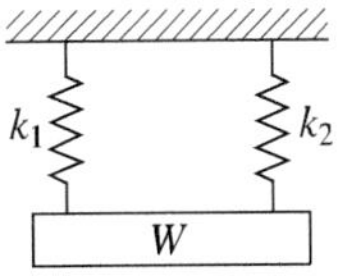

해설 (등가스프링 상수) $k_{eq} = k_1 + k_2 = 60[\text{N/cm}]$

(처짐량) $\delta = \dfrac{W}{k_{eq}} = \dfrac{150}{60} = 2.5\text{cm}$

해답

22. ③ 23. ②

문제 24

800rpm으로 회전하고 1kN의 하중을 받고 있는 단열 레이디얼 볼베어링의 수명이 20000시간이라 하면, 다음 중 어느 베어링을 사용하는 것이 가장 적당한가? (단, C는 기본 동정격하중이다.)

① 6202(C=6kN) ② 6203(C=8kN)
③ 6205(C=10kN) ④ 6206(C=15kN)

해설

$$L_h = 500 \times \frac{33.3}{N} \times \left(\frac{c}{P_a}\right)^r$$

$$20000 = 500 \times \frac{33.3}{800} \times \left(\frac{c}{1000}\right)^3$$ 에서

(기본 동적격하중) $c = 9970\,\text{N} = 9.97\text{kN}$

문제 25

단식 블록 브레이크에서 브레이크 드럼의 지름이 450mm, 블록을 브레이크 드럼에 밀어 붙이는 힘이 1.96kN인 경우 브레이크 드럼에 작용하는 제동 토크는 몇 N · m인가? (단, 마찰계수는 0.2 이다.)

① 52.4 ② 88.2
③ 176.4 ④ 441.0

해설

$$T = \mu P \times \frac{D}{2} = 0.2 \times 1.96 \times 10^3 \times \frac{0.45}{2} = 88.2[\text{N} \cdot \text{m}]$$

문제 26

인장 하중과 압축 하중이 교대로 반복하여 작용하는 하중으로 크기와 방향이 동시에 변화하는 하중은?

① 반복하중 ② 교번하중
③ 충격하중 ④ 전단하중

해설 **하중을 작용 속도에 따라 분류**하면

① **정하중** : 정지상태에서 가해지는 하중, 시간에 따라 하중의 변화가 발생하지 않는 하중

② **동하중** : 움직이면서 가해지는 하중

㉠ 반복하중 : 일정한 주기 및 진폭으로 반복하여 계속 작용하는 하중으로 편진하중이다(압축이든, 인장이든 한쪽 하중만 발생한다)

㉡ 교번하중 : 인장 하중과 압축 하중이 교대로 반복하여 작용하는 하중으로 크기와 방향이 동시에 변화하는 하중

㉢ 충격하중 : 짧은 시간에 순간적으로 작용하는 하중

해답

24. ③ 25. ② 26. ②

문제 27

압력각이 20°인 표준 스퍼기어에서 언더컷을 방지하기 위한 이론적인 최소 잇수는 몇 개 인가?

① 17 ② 25
③ 30 ④ 32

해설 언더컷의 한계잇수

압력각(α)	20°	14.5°
이론적 한계잇수	Z_e =17개 이하면 언더컷발생	Z_e =32개 이하면 언더컷발생
실용적 한계잇수	Z_e =14개 이하면 언더컷발생	Z_e =26개 이하면 언더컷발생

문제 28

다음 중 다른 전동방식과 비교하여 체인전동방식의 일반적인 특징에 해당하지 않는 것은?

① 미끄럼이 없는 일정한 속도비를 얻을 수 있다.
② 초장력이 필요 없으므로 베어링의 마멸이 적다.
③ 고속회전에 적당하다.
④ 전동 효율이 95% 이상으로 좋다.

해설 체인 전동의 특징

① 미끄럼이 없어 속도비가 일정하게 얻을 수 있다.
② 초기장력을 줄 필요가 없으므로 정시 시에 장력이 작용하지 않는다.
③ 체인은 길이를 조정할 수 있고 다축을 동시에 구동할 수 있다.
④ 내열, 내유, 내습성이 강하다.
⑤ 큰동 력을 전달할 수 있고 전동효율도 95% 이상이다.
⑥ 체인의 탄성으로 어느 정도의 충력하중을 흡수할 수 있다.
⑦ 유지 및 수리가 용이하고 수명이 길다.
⑧ 마모가 생길 경우 스프로킷 휠의 이와 롤러의 물림상태가 이의 끝쪽으로 이동하므로 전동기구는 변화가 없어 효율이 거의 저하하지 않는다.
⑨ 마멸된 체인에서는 진동과 소음이 많이 나므로 고속회전에는 부적당하고, 회전각의 전달도 정확하지 못하다.
⑩ 초기장력이 필요 없으므로 베어링의 마찰손실이 적다.
⑪ 윤활이 필요하다.

해답

27. ① 28. ③

문제 29

직경 500mm인 마찰차가 350rpm의 회전수로 동력을 전달한다. 이 때 바퀴를 밀어붙이는 힘이 1.96kN일 때 몇 kW의 동력을 전달할 수 있는가? (단, 접촉부 마찰계수는 0.35로 하고, 미끌림은 없다고 가정한다.)

① 4.5
② 5.1
③ 5.7
④ 6.3

해설

$$H_{KW}=\frac{\mu PV}{1000}=\frac{0.35\times 2000\times 9.16}{1000}=6.412\text{kW}$$

$$(\text{속도})\ V=\frac{\pi DN}{60\times 1000}=\frac{\pi\times 500\times 350}{60\times 1000}[\text{m/s}]=9.16[\text{m/s}]$$

문제 30

판의 두께 12mm, 리벳의 지름 19mm, 피치 50mm 인 1줄 겹치기 리벳 이음을 하고자 한다. 한 피치 당 12.26kN의 하중이 작용할 때 생기는 인장응력과 리벳이음의 판의 효율은 각각 얼마인가?

① 32.96MPa, 76%
② 32.96MPa, 62%
③ 16.98MPa, 76%
④ 16.98MPa, 62%

해설

$$(\text{강판의 인장응력})\ \sigma_t=\frac{W_P}{(p-d)\times t}=\frac{12.26\times 10^3}{(50-19)\times 12}=32.96\text{MPa}$$

$$(\text{강판의 효율})\ \eta_t=1-\frac{d}{p}=1-\frac{19}{50}=0.62=62\%$$

문제 31

다음 그림과 같은 맞대기 용접 이음에서 인장하중 W[N], 강판의 두께 h[mm]라 할 때 용접길이 l[mm]를 구하는 식으로 가장 옳은 것은? (단, 상하의 용접부 목두께가 각각 t_1[mm], t_2[mm]이고, 용접부에서 발생하는 인장응력 σ_t[N/mm²]이다.)

① $l=\dfrac{W}{h\sigma_t}$

② $l=\dfrac{W}{(t_1+t_2)\sigma_t}$

③ $l=\dfrac{0.707W}{h\sigma_t}$

④ $l=\dfrac{0.707W}{(t_1+t_2)\sigma_t}$

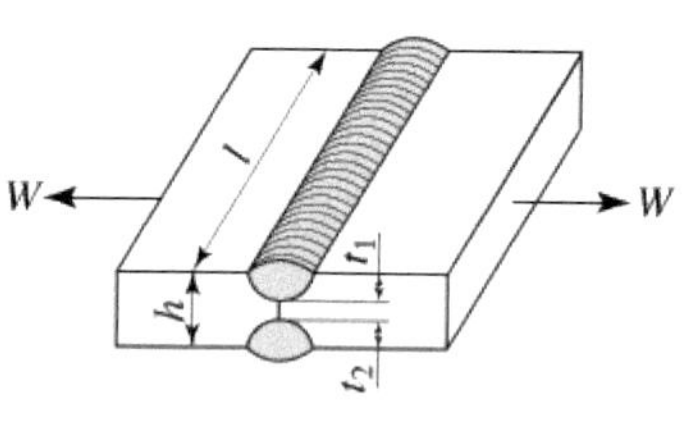

해답

29. ④ 30. ② 31. ②

해설 $\sigma_t = \dfrac{(\text{하중})W}{(\text{용접된부분의 면적})A} = \dfrac{W}{(t_1+t_2)\times l}$

문제 32

1200rpm으로 2kW의 동력을 전달시키려고 할 때 기어 잇수 Z=20, 모듈 m=4인 스퍼기어의 이에 걸리는 힘(피치원 접선방향 힘)은 약 몇 N인가?

① 284 ② 312
③ 356 ④ 398

해설 $H_{KW} = \dfrac{F\times v}{1000}$, $2KW = \dfrac{F\times 5.02}{1000}$

(접선력) $F = 398\text{N}$

(속도) $v = \dfrac{\pi\times(mZ)\times N}{60\times1000} = \dfrac{\pi\times(4\times20)\times1200}{60\times1000} = 5.02[\text{m/s}]$

문제 33

미끄럼 베어링 재료의 구비조건으로 틀린 것은?

① 마찰계수가 클 것 ② 내식성이 높을 것
③ 피로한도가 높을 것 ④ 열전도율이 높을 것

해설 **미끄럼 베어링 재료의 구비조건**

① 피로한도가 커서 반복한중에 잘 견딜 것
② 내식성 및 내구성이 높을 것
③ 마찰계수가 작을 것
④ 내마멸성이 높을 것
⑤ 열전도율이 높을 것

문제 34

단면 50mm×50mm 이고, 길이 100mm의 탄소강재가 있다. 여기에 10kN의 인장력을 길이 방향으로 주었을 때 0.4mm가 늘어났다면 이 때 변형률은 얼마인가?

① 0.0025 ② 0.004
③ 0.0125 ④ 0.025

해설 **변형률** $\epsilon = \dfrac{\Delta L}{L} = \dfrac{0.4}{100} = 0.004$

해답

32. ④ 33. ① 34. ②

문제 35

400rpm으로 4kW의 동력을 전달하는 중실 스핀들 축의 최소 지름은 약 몇 mm인가? (단, 축의 허용전단응력은 20.60MPa이다.)

① 29 ② 13
③ 48 ④ 36

해설

$$D_T = \sqrt[3]{\frac{16T}{\pi\tau_a}}$$

$$D_T[\text{mm}] = \sqrt[3]{\frac{16\times 95452[\text{Nmm}]}{\pi\times 20.6[\text{N/mm}^2]}} = 28.69[\text{mm}]$$

$$T[\text{N}\cdot\ \text{mm}] = 974000\times\frac{H_{KW}}{N}\times 9.8[\text{N}\cdot\ \text{mm}]\text{에서}$$

$$T[\text{N}\cdot\ \text{mm}] = 974000\times\frac{4}{400}\times 9.8 = 95452[\text{N}\cdot\ \text{mm}]$$

문제 36

그림과 같은 블록 브레이크에서 드럼축에 156.96N · m의 제동토크를 발생시키기 위해 레버 끝에 F=981N의 힘이 필요한 경우, 레버의 길이 a는 약 몇 mm인가? (단, 블록과 드럼사이 마찰계수 μ=0.2이다.)

① 930
② 1050
③ 1140
④ 1260

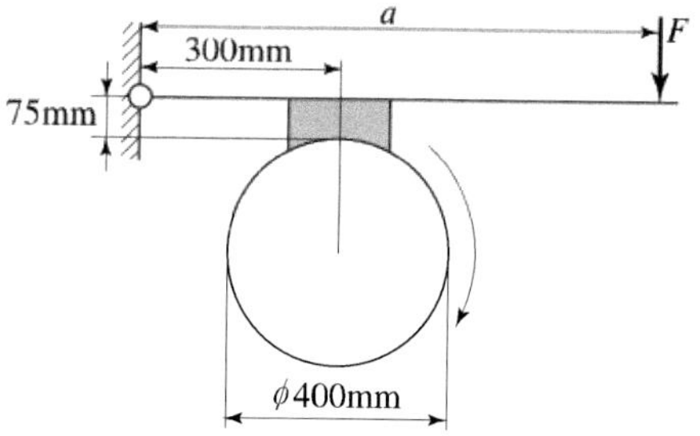

해설 블록 브레이크 누르는 힘 P[N]을 먼저 구한다.

$$T = \mu P\cdot\ \frac{D}{2}$$

$$P = \frac{2T}{\mu D} = \frac{2\times 160000}{0.2\times 400} = 4000\text{N}$$

$$\Sigma M_o = 0\ ;\ \circlearrowleft +$$

$$Fa - Pb - \mu P\cdot\ c = 0$$

$$a = \frac{P(b+\mu c)}{F} = \frac{4000\times(300+0.2\times 75)}{1000} = 1260\text{N}$$

해답

35. ① 36. ④

문제 37

동일 조건하에서 코일 스프링 처짐량을 2배로 하려면, 유효감김수는 몇 배가 되어야 하는가? (단, 스프링 소선 지름, 코일 평균 지름, 작용하중 및 스프링의 전단탄성계수 등은 일정하다.)

① 2배 ② 4배
③ 8배 ④ 16배

해설 **스프링의 처짐량** $\delta = \frac{8PD^3n}{Gd^4} = \frac{8PC^3n}{Gd} = \frac{8PC^4n}{GD}$

여기서, P : 하중, D : 평균지름, n : 감김수, G : 전단탄성계수, d : 소선지름, C : 스프링 지수

감김수에 처짐량은 비례한다.

문제 38

로프 전동의 특징에 대한 설명으로 틀린 것은?

① 전동경로가 직선이 아닌 경우에도 사용이 가능하다.
② 벨트 전동과 비교하여 큰 동력을 전달하는데 불리하다.
③ 장거리의 동력전달이 가능하다.
④ 정확한 속도비의 전동이 불확실하다.

해설 **로프전동의 특징**

[장점]

① 로프을 여러 개를 사용하므로 큰 동력의 전달에는 평벨트나 V벨트보다 유리하다.
동력전달크기(체인전동 > 로프전동 > V벨트전동 > 평벨트전동)
② 와이어로프는 50~100m, 섬유로프는 10~30m 정도의 먼거리의 동력전달이 가능하다.
③ 1개의 원동풀리에서 여러 개의 종동풀리로 동력을 분배하는 것이 용이하다.
④ 벨트에 비하여 미끄럼이 적고 고속운전에 적합하다.
⑤ 전동경로가 직선이 아닌 경우에도 사용이 가능하다.

[단점]

① 장치가 복잡하여 자유롭게 감아 걸거나 벗길 수 없다.
② 조정이 어렵고 절단되었을 경우 수리가 곤란하다.
③ 미끄럼이 적으나 전동이 불확실하다.

해답 37. ① 38. ②

문제 39

미터나사의 피치가 3mm이고, 유효지름 d_e는 22.051mm 일 때 나사 효율 η는 약 얼마인가? (단, 마찰계수 μ=0.105이다.)

① $\eta=26.2\%$ ② $\eta=32.2\%$
③ $\eta=39.2\%$ ④ $\eta=48.8\%$

해설 (상당마찰각) $\rho'=\tan^{-1}\mu'=\tan^{-1}\left(\dfrac{\mu}{\cos\dfrac{\alpha}{2}}\right)=\tan^{-1}\left(\dfrac{0.105}{\cos\dfrac{60}{2}}\right)=6.913°$

(리드각) $\lambda=\tan^{-1}\dfrac{p}{\pi\times d_e}=\tan^{-1}\dfrac{3}{\pi\times 22.051}=2.48°$

(나사의 효율) $\eta_A=\dfrac{\tan\lambda}{\tan(\lambda+\rho')}=\dfrac{\tan 2.48}{\tan(2.48+6.913)}=0.2618=26.18\%$

문제 40

다음 중 동력전달장치로서 운전이 조용하고, 무단변속을 할 수 있으나 일정한 속도비를 얻기가 힘든 것은?

① 마찰차 ② 기어
③ 체인 ④ 플라이 휠

해설 **마찰차의 응용 범위**

① 전달하여야 할 힘이 크지 않고 속도비가 중요시되지 않는 경우
② 회전속도가 커서 보통의 기어를 사용할 수 없는 경우
③ 양축 사이를 자주 단속할 필요가 있을 경우
④ 무단 변속을 시키는 경우와 안전장치의 역할이 필요한 경우

제3과목 기계재료 및 측정

문제 41

다음 중 뜨임의 목적이 아닌 것은?

① 탄화물의 고용강화 ② 인성 부여
③ 담금질 후 응력 제거 ④ 내마모성의 향상

해설 **담금질(Quenching)** : 탄화물의 고용강화를 함으로써 강도, 경도를 증대시킨다.
뜨임(Tempering) : 담금질 한 강의 인성을 증가시킨다. 내부응력 제거, 인성 부여, 내마모성 향상이 된다.

해답

39. ① 40. ① 41. ①

문제 42

마그네슘(Mg)에 대한 설명으로 틀린 것은?

① 비중은 상온에서 1.74이다.
② 열전도율과 전기전도율은 Cu, Al보다 낮다.
③ 해수에 대해 내식성이 풍부하다.
④ 절삭성이 우수하다.

해설 **마그네슘의 특징**

① 비중 1.74로 실용금속 중 가장 가볍다. 용융점 650℃, 재결정 온도 150℃ 조밀 육방격자이다.
② 물과 반응하여 금속화재가 발생한다. 또한 고온에서 발화하기 쉽다.
③ 대기중에서 내식성이 양호하나 산이나 염류에는 침식되기 쉽다. 알카리성에 거의 부식되지 않는다.
④ 냉간가공이 거의 불가능하여 200℃ 정도에서 열간 가공(300~400℃) 압연 · 압출한다.
⑤ 용도는 Al합금용, 구상흑연 주철 첨가제, 사진용 플래쉬, 건전지의 음극보호용, 인쇄제판, 항공기 공업에 사용
⑥ 합금시 단련재의 강도는 두랄루민의 1/3 정도이며 비중은 증가(1.75~2.0)
⑦ Al 6%에서 인장강도 최대, Al 4%에서 연신율과 단면수축률은 최대

문제 43

단일금속의 결정에 비해 고용체 상태에 있는 금속의 기계적 성질의 변화를 나타낸 것 중 틀린 것은?

① 변형증가 ② 연성증가
③ 강도증가 ④ 탄성계수증가

해설 고용체 상태에 있는 금속은 경화(硬化)되어 강도, 경도 증가, 탄성계수가 증가되고 연성, 전성, 변형률은 감소된다.

문제 44

Fe–C 평형상태도에서 공석강의 탄소 함유량은 얼마정도인가?

① 6.6% ② 4.3%
③ 2.11% ④ 0.77%

해설 **공석강** : 0.8%C 펄라이트 조직으로 α페라이트와 시멘타이트의 층상구조로 되어있다. 공석점 0.8%C, A_1변태점인 723℃

해답

42. ③ 43. ② 44. ④

문제 45

오일리스 베어링(oilless bearing)의 특징을 설명한 것으로 틀린 것은?

① 다공질이므로 강인성이 높다.
② 기름 보급이 곤란한 곳에 적당한다.
③ 너무 큰 하중이나 고속 회전부에는 부적당하다.
④ 대부분 분말 야금법으로 제조한다.

해설 **오일리스베어링(Oilless Bering)**=함유베어링
① Cu+Sn+흑연분말을 소결시킨 것으로 고압으로 성형하는 분말야금법으로 제작된다.
② 다공질로 기름이 재료자체에 함유되어 있어 운전 중에 윤활을 할 필요가 없어 윤활 보급이 곤란한 곳에 사용한다.
③ 큰하중이나 고속도 회전부에 부적당하다.
④ 기름에 가열하면 20~30%의 기름을 흡수한다.

문제 46

공구재료로써 구비해야 할 조건들 중 틀린 것은?

① 내마멸성과 강인성이 클 것
② 가열에 의한 경도 변화가 클 것
③ 상온 및 고온에서 경도가 높을 것
④ 열처리와 공작이 용이 할 것

해설 공구는 가공 중에 고온이 발생됨으로 고온강도가 커야 된다.

문제 47

금속재료가 일정한 온도 영역과 변형속도의 영역에서 유리질처럼 늘어나는 특수한 현상은?

① 형상기억
② 초소성
③ 초탄성
④ 초전도

해설 ① **형상기억** : 외력에 의해 변형된 것이 가열에 의하여 원래의 모양으로 돌아가는 현상
② **초소성** : 금속재료가 일정한 온도 영역과 변형속도의 영역에서 유리질처럼 늘어나는 특수한 현상으로 소성변형이 급격히 일어나는 현상
③ **초탄성** : 특정한 모양으로 인장하여 탄성한도를 넘어서 소성 변형시킨 경우에도 하중을 제거하면 원래상태로 돌아가는 현상
④ **초전도** : 사용온도를 낮추면 전기저항이 완전히 없어지는 현상을 나타낸다. 이러한 현상을 초전도 현상이라 한다. 이러한 현상을 나타내는 재료를 초전도 재료라 한다.

해답

45. ① 46. ② 47. ②

문제 48

섬유강화 복합재료의 일반적인 성질이 아닌 것은?

① 높은 강도와 강성 ② 높은 감쇄 특성
③ 높은 열팽창계수 ④ 이방성

해설 **섬유강화 복합재료의 성질**

① 비강도가 높다. 즉 비중은 낮고 높은 강도와 강성의 특성을 가진다.
② 진도을 흡수하는 높은 감쇄 특성이 있고, 휨변형에 특히 강하다.
③ 열에 의한 화재의 위험은 있지만 열팽창계수가 적어 온도변화에 따른 체적변화가 적다.
④ 이방성으로 되어 변형에 대한 강성이 높다.

문제 49

순철의 성질을 설명한 것으로 틀린 것은?

① 융점은 1539℃ 정도이다.
② 비중은 7.86 정도이다.
③ 인장강도가 20~28 kgf/mm^{2}이다.
④ 연신율은 12~14%이다.

해설 **순철**

비중 : 7.87, 용융점 : 1538℃, 인장강도 : 20~28kg/mm^2, 연신율 : 80~85%

문제 50

탄소강에서 적열메짐을 방지하고 주조성과 담금질 효과를 향상시키기 위하여 첨가하는 원소는?

① 황(S) ② 인(P)
③ 규소(Si) ④ 망간(Mn)

해설 탄소강 중에 함유된 망간(Mn)은 탄소강에 포함된 황에 발생되는 적열메짐을 방지하고, 주조성과 담금질 효과를 향상시킨다.

문제 51

다음 담금질 조직 중에서 용적변화(팽창)가 가장 큰 조직은?

① 펄라이트 ② 오스테나이트
③ 마텐자이트 ④ 솔바이트

해설 마텐자이트(M)은 물로 급냉시켜서 얻어지는 담금질 조직으로 체적변화(용적변화)가 가장 크다.

해답

48. ③ 49. ④ 50. ④ 51. ③

문제 52

다음 중 복합재료에서 섬유강화금속은?

① GFRP ② CFRP

③ FRS ④ FRM

해설 ① FRM : (섬유강화 금속=fiber reinforced metals) 모재의 종류가 금속

② FRP : (섬유강화 플라스틱=fiber reinforced plastic) 모재의 종류가 플라스틱

③ GFRP : FRP에 보강재료로 유리(Glass)가 사용된 것

④ CFRP : FRP에 보강재료로 탄소(Carbon)가 사용된 것

문제 53

두랄루민은 기계적 성질이 탄소강과 비슷하며 비중은 1/3 정도로 가벼워서 항공기용 재료로 많이 사용되고 있다. 두랄루민의 성분을 올바르게 나타낸 것은?

① Al−Mg−Pb−Ni ② Al−Fe−Mg−Cu

③ Al−Cu−Mg−Mn ④ Al−Mn−Co−Mg

해설 **고강도 알루미늄합금**

- 두랄루민(D) : Al+(4%Cu)+(0.5%Mg)+(0.5%Mn)
  : 무게를 중시하는 항공기나 자동차에 사용
- 초두랄루민(SD) : Al+(4.5%Cu)+(1.5%Mg)+(0.6%Mn)
  : 항공기의 구조재와 리벳, 기계류, 일반구조물에 사용된다.
- 초강두랄루민(ESD) : Al+(1.6%Cu)+(2.5%Mg)+(0.2%Mn)+(5.6%Zn)+(0.3%cr)
  : 주로 항공기에 사용되며 인강강도 높다.

문제 54

전열성이 좋고 색깔도 아름답기 때문에 장식용 금속잡화 악기 등에 사용되고 박(foil)으로 압연하여 금박의 대용으로도 사용되는 것은?

① 90%Cu~10%Zn 합금 ② 80%Cu~20%Zn 합금

③ 60%Cu~40%Zn 합금 ④ 50%Cu~50%Zn 합금

해설 **톰백**(tom bac) : 황동의 합금Cu에 5~20% Zn 함유한 합금으로 모조금 으로 사용된다. 색깔이 금색에 가까고, 전연성이 좋아 냉간가공이 쉽다. 주로 금대용품(모조금), 장식품(불상, 악기, 금박) 등에 사용된다.

해답

52. ④ 53. ③ 54. ②

문제 55

다음 금속 중 전기전도율이 가장 큰 것은?

① 알루미늄 ② 마그네슘
③ 구리 ④ 니켈

해설 **전기전도율 크기**

Ag > Cu > Au > Al > Mg > Zn > Ni > Fe > Pb > Sb

문제 56

시준기와 망원경을 조합한 것으로 미소 각도를 측정할 수 있는 광학적 각도 측정기는?

① 베벨 각도기 ② 오토 콜리메이터
③ 광학식 각도기 ④ 광학식 클리노미터

해설 **오토 콜리미터(auto collimator)**

미소각을 측정하는 광학적 측정기로서 정밀 정반의 평면도, 마이크로미터 측정면의 직각도, 평행도 및 미소각의 차, 변화, 흔들림 등을 측정한다. 주요 부속품으로는 시준기와 망원경, 평면경, 폴리곤 프리즘, 펜타프리즘, 조정기, 변압기 등이 있다.

문제 57

텔레 스코핑 게이지로 측정할 수 있는 것은?

① 진원도 측정 ② 안지름 측정
③ 높이 측정 ④ 깊이 측정

해설 **안지름(내경) 측정기 가능한 계측기기**

① 텔리스코우핑 게이지 ② 실린더 게이지
③ 내측 마이크로미터 ④ 포인트마이크로미터
⑤ 공기 마이크로미터 ⑥ 버니어 캘리퍼스

문제 58

다음 나사산의 각도측정 방법으로 틀린 것은?

① 공구 현미경에 의한 방법 ② 나사 마이크로미터에 의한 방법
③ 투영기에 의한 방법 ④ 만능 측정현미경에 의한 방법

해설 **나사측정**

유효지름측정	①나사마이크로미터, ②삼침법, ③공구현미경, ④투영검사기
피치측정	①나사피치게이지
나사산각도	①투영검사기 ②공구 현미경③ 만능 측정현미경

해답

55. ③ 56. ② 57. ② 58. ②

문제 59

선반의 나사절삭 작업 시 나사의 각도를 정확히 맞추기 위하여 사용되는 것은?

① 플러그 게이지
② 나사 피치 게이지
③ 한계 게이지
④ 센터 게이지

해설
① 플러그 게이지 : 축용 공차게이지
② 나사 피치 게이지 : 나사의 피치를 측정하는 계측기기
③ 한계 게이지 : 공차게이지로 축용과 구멍용으로 나눈다.
④ 센터 게이지 : 선반작업의 나사 절삭시 바이트 위치나 바이트의 각도를 검사하는데 사용

문제 60

기계부품 또는 공구의 검사용, 게이지 정밀도 검사 등에 사용하는 게이지 블록은?

① 공작용
② 검사용
③ 표준형
④ 참조용

해설

등급	25(mm)에 대한 오차(mm)	용도
AA급(연구소용)	0.00005	표준용 블록 게이지 정도 점검, 연구용
A급(표준용)	0.0001	검사용 게이지 또는 공작물 게이지 정도 점검, 측정기구 정도 점검
B급(검사용)	0.0002	기계부품, 공구검사, 측정 기구의 정도 조정
C급(공작용)	0.0003	공구, Cutter의 고정

해답

59. ④ 60. ②

기계설계산업기사

2021년 5월 CBT 시행

본 문제는 복원 기출문제입니다. 실제 문제와 다를 수 있으니 양해바랍니다.

제 1 과목 기계제도

문제 01

그림과 같은 입체도를 제3각 정투상법으로 정면도, 평면도, 좌측면도를 나타낼 때 가장 적합한 것은?

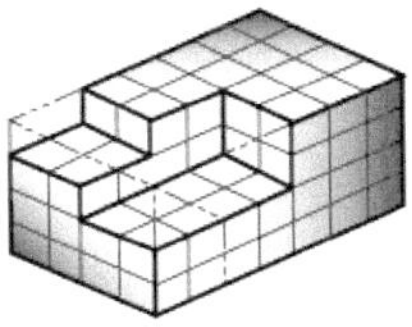

①
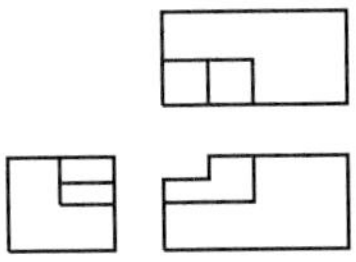

②
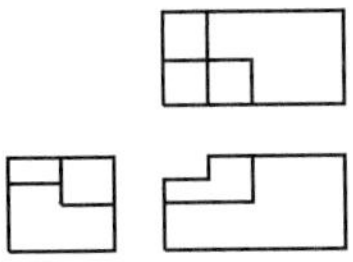

③
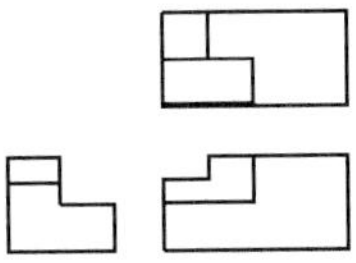

④
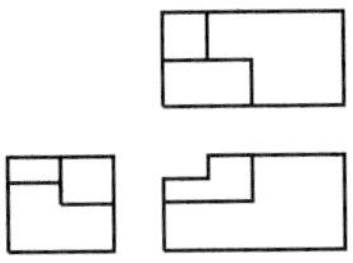

해설

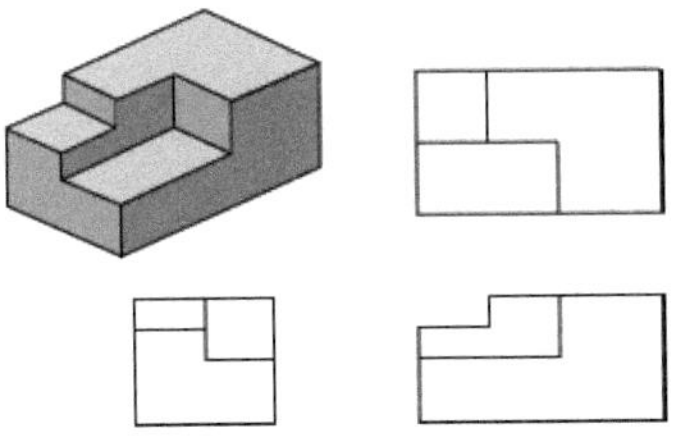

문제 02

끼워맞춤치수 $\phi 30$ H7/g6는 어떤 끼워맞춤인가?

① 중간 끼워맞춤
② 헐거운 끼워맞춤
③ 억지 끼워맞춤
④ 중간 억지 끼워맞춤

해답

01. ④ 02. ②

해설 **구멍기준식 끼워맞춤공차** : H7

① 헐거운 끼워맞춤 : 축공차 a~h
② 중간 끼워맞춤 : 축공차 j~n
③ 억지 끼워맞춤 : 축공차 p~x

문제 03

축을 가공하기 위한 센터구멍의 도시 방법 중 그림과 같은 도시 기호의 의미는?

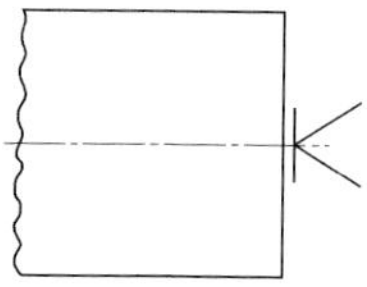

① 다듬질 부분에서 반드시 센터구멍을 남겨둔다.
② 다듬질 부분에서 센터구멍이 남아 있어도 좋다.
③ 다듬질 부분에서 센터구멍이 남아 있어서는 안 된다.
④ 센터의 규격에 따라 다르다.

해설

	센터가 남아 있어도 된다.
	센터가 반드시 남아 있어야 된다.
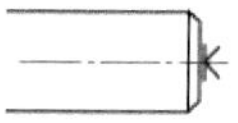	센터부분을 남아 있어서는 안된다.

문제 04

그림의 입체도를 화살표 방향에서 보았을 때 적합한 투상도는?

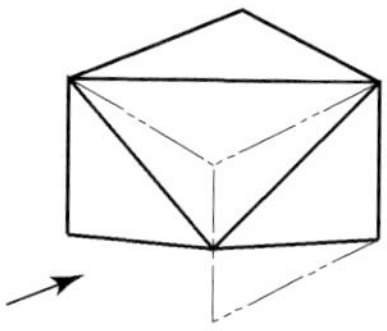

①
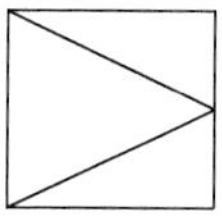
②
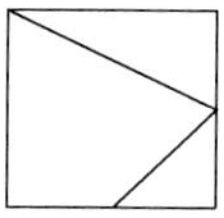
③
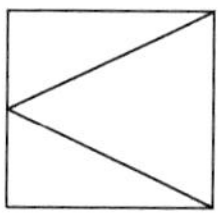
④
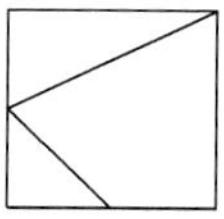

해설

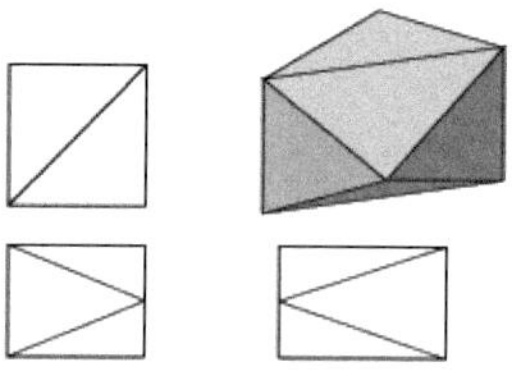

해답

03. ③ 04. ①

문제 05

그림과 같이 상호 관련된 4개의 구멍의 치수 및 위치허용 공차에 대한 설명으로 틀린 것은?

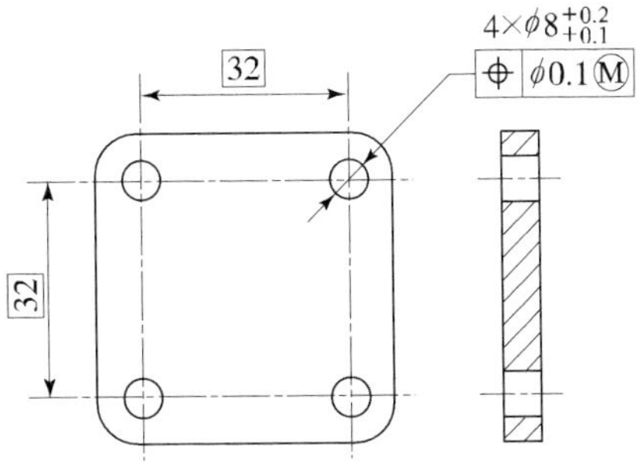

① 각 형태의 실제 부분 크기는 크기에 대한 허용 공차 0.1의 범위에 속해야 하며, 각 형태는 ϕ8.1에서 ϕ8.2 사이에서 변할 수 있다.
② 모든 허용공차가 적용된 형태는 실질 조건 경계, 즉 ϕ8(=ϕ8.1−0.1)의 완전한 형태의 내접 원주를 지켜야 한다.
③ ϕ8.1인 최대 재료 크기일 경우 각 형태의 축은 ϕ0.1의 위치허용공차 범위에 속해야 한다.
④ ϕ8.2인 최소 재료 크기일 경우 각 형태의 축은 ϕ0.1인 허용 공차 영역 내에서 변할 수 있다.

해설 ① ϕ8인 구멍 4개의 위치는 공차범위가 0.1의 원주안에 있어야 된다.
② Ⓜ최대실체공차0.1의 범위를 벗어나기 않아야 된다.
③ 최대 8.1인 최대 재료 크기일 경우 각 형태의 축은 0.1의 위치허용공차 범위에 속해야 한다.
④ 모든 허용공차가 적용된 형태는 실질조건 경계,즉 ϕ8(=ϕ8.1−0.1)의 완전한 형태의 내접 원주를 지켜야 한다.
[참고] Ⓜ최대실체공차는 질량이 최대가 되는 것으로 구멍은 최소허용치수가 최대실체치수가 되고 축은 최대허용치수가 최대실체치수가 된다.

문제 06

스케치도를 그려야 하는 경우와 가강 관계가 없는 것은?

① 도면이 없는 부품과 같은 것을 만들려고 할 경우
② 도면이 없는 부품을 참고로 하려고 할 경우
③ 도면이 없는 부품의 마멸 또는 파손된 부분을 수리하여 제작할 경우
④ 도면을 좀 더 깨끗하게 보완할 필요가 있는 경우

해답

05. ④ 06. ④

해설 **스케치도를 그려야 하는 경우**

① 도면의 없는 실물을 모델로 하여 신제품을 제작할 때
② 도면이 없는 제품이 파손 및 마모되어 수리나 제작을 할 때
③ 기존의 부품의 모양을 변경할 때
④ 도면이 없는 제품을 도면화하고자 할 때

문제 07

그림과 같이 제3각법으로 도시되는 물체의 형태는?

①
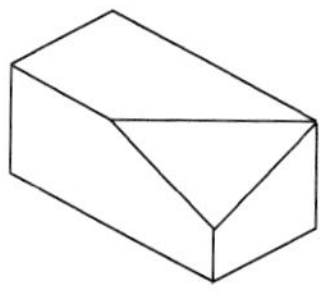
②
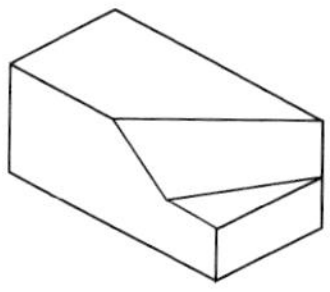
③
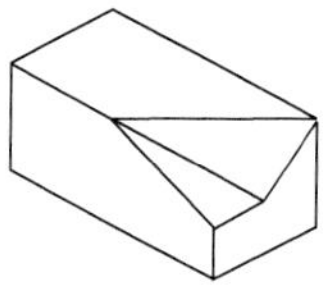
④
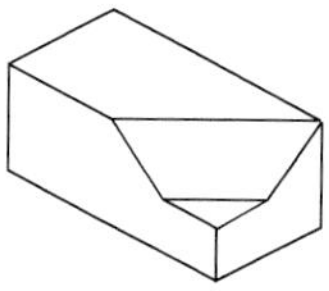

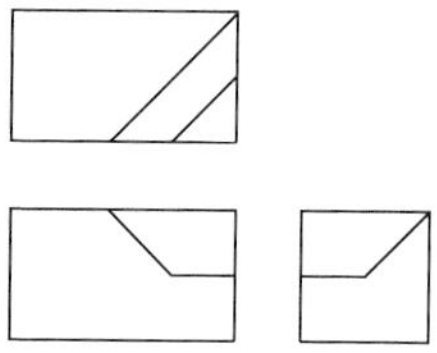

해설

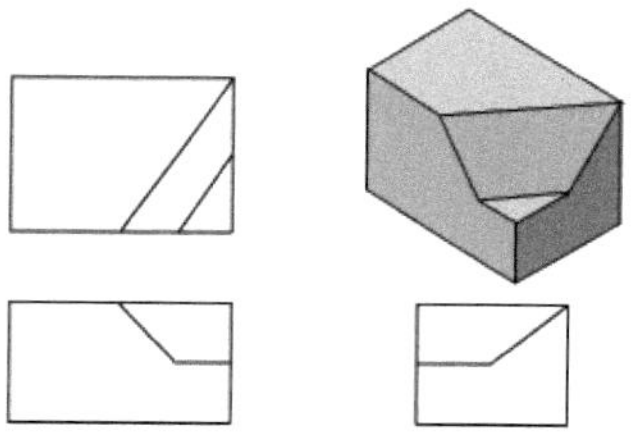

문제 08

그림과 같은 기하공차의 해석으로 가장 적합한 것은?

//	0.05
	0.005/100

① 지정길이 100mm에 대하여 0.005mm, 전체길이에 대해 0.05mm의 평행도
② 지정길이 100mm에 대하여 0.05mm, 전체길이에 대해 0.005mm의 평행도
③ 지정길이 100mm에 대하여 0.005mm, 전체길이에 대해 0.05mm의 대칭도
④ 지정길이 100mm에 대하여 0.05mm, 전체길이에 대해 0.005mm의 대칭도

해설

//	0.05
	0.005/100

평행도를 지정 길이 100mm에 대하여 0.005mm, 전체길이에 대해 0.05mm의 평행도를 맞추어야 된다.

해답

07. ④ 08. ①

문제 09

그림과 같은 I 형강의 표시방법으로 올바르게 된 것은? (단, L은 형강의 길이)

① I $H\times B\times t\times L$
② I $H\times B\times t-L$
③ I $B\times H\times t\times L$
④ I $B\times H\times t-L$

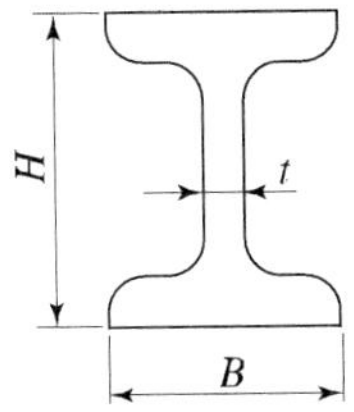

해설 [형상 높이×나비×두께－길이] L형강 : L H×B×t－l

문제 10

재료기호 KS D 3503 SS 400에 대한 설명 중 맞는 항을 모두 고른 것은?

ㄱ. KS D는 KS 분류 기호 중 금속 부분이다.
ㄴ. SS의 첫 글자 S는 재질을 나타낸는 기호로 강을 의미한다.
ㄷ. 두 번째의 S는 재료의 이름, 모양, 용도를 나타내며 일반구조용 압연재를 의미한다.
ㄹ. 끝 부분의 400은 재료의 탄소함유량이 0.4%를 의미한다.

① ㄱ, ㄴ
② ㄱ, ㄴ
③ ㄱ, ㄴ, ㄷ
④ ㄴ, ㄷ, ㄹ

해설 **재료기호 KS D 3503 SS 400**
ㄱ. KS D는 KS 분류 기호 중 금속 부분이다.
ㄴ. SS의 첫 글자 S는 재질(Steel 강)을 나타낸는 기호로 강을 의미한다.
ㄷ. SS의 두 번째 글자S는 재료의 이름, 모양, 용도를 나타내며 일반구조용 압연재를 의미한다.
ㄹ. 끝 부분의 400은 재료의 최저인장강도 400[N/mm^2] 이상인 재료를 나타낸다.

문제 11

다음 중 서피스 모델(surface model)의 일반적인 특징으로 보기 어려운 것은?

① NC 가공 정보를 얻기가 용이하다.
② 복잡한 형상 표현이 가능하다.
③ 유한요소법 적용을 위한 요소 분할이 쉽다.
④ 은선 제거가 가능하다.

해설 유한요소법(FEM) 적용을 하기 위해서는 공학적 해석이 필요하므로 솔리드 모델(solid model)에서 할 수 있다.

해답

09. ② 10. ③ 11. ③

문제 12

일반적인 CAD 시스템에서 2차원 평면에서 정해진 하나의 원을 그리는 방법이 아닌 것은?

① 원주상의 세 점을 알 경우
② 원의 반지름과 중심점을 알 경우
③ 원주상의 한 점과 원의 반지름을 알 경우
④ 원의 반지름과 2개의 접선을 알 경우

해설 원의 중심과 원의 반지름, 또는 지름 을 알 경우에 원을 그릴 수 있다.

문제 13

다음 용어 설명 중 틀린 것은?

① 비트(bit) : 정보를 기억하는 최소 단위
② 바이트(byte) : 8비트 길이를 가지는 정보의 단위
③ 파일(file) : 셀(cell)의 집합
④ 블록(block) : 레코드(record)들의 집합

해설

bit	< byte	< word	< field	< record	< block	< file	< volume	< data base
자료 표현 최소 단위	문자 표현 최소 단위	연산 처리 기본 자료		정보 처리 기본 단위	입출력 기본 단위			

문제 14

솔리드 모델링 기법 중 CSG(constructive solid geometry)방법에 의한 형상작업을 항 경우 기본적인 불리언 연산(Boolean operation)작업에 해당하지 않는 것은?

① 더하기(union)
② 빼기(difference)
③ 곱하기(multiplication)
④ 교차(intersection)

해설 CSG(Constructive Solid Geometry) 방식

① 자유곡면 및 필렛 등의 조작이 용이하지 않다.
② 데이터량이 적다.
③ 데이터 논리 과정의 조합, 초기 모델의 생성과정이 용이하다.

- 합집합(더하기, union) : ($A \cup B$) 양쪽에 포함되는 부분의 합집합의 입체
- 교집합(교차, intersection) : ($A \cap B$) 양쪽에 공통되는 부분의 교집합의 입체
- 차집합(빼기, difference) : ($A - B$) A에서 B부분을 뺀 영역의 입체

해답

12. ③ 13. ③ 14. ③

문제 15

CAD에서 레이어(layer)에 대한 설명으로 맞는 것은?

① 도면에서만 사용할 수 있는 사용자 정의 주석
② 어느 일부분을 확대하여 작업할 때 사용하는 명령어로 사각형은 대각되는 두 점을 입력하여야 함
③ 사용자의 입력을 돕기 위한 팝업 형태의 모든 창
④ 도면을 몇 개의 층으로 나누어 관리하는 방식으로 각 층별로 요소의 작성 및 편집들이 가능한 것

해설 **레이어(layer)** : 도면층이라고도 한다. 도면을 몇 개의 층으로 나누어 관리하는 방식으로 각 층별로 요소의 작성 및 편집 등이 가능한 것이다.

문제 16

3차원 형싱의 솔리드 모델링 방법에서 CSG방식과 B-Repqkdtlr을 비교한 설명 중 틀린 것은?

① B-Rep방식은 CSG방식에 비해 보다 복잡한 형상의 물체(비행기 동체 등)를 모델링하는데 유리하다.
② B-Rep방식은 CSG방식에 비해 3면도, 투시도 작성이 용이하다.
③ B-Rep방식은 CSG방식에 비해 필요한 메모리의 양이 적다.
④ B-Rep방식은 CSG방식에 비해 표면적 계산이 용이하다.

해설

구분			CSG	B-Reps
데이터 특성	데이터 작성		용이	곤란
	데이터 구조		단순	복잡
	데이터 수정		용이	약간 용이
	모델재생시간		많이 걸린다.	적게 걸린다.
	필요 메모리 영역		용량이 적음	용량이 많음
응용성	3면도, 투시도 작성		곤란	용이
	전개도 작성		곤란	용이
	표면적 계산		곤란	용이
	중량 계산		용이(몬테카를로법)	약간 곤란(적분법)
	유한요소법의 적용	솔리드	용이	곤란
		표면	곤란	용이
	NC 테이프의 작성		비교적 용이	용이

주의 : CSG방식의 데이터 구조는 단순하지만 모니터 화면에 입체를 나타내는 시간은 오래 걸린다.

해답

15. ④ 16. ③

문제 17

서로 다른 CAD/CAM 시스템 사이에서 데이터를 상호교환하기 위한 데이터 교환 표준에 해당하지 않는 것은?

① IGES ② STEP
③ DXF ④ DWG

해설 DWG은 AutoCAD프로그램이다.

문제 18

CAD 용어 중 점, 선, 아크, 곡면 등 3차원 CAD 시스템의 입력의 최소 단위를 나타내는 용어는?

① 엔티티(entity) ② 파일(file)
③ 객체(object) ④ 경계(boundary)

해설 **엔티티(entity, 실체)** : 선이나 원호, 형상 등과 같은 도형 요소로, 하나의 단위로서 보관되고 조작될 수 있는 것, 2차원 또는 3차원 CAD시스템에서 점, 선, 아크, 곡면 등 입력의 최소 단위

문제 19

그림과 같은 꽃병 도형을 그리기에 가장 적합한 방법은?

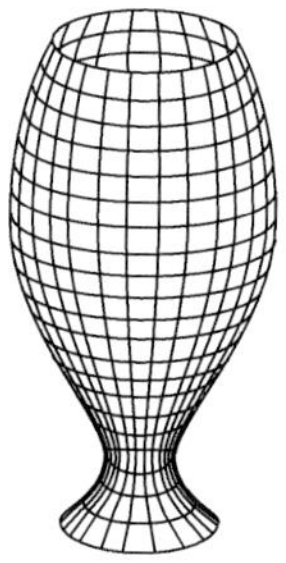

① 오프셋 곡면
② 원추 곡면
③ 회전 곡면
④ 필렛 곡면

해설

회전곡면(revolution surface)	스키닝(Skinning)
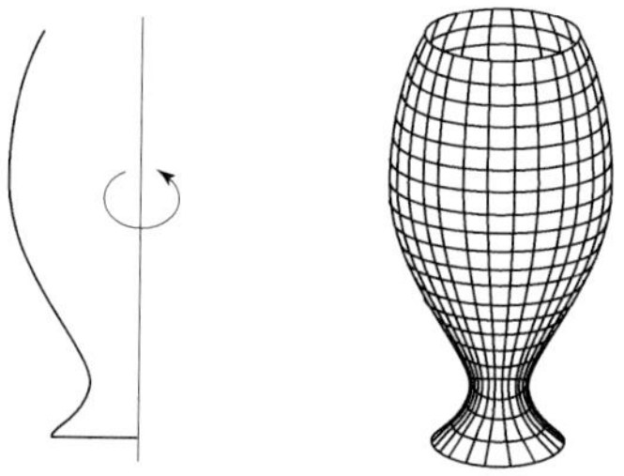	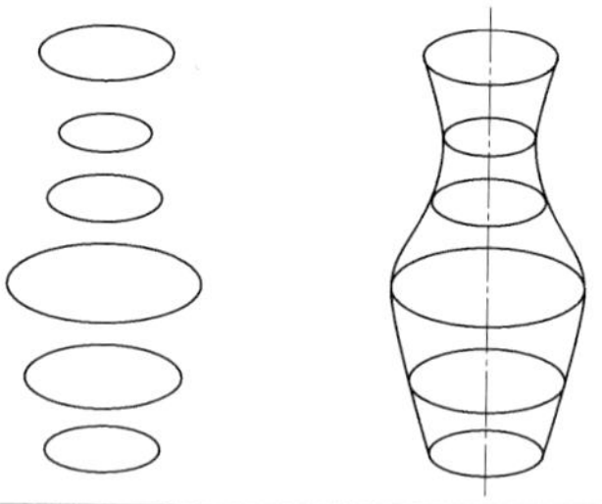

해답

17. ④ 18. ① 19. ③

문제 20

CAD 소프트웨어와 가장 관계가 먼 것은?

① AutoCAD ② EXCEL
③ Solid Works ④ CATIA

해설 EXCEL(엑셀)은 문서작성프로그램

제2과목 기계요소설계

문제 21

관이음에서 방향을 바꾸는 경우 사용하는 관 이음쇠는?

① 소켓 ② 니플
③ 엘보 ④ 유니언

해설

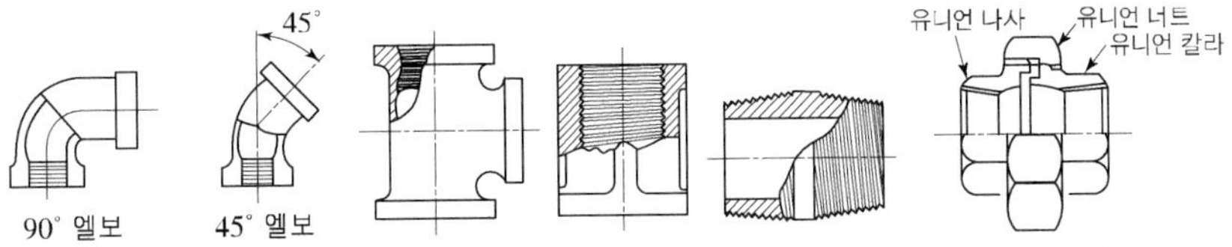

[엘보] [티] [소켓] [니플] [유니언]

문제 22

잇수 30개 압력각 30°의 스퍼기어에서 언더컷이 생기지 않도록 전위기어로 제작하려 한다. 언더컷이 발생하지 않도록 하기 위한 최소이론 전위량은 몇 mm 인가? (단, 모듈 $m=6$이다.)

① −10mm ② −12.5mm
③ −14mm ④ −16.5mm

해설 (전위량) $c = x \times m = -2.75 \times 6 = -16.5\text{mm}$
여기서, x : 전위계수, m : 모듈
(전위계수) $x = 1 - \frac{Z}{2}\sin^2\alpha = 1 - \frac{30}{2}\sin^2 30 = -2.75\text{mm}$

해답

20. ② 21. ③ 22. ④

문제 23

축의 재료와 키(key)의 재료가 같은 경우, 축의 지름이 50mm에 폭 10mm의 묻힘 키를 설치했을 때, 전단으로 키가 파손되지 않으려면 키의 길이는 약 몇 mm 이상이어야 하는가? (단, 키에서 발생하는 최대전단응력과 축에 발생하는 최대전단응력은 같다고 한다.)

① 55　　② 73
③ 99　　④ 126

해설

(키의 전단응력) $\tau_{key} = \dfrac{2T}{b \times l \times d}$ ··············· ①식

(축의 전단응력) $\tau_s = \dfrac{16T}{\pi d^3}$ ··············· ②식

①식＝②식에서 $l = \dfrac{\pi d^2}{8b} = \dfrac{\pi \times 50^2}{8 \times 10} = 98.17\text{mm}$

∴ 키의 길이는 99mm를 선정해야 한다.

문제 24

일반적으로 두 축이 같은 평면 내에서 일정한 각도로 교차하는 경우에 운동을 전달하는 축이음은?

① 맞물림 클러치　　② 플렉시블 커플링
③ 플랜지 커플링　　④ 유니버설 조인트

해설 **플랙시블 커플링** : 두축의 중심선을 완전히 일치시키기 어려운 경우 사용되는 커플링

올덤 커플링 : 두 축이 평행하고 두 축이 거리가 아주 가까울 때(편심되어 있을 때)

유니버셜 커플링(＝자재이음) : 두 축의 축선이 어느 각도로 교차되고 그 사이의 각도가 운전 중 다소 변할 때 사용한다.

원통커플링 : 가장 간단한 형태의 축이음 장치이며 종류로는

① 머프 커플링 ② 반중첩 커플링 ③ 마찰원통 커플링 ④ 클램프 커플링 ⑤ 샐러 커플링 등이 있다.

문제 25

리드각 α, 마찰계수 $\mu = \tan\rho$인 나사의 자립(自立)조건을 만족하는 것은? (단, ρ는 마찰각을 의미한다.)

① $\alpha < 2\rho$　　② $2\alpha < \rho$
③ $\alpha < \rho$　　④ $\alpha > \rho$

해답

23. ③　24. ④　25. ③

해설 (나사의 자동체결조건=나사의 자립조건) α(리드각)≦ρ(마찰각)
즉 리드각(나선각)보다 마찰각이 커야만 한다.

문제 26

브레이크 슈의 길이 및 폭이 각각 75mm, 28mm이고, 브레이크 슈를 미는 힘이 343 N일 때 브레이크 압력은 약 몇 MPa인가?

① 0.076
② 0.124
③ 0.163
④ 0.215

해설 (브레이크 압력) $p=\dfrac{F}{B\times H}=\dfrac{343[\mathrm{N}]}{28[\mathrm{mm}]\times 75[\mathrm{mm}]}$
$=0.163[\mathrm{N/mm^2}]=0.163[\mathrm{MPa}]$

문제 27

12m/s의 속도로 35.3kW의 동력을 전달하는 평벨트의 이완측 장력은 약 몇 N 인가? (단, 긴장측의 장력은 이완측 장력의 3배이고, 원심력은 무시한다.)

① 980N
② 147N
③ 196N
④ 2942N

해설 $H_{KW}=\dfrac{P_e\times V}{1000}=\dfrac{2T_s\times V}{1000}$, $35.3=\dfrac{2\times T_s\times 12}{1000}$ 에서
(이완장력) $T_s=2941.7\mathrm{N}$
여기서, (유효장력) $P_e=T_t-T_s=3T_s-T_s=2T_s$

문제 28

다음 설명 중 마찰차를 적용하기 힘든 경우는?

① 정확한 속도비가 필요할 경우
② 두 회전축이 교차하면서 회전력을 전달할 경우
③ 전달력이 그렇게 크지 않은 경우
④ 무단 변속을 시키는 경우

해설 **마찰차의 응용 범위**
① 전달하여야 할 힘이 크지 않고 속도비가 중요시되지 않는 경우
② 회전속도가 커서 보통의 기어를 사용할 수 없는 경우
③ 양축 사이를 자주 단속할 필요가 있을 경우
④ 무단 변속을 시키는 경우와 안전장치의 역할이 필요한 경우

해답
26. ③ 27. ② 28. ①

문제 29

볼 베어링의 기본부하용량 C, 베어링 이론하중 P_{th}, 회전수가 N 일 때 베어링의 수명시간 L_h는? (단, 하중계수는 f_w, 속도계수(speed factor)는 f_n, 수명계수(life factor)는 f_h이다.)

① $L_h = 500 f_n^3 \left(\frac{C}{P_{th} \times f_w} \right)^3$
② $L_h = \frac{10^6}{60} f_n^3 \left(\frac{C}{P_{th}} \right)^3$
③ $L_h = 500 f_h^3 \left(\frac{C}{P_{th}} \right)^3$
④ $L_h = 500 f_n^{\frac{10}{3}} \left(\frac{C}{P_{th} \times f_w} \right)^{\frac{10}{3}}$

해설
$$L_h = 500 \times \frac{33.3}{N} \times \left(\frac{c}{P} \right)^r = 500 \times f_h^r = 500 \times f_n^3 \times \left(\frac{C}{P_{th} \times f_w} \right)^3$$
(수명계수 = 시간계수) $f_h = \frac{c}{P} \left(\frac{33.3}{N} \right)^{\frac{1}{r}}$
(속도계수 = 회전계수) $f_n = \left(\frac{33.3}{N} \right)^{\frac{1}{r}}$

문제 30

높이 50mm의 사각봉이 압축하중을 받아 0.004의 변형률이 생겼다고 하면 이 봉의 높이는 얼마로 되었는가?

① 49.8mm
② 49.9mm
③ 49.98mm
④ 49.99mm

해설
$\epsilon = \frac{\Delta H}{H}$, (압축된 양) $\Delta H = \epsilon \times H = 0.004 \times 50 = 0.2\text{mm}$
(압축 후의 높이) $H' = H - \Delta H = 50 - 0.2 = 49.8\text{mm}$

문제 31

피치가 1mm인 2줄 나사에서 90° 회전시키면 나사가 움직인 거리는 몇 mm인가?

① 4
② 2
③ 1
④ 0.5

해설 **나사의 이동거리** = 리드 × 회전수 = (나사의 줄수 × 피치) × 회전수
$$= 2 \times 1 \times \frac{90°}{360°} = 0.5\text{mm}$$

해답

29. ① 30. ① 31. ④

문제 32

다음 중 정숙하고 원활한 운전과 고속회전이 필요할 때 적당한 체인은?

① 사일런트 체인(silent chain) ② 코일 체인(coil chain)
③ 롤러 체인(roller chain) ④ 블록 체인(block chain)

해설 **체인의 종류**

① 롤러 체인(roller chain) : 롤러 링크판과 핀 링크판을 핀으로 엇갈리게 연결한 체인
② 사일런트 체인(silent chain) : 전동할 수 없는 고속회전이 필요할 때, 조용하고 원활한 운전이 필요할 때 사용
③ 블록 체인 : 안경모양의 블록과 플레이트(plate)의 링크를 핀(pin)으로 연결한 체인 (체인블록, 하역기계 이용)

문제 33

기계요소를 사용목적에 따라 분류할 때 완충(진동 억제) 또는 제동용 기계요소가 아닌 것은?

① 브레이크 ② 스프링
③ 베어링 ④ 플라이휠

해설 **기계요소**

① 완충용 : 스프링
② 진동흡수 : 스프링, 플라이휠
③ 제동용 : 브레이크
④ 에너지 저장 : 스프링

문제 34

외접원통 마찰차에서 원동차의 지름 200mm, 회전수 100rpm으로 회전할 때, 2.21kW의 동력을 전달시키려면 약 몇 N의 힘으로 밀어 붙여야 하는가? (단, 마찰계수는 0.2로 한다.)

① 1055.20 ② 708.86
③ 2110.50 ④ 1417.72

해설 $H_{KW} = \dfrac{\mu P V}{1000}$, $2.21 = \dfrac{0.2 \times P \times 1.047}{1000}$에서

(밀어붙이는 힘) $P = 10553.96\text{N}$

(속도) $V = \dfrac{\pi D N}{60 \times 1000} = \dfrac{\pi \times 200 \times 100}{60 \times 1000}[\text{m/s}] = 1.047[\text{m/s}]$

해답 32. ① 33. ③ 34. ①

문제 35

안지름 500mm, 최고사용압력 120N/cm^{2}의 보일러의 강판의 두께는 약 몇 mm 정도가 적당한가? (단, 강판의 인장강도 350MPa, 안전율 4.75, 리벳이음의 효율 $\eta=0.58$로 하며, 부식여유는 1mm로 한다.)

① 4.12 ② 6.05
③ 13.76 ④ 8.02

해설 (압력) $P=120\text{N/cm}^2=1.2\text{N/mm}^2$

$$t=\frac{P\times D\times S}{2\times\sigma_u\times\eta}+c=\frac{1.2\times500\times4.75}{2\times350\times0.58}+1=8.02\text{mm}$$

문제 36

브레이크 드럼 축에 557.27N · m의 토크가 작용하고 있을 때, 이 축을 정지시키는데 필요한 제동력은 약 몇 N인가? (단, 브레이크 드럼의 지름은 500mm이다.)

① 1108.54 ② 2229.08
③ 252.26 ④ 504.52

해설 $T=\mu P\times\frac{D}{2}=f\times\frac{D}{2}$에서

(제동력) $f=\mu P=\frac{2T}{D}=\frac{2\times557270}{500}=2229.08\text{N}$

문제 37

핀 전체가 두 갈래로 되어있어 너트의 풀림 방지나 핀이 빠져 나오지 않게 하는데 사용되는 핀은?

① 테이퍼 핀 ② 너클 핀
③ 분할 핀 ④ 평행 핀

해설 **핀의 종류**

① 평행 핀(dowel pin) : 기계 부품을 조립할 경우나 안내위치를결정할때 사용된다.

② 테이퍼 핀(taper pin) : $Taper=\frac{1}{50}$, 호칭지름은 작은쪽 지름으로 주축을 보스에 고정할 때 사용된다.

③ 분할 핀(split pin) : 너트의 풀림 방지나 바퀴가 축에서 빠지는 것을 방지하기 위하여 사용한다.

④ 스프링 핀(spring pin) : 탄성을 이용하여 물체를 고정시키는 데 사용되며, 해머로 때려 박을 수 있는 핀이다.

해답

35. ④ 36. ② 37. ③

문제 38

940N · m의 토크를 전달하는 지름 50mm인 축에 안전하게 사용할 키의 최소 길이는 약 몇 mm인가? (단, 묻힘키의 폭과 높이 $b \times h = 12\text{mm} \times 8\text{mm}$이고, 키의 허용 전단응력은 78.4N/mm^2이다.)

① 40 ② 50
③ 60 ④ 70

해설

$$\tau_{key} = \frac{2T}{b\,l\,d_s}$$

(키의 길이) $l = \dfrac{2T}{b\,\tau_{key}\,d_s} = \dfrac{2 \times 940000}{12 \times 78.4 \times 50} = 39.97\text{mm}$

문제 39

볼베어링의 수명에 대한 설명으로 맞는 것은?

① 반지름방향 동등가하중의 3배에 비례한다.
② 반지름방향 동등가하중의 3승에 비례한다.
③ 반지름방향 동등가하중의 3배에 반비례한다.
④ 반지름방향 동등가하중의 3승에 반비례한다.

해설

(수명시간) $L_h = 500 \times \dfrac{33.3}{N} \times \left(\dfrac{c}{P_a}\right)^r [\text{hr}]$

여기서, P_a : 실제 베어링 하중 $P_a = f_w \times P_{th}$
P_{th} : 이론 베어링 하중
f_w : 하중계수
c : 기본 동적부하 용량[N], [kgf]

r : 베어링 지수 ⇨ 볼베어링 : $r=3$ / 롤러베어링 : $r=\dfrac{10}{3}$

베어링의 수명시간은 볼베어링은 하중의 3승에 반비례 한다.

문제 40

다음 중 두 축의 상대위치가 평행할 때 사용되는 기어는?

① 베벨 기어 ② 나사 기어
③ 웜과 웜기어 ④ 헬리컬 기어

해설 **기어의 종류**

① 두 축이 서로 평행한 경우 : 스퍼 기어(spur gear), 헬리컬 기어(helical gear), 더블 헬리컬 기어(double helical gear), 인터널 기어(internal gear

해답

38. ① 39. ④ 40. ④

: 내접 기어), 래크(rack) 등
② 두 축이 만나는 경우 : 베벨 기어(bevel gear), 스큐 베벨 기어(skew bevel gear), 스파이럴 베벨 기어(spiral bevel gear) 등
③ 두 축이 평행하지도 않고 만나지도 않는 경우 : 하이포이드 기어(hypoid gear), 스큐 기어(skew gear), 웜 기어(worm gear) 등

제3과목 기계재료 및 측정

문제 41

복합재료 중 FRP는 무엇을 말하는가?

① 섬유 강화 목재
② 섬유 강화 플라스틱
③ 섬유 강화 금속
④ 섬유 강화 세라믹

해설
① FRM(섬유강화 금속=fiber reinforced metals) : 모재의 종류가 금속
② FRP(섬유강화 플라스틱=fiber reinforced plastic) : 모재의 종류가 플라스틱
③ GFRP : FRP에 보강재료로 유리(Glass)가 사용된 것
④ CFRP : FRP에 보강재료로 탄소(Carbon)가 사용된 것

문제 42

다음 금속 중 가공성과 전도성이 우수하여 방전용 전극 재료로 가장 많이 사용되고 있는 재료는?

① 구리(Cu)
② 알루미늄(Al)
③ 아연(Zn)
④ 마그네슘(Mg)

해설 **구리의 특성**
① 비중8.96, 용융점 1083℃, 면심입방격자이다.
② 열전도도가 보통 금속 중에서 가장 높다.
③ 가공성과 전기 전도성이 우수하여 방전용 전극 재료로 많이 사용된다(자동차의 축전지에 사용되는 전극이다)
④ 비자성체로 자석에 붙지 않는다.
⑤ 연하고 전연성이 좋아 소성가공하기 쉽다.
⑥ 아름다운 색을 띠고 있다.
⑦ 철강재료에 비하여 내식성이 커서 공기중에서 거의 부식되지 않으나, 황산, 염산, 질산에 쉽게 용해된다.
⑧ 용융점 이외에는 변태점이 없다.

해답

41. ② 42. ①

문제 43

아연에 대한 설명 중 틀린 것은?

① 조밀육방격자형이며 회백색의 연한 금속이다.
② 비중이 7.1, 용융점이 420℃이다.
③ 산, 알칼리, 해수 등에 부식되지 않는다.
④ 철판, 철선의 도금에 사용된다.

해설 **아연의 특징**

① 비중 7.14, 용융점 419℃, 조밀육방격자의 회백색 금속
② 습기, 탄산가스의 영향으로 표면에 염기성 탄산염의 피막을 형성한다.
③ 바닷물에 침식이 발생한다.
④ 인장강도, 연율이 적고 취약하여 상온가공이 곤란하다.
⑤ 용도 : 건전지 재료, 인쇄용의 판재, 아연도금(양철판), 다이캐스팅용 아연 등

문제 44

저온뜨임의 목적이 아닌 것은?

① 솔바이트 조직 생성
② 내마모성의 향상
③ 담금질 응력 제거
④ 치수의 경년변화 방지

해설 **저온 뜨임의 목적**

① 트루스타이트(troostite)조직이 얻어진다. 트루스타이트는 α철과 극미세(極微細) 시멘타이트와의 혼합 조직으로서 마텐자이트를 약 400℃로 뜨임처리(tempering)를 하였을 때 생기는 조직이다. 이 조직은 마텐자이트 다음으로 경도가 높고 인성이 있으므로 고급 절삭날의 조직으로서 중용되고 있다.
② 담금질 응력 제거하여 담금질 균열을 방지한다.
③ 내마모성 향상
④ 치수의 경년변화 방지

문제 45

다음 중 강의 적열취성의 주 원인이 되는 원소는?

① Mn
② Si
③ S
④ P

해설 **적열취성(고온취성)** : 황을 많이 함유한 탄소강은 약 950℃에서 인성이 저하하는 특성이 있다. 이를 탄소강의 적열 취성(red shortness)이라 한다.

해답 43. ③ 44. ① 45. ③

문제 46

다음 알루미늄 합금 중 내열성이 있는 주물로 공랭 실린더 헤드 및 피스톤 등에 널리 사용되는 것은?

① Y합금 ② 라우탈
③ 하이드로날륨 ④ 고력Al합금

해설 알루미늄 합금 중 피스톤재료로 사용되는 것

- Y합금 – Al+(4%Cu)+(2%Ni)+(1.5%Mg)
  : 내열용 알루미늄 합금으로 피스톤재료로 사용
- Lo-ex(로우엑스)합금 – Al+Si+Cu+Mg+Ni
  : 열팽창계수가 적고 내열, 내마멸성이 우수하다. 금형에 주조되는 피스톤용

문제 47

다음 중 선팽창계수가 큰 순서로 올바르게 나열된 것은?

① 알루미늄 > 구리 > 철 > 크롬 ② 철 > 크롬 > 구리 > 알루미늄
③ 크롬 > 알루미늄 > 철 > 구리 ④ 구리 > 철 > 알루미늄 > 크롬

해설 선팽창계수값 $\times 10^{-6}\left[\frac{1}{℃}\right]$

Pb	>	Mg	>	Al	>	Ag	>	Au	>	Ni	>	Fe	>	Cr
29.3		27.1		23.6		19.68		14.2		13.3		11.76		7.2
납		마그네슘		알루미늄		은		금		니켈		철		크롬

문제 48

다음의 설명 중 옳지 않은 것은?

① A_1변태는 강에서 일어나는 변태이다.
② 펄라이트는 순철의 일종이다.
③ 오스테나이트의 최대 탄소고용량은 1130℃에서 약 2.0%이다.
④ 시멘타이트는 철과 탄소의 화합물이다.

해설 **펄라이트(pearlite)** : α철(페라이트)과 Fe_3C(시멘타이트)가 서로 번갈아 층을 이루는 것으로 공석강이라 한다. 즉 펄라이트는 강에서 볼 수 있는 조직이다.

문제 49

다음 중 소결합금으로 된 공구강은?

① 초경합금 ② 스프링강
③ 기계구조용강 ④ 탄소공구강

해답

46. ① 47. ① 48. ② 49. ①

해설 **소결(sintering, 燒結)** : 분말체(粉末體)를 적당한 형상으로 가압 성형한 것을 가열하면 서로 단단히 밀착하여 고결(固結)하는 현상
초경합금 : 금속탄화물(WC, TiC, TaC)에 CO분말과 함께 금형에 넣어 압축성형하여 800~900℃로 예비소결하고, 1400~1500℃의 H_2기류 중에서 소결하여 만든 공구용 합금강이다.

문제 50

다음 철광석 중에서 철의 성분이 가장 많이 포함된 것은?

① 자철광 ② 망간광
③ 갈철광 ④ 능철광

해설

	화학식	화학식에서 계산한 조성(Fe[%])
적철광	Fe_2O_3	70.0
자철광	Fe_3O_4	72.4
갈철광	$Fe_2O_3nH_2O$ n =0.5~4 결정 FeOOH	66.3~48.3 62.9
능철광	$FeCO_3$	48.3

문제 51

18-8형 스테인리스강에 대한 특징을 설명한 것으로 틀린 것은?

① Cr(18%)-Ni(8%)이다.
② 내식성이 우수하며 비자성체이다.
③ 오스테나이트계이다.
④ 염산, 연소가스, 황산에 매우 강하다.

해설 **18-8형 스테인레스강의 특징**(STS304, 18-8스테인레스강, 오스테나이트계)
① Cr 18%-Ni 8%이다.
② 열처리가 되지 않아 담금질이 되지 않는다.
③ 비자성체이며
④ 스테인레스강 중 내식성이 가장 우수하다. 하지만 연산, 황상 등에는 부식이 된다.
⑤ 내충격성이 크다.
⑥ 600~800℃에서 입계부식 발생(방지제 : Ti)
⑦ 용접성이 우수하다.

해답

50. ① 51. ④

문제 52

다음 중 뜨임처리 목적으로 틀린 것은?

① 담금질 응력 제거 ② 치수의 경년 변화 방지
③ 연마 균열의 방지 ④ 내마멸성 저하

해설 뜨임을 하면 내마모성이 증가된다.

문제 53

다음 중 금속침투법 중에서 Al를 침투 시키는 것은?

① 세라다이징 ② 알리마이징
③ 실리코나이징 ④ 칼로나이징

해설 **금속침투법(시멘테이션 cementation)의 종류**

① 크로마이징 : Cr침투
② 세라다이징 : Zn침투
③ 실리코나이징 : Si침투
④ 칼로나이징 : Al침투
⑤ 보론나이징 : B침투

문제 54

일반적으로 탄소강에서 탄소량이 증가할수록 증가하는 물리적 성질은?

① 비중 ② 열팽창계수
③ 전기저항 ④ 열전도도

해설 **탄소강에서 탄소(C) 함유량이 많아질수록**

① 증가하는 것 : 강도, 경도, 취성, 전기저항, 비열, 항복강도
② 감소하는 것 : 용융점, 연성, 전성, 인성, 충격값, 비중, 열전도율, 열팽창계수

문제 55

공정이 있는 합금계에서 공정성분에 가까울수록 변화하는 성질을 설명한 것으로 틀린 것은?

① 전기 및 열전도율이 적어진다. ② 인장강도, 경도가 커진다.
③ 용융점이 점차 상승한다. ④ 연신율, 단면수축율이 감소한다.

해설 **탄소강에서 탄소(C) 함유량이 많아질수록**(즉 공정점의 탄소함유량이 4.3% 이다. 공정점에 가까울수록 탄소함유량과 같은 효과를 나타낸다.)

① 증가하는 것 : 강도, 경도, 취성, 전기저항, 비열, 항복강도
② 감소하는 것 : 용융점, 연성, 전성, 인성, 충격값, 비중, 열전도율, 열팽창계수

해답

52. ④ 53. ④ 54. ③ 55. ③

문제 56

마이크로미터의 스핀들 나사의 피치가 0.5mm이고 딤블의 원주눈금이 50등분 되어 있다면 최소 측정값은?

① 2μm ② 5μm
③ 10μm ④ 15μm

해설 **최소 측정값** $C = \frac{\text{피치}}{\text{등분수}} = \frac{0.5}{50} = \frac{1}{100}\text{mm} = 10\mu\text{m}$

문제 57

다음 중 각도측정기가 아닌 것은?

① 사인바 ② 옵티컬플랫
③ 오토 콜리메이터 ④ 탄젠트바

해설

각도 측정	고정각도 측정기	① 직각자 ② 컴비네이션베벨 ③ 분할대 ④ 드릴포인트게이지
	눈금 있는 각도측정기	① 분도기 ② 만능각도측정기 ③ 컴비네이션세트 ④ 사인바아 ⑤ 광학각도측정기 ⑥ 수준기 ⑦ 오토콜리메이션
면 측정	평명도측정	① 옵티컬 플랫(optical flat광선정반) ② 스트레이트에지 ③ 수준기 ④ 오토몰리미터 ⑤ 긴장강선
	표면거칠기 측정	① 표면거칠기 ② 표준편 ③ 촉침법 ④ 광절단법

문제 58

마이크로미터의 사용시 일반적인 주의사항이 아닌 것은?

① 측정시 래칫 스톱은 1회전 반 또는 2회전 돌려 측정력을 가한다.
② 눈금을 읽을 때는 기선의 수직위치에서 읽는다.
③ 사용 후에는 각 부분을 깨끗이 닦아 진동이 없고 직사광선을 잘 받는 곳에 보관하여야 한다.
④ 대형 외측마이크로미터는 실제로 측정하는 자세로 0점 조정을 한다.

해설 계측기기는 직사광선을 잘 받지 않는 곳에 보관하여야 된다.

문제 59

KSB에 규정된 표면거칠기 표시방법이 아닌 것은?

① 산술평균 거칠기(Ra) ② 최대높이(Ry)
③ 10점 평균 거칠기(Rz) ④ 제곱 평균 거칠기(Ra)

해답

56. ③ 57. ② 58. ③ 59. ④

해설 **KS B에 규정된 표면거칠기 표시방법**
① 최대높이(Rs)
② 10점 평균 거칠기(Rz)
③ 중심선평균 거칠기(산술평균 거칠기)(Ra)

문제 60

재질이 W, Cr, V, Co등을 주성분으로 하는 바이트는?

① 합금공구강 바이트
② 고속도강 바이트
③ 초경합금 바이트
④ 세라믹 바이트

해설
① **합금공구강 바이트** : 0.6~1.5%C의 탄소강에 W, Cr, Ni, V 등을 1종 또는 2종을 첨가한 강
② **고속도강 바이트** : 표준고속도강 0.8%C의 탄소강에 W(18%)+Cr(4%)+V(1%)+Co
③ **초경합금 바이트** : 금속탄화물(WC, TiC, TaC)+Co분말을 소결시켜 만든 합금
④ **세라믹 바이트** : (산화알루미나)Al_2O_3를 주성분으로 소결시켜 만든 합금.
⑤ **주조경질합금 바이트**(스텔라이트) : 주성분 W-Cr-Co-C-Fe

해답

60. ②

기계설계산업기사

2021년 9월 CBT 시행

본 문제는 복원 기출문제입니다. 실제 문제와 다를 수 있으니 양해바랍니다.

제 1 과목 기계제도

문제 01

KS 기계제도에 의한 다음 그림과 같은 부등변 ㄱ 형강의 표시방법으로 가장 적합한 것은?

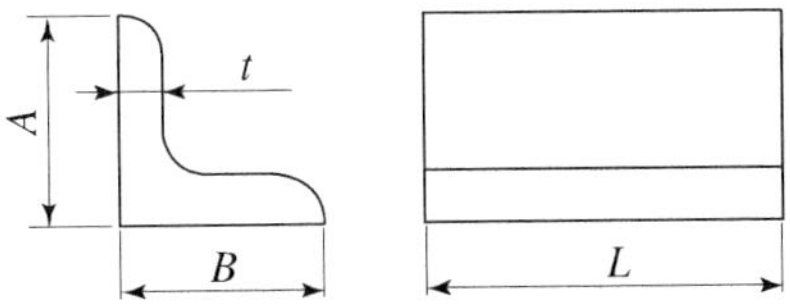

① Lt×A×L−B
② LA×B×t−L
③ Lt×B×L−A
④ LA×L×B−t

해설 [형상 높이×나비×두께−길이], L형강 : L A×B×t−l

문제 02

그림과 같은 정면도와 평면도에 가장 적합한 우측면도는?

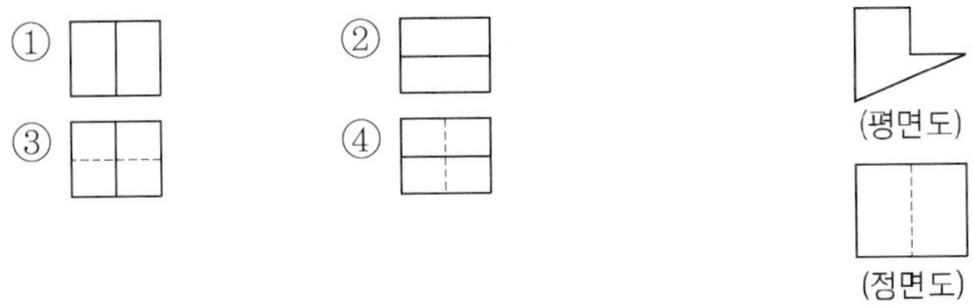

해설

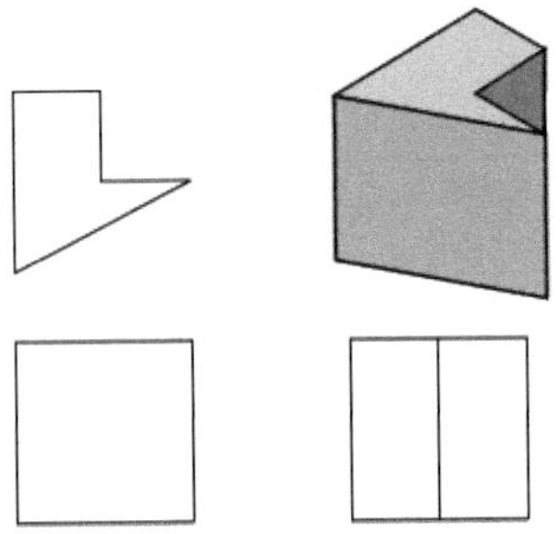

해답

01. ② 02. ①

문제 03

용접 기호 중에서 필릿 용접 기호는?

① 

② 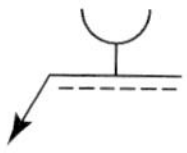

③ 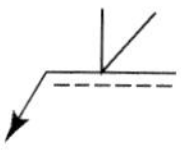

④ 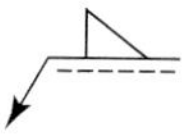

해설

① 	② 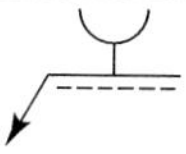	③ 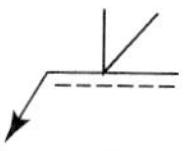	④ 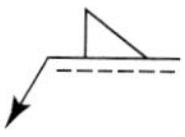
백킹 또는 뒷면용접	U형용접	한쪽 V용접	한쪽 필렛용접

문제 04

가공방법의 약호 중 래핑가공을 나타낸 것은?

① FL ② FR

③ FS ④ FF

해설

가공방법	약호		가공방법	약호	
	I	II		I	II
선반가공	L	선반	호닝가공	GH	호닝
드릴가공	D	드릴	액체호닝 가공	SPL	액체호닝
보링머신 가공	B	보링	배럴연마 가공	SPBR	배럴
밀링가공	M	밀링	버프 다듬질	FB	버프
평삭반 가공	P	평삭	블라스트 다듬질	SB	블라스트
형삭반 가공	SH	형삭	래핑 다듬질	FL	래핑
브로치 가공	BR	브로치	줄다듬질	FF	줄
리머가공	FR	리머	스크레이퍼 다듬질	FS	스크레이퍼
연삭가공	G	연삭	페이퍼 다듬질	FCA	페이퍼
벨트샌딩가공	GB	포연	주조	C	주조

문제 05

다음은 치수 공차와 끼워 맞춤 공차에 사용하는 용어의 설명이다. 용어의 설명이 잘못된 것은?

① 틈새 : 구멍의 치수가 축의 추수보다 클 때의 구멍과 축의 치수 차
② 위 치수 허용차 : 최대 허용치수에서 기준치수를 뺀 값
③ 헐거운 끼워 맞춤 : 항상 틈새가 있는 끼워 맞춤
④ 치수공차 : 기준 치수에서 아래 치수 허용차를 뺀 값

해답

03. ④ 04. ① 05. ④

해설

$10^{+0.2}_{-0.2}$	
기준치수(basic size)	10
위치수 허용차(upper deviation)=윗공차	+0.2
아래치수 허용차(lower deviation)=아래공차	−0.2
최대 허용치수(maximum limit size)	10.2
최소 허용치수(minimum limit size)	9.8
치수공차=공차(tolerance)	0.4

※치수공차=최대허용치수−최소형용치수

문제 06

그림과 같은 입체도에서 화살표 방향이 정면일 경우 평면도로 가장 적합한 것은?

①

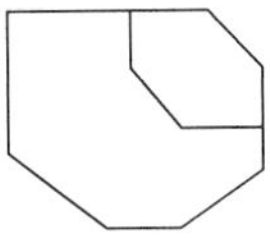

②

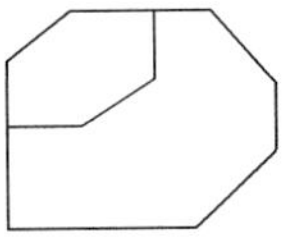

③

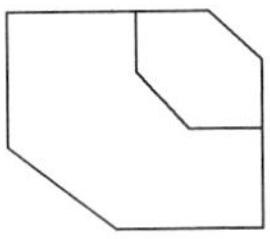

④

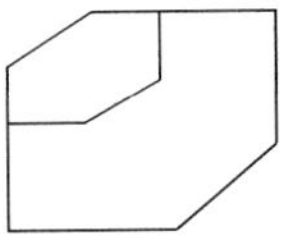

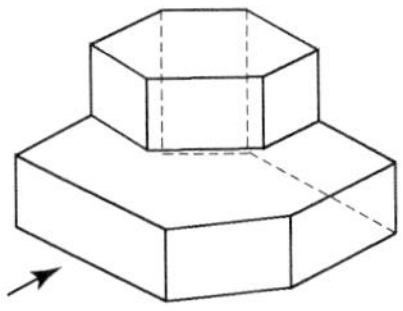

해설

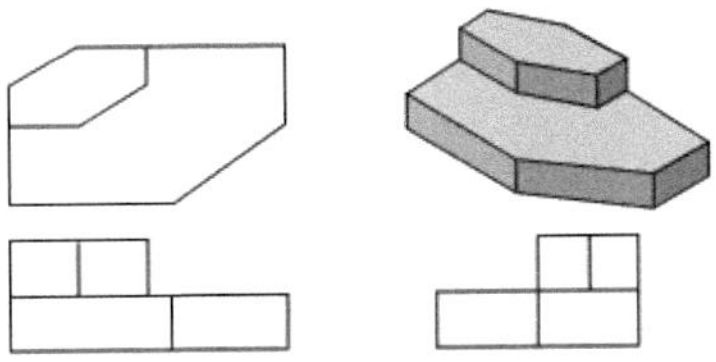

문제 07

일반적으로 해칭선을 그릴 때 사용하는 선의 명칭은?

① 굵은 2점 쇄선
② 굵은 1점 쇄선
③ 가는 실선
④ 가는 1점 쇄선

해설 ① 굵은 1점 쇄선 : 특수용도선, 열처리선
② 가는 실선 : 해치선, 치수선, 치수보조선, 수준면선, 지시선(인출선),중심선
③ 가는 1점 쇄선 : 중심선, 피치선, 기준선

해답 06. ④ 07. ③

문제 08

그림과 같이 절단된 편심 원뿔의 전개법으로 가장 적합한 것은?

① 삼각형법
② 평행선법
③ 사각형법
④ 동심원법

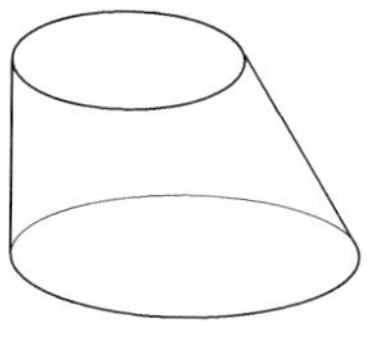

해설 **삼각형법** : 원통의 면을 펼쳤을 때 펼친면을 삼각형으로 나누어서 전개시키는 방법이 원추 곡면의 전개도 작성이 유리하다.

문제 09

"A" 와 같은 형상을 "B" 에 조립시킬 때 "?" 에 필요한 기하공차 기호는? (단, A의 형상은 이상적으로 정확한 형상이라 가정한다.)

① //
② ◎
③ ⌯
④ ⌭

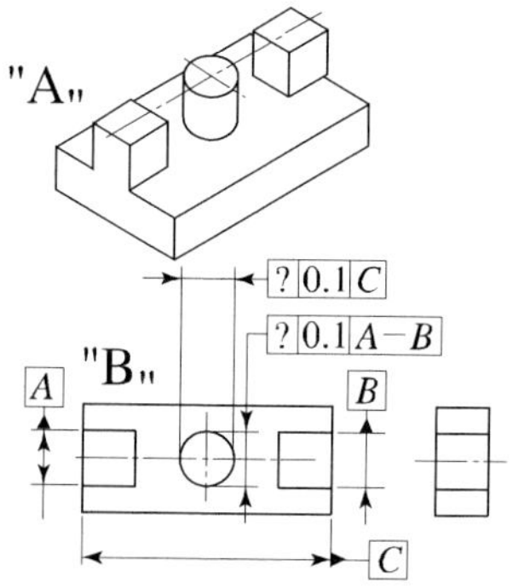

해설 B부품의 기준(datum)A, B, C에 대하여 좌우, 상하 대칭이므로 대칭도(⌯)을 기입하여야 된다.

문제 10

구름 베어링의 호칭 번호가 6000일 때 안지름은 몇 mm인가?

① 5
② 8
③ 10
④ 50

해설

안지름 번호	베어링 내경	안지름 번호	베어링 내경
1~9	1~9mm	04	4×5=20mm
00	10mm	/22	22mm
01	12mm	05	5×5=25mm
02	15mm	⇓	⇓
03	17mm	99	99×5=495mm
		500	500mm

해답

08. ① 09. ③ 10. ③

문제 11

다음 중 복렬 자동 조심 볼 베어링의 약식 도시 기호가 바르게 표기된 것은?

① 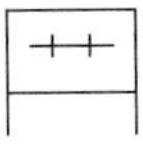

② 

③ 

④ 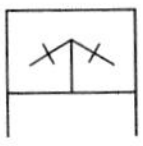

해설

구름 베어링	깊은 홈 볼 베어링	앵귤러 볼 베어링	자동 조심 볼 베어링	원통 롤러 베어링				
				NJ	NU	NF	N	NN
호칭 번호예	6204	7003	1306K	NJ 204	NU 1005	NF 204	N 204	NN 3005

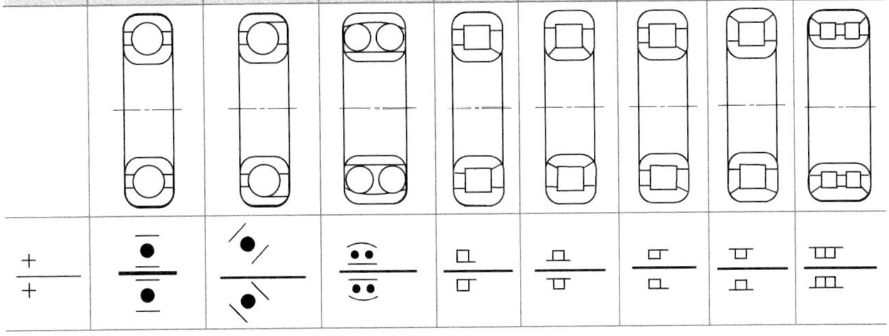

문제 12

특징 형상 모델링(Feature-based Modeling)의 특징으로 거리가 먼 것은?

① 기본적인 형상 구성 요소와 형상 단위에 관한 정보를 함께 포함하고 있다.
② 전형적인 특징 형상으로 모떼기(chamfer), 구멍(hole), 슬롯(slot) 등이 있다.
③ 특징 형상 모델링 기법을 응용하여 모델로부터 공정 계획을 자동으로 생성시킬 수 있다.
④ 주로 트위킹(tweaking) 기능을 이용하여 모델링을 수행한다.

해설 **특징형상 모델링=피쳐기반 모델링(Feature-based modeling)=3D부품모델링**
피쳐기반 모델링은 모서리만 가지고 있는 와이어 프레임 모델과는 달리 체적이 있기 때문에 솔리드 모델이라 부르며, 대부분의 CAD/CAM 소프트웨어는 솔리드 모델을 피쳐 베이스모델 또는 3D 부품 모델링이라고 한다. 피쳐 베이스는 3D 부품이 모서리, 구멍, 플랜지, 필렛, 보스라는 피쳐의 조합에 의해 구성되는 것을 의미한다. 피쳐 베이스 모델을 하기 위해서는 2D 스케치 패널에서 도면대로 그린 후에 부품 피쳐에서 가능하며, CAD/CAM 소프트웨어마다 약간의 차이점이 있다.

해답

11. ② 12. ④

문제 13

다음 중 기존의 제품에 대한 치수를 측정하여 도면을 만드는 작업을 부르는 말로 적절한 것은?

① RE(Reverse Engineering)
② FMS(Flexible Manufacturing System)
③ EDP(Electronic Data Processing)
④ ERP(Enterprise Resource Planning)

해설 ① **RE(Reverse Engineering, 역설계)** : 완성된 제품의 치수를 측정하여 도면을 만드는 작업
② **FMS(Flexible Manufacturing System, 유연성 있는 제작 시스템)** : 다품종 소량생산을 가능하게 하는 생산 시스템 으로 생산 시스템을 모듈화하여 공정과 공정을 자동적으로 결합하는 시스템으로 생산 관리정보로 결합하는 정보 네트워크 시스템으로 구성되는 공장자동화 시스템이다.

문제 14

이미 정의된 두 곡면을 부드럽게 연결하는 것을 뜻하는 용어는?

① Blending ② Remeshing
③ Sweep ④ Smoothing

해설 ① **블렌딩(Blending)** : 이미 정의된 두곡면을 매끄럽게 연결하는 것
② **리메싱(remeshing)** : 종방향의 배열이 맞지 않는 데이터를 오와 열의 배열이 가지런한 형태의 곡면 입력점을 새로이 구해내는 절차
③ **스윕(Sweep)** : 닫혀진 패곡선(profile)이 이동경로를 따라 이동하면서 입체를 만드는 작업.
④ **스무딩(smoothing)** : 표현된 곡면의 심한 굴곡면을 평활한 곡면으로 재계산하는 것. 입력 데이터의 변환과 곡면의 수정 및 보완

문제 15

솔리드 모델링에서 CSG 데이터 구조에 대한 일반적인 설명으로 틀린 것은?

① 데이터구조가 간단하고 데이터의 양이 적다.
② CSG 구조로 저장된 데이터는 B-rep 데이터로 치환할 수 없다.
③ CSG 데이터 구조를 사용할 경우 모델링 입력방법으로 불리언 작업만 사용해야 한다.
④ 저장된 입체로부터 경계면이나 경계선의 정보를 유도해내는데 많은 계산이 요구된다.

해설 CSG 구조로 저장된 데이터는 B-rep 데이터로 치환할 수 있다.

해답

13. ① 14. ① 15. ②

문제 16

원뿔을 임의의 평면으로 교차시킨 경우에 나타나는 원추단면곡선에 해당하지 않는 것은?

① 사각형(rectangle) ② 원(circle)
③ 타원(ellipse) ④ 쌍곡선(hyperbola)

해설 원추곡선 ┬ 원
├ 타원
├ 포물선
└ 쌍곡선

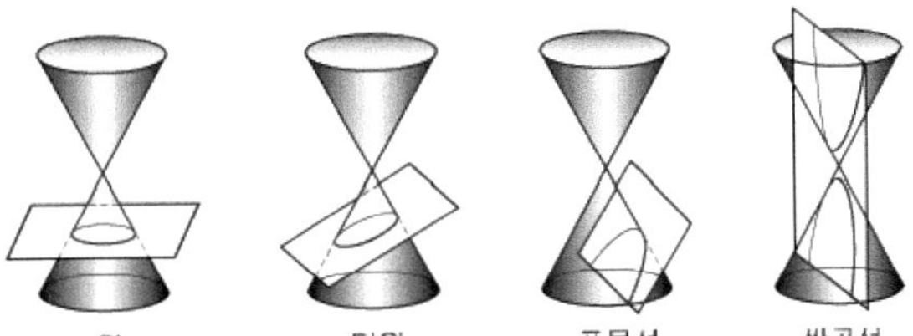

문제 17

다음 중 서로 다른 기종의 CAD 데이터를 호환하기 위한 데이터 포맷으로 적절하지 않은 것은?

① DXF ② IGES
③ STEP ④ OpenGL

해설

IGES	IGES(Initial Graphics Exchange Specification) : 1979년 미국에서 시작하여ISO의 표준규격으로 제정
DXF	DXF(DataExchange File) : AutoCAD의 호환성을 위해 AutoDESK회사에서 만든 데이터 표준프로그램이다. [DXF파일의 구성] 1. 헤더 섹션(header section) 2. 테이블 센션(table section) 3. 블록(block) 섹션 4. 엔티티(entitiy) 섹션 5. END OF FILE
STEP	STEP(Standard for the Exchange for Product model Data) : IGES 및 DXF가 ISO(International Standard Organization) 1985년에 각회사별로 구성된 CAD/CAM 시스템의 정보를 도면 데이터 뿐만 아니라 제품데이터도 교환할 수 있도록 한 표준규격이다.
PHIGS	PHIGS(Programmer's Hierachical Interactive Graphics System) : 산업분야는 도형 구성분야, 항공교통망 시뮬레이션, 몰분자 모델링분야, 건축설계 등 여러 분야에서 활용되고 있다.
GKS	GKS(Graphical kernal system) : 2차원 그래픽 시스템을 위한 표준 규격이다.
STL	STL(Stereo Lithography) 적층식 쾌속조형의 표준입력파일 포맷으로 많이 사용되고 있으며, 1987년 미국의 3Dsystem사가 Albert Consulting Group에 의뢰하여 만들어진 것으로 3차원 데이터의 서피스 모델을 삼각형 다면체(facet)로 근사시킨 것으로 쾌속조형(PR & M)에 많이 적용하고 있다.

해답

16. ① 17. ④

문제 18

CAD 용어에 관한 설명으로 틀린 것은?

① 표시하고자하는 화면상의 영역을 벗어나는 선들을 잘라버리는 것을 트리밍(trimming)이라고 한다.
② 물체를 완전히 관통하지 않는 홈을 형성하는 특징 형상을 포켓(pocket)이라고 한다.
③ 명령의 실행 또는 마우스 클릭시마다 On 또는 Off가 번갈아 나타나는 세팅을 토글(toggle)이라고 한다.
④ 모델을 명암이 포함된 색상으로 처리한 솔리드로 표시하는 작업을 세이딩(shading)이라 한다.

해설 **클리핑(clipping)** : 표시하고자 하는 화면상의 영역을 벗어나는 선들을 잘라버리는 것
트리밍(trimming) : 기하적적인 형상의 모양을 잘라내는 작업

문제 19

직육면체, 원통, 구 등의 기본도형에 대한 집합 연산을 통하여 형상 모델을 구축해 나가는 방식은?

① 스윕 방식 ② CSG 방식
③ B-rep 방식 ④ 서피스 모델 방식

해설 **CSG(Constructive Solid Geometry) 방식**
① 자유곡면 및 필렛 등의 조작이 용이하지 않다.
② 데이터량이 적다.
③ 데이터 논리 과정의 조합, 초기 모델의 생성과정이 용이하다.
•합집합($A \cup B$) : 양쪽에 포함되는 부분의 합집합의 입체
•교집합($A \cap B$) : 양쪽에 공통되는 부분의 교집합의 입체
•차집합($A - B$) : A에서 B부분을 뺀 영역의 입체

문제 20

디지털 목업(digital mock-up)에 관한 설명으로 거리가 먼 것은?

① 실물 mock-up의 사용빈도를 줄일 수 있는 대안이다.
② 간섭검사, 기구학적 검사 그리고 조립체 속을 걸어 다니는듯한 효과 등을 낼 수 있다.
③ 적어도 surface나 solil model로 제품이 모델링되어야 한다.
④ 조립체 모델링에는 아직 적용되지 않는다.

해답

18. ① 19. ② 20. ④

해설 **디지털 목업(DMU, digital mock-up)** : 기계부품을 조립하여 부품간의 간섭검사, 기구학적 검사등 컴퓨터로 시뮬레이션(모의시험)을 하는 것을 디지털 목업이라 한다.

제2과목 기계요소설계

문제 21

다음 중 전달할 수 있는 회전력의 크기가 가장 큰 키(key)는?

① 접선 키　　② 안장 키
③ 평행 키　　④ 둥근 키

해설 **키의 가장 큰 동력을 전달하는 순서**

세레이션	>	스플라인	>	접선키	>	묻힘키	>	평키	>	안장키
(serration)		(spline)		(tangential key)		(sunk key)		(flat key)		(saddle key)
				탄젠트키		성크키		플랫키		새들키

문제 22

이론적으로 사각나사의 효율을 최대로 하는 리드각(λ)은 얼마인가? (단, ρ는 마찰각이다.)

① $\lambda = 45° + \frac{\rho}{2}$　　② $\lambda = 45° - \frac{\rho}{2}$
③ $\lambda = 45° + \rho$　　④ $\lambda = 45° - \rho$

해설

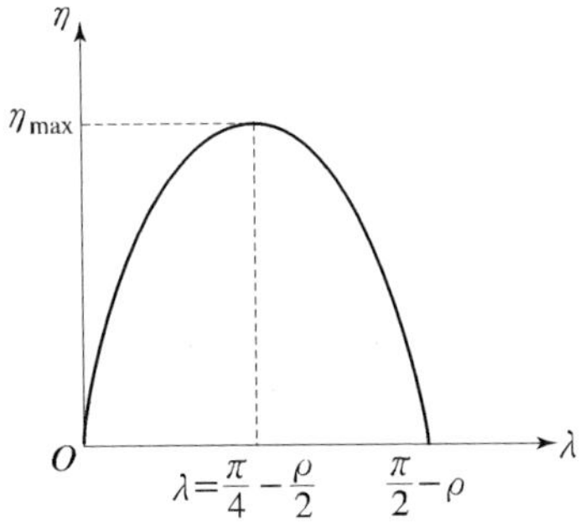

나사의 효율을 최대로 하는 (리드각) $\lambda = \frac{\pi}{4} - \frac{\rho}{2} = 45° - \frac{\rho}{2}$

해답

21. ①　22. ②

문제 23

축의 지름에 비하여 길이가 짧은 축을 말하며, 비틀림과 굽힘을 동시에 받는 축으로 공작기계의 주축 및 터빈 축등에 사용하는 것은?

① 차축(axle shaft)
② 전동축(transmission shaft)
③ 스핀들(spindle)
④ 유연성 축(flexible shaft)

해설 **축을 작용하는 힘에 따라 분류**

① 차축(axle) : 주로 굽힘을 받는 정지축 또는 회전축이다(예 : 차량의 축).
② 스핀들(spindle) : 주로 굽힘과 비틀림을 동시에 받는 축으로 ,축의 지름에 비해 축의 길이가 짧다.(예 : 공작 기계의 축, 터빈축)
③ 전동축(shaft) : 동력 전달을 목적으로 하는 축으로 주로 비틀림을 받는다. 전동기에서의 동력은 주축 또는 중간축을 거쳐서 각 기계에 전달되며, 전동축에는 주축(main shaft), 선축 등이 있다.

문제 24

표준 스퍼기어에서 모듈 5, 잇수 17개, 압력각이 20°라고 할 때, 법선피치(p_n)은 약 몇 mm 인가?

① 18.2
② 14.8
③ 15.6
④ 12.4

해설 **법선피치** $p_g = \frac{\pi D_g}{Z} = \frac{\pi D\cos\alpha}{Z} = \pi m \cos\alpha = \pi \times 5 \times \cos 20 = 14.76\text{mm}$

문제 25

구름 베어링 중에서 가장 널리 사용되는 것으로 구조가 간단하고 정밀도가 높아서 고속 회전용으로 적합한 베어링은 어느 것인가?

① 깊은 홈 볼 베어링
② 마그네토 볼 베어링
③ 앵귤러 볼 베어링
④ 자동 조심 볼 베어링

해설 **구름 베어링의 종류**

① 깊은 홈 볼 베어링 : 가장 널리 사용되는 것으로 구조가 간단하고 정밀도가 높아서 고속회전용으로 적합하며, 내륜과 외륜이 분리되지 않는다.
② 마그네틱 볼 베어링 : 내륜과 외륜을 분리할 수 있어 조립이 편리하다.
③ 앵귤러 볼 베어링 : 볼과 궤도륜의 접촉각이 존재하기 때문에 레이디얼 하중과 스러스트 하중을 동시에 받는데 적합하다.
④ 자동조심 볼 베어링 : 외륜의 내면이 구면상으로 되어 있어 다소 축이 경사될 수 있는데 사용된다.

해답

23. ③ 24. ② 25. ①

문제 26

리벳이음에서 리벳 지름을 d, 피치를 p라 할 때 강판의 효율 η로 옳은 것은? (단, 1줄 리벳 겹치기 이음이다.)

① $\eta = 1 - \dfrac{d}{p}$ ② $\eta = \dfrac{d}{p} - 1$

③ $\eta = 1 - \dfrac{p}{d}$ ④ $\eta = 1 + \dfrac{d}{p}$

해설 **강판의 효율**(η_t)

$$\eta_t = \frac{\text{구멍이 있을 때의 강판의 인장력}}{\text{구멍이 없을 때의 강판의 인장력}} = \frac{\sigma_t(p-d_t)t}{\sigma_t pt} = \frac{p-d_t}{p} = 1 - \frac{d_t}{p}$$

리벳의 효율(η_r)

$$\eta_r = \frac{\text{구멍이 있을 때 리벳의 전단력}}{\text{구멍이 없을 때의 강판의 인장력}} = \frac{\tau_r \dfrac{\pi d^2}{4} n}{\sigma_t pt} = \frac{\tau_r \pi d^2 n}{4\sigma_t pt}$$

문제 27

풀리의 지름 200mm, 회전수 1600rpm으로 4kW의 동력을 전달할 때 벨트의 유효 장력은 약 몇 N 인가? (단, 원심력과 마찰은 무시한다.)

① 24 ② 93

③ 239 ④ 527

해설 $H_{KW} = \dfrac{P_e \times V}{1000}$, $4 = \dfrac{P_e \times 16.76}{1000}$

(장력) $P_e = 238.66\text{N}$

(속도) $V = \dfrac{\pi DN}{60 \times 1000} = \dfrac{\pi \times 200 \times 1600}{60 \times 1000} = 16.76\text{m/s}$

문제 28

지름이 2cm의 봉재에 인장하중이 400N이 작용할 때 발생하는 인장응력은 약 얼마인가?

① 127.3N/cm^2 ② 127.3N/mm^2

③ 172.8N/cm^2 ④ 172.8N/mm^2

해설 **응력**$= \dfrac{\text{하중}}{\text{단면적}}$, $\sigma = \dfrac{F}{A} = \dfrac{400[\text{N}]}{\dfrac{\pi}{4} \times 2^2[\text{cm}^2]} = 127.3[\text{N/cm}^2]$

해답

26. ① 27. ③ 28. ①

문제 29

다음 중 자동 하중 브레이크에 속하는 것은?

① 밴드 브레이크(band brake) ② 블록 브레이크(block brake)
③ 웜 브레이크(재그 brake) ④ 원추 브레이크(cone brake)

해설
① **원주브레이크**
- 외주브레이크
  - 블록브레이크
  - 밴드브레이크
- 내주브레이크 — 내확브레이크

② **축방향브레이크**
- 원판브레이크
- 원추브레이크

③ **자동하중브레이크**
- 나사브레이크
- 캠브레이크
- 웜브레이크
- 코일브레이크
- 체인브레이크
- 원심력브레이크

④ **폴(pawl)브레이크** — 래칫(ratchet)과 폴(pawl) 조합으로 역전방지, 단속작업(나눔작업)에 사용된다.

문제 30

스프링 코일의 평균지름 60mm, 유효권수 10, 소재 지름 6mm, 가로탄성계수(G)는 78.48GPa이고, 이 스프링에 하중 490N을 받을 때 코일 스프링의 처짐은 약 몇 mm가 되는가?

① 6.67 ② 83.2
③ 8.3 ④ 66.7

해설
스프링의 처짐량 $\delta = \dfrac{8PD^3n}{Gd^4} = \dfrac{8\times 490\times 60^3\times 10}{78.48\times 10^3\times 6^4} = 83.2\text{mm}$

여기서, P : 하중, D : 평균지름, n : 감김수, G : 전단탄성계수, d : 소선지름

문제 31

90rpm으로 회전하고 980N의 하중을 받는 레이디얼 볼베어링의 기본 동정격하중은 약 몇 kN인가? (단, 하중계수는 1로 하고, 수명은 5000시간으로 한다.)

① 2.94 ② 4.91
③ 8.83 ④ 15.70

해설
(수명시간) $L_h = 500\times\dfrac{33.3}{N}\times\left(\dfrac{C}{P_{th}\times f_w}\right)^r$

$$5000 = 500\times\frac{33.3}{90}\times\left(\frac{C}{0.98\text{kN}\times 1}\right)^3 [\text{hr}]$$ 에서

(동적부하용량) $C = 2.94\text{kN}$

해답

29. ③ 30. ② 31. ①

문제 32

기어 설계 시 전위 기어를 사용하는 이유로 거리가 먼 것은?

① 중심 거리를 자유로이 변화시키려고 할 경우에 사용
② 언더컷을 피하고 싶은 경우에 사용
③ 베어링에 작용하는 압력을 줄이고자 할 경우 사용
④ 기어의 강도를 개선하려고 할 경우 사용

해설 **전위기어의 사용목적**
① 두 기어 사이의 중심거리를 변화시키고자 할 때
② 언더컷을 방지하고자 할 때
③ 치의 강도를 증가시키고자 할 때
④ 물림률을 증가시키고자 할 때
⑤ 최소잇수를 작게 하고자 할 때

문제 33

구조는 간단하면서 복잡한 운동을 구현할 수 있는 기계요소로서 내연 기관의 밸브 개폐기구 등에 사용되는 것은?

① 마찰차(friction wheel) ② 클러치(clutch)
③ 기어(gear) ④ 캠(cam)

해설 **캠 장치의 특징**
① 간단한 기구로 복잡한 운동을 얻을 수 있다.
② 전동이 확실하며, 제작이 용이하다.
③ 마찰에 의한 동력 손실이 적다.
④ 내연 기관의 밸브 기구나 인쇄기계 등 각종 자동기계에 사용한다.

문제 34

축의 자중을 무시하고 회전축의 중심에서 1개의 회전체의 하중에 의해 축의 처짐이 0.01mm 발생하면 축의 위험속도는 약 몇 rpm인가?

① 4598rpm ② 6420rpm
③ 9458rpm ④ 14568rpm

해설

$$N_c = \frac{30}{\pi}\sqrt{\frac{g}{\delta}}$$

여기서, N_c : 위험회전수[rpm], g : 중력가속도, δ : 처짐량

$$N_c = \frac{30}{\pi}\sqrt{\frac{g}{\delta}} = \frac{30}{\pi} \times \sqrt{\frac{9800[\mathrm{mm/s^2}]}{0.01[\mathrm{mm}]}} = 9458\mathrm{rpm}$$

해답

32. ③ 33. ④ 34. ③

문제 35

수압이 2.75MPa이고, 허용인장강도가 49.05MPa이며, 이음 효율이 70%인 강관의 바깥지름은 몇 mm 이상이어야 하는가? (단, 부식 여유는 1mm이고, 강관의 안지름은 580mm이다.)

① 582 ② 629
③ 604 ④ 675

해설
(두께) $t = \dfrac{P \times D}{2 \times \sigma_a \times \eta} + c = \dfrac{2.75 \times 580}{2 \times 50 \times 0.7} + 1 = 23.78\text{mm}$

(바깥지름) $D_0 = D + 2t = 580 + (2 \times 23.78) = 627.57\text{mm}$

문제 36

4m/s의 속도로 전동하고 있는 벨트의 긴장축의 장력이 1.23kN, 이완측의 장력이 0.49kN라고 하면, 전달하고 있는 동력은 몇 kW인가?

① 1.55 ② 1.86
③ 2.21 ④ 2.96

해설
$H_{KW} = \dfrac{P_e \times V}{1000} = \dfrac{(T_t - T_s) \times V}{1000} = \dfrac{(1230 - 490) \times 4}{1000} = 2.96\text{kW}$

여기서, (유효장력) $P_e = T_t - T_s$

문제 37

밴드 브레이크의 긴장측 장력 7.99kN, 두께 2mm, 허용인장응력 78.48MPa일 때 밴드의 폭은 약 몇 mm 이상이어야 하는가? (단, 이음 효율은 100%로 한다.)

① 43 ② 51
③ 60 ④ 71

해설
$\sigma_a = \dfrac{T_t}{b\,t\eta}$ 에서 (밴드폭) $b = \dfrac{T_t}{t\,\sigma_a \eta} = \dfrac{7990}{2 \times 78.48 \times 1} = 50.9\text{mm}$

문제 38

다음 중 운동용 나사에 해당하지 않는 것은?

① 사각 나사 ② 사다리꼴 나사
③ 톱니 나사 ④ 미터 나사

해설 **운동용 나사의 종류**

① 사각나사 : 축방향으로 큰하중 작용, 교번하중을 받을 때 사용 되며 대표적으

해답

35. ② 36. ④ 37. ② 38. ④

로 아르멘고드 나사가 있다.
② 사다리꼴나사(애크미나사) : 공작기계의 이송나사미터계TM나사 Tr나사, 인치계TW나사가 있다.
③ 톱니나사 : 한방향으로만 힘 전달, 나사산각이 30°와 45°두 가지가 있다.
④ 너클나사(둥근나사) : 먼지와 모래 등이 들어가기 쉬운 곳. 전구나 호스 연결용에 사용
⑤ 볼나사 : 수치제어공작기계의 이송나사, 백래시 발생이 거의 없다. 마찰이 작다.

문제 39

두 축의 중심거리 300mm, 속도비가 2 : 1로 감속되는 외접원통마찰의 원동차(D_1)와 종동차(D_2)의 지름은 각각 몇 mm인가?

① $D_1 = 600\text{mm},\ D_2 = 1200\text{mm}$　② $D_1 = 200\text{mm},\ D_2 = 400\text{mm}$
③ $D_1 = 100\text{mm},\ D_2 = 200\text{mm}$　④ $D_1 = 300\text{mm},\ D_2 = 600\text{mm}$

해설

(원동차 지름) $D_1 = \dfrac{2C}{1+\dfrac{1}{\epsilon}} = \dfrac{2\times 300}{1+2} = 200\text{mm}$

(종동차 지름) $D_2 = \dfrac{D_1}{\epsilon} = \dfrac{200}{\dfrac{1}{2}} = 400\text{mm}$

문제 40

마찰에 의하여 회전력을 전달하며 축의 임의의 위치에 보스를 고정할 수 있는 키는?

① 미끄럼키　② 스플라인
③ 접선키　④ 원뿔키

해설 **원뿔키**(cone key)

특수키의 일종으로 원뿔형의 키, 축과 보스에 홈을 파지 않고 보스 구멍을 원뿔 모양으로 만들고 일부 3등분 할 한 원뿔형의 키를 때려 박아 마찰만으로 회전력을 전한다. 접촉면이 크고 비율이 큰 힘에 견디어 내다.

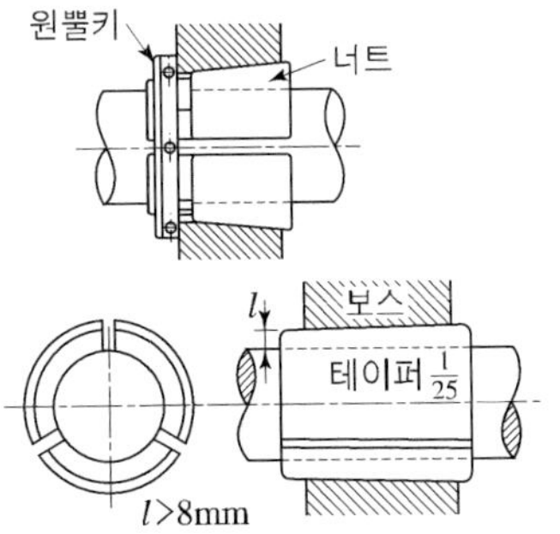

해답

39. ②　40. ④

제3과목 기계재료 및 측정

문제 41

백주철을 고온에서 장시가 열처리하여 시멘타이트 조직을 분해하거나 소실시켜 인성 또는 연성을 개선한 주철은?

① 가단주철 ② 칠드주철
③ 구상흑연주철 ④ 합금주철

해설 **가단주철** : 보통 주철의 결점인 여리고 약한 인성을 개선하기 위하여 백주철을 장시간 열처리하여 C의 상태를 분해 또는 소실시켜, 인성 또는 연성을 증가시킨 주철
① 백심 가단주철 : 파단면이 흰색을 나타내며 강도는 흑심 가단 주철보다 다소 높으나 연신율은 작다.
② 흑심 가단주철 : 표면은 탈탄되어 있으나 내부는 시멘타이트가 흑연화되어서 파단면이 검게 보이는 주철
③ 펄라이트 가단주철 : 입상흑연과 입상 펄라이트 조직으로 된 주철로 인성은 약간 떨어지나, 강력하고 내마멸성이 좋다.

문제 42

줄(File)의 재질로는 보통 어떤 강을 사용하는가?

① 고속도강 ② 탄소공구강
③ 초경합금강 ④ 톰백

해설 **탄소 공구강(STC)** : 0.6~1.7[%]C의 고 탄소강으로서 가공이 용이하며, 간단히 담금질하여 높은 경도를 얻을 수 있으며, 특별히 P와 S의 함유량이 적어야 한다. 목공에 쓰이는 공구나 기계에서 금속을 깎을 때 쓰이는 공구로 경도가 높고 내마멸성이 있다. 탄소 0.90% 이하의 것은 각인(刻印) 스냅, 단조형, 프레스형, 목공용 톱, 정 등이고, 고탄소의 것은 줄, 바이트, 면도칼, 줄, 대패, 탭, 다이스 등에 사용한다.

문제 43

구리합금 중 6 : 4 황동에 약 0.8% 정도의 주석을 첨가하며 내해수성이 강하기 때문에 선박용 부품에 사용하는 특수 황동은?

① 네이벌 황동 ② 강력 황동
③ 납 황동 ④ 애드미럴티 황동

해설 **주석황동**
- 에드머럴티황동 : 7 : 3황동에 1%의 내의 Sn 첨가
- 네이벌황동 : 6 : 4황동에 1%의 내의 Sn 첨가

해답

41. ① 42. ② 43. ①

문제 44

일반적으로 금속재료에 비하여 세라믹의 특징으로 옳은 것은?

① 인성이 풍부하다. ② 내산화성이 양호하다.
③ 성형성 및 기계가공성이 좋다. ④ 내충격성이 높다.

해설 **세라믹의 특징**

① 취성이 커서 충격에 약하다.
② 내부식성, 내산화성이 양호하다.
③ 고온강도가 커서 고온절삭용 공구로 사용된다.
④ 고속정밀 가공용, 강자성 재료의 가공용으로 쓰인다.

문제 45

다음 중 아공석강에서 탄소강의 탄소함유량이 증가할 때 기계적 성질을 설명한 것으로 틀린 것은?

① 인장강도가 증가한다. ② 경도가 증가한다.
③ 항복점이 증가한다. ④ 연신율이 증가한다.

해설 **탄소강에서 탄소(C) 함유량이 많아질수록**

증가하는 것 : 강도, 경도, 취성, 전기저항, 비열, 항복강도
감소하는 것 : 연성, 전성, 인성, 충격값, 비중, 열전도율, 열팽창계수, 용접성

문제 46

풀림 처리의 목적으로 가장 적합한 것은?

① 연화 및 내부응력 제거 ② 경도의 증가
③ 조직의 오스테나이트화 ④ 표면의 경화

해설 **풀림의 목적**

① 열처리로 경화된 재료를 연화시킨다.
② 가공 경화된 재료를 연화시킨다.
③ 가공중의 내부 응력을 제거시킨다.
④ 인성의 향상 시킨다.
⑤ 재료의 불 균일 제거한다.
⑥ 피 절삭성의 개선한다.
⑦ 기계적 성질의 개선한다.

해답

44. ② 45. ④ 46. ①

문제 47

일반적인 합금의 성질을 설명한 것으로 틀린 것은?

① 전기 전도율이나 열전도율이 낮아진다.
② 강도와 경도가 커지고 전성과 연성이 작아진다.
③ 용해점이 높아진다.
④ 담금질 효과가 크다.

해설 **순금속에 대한 합금의 특징**

① 순금속에 다른 원소가 들어가므로 전기 전도율이나 열전도율이 낮아진다.
② 기계적 성질을 보완하고자 다른 원소가 들어감으로 강도와 경도가 커지고 전성과 연성이 작아진다.
③ 용융점이 낮아져 순금속에 비해 낮은 온도에서 액화 된다.

문제 48

Al-Cr-Mo강을 가스질화 할 때 처리온도로 적당한 것은?

① 370~450℃　② 500~550℃
③ 650~700℃　④ 850~900℃

해설 **질화법** : 암모니아 가스(NH_3)를 이용한 표면 경화법으로, 520[℃] 정도에서 50~100시간 오랜 시간 작업을 해야 질화되며, 질화용 합금강(Al, Cr, Mo 등을 함유한 강)을 사용해야 한다. 질화되지 않게 하기 위해서는 Ni, Sn 도금을 한다.

문제 49

탄소강을 담금질할 때 이용하는 냉각체 중에서 냉각성능이 큰 것부터 나열된 것은?

① 10% 식염수>기름>물　② 물>기름>10% 식염수
③ 10% 식염수>물>기름　④ 기름>물>10% 식염수

해설

냉각제	냉각능력 (18℃ 물을 100으로 한 지수)	효과
물(18℃) 물(0℃)	100 106	효과는 크지만 담금질 균열을 생기게 하는 일이 있다.
기계유	20	담금질 균열이 발생하지 않기 때문에 잘 이용된다.
공기	3~8	재료에 따라서는 공랭으로 담금질 효과를 생기게 한다.

해답

47. ③　48. ②　49. ③

문제 50 금반지를 18(K)금으로 만들었다. 순금(Au)은 몇 % 가 함유된 것인가?

① 18 ② 34
③ 75 ④ 100

해설 Au은 24k가 100%의 순도를 가진다.

$$18K \times \frac{100\%}{24K} = 75\%$$

문제 51 다음 중 장신구, 무기, 불상, 종 등의 금속 제품으로 오래 전부터 사용되어 왔으며 내식성과 내마모성이 좋아 각종 기계주물용이나 미술공예품으로 사용되는 금속은?

① 철 ② 청동
③ 납 ④ 알루미늄

해설 ① **황동** : 구리(Cu)와 아연(Zn)합금으로 주조성, 가공성, 내식성, 기계적 성질이 좋다. 대표적으로 톰백, 문쯔메탈, 철황동, 양은 등이 있다.
② **청동** : 구리(Cu)와 주석(Sn)합금으로 포금(gun metal) 은 해수에 침식되지 않아 해상용 무기에 사용되며, 청동기시대부터 불상, 장식품, 미술공예품으로도 사용된다.

문제 52 다음 중 기계구조용 탄소강 SM45C의 탄소함유량으로 가장 적당한 것은?

① 0.02~2.01% ② 0.04~0.05%
③ 0.32~0.38% ④ 0.42~0.48%

해설 SM45C는 기계구조용 탄소강재로 탄소함유량 0.42~0.48%이다.

$$\text{평균탄소함유량 } C = \frac{0.42 + 0.48}{2} = 0.45$$

문제 53 다음 금속 중 자기변태점이 없는 것은?

① Fe ② Ni
③ Co ④ Zn

해설 ① Fe : 768℃ 강자성체 ② Ni : 360℃ 강자성체
③ Co : 1120℃ 강자성체 ④ Zn : 역장성체

해답

50. ③ 51. ② 52. ④ 53. ④

문제 54

다음 중 친화력이 큰 성분 금속이 화학적으로 결합하여 다른 성질을 가지는 독립된 화합물을 만드는 것은?

① 금속간 화합물　② 고용체
③ 공정 합금　④ 동소 변태

해설 **금속간 화합물** : 대표적으로 (시멘타이터)Fe_3C, (탄화텅스텐)WC처럼 친화력이 큰 성분 금속이 화학적으로 결합하여 다른 성질을 가지는 독립된 화합물이 되는 것

문제 55

열처리방법 중 풀림의 목적이 아닌 것은?

① 기계 가공성 개선　② 냉간 가공성 향상
③ 잔류 응력 제거　④ 재질의 경화

해설 **풀림(Annealing)**

① 풀림방법 : 재료를 단조, 주조 및 기계 가공을 하게 되면 가공 경화나 내부응력이 생기게 되는데 이를 제거하기 위해서 변태점 이상의 적당한 온도로 가열하여 노안에서 냉각시키는 노냉(서냉)시킨다.

② 풀림의 목적
㉠ 열처리로 경화된 재료를 연화시킨다.
㉡ 가공 경화된 재료를 연화시킨다.
㉢ 가공 중의 내부 응력을 제거시킨다.
㉣ 인성의 향상 시킨다.
㉤ 재료의 불 균일 제거한다.
㉥ 피 절삭성의 개선한다.
㉦ 기계적 성질의 개선한다.

문제 56

물체의 길이, 각도, 형상측정이 가능한 측정기는?

① 표면 거칠기 측정기　② 3차원 측정기
③ 사인 센터　④ 다이얼게이지

해설 3차원 측정기는 완성된 제품의 치수를 좌표값으로 인식할 수 있기 때문에 물체의 길이, 각도, 형상측정이 가능하다.

해답

54. ①　55. ④　56. ②

문제 57

피측정물과 표준자와는 측정방향에 있어서 1직선 위에 배치하여야 한다는 것은?

① 헤르츠의 법칙 ② 후크의 법칙
③ 에어리점 ④ 아베의 원리

해설 **아베의 원리(Abbe's principle)** : 표준자와 피측정물(공작물)은 동일 축선상에 있어야 한다.

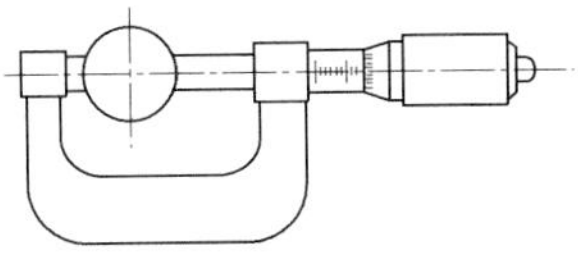

[마이크로미터(아베의 원리에 맞음)]

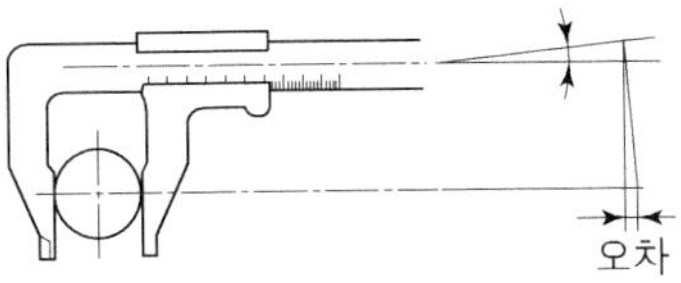

[버니어 켈리퍼스(아베의 원리에 맞지 않음)]

문제 58

어미자의 1눈금이 0.5mm이며 아들자의 눈금이 12mm를 25등분한 버니어 캘리퍼스의 최소 측정값은?

① 0.01mm ② 0.05mm
③ 0.02mm ④ 0.1mm

해설 **최소측정값** $C=\frac{A}{n}=\frac{0.5}{25}=\frac{1}{50}=0.02\text{mm}$

문제 59

다음 중 다이얼 게이지(야미 gauge)의 특징이 아닌 것은?

① 다원측정의 검출기로서 이용할 수 있다.
② 눈금과 지침에 의해서 읽기 때문에 오차가 적다.
③ 연속된 변위량의 측정이 가능하다.
④ 측정범위가 넓고, 직접제품의 치수를 읽을 수 있다.

해설 **다이알 게이지의 특징**은

① 소형, 경량으로 취급이 쉽다.
② 측정 범위가 넓다.
③ 눈금과 지침에 의해 읽으므로 시차가 적다.
④ 연속된 변위량의 측정이 가능하다,
⑤ 진원 측정의 검출기로서 사용할 수 있다,
⑥ 부속품(어태치먼트)을 사용하면 광범위한 측정을 할 수 있는 특징이 있다.
⑦ 실제치수와 측정치수를 비교한 값을 측정하기 때문에 비교측정 계측기 이다.

해답

57. ④ 58. ③ 59. ④

문제 60

직경(외경)을 측정하기에 부적합한 공구는?

① 철자
② 그루브 마이크로미터
③ 버니어 캘리퍼스
④ 지시 마이크로미터

해설 **그루브 마이크로미터** : 스핀들에 플랜지가 부착되어 있어 구멍과 튜브 내외부에 있는 홈의 너비, 깊이, 위치 등을 측정할 수 있다.

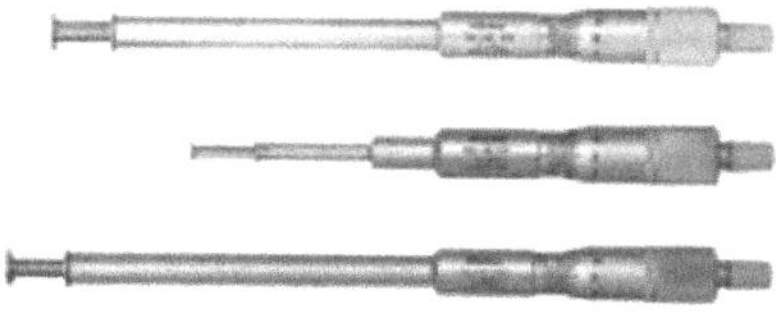

해답

60. ②

기계설계산업기사

2022년 1회 CBT 시행

본 문제는 복원 기출문제입니다. 실제 문제와 다를 수 있으니 양해바랍니다.

제1과목 기계제도

문제 01

물품의 일부를 파단한 곳을 표시하는 선 또는 끊어낸 부분을 표시하는 선으로 불규칙한 파형의 가는 실선은?

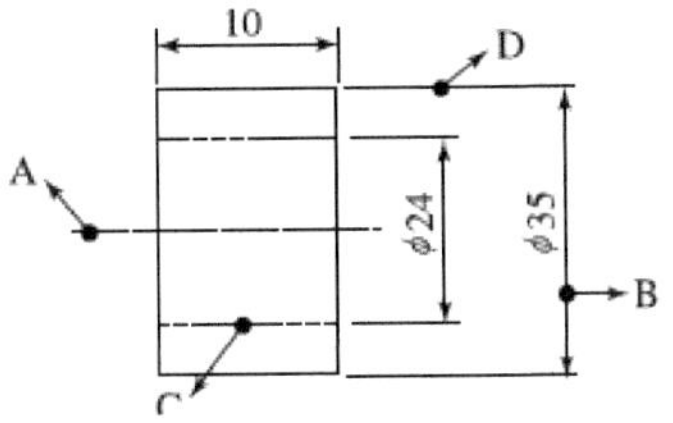

① A:중심선　② B:치수선
③ C:숨은선(은선)　④ D:지시선

해설 A : 중심선, B : 치수선, C : 숨은선(은선), D : 치수보조선

문제 02

아래 그림에서 ø20 부분의 최대 실체 공차방식에 의한 실효치수는 몇 mm인가?

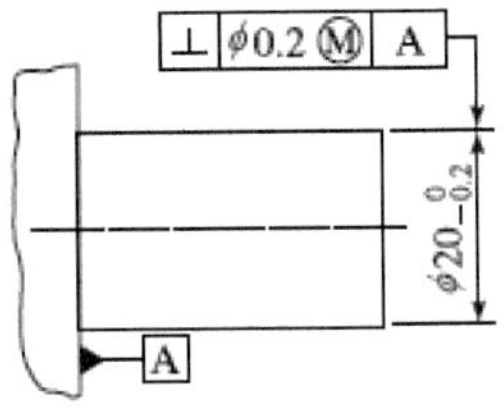

① ø19.6　② ø19.8
③ ø20.2　④ ø20.4

해설 $\phi 20^{\ 0}_{-0.2}$에서 최대치수는 $\phi 20$이다. 즉 Ⓜ 최대실체공차 0.2를 더한 값 20.2가 최대 실체 공차방식에 의한 실효치수이다.

해답

01. ④　02. ③

문제 03

KS 기계제도에 의한 다음 그림과 같은 부등변 ㄱ형강의 표시방법으로 가장 적합한 것은?

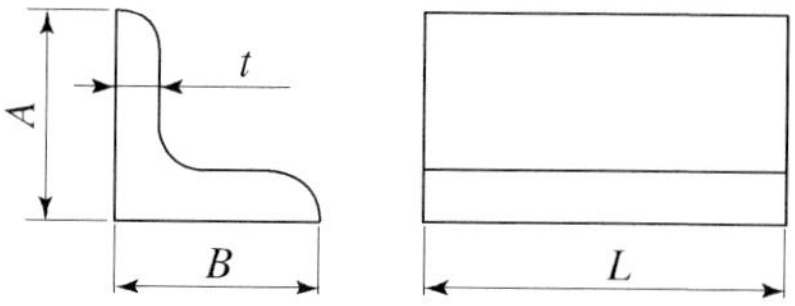

① L t×A×L−B ② L A×B×t−L
③ L t×B×L−A ④ L A×L×B−t

해설 [형상 높이×나비×두께−길이], L형강 : L A×B×t−L

문제 04

그림과 같은 정면도와 평면도에 가장 적합한 우측면도는?

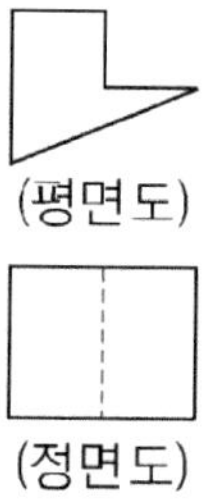

① 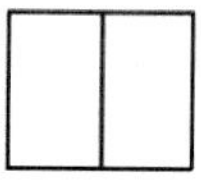 ② 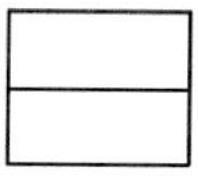
③ 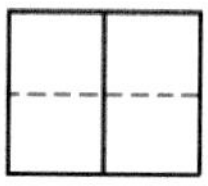 ④ 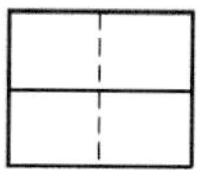

해설

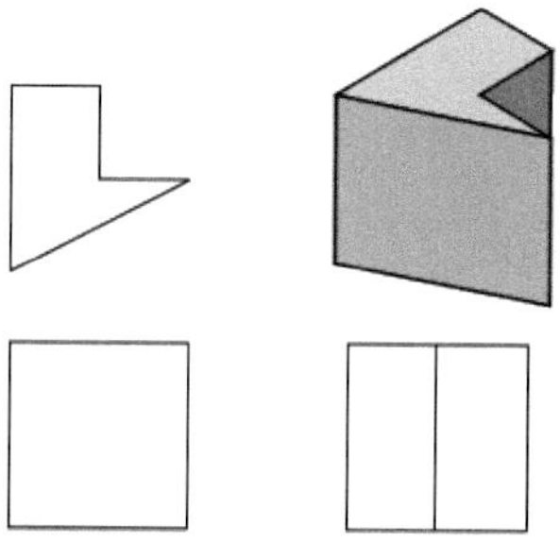

해답

03. ② 04. ①

문제 05

강구조물(steel structure) 등의 치수 표시에 관한 KS 기계 제도 규격에 관한 설명으로 틀린 것은?

① 구조선도에서 절정 사이의 치수를 표시할 수 있다.
② 치수는 부재를 나타내는 선에 연하여 직접 기입할 수 있다.
③ 절점이란 구조선도에 있어서 부재의 단순 중심점이다.
④ 형강, 각강 등의 치수는 각각의 표시 방법에 의해서 도형에 연하여 기입할 수 있다.

해설 절점(panel point , 節點) : 구조물을 구성하는 부재와 부재의 접합점을 의미한다.

문제 06

용접 기호 중에서 필릿 용접 기호는?

① 
② 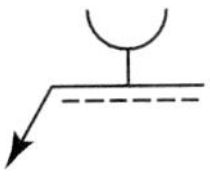
③ 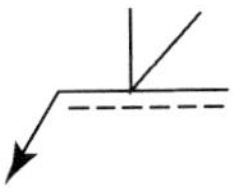
④ 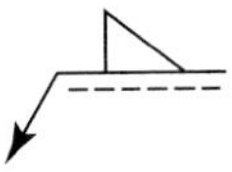

해설

① 	② 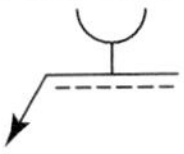	③ 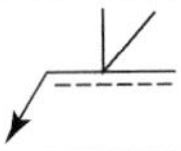	④ 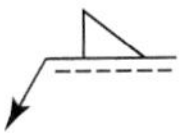
백킹 또는 뒷면용접	U형용접	한쪽 V용접	한쪽 필렛용접

해답

05. ③ 06. ④

문제 07

가공방법의 약호 중 래핑가공을 나타낸 것은?

① FL ② FR
③ FS ④ FF

해설

가공방법	기호	가공방법	기호
선반가공	L	호닝가공	GH
드릴가공	D	액체호닝 가공	SPL
보링머신 가공	B	배럴연마 가공	SPBR
밀링가공	M	버프 다듬질	FB
평삭반 가공	P	블라스트 다듬질	SB
형삭반 가공	SH	래핑 다듬질	FL
브로치 가공	BR	줄다듬질	FF
리머가공	FR	스크레이퍼 다듬질	FS
연산가공	G	페이퍼 다듬질	FCA
벨트샌딩가공	GB	주조	C

문제 08

리벳의 호칭법으로 가장 적합한 것은?

① (종류)×(길이)(지름)(재료) ② (종류)(지름)×(길이)(재료)
③ (종류)(재료)(지름)×(길이) ④ (종류)(재료)×(지름)(길이)

해설

규격번호	종 류	지름 × 길이	재 료	지정사항
KS B 1002	둥근머리 리벳 열간 접시머리 리벳 보일러용 둥근머리 리벳	16×40 20×50 13×30	SV 34 SV 34 SV 41B	끝 붙 이

해답

07. ① 08. ②

문제 09

다음은 치수 공차와 끼워맞춤 공차에 사용하는 용어의 설명이다. 용어의 설명이 잘못된 것은?

① 틈새 : 구멍의 치수가 축의 치수보다 클 때의 구멍과 축의 치수 차
② 위 치수 허용차 : 최대 허용치수에서 기준치수를 뺀 값
③ 헐거운 끼워 맞춤 : 항상 틈새가 있는 끼워 맞춤
④ 치수공차 : 기준 치수에서 아래 치수 허용차를 뺀 값

해설

$10^{+0.2}_{-0.2}$	
기준치수(basic size)	10
위치수 허용차(upper deviation)=윗공차	+0.2
아래치수 허용차(lower deviation)=아래공차	−0.2
최대 허용치수(maximum limit size)	10.2
최소 허용치수(minimum limit size)	9.8
치수공차=공차(tolerance)	0.4

※ 치수공차=최대허용치수−최소형용치수

문제 10

그림과 같은 입체도에서 화살표 방향이 정면일 경우 평면도로 가장 적합한 것은?

①
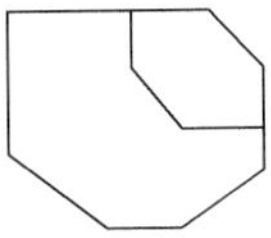

②
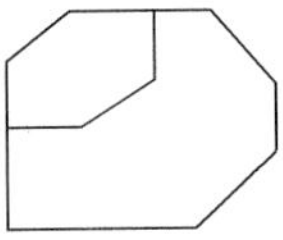

③
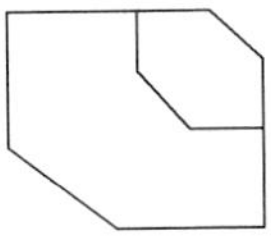

④
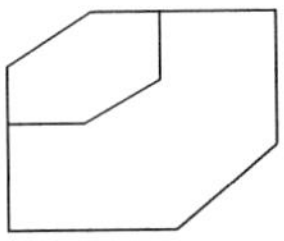

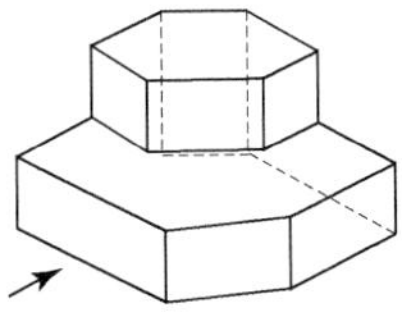

해설

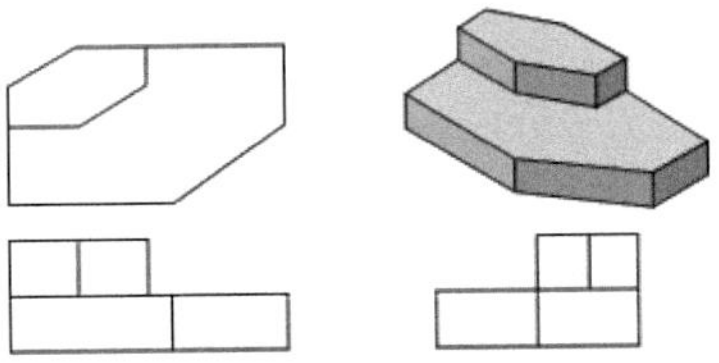

해답 09. ④ 10. ②

문제 11

일반적으로 해칭선을 그릴 때 사용하는 선의 명칭은?

① 굵은 2점 쇄선 ② 굵은 1점 쇄선
③ 가는 실선 ④ 가는 1점 쇄선

해설
- **굵은 1점 쇄선** : 특수용도선, 열처리선
- **가는 실선** : 해치선, 치수선, 치수보조선, 수준면선, 지시선(인출선),중심선
- **가는 1점 쇄선** : 중심선, 피치선, 기준선

문제 12

그림과 같이 스퍼 기어의 주투상도를 부분 단면도로 나타낼 때, "A"가 지시하는 곳의 선의 모양은?

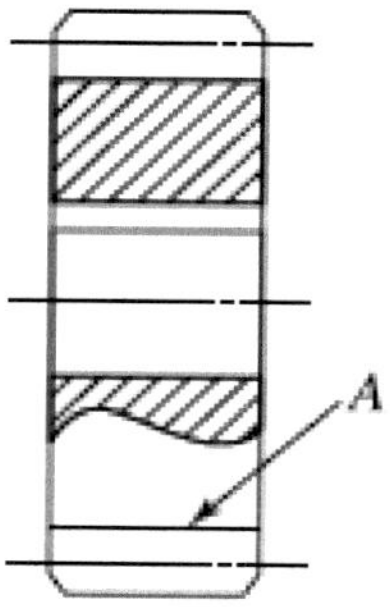

① 굵은 실선 ② 굵은 파선
③ 가는 실선 ④ 가는 파선

해설

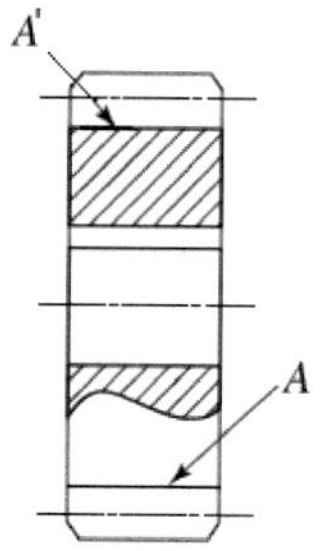

스퍼기어의 이뿌리원은 단면처리된 A':가는 실선
스퍼이거이 이뿌리원은 단면처리되지 않으면 A:굵은 실선

해답

11. ③ 12. ①

문제 13

ø 40H7의 구멍에 헐거운 끼워 맞춤이 되는 축의 치수는?

① ø 40n6 ② ø 40p6
③ ø 40t6 ④ ø 40g6

해설 **구멍기준식 끼워맞춤의 종류**

1) 구멍입장의 공차 : H7
2) 축입장의 공차
① 헐거운 끼워맞춤 : 축공차 a~h
② 중간 끼워맞춤 : 축공차 j~n
③ 억지 끼워맞춤 : 축공차 p~x

문제 14

구름 베어링 호칭 번호가 6,000일 때 안지름은 몇 mm인가?

① 5 ② 8
③ 10 ④ 50

해설

안지름 번호	베어링 내경
1~9	1~9mm
00 01 02 03	10mm 12mm 15mm 17mm
04 /22 05 ⇓ 99	4×5=20mm 22mm 5×5=25mm ⇓ 99×5=495mm
500	500mm

해답

13. ④ 14. ③

문제 15

다음 중 도면이 전체적으로 치수에 비례하지 않게 그려졌을 경우 표시 방법으로 올바른 것은?

① 치수를 적색으로 표시한다.
② 치수에 괄호를 한다.
③ 척도에 NS로 표시한다.
④ 치수에 ※표를 한다.

해설 **척도 NS(Not to Scale)** : 도면 전체가 비례척이 아닐 때 나타낸다.
일부분만 비례척이 아닐 경우 그 부분의 치수문자에 밑줄을 긋는다

문제 16

솔리드 모델링에서 기본형상에 불리언연산(boolean operation)을 이용하여 형상을 모델링하는 방법은 무엇인가?

① B-Rep
② CSG
③ Remeshing
④ Fairing

해설 **불리언 연산(boolean operation)** : 형상을 합, 차, 적을 이용하여 모델링하는 방법은 CSG이다.

문제 17

원뿔을 임의의 평면으로 교차시킨 경우에 나타나는 원추단면곡선에 해당하지 않는 것은?

① 사각형(rectangle)
② 원(circle)
③ 타원(ellipse)
④ 쌍곡선(hyperbola)

해설

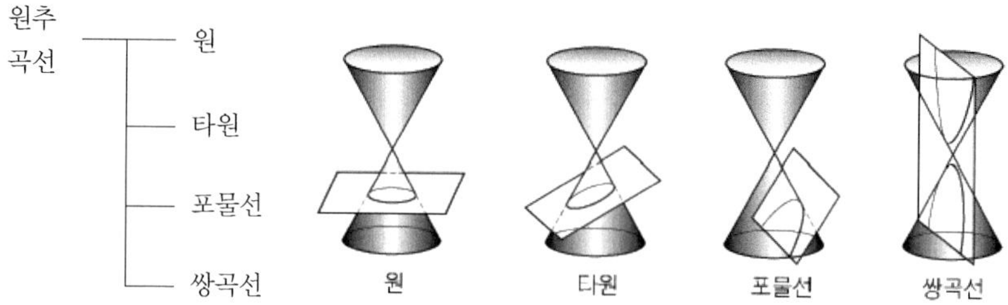

해답

15. ③ 16. ② 17. ①

문제 18

다음 중 기존의 제품에 대한 치수를 측정하여 도면을 만드는 작업을 부르는 말로 적절한 것은?

① RE(Reverse Engineering)
② FMS(Flexible Manfacturing System)
③ EDP(Electronic Data Processing)
④ ERP(Enterprise Resource Planning)

해설
- **RE(Reverse Engineering, 역설계)** : 완성된 제품의 치수를 측정하여 도면을 만드는 작업
- **FMS(Flexible Manufacturing System, 유연성 있는 제작 시스템)** : 다품종 소량 생산을 가능하게 하는 생산 시스템으로 생산 시스템을 모듈화하여 공정과 공정을 자동적으로 결합하는 시스템이며 생산 관리정보로 결합하는 정보 네트워크 시스템으로 구성되는 공장자동화 시스템이다.

문제 19

다음 중 지정된 모든 점을 통과하면서 부드럽게 연결한 곡선은?

① spline 곡선　② Bezir 곡선
③ B-spline 곡선　④ NURBS 곡선

해설 스플라인 곡선(spline curve)은 지정된 모든 곡선을 지나는 곡선으로 한 점의 변화가 모든 곡선의 영향을 준다.

문제 20

AD 용어에 관한 설명으로 틀린 것은?

① 표시하고자 하는 화면상의 영역을 벗어나는 선들을 잘라 버리는 것을 트리밍(trimming)이라고 한다.
② 물체를 완전히 관통하지 않는 홈을 형성하는 특징 형상을 포켓(pocket)이라고 한다.
③ 명령의 실행 또는 마우스 클릭시마다 On 또는 Off가 번갈아 나타나는 세팅을 토글(toggle)이라고 한다.
④ 모델을 명암이 포함된 색상으로 처리한 솔리드로 표시하는 작업을 셰이딩(shading)이라 한다.

해설
- **클리핑(clipping)** : 표시하고자 하는 화면상의 영역을 벗어나는 선들을 잘라버리는 것을 클리핑(clipping)이라고 한다.
- **트리밍(trimming)** : 기하학적인 형상의 모양을 잘라내는 작업을 트리밍(trimming)이라 한다.

해답

18. ① 19. ① 20. ①

제2과목 기계요소설계

문제 21

다음 중 전달할 수 있는 회전력의 크기가 가장 큰 키(key)는?

① 접선 키 ② 안장 키
③ 평행 키 ④ 둥근 키

해설

세레이션(serration) 〉 스플라인(spline) 〉 접선키(tangential key) 탄젠트키 〉 묻힘키(sunk key) 성크키 〉 평키(flat key) 플랫키 〉 안장키(saddle key) 새들키

문제 22

표준 스퍼기어에서 모듈 5, 잇수 17개, 압력각이 20° 라고 할 때, 법선피치(pn)는 약 몇 mm인가?

① 18.2 ② 14.8
③ 15.6 ④ 12.4

해설

$$(\text{법선피치})p_g = \frac{\pi D_g}{Z} = \frac{\pi D\cos\alpha}{Z} = \pi\, m\, \cos\alpha = \pi\times5\times\cos20 = 14.76mm$$

문제 23

구름 베어링 중에서 가장 널리 사용되는 것으로 구조가 간단하고 정밀도가 높아서 고속 회전용으로 적합한 베어링은 어느 것인가?

① 깊은 홈 볼 베어링 ② 마그네틱 볼 베어링
③ 앵귤러 볼 베어링 ④ 자동 조심 볼 베어링

해설 **구름 베어링의 종류**

① 깊은 홈 볼 베어링 : 가장 널리 사용되는 것으로 구조가 간단하고 정밀도가 높아서 고속회전용으로 적합하며, 내륜과 외륜이 분리되지 않는다.
② 마그네틱 볼 베어링 : 내륜과 외륜을 분리할 수 있어 조립이 편리하다.
③ 앵귤러 볼 베어링 : 볼과 궤도륜의 접촉각이 존재하기 때문에 레이디얼 하중과 스러스트 하중을 동시에 받는데 적합하다.
④ 자동조심 볼 베어링 : 외륜의 내면이 구면상으로 되어 있어 다소 축이 경사될 수 있는데 사용된다.

해답

21. ① 22. ② 23. ①

문제 24

풀리의 지름 200mm, 회전수 1600rpm으로 4kW의 동력을 전달할 때 벨트의 유효 장력은 약 몇 N인가? (단, 원심력과 마찰은 무시한다.)

① 24　② 93　③ 239　④ 527

해설

$$H_{KW} = \frac{P_e[N] \times V[m/s]}{1000}$$

$$(\text{유효장력})P_e = \frac{H_{KW} \times 1000}{V} = \frac{4 \times 16.76}{16.76} = 238.66[N]$$

$$(\text{속도})V = \frac{\pi DN}{60 \times 1000} = \frac{\pi \times 200 \times 1600}{60 \times 1000} = 16.76[m/s]$$

문제 25

이론적으로 사각나사의 효율을 최대로 하는 리드각(λ)은 얼마인가? (단, ρ는 마찰각이다.)

① $\lambda = 45° + \frac{\rho}{2}$　② $\lambda = 45° - \frac{\rho}{2}$

③ $\lambda = 45° + \rho$　④ $\lambda = 45° - \rho$

해설

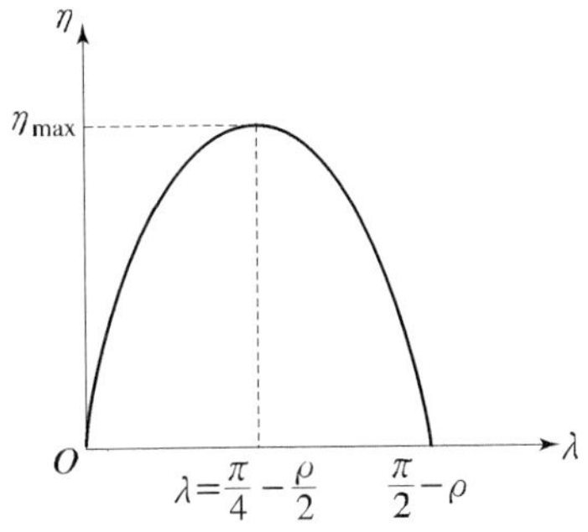

나사의 효율을 최대로 하는 (리드각)$\lambda = \frac{\pi}{4} - \frac{\rho}{2} = 45° - \frac{\rho}{2}$

문제 26

다음 중 자동 하중 브레이크에 속하는 것은?

① 밴드 브레이크(band brake)
② 블록 브레이크(block brake)
③ 웜 브레이크(worm brake)
④ 원추 브레이크(cone brake)

해답

24. ③　25. ②　26. ④

해설

- ① 원주브레이크
  - 외주브레이크
    - 블록브레이크
    - 밴드브레이크
  - 내주브레이크
    - 내확브레이크
- ② 축방향브레이크
  - 원판브레이크
  - 원추브레이크
- ③ 자동하중브레이크
  - 나사브레이크
  - 캠브레이크
  - 웜브레이크
  - 코일브레이크
  - 체인브레이크
  - 원심력브레이크
- ④ 폴(pawl)브레이크
  - 래칫(ratchet)과 폴(pawl) 조합으로 역전방지

문제 27

지름이 2cm의 봉재에 인장하중이 400N이 작용할 때 발생하는 인장응력은 약 얼마인가?

① $127.3[N/cm^2]$ ② $127.3[N/mm^2]$
③ $172.8[N/cm^2]$ ④ $172.8[N/mm^2]$

해설

$$응력 = \frac{하중}{단면적},\ \sigma = \frac{F}{A} = \frac{400[N]}{\frac{\pi}{4}\times 2^2[cm^2]} = 127.3[\frac{N}{cm^2}]$$

문제 28

스프링 코일의 평균지름 60mm, 유효권수 10, 소재 지름 6mm, 가로탄성계수(G)는 78.48GPa이고, 이 스프링에 하중 490N을 받을 때 코일 스프링의 처짐은 약 몇 mm가 되는가?

① 6.67 ② 83.2 ③ 8.3 ④ 66.7

해답

27. ① 28. ②

해설 $(\text{스프링의 처짐량})\ \delta = \dfrac{8PD^3n}{Gd^4} = \dfrac{8\times 490\times 60^3\times 10}{78480\times 6^4} = 83.2mm$

P: 하중, D: 평균지름, n: 감김수, G: 전단탄성계수, d: 소선지름

문제 29

브레이크 드럼의 지름이 200 mm, 브레이크에 작용하는 반경방향 수직력이 100N일 때 브레이크 드럼에 작용하는 제동 토크 [N mm]는? (단, 마찰계수 μ =0.3으로 한다.)

① 2000 ② 3000 ③ 4500 ④ 6000

해설 $T=\mu P\times\dfrac{D}{2}=0.3\times 100\times\dfrac{200}{2}=3000[N\cdot\ mm]$

문제 30

중심거리가 70mm이고, 피니언 잇수가 24, 기어 잇수가 46인 표준 스퍼기어가 맞물려 있다. 잇수 46인 기어의 이끝원 지름 [mm]은?

① 45 ② 48 ③ 92 ④ 96

해설 $(\text{축간거리})c=\dfrac{m(Z_1+Z_2)}{2},\ m=\dfrac{2c}{(Z_1+Z_2)}=\dfrac{2\times 70}{(24+46)}=2$

$(\text{이끝원지름})D_o=m(2+Z_2)=2\times(2+46)=96mm$

문제 31

용접이음으로 만든 지름이 1m인 구형 탱크(ball tank)에 내압이 4.5MPa이 되도록 가스를 주입하려고 한다. 허용인장응력이 100MPa이면 두께[mm]를 최소한 얼마로 하면 적당한가? (단, 이음 효율은 90%이고 부식여유 C는 1mm로 한다)

① 12.3 ② 13.5 ③ 26.0 ④ 51.0

해설 $(\text{원통형 용기의 두께})t=\dfrac{PD}{2\sigma_a\eta}+c$

$(\text{구형 용기의 두께})t=\dfrac{PD}{4\sigma_a\eta}+c=\dfrac{4.5\times 1000}{4\times 100\times 0.9}+1=13.5mm$

해답

29. ② 30. ④ 31. ②

문제 32

다음과 같은 판스프링에 하중 P가 작용할 때 처짐량은 1이다. 단면의 높이 h가 두 배가 되었을 때 스프링 상수는 얼마가 되겠는가?

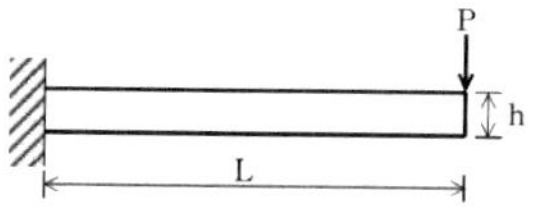

① $\frac{1}{8}P$ ② $8P$ ③ $\frac{1}{2}P$ ④ $2P$

해설

$$(\text{처짐량})\delta = \frac{PL^3}{3EI} = \frac{PL^3}{3E \times \left(\frac{bh^3}{12}\right)} = \frac{4PL^3}{Ebh^3}$$

$$(\text{스프링 상수})K = \frac{P}{\delta} = \frac{P}{1} = \frac{Ebh^3}{4L^3},\ K = P = \frac{Ebh^3}{4L^3}$$

$$K' = \frac{Eb(2h)^3}{4L^3} = \frac{8 \times Ebh^3}{4L^3} = 8P$$

문제 33

두 줄 나사에서 피치 p, 유효지름 d, 나선각(리드각)을경α라 하면 tanα의 값은?

① $\frac{p}{2\pi d}$ ② $\frac{p}{3\pi d}$ ③ $\frac{p}{\pi d}$ ④ $\frac{2p}{\pi d}$

해설

$$\tan\alpha = \frac{l}{\pi d} = \frac{n \times p}{\pi d} = \frac{2 \times p}{\pi d}$$ 경

문제 34

하중 P에서 수명이 L인 볼 베어링에 두 배의 하중 2P가 작용할 때 수명은?

① 2^3L ② $2^{-3}L$ ③ $2^{\frac{10}{3}}L$ ④ $2^{-\frac{10}{3}}L$

해설

$$L_H = \frac{10^6}{60N} \times \left(\frac{C}{P}\right)^3$$

$$L_H' = \frac{10^6}{60N} \times \left(\frac{C}{2P}\right)^3 = \frac{10^6}{60N} \times \left(\frac{C}{P}\right)^3 \times \frac{1}{2^3} = 2^{-3}L_H$$

해답

32. ② 33. ④ 34. ②

문제 35

다음에 제시한 축이음 방법 중에서 두 축 간의 축경사나 편심을 흡수할 수 없는 축이음 방법은?

① 고무 커플링 ② 기어 커플링
③ 유니버셜 조인트 ④ 플랜지 커플링

해설

- 커플링 (회전 중에 동력 단속이 안 된다.)
  - 고정커플링 (반드시 축선이 일치해야 된다.)
    - 원통형 커플링
      - 일체형
        - 슬리브커플링 = 머프커플링
        - 반중첩커플링
        - 셀러커플링
        - 마찰원통 커플링
      - 분할형
        - 분할원통커플링(클램프커플링)
    - 플랜지 커플링 (대형, 큰 동력 전달)
      - 고정형
      - 유연형
  - 플렉시블커플링 (진동과 충격 흡수)
    - 간극형
      - 기어형축이음
      - 체인축이음
      - 그리드축이음
    - 탄성형
      - 판스프링형
      - 고무축이음
      - 압축코일스프링
      - 다이어프램형
      - 밸로즈형
  - 유니버설커플링 : 두 축의 교차각도가 30도 이하일 때 사용되는 축이음
  - 올덤커플링 : 두 축이 가까이 있고, 평행할 때, 편심되어 있을 때 사용되는 축이음

문제 36

묻힘키가 받을 수 있는 토크와 축이 받을 수 있는 토크가 같다면, 축과 보스 경계면에서 키가 전단되는 경우 축지름 d, 키의 유효 길이 l, 폭 b 사이의 관계식은? (단, 축과 키 재료는 동일하다)

① $l=\frac{\pi d^2}{32b}$ ② $l=\frac{\pi d^2}{16b}$ ③ $l=\frac{\pi d^2}{12b}$ ④ $l=\frac{\pi d^2}{8b}$

해답

35. ④

해설

$$(\text{키의 전단응력})\tau_{key} = \frac{2T}{b \times l \times d} \quad \cdots\cdots\cdots\cdots\cdots\cdots \text{①식}$$

$$(\text{축의 전단응력})\tau_s = \frac{16T}{\pi d^3} \quad \cdots\cdots\cdots\cdots\cdots\cdots \text{②식}$$

①식=②식에서 $l = \dfrac{\pi d^2}{8b}$

문제 37

롤러 체인전동에서 체인과 맞물려 있는 스프로킷 휠(잇수 : Z)의 회전반지름은 체인 회전에 따라 주기적으로 변동한다. 각속도가 일정할 때 이러한 회전반지름의 변동으로 인한 체인의 속도변동률 $(v_{max} - v_{min})/v_{max}$은?
(단, 여기서 v_{max}와 v_{min} 각각 체인의 최대, 최소 속도이다)

① $1-\sin\dfrac{2\pi}{Z}$ ② $1-\cos\dfrac{2\pi}{Z}$

③ $1-\sin\dfrac{\pi}{Z}$ ④ $1-\cos\dfrac{\pi}{Z}$

해설

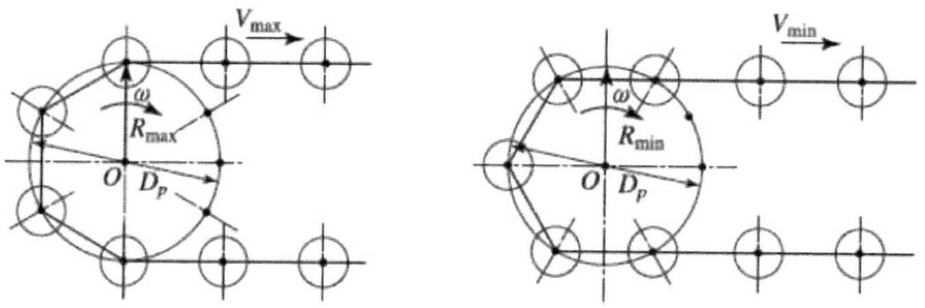

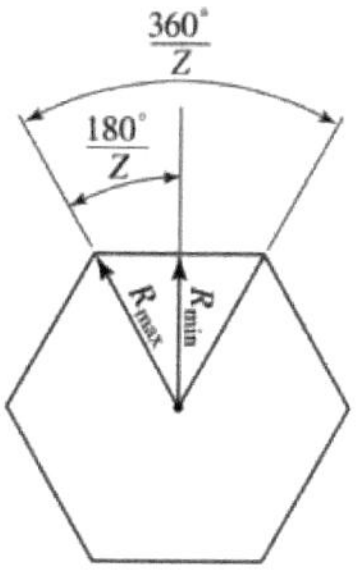

$$\frac{R_{min}}{R_{max}} = \frac{V_{min}}{V_{max}} = \cos\frac{180°}{Z}$$

여기서, R_{max} : 최대 회전반지름
R_{min} : 최소 회전반지름
Z : 스프로킷 잇수

$$(\text{속도 변동률})\epsilon = \frac{V_{max} - V_{min}}{V_{max}} = 1 - \frac{V_{min}}{V_{max}} = 1 - \frac{R_{min}}{R_{max}} = 1 - \cos\frac{180°}{Z}$$

해답

36. ④ 37. ④

문제 38

스프링 상수가 100 N/cm인 압축 코일스프링을 3등분하여 만들어진 3개의 스프링을 병렬로 연결하여 1800N의 압축력을 가한다면 스프링의 변형량[cm]은 얼마인가?

① 2 ② 3
③ 6 ④ 1.8

해설

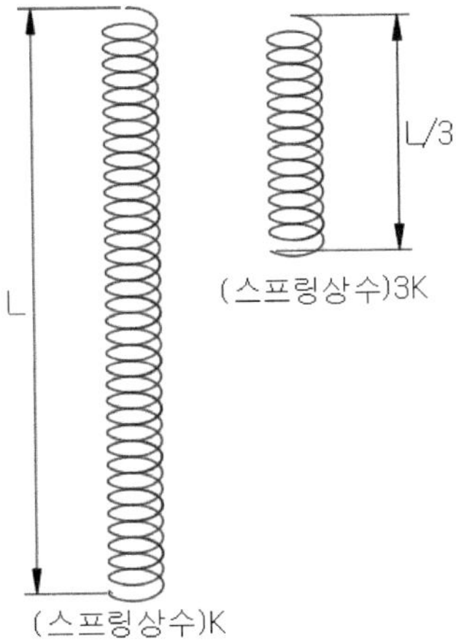

병렬연결

$K_e = 3K + 3K + 3K = 9K = 9 \times 100 = 900\dfrac{N}{cm}$

$(\text{스프링 변화량})\delta = \dfrac{F}{K_e} = \dfrac{1800}{900} = 2cm$

문제 39

나사의 피치가 4mm인 2줄나사를 1.5회전시켰을 때 축 방향의 이동거리[mm]는?

① 8 ② 12
③ 16 ④ 20

해설 $\text{리드}\, l = n \times p = 2 \times 4 = \dfrac{8mm\ \text{이동}}{1\text{회전}}$

$\text{진행거리}\, L = 1.5\text{회전} \times \dfrac{8mm}{1\text{회전}} = 12mm$

해답

38. ① 39. ②

문제 40

다음 기계요소 중 회전운동을 직선운동으로 변환시킬 수 있는 것은?

① 캠과 캠기구 ② 체인과 스프로킷 휠
③ 래칫 휠과 폴 ④ 웜과 웜기어

해설 ① 캠과 캠기구 : 회전운동을 직선운동으로 변화시키는 기구
② 체인과 스프로킷 휠 : 동력전달 장치 회전운동을 회전운동으로 전달하는 기구
③ 래칫 휠과 폴 : 래칫은 한쪽 방향 회전운동, 폴은 걸림쇠로 역전을 방지 하는 역할
④ 웜과 웜기어 : 동력전달장치 회전운동을 회전으로 전달하는 기어

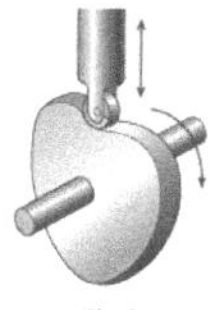
판 캠

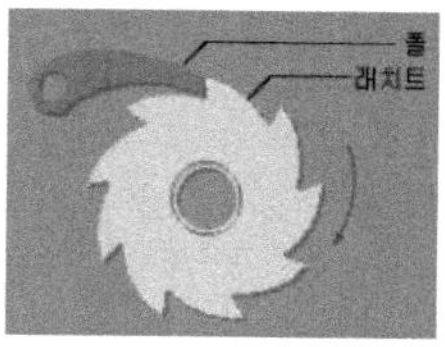

제3과목 기계재료 및 측정

문제 41

백주철을 고온에서 장시간 열처리하여 시멘타이트 조직을 분해하거나 소실시켜 인성 또는 연성을 개선한 주철은?

① 가단 주철 ② 칠드 주철
③ 구상흑연 주철 ④ 합금 주철

해설 **가단주철** : 보통 주철의 결점인 여리고 약한 인성을 개선하기 위하여 백주철을 장시간 열처리하여 C의 상태를 분해 또는 소실시켜, 인성 또는 연성을 증가시킨 주철

ⓐ 백심 가단 주철 : 파단면이 흰색을 나타내며 강도는 흑심 가단 주철보다 다소 높으나 연신율은 작다.
ⓑ 흑심 가단 주철 : 표면은 탈탄되어 있으나 내부는 시멘타이트가 흑연화되어서 파단면이 검게 보이는 주철
ⓒ 펄라이트 가단 주철 : 입상흑연과 입상 펄라이트 조직으로 된 주철로 인성은 약간 떨어지나, 강력하고 내마멸성이 좋다.

해답

40. ① 41. ①

문제 42

줄(File)의 재질로는 보통 어떤 강을 사용하는가?

① 고속도강 ② 탄소공구강
③ 초경합금강 ④ 톰백

해설 **탄소 공구강(STC)** : 0.6~1.5[%]C의 고 탄소강으로서 가공이 용이하며, 간단히 담금질하여 높은 경도를 얻을 수 있으며, 특별히 P와 S의 함유량이 적어야 한다. 목공에 쓰이는 공구나 기계에서 금속을 깎을 때 쓰이는 공구로 경도가 높고 내마멸성이 있다.

탄소공구강	탄소함유량(%)		용도
STC1	1.3~1.5%		칼줄
STC2	1.1~1.3%		드릴, 철공용줄, 소형펀치, 면도날, 태엽, 쇠톱
STC3	1.0~1.1%	과공석강	나사가공다이스, 쇠톱, 프레스형틀, 게이지, 끌, 치공구
STC4	0.9~1.0%		태엽, 목공용드릴, 목공용 띠톱, 펜촉 도끼, 끌, 면도칼,
STC5	0.8~0.9%		각인, 프레스 형틀, 태엽, 톱, 치공구, 원형톱, 게이지
STC6	0.7~0.8%	아공석강	각인, 원형톱, 태엽, 프레스 형틀
STC7	0.6~0.7%		각인, 스냅, 프레스형틀, 나이프

문제 43

구리합금 중 6:4 황동에 약 0.8% 정도의 주석을 첨가하여 내해수성이 강하기 때문에 선박용 부품에 사용하는 특수 황동은?

① 네이벌 황동 ② 강력 황동
③ 납 황동 ④ 애드미럴티 황동

해설

주석황동
- 애드미럴티 황동 – 7:3 황동에 1% 내의 Sn 첨가
- 네이벌 황동 – 6:4 황동에 1% 내의 Sn 첨가

문제 44

일반적으로 금속재료에 비하여 세라믹의 특징으로 옳은 것은?

① 인성이 풍부하다. ② 내산화성이 양호하다.
③ 성형성 및 기계가공성이 좋다. ④ 내충격성이 높다.

해답

42. ② 43. ① 44. ②

해설 **세라믹의 특징**

㉮ 취성이 커서 충격에 약하다.
㉯ 내부식성,내산화성이 양호하다.
㉰ 고온강도가 크서 고온절삭용 공구로 사용된다.
㉱ 고속정밀 가공용, 강자성 재료의 가공용으로 쓰인다.

문제 45

다음 중 아공석강에서 탄소강의 탄소함유량이 증가할 때 기계적 성질을 설명한 것으로 틀린 것은?

① 인장강도가 증가한다. ② 경도가 증가한다.
③ 항복점이 증가한다. ④ 연신율이 증가한다.

해설

탄소강에서 탄소(C) 함유량이 많아질수록	증가하는 것	강도, 경도, 취성 ,전기저항, 비열, 항복강도
	감소하는 것	연성, 전성, 인성, 충격값, 비중, 열전도율, 열팽창계수, 용접성

문제 46

풀림 처리의 목적으로 가장 적합한 것은?

① 연화 및 내부응력 제거 ② 경도의 증가
③ 조직의 오스테나이트화 ④ 표면의 경화

해설 **풀림의 목적**

㉠ 열처리로 경화된 재료를 연화시킨다.
㉡ 가공 경화된 재료를 연화시킨다.
㉢ 가공중의 내부 응력을 제거시킨다.
㉣ 인성의 향상시킨다.
㉤ 재료의 불 균일 제거한다.
㉥ 피 절삭성의 개선한다.
㉦ 기계적 성질의 개선한다.

해답

45. ④ 46. ②

문제 47

일반적인 합금의 성질을 설명한 것으로 틀린 것은?

① 전기 전도율이나 열전도율이 낮아진다.
② 강도와 경도가 커지고 전성과 연성이 작아진다.
③ 용해점이 높아진다.
④ 담금질 효과가 크다.

해설 **순금속에 대한 합금의 특징**
① 순금속에 다른 원소가 들어가므로 전기 전도율이나 열전도율이 낮아진다.
② 기계적 성질을 보완하고자 다른 원소가 들어감으로 강도와 경도가 커지고 전성과 연성이 작아진다.
③ 용융점이 낮아져 순금속에 비해 낮은 온도에서 액화된다.

문제 48

Al-Cr-Mo강을 가스질화할 때 처리온도로 적당한 것은?

① 370~450℃　② 500~550℃
③ 650~700℃　④ 850~900℃

해설 **질화법** : 암모니아 가스(NH_3)를 이용한 표면 경화법으로, 520[℃]정도에서 50~100시간 오랜 시간 작업해야 질화되며, 질화용 합금강(Al, Cr, Mo 등을 함유한 강)을 사용해야 한다. 질화되지 않게 하기 위해서는 Ni, Sn 도금을 한다.

문제 49

금속 재료의 기계적 성질과 그것을 평가하기 위한 시험을 서로 짝지은 것 중 적합하지 않은 것은?

① 종탄성계수 – 인장시험
② 피로한도 – 압축시험
③ 전단항복응력 – 비틀림시험
④ 경도 – 압입시험

해설 피로한도 –반복시험을 해서 구한다.

문제 50

금반지를 18(K)금으로 만들었다. 순금(Au)은 몇 %가 함유된 것인가?

① 18　② 34
③ 75　④ 100

해답
47. ③　48. ②　49. ②

해설 Au은 24K가 100%의 순도를 가진다.

$$18K \times \frac{100\%}{24K} = 75\%$$

문제 51

물체의 길이, 각도, 형상측정이 가능한 측정기는?

① 표면 거칠기 측정기 ② 3차원 측정기
③ 사인 센터 ④ 다이얼게이지

해설 3차원 측정기는 완성된 제품의 치수를 좌표값으로 인식할 수 있기 때문에 물체의 길이, 각도, 형상측정이 가능하다.

문제 52

일반적으로 밀링머신의 크기는 호칭번호로 표시하는데 그 기준은 무엇인가?

① 기계의 중량 ② 기계의 설치면적
③ 테이블의 이동거리 ④ 주축모터의 크기

해설

호칭번호		NO. 0	NO. 1	NO. 2	NO. 3	NO. 4	NO. 5
테이블의 이동거리	좌우(테이블)	450	550	700	850	1050	1250
	전후(새들)	150	200	250	300	350	400
	상하(니)	300	400	450	450	450	500

문제 53

피측정물과 표준자와는 측정방향에 있어서 1직선 위에 배치하여야 한다는 것은?

① 헤르츠의 법칙 ② 후크의 법칙
③ 에어리점 ④ 아베의 원리

해설 **아베의 원리(Abbe's principle)** : 표준자와 피측정물(공작물)은 동일 축선상에 있어야 한다.

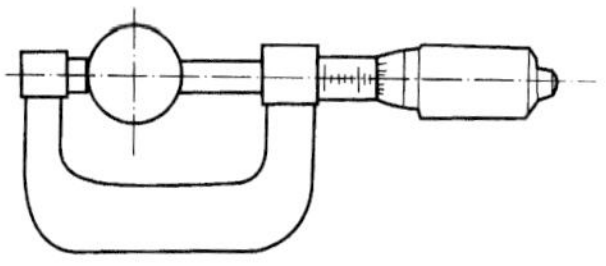

마이크로미터(아베의 원리에 맞음)

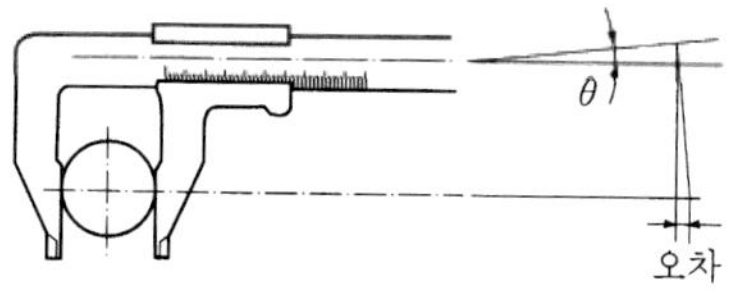

버니어 켈리퍼스(아베의 원리에 맞지 않음)

해답

50. ③ 51. ② 52. ③ 53. ④

문제 54

밀링에서 상향절삭과 하향절삭의 비교 설명으로 맞는 것은?

① 상향절삭은 절삭력이 상향으로 작용하여 가공물 고정이 유리하다.
② 상향절삭은 기계의 강성이 낮아도 무방하다.
③ 하향절삭은 상향적삭에 비하여 공구 마모가 빠르다.
④ 하향절삭은 백래시(back lash)를 제거할 필요가 없다.

해설 ㉮ 상향절삭은 절삭력이 상향으로 작용하여 가공물 고정이 불리하다.
즉 하향절삭이 가공물의 고정이 유리하다.
㉯ 상향절삭은 기계의 강성이 낮아도 무방하다.
즉 하향절삭은 기계에 무리한 힘을 가해지기 때문에 강성이 높아야 한다.
㉰ 하향절삭은 상향절삭에 비하여 공구 마모가 느리다.
즉 상향절삭이 공구마모가 많다. 그래서 상향절삭이 공구 수명이 짧다.
㉱ 하향절삭은 백래시(back lash)를 제거장치가 반드시 있어야 한다,
상향 절삭이 백래시 제거 장치가 필요 없다.

문제 55

어미자의 1눈금이 0.5mm이며 아들자의 눈금이 12mm를 25등분한 버니어 캘리퍼스의 최소 측정값은?

① 0.01mm　② 0.05mm
③ 0.02mm　④ 0.1mm

해설 $(\text{최소측정값})\,C = \dfrac{A}{n} = \dfrac{0.5}{25} = \dfrac{1}{50} = 0.02mm$

문제 56

다음 중 다이얼 게이지(dial gauge)의 특성이 아닌 것은?

① 다원측정의 검출기로서 이용할 수 있다.
② 눈금과 지침에 의해서 읽기 때문에 오차가 적다.
③ 연속된 변위량의 측정이 가능하다.
④ 측정범위가 넓고, 직접제품의 치수를 읽을 수 있다.

해답

54. ②　55. ③

해설 **다이알 게이지의 특징**

① 소형, 경량으로 취급이 쉽다.
② 측정 범위가 넓다.
③ 눈금과 지침에 의해 읽으므로 시차가 적다.
④ 연속된 변위량의 측정이 가능하다.
⑤ 진원 측정의 검출기로서 사용할 수 있다.
⑥ 부속품(어태치먼트)을 사용하면 광범위한 측정을 할 수 있다.
⑦ 실제치수와 측정치수를 비교한 값을 측정하는 계측기이다.

문제 57

절삭속도가 140m/min, 이송이 0.25mm/rev인 절삭조건을 사용하여 ø80mm인 환봉을 ø75mm로 1회 절삭하려고 할 때 소요되는 가공시간은 약 몇 분인가? (단, 절삭 길이는 300mm이다.)

① 2분 ② 4분
③ 6분 ④ 8분

해설

$$(\text{가공시간})\,T=\frac{L}{S\times N}=\frac{300}{0.25\times 594.178}=2.019[\mathrm{min}]$$

$$(\text{절삭속도})\,V=\frac{\pi\times D\times N}{1000}[\frac{m}{\mathrm{min}}],$$

$$(\text{분당회전수})\,N=\frac{V\times 1000}{\pi\times D}=\frac{140\times 1000}{\pi\times 75}=594.178[rpm]$$

문제 58

다음 중 인성(toughness)에 대한 설명으로 옳은 것은?

① 국부 소성 변형에 대한 재료의 저항성
② 파괴가 일어나기까지의 재료의 에너지 흡수력
③ 탄성 변형에 따른 에너지 흡수력과 하중 제거에 따른 에너지의 회복력
④ 파괴가 일어날 때까지의 소성 변형의 정도

해설

① **경도** : 국부 소성 변형에 대한 재료의 저항성
② **인성** : 파괴가 일어나기까지의 재료의 에너지 흡수력
③ **탄력** : 탄성변형에 따른 에너지 흡수력과 하중 제거에 따른 에너지의 회복력
④ **연성** : 파괴가 일어날 때까지의 소성 변형의 정도

해답

56. ④ 57. ① 58. ②

문제 59

절삭가공의 기본운동에는 주절삭운동, 이송운동, 위치조정운동이 있다. 다음 중 주로 공작물에 의해 이송운동이 이루어지는 공작 기계끼리 짝지어진 것은?

① 선반, 밀링머신
② 밀링머신, 평면연삭기
③ 드릴링머신, 평면연삭기
④ 선반, 드릴링머신

해설 **선반** : 공작물 회전, 공구는 고정된 상태로 이송된다.
밀링머신 : 공작물이 고정된 상태로 이송되고 공구는 제자리 회전 운동한다.
평면연삭기 : 공작물이 고정된 상태로 이송되고 공구는 제자리 회전 운동한다.
드릴링머신 : 공작물고정, 공구는 회전되면서 이송된다.

문제 60

다음 재료시험방법 중에서 전단응력을 측정하기 위한 시험법은?

① 인장시험(tensile test)
② 굽힘시험(bending test)
③ 충격시험(impact test)
④ 비틀림시험(torsion test)

해설 ① 인장시험(tensile test) – 인장강도(인장응력) 측정
② 굽힘시험(bending test) – 굽힘 시험은 재료에 굽힘 모멘트가 걸렸을 때 변형 저항이나 파단강도를 측정하는 것이다.
③ 충격시험(impact test) – 재료의 취성의 정도를 측정

해답

59. ② 60. ④

기계설계산업기사

2022년 2회 CBT 시행

본 문제는 복원 기출문제입니다. 실제 문제와 다를 수 있으니 양해바랍니다.

제 1 과목 기계제도

문제 01

가공으로 생긴 커터의 줄무늬 방향이 기호를 기입한 그림의 투영면에 비스듬하게 2방향으로 교차하는 것을 의미하는 기호는?

① ⊥　　② ×
③ C　　④ =

해설 ⊥ : 직각(수직)
× : 교차
C : 동심
= : 평행

문제 02

도면에 나사의 표시가 M 10 – 2/1 로 되어 있을 때 다음 설명 중 올바른 것은?

① M : 관용 나사　　② 1 : 수나사의 피치
③ 2 : 수나사 등급　　④ 10 : 호칭 지름

해설 **나사의 표시**
M10−2/1
① M10 : 미터나사, 호칭지름 10mm
② 2 : 암나사의 등급
③ 1 : 수나사의 등급

해답

01. ②　02. ④

문제 03

기하공차 중 단독 형체에 관한 것들로만 짝지어진 것은?

① 진직도, 평면도, 경사도　　② 진직도, 동축도, 대칭도

③ 진직도, 평면도, 원통도　　④ 진직도, 동축도, 경사도

해설

[기하공차의 종류와 그 기호]

적용하는 형체	공차의 종류		기호
단독 형체	모양 공차	진직도	⏤
		평면도	▱
		진원도	○
		원통도	⌭
단독 형체 또는 관련 형체		선의 윤곽도	⌒
		면의 윤곽도	⌓
관련 형체	자세 공차	평행도	//
		직각도	⊥
		경사도	∠
	위치 공차	위치도	⌖
		동축도 또는 동심도	◎
		대칭도	⌯
	흔들림 공차	원주 흔들림	↗
		온 흔들림	⌰

문제 04

다음 입체도의 화살표 방향 투상도인 정면도로 가장 적합한 투상도는?

①
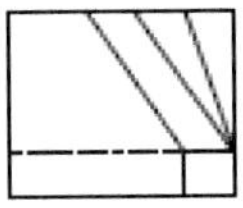

②

③
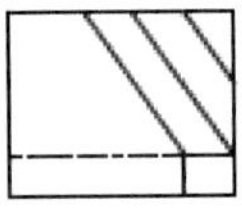

④

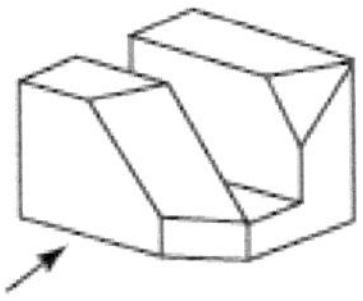

해설

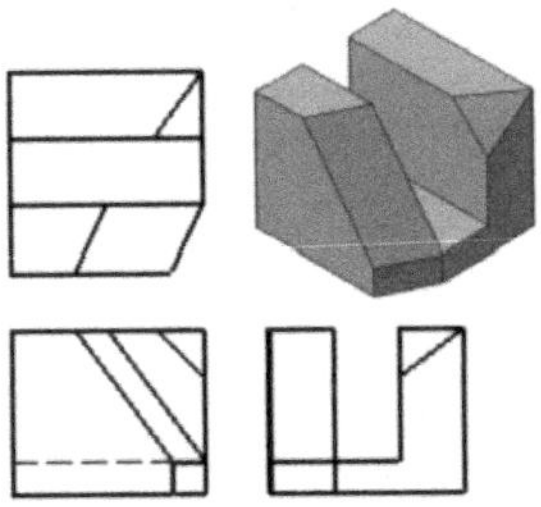

해답

03. ③　04. ③

문제 05

축과 구멍의 끼워 맞춤에서 H7/g6 는 다음에서 무엇을 뜻하는가?

① 축 기준식 억지 끼워맞춤
② 축 기준식 헐거운 끼워맞춤
③ 구멍 기준식 억지 끼워맞춤
④ 구멍 기준식 헐거운 끼워맞춤

해설

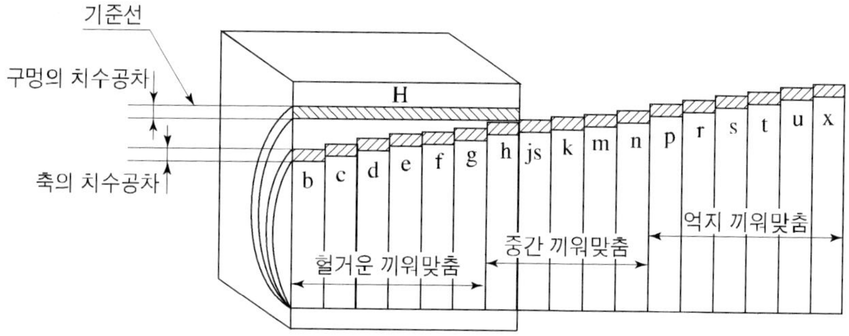

문제 06

다음 원추도면의 전개도에서 길이 L의 값과 각도 α 값은 대략 얼마인가?

① $L=63mm,\ \alpha=114^{\circ}$
② $L=71mm,\ \alpha=114^{\circ}$
③ $L=71mm,\ \alpha=118^{\circ}$
④ $L=63mm,\ \alpha=118^{\circ}$

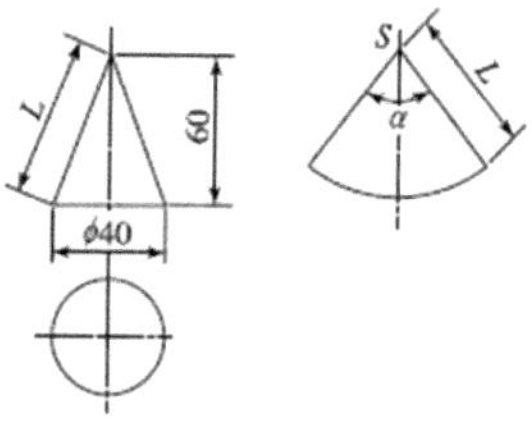

해설

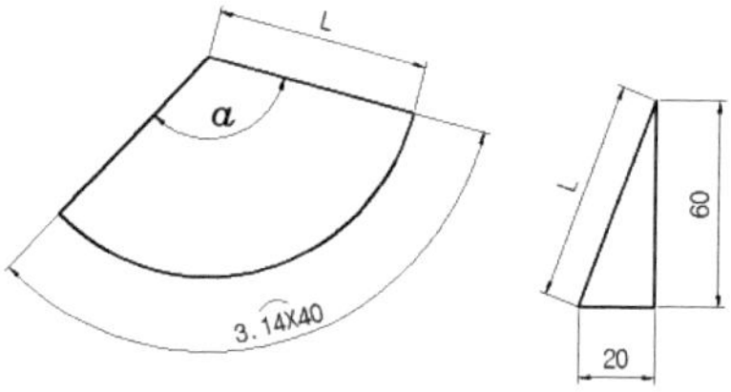

$$L=\sqrt{20^2+60^2}=63.245mm$$

$$3.14\times40=\alpha\times\frac{3.14}{180}\times63.245,\quad \alpha=113.842^{\circ}$$

해답

05. ④ 06. ①

문제 07

투상도를 그릴 때 선이 서로 겹칠 경우 우선순위부터 나열된 것은?

① 중심선, 숨은선, 외형선
② 외형선, 숨은선, 중심선
③ 중심선, 외형선, 숨은선
④ 외형선, 중심선, 숨은선

해설 외형선 > 숨은선 > 절단선 > 중심선 > 무게 중심선 >치수선 > 치수 보조선

문제 08

기어 제도에서 선의 사용법으로 틀린 것은?

① 피치원은 가는 1점 쇄선으로 표시한다.
② 축에 직각인 방향에서 본 그림을 단면도로 도시할 때는 이골(이뿌리)의 선은 굵은 실선으로 표시한다.
③ 잇봉우리원(이끝원)은 가는 실선으로 표시한다.
④ 내접 헬리컬 기어의 잇줄 방향은 3개의 가는 실선으로 표시한다.

해설 **기어 제도**

① 이끝원(잇봉우리원) : 굵은 실선으로 그린다.
② 피치원 : 가는 1점쇄선으로 그린다.
③ 이뿌리원(이골원) : 단면처리가 되었을 때는 굵은 실선으로 나타내고 단면처리 안되면 가는 실선으로 나타낸다.
④ 헬리컬 기어나 나사 기어, 웜휠, 스파이럴 베벨기어의 잇줄 방향 도시 : 3개의 가는 실선으로 나타낸다.

문제 09

그림과 같은 KS 용접기호의 의미는?

① 전체둘레 용접 표시이다.
② 현장용접 표시이다.
③ 전체둘레 현장용접 표시이다.
④ 용접 시작점 표시이다.

해설

현장 용접		작업현장에 가서 용접작업을 하여야 된다.
온둘레 용접	○	온 둘레 용접이 분명할 때에는 생략해도 좋다.
온둘레 현장 용접		작업 현장에 가서 용접될부분이 전체 용접이 되도록 온둘레용접을 한다.

해답

07. ② 08. ③ 09. ②

문제 10

베어링 기호 "608 C2 P6"에서 각 기호의 뜻을 설명한 것으로 틀린 것은?

① 60 – 베어링 계열 기호
② 8 – 안지름 번호
③ C2 – 궤도륜 모양 기호
④ P6 – 정밀도 등급 기호

해설 **베어링의 호칭번호**
608 C2 P6
① 60 : 베어링 계열번호
② 8 : 안지름 번호, 3:3mm, 4:4mm, 5:5mm, 6:6mm, 7:7mm, 8:8mm, 9:9mm, 00 : 10mm, 01 : 12mm, 02 : 15mm, 03 : 17mm, 04×5=20mm, 04×6=24mm
③ C2 : 틈새 기호
④ P6 : 등급 기호(끼워맞춤)

문제 11

그림과 같은 도면에서 치수 기입이 잘못된 곳이 1개소일 경우 해당 치수는?

① 7
② ϕ9
③ ϕ21
④ ϕ30

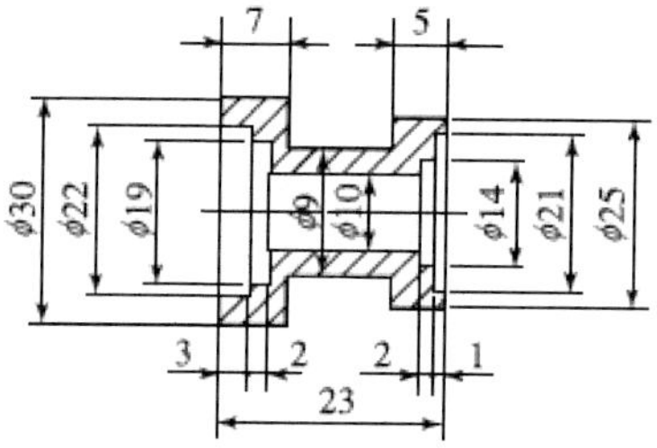

해설 도면은 비례척으로 작도되어야 한다. 중간단의 외경직경은 17mm~ 18mm 정도여야 된다.

문제 12

축의 치수 $\varnothing 50^{+0.001}_{-0.002}$ 구멍의 치수 $\varnothing 50^{+0.005}_{+0.002}$ 일 때 최대틈새는 얼마인가?

① 0.003　　② 0.005
③ 0.007　　④ 0.009

해설 헐거운끼워맞춤에서
최대 틈새=구멍의 최대 허용치수−축의 최소 허용치수
=50.005−49.998=0.007mm

해답

10. ③　11. ②　12. ③

문제 13

KS 나사에서 ISO 표준에 있는 관용 테이퍼 암나사에 해당하는 것은?

① R 3/4　　② Rc 3/4
③ PT 3/4　　④ Rp 3/4

해설

관용 테이퍼 나사	테이퍼 수나사	R	R 3/4
	테이퍼 암나사	Rc	Rc 3/4
	평행 암나사	Rp	Rp 3/4
관용 평행 나사		G	G 1/2

문제 14

그림과 같은 면의 지시기호에서 "λ c 0.8"은 무엇을 나타내는가?

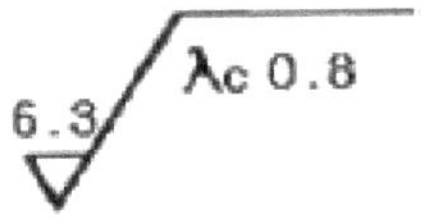

① 컷 오프값　　② 최대 높이
③ 평균 거칠기　　④ 기준 길이

해설

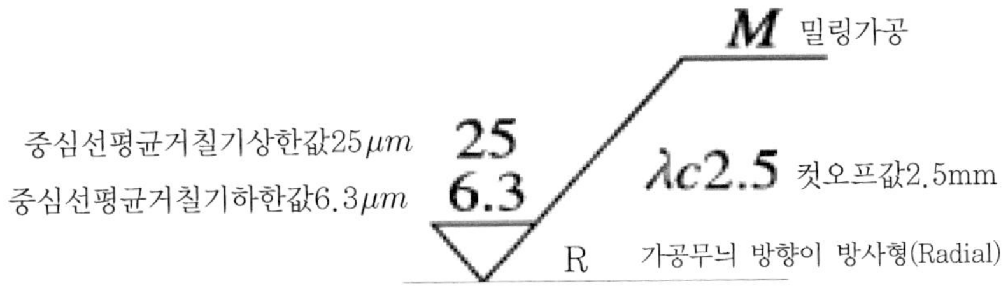

문제 15

2차원 평면공간에서 두 점 (3,2), (5,3)을 지나는 직선의 방정식의 기울기는?

① 1　　② 1/2　　③ 1/3　　④ 1/4

해설 두 점 (3, 2), (5, 3)을 지나는 직선의 방전식
서로 다른 두 점 $A(x_1, y_1)$, $B(x_2, y_2)$를 지나는 직선의 방정식은

$$y-y_1=\frac{y_2-y_1}{x_2-x_1}(x-x_1)\quad(x_1\neq x_2)$$

$$y-2=\frac{3-2}{5-3}(x-3)\qquad y=\frac{1}{2}x+\frac{1}{2}$$

해답

13. ④　14. ①　15. ②

문제 16

3차원 기본 형상(primitives)을 이용하여 Boolean Operation으로 3차원 모델링을 하는 기법을 무엇이라고 하는가?

① CSG(Constructive Solid Geometry)법
② B-rep(Boundary representation)법
③ W-rep(Wire representation)법
④ DBM(Data Base Management)법

해설 **CSG(Constructive Solid Geometry) 방식**

자유곡면 및 필렛 등의 조작이 용이하지 않다. 데이터의 양이 적다.
데이터 논리 과정의 조합, 초기 모델의 생성과정이 용이하다.
합집합(A∪B) : 양쪽에 포함되는 부분의 합집합의 입체
교집합(A∩B) : 양쪽에 공통되는 부분의 교집합의 입체
차집합(A－B) : A에서 B부분을 뺀 영역의 입체

문제 17

제품의 모델(model)과 그의 관련된 데이터 교환에 관한 표준 데이터 형식이 아닌 것은?

① STEP ② IGES
③ DXF ④ DWG

해설 **인터페이스 프로그램(interface program=데이터 표준프로그램)** : CAD 시스템의 설계정보를 교환하기 위한 데이터 교환 표준프로그램으로 다음과 같은 것이 있다.

① DXF(Data Exchange File) : AutoDESK회사에서 만든 데이터 표준프로그램
② IGES(Initial Graphics Exchange Specification) : 1979년 미국에서 시작하여 ISO의 준규격으로 제정
③ GKS(Graphical kernal system) : 2차원 그래픽 시스템을 위한 표준 규격이다.
④ STEP : 1985년 각 회사별로 구성된 CAD/CAM 시스템의 정보를 도면 데이터뿐만 아니라 제품데이터도 교환할 수 있도록 한 표준규격이다.
⑤ STL : STL(Stereo Lithography) 적층식 쾌속조형의 표준입력파일 포맷으로 많이 사용

해답

16. ① 17. ④

문제 18

3차원 공간에서 y축을 중심으로 θ 만큼 회전했을 때의 변환행렬로 옳은 것은? (단, 변환 공식은 [X Y Z 1]=[x y z 1] [변환행렬(4 × 4)] 이다.)

① $\begin{bmatrix} \cos\theta & -\sin\theta & 0 & 0 \\ \sin\theta & \cos\theta & 0 & 0 \\ 0 & 0 & 1 & 0 \\ 0 & 0 & 0 & 1 \end{bmatrix}$

② $\begin{bmatrix} \cos\theta & 0 & -\sin\theta & 0 \\ 0 & 1 & 0 & 0 \\ \sin\theta & 0 & \cos\theta & 0 \\ 0 & 0 & 0 & 1 \end{bmatrix}$

③ $\begin{bmatrix} 1 & 0 & 0 & 0 \\ 0 & \cos\theta & \sin\theta & 0 \\ 0 & -\sin\theta & \cos\theta & 0 \\ 0 & 0 & 0 & 1 \end{bmatrix}$

④ $\begin{bmatrix} \cos\theta & 0 & \sin\theta & 0 \\ 0 & 1 & 0 & 0 \\ -\sin\theta & 0 & \cos\theta & 0 \\ 0 & 0 & 1 & 0 \end{bmatrix}$

해설 *회전 변환(Rotation)

x축에 대한 회전 : $[x' \ y' \ z' \ 1] = [x \ y \ z \ 1] \begin{bmatrix} 1 & 0 & 0 & 0 \\ 0 & \cos\theta & \sin\theta & 0 \\ 0 & -\sin\theta & \cos\theta & 0 \\ 0 & 0 & 0 & \end{bmatrix}$

y축에 대한 회전 : $[x' \ y' \ z' \ 1] = [x \ y \ z \ 1] \begin{bmatrix} \cos\theta & 0 & -\sin\theta & 0 \\ 0 & 1 & & 0 \\ \sin\theta & 0 & \cos\theta & 0 \\ 0 & 0 & 0 & 1 \end{bmatrix}$

z축에 대한 회전 : $[x' \ y' \ z' \ 1] = [x \ y \ z \ 1] \begin{bmatrix} \cos\theta & \sin\theta & 0 & 0 \\ -\sin\theta & \cos\theta & 0 & 0 \\ 0 & 0 & 1 & 0 \\ 0 & 0 & 0 & 1 \end{bmatrix}$

해답

18. ②

문제 19

다음 중 서피스 모델링 시스템으로 가장 하기 어려운 작업은?

① NC 공구 경로 계산
② 형상 내부의 중량 계산
③ 임의의 단면 생성
④ 옵셋면 생성

해설 중량계산은 공학적 해석이 필요하므로 솔리드 모델링에서 가능하다.

문제 20

하나의 2차원 단면형상(profile)즉 폐쇄된 형상이 안내곡선을 따라 이동시켜 입체를 생성하는 방법을 무엇이라 하는 가?

① 스키닝(skinning) ② 리프팅(rifting)
③ 스위핑(sweeping) ④ 트위킹(tweaking)

해설

㉮ 스키닝(Skinning) : 원하는 경로상에 여러 개의 단면 형상을 위치시키고 이를 덮어 싸는 입체를 형성	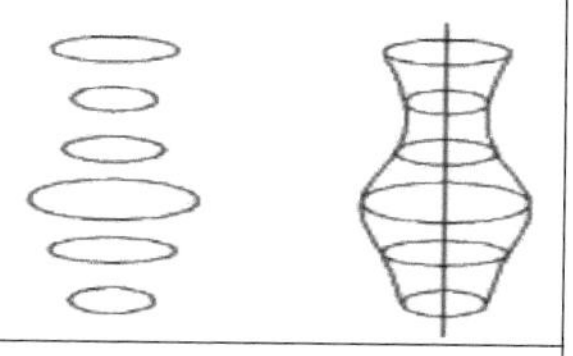
㉯ 스위핑(sweeping) : 하나의 2차원 단면형상(profile)즉 폐쇄된 형상이 안내곡선을 따라 이동시켜 입체를 생성, 주로 환기구의 닥터를 모델링할 때 사용되는 곡선이다.	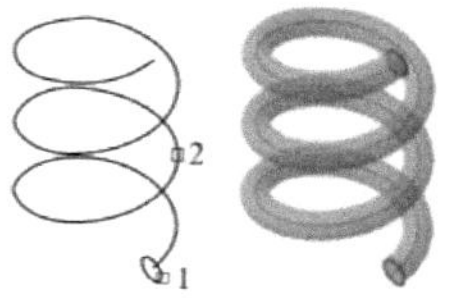
㉰ 트위킹(tweaking) : 곡면 모델링 시스템에 의해 만들어진 곡면을 불러들여 기존 모델의 평면을 바꿀 수 있는 기법. 예를 들어 실린더형상에 구배(draft angle)를 주어 실린더 곡면을 원추 곡면으로 만들어 주는 방법	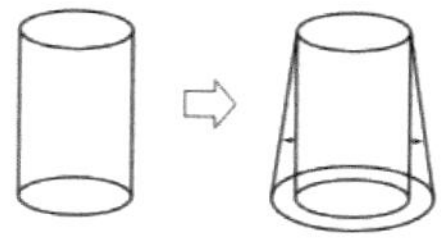

해답

19. ② 20. ③

제2과목 기계요소설계

문제 21

피치가 1mm인 2줄 나사에서 90° 회전시키려면 나사가 움직인 거리는 몇mm인가?

① 4 ② 2 ③ 1 ④ 0.5

해설 나사의 이동거리=리드 × 회전수=(나사의 줄수 × 피치) × 회전수

$$=2\times1\times\frac{90^\circ}{360^\circ}=0.5mm$$

문제 22

다음 중 정숙하고 원활한 운전과 고속회전이 필요할 때 적당한 체인은?

① 사일런트 체인(silent chain) ② 코일 체인(coil chain)
③ 롤러 체인(roller chain) ④ 블록 체인(block chain)

해설 **체인의 종류**

① 롤러 체인(roller chain) : 롤러 링크판과 핀 링크판을 핀으로 엇갈리게 연결한 체인
② 사일런트 체인(silent chain) : 전동할 수 없는 고속회전이 필요할 때, 조용하고 원활한 운전이 필요할 때 사용
③ 블록 체인 : 안경모양의 블록과 플레이트(plate)의 링크를 핀(pin)으로 연결한 체인 (체인블록, 하역기계 이용)

문제 23

단면이 원형인 중실축(solid shaft)의 길이와 지름을 각각 2배로 하면, 같은 크기의 비틀림 모멘트에 대한 비틀림 각도는 원래축의 몇 배가 되는가?

① $\frac{1}{2}$배 ② $\frac{1}{8}$배 ③ 2배 ④ 8배

해설

$$\theta=\frac{T\times l}{G\times I_p}=\frac{T\times l}{G\times\left(\frac{\pi\times d^4}{32}\right)}$$

$$\theta'=\frac{T\times l}{G\times I_p}=\frac{T\times 2l}{G\times\left(\frac{\pi\times(2d)^4}{32}\right)}=\frac{T\times l}{G\times\left(\frac{\pi\times d^4}{32}\right)}\times\frac{2}{16}=\theta\times\frac{1}{8}$$

해답

21. ④ 22. ① 23. ②

문제 24

회전수 600rpm으로 20kW의 동력을 전달하는 지름 50mm의 회전축에 묻힘 키(폭과 높이가 각각 8mm)가 설치되어 있다. 키 재료의 허용압축응력이 25 MPa일 때, 키의 길이 [mm]는? (단, 키의 묻힘 깊이는 키높이의 1/2로 하고 안전율은 1로 한다)

① 32 ② 48 ③ 64 ④ 128

해설

$$T = \frac{60}{2\pi} \times \frac{H}{N} = \frac{60}{2\pi} \times \frac{20}{600} = \frac{1}{\pi}[KNm] = \frac{1}{\pi} \times 10^6 [Nmm]$$

$$\sigma_c = \frac{4T}{hld},$$

$$(\text{키의 길이})l = \frac{4T}{h\sigma_c d} = \frac{4 \times \frac{1}{\pi} \times 10^6}{8 \times 25 \times 50} = 127.3mm ≒ 128mm$$

문제 25

다음 그림은 두 축 사이에 동력을 전달하기 위한 플랜지(flange) 커플링의 개략도이다. 전달 토크가 T, 볼트의 개수가 N, 볼트의 중심 간 거리(볼트 중심을 지나는 원의 지름)가 D, 허용전단 응력이 τ_a일 때 볼트의 지름 δ는? (단, 플랜지 면(面)의 마찰은 무시한다)

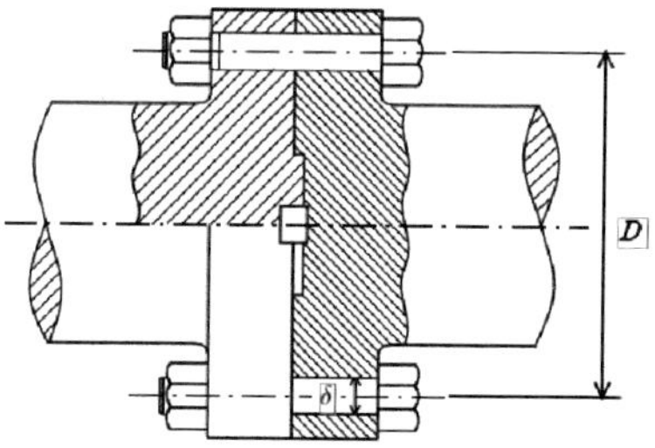

① $\sqrt{\frac{32T}{\pi\tau_a DN}}$ ② $\sqrt{\frac{16T}{\pi\tau_a DN}}$

③ $\sqrt{\frac{8T}{\pi\tau_a DN}}$ ④ $\sqrt{\frac{4T}{\pi\tau_a DN}}$

해설

$$T = F_B \times \frac{D}{2} = \tau_a \times \frac{\pi\delta^2}{4} \times N \times \frac{D}{2}$$

$$(\text{볼트의 지름})\ \delta = \sqrt{\frac{8 \times T}{\pi \times \tau_a \times N \times D}}$$

해답

24. ④ 25. ③

문제 26

브레이크 드럼 축에 800[J]의 토크가 작용하고 있을 때, 이 축을 정지시키는데 필요한 제동력은 약 몇 [KN]인가? (단, 브레이크 드럼의 지름은 500mm이다.)

① 1.2 ② 2.2 ③ 3.2 ④ 4.2

해설

$T = f \times \frac{D}{2}$,

$(\text{제동력})f = \frac{2T}{D} = \frac{2 \times 800[N \cdot m]}{0.5[m]} = 3200[N] = 3.2[KN]$

문제 27

핀 전체가 두 갈래로 되어 있어 너트의 풀림 방지나 핀이 빠져 나오지 않게 하는데 사용되는 핀은?

① 테이퍼 핀 ② 너클 핀
③ 분할 핀 ④ 평행 핀

해설 **핀의 종류**

① 평행 핀(dowel pin) : 기계 부품을 조립할 경우나 안내위치를 결정할 때 사용된다.
② 테이퍼 핀(taper pin) : $Taper = \frac{1}{50}$, 호칭지름은 작은 쪽 지름으로 주축을 보스에 고정할 때 사용된다.
③ 분할 핀(split pin) : 너트의 풀림 방지나 바퀴가 축에서 빠지는 것을 방지하기 위하여 사용한다.
④ 스프링 핀(spring pin) : 탄성을 이용하여 물체를 고정시키는 데 사용되며, 해머로 때려 박을 수 있는 핀이다.

문제 28

기어의 ㉠ 모듈과 ㉡ 지름피치에 대한 설명 중 옳은 것은?

① ㉠ : 피치원의 지름(mm)을 잇수로 나눈 값
㉡ : 잇수를 피치원의 지름(inch)으로 나눈 값
② ㉠ : 피치원의 지름(inch)을 잇수로 나눈 값
㉡ : 잇수를 피치원의 지름(mm)으로 나눈 값
③ ㉠ : 잇수를 피치원의 지름(mm)으로 나눈 값
㉡ : 피치원의 지름(inch)을 잇수로 나눈 값
④ ㉠ : 잇수를 피치원의 지름(inch)으로 나눈 값
㉡ : 피치원의 지름(mm)을 잇수로 나눈 값

해답

26. ③ 27. ②

해설

㉠ 모듈 $m = \frac{피치원지름[mm]}{잇수}$

㉡ 지름피치 $p_d = \frac{잇수}{피치원지름[inch]} = \frac{1}{m[inch]}$

문제 29

다음 중 두 축의 상대위치가 평행할 때 사용되는 기어는?

① 베벨 기어
② 나사 기어
③ 웜과 웜기어
④ 헬리컬 기어

해설 **기어의 종류**

① 두 축이 서로 평행한 경우 : 스퍼 기어(spur gear), 헬리컬 기어(helical gear), 더블 헬리컬 기어(double helical gear), 인터널 기어(internal gear : 내접 기어), 래크(rack) 등
② 두 축이 만나는 경우 : 베벨 기어(bevel gear), 스큐 베벨 기어(skew bevel gear), 스파이럴 베벨 기어(spiral bevel gear) 등
③ 두 축이 평행하지도 않고 만나지도 않는 경우 : 하이포이드 기어(hypoid gear), 스큐 기어(skew gear), 웜 기어(worm gear) 등

문제 30

레이디얼 볼베어링의 수명에 대한 설명으로 맞는 것은?

① 반지름방향 하중의 3배에 비례한다.
② 반지름방향 하중의 3승에 비례한다.
③ 반지름방향 하중의 3배에 반비례한다.
④ 반지름방향 하중의 3승에 반비례한다.

해설

$\therefore$ (수명시간) $L_h = 500 \times \frac{33.3}{N} \times \left(\frac{c}{P_a}\right)^r$ $[hr]$

P_a : 실제 베어링 하중 $P_a = f_w \times P_{th}$

P_{th} : 이론 베어링 하중

f_w : 하중계수

c : 기본 동적부하 용량 [N], $[Kg_f]$

r : 베어링 지수 ➡ 볼베어링 : $r = 3$, 롤러베어링 : $r = \frac{10}{3}$

베어링의 수명시간은 볼베어링은 하중의 3승에 반비례한다.

해답

28. ① 29. ④ 30. ④

문제 31

어떤 축이 40N mm의 비틀림 모멘트와 30N mm의 굽힘 모멘트를 동시에 받고 있을 때, 최대주응력설에 의한 상당굽힘모멘트 [N mm]는?

① 30 ② 40 ③ 50 ④ 60

해설 $M_e = \frac{1}{2}(M + \sqrt{M^2 + T^2}) = \frac{1}{2}(30 + \sqrt{30^2 + 40^2}) = 40Nmm$

문제 32

지름이 d인 중실축(solid shaft)과 바깥지름이 d_0, 안지름이 d_1인 중공축(hollow shaft)이 같은 마력을 전달할 수 있다고 가정할 때 d, d_0, d_1에 관한 관계식 중 옳은 것은?

① $d_0 = d\sqrt[3]{\frac{1}{1-(\frac{d_1}{d_o})^4}}$

② $d_0 = d\sqrt[3]{1-(\frac{d_1}{d_0})^4}$

③ $d_0 = d\sqrt[4]{1-(\frac{d_1}{d_0})^3}$

④ $d_0 = d\sqrt[4]{\frac{1}{1-(\frac{d_1}{d_o})^3}}$

해설 $T = \frac{60}{2\pi} \times \frac{H}{N}$, 같은 전달동력, 같은 회전수 일 때 동일한 토크(T)발생

$T = \tau_a \times Z_P$, 같은 동력을 전달하고 같은 재질의 축이라면 극단면 계수(Z_P)같아야 한다.

$\frac{\pi d^3}{16} = \frac{\pi d_o^3}{16}(1 - \left(\frac{d_1}{d_o}\right)^4)$

(중공의 바깥지름)$d_0 = d\sqrt[3]{\frac{1}{1-(\frac{d_1}{d_o})^4}}$

해답 31. ② 32. ①

문제 33

두 축이 서로 평행하고 중심선의 위치가 서로 약간 어긋났을 경우, 각속도의 변화 없이 회전동력을 전달시키려고 할 때 사용되는 커플링(coupling)은?

① 머프(muff) 커플링　　② 올드 햄(old ham) 커플링
③ 유니버설(universal) 커플링　　④ 셀러(Seller) 커플링

해설

- 고정커플링 (반드시 축선이 일치해야 된다.)
  - 원통형 커플링
    - 일체형
      - 슬리브커블링 = 머프커플링
      - 반중첩커플링
      - 셀러커플링
      - 마찰원통 커플링
    - 분할형
      - 분할원통커플링 (클램프커플링)
  - 플랜지 커플링 (대형, 큰 동력 전달)
    - 고정형
    - 유연형

올덤 커플링(oldhams coupling) : 두 축이 서로 평행하고 중심선의 위치가 서로 약간 어긋났을 경우, 각속도의 변화 없이 회전동력을 전달시키려고 할 때 사용되는 커플링으로 축간 거리가 멀 때는 사용하지 못한다.

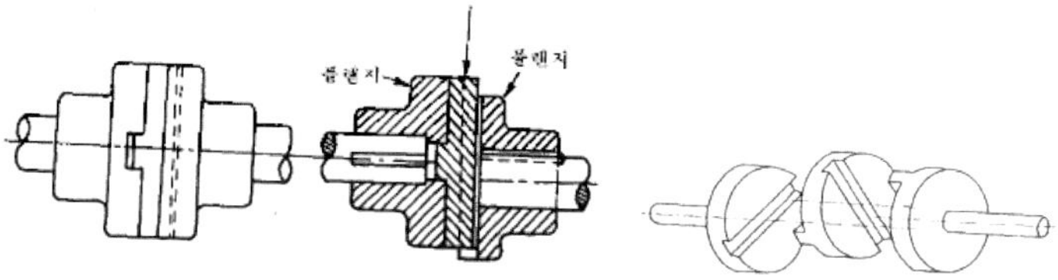

문제 34

용접 길이(L)가 200mm, 판 두께(t)가 5mm인 판을 맞대기 용접하여 그림과 같이 비이드(bead)가 형성되었다. 이 맞대기 용접부에 가할 수 있는 최대 인장하중(W) [N]은? (단, 용접부의 허용인장응력은 20N/mm^2이며 안전율은 1로 한다)

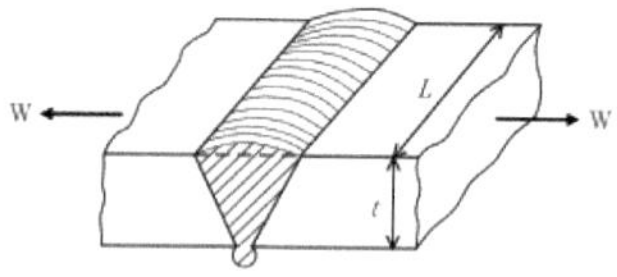

① 5,000　　② 10,000
③ 15,000　　④ 20,000

해설 $W = \sigma_a \times t \times L = 20 \times 5 \times 200 = 20000N$

해답

33. ②　34. ④

문제 35

벨트의 선속도가 10m/s인 상태로 10마력을 전달하는 벨트 전동장치에서 이완측의 장력(T_s)[N]은? (단, 벨트의 회전으로 인한 원심력 효과는 무시하며 긴장측의 장력(T_t)은 이완측 장력(T_s)의 두 배이다. 즉 T_t=2T_s)

① 735 ② 980
③ 1470 ④ 1715

해설

$$H_{ps} = \frac{P_e[Kg_f] \times V[\frac{m}{s}]}{75},$$

$$(\text{유효장력})P_e = \frac{75 \times H_{ps}}{V} = \frac{75 \times 10}{10} = 75[Kg_f] = 75 \times 9.8[N] = 735[N]$$

$$e^{\mu\theta} = \frac{T_t}{T_s} = 2$$

$$(\text{이완장력})T_s = \frac{P_e}{e^{\mu\theta} - 1} = \frac{735}{2-1} = 735[N]$$

문제 36

내경 2000mm의 원통형용기에 최고 압력이 1.47MPa인 가스를 저장하고자 한다. 이 압력용기 제작에 사용될 강판의 두께 [mm]로 가장 적합한 것은? (단, 강판의 인장강도는 490N/mm^2, 안전율은 5, 리벳이음의 효율은 70%, 부식에 대한 여유량은 1mm로 한다)

① 10 ② 15 ③ 20 ④ 25

해설 $t = \frac{P \times D}{2 \times \sigma_a} = \frac{P \times D \times S}{2 \times \sigma_u \times \eta} + c = \frac{1.47 \times 2000 \times 5}{2 \times 490 \times 0.7} + 1 = 22.428mm ≒ 25mm$

문제 37

한줄 겹치기 리벳이음에서 판의 압축에 의해 판이 압축파괴되는 경우 리벳이음 강도 P는?(단, 리벳의 지름은 d, 리벳의 피치는 p, 강판의 두께는 t, 강판의 압축응력은 σ_c이다)

① $P = 2dt\sigma_c$ ② $P = dt\sigma_c$ ③ $P = (p-d)t\sigma_c$ ④ $P = 2(p-d)t\sigma_c$

해설 (리벳구멍의 압괴 압축강도)$P = d \times t \times \sigma_c \times n$, n: 줄수
(리벳구멍의 압괴 압축강도)$P = d \times t \times \sigma_c \times 1 = d \times t \times \sigma_c$,
(강판의 인장강도)$P = \sigma_t \times (p-d) \times t$, σ_t : 강판의 인장응력

해답

35. ① 36. ④ 37. ②

문제 38

기계장치를 볼트로 고정시킬 경우 풀림방지의 방법으로 적절하지 않은 것은?

① 스프링와셔를 이용한다.　② 나사의 피치를 크게 한다.
③ lock nut를 이용한다.　④톱니붙이 와셔를 이용한다.

해설 **나사의 풀림방지 방법**

① 로크너트(lock nut)에 의한 방법
② 분할핀에 의한 방법
③ 스프링와셔 또는 고무와셔에 의한 방법
④ 특수 와셔에 의한 방법
⑤ 멈춤나사=고정나사=세트 스크류(set screw)에 의한 방법
⑥ 절입너트에 의한 방법
⑦ 플라스틱이 들어간 너트에 의한 방법
⑧ 나사의 피치가 작은 나사를 사용 한다.

문제 39

안전계수(factor of safety)에 대한 설명으로 옳지 않은 것은?

① 재료의 기준강도와 허용응력의 비를 나타낸다.
② 가해지는 하중과 응력의 종류 및 성질을 고려한다.
③ 정확한 응력 계산이 요구된다.
④ 수명은 고려하지 않는다.

해설 안전계수를 정할 때는 하중의 종류, 온도의 영향, 재료의 성질, 피로에 의한 수명 등을 고려해서 설계한다.

$$\text{안전계수} = \frac{\text{기준강도}}{\text{허용응력}} > 1$$

기준강도

① 항복점 : 연성재료(연강: C함유량 0.12%~0.2%)가 상온에서 정하중을 받을 때 적용한다.
② 극한강도 : 취성재료(주철: C함유량 2%~6.67%)가 상온에서 정하중을 받을 때 적용한다.
③ 크리프 한도 : 고온에서 정하중(일정한 하중)을 받을 때 적용한다.
④ 피로강도 : 반복하중을 받는 경우 적용한다.
⑤ 좌굴강도 : 단면에 비해 길이가 긴 기둥
⑥ 저온 취성강도 : 저온에서 정하중을 받을 때 적용한다.(저온에서 사용되는 저장탱크 설계 시)

해답

38. ②　39. ④

문제 40

벨트 전동에서 풀리의 접촉면 중앙을 곡면으로 하는 이유로 옳은 것은?

① 제작 시 변형을 방지하기 위하여
② 응력의 분포를 고르게 하기 위하여
③ 벨트가 잘 벗겨지지 않게 하기 위하여
④ 벨트의 접촉면을 늘리기 위하여

해설 벨크 풀리의 접촉면 중앙을 곡면 즉 크라운을 주는 이유는 벨크가 풀리로부터 벗겨지는 것을 방지하기 위해서이다.

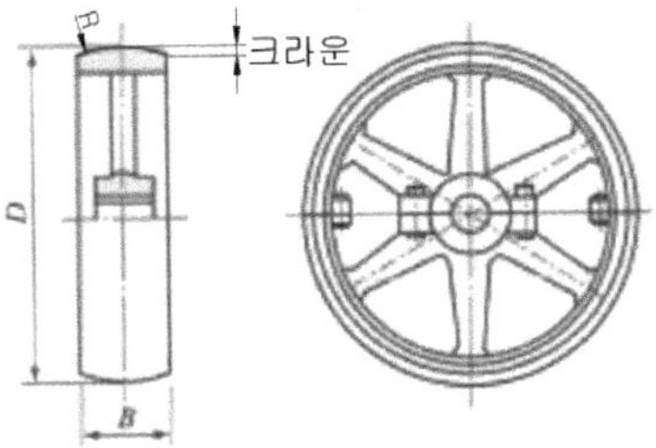

제3과목 기계재료 및 측정

문제 41

연삭숫돌의 연삭조건과 입도(grain size)의 관계를 옳게 표시한 것은?

① 연하고 연성이 있는 재료의 연삭 : 고운 입도
② 다듬질 연삭 또는 공구의 연삭 : 고운 입도
③ 경도가 높고 메진 일감의 연삭 : 거친 입도
④ 숫돌과 일감의 접촉면이 작은 때 : 거친 입도

해설

입도에 따른 숫돌바퀴의 선택기준

거친 입도의 숫돌	고운 입도의 숫돌
거친 연삭, 절삭 깊이와 이송을 많이 줄 때	다듬 연삭, 공구 연삭
숫돌과 일감의 접촉 면적이 클 때	숫돌과 일감의 접촉면적이 작을 때
연하고 연성이 있는 재료의 연삭	경도가 높고 메진재료의 연삭

해답

40. ③ 41. ②

문제 42

주요 공작기계의 일반적인 일감 운동에 대한 설명으로 틀린 것은?

① 밀링 머신 : 일감을 고정하고 이송한다.
② 선반 : 일감을 고정하고 회전시킨다.
③ 보링 머신 : 일감을 고정하고 이송한다.
④ 드릴링 머신 : 일감을 고정하고 회전시킨다.

해설 ㉮ 밀링 머신 : 공구회전, 일감이 테이블에 고정되어 이송한다.
㉯ 선반 : 공구고정, 일감이 척에 고정되어 회전한다.
㉰ 보링 머신 : 공구회전되면서 이송되며 일감은 지그에 의해 고정
㉱ 드릴링 머신 : 공구회전되면서 이송되며 일감은 지그에 의해 고정

문제 43

선반에 의한 절삭가공에서 이송(feed)과 가장 관계가 없는 것은?

① 단위는 회전당 이송(mm/rev)으로 나타낸다.
② 일감의 매 회전마다 바이트가 이동되는 거리를 의미한다.
③ 이론적으로 이송이 작을수록 표면 거칠기가 좋아진다.
④ 바이트로 일감 표면으로부터 절삭해 들어가는 깊이를 말한다.

해설 ① 단위는 일감의 1회전당 공구의 이송거리(mm/rev)으로 나타낸다.
② 일감의 매 회전마다 바이트가 이동되는 거리를 의미한다.
③ 이론적으로 이송이 작을수록 표면 거칠기가 좋아진다.

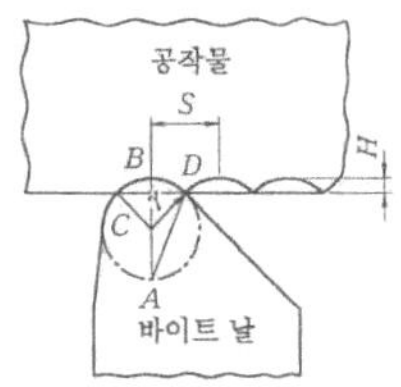	$H=\frac{s^2}{8r}$ 여기서, H : 가공면의 굴곡을 나타내는 최대높이=표면거칠기[mm] r : 바이트 날끝부분의 반지름=노즈반지름[mm] s : 이송[mm/rev]

절삭 깊이는 가공량과 관계가 있다.

문제 44

직경(외경)을 측정하기에 부적합한 공구는?

① 철자
② 그루브 마이크로미터
③ 버니어 캘리퍼스
④ 지시 마이크로미터

해답

42. ④ 43. ④

해설 **그루브 마이크로미터** : 스핀들에 플랜지가 부착되어 있어 구멍과 튜브 내외부에 있는 홈의 너비, 깊이, 위치 등을 측정할 수 있다.

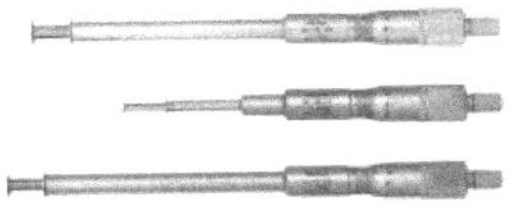

문제 45

재질이 W, Cr, V, Co 등을 주성분으로 하는 바이트는?

① 합금공구강 바이트　② 고속도강 바이트
③ 초경합금 바이트　④ 세라믹 바이트

해설 ① 합금공구강 바이트 : 0.6~1.5%C의 탄소강에 W, Cr, Ni, V등을 1종 또는 2종을 첨가한 강
② 고속도강 바이트 : 표준고속도강 0.8%C의 탄소강에 W(18%)+Cr(4%)+V(1%)+Co
③ 초경합금 바이트 : 금속탄화물(WC, TiC, TaC)+Co분말을 소결시켜 만든 합금
④ 세라믹 바이트 : (산화알루미나) Al_2O_3를 주성분으로 소결시켜 만든 합금
⑤ 주조경질합금 바이트(스텔라이트) : 주성분 W-Cr-Co-C-Fe

문제 46

다음 중 장신구, 무기, 불상, 종 등의 금속 제품으로 오래 전부터 사용되어 왔으며 내식성과 내마모성이 좋아 각종 기계주물용이나 미술공예품으로 사용되는 금속은?

① 철　② 청동
③ 납　④ 알루미늄

해설
- **황동** : 구리(Cu)와 아연(Zn)합금으로 주조성, 가공성, 내식성, 기계적 성질이 좋다. 대표적으로 톰백, 문쯔메탈, 철황동, 양은 등이 있다.
- **청동** : 구리(Cu)와 주석(Sn)합금으로 포금(gun metal)은 해수에 침식되지 않아 해상용 무기에 사용되며, 불상, 장식품, 미술공예품 등의 재료로 많이 사용된다.

문제 47

다음 중 기계구조용 탄소강 SM45C의 탄소함유량으로 가장 적당한 것은?

① 0.02~2.01%　② 0.04~0.05%
③ 0.32~0.38%　④ 0.42~0.48%

해답

44. ②　45. ②　46. ②

해설 SM45C는 기계구조용 탄소강재로 탄소함유량 0.42~0.48%이다.

평균탄소함유량 $C = \frac{0.42 + 0.48}{2} = 0.45\%$

문제 48

다음 금속 중 자기변태점이 없는 것은?

① Fe ② Ni
③ Co ④ Zn

해설 ㉮ Fe : 768℃ 강자성체
㉯ Ni : 360℃ 강자성체
㉰ Co : 1120℃ 강자성체
㉱ Zn : 역장성체

문제 49

다음 중 친화력이 큰 성분 금속이 화학적으로 결합하여, 다른 성질을 가지는 독립된 화합물을 만드는 것은?

① 금속 간 화합물 ② 고용체
③ 공정 합금 ④ 동소 변태

해설 **금속 간 화합물** : 대표적으로 (시멘타이터)Fe3C, (탄화텅스텐)WC처럼 친화력이 큰 성분 금속이 화학적으로 결합하여 다른 성질을 가지는 독립된 화합물이 되는 것

문제 50

다음 중 표준상태인 탄소강의 기계적 성질은 일반적으로 탄소함유량에 따라 변화한다. 가장 적합한 것은? (단, 표준상태인 탄소강은 0.86%C 이하의 아공석강이다.)

① 탄소량이 증가함에 따라 인장강도가 증가한다.
② 탄소량이 증가함에 따라 항복점이 저하한다.
③ 탄소량이 증가함에 따라 연신율이 증가한다.
④ 탄소량이 증가함에 따라 경도가 감소한다.

해설

탄소강에서 탄소(C) 함유량이 많아질수록	증가하는 것	강도, 경도, 취성, 전기저항, 비열, 항복강도
	감소하는 것	연성, 전성, 인성, 충격값, 비중, 열전도율, 열팽창계수, 용접성

해답

47. ④ 48. ④ 49. ① 50. ①

문제 51

피치가 2mm인 미터나사를 삼침법으로 측정할 때 가장 적합한 삼침 지름은 약 몇 mm인가?

① 1.114 ② 1.155
③ 1.176 ④ 1.901

해설

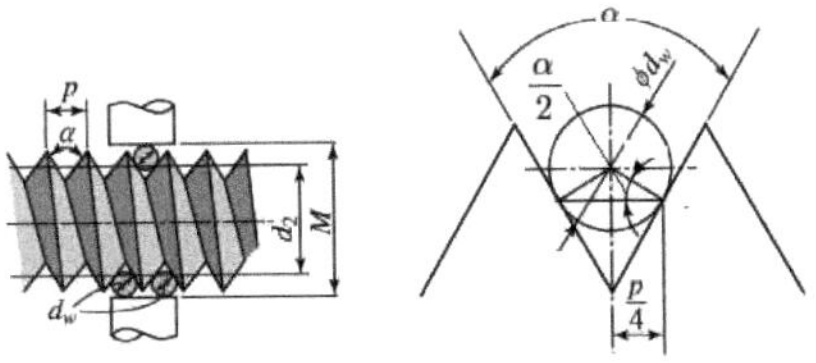

$$\cos\left(\frac{\alpha}{2}\right) = \frac{\frac{p}{4}}{\frac{d_w}{2}} = \frac{p}{2d_w},$$

$$(\text{삼침 지름})d_w = \frac{p}{2\cos\left(\frac{\alpha}{2}\right)} = \frac{2}{2\times\cos\left(\frac{60}{2}\right)} = 1.1547[mm]$$

문제 52

다음 중 구멍용 한계게이지가 아닌 것은?

① 스냅 게이지 ② 봉 게이지
③ 원통형 플러그 게이지 ④ 판 플러그 게이지

해설 **축용 한계게이지**

① 링게이지 ② 스냅게이지

구멍용 한계게이지

① 원통형 플러그 게이지 ②평형 플러그 게이지 ③ 봉게이지 ④ 터보게이지

문제 53

마이크로미터 스핀들의 피치가 0.5mm이고 딤블의 원주를 50등분 하였다면 최소 측정값은?

① 0.04mm ② 0.03mm
③ 0.02mm ④ 0.01mm

해설 $(\text{최소측정값})C = \frac{p}{n} = \frac{0.5}{50} = \frac{1}{100} = 0.01[mm]$

해답

51. ② 52. ① 53. ④

문제 54

측정의 오차와 관련하여 정확도와 정밀도가 중요하게 고려되어야 하는데, 여기서 정확도를 가장 옳게 설명한 것은?

① 정확도는 참값에 비해 한쪽으로 치우침이 작은 정도를 의미하며 주로 계통적 오차에 의해 발생한다.
② 정확도는 참값에 비해 한쪽으로 치우침이 작은 정도를 의미하며 주로 우연적 오차에 의해 발생한다.
③ 정확도는 측정값의 흩어짐이 작은 정도를 의미하며 주로 계통적 오차에 의해 발생한다.
④ 정확도는 측정값의 흩어짐이 작은 정도를 의미하며 주로 우연적 오차에 의해 발생한다.

해설 **정확도**: 참값에 비해 한쪽으로 치우침이 작은 정도를 의미한다. 정확도는 보정 가능한 오차인 계통적 오차를 보정 해주면 정확도를 높일수 있다.

문제 55

지름 20mm, 길이 1m인 연강봉의 길이 측정시 0.3μ m만큼 압축되었다면, 이 때 측정력은 약 몇 N인가? (단, 연강의 탄성계수는 2.058×10^5N/mm^{2}이다.)

① 1.94 ② 7.76
③ 19.4 ④ 77.6

해설 $\delta=\dfrac{PL}{AE}$,

$$(\text{측정력})P=\frac{\delta AE}{L}=\frac{0.0003\times\frac{\pi}{4}20^2\times(2.058\times10^5)}{1000}=19.396[N]$$

문제 56

롤러의 중심거리 80mm의 사인바를 사용하여 18°의 각도를 만들 때 정반 위의 두 롤러에 삽입하는 게이지 블록의 높이차는?

① 24.721mm ② 17.727mm
③ 15.157mm ④ 8.889mm

해설 $\sin18=\dfrac{\Delta H}{L}$,

$(\text{게이지블록의 높이차})\Delta H=\sin18\times L=\sin18\times80=24.721[mm]$

해답

54. ① 55. ③ 56. ①

문제 57

석 정반의 장점이 아닌 것은?

① 수명이 길다. ② 전기의 전도체이다.
③ 돌기가 생기지 않는다. ④ 경년 변화가 거의 없다.

해설 석(石) 정반: 돌로 만든 정반으로 전기가 통하지 않는 부전도체이다.

문제 58

다음 중 길이, 각도, 형상 및 윤곽 등을 정밀하게 측정하기에 가장 적합한 측정기는?

① 외측 마이크로미터 ② 옵티컬 플랫
③ 리니어 게이지 ④ 공구 현미경

해설 공구 현미경 : 길이, 각도, 형상 및 윤곽 등을 정밀하게 측정하기에 가장 적합한 측정기로 현미경으로 확대시켜 측정하는 측정기이다.

문제 59

20℃에서 106mm인 게이지 블록이 있다. 이 게이지 블록의 온도가 26℃로 높아지면 치수는 약 몇mm가 되는가? (단, 게이지 블록의 선팽창계수는 11.6×10–6/℃이다.)

① 106.012 ② 106.073
③ 106.007 ④ 106.001

해설 $L' = L + \triangle L = 106 + 0.0319 = 106.007377[mm]$

$\triangle L = \alpha \times L \times \triangle T = 11.6 \times 10^{-6} \times 106 \times 6 = 0.007377[mm]$

문제 60

다음 중 마이크로미터 측정면(앤빌 또는 스핀들)의 평면도를 측정하기 가장 적합한 것은?

① 옵티컬 플랫 ② 게이지 블록
③ 다이얼 게이지 ④ 정반

해설 옵티컬 플랫(=광선정반) : 빛의 간섭무늬를 이용한 평면도 측정 계측 기기로 마이크로미터 측정면(앤빌 또는 스핀들)의 평면도 측정에 사용된다.

해답

57. ② 58. ④ 59. ③ 60. ①

기계설계산업기사

2022년 3회 CBT 시행

본 문제는 복원 기출문제입니다. 실제 문제와 다를 수 있으니 양해바랍니다.

제1과목 기계제도

문제 01

다음 중 가는 실선으로 사용하지 않는 선은?

① 지시선 ② 치수선
③ 해칭선 ④ 피치선

해설 피치선은 가는 일점쇄선을 사용한다.
가는실선사용하는 것:치수선,치수보조선, 해치(Hatch),지시선(인출선),파단선, 수준면선

문제 02

다음 중 도면에 표시하는 스크레이퍼(scraper) 가공의 약호에 해당하는 것은?

① SH ② BR
③ FS ④ FB

해설 **가공방법의 약호**
㉮ SH : 세이퍼 가공
㉯ BR : 브로우치 가공
㉰ FS : 스크레이퍼 가공
㉱ FB : 버프 다듬질
㉲ FR : 리머 다듬질
㉳ FL: 래핑 다듬질
㉴ FF : 줄 다듬질

문제 03

기하 공차의 종류에서 위치 공차에 해당되지 않는 것은?

① 동축도 공차 ② 위치도 공차
③ 평면도 공차 ④ 대칭도 공차

해답

01. ④ 02. ③

해설

적용하는 형체	구 분	기 호	공차의 종류	
단독 형체	모양공차	⏤	진직도 공차	
		⏥	평면도 공차	
		○	진원도 공차	
		⌭	원통도 공차	
단독 형체 또는 관련 형체		⌒	선의 윤곽도 공차	
		⌓	면의 윤곽도 공차	
관련 형체	자세공차	//	평행도 공차	최대실체공차 적용 (MMC)
		⊥	직각도 공차	
		∠	경사도 공차	
	위치공차	⌖	위치도 공차	
		◎	동축도 공차 또는 동심도 공차	
		⌯	대칭도 공차	
	흔들림공차	↗	원주 흔들림 공차	
		⌰	온 흔들림 공차	

문제 04 그림과 같은 입체도의 화살표 방향 투상도로 가장 적합한 것은?

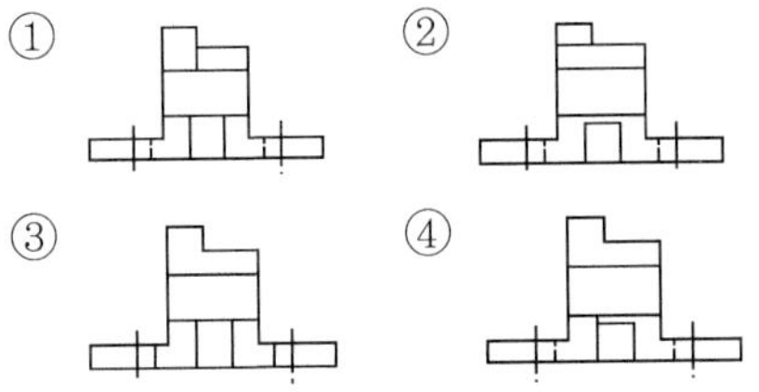

[보기]

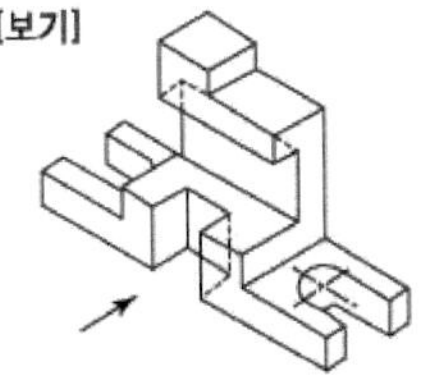

해설

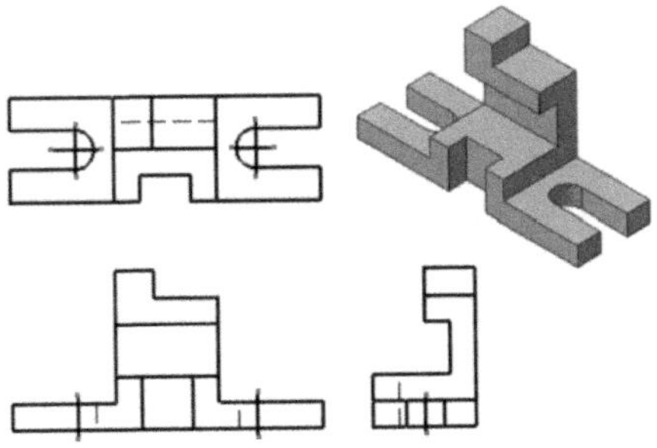

해답 03. ③ 04. ③

문제 05

다음 중 "KS B 1101 둥근 머리 리벳 15x40 SV400"으로 표시된 리벳의 호칭 도면의 해독으로 가장 적합한 것은?

① 리벳 구멍 15개, 리벳 지름 40mm
② 리벳 호칭 지름 15mm, 리벳 길이 40mm
③ 리벳 호칭 지름 40mm, 리벳 길이 15mm
④ 리벳 피치 15mm, 리벳 구멍지름 40mm

해설 **KS B 1101 둥근머리 리벳 15×40 SV 400**
① KS B 1101 : 규격번호
② 둥근머리리벳 : 리벳의 종류
③ 15×40 : 리벳의 호칭 지름×리벳 길이
④ SV 400 : 리벳의 재질(재료)

문제 06

나사를 도시하는 방법으로 가장 적절한 것은?

① 수나사의 바깥지름은 가는 실선으로 그린다.
② 수나사의 골지름은 굵은 실선으로 그린다.
③ 암나사의 골지름은 굵은 실선으로 그린다.
④ 완전 나사부와 불완전 나사부의 경계선은 굵은 실선으로 그린다.

해설 ① 수나사의 바깥지름은 굵은 실선으로 그린다.
② 수나사의 골지름은 가는 실선으로 그린다.
③ 암나사의 골지름은 가는 실선으로 그린다.

문제 07

용접부를 나타내는 기호 중에서 용접부 표면의 모양이나 용접부 형상을 나타내는 기호로 보완할 수 있는데, 이런 기호를 보조기호라 한다. 다음 중 용접부에 사용하는 보조기호가 아닌 것은?

① 
② 
③ 
④ 

해답

05. ② 06. ④

해설

용접의 기본기호		
부분 용입 한쪽면 K형 맞대기 이음 용접		
한쪽면 U형 홈 맞대기 이음 용접 (평행면 또는 경사면)		
한쪽면 J형 홈 맞대기 이음 용접		
뒷면 용접	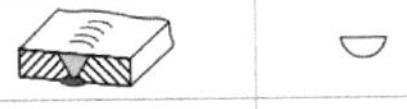	
필릿 용접		
플러그 용접 : 플러그 또는 슬롯 용접		
스폿 용접	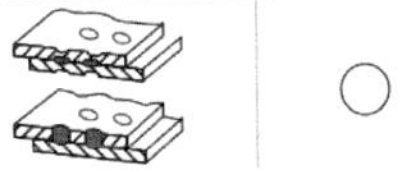	

용접보조기호	
평탄비드	—
볼록비드	⌒
오목비드	◡
끝단부를 매끄럽게 함	
영구적이면 판재 사용	M
제거 가능한 이면 판재 사용	MR

문제 08

"임의의 축직각 단면에 있어서의 바깥둘레는 동일 평면 위에서 0.02mm만큼 떨어진 2개의 동심원 사이에 있어야 한다."의 뜻을 가진 것은?

① | ○ | 0.02 |

② | ◎ | 0.02 |

③ | ○ | 0.04 |

④ | ◎ | 0.04 |

해설 진원도를 나타낸 것을 의미하며

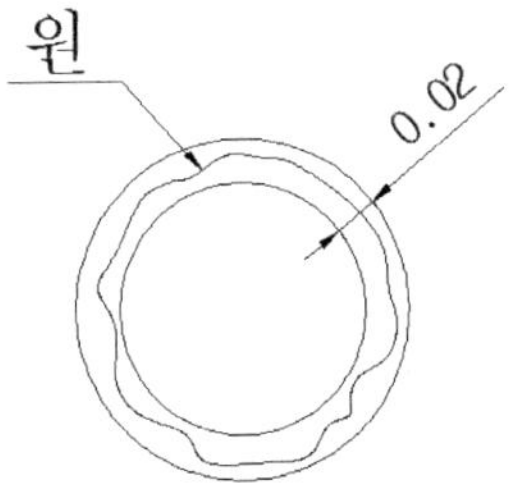

원은 0.02mm의 동심원 사이에 있어야 한다.

○	0.02

해답

07. ③ 08. ①

문제 09

그림과 같은 도면에서 점선으로 표시된 윤곽 안에 있는 투상도의 명칭으로 맞은 것은?

① 국부 투상도
② 회전 도시 투상도
③ 보조 투상도
④ 가상 투상도

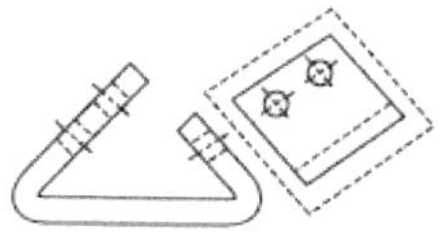

해설 보조 투상도 : 경사면부가 있는 물체의 경사면의 실형을 표시할 필요가 있는 경우

문제 10

구멍의 치수가 $\phi 30^{+0.021}_{0}$ 축은 $\phi 30^{+0.021}_{+0.008}$ 인 끼워맞춤이 있다. 이 끼워맞춤의 최대 죔새는?

① 0.042
② 0.021
③ 0.029
④ 0.008

해설 최대 죔새 = 축의 최대허용치수 − 구멍의 최소허용치수 = 30.021 − 30.0 = 0.021mm

문제 11

나사 표기가 TM18이라 되어 있을 때 이는 무슨 나사인가?

① 관용 평행나사
② 29° 사다리꼴나사
③ 관용 테이퍼나사
④ 30° 사다리꼴나사

해설

ISO 규격에 있는 것	미터 보통 나사	M	M 8
	미터 가는 나사		M 8×1
	마니추어 나사	S	S 0.5
	유니파이 보통 나사	UNC	3/8−16 UNC
	유니파이 가는 나사	UNF	No. 8−36 UNF
	미터 사다리꼴 나사	Tr	Tr 10×2
ISO 규격에 없는 것	30° 사다리꼴 나사	TM	TM 18
	29° 사다리꼴 나사	TW	TW 20

해답

09. ③ 10. ② 11. ④

문제 12

2개의 입체가 서로 만날 경우 두 입체 표면에 만나는 선이 생기는데 이 선을 무엇이라고 하나?

① 분할선 ② 입체선

③ 직립선 ④ 상관선

해설 **상관선** : 2개의 입체가 서로 만날 경우 두 입체 표면에 만나는 선을 상관선이라고 하며, 직선 또는 원호로 나타낸다.

문제 13

도면은 회전하는 축과 결합될 ϕ30 구멍이 있는 부품을 그린 것이다. (가), (나)에 가장 적절한 기하공차를 순서대로 바르게 나열한 것은?

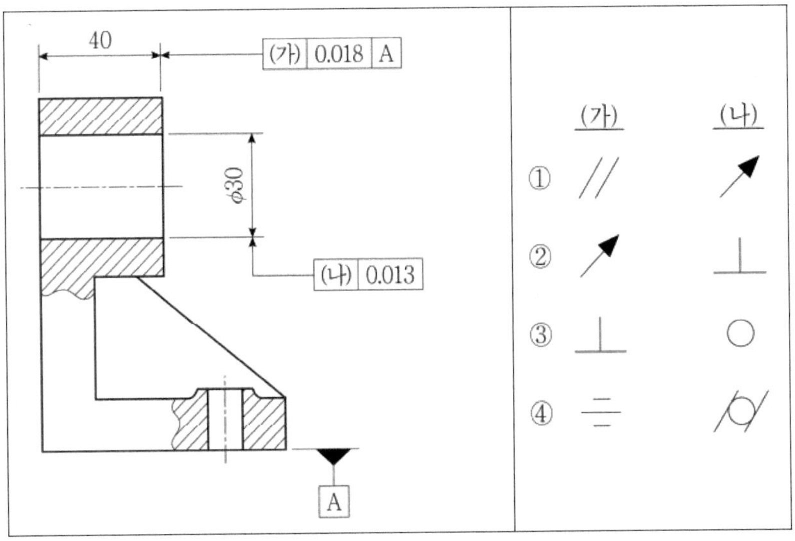

해설 기준 A에 대한 (가)는 직각도, (나)는 ϕ30에 대한 진원도를 입력한다.

해답

12. ④ 13. ③

문제 14

필릿 용접부의 목 두께가 6mm, 용접 길이가 125mm일 때, 바른 용접 기호는?

① 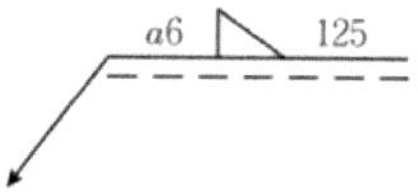

② 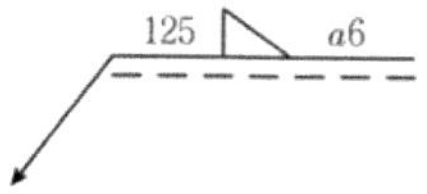

③ 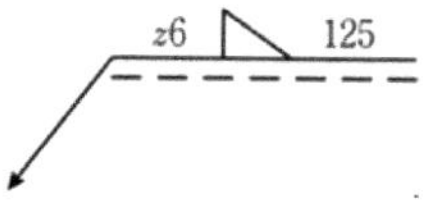

④ 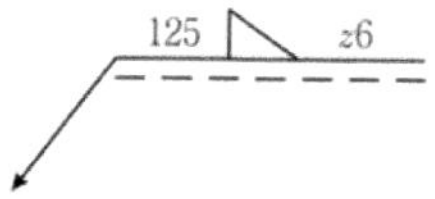

해설 a: 목두께 z: 목길이

문제 15

그림과 같은 V 벨트 풀리를 그릴 때, (가) ~ (라)에 들어갈 치수 중에서 KS 규격으로 결정해야 하는 것이 아닌 것은?

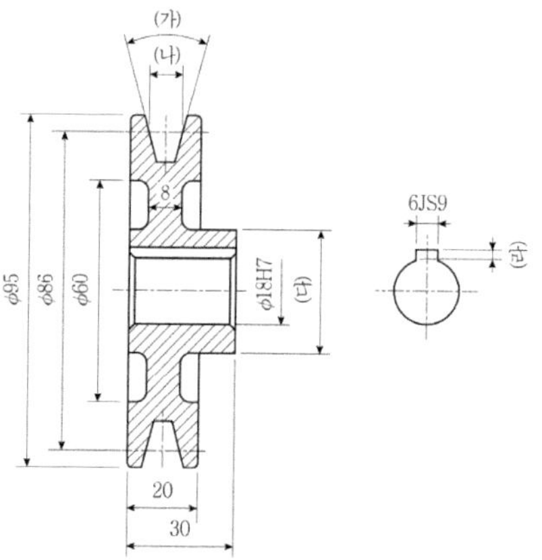

① (가) ② (나) ③ (다) ④ (라)

해설 (다) 보스의 지름은 KS 규격으로 결정하는 치수가 아니다.

문제 16

다음 모델 중 공학적인 해석(유한요소해석 등)에 적합한 것은?

① CSG(Constructive Solid Geometry)법
② B-rep(Boundary representation)법
③ W-rep(Wire representation)법
④ DBM(Data Base Management)법

해설 솔리드 모델(solid model)은 입체 형상을 모델링한 것으로 공학적 해석이 가능하다.

해답

14. ① 15. ③ 16. ③

문제 17

원(Circle)이 중심과 반지름을 갖는 2차원 좌표 평면상에서의 수학적 표현방법 중 맞는 것은? (단, 중심은 (a, b), 반지름은 C이다.)

① $(x+a)^2+(y+b)^2=c^2$
② $(x-a)+(y-b)=c$
③ $(x-a)^2+(y+b)=c$
④ $(x-a)^2+(y-b)^2=c^2$

해설 원의 중심이 $(a,\ b)$, 반지름 길이가 c인 원의 방정식은
$(x-a)^2+(y-b)^2=c^2$

문제 18

제시된 단면 곡선을 안내곡선에 따라 이동하면서 생기는 궤적을 나타낸 곡면은?

① 룰드 곡면(ruled surface)
② 스윕 곡면(Sweep surface)
③ 보간 곡면(interpolation surfac)
④ 블랜드 곡면(blending surfac)

해설 ① **룰드 곡면(ruled surface)** : 2개의 선이나 곡선지정으로 가장 간단한 곡면
② **스윕 곡면(Sweep surface)** : 하나의 2차원 단면형상(profile)을 입력하고 이를 안내곡선을 따라 이동시켜 입체를 생성, 주로 환기구의 닥터를 모델링할 때 사용되는 곡선

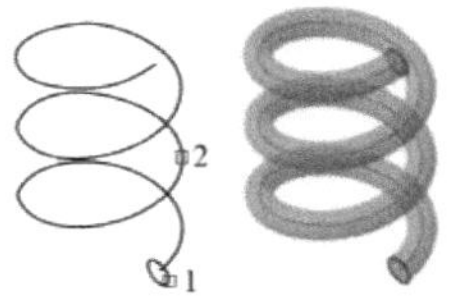

③ **보간 곡면 (interpolation surfac)** : 주어진 점들이 곡면 상에 놓이도록 피팅(fitting)하는 것
④ **블랜드 곡면(blending surfac)** : 이미 정의된 두 곡면을 매끄럽게 연결하는 것

해답

17. ④ 18. ②

문제 19

기하학적 형상(Geometric Model)을 나타내는 방법 중 점, 직선, 곡선에 의해서만 3차원 형상을 표시하는 것은?

① line modeling ② shaded modeling
③ surface modeling ④ wire frame modeling

해설 **wire frame modeling(와이어 프레임 모델링)** : 점, 선 정보만으로 형상을 모델링한다. 형상의 모서리(edge), 선(직선 및 곡선)만을 이용하여 표현한다.

문제 20

스퍼기어의 요목표가 다음과 같을 때 옳은 것만을모두고르면?

스퍼기어 요목표		
기어 치형		표준
기준 래크	치형	보통 이
	모듈	2
	압력각	20°
잇수		34
피치원 지름		(가)
전체 이 높이		(나)
다듬질 방법		호브 절삭
정밀도		KS B ISO 1328-1,4급

ㄱ. 이끝 높이는 2mm이다.
ㄴ. 이끝원 지름은 70mm이다.
ㄷ. (가)에 들어갈 값은 68이다.
ㄹ. (나)에 들어갈 값은 4이다.

① ㄱ, ㄴ ② ㄱ, ㄷ
③ ㄱ, ㄷ, ㄹ ④ ㄴ, ㄷ, ㄹ

해설 이끝 높이=모듈=2mm
이끝원지름 $= 피치원지름 + 2m = 68 + 2 \times 2 = 72mm$
(가) 피치원지름은 $2 \times 34 = 68$
(나) 전체 이높이 $2 \times 2.25 = 4.5$

해답

19. ④ 20. ②

제2과목 기계요소설계

문제 21

기어 설계 시 전위 기어를 사용하는 이유로 거리가 먼 것은?

① 중심 거리를 자유로이 변화시키려고 할 경우에 사용
② 언더컷을 피하고 싶은 경우에 사용
③ 베어링에 작용하는 압력을 줄이고자 할 경우 사용
④ 기어의 강도를 개선하려고 할 경우 사용

해설 **전위기어의 사용목적**
① 두기어 사이의 중심거리를 변화시키고자 할 때
② 언더컷을 방지 하고자 할 때
③ 치의 강도를 증가시키고자 할 때
④ 물림률을 증가시키고자 할 때
⑤ 최소잇수를 작게 하고자 할 때

문제 22

90rpm으로 회전하고 980N의 하중을 받는 레이디얼 볼베어링의 기본 동정격 하중은 약 몇 kN인가? (단, 하중계수는 1, 수명은 5,000시간으로 한다.)

① 2.94 ② 4.91 ③ 8.83 ④ 15.70

해설
$$(수명시간)L_h = 500 \times \frac{33.3}{N} \times \left(\frac{C}{P_{th} \times f_w}\right)^r$$
$$5000 = 500 \times \frac{33.3}{90} \times \left(\frac{C}{0.98KN \times 1}\right)^3 [hr]에서$$
$$(동적부하용량)C = 2.94KN$$

문제 23

구조는 간단하면서 복잡한 운동을 구현할 수 있는 기계요소로서 내연 기관의 밸브 개폐기구 등에 사용되는 것은?

① 마찰차(friction wheel) ② 클러치(clutch)
③ 기어(gear) ④ 캠(cam)

해설 **캠 장치의 특징**
① 간단한 기구로 복잡한 운동을 얻을 수 있다.
② 전동이 확실하며, 제작이 용이하다.
③ 마찰에 의한 동력 손실이 적다.
④ 내연 기관의 밸브 기구나 인쇄기계 등 각종 자동기계에 사용한다.

해답
21. ③ 22. ① 23. ④

문제 24

축의 자중을 무시하고 회전축의 중심에서 1개의 회전체의 하중에 의해 축의 처짐이 0.01mm 발생하면, 축의 위험속도는 약 몇 rpm인가?

① 4,598rpm ② 6,420rpm
③ 9,458rpm ④ 14,568rpm

해설

$N_c = \frac{30}{\pi}\sqrt{\frac{g}{\delta}}$ 여기서 N_c : 위험회전수[rpm], g:중력가속도, δ:처짐량

$$N_c = \frac{30}{\pi}\sqrt{\frac{g}{\delta}} = \frac{30}{\pi} \times \sqrt{\frac{9{,}800[\frac{mm}{s^2}]}{0.01[mm]}} = 9{,}458rpm$$

문제 25

수압이 2.75MPa이고, 허용인장강도가 49.05MPa이며, 이음 효율이 70%인 강관의 바깥지름은 몇 mm 이상이어야 하는가? (단, 부식 여유는 1mm이고, 강관의 안지름은 580mm이다.)

① 582 ② 629
③ 604 ④ 675

해설

$$(\text{두께})t = \frac{P \times D}{2 \times \sigma_a \times \eta} + c = \frac{2.75 \times 580}{2 \times 50 \times 0.7} + 1 = 23.78mm$$

$$(\text{바깥지름})D_0 = D + 2t = 580 + (2 \times 23.78) = 627.57mm$$

문제 26

4m/s의 속도로 전동하고 있는 벨트의 긴장측의 장력이 1.23kN, 이완측의 장력이 0.49kN라고 하면, 전달하고 있는 동력은 몇 kW 인가?

① 1.55 ② 1.86
③ 2.21 ④ 2.96

해설

$$H_{KW} = \frac{P_e \times V}{1000} = \frac{(T_t - T_s) \times V}{1000} = \frac{(1230 - 490) \times 4}{1000} = 2.96KW ,$$

여기서 (유효장력)$P_e = T_t - T_s$

해답

24. ③ 25. ② 26. ④

문제 27

밴드 브레이크의 긴장측 장력 7.99kN, 두께 2mm, 허용인장응력 78.48 MPa일 때 밴드의 폭은 약 몇 mm 이상이어야 하는가? (단, 이음효율은 100%로 한다.)

① 43 ② 51 ③ 60 ④ 71

해설 $\sigma_a = \frac{T_t}{b\,t\eta}$ 에서 (밴드폭)$b = \frac{T_t}{t\,\sigma_a \eta} = \frac{7990}{2 \times 78.48 \times 1} = 50.9mm$

문제 28

다음 중 운동용 나사에 해당하지 않는 것은?

① 사각 나사 ② 사다리꼴 나사
③ 톱니 나사 ④ 미터 나사

해설 **운동용 나사의 종류**

① **사각나사** : 축방향으로 큰 하중 작용, 교번하중을 받을 때 사용되며 대표적으로 아르멘고드 나사가 있다.
② **사다리꼴 나사(애크미 나사)** : 공작기계의 이송나사미터계 TM나사, Tr나사, 인치계 TW나사가 있다.
③ **톱니 나사** : 한 방향으로만 힘 전달, 나사산각이 α 30°와 45°두 가지가 있다.
④ **너클 나사(둥근나사)** : 먼지와 모래 등이 들어가기 쉬운 곳. 전구나 호스 연결에 사용
⑤ **볼나사** : 수치제어 공작기계의 이송나사, 백래시 발생이 거의 없고 마찰이 작다.

문제 29

두 축의 중심거리 300mm, 속도비가 2:1로 감속되는 외접 원통마찰의 원동차(D_1)와 종동차(D_2)의 지름은 각각 몇 mm 인가?

① D_1 = 600mm, D_2 = 1200mm
② D_1 = 200mm, D_2 = 400mm
③ D_1 = 100mm, D_2 = 200mm
④ D_1 = 300mm, D_2 = 600mm

해설

$$(\text{원동차지름})D_1 = \frac{2C}{1+\frac{1}{\epsilon}} = \frac{2 \times 300}{1+2} = 200mm$$

$$(\text{종동차지름})D_2 = \frac{D_1}{\epsilon} = \frac{200}{\frac{1}{2}} = 400mm$$

해답 27. ② 28. ④ 29. ②

문제 30

마찰에 의하여 회전력을 전달하며 축의 임의의 위치에 보스를 고정할 수 있는 키는?

① 미끄럼키　　② 스플라인
③ 접선키　　④ 원뿔키

해설

원뿔키(cone key)

특수키의 일종으로 원뿔형의 키, 축과 보스에 홈을 파지 않고 보스 구멍을 원뿔모양으로 만들고 일부 3등분할 한 원뿔형의 키를 때려 박아 마찰만으로 회전력을 전한다. 접촉면이 크고 비율이 큰 힘에 견딜 수 있다.

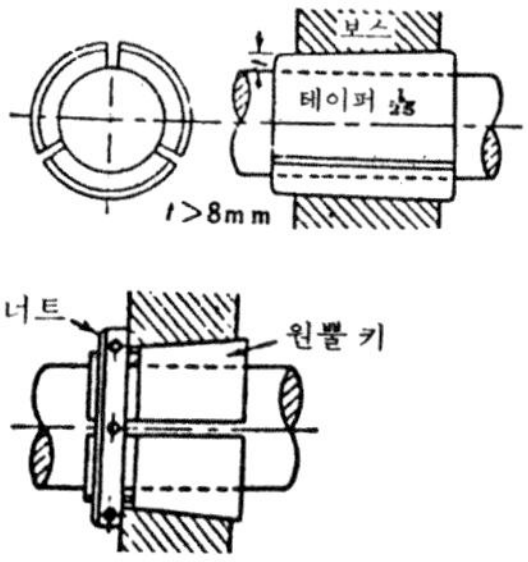

문제 31

동력이 H_{KW}로 주어지고 N[rpm]으로 회전하는 축의 전달 토크식으로 옳은 것은?

① $T=974{,}000\times\frac{H_{KW}}{N}[kgf\cdot mm]$　　② $T=97{,}400\times\frac{H_{KW}}{N}[kgf\cdot mm]$
③ $T=7{,}162{,}000\times\frac{H_{KW}}{N}[kgf\cdot mm]$　　④ $T=716{,}000\times\frac{H_{KW}}{N}[kgf\cdot mm]$

해설

$$T=716200\times\frac{H_{ps}}{N}[Kg_f\cdot mm]=7018760\times\frac{H_{ps}}{N}[N\cdot mm]$$

$$T=974000\times\frac{H_{KW}}{N}[Kg_f\cdot mm]=9545200\times\frac{H_{KW}}{N}[N\cdot mm]$$

문제 32

절단기의 전동모터를 설계할 때 모터의 동력 용량을 최소화하기 위해 요구되는 기계 요소는?

① 플라이 휠　　② 체인
③ 기어　　④ 클러치

해설 ① 플라이 휠: 내연기관과 같은 원동기는 발생되는 에너지는 주기적으로 변한다. 이런 에너지의 변화를 질량이 큰 플라이 휠의 관성력을 이용하여 에너지를 균일하게 만들어 준다.
절단기의 전동모터에서 공급되는 에너지와 절단 작업을 할 때 저항에너지는 불균형 상태가 된다. 원동기로부터 발생하는 에너지가 저항 에너지보다 클 때는 에너지를 플라이 휠에 저장하여 모터 동력을 절약할 수 있다.

해답

30. ④ 31. ① 32. ①

문제 33

회전축의 진동을 고려한 설계의 특징으로 옳지 않은 것은?

① 축의 강성을 증가시키기 위해서는 처짐진동과 비틀림진동을 주로 고려하여야 한다.
② 축의 변형에 의한 진동의 고유진동수와 축의 회전속도가 일치하지 않도록 하여야 한다.
③ 회전축의 회전속도는 위험속도에서 25%이상 벗어나야 한다.
④ 신축에 의한 세로진동(longitudinal vibration)을 주로 고려하여 설계한다.

해설 신축에 의한 세로진동(longitudinal vibration)은 위험성이 적고 굽힘에 의한 가로진동(transverse vibration)과 비틀림진동(torsional vibration)을 고려하여 설계한다.

문제 34

평벨트와 비교할 때 V벨트의 특징으로 옳지 않은 것은?

① 고속운전이 가능하다.
② 운전이 정숙하다.
③ 속도비가 작다.
④ 전동효율이 크다.

해설 **평벨트, V벨트, 체인의 비교**
① **동력 전달 순서** : 체인 > V벨트 > 평벨트
② **속도** : V벨트 > 평벨트 > 체인
③ **축간거리** : 평벨트 > V벨트 > 체인
④ **소음** : 체인 > 평벨트 > V벨트
⑤ **속도비** : V벨트 > 체인 > 평벨트

문제 35

리벳이음과 비교할 때 용접이음의 장점으로 옳은 것은?

① 진동을 쉽게 감쇠시킨다.
② 용접부의 비파괴 검사가 용이하다.
③ 이음효율이 높다.
④ 변형하기 쉽고 잔류응력을 남기지 않는다.

해설 **리벳이음과 비교할 때 용접이음은**
① 용접부는 진동을 쉽게 감쇠시키기 어렵다.
② 용접부의 비파괴 검사가 어렵다.
④ 용접부의 변형하기 쉽고 잔류응력을 발생시킨다.

해답 33. ④ 34. ③ 35. ③

문제 36

베어링에 관한 설명으로 옳지 않은 것은?

① 구름베어링의 기본부하 용량은 33.3rpm으로서 500시간의 수명을 유지할 수 있는 하중을 말한다.
② 구름베어링의 정격수명은 동일조건에서 베어링 그룹의 90%가 피로박리 현상을 일으키지 않고 회전하는 총회전수를 말한다.
③ 미끄럼베어링은 소음 및 진동 발생의 면에서 구름베어링보다 우수하다.
④ 구름베어링은 하중, 속도 등에 의한 영향이 적고 미끄럼 베어링보다 충격 면에서 우수하다.

해설

비고	미끄럼 베어링 (Sliding bearing)	구름 베어링(rolling bearing)
마찰	유막형성이 늦는 경우 구름베어링에 비해 기동토크가 크다. 기름에 의한 미끄럼 마찰이 발생(마찰저항이 크다.)	구름마찰이 발생(마찰저항이 작다.)
형상치수	바깥지름이 작고, 폭이 넓다.	바깥지름이 크고, 폭이 좁다.
내충격성	비교적 강하다.	비교적 약하다.
강성	강성이 적다.	강성이 크다.
진동소음	비교적 작다.	비교적 많다.
고속운전	고속운전이 가능하다.(공진 속도를 지나 운전할 수 있다.)	공진 속도 이내에서 운전해야 한다.
윤활	윤활장치가 복잡하다	비교적 쉽다.
수명	길다.	짧다.
규격	규격화되어 있지 않다.	규격화되어 있다.
제작	규격화되어 있지 않아 자가 제작하는 경우가 많다. 자가 제작할 경우 전문적인 지식이 필요하다.	규격화(표준화) 되어 있어 양산품으로 대량 생산한다.

문제 37

묻힘키에서 전달토크를 T, 키의 높이를 h, 키의 폭을 b, 키의 길이를 l, 축의 직경을 d라고 할 때, 키에 발생하는 전단응력 τ는?

① $\tau = \frac{4T}{(l-b)d}$　② $\tau = \frac{2T}{(l-b)d}$　③ $\tau = \frac{2T}{bld}$　④ $\tau = \frac{4T}{bld}$

해설

(키의 전단응력)$\tau_{key} = \frac{2 \times T}{b \times l \times d_s}$

(키의 압축응력)$\sigma_{key} = \frac{4 \times T}{h \times l \times d_s}$

여기서 T: 전달토크, d_s : 축지름, b : 키의 폭, l : 키의 길이, h : 키의 높이

해답

36. ④ 37. ③

문제 38

축방향과 축에 직각인 하중을 동시에 지지하는 베어링은?

① 레이디얼 베어링 ② 테이퍼 롤러 베어링
③ 피벗 베어링 ④ 트러스트 베어링

해설

피벗 베어링
하중방향에 따라 분류하면 트러스트 베어링이다

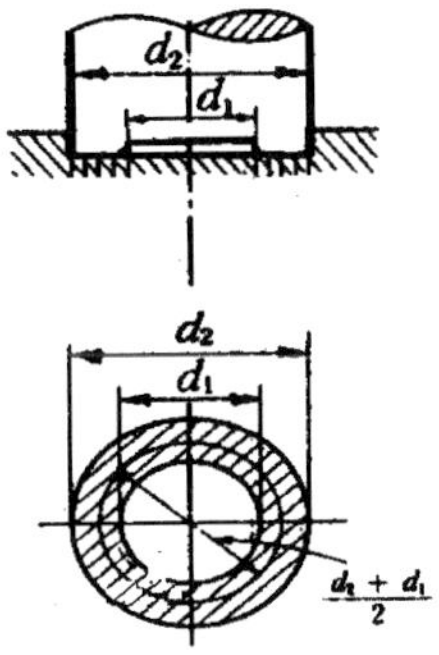

테이퍼 롤러 베어링
축방향과 축에 직각인 하중을 동시에 지지하는 베어링

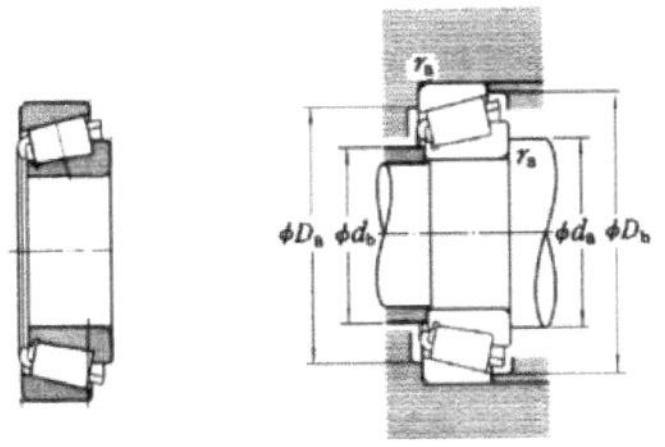

문제 39

베어링메탈의 구비조건으로 옳지 않은 것은?

① 마찰및 마멸이 작아야 한다.
② 축재질보다 면압강도가 작고 연성이 낮아야한다.
③ 열전도율이 높아야 한다.
④ 하중에 견딜 수 있도록 충분한 강도와 강성을 가져야 한다.

해설 베어링 메탈은 축재질보다 압축강도가 크고 연성이 커야 한다.

문제 40

두께 5mm인 강판을 지름 10mm인 리벳을 사용하여 1줄겹치기 이음으로 결합하려고 할 때 결합효율을 최적으로 할 수 있는 리벳의 피치[mm]는? (단, 강판의 허용인장응력은 60MPa이고 리벳의 허용전단응력은 80MPa이다)

① 11 ② 21
③ 31 ④ 41

해설

$$(피치)p = \frac{\tau_r \times \pi \times d^2 \times n}{4 \times \sigma_t \times t} + d = \frac{80 \times \pi \times 10^2 \times 1}{4 \times 60 \times 5} + 10 = 30.933 ≒ 31mm$$

해답

38. ② 39. ② 40. ③

제3과목 기계재료 및 측정

문제 41

선반작업을 할 때 절삭 속도를 v(m/min), 원주율을 , 회전수를 n(rpm)이라고 할 때 일감의 지름 d(mm)를 구하는 식은?

① $d=\frac{\pi \cdot n \cdot v}{1,000}$ ② $d=\frac{\pi \cdot n}{1,000v}$

③ $d=\frac{1,000}{\pi \cdot n \cdot v}$ ④ $d=\frac{1,000v}{\pi \cdot n}$

해설 (절삭속도) $V=\frac{\pi \times d \times N}{1000}[m/\min]$,

(지름) $d=\frac{V \times 1000}{\pi \times N}[mm]$

문제 42

다음 중 가공물이 회전운동하고 공구가 직선이송 운동을 하는 공작기계는?

① 선반 ② 보링 머신

③ 플레이너 ④ 핵 쏘잉 머신

해설 ① 선반:가공물이 회전운동, 공구가 직선이송운동

② 보링 머신:공구가 회전운동, 가공물이 직선이송운동

③ 플레이너:가공물이 직선왕복운동, 공구가 직선이송운동

④ 핵 쏘잉 머신(유압식톱기계): 공구가 궤도를 따라 회전운동, 일감고정

문제 43

트위스트 드릴의 각부에서 드릴 홈의 골부위(웨브두께)를 측정하기에 가장 적합한 것은?

① 나사 마이크로미터 ② 포인트 마이크로미터

③ 그루브 마이크로미터 ④ 다이얼 게이지 마이크로미터

해설 **포인트 마이크로미터(Point Micrometers)** : 스핀들과 앤빌의 측정면이 뾰족한 마이크로미터로서 드릴홈의 골부위(웨브두께), 나사의 골지름 측정에 사용된다.

해답

41. ④ 42. ① 43. ②

문제 44

한계 게이지의 특징이라고 볼 수 없는 것은?

① 제품의 실제치수를 알 수 없다.
② 조작이 어렵고 숙련이 필요하다.
③ 대량측정에 적합하고 합격, 불합격의 판정이 용이하다.
④ 측정치수가 결정됨에 따라 각각 통과측, 정지측의 게이지가 필요하다.

해설 **한계 게이지(공차 게이지)의 특징**

① 공차게이지로서 공차범위가 맞는지만 확인 가능하며 제품의 실제치수는 알 수 없다.
② 측정 방법은 통과 측, 정지 측의 게이지가 필요하여 공작물을 통과시켜 봄으로써 공차범위에 들어가는지 알 수 있기 때문에 대량 측정에 적합하고, 합격 및 불합격의 판정이 용이하다.
③ 조작이 쉽고 숙련을 요하지 않는다.

문제 45

나사측정의 대상이 되지 않는 것은?

① 피치
② 리드각
③ 유효지름
④ 바깥지름

해설 리드각(=나선각)은 계산에 의해 구해진다.

$$(\text{리드각})\lambda = \tan^{-1}\left(\frac{\text{리드}}{\pi \times \text{유효지름}}\right)$$

문제 46

밀링커터의 날수가 4개, 한날 당 이송량이 0.15mm, 밀링커터의 지름이 25mm이고 절삭속도가 40m/min일 때, 테이블의 이송속도는 약 몇 mm/min인가?

① 156
② 246
③ 306
④ 406

해설

$$(\text{절삭 속도})\ V = \frac{\pi dN}{1000},\quad 40 = \frac{\pi \times 25 \times N}{1000},\quad (\text{분당회전수})N = 509[rpm]$$

$$(\text{테이블의 이송 속도})\ f = f_z \cdot Z \cdot n = 0.15 \times 4 \times 509.295 = 305.577\,[mm/\min]$$

해답

44. ① 45. ② 46. ③

문제 47

형상공차의 측정에서 진원도의 측정 방법이 아닌 것은?

① 강선에 의한 방법　② 직경법에 의한 방법
③ 반경법에 의한 방법　④ 3점법에 의한 방법

해설 **진원도 측정방법**
① 지름법(직경법), ② 반지름법(반경법), ③ 3점법

문제 48

KS 규격에 따른 회 주철품의 재료 기호는?

① WC　② PBC　③ BCD　④ GC

해설 PBC : 인청동 주물
GC : 회주철품
SC : 탄소 주강품
BMC : 흑심 가단 주철품
WMC : 백심 가단 주철품
GCD : 구상 흑연 주철품

문제 49

다음 주철 중 인장강도가 가장 낮은 것은?

① 백심가단주철　② 구상흑연주철
③ 보통주철　④ 흑심가단주철

해설
① 백심가단주철 : 인장강도 $36[\frac{Kg_f}{mm^2}]$

② 구상흑연주철 : 인장강도 $55[\frac{Kg_f}{mm^2}]$

③ 보통주철(회주철) : 인장강도 $25[\frac{Kg_f}{mm^2}]$ 이하

④ 흑심가단주철 : 인장강도 $35[\frac{Kg_f}{mm^2}]$

문제 50

다음 담금질 조직 중에서 경도가 가장 큰 것은?

① 페라이트　② 펄라이트
③ 마텐자이트　④ 트루스타이트

해답

47. ①　48. ④　49. ③

해설 담금질 조직의 경도 순서
마텐자이트 > 트루스타이트 > 소르바이트 > 펄라이트 > 오스테나이트

문제 51

담금질한 강에 인성을 증가시키고 경도를 감소시키기 위하여 강을 A_1점 이하의 온도로 다시 가열하여 인성을 증가시키는 열처리를 무엇이라 하는가?

① 하드페이싱 ② 숏피닝
③ 질화법 ④ 뜨임

해설
- **뜨임(Tempering)** : 담금질강에 인성 부여 내부 응력 제거, 서냉 또는 공냉
- **담금질(Quenching)** : 강의 강도 및 경도 증대(단단하게 하기 위함=경화), 급냉
- **풀림(Annealing)** : 내부 응력 제거, 재질 연화, 서냉
- **불림(Normalizing)** : 표준화, 결정조직을 미세화(균일화), 공냉

문제 52

다음 중 일반적인 청동합금의 주요 성분은?

① Cu–Sn ② Cu–Zn
③ Cu–Pb ④ Cu–Ni

해설 ① 황동 : 구리(Cu)+아연(Zn)
② 청동 : 구리(Cu)+주석(Sn)

문제 53

다음 기계재로 중 용광로(고로)에서 대량으로 제조되는 것은?

① 구리 ② 선철
③ 주철 ④ 탄소강

해설 ① 용광로(blast furnace 고로) : 철광석을 용광로에서 제련하여 선철(주철)을 제조하는 로
② 제강로 : 선철에서 불순물을 제거하는 정련과정을 거쳐 강을 만드는 로. 제강로에는 평로 제강법, 전로 제강법, 전기로 제강법 등이 있다.
③ 용선로(cupola) : 선철(주철)을 용해해서 쇳물을 만드는 로

해답 50. ③ 51. ④ 52. ① 53. ②

문제 54

냉간 가공과 열간 가공을 구별할 수 있는 온도를 무슨 온도라고 하는가?

① 포정 온도　② 공석 온도
③ 공정 온도　④ 재결정 온도

해설 재결정 온도는 열간가공과 냉간가공을 구분하는 온도이다.

문제 55

샤르피 충격시험기는 어떤 에너지를 이용하여 충격시험을 하는 것인가?

① 위치 에너지　② 열 에너지
③ 마찰 에너지　④ 전기 에너지

해설 샤르피 충격시험기는 충격 전의 해머의 높이와 충격 후의 해머의 높이차를 이용한 충격값을 측정하는 것으로 즉, 위치에너지 차이를 이용한 측정시험기이다.

문제 56

수나사의 유효지름 측정법이 아닌 것은?

① 삼침법에 의한 측정
② 공구현미경에 의한 측정
③ 나사 마이크로미터에 의한 측정
④ 블레이드 마이크로미터에 의한 측정

해설 **수나사의 유효지름 측정법**
ⓐ 삼침법에 의한 측정
ⓑ 공구현미경에 의한 측정
ⓒ 나사 마이크로미터에 의한 측정
ⓓ 투영기에 의한 측정

문제 57

다음 중 측정에서 우연오차를 최소로 하는 방법으로 가장 적절한 것은?

① 환경 오차를 줄인다.
② 이론적인 오차를 줄인다.
③ 기기 오차가 작은 것을 사용한다.
④ 반복 측정하여 평균값을 사용한다.

해설 보정이 되지 않는 오차로 반복 측정하여 평균값을 사용하면 우연오차를 최소로 할수 있다.

해답

54. ④　55. ①　56. ④　57. ④

문제 58

피로시험에서 구한 S-N곡선에서 "S"와 "N" 은 무엇인가?

① S: 최대 응력 N:반복횟수
② S: 평균 응력 N:노치갯수
③ S: 응력 진폭 N:반복횟수
④ S: 최대 응력 N:노치개수

해설 피로시험에서 구한 S-N곡선에서 S는 응력진폭와 N은 반복 횟수이다.

문제 59

로크웰 경도시험기 C스케일의 압입자는?

① 지름 1/16인치 강철볼
② 꼭지각 60° 다이아몬드 원뿔형
③ 꼭지각 120° 다이아몬드 원뿔형
④ 꼭지각 136° 다이아몬드 원뿔형

해설
- **로크웰 경도시험기의 C스케일** : 꼭지각 120° 다이아몬드 원뿔형
- **로크웰 경도시험기의 B스케일** : Ball의 지름1.588$[mm] = \frac{1}{16}[inch]$의 구를 사용한다.
- **비커스 경도시험기** : 꼭지각136° 다이아몬드 사각뿔(피라미드형태)
- **브리넬 경도시험기** : 1mm, 2.5mm, 5mm, 10mm의 강구

문제 60

V블록을 함께 사용하여 진원도를 측정할 수 있는 것은?

① 광선 정반 ② 다이얼 게이지
③ 오토콜리메이터 ④ 버니어 캘리퍼스

해설 진원도 측정 방법 중 3점법으로 V블록과 다이얼 게이지가 사용된다.

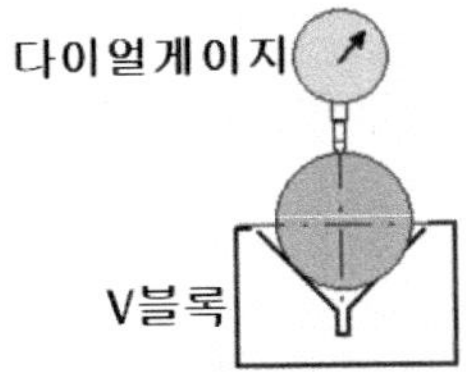

해답

58. ③ 59. ③ 60. ②

기계설계산업기사

2023년 1회 CBT 시행

본 문제는 복원 기출문제입니다. 실제 문제와 다를 수 있으니 양해바랍니다.

제1과목 기계제도

문제 01

물품의 일부를 파단한 곳을 표시하는 선 또는 끊어낸 부분을 표시하는 선으로 불규칙한 파형의 가는 실선은?

① 절단선
② 파단선
③ 해칭선
④ 파선

해설 ① **절단선** : 단면도에서 가는 일점쇄선을 나타내면 꺾어지는 부분과 끝부분은 굵은 실선으로 나타낸다.
② **파단선** : 대상물의 일부를 파단한 경계 또는 일부를 떼어 낸 경계를 표시할 때 가는 실선으로 나타낸다.
③ **해칭선(Hatch)** : 단면도에서 물체의 절단면을 나타내는 선으로 가는 실선으로 나타낸다.
④ **파선** : 숨은선으로 나타낼 때 사용된다. 굵은 파선, 또는 가는 파선으로 나타낸다.

문제 02

그림과 같은 물체를 제3각법으로 투상하여 정면도, 평면도, 우측면도로 나타냈을 때 가장 적합한 것은?

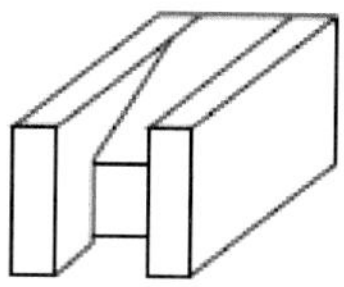

①
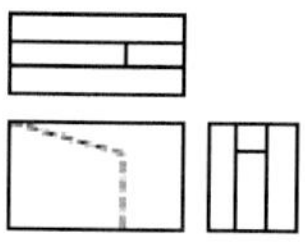

②
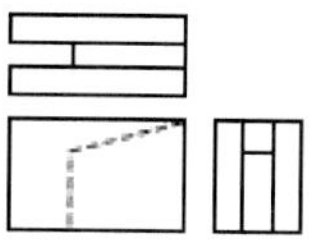

③
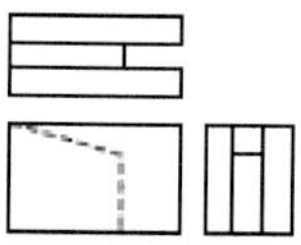

④
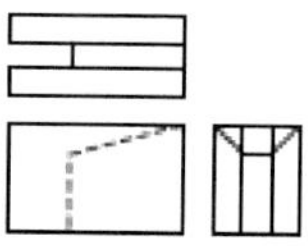

해답

01. ②

해설

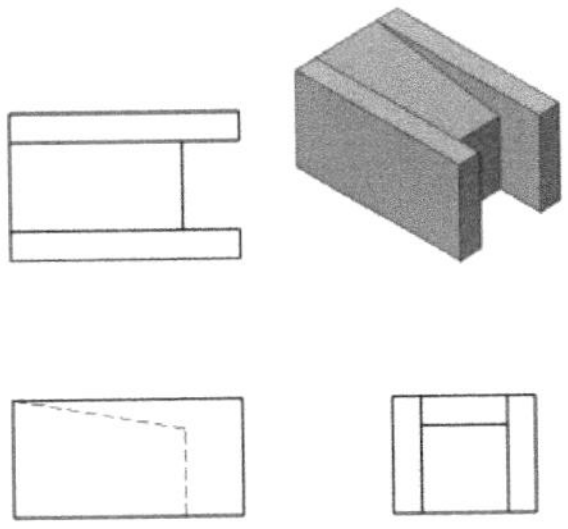

문제 03

다음 그림에서 지시선에 기입된 12-7 드릴과 2-3 드릴은 무엇을 뜻하는가?

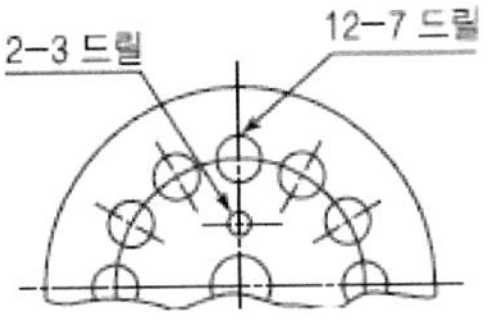

① 지름 7mm의 구멍 12개와 지름 3mm의 구멍 2개를 각각 드릴로 뚫는다.
② 지름 12mm의 구멍 7개와 지름 2mm의 구멍 3개를 각각 드릴로 뚫는다.
③ 지름 12mm 깊이 7mm 의 구멍과, 지름 2mm 깊이 3mm의 구멍을 1개씩 각각 뚫는다.
④ 지름 12mm의 구멍을 7mm 간격으로, 지름 2mm의 구멍을 수평중심선을 대칭으로 하여 3mm 간격으로 뚫는다.

해설 ① 2-3 드릴 : 구멍 2개를 지름 3mm의 드릴로 뚫는다.
② 12-7 드릴 : 구멍 12개를 지름 7mm의 드릴로 뚫는다.

문제 04

다음 중 가상선을 사용하는 경우에 해당하지 않는 것은?

① 도시된 단면의 앞쪽에 있는 부분을 나타내는 경우
② 되풀이하는 것을 나타내는 경우
③ 가공 전 또는 가공 후의 모양을 나타내는 경우
④ 위치 결정의 근거가 된다는 것을 명시하는 기준선을 타나내는 경우

해설 **가상선의 용도**
① 가공 전 또는 가공 후의 모양을 나타낼 때
② 조립 전 또는 조립 후의 모양을 나타낼 때
③ 공구, 지그 등의 위치를 나타낼 때

해답

02. ③ 03. ① 04. ④

④ 인접 부품을 참고로 표시할 때
⑤ 되풀이 하는 것을 나타낼 때
⑥ 단면된 앞쪽에 있는 부분을 표시할 때

문제 05

최대 허용 치수 50.007mm, 최소 허용 치수 49.982mm, 기준치수 50.000mm 일 때 위 치수 허용차, 아래 치수 허용차는? [순서대로 (위 치수 허용차) (아래 치수 허용차)]

① + 0.007mm − 0.018mm
② − 0.007mm + 0.018mm
③ − 0.025mm + 0.007mm
④ + 0.025mm - 0.018mm

해설 **치수 허용차**

① 위 치수 허용차 : 최대 허용 치수−기준치수=50.007−50.000= +0.007mm
② 아래 치수 허용차 : 최소 허용 치수−기준치수=49.982−50.000=−0.018mm

$$50^{+0.007}_{-0.018}$$

문제 06

표면의 결을 도시할 때 제거가공을 허용하지 않는다는 것을 지시하는 기호는?

① 
② 

③ 
④ 

해설

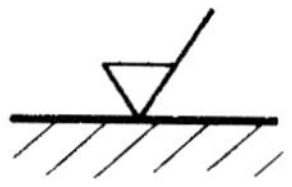	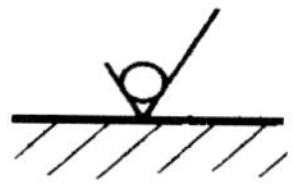	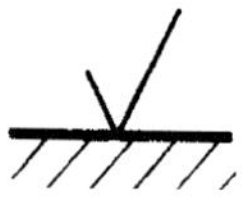
제거가공 허용	제거가공 허용 않음	제거가공 여부를 문제삼지 않음

해답

05. ① 06. ①

문제 07

〈그림〉과 같이 두 원기둥이 만나는 상관체의 정투상도에서 상관선은 어느 것인가?

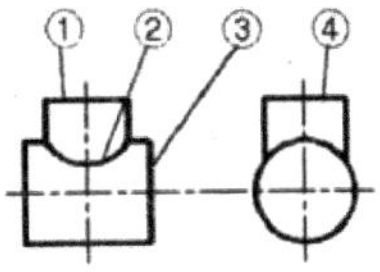

① ①　　② ②
③ ③　　④ ④

해설 ② 두 원호가 만나기 때문에 상관선을 원호로 나타낸다.

문제 08

그림과 같이 핸들이나 바퀴 등의 암 및 림, 리브, 훅, 축, 구조물의 부재 등을 타나낼 때 사용할 수 있는 단면도는?

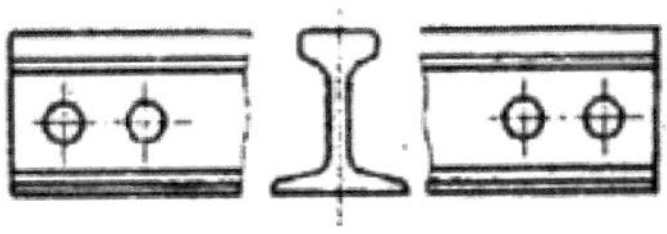

① 온 단면도　　② 한쪽 단면도
③ 계단 단면도　　④ 회전도시 단면도

해설

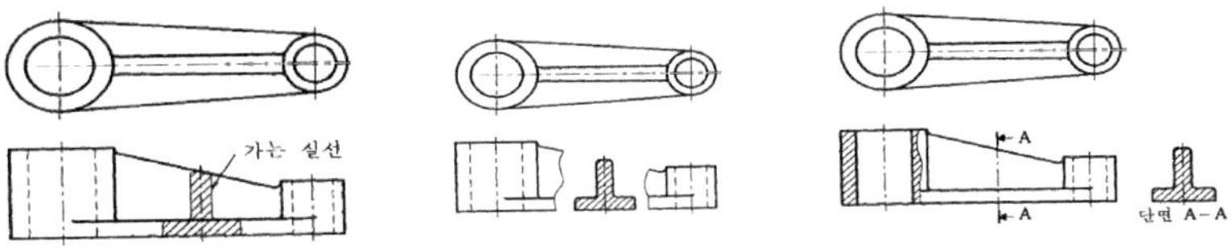

문제 09

나사가 "M50×2-6H"로 표시되었을 때 이 나사에 대한 설명 중 틀린 것은?

① 미터 가는 나사이다.　　② 왼 나사이다.
③ 피치 2mm이다.　　④ 암나사 등급 6이다.

해설 M50×2-6H
왼나사로 표시되지 않으면 오른나사,
줄 수가 표시되지 않으면 한줄 나사
미터 가는나사 호칭이 50mm, 피치 2mm,
암나사 공차위치 H, 등급 6급

해답

07. ②　08. ④　09. ②

문제 10

KS 재료기호 "SM 10C"에서 10C는 무엇을 의미하는가?

① 최저 인장강도　　② 탄소 함유량
③ 제작 방법　　④ 종별 번호

해설 SM 10C
① SM : 기계구조용 탄소강재
② 10C : 탄소 함유량 (0.08 ~ 0.12%) $\frac{0.08+0.12}{2}=0.1\%$

문제 11

그림과 같은 도면의 기하공차 설명으로 가장 적합한 것은?

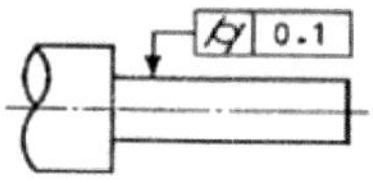

① 대상으로 하고 있는 원통의 축선은 ø0.1mm의 원통 안에 있어야 한다.
② 대상으로 하고 있는 면은 0.1mm만큼 떨어진 두 개의 동축 원통면 사이에 있어야 한다.
③ 대상으로 하고 있는 원통의 축선은 0.1mm만큼 떨어진 두 개의 평행한 평면 사이에 있어야 한다.
④ 대상으로 하고 있는 면은 0.1mm만큼 떨어진 두 개의 평행한 평면 사이에 있어야 한다.

해설 **원통도** : 대상으로 하고 있는 면은 0.1mm 만큼 떨어진 두 개의 동축 원통면 사이에 있어야 한다.

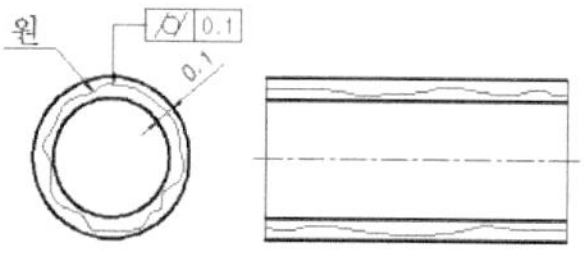

문제 12

나사의 도시법을 설명한 것으로 틀린 것은?

① 수나사의 바깥지름과 암나사의 골지름은 굵은 실선으로 표시한다.
② 완전 나사부의 및 불완전 나사부의 경계선은 굵은 실선으로 표시한다.
③ 보이지 않는 나사부분은 가는 파선으로 표시한다.
④ 수나사 및 암나사의 조립 부분은 수나사 기준으로 표시한다.

해설 수나사의 바깥지름과 암나사의 산지름(안지름)은 굵은 실선으로 표시한다.
수나사의 골지름, 암나사의 골지름(바깥지름)은 가는 실선으로 표시한다.

해답

10. ②　11. ②　12. ①

문제 13

기어의 부품도는 그림과 병용하여 항목표를 작성하는데 표준 스퍼 기어와 헬리컬 기어 항목표에 모두 기입하는 것은?

① 리드 ② 비틀림 방향
③ 비틀림 각 ④ 기준 래크 압력각

해설 • **헬리컬기어의 요목표에만 있는 것** : ㉮ 리드 ㉯ 비틀림 방향 ㉰ 비틀림 각
• **스퍼기어, 헬리컬기어 요목표 같이 있는 것** : 모듈, 잇수, 피치원지름, 기준 래크 압력각, 전체이높이, 다듬질방법, 정밀도

문제 14

그림과 같은 부등변 형강의 치수 표시 기호로 옳은 것은?

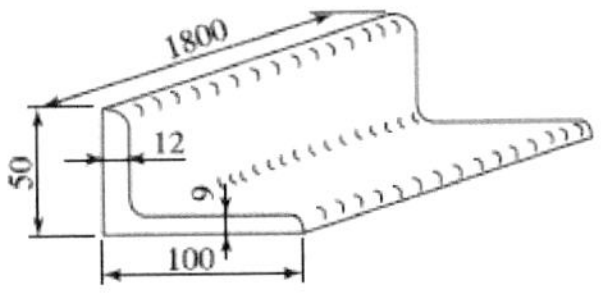

① L 1800−50×100×9×12 ② L 1800−50×100×12×9
③ L 50×100×9×12−1800 ④ L 50×100×12×9−1800

해설 **형강의 치수기입법**
[형상 높이×나비×두께−길이]
• L형강 : L H×B×t_1×t_2−l [형상 높이×나비×두께1×두께2−길이]
• L 50×100×12×9−1800

문제 15

이미 정의된 두 개 이상의 곡면을 부드럽게 연결하는 곡면 처리를 무엇이라 하는가?

① 블랜딩(blending) ② 셰이딩(shading)
③ 스키닝(skinning) ④ 리드로잉(redrawing)

해설 ① **블랜딩(blending)** : 이미 정의된 두 곡면을 매끄럽게 연결하는 것
② **셰이딩(shading, 음영 처리)** : 3차원 모델링에서 랜더링 과정에서 빛의 거리와 각도에 따라 물체 표면의 조도를 변화시키는 기법
③ **스키닝(skinning)** : 원하는 경로상에 여러 개의 단면 형상을 위치시키고 이를 덮어 싸는 입체를 형성

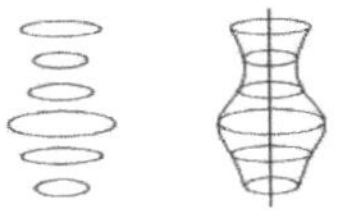

해답 13. ④ 14. ④ 15. ①

④ **리드로잉(redrawing)** : 도면을 다시 그리는 작업
⑤ **스위핑(Sweeping)** : 하나의 2차원 단면형상(profile)을 입력하고 이를 안내곡선을 따라 이동시켜 입체를 생성, 주로 환기구의 닥터를 모델링할 때 사용되는 곡선이다.
⑥ **리메싱(remeshing)** : 종방향의 배열이 맞지 않는 데이터를 오와 열의 배열이 가지런한 형태의 곡면 입력점을 새로이 구해내는 절차
⑦ **스무딩(smoothing=fairness)** : 표현된 곡면의 심한 굴곡면을 평활한 곡면으로 재계산하는 것
⑧ **필리팅(filleting)** : 연결부위를 일정한 반지름을 갖도록 하는 것

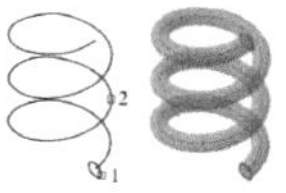

문제 16

그림과 같이 2개의 경계곡선(위 그림)에 의해서 하나의 곡면(아래 그림)을 구성하는 기능을 무엇이라고 하는가?

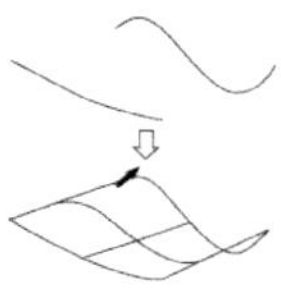

① revolutiont ② twist
③ loft ④ extrude

해설 **로프트(Loft)** : 2개의 경계곡선에 의해 하나의 곡면 구성

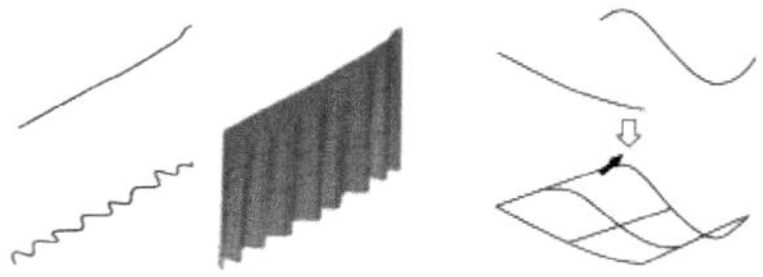

문제 17

동차좌표를 이용하여 2차원 좌표를 p=[x, y, 1]으로 표현하고, 동차변환 매트릭스 연산을 P' = pT 로 표현할 때 다음 변환 매트릭스의 설명으로 옳은 것은?

$$T = \begin{bmatrix} 1 & 0 & 0 \\ 0 & 1 & 0 \\ 1 & 1 & 1 \end{bmatrix}$$

① x축으로 1만큼 이동
② y축으로 1만큼 이동
③ x축으로 1만큼, y축으로 1만큼 이동
④ x축으로 2만큼, y축으로 2만큼 이동

해설 **이동 변환(Translation)**

$$[x' \; y' \; 1] = [x \; y \; 1] \begin{bmatrix} 1 & 0 & 0 \\ 0 & 1 & 0 \\ a & b & 1 \end{bmatrix} = [x+a, \; y+b, \; 1]$$

여기서 a : x 방향 이동하는 값, b: y 방향으로 이동하는 값

해답

16. ③ 17. ③

문제 18

그림과 같이 곡면 모델링 시스템에 의해 만들어진 곡면을 불러들여 기존 모델의 평면을 바꿀 수 있는데, 이를 무엇이라고 하나?

① 네스팅(nesting)
② 트위킹(tweaking)
③ 돌출하기(extruding)
④ 스위핑(sweeping)

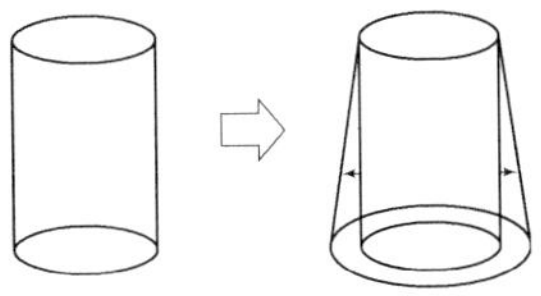

해설 트위킹(tweaking) : 곡면 모델링 시스템에 의해 만들어진 곡면을 불러들여 기존 모델의 평면을 바꿀 수 있는 기법. 예를 들어 실린더 형상에 구배(draft angle)를 주어 실린더 곡면을 원추 곡면으로 만들어 주는 방법

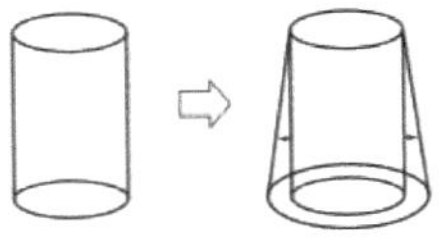

문제 19

다음 모델링 기법 중에서 숨은선 제거가 불가능한 모델링 기법은?

① CSG 모델링
② B-rep 모델링
③ Wire Frame 모델링
④ Surface 모델링

해설 와이어프레임 모델링(Wire Frame Modeling): 선으로 이루어진 모델링 기법으로 단면처리, 은선 제거, 실루엣 처리가 되지 않는다. 하지만 데이터가 적고 신속하게 모델링할 수 있는 장점이 있다.

문제 20

다음 중 틈새가 가장 적은 헐거운 끼워맞춤은?

① ø 20 H7/g6
② ø 20 H7/f6
③ ø 20 H7/p6
④ ø 20 H7/t6

해설

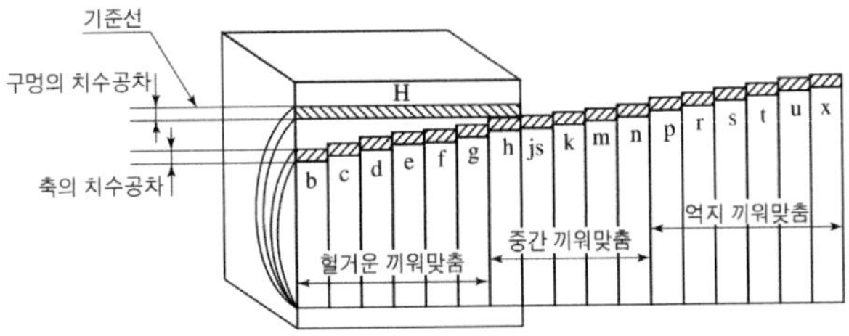

해답 18. ② 19. ③ 20. ①

제2과목 기계요소설계

문제 21

M22볼트(골지름 19.294mm)가 그림과 같이 2장의 강판을 고정하고 있다. 체결 볼트의 허용전단응력이 39.25MPa라 하면 최대 몇 kN까지의 하중을 받을 수 있는가?

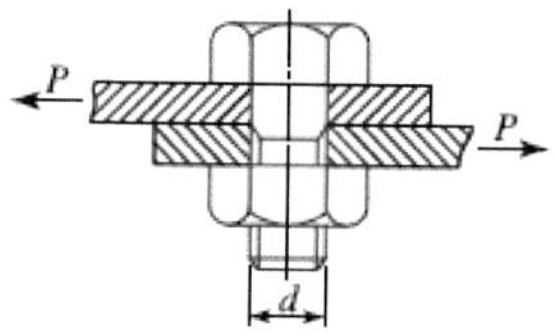

① 3.21 ② 7.54
③ 11.48 ④ 22.96

해설 (전단응력) $\tau = \dfrac{P}{\frac{\pi}{4}d_1^2}$, $39.25 = \dfrac{P}{\frac{\pi}{4} \times 19.294^2}$ 에서

(전단력) $P = 11475.56N = 11.48KN$

문제 22

중공축의 안지름과 바깥지름의 비를 $x(<1)$라 할 때, 동일한 비틀림 모멘트에 대해서 동일한 비틀림 응력이 발생하기 위한 중실축 지름(d)과 중공축의 바깥지름(d_2)의 비 d_2/d는? (단, 중실축과 중공축의 재질은 같다.)

① $\sqrt[3]{1-x^4}$ ② $\sqrt[4]{1-x^4}$ ③ $\dfrac{1}{\sqrt[3]{1-x^4}}$ ④ $\dfrac{1}{\sqrt[4]{1-x^4}}$

해설

중실축의 경우 $T = \tau_a \cdot Z_p = \tau_a \times \dfrac{\pi D^3}{16}$ ……………… ①식

(비틀림전단응력) $\tau_a = \dfrac{16T}{\pi d^3}$ ……………… ①′식

중공축의경우 $T = Z \cdot Z_p = \tau_a \times \dfrac{\pi D_2^3}{16}(1-x^4)$ …………… ②식

(비틀림전단응력) $\tau_a = \dfrac{16T}{\pi d_2^3(1-x^4)}$ ……………… ②′식

$$\frac{①'식}{②'식} = 1 = \frac{\frac{1}{d^3}}{\frac{1}{d_2^3 \times (1-x^4)}} = \frac{d_2^3 \times (1-x^4)}{d^3}, \quad \frac{d_2}{d} = \frac{1}{\sqrt[3]{1-x^4}}$$

해답

21. ③ 22. ③

문제 23

그림과 같은 스프링 장치에서 W = 150 N의 하중을 매달면 처짐은 몇 cm가 되는가? (단, 스프링 상수 k_1 = 20N/cm, k_2 = 40N/cm 이다.)

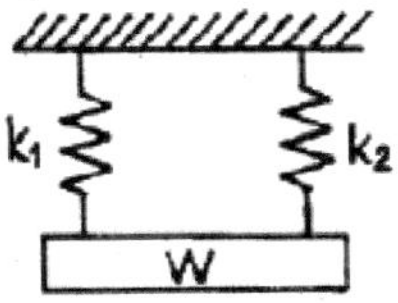

① 1.25
② 2.50
③ 5.68
④ 11.25

해설

$$(\text{등가스프링상수})k_{eq} = k_1 + k_2 = 60[\frac{N}{cm}]$$

$$(\text{처짐량})\delta = \frac{W}{k_{eq}} = \frac{150}{60} = 2.5cm$$

문제 24

800rpm으로 회전하고 1kN의 하중을 받고 있는 단열 레이디얼 볼베어링의 수명이 20,000시간이라 하면, 다음 중 어느 베어링을 사용하는 것이 가장 적당한가? (단, C는 기본 동정격하중이다.)

① 6202 (C = 6kN)
② 6203 (C = 8kN)
③ 6205 (C = 10kN)
④ 6206 (C = 15kN)

해설

$$L_h = 500 \times \frac{33.3}{N} \times \left(\frac{c}{P_a}\right)^r, 20000 = 500 \times \frac{33.3}{800} \times \left(\frac{c}{1000}\right)^3,$$

$$(\text{기본동적격 하중})c = 9970N = 9.97KN$$

문제 25

단식 블록 브레이크에서 브레이크 드럼의 지름이 450mm, 블록을 브레이크 드럼에 밀어 붙이는 힘이 1.96kN인 경우 브레이크 드럼에 작용하는 제동 토크는 몇 N · m 인가? (단, 마찰계수는 0.2이다.)

① 52.4
② 88.2
③ 176.4
④ 441.0

해설

$$T = \mu P \times \frac{D}{2} = 0.2 \times 1.96 \times 10^3 \times \frac{0.45}{2} = 88.2[N\,m]$$

해답

23. ② 24. ③ 25. ②

문제 26

압력각이 20° 인 표준 스퍼기어에서 언더컷을 방지하기 위한 이론적인 최소 잇수는 몇 개 인가?

① 17 ② 25
③ 30 ④ 32

해설 **언더컷의 최소잇수**

압력각(α)	20°	14.5°
이론적 한계잇수	$Z_e=17$개 이하면 언더컷 발생	$Z_e=32$개 이하면 언더컷 발생
실용적 한계잇수	$Z_e=14$개 이하면 언더컷 발생	$Z_e=26$개 이하면 언더컷 발생

문제 27

인장 하중과 압축 하중이 교대로 반복하여 작용하는 하중으로 크기와 방향이 동시에 변화하는 하중은?

① 반복하중 ② 교번하중
③ 충격하중 ④ 전단하중

해설 **하중을 작용 속도에 따라 분류하면**

㉮ 정하중 : 정지상태에서 가해지는 하중, 시간에 따라 하중의 변화가 발생하지 않는 하중

㉯ 동하중 : 움직이면서 가해지는 하중

㉠ 반복하중 : 일전한 주기 및 진폭으로 반복하여 계속 작용하는 하중으로 편진하중이다(압축이든, 인장이든 한쪽 하중만 발생한다)

㉡ 교번하중 : 인장 하중과 압축 하중이 교대로 반복하여 작용하는 하중으로 크기와 방향이 동시에 변화하는 하중

㉢ 충격하중 : 짧은 시간에 순간적으로 작용하는 하중

문제 28

다음 중 다른 전동방식과 비교하여 체인전동방식의 일반적인 특징에 해당하지 않는 것은?

① 미끄럼이 없는 일정한 속도비를 얻을 수 있다.
② 초장력이 필요 없으므로 베어링의 마멸이 적다.
③ 고속회전에 적당하다.
④ 전동 효율이 95% 이상으로 좋다.

해답

26. ① 27. ②

해설 **체인 전동의 특징**

① 미끄럼이 없어 속도비를 일정하게 얻을 수 있다.
② 초기장력을 줄 필요가 없으므로 정시 시에 장력이 작용하지 않는다.
③ 체인은 길이를 조정할 수 있고 다축을 동시에 구동할 수 있다.
④ 내열, 내유, 내습성이 강하다.
⑤ 큰 동력을 전달할 수 있고 전동효율도 95% 이상이다.
⑥ 체인의 탄성으로 어느 정도의 충격하중을 흡수할 수 있다.
⑦ 유지 및 수리가 용이하고 수명이 길다.
⑧ 마모가 생길 경우 스프로킷 휠의 이와 롤러의 물림상태가 이의 끝 쪽으로 이동하므로 전동 기구는 변화가 없어 효율이 거의 저하되지 않는다.
⑧ 마멸된 체인에서는 진동과 소음이 많이 나므로 고속회전에는 부적당하고, 회전각의 전달도 정확하지 못하다.
⑨ 초기장력이 필요 없으므로 베어링의 마찰손실이 적다.
⑩ 윤활이 필요하다.

문제 29

직경 500mm인 마찰차가 350rpm의 회전수로 동력을 전달한다. 이 때 바퀴를 밀어붙이는 힘이 1.96kN일 때 몇 kW의 동력을 전달할 수 있는가? (단, 접촉부 마찰계수는 0.35로 하고, 미끌림은 없다고 가정한다.)

① 4.5　　② 5.1
③ 5.7　　④ 6.3

해설

$$H_{KW} = \frac{\mu P V}{1000} = \frac{0.35 \times 2000 \times 9.16}{1000} = 6.412KW$$

$$(\text{속도})V = \frac{\pi D N}{60 \times 1000} = \frac{\pi \times 500 \times 350}{60 \times 1000}[\frac{m}{s}] = 9.16[\frac{m}{s}]$$

문제 30

판의 두께 12mm, 리벳의 지름 19mm, 피치50mm 인 1줄 겹치기 리벳 이음을 하고자 한다. 한 피치 당 12.26kN의 하중이 작용할 때 생기는 인장응력과 리벳이음의 판의 효율은 각각 얼마인가?

① 32.96MPa, 76%　　② 32.96MPa, 62%
③ 16.95MPa, 76%　　④ 16.98MPa, 62%

해설

$$(\text{강판의 인장응력})\sigma_t = \frac{W_P}{(p-d) \times t} = \frac{12.26 \times 10^3}{(50-19) \times 12} = 32.96MPa$$

$$(\text{강판의효율})\eta_t = 1 - \frac{d}{p} = 1 - \frac{19}{50} = 0.62 = 62\%$$

해답

28. ③　29. ④　30. ②

문제 31

비틀림 모멘트 T와 이것의 두 배 크기의 굽힘 모멘트M(= 2T)을 동시에 받고 있는 중실축(solid shaft)에 발생하는 최대 전단응력은 비틀림 모멘트 T만 받고 있을 때 발생하는 최대 전단응력의 몇 배인가?

① $\sqrt{2}$　② $\sqrt{3}$
③ 2　④ $\sqrt{5}$

해설 $T_e = \sqrt{M^2 + T^2} = \sqrt{(2T)^2 + T^2} = T\sqrt{5}$

$$\frac{\tau_e}{\tau} = \frac{\dfrac{T_e}{\dfrac{\pi d^3}{16}}}{\dfrac{T}{\dfrac{\pi d^3}{16}}} = \frac{T_e}{T} = \frac{T\sqrt{5}}{T} = \sqrt{5}$$

문제 32

호칭번호 6,310인 단열레이디얼 볼베어링에 그리스(grease) 윤활로 30,000 시간의 수명을 주고자 한다. 이 베어링의 한계속도지수가 250,000이라고 할 때, 사용 가능한 최대 회전속도 [rpm]는?

① 5000　② 4000　③ 3000　④ 2500

해설 한계속도지수 ≥ $d \times N$

$$N \le \frac{\text{한계속도지수}}{d} = \frac{250000}{10 \times 5} = 5000rpm$$

문제 33

커플링(coupling)에 대한 설명으로 옳지 않은 것은?

① 올덤(Oldham) 커플링은 두 축이 평행하고, 두 축 사이의 거리가 가까울 때 사용한다.
② 고정 커플링은 두 축의 중심이 일직선상에 있고, 축방향 이동이 없는 경우에 사용한다.
③ 원통형 커플링은 플랜지 커플링의 한 종류로 일체형과 분할형이 있다.
④ 원통형 커플링 중 반겹치기 커플링은 주로 축방향 인장력이 작용할 경우에 사용한다.

해답

31. ④　32. ①

해설

- 커플링 (회전 중에 동력 단속이 안 된다.)
  - 고정커플링 (반드시 축선이 일치해야 된다.)
    - 원통형 커플링
      - 일체형
        - 슬리브커블링 = 머프커플링
        - 반중첩커플링
        - 셀러커플링
        - 마찰원통 커플링
      - 분할형
        - 분할원통커플링 (클램프커플링)
    - 플랜지 커플링 (대형, 큰 동력 전달)
      - 고정형
      - 유연형
  - 플렉시블커플링 (진동과 충격 흡수)
    - 간극형
      - 기어형축이음
      - 체인축이음
      - 그리드축이음
    - 탄성형
      - 판스프링형
      - 고무축이음
      - 압축코일스프링
      - 다이어프램형
      - 밸로즈형
  - 유니버설커플링 : 두 축의 교차각도가 30도 이하일 때 사용되는 축이음
  - 올덤커플링 : 두 축이 가까이 있고, 평행할 때, 편심되어 있을 때 사용되는 축이음

문제 34

양단 베어링이 지지하는 축의 중간지점에 회전체가 있는 동력 전달 시스템에서 축의 최대 처짐이 0.02 mm일 때, 모터의 상용 운전 속도 [rpm]로 가장 적절하지 않은 것은? (단, 회전체 이외의 무게는 무시한다)

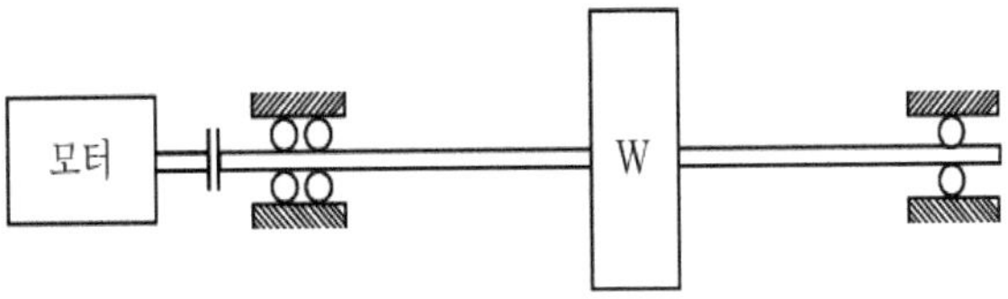

① 4500 ② 6500
③ 8500 ④ 9500

해설

$$N_c = \frac{30}{\pi}\sqrt{\frac{g}{\delta}} = \frac{30}{\pi}\sqrt{\frac{9800}{0.02}} = 6687.89 \fallingdotseq 6688rpm$$

6688rpm에 가장 가까운 Nrpm이 가장 위험하다.

해답

33. ③ 34. ②

문제 35

모듈 =6, 중심거리 =315mm, 속도비 =1 : 2.5인 한 쌍의 평기어가 있다. 작은 기어의 잇수에 가장 가까운 값은?

① 21 ② 24
③ 27 ④ 30

해설

$$\text{속도비} = \frac{1}{2.5} = \frac{N_1}{N_2} = \frac{Z_2}{Z_1},\ Z_1 = 2.5Z_2$$

$$C = \frac{m(Z_1 + Z_2)}{2},\ 315 = \frac{6(2.5Z_2 + Z_2)}{2},$$

$Z_2 = 30$개, $Z_1 = 2.5 \times 30 = 75$개

문제 36

원추각이 α, 평균직경이 D_m, 마찰계수 μ인 원추클러치가 있다.

전달토크를 T라 할 때, 축방향으로 밀어야 할 힘(P)은?

① $P = \frac{2T}{\mu D_m}(\sin\alpha + \mu\cos\alpha)$ ② $P = \frac{T}{\mu D_m}(\sin\alpha + \mu\cos\alpha)$
③ $P = \frac{2T}{\mu D_m}(\cos\alpha + \mu\sin\alpha)$ ④ $P = \frac{2T}{\mu D_m}(\cos\alpha + \mu\sin\alpha)$

해설

$$T = \mu' P \times \frac{D_m}{2} = \frac{\mu}{\sin\alpha + \mu\cos\alpha} P \times \frac{D_m}{2},\ P = \frac{2T}{\mu D_m}(\sin\alpha + \mu\cos\alpha)$$

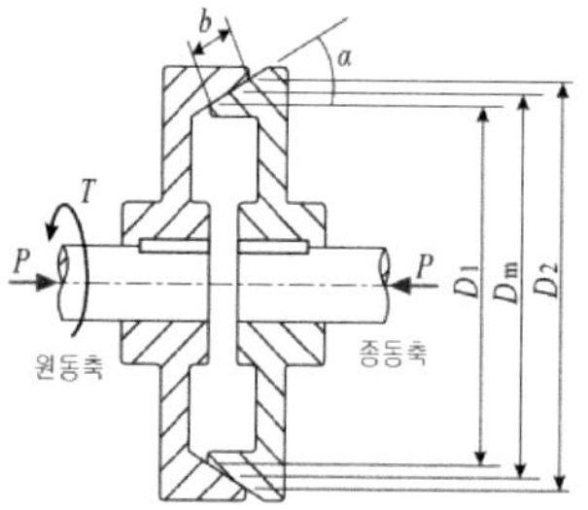

문제 37

길이 l, 높이 h, 폭 b인 평행키에서 축의 원주방향으로 작용하는 힘에 의해 전단응력과 압축응력이 키에 발생된다. 이때 허용전단 응력 τ와 허용압축응력 σ가 $\sigma = 2\tau$ 일 때, h와 b의 관계는?

① h=0.5 b ② h=b
③ h=1.5 b ④ h=2b

해답

35. ④ 36. ①

해설 (키의 전단응력) $\tau = \dfrac{2\times T}{b\times l\times d_s}$

(키의 압축응력) $\sigma = \dfrac{4\times T}{h\times l\times d_s}$

$\sigma = 2\tau,\quad \dfrac{4\times T}{h\times l\times d_s} = 2\dfrac{2\times T}{b\times l\times d_s}$, h=b

문제 38

기어에서 백래시(Backlash)는?

① 기어가 맞물려 있을 때 이끝원으로부터 물림기어의 이뿌리까지의 거리
② 기어의 축단면에 따른 길이
③ 이끝 높이와 이뿌리 높이의 합
④ 서로 물린 한 쌍의 기어에서 잇면 사이의 간격

해설 기어에서 백래시(Backlash):서로 물린 한 쌍의 기어에서 잇면 사이의 간격

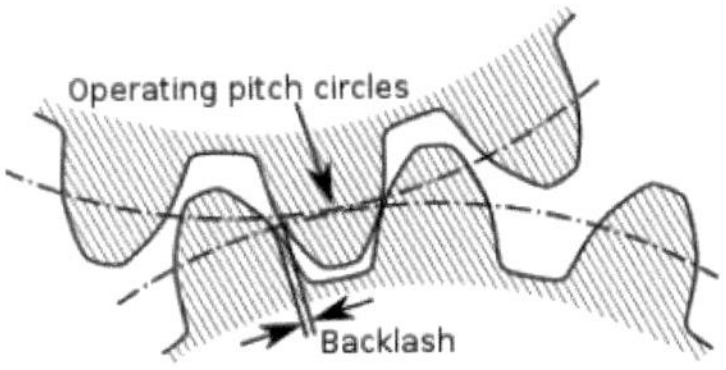

문제 39

기계 구조물의 조립에서 많이 사용되는 용접이음과 리벳이음을 비교 할 때, 용접이음의 장점이 아닌 것은?

① 작업의 공정수가 적다.
② 조인트 효율이 높고 제작비가 저렴하다.
③ 기밀성이 양호하다.
④ 진동감쇠 효과가 양호하다.

해설 용접이음은 리벳이음에 비해 진동감쇠 효과가 불량하다.

해답

37. ② 38. ④ 39. ④

문제 40

충격 없이 롤러 체인을 부드럽게 운전하기 위하여 스프로킷 휠의 잇수와 체인의 피치를 설계할 때 다음 중 올바른 것은?

① 잇수가 적고 피치가 작을수록 좋다.
② 잇수가 적고 피치가 클수록 좋다.
③ 잇수가 많고 피치가 작을수록 좋다.
④ 잇수가 많고 피치가 클수록 좋다.

해설 체인스프로킷 휠은 잇수가 많을수록 부드럽게 운전한다. 피치가 작을수록 부드럽게 운전된다.

제3과목 기계재료 및 측정

문제 41

시준기와 망원경을 조합한 것으로 미소 각도를 측정할 수 있는 광학적 각도 측정기는?

① 베벨 각도기
② 오토 콜리메이터
③ 광학식 각도기
④ 광학식 클리노미터

해설 **오토 콜리미터(auto collimator)**
미소각을 측정하는 광학적 측정기로서 정밀 정반의 평면도, 마이크로미터 측정면의 직각도, 평행도 및 미소각의 차, 변화, 흔들림 등을 측정한다. 주요 부속품으로는 시준기와 망원경, 평면경, 폴리곤 프리즘, 펜타프리즘, 조정기, 변압기 등이 있다.

문제 42

텔레스코핑 게이지로 측정할 수 있는 것은?

① 진원도 측정
② 안지름 측정
③ 높이 측정
④ 깊이 측정

해설 **안지름(내경) 측정기 가능한 계측기기**
① 텔리스코우핑 게이지
② 실린더 게이지
③ 내측 마이크로미터
④ 포인트마이크로미터
⑤ 공기 마이크로미터
⑥ 버니어 캘리퍼스

해답

40. ③ 41. ② 42. ②

문제 43 밀링 머신에 사용되는 부속장치가 아닌 것은?

① 아버　② 어댑터
③ 바이스　④ 방진구

해설 방진구는 선반 작업에서 가늘고 긴 부재의 떨림 방지를 위해 사용되는 부속장치이다.

문제 44 다음 나사산의 각도측정 방법으로 틀린 것은?

① 공구 현미경에 의한 방법
② 나사 마이크로미터에 의한 방법
③ 투영기에 의한 방법
④ 만능 측정현미경에 의한 방법

해설

나사측정	유효지름 측정	① 나사마이크로미터, ② 삼침법, ③ 공구현미경, ④ 투영검사기
	피치 측정	① 나사피치게이지
	나사산 각도	① 투영검사기, ② 공구 현미경, ③ 만능 측정현미경

문제 45 초경합금의 사용선택 기준을 표시하는 내용 중 ISO 규격에 해당되지 않는 공구는?

① M계열　② N계열
③ K계열　④ P계열

해설 **초경합금은 P, M, K 계열이 있으며 용도는**
① P계열 : 강, 합금강, 가공용
② M계열 : 스테인레스강, 주철, 주강 가공용에 사용된다.
③ K계열 : 주철, 비철금속, 비금속 가공용에 사용된다.
※ 경도는 P>M>K,

해답 43. ④　44. ②　45. ②

문제 46

선반의 나사절삭 작업 시 나사의 각도를 정확히 맞추기 위해 사용되는 것은?

① 플러그 게이지 ② 나사 피치 게이지
③ 한계 게이지 ④ 센터 게이지

해설 ① **플러그 게이지** : 축용 공차게이지
② **나사 피치 게이지** : 나사의 피치를 측정하는 계측기기
③ **한계 게이지** : 공차게이지로 축용과 구멍공으로 나눈다.
④ **센터 게이지** : 선반작업의 나사 절삭 시 바이트 위치나 바이트의 각도를 검사하는데 사용

문제 47

다음 중 뜨임의 목적이 아닌 것은?

① 탄화물의 고용강화 ② 인성 부여
③ 담금질 후 응력 제거 ④ 내마모성의 향상

해설 **담금질(Quenching)** : 탄화물의 고용강화를 함으로써 강도, 경도를 증대시킨다.
뜨임(Tempering) : 담금질 한 강의 인성을 증가시킨다. 내부응력 제거, 인성 부여, 내마모성이 향상된다.

문제 48

단일금속의 결정에 비해 고용체 상태에 있는 금속의 기계적 성질의 변화를 나타낸 것 중 틀린 것은?

① 변형증가 ② 연성증가
③ 강도증가 ④ 탄성계수증가

해설 고용체 상태에 있는 금속은 경화(硬化)되어 강도, 경도 증가, 탄성계수가 증가하고 연성, 전성, 변형률은 감소한다.

문제 49

Fe-C 평형상태도에서 공석강의 탄소 함유량은 얼마정도인가?

① 6.67% ② 4.3%
③ 2.11% ④ 0.77%

해설 공석강 : 0.8%C 펄라이트 조직으로 α 페라이트와 시멘타이트의 층상구조로 되어있다.
공석점 0.8%C, A_1 변태점인 723℃

해답

46. ④ 47. ① 48. ② 49. ④

문제 50

섬유강화 복합재료의 일반적인 성질이 아닌 것은?

① 높은 강도와 강성　② 높은 감쇄 특성
③ 높은 열팽창계수　④ 이방성

해설 **섬유강화 복합재료의 성질**

㉮ 비강도가 높다. 즉 비중은 낮고 높은 강도와 강성의 특성을 가진다.
㉯ 진도를 흡수하는 높은 감쇄 특성이 있고, 휨변형에 특히 강하다.
㉰ 열에 의한 화재의 위험은 있지만 열팽창계수가 적어 온도변화에 따른 체적변화가 적다.
㉱ 이방성으로 되어 변형에 대한 강성이 높다.

문제 51

금속재료가 일정한 온도 영역과 변형속도의 영역에서 유리질처럼 늘어나는 특수한 현상은?

① 형상기억　② 초소성
③ 초탄성　④ 초전도

해설 ① **형상기억** : 외력에 의해 변형된 것이 가열에 의하여 원래의 모양으로 돌아가는 현상
② **초소성** : 금속재료가 일정한 온도 영역과 변형속도의 영역에서 유리질처럼 늘어 나는 특수한 현상으로 소성변형이 급격히 일어나는 현상
③ **초탄성** :특정한 모양으로 인장하여 탄성한도를 넘어서 소성 변형시킨 경우에도 하중을 제거하면 원래 상태로 돌아가는 현상
④ **초전도** : 사용온도를 낮추면 전기저항이 완전히 없어지는 현상을 나타낸다. 이러한 현상을 초전도 현상이라 한다. 이러한 현상을 나타내는 재료를 초전도 재료라 한다.

문제 52

탄소강에서 적열메짐을 방지하고, 주조성과 담금질 효과를 향상시키기 위하여 첨가하는 원소는?

① 황(S)　② 인(P)
③ 규소(Si)　④ 망간(Mn)

해설 탄소강 중에 함유된 망간(Mn)은 탄소강에 포함된 황에 발생되는 적열메짐을 방지하고,주조성과 담금질 효과를 향상시킨다.

해답

50. ③　51. ②　52. ④

문제 53

다음 측정오차 원인 중 외부조건(환경)에 의한 오차에 해당하는 것은?

① 측정자의 심리적 상태에서 오는 오차
② 실온이나 채광으로 인한 오차
③ 계기 마모에 의한 오차
④ 시차(時差)

해설 **환경오차** : 온도나 습도에 따라 측정오차가 발생하는 것
측정오차
오차= 측정값−참값
시차(視差):보는 관점에 따라 생기는 오차
1) 정확도−계통적 오차에 원인이 크다. 측정된 치수와 실제값(참값) 사이의 일치도
2) 정밀도−측정의 반복도, 우연오차에 원인이 크다.
3) 계통오차 : 측정값에 일정한 영향을 주는 원인에 의해 생기는 오차

- 측정오차
  - 계통오차
    - 계기오차(=기기오차, 측정기의 오차)
    - 환경오차(온도,습도에 따른 오차)
    - 개인오차(개인의 숙련도의 차이)
    - 이론오차(이론적 근사에 따른 오차, 예시;빛의 굴절)
  - 우연오차 : 알 수 없는 원인으로 일어나 보정할 수 없는 오차
  - 과실오차: 측정기의 취급 부주의에 의해 발생되는 오차, 개인의 실수

문제 54

그림과 같이 A에서 B까지 210mm 이동시킨다면, 테이퍼 값이 1/30일 때 A점과 B점의 다이얼게이지 눈금차는 얼마이어야 되는가?

① 0.88mm ② 1.75mm
③ 3.50mm ④ 7.00mm

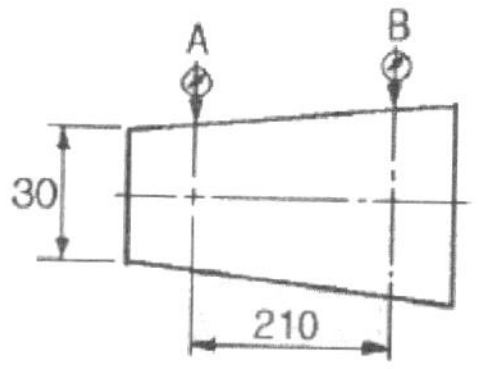

해설
$$T=\frac{D_2-D_1}{L}=\frac{\Delta D}{L},\ T=\frac{1}{30}=\frac{\Delta D}{210},\ \Delta D=7mm$$
$$(\text{다이얼게이지의 눈금차})x=\frac{\Delta D}{2}=\frac{7}{2}=3.5[mm]$$

해답

53. ② 54. ③

문제 55

표준형 버니어캘리퍼스 사용 시 유의사항에 대한 설명으로 옳은 것은?

① 아베의 원리에 적합한 구조가 아니므로 될 수 있는 대로 턱의 안쪽(어미자에 가까운 쪽)에서 측정하는 것이 좋다.
② 아베의 원리에 적합한 구조가 아니므로 될 수 있는 대로 턱의 바깥쪽(어미자에서 먼 쪽)에서 측정하는 것이 좋다.
③ 아베의 원리에 적합한 구조이므로 될 수 있는 대로 턱의 안쪽(어미자에 가까운 쪽)에서 측정하는 것이 좋다.
④ 아베의 원리에 적합한 구조이므로 될 수 있는 대로 턱의 바깥쪽(어미자의 먼 쪽)에서 측정하는 것이 좋다.

해설 버니어 캘리퍼스는 아베의 원리에 어긋나기 때문에 어미자에 가까운 쪽에서 측정하는 것이 좋다.

문제 56

다음 중 간접 측정으로 볼 수 없는 것은?

① 사인바에 의한 각도의 측정
② 롤러와 게이블록에 의한 테이퍼 측정
③ 마이크로미터에 의한 원통 측정
④ 삼침법에 의한 나사의 유효지름 측정

해설 간접측정은 측정 후 계산식에 의해 결과값을 구하는 측정 방법이다.

문제 57

대면각이 136° 의 다이아몬드 피라미드형 압입자로 일정 하중으로 눌러 생긴 압입자국의 대각선의 길이를 이용하여 경도를 측정하는 시험기는?

① 쇼어 경도시험기 ② 브리넬 경도시험기
③ 로크웰 경도시험기 ④ 비커스 경도시험기

해설
- **로크웰 경도시험기의 C스케일** : 꼭지각 120° 다이아몬드 원뿔형
- **로크웰 경도시험기의 B스케일** : Ball의 지름1.588$[mm]=\frac{1}{16}[inch]$의 구를 사용한다.
- **비커스 경도시험기** : 꼭지각 136° 다이아몬드 사각뿔(피라미드형태)
- **브리넬 경도시험기** : 1mm, 2.5mm, 5mm, 10mm의 강구

해답

55. ① 56. ③ 57. ④

문제 58

크리프 한도(creep limit)의 이론적인 정의를 옳게 설명한 것은?

① 특정 온도, 특정 응력에서 크리프 속도가 0(zero)이 되는 시간을 말한다.
② 특정 온도에서 어떤 시간 후에 크리프 속도가 0(zero)이 되는 응력을 말한다.
③ 특정 온도, 특정 응력에서 크리프 속도가 처음 크리프 속도의 10% 이하로 되는 응력을 말한다.
④ 특정 온도에서 어떤 시간 후에 크리프 속도가 처음 크리프 속도의 10% 이하로 되는 응력을 말한다.

해설 크리프 시험은 고온상태에서 일정한 정하중이 가해질 때 시간이 지날수록 변형량을 측정하는 시험이다. 크리프 한도는 특정 온도에서 어떤 시간 후에 크리프 속도가 0(zero)이 되는 응력을 말한다.

문제 59

재료의 인성(toughness)과 취성(brittleness)을 모두 평가하기에 가장 적당한 시험법은?

① 인장시험 ② 경도시험
③ 내마모시험 ④ 충격시험

해설 충격시험은 재료가 파괴가 될 때까지 시편에 저장되는 에너지를 측정하는 시험으로 인성시험과 취성을 모두 평가할 수 있는 시험법이다.

문제 60

재료를 완전한 탄성체로 생각할 때 노치부분에 생긴 최대 응력을 σ_{max}라 하고, 노치가 없을 때의 응력을 σ_n이라 할 때 이 비 $\alpha = \frac{\sigma_{max}}{\sigma_n}$ 를 응력집중계수라고 한다. 이에 대한 설명으로 옳은 것은?

① 응력집중계수는 노치의 형상이나 재료의 종류와 관계가 없다.
② 응력집중계수는 노치의 형상에 따라 결정되며 재료의 종류와는 관계가 없다.
③ 응력집중계수는 재료의 종류에 따라 결정되며 노치의 형상과는 관계없다.
④ 응력집중계수는 노치의 형상과 재료의 종류에 따라 결정된다.

해설 (응력집중계수)$\alpha = \frac{\sigma_{max}}{\sigma_n}$

응력집중계수 α는 형상에 대한 계수로써 재료의 재질과 관계 없으며 노치의 형상에 의해 결정된다.

해답

58. ② 59. ④ 60. ②

기계설계산업기사

2023년 2회 CBT 시행

본 문제는 복원 기출문제입니다. 실제 문제와 다를 수 있으니 양해바랍니다.

제 1 과목 기계제도

문제 01

구름 베어링의 안지름 번호와 안지름 치수가 잘못 연결된 것은?

① 안지름 번호 : 00 → 안지름 : 10mm
② 안지름 번호 : 03 → 안지름 : 17mm
③ 안지름 번호 : 07 → 안지름 : 35mm
④ 안지름 번호 : /22 → 안지름 : 110mm

해설

안지름번호	안지름 치수
4	4mm
5	5mm
6	6mm
7	7mm
8	8mm
9	9mm
00	10mm
01	12mm
02	15mm
03	17mm
04	$04 \times 5 = 20mm$
/22	22mm
05	$05 \times 5 = 25mm$
06	$06 \times 5 = 30mm$

해답

01. ④

문제 02

가공 모양의 기호에 대한 설명으로 잘못된 것은?

① = : 가공에 의한 컷의 줄무늬 방향이 기호를 기입한 그림의 투영한 면에 평행

② × : 가공에 의한 컷의 줄무늬 방향이 기호를 기입한 그림의 투영면에 비스듬하게 2방향으로 교차

③ M : 가공에 의한 컷의 줄무늬가 여러 방향으로 교차 또는 무방향

④ R : 가공에 의한 컷의 줄무늬가 기호를 기입한 면의 중심에 대하여 거의 동심원 모양

해설

=	⊥	×	C	R	M
평행	수직	교차	동심원	방사형 Radial (레이디얼)	교차 또는 무방향
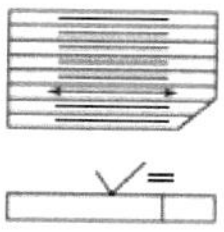	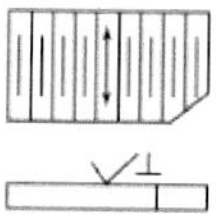	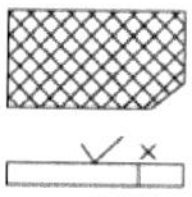	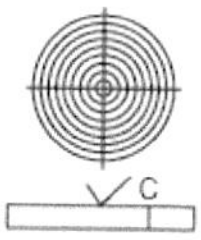	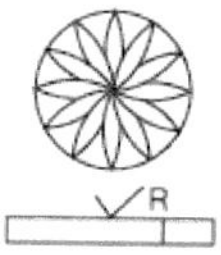	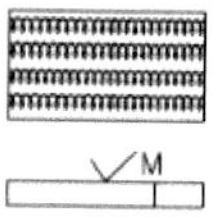

문제 03

다음 입체도를 제3각법 정투상도로 옳게 나타낸 것은?

① 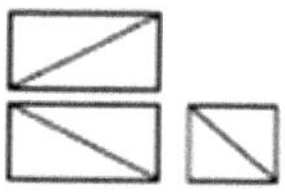

② 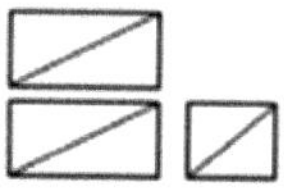

③ 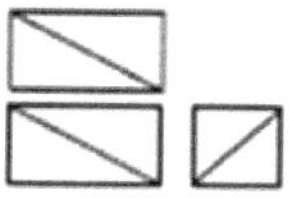

④ 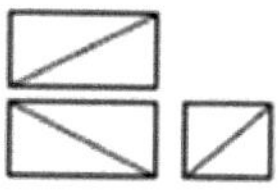

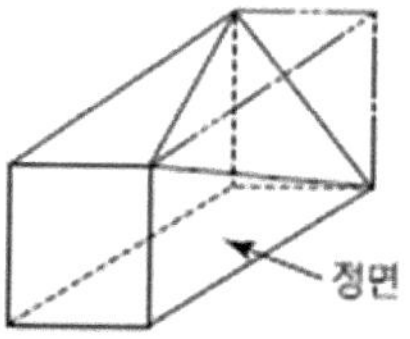

해설

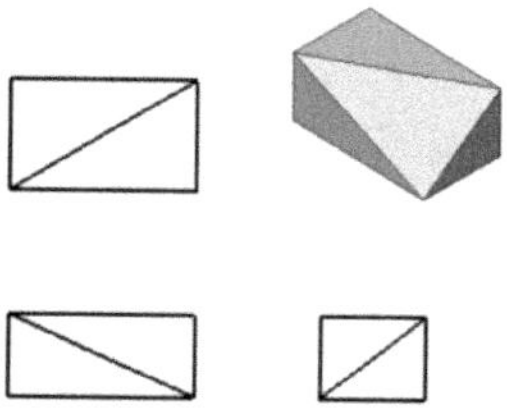

해답

02. ④ 03. ④

문제 04

다음과 같은 끼워맞춤의 경우 최대 틈새는 얼마인가?

구멍 : $\phi 50H7\left(\begin{smallmatrix}+0.025\\0\end{smallmatrix}\right)$　　축 : $\phi 50f7\left(\begin{smallmatrix}-0.025\\-0.050\end{smallmatrix}\right)$

① 0.025　　② 0.050
③ 0.075　　④ 0.100

해설 구멍의 치수가 항상 크기 때문에 헐거운 끼워맞춤이다.

① 구멍의 최대 허용치수 : 50.025
② 구멍의 최소 허용치수 : 50.000
③ 축의 최대 허용치수 : 49.975
④ 축의 최소 허용치수 : 49.950

- 최대 틈새=구멍의 최대 허용치수−축의 최소 허용치수
  =50.025−49.950=0.075
- 최소 틈새=구멍의 최소 허용치수−축의 최대 허용치수
  =50.000−49.975=0.025

문제 05

가공 방법의 약호 중에서 다듬질 가공인 스크레이핑 가공의 약호인 것은?

① FS　　② FSU
③ CS　　④ FSD

해설

가공방법	약호	
	I	II
버프 다듬질	FB	버프
블라스트 다듬질	SB	블라스트
래핑 다듬질	FL	래핑
줄다듬질	FF	줄
스크레이퍼 다듬질	FS	스크레이퍼
페이퍼 다듬질	FCA	페이퍼
주조	C	주조

해답 04. ③ 05. ①

문제 06

핸들이나 바퀴 등의 암 및 리브, 훅, 축, 구조물의 부재 등의 절단한 곳의 전 후를 끊어서 그 사이에 회전 도시 단면도를 그릴 때 단면 외형을 나타내는 선은 어떤 선으로 나타내야 하는가?

① 가는 실선　　② 굵은 1점 쇄선
③ 굵은 실선　　④ 가는 2점 쇄선

해설

회전단면도

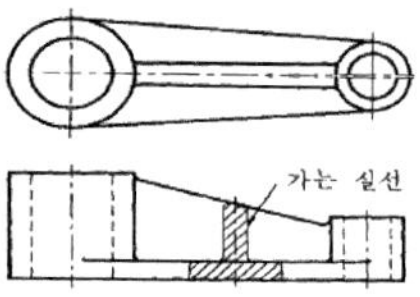

도형 안쪽일 때는
가는 실선

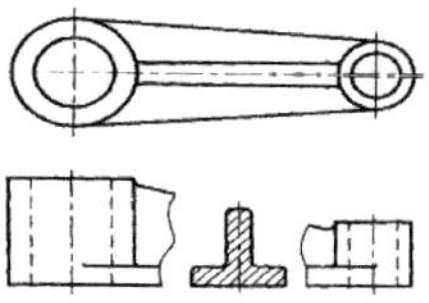

절단한 곳의
전후를 끊어서
그 사이를 생략하고
나타낼 때는
굵은 실선

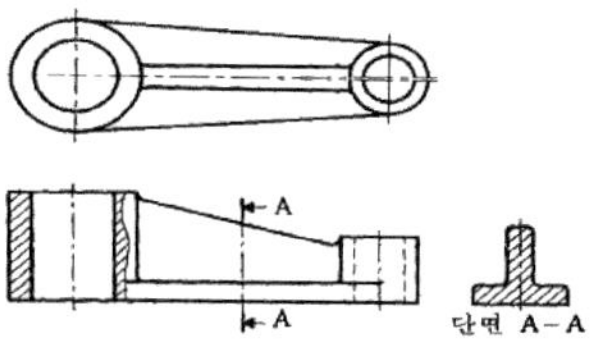

절단선으로 단면처리될 때
굵은 실선으로 나타낸다.

해답

06. ③

문제 07

그림과 같이 기입된 KS 용접기호의 해석으로 옳은 것은?

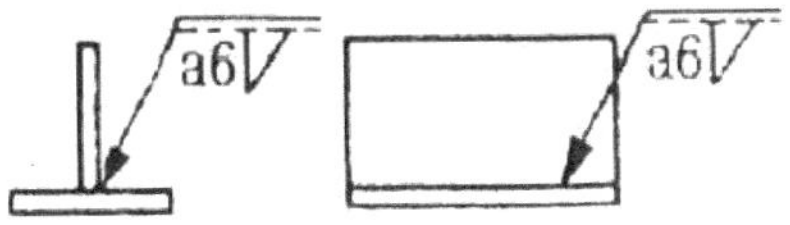

① 화살표 쪽 필릿 용접 목 두께가 6mm
② 화살표 반대쪽 필릿 용접 목 두께가 6mm
③ 화살표 쪽 필릿 용접 목 길이가 6mm
④ 화살표 반대쪽 필릿 용접 목 길이가 6mm

해설

필렛용접의 화살표 방향 목길이	필렛용접의 화살표 방향목 두께
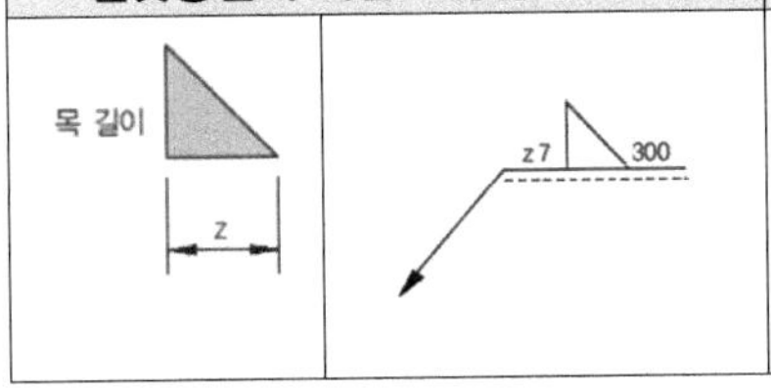	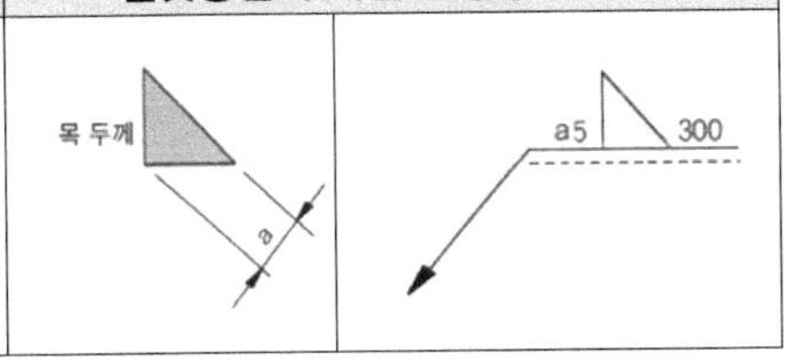
필렛용접의 화살표 반대 방향 목길이	**필렛용접의 화살표 반대 방향목 두께**
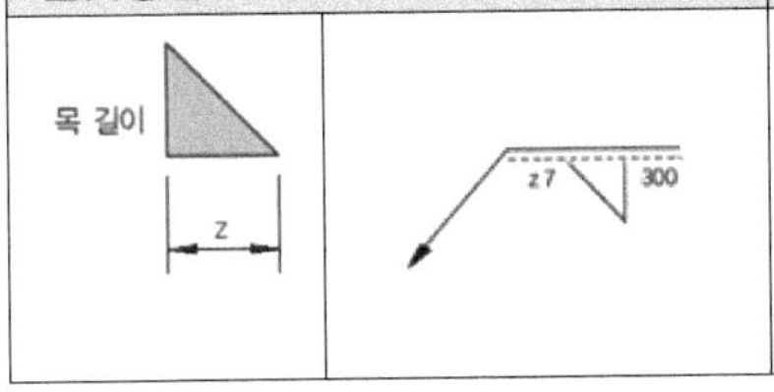	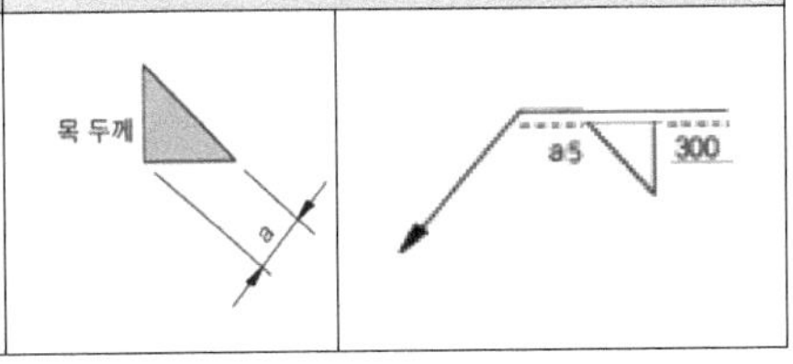

문제 08

그림과 같은 용접기호의 명칭으로 맞는 것은?

① 개선 각이 급격한 V 형 맞대기 용접
② 개선 각이 급격한 일면 개선형 맞대기 용접
③ 가장자리(edge) 용접
④ 표면 육성

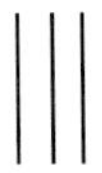

해설 가장자리 용접

해답

07. ② 08. ③

문제 09

축을 가공하기 위한 센터 구멍의 도시 방법 중 그림과 같은 기호의 의미는?

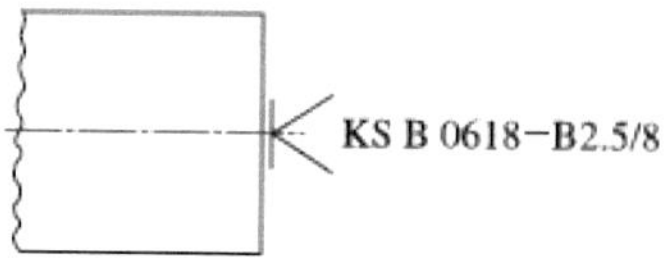

① 다듬질 부분에서 반드시 센터 구멍을 남겨둔다.
② 다듬질 부분에서 센터 구멍이 남아 있어도 좋다.
③ 다듬질 부분에서 센터 구멍이 남아 있어서는 안 된다.
④ 센터의 규격에 따라 다르다.

해설

	센터가 남아 있어도 된다.
	센터가 반드시 남아 있어야 한다.
	센터부분이 남아 있어서는 안 된다.

문제 10

스케치도를 그려야 하는 경우와 가장 관계가 없는 것은?

① 도면이 없는 부품과 같은 것을 만들려고 할 경우
② 도면이 없는 부품을 참고로 하려고 할 경우
③ 도면이 없는 부품의 마멸 또는 파손된 부분을 수리하여 제작할 경우
④ 도면을 좀 더 깨끗하게 보완할 필요가 있는 경우

해설 **스케치도를 그려야 하는 경우**

① 도면의 없는 실물을 모델로 하여 신제품을 제작할 때
② 도면이 없는 제품이 파손 및 마모되어 수리나 제작을 할 때
③ 기존 부품의 모양을 변경 할 때
④ 도면이 없는 제품을 도면화하고자 할때

해답

09. ③ 10. ④

문제 11

재료기호 "KS D 3503 SS 400" 에 대한 설명 중 맞는 항을 모두 고른 것은?

ㄱ. KS D는 KS 분류 기호 중 금속 부문이다.
ㄴ. SS의 첫 글자 S는 재질(Steel 강)을 나타내는 기호로 강을 의미한다.
ㄷ. SS의 두 번째 글자 S는 재료의 이름, 모양, 용도를 나타내며 일반구조용 압연재를 의미한다.
ㄹ. 끝 부분의 400은 재료의 탄소 함유량이 0.4%임을 의미한다.

① ㄱ, ㄴ
② ㄱ, ㄹ
③ ㄱ, ㄴ, ㄷ
④ ㄴ, ㄷ, ㄹ

해설 **재료기호 KS D 3503 SS 400**

ㄱ. KS D는 KS 분류 기호 중 금속 부문이다.
ㄴ. SS의 첫 글자 S는 재질(Steel 강)을 나타내는 기호로 강을 의미한다.
ㄷ. SS의 두 번째 글자S는 재료의 이름, 모양, 용도를 나타내며 일반구조용 압연재를 의미한다.
ㄹ. 끝 부분의 400은 재료의 최저인장강도 $400\frac{N}{mm^2}$ 이상인 재료를 나타낸다.

문제 12

그림과 같은 기하공차의 해석으로 가장 적합한 것은?

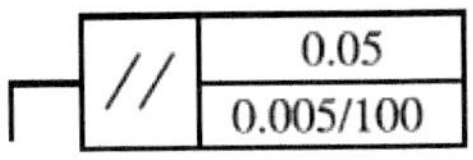

① 지정 길이 100mm에 대하여 0.005mm, 전체 길이에 대해 0.05mm의 평행도
② 지정 길이 100mm에 대하여 0.05mm, 전체 길이에 대해 0.005mm의 평행도
③ 지정 길이 100mm에 대하여 0.005mm, 전체 길이에 대해 0.05mm의 대칭도
④ 지정 길이 100mm에 대하여 0.05mm, 전체 길이에 대해 0.005mm의 대칭도

해설

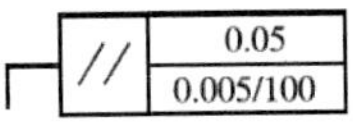

평행도 지정 길이 100mm에 대하여 0.005mm, 전체 길이에 대해 0.05mm의 평행도를 맞추어야 한다.

해답

11. ③ 12. ①

문제 13

그림과 같이 대상물의 구멍, 키, 홈 등과 같이 한 부분의 모양을 도시하는 것으로 충분할 경우에 사용되는 투상도는?

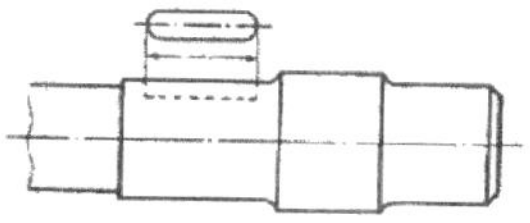

① 보조 투상도 ② 회전 투상도
③ 국부 투상도 ④ 부분 투상도

해설 그림과 같이 키의 모양의 평면도만 나타낸 것을 국부 투상도라 한다.

문제 14

다음 중 흔들림 공차에 대한 설명으로 틀린 것은?

① 흔들림 공차는 데이텀이 필요 없는 공차다.
② 원주 흔들림 공차와 온 흔들림 공차가 있다.
③ 온 흔들림을 규제하는 이중 화살표는 표면의 두 방향인 원형과 직선방향 모두에 적용됨을 의미한다.
④ 흔들림 오차는 일반적으로 제품을 V블록이나 맨드릴(mandrel) 등에서 360° 회전시키면서 다이얼 인디 케이터를 표면에 접촉시켜 측정한다.

해설 흔들림공차는 데이텀(기준)이 필요한 공차이다.

문제 15

치수의 기준점에 기점 기호(○)를 표시하고 한 개의 연속된 치수선에 치수를 기입하는 방법은?

① 좌표 치수 기입법 ② 누진 치수 기입법
③ 병렬 치수 기입법 ④ 직렬 치수 기입법

해설 **누진 치수 기입법**

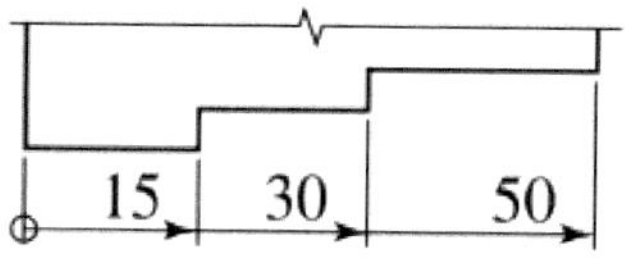

해답

13. ③ 14. ① 15. ②

문제 16

다음 중 서피스 모델(surface model)의 일반적인 특징으로 보기 어려운 것은?

① CSG(Constructive Solid Geometry)법
② B−rep(Boundary representation)법
③ W−rep(Wire representation)법
④ DBM(Data Base Management)법

해설 유한요소법(FEM) 적용을 하기 위해서는 공학적 해석이 필요하므로 솔리드 모델(solid model)에서 할 수 있다.

문제 17

2차원으로 구성되는 원추곡선의 일반식이 A와 같을 때 각 계수 간의 관계가 식 B로 나타날 경우 이 원추곡선은 무엇이 되는가?

A : $f_2(x, y) = ax^2 + bxy + cy^2 + dx + ey + g = 0$

B : $b^2 - 4ac < 0$

① 원
② 타원
③ 포물선
④ 쌍곡선

해설 **원추곡선**

ⓐ 원(circle)의 방정식
원추곡선식 $f(x,y) = ax^2 + bxy + cy^2 + dx + ey + g = 0$
(2차 곡선으로 나타낸 식에서 $a = c$, $b = 0$ 을 만족할 때)

ⓑ 타원(Ellipse)의 방정식
원추곡선식 $f(x,y) = ax^2 + bxy + cy^2 + dx + ey + g = 0$
(2차원으로 나타낸 원추곡선식에서 $b^2 - 4ac < 0$ 을 만족할 때)

ⓒ 포물선(Parabola)의 방정식
원추곡선식$f(x,y) = ax^2 + bxy + cy^2 + dx + ey + g = 0$
(2차원으로 나타낸 원추곡선식 에서 $b^2 - 4ac = 0$ 을 만족할 때)

해답 16. ③ 17. ②

문제 18

솔리드 모델링 기법 중 CSG(constructive solid geometry) 방법에 의한 형상 작업을 할 경우 기본적인 불리언 연산(Boolean operation) 작업에 해당하지 않는 것은?

① 더하기(union) ② 빼기(difference)
③ 곱하기(multiplication) ④ 교차(intersection)

해설 CSG(Constructive Solid Geometry) 방식
자유곡면 및 필렛 등의 조작이 용이하지 않다. 데이터의 양이 적다. 데이터 논리 과정의 조합, 초기 모델의 생성 과정이 용이하다.
합집합(더하기, union) : (A∪B) 양쪽에 포함되는 부분의 합집합의 입체
교집합(교차, intersection) : (A∩B) 양쪽에 공통되는 부분의 교집합의 입체
차집합(빼기, difference) : (A−B) A에서 B 부분을 뺀 영역의 입체

문제 19

2차원 평면에서 다음과 같은 관계식으로 이루어진 직선과 평행한 직선이 아닌 것은?

$$2x - 3y + 7 = 0$$

① $3x-5y+9=0$ ② $y=2/3x+1$
③ $4x-6y+5=0$ ④ $9y-6x+11=0$

해설 기울기가 같으면 평행한 직선이 된다.

$y = \frac{2}{3}x + \frac{7}{3}$

㉮ $y = \frac{3}{5}x + \frac{9}{5}$

㉯ $y = \frac{2}{3}x + 1$

㉰ $y = \frac{4}{6}x + \frac{5}{6} = \frac{2}{3}x + \frac{5}{6}$

㉱ $y = \frac{6}{9}x - \frac{11}{9} = \frac{2}{3}x - \frac{11}{9}$

해답

18. ③ 19. ①

문제 20

그림과 같은 꽃병 도형을 그리기에 가장 적합한 방법은?

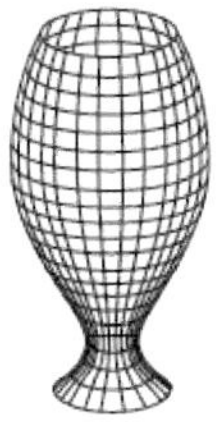

① 오프셋 곡면　　② 원추 곡면
③ 회전 곡면　　④ 필렛 곡면

해설

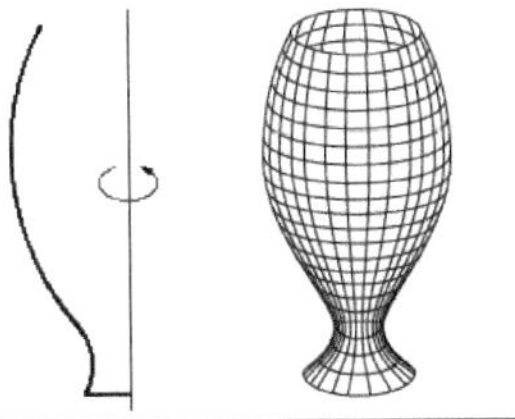	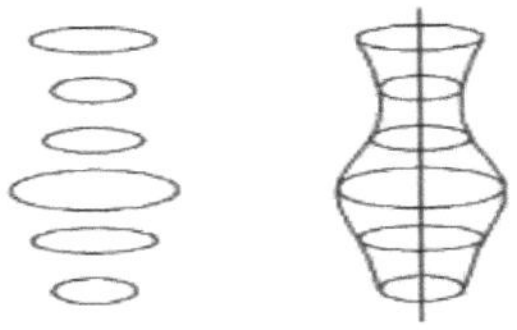
회전곡면(revolution surface)	스키닝(Skinning)

제2과목 기계요소설계

문제 21

잇수 30개 압력각 30°의 스퍼기어에서 언더컷이 생기지 않도록 전위기어로 제작하려 한다. 언더컷이 발생하지 않도록 하기 위한 최소이론 전위량은 몇 mm인가? (단, 모듈 m = 6이다.)

① −10mm　　② −12.5mm
③ −14mm　　④ −16.5mm

해설 (전위량)$c = x \times m = -2.75 \times 6 = -16.5mm$

여기서 x : 전위계수, m : 모듈

(전위계수)$x = 1 - \frac{Z}{2} sin^2\alpha = 1 - \frac{30}{2} sin^2 30 = -2.75mm$

해답

20. ③　21. ④

문제 22

축의 재료와 키(key)의 재료가 같은 경우, 축의 지름이 50mm에 폭 10mm의 묻힘 키를 설치했을 때, 전단으로 키가 파손되지 않으려면 키의 길이는 약 몇 mm 이상이어야 하는가? (단, 키에서 발생하는 최대 전단응력과 축에 발생하는 최대전단응력은 같다고 한다.)

① 55　　② 73
③ 99　　④ 126

해설

$$(\text{키의 전단응력})\tau_{key} = \frac{2T}{b \times l \times d} \quad \cdots\cdots\cdots\cdots\cdots \text{①식}$$

$$(\text{축의 전단응력})\tau_s = \frac{16T}{\pi d^3} \quad \cdots\cdots\cdots\cdots\cdots \text{②식}$$

①식=②식에서 $l = \frac{\pi d^2}{8b} = \frac{\pi \times 50^2}{8 \times 10} = 98.17mm$

문제 23

일반적으로 두 축이 같은 평면 내에서 일정한 각도로 교차하는 경우에 운동을 전달하는 축이음은?

① 맞물림 클러치　　② 플렉시블 커플링
③ 플랜지 커플링　　④ 유니버설 조인트

해설

- **플렉시블 커플링** : 두 축의 중심선을 완전히 일치시키기 어려운 경우 사용되는 커플링
- **올덤 커플링** : 두 축이 평행하고 두 축이 거리가 아주 가까울 때(편심되어 있을 때)
- **유니버설 커플링(=자재이음)** : 두 축의 축선이 어느 각도로 교차되고 그 사이의 각도가 운전 중 다소 변할 때 사용한다.

문제 24

리드각 α, 마찰계수 $\mu = \tan\rho$인 나사의 자립 조건을 만족하는 것은? (단, ρ는 마찰각을 의미한다.)

① $\alpha < 2\rho$　　② $2\alpha < \rho$
③ $\alpha < \rho$　　④ $\alpha > \rho$

해설 (나사의 자동체결조건=나사의 자립조건)

α(리드각) ≦ ρ(마찰각) 즉, 리드각(나선각)보다 마찰각이 커야 한다.

해답

22. ③　23. ④　24. ③

문제 25

브레이크 슈의 길이 및 폭이 각각 75mm, 28mm이고, 브레이크 슈를 미는 힘이 343N일 때 브레이크 압력은 약 몇 MPa인가?

① 0.076 ② 0.124
③ 0.163 ④ 0.215

해설 $(\text{브레이크압력})p = \frac{F}{B \times H} = \frac{343[N]}{28[mm] \times 75[mm]} = 0.163[\frac{N}{mm^2}] = 0.163[MPa]$

문제 26

12m/s의 속도로 35.3kW의 동력을 전달하는 평벨트의 이완측 장력은 약 몇 N 인가? (단, 긴장측의 장력은 이완측 장력의 3배이고, 원심력은 무시한다.)

① 980N ② 1471N
③ 1961N ④ 2942N

해설 $H_{KW} = \frac{P_e \times V}{1000} = \frac{2T_s \times V}{1000}$, $35.3 = \frac{2 \times T_s \times 12}{1000}$에서 $(\text{이완장력})T_s = 2941.7N$

여기서 $(\text{유효장력})P_e = T_t - T_s = 3T_s - T_s = 2T_s$

문제 27

다음 설명 중 마찰차를 적용하기 힘든 경우는?

① 정확한 속도비가 필요할 경우
② 두 회전축이 교차하면서 회전력을 전달할 경우
③ 전달력이 그렇게 크지 않은 경우
④ 무단 변속을 시키는 경우

해설 **마찰차의 응용 범위**

① 전달해야 할 힘이 크지 않고 속도비가 중요시되지 않는 경우
② 회전속도가 커서 보통의 기어를 사용할 수 없는 경우
③ 양축 사이를 자주 단속할 필요가 있을 경우
④ 무단 변속을 시키는 경우와 안전장치의 역할이 필요한 경우

해답

25. ③ 26. ④ 27. ①

문제 28

중앙에 무게 W인 기어를 매달고 있는 축이 있다. 기어를 제거 하고 무게 W/2인 벨크 풀리를 축의 중앙에 설치하였다. 이때 축의 위험속도는 어떻게 변하는가?(단, 축의 자중은 무시한다.)

① 1/2배 ② $1/\sqrt{2}$ 배 ③ 1배 ④ $\sqrt{2}$ 배

해설

$$\delta = \frac{WL^3}{48EI}$$

$$N_c = \frac{30}{\pi}\sqrt{\frac{g}{\delta}} = \frac{30}{\pi}\sqrt{\frac{g48EI}{WL^3}}$$

$$N_c' = \frac{30}{\pi}\sqrt{\frac{g}{\delta'}} = \frac{30}{\pi}\sqrt{\frac{g48EI}{\frac{W}{2}L^3}} = N_c \times \sqrt{2}$$

문제 29

그림과 같은 밴드 브레이크에서 드럼과 벨트의 접촉각 θ, 마찰계수 μ이다. 드럼이 우회전할 때 브레이크 레버에 가하는 힘 F와 밴드의 장력 간의 관계로 올바른 것은? (단, 긴장측 밴드의 장력을 F_1, 이완측 장력을 F_2라 한다.)

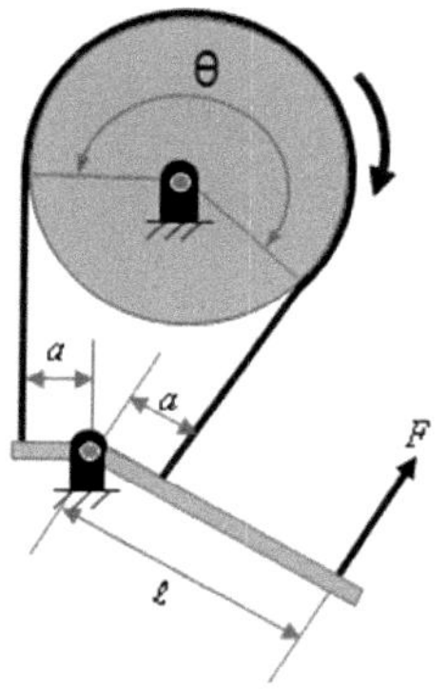

① $F_1 = \frac{Fle^{\mu\theta}}{a(e^{\mu\theta}-1)}$, $F_2 = \frac{Fl}{a(e^{\mu\theta}-1)}$

② $F_1 = \frac{Fle^{\mu\theta}}{e^{\mu\theta}-a}$, $F_2 = \frac{Fl}{e^{\mu\theta}a}$

③ $F_1 = \frac{Fl}{e^{\mu\theta}-a}$, $F_2 = \frac{Fle^{\mu\theta}}{e^{\mu\theta}-a}$

④ $F_1 = Fl(\frac{e^{\mu\theta}+1}{e^{\mu\theta}-1})$, $F_2 = Fle^{\mu\theta}(\frac{e^{\mu\theta}+1}{e^{\mu\theta}-1})$

해답

28. ④

해설 $\sum M_o = 0$

$$-F \times l - F_2 \times a + F_1 \times a = 0$$
$$-F \times l - F_2 \times a + e^{\mu\theta} F_2 \times a = 0$$
$$-F_2 \times a + e^{\mu\theta} F_2 \times a = F \times l$$
$$F_2 a(e^{\mu\theta} - 1) = F \times l$$
$$F_2 = \frac{F \times l}{a(e^{\mu\theta} - 1)},\ F_1 = \frac{F \times l}{a(e^{\mu\theta} - 1)} \times e^{\mu\theta}$$

문제 30

그림과 같은 기어열에서 기어 A가 1800rpm으로 회전할 때, 기어 D가 200rpm으로 회전한다. 기어 A, B, C의 잇수가 각각 10, 30, 20일 때, 기어 D의 잇수는 얼마인가? (단, 모든 기어의 모듈(module)은 동일함)

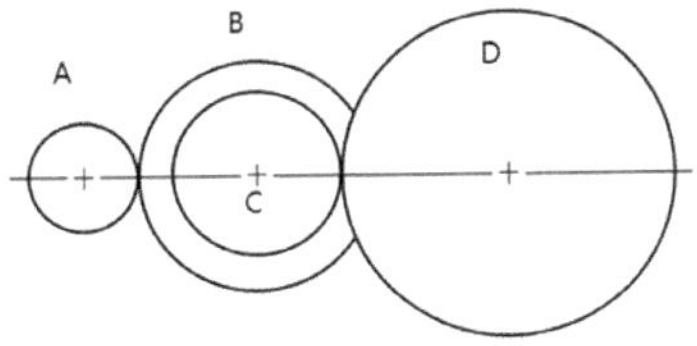

① 60
② 70
③ 80
④ 90

해설

$$N_D = N_A \times \frac{Z_A}{Z_B} \times \frac{Z_C}{Z_D} = 1800 \times \frac{10}{30} \times \frac{20}{Z_D},$$

$$Z_D = 1800 \times \frac{10}{30} \times \frac{20}{N_D} = 1800 \times \frac{10}{30} \times \frac{20}{200} = 60\text{개}$$

문제 31

내접하는 원통마찰차에서 축간거리C=250mm, 회전속도 $N_A = 300rpm, N_B = 150rpm$인 경우 두 마찰차의 지름$D_A, D_B$는 각각 얼마인가?

① $D_A = 1000mm, D_B = 500mm$
② $D_A = 250mm, D_B = 500mm$
③ $D_A = 300mm, D_B = 600mm$
④ $D_A = 500mm, D_B = 1000mm$

해답

29. ① 30. ①

해설

$$C=\frac{D_B-D_A}{2}=\frac{D_B-\frac{D_B}{2}}{2}=\frac{\frac{D_B}{2}}{2}=\frac{D_B}{4},\ D_B=4\times C=4\times 250=1000mm$$

$$D_AN_A=D_BN_B,\ D_A=\frac{D_BN_B}{N_A}=\frac{D_B\times 150}{300}=\frac{D_B}{2}$$

$$D_A=\frac{D_B}{2}=\frac{1000}{2}=500mm$$

문제 32

압축 코일스프링에서 코일의 평균지름과 소선지름을 각각 2배로 증가시키면 스프링상수는 어떻게 변하는가? (단, 스르링 재료와 유효권수는 변화 없다)

① 0.5배 ② 1배 ③ 1.5배 ④ 2배

해설

$$\delta=\frac{8PD^3n}{Gd^4}$$

$$(\text{스프링상수})K=\frac{P}{\delta}=\frac{Gd^4}{8D^3n}$$

$$(\text{스프링상수})K'=\frac{G(2d)^4}{8(2D)^3n}=\frac{Gd^4}{8D^3n}\times\frac{16}{8}=K\times 2$$

문제 33

바깥지름이 50mm이고 골지름이 44mm인 한줄 사각나사를 2.5 회전 시키면 25mm 전진한다고 한다. 나사의 리드각을 α 라고 할 때 $\tan\alpha$ 의 값은?

① 0.034
② 0.051
③ 0.068
④ 0.082

해설

$$\tan\alpha=\frac{l}{\pi D_e}=\frac{10}{\pi\times 47}=0.0677$$

$$l=\frac{25mm}{2.5\text{회전}}=10mm$$

$$D_e=\frac{D_2+D_1}{2}=\frac{50+44}{2}=47mm$$

해답

31. ④ 32. ④ 33. ③

문제 34

바하(Bach)의 축공식에 대한 설명으로 옳은 것은?(단, N은 회전수(rpm), H_{ps}는 전달 마력(PS)이다)

① 축의 강도설계에서 축길이 1m에 대하여 비틀림각이 0.25° 이내가 되는 조건에서 축지름을 구한다.
② 축의 강성설계에서 축길이 1m에 대하여 비틀림각이 0.25° 이내가 되는 조건에서 축지름을 구한다.
③ 축지름 $d=12\sqrt[3]{\frac{H_{ps}}{N}}\,cm$이다.
④ 축지름 $d=12\sqrt[4]{\frac{H_{ps}}{N}}\,mm$이다.

해설 ① 축의 강성설계에서 축길이 1m에 대하여 비틀림각이 0.25 ° 이내가 되는 조건에서 축지름을 구한다.

③ 축지름 $d=12\sqrt[3]{\frac{H_{ps}}{N}}\,cm(\times)$ → $d=12\sqrt[3]{\frac{H_{ps}}{N}}\,cm(\times)$ $12\sqrt[4]{\frac{H_{ps}}{N}}\,cm(\circ)$

④ 축지름 $d=12\sqrt[4]{\frac{H_{ps}}{N}}\,mm(\times)$ → $120\sqrt[4]{\frac{H_{ps}}{N}}\,mm(\circ)$

문제 35

중실(solid) 토션 바에서 토크가 일정할 때 지름과 길이가 각각 2배가 된다면 비틀림 스프링 상수는 몇 배가 되는가?

① 2
② 4
③ 8
④ 16

해설 (비틀림 스프링 상수) $k_t=\frac{T}{\theta}=\frac{T}{\frac{TL}{GI_p}}=\frac{GI_p}{L}=\frac{G\pi d^4}{L32}$

$k_t'=\frac{G\pi(2d)^4}{(2L)\times 32}=\frac{G\pi d^4}{L\times 32}\times\frac{16}{2}=k_t\times 8$

해답

34. ② 35. ③

문제 36

한줄 리벳 이음에서 리벳 구멍 사이의 강판이 절단되었다면 한 피치 구간에서 판에 작용한 인장하중 W는? (단, d는 리벳 구멍, p는 피치, t는 강판의 두께, σ_t는 인장응력이다)

① $W = 2(p-d)t\sigma_t$　　② $W = (p+d)t\sigma_t$

③ $W = (p-d)t\sigma_t$　　④ $W = 2(p+d)t\sigma_t$

해설

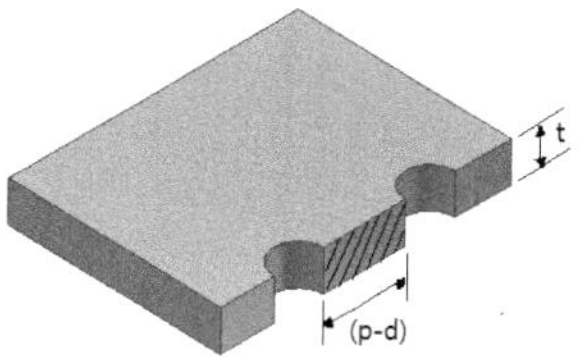

$$W_P = \sigma_t \times A_t = \sigma_t\,(p - d_t) \times t$$

문제 37

레이디얼(radial) 하중 P를 받고 있는 볼 베어링의 수명을 20% 연장하고자 할 때 해당 하중의 크기는?

① $1.2^{\frac{1}{3}}P$　② $1.2^{-\frac{1}{3}}P$　③ $0.8^{\frac{1}{3}}P$　④ $0.8^{-\frac{1}{3}}P$

해설

$$L_H = \frac{10^6}{60 \times N} \times \left(\frac{C}{P}\right)^r$$

$$L_H' = \frac{10^6}{60 \times N} \times \left(\frac{C}{P'}\right)^r$$

$$L_H' = 1.2L_H$$

$$\frac{10^6}{60 \times N} \times \left(\frac{C}{P}\right)^r = 1.2 \times \frac{10^6}{60 \times N} tiems \left(\frac{C}{P}\right)^r$$

$$\left(\frac{C}{P'}\right)^3 = 1.2\left(\frac{C}{P}\right)^3$$

$$\left(\frac{C}{P'}\right) = (1.2)^{\frac{1}{3}} \times \frac{C}{P}$$

$$\frac{1}{P'} = 1.2^{\frac{1}{3}} \times \frac{1}{P}$$

$$P' = 1.2^{-\frac{1}{3}} \times P$$

해답

36. ③　37. ②

문제 38

100 [N]의 하중을 50 [cm] 들어 올리는 데, 8 [초]동안 15 [W]의 동력이 작용했다면, 이 전동 잭의 효율 [%]은?

① 41.7 ② 33.3
③ 44.5 ④ 39.7

해설

$$\eta = \frac{H_{out}}{H_{in}} = \frac{100[N] \times \frac{0.5[m]}{8[S]}}{15[W]} = 0.4166 = 41.7\%$$

문제 39

벨트의 평행걸기(open belting) 시 축간 중심거리는 1,000[mm], 원동차의 지름은 400[mm], 종동차의 지름은 300[mm]이다. 벨트의 길이에 가장 가까운 값 [mm]은?

① 3,060 ② 3,100
③ 3,140 ④ 3,180

해설

$$L = 2C + \frac{\pi(D_2 + D_1)}{2} + \frac{(D_2 - D_1)^2}{4C}$$

$$= 2 \times 1000 + \frac{3.14 \times (300 + 400)}{2} + \frac{(300 - 400)^2}{4 \times 1000} = 3101.5 \fallingdotseq 3100mm$$

문제 40

유니파이 보통나사 3/4-10 UNC의 피치 [mm]는?

① 0.75 ② 10
③ 19.05 ④ 2.54

해설

$\frac{3}{4}$: 호칭지름 $\frac{3}{4}[inch]$

10 : 1인치당 나사산수

$$p = \frac{25.4}{10} = 2.54[mm]$$

해답

38. ① 39. ② 40. ④

제3과목 기계재료 및 측정

문제 41

연삭숫돌의 표시에서 WA 60 K m V 1호 205×19×15.88로 명기되어 있다. K는 무엇을 나타내는 부호인가?

① 입자　② 결합제
③ 결합도　④ 입도

해설 **숫돌바퀴의 표시법**

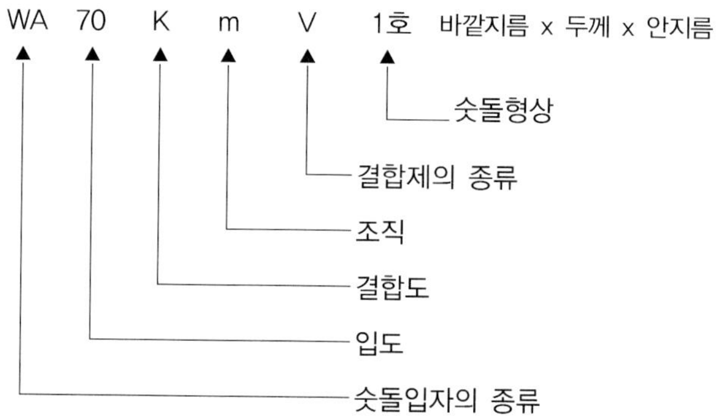

문제 42

선반에서 지름 50mm의 재료를 절삭속도 60m/min, 이송 0.2mm/rev, 길이 30mm로 1회 가공할 때 필요한 시간은?

① 약 10초　② 약 18초
③ 약 23초　④ 약 39초

해설

$$(\text{가공시간})T=\frac{L}{S\times N}=\frac{30mm}{0.2\frac{mm}{rev}\times 381.971\frac{rev}{\min}}=0.392\min=23.56\sec$$

$$V=\frac{\pi DN}{1000},\ (\text{분당회전수})N=\frac{V\times 1000}{\pi D}=\frac{60\times 1000}{\pi\times 50}=381.971rpm$$

해답

41. ③　42. ③

문제 43

다음 중 각도측정기가 아닌 것은?

① 사인바 ② 옵티컬 플랫
③ 오토 콜리메이터 ④ 탄젠트바

해설

각도 측정	고정각도측정기	① 직각자, ② 컴비네이션베벨, ③ 분할대, ④ 드릴포인트게이지
	눈금 있는 각도측정기	① 분도기, ② 만능각도측정기, ③ 컴비네이션세트, ④ 사인바, ⑤ 광학각도측정기, ⑥ 수준기, ⑦ 오토콜리메이션,
면 측정	평면도측정	① 옵티컬 플랫(optical flat광선정반), ② 스트레이트에지, ③ 수준기, ④ 오토몰리미터, ⑤ 긴장강선
	표면거칠기 측정	① 표면거칠기, ② 표준편, ③ 촉침법, ④ 광절단법

문제 44

마이크로미터의 사용시 일반적인 주의사항이 아닌 것은?

① 측정시 래칫 스톱은 1회전 반 또는 2회전 돌려 측정력을 가한다.
② 눈금을 읽을 때는 기선의 수직위치에서 읽는다.
③ 사용 후에는 각 부분을 깨끗이 닦아 진동이 없고 직사광선이 잘 받는 곳에 보관하여야 한다.
④ 대형 외측마이크로미터는 실제로 측정하는 자세로 0점 조정을 한다.

해설 계측기기는 직사광선을 피하고 온도에 의한 변형을 줄일 수 있는 곳에 보관해야 한다.

문제 45

표준 맨드릴(mandrel)의 테이퍼 값으로 적합한 것은?

① 1/50~1/100 정도 ② 1/100~1/1000 정도
③ 1/200~1/400 정도 ④ 1/10~1/20 정도

해설 **심봉(mendrel)** : 중공 제품의 구멍 내면을 다듬질한 일감의 외경을 동심원으로 가공할 때 사용되며, 주로 기어나 풀리의 소재 가공에 이용된다.
※ 표준 맨드릴의 테이퍼 : 1/100~1/1000 정도

문제 46

복합재료 중 FRP는 무엇을 말하는가?

① 섬유 강화 목재 ② 섬유 강화 플라스틱
③ 섬유 강화 금속 ④ 섬유 강화 세라믹

해답

43. ② 44. ③ 45. ②

해설 ① FRM : (섬유강화 금속=fiber reinforced metals) 모재의 종류가 금속
② FRP : (섬유강화 플라스틱=fiber reinforced plastic) 모재의 종류가 플라스틱
③ GFRP : FRP에 보강재료로 유리(Glass)가 사용된 것
④ CFRP : FRP에 보강재료로 탄소(Carbon)가 사용된 것

문제 47

다음 금속 중 가공성과 전도성이 우수하여 방전용 전극 재료로 가장 많이 사용되고 있는 재료는?

① 구리(Cu) ② 알루미늄(Al)
③ 아연(Zn) ④ 마그네슘(Mg)

해설 **구리의 특성**

(1) 비중8.96, 용융점 1083℃, 면심입방격자이다.
(2) 열전도도가 보통 금속 중에서 가장 높다.
(3) 가공성과 전기 전도성이 우수하여 방전용 전극 재료로 많이 사용된다(자동차의 축전지에 사용되는 전극이다).
(4) 비자성체로 자석에 붙지 않는다.
(5) 연하고 전연성이 좋아 소성가공하기 쉽다.
(6) 아름다운 색을 띠고 있다.
(7) 철강재료에 비하여 내식성이 커서 공기 중에서 거의 부식되지 않으나, 황산, 염산, 질산에 쉽게 용해된다.
(8) 용융점 이외에는 변태점이 없다.

문제 48

저온뜨임의 목적이 아닌 것은?

① 솔바이트 조직 생성 ② 내마모성의 향상
③ 담금질 응력 제거 ④ 치수의 경년변화 방지

해설 **저온 뜨임의 목적**

① 트루스타이트(troostite) 조직이 얻어진다. 트루스타이트는 α 철과 극미세(極微細) 시멘타이트와의 혼합 조직으로서 마텐자이트를 약 400°C로 뜨임처리(tempering)를 하였을 때 생기는 조직이다. 이 조직은 마텐자이트 다음으로 경도가 높고 인성이 있으므로 고급 절삭날의 조직으로서 중용되고 있다.
② 담금질 응력 제거하여 담금질 균열을 방지한다.
③ 내마모성 향상
④ 치수의 경년변화 방지

해답

46. ② 47. ① 48. ①

문제 49

다음 알루미늄 합금 중 내열성이 있는 주물로 공랭 실린더 헤드 및 피스톤 등에 널리 사용되는 것은?

① Y합금
② 라우탈
③ 하이드로날륨
④ 고력Al합금

해설 **알루미늄합금 중 피스톤재료로 사용되는 것**

Y합금 — Al + (4%Cu) + (2%Ni) + (1.5%Mg) : 내열용 알루미늄 합금으로 피스톤재료로 사용
Lo-ex(로우엑스)합금— Al + Si + Cu + Mg + Ni 열팽창계수가 적고 내열, 내마멸성이 우수하다. 금형에 주조되는 피스톤용

문제 50

다음 중 강의 적열취성의 주 원인이 되는 원소는?

① Mn
② Si
③ S
④ P

해설 **적열취성(고온취성)** : 황을 많이 함유한 탄소강은 약 950℃에서 인성이 저하하는 특성이 있다. 이를 탄소강의 적열 취성(red shortness)이라 한다.

문제 51

다음의 설명 중 옳지 않는 것은?

① A1변태는 강에서 일어나는 변태이다.
② 펄라이트는 순철의 일종이다.
③ 오스테나이트의 최대 탄소고용량은 1130℃에서 약 2.0%이다.
④ 시멘타이트는 철과 탄소의 화합물이다.

해설 **펄라이트(pearlite)**: α철(페라이트)과 Fe_3C(시멘타이트)가 서로 번갈아 층을 이루는 것으로 공석강이라 한다. 즉 펄라이트는 강에서 볼 수 있는 조직이다.

해답

49. ① 50. ③ 51. ②

문제 52

다음 중 소결합금으로 된 공구강은?

① 초경합금 ② 스프링강
③ 기계구조용강 ④ 탄소공구강

해설
- **소결(sintering, 燒結)**: 분말체(粉末體)를 적당한 형상으로 가압 성형한 것을 가열하면 서로 단단히 밀착하여 고결(固結)하는 현상
- **초경합금** : 금속탄화물(WC, TiC, TaC)에 Co분말과 함께 금형에 넣어 압축성형하여 800~900℃로 예비소결하고, 1400~1500℃의 H_2기류 중에서 소결하여 만든 공구용 합금강이다.

문제 53

버니어캘리퍼스에서 어미자의 눈금선 각격이 0.5mm이고, 버니어는 어미자의 19.5mm를 자들자에서 20등분하였다면 최소 읽음 값은 몇 mm인가? (단, 실제 제작되는 버니어캘리퍼스와 관계없이 이론적으로 계산한다.)

① 1/10 ② 1/20
③ 1/40 ④ 1/50

해설 (최소측정값)$c = \frac{A}{n} = \frac{0.5}{20} = \frac{1}{40}[mm]$

문제 54

재료시험의 종류 중 정하중을 가하여 시험하는 정적시험이 아닌 것은?

① 피로시험 ② 인장시험
③ 전단시험 ④ 비틀림시험

해설 피로시험은 반복하중을 받는 하중의 피로한계를 측정하는 시험이다.

문제 55

사인 바의 크기를 나타내는 호칭 치수는?

① 사인바 본체 양단간 거리
② 사인바를 지지하는 롤러 양끝간 거리
③ 사인바를 지지하는 롤러 중심간 거리
④ 사인바를 지지하는 롤러 직경의 크기

해설 사인 바의 호칭 치수는 사인바를 지지하는 롤러 중심간의 거리이다.

해답

52. ① 53. ③ 54. ① 55. ③

문제 56

응력과 변형률 선도에서 후크의 법칙(Hook's Law)을 만족 하는 범위는?

① 비례한도 이상
② 비례한도 이하
③ 탄성한도 이상
④ 탄성한도 이하

해설 후크의 법칙(Hook' s Law) $\sigma = E \times \epsilon$ 는 응력 변형률 선도에서 비례한도 이하에서 만족하는 법칙이다.

문제 57

공칭응력과 진응력에 대한 설명 옳지 않은 설명은?

① 공칭응력은 단면적의 변화가 없는 가정 조건으로 구한다.
② 진응력은 체적의 변화가 없는 가정조건으로 구한다.
③ 공칭응력은 진응력보다 크다.
④ 비례한도 이하에서는 공칭응력과 진응력의 거의 같은 값을 가진다.

해설 (공칭응력)σ_n, (진응력)σ_t, (공칭변형률)ϵ_n

$\sigma_t = \sigma_n(1+\epsilon_n)$

진응력이 공칭응력보다 크다.

문제 58

시편에 노치(notch)를 주어 시험하는 시험 방법은?

① 샤르피형 시험기
② 슬라이드형 시험법
③ 탐만형 시험법
④ 테일러형 시험법

해설 샤르피형은 시험에 V홈의 노치를 주어 해머가 충력을 가할 때 시편이 파괴될 때 시편에 저장된 에너지를 측정하는 충격 시험이다.

해답

56. ② 57. ③ 58. ①

문제 59

3침법에 의하여 미터 나사의 유효지름 d_2를 구하는 공식은? (단, d_m : 삼선 지름의 평균값, P : 나사의 피치, M : 침을 넣고 측정한 외측거리이다)

① $M-3.16\text{ dm}+0.966025\ P$
② $M+3.16\text{ dm}-0.966025\ P$
③ $M+3\text{ dm}-0.866025\ P$
④ $M-3\text{ dm}+0.866025\ P$

해설 삼침법의 나사의 유효지름 $d_2=M-3d_m+0.866025p$

문제 60

비틀림 시험을 통하여 구할 수 없는 기계적 성질은?

① 강성계수(G)
② 비틀림강도(τ)
③ 세로탄성계수(E)
④ 비틀림각(θ)

해설

$$T=\tau\times\frac{\pi d^3}{16}$$

$$\theta=\frac{TL}{GI_p}$$

해답

59. ④ 60. ③

기계설계산업기사

2023년 3회 CBT 시행

본 문제는 복원 기출문제입니다. 실제 문제와 다를 수 있으니 양해바랍니다.

제1과목 기계제도

문제 01

베어링 호칭 번호가 6301인 구름베어링의 안지름은 몇 mm인가?

① 5 ② 10
③ 12 ④ 15

해설 6301
6 : 깊은홈 볼 베어링
3 : 하중번호
01 :안지름번호(00:10mm, 01:12mm, 02:15mm, 03:17mm, 04×5=20mm)

문제 02

축의 치수가 $\phi 30^{+0.03}_{+0.02}$이고, 구멍의 치수가 $\phi 30^{+0.01}_{0}$일 때 어떤 끼워 맞춤인가?

① 중간 끼워맞춤 ② 헐거운 끼워맞춤
③ 보통 끼워맞춤 ④ 억지 끼워맞춤

해설 축의 최대치수 $\phi 30.03$
축의 최소치수 $\phi 30.02$

구멍의 최대치수 $\phi 30.03$
구멍의 최소치수 $\phi 30.00$
구멍의 아래공차가 "0"이고 축의 윗공차 아래공차가 모두 +공차이므로 억지끼워맞춤이다.

해답
01. ③ 02. ④

문제 03

냉간 성형 리벳의 호칭 표시가 다음과 같이 호칭된 경우 "40"의 뜻은?

둥근 머리 리벳 16 × 40× SWRM10 앞붙이

① 리벳의 종류
② 리벳의 재질
③ 리벳의 지름
④ 리벳의 길이

해설 둥근 머리 리벳 : 리벳의 종류
16×40 : 리벳의 지름×리벳의 길이
SWRM10 : 리벳의 재질(저탄소강재(연강선재))
앞붙이 : 지정사항(리벳이음이 "앞붙이" 형태가 되도록 한다.

문제 04

그림과 같은 등각투상도를 제3각법으로 투상하였을 때 가장 적합한 것은?

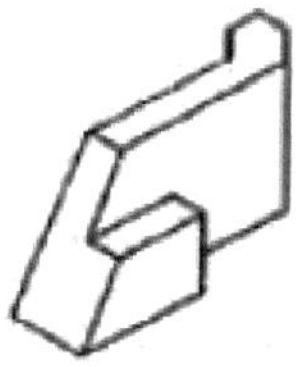

①
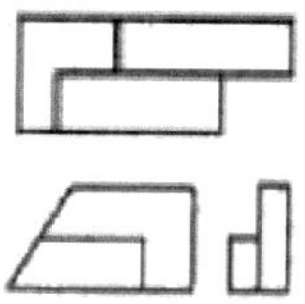

②
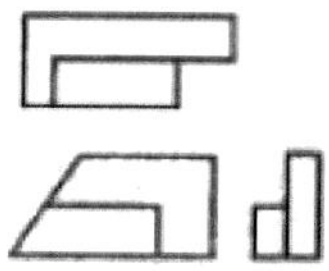

③
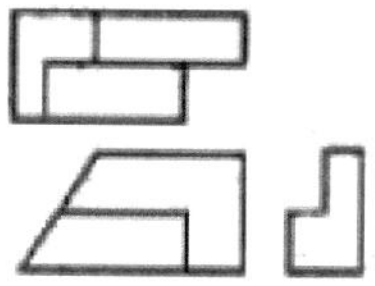

④
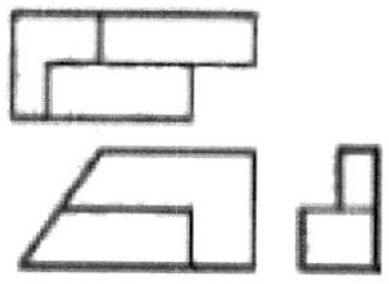

해설

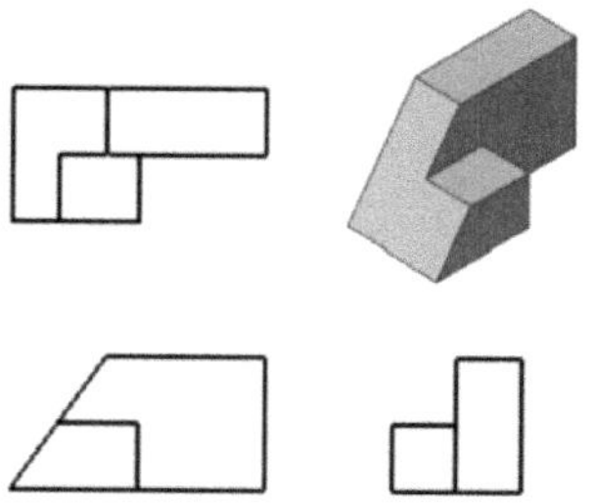

해답

03. ④ 04. ①

문제 05

다음 중 죔새가 가장 큰 억지 끼워 맞춤은?

① $100\frac{H7}{h6}$ ② $100\frac{H7}{g6}$ ③ $100\frac{H7}{x6}$ ④ $100\frac{H7}{m6}$

해설

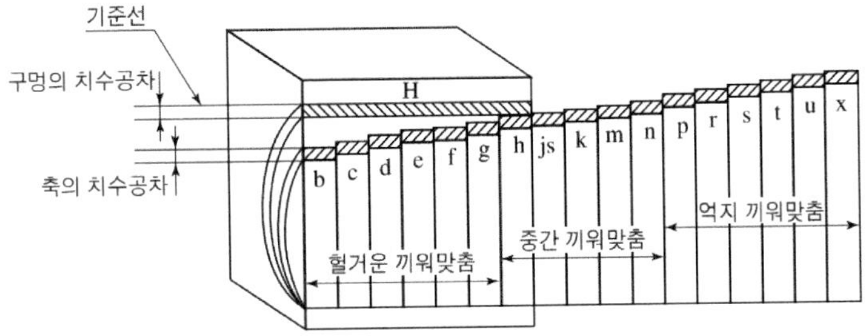

문제 06

다음 그림에서 "A"에 가장 적합한 기하공차 기호는?

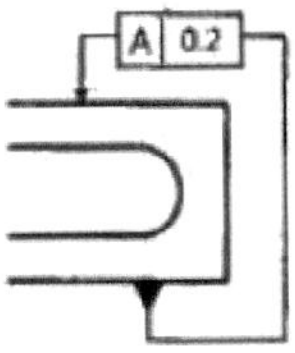

①  ②  ③  ④ 

해설 윗면이 기준(Datum) A(밑면)에 대하여 평행도 "//"가 0.2mm 범위 내에 있어야 한다.

문제 07

제3각법에 대한 설명으로 틀린 것은?

① 눈 → 투상면 → 물체의 순으로 나타난다.
② 좌측면도는 정면도의 좌측에 그린다.
③ 저면도는 우측면도의 아래에 그린다.
④ 배면도는 우측면도의 우측에 그린다.

해설 **제3각법의 원리** : 물체를 제3면각 내에 놓고 투상한다.
즉 사람 눈 → 투상면 → 물체

해답

05. ③ 06. ② 07. ③

㉠ 물체를 제3면각 공간에 놓고 각 면을 투상면으로 생각한다.
㉡ 투상면에 직각인 방향을 본 물체의 모양을 각각의 투상면에 그린다.
㉢ 정면도를 중심으로 하여 위쪽에 평면도, 오른쪽에 우측면도가 배열된다.
㉣ 물체의 보이는 모양을 그대로 투상면에 나타낸다.
㉤ 저면도는 정면도 아래에 그린다.

문제 08

판금이나 제관 전개 작업에서 주로 나타나는 상관선에 대한 설명으로 가장 적합한 것은?

① 두 개의 직선이 교차하는 선
② 두 점 사이를 연결하는 선
③ 곡면과 곡면 또는 곡면과 평면이 만나는 선
④ 두 곡선 사이의 중심을 이루는 선

해설 상관선은 곡면과 평면등이 교차되거나 만날 때 투상을 용이하게 나타내는 것으로 주로 곡면과 곡면 또는 곡면과 평면이 만나는 선으로 직선 또는 곡선으로 나타낸다.

문제 09

그림과 같은 표면 거칠기 지시기호에서 λ c2.5는 어떤 값을 의미하는 가?

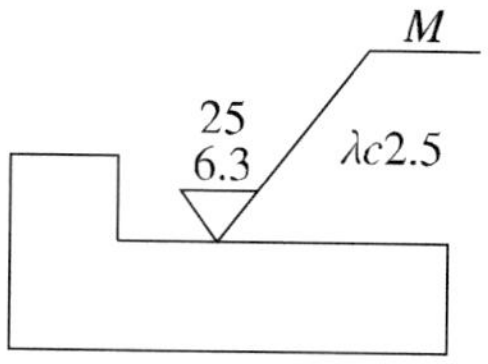

① 컷 오프 값　　② 거칠기 지시 값 상한값
③ 최대높이 거칠기 값　　④ 거칠기 지시 값 하한값

해설

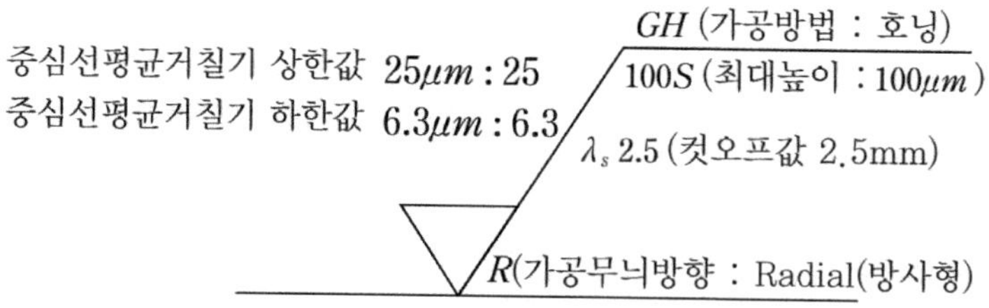

해답

08. ③　09. ①

문제 10

표준 스퍼기어의 항목표에서는 기입되지 않지만 헬리컬기어 항목표에는 기입되는 것은?

① 모듈 ② 비틀림 각
③ 잇수 ④ 기준 피치원 지름

해설 스퍼기어는 치형이 평행하고 헬리컬기어는 치형이 기울어져 있다. 헬리컬기어는 비틀림각을 요목표에 기입한다.

문제 11

다음 도면에서 센터의 길이 ℓ 로 표시된 부분의 길이는? (단, 테이퍼는 1/20 이고 단위는 mm 임)

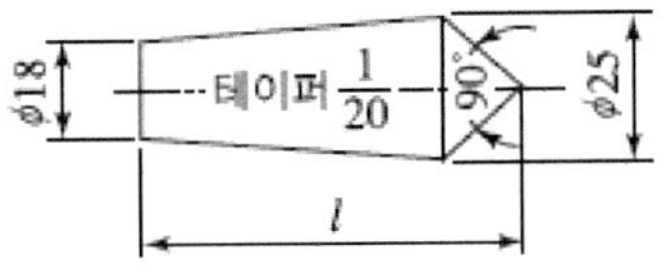

① 50 ② 82.5 ③ 140 ④ 152.5

해설

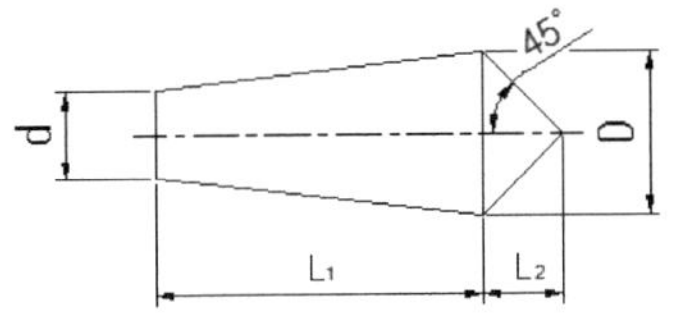

$$L = L_1 + L_2 = 140 + 12.5 = 152.5mm$$

$$\frac{1}{20} = \frac{D-d}{L_1},\ L_1 = 20 \times (D-d) = 20 \times (25-18) = 140mm$$

$$\tan 45 = \frac{(\frac{D}{2})}{L_2},\ L_2 = \frac{(\frac{25}{2})}{\tan 45} = 12.5mm$$

문제 12

기하 공차의 종류 중 모양 공차에 해당하는 것만을 모두 고르면?

ㄱ. 진직도 공차	ㄴ. 평행도 공차	ㄷ. 직각도 공차
ㄹ. 평면도 공차	ㅁ. 진원도 공차	ㅂ. 경사도 공차

① ㄱ, ㄷ, ㅂ ② ㄱ, ㄹ, ㅁ ③ ㄴ, ㄷ, ㄹ ④ ㄴ, ㅁ, ㅂ

해답

10. ② 11. ④

해설 **모양공차** : 진직도, 평면도, 진원도, 원통도, 선의 윤곽도, 면의 윤곽도

문제 13

표면 거칠기를 나타내는 방법 중 산술 평균 거칠기(Ra)[μm]에 대한 설명으로 옳은 것은?

① 표면 거칠기 곡선에서 기준 길이 부분을 채취하고 가장 높은 산과 가장 깊은 골의 높이차를 측정하여 나타낸 값이다.
② 중심선 방향으로 기준 길이를 채취하고 그 구간에서 거칠기 곡선의 면적을 전부 합한 뒤 기준 길이로 나누어 나타낸 값이다.
③ 기준 길이 내에서 가장 높은 산 다섯 번째까지의 표고 평균값과 가장 깊은 골 바닥에서 다섯 번째까지의 골 바닥 표고 평균값을 합해 나타낸 값이다.
④ 중심선 거칠기라고도 하며 표면 거칠기 곡선의 중심선 방향으로 기준 길이를 채취하여 산의 면적을 합해 나타낸 값이다.

해설 **산술평균거칠기(R_a)** : 중심선 방향으로 기준 길이를 채취하고 그 구간에서 거칠기곡선의 면적을 전부 합한 뒤 기준 길이로 나누어서 나타낸다.
값이다.

$$R_a = \frac{\int_0^L |f(x)dx|}{L}$$

문제 14

그림과 같이 물체가 부분적으로 어느 각도를 가지고 있어 투상면에 실제 모양을 나타내기 어려울 때, 그 부분을 투상면의 위치로 회전시켜 나타내는 투상도는?

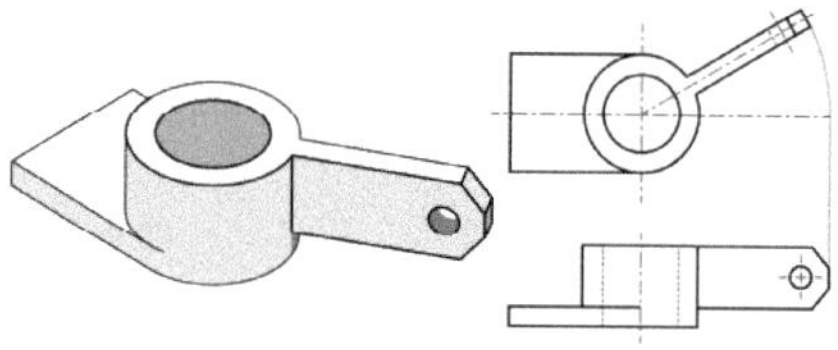

① 부등각 투상도 ② 부분 투상도
③ 경사 투상도 ④ 회전 투상도

해설 그림은 회전 투상도를 나타낸 것이다.

해답

12. ② 13. ② 14. ④

문제 15

아래 도면에 대한 설명으로 옳은 것만을 모두 고르면?

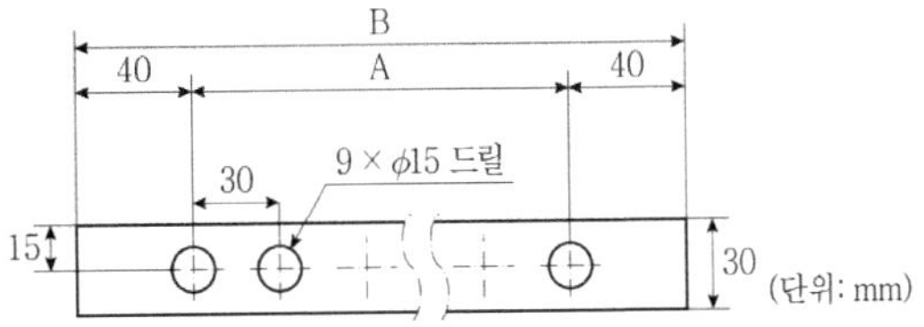

ㄱ. 지름이 15 mm인 구멍 9개 중 일부를 생략하여 간략하게 나타내었다.
ㄴ. A에 들어갈 치수는 각 구멍 사이가 30 mm이고, 구멍이 9개이므로 270 mm이다.
ㄷ. B에 들어갈 치수는 참고 치수 (320)으로 나타낼 수 있다.
ㄹ. 직렬 치수 기입법으로 나타낸 것으로, 구멍 위치의 일반공차가 차례로 누적된다.

① ㄱ, ㄴ, ㄷ
② ㄱ, ㄴ, ㄹ
③ ㄱ, ㄷ, ㄹ
④ ㄴ, ㄷ,

해설 A에 들어갈 치수는 각 구멍 사이가 30 mm이고, 구멍이 9개이므로 피치는 8개가 있어 A들어갈 치수는 240 mm이다.

문제 16

다음 행렬의 계산은 어떤 변환을 의미하는가?

$$[x'y'z'1] = [xyz]\begin{bmatrix} S_x & 0 & 0 & 0 \\ 0 & S_y & 0 & 0 \\ 0 & 0 & S_z & 0 \\ 0 & 0 & 0 & 1 \end{bmatrix}$$

① 이동 변환
② 크기 변환
③ 회전 변환
④ 전단 변환

해설

$$[x' \ y' \ z' \ 1] = [x \, y \, z \, 1]\begin{bmatrix} a & 0 & 0 & 0 \\ 0 & b & 0 & 0 \\ 0 & 0 & c & 0 \\ 0 & 0 & 0 & 1 \end{bmatrix} = [ax, \ by, \ cz, \ 1]$$

scaling(확대 또는 축소)

해답

15. ③ 16. ②

문제 17

다음 중 원추 단면 곡선에 해당하지 않는 것은?

① 포물선　② 스플라인곡선
③ 타원　④ 원

해설

- 곡선
  - 원추곡선
    - 원
    - 타원
    - 포물선
    - 쌍곡선
  - 자유곡선
    - Ferguson 곡선
    - Coons 곡선
    - Bezier 곡선
    - Spline 곡선
    - B-Spline 곡선
    - NURBS 곡선

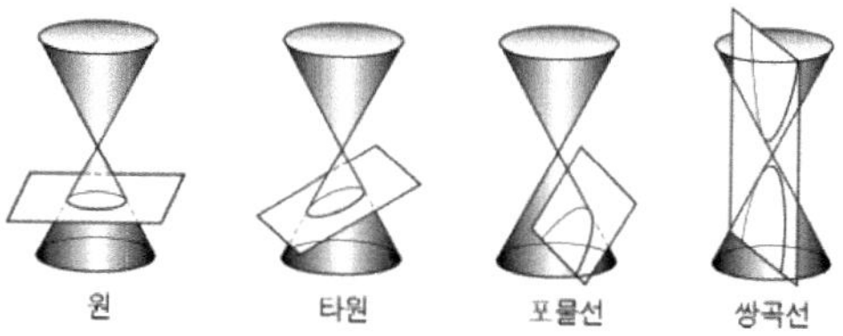

문제 18

양궁 과녁과 같이 일정 간격을 가진 여러 개의 동심원으로 구성되는 형상을 만들려고 한다. 다음 중 가장 적절하게 사용될 수 있는 기능은?

① zoom　② move
③ offset　④ trim

해설 **등간격복사** : offset

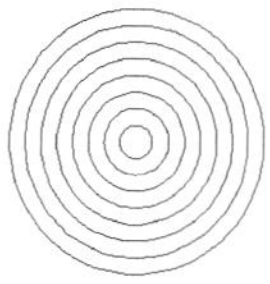

해답

17. ②　18. ③

문제 19

x^2+y^2-25인 원이 있다. 점 (3, 4)에서 접선의 방정식으로 옳은 것은?

① $3x+4y-25=0$　　② $3x+4y-50=0$
③ $4x+3y-25=0$　　④ $4x+3y-50=0$

해설 원 $x^2+y^2=r^2$ 위의 점 (x_1, y_1)에서의 접선의 방정식

$$x_1x+y_1y=x_1^2+y_1^2$$

$$3\times x+4\times y=3^2+4^2$$

$$3\times x+4\times y=25$$

문제 20

그림과 같이 실린더 형상에 빼기구배(draft angle)를 주기 위해 실린더 곡면을 변형시키는 모델링 기법으로 옳은 것은?

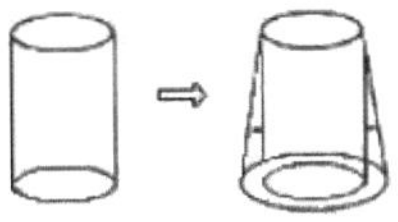

① 스키닝(skinning)　　② 리프팅(lifting)
③ 스위핑(sweeping)　　④ 트위킹(tweaking)

해설

1) 스위핑(Sweeping): 하나의 2차원 단면형상(profile)을 입력하고 이를 안내곡선을 따라 이동시켜 입체를 생성, 주로 환기구의 닥터를 모델링 할 때 사용되는 곡선이다.	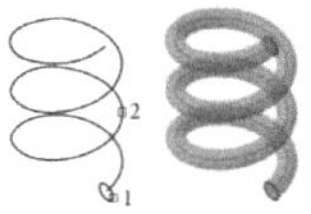
2) 스키닝(Skinning): 원하는 경로상에 여러 개의 단면 형상을 위치시키고 이를 덮어 싸는 입체를 형성	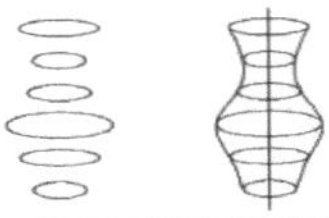
3) 로프트(Loft): 2개의 경계곡선에 의해 하나의 곡면 구성	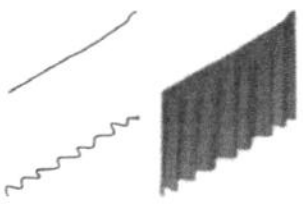
4) 트위킹(tweaking): 곡면 모델링 시스템에 의해 만들어진 곡면을 불러들여 기존 모델의 평면을 바꿀 수 있는 기법. 예를 들어 실린더형상에 구배(draft angle)를 주어 실린더 곡면을 원추 곡면으로 만들어 주는 방법	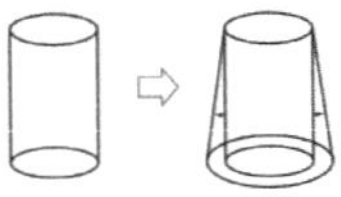
5) 리프팅(Lifting): 주어진 물체의 특정면의 전부 또는 일부를 원하는 방향으로 움직여서 물체가 그 방향으로 늘어난 효과를 갖도록 하는 것	

해답

19. ①　20. ④

제2과목 기계요소설계

문제 21

지름이 50mm이고 길이가 100mm인 저널 베어링에서 5.9kN의 하중을 지탱하고 있을 때 저널면에 작용하는 압력은 약 몇 MPa인가?

① 0.21　② 0.59
③ 1.18　④ 1.65

해설

$$(\text{베어링압력})p=\frac{F}{d\times l}=\frac{5.9\times10^3[N]}{50[mm]\times100[mm]}=1.18[\frac{N}{mm^2}]=1.18[MPa]$$

문제 22

드럼의 지름 500mm인 브레이크 드럼축에 98.1N · m의 토크가 작용하고 있는 블록 브레이크에서 블록을 브레이크 바퀴에 밀어 붙이는 힘은 약 몇 kN인가? (단, 접촉부 마찰계수는 0.2이다.)

① 0.54　② 0.98
③ 1.51　④ 1.96

해설

$$T=\ \mu P\times\frac{D}{2},$$

$$(\text{블록브레이크를 미는힘})P=\frac{2T}{\mu D}=\frac{2\times98.1}{0.2\times500}=1962N=1.962KN$$

문제 23

다음 중 나사의 효율에 관한 식으로 맞는 것은?

① 나사의효율 = 마찰이 없는 경우 회전력 / 마찰이 있는 경우 회전력
② 나사의효율 = 마찰이 있는 경우 회전력 / 마찰이 없는 경우 회전력
③ 나사의효율 = 나사의 리드 / 나사의 피치
④ 나사의효율 = 나사의 피치 / 나사의 리드

해설 **나사의 효율**

$$\eta=\frac{\text{출력일(小)}}{\text{입력일(大)}}=\frac{Q\text{의 하중을 }p\text{만큼 올리기 위해 한 일}}{\text{나사를 1회전 시키기 위해 외력}P\text{가 한일}}=\frac{\text{마찰이 없을 때의 체결력}}{\text{마찰이 있을 때의 체결력}}$$

$$(\text{나사의 효율})\eta=\frac{\tan\lambda}{\tan(\lambda+\rho)}$$

여기서 (나선각 = 리드각 = 경사각)λ, (마찰각)ρ

해답

21. ③ 22. ④ 23. ①

문제 24

용접 이음의 장점에 해당하지 않는 것은?

① 열에 의한 잔류응력이 거의 발생하지 않는다.
② 공정수를 줄일 수 있고, 제작비가 싼 편이다.
③ 기밀 및 수밀성이 양호하다.
④ 작업의 자동화가 용이하다.

해설 **용접의 장단점**

장점	단점
• 리벳이음에 비해 재료가 절약되고 이음 효율이 높다. • 기밀성이 높으며 사용하는 판재의 두께에 제한이 없다. • 소음이 없고 페인트 작업을 쉽게 할 수 있다. • 공정수를 줄일 수 있어 제작비가 싸다. • 제품의 생산률이 좋고 보수도 쉽다.	• 진동감쇠의 능력이 부족하다. • 고열에 의한 변형과 잔류응력의 발생 및 재질이 변한다. • 연속체로 되어 전체적인 파괴가 생긴다. • 결함이 생기기 쉽고 이에 따른 노치율에 민감하다. • 용접부에 대한 비파괴 검사법을 해야 된다.

문제 25

다음 중 두 축의 상대위치가 평행할 때 사용되는 기어는?

① 베벨 기어　② 나사 기어　③ 웜과 웜기어　④ 래크와 피니언

해설 **두 축이 평행한 기어**

① 스퍼기어(평 치차)
② 헬리컬 기어, 더블헬리컬 기어
③ 내접 기어(인터널 기어)
④ 래크와 피니언

문제 26

하중이 4kN 작용하였을 때 처짐이 100mm 발생하는 코일 스프링의 소선 지름은 20mm이다. 이 스프링의 유효 감김수는 약 몇 권인가? (단, 스프링 지수(C)는 10이고, 스프링 선재의 전단탄성계수는 80GPa이다.)

① 3　② 4　③ 5　④ 6

해설

∴(스프링의 처짐량) $\delta = \dfrac{8PD^3n}{Gd^4} = \dfrac{8PC^3n}{Gd} = \dfrac{8PC^4n}{GD}$

P: 하중, D: 평균지름, n: 감김수, G: 전단탄성계수, d: 소선지름, C: 스프링지수

$\delta = \dfrac{8PC^3n}{Gd}$, $100 = \dfrac{8 \times 4000 \times 10^3 \times n}{80 \times 10^3 \times 20}$, 에서 (유효감김수) $n = 5$권

해답

24. ①　25. ④　26. ③

문제 27

평벨트 풀리의 지름이 600mm, 축의 지름이 50mm라 하고, 풀리를 폭(b) x 높이(h) = 8mm x 7mm의 묻힘키로 축에 고정하고 벨트 장력에 의해 풀리의 외주에 2kN의 힘이 작용한다면, 키의 길이는 몇 mm 이상이어야 하는가? (단, 키의 허용전단응력은 50MPa로 하고, 전단 응력만을 고려하여 계산한다.)

① 50　② 60　③ 70　④ 80

해설

$$\tau_{key} = \frac{2T}{b\,l\,d_s},\ (\text{키의 길이})l = \frac{2T}{b\,\tau_{key}\,d_s} = \frac{2\times(W\times\frac{D}{2})}{b\,\tau_{key}\,d_s} = \frac{2\times(2000\times\frac{600}{2})}{8\times50\times50} = 60mm$$

문제 28

다음 중 동력의 단위에 해당하지 않는 것은?

① erg/s　② N · m　③ PS　④ J/s

해설 1) 에너지의 정의 : 일(*work*)로 표현될수 있는 물리량의 총칭(에너지 = 일) = 힘 × 거리

(에너지 = 일)의 단위 : $1J = 1N\times1m$, $1erg = 1dyne\times1cm = 10^{-5}N\times10^{-2}m = 10^{-7}Nm$

2) 동력의 정의 : 단위시간당 한 일, 동력 $= \frac{\text{일}}{\text{시간}}$

동력의 단위 : $1[W] = 1[\frac{J}{s}] = 1[\frac{N\times m}{s}] = 10^7[\frac{erg}{s}]$

$1PS = 75[\frac{Kg_f m}{s}]$

문제 29

전동축에 큰 휨(deflection)을 주어서 축의 방향을 자유롭게 바꾸거나 충격을 완화시키기 위해 사용하는 축은?

① 직선 축　② 크랭크 축　③ 플렉시블 축　④ 중공 축

해설 **축의 형상에 따른 분류**

① 직선축 : 보통 쓰이는 축이다.

② 크랭크 축 : 왕복 운동에 사용하는 축으로 회전운동을 직선왕복 운동으로 바꾸는 데 사용한다.

③ 플렉시블 축(flexible shaft) : 전동축으로 휨성(deflection)이 있다. 축 방향으로 자유로이 휠 수 있으며, 철사를 코일 모양으로 감아서 만든다.

해답

27. ②　28. ②　29. ③

문제 30

벨트 전동에서 긴장측의 장력 T_1 과 이완측의 장력 T_2 사이의 관계식으로 옳은 것은? (단, 원심력은 무시하고 μ는 접촉부 마찰계수, θ는 벨트와 풀리의 접촉각[rad]이다.)

① $e^{\mu\theta} = \frac{T_2}{T_1}$ ② $e^{\mu\theta} = \frac{T_1}{T_2}$

③ $e^{\mu\theta} = \frac{T_2}{T_1 + T_2}$ ④ $e^{\mu\theta} = \frac{T_1}{T_1 + T_2}$

해설

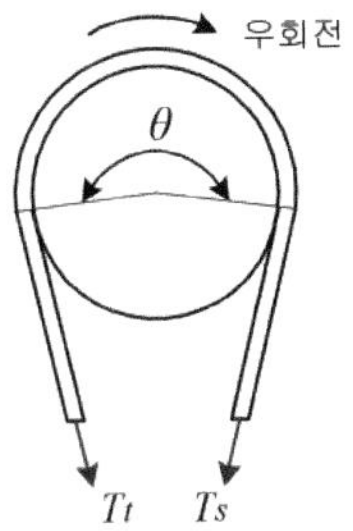

T_t : 긴장측 장력

T_s : 이완측 장력

μ : 마찰계수

θ : 접촉중심각(rad)

① 제동력(=마찰력=유효장력) $P_e = f = T_t - T_s$

② 장력비 : $e^{\mu\theta} = \frac{T_t}{T_s}$

문제 31

기계재료의 표준인장시험에서 얻어지는 진변형률(ε_T)을 공칭응력 (σ)과 진응력(σ_T)으로 나타낸 것으로 옳은 것은?

① $\epsilon_T = \frac{\sigma_T}{\sigma}$ ② $\epsilon_T = \frac{\sigma}{\sigma_T}$ ③ $\epsilon_T = \ln(\frac{\sigma_T}{\sigma})$ ④ $\epsilon_T = \ln(\frac{\sigma}{\sigma_T})$

해설 $\epsilon_T = \ln(1+\epsilon)$

$\sigma_T = \sigma(1+\epsilon), \frac{\sigma_T}{\sigma} = (1+\epsilon)$

$\epsilon_T = \ln\left(\frac{\sigma_T}{\sigma}\right)$

해답

30. ② 31. ③

문제 32

마찰계수가 극히 작고 마멸이 적기 때문에 NC 공작기계의 이송 나사, 자동차의 조향장치, 항공기 날개의 플랩 작동장치에 사용하는 나사는?

① 사각나사
② 사다리꼴나사
③ 볼나사
④ 둥근나사

해설
- **볼나사** : 수치제어 공작기계의 이송나사, 백래시 발생이 거의 없다. 나사의 효율이 높다.
- **사각나사(= 각 나사)** : 축방향으로 큰 하중 작용, 교번하중을 받을 때 사용되는 나사,
- **사다리꼴나사(애크미 나사)** : 공작기계의 이송나사
- **톱니나사** : 축하중의 방향이 한쪽으로만 작용되는 경우에 사용된다. 하중을 받는 면의 경사가 3° 또는 7°로 작다.

문제 33

기어 이의 간섭이 발생하지 않도록 하기 위한 방법으로 옳지 않은 것은?

① 기어와 피니언의 잇수비를 크게 한다.
② 피니언의 잇수를 최소치수 이상으로 한다.
③ 기어의 잇수를 한계치수 이하로 한다.
④ 압력각을 크게 한다.

해설 **언더컷을 방지하기 위한 방법**

① 피니언과 기어의 잇수비를 작게 한다.(피니언과 기어의 잇수 차이를 작게 한다.)
② 피니언의 잇수를 최소 잇수 이상으로 한다.

(피니언의 최소 잇수) $Z_e \geq \dfrac{2}{\sin^2\alpha}$

③ 기어의 잇수를 한계 잇수 이하로 한다.
④ 압력각을 크게 한다.(이와 이사이 간격을 크게 한다.)
⑤ 치형을 수정한다.
기의의 이끝면을 깎아내거나, 또는 피니언의 이뿌리면을 반경방향으로 파낸다.
⑥ 기어의 이높이를 줄인다.(언더컷은 방지되나 물림 길이가 짧아져 동력전달이 원활하지 못하다.
⑦ 전위기어를 사용한다.

해답

32. ③ 33. ①

문제 34

외접하는 두 개의 기어가 맞물려 있고, 중심거리가 150mm, 하나의 기어 잇수가 80인 두 기어의 모듈이 3일 때, 나머지 기어의 잇수는?

① 20 ② 40
③ 80 ④ 120

해설

$$C(\text{중심거리}) = \frac{m(Z_1+Z_2)}{2},\ 150 = \frac{3(80+Z_2)}{2}$$

$$(80+Z_2) = 100,$$

$$Z_2 = 20\text{개}$$

문제 35

볼 베어링에 걸리는 하중이 500 N, 베어링의 동정격하중이 1,500N 일 때, 베어링을 10,000시간 이상 사용하기 위한 최대 회전수 [rpm]는?

① 30 ② 45
③ 300 ④ 450

해설

$$L_h = \frac{10^6}{60\times N}\times\left(\frac{C}{P}\right)^3$$

$$10{,}000 = \frac{10^6}{60\times N}\times(\frac{1{,}500}{500})^3$$

$$N = \frac{10^6}{60\times 10{,}000}\times(3)^3 = 45rpm$$

문제 36

2줄 나사의 리드각(α)을 계산하는 공식은? (단, d는 나사의 바깥지름, d_1은 나사의 골지름, p는 나사의 피치이다)

① $\alpha = \tan^{-1}(\frac{2p}{\pi(d+d_1)})$ ② $\alpha = \tan^{-1}(\frac{4p}{\pi(d+d_1)})$
③ $\alpha = \tan^{-1}(\frac{2p}{\pi(d-d_1)})$ ④ $\alpha = \tan^{-1}(\frac{4p}{\pi(d-d_1)})$

해설

$$\alpha = \tan^{-1}(\frac{l}{\pi d_e}) = \tan^{-1}(\frac{np}{\pi d_e}) = \tan^{-1}(\frac{2\times p}{\pi\times\frac{d+d_1}{2}}) = \tan^{-1}(\frac{4\times p}{\pi\times(d+d_1)})$$

해답

34. ① 35. ② 36. ②

문제 37

저속으로 운전되는 벨트의 두께가 2mm, 폭이 20mm인 벨트전동 장치에서 유효장력이 400N, 풀리의 접촉각과 마찰계수 곱의 지수값 $e^{\mu\theta}$=3일 때, 최대 인장응력[MPa]은?

① 5 ② 10
③ 15 ④ 20

해설

$$\sigma = \frac{T_t}{b \times t \times \eta} = \frac{600}{2 \times 20 \times 1} = 15[MPa]$$

$$e^{u\theta} = \frac{T_t}{T_s} = 3,\ T_t = 3T_s$$

$$P_e = T_t - T_s = 400 = 2T_s$$
$$T_s = 200N,\ T_t = 600N$$

문제 38

주로 축간거리가 짧고, 기어전동이 불가능한 경우에 사용되는 체인전동에 대한 설명으로 옳지 않는 것은?

① 전달효율이 크고 슬립이 없는 일정한 속도비를 얻을 수 있다.
② 체인의 탄성으로 어느정도 충격하중을 흡수할 수 있다.
③ 고속회전에 적당하고, 진동 및 소음 발생이 적다.
④ 내열, 내유, 내습성이 크며, 유지 및 수리가 쉽다.

해설 **체인 전동의 특징**

① 미끄럼이 없어 속도비가 일정하게 얻을 수 있다.
② 초기장력을 줄 필요가 없으므로 정시 시에 장력이 작용하지 않는다.
③ 체인은 길이를 조정 할수 있고 다축을 동시에 구동할 수 있다.
④ 내열, 내유, 내습성이 강하다.
⑤ 큰 동력을 전달할 수 있고 전동효율도 95% 이상이다.
⑥ 체인의 탄성으로 어느 정도의 충력하중을 흡수할 수 있다.
⑦ 유지 및 수리가 용이하고 수명이 길다.
⑧ 마모가 생길 경우 스프로킷 휠의 이와 롤러의 물림상태가 이의 끝 쪽으로 이동하므로 전동 기구는 변화가 없어 효율이 거의 저하하지 않는다.
⑨ 마멸된 체인에서는 진동과 소음이 많이 나므로 고속회전에는 부적당하고, 회전각의 전달도 정확하지 못하다.
⑩ 초기장력이 필요 없으므로 베어링의 마찰손실이 적다.
⑪ 윤활이 필요하다.

해답

37. ③ 38. ③

문제 39

미끄럼 베어링과 구름 베어링을 비교한 것으로 옳지 않은 것은?

① 미끄럼 베어링은 유막형성이 늦는 경우 구름 베어링에 비해 기동토크가 크다.
② 미끄럼 베어링은 구름 베어링에 비해 강성이 작으나, 유막에 의한 감쇠능력이 우수하다.
③ 미끄럼 베어링은 표준화가 부족하여 제작시 전문지식이 필요하다.
④ 미끄럼 베어링은 공진속도 이내에서 운전하여야 하며, 저속 운전에 적당하다.

해설 미끄럼 베어링은 공진속도 이상에서 운전할 수 있어, 고속 운전에 적합하다.

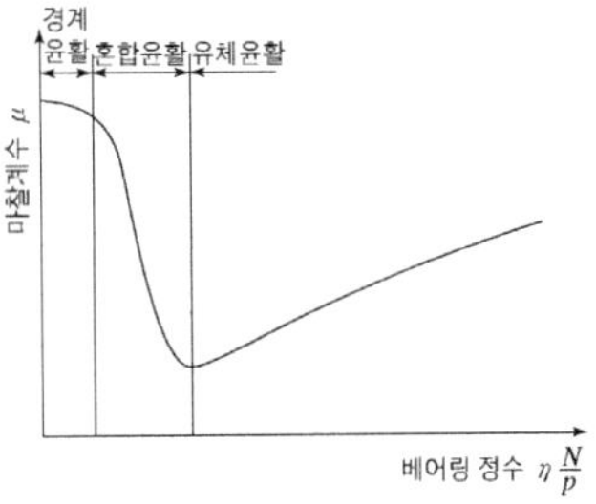

[스트리벡(Stribeck) 곡선]

문제 40

그림과 같은 단식 블록 브레이크에서 드럼의 지름이 360 [mm] 이고 브레이크 레버의 조작력 F가 200 [N]일 때, 드럼이 우회전할 경우 제동 토크[N · mm]는? (단, l_1 = 500 [mm], l_2 = 190 [mm l_3 = 50 [mm 마찰계수 μ = 0.2)

① 9,000　② 10,000
③ 18,000　④ 20,000

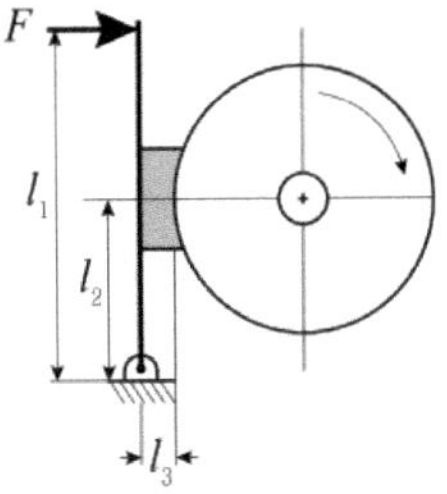

해설 시계방향(+), 반시계방향(−)

$$(+)F \times l_1 (-)P \times l_2 (-)\mu P \times l_3 = 0$$

$$P = \frac{F \times l_1}{\mu l_3 + l_2} = \frac{200 \times 500}{0.2 \times 50 + 190} = 500N$$

$$T = \mu P \times \frac{D}{2} = 0.2 \times 500 \times \frac{360}{2} = 18000 N\cdot mm$$

해답

39. ④　40. ③

제3과목 기계재료 및 측정

문제 41

연삭숫돌의 자생작용이 잘 되지 않아 입자가 납작해져서 날이 둔화되는 무딤 현상은?

① 글레이징(glazing) ② 로딩(loading)
③ 드레싱(dressing) ④ 트루잉(truing)

해설 ① 글레이징(glazing, 날무딤 현상) : 숫돌바퀴의 입자의 자생작용이 되지 않아 입자가 탈락되지 않고 입자의 끝이 마멸에 의하여 납작해지는 현상
② 로우딩(loading,눈메움 현상) : 숫돌입자의 가루나 칩이 연사숫돌의 기공에 메워지는 현상으로 눈메움 현상이 심해지면 글레이징이 발생될 수 있다.

문제 42

3침법이란 수나사의 무엇을 측정하는 방법인가?

① 골지름 ② 피치
③ 유효지름 ④ 바깥지름

해설

나사 측정	유효지름 측정	① 나사마이크로미터, ② 삼침법, ③ 공구현미경, ④ 투영검사기
	피치 측정	① 나사피치게이지
	나사산 각도	① 투영검사기

문제 43

초경합금 공구에 내마모성과 내열성을 향상시키기 위하여 피복하는 재질이 아닌 것은?

① TiC ② TiAl
③ TiN ④ TiCN

해설 코텐팅초경공구합금 : 초경공구에 내마모성과 내열성을 향상시키기 위하여 TiC, TiN, TiCN 등을 물리적, 또는 화화적으로 코팅한 공구이다.

해답

41. ① 42. ③ 43. ②

문제 44

다음 중 선반의 규격을 가장 잘 나타낸 것은?

① 선반의 총 중량과 원동기의 마력
② 깎을 수 있는 일감의 최대지름
③ 선반의 높이와 베드의 길이
④ 주축대의 구조와 베드의 길이

해설 선반의 크기는 Swing로 나타낸다.
스윙(swing) : 가공할 수 있는 공작물의 최대지름으로 주축의 중심으로부터 베드까지 거리의 2배이다. 일감이 베드에 닿지 않고 깎을 수 있는 공작물의 최대 지름

문제 45

밀링 작업에서 스핀들의 앞면에 있는 24 구멍의 직접 분할판을 사용하여 분할하며 이 때 웜을 아래로 내려 스핀들의 웜 휠과 물림을 끊는 분할법은?

① 간접 분할법 ② 직접 분할법
③ 차동 분할법 ④ 단식 분할법

해설 **직접분할법** : 스핀들의 앞면에 있는 24구멍의 직접분할판을 사용하여 분할는 방법으로 24의 약수인 2, 3, 4, 6, 8, 12, 24등분이 가능하다.

문제 46

+4μ m의 오차가 있는 호칭치수 30mm의 게이지 블록과 다이얼게이지를 사용하여 비교 측정한 결과 30.274mm를 얻었다면 실제치수는?

① 30.278mm ② 30.270mm
③ 30.266mm ④ 20.282mm

해설 실제치수=측정값+게이지 오차=30.274+0.004=30.278mm

문제 47

투영기에 의해 측정을 할 수 있는 것은?

① 진원도 측정 ② 진직도 측정
③ 각도 측정 ④ 원주 흔들림 측정

해설 **투영기(profile projector)=윤곽투영기**
영사기와 같은 원리로 ,측정 검사할 시표를 광학적으로 확대투영하고,투영면 상에서 그 형상치수를 측정하거나 검사할 때 사용한다.
나사, 게이지, 기계부품 등의 피검물을 광학적으로 정확한 배율로 확대하고 투영하여 스크린에서 그 형상이나 치수, 각도 등을 측정하는 장치이다.

해답

44. ② 45. ② 46. ① 47. ③

문제 48

나사의 피치나 나사산의 반각과 유효지름 등을 광학적으로 쉽게 측정할 수 있는 것은?

① 공구현미경 ② 오토콜리메이터
③ 촉침식 측정기 ④ 옵티컬 플랫

해설 **공구현미경(tool maker's microscope)**

측정물을 얹고 전후좌우로 미세하게 움직일 수 있는 재물대(載物臺)가 있고, 그 이동량을 마이크로미터 또는 표준게이지에 의해 읽을 수 있다. 그 위치를 정하기 위한 측미(測微)현미경이 달려 있어, 이것으로 관측하면서 재물대를 움직여 각 부분의 치수를 측정한다.

나사의 피치나 나사산의 반각과 유효지름 등을 광학적으로 쉽게 측정할 수 있다.

문제 49

담금질 조직 중에 냉각속도가 가장 빠를 때 나타나는 조직은?

① 솔바이트 ② 마텐자이트
③ 오스테나이트 ④ 트루스타이트

해설

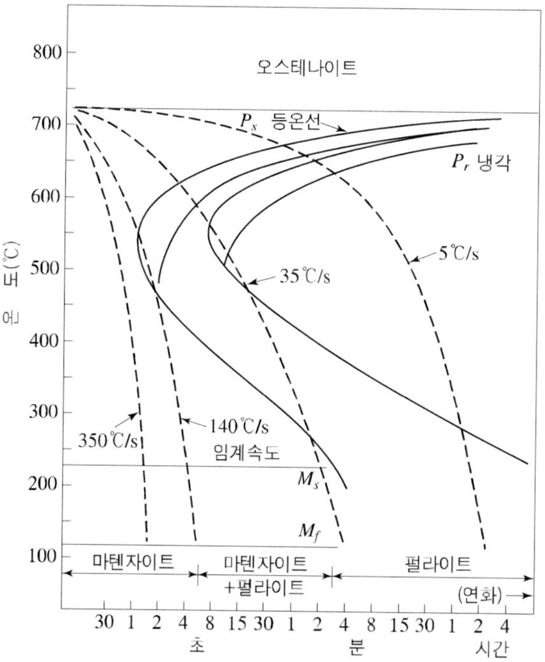

[공석강의 연속냉각곡선 CCT곡선]

냉각속도가 클수록 마텐자이트 조직이 된다.

해답

48. ③ 49. ②

문제 50

다음 중 두랄루민 합금과 관계없는 것은?

① Al－Cu－Mg－Mn계 합금이다.
② 고강도 알루미늄 합금이다.
③ 가볍고 강인하여 단조용으로 사용된다.
④ Y－합금이라고도 한다.

해설 **두랄루민(Duralumin)** : 고강도 알루미늄 합금으로 Al－Cu－Mg－Mn계 합금으로 비중은 강의 약 1/3이므로, 특히 무게를 중시하는 항공기나 자동차 등에 사용된다.

- **Y합금** : Al + (4% Cu) + (2% Ni) + (1.5% Mg) : 내열용 알루미늄 합금으로 피스톤 재료로 사용되며 주물로 제작된다.

문제 51

다음 중 절삭 공구용 특수강은?

① Ni－Cr강　② 불변강
③ 내열강　④ 고속도강

해설

- 합금의 분류
  - 구조용 합금강
    - 강인강
      - 니켈강(SN)
      - 크롬강(SCr)
      - 니켈－크롬강(SNC)
      - 니켈－크롬－몰리브덴강(SNCM)
  - 공구용 합금강
    - 고속도강(HSS) : 주성분이 0.8(%)C, 18(%)W, 4(%)Cr, 1(%)V로 된 것이 표준형
    - 초경합금 : 탄화텅스텐(WC), 탄화티탄(Tic), 탄화탄탈(TaC)의 가루를 소결 하여 압축하여 만듦
    - 스텔라이트 : 주조 경질합금 열처리할 수 없다
    - 세라믹 : 알루미나(Al2O3)를 주성분으로 결합제를 사용하지 않고 소결시킨 공구
    - 서멧 : 세라믹과 금속을 합쳐 만든 공구강
    - CBN공구 : 고경도 담금질강, 내열합금 등 난삭재의 가공에 사용된다. 열처리된 강도 가공가능
    - 다이아몬드 : 경도가 크므로 절삭 공구에 쓰이는데 연삭 숫돌의 드레서(dresser) 유리 절삭에 쓰인다.

해답

50. ④　51. ④

문제 52

주철의 마우러 조직도를 바르게 설명한 것은?

① Si와 Mn량에 따른 주철의 조직 관계를 표시한 것이다.
② C와 Si량에 따른 주철의 조직 관계를 표시한 것이다.
③ 탄소와 흑연량에 따른 주철의 조직 관계를 표시한 것이다.
④ 탄소와 Fe_3C량에 따른 주철의 조직 관계를 표시한 것이다.

해설

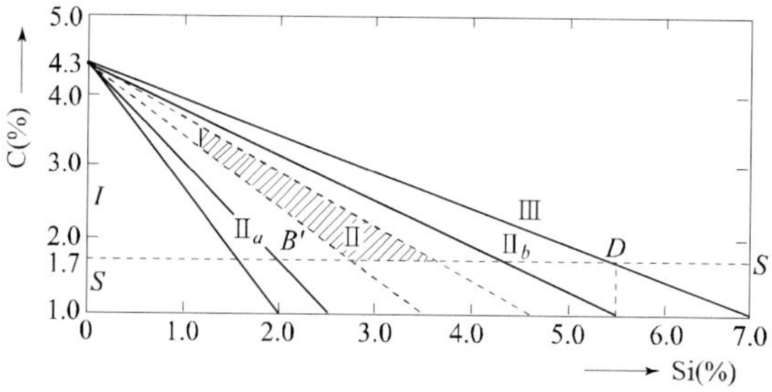

구 역	조 직	명 칭
Ⅰ	펄라이트+시멘타이트	백 주 철
Ⅱa	펄라이트+시멘타이트+흑연	반 주 철
Ⅱ	펄라이트+흑연	펄라이트주철
Ⅱb	펄라이트+페라이트+흑연	보 통 주 철
Ⅲ	페라이트+흑연	극 연 주 철

문제 53

냉간 가공한 재료를 풀림 처리 시 나타나는 현상으로 틀린 것은?

① 회복　② 재결정　③ 결정립 성장　④ 응고

해설 냉간 가공한 재료를 완전풀림 열처리하면 회복 → 재결정 → 결정립성장의 과정을 거쳐 재료가 연화된다.

문제 54

알루미늄(Al) 의 특징을 잘못 설명한 것은?

① 가볍고 전연성이 좋아 성형가공이 용이하다.
② 우수한 전기 및 열의 양도체이다.
③ 용융점이 1083°C로 고온가공성이 높다.
④ 대기 중에서는 일반적으로 내식성이 양호하다.

해설 **알루미늄(Al) 합금의 특징**

① 알루미륨의 비중 : 2.7
② 알루미륨의 용융점 : 660℃

해답

52. ②　53. ④　54. ③

③ 전기 및 열의 양도체
④ 면심입방격자
⑤ 전연성이 좋다
⑥ 염산 · 황산 · 바닷물에 침식된다,
⑦ 대기 중에서 안정한 표면 산화막을 형성
⑧ 열처리로 석출경화, 시효경화시켜 성질 개선

문제 55

외측 마이크로미터를 옵티컬 플랫을 이용하여 앤빌의 평면도를 측정하였더니 간섭무늬가 2개 나타났다. 평면도는 얼마인가? (단, 이 때 사용한 빛의 반파장은 0.3㎛이다.)

① 0.30㎛ ② 0.60㎛ ③ 0.90㎛ ④ 1.20㎛

해설 (마이크로미터의 평면도) $F = n \times \frac{\lambda}{2} = 2 \times \frac{0.6}{2} = 0.6[\mu m]$

n : 간섭무늬의 개수

λ : 빛의 파장 = 빛의 반파장의 2배

문제 56

나사의 유효지름을 삼침법에 의해 구하고자 할 때 필요한 값이 아닌 것은?

① 삼침을 나사의 골에 넣고 측정한 외측거리
② 삼침의 직경
③ 삼침의 길이
④ 나사의 피치

해설 (나사의 유효지름) $d_e = M - 3d_w + 0.86603p$

여기서
M : 삼침을 나사의 골에 넣고 측정한 외측거리
d_w : 삼침의 직경
p : 나사의 피치

문제 57

한계 게이지(limit gauge)에 대하여 옳게 설명한 것은?

① 양쪽 다 통과하지 않게 되어 있다.
② 한쪽은 통과하고 다른 한쪽은 통과하지 않는다.
③ 양쪽 다 통과하게 되어 있다.
④ 한쪽은 빡빡하게 통과하고 한쪽은 헐겁게 통과한다.

해설 한계 게이지는 통과측과 정지측이 있어 치수공차를 측정할 수 있다.

해답

55. ② 56. ③ 57. ②

문제 58

다음은 하이트 게이지 형별에 따른 분류이다. 높이 측정이 가능하나 금긋기 작업에는 부적당한 하이트 게이지는?

① HM형 ② HB형
③ HC형 ④ HT형

해설 하이트 게이지 : 대형(HM), 표준형(HT), 경량형(HB)
경량형(HB)는 높이 측정만 가능하고 금긋기를 할 수 없다.

문제 59

표준실에서 서로 다른 두 사람이 같은 버니어 캘리퍼스를 사용하여 같은 제품을 측정한 결과 측정값이 조금씩 차이가 있었다. 가장 크게 영향을 미치는 오차는 무엇인가?

① 개인 오차 ② 계기 오차
③ 되돌림 오차 ④ 환경 오차

해설 개인오차 : 같은 계측기기, 같은 환경에서는 개인의 숙련도에 따라 오차가 발생된다. 이런 오차를 개인오차라 한다.

문제 60

선반의 주축 구멍에 테스트 바를 끼우고, 그 입구 및 선단에 다이얼 게이지를 세팅하고 주축 회전 중에서 다이얼게이지 지시 눈금의 최대 차를 측정값으로 구하는 선반의 정도 검사 부분은?

① 주축의 직각도 측정 ② 주축의 동심도 측정
③ 주축의 흔들림 측정 ④ 주축의 축방향 움직임 측정

해설 회전하는 부분의 진동 값을 측정하는 것은 흔들림 측정이다.

해답

58. ② 59. ① 60. ③

저희 북스케치는 오류 없는 책을 만들기 위해 노력하고 있으나, 미처 발견하지 못한 잘못된 내용이 있을 수 있습니다. 학습하시다 문의 사항이 생기실 경우, 북스케치 이메일(booksk@booksk.co.kr)로 교재 이름, 페이지, 문의 내용 등을 보내주시면 확인 후 성실히 답변 드리도록 하겠습니다.
또한, 출간 후 발견되는 정오 사항은 북스케치 홈페이지(www.booksk.co.kr)의 도서정오표 게시판에 신속히 게재하도록 하겠습니다.
좋은 콘텐츠와 유용한 정보를 전하는 '간직하고 싶은 수험서'를 만들기 위해 늘 노력하겠습니다.

체크업

기계설계산업기사
필기

초판발행	2024년 04월 30일
편저자	정영식
펴낸곳	**북스케치**
출판등록	제2022-000047호
주소	경기도 파주시 광인사길 193 2층
전화	070 – 4821– 5513
학습문의	booksk@booksk.co.kr
홈페이지	www.booksk.co.kr
ISBN	979-11-91870-98-5

정오표 | 북스케치 홈페이지 ▶ 도서정오표